4月4日，党和国家领导人江泽民、李鹏、李瑞环、胡锦涛、李岚清等来到北京玉渊潭公园，与北京市干部群众和少先队员一起，参加首都全民义务植树活动

鞠　鹏　摄

8 月 31 日，正在东北地区考察灾后重建工作的中共中央政治局常委、国务院总理朱镕基在哈尔滨会见造林老英雄马永顺(左一)

马占成　摄

3 月 25 日,中共中央政治局委员、国务院副总理温家宝出席了国家林业局领导班子宣布会,并发表了重要讲话

杨　丹　摄

4月7日、8日，全国绿化委员会第十七次全体会议在北京召开，中共中央政治局委员、国务院副总理、全国绿化委员会主任温家宝出席会议并作重要讲话

杨　丹　摄

2月16日，林业部部长陈耀邦到中国林业出版社视察指导工作

丁　哲　摄

3 月 27 日下午，国家林业局局长、党组书记王志宝主持召开了国家林业局第一次局务会议，并发表了讲话　　蔡　鸿　摄

4 月 10 日，国家林业局副局长李育才出席国有林区天然林资源保护工程座谈会

杨　丹　摄

4 月 16~28 日，国家林业局副局长李昌鉴带领森林防火工作检查组到黑龙江、内蒙古和吉林三省区，深入大兴安岭及长白山等重点林区检查森林防火工作

贾达明　摄

10 月 8~22 日，以全国政协人口资源环境委员会副主任、国家林业局党组成员、中国林科院院长江泽慧为组长的全国政协京九绿色长廊考察组一行，对京九铁路沿线 9 省市的京九绿色长廊建设情况进行了考察调研。图为在考察期间江泽慧为基层的同志们解答林业生产的技术难题

蔡　鸿　摄

中国林业年鉴

CHINA FORESTRY YEARBOOK 1998

国家林业局 编纂

中国林业出版社

林业部图书出版基金资助出版

图书在版编目（CIP）数据

中国林业年鉴 1998/国家林业局编纂. 一北京：中国林业出版社，1999.11
ISBN 7-5038-2420-4

Ⅰ. 中… Ⅱ. 国… Ⅲ. 林业-中国-1998-年鉴 Ⅳ. S7-54

中国版本图书馆 CIP 数据核字（1999）第 63107 号

ISBN 7-5038-2420-4

9 787503 824203 >

中国林业出版社出版发行
（100009 北京市西城区刘海胡同 7 号）
中国科学院印刷厂印刷
1999 年 11 月第 1 版 1999 年 11 月第 1 次印刷
开本：787mm×1092mm 1/16 印张：32 插页：56 页
字数：1100 千字 国内定价：120 元
ISBN 7-5038-2420-4/S·1358

中国林业年鉴编辑委员会

中国林业年鉴编辑委员会特约委员

中国林业年鉴特约编辑

国家林业局办公室　杨百瑾
国家林业局植树造林司　王春峰
国家林业局森林资源管理司　邹连顺
国家林业局野生动植物保护司　刘克敏
国家林业局森林公安局　崔洪浩
国家林业局政策法规司　周金锋
国家林业局发展计划与资金管理司　汤晓文　吕红频
国家林业局科学技术司　金　旻
国家林业局国际合作司　沈素华
国家林业局人事教育司　蓝增寿
国家林业局林业工作站管理总站　许　绠
国家林业局国有林场和林木种苗工作总站　欧国平
国家林业局世界银行贷款项目管理中心　王　俊
国家林业局宣传办公室　曹　靖
中国林业科学研究院　李智勇　李维长
中国林学会　李岩泉
中国水土保持学会　黄　元
国家林业局西北华北东北防护林建设局　熊善松
北京市林业局　郭忠信
天津市林业局　张步峰
河北省林业厅　冯小军
山西省林业厅　刘增光
内蒙古自治区林业厅　乔　云
内蒙古森林工业（集团）总公司　胡明华
辽宁省林业厅　张洪生
吉林省林业厅　王志新
吉林森林工业（集团）总公司　张玉岩
黑龙江省林业厅　吴梅芳
龙江森林工业（集团）总公司　王文操
大兴安岭林业集团公司　刘庚正
上海市农林局　许东新
江苏省农林厅　郦振平
浙江省林业厅　卢苗海
安徽省林业厅　薛胜平
福建省林业厅　陈玉华
江西省林业厅　严　成
山东省林业厅　谢桂英
河南省林业厅　徐　忠
湖北省林业厅　陈遵发
湖南省林业厅　宋自力
广东省林业厅　曹仁福
广西壮族自治区林业局　江秀奎
海南省林业局　张其光
重庆市林业局　周尚前
四川省林业厅　魏寿才
贵州省林业厅　杨胜德
云南省林业厅　王世能
西藏自治区林业厅　黄国金
陕西省林业厅　周灵国
甘肃省林业厅　王作谊
青海省农林厅　李　文
宁夏回族自治区林业厅　朱永元
新疆维吾尔自治区林业厅　陈　梦
新疆生产建设兵团林业局　贾寿珍
沈阳市林业局　李春含
大连市林业局　栾景玉
长春市林业局　张国华
哈尔滨市林业局　董俊绵
南京市农林局　夏春胜
厦门市林业局　方超群
青岛市林业局　王世德
武汉市林业局　吴继红
广州市林业局　黄杰辉
西安市林业局　权东武

中国林业年鉴编辑部

责任编辑	刘士贵　刘　慧　闻　捷	封面设计	聂崇文
	周军见　冯峻极　苏晓棠	责任校对	沈惠英
彩图设计	李德浩	校　　对	杨　静　许　琳　苏　梅
			吕富鹏　许艳艳　梁翔云

编 辑 说 明

一、《中国林业年鉴》是一部综合反映我国社会主义林业建设重要活动、发展水平、基本成就与经验教训的大型资料性工具书。每年出版一卷，反映上年度情况。1998 年卷为第十三卷，收录限 1998 年的资料。

二、年鉴的基本任务是，为我国林业战线和有关部门的各级生产和管理人员、科技工作者、林业院校师生以及广大社会读者全面、系统地提供我国森林资源消长、森林培育、林政保护、森林工业、林业经济、科学技术、专业理论研究、院校教育以及体制改革等方面的年度信息和有关资料。

三、第十三卷编纂内容设 20 个栏目。统计资料除另有说明外，均不含台湾省数字。

四、年鉴编写实行条目化，条目标题力求简洁、规范。长条设黑体和楷体两级层次标题。全卷编排按内容分类。条头设【　】。按分类栏目设书眉。

五、年鉴撰稿及资料收集由国家林业局机关各司、局，各直属单位承担；其中“各省、自治区、直辖市林业”由各省（区、市）林业厅（局）承担。

六、释文中的计量单位执行 1984 年国务院《关于在我国统一实行法定计量单位的命令》和文化部出版局、国家计量局《贯彻〈中华人民共和国法定计量单位〉的联合通知》及国家计量局公布的《〈中华人民共和国法定计量单位使用方法〉的函》等规定。数字用法按国家技术监督局 1995 年 12 月发布的《出版物上数字用法的规定》执行。

七、条目、文章一律署名，文责自负。

八、释文中凡提到“党的”、“省（区、市）委”、“县委”字样，均指中国共产党；“××年代”指“20 世纪××年代”；“建国以来”，系指中华人民共和国建立以来。

《中国林业年鉴》编辑部

栏　　目（1998）

目　录

特　辑

中国林业概述

重要林业法律法规

森林培育与生态环境建设

森林资源保护与林政管理

森林资源保护

对 外 开 放

林业科学技术

林业统计

林业财务和会计

精神文明建设

林 业 专 论

各省、自治区、直辖市林业

特 辑

国家领导人重要讲话

中共中央政治局委员、中央书记处书记、国务院副总理温家宝在宣布国家林业局领导班子大会上的讲话

（1998 年 3 月 25 日）

这次国务院机构改革，是一次重大的改革。机构改革以后，各部委新的领导班子已经组建。国家林业局承担着十分光荣而艰巨的任务。林业关系国家的可持续发展，关系生态环境的改善，关系人民的长远利益。党中央、国务院把林业放在经济和社会发展的重要地位，十分关心林业战线的广大干部和职工。我首先向大家转达党中央、国务院的关心和问候。有两件事情我们是有历史经验教训的：一件是计划生育，一件就是植树造林，绿化祖国。这都是关系国家长远和根本利益的大事。在这些问题上，我们不能掉以轻心，不能走弯路，不能犯错误，不能造成无可挽回的损失。这里，我想明确指出，林业部改组为国家林业局，工作任务没有减轻，而是更加繁重了；责任没有减轻，而是更加重大了。国家林业局机关以及林业战线的广大干部职工，要振奋精神，团结一致，艰苦奋斗，开拓进取，把植树造林、绿化祖国的千秋大业坚持到底，把这项造福子孙的工作做得更好。

刚才中央组织部副部长张柏林同志宣布了中央的决定，王志宝同志和陈耀邦同志都作了很好的讲话。下面，我讲四个问题。

一、要充分肯定林业战线所取得的巨大成绩

党的十一届三中全会以来，几届林业部的领导班子，在党中央、国务院的正确领导下，高举邓小平理论伟大旗帜，坚持党的基本路线，认真贯彻中央的路线、方针、政策，带领林业战线广大职工，团结奋斗，扎实工作，在林业生态重点工程建设、森林资源保护管理、防沙治沙、保持

水土、农村造林、城市绿化、林业科学研究等各个方面，都取得了显著的成绩，为社会主义现代化建设做出了重要的贡献。我国的森林覆盖率已接近14%。中央对林业部的工作是肯定的、满意的。

二、要正确认识这次机构改革

这次国务院机构改革，目的是建立办事高效、运转协调、行为规范的行政管理体系和高素质的专业行政管理干部队伍，逐步形成适应社会主义市场经济体制的政府行政体制。按照这个总的目标，从全局考虑，将林业部改组为国家林业局，列入国务院直属机构序列。这个改组，丝毫不意味着削弱对林业的管理，恰恰相反，而是为了建立适应社会主义市场经济体制的林业管理体制，为了我国林业更快更好地发展。对于林业来讲，衡量这次机构改革成败的重要标志，一是新组建的国家林业局是不是精简机构和提高效能了；二是我国的林业是不是更快更好地发展了。林业是改善生态环境，保障经济社会可持续发展，造福子孙后代的一项伟大事业。建国以来，老一代革命家毛主席、周总理、邓小平同志对林业工作都非常重视。以江泽民同志为核心的党中央也高度重视林业。去年，江泽民同志为西北地区防治荒漠化作了非常重要的批示，他提出要再造一个山川秀美的大西北。党的十五大明确提出，“要加强对环境污染的治理，植树种草，搞好水土保持，防治荒漠化，改善生态环境。”在十五届一中全会上，江泽民同志提出了加强生态环境基础建设的任务。刚刚闭幕的九届全国人大一次会议也提出，要“大力开展农田水利基本建设和植树种草活动，治理水土流失，改善农业生产条件和生态环境。”根据党的十五大和九届全国人大一次会议精神，国家将实施跨世纪的国土绿化工程，加大水土保持、防沙治沙力度，加快植树种草、绿化祖国的步伐。我们的目标是，经过几代人、十几代人长期不懈的努力奋斗，绿化祖国大地，实现周总理生前提出的“青山常在，永续利用，造福子孙后代”的伟大目标。

近些年来，党和政府非常重视林业建设，提出了一系列重大工程，如长江、黄河中上游流域治理和生态保护工程，“三北”地区荒漠化防治工程，国有林区天然林保护工程等，并决定加大这方面的投入。林业工作只能加强，不能削弱。大家要充分认识肩负的责任，思想不能涣散，工作不能松懈。每一个党员，每一个干部，特别是领导干部，都要认真履行自己的职责，不辜负党和人民的期望。

三、新班子要振奋精神，团结一致，克服困难，开拓进取

中央经过慎重考虑，决定新组建的国家林业局，由王志宝同志担任党组书记、局长，李育才同志担任党组副书记、副局长，李昌鉴同志担任党组成员、副局长，江泽慧同志担任党组成员。这个班子坚强有力，结构也好。我相信，新班子一定能够带领林业战线的广大干部职工，开创我国林业建设的新局面。根据工作需要，陈耀邦同志、祝光耀同志调到别的部门担任重要工作。我也相信，他们在新的工作岗位上，会发挥更大的作用。

新班子要振奋精神、团结一致、克服困难、开拓进取。

首先，要振奋精神。干部的精神状态非常重要。干部的精神状态影响整个部门，整条战线。在这次国家机构改革中，应该说，林业部门的广大干部，特别是领导干部经受住了考验，经受住了干部职务变动的考验和进退的考验，顾全大局，坚决服从组织调动。现在摆在我们面前的首要问题，就是要以昂扬的斗志和饱满的精神迎接新的任务。我希望新班子有一个好的精神状态，从而带出一支斗志旺盛的队伍。

其次，要团结一致。党组一班人，要互相信任，团结协作，密切配合。机关干部特别是有长期实践经验的老同志，要关心、爱护、支持、帮助新的领导班子。林业部门许多老同志很有经验，对林业有深厚的感情，在林业部门机构变动的时候，大家思想上出现一些这样或那样的想法是非常自然的。大家不是考虑自己，而是担心林业受影响。现在我把这个道理给大家讲清楚了，希望老同志一如既往，继续关心国家的林业事业，支持新班子的工作。

第三，要克服困难。大家要有克服困难的决心和勇气。现在，林业部门面临的任务非常艰巨。国有森工企业在职职工 140 万，加上离退休的 180 万，在国有企业中属于困难的行业。现在要实施重点国有天然林保护工程，林业队伍要转产、分流，需要妥善安置。这项工作难度很大，不可轻视。这 180 万林业职工，都是长期在荒山野岭工作的。我搞了 20 年的地质工作，我知道林业队伍的艰苦。在我们地质队走过的地方，经常碰到的就是林场职工。在高山上，生活非常艰苦，工作条件和生活条件都很差，我们要体谅他们的困难，妥善安排好他们的生产和生活，包括安排好他们的家属和子女。

第四，要开拓进取。新班子要努力开拓进取，通过改革，找出新的路子，探索新的办法，解决存在的问题。当然，国家对林业一定会给予支持和帮助。朱镕基总理多次强调，一定要支持植树造林，支持天然林保护工程。国家财政作了这方面的计划。尽管这样，林业战线的广大职工还是要艰苦奋斗，克服前进中的困难。我们这个班子，人数虽少，但责任和任务都相当重大。我们一定要努力做好工作。

四、搞好机关改革，做好林业工作

国家林业局成立以后，要按照建立社会主义市场经济体制的要求，调整机关内部结构，改革管理体制，明确工作任务，尽快建立起新的工作秩序。国务院已经明确提出要求，要在年底以前，制定好三定方案。我们要按照国务院的要求，抓紧这项工作。要积极稳妥有序地做好人员的分流工作。机关工作人员文化水平比较高，熟悉党和国家的方针政策，有比较高的素质，是国家的宝贵财富。对分流的同志，要经过培训，掌握新的本领和技能，再充实到需要的岗位上去，继续发挥作用。国家林业局机关工作人员要努力学习，扎实工作，勤政廉政，做人民满意的公务员。要认真转变政府职能，深入实际，调查研究，切实改进工作作风，提高办事效率，提高依法行政的能力，履行好国家机关的职责。

当前的林业工作，要认真抓好三件事：第一件事是春季造林；第二件事是森林防火；第三件事是实施天然林保护工程，有组织有步骤地搞好森工企业转产。目前正是植树造林和森林防火的关键季节。今年的火险形势相当严峻，去年一冬北方没怎么下雪，气候十分干燥，林区积了不少枯枝落叶，来不及清理，着火的隐患很多，所以要格外警惕。国家林业局的工作要有新的面貌，就要首先把今年的森林防火工作搞好，把植树造林工作搞好，这是第一件大事，第一个考验。希望大家要重视，不可有丝毫的懈怠。十一年前大兴安岭特大森林火灾的教训很深刻，我们绝不能再重犯这样的错误。

国务院决定由我来分管林业，我在这里恳请同志们，特别是林业战线的老同志，对我的工作多帮助，多提意见和建议。我也有信心和同志们一道，把我国的林业工作做得更好。让我们紧密地团结在以江泽民同志为核心的党中央周围，高举邓小平理论的伟大旗帜，毫不动摇地坚持党的基本路线，团结一致，努力奋斗，开创林业工作的新局面。

中共中央政治局委员、中央书记处书记、国务院副总理温家宝在全国森林防火工作电视电话会议上的讲话

（1998年3月30日）

同志们：

国务院召开全国森林防火工作电视电话会，部署今年森林防火工作。森林防火工作事关国家和人民生命财产安全，事关改革、发展、稳定的大局，不能有丝毫的松懈麻痹。要进一步统一认识，强化措施，抓好落实，务必做好今年的森林防火工作。

我讲三点意见。

一、充分认识今年森林防火工作的艰巨性，狠抓各项措施落实，确保不发生大的火灾

森林火灾是一种破坏性极大的自然灾害，具有很强的突发性。稍有不慎，一个火星就可能引起一场大火。涛涛林海，付之一炬；百年树木，毁于一旦。绝不可掉以轻心。从森林火灾发生的规律看，我国正处在森林火灾高峰期。最近一个时期，世界很多国家森林火灾的情况严重，我国发生森林大火的机率也在增大。对此，我们必须引起高度警觉。春季是我国森林火灾的多发季节。据林业部门和有关专家分析预测，今春全国特别是东北、内蒙古林区森林火灾发生的可能性增大。从气象条件看，去冬今春我国北方冬暖春旱，预计春季气温将持续偏高，大风日多，这种天气对森林防火极为不利。如果思想稍有麻痹，工作稍有松懈，随时都有发生森林大火的可能。一旦发生森林大火，不仅会严重破坏森林资源，耗费大量人力、物力和财力，给国家和人民的生命财产带来巨大损失，而且会打乱所在地区经济社会发展部署和人民生活秩序，直接影响社会稳定。

1998年是全面贯彻落实党的十五大和九届全国人大一次会议精神的第一年，是全面深化改革，推动国民经济持续快速健康发展，继续保持社会稳定的关键之年，做好今年的森林防火工作，意义十分重大。国务院要求，各地、各有关部门、各级领导一定要以对党、对国家和人民高度负责的态度，充分认识今年春防形势，坚持贯彻“预防为主，积极消灭”的方针，认真研究和解决当前森林防火工作面临的新情况、新问题，加强力量，狠抓落实，确保今年不发生大的火灾。

（一）落实各项防火灭火措施，做好战胜火灾的充分准备。要立足防大火，扑大火，抓紧、抓实、抓细，充分做好各项准备工作。做到组织人员落实到位，思想教育落实到位，工具设备落实到位，物资保障落实到位。各地要立即对防火灭火准备工作进行一次全面大检查，按照“缺什么，补什么”的要求，备足扑火机具、运输车辆、通讯设备，确保扑火所需。要开设好防火隔离带，确保森林资源和人民生命财产安全。扑火队伍要有针对性地进行演练，做到一遇火警拉得出，用得上。重点林区、火灾多发区要制定扑火预案，做到严阵以待，战则必胜。

（二）严格火源管理，坚决杜绝火种进山，切实消除火灾隐患。加强火源管理是森林防火的关键环节，务必采取果断措施，管住火灾源头。林区在森林防火期要严格封山清山，清理外来人

员，工作人员要凭证入山。要严格执行火源管理制度和野外生产用火批准制度，坚决管住管严一切火源进入森林。防火戒严期，严禁一切野外用火。

（三）搞好火情监测预报，一旦发生火情，务求打早、打小、打了。要充分运用卫星监测、飞机巡护、瞭望台哨、地面巡逻等综合手段，努力实现全方位监测。重点林区要增加瞭望台、哨，重点时期要日夜巡逻。要确保通信联络畅通，一旦发现火情，立即报告，快速反应，妥善处理。不得漏报、迟报、延误战机。同时，要做好林区气象预测预报。

（四）加强森林防火宣传教育，提高全社会的防火意识。森林防火是一项社会性、群众性很强的工作，在抓好各项防灭火措施落实的同时，要利用广播、电视、报刊、宣传车等多种形式，在干部群众中大力开展森林防火宣传教育，使森林防火工作真正变成广大人民群众的自觉行动。防火紧要期，要集中一段时间，加大宣传教育力度。特别要注意对森林防火法规的宣传，对违规用火、引发火灾的典型案例，要公开处理，以儆效尤，增强防火灭火法制观念。

（五）采取得力措施做好火灾多发地区的预防工作。东北、内蒙古林区和西南林区是我国森林火灾的多发区，各省区也有各自的林火多发区。今年防火紧要期之前，各地要组织专门力量，到火灾多发地区进行深入系统的调查研究，找准问题，分析原因，抓住薄弱环节，对症下药，限期整改，千方百计把火灾多发地区的森林火灾频率压下来。春季防火期已经到来，森林防火是当前林区第一位的任务，是压倒一切的中心工作，各地、各部门、各林区要紧急动员起来，进入临战状态。

二、全面提高森林防火综合能力，确保林区长治久安

目前，我国森林火灾综合控制能力还比较低，要使我国森林防火实现由被动扑火向主动防火、低效防火向高效防火的转变，保持林区长治久安，必须进一步贯彻一个方针，加强三项建设，实现综合治理，全面提高森林防火综合能力。

（一）坚持“预防为主，积极消灭”的方针。在森林防火工作中，必须坚持预防为主，把预防工作作为森林防火的“第一道工序”，贯穿于整个工作的全过程，落实到林区的每个角落。各级领导要牢固树立“宁可千日不烧，不可一日不防”的思想，时刻保持对火灾的高度警惕；要切实抓好以火源控制管理为重点的火灾防范工作，及时消除火灾隐患；要加大林间、林缘防火隔离带和计划烧除力度，变堵为疏，变被动为主动。做到预防第一，常备不懈。

（二）切实加强林区防火基础设施建设。要逐步改变防火扑火装备不足、设施薄弱的状况。加强火情监测设施和通讯设施建设，增加飞机巡护能力，运用卫星遥感监测技术，增加重点林区瞭望台、哨，努力做到全方位覆盖。增加防、灭火机具、设备，不断改进防、灭火手段，改善防、灭火装备，积极推广航空化学灭火、直升机吊桶灭火和索降灭火，努力提高火灾控制能力。加快林区防火道路、防火隔离带建设，营造生物防火林带。要加强森林防火科学研究，包括监测、扑火设备研究开发，防火树种的培育推广，大力运用现代科技手段，提高我国森林防火水平。

（三）加强森林防火基本队伍建设。武装森林警察部队和各种森林防火专业队伍是防扑火工作的主力军，各级领导必须在建设上重点保证，训练上从严要求，确保各级森林防火专业队伍思想作风过硬，防扑火业务过硬，提高战斗力。同时，要实行专群结合，依靠我们的政治优势，充分发挥人民群众和当地驻军在森林防火中的重要作用，全党动员，全民动手，齐抓共管，群防群治。这是做好森林防火的根本保证。

（四）加强森林防火法规制度建设。要坚持依法治火，认真贯彻《森林法》和《森林防火条例》，进一步健全完善各项配套法律和规章，制定体现各地特点的森林防火地方法规，形成完备的森林防火法律体系。要进一步加大执法力度，抓好重大火案的查处，真正做到有法必依，执法必严，违法必究，查处一案，教育一方。对造成重大损失的大案要案，要追究直接责任人的刑事责任和有关领导的领导责任。要进一步健全并严格执行森林防火工作制度，堵塞工作漏洞，严禁玩忽职守，把森林防火工作纳入法制化、制度化的轨道。

三、加强领导，协同配合，使森林防火工作再上新水平

森林防火工作是一项社会系统工程，需要各方面共同努力，加强领导，齐抓共管，形成全社会抓保护，全民搞防火，政府负全责的森林防火工作格局。国家林业局负责全国森林防火工作。一旦发生跨省区或涉外的特别重大森林火灾，由国务院组成扑火指挥部或授权国家林业局统一指挥，各部门、各地方、以及驻军部队，要密切配合，听从调动，服从指挥。地方各级政府既是森林防火的领导者和指挥者，又是地方各部门、各系统的组织者和协调者，对森林防火工作负有直接责任。各级领导同志要以对党、国家和人民生命财产高度负责的眼光，从政治的、全局的高度，充分认识搞好森林防火工作的重要性，全面落实各级行政领导森林防火责任制。林区党政主要领导要亲自动手抓森林防火，定期检查各项防灭火措施的落实情况，发现问题及时解决，遇有重大火情要亲赴现场指挥扑救。地方政府换届后，要加强领导力量，及时做好森林防火责任制的衔接工作，确保工作的连续性和稳定性，防止出现空档。新上岗的负责同志，要尽快了解森林防火情况，明确任务和要求，尽快进入角色。各有关部门要在党委、政府的统一领导下，围绕森林防火这一共同目标，各司其职，各负其责，同心协力，做好工作。各级林业部门对森林防火工作负有重要责任，更要把森林防火当做中心任务，勇挑重担，尽职尽责，尽心尽力，发挥好职能作用。

要加大对森林防火工作的支持力度。按照以地方为主、中央适当补助的原则，努力增加对森林防火的资金投入。国家有关部门要继续对森林防火投入予以倾斜。地方各级政府对必备的防火设施建设投入应予保证。林业部门的育林基金和森林资源保护费，要优先保证森林防火需要。林区有关单位和林农、牧民也要积极为森林、草原防火出资出力，投工投劳，从上到下逐步建立起相对稳定的森林防火投入机制。要坚持和完善森林防火的优惠政策，继续实行防火车辆养路费、购置附加费、无线电通讯频率占用费等扶持办法。要确保森林防火资金、物资及时足额到位，决不允许截留延误、挤占挪用。

森林防火战线是一条特殊的战线，工作责任大，难度也大，尤其需要发扬艰苦奋斗、无私奉献、富于自我牺牲的精神。近十年来，我国森林防火工作能连续保持好的态势，与这支队伍艰苦努力、团结拼搏是分不开的。希望森林防火战线的同志们继续发扬成绩，扎实工作，为保卫国家森林资源做出更大贡献。

同志们，各地，特别是东北、内蒙古和西南重点林区目前已先后进入春防紧要期。各级党委和政府要按照党中央、国务院的统一部署，加强领导，精心部署，紧急行动起来，坚决打好春防这一仗，夺取今年森林防火工作的全面胜利。

坚定信心　扎实工作　加快国土绿化进程

——中共中央政治局委员、中央书记处书记、国务院副总理温家宝在全国绿化委员会第十七次全体（扩大）会议上的讲话

（1998年4月7日）

同志们：

这次会议，是九届全国人大一次会议后，全国绿化委员会召开的第一次全体（扩大）会议。我讲几点意见。

一、国土绿化的形势和任务

植树造林，绿化祖国，是改善生态环境、实现经济社会可持续发展、造福子孙后代的伟大事业。党的十一届三中全会以来，党中央、全国人大、国务院先后制定了一系列造林绿化的方针政策和法律法规，把绿化国土、保护环境确立为基本国策，我国绿化事业进入了一个新的发展时期，取得了举世瞩目的成就。

全民义务植树运动持续、广泛、深入开展。根据邓小平同志的倡议，1981年12月，五届全国人大四次会议作出《关于开展全民义务植树运动的决议》。邓小平同志身体力行，率先垂范，连续10年参加义务植树。江泽民同志以及党和国家的其他领导同志，每年都以普通公民的身份带头履行植树义务。在中央的带领下，全民义务植树运动全面开展，有力地推动了国土绿化进程。

面上造林稳步推进。各地按照全国造林绿化规划纲要的要求，采取多种方式，植树种草，绿化荒山，先后有12个省区完成了消灭宜林荒山的任务。许多地方因地制宜兴林致富，建设了一批商品林业基地，既改善了生态环境，又增加了农民收入。

重点林业生态工程建设进展顺利。1978年以来，先后启动实施了“三北”、长江中上游等十大林业生态工程。“三北”防护林体系建设已完成一、二期工程，许多昔日不毛之地变成林海绿洲；长江中上游防护林体系建设初见成效，有100多个县消灭了宜林荒山；沿海防护林体系建设基本实现了海岸基干林带合拢，在万里海疆初步筑起了一道绿色屏障；平原绿化、防沙治沙等其他工程也取得很大进展，许多地方出现了人进沙退、林茂粮丰、六畜兴旺的新景象。

部门绿化工作成效显著。各部门按照部门造林绿化分工负责制的要求，加强对绿化工作的领导，所属企事业单位的环境面貌明显改观。铁道、交通、煤炭、石油、冶金、农垦等部门，克服种种困难，坚持种树种草种花，取得了很大成绩。人民解放军一直走在造林绿化的前列，认真搞好营区绿化，积极支援地方绿化工作，作出了突出贡献。各级共青团、妇联组织动员广大青少年和妇女，踊跃参加义务植树，发挥了重要作用。

城市绿化迈出新步伐。在全民义务植树运动的推动下，城市绿化列入城市基础设施建设的重要内容，成为城市精神文明建设的重要组成部分，进入了新的发展时期。全国城市绿地面积明显

增加，涌现出一批园林式城市。

在充分肯定成绩的同时，也必须看到：第一，我国仍属缺林少绿的国家，人均占有森林面积和蓄积量不到世界平均水平的1/6和1/8，森林覆盖率也只有世界平均水平的一半，而且分布极不均匀。第二，从总体上看，生态环境恶化的趋势还没有根本扭转，尤其是西北和华北北部风沙区、黄土高原和长江上游等地区，水土流失和风沙危害的问题相当突出，生态系统非常脆弱。第三，工业化进程加快，人口不断增加，对资源、环境和生态的压力也越来越大。对于我国生态环境建设面临的严峻形势，必须有十分清醒的认识。

实现我国社会主义现代化建设的宏伟目标，必须实施可持续发展战略。保护环境，绿化国土是一项长期的战略任务。党的十五大和九届全国人大一次会议明确要求，要植树种草，搞好水土保持，防治荒漠化，改善生态环境。国务院正在制定实施规划。初步设想，到2010年，全国森林覆盖率达到19%，城市绿化覆盖率达到35%，生态环境恶化的趋势得到基本遏制。在此基础上，再奋斗几十年，到21世纪中叶，全国森林覆盖率力争达到26%左右，可绿化土地全部实现绿化，生态系统实现良性循环。这项任务十分艰巨。各级党委、政府要高度重视，加强领导，坚持不懈，加快国土绿化进程。

二、国土绿化的工作方针

这些年来，我们在绿化工作中探索了许多行之有效的方法，积累了丰富的经验，也形成了一整套工作方针。

（一）坚持全社会办林业、全民搞绿化。造林绿化是一项覆盖面广、公益性强的事业，需要最广泛的社会动员，充分调动广大群众和社会各界的积极性，持续不断地奋斗。全民义务植树既是绿化国土的一项有效措施，也是加强社会主义精神文明建设的一项重要内容，要长期坚持下去，使之一年比一年更加扎实、更有成效。适龄公民每人每年植树3至5株，是法定义务，必须完成。

（二）坚持国土绿化的统一规划。制定切实可行的规划，是绿化工作的基础环节。要根据“九五”规划和2010年远景目标，制定跨世纪的国土绿化规划。各地、各部门也要制定自己的规划。要通过人大或政府的审批程序，赋予国土绿化规划的法定性，保证实施，不得随意变更。各级绿化委员会的一个主要职责，是督促检查规划的贯彻实施。

（三）坚持依靠政策调动群众的积极性。改革开放以来，中央制定了一系列正确政策，调动农民和社会各方面的积极性，形成了国家、地方、集体、企业、个人一齐上的多渠道投入机制，促进了绿化事业的发展。被实践证明是正确的政策，要继续坚持和完善。凡有利于国土绿化和生态环境改善的措施，都允许试验。农民对林业政策非常敏感，政策稍不稳定，农民就要砍树。树一旦砍掉，十年甚至几十年都恢复不过来。各级领导在政策问题上，要慎之又慎。要保持政策的稳定性、连续性，保护和调动农民植树种草的积极性。

（四）坚持依靠科技进步搞好国土绿化。科学技术是推动国土绿化的强大动力。国家将加大对生态环境建设的投入，首先增加这方面的科研投入和技术推广投入，尽快推广先进成熟技术。各级领导和各有关方面，要十分重视发挥科技人员作用，调动他们的积极性，做到人尽其才，才尽其用。依靠科学技术，加快造林绿化进度，提高造林绿化的质量和效益。

（五）坚持依法保护和管理国土绿化。要依法加强对森林资源尤其是天然林资源的保护和管理，严格执行国务院批准的森林采伐限额；严格执行征、占用林地的审批和补偿制度，切实保护好林地资源，防止林地流失和逆转；继续完善森林防火工作行政领导负责制，全面提高预防和扑救森林、草原火灾的能力，防止发生大的森林火灾；加大草原保护力度，克服超载过牧，制止乱采乱挖，严禁毁草垦殖；加强对城市绿地和古树名木的保护。

三、当前要抓紧做好的几项工作

我们要响应江泽民同志向全党、全国人民发出的再造秀美山川的号召，采取有力措施，搞好国土绿化。当前要着重抓好三件事：

（一）切实抓好春季造林绿化。春季来临，植树造林活动正从南到北陆续展开，各地、各部门要切实加强组织领导，搞好思想动员，加大督促检查力度，提高公民义务植树的责任感，不失时机地掀起造林高潮，使今年的造林绿化在规模上、质量上有新进展。

（二）组织实施好重点绿化工程。今年要启动三项绿化工程：一是城乡一体绿化建设。在继续搞好城区绿化的同时，以城乡结合部绿化为突破口，着力提高大中城市及周边地区造林绿化水平，进而带动小城市、小城镇和农村的绿化美化。二是绿色通道建设。根据“以线带面”的要求，首先把铁路、公路、江河沿线以及两侧的荒山、平原、城镇绿化起来，形成遍布祖国大江南北的条条绿色通道。三是西北和华北北部风沙区、黄土高原、长江上游地区生态工程建设。目前宏观经济环境比较好，全面启动这三个地区生态建设工程的时机已经成熟。要抓紧工作，加大力度，抓出成效。

（三）加强对绿化工作的组织领导。1982 年，党中央、国务院决定成立中央绿化委员会，1988 年改为全国绿化委员会，统一领导全国造林绿化和全民义务植树运动，并规定县级以上各级人民政府均应设立绿化委员会。多年来，各级、各部门绿化委员会为推动全民义务植树运动和整个造林绿化事业，发挥了重要作用。新一届全国绿化委员会要坚定信心，扎实工作，努力做好宣传发动、组织协调、督促检查、表彰先进的各项工作，加快国土绿化进程。国家林业局承担全国绿委办公室的日常工作，要切实转变职能，改进工作作风，提高办事效率。各地各部门要继续加强对绿化工作的领导。

同志们，绿化国土，任重道远。让我们高举邓小平理论的伟大旗帜，在以江泽民同志为核心的党中央领导下，全面贯彻落实党的十五大和九届全国人大一次会议精神，坚定信心，扎实工作，加快发展国土绿化事业，造福国家，造福人民，造福子孙后代。

部局领导重要讲话

林业部部长陈耀邦在全国林业厅局长座谈会暨全国林业计划会议上的讲话

（1998年1月6日）

同志们：

这次全国林业计划会议开了3天，林业厅局长们进行了广泛的座谈，今天就要结束了。3天来，我们按照中央经济工作会议、全国金融工作会议、全国计划会议精神，联系当前实际，总结了1997年的林业改革和发展工作及林业计划工作，并对1998年的工作进行了研究安排。会议开始时，李育才同志代表林业部作了《抓住机遇，突出重点，进一步加快林业发展进程》的讲话。会议期间，同志们解放思想，畅所欲言，发表了许多很好的意见。特别是各位厅局长的发言，对大家了解情况，交流经验，取长补短，开阔思路，促进工作，很有帮助，我们听了也很受启发。总之，这次会议开得很好，很务实，很有成效。

怎样安排好今年的工作，部里非常重视，前几天还专门召开部务会议作了研究。根据这次会上同志们发言的情况和部里研究的意见，我讲三个问题。

一、关于1997年林业工作的简要回顾（略）

二、关于1998年的林业改革和发展工作

党的十五大对加快林业建设，促进可持续发展提出了新的更高的要求。江泽民总书记、李鹏总理、朱镕基副总理等中央领导同志对大抓植树造林，保护森林资源，改善生态环境作出了重要指示。最近，中央又在今年的经济和社会发展工作部署中提出："认真实施可持续发展战略"，"严格控制森林采伐，大力植树种草，绿化荒山荒漠，防治水土流失，改善生态环境"。我们要按照中央的部署，积极认真地安排好今年的工作。

1998年林业工作的指导思想是：高举邓小平理论的伟大旗帜，全面贯彻落实党的十五大精神，紧紧围绕两个根本性转变和林业两大体系建设，抓好现有森林资源保护，加快造林绿化和生态工程建设步伐，加大国有森工企业、场圃改革和林业经济结构调整力度，强化科教兴林和依法治林，充分利用国外森林资源和市场，保障和促进林业持续快速健康发展。

根据当前的实际，我们在具体研究和安排今年的工作时，要注意把握以下几点。

一是要在大力突出生态环境建设的同时，把林业产业发展放到应有的位置，全面推进林业两大体系建设。林业在生态环境建设中的主体地位无可替代，我国的生态环境又十分脆弱，所以，必须始终把改善生态环境作为林业建设的首要任务。这既是由林业的特点所决定的，也是国情对我们提出的客观要求。但也不能因此而忽视或放松林业产业的发展，因为林业也是国民经济的一个重要基础产业。

二是要坚持"稳中求进"的方针，发展和保护并重，既突出森林资源培育，又不放松现有资源的管护。我国是一个少林国家，森林覆盖率只有13.92%，即使一棵不砍，也无法满足需要。所以，增加森林资源应该始终是我们发展林业的第一位目标。但如果因此而忽视了现有森林资源的管护，前面造林后面流失，进一步退半步，发展的速度也是快不了的。只有"稳"住了这一块，"进"才有一个巩固的基础。保护好现有的森林，特别是天然林和自然保护区，对增加森林资源，保护生物多样性，改善生态环境，求得更好更快的发展，不仅是最经济快捷的举措，而且对经济和社会可持续发展具有重大意义。

三是要运用市场机制和坚持全社会办林业、全民搞绿化并重，不能顾此失彼。我国还处在社会主义初级阶段的基本国情，决定了我们不可能像经济发达国家那样简单地走花钱买林子的路子。在市场经济条件下，一方面要依据市场规律办事，建立相应的经济政策机制，尽可能地广筹资金，增加林业投入，另一方面更要认真坚持全社会办林业、全民搞绿化的方针，并注意不断研究新情况，总结新经验，探索新路子，使其更好地得到落实。

四是既要统筹安排，又要突出重点，集中力量，求得突破。工作要有全面考虑，但又要分清主次，明确重点，而不能分散力量。尤其是，工作重点确定之后，各部门、各方面就要齐心协力，步调一致，投入、政策、科技等一齐向重点倾斜，向重点集中，确保其真正落实。例如：原始林和生态脆弱地区天然林的保护、重点林业生态建设工程、国有森工企业经济结构的调整和优化等，都需要集中一些力量，认真抓好。现在，我们确定的有些重点工作，之所以迟迟不能取得突破，很重要的一条，就是没有形成应有的合力。

经过这些年来的实践和探索，我国林业改革和发展的路子已基本明确。我们在学习贯彻江泽民总书记“5·29”讲话、中央领导同志关于生态环境建设的重要指示和党的十五大精神时，又在过去工作思路的基础上，进一步提出了新形势下林业建设的工作方针、指导思想、任务目标和工作重点，可以说大的思路已经明确。现在，我们的主要任务是按照既定的总体思路，落实好具体工作。下面，我想就今年的工作，讲一些意见。

（一）进一步加强营林基础地位，总体推进造林绿化事业。

我国的造林绿化发展势头很好，越是在这种情况下，我们越要保持清醒的头脑，注意加强对造林绿化工作的领导，做到思想上高度重视，工作上大力加强，投入上积极增加，不断推进造林绿化进程。

1. 分类指导，分层推进，扎扎实实抓好全民义务植树和面上的造林绿化工作。各地要按照“经济建设、城乡建设与环境建设协调发展”的原则，以全民义务植树运动为动力，以城镇绿化为重点，以农村大环境绿化为主体，实行以城带乡、以乡促城、城乡联动、总体推进，全面加快城乡绿化进程。要以“京九绿色长廊”工程建设为龙头，带动全国铁路、公路、河渠绿色大通道建设，努力形成国土绿化的新格局。要以苏州、无锡地区为重点，切实抓好城乡一体化示范区建设。要抓紧修改、完善《全民义务植树运动实施办法》，拓宽视野，丰富内涵，确保全民义务植树运动在市场经济条件下的不断深入开展。

要切实抓好面上造林。凡近期有条件灭荒的省区，要切实按规划如期灭荒；对近期难以实现全省区范围灭荒的，应积极开展以地、县为单元的灭荒工作，将目标落实到地、县，落实到年度，促其逐个突破。部里要抓紧颁发《全国造林绿化标准》，促进已灭荒地区尽快实现全面绿化。今春的造林绿化工作要及早作好准备，要有更大的声势，取得更好的效果。

2. 以在黄河上中游、长江上游和重点风沙区的六个新上的重点林业生态工程项目建设为龙头，全面推动林业生态工程建设。首先，要高起点、高水准地启动好新的六个项目。各项目省区要在摸清底数，搞好与现有规划衔接的基础上，要自下而上编制项目总体规划设计，并按照以山系、流域进行综合治理的要求，认真搞好年度施工作业设计。要结合新工程的启动实施，建立健全项目建设管理体系，制定工程管理办法，做到职责明确，运转协调。同时，对在建的十大工程，要进一步加大管理力度，完善管理措施，强化检查监督，实现新老工程共同发展。要结合新项目启动，对在建工程建设布局进行必要的调整，避免重复投入，适当压缩建设规模，提高补助标准，力争原有工程在区域综合治理、优化林种结构两方面取得新的突破。

3. 加大营林体制改革力度，办好各类林业基地，提高森林经营水平。各地要按照分类经营的要求，根据不同的培育目的，科学地确定森林经营方式，分类搞好现有中幼林的抚育管理和封育管护工作。要结合营林体制改革，在切实抓好速生丰产用材林基地建设的同时，以市场为导向，合理调整现有用材林、经济林、竹林、薪炭林、花卉等各类林业基地的建设布局，做到基地建设与市场需求相结合、与加工利用相结合，把各类基地真正建成经营的第一车间，实现产加销一条龙，贸工林一体化发展。经济林建设要按照“优化结构、稳步发展、提高质量、增加效益”的原则，切实加强宏观引导，避免盲目发展。要抓紧制定全国花卉管理办法，颁发全国主要花卉产品等级标准，加强管理，促进花卉产业发展。要在抓好基地建设和资源培育的基础上，进一步搞好竹业的开发。

4. 以遏制荒漠化扩展为重点，进一步搞好荒漠化防治工作。防沙治沙工作，要以防风固沙、保护农田为主要目的，进行综合治理；对沙漠戈壁地区，要努力保护好现有沙生植被，在有条件的地区积极发展林草植被，防止流沙推进。当前，要切实抓好重点县和示范基地建设，总结推广一批先进典型。要加强荒漠化监测网络建设。要进一步加强各有关部门的协调配合，充分发挥各个方面的积极性，共同抓好荒漠化防治工作。

5. 抓好种苗基地建设。各地要根据造林绿化对种苗的需求变化，及时调整种苗生产基地，加快工业原料林、经济林良种基地以及阔叶树、灌木和草种采种基地的建设步伐。要注意跟踪世界林木育种新技术，加快杂交育种和杂种无性系繁殖技术的研究，加大优良品种的引进、筛选、推广力度，开展良种繁育、推广的新技术革命。要完善种苗质量监督的措施，不断提高种苗质量。各有关省区要积极配合，重点做好六个新启动的林业生态工程项目的种苗准备工作。要在调查研究、摸清工程区现有种苗情况的基础上，尽快制定种苗应急供应计划，及时调剂余缺，确保新项目的顺利启动。

6. 做好《全国造林绿化规划纲要》的衔接工作。根据国家生态环境建设规划和《1989～2000年全国造林绿化纲要》的实施情况，今年要着手研究下世纪前十年造林绿化工作的指导方针、工作目标和基本任务，为制定《21世纪前十年全国造林绿化规划纲要》作准备。

（二）认真贯彻落实中央领导同志指示要求，以改革的精神切实抓好天然林保护工程的组织实施工作。

党中央、国务院对天然林保护工作历来十分重视，特别是近年来，中央领导同志多次指示我们，要把天然林保护与保证国家大型水利设施安全、加强农业基础地位、促进生态环境和生存条件改善紧密结合起来。最近，朱镕基副总理又再次强调：森工转产势在必行，要坚决停止天然林采伐，实行封山育林。保护天然林是中央领导同志从实施可持续发展战略，保护改善生态环境，造福子孙后代的大局出发而作出的一项高瞻远瞩的重大决策，我们必须充分认识这一重大决策的政治意义并认真落实。为此，从今年开始，必须把实施以调减木材产量、分流人员、提高效益为主要内容的国有林区天然林保护工程作为林业系统的一项十分重要的工作来抓。

初步设想是，按照分类经营和重点治理的原则，在国有林区首先将原始林和生态脆弱地区的天然林，特别是大江大河源头及上游两岸的生态公益林保护起来，减轻水土流失、泥沙淤积对整个流域生产、生活及大型水利设施造成的危害和威胁。这些林区的森工企业要全部停止采伐，职工要向营林、森林复合经营等方向分流转移。其他地区的天然林也要逐步停止采伐。我们要按照中央要求，拟定具体方案，尽快报国务院审批后，精心组织实施。为此，今年要着力抓好四件事：

1. 搞好宣传动员。各国有林区要紧紧抓住国家对天然林保护工作高度重视这一机遇，加大宣传力度，使广大干部群众进一步提高对实施天然林保护工程重要性和紧迫性的认识，为全面实施好这项工程创造有利的舆论环境，奠定良好的思想基础。

2. 搞好实施方案。各有关省区要积极配合部里，在修订好现有天然林保护工程规划的基础上，尽快制定《国有林区天然林保护工程实施方案》。《方案》一定要实事求是，既积极，又稳妥，具有可操作性。同时，要按照部里的统一部署，组织好天然林保护工程方案的实施、人员分流及转产项目落实工作。

3. 搞好试点示范。继续抓好国有林区天然林保护工程试点工作，进一步总结经验，摸索办法，发挥示范、辐射和带动作用。

4. 积极落实支持政策。部里要继续同有关部门协调，研究并落实对天然林保护的各项政策。在此基础上，抓紧制定《关于扶持国有林区天然林保护工程实施的若干政策》和《国有林区生态公益林管理办法》，并争取以国务院名义出台，作为在全国范围内实施天然林保护工程的总的遵循。各有关省区林业主管部门也要积极做好工作，加强部门之间的协调和配合，取得各级政府的重视，从政策、资金、项目、管理等方面给予支持，保证天然林保护工程的顺利实施。

（三）认真执行森林采伐限额，强化林地保护，提高资源林政管理工作水平。

今年，要实现两个要求，一是严格控制超限额采伐量；二是有林地损失、逆转面积要比上年下降10%以上。围绕这两个要求，要突出抓好以下四项工作。

1. 下决心解决一些地方年年超限额采伐、普遍超限额采伐的问题。从今年起，要在全国建立森林采伐限额执行情况核查制度，对各地执行年森林采伐限额的情况进行全面核查，核查结果要上报国务院并通报全国。根据这一要求，部里要制定核查方案，把限额指标审批、采伐证发放、伐区调查设计等都纳入核查内容，并研究制定综合调控办法，加大对超限额采伐的处罚力度。要加强森林资源监督工作，加大“三总量”检查力度。对重点案件要严肃处理，有的要公开曝光。各地都要按照这一要求，强化限额采伐管理工作。要经过几年努力，争取在本世纪末把全国森林资源的采伐消耗量控制在国务院批准的采伐限额之内。

2. 千方百计控制林地流失和有林地逆转。这是巩固造林绿化成果，提高每年净增加森林面积的亟待解决的关键性问题。各地要认真执行使用林地许可证制度，严格依据法定的权限审批林地，严禁越权审批、先用后批或先占后批，提高征占用林地的初审率和林地补偿费的到位率。凡未经林业主管部门审核同意征占用林地的，一律不得办理木材采伐许可证。从今年起，要建立和试行各省区市征占用林地总量控制制度和核查制度。要加大对改变林地用途的监督核查力度，严肃查处非法侵占林地和不按规定乱批滥占林地行为。要认真做好国有林业单位综合开发使用林地的规划和审核报批工作，杜绝国有林业单位擅自改变林地用途的现象，坚决制止毁林开垦。

3. 努力提高森林资源监测和经营水平。要继续做好全国第五次森林资源清查的扫尾工作，搞好数据的汇总分析。为了适应强化林业管理的需要，要进一步加强资源监测体系建设，要在现有森林资源监测体系的基础上，抓紧研究建立能够把森林资源监测、野生动植物资源监测、荒漠化监测、湿地监测和森林生态环境监测融为一体的既经济高效又科学合理的综合监测体系和评价体系，及时反映各类资源消长动态。要根据森林分类经营的原则，加强森林经营方案的编制、实施和监督检查工作。从今年起，每年要安排若干省区，按五年一个周期，对各省区市的树种结构、森林郁闭度、单位面积林木蓄积量、林木生长率进行考核，促进森林质量和森林经营水平的提高。

4. 进一步加强林业工作站建设，把它作为事关各项林业工作能不能最终得到落实的基础来抓紧抓好。要稳定职工队伍，理顺管理体系，落实资金渠道，搞好岗位培训。强化林业工作站的职能作用和社会化服务功能。要加强护林员队伍建设与管理，搞好岗位培训。

（四）采取综合措施，全面强化森林和野生动植物资源保护工作。

森林防火工作要继续实行“预防为主，积极消灭”的方针和“全社会抓保护，全民搞防火，政府负全责”的机制，全面提高预防和扑救森林火灾的能力，努力把火灾受害率控制在1/1000以内。要适应新形势的要求，做好《森林防火条例》的修订工作。要进一步加快生物防火工程建设步伐，认真总结并大力推广计划烧除技术，进一步增加森林火灾预防和扑救工作的科技含量。要加大重点火险区的综合治理力度，建立行政领导防火第一责任人制度。要全面实行《森林火灾检查制度》，坚决杜绝森林火灾事故虚报瞒报现象。要进一步加强森警部队建设和航空护林队伍管理，提高整体素质，进一步发挥其在预防和扑救森林火灾中的突击队作用。要按照“以县建队、队建基地、以劳养武”的模式，加快重点林区森林消防专业队伍建设。当前，要着力抓好春防的各项准备工作，加强检查督促，落实防范措施，确保万无一失。特别是去秋以来，北方大部分地区秋冬干旱少雨雪，更要高度重视防火工作。

林业公安工作要在抓好班子和队伍建设的基础上，继续坚持“打防并举”的方针，充分发挥林业公安机关在保护森林和野生动植物资源工作中的作用。要在国有林区、自然保护区等“热点”地区和重点部位有针对性地开展专项整治和严打行动，确保林区一方平安。要以“破大案，追逃犯，打团伙”为重点，加大对破坏资源大案要案的督查督办力度，坚决遏制住大案要案上升的势头。要继续加强和完善林区群防群治等“四大”网络建设和交通、通讯等装备设施建设，增强林业公安机关的防控和打击能力。

野生动植物保护管理工作要继续抓好全国野生动植物资源和湿地资源调查，尽快摸清底数，以此为基础，完成《全国野生动植物保护建设工程规划》、《中国湿地行动计划》的编制工作，并着手研究建立监测体系。要进一步加强濒危物种拯救中心建设，抓紧做好《濒危野生动植物种进出口管理条例》、《国家重点保护野生植物名录》上报工作和《国家重点保护野生动物名录》的调整工作，争取尽快颁布实施。在继续抓好现有自然保护区建设的同时，还要在对生态环境影响大、生物多样性丰富的天然林地带、重要湿地有重点地划建一批新的自然保护区，扩大保护范围。针对西部地区偷猎、走私藏羚羊、猎隼问题十分突出的情况，要积极报请国务院组织有关部门和省区，联合开展综合治理，遏制破坏势头。

森林病虫害防治工作要深入贯彻落实“杭州会议”精神，通过实施主要病虫害工程治理、完善目标管理和加强防治体系建设，进一步提高控灾减灾能力，尽快扭转森林病虫害严重发生的局面。要突出抓好松材线虫病、松毛虫等重点病虫害的防治工作，控制并逐步缩小危害区域，大面积降低成灾面积。同时，要制定并实施好杨树蛀干害虫的治理方案。

（五）进一步深化林业改革，促进林业发展。

1. 大力推进林业分类经营改革。今年总的要求是：全面动员，重点突破，点面结合，积极推进。一要加强宣传发动，使各级政府充分认识林业分类经营改革的重要性和必要性，把推动这项改革由部门行为转变为政府行为。二要抓好森林分类。首先把自然保护区、生态型林场、农村自然保护小区、森林公园中的森林和国有森工企业重点保护的天然林、大型生态工程的骨干林带（网）等划定为生态公益林，确立标界，建立档案，落实管护责任和措施，以此为基础，制定全国公益林和商品林分类总体规划。三要深化分类经营改革试点工作。根据《林业改革试验区近期改革与发展规划纲要》和《林业分类经营工作实施要点》的要求，各改革试验区和分类经营改革试验点要在管理体制、经营机制、投入和补偿制度、政策体系、资源林政管理、森林培育等方面进行试验，重点突破，为面上工作摸索经验，作出示范。明年，还要在国有森工企业、国有林场、集体林区再选定一批试点，扩大范围，以点带面，推动这项改革不断向广度深度发展。

2. 稳步推进国有森工企业改革。这要作为今年的重点工作来抓。一是要按照分类经营的要求，结合实施天然林保护工程，在东北内蒙古国有林区森工企业进行改革试点，推进森工企业战略性结构调整。二是要从森工企业的实际出发，研究力争用三年左右时间使大多数亏损企业扭亏的措施和办法，并落实扭亏增盈目标责任制。三是要按照建立现代企业制度的要求，对东北内蒙古国有林区四大森工集团和三户列入国家重点的林业企业，进行改组改造，促进政企分开，完善法人治理机构，建立以资本为纽带的母子公司体制，推进规范运作。四是要抓紧研究鼓励多种经济成分参与森工经济发展的政策措施，争取在资源性资产和经营性资产所有权和经营权的转让、拍卖等方面有所突破，并在森工企业内部积极推行营林生产承包责任制。

3. 切实抓好国有林场、苗圃改革。国有林场的分类经营改革试点，要争取在管理机制、配套政策等关键问题上取得突破。要积极引导和推动场圃组织结构和经济结构调整，选择有条件的场圃先行一步，探索具体做法和基本模式。要全面推进场圃人事、用工、分配制度改革，强化内部管理，活化经营机制，力争使一半以上的场圃在1998年完成这一改革任务。对贫困场圃，要制定脱贫计划，拟定具体措施，选好脱贫项目，多方争取投入，用好国家扶持和地方配套资金，加快脱贫步伐。

4. 继续深化农村林业改革。当前，农村林业发展的一个突出问题是，有地造林的却缺少资金和技术，有能力和兴趣经营林业的却无林地。为此，要在确保山林权属稳定的前提下，进一步落实“四荒”拍卖的有关政策，并研究制定促进林地使用权和林木所有权依法有偿转让，允许个人、集体和其他经济组织跨所有制、跨行业、跨地区投资林业开发，实行“谁投资、谁开发、谁经营、谁受益”的政策，促进农村林业发展。对前些年涌现的造林大户，尤其要注意研究提出一些具体办法，切实保护其合法权益。要按照发展区域规模经济的要求，采取必要措施，加速农村林业产业化进程。

（六）进一步调整和优化经济结构，推进林业产业发展。

1. 切实加强行业管理，重点抓好结构调整。要抓紧研究制定《林业产业政策》和《推进林业产业发展的若干意见》，提出进一步振兴林业产业的目标、任务、原则和政策措施，加强对结构调整的引导，大力强化以森林资源培育为基础的第一产业，调整、改造木材采运等传统产业，优先发展以木浆造纸及木竹、松香、森林食品、药材精深加工为龙头的第二产业，积极发展林产品经销、森林旅游业等第三产业。要对野生动物养殖业的发展现状进行调查，制定相应的管理政策，加强宏观调控，进一步理顺体制，强化管理，堵塞漏洞，规范经营，正确处理利用与保护的关系，确保这项产业健康发展。要对林业产业建设项目进行清理，支持市场前景看好、效益高的项目，压缩和调整超过市场需求的项目。要严格控制新开工项目，增加技术改造投入比重。

2. 按照抓大放小，择优扶强的原则，在全国扶持发展一批产业关联度大、科技含量高、经济实力雄厚、带动力强的骨干企业。今年，部里要研究制定关于抓大放小，择优扶强，搞好国有林业企业的具体意见，并确定重点扶持的50户骨干企业，在计划安排、资金投入、产品开发等方面予以重点支持。

3. 认真组织实施精品名牌战略。在全国范围内有选择、有重点地推出若干个“林业名牌产品”，以提高林业产品的知名度和市场竞争力。进一步加强林业质量管理，严格执行质量监督、质量抽查和产品生产许可证制度，提高林业产品的质量水平。

4. 抓好试点、示范，总体推进林业产业化经营。今年，部里计划在国有林区、集体林区、平原农区、西北沙区分别选择2～3个具有典型意义的地区和市县，按照区域性主导产业突出，投资主体多元化，形成连片规模开发的要求，进行综合示范，为林业产业发展探索经验。

5. 进一步完善木材和林产品市场体系建设。部里要抓紧制定《木材和林产品交易市场规划》、《木材和林产品市场规范》，并积极推动，形成以北京（国家）木材交易市场为龙头，以省区市区域性市场为骨干，以地、县和集贸性市场为基础，布局合理、覆盖全国的林产品销售网络。继续整顿木材流通秩序，进一步深化木材及林产品流通体制改革，强化林产品进出口管理。

（七）加大山区综合开发力度，促进农村区域经济发展。

今年山区综合开发工作要从改善生态环境，增加农民收入，促进区域经济协调发展三方面入手，重点抓好以下四个方面的工作：

1. 强化政策引导。抓好上报国务院的《关于加快全国山区综合开发若干问题的意见》出台的协调工作，同时，抓紧《全国山区综合开发实施纲要》的修订和实施工作，对我国山区进行合理区划，确定不同的开发重点和开发模式，加强宏观引导，促进山区综合开发工作健康发展。

2. 总结推广经验。今年适当时候，要召开一次全国山区综合开发现场经验交流会，总结推广各地在开发模式和开发机制方面的成功经验，推动全国山区综合开发向纵深发展。同时，要选定一批区域主导产业突出，科技含量高，市场潜力大，布局合理，跨区域的重点示范工程，实行重点扶持，加大示范力度。

3. 提高管理水平。要从强化项目管理入手，研究制定项目管理办法，建立山区综合开发的统计和考核指标体系，与国家统计局联合发布山区综合开发统计年报。

4. 加强部门协调。要切实发挥全国山区综合开发协调小组的组织协调作用，研究进一步调动协调小组成员单位参与山区开发积极性的机制和办法，使各个成员单位从各自的职能出发，齐心协力，共同做好促进山区综合开发的工作。

（八）大力加强科技教育工作，促进林业发展方式的转变。

今年，林业科技工作的具体目标是：林业科技贡献率要达到32%；先进地区和科技兴林示范区要达到35%；科技成果转化率要达到40%；在适宜地区的覆盖面要达到30%左右。从今年起，部里要对各省区市的林业科技进步贡献率进行考核，成绩不好的，要通过经济手段进行调控。

1. 下大力气深化林业科技体制改革。重点是调整结构，分流人员，转换机制，创新制度。中国林科院要实现结构调整到位；各省区市林业科研院所要发挥各自优势，办出特色，在此基础上形成几个区域性的林业研究中心；地县林科所要重点转向产前产中产后服务。要配合林业新科技革命，争取建立一两个国家级重点实验室。要继续抓好产学研一体化，重点是抓好毛白杨三倍体产学研一体化示范工程。

2. 切实抓好科技成果转化。要集中力量重点推广10大类组装配套的适用技术，即毛白杨三倍体良种丰产栽培和综合利用技术，银杏良种丰产栽培和系列产品加工技术，竹林丰产栽培和加工利用技术，节水和抗旱造林技术，主要造林树种工厂化育苗技术，ABT生根粉等植物生长促进剂应用技术，飞播造林、封山育林技术，重大森林病虫害综合防治技术，花卉栽培与保鲜技术，人造板后成型关键技术。各级领导要层层创办科技兴林示范点，带头推广先进适用技术。

3. 认真抓好科技攻关，积极推动林业新科技革命。“九五”科技攻关要开展中评估，要围绕保护与发展森林资源这个中心任务，调整攻关内容。同时，要积极做好“十五”国家科技攻关项目的推荐、筛选和论证工作。要尽快组织实施林业新科技革命规划，突破口是生物技术、信息技术和新材料技术，目标是实现林木良种化和栽培集约化。在这个进程中，中国林科院、部属林业大学及相关重点实验室要勇挑重担，攀登高峰。

4. 全面推进林业企业科技进步。要在林机、木浆、木工、林化等领域争取有国家工业性试验项目上马。要以现有林业科研院所为基础，建立木竹加工、林产化工、林业机械、林特产品、技术装备等全国性的技术经济开发中心。同时，要积极组织开展科研和企业的技术对接活动，狠抓林业企业的质量监督工作。

5. 进一步加强林业教育工作。科教兴林，教育是基础。要积极探索教学、科研、生产三结合的路子。要从21世纪建设对人才的需求出发，加快林业院校教学内容和课程体系改革。要针对林业行业特点，推进林业院校招生和毕业生就业制度改革，建立有利于人才培养和使用的激励机制。要进一步加大全行业培训力度，实行鼓励、支持培训的政策措施，开展多层次、多形式、全方位的行业培训，并把人员培训与考核使用紧密结合起来，提高林业职工队伍的整体素质。

(九) 不断扩大对外开放，加强林业的国际合作。

1. 围绕林业发展的需求，进一步巩固和开拓对外科技交流与合作的渠道。努力扩大国外智力和新技术、新品种的引进规模，提高引进质量。

2. 不断拓宽对外经济合作的领域，扩大利用外资的规模。在积极争取无偿援助资金用于林业生态体系建设的同时，要扩大引进有偿资金，用于商品林基地、制浆、造纸、人造板、木材加工、林产化工等产业项目建设。

3. 切实加强合作项目的管理。全力做好世行贷款“贫困地区林业发展项目”的正式评估和批准实施工作；抓好“国家造林项目”的成果巩固和还贷准备工作；抓紧“森林资源发展和保护项目”的收尾工作。

4. 加强对林业部归口管理的国际组织和《濒危野生动植物物种国际贸易公约》、《世界防治荒漠化公约》、《国际湿地公约》等国际公约的管理和履约工作。

5. 到国外开发森林资源。从我国国情、林情出发，要十分重视国外森林资源开发，以弥补国内森林资源不足，促进生态环境改善。非洲、南美洲以及东南亚的一些国家和俄罗斯，希望与我合作，开发他们的森林资源。我们要结合实施天然林保护工程，抓紧研究，提出国外森林资源开发方案，并准备好具体项目。同时，要继续抓好在建项目的实施。这方面的工作十分敏感，我们要多做少说，注意国际舆论。

(十) 围绕《森林法修正案》的颁布实施，大力加强林业法制建设，促进依法治林。

1. 配合《森林法修正案》的颁布实施，强化普法宣传教育。要把这项宣传纳入“三五”普法宣传规划，并作为重点内容，采取有效形式，加强宣传声势，提高宣传效果，为贯彻实施修改后的《森林法》打好坚实的思想基础。

2. 抓好与《森林法修正案》相配套的法规、规章的建立健全工作，使森林法得到更好的执行。一方面，要尽快制定适应森林法要求的林木、林地转让，生态公益林补偿，林地登记，林地征用、占用管理，木材经营监督，木材等林产品运输、加工和进出口，乡村林业股份合作等方面的法规。并抓紧将《荒漠化防治法》和《野生动植物进出口管理条例》报国务院审议。同时，还要做好《湿地保护法》等一些重要法律、法规的立法调研工作。另一方面，要以《森林法修正案》为依据，对现行法律、法规和规章中与《森林法修正案》规定不符的内容进行清理并加以修改，使其与《森林法修正案》相一致。

3. 进一步规范林业行政执法行为，加大执法监督力度，提高执法权威。《森林法修正案》进一步明确了对违法行为追究法律责任的范围，加大了处罚力度，为保护森林资源，促进林业发展提供了有力的法律保障。各级林业执法机构要将《森林法修正案》的学习与刑法、行政处罚法等结合起来，吃准吃透这些法律规定的内涵和相互间的联系，尽快把林业执法统一到《森林法修正案》的规定上来。要从强化执法证管理和凭证执法入手，逐步建立一支集中、统一、权威、高效的林业行政执法队伍。从今年1月1日起，已经核发全国统一的《林业行政执法证》的，要一律凭证上岗执法；发证工作尚未结束的，必须在上半年内完成核发证工作，从7月1日起凭证上岗执法。同时，要进一步加大行政执法监督力度，认真执行已经出台的案件统计、案件督查等制度，建立和完善执法责任制和错案追究制度。

(十一) 进一步加强林业宣传工作，为林业改革和发展营造更加有利的社会舆论环境。

加强宣传，是推动林业事业发展、提高林业社会地位的重要手段。在新的形势下，加强生态环境建设，首先要大力加强这方面的宣传，营造强大的舆论声势，以进一步提高各级领导和人民群众对林业在生态环境建设中主体地位的认识。

在宣传内容上，要把保护和发展森林、改善生态环境作为宣传重点，同时，要进一步加大林业产业、山区综合开发、国有林区改革、科教兴林、野生动植物保护等方面的宣传力度。

在宣传时机上，要紧密结合植树节、世界防治荒漠化和干旱日、野生动物保护法颁布十周年、森林法修正案颁布实施和部里各个时期的重点工作，组织好宣传战役。

在宣传组织上，要充分调动各级林业宣传部门和社会新闻单位的积极性，精心策划，选准角度，形成林业宣传的整体优势和规模优势。

要进一步抓好林业自身宣传舆论阵地建设，发挥应有作用。今年是《中国绿色时报》创刊的第一年，希望林业系统关心《时报》，支持《时报》；《时报》要牢牢把握正确的办报宗旨，坚持高标准、高起点，在提高办报质量、增强社会影响力等方面多下功夫，努力把我们林业行业这张最大的报纸办成具有一流水准的大报。

（十二）齐心协力，扎实工作，切实做好全国林业工作会议的筹备工作。

面对新的形势，林业发展要从过去以经济产业为重点转向以生态环境建设为重点，这就要求我们必须对林业发展的指导思想、工作方针、体制机制、政策措施等进行相应调整，其中许多问题，都需要国务院从更高的层次上来帮助解决。去年以来，我们系统上下已经在这方面作了大量的基础性工作。经请示国务院领导同志同意，今年将在国家批准《全国生态环境建设规划》后的适当时机，以国务院名义召开一次全国林业工作会议，对上述重大问题进行集中研究解决。要开好这次会议，关键是要把目前林业发展的现状讲明白，把林业存在的问题分析透，把将来林业改革和发展的大思路理清楚，把今后工作的目标任务和需要采取的政策措施确定好，把眼下就必须着手工作的突破口选准确。这当中，还有许多问题需要我们作深入细致的调查研究，还有许多工作需要我们同有关部门进一步沟通、协调。

为此，部里决定，今年要组织相当的力量，作好全国林业工作会议的筹备工作。有关筹备工作，部里还要作专门的研究部署。希望各级林业部门一定要从思想上、工作上高度重视这件事情，按照部里的统一部署，上下配合，齐心协力，共同把这件大事办好。

（十三）继续坚持“两手抓、两手都要硬”的方针，全面抓好林业行业的队伍建设。

今年林业改革和建设的任务十分艰巨，要完成好这些任务，必须重视发挥我们党的政治优势，大力加强林业队伍建设，为搞好今年的工作提供有力保证。

1. 进一步抓好邓小平理论和十五大精神的学习。深刻领会精神实质，全面把握思想内涵，用它来统一我们的思想，武装我们的头脑，指导我们的工作。这是我们搞好林业两大体系建设的最重要的思想保证。

2. 切实加强思想政治工作。大力发扬林业行业艰苦奋斗、无私奉献的优良传统，增强做好林业工作的光荣感和凝聚力。要紧紧围绕今年林业改革和发展的中心任务，广泛开展解放思想、转变观念的宣传教育活动，使广大干部职工的思想跟上形势的发展，适应两个根本性转变的要求，促进林业改革的深化和林业事业的发展。

3. 继续抓好反腐倡廉，坚决纠正行业不正之风。特别是掌管人、财、物权力的部门，要进一步建立健全办事公开、权力分解、岗位转换、离任审计等制度，促进管理的规范化，提高工作的透明度，防止滥用权力，以权谋私。要切实巩固公路“三乱”治理成果，继续对林业基本建设项目、集体林区木材“三证”使用管理情况进行执法监察。要进一步抓好减轻林农负担、企业负担、清理预算外资金工作。

4. 大力加强各级领导班子建设。各级领导干部要认真按照江泽民总书记在全国组织工作会议上向领导干部提出的殷切希望，充分认识自己肩负的历史重任，加强学习，不断提高自己，锤炼自己，在群众中树立良好形象，全心全意为人民服务。各级领导干部要成为解放思想、开拓前进的模范，无论是研究问题还是部署工作，都要善于把中央的方针政策与林业改革和发展的实际结合起来，创造性地开展工作。

5. 切实关心林区困难职工的生活。春节前要组织人员深入基层、深入林业生产建设第一线和贫困山区走访慰问，献爱心、送温暖，为群众办实事、办好事，进一步做好林区社会稳定工作。

三、对林业计划工作的几点希望和要求

做好林业计划工作是促进林业发展的一个重要保证。多年来，各级林业计划部门围绕林业建设的中心任务，开拓进取，努力工作，在宏观调控、广筹资金、综合平衡、落实项目等方面取得了很大成绩，为推动我国的林业改革和发展事业作出了积极贡献。希望林业计划部门的同志们再接再厉，为全面完成新时期林业改革与发展的各项任务搞好服务，多做贡献。借此机会，我向大家提几点希望和要求。

（一）讲大局，把握林业计划工作的重点。党的十五大对我国今后一个时期的国民经济和社会发展作出了全面部署，对我国的林业改革和发展提出了新的更高的要求。去年以来，中央领导同志又对林业工作做出了一系列的重要指示，要求我们大抓林业生态工程建设，加强天然林保护，搞好森工转产，帮助国有林场脱贫，改善生态环境，促进可持续发展。这些工作，都是我们今后必须着力突破的重点，也是我们计划工作必须优先保证的重点。集中力量，确保这些重点工作目标的实现，就是我们工作的大局。为此，从事林业计划工作的同志，一定要牢牢把握这个大局，服从这个大局，服务这个大局，以此为中心，来研究和安排好我们的计划工作。

（二）讲改革，探索新时期搞好林业计划工作的新思路。要进一步解放思想，转变观念，努力改革那些与社会主义市场经济体制不相适应的方面，与新时期的林业建设不相适应的方面。要按照两个根本性转变的要求，进一步把林业计划体制改革引向深入。继续改革年度计划、中长期计划的制定方法。完善林业专项计划形式，增强林业计划的针对性，确保林业建设的方向和重点。要进一步建立健全宏观经济信息系统，做好林业经济运行的监测、预测和分析，抓好信息反馈，建立经常性的信息发布制度，用正确的宏观信息引导微观经济活动，努力使林业计划工作具有超前性、预见性和导向性。要继续完善宏观计划调控手段，制定林业产业政策，完善林业产业政策体系，充分发挥产业政策的指导和导向作用，引导林业持续、快速、健康发展。

（三）讲学习，提高林业计划工作的整体水平。新的形势和新的任务，要求我们创造性地工作，努力提高林业计划工作的整体水平。要提高计划工作的整体水

平，关键在于加强学习，提高队伍的整体素质。首先，要认真学习邓小平理论，完整准确地把握邓小平理论的科学体系和精神实质，自觉地运用邓小平理论来指导我们的各项工作。其次，要认真学习社会主义经济理论和经济管理知识。当前，我国正处在由传统的计划经济体制向社会主义市场经济体制转变的时期，林业计划工作如何适应这个变化，进一步转变职能，改进方法，更好地为林业改革和发展服务，是摆在我们面前的一个极为迫切的课题。所以，学习对我们来说非常重要。学习中，既要注意掌握市场经济的一般原理，更要注意结合中国的实际，考虑我国的国情林情，找好结合点，探索新路子，把林业计划工作提高到一个新的水平。

（四）讲作风，树立清正廉洁的形象。江泽民总书记在十五大报告中明确指出，作风建设的根本是坚持全心全意为人民服务的宗旨。我们从事林业计划工作的同志，因为手中的权力比较大，所以，一定要注意严格要求自己，把握自己，时刻牢记为人民服务的宗旨。要转变工作作风，牢固树立为基层服务，为林业建设服务的思想，急基层之所急，想基层之所想，认真为基层办实事，办好事，排忧解难。要大兴调查研究之风，深入实际、深入群众、深入林业改革和建设的第一线，开展调查研究，及时发现新情况，解决新问题，促进林业发展。要认真做好与有关部门的协调工作，正确处理同各个方面的关系。尤其是要加强与各级综合经济部门的联系，做到勤沟通，多汇报，争取各方面的理解和支持，为林业建设创造良好的外部环境。要加强廉政勤政教育，加强监督机制建设，加强林业审计工作，引导大家正确行使手中的权力，勤政为民，廉洁奉公，树立良好形象。

同志们，今年的工作任务相当繁重，相当艰巨。做好今年的工作，意义重大。我们必须从服从和服务于国家经济和社会发展的大局出发，找准林业的位置，以党的十五大精神为指针，抓住党中央、国务院要求大力加强生态环境建设的有利机遇，按照这次会议所确定的各项任务目标，做好各项工作，努力加快我国林业生态体系和林业产业体系建设步伐。同志们，让我们高举邓小平理论的伟大旗帜，在以江泽民同志为核心的党中央正确领导下，统揽全局，精心部署，狠抓落实，团结一致，艰苦奋斗，开拓前进，为全面完成1998年林业改革和发展的各项任务而努力！

统一思想　抓住机遇　坚定信心
全面开创新形势下林业建设的新局面

——国家林业局局长王志宝在全国林业厅局长座谈会上的讲话

（1998年10月28日）

同志们：

在抗洪斗争取得伟大胜利，党的十五届三中全会刚刚闭幕的时候，把大家请来，开一个座谈会，主要是想就当前的林业形势、林业发展思路和主要工作同大家沟通一下思想，以统一我们对一些重大问题的认识。因此，这次全国林业厅局长座谈会是一次贯彻落实十五届三中全会精神，促进林业发展的会议。会议的主要任务是，交流情况，分析形势，统一思想，理清思路，部署工作。根据局里考虑的意见，我先讲三个方面的问题，抛砖引玉，供大家讨论。

一、认清形势，增强信心，进一步统一对做好新形势下林业工作的认识

党中央、国务院历来对林业工作十分重视。去年八月，江泽民、李鹏等中央领导同志专门就生态环境建设作出长篇重要批示，代表第三代中央领导集体，向全国人民发出了再造秀美山川的伟大号召，进一步明确了林业在国民经济和社会可持续发展中的战略地位，为林业发展注入了强大的推动力。本届政府更是高度重视林业工作，始终把林业事业摆在重要位置，对林业建设提出了一系列非常明确的任务和要求。前不久，专门下发了《国务院关于保护森林资源制止毁林开垦和乱占林地的通知》。在这次灾后重建、根治水患的“三十二字”综合治理措施中，把“封山植树、退耕还林”放在了首位。特别是朱镕基和温家宝同志，最近以来对林业工作作出了一系列重要指示和批示。全国人大、全国政协对林业工作也极为关注，今年4月，正式通过了修改后的《中华人民共和国森林法》。这次大水之后，不但多次开会研究林业，而且下去视察林业；李鹏等领导同志还多次找我们了解林业建设方面的情况和问题，为林业工作营造了良好的外部氛围。中央各有关部门，对林业工作同样给予了很大支持，今年的林业投入，较往年有大幅度的增加。地方各级党委、政府也闻风而动，相继做出停止采伐天然林、制止毁林开垦、保护森林资源等方面的决定，并采取了一系列促进林业发展的政策措施。近一个时期，林业成了新闻媒介争相报导的热点和全国人民高度关注的焦点，一个全社会关心林业、重视林业、支持林业、狠抓林业的高潮正在逐步形成。可以说，林业工作的大环境、大气候、大形势比以往任何时候都有利，林业正面临着前所未有的发展机遇。

但是，也要清醒地看到，机遇越大，对我们的挑战也越大。如果我们抓不住机遇，行动迟缓，工作跟不上，不仅会贻误事业，丧失一次振兴林业的大好机会，而且也无法向党中央、国务院交待，向全国人民交待，向林业系统的广大干部职工交待。特别是林业部改组为国家林业局后，一方面规格和级别下降了，组织、协调工作的难度加大了；另一方面担负的职责和任务不但没有减轻，反而明显地加重了，尤其是这次大水之后，社会各方面对我们期望值都很高，压力应该说是很大的。这同时，也给我们提出了许多新的课题：林业究竟应该向什么方向发展？怎么发展？林业两大体系的发展目标要不要坚持？分类经营的作法要不要坚持？如果坚持，作为公益事业的这一块怎么搞？作为产业的这一块怎么搞？两大体系建设之间的关系应该如何处理？等等，等等。

面对新的形势和新的任务，我们怎样才能抓住机遇，乘势而上，把工作做好？我看，关键是我们系统上下的思想必须统一，认识必须到位，思路必须对头，为林业定好位、定准位，同时找好当前工作的突破口。

总的来看，通过今年大水，全国上下都有这样几个共识：一是林业在整个现代化建设、尤其是生态环境建设中的地位是十分重要的，作用是十分特殊的，必须放在突出的位置；二是我国林业发展的现状，远远滞后于其他方面，是国家建设中最薄弱的环节之一，是制约国民经济和社会发展的重要因素，应该受到格外的重视和加强；三是林业建设任重道远，是一项长期而艰巨的任务，需要经过几代人、甚至十几代人坚持不懈的努力才能奏效。

林业既是重要的社会公益事业，又是重要的基础产业，具有生态、社会和经济三大效益，肩负着改善生态环境、促进经济发展的两大任务。现在，我们正处在由传统林业向现代林业转变的时期。所谓传统林业，就是以满足人类的经济需求为主要目的的林业。这是造成森林资源过度采伐、过度开垦的最重要的原因。现代林业则以满足人类的多种需求为目的。森林有多种功能，这多种功能恰恰能满足人类的多种需求，包括生态环境的需求、生活环境的需求以及对木材和林产品的需求。正是基于这样一种认识，我们才明确提出了建立完备的林业生态体系和建立发达的林业产业体系的长远奋斗目标。这里要指出的是，所谓“完备”和“发达”永远是一个相对的概念，是无止境的。我们之所以追求第一个目标，是因为森林作为陆地生态系统的主体，对调节气候、涵养水源、保持水土、防风固沙、改良土壤、减少污染、美化环境、抵御自然灾害、保持生物多样性、维系生态平衡等发挥着不可替代的作用。当今人类面临的一切生态环境问题，几乎都与森林的严重不足密切相关。保护森林，发展林业已经成为全球环境问题的主题，越来越受到国际社会的普遍关注。1992年世界环发大会特别强调：“在世界最高级会议要解决的问题中，没有任何问题比林业更重要了。”这是一种世界性的共识。我国的森林资源本来就少，森林覆盖率只有世界平均水平的一半，人均占有森林面积和蓄积更少，生态环境脆弱，先天严重不足；加之经济建设又处在高速发展时期，人口不断增加，对生态环境造成的压力很大，尤其需要高度重视和大力加强林业建设。这次大水的惨痛教训也告诫我们，大力保护、恢复和发展森林资源，已成为摆在全国人民面前的一项紧迫任务。我们之所以追求第二个目标，是因为森林作为一种重要的自然资源，要为经济建设和人民生活提供大量的木材和林产品，发展林业对于优化国民经济结构，促进农业增产和农民增收，保证区域经济协调发展，推动扶贫攻坚事业，增加劳动就业机会，加速山区现代化进程具有十分重要意义。从满足木材和林产品的需求方面讲，林业生产可提供1100多种产品，而且多数是不可替代的。这次大水之后，社会上有一种说法，为了保护生态环境，今后国内一棵树木也不能砍伐。舆论界对此也有报导。我认为这是一种倾向掩盖了另一种倾向，是从一个极端走向了另一个极端，是一种误导。我国是一个十几亿人口的发展中大国，目前全国每年消耗木材大约为1.5亿立方米。这么大的消费需求，全靠国际市场解决是不可能的。现在，各国都在控制原木出口，国际市场的供应量有限；国家的外汇也难以承受；还有世界环保组织的舆论压力等。所以，我国的木材和林产品供应，主体上只能立足国内，这是不以人的意志为转移的。尤其需要指出的是，我国的林业发展，要靠调动亿万农民的积极性，造林不让采伐，没有收益，就等于失去了农民的积极性，失去了林业发展的基础。还要指出的是，我国是一个多山的国家和农业大国，山区面积占国土面积的69%，山区人口占全国总人口的56%，山地作为农民的基本生产资料和林业的主要经营对象，要为解决山区群众的生产生活问题发挥重要作用。从一定意义上讲，林业是山区经济发展的基础、龙头和主角，林业发展的好坏，直接关系到山区的经济振兴和脱贫致富；全国现代化，关键看农村，农村现代化，关键看山区，山区现代化，关键看林业。当前，党中央、国务院非常重视世界范围内的金融危机对中国经济的影响，提出要拉动国内需求，尤其是拉动农村市场。拉动的关键在于农民增收，在于农民手中有钱。增收不能只靠农业，必须立足全部国土资源，尤其是山地资源，要利用山地资源发展林业。林业发展好了，不仅可以有效地改善生态环境，而且可以有力地带动和促进其他各业的发展。实际上，只要处理得当，商品林业的发展，不仅不会损害生态林业的建设，而且只能促进生态林业的建设。一方面，商品林本身也有生态效益；另一方面，通过大力发展高产出的商品林，可以大量减少森林采伐面积。任何把林业生态建设和产业发展割裂开来、对立起来的看法和认识都是错误的、片面的。只有既包括生态建设又包括产业发展的林业，才是完整的林业、有机的林业，两者之间的关系是相辅相成的、相互促进的。不抓生态建设，林业就没有地位，工作就没有抓住重点；不抓产业发展，林业就没有后劲，也同样没有地位，而且社会用材和群众的生产生活问题不解决，森林资源也很难保护得住，生态环境建设就无法搞好。这是我国的国情、林情对林业建设提出的特殊要求。

因此，我们今后的林业工作，必须在突出抓好生态环境建设的同时，毫不放松林业产业的发展。国家林业局“三定”方案中虽然取消了部分产业管理的职能，但是，取消的职能主要是加工利用部分，而营造林的职能，包括营造商品林、经济林的职能，不但没有弱化，而且强化了。营造商品林的工作，我们不但仍然要抓，而且要按照市场经济规律，卓有成效地抓好。

二、解放思想，实事求是，进一步深化新形势下抓好林业工作的基本思路

为了进一步加快林业建设，使之更适应国民经济和社会发展的要求，完成好国家和人民赋予我们的艰巨任务，就必须根据新的形势、新的要求，对林业发展的思路进一步深化，并扎扎实实地抓好落实。总的思路是，要遵循现代林业的思想，按照建立比较完备的林业生态体系和比较发达的林业产业体系的目标，大力推进和深化林业分类经营改革，以此为突破口，来促进整个林业的改革和发展。

分类经营是对林业发展具有全局性影响的根本性改革，涉及到林业的管理体制、投入机制、政策法律法规乃至科学技术等各个方面。之所以要搞分类经营，这是由林业的特点和发展规律所决定的，是实现两大体系目标的需要，同时也符合现代林业的思想。分类经营绝不是林种 的划分，它与森林法中五大林种的划分并不矛盾。分类经营已经提出三年多了，当前的问题是，这项改革怎么深化?生态公益林业和商品林业怎么搞?对此，我们认为最关键的是要对两类林业分别在什么地方建设和怎样建设这两个基本问题作出明确的、具有可操作性的界定和回答。当务之急，是要对所有的林业用地进行分类，将其一部分区划为生态公益性林业用地，一部分区划为商品性林业用地，按照分类，在不同的地域内按照不同的办法进行建设和经营管理。对一时尚难截然分开的林业用地，也要按照兼容林业的要求，切实加强资源管护措施，尽量减少林木消耗，促其充分发挥生态、社会效益。

公益林业建设地域，除了已划定的自然保护区、自然保护小区、森林公园和其他特种用途林之外，还应包括江河（干流和支流）源头和两侧（以山脊为界）、路渠两旁、湖库周围、石质山地、风沙干旱区、高山陡坡地带、生物多样性丰富地区和其他生态环境脆弱地区的森林和林地。在这些地域内，主要采取四项措施保护、恢复和发展森林植被，改善生态环境：一是对上述地域内的天然林全部停止采伐，人工林也必须停止皆伐。对在水土保持、水源涵养等方面有特殊需要的，还要逐步划定为保护区，依法严加保护。我们所讲的天然林保护工程中的天然林，主要是指上述地域内的天然林。二是对上述地域内的所有荒山荒地，包括新造林未成林地、灌木林地，主要采取封山育林、飞播造林后封山育林或人工补植后封山育林的办法全面恢复林草植被。这样恢复的森林植被，生态效果最好。要停止炼山造林、全垦造林、挖大穴造林和带状整地造林，以尽量减少地表和植被破坏。三是在上述地域内坚决杜绝毁林开垦，并对已经发生的毁林开垦，在统筹规划下限期退耕还林还草。退耕还林是一项涉及千家万户利益，政策性很强的工作。还林的前提是退耕，退耕的条件是解决农民的吃饭和增收问题。因此，25 度以上的坡耕地必须还林，还生态林；25 度以下的坡耕地可实施“坡改梯”，还林可还经济林。四是通过大力营造薪炭林、改灶节柴、以煤代柴和开发小水电、沼气、风能、太阳能等措施，解决上述地域内的农村能源问题，减轻对植被樵采的压力。

商品林业建设地域，应主要选择那些自然条件优越，适宜林木生长，同时又地势平坦，不易造成水土流失和对生态环境构成影响的地方。在这些地域内，采用高集约经营，即高科技、高投入、高产出的经营模式，大力发展速生丰产用材林、短周期工业原料林和各种经济林等，以较少的土地和较短的周期，增加木材和林产品的有效供给，满足经济建设和人民生活对木材和林产品的需要。经营管理上，可充分引入市场机制，按照市场需求和地域优势确定发展什么和发展多少；采伐管理可以按照经济成熟和工艺成熟的要求，确定采伐周期，以期求得最大的经济效益。

需要指出的是，这里的公益林业和商品林业建设地域，主要是以自然地理条件为依据、而不是以行政界限(比如一个县、一个乡或一个林场)为依据来划分的。这样区划的结果，势必形成两个层次的概念：一是就全国而言，一些大的范围可能整体上是以生态公益林业为主的，可以定性为生态公益林业建设区域；另一些大的范围可能整体上是以商品林业为主的，可以定性为商品林业建设区域。但在这两类大区域中，都不排除还可以有部分商品林业或生态公益林业。二是就一个具体的行政区域(比如一个县、一个乡或一个林场)而言，在其范围内，既可以有生态公益林，又可以有商品林，而不仅仅是只有一种。

一言以蔽之，当前林业分类经营的总的指导思想可以概括为：对确实需要抓好的生态公益林建设，切实强化工作力度和工作措施，该保护的真正保护住，该建设的尽快建设好；对确实应该抓好的商品林建设，完全按市场经济规律办事，使其尽可能高地发挥经济效益；对一时难以划定类型的地方，也要采取保护性措施，尽力减少由于经济利用而对生态环境构成的破坏，随着当地经济的发展和群众对其依赖程度的减小，促其逐步向生态公益林业过渡。总之，由于受我国特殊国情、林情的限制，林业分类经营改革，只能是一个循序渐进的过程，不可能一蹴而就，一步到位，必须从实际出发，考虑到方方面面的因素，考虑到各种条件的支持程度，在切实搞好规划的基础上，积极而又稳妥地加以推进。

以此为基础，我们设想，对于分别属于生态公益林业和商品林业范畴的建设内容，还可以进一步规划成两个大的系列工程，有重点、有计划地组织建设。具体来说，生态公益林业建设系统工程应该包括现有林保护工程（包括天然林和人工林）、封山育林工程、退耕还林工程、薪炭林建设工程等子工程。商品林业建设系列工程应该包括速生丰产用材林建设工程（包括工业原料林）、中幼林抚育工程、竹林发展工程、名特优新经济林建设工程（包括木本粮油林建设工程）、林木种苗工程、森林旅游工程和花卉建设工程等子工程。

三、不等不靠，积极进取，以抗洪精神做好当前工作

党中央、国务院继在灾后重建、根治水患的三十二字措施中提出“封山育林，退耕还林”后，又在党的十五届三中全会通过的《关于农业和农村工作若干重大问题的决定》中进一步对保护和发展森林资源，改善生态环境提出了明确要求。当前的林业工作，就是要根据这些要求，围绕一方面抓森林资源保护，一方面抓森林资源发展这两个关键问题，做好各方面的工作。当前，应突出抓好以下几项重点工作：

（一）积极组织实施好天然林保护工程。

近段时间以来，国家林业局在和各有关省区协商的基础上，修订了工程规划和实施方案，拟于近期向国务院汇报。从目前情况看，工程的顺利实施，还必须进一步明确以下几点：

一是要明确实施天然林保护工程的主要任务。主要任务是停伐和对停伐后的人员作出妥善安排。其中在职职工的去向主要是：1. 向保护森林资源转移，吃事业费，由中央和地方共同承担。2. 向造林转移，一部分人在规划的生态公益林建设区内营造生态公益林，投资由中央和省共同解决，人员工资纳入造林投资。另一部分人在商品林规划区内营造速生丰产用材林、工业原料林或经济林并实行长期经营，投资由国家安排林业贴息贷款解决，人员工资纳入造林和经营成本。3. 向多种经营转移，利用林区非木资源，大力发展种植业、养殖业、采矿业、旅游业等，所需资金由林业贴息贷款解决。4. 上述渠道安排不了的，纳入省区下岗职工待业最低生活保障体系解决。具体办法，财政部已有统一考虑。对离退休职工，统一纳入劳动保险省级社会统筹解决。对此，中央将予以适当补助。对天然林保护工程实施中遇到的其他主要问题，如地方财政减少收入和企业债务问题等，目前也正在组织调查研究。

二是要明确国家天然林保护工程的实施范围和进度安排。范围主要在重点国有林区。工作进度，按照规划，今年对长江、黄河上中游的天然林全部停伐，东北内蒙古林区今年启动，明年全面展开。要提出的是，现在不少省区纷纷启动了本地区的天然林保护工程。对这种积极性和主动性，我们要给予高度肯定。但是由于国家财力有限，目前还不可能对全国所有天然林区全面支持，支持的只能是规划区内的工程建设。按照朱镕基同志8月21日在总理办公会上提出的，地方的天然林保护工程，按照事权划分，资金主要由地方自己解决。

三是要制定好天然林保护工程规划。工程规划必须按生态公益林建设的要求，从各地实际出发，实事求是地、因地制宜地加以确定。目前，除长江黄河上中游地区天然林全部停伐外，其他地区实施天然林保护，并不等于一棵树都不能采伐。从我国实际出发，都这样做恐怕目前还办不到。即使是已经纳入国家天然林保护工程的，也应因地制宜，科学对待。例如，东北内蒙古林区，应按地域分类和生态环境建设的需要区别对待。尤其要指出的是，工程规划绝不能以资源枯竭与否来确定是否禁伐，凡列入生态公益林重点保护区的不管资源多好都要一律停止采伐，过渡区内则应允许适当抚育伐、低强度择伐，商品林区不但允许采伐，还要按照森林经营方案大砍大造。因此，在一个地区，尤其是在一个省区这样大的范围内，是否全面禁伐，要按生态公益林和商品林的区域划分，从实际出发，因地制宜地加以确定。

四是要认真落实天然林保护工程实施的责任。保护天然林的责任在地方，在实施单位。实施天然林保护工程，是一项工作难度大、时间跨度大、政策性很强的社会系统工程，政府必须作为实施的主体。国家林业局在工程实施之前，主要是会同各地做好组织制订工程规划、实施方案、相关的管理办法及政策争取工作；在工程实施之后，主要是代表国家监督、检查、协调工程的实施，并向国务院报告工程实施情况和提出调控意见。各级林业部门，在实施本地区天然林保护工程中的作用，也应这样来定位，既明确责任在政府，又积极当好政府的参谋助手。

五是不应以天然林保护工程的实施来代替林业企业的深化改革。林业企业存在的困难，只能靠深化改革、加强管理和加快发展最终解决。实施天然林保护工程，对调整林区经营结构和分流人员只是提供了机遇和条件。因此，无论什么时候，都要把搞好林区的立足点放在内部，把自身的改革和经营管理工作做好。要始终不渝地抓好林业企业管理体制和运行机制改革，强化经营管理，从根本上增强对市场经济的适应能力。要从林区的资源优势和生产力发展的客观要求出发，面向市场，大力开发林区多种资源，广开生产门路，壮大林区经济。决不能因为实施天然林保护工程而放松了对企业改革和发展工作的注意力，更不能用天然林保护工程来代替企业的改革和发展工作。改善外部条件和深化内部改革是相互配套、相互促进的，只有把自身的改革搞好了，实施天然林保护工程所创造的外部发展条件，才能被我们充分吸收，转变为促进林区发展的动力。

（二）切实抓好重点林业生态工程建设。

无论是十大防护林体系建设工程，还是六个重点治理区的治理项目，都是林业生态工程建设的骨干项目，都要高度重视，切实抓好。按照党中央、国务院的要求，当前，首先要从大局出发，下力量抓好新上的六个重点治理区的治理项目的实施工作。各项目省区的林业主管部门必须切实负起责任，将此作为工作的重中之重，认真抓好，以取得国家的信任和支持。同时，要积极争取对十大防护林工程增加投资，加快建设进度。围绕重点生态工程建设，当前应突出做好以下几方面的工作：

一是要做好世纪之交工程规划的修订、完善工作。到本世纪末，有相当一部分生态工程的阶段建设任务即将结束，我们要超前做好2000年到2010年工程规划的制定和衔接工作。当前，最重要的是要按照分类经营的要求，兼顾生态环境治理和林业产业发展两大目标，按区域实行合理区划、规划和布局，以提高工程建设的档次和效益。

二是要调整重点生态工程建设方式。要针对生态公益林的特点和建设目标，改变过去以人工造林为主的建设方式，实行以封山育林为主，封、飞、造有机结合。通过封山育林形成的是针阔叶树混交、乔灌草结合的复合植被，不但生态效益好，森林病虫害少，而且投资省、见效快、规模大，尤其要大力推行。

三是要深化林业改革，建立新的生态工程建设管理体制和机制。在全国普遍重视生态环境建设的新形势下，按照分类经营的要求，林业管理体制改革也要提到议事日程上来。改革的重点是要把生态公益林的建设纳入事业化管理的轨道，做到建设由国家投资，人员纳入事业编制。同时，要积极推广不少地区行之有效的生态工程建设“招标制”、“淘汰制”、“监理制”等做法，特别是要按照世行造林的经验，引入“报帐制”的建设管理机制，实行按检查验收结果分期下拨资金，改变一些地区年年造林不见林的状况。

（三）坚决制止毁林开垦。

国务院下发的《关于保护森林资源制止毁林开垦和乱占林地的通知》，对林业来说应该是力度最大、要求最严的一个文件。需要国务院讲的话，通知中都讲了。这充分体现了国务院对林业工作的高度重视。前不久，我们在沈阳开了专门会议，就通知的贯彻落实作了专题部署。各地要按照沈阳会议的要求，抓住时机，积极工作，坚决把国务院通知精神落到实处。这里，我想再强调几点：

第一，要把贯彻国务院《通知》精神作为今年林业工作的一件大事来抓，坚决刹住毁林开垦歪风。首先，态度要坚决，凡是有令不行，有禁不止，继续搞毁林开垦的，不论涉及到谁，都要坚决查处，决不手软。希望各级林业部门都要硬起来，敢抓、敢管，以此来提高我们的权威。

第二，要做扎实细致的工作，搞好退耕还林。一是要彻底清查，查清1994年以后毁林开垦的底数情况。二是要结合实际，认真制定好退耕还林规划，逐一落实退耕还林的责任、资金、地块和时间。同时，还要认真研究解决退耕还林中出现的各种问题。三是要落实责任。退耕还林涉及到方方面面，难度很大，只靠林业部门的推动是难以奏效的，必须实行各级政府领导负责制，林业主管部门主要是当好政府领导的参谋、助手。四是要强化退耕还林的检查验收，严防弄虚作假，保证不走过场。各级林业主管部门要组织自查，国家林业局也要组织抽查。

第三，要加强“四荒”地的开发管理。“四荒”地的开发，搞得好有利于生态环境的改善，搞不好则会破坏生态环境。应该说，经过多年的开垦，现在尚存的“四荒”地，绝大多数都在高山、陡坡、河边滩地、贫瘠荒丘或风沙干旱、水土流失严重区域。现在，已经开垦的坡耕地有的都要退耕还林了，“四荒”地开发决不能再步其后尘。目前，“四荒”地的开发和管理中的确存在着不少问题。对此，国务院正在责成有关部门研究解决。在国务院作出正式决策之前，希望各级林业主管部门，积极参与“四荒”地的开发管理，坚决制止将有林地作为“四荒”地进行拍卖，坚决制止以治理“四荒”为名将林业用地转变为非林业用地。总之，“四荒”地的开发，必须统筹规划，分类经营，除条件好的可采取水土流失治理与经济发展相结合的办法，合理安排农林牧副渔各业生产外，其余的都应采取措施保护、恢复和发展植被。

（四）大力加强商品林业建设和山区综合开发。

现在，生态林业建设已经有了天然林保护工程、十大防护林工程、六个重点治理项目等骨干工程，初步形成了生态公益林业发展的框架。相对来说，我们对商品林业的规划、建设和指导还不够，商品林业的区域优势、品种优势和发展框架还没有形成。下一步，我们将在按照分类经营原则区划和调整生态公益林业建设地域的同时，积极区划布局商品林业的发展，并集中抓好若干商品林业建设工程，努力形成与国家经济发展、人民生活水平提高相协调的发展规划和框架。初步设想抓好以下几项工程：

一是速生丰产用材林发展工程。要选择地势平坦，条件适宜，对生态环境影响不大的地域，进行重点规划，规模布局，采取高集约经营的方式，以较少的土地和较短的周期，大力营造速生丰产用材林和工业原料林，努力增加国内木材的有效供给。初步规划，今后五年营造这样的基地700万公顷。实施的关键是大力推进林工结合，造林与加工同时规划，有条件的还可依托现有加工企业，真正实现林工一体化经营。

二是中幼龄用材林抚育工程。加大对拟发展为速生丰产用材林的现有中幼林的抚育力度。我国有大量中幼龄用材林亟待抚育，要加大人工抚育力度，促其尽快生长，努力缓解停止采伐天然林后木材的供需矛盾。同时，要注意搞好低产林改造工作。初步规划，今后五年安排抚育面积667万公顷。

三是竹林发展工程。我国现有竹林面积440万公顷，居世界首位。竹子生长期短，生态效益和经济效益都非常好，目前，竹产业年产值达120多亿元，可挖的潜力更大。因此，要大力发展竹林垦复和加工。初步规划，今后五年改造低产竹林120万公顷。新建竹林基地53万公顷。

四是名特优新经济林发展工程。经济林产品是农村，特别是山区农民收入的主要来源，对增加农民收入，振兴农村经济，实现脱贫致富十分重要。初步规划，今后五年在适宜地区改造和新建木本粮油基地67万公顷，新建高质量的名特优新水果基地67万公顷。

五是林木种苗发展工程。从种苗这一林业建设的基础入手，强化科技手段，提高种苗质量，是促进商品林业由粗放经营向集约经营转变的关键。初步规划，今后五年以改扩建为重点，在全国合理布局和建设各类种子生产基地384个，规模82万公顷；各种苗圃734个，规模1.12万公顷。

六是山区综合开发工程。这是党中央、国务院交给我们的一项光荣而艰巨的任务。振兴山区经济的关键在兴山，兴山的关键在兴林。初步设想，今后五年使全国山区综合开发示范县的数目再增加一倍，达到200个左右；同时，要切实加强示范县经验的推广工作，促进整个山区的经济发展。

以上六个方面，并不是林业产业的全部，还有森林旅游、花卉等很多内容。具体的规划、布局和实施工作，局里正在组织研究，并将和各地协商。

（五）加强林业法制工作。

真正实现依法治林，才能从根本上确保林业的持续、快速、健康发展。当前，要重点抓好以下工作：

第一，要狠抓林业的立法和法规的配套。突出的方面：一是围绕新森林法的实施，尽快完善配套的法律法规，当务之急是抓紧修改《森林法实施细则》，制定并争取尽快出台林地管理条例、森林生态效益补偿基金征收管理办法、森林、林木、林地使用权转让管理条例等。二是抓紧新的法律法规的制定工作，尤其是《荒漠化防治法》、《野生动植物进出口管理条例》、《湿地保护条例》等的制定工作。三是部门规章的修订工作，要使部门规章与新修改的《森林法》相一致、相衔接。在立法问题上，工作也要分层次。除中央立法外，各省（区、市）也应抓住机遇，实现立法的重点突破。

第二，要加强林业执法工作。依法治林的关键和难点都是严格执法。执法好坏关系到林业的地位和林业部门的权威。过去，我们埋怨森林法力度小。现在，新森林法对破坏森林资源违法犯罪行为的处罚规定不能说不硬了。下一步，关键就看我们自己执法怎么样了。对毁林开垦、乱砍滥伐林木、乱划滥占林地、乱捕滥猎野生动物、超限额采伐以及侵犯林农合法权益等行为，应该做为我们执法的重点，严厉查处，决不手软。当前执法不力的一个主要原因是我们自己碍于情面，不敢得罪人，顶不住压力；再就是利益驱使，拿了人家的手软，吃了人家的嘴短，必须正视这个问题。因此，我们一方面要加大执法力度，一方面要强化执法监督，形成有效制约。

第三，要强化普法教育。当前要把学习、宣传和贯彻森林法作为一项重要而又紧迫的任务来抓。林业主管部门的领导同志，首先要带头学习、宣传和贯彻森林法，全面、正确地领会和理解森林法的各项规定，带动全社会共同把新森林法的各项规定学习好、落实好。

（六）从对林业事业负责的大局出发，努力维护林业机构的稳定性和工作职能的完整性。

明年，地方机构改革就要展开，能否在机构改革中维护林业机构的稳定性和工作职能的完整性，事关林业的前途、命运，事关林业的根本和长远发展。因此，我们一定要主动做好工作，反复宣传，使各级领导和有关部门对稳定林业机构和职能的重要性有个充分认识，尤其要注意讲透以下几点：

一是要讲明林业任务的艰巨性和长期性。实现江泽民同志提出的植树造林，再造秀美山川的目标，林业面临的任务十分艰巨，我们国家森林少，覆盖率低，生态环境总体恶化的趋势还没有从根本上遏制，没有几十年、上百年的不懈努力不行，林业工作不仅不能放松，而且要大力加强。

二是要讲明林业工作的公益性。林业主体上是社会公益事业，而不是产业。林业的发展不可能完全推向市场，靠市场机制来调节，而要靠政府行为来推动。发达国家，主要是花钱雇工造林，我们办不到，从我国的国情出发，造林绿化只有走全党动员，全民动手，全社会办林业，全民搞绿化的路子。

三是要讲明林业工作的社会性。森林资源的保护和发展都要靠全社会，靠全体公民参与。这一重要属性决定了政府行为的重要性，决定了强化林业机构的重要性。

四是要讲明林业机构变动的危害性。历史的教训一再说明，林业机构动荡不得。每一次不适当的变动，都可能造成森林资源的严重破坏，造成林业工作的倒退和滑坡。

总之，一定要使有关领导和部门充分认识到林业是一个怎样的行业，地位有多重要，林业发展必须走什么样的路子，为什么离不开强有力的机构支撑。这项工作，要早行动，争主动，全方位地、积极地做工作。根据我们前段工作的经验，一是要组建专门的班子，有得力的人负责这项工作；二是要做好材料准备，充分阐明理由；三是要多作宣传，多做工作，取得有关领导和部门的了解和支持。

当前，摆在我们面前的工作任务十分繁重，十分艰巨。怎样才能使我们适应新的形势和任务的要求，把工作做得更好呢？我想，很重要的一条就是要加强学习，使我们的思想、作风和素质有个大的转变、大的提高。首先，要认真学习邓小平理论，用邓小平理论武装我们的头脑；其次，要认真学习党中央、国务院关于改革与发展的大政方针，把握前进的总体方向；第三，要认真学习十五届三中全会关于新形势下林业建设的具体部署和要求，理清林业发展的思路，并使我们的思路与国家总体思路相一致。只有这样，才能更好地指导当前的林业发展。

同志们，我们正处在林业改革和发展环境最好的时期，大家一定要珍视这难得的机遇，进一步统一思想，理清思路，开拓进取，扎实工作，努力开创新形势下林业工作的新局面。

中国林业概述

1998年的中国林业

1998年是我国林业发展史上极不平凡的一年。一方面，在国务院机构改革中，林业部改组为国家林业局，对林业工作的方方面面产生了重大而深刻的影响。另一方面，长江流域及东北地区的特大洪水，也给我国的林业建设提出了新的课题和要求，社会各界对加强林业建设、保护森林植被、改善生态环境的呼声空前高涨，党中央、国务院对林业和生态环境建设更加重视和支持。在各级党委和政府的正确领导下，在各部门的配合支持下，经过广大林业干部职工和林农群众的努力，林业的各项工作，在新形势下，继续稳步发展。

造林绿化事业继续保持了较好的发展势头　全年完成造林481万公顷，比1997年增长10%；完成封山育林967万公顷；义务植树32.7亿株。通过狠抓城乡绿化一体化建设和绿色通道建设，使全民义务植树运动继续向纵深发展。城乡绿化一体化建设呈现出以城带乡，以乡促城，城乡一体，向更高水平发展的新趋势。重点生态工程建设取得新进展。十大林业重点生态工程全年完成造林252万公顷，占全国造林面积的52%。各地在林业生态工程建设中，加大封山育林力度，封、飞、造结合，建设质量稳步提高。为进一步加大生态环境建设力度，又新上马了长江、黄河中上游和重点风沙区六个新的治理项目，并已在100多个县启动。

天然林资源保护工程已在重点省区全面启动　经过大量的调研论证和协调工作，进一步调整、完善了"重点地区天然林资源保护工程实施方案"。长江、黄河中上游地区基本上停止了天然林采伐，东北、内蒙古林区也部分停止了天然林采伐。据初步统计，工程先期启动的12个省区已按计划调减木材产量293万立方米，完成公益林人工造林31.8万公顷，抚育88.2万公顷，封山育林243万公顷，通过转产分流安置富余人员18.9万人。

森林资源管理工作取得重要进展　国务院《关于保护森林资源制止毁林开垦和乱占林地的紧急通知》下发后，制止毁林开垦和退耕还林工作在各地全面展开。各级政府高度重视，采取有力措施深入贯彻落实，遏制了毁林开垦和乱占林地的势头。在全国开展了声势浩大的"跨世纪保卫绿色行动"，有力地打击了破坏森林资源的犯罪活动。同时，征占用林地的管理和林权证管理得到加强。通过开展全国采伐限额执行情况核查和加大对东北、内蒙古国有林区森工企业"三总量"检查的力度，规范和强化了森林采伐限额的管理和监督。木材运输检查制度和治理公路"三乱"成绩进一步巩固。基层林业站的社会化服务职能明显加强，全国基层林业站整体水平有了较大提高。

森林和野生动植物资源保护工作全面加强　野生动植物保护、自然保护区建设和湿地资源保护管理工作取得显著进展。全国野生动植物和湿地资源调查工作进展顺利。组织编制了《全国野生动植物及其栖息地保护建设规划》和《全国林业自然保护区建设规划》。有关湿地保护和濒危野生动植物种进出口管理的职能得到进一步加强。各地认真贯彻经国务院批准的《关于进一步加强森林病虫害防治工作的决定》，病虫害防治工作取得较大进展。松材线虫病、松毛虫及杨树蛀干害虫防治三个国家级工程治理试点项目进展顺利，成效明显。森防体系建设初步实现了全国省级防治、检疫信息联网。森林防火工作坚持"预防为主，积极消灭"的方针和"全社会抓保护，全民搞防火，政府负全责"的原则，严格管理，在气候条件不利的情况下，顺利完成了大水之后无大火的奋斗目标。

林业产业进一步发展　林区多种经营、木材深加工和综合利用发展较快，林业产业和产品结构单一的状况得到进一步改变。工业原料林、竹林、名特优经济林及花卉基地建设集约化经营水平进一步提高。花卉年产值达120亿元，比1997年增长25%。山区综合开发向纵深发展，示范县新增55个，总数达到114个。全年林业产值达到2727.8亿元。

林业法制建设取得新的突破　九届全国人大常委

会第二次会议审议通过了《关于修改〈中华人民共和国森林法〉的决定》，自1998年7月1日起实施。新《森林法》修改、增加了27条，更符合林业的实际，为在社会主义市场经济条件下保持林业的持续、快速、健康发展提供了强有力的法律保障。新《森林法》颁布后，全国各地认真宣传、贯彻、落实，依法治林深入人心。《森林法实施条例》、《森林、林木、林地流转条例》、《天然林保护管理条例》及《野生动植物进出口管理条例》等各项配套法规正在积极制订之中。

科教兴林战略进一步得到落实 以结构调整、人才分流、转换机制、制度创新为重点的林业科技体制改革进一步深化。国家木材工程研究中心胜利竣工。通过深入贯彻落实《农业技术推广法》、《促进科技成果转化法》，为林业科技成果的推广应用创造良好的政策环境，使林业技术推广工作不断深入。林业标准化管理和技术质量监督工作也得到加强，特别是加强了林木种子苗木质量的监督、抽查工作。林业院校教育管理体制改革和教学改革成绩显著，教育质量和办学效益不断提高。加强了林业人才规划工作，开展了林业行业人才现状调查和需求预测。以岗位培训和继续教育为重点的林业成人教育，逐步走向规范化和制度化。

林业宣传工作不断深入，充分发挥了舆论导向和舆论监督作用 围绕林业建设的中心任务，组织了一系列林业宣传活动，宣传面进一步扩大，全年中央新闻单位发表林业报道1600多篇(条)。重点组织了贯彻新《森林法》、“跨世纪保卫绿色行动”、“天然林保护工程”、纪念野生动物保护法颁布十周年等林业宣传活动。特别是特大洪水灾害发生后，通过对水灾原因的分析，对林业地位与作用的深入探讨，形成了保护植被、发展林业的强大社会舆论。

进一步加强了林业国际合作与交流 配合国家外交需要，积极工作，扩大影响，使林业在国际环境、外交和我国对外关系中的地位不断提高。林业国际合作与交流有了新突破，政府间、部门间的科技合作范围进一步拓宽，合作方式更加灵活，质量有所提高。全年共争取多边、双边无偿援助项目11个，落实资金3258.7万美元；执行政府间、部门间协议项目10项，并取得不同程度的进展。

广筹林业资金发展林业取得了新的进展 在国家有关部门的大力支持下，用于林业的基本建设投资、财政资金、贴息贷款都有较大幅度的增加，林业贴息贷款、治沙贷款和山区开发贷款三项贷款总规模达到44亿元，并保持了财政和税收政策的优惠性和连续性。同时，加强行业指导，加大资金调控和管理力度，使资金使用效益得到进一步提高。

但是我们也要看到，在林业发展和林业工作中也存在着不少值得重视的问题。一是社会各方面对林业地位和作用的认识还存在一定的局限性，在投资、税收、权益保障等方面，还没有形成一套有效保护和扶持林业发展的政策体系。二是森林资源的增长还远远不能适应改善生态环境和加快国民经济发展的要求。尽管每年造林面积不少，但由于乱砍滥伐、毁林开荒和乱占林地等屡禁不止，林木、林地损失日益严重，在很大程度上抵消了造林绿化成果。三是森林资源保护管理的难度越来越大。超限额采伐仍然比较普遍，特别是国有林区问题更加突出。林业行政案件每年发生百万起以上，且大案要案数量呈上升趋势。四是国有森工企业、林场、苗圃经济困难，停止天然林采伐后，这个问题更加突出。国有重点林区森工企业管理体制不顺，社会包袱十分沉重。 （杨百瑾）

重要林业法律法规

中华人民共和国主席令
（第三号）

《全国人民代表大会常务委员会关于修改〈中华人民共和国森林法〉的决定》已由中华人民共和国第九届全国人民代表大会常务委员会第二次会议于1998年4月29日通过，现予公布，自1998年7月1日起施行。

中华人民共和国主席　江泽民

1998年4月29日

全国人民代表大会常务委员会关于修改《中华人民共和国森林法》的决定
（1998年4月29日第九届全国人民代表大会常务委员会第二次会议通过）

第九届全国人民代表大会常务委员会第二次会议决定对《中华人民共和国森林法》作如下修改：

一、第二条修改为："在中华人民共和国领域内从事森林、林木的培育种植、采伐利用和森林、林木、林地的经营管理活动，都必须遵守本法。"

二、第三条第二款修改为："国家所有的和集体所有的森林、林木和林地，个人所有的林木和使用的林地，由县级以上地方人民政府登记造册，发放证书，确认所有权或者使用权。国务院可以授权国务院林业主管部门，对国务院确定的国家所有的重点林区的森林、林木和林地登记造册，发放证书，并通知有关地方人民政府。"

三、第五条第二款单列一条，作为第六条，修改为："国家鼓励林业科学研究，推广林业先进技术，提高林业科学技术水平。"

四、增加一条，作为第七条："国家保护林农的合法权益，依法减轻林农的负担，禁止向林农违法收费、罚款，禁止向林农进行摊派和强制集资。

"国家保护承包造林的集体和个人的合法权益，任何单位和个人不得侵犯承包造林的集体和个人依法享有的林木所有权和其他合法权益。"

五、第六条改为第八条，第一款增加一项，作为第三项："（三）提倡木材综合利用和节约使用木材，鼓励开发、利用木材代用品"。

增加一款，作为第二款："国家设立森林生态效益补偿基金，用于提供生态效益的防护林和特种用途林的森林资源、林木的营造、抚育、保护和管理。森林生态效益补偿基金必须专款专用，不得挪作他用。具体办法由国务院规定。"

六、第十条改为第十二条，修改为："在植树造林、保护森林、森林管理以及林业科学研究等方面成绩显著的单位或者个人，由各级人民政府给予奖励。"

七、增加一条，作为第十五条："下列森林、林木、林地使用权可以依法转让，也可以依法作价入股或者作为合资、合作造林、经营林木的出资、合作条件，但不得将林地改为非林地：

"（一）用材林、经济林、薪炭林；

"（二）用材林、经济林、薪炭林的林地使用权；

"（三）用材林、经济林、薪炭林的采伐迹地、火烧迹地的林地使用权；

"（四）国务院规定的其他森林、林木和其他林地使用权。

“依照前款规定转让、作价入股或者作为合资、合作造林、经营林木的出资、合作条件的，已经取得的林木采伐许可证可以同时转让，同时转让双方都必须遵守本法关于森林、林木采伐和更新造林的规定。

“除本条第一款规定的情形外，其他森林、林木和其他林地使用权不得转让。

“具体办法由国务院规定。”

八、第十四条改为第十七条，第一款、第二款修改为：“单位之间发生的林木、林地所有权和使用权争议，由县级以上人民政府依法处理。

“个人之间、个人与单位之间发生的林木所有权和林地使用权争议，由当地县级或者乡级人民政府依法处理。”

九、第十五条改为第十八条，并增加一款，作为第二款，修改为：“进行勘查、开采矿藏和各项建设工程，应当不占或者少占林地；必须占用或者征用林地的，经县级以上人民政府林业主管部门审核同意后，依照有关土地管理的法律、行政法规办理建设用地审批手续，并由用地单位依照国务院有关规定缴纳森林植被恢复费。森林植被恢复费专款专用，由林业主管部门依照有关规定统一安排植树造林，恢复森林植被，植树造林面积不得少于因占用、征用林地而减少的森林植被面积。上级林业主管部门应当定期督促、检查下级林业主管部门组织植树造林、恢复森林植被的情况。

“任何单位和个人不得挪用森林植被恢复费。县级以上人民政府审计机关应当加强对森林植被恢复费使用情况的监督。”

十、增加一条，作为第二十条：“依照国家有关规定在林区设立的森林公安机关，负责维护辖区社会治安秩序，保护辖区内的森林资源，并可以依照本法规定，在国务院林业主管部门授权的范围内，代行本法第三十九条、第四十二条、第四十三条、第四十四条规定的行政处罚权。

“武装森林警察部队执行国家赋予的预防和扑救森林火灾的任务。”

十一、第二十条改为第二十四条，第一款修改为：“国务院林业主管部门和省、自治区、直辖市人民政府，应当在不同自然地带的典型森林生态地区、珍贵动物和植物生长繁殖的林区、天然热带雨林区和具有特殊保护价值的其他天然林区，划定自然保护区，加强保护管理。”

十二、第二十三条改为第二十七条，第一款修改为：“国有企业事业单位、机关、团体、部队营造的林木，由营造单位经营并按照国家规定支配林木收益。”

十三、第二十五条改为第二十九条，修改为：“国家根据用材林的消耗量低于生长量的原则，严格控制森林年采伐量。国家所有的森林和林木以国有林业企业事业单位、农场、厂矿为单位，集体所有的森林和林木、个人所有的林木以县为单位，制定年采伐限额，由省、自治区、直辖市林业主管部门汇总，经同级人民政府审核后，报国务院批准。”

十四、第二十八条改为第三十二条，第二款、第三款、第四款和第五款中关于“审核发放采伐许可证”的规定修改为：“依照有关规定审核发放采伐许可证。”

十五、第三十一条改为第三十五条，修改为：“采伐林木的单位或者个人，必须按照采伐许可证规定的面积、株数、树种、期限完成更新造林任务，更新造林的面积和株数不得少于采伐的面积和株数。”

十六、第三十三条改为第三十七条，增加一款，作为第二款：“依法取得采伐许可证后，按照许可证的规定采伐的木材，从林区运出时，林业主管部门应当发给运输证件。”

十七、增加一条，作为第三十八条：“国家禁止、限制出口珍贵树木及其制品、衍生物。禁止、限制出口的珍贵树木及其制品、衍生物的名录和年度限制出口总量，由国务院林业主管部门会同国务院有关部门制定，报国务院批准。

“出口前款规定限制出口的珍贵树木或者其制品、衍生物的，必须经出口人所在地省、自治区、直辖市人民政府林业主管部门审核，报国务院林业主管部门批准，海关凭国务院林业主管部门的批准文件放行。进出口的树木或者其制品、衍生物属于中国参加的国际公约限制进出口的濒危物种的，并必须向国家濒危物种进出口管理机构申请办理允许进出口证明书，海关并凭允许进出口证明书放行。”

十八、第三十四条改为第三十九条，修改为：“盗伐森林或者其他林木的，依法赔偿损失；由林业主管部门责令补种盗伐株数十倍的树木，没收盗伐的林木或者变卖所得，并处盗伐林木价值三倍以上十倍以下的罚款。

“滥伐森林或者其他林木，由林业主管部门责令补种滥伐株数五倍的树木，并处滥伐林木价值二倍以上五倍以下的罚款。

“拒不补种树木或者补种不符合国家有关规定的，由林业主管部门代为补种，所需费用由违法者支付。

“盗伐、滥伐森林或者其他林木，构成犯罪的，依法追究刑事责任。”

十九、增加一条，作为第四十条：“违反本法规定，非法采伐、毁坏珍贵树木的，依法追究刑事责任。”

二十、第三十五条改为第四十一条，修改为：“违反本法规定，超过批准的年采伐限额发放林木采伐许可证或者超越职权发放林木采伐许可证、木材运输证件、批准出口文件、允许进出口证明书的，由上一级人民政府林业主管部门责令纠正，对直接负责的主管人员和其他直接责任人员依法给予行政处分；有关人民政府林业主管部门未予纠正的，国务院林业主管部门可以直接处理；构成犯罪的，依法追究刑事责任。”

二十一、第三十六条改为第四十二条，修改为：

“违反本法规定，买卖林木采伐许可证、木材运输证件、批准出口文件、允许进出口证明书的，由林业主管部门没收违法买卖的证件、文件和违法所得，并处违法买卖证件、文件的价款一倍以上三倍以下的罚款；构成犯罪的，依法追究刑事责任。

“伪造林木采伐许可证、木材运输证件、批准出口文件、允许进出口证明书的，依法追究刑事责任。”

二十二、增加一条，作为第四十三条：“在林区非法收购明知是盗伐、滥伐的林木的，由林业主管部门责令停止违法行为，没收违法收购的盗伐、滥伐的林木或者变卖所得，可以并处违法收购林木的价款一倍以上三倍以下的罚款；构成犯罪的，依法追究刑事责任。”

二十三、第三十七条改为第四十四条，修改为：“违反本法规定，进行开垦、采石、采砂、采土、采种、采脂和其他活动，致使森林、林木受到毁坏的，依法赔偿损失；由林业主管部门责令停止违法行为，补种毁坏株数一倍以上三倍以下的树木，可以处毁坏林木价值一倍以上五倍以下的罚款。

“违反本法规定，在幼林地和特种用途林内砍柴、放牧致使森林、林木受到毁坏的，依法赔偿损失；由林业主管部门责令停止违法行为，补种毁坏株数一倍以上三倍以下的树木。

“拒不补种树木或者补种不符合国家有关规定的，由林业主管部门代为补种，所需费用由违法者支付。”

二十四、增加一条，作为第四十六条：“从事森林资源保护、林业监督管理工作的林业主管部门的工作人员和其他国家机关的有关工作人员滥用职权、玩忽职守、徇私舞弊，构成犯罪的，依法追究刑事责任；尚不构成犯罪的，依法给予行政处分。”

二十五、删去第三十九条。

二十六、将本法其他各条款中的“全民所有”改为“国家所有”，“国营”改为“国有”。

本决定自 1998 年 7 月 1 日起施行。

《中华人民共和国森林法》根据本决定作相应的修改，重新公布。

国务院关于保护森林资源制止毁林开垦和乱占林地的通知

国发明电［1998］8 号

各省、自治区、直辖市人民政府，国务院各部委、各直属机构：

我国森林资源严重短缺。加强森林资源保护管理，加快后备森林资源的培育，是各级政府的一项重要而紧迫的任务，也是一项长期的战略任务。但是，近几年来，一些地方以各种名义毁林开垦或乱占滥用林地搞开发区、房地产和其他工程建设等，对林地化整为零，少批多占，不批也占，占而不补，造成林地的大量流失和森林资源的严重破坏。这种势头如不遏制，有的地方将陷入越穷越垦，越垦越穷的恶性循环，有的将从根本上失去森林资源再生的可能，有的甚至因森林植被破坏，生态环境恶化而丧失基本的生存条件。必须采取严厉措施，坚决制止毁林开垦和乱占林地行为，抢救和保护森林资源。为此，特通知如下：

一、要把保护和培育森林资源作为改善生态环境的重要任务来抓

各级政府必须充分认识到，保护和发展森林资源，关系经济和社会的可持续发展，关系人民生活水平的提高，关系子孙后代的生存和繁衍。各地在发展经济的过程中，必须正确处理好森林资源保护和开发利用的关系，正确处理近期效益与远期效益的关系，决不能以破坏森林资源，牺牲生态环境为代价来换取短期的经济增长，决不能干那些急功近利而损害全局、贻误将来的事情。要把大力植树造林，保护森林资源，加快国土绿化，改善生态环境，作为社会主义初级阶段始终坚持的一件关系全局的大事，高度重视，坚定不移，长期坚持，切实抓好。

二、立即停止一切毁林开垦行为

凡是在国家规定的乔木林地、灌木林地、疏林地、竹林地、未成林造林地和采伐迹地、火烧迹地、苗圃用地、国家规划的其他宜林地上进行的开垦活动，不论以何种名义、何种方式，不论是哪级地方政府和部门批准的，自本通知发布之日起，必须立即停止。已经批准，尚未实施的，不准实施。凡是有令不行、有禁不止，继续毁林开垦的，一经发现，要依法从严查处，并追究有关领导和人员的责任。

三、对已经发生的毁林开垦行为进行全面清查

地方各级政府和有关部门，要认真贯彻执行《中华人民共和国森林法》（以下简称《森林法》），并根据本通知的精神，对 1994 年国务院办公厅《关于加强森林资源保护管理工作的通知》（国办发［1994］64 号）下发以来，各地出台的有悖于制止毁林开垦的文件进行彻底清理，该废止的要立即废止，该修订的要认真修订，决不允许一些单位和个人打着“合法”旗号进行毁林开垦。

地方各级政府要组织专门力量对已发生的毁林开垦情况进行一次彻底清查。要查清毁林开垦的时间、面积以及造成的损失和批准单位等，重点要查清责任人并作相应处理。上级林业主管部门对各地的清查工作要进行抽查，对查处不力的，有权进行直接查处，决不允许走过场。清查情况和处理结果应逐级汇总，并由各省、自治区、直辖市林业行政主管部门于1998年年底以前上报国家林业局，不得瞒报、漏报、迟报。

四、切实做好退耕还林工作

各地要在清查的基础上，按照谁批准谁负责、谁破坏谁恢复的原则，对毁林开垦的林地，限期全部还林。要以县为单位，制定还林计划，落实造林资金，限定还林时间，保证还林质量。对拒不还林或者还林不符合国家有关规定的，由县级林业主管部门组织代为还林，所需费用由毁林开垦者承担。

退耕还林工作要在2000年年底以前完成。各省、自治区、直辖市林业主管部门要将本地退耕还林计划于今年年底以前报国家林业局备案。

五、依法严厉打击毁林开垦的违法犯罪行为

各级政府要结合清查工作，加大执法力度，坚决刹住毁林开垦和乱占林地的歪风。各地林业主管部门要会同公安、行政监察等部门开展专项打击活动。对毁林开垦数量巨大、情节严重，构成犯罪的，要依法追究有关人员的刑事责任；对从事森林资源保护、林业监督管理工作的林业主管部门的工作人员和其他国家机关有关人员，在这方面滥用职权、玩忽职守、徇私舞弊的更要严肃处理，决不姑息迁就。各地要选择一批典型的大案要案，公开曝光，以震慑犯罪，教育群众。

六、严格实施林地用途管制

为了遏制毁林开垦以及其它非法改变林地用途的行为，各省、自治区、直辖市对现有林地要实行总量控制制度，林地只能增加，不能减少。自本通知下发之日起，冻结各项建设工程征占用林地一年。确实需要征占用林地的，必须报国务院审批。凡未经批准擅自占用林地，或未批先用的，要追究直接责任人员和负有领导责任人员的责任，严肃查处。

要维护林权证的法律地位，集体或个人所侵占的国有林地，必须依法归还国有。存在林木、林地权属纠纷的地方，在纠纷解决以前，任何一方不得砍伐林木，不得占用林地。国家林业局要在充分调查研究的基础上，就进一步加强林地的保护与管理制定具体办法，报国务院批准后实施。

七、加强对林地保护工作的组织领导

地方各级政府要把林地放在与耕地同等重要的位置，高度重视林地保护工作，把制止毁林开垦、保护林地列入政府重要议事日程。要把保护林地作为保护和培育森林资源任期目标责任制的重要内容，纳入领导干部政绩考核，严明奖惩，责任到位。对制止毁林开垦工作，地方各级政府要态度坚决，精心组织，解剖典型，分析原因，认真研究退耕还林工作的政策问题，加强督促检查，做好组织协调工作。少数地方政府违犯规定造成毁林开垦的，要带头退耕还林。

各地要加大《森林法》的宣传教育力度，强化依法治林，使各级干部和群众都知法、守法，进一步提高全民、全社会的生态环境意识，提高保护森林资源的自觉性。要加强林政执法体系和队伍建设，严格执法。

各省、自治区、直辖市人民政府要将本通知执行情况于今年年底前报国务院。国家林业局要会同有关部门，组织力量，对本通知执行情况进行督促检查。

国务院

1998年8月5日

国务院关于发布红松洼等国家级自然保护区名单的通知

国函［1998］68号

各省、自治区、直辖市人民政府，国务院有关部门：

红松洼等12处国家级自然保护区名单已经国务院审定，现予发布。

建立自然保护区是一项公益性事业，对保护自然资源和自然环境，实现社会经济可持续发展具有重要意义。此次发布的12处国家级自然保护区在保护生物多样性和古生物遗迹，保护濒危物种及其生存环境，改善生态环境等方面具有重要作用。自然保护区所在地人民政府及国务院有关部门要严格按照《中华人民共和国自然保护区条例》等有关法律法规的规定，加强对自然保护区工作的领导和协调，妥善处理自然保护区的保护和建设与当地经济发展的关系，加大资金投入，建立健全管理机构，抓紧组织编制自然保护区的保护和建设规划，尽快做好划界立标和土地确权工作，制定严格的保护措施，切实把自然保护区保护好、管理好、建设好。

各地人民政府和国务院有关部门不得随意调整或改变国家级自然保护区的性质、范围、界线，如确需调整或改变的，须报国务院审定。

附件：红松洼等国家级自然保护区名单

国务院
1998年8月18日

附件：红松洼等国家级自然保护区名单

（共12处）

河北省
围场红松洼国家级自然保护区
山西省
阳城莽河猕猴国家级自然保护区
辽宁省
北票鸟化石国家级自然保护区
恒仁老秃顶子国家级自然保护区
浙江省
临安清凉峰国家级自然保护区
安徽省
金寨天马国家级自然保护区
福建省
将乐龙栖山国家级自然保护区
河南省
焦作太行山猕猴国家级自然保护区
湖北省
石首麋鹿国家级自然保护区
广西壮族自治区
木论国家级自然保护区
四川省
若尔盖湿地国家级自然保护区
甘肃省
尕海—则岔国家级自然保护区

国务院办公厅关于印发国家林业局职能配置内设机构和人员编制规定的通知

国办发［1998］81号

各省、自治区、直辖市人民政府，国务院各部委、各直属机构：

《国家林业局职能配置、内设机构和人员编制规定》经国务院批准，现予印发。

国务院办公厅
1998年6月23日

附：国家林业局职能配置、内设机构和人员编制规定

根据第九届全国人民代表大会第一次会议批准的国务院机构改革方案和《国务院关于机构设置的通知》（国发［1998］5号），设置国家林业局。国家林业局是主管林业工作的国务院直属机构。

一、职能调整

（一）划入的职能。

将原由水利部承担的在宜林地区以植树、种草等生物措施防治水土流失的政府职能，交给国家林业局承担。

（二）下放的职能。

将林地调查、定级、估价工作，交给事业单位承担。

（三）取消的职能。

1. 对木材生产、木浆造纸、森林旅游、木本药材、林木花卉等林业产业的管理。

2. 组织提报统配木材的分配资源，参与和协调统配木材的分配、调拨工作。

3. 管理非统配木材和松香（含松脂）的经销。

4. 规划指导林产品市场建设。

5. 协调森工企业（集团）与国家有关部门、地方人民政府之间关系以及出现的重大问题。

6. 指导林业经济体制改革。

7. 配合有关部门做好农村能源发展、农村综合开发和扶贫等组织指导工作。

8. 指导全国林业教育改革。

二、主要职责

根据以上职能调整，国家林业局的主要职责是：

（一）研究拟定森林生态环境建设、森林资源保护和国土绿化的方针、政策，组织起草有关的法律法规并监督实施。

（二）拟定国家林业发展战略、中长期发展规划并组织实施；管理中央级林业资金；监督全国林业资金的管理和使用。

（三）组织开展植树造林和封山育林工作；组织、指导以植树种草等生物措施防治水土流失和防沙、治沙工作；组织、协调防治荒漠化有关国际公约的履约工作；指导国有林场（苗圃）、森林公园及基层林业工作机构的建设和管理。

（四）组织、指导森林资源（含经济林、薪炭林、热带林作物、红树林及其他特种用途林）的管理；管理国务院确定的重点林区的国有森林资源并向其派驻森林资源监督机构；组织全国森林资源调查、动态监测和统计；审核并监督森林资源的使用；组织编制森林采伐限额，经国务院批准后，监督执行；监督林木、竹林的凭证采伐与运输；组织、指导林地、林权管理并对依法应由国务院批准的林地征用、占用进行初审。

（五）组织、指导陆生野生动植物资源的保护和合理开发利用；拟定及调整国家重点保护的野生动物、植物名录，报国务院批准后发布；在国家自然保护区的区划、规划原则的指导下，指导森林和陆生野生动物类型自然保护区的建设和管理；组织、协调全国湿地保护和有关国际公约的履约工作；负责濒危物种进出口和国家保护的野生动物、珍稀树种、珍稀野生植物及其产品出口的审批工作；组织、协调有关国际公约的履约工作。

（六）组织协调、指导监督全国森林防火工作；指导全国森林公安工作；组织、指导全国森林病虫鼠害的防治、检疫；承担武装森林警察办公室的工作。

（七）研究提出林业发展的经济调节意见；监管国有林业资产；审批重点林业建设项目。

（八）指导各类商品林（包括用材林、经济林、薪炭林、药用林、竹林、特种用途林）和风景林的培育。

（九）组织指导林业科技、教育和外事工作；指导全国林业队伍的建设。

（十）承办国务院交办的其他事项。

三、内设机构

根据上述职责，国家林业局设10个职能司（局、室）：

（一）办公室

协助局领导组织、协调机关日常工作，拟定和监督执行局机关的各项议事规则和工作制度，承办机关文秘、档案、会议、信息、督查、信访、保卫、保密工作；承办机关财务、房管、基建工作；承办国家林业局新闻发布工作。

（二）植树造林司

组织起草植树造林、封山育林方面的法规、规程并监督执行；组织、协调防治荒漠化方面的国际公约的履约工作；承担以植树种草等生物措施防治水土流失的工作；指导各类商品林（包括用材林、经济林、薪炭林、药用林、竹林、特种用途林）和风景林的培育；组织、指导全国森林病虫鼠害的防治、检疫和预测预报；指导国有林场（苗圃）的建设和管理。承担全国绿化委员会办公室的工作。

（三）森林资源管理司

组织、指导森林资源管理；承办国务院确定的重点林区的国有森林资源管理和向其派驻森林资源监督机构的工作；组织全国森林资源调查、动态监测和统计；监督植树造林、封山育林的检查验收；审核并监督森林资源的使用情况；组织编制森林采伐限额；监督林木、竹林的凭证采伐与运输；指导林地、林权管理并承办对依法应由国务院批准的林地征用、占用的初审工作；指导有关基层林业工作机构的建设和管理。

（四）野生动植物保护司

起草陆生野生动植物资源保护与管理的政策、法规；组织和监督、指导陆生野生动植物资源的保护与合理开发利用；研究提出国家重点保护的陆生野生动物、植物名录的调整意见；在国家自然保护区的区划、规划原则的指导下，组织、指导森林和陆生野生动物类型自然保护区、森林公园的建设和管理；组织、协调全国湿地保护；负责濒危物种进出口和国家保护的陆生野生动物、珍稀树种、珍稀野生植物及其产品出口的审核工作；组织、协调有关国际公约的履约工作。

（五）森林公安局（森林防火办公室、武装森林警察办公室）

组织协调、指导监督全国森林防火工作，发布森林火灾信息；指导森林公安工作，管理森林公安队伍；协调和督促查处特大森林案件；指导木材检查站的工作；联系林业检察院、法院。承担武装森林警察办公室的工作。

（六）政策法规司

研究提出森林生态环境建设、森林资源保护、国土绿化和防治荒漠化方面的综合性方针、政策，起草有关的法律法规；承办林业执法监督、行政诉讼和行政复议；开展普法宣传教育。

（七）发展计划与资金管理司

研究提出林业发展战略、中长期发展规划；管理中央级林业资金；监督全国林业资金的管理和使用；审核重点林业建设项目；研究提出林业发展的经济调节意见；监管国有林业资产以及局机关、直属单位的资产。

（八）科学技术司

组织拟定林业科技发展规划，指导林业科学研究；承办重大林业科技攻关项目的组织指导和申报工作；指导林业适用技术的应用和科技成果的推广，组织国家有关重点实验室评审、申报和管理；指导、协调林业技术市场建设和管理；承担林业技术监督和有关植物新品种保护、管理工作；组织协调国外智力引进工作；指导基层林业科技机构的建设和管理。

（九）国际合作司

承办林业国际合作与交流的有关工作；指导林业系统的涉外工作；参与有关国际条约谈判，协调有关国际条约的履约工作；承办涉及香港特别行政区及澳门、台湾的林业事务。

（十）人事教育司

拟定林业人才培训和教育发展规划并组织实施；承办局机关和直属单位的人事管理工作；调查和预测林业人才资源，指导林业专业技术人员的管理工作。

机关党委。负责机关及在京直属单位的党群工作。

四、人员编制

国家林业局机关行政编制为200名。其中：局长1名，副局长4名，正副司长职数35名（含机关党委专职副书记）。

离退休干部工作机构、后勤服务机构及编制，按有关规定另行核定。

林业部关于加强林业公安基层建设工作的通知

林安字［1998］3号

各省、自治区、直辖市林业（农林）厅（局），内蒙古、吉林、龙江、大兴安岭森工（林业）集团公司，林业部各直属单位：

为进一步加强林业公安建设，提高民警综合素质，增强林业公安队伍的战斗力，更好地完成保护森林和野生动植物资源，维护林区社会稳定的光荣使命，现就加强林业公安基层建设工作作出如下决定。

一、充分认识加强林业公安基层建设工作的重要性

(1)林业公安机关是人民民主专政重要工具，是公安机关的重要组成部分，是国家派驻林区的具有武装性质的治安行政和刑事司法力量。承担着保卫森林和野生动植物资源，维护林区社会治安秩序，保障林业改革和建设事业顺利进行的任务。森林是陆地生态主体，发达的林业是国家富强、民族兴旺的象征。林业在经济建设、环境保护和社会可持续发展的事业中具有极其重要的作用。保卫林业建设及保卫森林和野生动植物资源就是保卫国民经济建设，就是保护人类赖以生存的生态环境，就是维持社会可持续发展。同时，做好林业公安各项工作是加强整个公安工作和维护林区稳定的需要。基层建设是林业公安工作的根基，是各项工作的出发点和落脚点。加强基层，夯实基础，促进林业公安正规化建设和规范化管理，对于完成各项林业公安工作任务具有十分重要的意义。

二、明确林业公安基层建设工作的指导思想和基本原则

(2)根据林业公安机关面临的形势和任务，林业公安基层建设工作的指导思想是：在党中央、国务院和各级党委、政府的领导下，以邓小平理论为指导，以经济建设为中心，以维护林区社会治安稳定和服务林业生态、产业体系建设为目标，按照“抓班子、带队伍、促工作、保平安”的总体思路，加强林业公安基层队伍的组织建设、思想建设和作风建设，提高政治、业务、文化素质；加强林业公安基层的各项业务建设，提高预防、发现、控制、管理和打击能力；加强林业公安基层技术装备和基础设施建设，提高机动作战、快速反应和侦查破案能力；加强林业公安基层法制建设，提高执法水平，确保森林和野生动植物资源安全、林区社会治安秩序稳定和林业建设事业的顺利进行。

(3)林业公安基层建设工作必须坚持从严治警、依法治警、从优待警的原则，树立队伍的良好形象；坚持打防结合、以防为主的原则，加强林区治安的综合治理；坚持突出重点、强化基层的原则，提高基层技术装备的现代化水平；坚持严格执法、依法办案的原则，维护法律的尊严；坚持实事求是、分类指导的原则，以点带面、全面推进，使林业公安基层建设工作沿着正确的方向有序进行，健康发展。

(4) 根据林业公安机关的管理体制和林业公安工作的特点，林业公安基层单位是指：县级林业公安分局、县级林业公安科和林业警察大队，以及各类林业公安派出所，大面积国有林区县一级林业公安局下设的科、所、队。林业公安基层建设工作包括：队伍建设、业务建设、装备建设和法制建设。

三、切实加强林业公安基层队伍建设

(5)大力搞好林业公安基层队伍建设。要始终把队伍建设放在各项工作的首位，下大力气抓好基层队伍的组织建设、思想建设和作风建设，努力提高队伍的整体素质，造就一支政治坚定、纪律严明，秉公执法、业务精通，训练有素、作风过硬，无私奉献、敬业为民的林业公安基层队伍。

(6)基层队伍建设的核心是领导班子建设。林业公安基层单位的领导班子成员要按照江泽民总书记提出的“讲政治、讲正气、讲学习”、“自重、自省、自警、自励”的要求，做到以林为业，以警为荣；开拓创新，不断进取；廉政勤政，无私奉献；秉公执法，不徇私情；不怕牺牲，团结战斗。把基层单位的领导班子建设成为坚强的战斗集体，在政治上与以江泽民同志为核心的党中央保持高度一致。要大力加强林业公安基层单位的党组织建设，建立和完善党团的组织机构，强化党对林业公安工作的绝对领导，充分发挥党组织的战斗堡垒作用。

(7)基层队伍的思想建设、作风建设是提高队伍整体素质的基础。要坚持从严治警、依法治警的方针，严格教育、严格训练、严格管理、严格纪律。要严格实行省级林业公安机关统一管理警籍制度，保证队伍的素质。要认真学习邓小平理论，提高民警的政治、业务素质和文化水平。要以江泽民总书记为济南交警所作“严格执法，热情服务”的题词为准则，努力树立和弘扬英勇善战、无私无畏、公正廉明、雷厉风行的警风。要建立健全各项规章制度，落实岗位责任，推行目标管理，实现基层各项工作的制度化、规范化。要深入开展社会主义精神文明建设，反腐倡廉，增强文明窗口意识，牢固树立为人民服务的宗旨。要继续开展立功创模和警民共建活动，学习先进，内强素质，外树形象。

(8) 林业公安基层机构建设是实现规范化管理的前提。机构设置必须遵循林业部门和公安机关双重领导的原则，根据森林和野生动植物资源的分布情况、不同类型的林区及承担的任务，结合公安机关刑侦工作和派出所工作的改革，县级设立林业公安分局，作为公安局的派出机构；暂不具备条件的，设立林业公安科，作为公安局林业警察大队，实行两块牌子一套人马，使其成为执法实体。凡在国有林场和自然保护区等地设立的林业公安派出所应由所在地林业公安分局统一管理和领导；未设分局的地方，由林业主管部门、公安机关领导，具体管理工作由所在地林业公安科负责。

四、全面推进林业公安基层业务建设

(9) 加强业务建设是搞好林业公安基层建设工作的根本。要坚持打防结合、以防为主的原则，强化管理和防范工作，切实掌握山情、林情、社情动态，经常地、准确地分析林区形势，进一步完善群防群治网络、边界联防网络、案件协查网络和情报信息网络，强化内务管理制度，全面提高林业公安基层单位预防、发现、控制、管理和打击能力，实现发案少、秩序好、群众满意的目标。

(10)加强林区治安管理是搞好基层业务建设工作的核心内容。林业公安基层单位要熟悉辖区内的地形地貌、道路交通状况，了解森林和野生动植物资源状况及林业生产情况，掌握辖区内的社会基本情况。要把辖区内的用材大户、木材和野生动植物及林副产品的加工和经营网点作为特殊行业，建立健全监督管理措施，实行有效控制。要落实对重点人口的监控和帮教措施，加强林区暂住人口、流动人口的管理，实现静态管理与动态管理的有机结合，做到不漏管、不失控。

(11)林业公安基层单位必须坚持专门机关与群众路线相结合的方针，逐步建立健全以林业公安为主体的森林和野生动植物资源保卫体系。

——要建立健全护林队、林区治保会等群众性护林组织，加强业务指导；强化对林区治安巡逻队、经济警察队、林业治安室、内保机构的领导和管理，充分发挥其作用，形成以基层林业公安为龙头的完善的群防群治网络。

——在行政边界和林农交界以及林区治安的热点、难点地区，划定联防区域，建立联防制度，开展治安防范，形成有效的边界联防网络。

——林业公安基层单位在侦破、查处破坏森林和野生动植物刑事案件、治安案件及林业行政案件过程中，要与相关的林业公安机关和其他执法部门密切配合，协同作战，建立案件协查区和协查、通报制度，形成稳定的案件协查网络。

——林业公安基层单位要本着公秘结合的原则，广泛选聘林业治安信息员，在重点地区和部位物建治安耳目，完善群众举报接警制度，及时搜集掌握情报信息，分析预测形势，形成灵敏的情报信息网络。

(12) 林业公安基层单位要根据有关规定，健全内务管理规章制度，进一步完善图、表、簿、档，提高档案、资料规范化管理水平，为现实斗争服务。

五、积极改善林业公安基层技术装备和基础设施建设

(13)加强基层技术装备和基础设施建设是搞好林业公安基层建设工作的物质保证。要明确经费来源渠道，加大资金投入，增加科技含量，执行装备标准，落实建设规划。

(14) 按照突出重点、强化基层的原则，为保证和适应各项工作的基本需要，林业公安基层单位的交通工具、通讯器材、刑事勘查设备、武器警械和其他警用装备要达到林业部、公安部制定的各项标准。办公用房、民警住房及其他基础设施应当按照林业公安体系建设规划的要求逐步落实。积极推进基层单位的小食堂、小浴室、小健身房、小阅览室、小娱乐室“五小工程”建设。

(15)林业公安基层单位要建立健全技术装备和基础设施的使用、管理、保养等各项规章制度，保证技术装备处于良好状态，充分发挥其作用。

(16) 加快公安科学技术成果的推广、应用，努力增强林业公安基层技术装备的科技含量，走科技强警之路。

六、大力加强基层林业公安机关法制建设

(17)加强林业公安基层单位的法制建设是搞好基层建设工作的保障。在建立和完善社会主义市场经济体制、推进国家法制化建设的进程中，林业公安基层单位和民警，要树立对法律负责就是对人民群众负责的观念，增强法律意识，提高执法水平，强化执法监督，努力创造依法治林的良好局面。

(18) 广泛深入开展法制宣传教育工作，把执法活动与普法教育有机地结合起来，提高林区群众的法制观念及保护森林和野生动植物资源的自觉性，形成自觉学法、懂法、守法和爱林护林氛围。

(19) 认真组织基层民警学习法律知识，进一步提高民警的业务素质、执法水平和办案能力。进一步完善执法监督机制，建立健全案件自查制度、错案追究制度和群众监督制度，真正做到有法必依、执法必严、违法必究。

七、进一步加强和改善对林业公安基层建设工作的领导

(20) 搞好林业公安基层建设工作，关键在于各级党委、政府以及林业部门、公安机关的重视和强有力的领导。基层林业部门的党委、党组必须切实加强对这项工作的领导，一把手要亲自过问，分管领导要具体负责，加强督促检查，切实解决林业公安存在的实际问题。林业部门的党委、党组要与公安机关的党委密切配合，共同抓好这项工作。按照双重领导的原则，林业公安基层单位的党务、行政等工作以林业部门领导为主，公安业务工作以公安部门领导为主。林业部门要按照国家的有关规定负责做好林业公安基层单位的后勤保障工作，妥善解决民警的工资、津贴、奖励、抚恤、医疗、保险等政治、经济待遇问题，坚持从优待警。

(21)进一步加强林业公安基层单位的领导班子建设，要把讲政治、懂业务、具有较强组织协调能力的干部选配到领导岗位上。要认真执行领导干部“下管一级”的规定。林业部门在任免、调动、奖惩林业公安基层单位的领导干部时，必须事先征求主管公安机关和上级林业公安机关的意见。对于德才兼备的主要领导干部应当与地方公安一样予以高配。对于因职数限制不能进入领导班子的骨干，应当按照《国家公务员暂行条例》的有关规定，任命为相应级别的侦察员等非领导职务。

(22)进一步理顺林业公安基层单位的经费开支渠道。积极争取人员经费纳入同级财政。业务经费渠道已经明确的，维持原渠道不变，尚未明确的，应主动争取当地林业和财政部门的支持，保证工作需要。基层的技术装备和基础设施建设费列入同级林业部门的基本建设计划。

(23) 东北、内蒙古大面积国有林区林业公安基层单位的政保、刑侦、治安等部门的基层建设工作，结合林区社会治安实际，执行公安部、省（区）公安厅的有关规定。

(24) 各省、自治区、直辖市的林业部门要根据本决定的精神，结合当地的实际情况，进一步制定和完善林业公安基层建设工作的规定、实施方案、考核标准和奖励办法。各级林业公安机关必须认真组织实施，为开创林业公安工作新局面而努力奋斗。

林业部

1998 年 1 月 12 日

林业部关于实行林业（林农）技术资格证书制度的通知

林人通字［1998］12 号

各省、自治区、直辖市林业（农林）厅局，内蒙古、吉林、龙江、大兴安岭森工（林业）集团公司，林业部各有关直属单位：

为提高林农的整体素质，推动林农学习技术，培养一批有文化、懂技术、善经营、会管理的新型林农，进一步规范林农培训工作，经研究决定在全国实行“林业（林农）技术资格证书”制度。

一、实行“林业（林农）技术资格证书”制度的必要性

实行“林业（林农）技术资格证书”制度，是根据实际工作需要，对林农的技术资格要求、培训、考核、发证等作出规定，并制定相关配套政策，作为林农从业和培训的规程，以提高林农的文化科技素质，推动农村（林区）经济的发展。

“林业（林农）技术资格证书”是林农达到从事某项林业技术工作应具备的基本知识和基本技能要求，经当地政府或行业主管部门认可的从业资格凭证，是林农从业的岗位合格证书。

实行"林业（林农）技术资格证书"制度，是我国林业建设事业发展的客观要求，是实施科教兴林战略的需要，是实现林业现代化的必然趋势。它不仅有利于推动林科教结合，而且有利于促进林农培训工作的规范化、制度化，进一步调动广大林农学习科学技术的积极性，培养一支能够适应社会主义市场经济体制需要的、在当地生态环境建设和经济建设中能起示范带头作用的林农骨干队伍，加快广大农村（林区）脱贫致富奔小康步伐。

二、"林业（林农）技术资格证书"制度的实施对象和持证者的权利

"林业（林农）技术资格证书"制度的实施对象，主要是具有初中毕业以上文化程度的乡村护林员、乡村（私人）林场和苗圃的管理、技术人员，林业种养大户。

对取得"林业（林农）技术资格证书"的林农，应该优先安排林业项目承包和贷款。林业基层单位从农村招收职工时，在同等条件下优先录用获得"林业（林农）技术资格证书"的人员，并逐步做到凭证上岗。

在实行"林业（林农）技术资格证书"的地区，凡获得"林业（林农）技术资格证书"人员，可以优先申请评定和晋升农民技术职称。

各级林业主管部门应根据当地实际情况，制定相应的配套政策和措施，进一步明确持证者的权利和义务。

三、实行"林业（林农）技术资格证书"制度的分工与组织管理

林业部负责制定有关工作规划和指导性岗位规范；组织制定指导性培训计划、培训大纲；组织开展检查评估、经验交流和评选表彰；指导各省（区）实行"林业（林农）技术资格证书"制度。林业部成人教育领导小组负责在林业行业组织实行"林业（林农）技术资格证书"制度工作。

各省（区）林业主管部门要在当地政府的领导下成立领导小组，根据林业部的统一部署和有关政策，制定实施办法，组织实施本省（区）"林业（林农）技术资格证书"制度的工作；组织制定地方性岗位规范、培训计划、培训大纲和考试、考核办法和编写地方性培训教材；组织开展经验交流、检查验收和表彰活动。

各地（市）林业主管部门要在当地政府的领导下，根据工作需要成立相应的领导机构；按照省（区）的统一部署和要求，组织并领导各县实施"林业（林农）技术资格证书"制度，审批培训机构的资格；统一组织命题，组织协调开展少数技术性强、人员分散的岗位人员培训工作。

县是具体实行"林业（林农）技术资格证书"制度的基层单位。县级林业主管部门要在政府的领导下成立领导小组和考核评审机构。领导小组统一规划和部署本县林农技术资格培训工作，并制定有关配套政策；考核评审机构在领导小组领导下，具体组织实施"林业（林农）技术资格证书"制度工作，即根据岗位规范的要求，监督培训单位开展培训，组织"林业（林农）技术资格证书"资格考试；审定林农技术资格。

四、林农技术资格培训、考核与发证工作

开展林农技术资格培训是实行"林业（林农）技术资格证书"制度的一个重要环节。根据林业行业实际情况，林农技术资格培训可分成两类，一类是岗位类培训，参加的对象为担任一定领导职务或有具体工作岗位的人员；另一类是专业类培训，参加的对象为乡村林业种养大户。

具备培训条件的培训机构，应经地（市）林业主管部门审批同意后才能承担培训任务。承担培训任务的机构，应定期对有关教师进行培训以提高培训师资政治业务水平，并按照统一教学计划、统一教学大纲、统一教材的要求组织开展林农培训，确保培训质量。

获得"林业（林农）技术资格证书"的人员必须达到《林农技术资格岗位规范》规定的政治思想和职业道德、岗位专业知识、生产技能和工作经历、文化程度等方面的要求；同时，要参加本岗位的技术资格培训，了解本岗位的生产经营管理的基础知识。每个岗位专业知识应学习 3 至 5 门课程，150 学时左右。

申请"林业（林农）技术资格证书"的人员必须按照省级林业主管部门要求，参加考试和考核。考试、考核合格的，经本人申请，乡政府审查，县考核评审机构评审合格后，由县人民政府或其授权机构发给"林业（林农）技术资格证书"。凡 1995 年以来参加过有关培训并获得相关毕业（专业）证书的，可凭有关证书免修有关课程或免试，只学过规定的部分课程，所缺课程应补学、补考。

"林业（林农）技术资格证书"由林业部统一格式，省级林业主管部门印制并制定"林业（林农）技术资格证书"的发放登记制度。

五、加强实行"林业（林农）技术资格证书"制度的领导和监督

要根据林业部成人教育领导小组的统一部署，依靠地方政府和各级林业主管部门，实施"林业（林农）技术资格证书"制度。地方各级林业主管部门要在当地政府的领导下，提高认识，明确职责，认真实施好"林业（林农）技术资格证书"制度。

各级林业主管部门在实施"林业（林农）技术资格证书"制度中，要本着面向生产、实际实用、因地制宜的原则，在充分发挥现有办学条件的同时，逐步完善培训设施，为实施"林业（林农）技术资格证书"创造一定条件。

由于实施"林业（林农）技术资格证书"制度涉及面广，政策性强，是一项复杂的系统工程，要做好这项工作，必须有经费保证。因此，各级林业主管部门要把它纳入林业建设总体规划，争取地方各级财政的支持，多渠道筹集资金，保证"林业（林农）技术资格证书"

制度的顺利实施。

“林业（林农）技术资格证书”应规定一定的有效期，到期应接受规定的培训或考核，并由县考核评审机构对证书复核验印后，才能延续使用。“林业（林农）技术资格证书”的有效期，由省级林业主管部门规定。

“林业（林农）技术资格证书”持有者应定期接受有关培训或考核，不断提高自身的技术水平。

省级林业主管部门要对实施“林业（林农）技术资格证书”制度的地区定期进行检查、评估，对违反有关规定的要限期整顿，暂停发放“林业（林农）技术资格证书”，并将有关情况报林业部成人教育领导小组备案。

各级林业主管部门在实施“林业（林农）技术资格证书”中，应加强领导，紧密结合山区、沙区综合开发，重点生态工程建设，在认真总结林农培训工作经验的基础上，按照分级管理、分类指导、分工负责的原则，积极探索，大胆实践，扎扎实实，讲求实效，确保质量，切实提高林农培训工作的水平，为实施“科教兴林”战略作出贡献。

林业部

1998 年 2 月 13 日

林业部关于发布《林业部森林病虫害工程治理项目管理暂行办法》的通知

林护通字［1998］15 号

各省、自治区、直辖市林业（农林）厅（局），内蒙古、吉林、龙江、大兴安岭森工（林业）集团公司：

为贯彻落实经国务院批准的《关于进一步加强森林病虫害防治工作的决定》（林护字［1997］27 号）和《林业部关于对主要森林病虫害实行工程治理的通知》（林护通字［1997］141 号）精神，林业部决定，从 1998 年起对主要病虫害实行工程治理。现将《林业部森林病虫害工程治理项目管理暂行办法》印发给你们，请认真贯彻执行。执行过程中遇到的问题、建议和意见请及时反馈给部野生动物和森林植物保护司。

1998 年国家级工程治理项目，请于 1998 年 3 月底前申报，同时报可行性研究报告。

附件：1.《林业部森林病虫害工程治理项目管理暂行办法》

2.《森林病虫害工程治理项目合同》

林业部

1998 年 2 月 18 日

附：林业部森林病虫害工程治理项目管理暂行办法

第一章 总 则

第一条 为了贯彻落实经国务院批准的《关于进一步加强森林病虫害防治工作的决定》精神，遏制和扭转我国森林病虫害发生日趋严重的局面，依据《林业部关于对主要森林病虫害实行工程治理的通知》，制定本办法。

第二条 森林病虫害工程治理（简称工程治理）是指国家或省（含自治区、直辖市，下同）组织有关单位，在一定时期和较大范围内，对某种危害严重、发生普遍或危险性的病虫害，采用综合技术手段和工程项目管理办法，有计划、有步骤、有重点地实行预防为主，综合治理，把森林病虫灾害损失减少到最低水平的一种病虫害防治管理方式。

第三条 工程治理项目的管理是对森林病虫害工程治理的规划设计、申报、审批、实施、检查、验收及配套措施等内容所进行的管理，确保工程治理的科学性、规范性和可操作性。

第四条 本办法适用于林业部管理的国家级森林病虫害工程治理项目，省级以下森林病虫害工程治理项目可参照本办法执行。

第二章 工程治理项目申报和审批程序

第五条 各省根据国家林业发展总体规划，按照森林保护工作自身发展的特点和需要，应于每年6月底以前向林业部申报下一年需纳入国家级工程治理项目的治理对象和区划。

治理对象和区划设计应符合以下条件：

1. 工程治理项目以生态意义重大的防护林、特种用途林和经济价值高的用材林、经济林为保护重点，选择对其危害严重和发生面广，具有危险性，有周期性猖獗特点，生物学、生态学特性和发生规律基本清楚，并具有效防治技术措施的病虫种类为工程治理对象。

2. 规划治理的区域，除松材线虫病、蛀干害虫等危险性病虫害以外，集中连片的森林面积应超过50万亩，管辖范围应在毗连的县（市）内为宜。

3. 制定的方案要体现依靠科学技术和“预防为主，综合治理”的原则，有机地运用短期、中期、长期治理手段，充分发挥生物因素和森林生态系统自身的调控作用，对森林病虫害进行林业生产全过程的管理。实行生物治理措施优先。对治理项目方案中需要大面积改造林相的，应具有造林工程规划设计和落实资金渠道。

4. 工程治理项目规划期一般为3年，特殊情况经报林业部批准后可适当延长工程治理项目规划期。

第六条 林业部依据各省申报的国家级工程治理区划，结合年度实际情况，于9月底以前发布下年度全国主要森林病虫害工程治理项目的对象、区划和治理工程总体方案。

第七条 各省根据林业部批准发布的工程治理项目对象区划和总体方案，于当年11月底前向林业部报送工程治理可行性研究报告一式10份。

可行性研究报告的主要内容有：立项的目的、意义；总体目标；工程治理项目区的森林经营状况；治理对象的发生、危害情况；工程治理项目区的区划；主要技术措施、各项经济技术指标；工程治理项目的起止时间；实施进度；资金预算及来源（省级配套资金附省计委、财政的资金证明）；省级林业主管部门和财政部门意见；专家论证意见（附专家名单）；工程治理设计图表等。

第八条 针对各省上报的可行性研究报告，林业部组织有关生产、科研、计划、财务等部门经过评估论证后，于下一年3月，由林业部批复下达，并签定《森林病虫害工程治理项目合同》。

评估论证的主要内容包括：

（1）立项必要性；

（2）技术可行性；

（3）组织管理体系的可行性；

（4）资金可行性；

（5）效益评价。

治理工程任务和规模一经批复，各省要严格按照规划设计执行。

第九条 工程治理实行先行试点，稳步推进的原则。试点工作首先在有条件的省（区、市）开展，在总结经验的基础上，有计划、有步骤、分期分批地组织实施。

第三章 组织管理

第十条 国家级森林病虫害工程治理工作由林业部统一部署和领导。林业部野生动物和森林植物保护司具体负责并组织实施。

第十一条 列入国家级工程治理项目的各有关省、地、市、县要成立相应的工程治理项目领导小组，领导小组由当地政府主管领导和各有关部门负责同志组成，下设办公室和专家小组。

工程治理项目领导小组和办公室的主要职责是：

（1）负责工程治理的指挥、协调和日常管理；

（2）项目实施期间深入现场，帮助解决存在的问题，监督、检查工程治理质量和进度，检查资金的安排落实和使用情况；

（3）年度总结和工程结束后的检查验收。

专家小组的主要职责是：

(1)负责工程治理项目的方案论证、评审和效果评估；

（2）项目实施期间的技术指导、咨询和人员培训等。

第十二条 工程治理区的各级林业主管部门，要配合项目实施，分析并找出林业生产各个环节上导致病虫害严重发生的主导因素，应用已有的科研成果，提出相应的调整和改进措施。造林规划设计要符合防治需要，并将其纳入工程治理项目的设计方案和有关林业生产作业方案中协调实施，逐步建立起良性的生态系统、科学规范的管理机制和协调一致的防治工作程序。

第十三条 森防部门提出年度工程治理任务和补助标准，同级计划、财务部门核定资金量，并下达资金计划。

第十四条 坚持“谁经营、谁防治”的责任制度，执行分级审批，分级管理，逐步建立起国家、省两级森林病虫害工程治理项目管理体系。省级确定的森林病虫害工程治理项目应报林业部备案。

第十五条 工程治理项目完成后，承担单位应将设计文件、防治数据记录、表格、合同等所有资料，要按档案管理要求建立专门档案，专人管理，做到规范化、制度化。

第四章 资金管理

第十六条 根据《森林病虫害防治条例》和中央、地方事权划分的原则，工程治理项目资金以地方投入为主，国家适当补助。要建立多渠道、多层次、多形式的资金筹集机制，地方配套资金要求在工程治理项目实施以前逐项逐区落实。

第十七条 凡中央财政补助地方资金，省级计委、财政必须有配套资金，配套比例不得少于1:1；工程所在的市县也需按比例配套资金，配套比例不低于省级配套资金（含投工投劳折资）。地方计委、财政未按比例配套资金或配套资金未及时到位的，将取消下年度的中央补助计划安排。

第十八条 工程治理项目专项资金要实行专款专用，并建立严格的检查和专项审计制度。每年要向林业部上报资金筹集和使用情况及有关报表。

第五章 检查和验收

第十九条 工程治理项目承担单位要于当年11月底向林业部上报当年工程治理项目完成情况。

上报的主要内容包括：

(1) 工程治理年度工作报告、技术报告；

(2) 工程治理资金筹集和使用情况；

(3) 主要成绩、经验和问题；

(4) 工程治理效绩评价。

年度检查由工程治理项目领导小组组织有关人员，根据治理方案和年度计划在12月或其他适宜时间进行。

第二十条 林业部定期对各省工程治理项目执行情况进行抽查。工程项目结束后，由林业部组织有关单位和人员进行全面检查验收。

验收的主要内容：

(1) 工程治理总目标的完成情况；

(2) 主要技术、经济指标完成情况；

(3) 资金筹集和使用情况；

(4) 效益评价。

第二十一条 对年度治理工作不合格的项目，要责令限期改正；资金匹配不足或不能及时到位的，上级主管部门要采取相应的经济、行政调控和制约措施。

第二十二条 对验收未达到合同要求的，要责令其使用自筹资金限期达标。工程治理所在的省不再安排新的工程治理项目。

第二十三条 对工程治理质量高、效果显著的单位和贡献突出的个人，林业部和各级林业主管部门要给予通报表彰。能够保质按期完成工程治理项目所在的省将优先考虑安排新的工程项目。

第六章 附 则

第二十四条 本办法由林业部负责解释。

第二十五条 本办法自颁布之日起试行。

国家林业局令
第1号

《国家林业局关于授权森林公安机关代行行政处罚权的决定》，已于1998年6月26日国家林业局第5次局长办公会议审议通过，现予发布，自1998年7月1日起施行。

国家林业局局长 王志宝

1998年6月26日

国家林业局关于授权森林公安机关代行行政处罚权的决定

根据《中华人民共和国森林法》（以下简称《森林法》）第二十条规定，国家林业局决定：

一、授权森林公安机关查处《森林法》第三十九条、第四十二条、第四十三条、第四十四条规定的行政处罚案件。

二、森林公安局、森林公安分局、森林公安警察大队，查处本决定第一项规定的案件，以自己的名义作出行政处罚决定；其他森林公安机构，查处本决定第一项规定的案件，以其归属的林业主管部门名义作出行政处罚决定。

三、森林公安机关查处本决定第一项规定的行政处罚案件，必须持有国家林业局统一核发的林业行政执法证件。

国家林业局、财政部关于印发《贫困国有林场扶贫资金管理办法》的通知

林财字［1998］29号

各省、自治区、直辖市林业（农林）厅（局）、财政厅（局）：

现将《贫困国有林场扶贫资金管理办法》印发给你们，请遵照执行。

国家林业局
财 政 部
1998年6月26日

附：贫困国有林场扶贫资金管理办法

第一条 为扶持贫困国有林场（以下简称贫困林场）发展生产，管好用好贫困国有林场扶贫资金（以下简称扶贫资金），使贫困林场尽快脱贫，特制定本办法。

第二条 本办法所称贫困林场是指：以经营生态林为主，外部环境差、生存条件弱、缺水少电、交通不便，束缚了自身的创收能力，难以维持简单再生产，收不抵支，职工工资水平低于所在省（含自治区、直辖市，下同）职工平均工资水平的国有林场。

第三条 扶贫资金是国家扶持贫困林场发展生产、实现脱贫的无偿资金，是国家财政扶贫资金的重要组成部分，此项资金必须专款专用，任何单位和部门不得以任何理由改变资金的性质和用途。

第四条 扶持贫困林场脱贫所需的资金须按照多渠道、多层次、多形式的原则进行筹集，凡向中央申请补助的省，可视自身财力情况安排适当配套资金，以保证扶贫开发项目的顺利完成。

第五条 扶贫资金主要用于改善贫困林场的生产条件，发展多种经营以及利用当地资源并能带动林区经济发展，有利于贫困林场脱贫致富的项目。对推广新技术，运用科技成果进行脱贫的项目予以倾斜。

第六条 申请使用扶贫资金，由省级林业主管部门根据本省的贫困林场脱贫规划，经本地区财政部门同意将贫困林场脱贫项目按顺序排队报国家林业局（申请表见附表）。计划单列市报本省统一汇总上报。

第七条 国家林业局根据各省的资金申请及贫困林场脱贫工作的实际情况，商财政部按项目将扶贫资金一次性分配给省级林业主管部门，并报财政部备案。由省林业主管部门分配给项目使用单位。

第八条 各级林业主管部门要把扶贫资金落到实处，做到资金到项目，管理到项目，核算到项目，按项目进度核拨资金，当年使用不完的，可以结转下年度使用。

第九条 扶贫资金不得用于下列支出：①机构开支和人员经费；②各种奖金、津贴和福利补助；③弥补亏损；④修建楼、堂、馆、所、住宅；⑤各种形式的周转；⑥弥补预算支出的缺口；⑦大中型基建项目；⑧购买小汽车等与扶贫资金使用宗旨相违背的支出。

第十条 各级林业部门要加强对扶贫资金使用情况和脱贫成效的反馈工作，省级林业主管部门必须在年终将扶贫资金使用情况总结上报国家林业局，抄报财政部。计划单列市的总结报本省统一汇总上报。

第十一条 各级林业主管部门应加强对扶贫资金使用与管理情况的检查，并接受同级财政和审计部门的监督。发现问题及时处理，同时将处理意见上报财政部和国家林业局。

第十二条 对配套资金不到位、脱贫工作质量不合格或未按规定上报资金使用总结的省区，将视情况调减或取消下年度的扶贫资金；对违反规定，截留、挤占、挪用或造成资金损失、浪费的单位，将视情节轻重追究有关人员的责任。

第十三条 各省林业主管部门可根据本办法，结合本地实际情况，制定补充规定，并抄报国家林业局、财政部备案。

第十四条 本办法自发布之日起执行。

第十五条 本办法由财政部、国家林业局负责解释。

国家林业局关于认真落实《国务院关于保护森林资源制止毁林开垦和乱占林地的通知》的通知

林资字［1998］38号

各省、自治区、直辖市林业（农林）厅（局），内蒙古、吉林、龙江、大兴安岭森工（林业）集团公司，国家林业局各司局、各直属单位：

最近，国务院下发了《关于保护森林资源制止毁林开垦和乱占林地的通知》（国发明电［1998］8号，以下简称《通知》），要求各级政府、各有关部门，采取严厉措施，坚决制止毁林开垦和乱占林地行为，保护和抢救森林资源。为全面贯彻和认真落实《通知》精神，现将贯彻落实意见通知如下：

一、提高认识，强化领导，狠抓落实。

各级林业主管部门要把贯彻落实《通知》作为当前一项十分重要而紧迫的工作来抓。组织广大干部职工认真学习，统一思想，提高认识，特别是要结合当前特大洪涝灾害，深刻理解贯彻落实《通知》精神，保护好森林资源的重大意义。要切实将工作重点尽快转到《通知》精神上来，把培育和抢救保护森林资源作为自己的神圣职责，率先垂范，成为落实《通知》精神的先行者。彻底改变过去那种急功近利，只顾眼前利益而忽略长远效益的短期行为。真正做到依法治林，从严管理，全面护林。各地要结合本地实际，采取有力措施，切实把思想和行动统一到《通知》上来。

二、立即停止一切毁林开垦行为，全面抓好清理、清查工作。

各地要按照《通知》精神，立即无条件地停止一切在林地上进行的开垦活动。各级林业主管部门必须态度坚决，不得迟疑，该终止的合同要坚决终止，该停止的项目要坚决停止，凡涉及到政府行为、企业行为和重大开发项目引发严重毁林开垦和乱占林地的，要及时向省（自治区、直辖市）人民政府汇报，做好部门间的协调工作，保证按《通知》精神落实，并将清查和解决情况报国家林业局。

根据《通知》精神，国家林业局决定，停止审批综合开发使用林地的规划；废止有关森林复合经营及熟化造林地的文件。

各级地方林业主管部门要主动清理已发的文件，并积极协助当地政府和有关部门做好文件的清理工作，凡是有悖于《森林法》和《通知》精神的文件，均应督请有关发文部门和政府尽快清理纠正；对督请无效的，应及时向省（自治区、直辖市）政府汇报，请省（自治区、直辖市）政府责令其纠正。凡于1998年底尚未纠正的，应将文件复印件，林业主管部门的意见以及文件产生的负效应和造成损失的情况，一并上报国家林业局。

清查毁林开垦和乱占林地是落实《通知》的重点工作。各级林业主管部门要在政府的统一领导下，积极配合政府组织的专门力量，制定具体清查方案。要从林业调查规划设计单位抽调业务骨干，参加清查工作。清查工作要实行严格的领导负责制和具体清查工作责任制，切实做到“四清”，即查清发生的时间、查清面积、查清造成的损失、查清责任人，落实到地块，并按附表登记造册、统计。省级林业主管部门要抽调一批中层干部深入到各地作为清查工作督察员。对重大毁林案件和非法侵占林地案件，省级林业主管部门要督促有关部门查处，对查处不力的要直接查处，无论涉及到什么人都要一查到底。

为保证清查质量，国家林业局将对三分之一以上的省进行抽样核查，对重点林区的个别地区将采取不同年度的卫片比较判读。核查情况和各省上报的清查结果将上报国务院，并通报全国。各省也要积极组织力量，抽取一定比例进行检查。对清查不力的地方要及时上报省（自治区、直辖市）政府，促请整改。对仍然推诿拖办的，以及清查不认真，瞒报、漏报的，要请省（自治区、直辖市）政府依《通知》精神严肃处理，追究有关人员的责任。

各级林业主管部门要做好清查的统计汇总工作，省林业主管部门要按月向国家林业局报告清查处理工作的进展情况，重大问题一事一报。国家林业局将用《简报》形式及时向全国通报，并上报国务院。省级林业主管部门要在1998年底以前将清查处理结果以文字和表格（见附表）形式如实汇总上报国家林业局，不得瞒报、漏报、迟报。

三、加强宣传，加大执法力度，抓住典型，严厉打击毁林开垦和乱占林地行为。

各级林业主管部门要把宣传贯彻《通知》同宣传贯彻《森林法》紧密结合起来，同组织实施“跨世纪保卫绿色行动”紧密结合起来，充分利用各种宣传工具，加大宣传力度，做到家喻户晓。要积极发挥新闻舆论和人民群众的监督作用，逐级设立举报信箱和举报电话，认真受理各类毁林开垦和乱占林地的举报，要拨出专款，奖励举报有功人员。要将保护森林资源，打击毁林开垦和非法侵占林地行为，变为全社会自觉的行动。

国家林业局将会同公安部、监察部等有关部门共同研究部署专项打击活动，结合实施“跨世纪保卫绿色行动”，选择一批大案、要案，公开曝光。各级地方林业主管部门也要在各级政府的统一组织下，会同公安、监察等部门于1998年年底前，集中力量，深入开展专项打击活动。对《通知》下发后，仍继续进行毁林开垦和乱占林地的，一定要从严从重处理。各省、地、县都要选择一批情节严重、影响重大的案件公开曝光。对林业主管部门和其它国家机关的有关工作人员滥用职权、玩忽职守、徇私舞弊，一定要从严处理，决不姑息，该撤职的撤职，该开除的开除，构成犯罪的一定要依法追究刑事责任，决不能以行政处分代替。

四、周密部署，精心组织，认真做好退耕还林工作。

凡1994年国办发[1994]64号文件下发以后开垦的林地，必须全部还林。64号文件下发以前开垦的林地，凡坡度在25度以上的必须全部还林。坡度在25度以下的，必须提高水土保持标准，达到水土保持要求。

各级林业主管部门一定按照谁批准谁负责，谁破坏谁恢复原则，积极协助政府制定退耕还林计划和检查验收办法。还林工作要做到“四落实”，即落实责任人，落实资金，落实时间，落实地块。要切实加强还林的检查验收，做到科学设计、良种壮苗、适地适树、成活率和保存率都要达到国家规定的标准。对资金不落实，还林不力的要报请省政府处理；对在还林过程中弄虚作假，走过场的要严肃处理。同时，对还林中好的典型要宣传表扬。省级林业主管部门1998年底要做出还林计划，经省政府签署意见后，报国家林业局，并做好还林的准备工作。1999年、2000年要做好当年还林的检查验收，2001年进行全面验收。凡还林未完成计划的，要查明原因，并做出相应处理，限期完成，达不到标准要求的责令返工重造。还林任务不得占用正常的年度造林计划，还林过程中的具体问题应及时上报。省级林业主管部门要在1999年和2000年末向国家林业局上报还林情况。国家林业局在2000年和2001年的造林实绩核查中，将集中力量重点核查退耕还林情况。

各地、各单位在退耕还林的同时，要制定相应政策，采取有效措施，妥善安置好富余人员，解决好离退休人员的生活，确保林区社会秩序的稳定。

五、依法加强森林资源权属管理，保护所有者和使用者的合法权益。

林权证是确认森林、林木和林地所有权或使用权的唯一法律凭证，必须依法予以维护，任何单位和个人都不得非法改变。凡在已经核发林权证的林地上，又重复发放的其它土地权属证书一律无效，林业主管部门要报请政府责令原发证机关收缴，并宣布作废。

各级林业主管部门要在县级以上人民政府的领导下，逐步开展林权清理登记和变更登记工作。对尚未核发林权证的森林、林木和林地要在2000年底前完成核发林权证工作。凡是发生林权变化的，要及时进行变更或重新核发。对不规范的林权证要逐步进行统一规范。要将林权证作为办理林木采伐许可证的必要条件之一，凡是没有林权证的一律不得办理林木采伐许可证，采伐许可证要填写林权证号。一切征占用林地的工程建设项目的审批和审核，首先要查验林权证，凡是权属不清的不予审批，更不得征占用。

国有林业经营单位，要依法维护自己的合法经营权，对被非法侵占的林地必须收回经营权，对因历史原因而不能立即收回的，也要明确林地利用的责任，明确收回期限。因管理不善而造成国有林地流失的，要依法追究法定代表人的责任。

六、严格实行林地用途管制，认真执行冻结征占用林地一年的规定。

国务院《通知》下发后一年内，冻结各项建设征占用林地。冻结期内确实需要征占用林地的，各级林业主管部门要从严把关，一律由省级政府报国务院批准，决不允许先占后批；未经国务院批准的一律不准办理使用林地许可手续。没有使用林地许可证的更不得办理林木采伐许可证，一经发现，依法严肃处理。

对于已经发生的征占用林地，要在清查的基础上，分清类型，分别处理。属于违背中发［1997］11号文件精神的建设项目征占林地，一律责令停止；属于国家重点工程建设项目征占林地的，要限期补办手续并依法收缴补偿费用；属于无工程项目批准书的一律停止，依法处理；属于少批多占，化整为零，越权批准的，按非法占地处理，不准再补办许可手续；国有林业经营单位不按规定报批，擅自改变林地用途的，必须立即纠正，至1998年底尚未纠正的应依法追究法定代表人的责任。

今后，发生的征占用林地违规行为和限期内未予纠正的，一律依《森林法》惩处。

征占用林地，必须全额收取四项费用，各地不得自行减免，收取的费用，必须专款专用，不得占用、挪用。

加强林种结构调整的管理。生态公益林（含特种用途林、防护林）必须实行严格的用途管制，不得改变用途。其它林种结构确需调整的，要按规定报批，具体办法国家林业局另行制定。

七、完善保护和培育森林资源任期目标责任制，加快林地保护管理立法。

林地与耕地同等重要。必须采取最有效的办法，最严厉的措施，把林地管住管好。各级林业主管部门要尽快提请人民政府修订完善政府领导保护和培育森林资源任期目标责任制，把林地消长、征占用林地审核率及补偿到位率、非法侵占破坏林地案件查处率等具体指标纳入到责任状中，定期考核，严格奖惩，责任到位。修订工作要在年底以前完成。各级林业主管部门要主动向政府汇报林业工作，定期邀请人大、政协等领导同志检查工作，把保护森林资源纳入到各级领导的议事日程，进一步提高林业的地位和社会影响。

各地要加快林地保护管理立法步伐，尽快制定和完善有关林地保护管理的法规，特别是尚未制定林地保护管理办法的省（自治区、直辖市），应尽快制定，已经制定的也要根据《森林法》和国务院《通知》精神进行修订，使林地保护管理工作切实做到有法可依，有章可循。各省、自治区、直辖市林业主管部门要尽快制定使用林地总量控制办法，并在10月底前将意见报国家林业局。国家林业局将在此基础上制定全国的使用林地总量控制办法。要切实加强各级林政执法体系和队伍建设，特别是基层执法体系和队伍的建设，稳定执法机构，充实执法力量，加强队伍培训，强化内部管理，改善执法条件，确保执法人员和执法工作所需经费，严格执行收支两条线。

各级森林资源监督机构，要加大监督检查的力度，把监督落实国务院《通知》作为首要的工作，发现问题，一要向政府提出建议，二要责令有关单位纠正；三要及时向国家林业局报告。

各级林业主管部门，一定要在这次制止毁林开垦和乱占林地的工作中，当好政府的参谋，发挥职能作用，确保国务院的各项规定落到实处。

国家林业局

1998年8月23日

关于开展严厉打击破坏森林资源违法犯罪活动专项斗争的通知

林安字［1998］45号

各省、自治区、直辖市高级人民法院、人民检察院、林业（农林）厅（局）、公安厅（局）、监察厅（局），内蒙古、吉林、龙江、大兴安岭森工（林业）集团公司：

党中央、国务院对森林资源保护工作高度重视。针对近年来一些地方存在的以各种名义毁林开垦或乱占滥用林地，造成林地大量流失和森林资源受到严重破坏的现象，今年8月5日，国务院发出了《关于保护森林资源制止毁林开垦和乱占林地的通知》（国发明电［1998］8号），要求各级政府和各执法机关，加大执法力度，开展专项打击活动，坚决刹住毁林开垦、乱占林地的歪风。为认真贯彻国务院的通知精神，切实加强森林资源保护工作，有效地实施天然林保护工程，经研究决定，从1998年11月1日至1999年1月31日在全国范围内组织开展严厉打击破坏森林资源违法犯罪活动的专项斗争。现将有关工作通知如下：

一、充分认识开展这次严厉打击破坏森林资源违法犯罪活动专项斗争的重大意义。森林作为陆地生态系统的主体，在维护人类生存与促进社会发展中起着不可替代的作用。森林作为可再生资源，在国民经济中占有重要的地位。党中央、国务院十分重视森林的保护和发展，把植树造林、改善生态环境作为我国的一项基本国策。一个时期以来，一些地方毁林开荒和乱占林地的现象非常严重，致使森林资源遭到严重破坏，江河流域植被减少，环境恶化，水灾频发，给国家和人民群众生命财产安全造成严重威胁。保护森林资源，加强生态环境建设，严厉打击破坏森林资源的违法犯罪活动，不仅关系到林业改革与建设的顺利进行，还直接关系到国民经济可持续发展的大局。各级检法机关和林业、公安、监察部门，要站在保护生态环境，保护人类生存家园，造福子孙后代的战略高度，充分认识开展这次专项斗争的重要性，加强领导，全力以赴，切实打好这场绿色保卫战。

二、精心组织，周密部署，确保斗争实效。各地林业部门要及时向地方党委、政府做好汇报，在各级党委、政府的领导下，做好组织发动工作。结合实际，周密制定专项斗争的行动计划和方案，统筹安排好摸底排查、集中打击、治理整顿和总结工作等各阶段的工作，保证斗争紧张有序地进行。要切实加强斗争的组织领导，各部门要抽调人员，成立领导小组或协调机构，负责斗争的指挥和协调。问题较严重的地方，可提请政府公开发布公告，大造声势，震慑违法犯罪。同时，公布举报电话，设立举报箱，发动群众积极检举揭发违法犯罪分子，确保专项斗争取得实效。

各级林业主管部门要积极向财政部门申请，解决专项斗争中必要的专项经费，以确保斗争的顺利开展。

三、突出重点，以抓大案要案为龙头，依法打击破坏森林资源的违法犯罪活动。这次专项斗争的重点是毁林开垦等破坏森林资源的违法犯罪活动，同时各地也要结合本地实际情况，依法打击哄抢、盗伐和滥伐林木，盗窃木材，非法猎杀、倒卖和走私国家重点保护的野生动物，殴打、伤害护林执法人员和公安民警等违法犯罪行为。各级检法机关和林业、公安、监察部门要各司其职、各负其责、通力合作、协同作战，按照《刑法》和新《森林法》等法律法规，坚决依法从重从快打击各种破坏森林资源的违法犯罪分子。对滥用职权、玩忽职守、徇私舞弊，特别是各级林业主管部门工作人员违法发放林木采伐许可证等行为，监察部门要依照政纪严肃处理；构成犯罪的，政法机关要依法追究刑事责任。要抓紧对1997年以来未破的重特大案件进行一次彻底的清理，紧紧抓住重点案件不放松，组成精干的专案小组，集中力量一件一件突破。对一些疑难案件，检法机关要提前介入，按照以事实为根据、以法律为准绳的原则，下决心坚决查破一批大案，惩处一批犯罪分子。对于在专项斗争中顶风作案的，要坚决予以严惩。各级地方公安和森林公安机关要充分发挥职能作用，在地方党委、政府和有关部门的统一领导组织下，迅速组织力量投入到这场斗争中，保证一线有足够的警力。同时，各级地方公安和森林公安机关要特别加强今年夏天发生洪涝灾害林区的治安防范工作。要认真调查分析已经出现和预测可能出现的治安问题，及时制定有针对性的工作措施，防止出现趁灾盗伐、滥伐、盗窃木材、乱捕滥猎野生动物的违法犯罪活动。

四、坚持综合治理，实行标本兼治。各地要坚决贯彻“打防结合，预防为主，加强教育和管理”的方针，在打击犯罪的同时，各部门要互相配合，组织开展林区的治理整顿。对毁林重点地区和治安复杂部位，特别是毁林开垦较严重的地方，要组织专门力量，进行集中整治。各级林业主管部门，要按照国务院办公厅《关于进一步加强森林资源保护管理工作的通知》（国办发（1994）64号）和国务院《关于保护森林资源制止毁林开垦和乱占林地的通知》（国发明电［1998］8号）要求，加大森林资源和林地的管理力度，从根本上控制各种毁林现象的发生，保障林区的长治久安。

五、加强宣传工作，大造严打声势。各级检法机关和林业、公安、监察部门要统筹安排，把宣传工作作为一个重要步骤统一部署。强化宣传工作力度，充分利用电台、电视、广播、报纸、宣传标语等各种宣传方式，大张旗鼓地宣传专项斗争和战果，造成强大的攻势。对一些影响重大的典型案件，要快侦快破，并适时予以公开曝光，充分利用新闻媒体和全社会的舆论监督效应，促进案件的查处。对一些影响极坏的案件可进行公判，以教育群众，震慑违法犯罪分子。对专项斗争中涌现出的英雄模范人物和先进集体，也要及时地进行宣传报道，以弘扬正气。

六、加强专项斗争工作情况报告制度。采取由国家林业局牵头，最高人民法院、最高人民检察院、公安部、监察部等部门参加的联席例会制度，共同组织协调专项斗争。各地的部署情况，由省（自治区、直辖市）林业主管部门于1998年11月20日前书面或电话报告国家林业局森林公安局。1999年2月20日前报告专项斗争总结。数字统计10天报一次。重大情况和特大案件随时报告。

各地要认真总结开展这次专项斗争的经验，对在斗争中涌现出的先进模范人物和先进集体，在专项斗争结束后，由最高人民法院、最高人民检察院、国家林业局、公安部、监察部统一进行通报表彰。

最高人民法院
最高人民检察院
国家林业局
公　安　部
监　察　部
1998年10月20日

林业部关于进一步加强防护林经营管理工作的通知

林造通字［1998］11号

各省、自治区、直辖市林业（农林）厅（局），内蒙古、吉林、龙江、大兴安岭森工（林业）集团公司，林业部各司局、各直属单位：

为加强防护林保护管理，科学地进行抚育、更新采伐，加速林业生态体系建设，提高生态效益，现就加强防护林经营管理工作的有关事项通知如下：

一、充分认识防护林的特殊重要性，切实加强领导。

我国生态环境十分脆弱，经常受到风沙洪涝等自然灾害的侵袭和威胁，严重影响农牧业生产和人民生活的改善。保护和发展防护林，对实现我国可持续发展、促进社会主义精神文明建设，具有十分重要的意义。因此，各级政府必须高度重视，加强领导，加大宣传，严格执法，增加投入，采取切实可行的措施，鼓励和动员社会各界积极参与保护与培育工作。各级林业行政主管部门，要建立既符合社会主义市场经济要求，又体现林业自身特点的防护林经营管理体制和运行机制，按照坚决保护、积极培育、合理利用、全面发展的基本要求，做好规划、协调、监督、检查工作，建设好林业生态体系。

二、科学经营，提高防护林质量。

（一）防护林抚育。在抚育时，应保持林分的稳定，增强生态功能。人工防护林抚育，采用局部轻度抚育，促进形成混交林。不得借口抚育、变相采伐防护林。

（二）防护林更新采伐。为保持和提高防护效能，可更新长势衰弱、枯死的林木以及不适宜的树种。对发生枯立及严重病虫危害的林分，可进行卫生伐，出现风折、风倒、火烧的林木，可采取拯救伐。采伐方式一般应采用隔带、隔行低强度择伐，其采伐强度不得大于伐前蓄积的30%，遭受自然灾害（病虫、火烧、风折等）危害严重及成过熟单层人工林，允许3公顷以下的小面积皆伐；采伐迹地必须在一年内完成更新恢复，有条件的地区可采用伐前更新或伐后大苗更新尽快恢复。防护林的更新采伐年龄暂时按用材林相同树种主伐年龄增加1～2个龄级确定。

（三）防护林经营管理单位要按照有关规定从采伐木材收益中提取育林基金和更新恢复费，专款专用，确保采伐迹地及时更新恢复为高效防护林。要建立防护林抚育、采伐更新作业档案，并指定专人，结合生产实际，开展科学实验，分别不同采伐方式、更新树种，设置标准地，进行对比观测，总结分析经验，不断提高防护林经营水平。

三、加强管理，严格审批程序。

（一）认真编制作业设计。开展防护林抚育和更新采伐的经营管理单位，要提前一年委托具有丙级以上资格的林业调查规划设计单位进行伐区调查、编制抚育、采伐更新作业设计，经主管部门审核后报送县级以上林业行政主管部门批准。

（二）实行分级负责、上管一级的审批原则。负责审批的林业行政主管部门要组织或委托有关方面人员对作业设计进行评估、审查，核实、确认后予以审批，并纳入采伐限额管理。

（三）加强作业管理。省级林业行政主管部门，每年要在基层自查的基础上，对防护林经营管理单位的抚育、采伐更新作业质量进行抽查，发现未经审批或不按审批的调查设计进行作业、伐区作业与更新质量未达标等情况的，除停止其抚育、采伐作业、不审批下一年度作业区外，还要追究有关领导和当事人的责任。

四、坚决依法治林，实行领导干部保护、发展防护林资源任期目标责任制。

（一）原则上不得征用、占用防护林地，确因国家重点建设项目需要征用或者占用的，必须经县级以上林业主管部门审核同意，如数交纳有关补偿费用。

（二）对未经林业主管部门审核同意，征用、占用防护林林地的，补征用、占用林地的单位，有权抵制，并向县级以上林业主管部门报告，林业主管部门要依法查处。

（三）国有或集体所有集中成片的防护林，不得分林到户，要组织专门队伍和人员统一护林，任何单位和个人都不得以任何借口侵占、破坏防护林地、林木。

（四）对哄抢、盗伐、放火、失火毁坏防护林违法犯罪行为，要按照林业部、公安部森林刑事案件立案标准的有关规定，坚决从严处理。对有组织、有领导挑动群众哄抢破坏森林、伤害护林人员的犯罪分子，必须依法从严从重惩办。

（五）保护、发展防护林资源，制止乱砍滥伐，是各级领导，特别是县级领导的重要任务。按照国家有关规定，森林资源的消长，作为考核县级领导政绩的主要内容之一，在任期内对乱砍滥伐防护林资源制止不力的，必须追究县政府领导人的责任，保护、发展防护林资源成绩卓著的，要给予表彰和奖励。

各省、自治区、直辖市林业行政主管部门要结合本地的实际情况，制订具体实施意见，并对本地区防护林经营管理情况进行一次全面检查，将其检查情况和采取措施于1998年6月底前报国家林业局。

林业部

1998年4月29日

国家林业局关于开展跨世纪保卫绿色行动的通知

林资通字［1998］28号

各省、自治区、直辖市林业（农林）厅（局），内蒙古、吉林、龙江、大兴安岭森工（林业）集团公司、国家林业局各司局、各直属单位：

为宣传林业法律、法规，打击毁林行为，唤起全社会的爱林护林意识，针对全国范围内乱砍滥伐、乱捕滥猎、乱批滥占林地、毁林开荒、非法运输、经营、加工木材等违法犯罪活动屡禁不止，部分地区愈演愈烈的严峻形势，国家林业局决定，从1998年开始，在全国范围内，组织开展一场集宣传教育、严格执法、重点打击、新闻曝光为一体的集中行动，题为“跨世纪保卫绿色行动”（以下简称“行动”）。为做好该“行动”的各项工作，现将有关问题通知如下：

一、提高认识，主动出击

保护和发展森林及野生动植物资源，维护和改善人类的生存环境是林业工作永恒的主题。《森林法》颁布实施以来，在党中央和国务院的重视和关怀下，全国的森林和野生动植物资源保护管理工作取得了很大成就。但是，许多严重阻碍资源保护管理的问题当前仍然存在，有些问题还十分突出。有的地方不能正确处理经济发展与环境保护、近期利益与长远利益、局部利益与总体利益的关系，不惜牺牲森林和野生动植物资源来换取暂时的局部经济利益；有的地方政府甚至干预林业执法，使森林资源保护管理工作举步维艰；有的林业行政主管部门和林政执法人员，纪律松弛，管理不力，执法不严，甚至出现个别执法人员以权谋私，搞权钱交易等腐败行为，严重削弱了森林资源保护管理工作的力度。这些问题的存在，再加上一些不法分子在利益的驱动下铤而走险，致使全国范围内的乱砍滥伐林木、乱批滥占林地、毁林开荒、乱捕滥猎野生动物等现象屡禁不止，部分地区愈演愈烈。如此长期下去将给整个林业和环境建设造成不可挽回的损失。因此，在全国范围内开展一场保护森林和野生动植物资源的集中行动非常必要。通过这次行动，广泛宣传林业法律、法规，全面加强管理和执法，严厉打击各种破坏森林和野生动植物资源的行为，使全社会更加关注、各级政府更加重视森林资源的保护管理，使森林经营者自觉依法经营，促进全国森林资源保护管理工作的全面进步。

各级林业主管部门必须充分认识到自己肩负的历史重任，本着对国家，对人民，对未来高度负责的态度，同破坏森林和野生动植物资源的违法行为作坚决斗争。各省、自治区、直辖市林业主管部门除积极配合国家林业局做好“行动”的各项工作外，要结合本地实际情况，主动出击，积极组织和开展本地区的“行动”，使这一“行动”在全国范围内全面展开，取得实效。

二、加强领导，周密部署

为做好“行动”的各项工作，国家林业局已成立了由王志宝局长任组长，李育才、李昌鉴副局长任副组长，有关司局主要负责人为成员的领导小组，并制定了1998年的“行动”方案。各省、自治区、直辖市林业主管部门也要成立领导小组，制定“行动”方案，并积极争取人大、政府、政协以及新闻单位的支持，尽快将“行动”付诸实施。

三、严格执法，大力宣传

这场行动的主要形式是宣传和执法。各级林业主管部门要针对当前出现的乱砍滥伐、乱批滥占林地、毁林开荒、乱捕滥猎等问题，主动出击，严格执法，集中查处一批破坏森林资源的大案要案。对有一定影响的案件，要查处一起通报一起；对一些典型的，特别是部门违法、法人违法的案件，要通过新闻媒体予以曝光；对林业单位和林业执法人员违法的，要按照有关规定严肃查处，决不姑息迁就；对一些严重违法、影响恶劣，但又涉及面广，处理难度大，需由国家林业局出面查处的案件要及时上报。与此同时，要健全监督机制，特别是加强对林业单位和林业执法人员的监督。国家林业局将向社会公布举报电话和举报信箱，充分发动群众和方便群众进行监督，各省、自治区、直辖市林业主管部门也应在国家林业局公布举报电话和信箱后，采取相应措施。

四、建立定期汇报制度

各省、自治区、直辖市林业主管部门要将本地区“行动”的部署和进展情况及时上报国家林业局。一般工作每月汇报一次，重大行动一事一报。同时，要注意社会对本“行动”的反映，并及时通报情况。

五、加强基础工作，全面提高管理执法水平

各省、自治区、直辖市要以这次“行动”为契机，将加强日常管理和集中行动有机地结合起来，全面加强各项管理工作，使森林和野生动植物资源保护管理工作尽快走向科学化、制度化、法制化的轨道。

特此通知。

附：国家林业局1998年跨世纪保卫绿色行动方案

国家林业局

1998年6月25日

附：国家林业局1998年跨世纪保卫绿色行动方案

为大力宣传林业法律法规，严厉打击毁林行为，唤起全社会爱林、护林意识，针对当前全国乱砍滥伐林木、乱捕滥猎野生动物、乱批滥占林地、毁林开荒、非法运输和经营(加工)木材等违法犯罪活动愈演愈烈的严峻形势，从1998年开始至下世纪初，国家林业局将在全国范围内组织开展一场集宣传教育、严格执法、重点打击、新闻曝光为一体的“跨世纪保卫绿色行动”(以下简称“行动”)。1998年进行全方位出击，拉开行动的序幕，以后根据实际情况，每年确定一个主题。为组织好1998年的行动，制定如下方案：

一、组织机构

成立“行动”领导小组并设立办公室。

组　长：王志宝

副组长：李育才、李昌鉴

成　员：资源林政司、公安局、保护司、防火办、政法司、财务司、宣传办公室主要负责人。

办公室主任单位：资源林政司

副主任单位：公安局、政法司、保护司、宣传办公室

主任、副主任单位各确定一名处级干部任“行动”办公室工作人员，负责日常组织工作。“行动办公室”工

作人员在本单位实行半脱产管理。

二、"行动"的步骤和内容

1. 首先由国家林业局发文启动"行动"；国家林业局王志宝局长发表电视讲话，召开新闻发布会；同时，国家林业局公布举报信箱和举报电话，举报信箱和举报电话分别设在资源林政司、公安局、保护司。由宣传办公室、资源林政司、公安局和保护司联合主办。

2. 文件下发后，各省、自治区、直辖市林业主管部门应当根据当地的实际情况，确定重点治理环节和重点执法领域，立即开展本省（区、市）的行动。

3. 根据各省（区、市）提供的情况和已掌握的情况，国家林业局确定一批重点破坏森林资源的案件进行督办或直接查办。同时，对毁林开垦、乱砍滥伐、非法侵占林地和乱捕滥猎野生动物等破坏森林资源的典型案件在中央各大新闻媒体进行公开曝光。由资源林政司、公安局和宣传办公室主办。

4. 切实加强宣传力度，由宣传办公室制定具体宣传方案，并统一组织实施。"行动"启动后，结合新的《森林法》和《野生动植物保护法》实施十周年的宣传，与中央各大新闻媒体密切合作，并动员地方新闻媒体共同参与，以保护森林和野生动植物资源为主题，组织专题采访，对乱砍滥伐林木、乱捕滥猎野生动物、乱批滥占林地、毁林开荒、非法运输、经营、加工木材等破坏森林资源的典型事例进行系列报道；报道中要注意采访全国人大常委、政协常委以及全国知名人士；在《中国绿色时报》开辟法律专栏或专版，解答保护森林的有关法律问题，宣传森林和野生动植物资源的保护管理，报道典型案件的查处情况；同时印发保护森林和野生动植物资源的宣传图片和宣传资料，并可与团中央等有关部门联系，发动全国青少年和大、中、小学生参与林业法规的宣传，以扩大宣传面，提高宣传效果。

5. 根据情况部署全国严厉打击破坏森林和野生动植物资源违法犯罪的专项斗争。坚决查破一批影响大、危害严重的重特大案件，打击处理一批违法犯罪分子，确保"绿色行动"取得实效。由公安局主办。

6. "行动"过程中，对在林业执法工作中遇到的难点、热点问题，特别是一些影响面大、社会反映强烈的政府行为、法人行为违法问题以及个别林业执法人员违法问题进行曝光。在曝光的过程中要注意宣传林业执法工作的业绩，同时要穿插森林和野生动植物资源保护管理成就的专题，树立林业部门的良好形象。曝光的案件由资源林政司、公安局、保护司提供，由宣传办公室归口管理，统一对外联系。

7. 对全国各省（区、市）森林采伐限额执行情况、征占用林地情况进行核查，客观评价各省（区、市）林木、林地管理状况，查出违法采伐林木、征占用林地行为，并立案依法处理，同时为1999年的"行动"提供素材。由资源林政司主办。

8. 每年由国家林业局组织1～2次执法检查组，分赴东北、西南、西北等地区对"行动"的实施情况进行检查。检查组由国家林业局有关司（局）和单位派人参加，组长请一些老部长和人大、政协委员等知名人士担任。由资源林政司、公安局、保护司、宣传办公室联合主办。

9. "行动"启动前，将"行动"的情况向国务院、全国人大、全国政协作出汇报，争取支持。力争全国人大和全国政协有关委员会参加。

10. "行动"取得初步成果后，定期向全国人大、国务院、全国政协作专题汇报，并向全国公告。

三、行动经费

国家林业局开展"行动"所需的经费由国家林业局解决，专项管理、专项使用。

国家林业局关于在全国范围内开展森林植物检疫对象普查的通知

林护通字［1998］36号

各省、自治区、直辖市林业（农林）厅（局），内蒙古、吉林、龙江、大兴安岭森工（林业）集团公司：

根据《植物检疫条例实施细则（林业部分）》第九条"地方各级森检机构应当每隔三至五年进行一次森检对象普查"的规定，为了进一步摸清我国森检对象发生现状，以便制定切实有效地防范、封锁和扑灭森检对象的措施，扭转当前危险性森林病虫害不断扩散蔓延的局面，保护和发展森林资源，经我局研究决定，从1998年下半年开始，用一年半时间，开展一次全国森检对象普查工作。现将有关事项通知如下：

一、普查的组织领导

普查工作以省、自治区、直辖市为单位组织进行。各省、自治区、直辖市林业主管部门要成立森检对象普查工作领导小组，要做好普查工作的指挥、协调、资金筹集和检查验收等工作；要建立一支以各级森防检疫站业务人员为骨干，兼职森检员为基本力量的普查工作队伍；要根据森林资源和病虫发生情况，制定森检对象普查方案，确定普查重点和普查方法；要邀请有关专家学者，对业务骨干进行普查技术培训。

各计划单列市和内蒙古、吉林、龙江、大兴安岭林业(集团)公司及新疆生产建设兵团的森检对象普查工作均在所在省、自治区、直辖市林业主管部门统一领导下进行。

二、普查任务

这次普查的任务，是要摸清全国35种森检对象和各省、自治区、直辖市补充森检对象的发生、危害情况。根据《植物检疫条例》的有关规定和疫情数据信息化管理的要求，普查的具体内容为：分布地点、分布面积、寄主植物、危害程度与发生面积。分布地点：是指疫情分布的县级行政区域；分布面积，是指以林业小班为基本统计单位的实际分布面积；危害程度与发生面积，按照《森林病虫害预测预报管理办法》的规定进行危害程度分级和面积统计；寄主植物，原则上要普查到种，寄主植物种类比较多的，按不同科、属列出20种，并注明中文名和拉丁学名。森检对象普查结果填入"森林植物检疫对象汇总表"，补充森检对象普查结果填入"补充森林植物检疫对象汇总表"。各森检对象标本鉴定工作，由本省自行完成。疑难的病虫标本可以送中国林科院森林环境与保护研究所鉴定。

各地可在此基础上根据实际需要增加新的普查内容，提出更高的普查要求。对已完成森检对象普查任务的省份，要根据本通知要求做好缺漏项目的补查工作。

三、标本的采集与交换

各地在普查过程中要把采集森检对象标本作为一项重要工作内容。通过普查，地、县级森防站至少有一套完整的本省、自治区、直辖市内分布的森检对象标本和补充森检对象标本，省级森防站必须有一套完整的全国35种森检对象的标本。为便于各省、自治区、直辖市森防站收集全国35种森检对象标本，要求各省、自治区、直辖市分别采集规定的森检对象标本各70份，于1999年12月以前送国家林业局森林病虫害防治总站进行统一的标本制作和交换。

四、认真总结，按时提交普查成果。

森检对象普查是一项长期的工作，因此，各地要在此次普查工作中认真总结经验，注重培养技术骨干，加强省际间的交流与合作，妥善保存普查档案资料，为下一次森检对象普查提前做好准备。各省、自治区、直辖市林业主管部门要在1999年12月以前将此次普查工作总结、普查工作技术报告和本省、自治区、直辖市补充森检对象名单报国家林业局。普查工作总结应包括普查准备情况、普查任务执行情况、成绩与经验体会、问题与建议；普查技术报告应包括森林资源和检疫性森林病虫害基本情况、普查方案、普查成果、今后开展检疫工作的措施和意见。补充森检对象，应对其分类地位、经济重要性、传播途径、生物学特性、检验及鉴定、检疫处理方法等做具体说明。届时，国家林业局将对各省、自治区、直辖市森检对象普查工作完成情况和省、地、县级森防站对森检对象和补充森检对象标本的收集情况予以检查。

国家林业局

1998年7月17日

国家林业局关于开展全国荒漠化监测工作的通知

林造通字［1998］40号

各有关省、自治区、直辖市林业（农林）厅（局）：

为全面掌握荒漠化的动态变化及发生原因，为制定全国防治荒漠化工程建设计划、规划和合理开发利用国土资源提供可靠决策依据，国家林业局决定定期进行全国荒漠化监测。本次监测从1998年下半年开始启动，2000年出监测成果。为保证监测工作顺利进行，现就有关问题通知如下：

一、为加强对荒漠化监测工作的组织领导，国家林业局成立了全国荒漠化监测领导小组，领导小组下设办公室和专家咨询组，办公室设在国家林业局防治荒漠化管理中心。

各省要成立由厅(局)主管领导挂帅的荒漠化监测领导小组，该小组除负责本地区荒漠化监测的组织、领导与协调工作，还要积极主动地将荒漠化监测工作向省（含自治区、直辖市，下同）政府主管领导汇报，争取指导与支持。

二、各省要尽快落实荒漠化监测工作的承担单位，将任务、责任层层落实。为保证荒漠化监测工作的质量与进度，要保持监测人员的相对稳定。

三、国家林业局荒漠化监测中心要立即开展对各省承担监测任务单位技术人员的培训，并负责统一订购所需的卫星相片。

四、各省要根据《全国荒漠化监测主要技术规定》（试行）（林造字［1998］8号文）和《全国荒漠化监测工作方案》，尽快组织编制《实施细则》和《工作方案》，报全国荒漠化监测领导小组办公室审核批准后实施。在监测全面开展前，要层层搞好技术培训，提高监测人员的业务素质，确保监测精度。

五、荒漠化监测时间紧、任务重，各省要给予充分重视并安排一定专项经费。国家林业局根据各地监测的任务量，将给予相应的经费补助。

附：全国荒漠化监测工作方案

国家林业局

1998 年 7 月 21 日

附：全国荒漠化监测工作方案

为保证全国荒漠化监测工作顺利进行，特制定以下工作方案。

一、荒漠化监测的主要任务

1. 提供全国和各省（含自治区、直辖市，下同）各类型荒漠化土地和沙化土地面积现状、动态宏观数据及分布图。

2. 分析自然和社会经济因素对荒漠化（或沙化）发展趋势的影响，为全国和各省防治荒漠化和防沙治沙提出对策与建议。

二、监测范围与对象

宏观监测（面上监测）包括荒漠化土地监测和沙化土地监测。荒漠化土地宏观监测范围为亚湿润干旱区、半干旱区和干旱区，监测对象为荒漠化土地；沙化土地宏观监测范围为所有分布沙化土地的地区，监测对象为沙化土地。

三、监测方法

已颁布的《全国荒漠化监测主要技术规定（试行）》（以下简称《技术规定》），是本次荒漠化监测工作的基本技术依据，承担监测任务的各单位必须遵照执行。

宏观监测以省荒漠化土地或沙化土地监测范围为调查总体，采用系统布设固定样地进行定期复查、实测结合遥感的平均数或成数抽样估计的方法，获得各省荒漠化土地和沙化土地面积现状及动态宏观数据。全国荒漠化土地和沙化土地面积现状及动态宏观数据，由各省数据合计而得。

各省要在《技术规定》的基础上制定适合本地区的操作细则和工作方案，1998 年 8 月底前报国家林业局防治荒漠化管理中心和荒漠化监测中心（以下简称监测中心）审批。

对于《技术规定》中不完善的地方，确有必要变动时，由全国荒漠化监测领导小组办公室组织修改。

四、监测成果及提交时间

（一）荒漠化土地宏观监测

1. 省和全国分气候类型区的荒漠化土地面积现状和动态统计表（附在监测报告后）；

2. 省和全国荒漠化土地分布图（二份）；

3. 省和全国荒漠化土地监测样地点位图（二份）；

4. 省和全国荒漠化土地监测报告（十份）。

（二）沙化土地宏观监测

1. 省和全国沙化土地面积现状和动态统计表（附在监测报告后）；

2. 省和全国沙化土地分布图（二份）；

3. 省和全国沙化土地监测样地点位图（二份）；

4. 省和全国沙化土地监测报告（十份）。

除书面材料外，各省的统计数据、样地调查数据和气象、水文、治理情况、土地利用结构及社会经济方面的数据需另以磁盘形式提交监测中心。

各省必须在 2000 年 3 月前提交成果，由监测中心验收，验收不合格的要重新组织上报；全国监测成果由监测中心在 2000 年 9 月底前提供。所提交成果必须通过专家和有关方面的审定。

五、工作步骤

（一）技术培训

由监测中心负责技术培训工作，对各省荒漠化宏观监测任务承担单位选派的技术人员进行集中培训，以统一标准和技术方法。参加培训的人员要负责本单位的技术培训、指导和把关。

（二）技术准备

1. 卫星遥感资料

新疆、西藏、青海、甘肃、宁夏、内蒙古、陕西、山西、河北、山东、北京、黑龙江、吉林和辽宁等省的监测须使用卫星遥感资料。监测中心负责卫星遥感资料的订购，并分发到上述各省。

2. 各省要做好总体区划、样地布设等外业前的技术准备工作。

3. 各省要做好调查所需其他资料、仪器、工具及调查用表的准备。

（三）进度安排

甘肃、新疆和内蒙古 3 省（区）今年下半年要进行部分地区外业工作，其余各省在今年内完成各项准备工作，明年全面开展野外调查和内业统计、监测报告编写工作。

六、保证监测成果质量的措施

（一）严格按《技术规定》进行操作，努力提高调查人员业务水平，确保调查成果的科学性和准确性。

（二）质量管理

为了保证荒漠化监测的成果质量，各省要加强领导，实行领导责任制，建立质量保证体系，制定质量管理办法，配备专职的质量管理人员，加强质量管理。

（三）质量检查

各省在采用实测和解译两种调查方法的样地中，随机抽取3%～5%的样地，按《技术规定》的有关标准、要求先进行自检，国家林业局派出检查组对各省抽查1%以上的样地，经抽查合格后方可进入内业整理。

国家林业局关于发布《森林植物检疫技术规程》的通知

林护通字［1998］43号

各省、自治区、直辖市林业（农林）厅（局），内蒙古、吉林、龙江、大兴安岭森工（林业）集团公司：

为适应修订发布的《植物检疫条例》、《植物检疫条例实施细则（林业部分）》和《森林植物检疫对象和应施检疫的森林植物及其产品名单》的规定，使森林植物检疫工作进一步制度化、规范化，国家林业局在认真总结经验和广泛征求意见的基础上，对1989年制定的《国内森林植物检疫技术规程》进行了修改和补充。现将修订的《森林植物检疫技术规程》印发给你们，请遵照执行。在执行过程中有什么问题，请及时向我局反映。

附：《森林植物检疫技术规程》

国家林业局

1998年7月27日

附：森林植物检疫技术规程

1. 总则

1.1 为了防止危险性森林病虫的传播蔓延，确保林业生产安全，使检疫工作规范化、制度化，根据《植物检疫条例》和《植物检疫条例实施细则（林业部分）》的有关规定，特制定本规程。

1.2 本规程适用于森林植物及其产品的产地检疫、调运检疫、国外引种审批及疫情监测。

2. 产地检疫

2.1 种苗繁育基地的建立

2.1.1 生产单位（个人）新建种苗繁育基地，应在当地森林植物检疫（以下简称森检）机构指导下，选择符合检疫要求的地方设立。

2.1.2 种苗繁育基地所用的野生、栽培种子、果实、苗木（含试管苗）、插条、接穗、砧木、叶片、芽体、块根、块茎、鳞茎、球茎、花粉、细胞培养材料等繁殖材料，不得带有检疫对象和其它危险性病、虫。

2.1.3 种苗繁育基地周围定植的植物应与所繁育的材料不传染或不交叉感染检疫对象和其它危险性病、虫。

2.1.4 已建的种苗繁育基地发生检疫对象和其它危险性病、虫的，要采取措施限期扑灭。

2.1.5 种苗繁育集中的区域（单位），应配备兼职森检员负责本区域（单位）的疫情调查、除害处理，并协助当地森检机构工作。

2.2 产地检疫调查

2.2.1 种苗繁育基地的检疫调查

2.2.1.1 检疫调查应根据不同检疫对象和其它危险性病、虫的生物学特性，在病害发病盛期或末期、虫害危害高峰期或某一虫态发生高峰期进行，每年不得少于两次。

2.2.1.2 检疫调查前，森检员（或兼职森检员）应询问种苗繁育基地的种苗来源、栽培管理及检疫对象和其它危险性病、虫发生情况，确定调查重点和调查方法，做好观察、采集、鉴定用的工具和记录表格等准备。

2.2.1.3 检疫调查一般先进行踏查。踏查要选择有代表性的路线，穿过种苗繁育基地，必要时可采用定点（定株）检查。

a. 踏查苗木时，需查看顶梢、叶片、茎干及枝条等有无病变、病害症状、虫体及被害状等，必要时挖取苗木检查根部。初步确定病虫种类、分布范围、发生面积、发生特点、危害程度。

b. 对在踏查过程中发现的检疫对象和其它危险性病、虫，需进一步掌握危害情况的，应设立标准地（或样方）做详细调查。

2.2.1.4 标准地（或样方）设置

a. 标准地应选设在病、虫发生区域内有代表性的地段。

b. 标准地的累积总面积应不少于调查总面积的0.1%～5%，针叶树的种苗繁育基地每块标准地面积为0.1～5m^2（或1～2m的条播带），阔叶树的种苗繁育基地每块标准地面积为1～5m^2。花卉、中药材、经济林木标准地参照上述规定设置。

c. 对抽取的样株进行逐株检查。统计调查总株数、病虫种类或病虫编号、被害株数和危害程度，计算感病株率、感病指数、虫口密度、有虫株率。

2.2.2 种子园、母树林的检疫调查

2.2.2.1 种子园、母树林以标准地调查为主。

2.2.2.2 标准地应选设在有代表性的地段，在虫害危害高峰期或病害发生盛期、末期进行。同一类型的林分，面积在5hm^2以上时应不少于4块标准地，面积在5hm^2以下时，选设一块标准地。每块标准地林木株数应不少于10～15株，按树冠上、中、下不同部位，每株随机采摘种子（果实）10～100个，逐个进行解剖检查。

2.2.2.3 种子收获前期或收获后开展检疫调查的，从种子堆里取样检查，调查数量按调运检疫3.1.2.4条款进行。

2.2.2.4 检查方法

a. 用肉眼或借助放大镜直观检查采摘下的种子（果实）表面有无病害症状、虫体或危害特征（斑点、虫孔、虫粪等）。

b. 对种子表面色泽异常的，剖开种粒检查种子内部是否有病害症状、虫体及被害状，确定病虫种类、被害数量及被害率。

2.2.3 贮木场及加工场（点）的检疫调查

a. 贮木场及加工场（点）的检疫调查应视疫情发生情况，从楞垛表面抽样或分层抽样调查。

b. 对原木、锯材、竹材、藤等，每堆垛（捆）抽样不得少于5m^3或3～6根（条），每根样株选设样方2～4个，样方大小一般为20cm×50cm（或10cm×100cm）；不足上述数量的全部检查。

c. 检查上述受检物表面有无蛀孔屑、虫粪、活虫、茧蛹、病害症状等，并要铲起树皮，查看韧皮部或木质部内部害虫和菌体。

2.2.4 集贸市场的检疫调查

2.2.4.1 对集贸市场的经营木、竹材、藤及其制品（含半成品）和种苗、花卉、经济林木、中药材、果品等森林植物及其产品进行检疫调查，按应检物总量的0.5%～15%抽样检查。小批量的森林植物及其产品应全部检查。

2.3 检疫调查记录和标本采集

2.3.1 将各项调查结果填入《产地检疫调查表》。

2.3.2 对踏查中发现的检疫对象和其它危险性病、虫，要采集标本若干份，附上采集标签，对一时不能有结果的，待培养或饲养后，供室内进一步检验或送专家鉴定。

病害标本要有典型症状并且带有病原体；虫害标本要求虫体完整，具被害状。

2.4 室内检验

2.4.1 害虫检验

2.4.1.1 对混杂在种子间的害虫，用回旋筛检验。对隐藏在种子内的害虫，可采用剖粒、比重、染色或软X射线透视、药物染色等进行检查。

2.4.1.2 对隐蔽在叶部或干、茎部的害虫，用刀、锯或其他工具剖开被害部位或可疑部位进行检查。剖开时应注意保持虫体完整。

2.4.1.3 借助于解剖镜、显微镜等仪器设备，参照已定名的昆虫标本、有关图谱、资料等进行识别鉴定。

2.4.1.4 对一时鉴定不出的害虫，采取人工饲养方法，养至成虫期鉴定，或结合观察各虫态特征及其生物学特性，做出准确鉴定。必要时送请有关专家鉴定。

2.4.2 病害检验

2.4.2.1 病原真菌检验

a. 采集一定数量症状典型的病害和寄主标本。

b. 观察病害的危害病状、病症特点及对寄主影响。

c. 用徒手切片或石蜡切片等方法，借助显微镜观察病原真菌形态特征。

d. 用组织分离法或孢子稀释法分离致病真菌。必要时，进行生理生化测定及病原接种，进行识别鉴定。

e. 记载病原真菌特点、培养性状。

2.4.2.2 病原细菌检验

a. 观察寄主症状是否具典型细菌性病害的溢菌现象、是否有菌浓，并用显微镜检查病组织，观察病健交界处是否有大量细菌游出，初步确定是否为细菌病害。

b. 采用稀释分离法从病组织中分离培养病原细菌，并通过稀释或划线法获得纯培养菌株。

c. 用柯克氏法则进一步鉴定病原细菌的致病性，利用植物过敏反应快速筛选致病性细菌。

d. 从接种植物病组织中再分离获得细菌，并与原来病株上分离获得的细菌比较。

e. 根据细菌形态、大小特征、菌株生理生化特点、致病性等确定其种类。

2.4.2.3 寄生线虫检验

a. 直接采取新鲜病变的组织、器官或根围土壤。

b. 采用贝尔曼法或浅盘法分离线虫；如果是非转移型线虫，可直接用手剥离。

c. 分离后直接检查。需保存或用显微镜观察的线虫用固定液固定。

2.4.2.4 病毒检验

a. 通过田间调查、症状观察、初步确定是否为病毒病害。

b. 采集病毒样品，并用摩擦接种观察接种后症状表现及变化是否与感病植物一致。

c. 用电镜观察病毒形态和进行细胞病理解剖或用血清学、聚合酶链式反应等技术进行鉴定。

2.5 检疫处理

2.5.1 根据产地检疫调查、室内检验结果，对发现有检疫对象和其它危险性病、虫的森林植物及其产品，应监督、指导生产（经营）单位（个人）进行除害处理。

2.5.2 对新发生检疫对象和其它危险性病、虫的，必须采取措施彻底扑灭，并依法向当地森检机构和省级林业主管部门报告疫情。

2.6 检疫签证

2.6.1 经产地检疫调查、室内检验，对未发现检疫对象和其它危险性病、虫的，签发《产地检疫合格证》；对带有检疫对象和其它危险性病虫的，签发《检疫处理通知单》。

2.6.2 对调出的森林植物及其产品，可凭《产地检疫合格证》直接换发《植物检疫证书》。《产地检疫合格证》的有效期为六个月。

3. 调运检疫

3.1 调出检疫

3.1.1 受理报验

3.1.1.1 森检机构应受理、审核《森林植物检疫报检单》和调入省的《森林植物检疫要求书》，根据报检单分析疫情，明确检验要求，准备检疫工具，确定现场检疫时间（15 日以内），并通知报检人。

3.1.1.2 邮包寄件人在报检时，要同时交验邮包。

3.1.2 现场检查

3.1.2.1 除按规定可直接签发《植物检疫证书》的外，均需经过现场检查。

3.1.2.2 对照《森林植物检疫报检单》，在现场核对森林植物及其产品名称、数量和来源，看报检单与调运的应检物是否相符。

3.1.2.3 检查森林植物及其产品的表层、包装物外部、填充物、堆放场所、运载工具和铺垫材料等是否带有检疫对象或其他危险性病、虫。

3.1.2.4 按照森林植物及其产品的种类和数量，抽取一定数量的样品进行现场检验。

抽样以“批”为单位进行。本规程中的“批”是指来自同一地区、同一日期、使用同一运输工具、同一品名的森林植物及其产品。

a. 种子、果实（干、鲜果）：按一批货物总数或总件数抽取，抽样数量为 0.5%～5%；

b. 苗木（含试管苗）、块根、块茎、鳞茎、球茎、砧木、插条、接穗、花卉等繁殖材料：按一批货物总件数抽取，抽样数量为 1%～5%；

c. 生药材：按一批货物总件数抽取，抽样数量为 0.5%～5%；

d. 原木、锯材、竹材、藤及其制品（含半成品）和进境的森林植物及其产品的再调运，按一批货物总数或总件数抽取，抽样数量为 0.5%～10%；

e. 散装种子、果实、苗木（含试管苗）、块根、块茎、鳞茎、球茎、生药材等：按货物总量的 0.5%～5% 抽查。种子、果实、生药材少于 1kg，苗木（含试管苗）、块根、块茎、鳞茎、球茎、砧木、插条、接穗少于 20 株，应全部检查；

f. 其它森林植物及其产品可参照上述各类办理。按照上述比例抽样检查的最低数量不得少于 5 件；不足 5 件的，件件检查；

g. 现场检验的样品是确定一批货物是否带有检疫对象和其它危险性病、虫的重要依据，怀疑带有检疫对象或其它危险性病、虫时要扩大抽样数量，抽样数量应不得低于上述规定的上限。

3.1.2.5 抽样方法

a. 现场检查散装的种子、果实、苗木（含试管苗）、块根、块茎、鳞茎、球茎、花卉、中药材等时，按照抽样比例，从报检的森林植物及其产品中分层取样，直到取完规定的样品数量为止。

b. 现场检查原木、锯材、竹材、藤等时，按抽样比例，视疫情发生情况从楞垛表层或分层抽样检查。

3.1.2.6 现场检验

a. 种子、果实外部检验：将抽取的种实样品倒入事先准备好的容器内，用肉眼或借助扩大镜直接观察种实外部有无伤害情况，把异常的种子、果实拣出，放在白纸上剖粒检查果肉、果核或经过不同规格筛，选出的虫体、虫卵、病粒、菌核等，作初步鉴定。

b. 苗木检验：将抽取的苗木（含试管苗）、砧木、插条、接穗、块根、块茎、鳞茎、球茎等检验样品，放在一块 100cm×100cm 的白布（或塑料布）上，逐株（根）进行检查，详细观察根、茎、叶、芽、花等各个部位，有无变形、变色、溃疡、枯死、虫瘿、虫孔、蛀屑、虫粪等，作初步鉴定。

c. 枝干、原木、锯材、竹材、藤及其制品（含半成品）检验：现场仔细检查枝干、原木、锯材、竹材、藤等外表及裂缝处有无溃疡、肿瘤、流脂、变色、虫体、卵囊、虫孔、虫粪、蛀屑等，作初步鉴定。

d. 中药材、果品、野生及栽培菌类检验：用肉眼或借助扩大镜直接观察表面有无危害症状（斑点、虫孔、虫粪等），并剖开检查内部，确定病虫种类、数量，作初步鉴定。

3.1.2.7 室内检验

a. 对现场检查不能作出可靠鉴定的，需再抽取一定数量的样品作为室内检验样品，连同现场检疫时发现的可疑病、虫一起做室内检验。

b. 室内检验方法参照产地检疫 2.4 条款进行。

3.1.3 检疫处理

3.1.3.1 对受检的森林植物及其产品，经现场检查、室内检验，发现检疫对象或其它危险性病虫的，森检机构应签发《检疫处理通知单》，责令受检单位（个人）按规定要求进行除害处理。

3.1.3.2 对目前尚无办法除害处理的森林植物及其产品，应责令改变用途或控制使用，采取上述措施均无效时，应予销毁。销毁货物的总值超过10 000元时，须经省级森检机构批准。

3.1.3.3 对受检的森林植物及其产品的包装材料、填充物、堆放场所、运输工具、装载容器、铺垫材料等，经检疫发现疫情时，责令受检单位（个人）按照森检机构的要求进行除害处理。

3.1.4 签发证书

3.1.4.1 凡列入《应施检疫的森林植物及其产品名单》的森林植物及其产品，必须在取得《植物检疫证书》后方可调运。《植物检疫证书》按一批（同一地区、同一日期、使用同一运输工具、同一品名的森林植物及其产品）一证开具，货证同行。

3.1.4.2 评定依据：国家林业主管部门发布的《森林植物检疫对象名单》，省、自治区、直辖市林业主管部门发布的补充森检对象名单，调入省、自治区、直辖市提出的检疫要求和国家林业局指定单位编制的疫情数据。

3.1.4.3 签证依据

a. 根据查核结果签证。对从无检疫对象发生的县调出的森林植物及其产品，经查核后签发《植物检疫证书》；凭有效期内《产地检疫合格证》或中转换证签发《植物检疫证书》；

b. 根据现场检疫结果签证。适用于经现场检查可确定合格的森林植物及其产品；

c. 根据室内检验结果签证。适用于必须通过室内检验才能确定合格的森林植物及其产品；

d. 根据除害处理结果签证。适用于经现场检查或室内检验不合格、但经除害处理后合格的森林植物及其产品。

3.1.4.4 省际间属二次或因中转更换运输工具调运同一批次的森林植物及其产品，存放时间在1个月以内的，凭森检机构的有效《植物检疫证书》换签新证，但如果转运地疫情严重、可能染疫的，应实施检疫，合格后签发《植物检疫证书》。

3.2 调入检疫

3.2.1 省际间调运森林植物及其产品，调入单位应事先向当地森检机构取得《森林植物检疫要求书》，并交调出单位。

3.2.2 对调入的森林植物及其产品，调入单位（个人）所在地的省、自治区、直辖市或其委托的森检机构应当查验《植物检疫证书》，必要时可以进行复检。

3.2.2.1 复检时发现检疫对象和其它危险性病、虫的，应下达《检疫处理通知单》，采取相应的防范疫情扩散的措施，监督、指导收货人进行除害处理，并将有关情况及时通告调出地省级森检机构。受委托的森检机构发现检疫对象和其它危险性病、虫的，应及时报告本省森检机构。

3.2.2.2 复检时发现检疫对象和其它危险性病、虫的，复检情况必须做详细记录，保存抽检样品和标本。请专家鉴定的，需请专家出具书面鉴定材料。

3.2.3 经省人民政府批准的木材检查站、森检检查站，对过往检查站的应施检疫的森林植物及其产品，必须查验其《植物检疫证书》；对无《植物检疫证书》的，必须到当地的森检机构进行补检，经检疫合格，补发《植物检疫证书》后方准调运，并按《林业行政处罚程序规定》予以处罚。

4. 国外引种检疫审批

4.1 从国外引进林木种子、苗木和其它繁殖材料时，引种单位（或代理单位）必须在对外签订贸易合同、协议前30天，向所在地的省、自治区、直辖市森检机构提出申请（国务院有关部门所属的在京单位向国家林业局森检管理机构或者其指定的森检单位提出申请），填写“引进林木种子、苗木及其繁殖材料检疫审批单”。申请引种审批时，需提供以下材料：

a. 在原产地引进种苗的病虫害发生情况材料；

b. 引进种苗的隔离试种计划和管理措施；

c. 再次引进相同品种种苗时，需出示国内种植地森检机构出具的疫情监测报告。

4.2 审批机构在接到审批单15日内依照规定进行审批。对同意引进的，确定引种的种植地点、管理单位（个人）和监管措施等，提出对外检疫要求。

4.3 引种单位在取得审批单后，将审批单中提出的检疫要求列入贸易合同或协议中。引进时，需取得输出国植物检疫证书，证明符合我国检疫要求。

4.4 种苗引进后，引种单位（个人）须按审批单位审定的地点和监管措施进行隔离试种。隔离试种场所必须具备以下条件：

a. 有围墙、防疫沟等自然间隔或不同植物的隔离带；

b. 周围一定距离内（按不同引种植物而定）不得种植同一科、属植物；

c. 灌溉及排水条件应符合检疫和除治要求；

d. 有完善的管理措施并配备病虫防治专业技术人员；

e. 经审批单位审定合格后，方准使用。

4.5 引进的林木种子、苗木和其它繁殖材料在隔离试种期间，森检机构应对其进行调查、观察和检疫，指导、监督引种单位（个人）对发现的检疫对象和其它危险性病、虫进行处理。引种单位（个人）应加强对引进的林木种子、苗木和其它繁殖材料的生产（经营）管理，做好病虫害监测工作，发现检疫对象和其它危险性病、虫时，应查明情况，防止扩散蔓延，并及时书面报告当地森检机构；发生重大疫情时，应向省级森检机构和国家林业局报告。

4.6 引进的林木种子、苗木和其它繁殖材料，经森检机构调查、检疫，确认无检疫对象和其它危险性病、虫危害后，引种单位（个人）方可分散种植。隔离试种期限为：一年生植物不少于一个生长周期，多年生植物不得少于两年。

5. 样品和档案管理

5.1 样品管理

5.1.1 样品是确定一批货物是否带有危险性病、虫的重要依据，应建立严格的管理制度。

5.1.1.1 抽取检验样品要给报检人签发《采样凭证》（附表4）。

5.1.1.2 在检疫过程中发现检疫对象和其它危险性病、虫的，必须保存样品，保存期至少3个月。对不易长期保存的样品，可根据具体情况缩短时间。

5.1.1.3 样品要制成标本保存。标本要注明寄主、调入（出）地和发现时间；不易制成标本的被害状及现场，可摄制照片、录像片等存档备查。

5.1.1.4 样品要有专人负责管理，保存期间要注意防潮、防虫、以免受损变质。

5.1.1.5 根据样品种类登记造册，列明报检单位、货物名称、样品数量、取样时间、存放起止日期、检疫结果和最后处理意见。

5.2 森林植物及其产品的各种检疫记录、检疫单证，需建立专门档案，以备检查、查询及研究之用。

5.3《植物检疫证书》等各种检疫单证属法律文书，一般需保存3年，可根据具体情况适当延长或缩短。

6. 附则

6.1 本规程自发布之日起实行，1989年林业部印发的《国内森林植物检疫技术规程》同时废止。

国家林业局关于加强自然保护区建设管理有关问题的通知

林护通字［1998］77号

各省、自治区、直辖市林业（农林）厅（局），内蒙古、吉林、龙江、大兴安岭森工（林业）集团公司：

建立自然保护区是保护生物多样性最重要的措施，也是生态环境建设的重要组成部分。森林生态系统、湿地生态系统和野生动植物类型自然保护区是我国自然保护区体系最重要的组成部分，截至1997年底，全国林业系统共建立以上三种类型自然保护区633处，这些自然保护区为保护我国野生动植物和湿地资源，改善生态环境，开展国际合作与交流，进行科学研究和宣传教育，建立林业生态体系和实施可持续发展战略起到了重要作用。

近年来，一些地方在进行生产建设和发展经济的过程中，对自然保护区工作认识不足，重视不够，导致自然保护区管理体制混乱，机构不完善，政策不落实，执法不力，资金投入严重不足；随意侵犯自然保护区合法权益的事件时有发生，自然保护区的资源未得到有效地保护，甚至进行了以破坏资源和环境为代价的开发活动；林业行政主管部门对一些属于森林和野生动物或湿地类型的自然保护区也没有切实行使好管理职能。为贯彻落实好《国务院办公厅关于进一步加强自然保护区管理工作的通知》（国办发［1998］111号）精神，切实解决自然保护区“批而不建、建而不管、管而不力”等问题，现就进一步加强全国森林、野生动物和湿地类型自然保护区建设管理工作提出如下要求：

一、提高认识，加强领导。建设和发展自然保护区是各级人民政府的一项重要职责，各级林业行政主管部门应坚持实施可持续发展战略，充分认识自然保护区在生态环境建设和社会经济发展中的地位和作用，把自然保护区的发展建设作为重点工作来抓。要认真部署、精心组织林业干部职工，特别是自然保护区工作人员深入学习和落实国办发［1998］111号通知，通过各种途径和采取多种形式，加大自然保护区建设重要意义的宣传力度，扩大影响，提高社会各界的自然保护意识。对于违反法律，严重破坏自然保护区环境和资源的单位和个人，要依法严肃查处，追究责任，并公开曝光。

二、理顺管理体制，加强组织机构建设。各级林业行政主管部门要按照《森林法》、《野生动物保护法》和国务院的有关规定，对辖区内的森林、湿地和野生动植物类型自然保护区实行统一管理，对于已经由其它部门建设或管理的同类型自然保护区，要认真负责监督或收回管理权。对于还没有建立管理机构的自然保护区，要做好当地政府和有关部门的工作，尽快成立管理机构，落实人员编制和经费；今后不得在同一区域重复建立自然保护区、风景名胜区和森林公园；已经重复建立的，要根据批建时间的先后，逐步清理，取缔重复设置的管理机构。

三、加强法制建设，实现依法治理。各级林业行政主管部门要根据《森林法》、《野生动物保护法》、《野生植物保护条例》、《自然保护区条例》等法律法规，制定有关配套法规和规定，并通过地方人大或政府颁布施行。有条件的保护区，要成立公安分局或派出所；对于具备执法条件的自然保护区管理机构，林业行政主管部门可以依法委托其在保护区内行使森林和野生动植物的行政处罚权，同时要加强执法监督工作。自然保护区管理机构应积极配合公安机关和林政部门切实做好保护区内林业执法工作。要依法严格控制自然保护区内的建设开发项目，更不能毁林或破坏湿地开发建设，对于确因需要必须进行的建设项目，要认真搞好环境影响评价，严格按程序和权限报批，并由项目单位负责对建设活动破坏的环境进行恢复和治理。

四、加强自然保护区的林地、林木等资源管理。各级林业行政主管部门和各自然保护区管理机构，要根据《森林法》、《森林和野生动物类型自然保护区管理办法》和《自然保护区条例》的有关规定，抓紧划定自然保护区的边界，明确保护区范围，并尽快完成确权发证工作，设立明显的界标。任何单位和个人不得非法改变保护区根据林权证确定的管理范围，凡在已经核发林权证的保护区林地上又重复发放的其它土地权属证书一律无效；对于因区内集体所有林木、林地较多等原因而无法向自然保护区颁发林权证或土地证的，要通过地方政府颁布自然保护区行政法规，明确由自然保护区管理机构对区内资源实行统一监督管理职权。对于侵占自然保护区范围内的林地、林木和其它改变林地用途的，限期纠正，情节严重的要依法查处。今后一年内，对征占用保护区的土地、林地，实行冻结管制；一年以后，对于确因国家建设需要必须征占用或改变自然保护区土地和林地用途的，要首先经自然保护区管理机构审查同意和省级林业行政主管部门批准后，再办理建设用地审批手续，征占国家级自然保护区内林地、土地或改变其用途的，必须报国家林业局审批。

五、加强自身建设，实行科学规范管理。各级林业行政主管部门要组织、督促和指导自然保护区管理机构抓紧编制总体规划和管理计划，确定发展目标和方向，明确保护区的功能区划，并按程序报批；已经制定总体规划或管理计划的保护区，如功能区划不合理或不能满足发展需要，要尽快提出调整意见，并按程序报批。国家级自然保护区的总体规划和功能区划调整，必须报国家林业局审批。要建立和完善自然保护区各项规章制度，组织人员培训，完善管理手段，提高管理水平。

六、加强护林防火和病虫害防治工作，切实做好保护区内自然资源的保护管理。自然保护区管理机构要切实重视保护区及其周边地区的护林防火和森林病虫害防治工作，要实行领导责任制，安排专人负责，加强监测和野外巡护，明确岗位职责，建立规章制度。切实解决好存在的问题，确保保护区不发生森林火灾和大的疫情。各级林业行政主管部门要从资金、设备和技术上给予大力支持。

七、合理开发利用资源，增强自我发展能力。自然保护区应在不破坏区内资源和环境的前提下，按照国家有关法律法规和政策规定，坚持“以保护为目的，以发展为手段，通过发展促进保护”的指导思想，根据自身特点和市场需要，充分发挥自身资源优势，通过多种渠道和形式筹集资金，合理开发利用资源，发展保护区经济。各级林业行政主管部门要从银行贷款、政策和技术等方面给予支持，不断壮大自然保护区的经济实力，推进保护事业的发展。保护区的旅游要以自然景观资源的开发为主，禁止建设人造景观。各地要根据各自然保护区的性质、功能、主要保护对象、地理位置和周边社会经济等情况确定不同的保护发展目标，实行分类指导。

八、加强社区联系，促进社区经济发展。关心保护区内及其周边社区的经济发展，促进当地群众脱贫致富，减轻对保护区自然资源的压力，是保护区生存和持续发展的前提。各级林业行政主管部门和自然保护区管理机构要与地方政府和群众加强联系，融洽关系，在统一行使区内资源保护和开发管理权的前提下，尊重保护区内资源的历史和法定权属关系，帮助当地群众开辟生产门路，建立互利互惠的社区共管关系，改善保护区的周边环境，推进保护区的健康发展。

各地要认真领会国办发［1998］111号文件精神，对照上述通知要求，逐条予以贯彻落实，并将贯彻落实情况于1998年12月底前报国家林业局。我局将组织力量，对本通知执行情况进行督促检查。

国家林业局

1998年9月21日

国家林业局关于实行全国统一林木采伐年度有关问题的通知

林资通字［1998］83号

各省、自治区、直辖市林业（农林）厅（局），内蒙古、吉林、龙江、大兴安岭森工（林业）集团公司：

为进一步规范森林采伐限额管理，切实控制森林资源消耗，现就实行全国统一林木采伐年度的有关问题通知如下：

一、从1999年起，全国的林木采伐年度统一规定为每年的1月1日至12月31日。

二、森林采伐限额、森林总采伐量计划指标和木材生产限额计划的年度执行期与林木采伐的年度一致，禁止年度使用。

三、1998年的森林总采伐量计划指标和木材生产限额计划执行到1998年12月31日止，届时不论完成与否，都要一律停止。

四、各地要对本地区1998年木材生产限额计划的执行情况和存材数量(包括以往一切存材)进行一次彻底清理和登记，做到帐物相符，并以省级林业（森工）主管部门为单位按附表统计汇总后，于11月30日前上报国家林业局。

各地林业(森工)主管部门和森林资源监督机构要充分认识执行全国统一林木采伐年度的重要意义，认真组织，积极协调，采取有力措施，坚决落实好本通知的规定。省级林业（森工）主管部门和国家林业局驻各省、自治区、集团公司的森林资源监督专员办事处，要切实加强对本通知落实情况的检查监督，发现问题及时处理，重大问题要随时向国家林业局汇报。国家林业局将对各地执行全国统一林木采伐年度和清理存材的情况进行检查，对有令不行、有禁不止的单位和个人，将依法追究单位主要领导和有关责任人员的责任。

非林业系统的林木采伐年度的确定参照本通知精神执行。

国家林业局

1998年10月7日

国家林业局关于进一步规范木材凭证运输管理有关问题的通知

林资通字［1998］86号

各省、自治区、直辖市林业（农林）厅（局），内蒙古、吉林、龙江、大兴安岭森工（林业）集团公司：

自1989年实行全国统一的《出省木材运输证》以来，各级林业主管部门加强了木材运输的检查监督。目前，木材凭证运输制度全国检查监督网络已基本形成，这对维护正常的木材流通秩序，制止乱砍滥伐，控制森林资源过量消耗，实现我国森林资源“双增长”发挥了重要作用。

但是，最近一个时期，有的地方在实施凭证运输制度和木材运输监督检查工作中出现了一些不容忽视的问题。一是木材运输证的核发不按章办事，木材运输证的填写不规范、不严肃，存在一定程度的随意性，少数木材运输证核发人员甚至搞以证谋私；二是伪造、买卖、涂改运输证现象时有发生；三是个别地方在木材运输监督检查中仍存在乱收费、乱罚款现象。这些问题虽然发生在局部，但如果不引起我们的警觉，任其发展、蔓延，势必对全局工作带来严重的影响。为此，现就进一步加强木材凭证运输管理工作提出如下要求：

一、提高认识，强化领导

各级林业主管部门要深刻认识实行木材凭证运输，是《森林法》赋予我们的法定职责。木材凭证运输制度执行的好坏，事关森林资源保护和林业发展的大局，也是林业部门社会形象的直接体现。各地要进一步强化对木材凭证运输管理的领导，建立健全领导责任制，并加强经常性的检查监督，狠抓落实。对领导不力，管理不严，执法犯法的，要追究有关领导和工作人员的责任。

二、建立健全管理制度

各地林业主管部门要严格执行木材运输证发放管理的有关规定，进一步建立健全木材运输证的领取、保管、发放和统计报告等管理制度。各省、自治区、直辖市林业主管部门要每半年向国家林业局报告一次《出省木材运输证》的发放管理情况，重大情况要一事一报。

三、按章办事，严格证件审签

各地林业主管部门要按照木材运输证发放管理的有关规定，严格审核和签发木材运输证。要指定专人负责木材运输证的签发工作，严格审批程序，规范签发要求。签发木材运输证，数量和有效期限必须大写；填写内容不得涂改，如填写有误，必须重新签发；严禁发给货主或承运者空白木材运输证，也不得交由货主或承运者自行填写。对因办证人员审核把关不严或填写不规范，造成损失的，要责令其赔偿；造成违法运输的，要依法追究其责任。

四、规范凭证运输范围

凭证运输木材的范围包括国家标准、行业标准所列全部木材；

各省、自治区、直辖市人民政府规定列入木材凭证运输范围的各种人造板（包括胶合板、纤维板、刨花板和各类细木工板）；

木材、竹材大宗制品的数量统一规定以折合木材0.5立方米为起点，执行凭证运输制度；

以木材、竹材为主、辅原材料的家具成品和木（竹）制工艺品不列入凭证运输范围。

对凭证运输的木材、竹材等半成品，有包装的、按包装件数填写；没有包装的，按照实际件数填写。对凭证运输的人造板，《出省木材运输证》中树（材）种项，均填写表板的树（材）种名称或主要树（材）种名称，品名项填写人造板，规格按其长度乘以宽度填写，数量以张数总量计，可不填写材积。

五、规范检查和执法行为

木材检查站要严格按照规定的职权范围实施木材运输检查，除查验木材运输证和应施检疫木材的检疫证以及国家有关规定授权查验的凭证以外，不得检查木材购货发票、育林基金收据等其它票据。

木材检查应严格执行起运地省、自治区、直辖市林业主管部门的有关规定，不得乱查乱罚。对实际运输木材数量小于《木材运输证》记载数量，又能证明其《木材运输证》确属运输该木材的，或者运输木材实际检尺数量与《木材运输证》记载数量误差在国家规定检尺误差范围内的，木材检查站应予放行，不得施以处罚。

各省、自治区、直辖市林业主管部门要加强对木材检查站工作的监督检查，同时积极协调省际间的木材凭证运输管理和监督检查工作。

六、加强监督检查

各级林业主管部门要按照案件级别管辖和层级管理的要求，认真履行职责，加强对木材运输的检查监督，建立木材运输检查报告制度。木材检查站要按月向其上级林业主管部门呈报当月木材运输检查和违法运输木材案件的处理情况。各级林业主管部门要按照管辖权限，认真追查违法运输木材的有关问题，依法追究有关单位和责任人的责任。各省、自治区、直辖市林业主管部门要每半年向国家林业局报告一次木材运输检查和违法运输木材案件处理的情况及追查结果。

本通知请及时转发至各地、县林业主管部门。

国家林业局

1998年10月13日

国家林业局关于印发《国家林业局新闻报道管理暂行办法》的通知

林宣通字［1998］113号

国家林业局各司局、各直属单位：

《国家林业局新闻报道管理暂行办法》已经局领导批准，现予印发，请遵照执行。

国家林业局

1998年11月30日

附：国家林业局新闻报道管理暂行办法

为加强林业新闻报道管理工作，确保林业新闻报道的真实性、准确性、时效性，根据中宣部、国务院新闻办的有关规定，制定本办法。

一、关于召开林业新闻发布会

（一）需由国务院新闻办名义主持的新闻发布会，由有关业务司局提出意见，宣传办综合协调报局领导同意后，再报国务院新闻办批准。

（二）由国家林业局召开的新闻发布会，由有关司局提出意见，宣传办审核后报局领导批准。

（三）新闻发布会新闻稿和问答备案等有关材料，由有关业务司局提出初稿，宣传办审核后报局领导批准。

（四）新闻发布会由局新闻发言人会同宣传办负责组织并与国务院新闻办联系。

二、关于接待记者采访

（五）新闻记者采访由宣传办统一接待。

（六）需采访局领导的，由宣传办提出意见，报主管局领导审批。

（七）需采访司局有关负责人的，经宣传办同意后进行采访。

（八）国外及港、澳、台记者采访，由国际合作司先行接待，会同宣传办提出意见，经局领导审定后，由宣传办按规定报国务院新闻办批准。

三、关于新闻稿件的审核

（九）实行新闻稿件发表责任制，谁发表，谁负责。

（十）以国家林业局名义发表的各类文字和形象的新闻稿件，由局主要领导审核签发。

（十一）以司局或直属单位名义发表的各类新闻稿

件，由各司局、直属单位主要负责人审核签发。

（十二）以个人名义发表的稿件，文责自负。

（十三）新闻单位自行编采送局审核的稿件，由宣传办负责审核，并根据具体情况，按（十）、（十一）条规定报批。

（十四）全国性林业会议的新闻报道稿件，由主持会议的局领导审核签发。

四、关于突发性事件报道

（十五）严格执行中共中央办公厅、国务院办公厅关于国内突发性事件对外报道工作的规定。

国家林业局办公室关于审批进口种子苗木有关事宜的通知

厅场字［1998］47号

各省、自治区、直辖市及计划单列市林业（农林）厅（局），中国林木种子公司、中国林业国际合作（集团）公司：

为进一步规范种子苗木进口管理工作，现就国家林业局办理审批进口种子苗木的有关事宜通知如下：

一、国家林业局将种子苗木进口审批职能委托国有林场和林木种苗工作总站（以下简称场圃总站）行使，并由场圃总站代国家林业局出具《国家林业局种子苗木进口审批表》。

二、免税引进的种子（苗），仅限于生产和科研，严禁倒买倒卖或移作他用。各省、自治区、直辖市及计划单列市林业主管部门须在每年12月中旬以前，将本辖区内下一年度的引种计划，即计划进口的植物种类（品种）及其数量，报场圃总站，由场圃总站审核、汇总后报财政部、国家税务总局审批并下达指标。

三、申请办理种子苗木进口审批的单位，应向国家林业局提供单位证明、进口合同副本及进口单位所在省（区、市）林业行政主管部门种苗管理机构出具的"种用证明"，上述证明必须齐全。

"种用证明"的内容应包括申请单位及进口代理单位简介、进口种子（苗）的中文名与拉丁名、进口数量及货值、出口国家、用途及预计进口日期等内容，并经领导签字、加盖单位公章。

四、场圃总站根据申请单位提交的上述材料，经审核，对符合有关规定的，在三个工作日内开具《国家林业局种子苗木进口审批表》。《国家林业局种子苗木进口审批表》的有效期限最长不超过两个月。

五、中国林木种子公司、中国林业国际合作（集团）公司等国家林业局直属单位自行提报进口计划，需持进口合同副本及公司领导签字、并加盖单位公章的"种用证明"直接到场圃总站办理《国家林业局种子苗木进口审批表》。

六、已办理好的《国家林业局种子苗木进口审批表》一律不予修改，凡需修改的，须重新办理。

国家林业局办公室

1998年11月26日

森林培育与生态环境建设

林木种苗生产建设

【林木种苗生产综述】

林木种子生产 据26个省（区、市）和3个计划单列市林木种苗管理部门统计，1998年全国共采收林木种子15 434 798千克，比1997年减少171 665千克。其中：主要造林树种种子共采收10 227 101千克，比1997年增加1 451 402千克，占全国林木种子采收量的9.4%。采种基地采收种子2 405 719千克，比1997年增加345 418千克，占全国种子采收量的15.5%。

用材林树种 用材林树种种子采收量为4 256 418千克，其中采收量比1997年增加的树种有油松、日本落叶松、杉木、红松、马尾松，共增加2 542 260千克；减少的树种有刺槐、云南松等，共减少150 730千克。

经济林树种 经济林树种种子共采收1 092 412千克，比1997年增加的树种有核桃，共增加了105 401千克；减少的树种相对较少，只有油桐等树种种子采收量下降。

灌木树种 灌木树种种子采收量为983 694千克，比1997年减少309 962千克。

良种生产 1998年共采收良种1 179 128千克，占全国种子采收量的7.6%，比1997年增加569 636千克，其中种子园种子236 947千克，母树林种子942 181千克。红松母树林的良种产量比1997年有较大幅度的增加。侧柏、油松等树种的良种产量比1997年有一定幅度的减少。

苗木生产 1998年全国共完成育苗面积17.74万公顷，其中新育苗面积11.19万公顷；总产苗量272.13亿株，容器育苗21.07亿株，良种苗82.22亿株；在总产苗量中可供造林用合格苗木168.27亿株。花卉面积5212.89公顷，产量6.72亿株（盆）。

与1997年相比，育苗面积减少0.82万公顷，产苗量减少17.37亿株，容器育苗减少5.47亿株，良种苗减少3.48亿株。造成育苗面积和产量下降主要原因是苗圃遭受洪涝灾害。

从统计结果来看，1998年林木种苗生产基本上满足了全国造林绿化所需种苗的供应。

种苗生产建设投资 据30个省（区、市）和3个计划单列市统计，1998年全国林木种苗建设投资总计15 647万元，其中：中央投资5160万元，省、地、县等地方配套投资10 479万元。按建设项目分，良种基地4632万元，采种基地440万元，苗圃6874万元，种子库100万元，其它建设项目3601万元。

1998年全国林木种苗专项投资完成2368万元，其中：林木种子生产基地建设投资1158万元，苗圃投资1210万元。“三北”防护林、长江中上游防护林、沿海防护林、治沙、京津周围绿化等林业重点工程完成种苗基地建设投资2830万元。

林木种子基地建设 截至1998年底，全国共建良种基地630处（其中局省合建239处），总面积为79 196公顷（其中局省合建39 937公顷）。其中种子园15 434公顷（其中局省合建7539公顷），母树林46 398公顷（其中局省合建19 727公顷），采穗圃1094公顷（其中局省合建768公顷），实验林5100公顷（局省合建3916公顷），无性系繁殖圃1553公顷（其中局省合建517公顷），良种示范林6912公顷（其中局省合建3708公顷），其他1377公顷（其中局省合建978公顷）。采种基地156处（其中局省合建54处），可采种面积为1 344 706公顷（其中局省合建788 169公顷）。

（隗合飞　高　举）

【《1999～2003年全国林木种苗工程总体规划》编制完成】 为加快林木种苗事业的建设步伐，由国家林业局组织有关人员共同编制了《1999～2003年全国林木种苗工程总体规划》。该《规划》从我国林木种苗生产实际出发，以可持续发展战略思想和《林业“九五”计划和2010年远景目标》、《全国生态环境建设规划纲要》为指导，坚持“下大力量抓种苗，超前抓种苗，一把手抓种苗”的方针和科教兴林战略，紧紧围绕林业现代化建设和林业两大体系建设，以实现种苗生产区域化、供应基地化、质量标准化、造林良种化为目标，根据林木种苗建设超前性、区域性等特点，瞄准21世纪的营林生产，在巩固、充实、提高现有种苗基地的基础上，全面、系统地加强种苗生产基地、加工贮藏、流通供应、质量检验、管理服务等重点种苗工程建设，经过4～6年时间的努力，初步建成以良种的选、育、引、繁为中心，良种基地、采种基地、国有苗圃为依托，布局合理、稳产高产、品质优良的种苗生产体系；设备齐全、稳定均衡的种子（苗）加工、贮藏、供应体系；覆盖全国、设备先进的种苗质量监督检验体系和适应现代林业发展的种苗管理服务体系。

建设内容及规模：新建林木良种繁育中心30处，6462公顷；新建良种基地40处，5956公顷；改扩建良种基地100处，13 757公顷；建设良种丰产工程100处，16 533公顷；新建采种基地99处，99.7万公顷；建设现代化示范苗圃70个，2290公顷，中心苗圃360处，8446公顷；标准化苗圃180处，4653公顷；新建种子冷库7座，改造种子冷库18座；新建种子常温库50座；建设种苗信息化系统设施86套；建设种苗质量监督检测站、室150个。建设期为1999～2003年，工程涉及35个省、自治区、直辖市、计划单列市，856个县、旗、区、市。规划总投资为18.9亿元，其中国家预算内拨款13.3亿元，地方配套5.6亿元。

到2003年，工程建设任务完成后，可选育出供推广的优良品种、优良无性系、优良家系1000个，每年生产林木良种220万千克，优良穗条10亿株，可造林293万公顷。按良种遗传增益15%计算，到主伐时，可增加产值131.9亿元，为林业十大防护林体系建设和国家生态环境林业重点治理工程及商品林、经济林建设提供品种对路、质量优良的种子和苗木。

（马志华）

【林木良种繁育中心建设】 按照《林业部综合计划司关于林木良种繁育中心建设项目有关问题的通知》（林计基字［1996］93号）的要求，广东省林业厅编报了《广东省台山市用材林经济林良种繁育中心建设项目可行性研究报告》，经国家林业局详细审核后，以林计批字［1998］4号文批复了广东省台山市林木良种繁育中心建设可行性研究报告，建设地点在台山市红岭湿地松种子园内，建设规模201.6公顷，其中用材林区111.6公顷，经济林区90公顷。分别建设育种区20.3公顷，种子园区91.3公顷，收集区3.0公顷，繁殖区6.7公顷，试验示范区80.3公顷。项目总投资367.5万元，其中国家基建投资110万元，地方自筹资金257.5万元。

（欧国平）

【长江、黄河流域林业重点治理工程种苗供应计划】 为了确保长江、黄河流域生态环境林业重点治理工程的启动和种苗供应，提高生态工程造林的效益，国家林业局场圃总站在对项目区林木种苗供需情况进行了详细书面调查的基础上，召集重点生态治理省（区、市）林木种苗主管部门负责人，就项目区林木种苗供应现状、种苗生产经营管理方面的问题进行了分析和研究；对四川、湖北、河南进行了实地的调查研究。在充分掌握有关材料的基础上，编制了长江、黄河流域生态环境林业重点治理工程林木种苗建设规划和种苗供应计划。

种苗供应计划坚持科学规划，合理布局，突出重点，充分利用现有条件和先进的科学技术，科研、生产、管理三结合的原则，以良种基地、国有苗圃为建设重点，加强基础设施建设，提高经营管理水平，不断提高优良林木种苗的生产和贮备能力，将形成年产林木种子330万千克、穗条5410万条（根），苗木37亿株的生产规模，根据目前种苗生产和树种改良水平现状，确定了生态工程造林中主要造林树种用种质量要求，提出了逐年提高生态工程造林种苗质量的措施。

为了保证种苗计划的顺利实施，国家林业局场圃总站还制定了《长江、黄河流域生态环境林业重点治理工程林木种苗管理办法》，明确了林业重点生态治理工程种苗生产的组织管理、质量管理和流通管理原则，以确立种苗在生态重点治理工程中的地位和作用，保证工程用种苗的数量和质量，理顺造林和种苗的关系，超前准备数量充足、质量优良、品种对路的林业种苗，确保工程造林种苗供应工作的顺利进行。

（王襄平）

【林木种苗调剂】 1998年林木结实属中等偏上，大部分树种种子供应比较充足。国家林业局于1998年9月17日在成都召开了全国林木种苗调剂会，统一调剂树种31个，调剂量82万千克，各省自行调剂的树种100多个，除花棒、湿地松种子供应略有缺口外，其他树种种子都能满足供应。据对油松、樟子松、红松、马尾松等31个主要造林树种的统计，种子采收量为1398万千克，1999年用种量为833万千克。

对13个主要造林树种苗木进行了调剂，调剂量1.81亿株。天然林保护工程启动后，需用苗木未能超前培育，因此，大兴安岭地区一些育苗周期长的树种苗木缺口大，红皮云杉苗缺1.16亿株，红松苗缺0.4亿株。杨树、榆树、沙棘、板栗、竹类、刺槐等树种苗木通过调剂基本能满足造林用苗。川西地区和一些林业生态重点工程治理区以及严重受灾地区的苗木缺口基本上由省内自行调剂或增加容器育苗、无性繁殖苗木办法来解决。

为保证1998年造林所需种苗的供应，国家林业局对各地提出了三点要求：①抓紧组织好种子的采集和加工，落实好种子购销合同；②保证种子的数量和质量；③对有缺口的种苗本着适地适树的原则调整树种或采取多种育苗技术措施增加苗木生产。

（郑欣民）

【林业种苗监督抽查】 1998年国家林业局南方林木种子检验中心和北方林木种子检验中心分别承担了国家质量技术监督局和国家林业局部署的林业种苗产品质量监督抽查任务，国家技术监督局于1998年7月23日发布了《产品质量国家监督抽查通报》(1998年第2号)（质技监局发［1998］51号）公布了林木种苗监督抽查结果。国家林业局于11月26日以林场通字［1998］110号《关于1998年林木种苗质量抽查情况的通报》向各省（区、市）林业（农林）厅（局）等单位通报了林木种苗质量抽查情况。

本年度国家监督抽查涉及安徽、湖北两省的42个从事林业种苗生产、经销和使用的企事业单位，抽查产品为飞机播种、世行造林等工程造林用杉木、马尾松、杨树等10个树种的种子、苗木，共抽查了53个种批(苗批)。抽样和检验项目、检验结果综合判定的依据是《GB2772－81林木种子检验方法》、《GB7908－87林木种子》、《GB6000－85主要造林树种苗木》、《GB6001－85育苗技术规程》等国家强制性标准。此次抽查林业种苗的抽查单位合格率为71.4%，产品抽样合格率为69.8%，其中林木种子抽样合格率为80%，苗木抽样合格率为60.7%。本年度国家林业局监督抽查涉及山西、河北两省的12个从事林业种苗生产、经销和使用的国有单位。抽查产品为飞机播种、世行造林等工程造林用油松、侧柏、刺槐等6个树种种子和11个树种的苗木，共抽查了87个种批，14个苗批。此次抽查的油松、侧柏等6个树种的种子质量明显低于往年，平均合格率仅为35.1%，抽查的苗木多数达到国家规定的质量标准，但是，仍有个别地区的苗木质量较差。

此次抽查结果反映出我国目前仍有个别地区个别单位的林业种苗质量较差，其原因一方面是由于气候异常，另一方面也反映出个别地区林业主管部门放松了林业种苗质量监督管理工作，造成林木种子抢采掠青、掺杂使假，苗木质量下降的现象。各级林业主管部门今后仍需要认真贯彻实施《中华人民共和国种子管理条例》及林业种苗有关国家标准，切实加强林业种苗生产、流通和使用各环节的质量监督管理工作，把好林木种苗质量关。

（王维丽）

【国家林业局实施先导工程林木种苗示范项目】 为了迅速提高林业种苗质量，促进我国种苗生产总体水平的提高，确保各项林业重点工程所需种苗的供应和质量，为林业的持续发展提供基础保障，国家林业局决定，1998年启动跨世纪林业先导示范工程林木种苗示范项目，该项目包括4处良种繁育中心和6处国有苗圃，瞄准21世纪的营林生产，建设成为在地域、树种上具有代表性，能反映当代林业科技生产水平，具有全面示范作用的先导良种繁育中心和示范苗圃。

4个良种繁育中心分别为：河南卢氏县东湾林场良繁中心，湖北建始县长岭岗良繁中心，广东台山市红岭良繁中心，广西东门林场良繁中心；建设总规模为800公顷，建设内容包括种质资源收集保存区、引种驯化区、育种区、良种繁殖区、试验测定区、实验示范区，基础设施建设主要包括组织培养温室、实验室、花粉处理及贮藏室以及其他相关设备。

6个示范苗圃分别为：山西朔州市朔城区一苗圃，四川绵阳市苗圃、内蒙古清水河苗圃，福建漳州市林业中心苗圃，安徽肥东县鸡笼山苗圃，江西弋阳县苗圃，建设总规模为174.3公顷，建设温室、组织培养室、塑料大棚等实现工厂化育苗，以培育更多的容器苗、脱毒苗；对大田育苗进行土壤改良，完善排灌系统，扩大无性系育苗面积、并配备较先进的耕作和运输等设备设施。

该项目将采用国内外先进的育苗技术和生产、经营管理措施，推广林木育种新成果，加大种苗生产的科技含量，提高我国林木良种繁育水平，并逐步建立起现代化场圃的运营机制，以点带面，促进我国林木种苗事业的迅猛发展，为造林绿化和生态环境建设提供数量足够、品种对路、质量优良的林木种苗。

（王襄平）

森 林 培 育

【综　述】 1998年，在党的十五大和十五届三中全会精神指引下，各地认真贯彻落实党中央、国务院对生态环境建设和林业工作的重要指示精神，按照全国绿化委员会第十七次全体（扩大）会议和全国林业厅（局）长会议的统一部署，以建设林业两大体系为目标，以十大林业生态工程为重点，抓住灾后重建的良好机遇，深化林业改革，全面推进我国造林绿化事业向纵深发展。据统计，1998年全国共完成造林面积472.5万公顷，超过计划任务13.8%，比上年增长8.5%，其中人工造林395万公顷，飞播造林77万公顷，分别比上年增长5.7%、25.2%。封山育林新封面积382万公顷。在造林面积中，用材林153.6万公顷，占32.5%；经济林160万公顷，占33.9%；防护林142.5万公顷，占30.2%；薪炭林14.9万公顷，占3.2%；特用林9466公顷，占0.2%。1998年全国造林工作有以下主要特点：

各级党委政府高度重视，全社会造林绿化、生态环境意识进一步增强 新《森林法》经全国人大九届二次会议审议通过，并于7月1日颁布实施。国务院在灾后重建综合治理方针中，把“封山植树、退耕还林”放在首位。党的十五届三中全会通过的《中共中央关于农业和农村工作若干重大问题的决定》，提出要大力植树种草，实行封山育林，依法保护森林资源。地方各级政府也把造林绿化工作摆上重要议事日程，并且将其作为当前农村工作的一件大事来抓。广东省委、省政府发出《关于组织林业第二次创业，优化生态环境，加快林业产业化建设的通知》，明确提出在原有投资基础上，每年新增2500万元，建设生态公益林，并以广东省政府令发布了《广东省生态公益林建设管理和效益补偿办法》，成为全国建立“森林生态效益补偿”制度的第一省。云南省人大通过了于1月1日施行的《云南省绿化造林条例》，从可持续发展战略的高度对全社会办林业、全民搞绿化、实施分类经营、巩固完善各种形式的责任制、多渠道筹集资金等作出具体规定，不仅为云南省绿化造林提供了法律武器，而且对全国在市场经济制度下加速国土绿化进程，改善生态环境，实现可持续发展具有借鉴意义。四川、黑龙江、福建、贵州、西藏、海南等省（区），先后作出关于加快造林绿化步伐、切实改善生态环境的决定，为发展林业创造了良好的外部环境，保障林业建设顺利进行。

林业十大重点生态工程建设稳步推进，启动了一批新的工程 1998年，林业十大重点生态工程完成造林277.6万公顷，占全国完成造林面积的58.8%，其中“三北”、长江中上游、沿海、太行山、防沙治沙、平原绿化、珠江、辽河、淮河太湖、黄河中游各重点生态工程完成造林面积分别为121.4万公顷、46万公顷、11.4万公顷、34.4万公顷、22万公顷、9.7万公顷、4.2万公顷、9.4万公顷、4.3万公顷、14.7万公顷，均超计划完成任务。

在全面实施林业十大重点生态工程的同时，国家又相继启动了长江、黄河中上游六大治理区生态工程、重点地区天然林资源保护工程。长江、黄河中上游六大治理区生态建设工程经国家计委批准启动，目前国家已投入资金10多亿元，启动100个生态重点县。

商品林建设持续发展，产业基础进一步巩固 发展高产优质高效林业，是林业增资源、增活力、增效益的有效途径，也是建立林业两大体系的重要组成部分。安徽省把发展“竹业致富工程”作为全省林业第二次创业的重要内容，先后召开3次会议，进行动员部署，有力地推动了全省竹林培育工作，1998年全省新发展竹林8666.7公顷，完成竹林抚育6.7万公顷。甘肃省在经济林建设中，坚持以市场为导向，突出发展名特优新产品，全省新发展经济林5.9万公顷，其中名特优新品种的比例达到80%。浙江省以经济林等商品林业建设为突破口，认真念好“山字经”，加快山区综合开发，全省年营造各类商品林5.6万公顷，新建名特优经济林示范基地1400多个。新疆维吾尔自治区按照区领导关于在10到15年后，要把林果业发展成为继“一白（棉花）一黑（石油）”后的支柱产业的指示精神，积极调整大农业产业结构，大力发展以核桃、红枣、杏、香梨等名特优经济林，全年新造经济林2.1万公顷，占全区造林总面积的30.2%。

全社会办林业进一步巩固，全民搞绿化逐步深入 各地继续坚持全社会办林业，全民搞绿化的方针，全民义务植树、部门造林绿化取得新进展，城乡绿化一体化和绿色通道工程建设进程进一步加快。《江苏省苏锡地区城乡一体现代林业示范区工程建设总体规划纲要》经原林业部批复，省政府在张家港市专门召开了示范区工程建设会议，姜永荣副省长亲自部署，精心安排，迅速掀起了城乡绿化热潮。以京九铁路为龙头的绿色通道工程全面展开。上海市按照“点上绿化成景、线上绿化成荫、面上绿化成林、环上绿化成带”的总体要求，共建林业示范工程15个，完成造林面积8000公顷，扩建农田林网控制面积1.5万公顷。湖北省采取多种措施，扎实开展全民绿化工作，1998年全年参加义务植树2585.85万人次，植树1.46亿株，分别比去年增加35万人次、4500万株。

营造林经营形式多样化，投入方式多元化 山西省适应新形势，不断探索造林的组织形式，努力实现由过去以集体组织造林为主向多形式造林转变，大力扶持股份合作制造林、大户造林，并制定优惠政策和实施意见，直接投资到户，极大地促进了全省私有林的发展。据统计，1998年全省新发展股份合作制造林实体753个，经营林业用地面积5.2万公顷，全省新发展造林大户200多个，总经营面积达到2.3万公顷。湖南省在稳定家庭联产承包责任制的基础上，对荒山、荒坡、迹地通过拍卖、租赁、承包、合作等形式，全年共筹措造林绿化资金3.8亿元，建成绿色基地4425处，面积27多万公顷。逐步扭转“有山无钱造林，有钱无山造林”的局面。辽宁省积极鼓励境内外企事业单位和个人进山搞开发，抚顺市目前已引进沈阳等地150多家国有、私营和个体大户，购买荒山面积达186.7公顷，投入小流域开发资金1.2亿元。海南省积极鼓励社会各行业投资造林，创办绿色产业，目前公司造林约占全省造林面积的1/3。

林业科技含量增加，造林效果明显提高 各地在造林绿化工作中注重质量，坚持标准，严格要求，大力推广先进科技成果和实用技术，努力提高造林成效。青海省针对春季气候干旱、土壤墒情差的不利条件，汇集径流整地1753公顷，吸水剂处理各类苗木600多万株，容器育苗造林33.3万株，使全省造林质量大大提高。湖南省进一步加大良种推广力度，并建立起良种审定和良种生产、使用制度，目前全省重点工程造林已基本实现良种化，主要树种造林良种使用率达到

92.2%，比1997年提高0.4个百分点。安徽省开展了“送科技下乡活动”，通过举办技术培训班、开展技术承包、培养示范大户等多种形式，重点推广林业实用新技术10多项，加快了全省科技兴林步伐，使全省林业科技贡献率达到30%。

全国造林绿化工作存在的主要问题 一是部分省（区）在实现基本灭荒后，对造林绿化工作产生松劲情绪，投入减少，直接影响造林质量的提高和生态效益的发挥；二是苗木供应不能满足需求，有的地方有什么苗造什么林，种苗质量低的现象依然存在，天然林保护工程启动后，因造林任务增加，在一些地区苗木供给出现较大缺口；三是部分林种、树种结构调整存在盲目性，一些地区发展经济林不考虑市场需求，盲目扩大规模，导致产品出现积压，给广大林农造成不必要损失；四是重造林轻抚育管理，林分质量差，森林经营水平有待提高。 （王恩玲）

【全国重点林业生态工程建设】 1998年是极不寻常的一年，我国经历了东南亚金融危机的影响，特别是长江、松花江和嫩江发生了百年不遇的特大洪涝灾害。同时，也是林业生态工程建设十分重要的一年。一年来，在国家林业局党组的高度重视下，在国家计委、财政部、国家农业综合开发办公室等部门的大力支持下，认真贯彻落实党的十五大及中共中央、国务院《关于灾后重建、整治江湖、兴修水利的若干意见》及中央领导对植树造林和生态环境建设的重要批示精神，加大投入，强化管理，全国十大林业生态工程建设又有新的突破。据统计，全年共完成人工造林172.4万公顷，飞播造林53.5万公顷，封山育林169.1万公顷，是全国造林任务的61%。“三北”防护林体系建设对重点项目进一步开展了招标制、报账制等管理试点，并召开工程建设20周年座谈会，全面总结工程建设经验，提出新的建设目标。长江中上游防护林体系一期工程在四川省德阳、绵阳市开展了跨世纪先导示范项目，为新世纪林业生态工程建设积累经验，同时按照分类指导原则，大力加强工程内部结构调整和林种、树种结构优化，在实现基本消灭宜林荒山的工程县开展了区域规模综合治理。沿海防护林建设工程沿海基干林带建设和保护进一步加强，按国务院批复设立的沿海国家特殊保护林带的保护工作全面启动。平原绿化工程以农田林网化建设为核心的高标准试点全面铺开，同时改革检查手段，加大检查力度，初步扭转了滑坡趋势。太行山绿化工程、防沙治沙工程建设力度不断加强，综合治理成效明显。淮河太湖流域综合治理防护林体系建设工程、黄河中游防护林工程、辽河流域综合治理防护林体系建设工程、珠江流域综合治理防护林体系建设工程4个试点启动的林业生态工程管理进一步实现规范化。 （曹国江）

【“三北”防护林体系建设工程20年成就】 20年来，党中央、国务院始终高度重视“三北”防护林体系工程建设，一直把“三北”工程列为国民经济和社会发展的重点建设项目，为工程建设提供了强大动力；各有关部门对工程建设给予了大力支持和积极配合；“三北”地区的各级党委、政府带领广大干部群众同心同德，艰苦奋斗，工程建设取得了举世瞩目的成就。目前，已全面完成一期（1978～1985）工程、二期（1986～1995）工程规划任务，正在进行三期（1996～2000）工程建设，到1998年底，已累计造林2000万公顷。这些树木成林后，“三北”地区的森林覆盖率将从工程启动时的5.05%提高到9%以上。现在，“三北”工程重点建设地区的生态环境已经得到明显改善，有力地促进了当地乃至更大范围的经济、社会发展。

“三北”地区已净增治沙面积4万多平方千米，部分重点治理区结束了沙进人退的历史。科尔沁、毛乌素两大沙地的林木覆盖率分别达到了20.4%和29.1%，不仅实现了土地荒漠化的逆转，而且进入了综合治理、综合开发的新阶段。

“三北”地区已净增水土保持面积10万平方千米，黄土高原的昕水河流域、延安地区、天水地区和京津周围重点治理区域的水土流失现象明显减轻。昕水河流域土壤侵蚀模数由7175吨/年·平方千米下降到3226吨/年·平方千米。承德市的潮河水量每年以2.5%的速度递增，洪水期泥沙含量由23.5%降低到13.5%。

“三北”地区受防护林保护的农田面积已净增1533万公顷，平原农区基本实现了林网化。特别是在东北西部、内蒙古东部以及西北地区的灌溉农业区已建成跨地区、大面积、集中连片的农田防护林体系。近10年来，东北区、甘新区、内蒙古及长城沿线区粮食平均亩产和总产增长幅度在全国九大农区中居前三位。据专家测定，农田防护林的贡献率普遍在10%以上，在一些风沙危害严重的地区高达30%以上。

“三北”地区森林蓄积已净增3.1亿立方米，年产木材增加240万立方米，一些过去缺林少树的地方，民用材已自给有余。营造的125万公顷薪炭林，加上林木抚育，解决了600万户农民的燃料问题。营造的牧防林保护了大面积草场，营造的500多万公顷灌木林和上亿亩杨、柳、榆、槐树（枝叶），为畜牧业提供了丰富的饲料资源。

“三北”地区经济林面积已净增288.7万公顷，干鲜果品年产量增加1110万吨，远销国内外，产值达200多亿元。不少地方经济林和木材及林产品加工成为农民脱贫、地方财政增收的重要途径。在一些乡镇企业不发达的地方，林业成为农村集体经济的支柱。甘肃省1997年全省农民人均林业纯收入达到300元，占总收入的25%。

20年来，“三北”防护林建设不仅改善了“三北”地区的生态环境，促进了“三北”地区的资源开发和区域经济发展，也带动了全国的林业和生态环境建设，增强了人们的生态意识、绿化意识、环境意识，提高了我国在国际生态环境建设领域的地位。（熊善松）

【“三北”防护林体系建设 20 周年总结宣传活动】 “三北”防护林体系建设，伴随着我国改革开放走过了20年光辉历程。为了抓住机遇，总结经验，分析问题，规划未来，高举生态建设旗帜，推动“三北”防护林工程建设，研究提出新形势下防护林建设的方针、政策，指导面向21世纪的防护林体系建设，“三北”地区1998年开展了一场声势浩大的“三北”防护林体系建设20周年总结宣传活动。

年初，“三北”防护林建设局在银川召开了“三北”防护林体系建设工作会，对总结宣传活动进行了全面安排部署。以“三北”防护林体系建设20周年为契机，多层次、全方位地对“三北”防护林体系建设20周年进行了系统的总结，“三北”防护林建设局和国家林业局经济发展研究中心联合组成调查组深入到山西、河北、北京、内蒙古等省（区、市）的50多个县（旗），就黄土高原治理、京津周围绿化、土地沙漠化整治、荒漠绿洲等方面情况进行了调研，起草了一大批有份量的调查报告。在总结的基础上，利用各种宣传媒体开展宣传活动。与中央电视台合作，拍摄了7集《绿色长城》纪实片，宋平同志题写了片名，在中央电视台“纪实片之窗”栏目中播出；在《中国绿色时报》上开展了“我看‘三北’工程20年”有奖征文活动，共发表文章50余篇，开辟了“举目‘三北’”专栏；在《人民日报》海外版、《中国信息报》开辟了专栏，系列报道了“三北”工程；组织各省（区、市）开展了大规模宣传活动，共拍摄专题片30多部（集），电视新闻400多条，文章800多篇，出版画册专集共5部，在“三北”地区掀起了一个总结宣传活动的高潮，为工程建设创造了良好的外部环境。（熊善松）

【“三北”009 二期工程项目】 由比利时政府援助、联合国粮农组织执行的中国“三北”地区造林、林业研究、规划与开发项目二期工程1998年获比利时政府批准。该项目由国家林业局国际合作司归口管理，“三北”防护林建设局负责组织实施。项目期5年，外援金额为169万美元。

其总体目标是：提高科尔沁沙地水土保持能力，在保护环境的前提下，用可持续性发展的方式提高和管理林产品及其他服务的产出，以便改善这一地区社会经济状况。

具体目标为：①保存杨树乡土树种；制定并实施一个适于中国东北地区的杨树育种规划。②开展针叶树和其他树种/种源的引种选育。③通过在科尔沁沙地开发试验、示范及机械化造林，研究出新的植被恢复/造林技术，以满足该地区持续发展的需要。④收集并分析有关改进了的造林技术在成本和效益方面的数据、绘制立地划分图、起草造林援助项目建议书。⑤人员培训及信息技术推广。⑥加强科研机构，进而提高其数据搜集、分析、规划及制定长期战略和规划的能力。

（熊善松）

【长江中上游防护林体系建设工程】 1998年共完成重点工程66万公顷（人工植苗造林25.6万公顷，直播造林1.4万公顷，飞播造林3.1万公顷，低效低产林改造8.1万公顷，封山育林19.7万公顷，幼林抚育8.7万公顷），“四旁”植树64233万株，容器育苗34523万袋。主要做了以下工作：

先导示范项目开始启动 按照原林业部确定的“瞄准新目标，应用新成果，创办新基地，建立新机制，面向新世纪”的“五新”工作方针，国家林业局长防办将四川省德阳绵阳长防林工程区作为跨世纪先导示范工程项目区。工程立项后，及时成立了管理小组和技术支撑小组，组织四川省林业勘查设计院和四川省林科院的专家完成了项目总体设计和作业设计规划，并通过了专家组审定。在工程建设中大胆实践，积极探索，将地理信息系统应用到先导示范工程管理中，由四川省林科院的4位专家分片到点，实行技术承包。整个项目已全面铺开，一年来，共完成育苗10公顷，人工造林250公顷，低效林改造496公顷，幼林抚育589公顷，封山育林1921公顷，新建和维修道路43.2千米，修蓄水池296口，坡改梯30公顷，水系和景点绿化9000米。

生态效益监测网络逐步建立 在培训技术骨干和制订下发《长防林工程生态效益监测与评价实施方案》的基础上，为了进一步组织好此项工作，又组织专家制订了《长防林工程生态效益监测与评价技术实施细则》，督导组织工程区各地建立和完善观测站点，并在每个工程县部署建立标准样地，目前已有8个观测站达到建设标准，个别观测站已开始进行监测和数据积累，为下一步全面监测打下了基础。

造林质量稳步提高 通过对工程人工造林实绩进行核查，1997年长防林工程人工造林面积核实率为98.6%，合格率为95.8%，连续6年稳定在95%以上。

微机数据信息管理在工程中应用更加广泛 工程区各地在全面推广应用由原林业部长防办和西北林业调查设计院联合研制开发了“长防林工程信息管理系统”软件后，贵州和湖南等省又率先将“地理信息系统”应用于工程管理中，将小班数据和重要图表进行微机化管理，为在整个工程中推广探索出了经验。

工程建设宣传工作加强 在长江流域发生特大洪灾后，各地普遍加强林业生态建设工程的宣传，各级长防办组织新闻单位到工程一线进行采访报道，加强了林业在生态环境建设中主体地位的宣传。

（李　冰）

【国家农业综合开发 1995～1997 年“长防林”建设项目

通过验收】 1998年9月11～25日，由国家农业综合开发办公室、国家林业局组成的验收组，对国家农业综合开发1995～1997年长江中上游防护林工程建设项目进行了验收。验收组随机抽验了贵州省的普定、织金、纳雍，陕西省的商州、旬阳、安康，重庆市的开县等7个县（市），按照国家农业综合开发办公室制定的项目验收操作规定，采取听汇报、查验档案资料、审核会计账目和凭证、现场察看、走访护林人员和农户等形式，共查验了项目乡镇27个，造林小班6300个。

根据国家林业局自验，1995～1997年，长防林工程项目区10个省（市）的147个县累计完成营造林129万公顷，占计划的116.6%。其中：人工植苗造林51.6万公顷，占计划的129.3%；直播造林5.4万公顷，占计划的106.3%；飞播造林1.2万公顷，占计划的108.2%；低产低效林改造15.1万公顷，占计划的126.1%；封山育林37.9万公顷，占计划的101.7%；幼林抚育18万公顷，占计划的116.1%。

抽验的3个省（市）的7个县累计完成营造林12.2万公顷，占计划的123.8%。其中：人工植苗造林4.2万公顷，占计划的118.3%；直播造林2.7万公顷，占计划的142.9%；飞播造林2733公顷，占计划的82%（由于飞播季节受干旱等自然灾害影响，未完成计划任务）；低产低效林改造4533公顷，占计划的104.5%；封山育林2.9万公顷，占计划的144%；幼林抚育1.7万公顷，占计划的102.8%。抽验结果与国家林业局自验结果基本一致。

验收组看到项目区新造林按片区分布，与封山育林区和原有林地成片连接，绿化效果明显。人工造林苗木生长旺盛，三年生杉木已有1米多高，与山上自有灌木形成天然混交，根据现场小样地抽查，苗木成活率很高，项目区普遍实现了容器育苗，容器苗造林成活率达到100%，在村民的精心管理下，三年生林木保存率达到95%以上。

根据林业勘查部门年度造林成效检查结果表明：7个县的工程造林面积核实率平均为100%，造林合格率均稳定在97%以上，三年生林木保存率87%以上，均超过部颁标准。由于推行了按山脉、水系、流域和交通干线的集中连片治理，多数工程的总体布局合理，重点突出、苗木长势良好，效益显著。

从抽验情况看，陕西省、贵州省、重庆市各级财政部门和林业部门，高度重视农业综合开发资金的管理和使用，严格执行国家农业综合开发办公室颁发的《农业综合开发资金管理办法》以及相关的财政政策法规。在资金核算上基本做到了“三专一统”，即配备专职财会人员，建立专账，开设专户，统一核算。在资金使用上实行一支笔审批制度。依照农发资金管理规定，每年年底都做了预决算工作，并按规定逐级上报资金使用情况。同时，加强了资金使用的监督检查工作，在系统内部组织定期或不定期的检查。各地、县（市）的审计部门每年还就农业综合开发资金的使用管理情况进行专项资金的跟踪审计。在检查中未发现挤占、挪用工程资金的违纪现象。

国家农业综合开发办公室的审定意见认为，1995～1997年国家农业综合开发长江中上游防护林工程建设项目，较好地贯彻了国家农业综合开发的指导思想和方针政策；完成了国家下达的各项建设任务，治理措施得当，工程质量良好；项目建成后生态、经济和社会效益十分明显；完成了国家批复的各项投资，配套资金到位，资金管理较为严格；工程管理体系健全，人员落实，管护制度完善，文档管理规范。对于项目建设中存在的树种、林种结构不尽合理的问题，提出了新的要求。

（李　冰）

【长防林工程10周年成就】 为遏制长江流域生态环境日益恶化的局面，1989年我国开始实施长江中上游防护林体系建设工程，这是继“三北”防护林体系建设工程之后，我国实施的又一大型林业生态工程。10年来，长防林工程累计完成造林457万公顷，占一期工程规划的76.8%。其中人工造林411.5万公顷，飞播造林45.5万公顷；封山育林344.9万公顷，超过一期工程规划的183.6%；工程区森林覆盖率从19.9%提高到25%，森林蓄积量从1989年的1.59亿立方米，增加到2.6亿立方米，增加了63.5%，累计净增1亿立方米；初步改变了工程区荒山秃岭的面貌，增加了森林植被，提高了长江中上游地区森林植被涵蓄降水、保护土壤等生态效能，振兴了乡村经济，促进了精神文明建设，取得了显著的生态、经济和社会效益。

1. 加快了造林灭荒进程，带动了林业快速发展。工程区有4省100多个县基本消灭了宜林荒山荒地，初步改善了长江中上游的生态环境。1989年长防林工程启动时，工程区平均森林覆盖率低，天然林、成熟林少，人工幼林比例高达46.7%，蓄积只占7.6%，云南、贵州和四川省渠江、嘉陵江、涪江、沱江等四江流域中下游，森林覆盖率平均不到10%，不少县市荒山秃岭，是全省乃至全国有名的“荒山大户”，用材、烧柴奇缺。长防林工程启动以来，各地以长防工程建设为契机，加大了荒山荒地造林步伐，实现了基本灭荒，为全省造林灭荒工作作出了突出贡献。据检查核实，工程区有湖南、湖北、安徽、江西4省实现了全省范围基本灭荒，受到了中共中央、国务院的表彰，这与4省内87个长防林工程县和近100个周边县的造林灭荒贡献是分不开的。四川省有52个工程县实现了基本灭荒。重庆市有31个县实现了基本灭荒。云南省会泽县是全省有名的“荒山大户”，长防林工程启动以来，每年人工造林都在1万多公顷以上，是长防林工程启动前年均人工造林面积的10倍多。

2. 改善了生态环境，治理了水土流失。通过10年建设，长江中上游地区的防护林体系已初步形成，增加了流域植被覆盖度，保护土壤、涵养水源、削洪增枯、拦沙固土等生态效益逐步发挥，工程区水土流失面积由治理前的3620万公顷减少到2098万公顷，减少幅度达42%，工程区土壤侵蚀量由治理前的9.3亿吨减少到7.5亿吨，减少了1.8亿吨，减少幅度达19.4%，已有100多个县的水土流失得到了初步控制，年涵养水源387亿立方米。长江流域水土流失严重的状况得到初步遏制，昔日被泥沙淤积的河床开始刷深，干枯多年的小溪又恢复了清流，一些多年不见的野生动物又开始在林区出现。根据对四川省中部37个长防林工程县的调查，自长防林工程1989年启动以来，37个县的森林覆盖率从14.4%提高到27.6%，水土流失面积从356万公顷下降到218万公顷，年土壤侵蚀量从1.8亿吨下降到0.91亿吨，每平方千米土壤侵蚀模数从5051吨/年下降到4188吨/年。贵州省织金县是乌江流域岩溶石质山区县，生态环境脆弱，土壤侵蚀严重，长防林工程10年累计营造各类防护林3.4万公顷，森林覆盖率从8.3%增加到34.1%，每平方千米土壤侵蚀模数从5208吨/年减少到1348吨/年，减少了74%。陕西省20个长防林工程县自1989年启动以来，共完成营造林115.6万公顷，森林覆盖率从36%提高到46.7%，控制水土流失面积200万公顷，进入江河的输沙量从7513万吨/年减少到5100万吨/年，每年减少输沙量2413万吨。云南省东川市号称世界“泥石流天然博物馆”，山地滑坡、泥石流等灾害频繁发生，长防林工程建设以来，该县共营造长防林4.1万公顷，其中工程造林3.1万公顷，封山育林1万公顷，森林覆盖率由原来的13.3%增加到20.6%，使7条泥石流沟得到初步治理，年拦蓄泥沙3500万立方米。

3. 改善了农业生产条件，促进了粮食稳产高收。长防林工程建设，改善了农业区域性小气候，为农业生产和水利设施筑起了一道绿色屏障，增强了防灾、减灾、抵御自然灾害的能力，增加了粮食产量约10%～25%，为工程区粮食高产稳产做出了贡献。根据1997年对长防工程区160个长防工程县的调查，这些工程县的粮食产量从治理前的1749万吨增加到2667万吨，增幅52%。四川省中部长防林工程县平均降雨量由工程前的996毫米增加到1082毫米，年平均气温从17.6℃降到17.4℃，8月平均气温从28.3℃降到27.9℃，1月平均气温从6.2℃提高到6.5℃，无霜期从270天增加到275天，农业生产的气候条件得到明显改善。甘肃武都县10年来共造长防林2万公顷，农业生产环境明显改变，风旱灾害明显减少，粮食产量由6400万千克增加到9400万千克，增加了47%，人均有粮从138千克增加到201千克。

4. 推动了地方经济发展，加快了群众脱贫致富。各工程县在长防林工程建设中，选择部分土壤条件、经营条件较好的地带和“四旁”、坡耕地埂等地块，栽植速生丰产林、经济果木林，增加了造林绿化的经济收入，也提高了群众建设长防工程的积极性。据初步统计，长防林工程区农民的人均年林果收入，从工程启动前的47.3元增加到99.5元，提高了110.3%，林果业占农民年纯收入的百分比也从8.6%提高到10%。重庆市在长防林工程建设中积极调整林种结构，推进产业化进程，10年间共营造各类经济林32.4万公顷，兴建了木本药材、食品调料、化工原料、优质水果等经济林基地3万公顷，年产值达2549万元，增加了长防林工程建设的经济活力。四川省金堂县在长防林工程建设中，充分利用桤木、桑树等阔叶树的枝丫发展食用菌，食用菌年产量达1800万千克，增加农民人均年收入120元。湖北省宜昌县在长防林工程建设中大力发展林果业，群众林果收入已从治理前的144元提高到374元，增长了160%。长防林工程建设还缓解了农村燃料、饲料、木材不足的矛盾，增加农作物秸秆还田，提高了土壤肥力。根据对四川省中部56个工程县的调查，长防林工程启动以来，共完成营造林416.5万公顷，其中薪炭林18.9万公顷，防护林和用材林397.6万公顷，年产薪柴352万吨，薪柴已自给有余，从根本上解决了工程区薪柴缺乏问题。

5. 取得了良好的社会效益，推动了城乡建设全面进步。一是广大干部群众的绿化意识、拼搏意识明显提高，植树造林、保护环境已形成社会风尚。二是工程区荒山秃岭的面貌的改变，改善了投资环境、旅游环境，促进了招商引资、旅游业的发展。三是长防林建设吸引了部分农村劳动力，缓解了民工潮的压力，兴办了部分乡镇企业，增加了乡镇收入，减少了“三提五统”。四是长防林工程引起了国际社会的广泛关注，先后有美国、日本、德国等10多个国家的政府官员、学者共600多人到工程区参观考察，提高了我国生态工程建设的知名度，扩大了国际影响，德国、日本和一些国际组织还援助我国开展造林绿化事业。（陈应发）

【沿海防护林体系建设工程】 1998年，工程区11个省（区、市）共完成造林21.9万公顷，为全年计划的113%。其中防护林8.7万公顷，用材林3.4万公顷，经济林5.1万公顷，薪炭林4.7万公顷；“四旁”植树1.01亿株；营造海岸基干防护林带968.8千米；北方泥质海岸造林试点工作进展顺利，已完成预订计划任务；沿海国家特殊保护林带划界工作进一步加强，各地在重要地段不仅竖立了永久性界碑，而且加强宣传教育，将界碑和乡规民约结合起来，共同树立在醒目位置，使特殊保护林带的管理进入法制化和规范化的管理新阶段。

沿海各地认真抓好9711号强台风冲毁的沿海基干林带的修复和重建工作，浙江等省还由省政府颁发《关于加强沿海防护林体系建设的意见》，进一步加强基干林带的保护和建设。各地还认真落实国务院《关于保护森林资源制止毁林开垦和乱占林地的通知》，配合各级人大对沿海防护林保护进行检查，处理乱占乱批沿海防护林带的违法事件，仅海南省就行政处罚240多家，刑事拘留4人，行政拘留20人，使沿海防护林得到更加有效的保护。

沿海各省十分注重提高沿海防护林建设的科技含量，在工程建设中大力推广先进适用的营造林技术，同时采用生根粉、根宝蘸根技术，提高造林成活率。为加强管理，各地加强检查验收制度，通过努力，沿海防护林工程人工造林核实率达到99.6%，合格率达96.4%，列十大工程首位。北方泥岸地区试点建设也取得了新的进展。（李 冰）

【平原绿化工程】 截至1998年底，全国已有580个县实现平原绿化达标，占全国2000年达标规划920个县的92.4%。据北京、河北等18个省（区、市）统计，全年共完成平原绿化造林158.6万公顷，农田林网，路、沟、渠及村庄绿化得到加强。

全国共新增绿化达标县21个，达标地区4个。到1998年底，全国已完成平原绿化达标县任务的省（区、市）为16个，即北京、山西、吉林、江苏、浙江、安徽、福建、江西、山东、河南、湖北、广东、广西、海南、四川、甘肃。

1998年平原绿化的突出特点：①加快达标速度。为按期完成“五、七、九”达标规划，未达标省（区）加快了建设速度，1998年又有4个省（区）完成了达标任务。浙江省通过制定林带林网用地和资金扶持政策，落实目标管理，狠抓良种壮苗、管护和检查等措施，打好达标攻坚战，一年完成了7个县的达标任务。②增加投入力度。据北京、河北等17个省（区）统计，共筹措平原绿化资金35574万元，其中地方投入占到91.6%。③巩固和完善成果。安徽、河南等不少省（区）建立了平原绿化复查制度，对已实现平原绿化的单位进行复查，对滑坡县给予黄牌警告，并限期恢复。由于措施得力，大部分省（区）平原绿化成果得到了巩固。据国家林业局直属各专业林业调查单位对河北、山西等9省（区）平原绿化成果巩固情况调查表明，除个别县及个别指标有所下降外，其余均保持了达标水平。

1998年平原绿化达标单位

省（区）＼达标单位	县（市、区）	地（市）
辽宁	辽阳县、阜新市细河区	
黑龙江	富锦市	
浙江	象山县、慈溪市、瑞安市、乐清市、平阳县、舟山市海淀区、岱山县	宁波市、台州市、温州市、舟山市、金华市
江西	余干县	
广西	来宾县	
甘肃	永昌县、嘉峪关市	
新疆	阿图什市、乌苏市、尼勒克县、阿瓦提县、温宿县、轮台县、焉耆县	

（曾宪芷）

【太行山绿化工程】 1998年，太行山绿化工程重点示范区完成人工植苗造林9.4万公顷，占计划任务102.6%；飞机播种造林8.6万公顷，占计划任务123.2%；封山育林9.9万公顷，占计划任务100.6。在重点示范项目区的推动下，全区完成绿化造林67.5万公顷。

先导示范项目开始启动 1998年，国家林业局以山西省平顺、黎城太行山绿化工程为跨世纪先导示范项目，组织完成了项目的总体规划，并开始组织实施，在项目建设中大力引进先进技术和管理手段，以区域规模治理为重点，以建设生态经济型防护林体系为目标，按行政区划规划了生态村、科技村、果树村等建设模式，将工程建设与群众脱贫致富相结合，深受干部群众欢迎。

生态效益监测与评价体系建设开始布网建站 在1997年培训技术骨干的基础上，1998年组织中国林科院的专家制订《国家太行山绿化工程生态效益监测与评价实施方案》，组织各省选址建站布网，并在工程县布设标准样地，工作进展顺利。

工程管理不断加强，新机制试点运行取得突破 为了加强太行山绿化工程的管理，探索新时期林业生态工程管理的新机制，原林业部造林绿化和森林经营司在工程中大胆实践，采取竞争淘汰制试点，将工程县的造林等综合指标进行打分排队，优胜劣汰。由于这一机制的引进，工程建设的激励作用增强，山西省已有1个工程县被淘汰，对推动工程建设起到积极作用。（李 冰）

【淮河太湖流域综合治理防护林体系建设工程】 1998年，共完成人工造林3.5万公顷，为全年计划的101%。其中营造防护林2.7万公顷，用材林0.5万公顷，经济林0.3万公顷。（李 冰）

【珠江流域综合治理防护林体系建设工程】 1998年，首批启动的广东高要、广西灵川、金秀、藤县、岑溪、容县、云南弥勒、建水、宜良、富宁和贵州盘县、望谟、罗甸等13个县共计完成重点工程造林2.9万公顷，完成了全年计划任务。（李 冰）

【封山育林】 1998年，全国封山育林工作进展顺利。据统计，全年共完成封山育林3355.9万公顷，其中新封969.9万公顷，分别比1997年增长17.2%、150.9%。

主要特点 ①领导重视。1998年，我国长江、松花江等流域发生特大洪涝灾害，国务院在灾后重建工作三十二字综合治理措施中，把封山育林放在首位。党的十五届三中全会通过的《中共中央关于农村和农业工作若干重大问题的决议》中，明确提出要“大力植树造林，实行封山育林”。国家林业局对封山育林也非常重视，积极调整任务，1998 年实际完成新封面积比计划增加 350 多万公顷。②深入开展调查研究。国家林业局先后派出 4 个调查组，深入四川、云南等 8 个省（区、市），开展封山育林和退耕还林调查研究，完成《关于开展封山育林、退耕还林的基本意见》，为局领导决策提供了依据。③封山育林示范点建设稳步实施。全国共建设封山育林示范点 16 个，完成示范任务 10 多万公顷，在全国起到很好的示范作用。

存在问题 ①认识不高。一些地方对封山育林的重要性缺乏认识，没有把此项工作摆上重要议事日程，采取放任自流的态度，影响封山育林的顺利进行。②管理不力。部分地方在封山育林时，不制定育林制度，不落实管护人，不落实育林措施，导致封育成效不高，甚至封不成林。③投入不足。国家对封山育林资金扶持标准偏低，目前每亩投资约 0.20 元，影响了封山育林的质量。（樊喜斌）

【薪炭林建设】 1998 年，全国 47 个薪炭林基地建设示范县，共营造薪炭林 3.4 万公顷，超计划任务 176%，带动面上造林 15 万公顷，比 1997 年增长 11%。在薪炭林建设过程中各地按照《全国森林能源工程“九五”实施计划》的要求，结合农村能源多元化的特点及当地薪材供求状况，有重点、分层次进行建设。主要特点是：

加大宣传力度，使薪炭林建设形成社会的共识 1998 年各地把对薪炭林建设的宣传作为一项基础工作来抓，通过多层次、多渠道、多形式宣传，调动广大群众自觉参与薪炭林建设的积极性，为薪炭林建设营造了良好的氛围。通过宣传，提高了干部群众的认识，有力地推动了全国薪炭林建设进程。

加大领导力度，把薪炭林建设摆上议事日程 薪炭林基地建设示范县都把薪炭林建设列为林业生产的重要内容，各级党委、政府把此项工作摆上重要日程。有些地方实行县委、县政府等主要领导和林业部门的领导干部实行包片、包乡、包村、包山头地块的全员承包责任制，制定了检查、验收、奖惩等办法，一级抓一级，实行目标管理，保证了薪炭林建设质量，推动了薪炭林建设的发展。

加大投入力度，保障薪炭林建设的顺利实施 国家用于薪炭林建设方面的引导资金十分有限，但各地坚持多渠道、多层次广辟资金来源，加大了薪炭林投入力度。安徽省在管好用好林业专项资金的同时，坚持自力更生，采取“三个一点”的办法，即省里补助一点，县里从育林基金中拿一点，乡村投入一点，加大了对薪炭林的投入。

加大科学造林力度，提高薪炭林建设质量 各地在营造薪炭林过程中，注重树种选择的适地性、规划设计的统一性、工程管理的规范性，总结出一整套行之有效的经验和做法。陕西省在规划营造薪炭林时要求做到“一统一、四结合”，即：薪炭林建设规划与当地林业发展总体规划相统一；与各项林业重点工程相结合，与全民义务植树相结合，与农村能源综合建设相结合，与发展农村经济、群众脱贫致富相结合。在实施过程中，全面实行工程造林管理办法，做到按设计施工，按技术规程操作，同时加强检查监督，严格工程验收。

加大综合效益开发力度，增强薪炭林发展后劲 各地在发展薪炭林的同时，加大对薪炭林综合效益的开发利用。黑龙江省木兰县对前几年栽植的薪炭林进行采伐利用，不仅解决了全县 61% 的居民生活燃料，改变了过去烧秸秆、茬子的历史，还为县里柳编生产提供了大量编织条源。现在柳编生产已形成了一定规模，生产的产品有六个系列，柳制品出口 18 个国家和地区，柳编业也正向集团化方向发展，年创利税 600 多万美元，增强了薪炭林发展后劲。

存在的主要问题：一是建设资金短缺，严重影响薪炭林建设的发展；二是有些地方宣传力度不够，对发展薪炭林认识不足；三是各地薪炭林发展不平衡；四是对薪炭林深层开发综合利用有待进一步提高。

（许传德）

【竹林培育】 1998 年，全国竹林培育继续蓬勃发展，全年共新造竹林 7.2 万公顷，低产林改造 11.2 万公顷。

1998 年 10 月 29 日，中国竹子之乡第三届联谊会暨全国竹产业发展研讨会在江西省崇义县召开，会议围绕着全国竹业发展对策的主题，就未来竹业发展的趋势、政策引导、资金投入以及中国竹子之乡面临的形势展开研讨。来自管理、科研、生产和新闻单位的 120 多位人出席了这次会议。（许传德）

【经济林建设】 1998 年是我国经济林建设快速发展的一年，据统计，全年共新造经济林 160 万公顷，占全国人工造林面积的 33.9%。

一年来，我国经济林建设主要做了以下工作：①进一步加强了经济林建设行业管理。国务院机构改革后，国家林业部改组为国家林业局，在大幅度精简处室和人员的情况下，国家林业局党组为加强我国经济林建设的宏观管理，专门在植树造林司新成立了经济林和花卉管理处，负责全国经济林建设的宏观组织指导和管理。②组织制订了相关的规划和技术标准。植树造林司组织编制了《1999～2003 年全国名特优经济林基地建设规划》（初稿），组织制定并进一步修改《名特优经济林基地建设技术规程》、《仁用杏丰产技术标准》，并报送有关部门批准实施。③继续加强名特优经济林示范基地建设。利用国家农业综合开发名特优经济林基地建设项目，共投入9000多万元资金，其中，中央农业综合开发资金4200万元，在全国组织90个县开展示范基地建设，新造经济林2.5万公顷。④召开了全国经济林建设主管处长座谈会，进一步明确了今后发展的基本思路。1998年12月底，植树造林司分别在福州市和兰州市召开了全国南方片、北方片经济林处长座谈会，系统总结了改革开放以来我国经济林建设取得的巨大成就和主要经验，研究提出了今后经济林建设的基本思路和应采取的基本对策。（黄正秋）

【沙棘资源发展状况】 沙棘是一种根系发达，串根萌生力强，保土、蓄水、固沙防护作用大，耐干旱、耐瘠薄、耐盐碱，生命力极强和种植范围很广的造林绿化树种。建国以来，沙棘一直被作为我国北方保持水土和发展薪炭林的重要树种。特别是"三北"防护林工程实施以来，在西北荒漠草原、风沙区和黄土高原发展很快。20年来"三北"地区新增沙棘资源面积近66.7万公顷。1998年我国沙棘分布已由建国初期的11个省220个县增加到22个省的430多个县，沙棘资源面积由过去的50多万公顷发展到140万公顷。

沙棘资源发展已带动沙棘产业发展。1998年，全国已有医药、卫生、轻工、石油、商业、水利、农业和林业等十几个部门和地方兴办了以沙棘为原料的加工厂，已开发出8大类200多种产品，产值超过10亿元。

（熊善松）

【花卉生产】 1998年，我国花卉业呈现出创新、务实、稳步发展趋势。优胜劣汰的市场竞争压力，加速了花卉业由单纯的数量型增长向质量效益型增长的转变。1998年，全国花卉出口创汇近1亿美元。

1998年机构改革后，国家林业局作为中国花卉协会的业务主管部门，在原有中国林业花卉管理办公室的基础上，成立了经济林和花卉管理处，承担花卉的行业管理职能，中国花卉协会负责组织协调全国花卉产业的发展，在企业和政府间发挥桥梁和纽带作用。1998年花卉的行业管理主要突出了以下几方面：

抓法规标准建设，加强规范化管理 ①按照局领导的统一部署，完成了《关于加强商品林建设的意见》花卉部分，进一步明确了我国花卉业发展的指导思想、奋斗目标、总体思路和基本要求。②针对当前我国缺少花卉产品质量等级标准，生产经营无章可循，产品质量大相径庭，以次充好现象频繁发生的情况，国家林业局组织制订了《主要花卉产品等级》标准，并被国家技术监督局以技监局标发[1998]23号《关于发送"1998年制修订国家标准项目计划"的通知》批准列入1998年国家标准计划。该标准囊括了鲜切花、盆花、观叶植物、花卉种子、种苗、种球、草坪七类主要花卉产品。已形成标准送审稿。

组织摸底调查，加强统筹规划 ①为全面了解全国花卉业发展现状及存在问题，国家林业局植树造林司发出《关于开展全国花卉专题调查的通知》，进行了全国花卉专题调查。调查的内容包括各地花卉生产经营、进出口、科研培育、花卉展销等基本情况。②组织制订《1999～2005年全国花卉重点工程建设规划》，通过重点工程调整花卉产品结构，引导花卉产业合理布局。

抓试点示范，继续加强花卉生产示范基地建设 据统计，1998年国家林业局投入2000万元林业贴息贷款，用于扶持花卉生产示范基地建设，林业系统实际用于发展花卉的林业贴息贷款达1.7亿元，取得经济效益51.3亿元，在花卉生产的专业化、规模化方面起到了良好的示范带头作用。

协助云南省园艺博览局，办好'99昆明世界园艺博览会 ①委派北京林业大学有关园林专家赴昆明指导世博园园林规划设计，协助室内展馆布展工作。②按照世博会组委会有关对外招展工作分工，国家林业局负责埃及、以色列、巴勒斯坦等6个国家和湿地国际、国际竹藤组织等5个国际组织的招展工作，其中5个国家、5个国际组织签订正式参展合同，招展成效显著。③根据世博会组委会第三次会议精神，国家林业局牵头承办'99昆明世博会花卉新品种命名活动。此项工作旨在鼓励海外同胞和国际友人关心支持世博会，为世博会提供资助，同时，推动我国花卉新品种育种和新品种保护工作的迅速发展。此次活动共征集牡丹、芍药、兰花等16种花卉265个新品种，审查合格并寄往香港144个新品种，深受海内外人士欢迎。

（吴秀丽）

【飞播造林综述】 1998年全国有19个省（区、市）开展飞播造林，完成播种面积93.2万公顷，其中宜播面积81.1万公顷。总用种量325.4万千克，每公顷播量3.49千克，播种1978架次，飞行3919小时；总投入资金10205万元，其中林业部、财政部分别扶持1140、1000万元，地方配套资金共8065万元，占总投入的79%。飞播造林每公顷直接成本109.5元。

落实全国飞播造林40周年纪念大会精神 陕西、四川省召开飞播造林40年纪念大会，总结经验，作出决定，表彰飞播先进集体和个人。云南、河北制定本省飞播造林管理办法。

做好播前准备 强化施工管理 年初，贵州省要求在调机前10天必须完成炼山、割灌工作，并向省林业厅报告，否则不予播种作业。陕西省坚持砍灌、简易整地、搭设障蔽等办法，在春节前做好植被处理工作。延安市在地方财政无法解决调种资金的情况下，积极动员林业职工集资65万元用于备足飞播用种。内蒙古自治区结合区情，统一编制飞播造林作业设计簿，且飞播作业设计由自治区统一审定，保证了全区飞播造林设计质量。江西省针对飞播面积不足一个架次就搞"串连"播区设计。山西省林业厅党组在古交播区召开现场办公会，曹振声厅长等领导参观飞播作业现场，检查了

老播区成效情况，对飞播造林在山西省造林绿化中的作用给予充分肯定。山西省继续全面推行飞播造林任务承包合同责任制，全年完成飞播造林13.7万公顷。

科技含量增加 飞播成效提高 1998年，飞播造林技术(包括飞播造林种子处理——多效复合剂包衣技术、卫星定位导航(GPS)技术在飞播造林中的研究及其应用两项成果)列为国家林业局林业十项重点推广技术之一，各省结合生产实际广泛推广应用。辽宁、内蒙古、河北、山西、江西、云南、甘肃7省(区)飞播种子全部用药剂处理，降低播种量。贵州、云南、河南、陕西、河北等省全部应用GPS导航作业，充分利用了可飞行日，落种准确率平均90%以上，节省飞播经费20%左右。全国混播面积已占飞播总面积47.9%。四川省对1986～1997年间开展高海拔地区飞播造林技术体系试验进行总结，1998年荣获省政府科技进步二等奖，填补了我国高山飞播造林的空白。

加大补植补播 巩固飞播成果 湖北、湖南、广西、福建等南方省(区)将飞播工作重点转移到对飞播林的经营管理，使之尽快成林成材。广东省将分布在江河中上游约70%的飞播林，划为生态林，纳入省人大通过的《关于加快营造生物防火林带工程建设议案》中，解决了飞播林后期经营管护。福建省在完成1万公顷补植补播任务后，还完成飞播中幼林抚育间伐5.4万公顷。

中国南方飞播造林技术协作组第13次年会 于10月21～24日，在广西壮族自治区藤县召开。除安徽省外10省(区)林业厅造林处长、主管人员和民航系统32人参加会议，总结一年经验，协调来年工作。

(刘道平)

全民义务植树和部门绿化

【综 述】 1998年国土绿化工作，按照全国绿化委员会第十七次全体(扩大)会议的统一部署，切实加强领导，广泛宣传发动，强化组织协调，认真检查督促，坚持两个文明一起抓，国土绿化工作保持了蓬勃发展的势头，虽然部分地区遭受了严重的洪涝灾害，但国土绿化工作仍取得好成绩。全国参加义务植树人数达5.64亿人次，义务植树21.96亿株。城市人均公共绿地达到5.8平方米。全国人工种草和改良草场266.7万公顷。各地在造林绿化工作中，抓住重点，突出特色，塑造和培养了一批绿化精品工程，造林绿化质量和水平进一步提高。

全民义务植树运动继续深化 4月4日，首都绿化委员会组织了大型义务植树活动，江泽民总书记、李鹏委员长等党和国家领导人在北京玉渊潭公园参加植树活动。各省(区、市)、各部门在植树节期间都开展了丰富多彩的义务植树活动。为加强义务植树法制化建设，全国绿化委员会办公室组织修改了《全民义务植树运动实施办法》，已上报国务院法制办。还积极争取并增加了义务植树种苗补助费，加强了义务植树种苗基地建设。进一步落实领导干部任期绿化目标责任制，继续推行各级领导干部办绿化点制度，全国各级领导办点23.5万个，造林410万公顷。全国共建义务植树基地14.3万个，352万公顷。黑龙江、湖南等省进一步加大领导干部办绿化点力度，建立了领导办绿化点检查评比通报制度。河北、内蒙古等省(区)积极深化改革，建立了造林绿化的约束机制，提高了义务植树的尽责率。江苏、天津等省(市)狠抓义务植树条例的贯彻落实，将义务植树突破城市郊区的圈子，向广阔的丘陵荒山、沿海滩涂发展。北京、上海等市开展了义种、认养绿地活动。吉林、浙江、四川等省因地制宜开展了多种绿化竞赛评比、达标活动，调动了千家万户植树造林积极性。各地把义务植树工作与绿色通道工程建设相结合，与城乡绿化一体化建设相结合，与当地的重点林业生态工程相结合，与植纪念树、造纪念林相结合，与城市的种花、种草、养护(领养)绿地相结合，丰富了义务植树运动的内涵，拓宽了义务植树的实现形式，提高了义务植树尽责率。

重点工程建设进一步加快 自1998年初全国绿化委员会、林业部、交通部、铁道部联合下发了《关于在全国范围内大力开展绿色通道工程建设的通知》后，各地、各部门高度重视，组织力量，抓好规划，落实措施，启动了一批示范工程，有力地推动了整个工程建设的顺利进展。城乡绿化一体化建设已在较大的范围内展开。在上海、福建等一批大中城市开展试点，成效明显。绿化呈现出以城带乡，以乡促城，城乡一体，向更高水平发展的新趋势。造林绿化功臣碑建设，主体工程和配套设施已全面完成。为使功臣碑建设突出文化氛围，9月12日，全国绿化委员会办公室举办了著名书法家情系国土绿化联谊会，邀请沈鹏、刘炳森等11位著名书法家为功臣碑挥毫泼墨，题写了造林绿化功臣碑区建筑匾额。

绿化宣传工作进一步加强 1998年绿化宣传工作又有新起色。全国绿化委员会第十七次全体(扩大)会议和植树节期间，组织了几大新闻媒体对绿化工作进行了广泛的宣传报道。水灾后，在各种宣传载体上加大了绿化工作的宣传力度，深化了人们对绿化重要性和必要性的认识。《国土绿化》杂志重点抓了编辑部建设、提高刊物质量和发行征订等各项工作，进一步增强了刊物指导性、知识性和可读性。在刊物发行证订方面，制定了奖励标准和办法。1998年度征订数量已突破2.1万份，比1997年增长了26%，刊物自身实现了收支平衡。《绿化天地》栏目全年播出51期，重点报道了各省(区、市)、各有关部门绿化的成就、经验以及典型事迹，介绍推广了一批新技术、新成果，成功地举办了"3·12植树节"特别节目，拍摄了"穿越绿色通道"5集电视专题片，并在中央电视台第七套节目播放，收到了良好效果。全年编发《绿化简报》18期，报道了绿化工作的进展、成效，发挥了信息交流，典型引路的作用。

加强对城市绿化工作的宏观指导 城市绿化正在向提高绿化覆盖率、增加人均公共绿地和提高绿化美化质量等方面发展，各大中城市建了一批精品工程，城市绿化的档次和水平大有提高。1998年，重点对京津沪3市的绿化美化工作和各省(市)城镇体系规划加强宏观指导。10月上旬在北京召开的京津沪3市绿化协作区会议，总结交流了3市绿化协作区在城市绿化中取得的经验，探讨了加快城市绿化美化步伐，提高绿化美化水平的途径。到1998年底，全国城市绿化覆盖率达26.6%，又有12个城市达到了"园林城市"标准。一大批城市向着绿化、美化、香化、园林化方向发展。上海市按照建设国际大都市的标准，提出了"点上绿化成景，线上绿化成荫，面上绿化成林，环上绿化成带"的奋斗目标，在绿化工作中，坚持乔、灌、草一起上，新思路、大手笔，塑造了一批精品示范工程。

部门绿化美化水平不断提高 1998年机构改革后，全国绿化委员会与国家经济贸易委员会联合下发了《关于加强国家经济贸易委员会委管国家局及委联系的大公司绿化工作的通知》。各部门、系统按照《通知》要求，采取有力措施，理顺体制，完善机构，强化职能，充实队伍，使部门绿化逐步走上规范化、制度化、科学化轨道。各部门、系统从本行业的特点出发，进一步加强领导，加大投入力度，强化检查督促，提高了绿化美化水平。据交通、铁道、石油、石化、冶金、煤炭、机械、武警等8个部门统计，1998年共完成公路绿化3.8万千米，铁路绿化1749千米，植树4971万株，建绿篱72万延长米，新建草坪5871万平方米，并栽植了大量花卉、灌木，创建了一大批园林式单位。人民解放军继续走在绿化工作的前列，全年成片造林2666.6公顷，"四旁"植树470万株，栽植花灌木430万丛，新增草坪321万平方米。全国妇联在组织开展植纪念树、造"三八"林等方面取得新成绩。共青团中央提出"举全团之力"，与有关部委联合开展了"保护母亲河行动"，成为21世纪的绿色希望工程。

加强对青少年绿化知识的宣传教育 青少年绿色营是植树育人的基地，是中小学生学习自然、亲近自然、开展野外活动的理想去处。为在全国范围内加强对青少年绿化教育，5月22日，在北京召开了首都青少年绿色营现场座谈会。中宣部、教育部、共青团中央、国家环保总局、全军绿化委员会办公室等单位的代表参加了会议。参观了首都青少年绿色营的营房、展厅和营区周围绿色景点。大家一致认为，开展绿色营活动是进行青少年绿色文化教育的一种好形式，应该在全国范围内普遍开展，要把绿色营建设作为一项社会事业来抓，在全国范围内逐步实现青少年绿色营的系列和网络化。 （陈　蓬　梁宝君）

【城乡绿化一体化建设】 城乡绿化一体化是近年来国土绿化的一个新思路，是绿化工作上档次、上水平，取得突破的一项新举措，也是国土绿化迈进新阶段的一个重要标志。实践证明，国土绿化以城镇乡村结合部绿化为突破口，城乡一体，整体推进，实现大地园林化，对提高国土绿化水平，改善生态环境至关重要。近年来，随着一些省(区)经济实力的增强和造林灭荒后绿化水平的提高，城乡绿化一体化发展已经越来越受到各级领导的重视和支持。从1996年开始，连续3年在全国绿化委员会会议上都对城乡绿化一体化工作都做过专门部署。1998年，在全国第十七次绿委会全体(扩大)会议上，温家宝副总理再次明确指示："今年要启动三项绿化工程：一是城乡一体化绿化建设。在继续搞好城区绿化的同时，以城乡结合部绿化为突破口，着力提高大中城市及周边地区造林绿化水平，进而带动小城市、小城镇和农村的绿化美化。"王志宝局长对1998年及今后绿化工作安排部署："要搞好规划，抓好试点，稳步推进城乡绿化一体化建设。为了探索全面推进城乡一体化建设的路子，要分级抓一批示范点建设，总结经验，以点带面。从今年开始，力争3～5年初见成效。"

各地按照全国绿化委员会的要求，结合本地实际情况，在巩固灭荒成果的基础上，提出网络化、整体化、立体化的城乡绿化新要求，组织制订乡村绿化标准，着力抓好城镇近郊和远郊区绿化，城乡一体推进，构建我国国土绿化的新格局。特别是在经济较发达地区和沿海地区，这项工作已开始起步，并成为今后一个时期绿化工作的发展方向。1998年，江苏省苏州、无锡编制了两市城区和11个县(市)区的试点规划，并且已全面实施，示范效果显著，起色很大，促进了生态大环境的改善，为全面推进城乡绿化一体化建设提供了宝贵的经验。与此同时，辽宁大连市、广东中山市和四川绵阳市等地在城乡绿化一体化推进方面都作了一些探索。大连市为做到绿化美化与建设现代化国际城市相同步，市政府提出了"农村城市化，城市现代化，城乡一体化"的目标。通过抓点、串线、连片，促进了城乡绿化美化水平的迅速提高，在全国率先创建园林式村庄304个，花园式单位1546个。广东省中山市按照"经济建设、城乡建设、环境建设同步规划，同步实施，同步发展"的原则，全面推进山区、农区、城区绿化建设，城乡上下呈现出树木葱茏，绿草如茵，一派生机盎然的景象，初步建成了功能齐全、布局合理、生态良好、景色优美的现代城乡一体化城市。四川省绵阳市在实现造林灭荒后，研究提出绿化工作城乡一体推进的新思路，编好规划，明确任务，落实措施，坚持抓下去。通过几年努力，绿化成效显著，森林覆盖率已达 37.2%，城市绿化覆盖率达 35.2%，人均绿地比 1985 年增长了 3 倍，建成了一个山青水秀，环境优美的新绵阳。

为切实抓好城乡绿化一体化工作，1998 年 11 月，全国绿化委员会办公室在江苏无锡召开了全国城乡绿化一体化暨绿色通道工程建设座谈会。

城乡绿化一体化工作虽然取得了一些进展和成绩。但是，城乡绿化一体化毕竟是一项崭新的工作，无现成模式可供套用或借鉴。从全国整体发展情况看，由于各地经济实力和社会发展差距较大，除上述一些地区城乡绿化一体化试点进展较为顺利外，许多地区，尤其是中西部地区，这项工作尚未正式开展。

（周力军）

【绿色通道工程建设】 1998 年初，全国绿化委员会、林业部、交通部、铁道部联合下发了《关于在全国范围内大力开展绿色通道工程建设的通知》。一年来，各地、各部门高度重视，狠抓落实，工程建设取得显著成就。据全国 22 个省（区、市）统计，1998 年共完成绿色通道工程总里程 10.2 万千米，造林绿化 13.1 万公顷，投入建设资金 7.7 亿元。其中公路绿化 5.5 万千米，折合 3.7 万公顷；铁路绿化 8671 千米，折合 3400 公顷；江河绿化 3.9 万千米，折合 9.1 万公顷。全党动员，全民动手，全社会共建绿色通道的大气候逐步形成，呈现出新的特点：一是领导重视。河北、山西、安徽等省将绿色通道工程作为一把手工程，纳入政府督察内容，山西省委书记胡富国、省长孙文胜亲自带头参加绿色通道工程建设，亲自办绿化点。青海省政府按照朱镕基总理关于公路建设"黑色路面，绿色走廊"的指示精神，将 109 国道青海段作为省重点绿化工程，由省绿化委员会副主任，武警支队队长梁义平专门负责。内蒙古自治区巴彦淖尔盟把绿色通道工程建设的好坏与主要领导政绩挂钩，规定凡完不成任务或达不到标准、质量要求的，要承担相应责任，甚至撤职、停职，对弄虚做假的就地免职。吉林省白城市人大通过了《关于在全市开展造绿工程的决定》，确实把绿色通道工程建设的责任放在各级领导肩上。目前，许多地区已将绿色通道工程建设列入各地党委、政府的重要议事日程，成为为群众办实事的重要内容。二是观念更新。各地不等不靠，自筹资金，自我启动建设绿色通道工程。内蒙古、贵州、四川、云南等经济欠发达地区，提出了"苦熬不如苦干，等着不如先干，大干才有希望"的口号。各地林业部门在继续抓好高山、远山大的生态环境建设的同时，更加注重人民生产生活场所周围环境的绿化，作为树林业职工形象工程来抓。三是讲求档次。长春市将外环线绿化作为全市绿色通道工程建设的样板工程，规划外环绿化带宽 150 米，内环宽 50 米，1998 年完成植树种花 10 千米。兰州市 1998 年启动的 109 国道大砂沟绿色通道工程，全长 17 千米，以公路两侧山脊分水岭为界，平均宽度 22.5 千米，总面积 4373.33 公顷，分 3 年实施。天津市启动实施的京津塘高速公路武清段绿色通道工程，全长 44 千米，绿化规划向两侧各辐射 3 千米，1998 年调整土地 113 公顷，挖渠 6 千米，动土方 42 万立方米，植树 17.6 万株，公路两侧建成绿化带各 50 米。四是全面铺开。陕西省提出建设"米"字型工程建设，即：以西安市为中心，向外辐射的 8 条干道公路，作为全省生态环境建设的网络工程。贵州省 1998 年启动实施的贵（阳）遵（义）、贵（阳）黄（果树）高速公路绿色通道工程。河北省 1998 年启动实施了京深、京哈公路绿色通道工程。从目前掌握的情况，全国已有 29 个省（区、市）（海南、西藏除外）1998 年启动实施了绿色通道工程建设。

在绿色通道工程建设上，各地各部门做了大量工作：一是制定规划。目前全国 31 个省（区、市）编制了绿色通道工程规划，规划绿化总面积 171.5 万公顷，总里程 32 万千米。其中公路绿化 24.4 万千米，面积 87.7 万公顷；铁路绿化 1.48 万千米，面积 33 万公顷；江河绿化 6.12 万千米，面积 50.7 万公顷。二是社会共建。河北、辽宁、吉林、四川等地采取统一规划，统一安排，统一标准的做法，由有关部门出资，各部门共建绿色通道。天津市采取由当地政府出地，铁路部门出资，铁路内侧两排树木由铁路职工义务植树，外侧由当地政府组织义务植树，收益归农民的做法，近两年共建绿色通道近百千米，铁路部门投资 200 多万元。三是以点带面。据山西、安徽、福建、山东、湖北、四川、贵州、陕西、宁夏 9 省（区）统计，1998 年省级共建绿色通道工程示范点（段）29 个，完成绿化里程 3221.6 千米，折合 2.7 万公顷，投入资金 1 亿多元。四是政策保证。河北、山东省等地采取招标拍卖，集体投标，群众搞承包的做法，既调动了群众的积极性，又壮大了集体经济。四川、大连等地采取市、县、乡三级财政按比例投入，检查验收后，实行以奖代补给予扶持的做法。上述这些做法，在全国还有许多，对推动绿色通道工程建设发挥了重要作用。

绿色通道工程建设虽然取得了显著成就，开了个好头，但从总体上看，工程建设中还存在很多问题，突出地表现在：一是绿色通道工程虽然在我国的总体绿化格局中具有重要地位，各地各部门也有建设的积极性，但是在国家投资扶持上却没有位置，完全依靠地方自筹和投劳，特别是对经济欠发达地区来说，是十分艰难的，长此下去不利于工程建设的顺利实施。二是工程建设质量标准差异很大，发展不平衡。有的很高，有的较低。《通知》规定的标准没有得到全面贯彻落实。

（梁宝君　王福祥）

【京九绿色长廊工程建设】 京九铁路是我国铁路建设

史上规模最大，投资最多，一次建成线路最长的铁路干线，北起北京，南至深圳，与香港九龙相连，跨越京、津、冀、鲁、豫、皖、鄂、赣、粤9省(市)22个地(市)，正线全长2381千米，加上天津至河北霸州，湖北麻城至武汉的联络线，共2536千米。

搞好京九铁路沿线绿化美化，对改善沿线地区生态环境，再造壮丽秀美山川，推动沿线地区经济发展，加快群众脱贫致富，展示改革开放成就和社会主义新风貌具有重大而深远的意义。加快京九铁路沿线绿化美化，不仅是构建以重点林业生态工程为骨架，以铁路、公路、江河沿线绿化为网络，以城镇、乡村绿化美化为依托的国土绿化大格局的战略需要，也符合国家建立大京九经济带的战略部署。在1997年2月召开的全国绿化委员会第十六次会议上，国务院副总理姜春云指出“铁路、交通、城建等有关部门，要以迎接香港回归为契机，重点抓好京九沿线的绿化美化，建设好京九绿色长廊工程”。为贯彻这一指示精神，同年3月，全国绿化委员会办公室在京召开了京九绿色长廊工程建设座谈会，京九铁路沿线9省(市)林业厅、绿化委员会办公室以及铁道部、交通部、农业部、水利部、共青团中央等有关部门绿化委员会办公室负责人参加了会议，会上全国绿化委员会办公室副主任、林业部副部长祝光耀就建设京九绿色长廊工程的准备工作做了安排。9月，全国绿化委员会办公室在安徽阜阳召开了京九绿色长廊工程建设现场会，会议对京九绿色长廊工程建设作了全面动员和部署，标志着京九绿色长廊工程建设全线启动。

京九绿色长廊工程是以京九铁路为主线，在平原区每侧宽度为3～5千米，丘陵区每侧宽度为2～4千米，山区为迎面坡的范围内，国道、省道、县道、乡道统一规划，路基(堤面)绿化和两侧造林绿化统一布局，沿线的城镇、乡村绿化美化统一推进，乔、灌、花、草结合，绿化、美化、香化结合，生态、社会、经济效益结合，努力实现京九沿线林木连线成网(片)，花果飘香，空气清新，环境优美，使京九沿线建成绿化线，风景线，致富线，形成连接北京到香港的绿色长廊。

京九绿色长廊工程建设主要内容是：在平原区，按照高标准平原绿化的要求，建骨架，配网格，调结构，建成高标准平原绿化示范区；丘岗浅山区，在不造成水土流失的前提下，以丘岗开发为重点，建立一批各具特色，规模不等的果园，茶园，桑园，竹园，药园以及速生丰产用材林等高效林业基地，形成一条经济林果带；山区要在迎面坡可视范围内，采取以封为主，封、改、造并举，抓好造林灭荒，提高林分质量；路坡(基)、要按照各部门的技术规定，因地制宜，突出特色，绿化美化；沿线经过的城镇和乡村要大力植树造林，养花种草，为城乡居民创造一个良好的生产和生活环境。

京九绿色长廊工程分为建设期和建设经营期。建设期为4年(1998～2001)，建设经营期为10年。工程建设总规模为41.6万公顷，其中铁路绿化为0.54万公顷，占1.3%；公路绿化为0.57万公顷，占1.4%；大江大河沿岸绿化为1.04万公顷，占2.5%；城镇绿化为1.8万公顷，占4.3%；村屯绿化为6.03万公顷，占14.5%；平原绿化为15.74万公顷，占37.8%；山地丘陵绿化为15.87万公顷，占38.2%。

京九绿色长廊工程不同于其他生态工程，它是由林业、铁路、公路、农业、水利、建设等部门共同开展，共青团、妇联等团体广泛参与的一项多部门，多专业，多条投资渠道协作共建的生态工程。开创了我国多部门，多专业共同进行大型生态工程建设的先例，京九绿色长廊工程建设涉及范围广，技术要求高，不仅要突出各部门的特点，还要符合各部门造林绿化的技术标准，是一项高起点、高标准、多效益、多功能的跨行业、跨部门、跨区域的生态建设工程。

工程建设一开始就受到沿线各级政府和广大群众的积极支持与热情参与，到1998年底，沿线各级政府共投入建设资金7800万元，完成造林面积14万公顷，工程建设取得了阶段性成果。

1998年10月，全国政协人口资源环境委员会，组织由江泽慧副主任带队的考察组，对京九绿色长廊工程进行了全面考察。考察组对工程给予了充分肯定，对存在的问题，特别是对工程的立项给予极大关注。

京九绿色长廊工程建设的主要困难是建设资金严重不足，国家尚无专项资金投入，主要是依靠沿线地方政府及各部门自筹资金和群众投工投劳建设工程。

(李怒云)

【全国城乡绿化一体化建设暨绿色通道工程建设座谈会】　1998年11月14～17日，全国绿化委员会办公室在江苏省无锡市召开了全国城乡绿化一体化暨绿色通道工程建设座谈会。参加这次会议的有各省(区、市)、各部门(系统)绿化委员会办公室主任，共75人。

会议认真传达学习了江泽民总书记、李鹏委员长和朱镕基总理关于生态环境建设和中共中央15号文件中关于灾后重建工作的有关绿化、林业方面的指示。汇报交流了第十七次全国绿委会以来国土绿化和义务植树工作，特别是城乡绿化一体化和绿色通道工程建设所取得的好经验和好做法。参观了无锡市、张家港市的城乡绿化一体化和绿色通道工程的现场。研讨了新形势下推进国土绿化再上新台阶的对策，并对《关于开展全民义务植树运动的实施办法》、《全民义务植树以资代劳费管理办法》进行了修改。

最后，全国绿化委员会办公室综合组组长、国家林业局植树造林司司长雷加富作了会议总结。自第十七次全国绿委(扩大)会议以来，各级政府、各部门(系统)对国土绿化工作给予高度重视，采取新的举措和办法，城乡绿化一体化试点试范工作初见成效，绿色通道工程起步良好，重点生态工程全面实施，涌现出一批具有示范效应的精品工程，各部门(系统)的绿化工作开展得有声有色，有许多新突破。同时指出，目前，我国正处在向第二步战略目标迈进的过渡时期，也是社会主义市场经济初步转换即将完成之际。各地必须振奋精神，扎实工作，分类指导，分层推进，开创绿化工作新局面。

（伍赛珠）

【全国造林绿化“四佳”单位名单】

①十佳城市

四川省绵阳市、福建省厦门市、黑龙江省牡丹江市、广西壮族自治区南宁市、河南省南阳市、海南省三亚市、上海市浦东新区、北京市朝阳区、江西省新余市、湖南省岳阳市

②百佳县

北京市：顺义县

天津市：西青区

河北省：邢台县、定州市、承德县、涉县、赞皇县

山西省：隰县、沁县、陵川县、汾阳县、万荣县

内蒙古自治区：伊金霍洛旗、库伦旗、包头市昆都仑区

辽宁省：大连市旅顺口区、大连市瓦房店市、本溪经济开发区

吉林省：东辽县、公主岭市、梅河口市、前郭尔罗斯蒙古族自治县

黑龙江省：肇州县、宁安市、呼兰县、克山县

江苏省：铜山县、吴江市、新沂市

浙江省：临安市、平湖市、嵊泗县

安徽省：祁门县、绩溪县、霍邱县、颍上县、淮北市杜集区

福建省：武夷山市、尤溪县、泰宁县、福清市、长泰县、厦门市湖里区

江西省：大余县、峡江县、铜鼓县、高安市、宜丰县

山东省：荣成市、兖州市、莒县、莱州市、禹城

河南省：林州市、息县、栾川县

湖北省：仙桃市、洪湖市、老河口市、蒲圻市、建始县

湖南省：华容县、炎陵县、南岳区、长沙县、芷江侗族自治县

广东省：龙门县、信宜市、封开县、仁化县、始兴县、连州市、连山壮族瑶族自治县

广西壮族自治区：恭城瑶族自治县、桂平市、贺州市、容县

重庆市：黔江地区石柱县

四川省：峨眉山市、遂宁市中区、成都市龙泉驿区、彭州市、泸州市纳溪区

贵州省：剑河县、荔波县、望谟县、凤冈县

云南省：瑞丽市、马关县

海南省：文昌市

西藏自治区：林周县

陕西省：宜君县、略阳县、西安市雁塔区

甘肃省：西峰市、成县

宁夏回族自治区：隆德县

新疆维吾尔自治区：乌什县、伊宁县、叶城县

③百佳乡

北京市：郎府镇、四海镇

天津市：大邱庄镇

河北省：车往镇、五百户镇、常宁乡、邓庄乡

山西省：松烟镇、老城乡、杨千堡乡、南河种镇

内蒙古自治区：双井乡、三义井乡、纳林河乡

辽宁省：海洲乡、石山种畜场镇、石河满族镇

吉林省：红星乡、金沙乡、大栗子镇

黑龙江省：互助乡、忠诚乡、东兴镇

上海市：马桥镇、齐贤镇

江苏省：大庙镇、桃源镇、西岗镇、大冈镇

浙江省：余姚镇、杨汛桥镇、溪口镇、八都镇、袁花镇

安徽省：三里镇、项桥乡、七都镇、高庙乡

福建省：小桥镇、黄田镇、龙山镇、青州镇、平海镇

江西省：小密乡、陈家寨乡、二都乡、黄港镇

山东省：大王镇、大槐树乡、阳信镇、朱洪庙乡

河南省：大河乡、勒马乡、西村乡

湖北省：旧县镇、张港镇、胡金店镇

湖南省：黄草镇、粗石江镇、龙源乡、白石乡

广东省：小榄镇、常平镇、客路镇、腰古镇、雁洋镇

广西壮族自治区：宛田乡、龙江乡、扶隆乡、那楠乡

重庆市：河坝乡、莲花乡

四川省：汉旺镇、水尾镇、合作镇、瓦店乡

贵州省：久安乡、两河乡、孟溪镇

云南省：九街乡、西山团结白族乡、象滚塘乡、马鞍山乡

海南省：光村镇、会文镇

西藏自治区：普松乡、强吉乡

陕西省：安乐镇、中鸡乡、王莽乡

甘肃省：赤城乡、榆树乡、三十里铺乡

青海省：塘尔垣乡、青林乡

宁夏回族自治区：高闸乡、高庄乡

新疆维吾尔自治区：乐土驿镇、巴润哈尔莫墩乡、奎雅乡

④千佳村

北京市：黄渠村、涧沟村、白草洼村、四马台村、朱庄村、桑马房村、双埠头村、北郎中村、中桥村、峨嵋山村、胜利村、香堂村、马池口村、刘斌堡村

天津市：西大峪村、大现渠村、石辛庄村、何各庄、大魏庄村、张辛庄村、西双塘村、北珠村、赵沽里村、光明村、水高庄村、青光村、五七村、张港子村

河北省：协王村、前辛安村、于家庄村、岗底村、白云掌村、刘河北寨村、大兴庄、小屯村、赵召庄、洪辛村、咂杜村、辛庄、鹿沟村、北焦村、大奇连村、黑崖沟村、夹子村、北蔡村、白家庄、马公庄、长坦村、潘家峪村、东大泉村、烈马峪村、赤峰堡村、芎榆坨村、西山杨村、黄宝峪村、望道石村、南台子村、外铺村、西地村、沙坡峪村、凌营村、七堡村、南滩村、南堡村、下果园村、王油房村、鸽鹁李村

山西省:上余庄村、长河村、南张村、南良庄村、洪泉村、下武村、东郭村、乔村、并侯村、乔南村、芍药村、邱家坡村、干涧村、西晋峪村、三泉村、高埝村、辛南村、东小景村、后山村、永红村、岭西村、石沟村、寺家坪村、马吉掌村、纸坊头村、东河村、西回村、白道村、黄沙岩村、王村、南牛寺村、安城村、紫坊村、柏沟村、杨村、三甲村、宋家庄村、六家寨村

内蒙古自治区:塔拉沟村、台什村、仓窑洼村、柴登村、北井子村、西房子村、衣家营村、乌台图村、古都河村、新窝铺村、西水地村、双山子村、榆树林子村、山咀村、五星村、新井村、后湾村、下皮坊村、惠风村、西胜村、希伯花嘎查、西里村、兴隆村、乌努格其嘎查、永生村、红庄村、杏树洼村、海生不拉村、阳井上村、格此老村、黑石兔村

辽宁省:甲河村、育林村、邦牛卜村、李英守村、后盐村、棉花岛村、复兴村、黑岛村、于家村、黄泥川村、磊山村、陶家限子村、达道峪村、北旺清村、英额门村、上年村、中二村、大南沟村、正沟村、赫地村、双庙村、石绵村、旧站村、李家村、东茨沟村、野马村、陈坨子村、前堡村、东王庄村、万宝山村、胡家村、车杖子村、炮手村、长岭山村、三道沟村

吉林省:南坊村、前程村、新月村、陈家村、半拉山村、丰收村、德胜村、一面街村、马宗村、六道沟村、舒兰站村、松树村、福才村、永合村、福合村、新阳村、德丰村、安义村、泉眼村、楼街村、黎明村、进化村、砬子沟村、兴华村、西川村、二十道沟村、曲柳树村、大粮户村、理化村、西崴子村、东崴子村、三成村、江南村、盘道村、太平村、袁家村、裕民村、新农村、奈字村、马连村

黑龙江省:大德村、金沙村、奋斗村、民胜村、永兴村、后莲村、永联村、宝泉村、兴胜村、千德村、和祥村、燎原村、黑岗村、宝泉村、团结村、朝阳村、清河村、万鹿沟村、铁岭镇三村、新胜村、五道沟村、卫东村、高峰村、望江村、向阳堡村、六合村、团结村、凉水村、进兴村、永宁村、长兴村、靠山村、桦春村、丰林村、井太村、前山村、望海村、东合村、永兴村、东发村

上海市:大庙村、洋泾村、四方村、水船村、北管村、双浏村、桥弄村、前进村、庆丰村、潘姚村、城南村

江苏省:涧东村、昶丰村、杨木桥村、华西村、黄泥坝村、建平村、北西村、山东村、西湖村、江村村、致和村、汤山村、张庄村、庙庄村、坝南村、大冬桥村、赵顶村、金星村、石羊村、西山村、王烈村、蛇丰村、袁集村、条湖村、红沟村、王村、永余村、高黄村、双琚村、德华村、双华村、星星村、武岐村、新民村、上六村、倪洼村

浙江省:景芳新村、大清村、双坞村、田门宅村、航民村、华光城新村、六塘南村、瓯海区灵昆乡九村、孙岙村、西炉村、邵宅村、打石溪村、王家井村、岭光村、李家村、八字村、徽州庄村、寿溪村、雅庄村、山坑村、板固村、石门坑村、柏树里村、陈家里村、毛叶村、前蒋村、大泽村、水车村、外舍村、岩下村、湖莲村、皋泄村、基湖村

安徽省:田拐村、后湖村、长冲村、白鹤村、梯岭村、新庄村、江调村、杨冲村、佘墩村、汪街村、老刘村、棠棣村、长山村、茶冲村、红桃村、梅街村、将军村、王大郢村、高塘村、迎水村、管桥村、太阳村、同心村、花园村、五里村、岩前村、东关村、杨千村、溪源村、龚店村、落儿岭村、古塘村、莲花村、新淮村、九连村、光明村、红桥村、前高村、张马吴庄村、油坊村、青阳村、南元村

福建省:双岭村、上塘村、窑市村、金柄村、洋厝埔村、河乾村、东升村、内洞村、西坑村、西陂村、樟塘村、塔下村、上元村、四都村、庆元村、水南村、岱坪村、桐水村、贵源村、上开村、溪填村、象溪村、安章村、郭洋村、江家渡村、金谷村、柏源村、福斗村、翠云村、凤阳村、汤洋村、东洋村、云际村、河南第一居民委员会、芹园村、莱山村、后埔村、圆宅村、官庄村、三墩村、渔溪村、池潭村、杨禾村

江西省:虎形村、河田村、茶叶凹村、黄竹村、坪田村、杨梅村、清江村、东村、石坑村、高陇村、仙巩村、射鹏村、横坑村、田心村、江边村、南塘村、龙港村、建设村、黄家村、李坂村、廖家村、张家村、溪南村、马岑村、新圩上村、白荷村、茶梓坪村、油市村、白合村、宝山村、高岭村、柏岗山村、山田村、南岸山村、联洪村、高坑村、花园村

山东省:张庄村、南明村、十梅庵村、臧村、前大泉村、西刘村、东庄村、围泉村、上杜庄村、姚庄村、老鸦村、吕道口村、山后张家村、壁子村、穆三村、理家庄子村、郑埝村、周庄村、大河滩村、夏庄村、李家泉村、里裕村、前寨子村、南陈家沟村、棱罗树村、霞峰村、庞家庄村、北栾宫村、黑山安村、孙庄村、贾庄村、花园村、罗庄村、张可村、马庄村、油坊村、袁堂村、长李庄村、大张庄村、司家庄村、国路夼村、珠矶村、大庄村

河南省:寺上村、石断河村、潘南村、大井村、鱼贯口村、菩萨堂村、北峪村、张海村、民寨村、老寨河村、耿庄村、万花村、东小仇村、香子岗村、凉亭村、花园村、夏神庙村、姜屯村、施家沟村、李楼村、郭庙村、东坡村、陈庄村、高庄村、靳赵寨村、下郊村、谢庄村、马庄村、花坟村、闵庄村、潘庄村、石碑湾村、孔场村、山查村、椒沟村、照册村、下寺村、丁营村、董王沟村、社楼村

湖北省:闵家河村、李宕村、西冲村、吴伯浩村、石家冲

村、老寨村、屯堡村、黄河村、张墩村、金塘村、汤砦村、明光村、关庙岗村、烽火山村、源泉村、金桥村、朱家洲村、富坪村、解家沟村、江龙庙村、水田沟村、严坪村、百果坪村、横山村、望佛桥村、廖湾村、龙山村、杜刘村、油榨口村、石渊村、西坑村、凉亭垴村、左港村

湖南省：牛山铺村、珀塘村、鸭婆田村、土溪村、七十田村、东北湾村、虾子档村、双龙村、大江口村、双江村、城乡村、金溪村、松山村、达水桥村、洞头村、燕山村、白觉村、和平村、古桑村、横瑞村、全溪村、青龙村、瓦灰村、铃泗村、平原村、高村村、木兰村、杉树村、五四村、双江口村、彭家湾村、伴湖村、咱住村、小溪村、民光村、晚坪村

广东省：潭岗村、横沙村、黄村村、济新村、妈屿村、新兴管理区、良村管理区、瓦溪管理区、庄田管理区、东升管理区、北塘管理区、红岭管理区、上坪管理区、长安塘管理区、大步管理区、石龙坑管理区、鱼水管理区、东溪管理区、群星管理区、古灶管理区、塘头管理区、五丰管理区、那训管理区、大村村、伍联管理区、坎下管理区、仙洋管理区、杨康管理区、黄金塘管理区、富窝管理区、坝村管理区

广西壮族自治区：鹤龙村、凤凰村、大展村、南坳村、平野村、义林村、沙坪村、石林村、朝垌村、邓塘村、大零村、平寺村、潘村村、郎村村、高岩村、塘岭村、上垌村、茂龙村、欧阳村、板棉村、上和村、震东村、六答村、合运村、委荣村、坡结村、塘上村、旦兴村、火幕村、汪乐村、红沙村、楠木山村、中堂村、坎华村、活旺村、坡皿村、那眉村、果园村、久大村、苏村村、那道村、四联村、红花村、思扶村

重庆市：九龙村、新华村、升东村、大术村、黑龙村、网背砣村、青羊村、走马村、古山村、放牛村、金刚村、保安村、峰高村

四川省：江村村、联合村、黄家山村、盐井村、德中村、肖祠村、斗山村、马家桥村、雷堂村、发展村、铜瓦村、杨柳坪村、建设村、双磨村、宝山村、金沙村、马鞍村、友谊村、工农村、先进村、杨山岭村、黄连村、石坝子村、东坝村、杨柳村、花池乡、三村、百节乡十一村、铁矿村、尖山村、安木店村、骑龙坳村、巴山村、碳石村、博望村、香樟村

贵州省：柳蒲村、五里牌村、大地施村、大坪村、长坡村、木浪河村、大山村、安马村、石榴村、王宽村、石一村、尧坝村、前村村、新合村、苍朴溪村、干堰村、营盘村、青狮村、丘林村、马场村、色绿村、大关村、沟山村、苦竹村、南街村、洛法村、云洞湾村、冬瓜林村、作坊村、洞口村、桑麻村、水便村、奇江村、者术村、则安村

云南省：厂房村、甸头村、大厂村、法本办事处、多发办事处、大西村、老五斗村、大中村、徐营村、领庄村、乐美村、户岛村、奇峰村、上关甸村、松鹤村、他广办事处、木耳坪村、双龙村、骂然村、中坝办事处、化所办事处、广南办事处、马鹿塘办事处、复兴村、大村

海南省：文门村、塔岭村、文科村、湖石村、石屋村、潭才村、兰庞村、卜禄村、儒杨村

西藏自治区：冲堆村、下司马村、结莎居委会

陕西省：四兴村、神湫村、楠木村、岔园村、月南村、武家村、杨家山村、恒安洲村、田河村、孟瓜村、薛岔村、峪口村、高家峁村、大湾岭村、张家尧村、陈家村、李家沟村、曹阳湾村、东滩村、碛塄村、麻生列村、郭家庄村、井沟村、南强村、黄土凸村、韩湾村、纸房村、熨头村、江村、白龙村、陈刘村

甘肃省：沙河村、南阳镇村、二墩村、东干村、张家山村、高堡村、郭柴村、原梁村、高泉村、结扎村、兴旺村、四十铺村、花牛村、郑川村、董家磨村、下曲村、刘旗村、王嘴村、城关村、榆杨湾村、长城村、蒿子湖村、元庄村、大草坡村、桦林村、长沟村、永星村、大鸭村、创业村、西沟村、断山口村、曾家井村、花寨子村、白道坪村、沙湾村

青海省：鲍家山村、麻尼台村、茶曲村、马场台村、段堡村、汤官营村、吴家洼村、处处尔沟村、阿吉营村、阿西合村、拉兄村、阴坡村、先群村、生地村、白崖村

宁夏回族自治区：杨家寨村、东玉村、张亮村、黄渠拐子村、中渠村、高荣村、北崖村、双吉沟村、新建村、敬农村、果园村、四墩子村、三趟墩村、下范村、柳湾村、文沟村、杨袁村、下桥村

新疆维吾尔自治区：亚斯热木库鲁奇村、二乌恰村、帕兰旗村、卡日塔尔村、新村、铁提尔村、喀尔克且克乡四村、东滩村、下六工村、杨家道村、哈图布呼镇三村、曼古奴尔村、酒花村、西河坎村、沙哈提库里村、九号渠村、再格森诺尔村、上恰其村、伊干其村、英艾热克村、新路村、巴格其村、芒申乡六村、艾古斯乡四村、巴仁乡十六村、牙曼亚乡二村、博斯坦村

【全国部门造林绿化“400佳”单位名单】

中共中央直属机关

1. 人民日报社
2. 中共中央党校

中央国家机关

1. 对外贸易经济合作部
2. 国家冶金工业局
3. 国家煤炭工业局
4. 中国社会科学院

教育部

1. 北京市顺义县教育局

2. 内蒙古自治区兴安盟科右前旗教育局
3. 湖北省郧阳师范高等专科学校
4. 福建省华侨大学
5. 云南省德宏州陇川县教育委员会
6. 湖南省湘潭师范学院

铁道部

1. 哈尔滨铁路局佳木斯铁路分局林业管理所
2. 沈阳铁路局通辽林业总场
3. 北京铁路局大同铁路分局茶坞地区办事处
4. 呼和浩特铁路局临河机务段
5. 郑州铁路局武汉铁路分局信阳工务段
6. 济南铁路局徐州铁路分局自动化工程段
7. 上海铁路局南京铁路分局南京林业绿化管理所
8. 广州铁路(集团)公司怀化铁路总公司怀化工务段
9. 昆明铁路局开远林业所
10. 兰州铁路局兰州林场

交通部

1. 京津塘高速公路联合公司北京高速公路管理处
2. 福建省公路管理局厦门市公路局
3. 吉林省公路局白城市公路管理处
4. 陕西省高等级公路管理局西宝管理处
5. 陕西省公路局汉中公路管理总段
6. 天津港务局
7. 交通部秦皇岛港务局
8. 交通部呼和浩特交通学校
9. 南京交通高等专科学校

水利部

1. 河海大学
2. 汉江水利水电(集团)有限公司
3. 长江水利委员会陆水试验枢纽管理局
4. 河南原阳黄河河务局

农业部

1. 黑龙江省克山农场
2. 黑龙江省山河农场
3. 广东省国营火炬农场
4. 海南省国营东升农场
5. 云南省国营坝洒农场
6. 辽宁省大连市华侨果树农场
7. 河北省国营柏各庄农场
8. 安徽省大圹圩农场
9. 广西壮族自治区柳兴实业开发总公司
10. 甘肃省国营勤锋农场

中国民航总局

1. 国家民航石家庄机场
2. 国家深圳黄田机场

国家石油和化学工业局

1. 中国乐凯胶片公司
2. 北京化工四厂
3. 伊化集团碱湖试验站
4. 吉化集团公司
5. 南化集团有限公司连云港碱厂
6. 云南省红河磷肥厂

国家煤炭工业局

1. 大屯煤电公司
2. 双鸭山矿务局
3. 准格尔煤炭工业公司
4. 平朔煤炭工业公司
5. 华北矿业高等专科学校
6. 晋城矿务局
7. 淮南矿务局职业病防治院
8. 邢台矿务局东庞煤矿
9. 平庄矿务局元宝山露天煤矿管理处
10. 云南省田坝煤矿

国家冶金工业局

1. 太原钢铁(集团)有限公司
2. 吉林炭素总厂
3. 绍兴钢铁总厂
4. 南京钢铁集团有限公司
5. 重庆钢铁(集团)有限责任公司
6. 天津市轧二制钢有限公司
7. 酒泉钢铁(集团)公司
8. 北京钢铁研究总院
9. 第一冶金建设公司
10. 莱芜钢铁总厂
11. 上海益昌薄板有限公司

中国石油天然气总公司

1. 大庆油田总医院
2. 辽河石油勘探局锦州采油厂
3. 大港油田集团有限责任公司职工总医院
4. 胜利石油管理局孤岛采油厂
5. 四川石油管理局川西南矿区
6. 吐哈石油勘探开发指挥部
7. 江苏石油勘探局地质调查处
8. 江汉石油管理局水电厂
9. 长庆石油勘探局长庆石油学校
10. 石油物探局第一地质调查处
11. 中原石油勘探局物探小区
12. 河南石油勘探局公共事业服务公司

中国石油化工总公司

1. 福建炼油化工有限公司
2. 中国石化九江石油化工总厂
3. 中国石化荆门石油化工总厂
4. 中国石化广州石油化工总厂
5. 中国石化济南炼油厂
6. 中国石化林源炼油厂

7. 中国石化洛阳石油化工工程公司
8. 江苏石油化工学院
9. 北京燕山石油化工(集团)有限公司

中国有色金属工业总公司

1. 西南铝加工厂挤压分厂
2. 来宾华锡冶化有限公司
3. 中国有色长沙公司水口山矿务局铅锌矿

中国人民解放军

1. 中国人民解放军 81043 部队
2. 北京军区宣化炮兵靶场
3. 中国人民解放军 36129 部队
4. 中国人民解放军 84810 部队机关
5. 河南省南阳军分区
6. 中国人民解放军 83330 部队
7. 中国人民解放军 54242 部队
8. 中国人民解放军 56005 部队机关
9. 海军指挥学院
10. 沈阳军区空军机关
11. 中国人民解放军 80409 部队
12. 中国人民解放军 89757 部队
13. 总参管理局管理处旃坛寺管理科
14. 总政治部八一电影制片厂
15. 中国人民解放军 59190 部队
16. 中国人民解放军 83011 部队机关

中国人民武装警察部队

1. 中国人民武装警察部队黑龙江总队五支队
2. 中国人民武装警察部队广西总队二支队
3. 中国人民武装警察部队河南总队二支队
4. 中国人民武装警察部队湖北总队机关
5. 中国人民武装警察部队 8744 部队
6. 中国人民武装警察部队 8720 部队机关
7. 中国人民武装警察部队 8630 部队机关

新疆生产建设兵团

1. 新疆生产建设兵团农二师二十九团
2. 新疆生产建设兵团和田农场管理局皮山农场
3. 新疆生产建设兵团农五师八十九团
4. 新疆生产建设兵团农一师十六团职工医院

北京市

1. 北京华都集团公司
2. 北京第二毛纺织厂
3. 北京建工集团总公司党校
4. 北京商学院
5. 北京市城市河湖管理处
6. 北京市东方友谊食品配送公司
7. 颐和园公园
8. 北京市第二水厂
9. 北京市崇文区东花市小区
10. 北京市海淀区芙蓉里小区
11. 北京市园林局东北旺苗圃

天津市

1. 天津钢管公司
2. 天津铁路分局丰润机务段
3. 天津市公路管理局
4. 天津石油化工公司涤纶厂
5. 天津经济技术开发区园林绿化公司
6. 天津市引滦工程于桥水库管理处
7. 天津市梨园监狱
8. 中法合营王朝葡萄酿酒有限公司
9. 天津中医学院
10. 天津大港油田集团有限责任公司炼油厂

河北省

1. 石家庄铁路分局邯郸机务段
2. 邢台市公路管理处
3. 河间市交通局公路管理站
4. 石家庄市桥西污水处理厂
5. 河北省林业学校
6. 河北平泉小寺沟国家粮食储备库
7. 中国人民解放军炮兵指挥学院
8. 开滦矿务局赵各庄矿
9. 廊坊市人民政府机关
10. 石油物探局第四地质调查处

山西省

1. 西山矿务局
2. 大同第二发电厂
3. 长北铁路机务段
4. 朔州公路分局
5. 忻州地区云河集团(纺织系统)
6. 山西华能榆社电力有限责任公司
7. 山西铝厂
8. 阳泉市自来水四厂

内蒙古自治区

1. 达拉特发电厂
2. 中国人民解放军 81215 部队
3. 中国人民解放军 51150 部队
4. 内蒙古金蒙电力创建总公司
5. 内蒙古超高压供电局
6. 中国人民解放军 81986 部队

辽宁省

1. 辽宁发电厂
2. 鞍钢机械制造公司
3. 辽宁省高速公路管理局
4. 辽宁省大伙房水库管理局
5. 辽河石油勘探局曙光采油厂
6. 辽阳石油化纤公司化工三厂
7. 辽河石油勘探局物资公司
8. 本溪钢铁集团公司焦化厂
9. 大连冰山集团有限公司
10. 辽宁省武警总队机关

吉林省

1. 中国人民解放军空军四六五医院
2. 长春市教育委员会
3. 四平师范学院
4. 浑江发电厂
5. 白河林业局
6. 吉林石油集团有限责任公司
7. 吉林雾凇宾馆
8. 白山市糖酒副食品采购供应站

黑龙江省

1. 八五五农场
2. 清河林业局
3. 汤旺河林业局
4. 黑龙江省黑河军分区
5. 哈尔滨第三发电厂
6. 东北林业大学
7. 吉兴河水库管理处
8. 密山市交通局

上海市

1. 上海市自来水公司杨树浦水厂
2. 上海石洞口发电厂
3. 瑞金医院
4. 中山医院
5. 上海交通大学
6. 上海沪嘉高速公路管理所
7. 上海氯碱化工股份公司
8. 宋庆龄幼儿园
9. 上海乾通汽车附件公司
10. 上海船舶运输科学研究所
11. 同济大学
12. 上海淀浦河东闸管理所

江苏省

1. 南京熊猫电子集团公司
2. 无锡市供电局
3. 江苏省煤炭建筑工程学校
4. 泰州陵光集团
5. 连云港市职业教育中心
6. 江苏省淮河化工总厂
7. 戚墅堰机车车辆工艺研究所
8. 500kV 江都变电所
9. 南通远洋船务有限公司
10. 连云港市第三水厂
11. 阜宁县堤防管理所

浙江省

1. 杭州市园林文物局
2. 余杭市教育委员会
3. 中国石化第三建设公司
4. 浙江省邮电技工学校
5. 台州市林业局
6. 浙江足佳集团公司
7. 金华市自来水公司山嘴头水厂
8. 杭州电子工业学院
9. 浙江林学院
10. 浙江省舟山警备区司政机关
11. 浙江林业学校

安徽省

1. 安徽省国有砀山果园场
2. 淮南新集集团总公司
3. 淮南平圩发电厂
4. 安徽省驷马山工程管理处
5. 宿县地区公路局
6. 安徽大学
7. 武警安徽省总队医院

福建省

1. 厦门市路桥投资公司
2. 福建省沙溪口水力发电厂
3. 漳州宾馆
4. 中国人民解放军一七五医院
5. 福安师范学校
6. 三明长途电信线务局
7. 福建省三明化工总厂
8. 福建省税务学校

江西省

1. 江西铜业公司德兴铜矿
2. 昌河飞机工业公司
3. 江西南昌发电厂
4. 江西贵溪化肥厂
5. 江西财经大学
6. 中国人民解放军 39341 部队
7. 新余市机关事务管理局
8. 赣州供电局
9. 宁都县团结水库管理局
10. 江西省吉安军分区

山东省

1. 济南黄台火力发电厂
2. 山东医科大学
3. 胜利石油管理局胜利采油厂
4. 兖矿集团公司兴隆庄煤矿
5. 山东省引黄济青工程管理局潍坊分局
6. 齐鲁石油化工公司供排水厂
7. 临沂市公路局
8. 中国人民解放军 55066 部队
9. 泰安市博物馆

河南省

1. 洛阳石油化工总厂聚丙烯厂
2. 郑州市自来水总公司柿园水厂
3. 武汉铁路分局信阳供电段
4. 鹤壁万和发电有限责任公司

5. 郑州水利学校
6. 南阳市公路管理局
7. 长垣县黄河河务局
8. 郑州大学
9. 南阳市自来水公司一水厂
10. 郑州煤炭工业(集团)有限责任公司供电处

湖北省

1. 襄樊市公路总段
2. 湖北省江北农场
3. 襄樊铁路分局襄北车辆段
4. 武汉铁路分局洪山建筑段
5. 国营蒲圻羊楼洞茶场
6. 湖北省国营后湖农场
7. 湖北省潜江中学
8. 荆州市危水工程管理局
9. 湖北省国营熊口农场
10. 湖北省潜江幼儿师范学校

湖南省

1. 湖南税务高等专科学校
2. 长沙工业高等专科学校
3. 江南机器厂
4. 湖南省耒阳电厂
5. 湖南省东江水力发电厂
6. 湖南湘南烟草集团有限责任公司
7. 湖南零陵卷烟厂
8. 怀化地委行署机关
9. 中国人民解放军 80305 部队
10. 娄底地委接待处

广东省

1. 广州经济技术开发区
2. 汕头市自来水总公司
3. 开平市涤纶企业集团公司
4. 广东北江中学
5. 梅州市塔牌集团公司
6. 羊城铁路总公司韶关机务段
7. 广东省国营南华农场
8. 五邑大学
9. 韶关电力工业局
10. 广东铝厂
11. 广东省军区司令部
12. 武警广东省总队第八支队
13. 台山市第一中学
14. 广东省国营遂溪北坡糖厂

广西壮族自治区

1. 广西医科大学
2. 钦州市钦南区长江水电管理处
3. 合浦县公路局
4. 广西南宁民族师范学校
5. 中国人民解放军 54243 部队
6. 中国人民解放军 54244 部队
7. 中国人民解放军 86432 部队
8. 中国民航广西壮族自治区桂林两江国际机场
9. 柳州铁路分局桂林机务段

海南省

1. 中国人民解放军 54095 部队
2. 中国人民解放军 38292 部队
3. 海南省农垦橡胶研究所
4. 海南钢铁公司选矿厂

重庆市

1. 重庆华光仪器厂
2. 重庆市电力工业局白鹤发电厂
3. 涪陵师范高等专科学校
4. 秀山县钟灵水库管理处

四川省

1. 西南交通大学
2. 南充炼油厂
3. 德阳八角钢铁集团公司
4. 遂宁师范学校
5. 四川长征制药股份有限公司
6. 中国人民解放军第三十七医院
7. 雅安化工厂
8. 宜宾师范高等专科学校
9. 四川省广安县凉滩电站
10. 绵阳师范高等专科学校
11. 隆昌县第一中学校

贵州省

1. 贵州红枫发电总厂
2. 六盘水市师范学校
3. 开阳县职业高级中学
4. 水城矿务局老鹰山选煤厂
5. 贵州省贵州醇酒厂
6. 贵州省铜仁公路养护总段
7. 贵州省林业学校

云南省

1. 中国人民解放军 35108 部队
2. 云南省文山军分区
3. 云南大学
4. 驻昆解放军化肥厂
5. 云南大姚铜矿
6. 云南省漫湾发电厂
7. 云南澜沧铅矿
8. 中国人民武装警察部队昆明边防学校

西藏自治区

1. 中国人民银行西藏自治区分行

陕西省

1. 中国人民解放军 84860 部队
2. 安康农业学校
3. 渭河发电厂

4. 延炼实业集团公司
5. 宝鸡有色金属加工厂
6. 渭南市人民政府机关
7. 西安公路交通大学
8. 陕西汽车制造总厂

甘肃省

1. 甘肃省庆阳师范高等专科学校
2. 酒钢公司运输部
3. 兰州市南北两山绿化指挥部办公室
4. 甘肃省刘家峡化工总厂
5. 金昌市人民政府机关
6. 天水二一三机床电器厂
7. 甘肃省电力工业局靖远电厂

青海省

1. 青海省贸易厅
2. 中国人民解放军59003部队
3. 青海省军区
4. 青海石油管理局管道输油处
5. 青海省黎明化工厂
6. 青海省湟源畜牧学校
7. 中国人民解放军第二十二医院

宁夏回族自治区

1. 宁夏回族自治区党委机关大院
2. 长庆石油勘探局银川办事处
3. 银川铁路分局石嘴山车辆段
4. 宁夏石嘴山发电厂
5. 宁夏大坝发电厂
6. 西北煤矿机械一厂

新疆维吾尔自治区

1. 吐哈油田哈密基地十六号住宅小区
2. 新疆独山子石油化工总厂
3. 新疆水利厅乌拉泊水上公园
4. 新疆畜禽改良总站
5. 武警新疆总队乌恰县中队
6. 中国人民解放军36431部队

【1997年度"全国绿化奖章"获得者名单】

北京市

姜永洲　安少英　高　福　乔润纯　魏天启　张福海　吴荣喜　李得民　杨桂林　于宝文　田黎明　卫桂英　孟昭凤　刘宝军　王绥枝　孙志远　张济和　钟其华

天津市

赵万明　李德增　刘克增　韩德周　张俊清　黄占生　杨继敏　张志隆　康恩和　孔繁珍　张　杰　刘　伟

河北省

刘宝华　任桂新　马富南　王新梅　林春桂　王国山　魏尚清　董庆和　李西苍　高柏成　胡光明　高岭福　冯书庆　秦三梅　刘敬军　张少飞　杜柏衍　郭成文　李　信

山西省

任俊发　郭有勤　霍转业　张　谦　薛万年　李通年　吴振基　邢富生　任向高　林文琼　赵普明　张彦明　何德胜　郝建新　王四小　崔衍政　赵培山　强风连　赵百勤　穆非根　张元福

内蒙古自治区

邹立杰　孙祥山　刘士尧　孙亚辉　孟世宏　于海岐　佟德钧　时淑兰　田　英　戴功学　鄂斌泉　田学臣　李发厚　白风岐　王学周　薛琴珠　刘洪贵

辽宁省

张宝森　王守业　王兴有　赵洪业　潘德友　孙应良　朱子良　李春良　王崇山　白家睽　赵中和　张德文　张玉库　滕洪举　吴凤池　冯国柱　张晓民　史广海　郑家瑞

吉林省

段敏达　骆德春　徐　林　张国华　邹本贤　吴泽民　刘建军　刘静杰　顾在禄　李权龙　刘跟东　孙　波　张　辉　宋荣新　邱　恒　梁学顺　张　辉　王兴甫

黑龙江省

辛万金　朴日淑　王国卿　姜长春　任树森　肖成琦　崔景全　班　江　李　民　李方林　梁　军　张守忠　杨宏雷　阎振明　潘　坤　车德义　王京民　初　中　殷　彤

上海市

顾顺仙　孙　明　汪哲娟　陈月仙　周金龙　姚学亮　支　刚　王克训　周玉贵　黄振民　许子良　蒋坚锋　张建铭　钱龙权

江苏省

倪加明　孟金元　赵学风　张学东　周　侃　李振铭　王大勤　李顺典　刘爱娟　柯贤师　常方俊　詹荫鸿　徐华强　陈宜举

浙江省

丁成伟　石兆钟　翁士光　何彬林　沈迪明　潘世珍　华茂禄　沈坚敏　梁　毅　黄伟民　詹高潮　张　兵　张晓红　单泳能

安徽省

何有祥　王桂荣　梁兴盛　张桂义　王　建　王润泽　余茂林　徐合颖　王必强　黄书庆　杨立威　崔朝林　程保民　梁卫国　谢　群　汪洪祥　英福生　董德友　钱树森

福建省

陈永源　姚清潭　林秀兰　周东雄　徐少章　周善财　宋克宁　缪升惠　陈定源　许文储　钟森瑞　邓煌基　陈老钦　高东海　林立慈　余瑞忠　李　东　林福全　杨金根

江西省

高九荣　汤正宗　詹润淮　余连高　宗乐斌　徐

荣华 徐兴发 何礼桥 陈朗如 龙 红 陈先玉 施荣友 朱梦年 邹 仁

山东省

葛平春 李吉祥 张守增 李殿印 李本跃 万振甫 崔卫东 宋来君 候庆祥 苏衍贤 刘宪存 周长杰 余国和 王公义 贾仁贤 许民武 刘业环 张幸福

河南省

张松涛 崔银太 刘洪涛 姚保国 白效忠 杜填仓 程殿卿 刘连生 张延玺 卓桂宏 花天文 虎福顺 汤社臣 王孝峰 张吉元 张纪都 康聚山 张同立 王治业 杨洪文

湖北省

毛进明 卢佑生 聂茂涛 李继军 刘振国 郑鹄 黄书畅 汪银成 郭凤祥 董发清 蔡伦朝 田震亚 周忠山 雷圣祥 韩 永 郭培道 陈厚珍 张光明 刘庭钰 周兴仁

湖南省

卢桂生 刘楚雄 肖尊国 陈先觉 周寿泉 杨绚忠 严高明 范才强 夏建华 唐世裔 黄湘林 黄丰生 蒋勋名 袁万文 曹定乾 曹丰禄 付桂华 敖亚平

广东省

黄海山 杨育南 陈启雄 黄兆铭 黄辉生 陈敬舟 陈荻戈 朱建曾 颜文希 陈育良 刘冠洪 黄 文 陈兴文 冯宝强 吴世木 陈文科 陈英源 张汝韶 吴 林 彭大龙

广西壮族自治区

孙家忠 莫有初 谷汉洪 黄明广 陆照甫 陈国亮 钟绍日 韦敏祥 黄 骅 陈凤其 王敬峰 黄梦宽 徐林庆 李开芬 蔡肖群

重庆市

王定华 孙玉生 宁和祥 黄跃斌 唐步新

四川省

毕仕兴 高万权 袁学荣 熊启伦 祝万洪 毛崇凯 周传武 胡新民 林燕平 陈天宝 刘正蓉 罗长明 蓝志银 罗尔伍 王文远 易乃文 陈开钦

贵州省

罗秀娥 杨正思 荆世根 王昌明 王世鼎 师怀远 王翊惠 王云河 郭学诗 王锡伦 潭绍利 王 森 陈德成 余绍德

云南省

王 任 吴阳露 陈天福 钟兴耀 张爱民 罗思能 龙海努 张忠国 郑维刚 余自保 杨文伟 杨信全 朱耀春 杨成淮 付龙冰 秦宗芳 孙光华

海南省

胡照勇 陈传坚 赖标云 叶 坚

西藏自治区

张建联 索朗旺堆 欧 珠 阿 嘎 郭光亮

陕西省

徐占华 孙志明 贾双武 朱聿平 施俊生 杨省民 白纪亮 卢巴曹 胡清俭 孙钦航 徐登奎 严引仙 杨平安

甘肃省

张志全 蔡仁智 王友生 刘正义 雷 举 王守魁 赵 明 徐国权 白逢兰 吴梅花 方启军 赵岷阳 米素芬 邓爱民 朱文旺

青海省

李福顺 王玉亭 马成贵 李生全 王永瑗 齐贵新 宋国华 姜登伟

宁夏回族自治区

宋小军 邵林毫 葛秀琴 姬学仁 康满堂 王毅 张维俭 李志远

新疆维吾尔自治区

齐元龙 巴来提·艾沙 徐家斌 朱河江 黑力力·胡吉希 毛衣丁·沙地克 何 军 陈贵堂 库尔班 陈夏声 张俊明 崔卫东 胥在谋

中共中央直属机关

郭占兵 耿 建 赵连庆 周弘洋 王 凯 董志敏

中央国家机关

段文章 徐国生 纪世才 刘 斌

教育部

马朝桂 韩连生

建设部

胡运骅 胡家丰 吕纯化 刘志仁 李金广

铁道部

何炳旺 胥 有 张引龙 吕连亭

交通部

谢俊杰 汪维恒 聂振一 赵瑞林

信息产业部

赵永亮 樊述桥

水利部

高敏智 贾偕杰

农业部

周茂林 杨俊宇 于书学 徐亚平 胡 琏

中国民航总局

李学彤 李泽明

国家石油和化学工业局

李晓明 王兴若

国家机械工业局

马 建 焦秋生

国家冶金工业局

黄德育 黄伟林 陆彩萍 王长振

国家轻工业局

李光荣 彭春林 闫子骏

国家煤炭工业局

张其廉 张永兵 李长林 陈维新 张卫平 张

吉祥　王志亮　孔繁华

中国石油天然气总公司

张元忠　曹海林　刘士学　徐喜运

中国石油化工总公司

董玉麟　金　虹　王勤学

中国有色金属工业总公司

关义杰　熊中和　曲延益

中国人民解放军

董存杰　王长胜　刘　萍　马　新　焦宝山

施洪林　何启海　刘志林　邸树凯　戎贵堂　吕克武

高玉豹　李克增　潘守明　周　伟　李安明　刘真学

中国人民武装警察部队

王左明　金满新　汤富仁　郑　华　周彦社

新疆生产建设兵团

丁吉高　李书长

森林公园建设

【综　述】 1998年，我国遭受了东南亚金融危机的冲击和长江、松花江及嫩江百年未遇的特大洪灾，旅游形势面临较大影响，但森林公园仍保持了良好的发展势头。森林公园数量不断增加，经营管理和服务水平不断提高，并积极开展宣传促销，扩大了社会影响，取得了较好的效益。据不完全统计，截至1998年底，全国已建立各类森林公园942处，遍布30个省(区、市)(西藏、台、港、澳除外)，总经营面积788.42万公顷。森林公园拥有旅游车船3210台(艘)，接待床位73 122张，电话容量55 017门。广西、云南、青海等省区林业主管部门还先后组建了森林旅行社，从事森林旅游的职工达36 515人，其中导游1727人，森林公园管理和服务体系日趋完善。

森林公园规范化建设工作进一步引向深入。许多省(区、市)林业主管部门在去年创建"文明森林公园"活动的基础上，提出本地区的具体创建标准，狠抓落实。山东省下发了《关于对森林旅游和森林公园建设情况调查的通知》，在摸清本省森林公园建设和森林旅游开展情况的同时，研究制订出加快森林公园发展的切实可行的措施；陕西省推行"陕西省林业厅森林公园暨森林旅游检查证"制度，由持证人员对各森林公园的建设、经营、服务、旅游安全等诸多方面进行不定期明查暗访，发现问题，及时纠正，有效促进了森林公园规范化建设；黑龙江省开展优秀森林公园检查评比活动，省地联合检查组抽查了全省近1/3的森林公园，对6处优秀森林公园给予了表彰，调动了全省森林公园创优争先的积极性。北京蟒山国家森林公园以大自然为课堂，坚持开展对青少年的生态和环保教育，被中国关心青少年教育工作委员会和北京市关心青少年教育协会确定为"青少年绿色文明教育基地"；福建福州国家森林公园注重加强自身建设，树立文明窗口形象，被省委省政府评选为"第六届省级文明单位"。

各森林公园积极宣传促销，广泛开拓旅游市场，依托其独特自然优势吸引游客。北京小龙门森林公园在松柏林内开辟森林浴"绿色病房"，成为京西旅游新热点；辽宁湾甸子森林公园举行清原首届冰雪节，填补了本省旅游业高山滑雪的空白；江苏嶂山森林公园先后举办三台山山地自行车大赛、宿迁民俗风情节、森林休闲中心开工等重大活动，使知名度明显提高，众多游客慕名而来；山东蒙山国家森林公园凭借原始奇险的自然环境，成功接待了'98雷励中国远征行动队包括13个国家130名外籍大学生为期63天的探险，赢得高度评价；江西三百山国家森林公园以东江源头为卖点，在香港国际旅游交易会上打出"共饮一江水，相聚东江源"的广告，引起当地媒体及香港同胞的热切关注。森林公园在积极招徕游客的同时，切实加强旅游经营管理工作。广东圭峰山国家森林公园在园内设立投诉电话、报警点、医疗站等设施，进行窗口式服务，使森林公园管理公开化；陕西省所有建成开放的森林公园均与当地保险公司合作，为游客办理人身意外保险，解除了游客的后顾之忧。良好的管理和服务使森林公园成为许多游客的首选旅游场所，据不完全统计，1998年全国森林公园共接待游客5055.03万人次，创直接经济收入7.68亿元。

森林公园的建设和发展极大地促进了地方经济的发展。据初步统计，1998年全国森林公园共为社会提供就业机会59 020个，创社会经济收入7.31亿元。

(许　晶)

【国家标准《中国森林公园风景资源质量等级评价》通过审定】 由上海同济大学、中南林学院、东北林业大学和北京林业大学共同起草的《中国森林公园风景资源质量等级评价》国家标准于1998年2月20日通过审定，来自国家技术监督局、国家旅游局及科研、教学、森林公园等单位的16位专家参加了审定会。

该标准制定了符合中国国情的森林公园风景资源质量等级评价的基本原则与模式，提出了一整套切实可行的技术指标和评价方式，为我国森林公园的保护、开发、建设和管理提供了科学依据。这一标准的制定，不仅填补了国内该类型标准的空白，而且标志着我国森林公园事业走上了规范化、科学化和标准化的建设

轨道。 （俞 晖）

【新建国家森林公园】 1998年，根据中国森林风景资源评价委员会会议审定结果，国家林业局批准建立黑龙江省驿马山、湖北省沧水、重庆市黄水等三处国家森林公园，经营面积33258公顷；到1998年底，全国国家森林公园达到295处，总经营面积540.42万公顷。会议还同意中国长江三峡工程开发总公司建设三峡坝区国家森林公园，经营面积3400公顷。 （俞 晖）

【《关于印发'99生态环境游方案的通知》】 1998年9月28日，由国家旅游局、国家环境保护总局、国家林业局和中国科学院联合下发《关于印发生态环境游方案的通知》（旅办发[1998]166 号）。'99生态环境游的主题口号是：走向自然，认识自然，保护环境。国家林业局副局长李昌鉴任'99生态环境游组委会副主任。

（王兴国）

【'99生态环境游林业座谈会】 为研究落实'99生态环境游有关工作，交流各地开展生态环境游活动计划（方案），国家林业局于1998年12月15～17日在福州国家森林公园召开了林业系统'99生态环境游工作座谈会，安排部署林业系统生态环境旅游年的各项准备工作。李昌鉴副局长到会作了讲话，要求抓住机遇，把工作抓紧抓实抓细，促进森林公园建设和森林旅游业的发展。 （王兴国）

环 境 保 护

【三峡库区陆生动植物监测】 1998年，三峡库区陆生动植物监测工作进展顺利，完成了库区动植物的野外本底调查工作，并全面整理、分析了1996～1998年的调查资料。通过调查分析，初步查明：三峡库区的维管束植物有6088种，其中包括种以下等级（亚种、变种、变型）1054个，分属208科，1428属，约占全国植物总数的20%，其中种子植物占全国种子植物总数的22%。调查记录到动物物种553种，其中鸟类342种，有国家一级保护动物3种（黑鹳、金雕、白肩雕），二级保护物种42种；哺乳类118种，其中国家一级保护动物5种（金丝猴、云豹、豹、虎、金猫），二级保护动物14种；爬行类51种；两栖类41种，其中国家二级保护动物2种。 （刘韶辉）

【第二届中国环境与发展国际合作委员会第二次会议】 11月16～18日在北京召开。李育才副局长作为该委员会的委员，代表国家林业局出席了会议，并作了题为《国家林业局关于在生态环境保护领域和履行有关国际公约工作进展情况的报告》的讲话。《报告》分两个部分：一是关于在生态环境保护领域的工作进展情况，主要包括造林绿化和重点林业生态工程建设、森林资源和野生动植物保护、荒漠化防治、重点地区天然林资源保护、山区综合开发与消除贫困等五个方面的内容；二是关于履行有关国际公约的进展情况，详细介绍了国家林业局在履行濒危野生动植物种国际贸易公约、防治荒漠化公约、湿地公约及履行双边或多边协定的进展情况。 （刘韶辉）

森林生态效益研究·自然灾害

【森林生态效益研究】

森林枯枝落叶层涵养水源保持水土的作用评价

"九五"国家科技攻关项目。森林通过林冠层、枯枝落叶层和根系对降水，特别是暴雨的有效调节，可以明显地减轻水土流失。在森林系统的各个层次中，枯枝落叶层具有特别重要的意义。①截持降水。枯枝落叶层的截持作用与其自身的蓄积、降雨强度、湿润周期有关，一般随降雨量级的增加而增加。在黄土高原地区，截留量分别占大气降水量的10.2%，占林内降水的11.8%。枯枝落叶层达到饱和持水通常需要24～36小时，饱和持水量约相当于其自身重量的1.8～3.5倍。②阻延地表径流。枯枝落叶层减缓地表径流的时间与其自身厚度、坡度和径流深度有关。对山杨的测定结果，与同样条件下无枯落物的地表径流速度相差可达27.5倍。③抑制水蒸发。测定结果表明，枯枝落叶层抑制蒸发的作用明显，其抑制效应与枯落物厚度和土壤水分水平关系密切。④防止土壤溅蚀。测定结果，当山杨枯落物厚0.5厘米和1.0厘米时，溅蚀量分别减少76.4%和79.5%，枯落物厚2厘米时林下无溅蚀发生。表明枯枝落叶层可有效地防止土壤溅蚀发生，且林地溅蚀量随枯落物厚度的增加而急剧减少。⑤增强土壤抗冲效应。枯枝落叶层自身抵抗水流冲刷的能力以及通过影响土壤结构和植物根系均能增强土壤抗冲效应。测定结果，覆盖1厘米厚枯落物时，可减少土壤冲刷量47.1%～89.8%，覆盖2厘米时可基本防止冲刷。由于枯枝落叶层的水文生态综合作用，其蓄水减沙效应非常明显。连续多年的观测，林地去枯枝落叶层后土壤流失量增加27.9倍。在产沙方面，即使没有根系的固持，仅仅在枯枝落叶层的保护下，也能抵御30分钟的暴雨冲刷，比裸地减少土壤冲刷量92.7%～98.7%，而且随着坡度和雨强的增加，减少比例有增大的趋势。

云贵高原东部乌江流域生态经济型防护林体系建设技术研究　“八五”国家重点科技攻关课题长江中上游生态经济型防护林体系建设工程和技术研究部分内容。乌江是长江南岸最大的一条支流，乌江流域地处云贵高原东部斜坡地带和四川盆地东南缘，年土壤侵蚀量达1.96亿吨，侵蚀面积占流域面积的52.3%，平均侵蚀模数2264吨/平方千米。该项目对乌江流域进行了植被土壤蓄水保土生态经济效益的各种植被评价及林分估化模式等综合系统研究，根据不同生态经济区提出了乌江防护林体系造林类型典型设计系列、生态经济形估化模式和乌江流域坡耕地防护林营造技术。研究结果表明，在宜林地段，森林类型蓄水保土功能优于灌丛、草坡。

红壤丘陵防护林幼林林分结构水土流失规律的研究　“八五”国家科技攻关项目长江中上游防护林体系建设技术的部分内容。该研究在红壤丘陵地上建立了16个径流小区，每个径流场设置不同林分结构类型。经过对各林分结构径流场的前期定位观测，分析了各林分结构径流与年降水的关系，结果表明，单纯以乔木树种、灌木或乔灌的林分结构水土流失严重，以乔灌草配置的多层次林分结构保持水土较好，其次是乔草林分结构类型。

高山峡谷区云南松林土壤侵蚀控制的水文效应　国家自然科学研究基金资助项目。我国西南高山峡谷土壤侵蚀十分严重。该项研究通过对虎跳峡地区云南松密林的调查，研究和探讨了松林抗蚀护坡的水文效应。研究表明，云南松密林在雨季能够截留31.3%的降雨量，松林内的滴溅侵蚀量低于裸地，林下的土壤流失量比裸地减少了43.18%。另外，松林通过产生叶滴引起林冠滴溅侵蚀，密林并不能明显地减少地表径流，与茂密草丛相比，松林控制土壤流失的能力有限。但总的来说，与裸地相比，密林影响了斜坡的水文过程，它直接的效应是减少地面有效降雨量和滴溅侵蚀。即使有叶滴的存在，密林水文效应的净效果是在一定程度上减少了地表侵蚀，使林下的土壤流失量低于裸地。另外，密林很可能还通过消耗水分，加快土壤水分的移失，经由水文的影响，提高土壤固着基岩强度并减轻土体重量对斜坡的负荷。

杉木毛竹混交林水源涵养能力研究　福建省科委科研基金项目。对杉木(19年生)毛竹混交林水源涵养能力进行了研究，观测结果：混交林林冠层持水量比杉木纯林多0.545吨/公顷，比毛竹纯林多2.869吨/公顷；地上部分总持水量比杉木和毛竹纯林增加3.143吨/公顷和3.309吨/公顷；土壤(0～40厘米)贮水量达611.2吨/公顷，比杉木、毛竹纯林大。混交林土壤的水分渗透性良好，初渗速度是杉木纯林的2.8倍、毛竹纯林的2.5倍。

头塘小流域山地防护林体系营建及防护效益分析

金沙江流域是长江上游最严重的水土流失区，该研究选择有代表性的头塘小流域区，开展了山地防护林体系配置及营建技术的研究，并对其防护效益进行监测分析，对指导金沙江流域山地防护林体系建设有重要意义。监测结果表明：该区内营建山地防护林体系效益显著。配置防护林后，土壤物理性质得到改善，地表径流渗入土壤的速度是裸地的4倍以上；林地的土壤最大蓄水量增加了96.15%。土壤侵蚀模数由1831吨/平方千米·年下降到1165吨/平方千米·年，减少了36%；坡地造林后，地表径流较荒草坡地、裸地分别减少79.4%和94.1%，泥沙削减率下降87.8%和98.8%。连续4年径流量观测表明，年径流深、年径流系数随森林覆盖率的增加而减少。

晋西黄土残塬沟壑区水土保持林坡面径流规律的研究　“七五”国家科技攻关专题黄土高原水土保持林综合效益研究部分内容。该研究以坡面径流泥沙观测现场为基本观测手段，对晋西黄土残塬沟壑区不同地类的坡面进行了为期3年的现场观测，结果表明：在黄土地区降雨量与径流量的关系不明显，径流的发生决定于雨强和土壤性质；现有人工林和天然灌木林具有良好的拦蓄径流、固持土壤的防护功能。①林地产流初始时间可延缓0.2～2.8小时，初始降雨强度可提高到3～11毫米/小时，其中以灌木林和混交林地的延缓作用最佳。②平均降雨强度增大，坡面径流速率也增大，但林坡面径流速率增幅远小于裸地，林地坡面径流速率是裸地的6%～36%。③在所观测地区，虎榛子林可拦蓄77%～88%的径流，沙棘可拦蓄57%～88%的径流，油松刺槐混交林、刺槐林和油松林分别可拦蓄径流62%～88%、51%～85%和43%～60%；荒草地可拦蓄径流41%～45%。④林分郁闭度越高，径流系数越低，郁闭度每增大10%，径流系数减少0.1163%。⑤林地坡面的侵蚀模数仅为裸地的0.78%～10.95%。表现出良好的固持土壤能力。

乌兰布和沙地新开发人工绿洲防护林体系综合效益评价　“八五”国家课题乌兰布和荒漠沙地新开发绿洲生态经济型防护林体系建设模式研究的部分内容。该研究内蒙古磴口县新开发乌兰布和沙地人工绿洲防护林体系已作出了评价，研究结果表明：①农田防护林网增产效益显著，林网内小麦、籽瓜、甜菜的单产分别比林网外提高45.77%、155.71%、25.0%。乌兰布和沙区防护林增产率为20%～30%，胁地减产率为

3%～5%。②防护林对风沙危害具有明显的防灾减灾作用，年沙尘暴日数、扬沙日、浮尘日、尘卷风日、大风日等灾害性天气指标，林网内较林网外分别减少56.5%、56.8%、38.7%、63.9%和6.5%；年平均风速降低38.6%～63.2%。年蒸发量减少560.5～746.5毫米。③开发区土壤含盐量、土壤pH值下降。④建立沙漠绿洲后为野牛动物和鸟类资源创造了良好的栖息环境。野生动物数量迅速增加。通过沙漠绿洲开发建设，森林覆盖率由开发前的0提高到26.4%，促进了社会经济的发展和人民收入的提高，年均经济增长速度达到462.19%，人均年收入较开发前提高11.75倍。

科尔沁沙地西部地区防护林体系营造技术的研究 该项研究在科尔沁沙地西部风沙危害严重的地区建立了5种类型的防护林体系，观测结果，7年生农田防护林带背风面10～15小时范围内，平均可以减弱风速43%～47%；8年生草牧场防护林带20小时范围内平均降低风速31%～43%，林网内蒸发量减少15%～22%。

黄土高原渭北生态经济型防护林体系永寿示范区建设技术及其生态经济效益 该研究对黄土高原渭北生态经济型防护林体系永寿示范区建设的生态、经济效益进行了估算。示范区建设5年来，共造林1.68万公顷，林粮间作0.68万公顷，区内林木覆盖率由24%提高到28%，在很大程度上改善了生态环境，大大控制了水土流失，区内侵蚀模数平均下降74.0%，自然灾害明显减少。

科尔沁沙地盐碱土造林对土壤改良作用的研究 通过对科尔沁沙地西部盐碱地不同整地造林技术对土壤改良作用的研究表明，应用开沟造林、筑台地造林和穿透碱格深穴造林技术对沙地盐碱土壤具有明显的改良效果。开沟造林3年后，土壤(1～10厘米)总盐量从造林前的0.103%降至0.032%，沟内总盐量积累缓慢，土壤腐殖质含量增加一倍以上。在水位高、土壤盐渍化程度较重的沙地采取筑台造林技术，造林5年后土壤(20～40厘米)总盐量从0.168%降至0.062%，pH值从10.3降至7.2，穿透碱格深穴整地造林对沙地盐渍化土壤也有较明显的改良作用。

尖峰岭热带林集水区一组水质背景值及水质生态效应 中国林业科学研究院科学发展基金项目及国际热带木材组织定位研究的部分内容。该项目采用定位观测和多流域检测的方法，研究了尖峰岭热带林集水区水质及水质生态效应，集水流域检测结果均达到地面水环境质量一类，即国家自然保护区源头水标准。因此，尖峰岭热带林除具有良好的涵养水源、调节径流、防止雨季山洪暴发的功能外，还具有良好的水质净化功能。

（林泽攀）

【自然灾害】 近几年，我国干旱、洪涝、暴雨、台风等自然灾害异常频繁。

1997年，江南南部和华南地区降水量较常年偏多，局部地区洪涝灾害严重；江淮流域、华北、东北及西北东部等主要农业区旱情严重；年内有4次台风在我国登陆，数量较常年少，但个别登陆台风造成的经济损失严重。影响最大的是9711号台风，该台风先后于8月18日、20日在浙江温岭、辽宁营口登陆，横扫了浙江、福建、江苏、上海、山东、天津、辽宁以及江西、安徽、吉林等省（市）沿海和非沿海地区，由于其风力大、雨势猛、影响范围广，又正值天文大潮期，致使上述省（市）的部分地区造成了不同程度的灾害，累计直接经济损失500多亿元，其中浙江损失最严重，达186亿元。

1998年入夏以来，我国南方大部降水偏多，江南中部及粤、桂、滇、川等地的部分地区偏多5成至3倍，其中，江西贵溪、上饶、南城，福建浦城，广西桂林、蒙山，云南昆明、玉溪月降水量为1949年以来同期之最。江西大部分地区大到暴雨接连不断、局部特大暴雨，致江河暴涨，并多次引发山洪暴发和大面积山体滑坡，造成大片农田被淹，城区反复受浸，交通、电力、通讯中断，基础设施被毁，大批工厂、矿山被迫停产；铁路受阻，国道干线被冲垮，1000多万人受灾，死亡151人；农作物受灾90余万公顷，成灾78万公顷，绝收45万公顷；26个县城进水，损坏房屋67万多间；直接经济损失150多亿元。湖南省大部分地区出现持续、大强度降雨过程，湘、资、沅、澧四大水系水位猛涨，湘江水位超过历史最高记录，全省有1600多万人受灾，死亡102人，农作物受灾96万公顷，成灾62万多公顷，直接经济损失100多亿元。福建省闽江干流出现有记录以来最大洪水，武夷山机场被迫关闭，外运铁路全部中断，死亡126人，直接经济损失80多亿元。广西西江发生50年一遇大洪水，桂林出现1949年以来最大洪水，梧州出现百年不遇的特大洪水，全区1200多万人受灾，死亡81人，农作物受灾73万公顷，成灾45万公顷，直接经济损失108亿元。同时，浙江、广东、安徽、贵州、云南、四川、重庆等省（市）也遭受不同程度的灾害。

7月下旬，我国出现自西向东大范围强降水过程，湖南西北部、江西西北部、湖北南部等地部分地区降水较常年偏多1～5倍。武汉、桑植、修水、南昌、九江等地降水量为1949年以来同期最大值。长江发生继1949年以来的第二次全流域性大洪水，湖北省2000多万人受灾，因灾死亡94人，农作物受灾130多万公顷，绝收28万公顷，直接经济损失127亿元。湖南省常德、张家界、湘西、怀化、益阳、岳阳6市880多万人受灾，因灾死亡120人，农作物受灾5万公顷，直接经济损失151亿多元。江西、安徽、四川、江苏等省也遭洪涝袭击，损失较重。同期，黄河中上游、华北、东北等地出现较大降雨，嫩江出现历史最高水位的洪水。

受暴雨洪涝影响，吉林、山东、河南、新疆等省（区）受灾严重。

8月，长江上游、汉水流域及鄂西南、湘西北先后出现5次较大范围的区域性暴雨过程，四川、重庆、湖北、湖南等省（市）部分地区发生洪涝灾害，长江中下游干流长时间维持高水位，其中中游的大部分江段超过警戒水位达两个多月，超过历史最高水位达一个多月。内蒙古、黑龙江、吉林、辽宁等省（区）部分地区降雨突破1949年以来同期最大值。嫩江、松花江多次发生超过历史记录的特大洪水，4省（区）部分地区遭受严重洪涝灾害。据国家权威部门8月22日统计，入汛以来，全国共有29个省（区、市）遭受了不同程度的洪涝灾害，受灾面积达2000多万公顷，成灾1300多万公顷，受灾人口2.23亿人，死亡3004人（长江流域死亡1320人），估计直接经济损失1666亿元。其中江西、湖南、湖北、黑龙江、内蒙古和吉林等省受灾最重。

1997年到1998年初，出现了本世纪最强的厄尔尼诺现象，而在1998年夏季又出现了强大的拉尼娜现象，致使雨带在长江流域长期停留。但1998年长江流域降水虽大，在历史上也不是最突出的，这一年降水的地理分布与1954年十分相似，但在江汉平原与安徽等地6～8月的总降雨量却比1954年小，雨量虽不是最大值，长江中下游的水位却达到了有史以来的最高值，以宜昌为例，1998年通过的最大洪峰流量超过5.64万立方米/秒，而水文记录中最大流量超过7万立方米/秒，最大洪峰流量超过6万立方米/秒的至少有23年。洪水并不是历史最高记录，却创造了最高水位记录，并长期居高不下，这与长江流域的生态环境遭受破坏是有直接关系的。长期以来，沿江流域围湖造田，使泄洪区面积缩小，降低了湖泊对江河洪水的调节能力。无节制的森林采伐，致使长江上游的森林覆盖率由建国初的30%～40%下降到现在的10%，流域内水土流失面积从50年代的36万平方千米增至72万平方千米，年土壤侵蚀率已高达22.4亿吨，植被破坏，造成大量泥沙涌入江湖，江河湖底升高，水量积聚，排泄不畅，洪水位长期居高不下。四川地处长江上游干流和支流源头，是我国西南林区的重要组成部分，长江的主要水源涵养区。长期以来，由于川西林区过度采伐，本来发挥着重要涵养水源、保持水土、调节气候作用的林区，有不少林地转化为荒漠化土地，1957～1986年的30年间，长江流域森林覆盖率减少一半，而水土流失面积却增加了一倍。就水土流失而言，长江已经超过了黄河。长江上游支流和干流森林植被减少，河流输沙量急剧增加。大渡河支流小金河年均输沙量由1964年前的43.5万吨增至目前的150万吨，金沙江输沙量占进入长江泥沙总量的43%，长江进入三峡库区的泥沙量每年达6亿吨左右。预计三峡库区建成后，每年因泥沙淤积库容将减少7亿立方米左右。发源于大小兴安岭、长白山系的嫩江、松花江流域内，由于森林的过度采伐，森林植被减少，导致严重的水土流失，泥沙淤积抬高河床，蓄水能力下降。在1998年超百年一遇的特大洪灾中，黑龙江省69个县市有59个县市受灾，受灾人口850万人，水毁农田312万公顷，仅农业直接损失就达140亿元。

黄河上游生态环境的恶化是下游频繁断流的重要原因之一。1988年以来，黄河水量比正常年份减少了23.3%，黄河断流频率增加，年内首次断流时间提前，历时和断流河段延长，1997年尤为严重，断流时间长达226天，使下游地区25万平方千米、1亿多人生产生活发生严重困难。

（林泽攀）

森林资源保护与林政管理

森林资源保护

【森林资源保护综述】 1998年，野生动植物保护、自然保护区建设和湿地保护取得显著进展。

全国野生动植物和湿地资源调查工作自1995年启动以来，已进入最后攻坚阶段，10月份国家林业局在北京召开了部分省（区、市）野生动物资源调查工作研讨会，举办了资源调查统计软件培训班，制定了陆生野生动物资源调查检查验收方法和标准，到年底，全国已完成外业调查工作量的54%以上。20余个省（区）结合野生动植物资源调查同时展开了湿地资源调查。国家林业局组织编制了《全国野生动植物及其栖息地保护建设规划》、《全国林业自然保护区体系建设规划》，《中国湿地保护行动计划》。为总结经验，分析问题，探讨新形势下我国自然保护区建设和发展的工作思路，国家林业局先后在甘肃省兰州市和四川省都江堰市主持召开了北方片和南方片自然保护区建设管理工作座谈会。国务院机构改革后，国家林业局组织协调全国湿地保护工作的职能得到进一步明确，工作管理力度得到增强，设立了专管湿地保护的处室，调整了《中国湿地保护行动计划》编制工作领导小组，召开了由17个部委代表参加的新的编制《中国湿地保护行动计划》工作领导小组会议。全球环境基金中国自然保护区管理项目顺利通过世界银行的中期评估。大熊猫栖息地保护工作稳步推进，编制完成了卧龙自然保护区总体规划，共同确定了博物馆、办公楼、职工宿舍、保护站和半散放场等优先建设项目。《国家重点保护野生植物名录》（第一批）已报请国务院审批，拟定了《国家禁止、限制出口的珍贵树木名录》（第一批），《湿地保护条例》已被列入国家林业局立法计划。国际合作进一步扩大，积极落实了江泽民主席赠送日本天皇朱鹮的事宜。积极办理了中央政府赠送香港大熊猫事宜。争取赠款1000万～1400万美元的全球环境基金湿地项目和赠款2500万～3000万美元的全球环境基金生物多样性保护项目进展顺利；国家林业局与美国圣地亚哥动物园就大熊猫合作研究签署了科研合作计划，与美国华盛顿国家动物园、日本神户王子动物园商谈开展大熊猫合作事宜；研究草拟了中国与印度、中国与俄罗斯老虎保护协定执行情况报告和中国与澳大利亚候鸟保护协定执行情况报告。宣传工作取得新的进展。1998年是《野生动物保护法》颁布十周年，国家林业局将该年确定为“野生动物保护宣传年”，下发了开展纪念保护法颁布十周年等宣传活动的通知，《中国绿色时报》、《大自然》等报刊系列报道并发表纪念文章，电视台、广播电台对有关活动和野生动植物、自然保护区和湿地保护情况进行了宣传报道和曝光，在社会上产生了强烈反响。针对敏感问题，国家林业局发布《中国藏羚羊保护现状》白皮书之后，引起了国际有关组织和政府的极大关注，起到了很好的正面宣传作用。（刘德望）

森林病虫害防治

【综　述】 1998年，全国森林病虫害防治（以下简称森防）工作以杭州森防工作会议精神为指针，坚持实行目标管理，重点推进森林病虫害工程治理工作，各地采取各种有效措施积极防灾减灾，全年防治病虫害面积530余万公顷，防治率为73%。

1998年，全国森林病虫害的发生有以下一些特点：一是常发性病虫害居高不下，松毛虫、杨树蛀干害虫、森林鼠害等危害仍然严重。二是偶发性病虫害暴发成灾，且危害严重。例如，重庆、山西、江苏、宁夏等省区叶蜂类害虫成灾，河南、山东、青海等省大面积发生杨尺蠖、春尺蠖、银杏大蚕蛾、榆黄黑蛱蝶等虫害，其中河南省杨树食叶害虫发生面积达20多万公顷。三是森林病虫害造成的损失严重，病虫害除对林木本身造成危害外，1998年美国借口光肩星天牛的危险性，要求我国所有输美木质包装材料，都必须经过熏蒸处理、热处理和防腐处理，否则作退货或销毁处理，仅此一项，直接影响我国对美贸易出口量的1/3～1/2，经济损失巨大。英国和加拿大也仿效美国采取相同的限制措施，使我国外贸形势变得更为严峻。

1998年，防治工作采取了新的举措：一是国家林业局在机构改革中，将病虫害防治处从保护司划到造林司，以使病虫害防治与造林营林工作紧密结合；二是启动了辽宁的松毛虫、内蒙古的杨树蛀干害虫、广东的松材线虫病3个国家级森林病虫害工程治理项目，同时还有16个省（区）启动了省级工程治理项目，初步显示了加强领导、增加投入、强化管理、健全机制、提高效果的作用；三是对19个省（区、市）的森防目标管理工作进行了考核检查并作了通报；四是召开了全国森防工作座谈会，李昌鉴副局长亲临会议作重要讲话，这次座谈会的重要特点是第一次由森防站长和造林处长共同来研究病虫害防治问题，体现了病虫害防治从育苗造林抓起的指导思想；五是开展防治、检疫网络建设，完成了防治、检疫网络软件编制工作，配置了1：100万地理信息系统的分省图及资源信息系统，重新设计了森林病虫编码，并进行了省级信息网络应用培训工作，病虫害信息网络管理工作迈开了坚实的一步。 （朱新飞）

【全国森林病虫害防治工作座谈会】 11月6～9日，全国森林病虫害防治工作座谈会在广州市召开。各省（区、市）、计划单列市林业（农林）厅（局）及内蒙古、吉林、龙江、大兴安岭森工（林业）集团公司，国家林业局有关司局、有关直属单位的代表共105人参加了会议。会议的主要任务是：进一步贯彻落实国务院批准的《关于进一步加强森林病虫害防治工作的决定》，总结交流1998年的工作，会商预报1999年全国森林病虫害发生趋势，研究今后进一步加强森防工作的措施，部署1999年的森防工作。国家林业局李昌鉴副局长到会作了题为《认清严峻形势，找准要害问题，切实把工作抓紧抓实抓出成效来》的重要讲话，国家林业局植树造林司司长雷加富作了会议总结。

会议要求各省（区、市）紧密结合面临的形势和任务，工作中突出重点，狠抓落实，抓出成效。1999年全国的森防工作要在以下五个方面取得突破：以国务院发布《森林病虫害防治条例》十周年为契机，加大宣传力度，在提高全社会对病虫害防治工作重要性的认识上取得突破；林业部门和政府部门领导都要把病虫害防治纳入保护和发展森林资源目标责任制中，在落实完善目标管理责任制上取得突破；完善修订有关造林绿化的标准和办法，保证每年新造林中混交林的占有比例，在采用营造林措施预防病虫害上取得突破；在继续抓好国家级工程治理项目的同时，全力推进省级工程治理项目，在工程治理上取得突破；要在全国建成100个森林病虫害防治检疫标准站，完成中心测报点的布点工作，在标准站、中心测报点的建设上取得突破。 （王晓华）

【全国森林病虫害防治目标管理自查和核查】 为进一步贯彻落实全国森林病虫害防治工作会议精神，切实加强森防目标管理工作，10月下旬至11月中旬国家林业局对部分省（区、市）的森防目标管理工作进行了年度考核检查。考核结果表明，1998年各地为把目标管理责任制落到实处，许多地方通过层层分解管理指标和签订责任状，进一步明确了领导责任和奖惩措施，普遍加强了领导，增加了投入，一些省（市）实施了工程治理，森防体系建设得到加强，除个别省因洪涝灾害影响没有完成森防目标任务外，绝大多数省（区、市）都达到或超过了年初确定的1998年度森防目标管理指标。其中，成绩比较好的有：广东、辽宁、福建、北京、山西、四川6省（市）。考核检查的原则和方法是：①以自查为基础。各地必须先期自查，并形成书面报告。在全国核查时必须向考核检查组提供有关的材料：森防目标管理自查报告、森防工作总结以及森防目标管理年报表、防治统计年报表、森检情况统计表、森防人财物统计表。②以综合考评分为评价依据。这次考核检查的内容，不仅包括“四率”指标完成情况，还包括领导措施和站务管理，并制定了相应的任务完成情况或工作程度赋分表。领导措施是指森防目标管理责任状签订情况，森防工作纳入林业工作议事日程的情况，森防经费投入情况，森防经费专款专用情况，当年实际支出育林基金用作森防经费的比例等。站务管理是指“四有”（编制、人员、办公室、规章制度）情况，技术资料档案管理情况，计划、总结及有关报表上报情况，防治、检疫、测报原始记录情况等。③以交叉检查为主要方式。将抽查的19个省（区、市）分为7个组，每个组都有国家林业局植树造林司或森防总站人员带队，被抽查省（区、市）各出1人，按组间交叉进行检查，每个组写出检查报告。在各个组检查报告的基础上，经过综合评定，形成抽查评定结果。（朱新飞）

【国家级森林病虫害工程治理项目】 国家林业局和财政部于1998年共同决定广东省和深圳市松材线虫病工程治理项目、内蒙古自治区杨树天牛工程治理项目和辽宁省松毛虫工程治理项目为国家级森林病虫害工程治理试点项目，并于当年启动。其规划治理面积43.68万公顷，计划用3年的时间，控制住灾害的大发生，把灾害所造成的损失减少到最低程度。

广东省的松材线虫病工程治理区监测普查面积达6.67万公顷，皆伐改造4500公顷，清理病、死树1.43万公顷（3.33万株），疫木消毒1.13万立方米，2700公顷轻病区经设置天牛引诱剂使病死树比对照区低79.03%，2700公顷释放肿腿蜂防治后病死树率比对照区低81.11%。内蒙古天牛工程治理已清理虫害木56万株，打孔注药防治3龄以下幼虫4万公顷（次），捕杀天牛成虫640万头，伐桩萌芽更新133.33公顷，虫情监测和检疫工作得到进一步加强，为大范围内利用免疫树种、耐害树种和诱饵树种有机配置防御天牛工作打下好的基础。辽宁省松毛虫工程治理监测覆盖率达到100%，改造虫源地2.65万公顷，仿生农药防治1.24万公顷，生物防治4800公顷，毒绳防治1.39万公顷，人工防治2.56万公顷，有效地控制了害虫的成灾、蔓延。从总体上看，三个治理区内病虫灾情得以减轻，初步遏制了病虫上升危害的势头，工程治理已初见成效。（吴　坚）

【省级森林病虫害工程治理项目】 1998年，在启动国家级主要病虫害工程治理的同时，湖南、辽宁、四川、北京、浙江、广西、江苏、山西、河南、新疆、黑龙江、吉林、湖北、重庆和山东等省（区、市）就本地区的重要病虫害实施了省级工程治理项目。

湖南省林业厅从1986年开始，坚持对森林病虫害实施工程治理，先后在邵阳市、长沙市、岳阳市等9个地市35个县，对马尾松毛虫、毛竹枯梢病等多种森林病虫害实施工程治理，工程区面积累计达101.19万公顷。湖南省在工程治理中坚持政府牵头、有关部门配合、林业主管部门具体组织实施的管理形式，提高了工程区的森防科技水平，改善了管理机制，加强了基础设施建设，增强了控灾减灾能力，遏制了森林病虫害日趋严重的发生势头。

山西省1998年集中力量和资金，对危害较为严重的松叶蜂、油松毛虫、杨树天牛、中华鼢鼠及经济林病虫害实施工程治理，治理面积达5.33万公顷，占年度计划防治任务的30%。山西省经过一年的实施，油松毛虫种群上升势头被有效遏制；杨树天牛疫区范围进一步缩小，又有3个县基本扑灭天牛；经济林病虫害综合防治技术的推广，为山区群众增加产量1550万千克，产生直接经济效益6000余万元。（吴　坚）

【《日本松干蚧预测预报办法》发布】 7月29日，国家林业局印发了《日本松干蚧预测预报办法》，发送日本松干蚧发生区的有关省（市）林业厅（局）执行。

日本松干蚧主要危害赤松、油松、马尾松，其次危害黄松、黑松、千头赤松、黄山松、垂枝赤松和琉球松等松属植物，松树受害严重时，造成松林大片枯死，是一种危害严重的检疫性害虫。在我国辽宁、山东两省日本松干蚧发生面积大，危害最为严重；江苏、浙江、上海和安徽等省（市）也有不同程度的发生；近年又传入了吉林省，并仍在继续扩散、蔓延。

《办法》分为一般虫情调查、系统虫情调查和预测方法三部分。虫情调查是根据日本松干蚧的生物学特性，规定了调查时间、次数，调查的方法，以及发生面积的统计和汇总等，调查着重于查清日本松干蚧的发生地点、发生程度和发生面积等，供基层测报员、虫情调查人员调查虫情使用。系统虫情调查主要是设立若干固定标准地，系统观察各虫态的发生期、发生量，以及各虫态的死亡因子等，积累系统虫情资料，供重点测报站、点进行虫情调查和预测使用。预测方法中介绍了发生期、发生量的预测方法。同时，在《办法》中设置了调查记载内容和统计汇总表格，还附有有关预测的参考资料。（蔡炳城）

【《森林植物检疫技术规程》发布】 为进一步适应重新修订发布的《植物检疫条例》、《植物检疫条例实施细则（林业部分）》和《森林植物检疫对象和应施检疫的森林植物及其产品名单》的规定要求，使森林植物检疫工作更加制度化、规范化，1998年国家林业局在认真总结经验和广泛征求各省森林病虫害防治检疫站意见的基础上，对1989年制定的《国内森林植物检疫技术规程》进行了修改和补充。新的《森林植物检疫技术规程》，强调了森林植物检疫工作的技术含量，突出了产地检疫、调运检疫、国外引种检疫审批、样品和档案管理等重要森林植物检疫环节，使森林植物检疫的每个环节都有比较详尽的技术规程，增加了森林植物检疫工作的可操作性，新的《森林植物检疫技术规程》将成为今后一段时期全国森林植物检疫工作者执行森林植物检疫任务的工作指南。（郭立新）

【森林病虫害防治职能划归植树造林司】 在1998年国家机关机构改革中，新组建的国家林业局将原林业部野生动物和森林植物保护司管理的“研究制订森林病虫害防治规划和预测预报，并组织实施；指导协调全国森林病虫鼠害防治和森林植物检疫工作；组织重点疫情监测及封锁扑灭”等职能划归国家林业局新机构中的植树造林司管理。

这项职能的重新划分，将有利于把森林病虫害防治与造林、营林工作有机地结合起来，使森林病虫害防治从种苗、造林抓起，从造林设计开始。并为探索和应用抗病虫树种、树种搭配营造混交林的一些造林模式，形成一种新的有效机制，把森林病虫害防治确实落实到以营林为基础的工作中。（王　洋）

【森林病虫害防治检疫信息系统软件开发培训】 由国家林业局植树造林司主办、北京大学环境科学中心协办的全国森林病虫害防治和森林植物检疫信息系统培训班于10月14～17日和19～22日分两期在北京大学举办。省（市）级森防站39人参加了培训。

全国森林病虫害防治和森林植物检疫信息系统软件是由北京大学环境科学中心等5家单位综合应用了计算机数据库、地理信息系统、多媒体技术等技术共同开发的，包括了森林病虫害防治信息、森林病虫害检疫信息2个子系统。该系统在全国森林病虫害防治检疫信息上应用，可实现森林病虫害信息处理、传输的电子化、数据处理的可视化、主观决策科学化的作用。

实现全国省、地、县森林病虫害信息系统联网后，国家林业局将通过计算机自动汇总的全国森林病虫害发生情况，对森林病虫害发生的区域进行图表数据处理、可视化分析及防治措施和辅助决策分析，以达到不仅是信息上的传输，而且能要科学地对森林病虫害进行预测预报，指导森林病虫害的生产防治。

网络开通后，还可实现“信息共享”，为各地森林病虫害防治工作服务提供便捷途径。（王 洋）

自然保护区建设

【综　述】 截至1998年底，全国林业系统自然保护区总数达633处，总面积约6150万公顷，占国土面积的6.41%，其中国家级自然保护区94处。

为进一步加强自然保护区的建设管理，各级林业主管部门开展了大量工作。1998年8月和9月，国务院办公厅和国家林业局分别以国办发[1998]111号和林护通字［1998］77号文，要求各级人民政府和林业主管部门切实加强自然保护区的建设管理工作。1998年11月和12月，国家林业局先后在兰州和都江堰分片组织召开了全国自然保护区建设管理工作研讨会，分析自然保护区建设管理工作面临的形势、困难和机遇，探讨新时期我国自然保护区发展的新思路的对策。会后，国家林业局印发了会议纪要，供各级林业主管部门和自然保护区参照。

为解决我国自然保护区发展长期缺少科学合理的规划这一问题，在全球环境基金中国自然保护区管理项目的资助下，国家林业局决定编制一份《全国林业自然保护区体系发展规划》。为编制该规划，国家林业局于1998年12月成立了由有关司局领导参加的规划编制领导小组，确定了规划编制的大纲和工作方案。为研究和探讨我国自然保护区发展的政策问题和对策，在全球环境基金中国自然保护区管理项目的资助下，国家林业局1998年12月委托经济发展研究中心和北京林业大学经济管理学院承担自然保护区投资机制研究、自然保护区人才鼓励机制研究、自然保护区发展与周边社会扶贫的研究的3个课题研究项目。

（袁继明）

【全国湿地资源调查】 我国政府十分重视湿地保护和管理，尤其是1992年加入《湿地公约》后，在湿地保护与合理利用方面做了大量工作。为了掌握和评价我国的湿地资源现状、建立全国湿地资源管理数据库，为科学管理和合理利用湿地资源提供科学依据，并为履行《湿地公约》、开展国际交流服务，中国政府决定从1995年开始，用5～6年时间，每年拨出专项经费，开展全国湿地资源调查。

该调查的主管部门是国家林业局野生动植物保护司，其技术依托部门是国家林业局湿地资源监测中心。调查是以各省（区、市）为总体，按全国统一制定的湿地资源调查技术规程，由各省（区、市）湿地保护主管部门具体组织实施，最后在各省（区、市）调查数据的基础上，进行全国的数据汇总，从而得到全国湿地资源的有关数据和图件资料。

该调查主要针对自然湿地。并将调查范围规定为面积100公顷以上的近海及海岸湿地、湖泊（含水库）、沼泽及沼泽化草甸湿地、宽度10米、长度5千米的全国主要水系的四级以上支流以及其他具有特殊意义的湿地。调查的内容主要包括湿地的类型、面积、分布等自然环境状况；湿地主要的野生动植物种类、分布，一些重要水鸟数量及其迁徙习性；湿地保护与利用状况；湿地受破坏或受威胁现状；湿地周边地区社会经济状况以及我国各级湿地自然保护区的基本情况等等。

在各级林业行政主管部门的重视下，到1998年底，已有宁夏、贵州、陕西、江西、吉林、内蒙古、安徽、河北、福建、山东、江苏、云南、海南、北京等省（区、市）基本完成了调查或正在进行汇总。根据全国湿地调查工作的总体部署，各省（区、市）湿地资源调查工作应于1999年底初步完成，2000年开始全国调查数据汇总和制图，到2001年底，湿地资源调查的有关工作将全部结束。届时可以得到反映我国湿地资源本底数据、湿地保护和利用情况以及受威胁状况的全国湿地资源调查与评价报告、全国主要湿地资源分布图等成果，为今后进行湿地资源监测奠定基础。

（黄桂林）

【中国自然保护区管理项目中期检查评估】 9月20日至10月5日，世界银行检查组对全球环境基金(GEF)资助的中国自然保护区管理项目进行了中期评估。

检查组对项目的进度及影响、取得的成绩和经验及其活动和经费的必要调整做了评估和讨论，对中国政府实施项目三年来取得的可喜的进展和显著的成绩表示非常满意，对项目后期提高整个全球环境基金项目的影响力和改进实施工作、在项目期结束后项目成果的持续性以及将全球环境基金项目的经验教训结合并推广到中国林业系统自然保护区体系中的问题，同中方达成了共识。

全球环境基金中国自然保护区管理项目共包括以下5个方面：

自然保护区管理 主要内容是为项目保护区编制管理计划。各项目保护区在项目实施的前三年中，进行了生物和社会经济本底调查，开展了乡村评估，了解到了大量信息，为编制管理计划提供了基本数据；聘请国内外咨询专家40余人次，从计划制定、社会经济、生物多样性保护、社区共管、生态旅游等方面为管理计划的编写提供了有益的指导与帮助；管理计划的初稿完成后，又多次征求省内外有关管理机构的意见，进行了进一步的修改和调整。到中期评估时，已有7个项目保护区完成了管理计划的编写。检查组同意中方的建议，对一些项目内容进行了调整：在原计划建立两条生物走廊带中，保留武夷山走廊带，撤销秦岭地区的走廊带；武夷山继续编制旅游计划，太白山、神农架和西双版纳保护区编制旅游计划的工作暂停。

企业转产 通过将已经破坏的大熊猫栖息地的陕西省森工采伐企业转产安置，引入一个创新性的示范活动。通过三年的项目实施，在原有的森工企业——长青林业局的采伐区域，建立起了长青国家级自然保护区；将原来的2262名森工工人，通过一揽子重新安置、带资转产和新创企业就业计划这三种方法，已全部分流完毕。

机构能力建设 加强国家、省以及地方在生物多样性保护方面的管理水平和技能。项目为国家林业局和云南省林业厅开展了培训、提供技术援助和设备；组建了国家培训小组，在三年项目期内，已为保护区工作人员开展了13类共240人月的在职培训，对提供保护区管理水平起到了直接促进作用。

信息管理系统 通过提供设备和开展培训，提高管理决策能力。各项目保护区建立完善了野外巡护制度，使用了统一的用于记录野生动植物和人为活动情况的表格；配置了专人负责处理和分析数据。该部分包括两方面的内容，一是在保护区内建立信息交流体系，使保护区的保护决策基于野外数据的获得，主要指从野外巡护数据的收集、整理、分析到保护区管理层依此作出决定并制定或修改野外保护措施；另一方面是采用计算机数据库，建立保护区、省和中央级的数据管理系统，并建立这三个层次之间的联系。第一方面的工作已完成，第二方面的工作正在进行中。

小型科研基金 通过支持保护区开展与管理有关的研究活动，提高自然保护区的研究技能，解决管理工作中的实际问题。截至中期评估为止，已资助全国范围内的保护区科研项目48项，参与人数320余人。

（陈立伟）

【全球环境基金中国湿地生物多样性保护与可持续利用项目】 该项目是我国政府针对湿地及其生物多样性面临开垦、过度利用、淤积、污染和非法捕猎等严重威胁的情况下，为了保护好我国的湿地资源，特别是具有国际重要意义的湿地及其生物多样性，我国政府特向全球环境基金理事会递交了此项目的申请报告。项目涉及黑龙江省的三江平原湿地区（沼泽湿地类型）、江苏省的盐城湿地区（沿海潮间滩涂类型）、湖南省的洞庭湖湿地区（湖泊类型）、四川和甘肃两省的若尔盖湿地区（高原高寒湿地类型）。该项目的目的是在这四个不同类型的湿地区中，通过提高公众意识、加强湿地自然保护区的能力建设、开发替代生计方案、社区共管等方面的示范活动，寻求湿地及其生物多样性保护的经验与教训，并将其在全国推广。

1998年，该项目的前期申请工作取得了实质性进展。在国家林业局全球环境基金湿地项目办公室的管理下，在国家林业局、联合国开发计划署、湿地国际和国际专家组的共同努力下，于5月初完成了《中国湿地生物多样性保护与可持续利用全球环境基金项目概要》（以下简称《项目概要》）初稿，经多次征求各项目省及各有关部门意见，并在对各项目省开展考察和落实国内配套资金的基础上，反复对《项目概要》进行了修改，确定了各项目区需开展的项目活动，完成了对《项目概要》的编写。10月，王志宝主任委员主持召开了项目指导委员会会议，讨论、审议并通过了《项目概要》。《项目概要》由国家林业局会签国家环境保护总局后报送财政部，11月，财政部代表中国政府正式向联合国开发计划署提交了《项目概要》。12月底，全球环境基金理事会批准了《项目概要》，赠款资金为1170万美元。

（王隆富）

【卧龙国家级自然保护区总体规划】 卧龙国家级自然保护区建区较早。由于多种原因，一直没有进行过完整的总体规划设计，在一定程度上制约了保护区的建设和发展。为了适应国家生态环境建设和可持续发展战略的需要，进一步搞好卧龙国家级自然保护区的保护、科研和管理工作，1997年初，林业部组织了林业部调查规划设计院、四川省林业学校、卧龙自然保护区的专家和科技人员进行了外业调查和内业规划。1998年，有关单位和专家进行了座谈评审。国家林业局于6月18日批复，同意《卧龙国家级自然保护区总体规划》，并要求其认真组织好工程的实施工作。

《规划》从保护区实际出发，为了便于管理和保护，将保护区划分为保护区和实验区两个管理区域，以实行分类管理，做到重点突出，目标明确，为加强保护区的保护管理和今后开展各项工作提供了理论、政策依据。同时，《规划》还有效地容纳了四川省汶川卧龙特别行政区和卧龙国家级自然保护区管理局“合署办公”的特点，将涉及农村经济发展、农业工程和社区建设等项目都进行了统一规划。这样不仅有利于维护保护区的生态平衡，促进大熊猫等珍稀动物的有效保护和森林植被的恢复，也有利于达到人与自然的和谐生存，引导当地群众脱贫致富，改善生产生活水平。《规划》的完成，为卧龙自然保护区今后的建设和发展，进一步提高卧龙在国际、国内的知名度，使之成为全国自然保护区的示范窗口，奠定了良好的基础。《规划》经审批下发后，在国家林业局、四川省人民政府的关心支持下，一期工程项目已陆续启动实施。（李　忠　周守德）

野生动植物保护

【《中华人民共和国野生动物保护法》颁布十周年纪念宣传】　《中华人民共和国野生动物保护法》（以下简称《野生动物保护法》）颁布以来，我国的野生动物保护事业取得了巨大成绩，提高了全社会的保护意识和法律意识，形成了野生动物保护法律法规体系，加强了野生动物保护体系和行政执法队伍，初步建立起野生动物收容、救护、繁育体系，实施了濒危野生动物拯救工程，加强了自然保护区建设，开展了资源调查和科学研究，严厉打击了各种破坏野生动物资源的违法犯罪活动，引导和推动了野生动物资源产业的健康发展，积极参与了有关国际事务和国际交流与合作。

为纪念《野生动物保护法》颁布十周年，广泛宣传十年来保护野生动物所取得的成绩，进一步普及野生动物保护法律知识，增强人们依法保护野生动物的意识，11 月 8 日国家林业局、中国野生动物保护协会等 20 多家单位 1400 多人在北京展览馆广场等 4 处繁华地段开展了大规模纪念宣传活动，主会场摆放了鳄鱼、金雕、蟒蛇、海龟、巨蜥等许多栩栩如生的动物标本，40 多块野生动物画板图文并茂。活动组织者向市民发出了倡议：认真学习《野生动物保护法》，积极宣传保护野生动物和自然环境的重要意义；遵守《野生动物保护法》和北京市有关保护野生动物的各项规定，树立依法保护野生动物的观念，坚决摒弃“野生无主，谁猎谁有”的错误认识；不随意猎杀、捕捉野生动物，不食用野生动物，不破坏野生动物的生存环境，遇到受伤的野生动物主动救护，并与当地林业部门联系；不非法出售、购买、贩运国家及北京市规定保护的野生动物及其产品，敢于同各种破坏野生动物的违法行为作斗争；积极宣传、普及野生动物知识，提高保护野生动物的文明意识，为改善和保护自然生态环境作出贡献。当天北京有 2 万多市民参观了宣传活动，活动中发放各种宣传品 4 万多份，答题纪念品 2000 多份，在京的 20 多家新闻媒体采访报道了这一纪念宣传活动。

同期，湖北、青海、辽宁、四川等地也都以各种形式开展《野生动物保护法》颁布十周年的纪念宣传活动。（斯　萍）

【野生动植物进出口管理】　1998 年，国家濒危物种进出口办公室（以下简称濒管办）紧紧围绕国家林业局的中心工作，认真贯彻落实全国野生动植物进出口管理工作会议精神，进一步深化改革，强化管理，整章建制，克服各种困难，推进了野生动植物进出口管理工作。

1. 认真履行职责，参与国际合作与交流。濒管办认真履行《濒危野生动植物种国际贸易公约》（以下简称《公约》），加强国际交流与合作，得到国际社会的广泛了解和支持，为我国赢得了声誉和地位。一年来与《公约》秘书处合作，进行中国兰科植物贸易调查，首次引进国外资金进行国内植物调查；在《公约》第 40 次常委会上，中国代表团就虎、熊、鲟鱼等议题作了发言，受到各国代表好评；参加了《公约》鲟类保护决议工作会议，面对俄罗斯在黑龙江和乌苏里江全面禁止捕鲟鳇鱼的压力据理力争，充分阐述了我国的立场，使我国的鱼籽酱得以出口，维护了国家的利益；参加了《公约》动物委员会会议，表明我国在中成药和有关物种贸易方面的立场，维护了国家权益，推动了大宗贸易物种回顾调查的开展；加强了进境野生动植物贸易管理，与越南以及俄罗斯、日本、韩国分别举行控制野生动植物贸易会议，增强了双边和多边的交流与合作；继续加强同香港《公约》管理机构的业务往来，赴港参加香港回归后的首次联席会，增强了香港的履约能力和地位。

2. 严厉打击野生动植物进出口中的违法行为。虎骨问题是国际上比较敏感的问题，根据国务院“禁贸”通知的要求，濒管办会同有关部门对多年来虎骨禁贸情况的检查进行了认真安排，督促和指导各地采取得力措施与行动。为了使这项工作落到实处，对重点省份直接派员现场督查，提出具体核查范围，认真落实国务院禁贸通知的精神，为《公约》核查组来华做了充分的准备。

濒管办与有关部门联合，重点对十几个省进行了蛇类、野生观赏鸟的生产、经营和出口的执法检查，提出了限制蛇类出口的建议，有效地保护了资源；就观赏动物的出口管理问题，对野生观赏动物出口比较集中的京津地区，提出规范化管理的意见，收到了较好的效果;对广东省几家医药公司无证出口中成药情况,进行了调查核实,根据不同情况分别进行了处理。根据国家反走私工作会议精神,积极配合有关部门,对野生动植物走私违法活动进行专项重点打击,查处了一批涉及象牙、金丝猴皮等的大案要案,严厉打击了野生动植物管理中的走私活动,整顿了野生动植物进出口秩序。

3. 有针对性地组织业务培训,广泛开展宣传教育活动。一年来,针对实施《进出口野生动植物商品目录》的要求,按照执行中美自然保护议定书的内容和范围,濒管办举办了不同内容、不同层次的培训班,参加培训的进出口管理人员、海关关员及进出口企业人员达500多人次,强化了有关部门的业务管理职能,提高了野生动植物进出口管理工作的水平。

随着野生动植物进出口管理工作的深入开展,濒管办组织开展了形式多样的宣传教育活动。利用国际组织宣传方面的经验和优势,与国际爱护动物基金会合作,拟定在国内机场、口岸开展宣传的计划和项目;在《中国绿色时报》开展野生植物保护与进出口管理专题宣传;组织出版面向青少年的《中国珍贵动物认知卡》;参与国家林业局组织的《中华人民共和国野生动物保护法》颁布十周年宣传咨询活动;为在京的部分大专院校举办了多次专题讲座。（施光孚）

【《进出口野生动植物种商品目录》制定和实施】 为了更好地执行《濒危野生动植物种国际贸易公约》,切实保护我国珍贵的野生动植物种资源,国家濒危物种进出口管理办公室与海关总署共同制定了《进出口野生动植物种商品目录》(以下简称《动植物种商品目录》),并于1998年1月1日起正式实施。对野生动植物及其产品的进出口,均实行管理。

《动植物种商品目录》是根据《濒危野生动植物种国际贸易公约》(以下简称《公约》)、《中华人民共和国森林法》、《中华人民共和国野生动物保护法》、《中华人民共和国野生植物保护条例》、《中华人民共和国海关法》及其他相关法规的规定,以及我国野生动植物资源保护和经济发展的实际需要制定的。对列入《动植物种商品目录》管理范围的野生动植物及其产品,其进出口(包括一般贸易、无偿捐赠、无偿提供、旅客携带、交换、邮寄及其他各种方式的进出口活动)必须凭野生动植物允许进出口证明书,经海关查验后放行。

该目录在国际上首次将以生物分类为基础的野生动植物种,经过系统的分析整理,分门别类地纳入了目前世界通用的以商品分类为基础的海关HS系统内。

HS系统是世界海关组织主持制定的一部国际贸易商品分类标准,其目的是协调海关税则目录和国际贸易统计、运输、生产等方面所用的商品分类目录,便利国际贸易和贸易统计资料的收集、对比与分析,促进贸易单证的通知和贸易信息的电子数据交换。HS是以一个国际贸易公约进行约束管理、以保障其统一执行的多用途的国际通用的商品分类目录。

《动植物种商品目录》就是在HS系统的基础上,将《公约》及我国法律法规规定需要实行允许进出口证明书管理的物种,根据其不同状态、用途及加工工序等,分别归入相应的商品编码中。将这些在进出口环节需要实行允许进出口证明书管理的野生动植物及其产品的商品编码,按照其在原来的顺序收集在一起,就组成了《动植物种商品目录》。通过这个专业性的目录,不但可以对进出口野生动植物及其产品进行监管及统计分析,而且为我国野生动植物进出口政策的及时调整,以及强化海关对野生动植物种进出口的监管提供了方便、快捷、准确的现代化手段。

《动植物种商品目录》实施前,在海关计算机通关管理系统中明确实行允许进出口证明书管理的商品编码只有5条。在《动植物种商品目录》实施后,实行允许进出口证明书管理的编码达到373条,其中涉及动物类商品的253条,涉及植物类商品的114条,既涉及动物又涉及植物的编码有6条,共涉及到海关HS系统中二十二类商品中的十二类。商品类型涉及主要有活体动植物、肉类、毛皮、工艺品、花卉、中药材及中成药、保健食品、化妆品、木材、家具等,涵盖了《公约》的2000多种动物、2.5万多种植物及其产品。

《动植物种商品目录》是一个动态的管理目录,随着《濒危野生动植物种国际贸易公约附录》和我国《国家重点保护野生动物名录》、《国家重点保护野生植物名录》的制定和修改,以及野生动植物主管部门的政策的调整,《动植物种商品目录》也将随之调整。

（张德辉）

【新野生动物或其产品出省运输证明】 为加强野生动物及其产品出省运输的管理,1996年林业部启用了野生动物或其产品出省运输证明,但经过几年的实施后,出现使用数量不易控制、易造假等问题。为进一步规范野生动物及其产品出省运输的管理,国家林业局于1998年10月15日废止旧证,并启用新证。新证的制式为三联制,全国统一编号,内含防伪水印,统一登记领取。（陈 力）

【大熊猫科研和饲养繁殖】 1980年,由中国政府与世界自然基金会合作,在卧龙国家级自然保护区境内的核桃坪建立了中国保护大熊猫研究中心。建立初期的主要工作是针对当时救护大熊猫开展相关的科研活动,以促进野外保护工作。进入90年代以来,中心主要围绕大熊猫的繁育,增加大熊猫的数量进行应用基础研究,以达到将人工繁殖的大熊猫回归大自然繁衍、保存物种的目的开展工作。近年来,在各方面的支持下,中心已初步形成了自己的科研骨干队伍,他们已熟练地掌握了大熊猫野外监测、抢救和人工繁殖、育幼的全套技术,能够独立地承担大熊猫人工饲养繁殖研究。他们通过对大熊猫的繁育、育幼及疾病防治进行综合研究，分析总结大熊猫饲料与营养配方、饲养管理、培育雌雄大熊猫的繁育能力，研究人工授精技术、精液品质、排卵与妊娠、产仔以及提高幼仔成活率，探索未吃初乳幼兽的人工饲养规律，以及幼子断奶至性成熟前的营养需要，研究大熊猫的运动度和一些罹难疾病的发生、发展与防治措施等方面取得了可喜成绩，已出版《卧龙的大熊猫》等专著8部，发表科研论文300余篇。近几年来，繁殖大熊猫20胎29仔，存活18只，大熊猫幼仔出生率、存活率在同期比较中居世界之冠，处于领先地位。目前，中心有全世界最大的大熊猫饲养繁殖种群，圈养近40只大熊猫。 （李 忠 王鹏彦）

【《中国藏羚羊保护现状》（白皮书）】 藏羚羊是国家一级保护野生动物，也是《濒危野生动植物种国际贸易公约附录一》中名列的物种，为我国青藏高原动物区系的典型代表，在以往的历史长河中该物种种群曾达到相对稳定状态，且数量巨大。如1991年在羌塘自然保护区东部藏羚羊分布密度为每平方千米0.2头，并且还能看到集群数量超过2000头的藏羚羊群。但从80年代末开始该物种遭受到了从未有过的大规模盗猎，种群数量急剧下降。至1995年中国藏羚羊总数已急剧下降至约5万～7.5万头，并且每年约有2万头的藏羚羊被盗猎。针对猖狂的大肆盗猎藏羚羊和走私藏羚羊绒的非法活动，中国各有关方面作出了巨大努力，实施了一系列打击行动，然而非法活动仍未得到有效遏制。

1998年12月，国家林业局发布《中国藏羚羊保护现状》（白皮书），介绍了藏羚羊种群的分布及其生态学习性和中国藏羚羊资源正遭受严重破坏的情况；阐述了中国为保护藏羚羊所作出的巨大努力；指出中国藏羚羊保护仍面临着重重困难，其根本原因是由于在中国境外存在着利润巨大的藏羚羊绒及其织品贸易；呼吁保护藏羚羊需要国际社会的理解和共同行动。为此，中国政府挚诚希望有关国际政府、组织和人士，珍惜藏羚羊这一古老物种的价值和人力保护野生动物的美好愿望，切实理解加强国际合作对保护藏羚羊的重要性和必要性，采取有效行动打击和制止一切从事藏羚羊绒加工贸易和消费等危及藏羚羊生存的活动，以促使藏羚羊种群最终得以恢复和发展。 （斯 萍）

【对外狩猎】 开展国际狩猎活动对调整野生动物种群数量和结构有着积极作用，同时为地方人民政府和当地居民带来了巨大的经济收益，初步改善了地方野生动物保护资金严重不足的状况，使野生动物的利用价值较传统的利用方式增长数十倍，从根本上扭转了地方野生动物保护管理机制和保护意识，极大地促进了野生动物资源保护工作。1998年，林业部根据我国主要狩猎物种的资源状况，确定并下达共涉及13种336只野生动物的国际狩猎计划。据年终统计，完成狩猎的野生动物共10种184只，全年对外狩猎总收入达11 708 971元人民币。

国家林业局作为全国陆生野生动物主管部门，将积极加强野生动物资源监测体系，完善国际狩猎的管理工作，进一步推进我国国际狩猎活动健康发展。

1998年对外狩猎统计表

狩猎动物种类	计划限额	实际狩猎数量
盘 羊	45	23
马可波罗羊	5	—
岩 羊	100	56
北山羊	10	2
藏原羚	59	32
鹅喉羚	25	—
白唇鹿	25	4
马 鹿	20	1
水 鹿	15	1
羚 牛	23	3
藏羚羊	8	—
矮岩羊	1	1
猎 隼	90	61

（罗 颖）

森林防火

【森林防火综述】 1998年全国的森林防火工作，认真贯彻落实全国森林防火电视电话会议精神，坚持“预防为主，积极消灭”方针，及早部署，明确责任，广泛发动，充分准备，严细管理，取得了较好的成绩。全年共发生森林火灾4455次，受害森林面积27 424公顷，森林火灾受害率0.21/1000，因森林火灾死亡38人，受伤78人。与1997年相比，森林火灾次数虽增加80.7%，但受害森林面积下降了22.6%。

1998年，森林防火工作始终是在极为严峻、困难和紧张的形势下展开的。春防期间，许多地区出现了大范围、持续性的高火险状态，虽险象环生却未出大事故，仅内蒙古阿尔山林区因雷击引发一起特大火灾；秋防期间，全国遭遇特大洪涝灾害，全国上下在全力抗灾自救的同时，用抗洪精神落实各项防火措施，实现了大水之后无大火。全年森林防火工作主要特点：

工作抓早 在二三月份，吉林、黑龙江、内蒙古等省（区）政府就提早召开了春季森林（草原）防火会议，宣布提前进入春防状态。3月30日，国务院召开全国森林防火电视电话会议，各地对会议精神迅速传达贯彻，按照温家宝副总理的讲话精神，对春防工作再认识、再部署、再发动。秋季，针对抗洪救灾、山货丰收等特殊情况，国家林业局专门召开了北方七省区森林防火办公室主任会议，提前对秋防工作进行安排部署。在春防、秋防期间，森林防火办公室提前值班值宿，护林员、瞭望员上岗到位，航空巡护飞机全部及时进场，武装森林警察部队、各种专业森林消防队进入临战状态，为打好森林防火攻坚战奠定了良好的基础。

责任到人 各地根据形势发展需要，对森林防火责任制进行完善和深化，赋予新的内涵。安徽省向社会公布了重点火险区的森林防火第一责任人，将森林防火工作置于广大群众监督之下。黑龙江大兴安岭从地区到各县、区、林业局，都由行政一把手担任防火总指挥，所有领导分片包干防火责任区，从地区专员到县长、林业局长、林场场长，层层签订防火责任状。内蒙古森林工业集团重新制订了《森林防火奖惩办法》，对各企业党政一把手实行森林防火抵押金制度，对连续多年未发生火灾的单位明确了奖励标准，对火灾责任人制定了严厉的处罚措施。

管理从严 在森林防火期内，各地严格野外火源管理，坚持开展清山、清林、清河套和查火源、查隐患、查薄弱环节工作，有效地控制了森林火灾的发生。黑龙江全省组织4000多个工作组进行检查，有157名领导干部因工作失职受到查处，35名干部被撤职，督察处理火险隐患数千处。

思路求新 吉林省通过实行分类管理，科学防火，实现了连续18年无重大森林火灾的佳绩。广东省人大作出决议，利用10年时间，营造生物防火林带83 209千米，建成全省生物防火林带网络体系，既起到有效阻隔林火的作用，又能获得较好的经济、社会和生态效益。浙江省在全省范围内实施了森林火灾综合治理工程，立足基层，立足基础，狠抓落实，把工作重点放在乡村、农户，初步建立起自防自救、群防群治的新机制，成效非常显著。同时各地还抓住全国森林防火内业建设检查评比的契机，大力强化内业建设，完善规章制度，改善工作手段，防火工作规范化、科学化、现代化水平迈上了一个新的台阶。（王志高）

森 林 火 灾

【1998年全国森林火灾情况】

森林火灾次数 1998年，全国共发生森林火灾4455次，其中：受害森林面积1公顷以下的森林火警2510次，占火灾总次数的56.34%；受害森林面积1公顷以上不足100公顷的一般森林火灾1930次，占火灾总次数的43.32%；受害森林面积100公顷以上不足1000公顷的重大森林火灾14次（广西6次，贵州3次，陕西2次，江西、湖南、新疆各1次），占火灾总次数的0.31%；受害森林面积1000公顷以上的特大森林火灾1次，占火灾总次数的0.03%，特大森林火灾发生在内蒙古的阿尔山林业局。

受害森林面积 1998年，全国森林火灾受害森林面积27 424公顷，其中：原始林3042公顷，占11.09%；人工林16 221公顷，占59.15%；其余为次生林。

人员伤亡情况 1998年，在森林火灾中受伤（含轻伤、重伤）78人，死亡38人。

"四率"情况 森林火灾发生率（10万公顷森林面积发生森林火灾次数）全国平均3.38次，比1997年上升近1倍；森林火灾受害率全国平均0.21/1000，比1997年下降0.09个千分点；森林火灾控制率全国平均6.16公顷/次，比1997年下降60%；森林火灾案件查处率全国平均59.51%，比1997年下降5.19个百分点。

森林火灾原因分析 已查明火因的森林火灾3690次，占全年森林火灾总数的82.83%。

生产性用火引起森林火灾1410次，占已查明火因火灾的38.21%，其中烧荒引起森林火灾1118次，占30.30%。非生产性用火引起森林火灾2118次，占已查明火因火灾的57.40%，其中：上坟烧纸引起723次，占19.59%；野外吸烟引起597次，占16.18%；小孩玩火引起223次，占6.04%；取暖做饭引起132次，占3.58%。故意放火引起森林火灾63次，占已查明火因火灾的1.71%。雷击火和其他自然火引起森林火灾47次，占已查明火因火灾的1.27%。

森林火灾情况综合分析 1998年森林火灾总数比1997年上升了80.73%，比1988～1997年十年平均值（以下简称十年均值）下降了36.29%；森林火灾受害森林面积比1997年和十年均值分别下降了22.62%和47.43%；在森林火灾中受伤人数比1997

1998 年全国森林火灾统计表

地区	森林火灾次数					火场总面积（公顷）	受害森林面积（公顷）			损失林木		人员伤亡				其他损失折款（万元）	出动扑火人工（工日）	出动车辆（台）		出动飞机（架次）	扑火经费（万元）
	计	森林火警	一般火灾	重大火灾	特大火灾		计	其中原始林	其中人工林	成林蓄积（立方米）	幼林株数（万株）	计	轻伤	重伤	死亡			计	其中汽车		
全国合计	**4455**	**2510**	**1930**	**14**	**1**	**74 820**	**27 424**	**3042**	**16 221**	**356 475**	**17 029**	**116**	**59**	**19**	**38**	**4276**	**894 191**	**35 462**	**28 369**	**694**	**5165.90**
北京	8	7	1			67	6		6		0						670	58	58		1.40
天津	4	3	1			13	1		1		0	1			1	37	232	25	13		0.17
河北	8	2	6			609	91		91	690	2					0	4950	353	338		2.70
山西	20	2	18			1448	411		411	6158	27	17	1	5	11	154	20 481	1111	781		125.65
内蒙古	33	25	7		1	14 727	7007	80	173								18 563	511	235	576	3126.00
辽宁	74	65	9			182	78	29	49	329	12					2	10 980	421	421		28.94
吉林	54	49	5			772	158	102	54	7466	1					69	13 740	738	692	9	43.88
黑龙江	121	99	22			3943	471	471				10	7		3		45 003	1380	1380	104	187.94
上海	2	2				1	0		0							0	10				
江苏	116	96	20			242	65	0	64	457	17	2	1		1	22	9358	372	367		24.68
浙江	356	109	247			2215	1403	262	1122	22 709	300	2	1		1	13	39 402	1093	925		66.73
安徽	41	19	22			390	239	24	215	6226	12	10	3		7	98	7907	330	301		12.61
福建	156	36	120			1459	972	1	891	10 405	139	1	1			16	30 010	1273	764		77.10
江西	290	136	153	1		3020	1687	384	1303	11 237	2438	8	1	1	6	95	45 960	1687	1164		74.00
山东	41	33	8			69	41		41	46	3	1			1	0	2360	250	248		2.53
河南	33	20	13			226	30	6	24	16	5					14	23 215	660	660		38.16
湖北	209	136	73			1442	729	375	354	1845	26					55	26 316	799	794		13.72
湖南	366	118	247	1		3561	2401	99	2159	27 061	198	5	2	1	2	703	66 652	2087	2010		76.68
广东	245	63	182			3 173	1737	20	1573	24 767	125					100	70 264	5137	3063		285.70
广西	430	152	272	6		14 775	5410		4887	97 211	712	4	3		1	401	117 812	6687	4798		298.31
海南	153	95	58			1342	291	8	283	2361	25					51	14 170	919	396		9.57
重庆	181	145	36			997	503	105	398	12228	47	15	9	4	2	193	63 357	1345	1144		52.40
四川	371	317	54			4369	758	514	244	76177	26	10	9	1		1156	84 344	2077	1830		206.46
贵州	738	482	253	3		5896	1687	115	1332	17 410	214	14	11	2	1	99	59 622	1713	1701		22.55
云南	329	257	72			8214	416	22	171	5911	300	5	1	3	1	18	77 095	3130	3094	4	309.05
西藏	12	3	9			338	84	83		12 279	12 320	2	2				16 485	601	601		35.13
陕西	34	16	16	2		850	558	181	346	2237	13	6	6			7	20 781	526	428		24.26
甘肃	15	10	5			223	82	55	27	112	11	3	1	2		19	961	77	61		12.50
青海	2	1	1			5	2		2		0						421				
宁夏																					
新疆	13	12		1		252	106	106		11 137	56					954	3070	102	102	1	7.08

年和十年均值分别下降了3.70%和59.88%；死亡人数比1997年上升了216.67%，比十年均值下降了21.49%。

1998年，非生产性用火引起的森林火灾明显多于生产性用火引起的森林火灾，而非生产性用火中仍以上坟烧纸、野外吸烟、小孩玩火、野外取暖做饭居多，故意放火引起森林火灾次数比1997年增加了30次。

1998年森林火灾次数增多，受害森林面积却低于往年，说明各地扑救控制森林火灾的手段有所增强。但是死亡人数增加了2倍多，因此，加大火源管理的力度，加强扑火安全教育，严厉打击纵火犯，还需引起各级政府和全社会的广泛重视。 （周俊亮）

【内蒙古阿尔山林业局特大森林火灾】 1998年5月13日13时50分，内蒙古阿尔山林业局天池林场，因雷击发生森林火灾。由于林内可燃物载量大、地形复杂，加上受干旱、大风等诸多不利气候条件影响，致使火势迅速蔓延。

党中央、国务院非常重视火灾的扑救工作，江泽民总书记作了重要批示，温家宝副总理多次作重要指示。国家林业局李育才副局长率局森林防火办公室领导亲临一线，并紧急调拨风力灭火机、灭火水枪、折叠水桶支援扑救。内蒙古自治区云布龙主席，傅守正、郝益东副主席赶赴火场指挥扑救。经过广大军警民9昼夜奋战，火灾于5月22日被彻底扑灭。

这次火灾火场面积12 060公顷，受害森林面积6750公顷（其中石塘林4680公顷），在扑火中共出动森警2750人、解放军300名、林业职工和森林消防队员3500名，还有后勤保障人员4000多名。共动用直升机12架、人工增雨飞机3架、巡护飞机4架、机动车辆1138辆、风力灭火机1205台、灭火水枪300支，支出扑火经费3000多万元。 （周俊亮）

森林防火体系建设

【北方七省（区、市）秋（冬）季森林防火工作会议】 9月9日，国家林业局在北京召开了北方七省（区、市）秋（冬）季森林防火工作会议。国家林业局副局长李昌鉴在会上作了重要讲话，北方七省（区、市）的森林防火指挥部、林业厅、森林防火办公室、森工企业、森警总队、东北森林防火协调中心的领导出席了会议。

李昌鉴副局长全面总结了1998年春防工作，深刻分析了北方秋（冬）季森林防火工作面临的严峻形势，要求各地紧急行动起来，迅速掀起既有声势又深入扎实的宣传发动热潮，抓紧修复各项水毁防火设施，加强防火线的开设打烧工作，认真做好扑救森林火灾的各项准备工作，全面落实森林防火行政领导责任制，坚决打好秋防一仗，以确保大水之后无大火，不再让国家和人民群众遭受新的损失。 （刘　萌）

【全国森林防火内业、消防专业队伍建设表彰奖励】 6月下旬至7月上旬，由国家林业局森林防火办公室及各省（区、市）森林防火办公室领导组成5个检查组，对28个省（区、市）、28个地（市）、28个县（市）森林防火办公室的内业建设和28个省（区、市）的52个森林消防专业队伍建设进行了检查。根据检查评分结果，国家林业局森林防火办公室研究决定：全国森林防火内业建设和消防专业队伍建设分设一等奖、二等奖、三等奖，均颁发奖金授予奖牌。

全国森林防火内业建设先进单位

一等奖：黑龙江、湖南、吉林、北京、内蒙古；

二等奖：福建、河南、辽宁、新疆、山西；

三等奖：陕西、广东、云南、浙江、江西。

全国森林消防专业队伍建设先进单位

一等奖：黑龙江、辽宁、广西、北京、河南；

二等奖：吉林、内蒙古、福建、湖南、陕西；

三等奖：湖北、广东、海南、山西、四川。

（刘　萌）

航　空　护　林

【综　述】 1998年，东北航空护林中心和西南航空护林总站共租用飞机80架次（固定翼72架次、直升机8架次），累计飞行5841小时。在巡护中发现火情244起，赶赴火场71个，运送扑火人员7613人次。

内蒙古、吉林、龙江、大兴安岭森工（林业）集团公司林区所属的12个航站春秋两个航期租用民航和解放军航空兵部队飞机72架次（固定翼34架次、直升机38架次），总飞行时间为5062小时。在空中巡护时发现火情156起，实施机降灭火66个火场，运送扑火队员7568人次。春航期间先后调集运-5、M-18等机型的飞机13架组成了两个化学灭火机群，飞行339架次，先后对12个火场实施化学灭火，喷洒化学药剂277.55吨，扑灭火线14 340米，对快速灭火和保护森林资源发挥了重大作用。

西南航空护林总站6个航站全年租用民航和解放军航空兵部队飞机8架(固定翼3架、直升机5架)，总共飞行267架次，总飞行时间为779小时。空中发现火情88起，实施机降灭火5个火场，运送扑火队员5架次45人次，利用巡护飞行空中投撒宣传单86万份。

(陈介平)

武装森林警察

【综　述】 1998年，武装森林警察（以下简称森警）部队认真贯彻军委扩大会议、武警总部党委扩大会议和全国林业工作会议精神，举旗帜，抓龙头，打基础，保中心。

加强部队的政治建设　按照武警总部政治部的统一部署，森警部队深入学习了江总书记在党的十五大上的报告，同时与学习邓小平同志的著作结合起来。学习中，以团以上领导和机关为重点，兴起了学习理论的新高潮。基层官兵认真学习了《士兵理论学习读本》，继续开展“四个教育”，增强教育的针对性和有效性，干部战士普遍提高了政策理论水平，增强了贯彻执行党的方针、路线和政策的自觉性，为执行以森林防火、灭火为中心的各项任务奠定了基础。

认真完成以森林防火、灭火为中心的各项任务　一年来，在国家林业局、武警总部的正确领导下，在各省(区)政府和林业主管部门的直接指导下，认真贯彻了全国森林防火电视电话会议精神，积极贯彻“预防为主，积极消灭”的方针，狠抓了战备、预防和扑救三个重要环节，加强组织领导，突出重点，控制火源，坚持“打早、打小、打了”，充分发挥了突击队的作用。全年扑救森林、草原火警火灾304起（森林火警火灾274起，草原火警火灾30起），当日扑灭率为92%，为保卫国家的森林资源作出了应有贡献。同时参加了抗洪抢险，黑龙江、内蒙古森警总队共出动26 300多人次，解救被困群众达4 000多人，受到地方政府和人民群众的高度赞扬。

加强经常性、基础性工作建设　按照军队《基层建设纲要》，部队把基层建设作为重点，认真抓了七项经常性工作，即训练工作、执勤战备工作、政治思想工作、行政管理工作、内外部良好关系、后勤建设、组织建设，不断提高党支部解决自身问题和领导本单位全面建设的能力。一年来，完成了警校招生、干部转业、补兵退兵、宣传报道、文体活动、警民共建等项工作。部队的物质文化生活不断提高。全面加强了部队建设，圆满地完成了以森林防火灭火为中心的各项任务。

(杨瑞生)

【森警部队组建50周年列入武警序列10周年座谈会】
9月8日，国家林业局在北京召开了森警部队组建50周年和列入武警序列10周年座谈会，会议认真总结交流了森警部队组建50年，特别是列入武警序列10年来部队建设的经验，表彰了10个先进单位和先进个人，研究部署了今后一个时期进一步加强森警部队建设的措施。国家林业局副局长李昌鉴参加了会议并作了重要讲话，武警总部高文远副司令员，森警办公室的领导和各省(区)森警总队兼职第一政委，各森警总队、支队领导共80多人参加了会议。(杨瑞生)

【森警部队执勤工作座谈会】 为加强森警部队执勤正规化建设，更好地完成以森林防火、灭火为中心的各项任务，森警办公室于11月份在黑龙江森警总队召开了森警部队执勤工作座谈会。森警办公室领导和各森警总队主管执勤工作的领导、作训处处长、部分支队领导、支队作训股股长共30人参加了会议。会议期间，与会人员认真座谈讨论了执勤工作的方针、原则和基本要求；勤务的组织与实施；执勤有关制度规定；文明执勤等问题。会后印发了《森警部队执勤工作座谈会纪要》，进一步明确了执勤工作的方针、原则和基本要求，制定了有关执勤工作制度，统一了森警部队执勤标号，对今后森警部队执勤工作的正规化建设必将起到巨大的推动作用。

(杨瑞生)

森林资源与林政管理

【森林资源管理综述】 1998年，我国长江、松花江、嫩江流域发生的特大洪涝灾害，进一步引起了全社会对加强森林资源保护管理的关注，党中央、国务院更是给予了高度的重视，作出了一系列的重要指示，提出了明确的要求，为加强森林资源管理创造了良好的条件。一年来，全国森林资源管理工作以邓小平理论和十五大精神为指针，紧紧围绕新《森林法》的实施和林业改革、发展的总体思路，不断加大森林资源管理工作力度，狠抓有关政策、法规的贯彻落实，使林地管理、采伐限额管理、林政执法和森林资源监测等森林资源管理的主要工作，取得了新的进展。

狠抓《国务院关于保护森林资源制止毁林开垦和乱占林地的通知》（国发明电［1998］8号）的贯彻落实，强化林地的保护管理 针对近年来全国出现的大量毁林开垦和非法侵占用林地行为，1998年8月5日，国务院以明传发电形式紧急发出《关于保护森林资源制止毁林开垦和乱占林地的通知》（国发明电［1998］8号）（以下简称《通知》），对毁林开垦和乱占林地行为提出了十分严厉的制止措施。为认真贯彻落实好国务院《通知》精神，国家林业局及时制定了贯彻落实国务院《通知》工作方案，下发了《国家林业局关于贯彻落实〈国务院关于保护森林资源，制止毁林开垦和乱占林地的通知〉的通知》，组织召开了由最高人民法院、最高人民检察院、公安部、监察部、国土资源部等部门参加的全国贯彻落实国务院《通知》工作会议，组织制定了全国编制退耕还林规划的有关规定。根据《通知》要求，由国家林业局党组统一部署，组织有关司局，会同监察部、国土资源部等部门，先后派出了11个检查组，对15个省（区）贯彻落实国务院《通知》的情况进行了督促检查和调研。国务院《通知》下发后，引起了各级政府的高度重视，各地纷纷采取有力措施，加大贯彻力度，初步遏制了毁林开垦和乱占林地的行为。

为了切实加强征占用林地和林权证的管理，国家林业局还组织完成了对100个县（市）征、占用林地情况和48个国有林业经营单位内部改变林地用途情况的典型调查。完成了对国有通北林业局核发国有林权证工作，以及对国有北大河、大海林、天桥岭、黄泥河等林业局的发证准备工作。完成了全国核发林权证情况的调查统计，进一步掌握了全国核发林权证的基本情况。积极组织开展了林权变更登记试点工作，并取得良好效果。

积极开展全国森林采伐限额执行情况核查，切实规范和强化森林采伐限额的监督管理 为进一步加大森林采伐限额的监督检查力度，坚决制止超限额采伐。国家林业局决定从1998年起，每年组织局直属调查规划设计院，按照统一的标准和方法，对全国各省（区、市）和东北、内蒙古各森工（林业）集团执行森林采伐限额的情况进行核查。通过这项工作的开展，获得了大量的第一手资料和数据，为进一步完善森林采伐限额管理，研究制定有效的监管、调控措施，提供了可靠的依据。为进一步规范森林采伐限额管理制度，国家林业局下发了《关于实行全国统一林木采伐年度有关问题的通知》，明确规定了森林采伐限额、总采伐量计划和木材生产限额计划的执行期，与年度采伐期相一致，采伐指标不得跨年度使用。同时，为科学地编制好“十五”期间的采伐限额，对采伐限额编制方法进行研究和改进，并取得了初步成果。

严格规范凭证运输木材的监督管理，继续加大林业系统治理公路“三乱”力度 1998年，国家林业局下发了《关于进一步规范木材运输检查有关问题的通知》，对凭证运输木材的范围和监督检查行为进行了进一步的规范。起用了带防伪标志的新版《出省木材运输证》，有力地杜绝了伪造、倒卖木材运输证件现象的发生。为确保1998年林业系统基本无公路“三乱”目标的实现，国家林业局和各地林业主管部门进一步加大了治理公路“三乱”的监督检查力度，在切实规范木材运输监督检查的基础上，要求各地逐步建立木材运输案件追溯制度和重大案件及时报告制度。一年来，国家林业局两次派出检查组，对4省（市）的部分交通干线，进行了明查暗访，并将检查情况及时向国务院纠风办作了汇报，得到了国务院纠风办领导的肯定和好评。

加强森林资源监测工作，完成了第五次全国森林资源清查汇总 在充分调研和技术论证的基础上，制定了《国家森林资源和生态环境综合监测及评价体系技术方案》和《技术规定》，为进一步健全、完善国家森林资源监测体系奠定了良好基础。组织完成了对内蒙古、河南、福建、海南、青海、西藏等省（区）的森林资源连续清查复查和第五次全国森林资源清查成果汇总分析工作，并对第五次全国森林资源清查结果，分别按照新、旧两种技术标准进行了对比分析，为制定林业方针、政策和宏观决策提供了科学可靠的依据。继续组织开展了全国人工造林更新实绩核查、平原绿化情况检查、人工造林保存状况调查等工作，进一步完善了核查、调查的方法和成果分析。完成了国家森林资源监测建立地理信息系统（GIS）标准的制定和3个省级单位GIS的研建工作，并为资源清查运用全球定位（GPS）技术作了必要准备工作。

强化林业行政执法工作，严厉打击破坏森林资源的违法犯罪行为 为宣传贯彻实施新森林法，打击毁林犯罪，国家林业局下发了《关于开展跨世纪保卫绿色行动的通知》，狠抓了大要案和典型案件的查处。据统计，1998年，全国共发生林业行政案件470 950起，查处446 578起，为国家挽回直接经济损失3.5亿多元。仅国家林业局森林资源管理司，一年来就批转群众举报来信167件，受理群众电话举报30余件，接待群众上访20多人次。为加大对重大案件的查办力度，国家林业局还组织人员对国有黑龙江省山河屯、柴河林业局毁林案等大要案直接进行了调查，协同中央电视台对云南省德钦县砍伐天然林和黑龙江省水运局违法运输木材等典型案件予以公开曝光。为进一步加强林政执法案件管理，规范林政案件统计、分析、上报程序，加快林政案情的信息反馈速度，国家林业局下发了《关于进一步加强林业行政案件管理有关问题的通知》，召开了全国林政案件管理工作会议，有力地强化了全国林政执法和林政案件管理工作的规范化、制度化建设。

切实加强森林资源监督工作，充分发挥森林资源监督机构的职能作用 1998年，继续组织派驻的省（区）森林资源监督专员办事处，开展"三总量"检查工作。从检查的情况和结果看，各专员办进一步统一了思想，提高了认识，改进了检查方法，加大了检查力度，整个"三总量"检查工作有了很大的进展和突破。《国务院关于保护森林资源制止毁林开垦和乱占林地的通知》下发后，各专员办积极行动，强化监督，都派出了专员亲自挂帅的工作组，深入各地和森工企业局检查贯彻落实情况，并对林地清理情况进行复核，有力地推动了国务院《通知》精神的贯彻落实。为了切实理顺森林资源管理体制，确保天然林保护工程的顺利实施，在充分调查研究的基础上，完成了《森林资源监督管理体制改革报告》的起草和《森林资源监督暂行办法》的拟订工作，提出了理顺森林资源管理体制和规范森林资源监督行为的意见和建议，为进一步发挥各级森林资源监督机构在保护森林资源中的重要作用，打下了良好的基础。 （寇文正）

调查规划设计

【1997年度全国人工造林、更新实绩核查及1994年度保存状况调查结果】

全国人工造林、更新实绩核查 国家林业局1998年组织对全国（不含天津、上海、西藏，下同）1997年度的人工造林、更新实绩进行了核查。本次核查共抽查了198个县的697个乡，10 976个小班（地块），核查总面积约6.4万公顷。

核实率 1997年全国人工造林、更新上报面积的核实率为95.4%，与1996年度的95.8%相比，下降了0.4个百分点。其中，人工造林上报面积的核实率为95.4%，与1996年度的95.8%相比，下降了0.4个百分点；人工更新上报面积的核实率为95.3%，与1996年度的95.4相比，下降了0.1个百分点。人工造林、更新核实率较高的省份依次为福建、湖南和吉林，较低的省份依次为山东、四川和湖北。与1996年度相比，核实率上升的有15个省，下降的有12个省。

合格率 1997年度全国人工造林、更新核实面积的合格率为88.6%，与1996年度的87.8%相比，上升了0.8个百分点。其中，人工造林核实面积的合格率为87.6%，与1996年度的86.2%相比，上升了1.4个百分点；人工更新核实面积的合格率为92.9%，与1996年度的96.8%相比，下降了3.9个百分点。人工造林、更新核实面积的合格率达到100%的省（市）有北京、福建、湖南、重庆和青海，合格率较低的省（区）依次为宁夏、陕西和黑龙江。与1996年度相比，人工造林、更新核实面积的合格率上升的有12个省份，下降的有13个省份。

人工造林、更新基础工作开展情况 1997年度全国人工造林、更新的作业设计率为64%，造林档案建立率为78.7%，检查验收率为84.6%，抚育率为75.3%，管护率为87.9%，与1996年度相比，除管护率下降了2.7个百分点外，其他指标无明显改观，说明人工造林、更新的基础工作仍然较为薄弱。全国造林后进行过管护地块的合格率为90.9%，比没有进行管护的地块高出18.7个百分点，抚育过的地块的合格率为92%，比没有抚育的地块高出14.1个百分点，同样，其他几项指标也相应高出5个百分点以上，说明人工造林、更新基础工作开展的好坏，对造林质量有着较大的影响。

工程造林核查情况 1997年度各项工程造林、更新除速生丰产用材林的核实率为88.4%外，其余工程造林、更新的核实率均在96%以上；除"三北"防护林工程的合格率为75.7%外，其余工程造林、更新的合格率均在90%以上。各项工程造林、更新合格率依次为：世行速生丰产林98.7%、沿海防护林工程96.4%、其他工程造林96.2%、长江中上游防护林工程95.8%、速生丰产用材林94.2%、太行山工程90.6%。

其他项目统计情况 按林种统计，1997年度全国人工造林、更新面积中，各林种所占比例依次为：经济林35.4%、用材林30.9%、防护林30.2%，竹林2.7%、薪炭林0.5%、特用林0.3%。各林种人工造林、更新的合格率依次为：薪炭林97.4%、用材林92.9%、经济林92.5%、竹林89%、特用林88%，防护林79.4%。按权属统计，1997年度全国人工造林、更新面积中，各权属所占比例依次为：集体57.8%、个人25.7%、国营15.4%、国合2.1%。各权属人工造林、更新的合格率依次为：国营94.2%、国合93.7%、个人88.2%、集体87.2%。1997年度全国人工造林、更新面积中，混交林仅占7.8%，其余均为纯林。

测算合格面积 1997年度全国上报完成的人工造林、更新总面积为445.1万公顷，经测算，合格面积

为 393.6 万公顷。

综合评分情况　按核实率、合格率和综合管理情况对各省份进行综合评分，成绩较好的省（市）依次为湖南、北京和重庆，成绩较差的省（区）依次为青海、山东和新疆。与上年度相比，提高幅度最大的为海南省，下降幅度最大的为青海省。

全国人工造林、更新保存状况调查　国家林业局 1998 年组织对全国（不含上海、天津、西藏，下同）1994 年度的人工造林、更新保存状况进行了调查。人工造林、更新保存状况调查的对象主要为 1993 年度人工造林、更新实绩核查的合格小班（地块）。共调查了 133 个县的 422 个乡（镇、场），9592 个小班（地块），调查总面积约 5.4 万公顷。

保存率　1994 年度全国人工造林、更新保存率为 85.7%，与 1993 年度的 89.7%相比，下降了 4 个百分点。其中，人工造林的保存率为 85%，与 1993 年度的 89.3%相比，下降了 4.3 个百分点；人工更新的保存率为 94.6%，与 1993 年度的 94.5%相比，上升了 0.1 个百分点。人工造林、更新保存率较高的省份依次为湖南、广东和福建，较低的省份依次为山东、陕西和辽宁。与 1993 年度相比，人工造林、更新保存率上升的有 12 个省份，下降的有 14 个省份。

综合管理　1994 年度全国人工造林、更新原合格面积的管护率为 79.6%、造林档案建立率为 65.6%，管护率较高的省份依次为湖南、广东和青海，较低的省（区）依次为内蒙古、广西和山东。全国对人工造林、更新未成林造林地进行管护的小班（地块），其保存率为 92.1%，较未进行管护的小班（地块）高出 37.3 个百分点，建立造林档案的小班（地块）的保存率为 88.7%，较未建立造林档案的小班（地块）高出 10.3 个百分点，说明综合管理对人工造林、更新未成林造林地的保存率影响较大，人工造林、更新后综合管理工作的开展情况直接影响着各地的造林成效的巩固。

保存面积的测算　1994 年度全国人工造林、更新合格面积为 41.2 万公顷，经测算，到 1998 年的保存面积为 441.7 万公顷。

综合评分　按保存率和综合管理情况对各省份进行综合评分，成绩较好的省份依次为湖南、福建和青海，成绩较差的省（区）依次为山东、江苏和内蒙古。综合评分较上年度相比有 12 个省份上升，16 个省份下降，其中提高幅度最大的为吉林省，下降幅度最大的为内蒙古自治区。　（闫宏伟）

【第五次全国森林资源清查】　根据原林业部的统一部署，第五次全国森林资源清查（1994～1998）已圆满完成。这次全国性森林资源清查沿用“森林资源连续清查的方法”，历时 5 年，共设地面样地 184 479 个，其中固定样地 181 332 个，另外，还有卫片和航片判读样地 90 227个，约有 2 万余人参加了这次清查工作。森林资源连续清查复查的外业调查由各省（区、市）负责完成，各直属院负责相关省森林资源连续清查复查的方案审查、技术指导、外业检查和内业统计分析工作。与第四次全国森林资源清查相比，森林的郁闭度标准采用国际通用标准；科学、合理地规范了各省（区、市）地面样地的数量，达到了保证调查精度和合理调整工作量的目的；提高了固定样地与样木复位率，重视鉴别野外调查样地是否特殊对待，确保森林资源的现状和消长动态等清查成果的可靠性；增加了统计成果产出的信息量，努力满足国家宏观决策的需求；逐步引入遥感、地理信息系统、全球定位技术等高新技术，为今后全面提高调查工作的效率和调查成果的精度奠定了基础。

本次森林资源清查是依据林业部 1994 年颁发的《国家森林资源连续清查主要技术规定》开展的。保证了全国清查工作在统一、规范、科学的技术标准和调查统计方法下进行，各主要调查项目均达到预定精度，清查成果的内业统计分析采用全国统一的数据库格式、统一的统计计算程序，严格执行成果产出审核上报程序，并对成果进行了认真核实，保证了清查成果的连续性和可比性，清查质量、清查结果更加客观、可靠，准确反映全国森林资源现状和消长动态。

本次清查对全国（不含台湾和西藏）29 个省、区、市（四川省和重庆直辖市作为一个总体复查）都进行了新一轮复查，西藏控制线内部分利用遥感和模型技术，结合部分地面实测资料进行了数据更新。调查总面积为 575.15 平方公里，占国土面积的 59.9%。在全国范围内，未进行地面调查的集中连片沙漠、荒漠、戈壁、草原及部分乔灌木生长界限以上的高山，都利用其他资源调查资料进行了数据更新。　（陈雪峰）

林地林权管理

【综　述】　1998 年林地林权管理工作紧紧围绕贯彻落实《国务院关于保护森林资源制止毁林开垦和乱占林地的通知》这一中心任务，全面开展了清理、清查毁林开垦和乱占林地工作，进一步建立和完善了林地林权管理方面的法律、法规和各项制度，加大了林地管理的执法力度，强化了征占用林地的审核工作。

林地林权保护管理工作是森林资源保护管理工作的重要内容。新修改的《森林法》，理顺了林地管理关系；维护和巩固了林权证的法律地位；明确了林业主管部门对征占用林地的审核权；解决了收取森林植被恢复费的问题为林业发展增加了资金。在深入调查研究的基础上，将毁林开垦和乱占林地的情况报告了国务院，引起了国务院领导的高度重视，8月5日，国务院以明电的形式下发了《关于保护森林资源制止毁林开垦和乱占林地的通知》。为切实贯彻落实好国务院《通知》，国家林业局下发了认真落实《通知》的通知，提出了明确的贯彻落实意见，制定了国家林业局贯彻落实的具体方案。9月份又在沈阳召开了全国贯彻落实国务院通知的专题会议。组织力量狠抓落实。先后派出了9个工作组分赴14个省（区、市）进行了督促检查。按照《通知》要求起草完成了《林地管理条例》。

组织完成了100个县征占用林地典型调查，为全面了解分析征占用林地情况提供了第一手资料，为领导决策提供了依据。为强化林权管理，指导1999年全国开展林权登记工作，全面部署了林权证核发情况的调查统计工作，初步弄清了全国核发林权证的基本情况，自1981年开展林业三定工作以来，全国累计完成核发林权证2.21亿公顷，调处林权纠纷140多万起。初步开展了林权登记试点工作。

严把综合开发使用林地规划，防止毁林开垦现象发生。根据林业部的要求1997年东北、内蒙古国有林区国有林业局都编制了综合开发使用林地的规划，1998年初上报到林业部审批，这项工作政策性很强，必须严格审核。为了确保不出任何问题，要求各林业局同时将二类调查的数据库上报，对规划的地块逐一调档核对，并派人到现地进行了现场核实。将规划中有林地面积较多的问题及时提报领导，供领导决策，根据国家政策要求停止了综合开发使用林地规划的审批，有力保护了森林资源。（冯树清）

【全国贯彻落实国务院《关于保护森林资源制止毁林开垦和乱占林地的通知》情况】 1998年8月5日国务院《关于保护森林资源制止毁林开垦和乱占林地的通知》（国发明电［1998］8号）（以下简称《通知》）下发后，在全国引起很大的反响，特别是林业系统广大职工普遍认为这是我国多年来在森林资源保护管理方面力度最大，要求最严，措施最明确的一个文件。在各级人民政府的重视和林业部门的积极参加下，贯彻落实《通知》的工作在全国各地迅速开展起来。具体情况如下：

国家林业局在贯彻落实《通知》方面所做的工作 ①下发了《国家林业局关于认真落实〈国务院关于保护森林资源制止毁林开垦和乱占林地的通知〉的通知》（林资字［1998］38号），对各地林业主管部门切实贯彻落实国务院《通知》提出了明确要求，作出了具体部署。停止审批综合开发使用林地规划，废止有关森林复合经营、熟化造林地等有悖《通知》文件。②9月份，在沈阳召开了全国贯彻落实《通知》的会议，各省林业主管部门主管厅（局）长、资源林政处长、森林公安处长参加了会议，邀请各有关单位专题研究部署贯彻落实工作。③会同最高人民检察院、最高人民法院、监察部、公安部联合下发了《关于开展严厉打击破坏森林资源违法犯罪活动专项斗争的通知》。从1998年11月1日至1999年1月31日，在全国范围内组织开展了严厉打击破坏森林资源违法犯罪活动的专项斗争。④9月下旬，组织检查组，对陕西、广西、四川、河南4省（区）贯彻落实《通知》情况进行了督促检查。11月下旬至12月上旬，会同国土资源部、监察部组成4个检查组，分别对海南、福建、云南、贵州、江西、湖北、甘肃、新疆等8个省（区）和新疆生产建设兵团贯彻落实《通知》情况进行了督促检查。及时指出存在的问题，推动各地的清理、清查工作，严防过场。⑤国家林业局还利用先进的卫星遥感技术对一些地区的清查工作进行核查。

各地采取有效措施，落实《通知》精神 ①各地党委、政府高度重视，及时部署。北京、天津、河北、山西、辽宁、吉林、黑龙江、福建、江西、河南、湖北、广西、海南、贵州、云南、青海、宁夏、重庆等省（区、市）主要领导都迅速作出批示，及时转发、下发了贯彻文件，对贯彻落实工作作了周密部署，要求认真贯彻执行好《通知》精神，将保护森林资源、制止毁林开垦和乱占林地工作作为当前的一项重要工作来抓。②大力宣传，做到家喻户晓。各级政府和林业部门及时组织学习和讨论，充分利用广播、电视、报刊等宣传工具，采取发布告、发传单、张贴标语、挂宣传横幅、开宣传车、开展知识竞赛等多种形式，广泛宣传《通知》精神。③组织专门力量，认真开展清理清查毁林开垦和乱占林地的工作。一些省成立了由省政府领导挂帅，林业、农业、土管、公安、监察等有关部门为成员的林地清查领导小组。大部分省成立了以林业主管部门为主的专门工作机构，制定细致的工作方案，抽调得力人员，做到时间、任务和责任三落实。④充分发挥舆论监督作用。各省普遍公布了举报电话，设立举报信箱，欢迎广大群众对破坏森林资源行为进行举报。各地还将贯彻落实《通知》精神和“跨世纪保卫绿色行动”紧密地结合起来，确保了贯彻落实《通知》的工作力度。湖北省开展了“保卫绿色行动荆楚行”新闻宣传活动，邀请了新华社等7家中央驻鄂新闻单位及13家省内新闻单位参加，宣传新《森林法》和落实国务院《通知》情况，曝光反面典型，表扬先进典型。

工作取得的成效 ①各地经过清理，废止和修订了一批有悖于制止毁林开垦和乱占林地的文件。特别是东北、内蒙古国有林区，彻底废止了一些不利于森林资源保护管理的文件，停止了“熟化造林地”和搞森林复合经营的做法；海南省废止了有关天然次生林改造的文件；浙江省撤消了随意划拨国有林业单位的文件；

广东省取消了“山坡地、河滩等其他用地无偿征用”等规定；陕西省纠正了征占用林地免交森林植被恢复费的做法。②完成了毁林开垦和乱占林地的清查工作，据各地清查数据统计，全国发生毁林开垦 3 220 904 起，面积2 774 441公顷，其中：1994 年以前 2 232 385 起，面积 1 533 071.6 公顷，1994～1998 年 988 519 起，面积 1 241 369.4 公顷；乱占林地 45 077 起，面积 173 887.2公顷。③冻结征占用林地一年的规定得到了较好的执行。《通知》下发后，各地认真执行冻结各类建设工程征占用林地一年的规定，对确需征占用林地的工程项目，由省（区、市）人民政府报国务院批准。截至 1998 年底，已有 40 余项征占用林地项目上报国务院，根据国务院领导的批示，国家林业局已批复了 20 余项，涉及林地面积 2400 余公顷，收取森林植被恢复费 2300 余万元。④严厉打击毁林开垦、乱占林地专项斗争取得一定成效。通过这次专项打击，一批乱砍滥伐林木、毁林开垦、乱占林地、乱捕滥猎野生动物等破坏森林资源的违法犯罪分子受到严惩，一些负有责任的领导干部受到处理，一些久拖不决的案件也得到了查处。⑤积极开展退耕还林工作。各地在清查的基础上，根据《通知》规定，按照谁批准谁负责，谁破坏谁恢复的原则，制订退耕还林规划，同时还出台了一些配套政策。重庆市决定把退耕还林作为该市十大生态工程建设之一来抓。黑龙江省层层制定还林规划，做到地块、苗木、资金、还林时间和责任人“五落实”。据不完全统计，各省上报的退耕还林总面积 4 575 259.1 公顷，其中：1999 年退耕还林1 244 313.9公顷，2000 年退耕还林 1 250 328.3 公顷，2001～2010 年退耕还林 944 950.6 公顷。

存在的问题和困难 ①各地贯彻落实《通知》工作进展不平衡，一些地方的领导对贯彻落实《通知》的重要性认识不足，行动迟缓，贯彻力度、深度和广度不够。②部分违法侵占林地行为与政府部门的决定、支持有关，尤其是国家重点建设项目，不按规定办理手续较多，清查处理难度大。③退耕还林工作是一项复杂的社会工程，涉及方方面面，而且退耕还林任务重的地方往往经济落后，耕地不足，资金困难，目前国家无相应的配套政策和资金扶持，困难很大。④森林资源管理人员特别是林地资源管理人员力量不足，资金投入不足，执法力量薄弱，严重影响森林资源的保护工作。

（王晓丽）

【1997 年全国征占用林地调查情况】 1998 年国家林业局组织直属调查规划设计院对全国 30 个省（区、市）1997 年度征占用林地情况和国有林业单位改变林地用途情况进行了调查。共调查了 98 个县（市、区），发现了 830 个项目，其中国家工程建设 300 项，开发区建设 45 项，乡镇和农村建设 435 项，国有林业单位改变林地用途 50 项。

主要成绩 ①林地立法明显加快，林地管理机构进一步健全和完善。湖北省、广东省、重庆市出台了林地管理的地方性法规。其他省根据新《森林法》和新形势下林地管理工作的需要，也对本地林地管理的规定在有计划地进行修订完善。多数省都已制定了森林植被恢复费收取标准。全国省级林业主管部门都配备专职或兼职林地管理人员，基层林业主管部门也设有相应的林地管理专（兼）职人员，有的基层林业主管部门还成立了林地管理专门机构。②一些地方涌现出了一批敢于排除干扰，严格执法的单位和个人，在林地保护管理工作中做出了突出的贡献。③部分省（市）林地管理工作成绩显著。在检查的 830 个征占用林地项目中，经过林业主管部门审核的项目有 528 个，面积审核率 53.1%。其中，北京、辽宁、浙江、安徽等省（市）的审核率达到了 100%。

存在的突出问题 ①行政干预是一些地方制约林地管理和林政执法工作的主要因素。行政干预导致了一些重点工程征占用林地不依法办事，不经过林业主管部门审核，不依法缴纳补偿费用，不办理林木采伐许可证。②越权审批现象仍十分严重。这次调查中有 90 个项目属于越权审批，面积达 1990.6 公顷。③非法侵占林地在有些地区十分严重，屡禁不止。这次调查中未办任何手续就非法占用林地的面积有 605 公顷，占批准征占用林地面积的 9.2%。④少数地方林业主管部门工作力度不够。不按要求贯彻落实使用林地许可证制度；征占用林地统计资料失实或根本就没有统计上报；内部使用林地不履行报批手续，随意改变林地用途现象较为严重。

各省（区、市）1997 年度征占用林地调查情况见附表。

附表：各省（区、市）1997 年度征占用林地调查情况 单位：公顷、万元、%

省（区、市）	项目总数	使用林地许可证		林木采伐许可证			实际征占用林地面积			面积审核率			林地林木补偿费		森林植被恢复费		
		已办证项目数	面积办证率	应办证项目数	已办证项目数	面积办证率	总面积	有林地面积	其他计	合计	有林地	其他计	协议补偿	实际落实	应缴补偿	协议补偿	实际落实
全国	830	428	46.1	566	327	53.0	7144.0	2816.7	4327.3	53.1	59.6	48.8	11017.7	7757.7	9527.9	2196.5	1849.1
北京	12	8	56.4	12	12	100	9.9	8.0	1.9	100	100	100	8.5	8.5	96.8	96.8	96.8
天津	2	1	4.5	2	1	4.5	14.7	14.7	/	4.5	4.5	/	/	/	88.0	/	/

（续）

省（区、市）	项目总数	使用林地许可证		林木采伐许可证			实际征占用林地面积			面积审核率			林地林木补偿费		森林植被恢复费		
		已办证项目数	面积办证率	应办证项目数	已办证项目数	面积办证率	总面积	有林地面积	其他计	合计	有林地	其他计	协议补偿	实际落实	应缴补偿	协议补偿	实际落实
河北	4	4	100	4	4	100	26.8	19.9	6.9	100	100	100	117.7	101.0	20.2	20.2	16.3
山西	3	3	100	3	2	83.1	26.7	20.1	6.6	100	100	100	20.0	20.0	20.0	/	/
内蒙古	11	11	100	9	9	100	418.3	155.4	262.9	100	100	100	886.9	463.5	627.0	127.9	93.0
辽宁	48	48	100	48	45	83.2	120.2	88.4	31.8	100	100	100	892.8	792.8	417.5	417.5	390.2
吉林	4	4	100	3	3	100	13.5	13.2	0.3	100	100	100	66.6	66.6	5.0	5.0	5.0
黑龙江	15	13	68.0	10	8	77.7	3188.5	840.4	2348.1	68.0	77.7	35.5	365.5	25.1	1674.0	6.6	6.6
上海	1	1	100	1	1	100	0.7	0.7	/	100	100	/	/	/	6.7	6.7	6.7
江苏	54	46	82.8	40	31	84.7	39.5	23.6	15.9	82.8	86.6	77.2	132.4	132.4	88.9	71.2	35.5
浙江	79	79	99.9	59	53	99.2	110.9	49.3	61.6	99.9	100	100	182.6	182.6	112.9	112.9	112.9
安徽	6	5	54.3	5	5	100	6.6	3.6	3.0	54.3	100	100	26.0	26.0	6.8	6.8	6.8
福建	26	16	57.0	17	15	59.2	163.2	75.0	88.2	60.6	84.3	40.5	471.1	471.1	133.9	133.9	44.8
江西	119	54	11.4	78	10	4.3	104.5	14.1	90.4	10.7	10.1	10.8	0.4	0.4	104.5	18.4	17.4
山东	13	11	21.1	11	10	88.6	44.0	38.1	5.9	21.1	17.1	47.1	2.3	2.3	39.6	10.2	10.2
河南	36	4	0.6	30	1	0.9	681.4	430.8	250.6	18.4	21.7	12.8	164.5	164.5	4088.0	682.5	682.5
湖北	12	2	14.4	12	3	43.3	110.0	11.9	98.1	17.9	31.7	16.2	287.9	149.4	219.9	60.6	56.8
湖南	44	6	4.6	38	2	5.1	292.7	198.4	94.3	15.1	15.9	13.6	27.7	25.8	131.7	120.1	16.1
广东	138	52	75.0	54	50	69.9	80.9	71.1	9.8	89.3	96.2	39.3	405.3	382.8	12.1	12.1	12.1
广西	15	6	39.4	14	5	67.2	42.4	39.8	2.6	41.7	38.3	93.1	1.6	13.1	15.9	10.3	8.6
海南	34	1	7.3	28	19	55.8	95.4	91.0	4.4	56.1	55.8	62.0	3531.3	3515.5	57.2	44.4	16.9
重庆	58	22	56.8	39	8	13.5	135.2	128.2	7.0	57.2	57.8	45.6	2905.1	770.4	263.5	170.1	153.0
四川	40	27	5.8	25	15	35.5	112.6	109.8	2.8	6.4	4.4	85.5	8.9	7.4	219.0	44.3	42.4
贵州	10	0	0	7	5	81.8	56.8	19.0	37.8	0.6	0	0.9	4.6	4.6	255.0	/	/
云南	9	2	0.9	6	4	11.1	180.6	80.3	100.3	5.4	11.1	0.9	43.9	4.0	162.0	10.7	10.7
陕西	25	0	0	4	0	0	66.8	16.5	50.3	65.5	0	2.0	33.9	45.9	50.0	3.2	6.2
甘肃	3	2	98.1	1	1	100	59.1	51.8	7.3	98.1	100	84.7	75.9	31.3	26.0	/	/
青海	5	0	0	4	3	34.5	4.0	1.0	3.0	100	100	100	17.4	14.3	4.0	4.0	1.5
宁夏	2	0	0	/	/	/	28.8	12.0	16.8	65.3	16.7	100	80.0	80.0	172.8	/	/
新疆	3	0	0	2	2	100	909.3	190.6	718.7	21.0	100	0	256.9	256.9	409.0	/	/

注：应缴森林植被恢复费一项是按各省（区、市）低标准测算的。（冯树清）

【关于冻结征占用林地期间加强征占用林地审批有关规定】《国务院关于保护森林资源制止毁林开垦和乱占林地的通知》（国发明电［1998］8号）明确规定“自通知下发之日起，冻结各项建设工程征占用林地一年。确实需要征占用林地的，必须报国务院批准”。各地人民政府和有关部门十分重视，停止了各类工程建设征占用林地的审批。为了既严格执行国务院《通知》精神，保护好林地，又确保经济建设的需要，切实提高工作效率。经国务院同意，对冻结征占用林地期间特批征占用林地申请问题作出了具体的规定：

1. 各类工程建设确实需要征占用林地的，必须由省（区、市）人民政府向国务院提出书面申请，并附有关材料（计划等有关部门的项目批件、林业主管部门审核意见）。按照法律规定，征占用各类土地总面积属于国务院批准权限的仍然按照过去的规定一次上报。属于省（区、市）批准权限的，只上报林地部分。

2. 国家林业局根据国务院意见，依据《森林法》、《土地管理法》和国家有关规定对各省（区、市）人民政府的申请报告进行审核。其中，征占用林地面积在70公顷以下的，国家林业局根据国务院的授权直接批复；征占用林地面积在70公顷以上的（含70公顷），国家林业局将审核意见报国务院，经国务院批准后，再由国家林业局予以批复。

3. 各省（区、市）人民政府收到批复后，再按有关法律、法规规定的程序，办理征占用林地手续。

4. 各级林业主管部门要从严把关，严格审核，认真执行《国家林业局关于认真落实〈国务院关于保护森林资源制止毁林开垦和乱占林地的通知〉的通知》（林资字［1998］38号）的有关规定。要按照《森林法实施细则》第二条的规定确定林地，防止以改变地类的方式征占用林地。

（冯树清）

【全国林权证核发情况】 见全国林权证核发情况一览表。

全国林权证核发情况一览表 单位：万公顷

地区	林地面积	已发证面积				未发证面积			
		国有林地	占国有林地%	集体林地	占集体林地%	国有林地	占国有林地%	集体林地	占集体林地%
全国总计	26 610.9	9402.6	82.4	12 787.9	78.9	2007.4	17.6	3418.5	21.1
北京	92.0	5.2	82.5	0.0	0.0	1.1	17.5	85.7	100.0
天津	7.3	1.9	99.0	4.1	75.9	0.02	1.0	1.3	24.1
河北	563.0	69.8	98.4	419.7	85.3	1.1	1.6	72.4	14.7
山西	355.9	123.6	90.2	131.5	60.1	13.4	9.8	87.4	39.9
内蒙古	3314.1	1264.9	49.5	644.1	84.7	1288.5	50.5	116.6	15.3
辽宁	566.9	68.7	97.4	446.8	90.0	1.8	2.6	49.6	10.0
吉林	983.0	605.7	90.1	246.6	79.4	66.7	9.9	64.0	20.6
黑龙江	979.2	617.9	79.3	66.2	33.1	161.0	20.7	134.1	66.9
上海	1.6	0.3	100.0	1.3	100.0				
江苏	59.2	9.3	96.9	31.6	63.7	0.3	3.1	18.0	36.3
浙江	593.5	28.3	99.9	551.9	97.6	0.02	0.1	13.3	2.4
安徽	413.3	32.7	98.2	340.0	89.5	0.6	1.8	40.0	10.5
福建	2109.5	156.5	97.0	1834.5	94.2	4.9	3.0	113.6	5.8
江西	1051.8	136.2	93.5	895.6	98.8	9.5	6.5	10.5	1.2
山东	238.4	12.6	72.8	63.9	28.9	4.7	27.2	157.2	71.1
河南	419.3	36.0	91.6	266.7	70.2	3.3	8.4	113.3	29.8
湖北	835.4	56.3	97.7	395.5	50.8	1.3	2.3	382.3	49.2
湖南	1216.5	80.7	100.0	1063.1	93.6	0.0	0.0	72.7	6.4
广东	1083.4	70.3	89.1	740.3	73.7	8.6	10.9	264.2	26.3
广西	1340.4	146.2	96.4	875.8	73.7	5.5	3.6	312.9	26.3
海南	182.1	61.4	62.5	10.8	12.9	36.8	37.5	73.1	87.1
重庆	300.8	34.1	92.4	62.1	23.5	2.8	7.6	201.8	76.5
四川	1997.2	953.5	83.1	583.8	68.7	194.4	16.9	265.5	31.3
贵州	740.8	36.7	93.1	507.1	72.3	2.7	6.9	194.3	27.7
云南	2973.2	615.3	86.7	1880.5	83.1	94.7	13.3	382.7	16.9
西藏									
陕西	1197.5	331.1	90.7	643.0	77.3	34.1	9.3	189.3	22.7
甘肃		997.1		8.4					
青海	121.5	111.4	98.8	6.1	69.3	1.3	1.2	2.7	30.7
宁夏	102.7	35.8	100.0	66.9	100.0				
新疆									
龙江森工集团	1006.0	974.1	96.8			31.9	3.2		
大兴安岭林业集团	829.5	829.5	100.0						
内蒙古森工集团	935.9	899.5	96.1			36.4	3.9		

（满家正）

森林采伐与采伐限额管理

【森林采伐限额核查】 为促进各地加强森林采伐限额管理，加大监督检查和执法力度，1998年国家林业局下发了《关于开展森林采伐限额核查的通知》(林资通字［1998］23号)。根据通知精神，国家林业局组织4个直属规划设计院首次对全国（不含西藏）30个省(区、市)1997年度的森林采伐限额执行情况进行了核查。共抽查252个县（局、总场）、1077个乡镇（林场)、128 324张林木采伐许可证和3655块伐区，布设样地（带）13 290公顷。

核查结果

1. 在全国林木采伐量中，有证采伐量占44%，无证采伐量占56%。多数省（区、市）仍在超限额采伐，其中少数省(区)超采伐限额500万立方米以上。东北、内蒙古国有森工企业普遍超限额采伐。

2. 全国林木采伐发证率（发证蓄积量占全部实际采伐量的比率）仅40%。少数省（区、市）发证率不足15%。甚至有的国有林业局至今未执行凭证采伐制度，从建局以来一直在无证采伐。

3. 全国伐区凭证采伐率为89%，超证采伐率为11%。少数省（区、市）超证采伐率达25%以上。个别伐区超证采伐10倍之多。

4. 全国有一半的省（区、市）的伐区调查设计率低于50%。伐区调查设计粗放，误差率普遍较高。1/3的省（区、市）的设计误差率超过10%，个别省的设计误差率达25%。

原因分析 采伐限额管理经过了“七五”、“八五”、“九五”3个时期。10多年来，各级人民政府和林业主管部门在执行采伐限额、控制森林资源过量消耗方面做了大量工作，取得了显著成效。突出表现为森林资源的不合理消耗减少，烧材消耗逐年下降，消耗结构趋于合理。但是，仍有部分地区制度不健全，措施不力，执法不严，管理不善，特别是一些基层部门和单位对在建立社会主义市场经济体制的新形势下加强森林采伐限额管理的重要意义认识不足，对森林资源和林政管理有所放松，致使乱砍滥伐、超限额采伐等各种破坏森林资源的歪风依然十分猖獗，全国范围内超限额采伐仍然比较普遍，局部地区还相当严重。究其原因，主要有：

认识问题 ①领导认识问题。在社会主义市场经济形势下，一些地方政府和森工企业的领导不能正确认识发展经济同森林资源保护管理的关系，往往以眼前的、近期的经济困难为由，无视法律规定，急功近利，造成对森林资源的管理失控。有的基层政府和企业领导，以发展经济为名，不顾资源的承受能力，有意加大林木采伐量或对林木采伐的无序状态视而不见，从而引发乱砍滥伐，导致森林资源过量采伐消耗。②群众认识问题。由于宣传不够和执法不力，一部分林农并不知道采伐林木尤其采伐自留山上的林木必须凭证采伐，多数人受利益驱动、他人影响或因法制观念淡薄而随意砍伐林木，导致林木大量被偷砍盗伐。

经济问题 在林区，尤其贫困山区，发展经济，改善生活条件，脱贫解困，多以森林资源为依托。由于经济困难，林区乡村修桥铺路、架设电线、解决自来水、大办教育、摆脱贫困等，大多拿山上的林木开刀。一些重点林业县在木材市场疲软时，为保财政，多采取超计划采伐、多销售木材的做法，造成了森林资源过度采伐和破坏。

历史沿革问题 ①烧材习惯。我国林区，一直以木材作为烧饭、取暖的主要燃料。虽然这些年在全国范围内大力开展了“改燃代材、改灶节材”，但偏远山区使用“老虎灶”、烧好材的习惯并没有根本改变。此外，烧制砖瓦、烤烟等工副业烧材在少数地区仍在侵蚀森林资源。②自然灾害。历次森林资源大的破坏和长期过度采伐造成我国生态环境破坏，自然灾害频繁，进一步加剧了林木的采伐和森林资源损失。③不珍惜森林资源。尤其在重点林区，浪费森林资源的情况随处可见，即使东北一些森林资源已呈枯竭的企业局也不例外。

管理问题 ①管理基础薄弱，管理不到位。由于经费投入不足，一些地方森林资源家底不清，基础资料缺乏，限额编制技术和管理手段落后，造成限额指标分配不合理和难以落实到山头地块而使林木采伐处于失控状态，影响了采伐限额的严格执行。加之管理队伍不稳定，基层管理人员不足、素质较低，限额管理还存在许多不到位的地方。突出表现为发证率低，无证采伐现象严重；采伐证管理粗放，采伐证填写不认真、内容填写不全，发证合格率较低；伐区调查设计工作没有认真开展，等等。②管理体制不顺，措施难以到位。特别是在一些重点国有林区，森林资源名为国家所有，实际上为企业无偿占用，自产自销。加之政企不分，两权不分，产权主体虚置，权责关系不明，当国家利益与企业利益发生冲突时，往往以牺牲资源为代价，过量采伐消耗森林资源。③限额管理办法还不能适应市场经济和森林分类经营、分类管理的要求，需要进一步改革和完善。

监督检查和执法力度问题 ①采伐限额管理的法律法规不健全，地方法规和部门规章还不配套，不能适应形势发展的需要。对编限单位超限额采伐的处罚尚无法律规定，是各地执行限额采伐制度不力和无惧超限额采伐的一个重要原因。②采伐限额执行情况的监督检查尚无有效办法，加之缺少必要的投入，难以准

确、及时发现超限额采伐，客观上降低了采伐限额的法律约束力。

几点建议

1. 提高认识，加强领导，切实加强采伐限额管理。采伐限额管理是各级政府和林业主管部门的重要职能。各级领导要从实现社会可持续发展和维护生态环境的高度，充分认识实行森林采伐限额制度的重要意义，建立健全领导干部保护和发展森林资源目标责任制。

2. 严格凭证采伐制度，加强林木采伐各环节管理。要在管好商品材的同时，加大对农民自用材和烧材的管理力度，提高凭证采伐率。切实抓好伐前调查设计、审批、拨交和伐中监督检查以及伐后验收各个环节，提高林木采伐管理水平。

3. 建立完善的法律法规及政策保障体系。一是根据修订后的《森林法》及有关法律法规，尽快制定出台《林木采伐管理条例》。二是深化改革，进一步完善限额管理办法，制定适应市场经济和林业分类经营、分类管理要求的政策、规章，加快限额管理由消耗结构管理转向采伐类型管理的进程。三是建立和完善限额执行情况监督、检查、通报制度，加强执法力度和宏观调控力度。

4. 改革重点国有林区的森林资源管理体制，实行政企分开，分级监督管理，把行政职能从企业分离出来，建立权责统一的森林资源管理新体制，克服行政与企业干扰。

5. 增加投入，加强基础建设，改善管理手段。对编限单位进行分类，有步骤、分阶段地引进地理信息系统，实行森林采伐限额微机化管理。 （谢守鑫）

【规范采伐限额管理，统一林木采伐年度】 根据《森林法》的规定，我国在1987年建立了年森林采伐限额制度，国务院先后批准了全国各省（区、市）“七五”、“八五”、“九五”期间年森林采伐限额。年森林采伐限额是每年采伐胸径5厘米以上（含5厘米）林木蓄积的最大限量。10多年来，由于全国没有采伐年度的统一规定，各地在林木采伐年度的规定上自行其是，致使全国采伐年度的时间界限很不一致，其产生的诸多弊端给采伐限额管理带来了十分不利的影响，实际上严重妨碍了年森林采伐限额的有效执行。为根本改变各地林木采伐年度在时间上的混乱状况，彻底纠正年森林采伐限额和年度森林采伐量计划跨年度执行、跨年度统计汇总的做法，以便进一步规范采伐限额管理，切实控制住森林资源消耗，实行统一的林木采伐年度势在必行。

为此，《国家林业局关于实行全国统一林木采伐年度有关问题的通知》（林资通字［1998］83号）规定：①从1999年起，全国的林木采伐年度统一规定为每年的1月1日至12月31日。②森林采伐限额、森林总采伐量计划指标和木材生产限额计划的年度执行期与林木采伐的年度一致，禁止跨年度使用。③1998年森林总采伐量计划指标和木材生产限额计划执行到1998年12月31日止，届时不论完成与否，都要一律停止。④各地要对本地区1998年木材生产限额计划的执行情况和存材数量（包括以往一切存材）进行一次彻底清理和登记，做到账物相符，并以省级林业（森工）主管部门为单位统计汇总后，于11月30日前报国家林业局。通知要求：各地林业（森工）主管部门和森林资源监督机构要充分认识执行全国统一林木采伐年度的重要意义，认真组织，积极协调，采取有力措施，坚决落实好本通知的规定。省级林业（森工）主管部门和国家林业局驻各省、自治区、集团公司的森林资源监督专员办事处，要切实加强对本通知落实情况的检查监督，发现问题及时处理，重大问题要随时向国家林业局汇报。通知强调：国家林业局将对各地执行全国统一林木采伐年度和清理存材情况进行检查，对有令不行、有禁不止的单位和个人，将依法追究单位主要领导和有关责任人员的责任。

实行全国统一林木采伐年度，是我国采伐限额管理的又一重大举措，是总结10多年的限额管理经验并针对当前的限额管理实际提出的，其作用和重要意义在于：①有利于规范使用专业术语。全国统一以自然年度作为林木采伐年度后，林木采伐年度与年采伐限额和年度采伐量计划的执行期自然融为一体，界限明确，口径一致，内涵分明，避免了在用词上的混淆和注释的累赘。②有利于各级林业主管部门对有关数据、资料及时统计、汇总和分析，以及对有关工作及时总结和部署，也有利于有关数据和资料的归档、存放和保管。同时，由于统计数据及时并具有可比性，有助于上级主管部门正确决策。③有利于规范林木采伐管理和提高管理效率。林木采伐年度与自然年度一致后，限额指标、年度计划指标的下达，以及伐区设计、采伐申请、审批发证等一系列工作都在当年度内完成，避免了因时间界限不清而造成的混乱，便于建立采伐证台账和定期统计上报发证情况。④有利于对限额执行情况实施监督检查。过去，由于各地采伐年度不一致，加之多数地方对采伐年度的时间界限并无明文规定，被检查单位很容易利用采伐年度的不确定性将某一年度的采伐伐区归于其他年度，造成检查得到的林木采伐量偏低。实行统一采伐年度，可以避免类似情况的发生，从而使监督检查落到实处。 （谢守鑫）

【全国松香管理座谈会】 1998年12月22～24日，森林资源管理司主持召开了有主产区、半产区、雷州林业局和金龙集团等14个单位代表参加的全国松香管理座谈会。

代表一致认为，这次会议是在松香管理职能由原林业部林业产业司转移到国家林业局森林资源管理司后，召开的一次专门管理座谈会，会议开得很及时，研讨问题深入，提出措施针对性强，体现了局机关职能转变、工作务实、高效的新气象，特别是从保护和合理利用森林资源的角度，研究松香管理和产业发展的问题，抓住了问题的实质，抓住了解决问题的根本。

会议认为：松香是林业行业特别是主产区的重要支柱林产品，是我国传统的大宗出口商品，对满足国内市场需要，乃至平衡国际市场供需，具有十分重要的地位和作用。各级政府和林业主管部门重视松香及其产品的管理，有比较健全的管理机构；制定了采脂、收购、加工运输的规程、规范，有的省还出台了法规和规章；认真落实了管理措施，实行“三证”制度，发挥基层“三站”作用，有效地保护了森林资源，推动了松香和林化产品的健康发展，为我国的林化工业作出了突出的贡献。

大家也清醒地认识到当前松脂采割、松香加工、运输等管理中存在很多问题。一是松脂采割规程在一些地方没有得到很好的执行，盲目采割、采割幼树、超负荷、超割面宽度、超割面长度的现象普遍存在，尤其是在松香市场较好时，不遵守采割规程、破坏资源的问题更加突出；二是无证加工、重复建设现象严重，一些地方不顾松林资源的承载能力，受利益驱动，盲目建厂、争资源、抢市场，大搞无证加工，既破坏了松林资源，又扰乱了松香市场；三是松香运输证发放管理不规范，无证运输现象比较普遍，目前松香运输证领用、发放，既有省级主管部门发放，也有企业自己管证、自己发证的，很不规范，很不严肃，加之有的地方取消了省内松香运输证，难以做到出省与省内运输管理的协调，给违法运输松香以可乘之机。

除此之外，也客观存在政府宏观调控力度不够，松香生产、产品经营无序竞争、税费过重等问题。

王祝雄副司长代表森林资源管理司对保护森林资源，进一步规范松香管理提出了指导意见，要求资源林政和产业各职能部门，要各司其职、各尽其责。要同心协力，继续搞好配合，依法保护、管理好松香资源，促进林化产业发展。（张厚武）

林政执法与木材流通管理

【林业行政执法工作】 1998年，我国林业行政执法工作，在各级政府高度重视和林业主管部门共同努力下，得到了切实加强，取得了很好的成效，其主要工作有以下几方面：

1. 积极稳定机构队伍，逐步建立健全林业行政执法体系。稳定和健全林业行政执法机构、队伍，是做好林业行政执法工作的重要前提。一年来，各级林业主管部门紧紧抓住新《森林法》颁布实施这一有利时机，积极主动地向各级党委、政府做好工作，大力宣传加强林业行政执法，依法保护森林资源，对保护生态环境、促进经济社会可持续发展的重要作用。林业行政执法工作得到了各级党委、政府的高度重视，执法机构和队伍得到了进一步稳定和加强。目前，全国县以上林业主管部门基本上都设有专门的林业行政执法机构，木材检查站、林业工作站等基层执法队伍也得到了进一步的稳定，人员力量得到了一定的加强。如四川、山西等省为进一步完善全省林业行政执法体系建设，通过努力争取，由省编委正式批准建立了林政稽查队伍，依法在全省范围内行使林政执法职能，有力地强化了全省的执法力量和林政案件的查处力度。

2. 大力加强对执法人员培训，提高依法行政水平。1998年，各级林业主管部门在大力宣传、学习新森林法的同时，进一步加强对执法人员的培训，全面提高执法人员的政治、业务素质，使执法人员严格做到考核合格，持证上岗。如湖南省各级林业主管部门一年内共投入资金300多万元，举办培训班238期，培训执法人员1.5万人。并在此基础上组织全省林政执法人员参加了全国林业行政执法资格闭卷考试，其考试合格率达到98.5%。据不完全统计，目前，全国大部分省（区、市）95%以上的林政执法人员，都经过一次以上的岗位培训，做到了持证上岗。

3. 进一步加大执法力度，严厉打击破坏森林资源违法犯罪行为。1998年，各地林业主管部门按照国家林业局的要求，坚决贯彻“严、狠、准”的方针，不断加大执法力度，主动出击，对各种乱砍滥伐林木、乱征乱占林地、乱捕滥猎野生动物的案件及时进行严厉查处，有力地保护了森林资源，树立了林业执法的权威。据统计，1998年，全国共发生林业行政案件470 950起，查处446 578起，查处率为94.82%，为国家挽回直接经济损失达3.5亿多元。

4. 加强执法监督管理，规范执法行为。为确保执法人员认真履行新《森林法》所赋予的职责，做到严格执法，秉公办案，各地进一步健全和完善了林政执法的监督机制，加强了对林政执法人员监督检查，规范了林政执法主体和办案程序，普遍设立了举报电话和举报信箱。对不合格的执法人员及时调离林政执法岗位；对玩忽职守、以权谋私、甚至执法犯法的执法人员，发现一起，处理一起，决不姑息，从而有效地保证了林政执法队伍的廉洁高效，提高了林政执法队伍的战斗力。据统计，1998年国家林业局共接到群众举报案件167

起，对每一起举报案件都向省级林业主管部门进行了认真督办，并要求及时反馈查处情况。

5. 在全国范围内组织开展了一场声势浩大的“跨世纪保卫绿色行动”。为增强全社会依法治林的意识，推动新《森林法》以及有关林业法律、法规的贯彻实施，更好地促进国土绿化和生态环境建设，国家林业局决定从1998年起至下世纪初，在全国范围内开展一场集宣传教育、严格执法、重点打击、新闻曝光为一体的“跨世纪保卫绿色行动”。为组织开展好这项具有重要意义的行动，国家林业局下发了专门文件，进行了认真部署，成立了由王志宝局长任组长，李育才、李昌鉴副局长任副组长，有关司局主要负责人为成员的领导小组，并制定了1998年行动的工作方案。为推动全国认真打好这场绿色保卫战，国家林业局与1998年8月和10月，两次协同中央电视台焦点访谈节目组分别对云南省德钦县违法砍伐天然林案件和黑龙江省水运局违法运输木材案件进行了公开曝光，在全国范围内起到了很大的震慑作用。各省（区、市）林业主管部门严格按照国家林业局的统一部署，积极行动起来，成立了相应的行动领导小组，制定行动方案，并得到了省级政府、人大、政协以及有关新闻单位的支持与配合，有力地加大了这一行动的实施力度。从全国来看，这场保卫绿色行动的开展，严厉查处了一大批过去一直难以查处的破坏森林资源的大案、要案，收到十分显著的效果，有力地保护了森林资源。（袁少青）

【1998年度全国林业行政案件统计及分析】 根据全国31个省（区、市）及新疆生产建设兵团，龙江、吉林、内蒙古森工集团和大兴安岭林业集团公司的统计，1998年全国共发生林政案件47.10万起，查处案件44.66万起，查处率为94.8%。其中盗伐林木案件3.84万起，占案件总数的8.1%；滥伐林木案件3.88万起，占案件总数的8.2%；毁坏林木、苗木案件0.75万起，占案件总数的1.6%；违章运输木材案件32.84万起，占案件总数的69.7%；非法收购、经营、加工木材案件0.93万起，占案件总数的2.0%；违法征占用林地1.00万起，占2.1%，其他案件2.22万起，占案件总数的4.7%。挽回经济损失35 090.18万元，其中，补征林业金费9060.15万元，占25.8%；罚款9254.33万元，占26.4%；没收违法所得13 970.40万元，占39.8%；赔偿损失2805.30万元，占8.0%；行政处罚46.64万人次，比上年增加处罚1.7万人次。案件主要有以下几个特点：

1. 案件总数大幅度减少，案件总数减少13.48万起，其中违法运输木材案件减少13.0万起。但大案要案增多。损失林木37.20万立方米；幼树391.63万株；林地损失1.18万公顷，比上年同期增加0.23公顷；挽回经济损失35 090.18万元，比上年同期增加2790.00万元。

2. 案件查处率有所下降。1998年案件查处率为94.8%，比1997年的95.7%，减少了0.9个百分点。主要原因是大案要案增多，难度增大，同时林政执法部门仍存在推、拖、软的现象。

3. 违法运输木材案件仍占很大比重。违法运输木材案件发案数虽然比去年大幅度减少，但占总案件数的比重仍达69.7%。

4. 国有林区林木损失较大，为20.32万立方米，查处率较高，为96.6%；集体林区案件数量较多，为33.94万起，查处率较低，为94.5%；少林省（区）林地损失较大，为0.49万公顷，案件数和林木损失较少，分别为5.15万起、5.89万立方米。

5. 天然林保护工程区案件数、林地损失、林木损失大大高于非天然林保护工程区，但查处率只有92.0%，远远小于非天然林保护工程区的98.5%，差6.5个百分点。（王亚军）

【国家林业局发出《关于进一步规范木材凭证运输管理有关问题的通知》】 为加强木材运输管理，认真实行凭证运输制度，国家林业局发出了《关于进一步规范木材凭证运输管理有关问题的通知》。《通知》针对近一个时期以来，在实施凭证运输制度和木材运输监督检查工作中出现的一些不容忽视的问题，要求各级林业主管部门要高度重视，从进一步规范木材凭证运输管理和木材检查执法行为入手，采取有力措施，严格执行木材凭证运输制度，依法加强森林资源林政管理，巩固林业系统治理公路“三乱”的成果。

《通知》要求，各级林业主管部门要提高认识，强化领导，要深刻认识实行木材凭证运输是《森林法》赋予林业主管部门的法定职责。各地林业主管部门要严格执行木材运输证发放管理的有关规定，进一步建立健全木材运输证的领取、保管、发放和统计报告等管理制度。各地林业主管部门按章办事，认真做好证件签发工作。

《通知》进一步规范了木材凭证运输范围，对规范检查和执法行为提出了严格要求，并要求各地建立检查呈报和追溯制度。（张厚武）

森林资源监督与森林资源管理示范点

【森林资源监督】 1月9～11日，林业部在长春市召开了森林资源监督工作座谈会，在总结经验教训，统一思想认识的基础上，要求森林资源监督工作要进一步适应林业改革和发展新形势、新任务的要求，加强队伍自身建设，改进监督方法，拓宽监督范围，加大监督力度，提高监督实效。驻有关省（区、集团公司）森林资源监督专员办事处（以下简称监督专员办）认真贯彻执行了会议精神，经过一年的艰辛工作，在以下几方面取得了长足的进步：

1. 进一步改进“三总量”检查方法，提高检查质量。按照《林业部办公厅关于1997年度“三总量”检查工作有关问题的通知》的要求，各监督专员办在总结历年经验教训的基础上，结合当地实际情况，对检查方法作了较大改进。例如，驻吉林省监督专员办由以查账为主，改为以查伐区为主；驻内蒙古自治区监督专员办在采伐量计算中采用了“原条复原法”；驻大兴安岭林业集团公司监督专员办在查账中采取了“多向控制法”；驻黑龙江省监督专员办把“三总量”检查与森林资源资产评估结合起来进行等，为查准、查实“三总量”计划执行情况提供了很有价值的经验。驻福建和云南两省监督专员办是首次开展“三总量”检查工作，他们在机构尚未健全，人手不足的情况下，针对集体林比重大的特点，克服困难，积极试验，勇于探索，工作开展也很有成效。1998年的“三总量”检查共抽查了6个森工企业局、2个县（市），查出超森林采伐限额39.9万立方米；超商品材限额16.5万立方米；超木材生产计划11.2万立方米。是自1991年开展“三总量”检查以来，查出超采数量最多的一年。

2. 认真贯彻国务院国发明电［1998］8号《通知》，加大对林地管理的监督力度。《国务院关于保护森林资源制止毁林开荒和乱占林地的通知》下达后，各监督专员办迅速组织监督系统全体人员认真学习和广泛宣传国务院《通知》精神，并由专员亲自带领工作组深入林区调查毁林开荒、乱占林地的情况，监督检查地方林业主管部门制定和落实退耕还林规划，同时积极配合有关部门开展严厉打击破坏森林资源违法犯罪活动的专项斗争。对全面贯彻落实国务院《通知》，制止毁林开荒、乱占林地，强化林地管理，发挥了重要作用。

3. 加大林政案件的督办和查处力度，强化林政执法监督。各监督专员办针对当前一些地方破坏森林资源的违法犯罪活动十分猖獗，森林资源管理面临的形势极其严峻的状况，加大了林政案件的督办和查处力度。国家林业局派驻的6个监督专员办全年共完成督办林政案件91起，直接查处54起。特别是查办了一些大案，引起了国家林业局领导和有关省委、省政府的高度重视，依法严肃处理了有关责任人和领导干部，震动很大，从而促进了资源林政管理工作，树立了监督工作的威信。

4. 针对重大问题和薄弱环节开展形式多样的监督工作，提高监督实效。例如驻东北、内蒙古4省（区、集团公司）加强了对天然林资源保护工程规划方案的审核工作，积极提出建设性意见，并把工程规划区林木采伐管理、人工造林更新管理等纳入重点监督内容，主动开展监督工作，收到了显著效果；驻云南省监督专员办刚成立就立即进入“角色”对林木采伐管理问题严重的地方进行了专项检查，并及时向有关单位提出了整改意见，使问题很快得到纠正。

5. 加强自身建设，进一步提高监督队伍素质。各监督专员办采取多种形式，认真组织全系统职工学习邓小平理论和十五大精神，学习新《森林法》及中央领导关于保护和发展森林资源、改善生态环境、加快林业建设的重要指示，并联系当前的工作实际和监督队伍状况，有针对地开展了强化内部建设和管理的工作，制订和完善内部管理规章制度，进一步规范了监督行为，激发了工作积极性和创造性，提高了工作效率。

12月17～19日，国家林业局在天津召开了全国森林资源监督工作汇报会，局森林资源监督办公室主任寇文正代表国家林业局作了讲话，对1998年的森林资源监督工作给予了高度评价，认为：1998年是森林资源监督机构自身建设有较大提高的一年，也是整个森林资源监督工作上新台阶的一年。同时，对抓紧研究森林资源监督管理体制改革、加快监督法制建设、改进监督方法、坚持围绕林业建设的中心工作和重大问题深入开展监督工作、加大林政案件的督办和查处力度、加强监督机构自身建设等方面提出了进一步的要求。

（刘嗣上）

【重点林区1997年度“三总量”计划执行情况抽查】 国家林业局驻内蒙古自治区、吉林省、黑龙江省、大兴安岭林业集团公司、福建省、云南省森林资源监督专员办事处于1998年上半年对驻在省（区、公司）国有森工企业和县（市）1997年度森林采伐总量计划、木材销售总量计划和木材运输总量计划（简称“三总量”计划）执行情况进行了抽查。6个监督专员办共抽查了6个国有森工企业局和2个县（市）。国家林业局以林资发［1999］6号文向全国通报了抽查结果。通报的主要问题有：

1. 超限额采伐林木或超计划生产木材的问题十分突出。抽检的8个单位中，有7个单位存在严重的超量采伐问题，其中：内蒙古大兴安岭林管局金河林业局超计划生产木材4.4万立方米，吉林省延边州林管局黄泥河林业局超计划生产木材2.8万立方米，黑龙江省森工总局东方红林业局超森林采伐限额4.1万立方米，黑龙江省森工总局兴隆林业局超森林采伐限额4.3万立方米，大兴安岭林业集团公司呼中林业局超森林采伐限额11.7万立方米，云南省景谷县超森林采伐限额4.3万立方米，云南省卫国林业局超森林采伐限额7.2万立方米。

2. 伐区生产管理不严，作业调查设计质量差和违规采伐现象普遍存在。例如云南省卫国林业局伐区出材量设计平均误差率达29%；吉林省延边州林管局黄泥河林业局金沟林场18林班15小班超设计采伐株数高达880%，超设计出材量达641%。尤其是随着可采资源的日趋枯竭，有的森工企业为了单纯经济利益，开始对中龄林进行主伐，甚至大修盘山道，采伐"山帽材"严重危及生态环境。

3. 木材销售管理混乱。一是多头销售，一些林业局内木材销售单位多达数十个；二是账外销售，对符合国家木材缴库标准的规格材不纳入商品材限额。有的木材销售单位不仅规格材数量不计入限额，而且连销售收入也不入财务账。木材销售管理上的混乱，直接造成商品材超产和国有资产流失。

4. 木材加工厂（点）管理失控。目前，各林业局施业区内一般都有数十个到上百个木材加工厂（点），无证经营，超范围经营和私收滥购现象十分普遍，严重刺激了超限额采伐和乱砍滥伐。

5. 育林基金提取和使用不合理，营林生产投入率低。1997年度，大兴安岭林业集团公司呼中林业局少提育林基金1770万元，内蒙古大兴安岭林管局金河林业局少提1224万元。黑龙江省森工总局东方红林业局和兴隆林业局育林基金用于营林生产的投入分别为18%和25%，大大低于国家规定的50%的比例。反映出育林基金的管理亟待加强。

6. 毁林开垦问题严重。一些地方和企业，受近期经济利益的驱使，以林地综合开发、复合经营、熟化林地等为由，毁林开垦和乱占滥用林地。例如吉林省延边州黄泥河林业局1997年熟化林地1547公顷，其中违规开垦的面积达47.5%；黑龙江省森工总局兴隆林业局上报熟化林地3385公顷，其中有林地占35.2%；云南省景谷县毁林开垦达3772公顷。其他多数被检单位也不同程度地存在毁林开垦问题。（刘嗣上）

【资源和林政管理示范点】 资源和林政管理示范点继续围绕国家林业改革、发展大局开展示范、试点工作，1998年在强化资源林政管理规范化、制度化建设，积极探索管理与执法手段的科学化、现代化途径等方面取得了新的成效。

1. 进一步加强资源林政管理基础建设和基础工作。房山区、腾冲县开展了森林资源二类调查、编制林业长远规划和森林经营方案工作，清原县、始兴县、凤县、三明市继续开展森林资源资产化管理、地籍管理和林业分类经营试点，清原县完成了森林分类经营方案的编制工作；凤县、腾冲县加强了木材检查站等基础设施的建设。

2. 围绕国家林业改革、发展全局开展资源林政管理工作。新《森林法》、国务院国发明电［1998］8号一见报，各示范点就迅速展开宣传活动，提出贯彻措施，进一步强化对森林、林木和林地的管理。清原县总结完善了采伐限额管理把好指标分配、经营设计、作业审批、审计发证四关的经验，凤县结合实际主动开展工作，于8月13日冻结了各项工程征占林地的审批，进行了历时40天的林地清理和70多天的退耕还林调查，制定了还林措施，明确了还林责任。清原县、凤县开展了调处山林纠纷、进行林权登记和探索集体林产权制度改革等工作。

3. 开展资源林政管理手段现代化的探索和试点工作。清原县、始兴县建立了地理信息系统和图形库；三明市、房山区积极开发应用森林资源管理系统软件，进一步完善了管理网络；腾冲县完成了县级森林资源监测体系的样地复查，制作了林业资源分布彩色立体沙盘。

4. 依法治林、继续强化林业执法管理，严格执法。腾冲县宣传《森林法》实现全覆盖，结合贯彻国务院国发明电［1998］8号，开展专项治理，查处林政案件260起，挽回经济损失18.4万元，树立了政府的权威，确保了一方平安。清原县委、县人大、县政府把依法治林纳入重要工作的日程，加强法制宣传，完善护林体系，健全责任制，1998年依法逮捕法办毁林犯罪分子多人，严打了毁林犯罪，并实现连续16年无森林火灾，保护了森林资源的安全。

存在的主要问题，一是各点工作开展不平衡，二是有的对国家林业改革、发展重大部署反应灵敏度不够，三是对示范、试点经验缺乏认真总结、宣传和推广。

（蒋云安）

林业公安、检察、法院工作

林业公安工作

【森林公安机构、人员】 截至1998年底，全国共有林业公安机构6464个，比1997年增加256个。其中：国家林业局森林公安局1个，省级林业公安处（局）29个，地（市）林业公安处（分处、分局）135个、科197个，县（市）林业公安局108个、分局504个、科（股）690个，林业公安派出所4795个，林业公安警校、培训中心5个。按公安机构建制统计，有厅级1个，副厅级1个，处级52个，副处级28个，科级562个，副科级828个，股级4992个。

全国4795个林业公安派出所中，有城镇派出所266个，县林业派出所1130个，林区派出所1668个，林场派出所1441个，自然保护区派出所209个，森铁派出所16个，水上派出所45个，其他派出所20个。按隶属关系分，有49个属省林业公安处（局），384个属地（市）林业公安处（分处、分局）、科，有4362个属县（市）林业公安局、分局、科（股）。

截至1998年底，全国林业公安机关实有民警49 855人，比1997年增加1560人。其中女民警2917人，占总数的5.9%；党团员27 544人，占55.2%。年内林业公安机关共录用民警3488人，其中调入2358人，接收大中专毕业生548人，从社会招收422人，接收军转干部160人；年内减少2243人，其中调出1521人，退、离休530人，开除、辞职、退职103人，死亡89人。

按人员分布分：国家林业局森林公安局21人，占0.04%；省级林业公安处（局）453人，占0.9%；地（市）林业公安处（分处、分局）2235人、科1107人，占6.7%；县（市）林业公安局11 826人、分局5864人、科(股)4987人，占45.5%；林业公安派出所22 972人，占46.1%；林业公安警校、培训中心390人，占0.8%。

按职级分：有厅局级12人，占0.02%；处（局）级502人，占1%；科级10 621人，占21.3%；股级7361人，占14.8%；科员22 994人，占46.1%；办事员5032人，占10.1%；工勤人员3333人，占6.7%。

按文化程度分：有大专以上文化程度12 182人，占24.4%；高中、中专文化程度31 963人，占64.1%；初中以下文化程度5710人，占11.5%。

按年龄分：年龄在30岁以下的有12 815人，占25.7%；在31～50岁的有34 272人，占68.7%；在51岁以上的有2768人，占5.6%。 （耿淑芬）

【警衔评授】 截至1998年底，全国林业公安系统评授警衔37 362人，占全国林业公安总人数的74.9%，其中：行政警衔37 197人，专业技术警衔165人。在行政警衔中：警监61人，占授衔人数的0.16%；警督13 025人，占授衔人数的35.01%；警司22 463人，占授衔人数的60.39%；警员1648人，占授衔人数的4.44%。

本年度共办理首次受衔1952人，晋升5720人，提前晋升22人，取消71人，不保留警衔386人，共办理8151人。 （章　宏）

【严厉打击破坏森林资源违法犯罪活动专项斗争】 针对日趋严峻的森林资源保护形势，1998年8月5日，国务院发出了《关于保护森林资源制止毁林开垦和乱占林地的通知》（国发明电［1998］8号），要求各级政府和各执法机关，加大执法力度，开展专项打击活动，坚决刹住毁林开垦、乱占林地的歪风。为认真贯彻国务院的通知精神，切实加强森林资源保护工作，有效地实施天然林资源保护工程，最高人民法院、最高人民检察院、国家林业局、公安部、监察部于1998年10月21日联合发出了《关于开展严厉打击破坏森林资源违法犯罪活动专项斗争的通知》（林安字［1998］45号），决定从1998年11月1日至1999年1月31日在全国范围内组织开展严厉打击破坏森林资源违法犯罪活动的专项斗争，重点对毁林开垦、哄抢、盗伐和滥伐林木，盗窃木材，非法猎杀、倒卖和走私国家重点保护的野生动物，殴打、伤害护林执法人员和公安民警等违法犯罪进行严厉打击。全国各级法院、检察院、林业、公安、监察部门在当地党委、政府的统一领导下，紧紧围绕专项斗争的重点，从林区实际出发，因地制宜，采取各种有效措施，认真组织开展了声势浩大的严厉打击破坏森林和野生动物资源的违法犯罪的行动。通过各执法部门的艰苦奋战，使这次专项斗争取得了显著成效。据统计，全国森林公安机关在这次专项斗争期间共查处各类森林和野生动物案件 40 156 起，其中：森林刑事案件 2095 起、野生动物刑事案件 125 起。打击处理违法犯罪人员 52 847 人次，其中：刑事拘留 1784 人、逮捕 1087 人、劳教 127 人、治安拘留 1266 人，追捕逃犯 175 人，打掉团伙 264 个、成员 1469 人，为国家挽回经济损失 5083 万元，收缴木材 70 953 立方米、野生动物 314 048 头（只），收回林地 6167 公顷。全国各级森林公安机关和各执法部门在全力以赴开展打击、强化侦查破案的同时，认真坚持"打防结合、标本兼治、重在治本"的综合治理方针，把打击和整治同时纳入本地区的行动计划和行动方案，边打击边整治，打防并举，对治安混乱的重点地区和破坏森林和野生动物资源严重的重点部位、热点地段进行集中整治。这次专项斗争层次高、规模大、措施硬、力度强、效果好，有力地保护了森林资源，极大地促进了林区的社会治安稳定。

（范鲁安）

【全国林区治安形势分析】 1998 年，全国森林案件总数略有下降，但林区治安形势仍十分严峻。案件总数下降的原因：①由于长江、松花江、嫩江流域的特大洪灾，党中央、国务院出台了一系列保护资源、防止水土流失的重大举措，包括全面停止天然林采伐以及国务院发出了《关于保护森林资源制止毁林开垦和乱占林地的通知》，各级党委、政府和林业部门高度重视森林资源的保护工作，采取积极有效的措施，切实加大了工作力度，真正地把保护资源、改善环境作为一项关系千秋万代的事业来抓。②从 1997 年底到 1998 年初，林业部公安局部署了全国范围的严打斗争和专项治理，取得了很大的成效。其间，各地根据实际，又相继开展了各种专项行动，极大地震慑了犯罪。特别是最高人民法院、最高人民检察院、公安部、监察部、国家林业局联合部署的声势浩大的打击破坏森林资源违法犯罪活动的专项斗争，规模大、力度强，稳定了林区治安秩序。③通过各种形式的宣传以及 1998 年夏季的特大洪灾，全社会的环保意识不断增强，提高了保护资源、遵纪守法的自觉性。④各级森林公安机关在开展各种打击行动的同时，坚持"两手抓两手都要硬"的方针，始终狠抓基础工作，强化林区的安全防范，切实落实综合治理的各项措施，提高了对林区治安控制和管理能力，有效地预防和减少了各种违法犯罪活动的发生。

存在的主要问题有：①盗伐、滥伐仍然是破坏森林资源最突出的问题。1998 年盗伐林木案件发生 29 211 起，滥伐林木案件发生 21 005 起，分别占森林案件总数的 1/4 和 1/6。造成这类案件的原因：基层干部以各种名义集体组织滥伐林木；买卖青山引起大量滥伐林木；1998 年实行天然禁伐后，一些地方出于本位利益，无视国家和省（区）关于停止采伐天然林的决定，顶风作案，继续砍伐天然林；由于大量盲流涌入林区引起大量盗伐、滥伐林木案件发生。这一问题前几年在东北大面积国有林区比较突出，近一两年在南方林区也日渐增多。②毁林开荒、养殖、开发、乱占林地等违法犯罪活动仍禁而不止：毁林开垦、种植、养殖；毁林采石、采矿、挖土、造坟；部分平原地区因调整林地结构、搞土地资源开发引起大量毁林；非法划拨、侵占国有林地。③聚众围攻、殴打林业公安民警和护林执法人员暴力对抗执法的恶性事件不断发生。④非法猎杀、倒卖野生动物及其制品的违法犯罪活动十分严重。1998 年野生动物案件发案总数略有下降，但大案增多，仅特大案件就上升 33%。⑤木材流通领域秩序混乱，发案居高不下。部分地区仍持续上升。⑥森林火灾案件大幅度上升，损失惨重。1998 年，森林火灾案件发生 2345 起，比上年上升 22.26%。

（关旭庆）

【督查重大、特大森林和野生动物案件】 1998 年，全国各地森林公安机关，按照上级公安、林业部门的部署，认真组织开展了严厉打击破坏森林资源违法犯罪的专项斗争，以破大案为龙头，集中力量开展破案攻坚战。同时，国家林业局森林公安局加大对重特大案件的督查力度，全年共重点督查重特大森林和野生动物案件 78 起。如湖南省陈晓刚等人倒卖虎骨、虎皮案，河南省五马寺林场滥伐林木案，广州贾金桥等人走私、倒卖熊掌案，河南省鲁山特大毁林案，福建省叶道明、林光全、王金芝、卓成兴非法收购、出售野生动物标本案，安徽省潜山县黄泥镇滥伐林木案，内蒙古大兴安岭系列毁林开垦案，广东省雷州市"8·25"暴力抗法事件，湖南省桂东县青山乡党委书记郭建平、乡长黄绍波等人滥伐林木案等。从 1998 年督查的案件中可以看出，重点督查的案件具有以下特点：一是特大森林和野生动物案件发案数继续大幅度增加，与 1997 年相比分别增加了 15.23% 和 33.01%；二是野生动物案件所占比例愈来愈大，造成损失严重；三是暴力抗拒执法人员的案件不断发生，造成恶劣影响；四是基层领导干部特别是乡村一级干部组织、参与盗伐、滥伐案件居高不下。

（张立保）

【立功创模】 1998 年，全国森林公安系统受到表彰的集体有 872 个，其中：记集体一等功 2 个，集体二等功 21 个，集体三等功 217 个，嘉奖 449 个，其他奖励 183 个。团中央、公安部授予江西省乐安县森林公安局招携派出所、吉林省临江林业公安局、浙江省淳安县公安局林业公安科、四川省冕宁县公安局林业公安分局、内蒙古大兴安岭克一河森林公安局 5 个单位"全国公安系统青年文明号"先进称号。公安部授予全国公安系统宣传先进集体1个。全国森林公安民警受到表彰记功的有3604人，其中：二级英雄模范4人，全国优秀人民警察34人，一等功10人，二等功38人，三等功498人，嘉奖2543人，其他奖励439人，公安部授予全国公安系统宣传先进个人1人，国家林业局森林公安局授予全国森林公安系统优秀人民警察37人。

（冯晓东）

【抗洪抢险表彰】　1998年，我国长江、黑龙江、嫩江流域遭受百年不遇的特大洪水，灾区各级森林公安机关和广大民警积极贯彻党中央、国务院的指示精神，在地方各级党委、政府的领导下全力以赴投入到抗洪抢险救灾的斗争，在危急时刻和生死关头，冲锋在前，不怕牺牲，日夜奋战在抗洪抢险救灾的第一线。他们救助群众、修堵堤坝、疏散交通、抢运救灾物资、维护林区治安，为抗洪抢险救灾的全面胜利作出了突出的贡献。其间，涌现出了大批先进集体和先进个人，共有14个集体荣立集体二等功，2个集体荣立集体三等功，2名同志荣立个人一等功，13名同志荣立个人二等功，5名同志荣立个人三等功。公安部授予全国公安系统二级英雄模范1人，全国公安系统抗洪抢险救灾先进个人2人，集体一等功1个，全国公安系统抗洪抢险救灾先进集体3个。　（冯晓东）

【全国森林公安机关开展执法大检查和集中教育整顿工作】　1998年4月以来，全国各级森林公安机关按照公安部《关于在全国公安机关开展执法大检查和进行集中教育整顿的通知》要求和国家林业局森林公安局的部署，结合森林公安工作的实际开展了以整顿队伍、严肃执法为主题的执法检查和集中教育整顿工作，并取得了显著成效。一是提高了认识，增强了加强队伍建设和反腐败工作的使命感和紧迫感，广大民警的思想作风、工作作风、纪律作风有了较大转变。二是全国各级森林公安机关加大了对民警违法违纪案件查处和内外制约监督力度，进一步健全和完善了各项规章制度。三是使队伍中的"害群之马"得到了应有的惩处，队伍更加纯洁，整体形象得到改善。四是通过教育整顿，广大民警以良好的精神风貌和昂扬的斗志积极投入到严厉打击破坏森林和野生动物资源、维护林区社会治安秩序稳定等工作之中，有力地推动了队伍建设和各项业务工作的开展。　（崔永环）

【圆满完成"双考"任务】　为贯彻《警察法》和《国家公务员暂行条例》，公安部、人事部决定从1997年起在全国公安机关实行人民警察基本素质考试考核制度。这项制度是加强公安队伍建设的一项重要举措，对于建设一支高素质的公安队伍，保证公安保卫任务的顺利完成具有十分重要的现实意义。

原林业部党组为抓好"双考"工作专门成立了林业公安"双考"委员会，及时下发了《关于认真搞好林业公安机关人民警察基本素质考试考核的通知》，同时转发了公安部、人事部《公安机关人民警察基本素质考试考核暂行办法》。后又针对不同时期的"双考"工作进展情况下发了多个通知。另外还专门召开了各省（区、市）有关人员的"双考"工作座谈会，对"双考"后期各项工作做了进一步部署。

截至1998年底，全国森林公安机关除北京、广东、湖南等8个省（区、市）森林公安机关参加地方公安机关"双考"和广西"双考"安排在1999年进行外，其他22个省（区、市）的"双考"工作已全部结束。共有22 851名民警分四批在800多个考场进行了考试。考试期间，应考民警态度认真，各单位的组织工作十分周密，考场纪律严格，受到了在场各级领导的好评。一些省（区、市）林业、公安厅局及人事部门领导亲临考场监考、巡视。新疆、四川、河南等省（区）的电视台、广播电台、报社等新闻单位对"双考"情况进行了宣传报道。国家林业局也派出了8个巡视组分别到有关省（区）的考试现场进行检查指导。　（崔永环）

【南京警校首期学员毕业】　南京人民警察学校是1994年由林业部南京林业学校改建而成的部属中专学校，也是全国唯一的一所为森林公安机关培养人民警察和培训在职森林公安民警的学校。警校设有林业公安、治安管理两个专业，实行面向全国，定向招收初中毕业生，学制4年。1994年当年招收学员148名。经过警校的培养教育，学员们圆满地完成了学校规定的各个学科的学习任务，于1998年7月顺利毕业，目前，大部分学员已充实到林业公安基层单位。（耿淑芬）

政策法规与体制改革

林业法制建设

【综　述】 为落实党的十五大精神，推进依法治林的进程，适应林业经济发展形势的需要，国家林业局在1998年加快了立法进度，加强了林业执法监督的力度。

林业立法情况

《森林法》修正案通过实施 1998年4月29日，第九届全国人民代表大会常务委员会第二次会议通过了《关于修改〈中华人民共和国森林法〉的决定》，并对《森林法》作了相应修改。主要体现在以下几个方面：

1. 扩大了《森林法》的适用范围。一是明确地把林地经营管理活动纳入了《森林法》的范围；二是突出了森林、林木的培育和种植。

2. 强化了有关林地的法律制度。对森林、林木和林地确定权属，核发林权证是改革开放以来林业上的一项重要制度，修订后的森林法维持了原《森林法》关于森林、林木和林地确权发证的规定，同时增加了“国务院可以授权国务院林业主管部门，对国务院确定的国家所有的重点林区的森林、林木和林地登记造册，发放证书，并通知有关地方人民政府”的规定；针对随意改变林地用途，侵占林地的现象，为保护林地，《森林法》明确规定：“占用或者征用林地的，必须经县级以上人民政府林业主管部门审核同意后，按照土地管理的法律、行政法规办理建设用地手续，并按照国务院的有关规定缴纳森林植被恢复费”。

3. 建立起森林生态效益补偿基金，用于提供生态效益的防护林和特种用途林的森林、林木的营造、抚育、保护和管理。这一规定大大有利于保护生态公益林生产者的积极性。

4. 强调要依法保护林农的合法权益。国家依法保护林农的合法权益，减轻林农的负担，禁止向林农违法收费、罚款，禁止向林农进行摊派和强制集资。国家保护承包造林的集体和个人的合法权益，任何单位和个人不得侵犯承包造林的集体和个人依法享有的林木所有权和其他合法权益。

5. 规定用材林、经济林、薪炭林及其林地使用权可以依法转让、作价入股或者作为合资、合作造林的条件，但不得将林地转为非林地。同时，除国务院特殊规定的之外，其他森林、林木和林地使用权（防护林、特种用途林）不得转让。

6. 建立自然保护区，保护天然林。天然林是森林资源中对生态环境和生物多样性保护功能最强的一部分森林，因此，《森林法》增加了在“具有特殊保护价值的其他天然林区，划定自然保护区，加强保护管理”的规定。

7. 明确了森林公安的任务。依照国家有关规定在林区设立的公安机关，负责维护辖区社会治安秩序，保护辖区内的森林资源，并可以依照森林法的规定，在国务院林业主管部门授权的范围内，行使行政处罚权。武装森林警察部队执行国家赋予的预防和扑救森林火灾的任务。

8. 关于法律责任。为了适应保护森林资源过程中出现的一些新情况、新问题，也为了同修改后的《刑法》相衔接，《森林法》中的责任条款也相应进行了修改，并根据情况增加了处罚的种类。

起草《森林法》相配套的法规草案

1. 《森林法实施条例》。新《森林法》实施以后，《森林法实施条例》的起草工作便着手进行。本次修改将着重细化森林法中的原则性条款，增强其可操作性。

2. 关于天然林保护条例。1998年的特大洪水，使得全国上下重新审视林业的重要地位。中共中央、国务院决定全面停止长江、黄河流域上中游的天然林采伐，森工企业转向营林管护。国有重点林区的天然林保护工程也开始陆续实施。为对天然林实行特殊的保护政策，做好因天然林保护工程实施所带来的一系列后续问题，制订一个专门的条例是非常必要的。

3. 关于林地管理条例。林地是森林资源的重要组成部分，是林业发展的物质基础。但近些年来，毁林开垦，乱占林地的现象日益加剧，致使国家实行的林地用途管制和有林地总量控制的战略目标难以实现。国务院《关于保护森林资源制止毁林开垦和乱占林地的通知》(国发明电［1998］8号）明确要求：“国家林业局要在充分调查研究的基础上，就进一步加强林地的保护和管理制订具体办法，报国务院批准后实施”。

4. 关于森林、林木和林地使用权流转条例。生产要素的合理流动，以形成最佳的生产力是市场经济的必然要求。早在80年代初，森林、林木的流转现象就有所出现,但流转行为不甚规范。为保护林业发展的有利态势,鼓励群众造林育林的积极性,同时规范其运作行为,制定《森林、林木和林地使用权流转条例》是形势发展的需要。

同时,《荒漠化防治法》、《种子法》已列入第九届全国人大常委会立法规划，正在组织起草过程中。

林业法制宣传 1998年各地认真落实林业“三五”普法规划的各项要求,进一步加大了林业法制宣传的广度和深度,结合林业工作中的难点和热点问题,把林地管理、限额采伐、天然林保护等制度作为法制宣传教育的重点,对一些破坏森林资源的大案、要案坚决予以曝光,对学法、普法、执法中涌现的先进事迹和先进人物鼓励表彰，增强了依法治林的意识。

与此同时,为配合新森林法的实施,国家林业局以林策通字［1998］18号文下发了《国家林业局关于认真学习、宣传、贯彻〈中华人民共和国森林法〉的通知》,明确要求各省（区、市）林业厅（局）要立即行动起来,利用各种宣传舆论工具,掀起学习、贯彻新森林法的高潮。各地对学习宣传贯彻新《森林法》十分重视。北京市林业局在学习过程中要求做到认识到位、宣传到位、贯彻到位,逐级建立领导小组,制订学习宣传计划,全市林业系统采取了普遍与专业、自学与集中、讲座与讨论相结合的方式开展了学习、宣传、贯彻《森林法》的活动。福建省林业厅对宣传贯彻《森林法》进行了具体部署,他们召开座谈会,利用电视、报纸等媒体进行宣传，举办《森林法》培训班，举行《森林法》知识竞赛等活动，取得了良好效果。

林业执法情况 当前，我国森林资源保护管理面临的形势十分严峻。从全国森林资源清查结果看,限额采伐管理制度没有得到很好执行，全国各地超限额采伐林木较为普遍且数量巨大;林地流失情况惊人,毁林开垦、乱占林地现象屡禁不止,致使造林绿化成果难以巩固。从1998年起，国家林业局决定在全国范围内开展跨世纪绿色保卫行动,采取宣传教育、严格执法、重点打击、新闻曝光等措施,集中统一行动，严厉打击各种破坏森林资源的违法行为。同时，为落实《国务院保护森林资源制止毁林开垦和乱占林地的通知》精神,国家林业局会同监察部、公安部、最高人民法院、最高人民检察院开展了专项打击活动,收到了较好的效果。但个别地方暴力抗法、盗伐林木的事件仍时有发生。

（李淑新）

【学习、宣传、贯彻实施新《森林法》】 1998年4月29日，第九届全国人大常委会第二次会议审议通过了《关于修改〈中华人民共和国森林法〉的决定》，并于同日由中华人民共和国主席签署第三号主席令予以公布，自1998年7月1日起施行。这是林业建设上的一件大事，为充分发挥林业在生态环境建设中的主体作用，促进林业发展提供了法律保障。

新《森林法》颁布后，国家林业局及时下发了《关于认真学习、宣传、贯彻〈中华人民共和国森林法〉的通知》（林策通字［1998］18号），对贯彻实施《森林法》要抓好的主要工作进行了安排部署。要求各级领导干部要带头学好《森林法》，认真领会和掌握《森林法》的精神实质，在工作中严格遵守和执行《森林法》的各项规定；抓紧做好《森林法》配套法规和规章制度的制定工作，及时废止与《森林法》不符的各项规定；尽快建立森林生态补偿基金制度；依法治理征用、占用林地，杜绝超限额采伐；林业主管部门对一些地方存在的毁林开垦、侵占破坏林地的现象必须坚决制止；开展打击破坏森林资源违法犯罪活动的专项斗争，及时查处违法案件，稳、准、狠地打击破坏森林资源的违法行为；坚决维护林农和承包造林人的合法权益；切实依法保障林农和承包造林人的积极性；进一步提高林业行政执法水平，杜绝执法违法。

为了便于统一组织学习《森林法》，国家林业局印发了《森林法》单行本10万册，配合全国人大常委会法工委编写了《中华人民共和国森林法释义》，作为全国统一的普法教材。并于1998年6月3～7日在北京举办了学习《森林法》培训班，国家林业局部分机关干部、地方部分林业厅局长和主管处长、普法骨干100余人参加了培训，参与修改《森林法》工作的全国人大常委会法工委有关同志、司法部法制宣传司领导、国家林业局政法司领导就森林法修改的背景、目的、意义和《森林法》条文的涵义进行了讲解和辅导，统一了思想认识。在《中国绿色时报》上开辟了地方人大领导谈《森林法》专栏，并会同《人民日报》、《法制日报》等新闻单位组织进行了全国《森林法》知识竞赛。

为加大宣传声势，1998年7月3日，国家林业局与全国人大有关专门委员会在北京人民大会堂召开了贯彻实施《森林法》座谈会，全国人大环境与资源保护委员会、农业与农村委员会等部门的领导发表了讲话。全国人大常委会副委员长姜春云在会上作了重要讲话，对贯彻实施《森林法》进行了全面动员，要求站在落实依法治国基本方略的高度，全面正确地实施《森林法》；进一步提高广大干部群众的绿化意识和林业法制意识，各级林业主管部门的干部和职工要带头学法用法，提高执法水平；各级人大要进一步加强对林业法律实施的检查监督，督促和支持当地政府和部门认真实施《森林法》，实现依法治林。

地方各级林业主管部门把组织广大林业干部职工

和林农群众学习《森林法》作为重要工作，全国各地迅速掀起了学习、宣传、贯彻《森林法》的热潮。许多地方党委、政府和人大领导到一线参加不同形式的宣传活动，有的发表文章谈学习体会，有的召开电视电话会议进行动员部署。四川省培训领导干部1000多人次，基层执法人员5000多人次，印发《森林法》单行本、挂图、宣传辅导材料1.5万册；福建省召开县级以上领导干部参加的座谈会50多次，上街举行咨询活动60多次，出动宣传车1200多车次，悬挂大型宣传标语汽球300多个，宣传活动看有形、听有声，丰富多彩，为《森林法》实施打下较好的基础。

（文 中 高静芳）

林业体制及公益林补偿制度改革

【林业分类经营】 1998年，国家林业局提出“全面动员，重点突破，点面结合，积极推进”加大林业分类经营改革的力度。总要求是：要使各级政府充分认识林业分类经营改革的重要性和必要性，把推动这项改革由部门行为转变为政府行为；要抓好面上的森林分类；要深化分类经营试点，要按照分类经营的要求，结合实施天然林保护工程，在东北、内蒙古国有林区森工企业进行森林资源管理体制改革试点；国有林场的分类经营改革试点，要争取在经营机制、配套政策、经营形式、森林培育制度、林政管理措施等关键问题上取得突破。

加强领导，研究部署，推动分类经营工作的深入开展 在各种会议上，局领导都将分类经营作为一项重要的工作进行部署，反复强调。局领导组织召开了两次分类经营领导小组会议，并在多种场合强调分类经营工作。政法司和分类经营改革领导小组办公室先后召开了南方片分类经营工作汇报会、北方片分类经营工作汇报会、森工分类经营研讨会。

省林业厅（局）也非常重视分类经营的部署工作。广东省着手林业分类经营工作较早，提出建设333.3万公顷公益林的设想，省林业厅制定了《广东省生态公益林体系建设规划纲要》，并报省政府批准实施。省林业厅动员了3000多人，耗资4000多万元，在全省进行森林资源二类调查并把森林划分为公益林和商品林，全省共划定公益林348万公顷，占林业用地的32.5%，商品林724万公顷，占林业用地的67.5%。湖南省林业厅成立了林业经济体制改革领导小组，设立专职办公室，挂靠林政处，负责全省林业分类经营改革工作，林业厅的其他相关处室为成员单位。怀化、靖州、株州、张家界等5地市20多个县建立了林业分类经营改革领导小组和办公室，配备专职人员40余人。省林业厅在经费紧张的情况下，安排了10万元的林业分类经营业务经费。为了进一步推动湖南的林业分类经营改革，湖南省林业厅在资兴县召开了全省林业分类经营改革工作会议，总结过去的工作，交流各地经验，部署湖南省林业分类经营改革下一步工作。福建省林业厅也非常重视分类经营工作，1998年5月召开了全省林业分类经营工作会议，正、副二位厅长、各处室负责人参加了会议。对全省林业分类经营工作进行了工作部署。辽宁、海南、云南等省还办了专门的培训班，培训试点县的骨干。

积极开展试点工作 1996年林业部制订下发了《林业部关于开展林业分类经营改革试点工作的通知》（林策通字［1996］69号），对进行林业分类经营改革试点工作提出了原则要求。国家林业局在东北、内蒙古国有林区，西南两省、南方集体林区和华北地区10个省（区）选择了11个林业分类经营试点单位，开展分类经营改革试点工作。承德、带岭、三明、宜宾、思茅等试点单位的分类经营方案已得到国家林业局分类经营改革领导小组办公室的批准。国家林业局有关司局根据分类经营改革领导小组布置的任务，结合自己的业务分工，开始各项办法、制度和标准的研究、制定工作。

各省林业厅（局）按照国家林业局的要求，结合自己的实际情况，研究制订了林业分类经营改革的实施方案，并逐步组织实施。云南等省以省政府的名义下发了关于开展林业分类经营试点工作的专门文件，全国有21个省林业厅（局）选择在49个县进行了分类经营改革试点工作。这些试点单位基本都完成了林业分类经营试点方案的编制工作，并正在着手组织实施。

认真搞好国有场圃的分类经营工作 1998年2月20日山东省政府办公厅以鲁政办发［1998］10号文下发了《山东省人民政府办公厅转发省林业厅关于深化改革加快发展国有林场苗圃的报告的通知》。文件明确提出，要建立起分类经营，分级管理的科学运营机制，按照森林的用途和生产经营目的，结合场圃的自然、经济和社会状况，将国有场圃划分为商品经营型、生态公益型和混合经营型三种类型。生态公益型场圃为社会公益性事业单位，按事权、财权划分原则，其基础设施和造林、营林、护林等建设项目，纳入同级预算内基本建设计划；事业性支出，纳入同级财政预算安排。混合经营型场圃保持原投入渠道不变，其生态效益按规定给予经济补偿。国有场圃类型的划分，县（市、区）属的由县（市、区）人民政府划定和管理，经市政府、行署批准报省人民政府备案；市地属的由市政府、行署划定和管理，报省人民政府批准；省属的由省人民政府划定并管理。具体划分标准由省林业厅制订并组织实施。文件还规定，贫困林场可享受国家和省政府对贫困地区的资金、贷款、税收、项目安排等方面的各项扶持政策。生态公益型和混合经营型场圃的林木收入、苗木收入免征农业特产税。到1998年11月底，全省全面完成了国有场圃的类型划分工作。全省国有场圃（含林业系统所属的经济林场）共308处，其中省属的5处，市地属的22处，县（市、区）属的281处，已划定生态公益型场圃267处，占86.6%，商品经营型2处，占0.7%，混合经营型39处，占12.7%（省市属的划定待批）。

通过国有场圃的分类经营工作，强化了领导措施，落实了配套政策，各地相继落实出台了有利于国有场圃发展的一系列政策，使场圃建设得到进一步加强。一是为保护森林资源，借分类经营之机，全面清理1994年以来国有林场更新采伐等情况，对采伐后未及时更新的，停止批采，同时重新强调全省国有场圃的生态防护林一律停止主伐；二是政府对划为生态公益型和混合型的林场苗圃普遍增加了资金投入。泰安市政府出台了文件，落实了场圃各项建设、事业费列入同级财政预算和免征税收、增加贴息贷款的政策，全市场圃减支增收200多万元；临沂市所辖8个县政府对场圃事业费补助由分类经营前的80万元增至现在的450多万元。烟台市对所属8处场圃由分类经营前的企业化管理全部改为差额补贴和全额拨款，场圃增收400万元以上。全省仅据国有林场统计，分类经营工作以后，增加的各项投入超过了2000万元。淄博市对原山、鲁山两处林场除增加补差费外还增补停止采伐补助费140多万元。三是维护和保障国有场圃合法权益。一些过去尚未确权的林场苗圃，借此次划定类型调查勘界的机会，重新进行了确权定界；有的场圃依法将被侵占的林地、林木收回，防止了国有资产的流失。四是场圃的经营路子进一步拓宽，经济效益有了新的提高。通过分类经营改革，干部职工思想得到进一步解放，立足自身优势，用足用活上级给予的优惠政策，选准经营项目，发展壮大自身力量。 （江机生 周金锋）

【公益林补偿制度】 1996年12月，财政部和原林业部共同草拟上报国务院的《森林生态效益补偿基金征收管理暂行办法》，在国务院征求意见后，又进行了大量协调工作。1997年两部又再次以《关于（森林生态效益补偿基金征收管理暂行办法）有关协调情况的报告》联合发文请求国务院尽快颁布。1998年新的《森林法》颁布实施后，就建立森林生态效益补偿基金问题，国家林业局又与财政部综合体制改革司进行了协商，拟定再次向国务院申报基金方案。

全国各地在建立森林生态效益补偿制度上做了许多有益的探索，并有了一定突破。广东省不等不靠，经过大量的协调努力，使森林生态效益补偿理论得到社会各部门的共识和财政的支持，1998年10月26日省政府第九届十七次常务会议通过了《广东省生态公益林建设管理和效益补偿办法》，建立了生态公益林建设保护管理稳定的经费渠道。这是我国第一个正式出台的关于生态公益林建设管理和效益补偿的地方性法规（见附录）。内蒙古赤峰市、云南省思茅地区也都以政府名义发文建立森林生态效益补偿制度，征收森林生态效益补偿费，对公益林进行补偿。北京市林业局、湖北省林业厅也正在制订森林生态效益补偿的有关办法。

（江机生 周金锋）

附 录

广东省生态公益林建设管理和效益补偿办法

第一条 为加强生态公益林的建设、保护和管理，改善和优化生态环境，维护生态公益林经营者的合法权益，根据《中华人民共和国森林法》、《广东省森林保护管理条例》的有关规定，制定本办法。

第二条 本办法所称生态公益林，是指为人类生存、生活和社会经济持续稳定发展，创造优良生态环境为目的的森林。具体包括：防护林——水源涵养林、水土保持林、防风固沙林、红树林、农田防护林；特种用途林——自然保护区、自然保护小区、森林公园内的森林和风景观赏林、休憩林、国防林、母树林、科研林、工业环保林、名胜古迹和革命纪念地的林木。

第三条 在我省行政区域内从事与生态公益林有关的生产、经营管理活动的单位和个人，必须遵守本办法。

第四条 生态公益林建设实行统一规划、分级管理、科学经营、严格管护的方针。

第五条 县级以上林业行政主管部门负责本办法的组织实施和检查监督。

第六条 生态公益林的建设、保护和管理资金来源：

（一）各级人民政府每年财政安排的林业资金中，用于生态公益林建设、保护和管理的资金不少于

30%。

（二）省每年安排治理东江、北江、韩江水土流失经费中，用于综合治理水土流失的生物措施经费不少于25%。

（三）省每年从东深供水工程水费收入中安排1000万元，用于东江流域水源涵养林建设。

（四）东江、西江、北江、韩江等生态公益林建设重点工程，列入省级财政预算内基本建设投资计划。

第七条 禁止采伐生态公益林。政府对生态公益林经营者的经济损失给予补偿。省财政对省核定的生态公益林按每年每亩2.5元给予补偿，不足部分由市、县政府给予补偿。

第八条 各级人民政府应将生态公益林建设纳入国民经济和社会发展规划。

编制生态公益林规划，应坚持因地制宜，因害设防，合理布局，突出重点的原则。生态公益林建设规划，应与土地利用总体规划、城乡建设规划相协调。

生态公益林建设规划由各级林业行政主管部门编制，报同级人民政府审批，并报上一级林业行政主管部门备案。

经批准的生态公益林体系建设规划不得擅自变更，确需变更的，应经原审批机关批准，并报上一级林业行政主管部门备案。

第九条 全省生态公益林面积应当不少于林业用地总面积的30%。各县（含县级市、区，下同）生态公益林规划面积按所占林业用地总面积的比例确定为：山区县占25%以上，半山区、丘陵县占30%以上，平原县占40%以上。城镇城区内应当有30%以上布局合理的绿化造林用地。

第十条 生态公益林规划必须落实到地籍小班，实行小班经营。划定的生态公益林，其原来的权属不变，受法律保护。

第十一条 生态公益林区内的宜林荒山、沙滩、滩涂，由县级林业行政主管部门按规划限期造林，沿海基干林带宜林地段应成带造林，不留缺口。

生态公益林规划区内现有的针叶纯林，郁闭度在0.3以下的疏残林地，应进行补植、套种或更新改造。

生态公益林的郁闭度应逐步达0.7以上。

第十二条 生态公益林中的水源涵养林和水土保持林区，原以生产木材为主要生活来源的地方，可在该区内划出15%以下的林地发展竹、茶、果、药等经济林。

第十三条 自然保护区、自然保护小区、森林公园、风景观赏林、国防林、母树林、科研林等的建设按国家有关规定进行。

第十四条 县级和乡（镇）人民政府负责本行政区域内生态公益林的封育管护工作，按每66.7～200公顷划定综合管理责任区，落实管护人员。并根据地形、地势，开设防火线或营造防火林带，加强防火、防病虫害工作。生态公益林区内火灾、病虫害发生面积不超过省定的标准。

第十五条 禁止在生态公益林区内伐木、放牧、狩猎、采脂、打树枝、铲草及地表植物、开矿、筑坟、建墓地、开垦、采石、挖砂和取土。

第十六条 在生态公益林区内开展旅游和其他经营活动，必须经县级林业行政主管部门审核，报地级以上市林业行政主管部门批准，并与生态公益林林地、林木所有者签订合同。改变林地用途的，须征得林业行政主管部门同意后依照有关土地管理法律法规办理建设用地审批手续。

第十七条 生态公益林面积超过500公顷或沿海防护林特殊保护林带长度超过10公里的乡（镇），没有设立林业工作站的，由乡（镇）人民政府设专职人员负责生态公益林的保护和管理工作。

第十八条 国家重点建设项目需要征用集体所有和占用国有生态公益林地的，必须经省林业行政主管部门或其授权单位审核同意，并依法办理用地审批手续。

第十九条 国家重点建设项目、林木更新改造或卫生间伐需要采伐的，须经省林业行政主管部门或其授权单位批准，并实行专项限额管理和采伐许可证制度。

第二十条 国家重点建设项目需要采伐沿海防护林特殊保护林带内的林木时，应保留临海面不少于200米宽的林带。

第二十一条 生态公益林林木更新采伐的年限：人工松林40年以上，木麻黄林20年以上，其他阔叶林及针阔叶混交林50年以上。

复层林更新应实行择伐，不准皆伐，择伐后的植被覆盖度不低于70%。

生态公益林内的采伐迹地、火烧迹地应于当年或次年内完成更新造林。

第二十二条 在生态公益林建设、保护和管理工作中成绩显著的单位和个人，由县级以上人民政府给予表彰和奖励。

第二十三条 本办法自1999年1月1日起施行。

对 外 开 放

【对外开放综述】 1998年，国家林业局派遣出国和接待来访共1679人次，比1997年减少25.04%，其中派出1134人次，接待545人次。

高层次往来 中国林科院院长江泽慧率中国林业科技代表团访问了澳大利亚和新西兰。访澳期间，双方设立了中澳林木遗传育种博士后奖学金，并商定由中国林科院与澳大利亚国际农业研究中心开展林业合作研究；访新期间，双方签订了中国林科院与新西兰林业研究所合作谅解备忘录。芬兰农林部长赫米拉率团来华参加中芬技术合作庆林示范项目第五次协调委员会会议，国务院副总理温家宝在京会见了赫米拉一行，王志宝局长和李育才副局长参加了会见。韩国山林厅厅长李辅植率团访华，王志宝局长和李辅植厅长举行了工作会谈，签署了《中华人民共和国国家林业局和韩国山林厅关于林业合作协议》。芬兰农林部国务秘书乌洛宁率代表团访华，李育才副局长会见了乌洛宁一行，双方就中芬林业合作问题交换了意见。

出席国际会议 国家林业局有选择地参加了65个国际会议，其中比较重要的有：李昌鉴副局长率中国代表团参加了亚太乡村林业培训中心的成立大会，并代表中国政府在成立章程上签字。北京林业大学尹伟伦副校长作为我国的董事参加了该机构的第一届董事会会议。此外，国家林业局还派员出席了联合国粮农组织亚太区域第十七届林业委员会会议，国际热带木材组织第二十四届、第二十五届理事会会议，亚太经济合作组织林产品贸易自由化谈判会议，世界竹子大会第五次会议，政府间森林论坛第二次会议，森林公约要素指导委员会会议，联合国防治荒漠化公约第二届缔约方会议，生物多样性公约第四次缔约方大会，濒危野生动植物种国际贸易公约常委会会议，湿地公约第二十一届常委会会议，防治荒漠化公约亚洲区域会议等。在我国举办的国际会议有：国际竹藤组织董事会会议6月在京召开，此间，王志宝局长代表中国政府与国际竹藤组织董事会联合主席高登·史密斯和江泽慧代表国际竹藤组织签署了《国际竹藤组织东道国协定》。兴都库什—喜马拉雅地区林业政策和人力资源开发对参与性森林管理的影响研讨会5月在昆明召开，来自中国、孟加拉国、尼泊尔等7个国家政府高级官员、专业技术人员共75人参加了会议。李育才副局长、云南省副省长黄炳生和国际山地中心主任佩林克教授出席了开幕式并作了讲话。

对外科技交流 为学习国外先进技术和管理经验，国家林业局通过各种渠道派出161批415人次，分赴42个国家和地区进行考察和交流，还通过国家外国专家局和有关渠道派遣出国进修、培训人员45批229人次。国家林业局所属林业高等院校和科研单位共邀请132人次来华讲学、任教和搞合作研究。

多边和双边经济合作 国家林业局正在执行的对外合作项目有32个。各项目单位严格按照项目事实计划完成了年内预定的任务。其中：德援技术合作海南省和云南省热带林保护和恢复项目分别在海口和西双版纳召开了项目规划会议，制定了项目实施计划；密云水库流域保护和经营项目政府间换文完成，专家组长到任，项目正式启动。德方财政合作云南、重庆生态造林项目和陕西生态造林二期项目先后进行了可行性认定及可行性认定考察。日援湖北省林木育种项目召开了第三次联合委员会会议。联合国开发计划署援助的森林可持续经营能力建设、研究与推广项目，加强中国执行联合国荒漠化公约能力建设项目，湖北省西部村社林业扶贫项目分别召开了三方审评会议。会议对三个项目的实施表示满意，并对下一步的工作计划进行了审批。联合国粮农组织援助的“三北”地区造林、林业研究、规划与开发项目顺利通过了终期评价，为此比利时政府承诺继续提供二期援助；亚洲国家林业市场化改革项目顺利通过了中期评估。国际热带木材组织援助的中国海南岛热带森林分类经营永续利用示范项目二期工程已经结束，三期工程的资金也已落实并正式实施。

争取外援工作 为配合中国林业工作重点和十大生态林业工程建设，争取到无偿援助项目11个，受援总额3258.7万美元，其中双边合作项目4个：日本无偿资金援助湖北省汉江水土保持林器材装备项目，中德财政合作云南生态造林二期项目、重庆生态造林项目，中德技术合作密云水库流域保护和经营项目。多边合作项目7个：国际热带木材组织援助中国海南岛热带森林分类经营永续利用示范项目（第三期），联合国粮农组织援助“三北”地区造林项目（第二期）、中南林学院社会林业项目，欧盟援助草类原料造纸生产的废水污染问题研究项目，湿地公约援助河北秦皇岛湿地保护和管理项目，世界自然基金会援助四川绵阳师范学院环境教育项目等。（沈素华）

重大外事往来

【部长级代表团出访】

9月11～29日 应澳大利亚初级产品能源部和新西兰农林部邀请，中国林科院院长江泽慧率中国林业科技代表团访问了澳大利亚和新西兰。访澳期间，设立了中澳林木遗传育种博士后奖学金，商定由中国林科院与澳大利亚国际农业研究中心开展耐寒桉树引种、桉树和相思树人工林水分平衡、森林可持续发展、桉树人工林木材加工利用研究。访新期间，双方签订了中国林科院与新西兰林业研究所合作谅解备忘录，将在辐射松引种试验，辐射松木材加工技术的转移，中国东北林业可持续经营技术、标准和指标研究，杉木人工林木材的改良，中国亚热带阔叶树遗传资源的管理和开发等领域合作。此次访问推动和加强了与两国林业部门的交流合作关系，取得了积极成果。（黄晓光）

【部长级代表团来访】

6月15～18日 应国家林业局邀请，韩国山林厅厅长李辅植访华，并出席中韩林业工作组第二次会议。王志宝局长和李辅植厅长签署了《中华人民共和国国家林业局和韩国山林厅关于林业合作协议》。中国林科院院长江泽慧、原林业部副部长蔡延松会见了李辅植，讨论加强双方科研合作和经济合作问题。

10月2～5日 应国家林业局邀请，芬兰农林部国务秘书乌洛宁率代表团访华，参加中芬林业合作谅解备忘录工作组第十次会议。李育才副局长会见了乌洛宁，双方就我国林业发展进行重大调整时期加强中芬林业合作问题交换了意见，提出了今后林业合作重点领域。（黄晓光）

出席重要国际会议

【亚太乡村林业培训中心成立大会】 亚太乡村林业培训中心于5月14日在泰国曼谷举行了成立大会，国家林业局副局长李昌鉴率中国林业代表团参加了成立仪式，并代表中国政府在成立章程上签字。亚太乡村林业培训中心是一个新的政府间国际组织，有6个成员国，我国是该组织的发起国。北京林业大学是我国与其合作的窗口单位，尹伟伦副校长成为该组织首届董事会成员。（刘 昕）

【政府间森林论坛第二次会议】 政府间森林论坛是联合国经社理事会根据联合国环境与发展大会以来全球森林问题磋商的进展现状而在可持续发展委员会下重新设立的一个磋商机构，其目的是延续原政府间森林问题工作组的谈判，促使国际森林问题的讨论不产生间断。1998年8月24日至9月4日，政府间森林论坛第二次会议在瑞士日内瓦举行，联合国可持续发展委员会的53个成员国派政府代表团出席了会议，29个非成员国和36个国际组织的代表列席了此次会议。我国由国家林业局和外交部共同组团参加了此次会议。

本次会议主要讨论三方面的议题：听取各国在森林可持续发展方面的汇报，特别是落实政府间森林问题工作组行动建议的实施情况；继续讨论政府间森林问题工作组的未尽事宜，其中包括资金需求、贸易与环境、技术转让等关键性问题；探讨国际社会在森林问题上的发展趋势，特别是关于国际文书、协议和机制方面的问题。

联合国环境与发展大会之后，森林问题成为环境与发展问题中热点问题之一，受到国际社会的关注和重视。联合国曾经专门设立政府间森林问题工作组专题磋商森林问题，但是由于森林问题涉及到各国的社会、环境和经济发展，谈判进展十分缓慢。此次会议，谈判各方在资金、技术转让、公约的性质等关键问题上仍然存在着重大分歧，没有取得重大的实质性进展。（苏 明）

【联合国防治荒漠化公约第二届缔约方会议】 11月30日至12月11日在塞内加尔达喀尔举行，130多个国家、200多个国际组织派代表参加了会议，由外交部、国家林业局、国家环保总局组成的中国代表团出席了会议。

联合国防治荒漠化公约第二届缔约方会议是公约1996年12月生效和确定公约资金机制后召开的首次会议，会议的主要议程是选定常设秘书处并为其运转作出安排，秘书处的工作方案及财务预算，审查全球资金机制及其活动，审查公约的实施及对区域方案的支持等。如同联合国其他环境与发展会议一样，本届会议的基本矛盾依然是发达国家和发展中国家两大阵营的矛盾。所不同的是，因为防治荒漠化公约主要关系到发展中国家的利益，而发达国家在公约中基本上是处于出资国的地位，因而对公约的出资持消极和抵制态度。会议始终贯穿的主线是南北矛盾，即受荒漠化影响的发展中国家力图推进公约的执行进程和发达国家极力阻挠公约进程的矛盾和斗争，其核心则为资金问题。由于发达国家不配合的态度，会议没能取得预期的进展。会议最后决定，第三届会议1999年11月15～26日在巴西累西腓召开。

此次会议期间，公约秘书处除了安排各国代表参加的全体会议和科技委员会会议之外，还举行了非政府论坛、各国议员圆桌会议、高级别特别会议和政府与非政府间对话等活动。此外，各个区域、各个利益集团的会下磋商和会中会也在会议期间频繁穿插进行，形成了形式多样的会议气氛。（苏　明）

【联合国粮农组织亚太区域第十七届林业委员会会议】 2月23～27日在印度尼西亚日惹市召开。粮农组织亚太区域23个成员国、9个政府间和非政府间的国际组织派观察员列席了会议，我国国家林业局派代表团参加了会议。

粮农组织亚太区域林业委员会会议是粮农组织召开的正常例会，每两年举行一次。会议由各成员国轮流举办，此次会议是出席会议国家最多的一次。由于森林问题日益受到国际社会的重视，本次会议需要审议的议题较多，所以会议改变了以往利用大多数时间来听取和讨论各国国别报告的做法，而是将精力集中在亚太区域林业展望研究报告、粮农组织林业战略计划、亚太区域森林采伐管理规程（草案）等重大问题的讨论上。通过会议讨论，在大会形成的最终报告中，区域林业委员会共向粮农组织和各成员国提出了26条建议和6条要求。建议主要包括：希望各国尽快根据亚太区域森林采伐管理规程的原则制定并实施适合各国国情的采伐管理规程；建议各国尽早开始对其执行政府间森林问题工作组的行动建议情况进行调查分析，并由粮农组织召开此问题的区域磋商会议；建议粮农组织继续重视非木质林产品的开发和利用等。会议同时要求粮农组织加强对森林防火、森林管理权的分散化、造林更新技术等问题的重视；要求就执行政府间森林论坛行动建议的区域磋商会的情况向下一届林业委员会提交书面报告等。此外，会议还决定成立数据信息工作组，并将上届会议成立的可持续森林经营工作组延长两年，以便进一步落实会议提出的有关决议。

（苏　明）

【国际热带木材组织第二十四届、第二十五届理事会会议】 第二十四届理事会及其下设的4个委员会于5月20～28日在加蓬利伯维尔举行会议。我国由外经贸部和中国林科院、海南省林业局共同组团出席了会议。

会议对国际热带木材组织1998～2001年行动计划、热带天然林可持续经营标准指标、2000年目标和市场准入等问题进行了审议。本届会议最主要的成果之一是通过了国际热带木材组织利伯维尔行动计划。该行动计划是对1990年行动计划的修正，是为国际热带木材组织的目标、活动和统计工作制定战略方针，为该组织在政策审议和项目活动方面确定了方向和重点。会议还通过了热带天然林可持续经营标准指标，使国际热带木材组织在此领域的工作在世界范围内居领先地位。

本届会议共批准了32个新项目和预项目，共获得资金720多万美元，主要捐助国是日本、瑞士、美国等发达消费国。我国正在执行的7个项目均顺利通过审议。中国海南岛热带森林分类经营永续利用示范项目第三期预算93万美元全部落实，其中：日本捐款58万美元，瑞士捐款35万美元。

第二十五届理事会及其下设的4个委员会于11月3～9日在日本横滨举行会议。我国由外经贸部和国家林业局共同组团出席了会议。

会议对巴厘伙伴基金的管理、精简委员会的工作及选择和任命执行主任程序等问题进行了审议。本届会议就巴厘伙伴基金的管理作出了决定，除了分配资金的标准有所不同外，其他程序与现行的特别账户大体相似。决定还规定由巴厘伙伴基金资助项目的选择标准将根据规定第一条D款进行年度审议。会上，除日、美宣布向基金认捐外，瑞士宣布将其在特别账户捐款的50%的利息捐给基金。

本届会议共批准新项目20个、预项目6个，共获得资金800多万美元，捐助国主要是日本、瑞士、美国、荷兰和澳大利亚等发达消费国。我国在实施中的项目通过审议，并且向本届会议提交的中国云南热带阔叶树种造林技术开发与示范项目也获得批准，项目第一期资金672 662美元得到了落实。捐助国分别是荷兰（20万美元）、瑞士（20万美元）、日本（252 662美元）和澳大利亚（2万美元）。（刘　昕）

【世界竹子大会】 由国际竹藤组织、哥斯达黎加竹子基金会和国际竹子学会共同组织的世界第五届国际竹子大会暨第六届国际竹子学术研讨会于11月2～7日在哥斯达黎加圣何塞举行。来自48个国家的420余名代表参加了会议。我国派出了以国家林业局科技司副司长黎云昆为团长的8人代表团。

会议在竹子造林、竹产品开发、竹与可持续发展等方面进行了学术交流和工程技术交流，提出了今后5年中世界竹业界在竹业生产、利用、社会经济和技术推广等方面开展工作的建议。我国代表作了有关“竹业可持续经营现状和展望”、“毛竹实生苗的联合固氮”和“中国工业化的竹层积板生产”的论文交流。除学术研

讨外，会议还举办了包括有关竹出版物、竹制品、竹工艺品、绘画作品等方面的展览。（刘　昕）

【湿地公约第二十一届常委会会议】 10月18～24日在瑞士总部格兰德举行。我国由国家林业局组团列席本次会议。出席会议的有公约常委会13个成员国和第七届缔约方大会的主办国代表，有22个缔约方代表和公约的伙伴组织列席了本次会议。会议由常委会主席国匈牙利代表主持。

会议对议事规则的修订、区域划分与下届科技审评小组成员、第七届缔约方会议的准备工作以及向第七届缔约方会议提交的诸多议案进行了审议。

会议审议小型捐赠基金项目共64个，批准执行的16个，总金额为603 600瑞士法郎。我国提交的秦皇岛海滨湿地保护与可持续利用项目获得批准和资助。会议期间我国代表还与秘书处就我方参加第七届缔约方会议、秘书处访华等问题进行了初步磋商。

（刘　昕）

【濒危野生动植物种国际贸易公约第四十次常委会会议】 3月3～6日在英国伦敦举行。我国派出了以国家濒危物种进出口管理办公室常务副主任卿建华为团长一行5人作为观察员列席了本次会议。

会议共有33个缔约国派员出席。联合国环境署等国际组织也派代表与会，参加会议的代表共130余人。会议对非洲象问题，秘书处人事问题，信托基金的预算和使用，与生物多样性公约及有关国际组织的合作，公约的战略计划，虎、熊的问题等项议题进行了审议。下届常委会会议定于1999年2月举行。此外，会议期间还举行了濒危野生动植物种国际贸易公约缔结25周年的纪念活动，卿建华作为亚洲唯一一人被授予为野生动物保护事业作出突出贡献的荣誉证书。

（刘　昕）

【亚洲防治荒漠化行动方案国际专家会议】 11月10～13日在泰国曼谷举行，26个亚洲国家的代表出席了会议。尚未批约的其他亚洲国家和有关国际组织以及部分非政府组织的代表以观察员身份列席了会议。与会人员共70人。国家林业局防治荒漠化管理中心派员参加了本次会议。会议主席由印度环境和森林部阿乐克·翟恩担任。

此次会议是联合国防治荒漠化公约第二届缔约方会议的准备会议，也是1997年北京部长级会议的后续会议。会议主要审议各国履约情况，对亚洲地区拟建立的六个专题网络进行了讨论，就如何尽快启动前三个网络提出了具体设想，并就亚洲区域行动方案的运转进行了讨论。会议决定应加强亚洲区域专题网络的建设工作，特别是前三个网络的运作。会议要求公约秘书处在第二届缔约国大会期间组织一个关于亚洲区域网络的非正式磋商会，邀请亚洲和发达成员国以及国际机构的代表参加，以探讨亚洲区域网络的筹资和发展问题。

（刘　昕）

【国家林业局与世界自然基金会1998年合作项目年会】 国家林业局与世界自然基金会于5月27日、28日在北京举行第十五届年会。以国家林业局国际合作司副司长曲桂林为团长，国家林业局有关司以及辽宁、四川和云南省林业厅的有关人员出席了年会，基金会方面出席年会的有基金会总部亚太区域项目部主任高德武和北京办事处临时代表孙昌金等9人。会上双方回顾了1997/1998年度合作项目的进展情况，讨论商定了1998/1999年度的合作项目，并签订了《中华人民共和国国家林业局与世界自然基金会1998年合作项目年会谅解备忘录》。

双方决定于1998/1999年度，在大熊猫及其栖息地保护，国家及国际重要湿地的保护，生物多样性的保护和可持续利用和公众意识、能力建设和出版4个领域开展18个项目的合作。通过上述合作项目的实施，国家林业局将在自然保护方面获得约200万元的财政和技术援助。（郭瑜富）

【第二届国际湿地与发展大会】 第二届国际湿地与发展大会暨第一届湿地国际成员全体会议于11月8～14日在塞内加尔达喀尔举行，以国家林业局野生动植物保护司副司长陈建伟为团长的中国代表团以观察员身份出席了会议。

本次大会由第一届湿地国际成员全体会议、大会和专题研讨会三部分组成，共有来自世界上91个国家和地区的400多名专家学者和政府官员出席。

湿地国际成员全体会议对湿地国际总部迁移事宜、组织战略发展等议题进行了讨论。会议确定了今后3年的工作计划和预算及各地区组织工作计划；选举了新的主席和新一届的董事会，荷兰农业、自然资源管理和渔业部司长克里斯·卡尔登再次当选湿地国际主席。

各专题研讨会分别就湿地合理利用战略，迁徙水鸟保护战略，湿地与水资源综合管理，湿地的调查、评价、监测和评估以及湿地合理利用资助机制等专题进行了研讨，并在闭幕式上进行了总结。会议决定下届大会于2001年在墨西哥召开。（郭瑜富）

对外科技交流

【对外签署重要协议】

6月15日 王志宝局长和韩国山林厅厅长李辅植在北京签订了《中华人民共和国国家林业局和韩国山林厅关于林业合作协议》。

11月19日 王志宝局长和加拿大外交部负责东亚事务国务部长陈卓愉在北京签署了《中华人民共和国国家林业局和加拿大自然资源部关于林业合作谅解备忘录》。 (黄晓光)

【政府间林业科技合作】 为落实温家宝同志1997年访问法国成果，1998年4月，国家林业局向原国家科委报送3S和Internet技术在中国荒漠化监测中的应用项目，获得中法两国政府批准，列入中法政府间科技合作协议合作计划。这个项目将开发法国SPOT4卫星低分辨率和高分辨率数据在中国荒漠化信息系统中的应用技术，合作期限1999～2000年，法方投入80万法郎，中方投入45万人民币。

1998年4月，国家林业局向原国家科委报送的林业遥感项目获批准，列入中国与奥地利政府间科技合作协议合作计划。项目由中科院、中国林科院、西北林学院共同执行。

1997年8月，中国与以色列政府间经济贸易混合委员会中方成立农业、电子、医药、通讯等4个分委会。1998年8月，以色列对中方提交的22个项目中的8个项目作出反馈。其中，以色列耐特非姆公司对国家林业局防治荒漠化管理中心提出的在华建立灌溉设备制造厂和喷灌、滴灌试验和示范基地项目表示了合作意向。

1998年10月3日，在北京举行了中国与芬兰林业合作谅解备忘录工作组第十次会议。双方提出今后合作的重点领域是林业规划、森林可持续经营、工业原料林、林木育种、森林保护、生物多样性保护、流域治理、防治洪水、森林资源调查、林产工业发展和林产工业环境保护，鼓励中小企业的合作。会议确定了7个合作项目：中芬示范林场后续活动，森林资源和环境变化遥感调查和监测研究，阿坝藏族自治州森林生态环境保护和可持续利用的可行性研究，安徽省林业厅长江绿色屏障恢复项目的可行性研究，遗留项目——在广东湛江地区建立速生丰产林基地，为在福建合作建立10万立方米微粒板厂作预可行性研究，福建省和芬兰林业科学研究所科研合作交流计划。

1998年6月15日，在北京召开了中韩林业合作工作组第二次会议。确定1998年和1999年合作计划，共列入7个合作项目：酸雨对森林的影响（1996～2000），黄沙工程治理（1996～1999），中韩迁徙鸟研究（1996～1998），中国林业投资环境研讨会，林业发展交流组1998年10月访韩，松材线虫组1999年8月访华，竹子利用技术研究项目。

1998年，国家林业局与美国林务局在中美林业合作会谈纪要下开展的湿地松粉蚧和铁杉球蚜生物防治协议项目取得实质性进展。6月，中美双方科研人员在广东对引进天敌进行评估，认为引进工作取得成功。中美政府间自然保护议定书附件七规定的湿地河流生境保护，濒危野生动植物种国际贸易公约检验、物种鉴定和执法，哺乳动物无线电跟踪技术的设计利用，海湾鲟鱼、鲥鱼繁殖研究等10个交换项目在年内全部执行完毕。中国濒危物种进出口公约管理机构与美国内政部濒危物种进出口公约管理机构在大连联合举办中美濒危野生动植物种国际贸易公约管理培训班。12月，国家林业局派员参加了在厦门召开的中美科技合作协议执行秘书会议。

1997年中国与土耳其林业合作谅解备忘录签订以后，土耳其林业部于1998年5月首次派出林业考察组访华，10月国家林业局派小组访土，就今后合作交换意见。双方商定，进行林木种子交换和互派1个专业考察组，并在1999年8月以后，在中国举行第一次联合工作组会议，评价交流合作效果。 (黄晓光)

对外经济技术合作

【中国与日本合作项目】

营造汉江上游水土保持林器材装备项目 7月15日，中日双方代表就中日政府间一般无偿资金合作营造汉江上游水土保持林器材装备项目正式签署了两国政府换文。日本政府将无偿援助此项目12.47亿日元（约1000多万美元），用于营造长江的最大支流——汉江上游的水土保持林。项目的主要目标是利用日方提供的仪器设备，营造3万公顷防护林，同时封山育林3万公顷。项目期限为1年。这是日本政府对华一般无偿资金援助的第一个项目。

湖北省林木育种项目　中日两国政府间开展的无偿技术合作项目，开始于1995年，日方提供5亿日元的无偿援助，主要研究种为杉木、马尾松、杨树等主要造林树种的育种技术和开发。1998年开始采用了DNA和同工酶等先进技术手段。1998年7月通过了日本国际协力事业团的中期评估。（刘立军）

【中国与德国合作项目】　1998年，中德林业合作项目进展顺利。其中，8个中德技术合作项目（海南热带林保护项目、云南西双版纳热带林保护项目，四川大熊猫自然保护区建设项目，“三北”防护林监测和管理体系建设项目，北京密云水库流域保护和经营项目，林业教育培训项目，大兴安岭火烧迹地更新项目二期，沈阳森林病虫害生物防治中心项目扶持期）中，大兴安岭火烧迹地更新项目二期、沈阳森林病虫害生物防治中心项目扶持期已分别于3月份和12月份结束，并顺利通过了德方的评估。“三北”防护林监测和管理体系建设项目列入1998年中德合作新项目计划，援款300万德国马克。林业教育培训项目换文于12月28日签字，项目正式进入实施期。其他项目正在按原计划实施。

中德林业财政合作项目已达16个，涉及13个省（区、市），总援助金额近2亿德国马克，其中，1998年新批准生效的项目为云南生态造林项目二期、重庆生态造林项目，援款金额各1200万德国马克。此外，德国政府还对内蒙古赤峰和辽宁朝阳治沙造林项目进行了可行性考察，并确定两项目的援款金额分别为1600万德国马克和1200万德国马克。德方还对陕西生态造林项目二期进行了补充性可行考察，确定了项目的基本可行性。（张春香）

【中国与荷兰合作项目】　1998年，经过中荷双方专家和工作人员的努力，云南省森林资源保护和社区发展项目的实施计划制定完毕。

国家林业局申请的广东省雷州半岛红树林综合管理和沿海保护项目和荒漠化遥感监测项目1998年完成了项目的可行性研究考察，项目申请援助金额分别为300万美元和246万美元。前者旨在加强红树林退化地恢复和管理，扩大红树林面积，并对红树林进行持续经营和管理，减少由于台风等导致的经济损失；后者旨在及时、准确、科学地提供全国荒漠化动态信息，供国家和地方及时采取相应防治措施。（张春香）

【中国与芬兰合作庆林示范林场项目】　1998年6月，第五次协调委员会会议及中芬林业合作研讨会及展示会在哈尔滨举行，芬兰农林部长赫米拉参加了会议，并赴庆林林场进行了考察。双方认为项目成功地建立了适合中国东北地区的苗圃管理及造林模式，提高了森林集约经营程度，发挥了良好的示范推广作用。

项目于1998年8月31日顺利结束，援款金额为150万美元。自1994年12月正式实施以来，中芬双方共同努力，完成了项目的各项活动，取得了圆满成功。项目的实施产生了巨大的经济效益、社会效益和生态效益。

在项目实施期间，基本完成了项目区黑龙江鹤北林业局庆林林场的森林经营方案和营林指南，引进并成功地生产了容器苗，引进了育苗、采伐及运输等设备，完成了庆林林场输配电工程等。此外，中方还派出5个团组，计58名技术人员赴芬技术培训，芬方派遣各类专业专家12人次，计40余人月到庆林林场传授技术。（张春香）

【中国与欧盟合作项目】　中国林科院与法国国家农科院合作向欧盟提交的草类原料纸浆造纸生产的废水污染问题研究项目获得批准，并于1998年开始执行，预计3年完成。项目总经费为116.9万欧元，欧盟将提供76.9万欧元的资助。（刘　昕）

【中国与国际竹藤组织合作】　国际竹藤组织自1997年11月6日成立后，于1998年5月、11月在北京和杭州召开了第二届和第三届董事会会议。马来西亚、印度分别于1998年3月5日和12月1日在京签署了《成立国际竹藤组织的协定》，成为该组织的新成员，至此国际竹藤组织的成员国现已增加到11个。

1998年6月3日，国家林业局局长王志宝与国际竹藤组织董事会主席高登·史密斯、董事会联合主席江泽慧分别代表东道国政府和国际竹藤组织签署了《国际竹藤组织东道国协定》，为国际竹藤组织的正式运转奠定了基础。国际竹藤组织顺利完成了在京安置秘书处、设立外汇账户、免检免税等事宜。

根据《国家林业局关于派往国际竹藤组织秘书处中方人员管理试行办法》，国家林业局向国际竹藤组织派遣了第一批中方工作人员。（刘　昕）

【中国与国际热带木材组织合作项目】　中国与国际热带木材组织合作开展的中国海南岛热带森林分类经营永续利用示范项目（第二期）于1998年5月结束，项目第三期工作在国际热带木材组织第二十四届理事会上得到批准，并获得日本、瑞士资助共93万美元，于1998年8月后启动，预计执行期为2年。

中国云南热带阔叶树种造林技术开发与示范预项目到1998年2月执行完毕。其正式项目在1998年第二十五届国际热带木材组织理事会上得到批准，并获得瑞士、荷兰、日本和澳大利亚的资助共672 662美元。（刘　昕）

【中国与世界自然基金会合作项目】

大熊猫及其栖息地保护　包括：基金会寻求数百万元人民币用于支持平武县的保护与发展综合项目；

基金会继续支持在卧龙保护区进行熊猫种群小型监测活动；基金会和国家林业局在共同选定的地点进行大熊猫种群的多年调查和大熊猫栖息地评价；基金会继续支持通过四川绵阳师范学院开展保护意识教育项目；基金会支持对岷山地区大熊猫自然保护区职工进行有关环境教育技术和方法的培训；基金会继续支持加强王朗保护区建设；在资金得到落实的前提下，组织一次由岷山地区大熊猫分布县的县领导及保护区主任参加的国外考察活动；基金会将积极为陕西长青自然保护区社区共管项目的前期准备工作筹集资金。

湿地保护 双方尽快共同调整编制中国湿地保护行动计划的时间表，基金会将继续协助国家林业局为实施双方认可的中国湿地保护行动计划优先项目寻求资金。

生物多样性的保护 合作项目主要有：基金会和国家林业局重点在云南白马雪山及其周边地区开展保护和发展综合项目，基金会为加强中国负责控制野生动植物贸易的政府部门官员的能力建设提供资金和技术支持，为中国华南虎野外种群数量调查和栖息地评价项目提供项目经费，国家林业局和基金会联合开展双方认可的政策研究工作。

公众意识、能力建设 主要合作内容有：基金会继续在香港米埔保护区为国家林业局举办5期有关湿地管理和环境教育计划的培训班，为米埔湿地培训班的学员设立小型奖励基金，支持开展四川省自然保护培训需求评估，支持在重庆缙云山自然保护区开展的环境教育项目。 （郭瑜富）

【中国与联合国粮农组织合作“三北”造林项目二期工程】 由比利时政府无偿援助、联合国粮农组织执行的“中国‘三北’地区造林、林业研究、规划与开发”项目（简称“‘三北’造林项目”）在顺利完成了一期工程（1991年4月至1996年6月）和过渡期（1996年7月至1998年4月）后，经比利时政府和粮农组织批准，于1998年5月开始实施二期工程。该项目二期工程为期5年，外援金额169万美元。

二期工程的总体目标是提高科尔沁沙地水土保持能力，并在保护环境的前提下，通过可持续发展的方式提高林产品及其他产业的产出，进一步改善项目区的社会经济和环境状况。项目二期总部设在内蒙古自治区通辽市，下设奈曼（内蒙古自治区哲里木盟奈曼旗）、通榆（吉林省通榆县）和彰武（辽宁省彰武县）3个建设区。

二期工程的主要内容是：继续开展杨树和松树引种、杂交育种、育苗造林新技术的研究和营造示范林；在防护林中增加固氮的乔、灌、草种，提高其防护作用和木材生产能力；开展针叶树容器育苗研究，为大力推广樟子松提供条件；建立科尔沁沙地农林、林牧和林果复合经营示范模式；开展新的育苗造林技术及复合经营模式的成本核算，为今后技术推广提供经济依据。

“三北”地区造林项目二期工程的实施将为我国“三北”地区，尤其是为科尔沁沙地探索出建立稳定的森林生态系统的快速、高效和易推广的技术和方法，为当地人民群众脱贫致富和改善社会经济和生态环境作出积极的贡献。 （吴志民）

林业世界银行贷款项目

【综　述】 1998年，林业世行贷款项目工作在抓好在建项目的同时，在争取新项目上有了进展：

国家造林项目 自1990年8月开始实施，1997年底实施结束。经过7年的艰苦实施，16个项目省（区）完成造林138.5万公顷，为计划的140%；项目总投资37.6亿元，其中使用世行贷款3.28亿美元。1998年5月，世行派检查组来华对国家造林项目进行竣工验收，通过实地考察，检查组在项目实施竣工报告中对国家造林项目成功实施给予了高度的评价，项目顺利通过竣工验收。

森林资源发展和保护项目 1998年是该项目实施的第四年，主要抓了造林质量、科研技术推广和资金管理。

在造林质量上，在加强造林的技术指导和培训的同时，强调按照项目的技术规程办事。全年举办各种造林技术培训班，培训了7000多人次，提高了人员的素质；造林时，严格按设计进行和各个环节的检查验收，造林质量有了明显提高。经调查1998年全年完成造林24.6万公顷，其造林面积核实率达99.3%，造林成活率达96%，高生长达标率为105%。

在科研技术推广工作中，继续开展优良种植材料开发、丰产林栽培技术及病虫害防治研究，继续建立和扩建无性繁殖圃及试验林，推广最新优良种植材料、先进育苗技术和实用造林技术。

在资金管理中，主要抓了配套资金的到位和信贷资金的下拨速度。继续严格坚持“报账制”，即每次报账时，把提供配套资金到位文件和上次信贷资金流转表作为本次报账的必备条件，对于配套资金到位不及时、资金下拨速度缓慢的单位，坚决不予以报账。通过这些措施的实施，使项目配套资金到位率达到90%以上，信贷资金的层层下拨速度缩短到平均10～30天。

自然保护区管理项目 1998年是项目实施的第

四年，项目实施进展顺利，并取得了显著的成绩。1998年着重抓了以下几方面的工作：一是接待世行检查组对项目进行中期评估。通过评估，世行对项目实施给予高度评价，认为项目前三年的实施很好，取得了显著的成绩，项目的总目标通过后三年的努力是完全可以达到的；二是组织编制完成了7个项目保护区管理计划和8个共管示范区的社区资源管理计划，三是重点抓长青林业局转产项目中职工带资转产安置和新建两个企业建设工作；四是对长青转产项目的带资转产和一揽子重新安置情况进行跟踪调查等。

贫困地区林业发展项目　1998年是项目准备工作的关键一年，为使项目能如期进入全面实施启动，主要抓了以下几方面的工作：报请国家计委审批贫困地区林业发展项目可行性研究报告；做好迎接世行评估组来华对项目进行正式评估的一切准备工作；配合财政部做好到美国华盛顿与世行进行项目谈判的一切材料准备；配合财政部办理项目生效的一切手续；搞好项目实施启动前有关实施管理、监测等方面规定，使项目一启动就进入有章可循的轨道。

林业持续发展项目　为了进一步扩大我国林业对外开放，多争取外资，以促进我国林业事业的发展和林业经营体制转换，经过多方面的不懈努力，世行、国家计委、财政部同意在世行对中国贷款的“三年滚动计划”中，列入一个林业项目，名称暂定为林业持续发展项目。据此，按国家林业局世行贷款项目领导小组的意见，由世行中心牵头，在有关司局的配合下，编制新项目的框架文件，项目的目标一是改进天然林的管理与保护，以解决中国生态环境恶化问题，加强环境持续发展；二是发展商品林业，以解决中国日益严重的木材短缺问题；三是支持地方发展经济，以解决由于实施天然林禁伐对社会和财政所造成的影响。项目的意向内容包括天然林管理、天然林保护、人工林营造、经济发展、规划与管理。意向的资金来源为世行贷款及全球环境基金和双边政府组织赠款约1.5亿～2亿美元。

（江行勇　王　俊）

【国家造林项目通过竣工验收】　1998年4月，世行派团来华对国家造林项目进行了竣工验收。通过对项目全面的经济、环境、社会的评估，认为国家造林项目的实施取得了圆满的成功，并按照世行的评级标准，给予项目“十分优秀”的最高评价。

国家造林项目是国家林业局既承担债务又负责组织实施的一个大型外资项目。该项目于1990年7月在北京签订部省执行协议，并实施启动后，经过7年卓有成效的组织实施，取得了良好的成效。

造林成效　项目共完成造林138.5万公顷，为计划的140%。1997年对所有项目幼林进行摸底：幼林保存率和生长量达到和超过部颁标准的一类林为117万公顷，占总面积的84.5%；幼林保存率达标，生长量未达标，但长势良好的二类林17.9万公顷，占总面积的12.9%；幼林保存率和生长量均未达标的三类林3.6万公顷，占总面积的2.6%。

经济效益　项目完成总投资37.6亿元，其中世行软贷款3.28亿美元，为计划的107.3%。经测算，在今后10～20年内，项目可产木材2.11亿立方米，薪材2140万吨，加上其他林副产品，总产值可达1001.5亿元，总利润为740亿元；税后财务净现值为46亿元，财务内部回收率为15.2%，经济内部回收率为22.6%。

生态效益　项目实施后，为每个项目县增加森林覆盖率2～3个百分点，特别重要的是，随着项目人工林的兴起，项目地区将逐步实现木材生产由领先天然林向领先人工林的转变，对保护天然林和生物多样性将发挥很好的作用。同时，项目在保持水土、调节气候方面产生了积极的作用。经测算，项目营造的人工林，可增加水源涵养2.3亿吨，每年减少水土流失量2196万吨，在项目林整个生长周期中，可吸收7.22亿吨二氧化碳，相当于9.9亿吨标准煤燃烧后排出的二氧化碳量。

社会效益　项目主要分布在经济欠发达、人民生活水平不高的贫困地区。在316个项目县中有近1/3为贫困县，在非贫困县中又有相当一部分贫困乡，覆盖的贫困人口达到1200万。在项目实施期间，平均为每个项目县的农民带来直接劳务收入721万元，增加就业62个万人日；项目人工林采伐后，还能平均增加每个项目县的长远经济收入2.3亿多元。这对于项目地区多数还处于相对贫困状态的农民无疑是一个极大的帮助，对他们增加收入、减轻贫困、提高生活水平将发挥重要作用。

同时，由于项目实施一开始就扮演着林业深化改革和扩大开放的角色，项目对林业发展也有着重要的贡献，集中体现在项目实施促进了集约经营人工林的快速健康发展，促进了林业管理水平的整体提高，促进了科技兴林的进程，促进了林业的对外开放。特别是项目摸索出的一整套人工林发展的有效模式，对我国林业发展必将产生深远的影响。（程　红）

【国家造林项目还贷工作】　根据原林业部与财政部签订的转贷协议，自1998年8月起至2010年止，分12年还清全部贷款。为了做好项目首期还贷的宣传和督促工作，建立良性还贷机制，为今后的还贷工作打下稳定坚实的基础，1998年3月，财政部与林业部联合向各项目省（区）人民政府发布了财世字［1998］54号文，从维护中国政府对外信誉的政治高度上强调如期偿还国家造林项目世行贷款的重要性，督促项目省（区）各级政府、林业、财政等部门严格履行转贷协议，采取措施确保按期足额还贷，包括在年度财政预算安排中统筹考虑还贷计划、优先安排还贷木材的采伐专项指标等。该文件还通知了1998年8月各省（区）首期还贷数额。该文件的颁布，为还贷工作建立了良好的开端。

1998年夏季全国发生的大范围洪涝灾害给有首期还贷工作的湖北、湖南、江西等省带来了很大的困难。但项目省（区）各级政府、林业、财政等部门积极贯彻落实财政部、林业部54号文件通知，并据此制定了具体的实施细则，明确各部门在还贷工作中的责任、制定适合本地区的还贷措施、多渠道筹措还贷资金。经过各级政府和林业等有关部门的努力，截至1998年底，已偿还世行贷款折合人民币1.5亿元。

（刘玉英）

【森林资源发展和保护项目实施】

工程完成情况 1998年，16个项目省（区）共完成项目造林24.6万公顷，造林各项指标都达到了项目规定的标准。其中，面积核实率为99.2%，良种使用率达到100%，一级苗使用率为95%，栽植成活率为95.6%，环保合格率为98.8%，实施质量全部达到了项目设计的要求。

世行中心在项目工程质量管理方面重点抓了几项工作：①为了提高项目质量，对后期管理分类指导，世行中心要求各项目省（区）组织各项目县，对已营建的所有项目林进行摸底调查。②鉴于世行检查组发现幼林林分分化较大的情况，世行中心要求项目造林时采取苗木分档栽植的措施。③杨树的修枝问题。针对杨树修枝的时间过早、强度太大、部位不规范等技术问题，项目科研推广支持组的科研人员深入到辽宁、河北、河南和山东等省，通过办技术培训班和示范工作，指导当地技术人员和林农，收到了一定效果。④造林密度。根据以往项目的经验和研究人员长期的试验结论，世行中心要求各项目省（区）从1998年开始的项目造林中，应用贫困地区林业发展项目新的造林密度造林，如杉木已降到3000株/公顷，马尾松降到3300株/公顷。这一观点已被越来越多的项目地区所认识、接受并已运用到造林实践中。⑤在苗圃管理上重点抓了对育苗人员的苗木分级技术培训，并结合苗木出圃，加强了苗木的分级、分档、包装和运输工作，保证了较高的一级苗使用率，改善了造林后同片幼林林分整齐度。同时规定对苗木分级不严，一级苗使用率低的，已决定暂不准报账，返工重造。⑥环境保护与幼林健康状况。各项目单位造林地水土保持措施落实得较好，造林小班基本设置了水土保持带，保留了山顶、山脚原生植被，严格按等高线整地和品字形配置栽植穴，尽量保留带（植株）间原生植被。同时各项目造林地未发现施用农药污染环境现象。

科研推广与培训

1．在北京召开了科研推广工作汇报会议。杉木、马尾松、杨树、落叶松、国外松、桉树、阔叶树、竹子、施肥、菌根、材性和多功能防护林等12个中心课题组全面汇报了项目的进展情况，对各类示范林、试验林、中试林、种植材料林以及无性系繁殖圃的经营管理、科技成果的推广情况等做了总结和评价。对合同中有些研究和推广内容的要求与客观可能性存在一定的距离，提出了调整和修改意见。

2．开展研究活动。①试验、示范林的扩建。建立马尾松子代测定林3公顷，参试双亲家系70个；建立国外松种子分级播种苗试验林12公顷；建立尾叶桉家系测定林3公顷，参试家系40个；建立湿地松等试验林3公顷；继续开展固土植物黄檀、山胡椒、马桑的育苗试验，培育苗木5000株。②继续开展优良种植材料开发和杂交育种试验。对设置的马尾松、湿地松、落叶松的实生和疏伐母树林进行定期调查和数据整理。③种源试验。完成了湿地松、火炬松种源15年生的系统调查和总结，提出种源试验研究报告。阔叶树课题组对马褂木、北美鹅掌楸、桤木等26个种源，129个家系进行生长量统计分析，选出一批优良种源和家系。杨树课题组筛选出中新1号、中林23号等生长量分别超过对照的I-69杨。马尾松课题组评选出5个速生高产种源和32个优良家系，遗传增益为7%～36%；另外从405个单亲中选出遗传增益大于15%的优良家系95个。落叶松选出优良家系25个和具有速生、生根率高的无性系27个，用于项目造林。湿地松、火炬松与加勒比松的杂交制种完成50个杂交组合，杂交松（正种加勒比松×湿地松）其优良杂交组合的材积较两个亲本平均值大2.3倍。④无性系繁殖及无性系繁殖圃。落叶松建立优良家系、无性系采穗圃0.5公顷，插盘5个，每年可生长扦插苗20万～30万株。马尾松较大批量扦插生根率达60%～70%，另建立了包含单亲家系13个、双亲家系13个的采穗圃。桉树通过不同扦插基质配比试验，得出椰糠+谷糠+红心土具有重量轻、扦插成活率高、苗期生长好等特点。⑤丰产林栽培技术及病虫害防治研究在继续进行。刺槐等树种提出《刺槐速生丰产育林模式》、《泡桐速生丰产育林模式》、《马尾松速生丰产林营建技术》、《尾叶桉造林密度与配置试验》、《杨干象成虫补养及在杨树幼林的扩散》等研究报告。利用昆虫致病防治杨树桑天牛获得成功，施用30万头线虫/毫升的药液，其死亡率达80%～83%。⑥继续杉木、马尾松、国外松、桉树、杨树等主要用材树种施肥与不施肥处理效应的测定，取得阶段结果。⑦采样及室内分析。菌根课题组通过对主要优良真菌不同菌株的生态适应性研究，提出了5个优良菌种（株）；对优良菌根真菌应用技术的改进和提高的研究也取得进展，发现用硫酸亚铁和福尔马林进行土壤消毒，对菌根化苗木的菌根及根系发育都有促进作用。

3．技术培训。1998年，各地继续广泛开展了各类技术和项目管理培训班。共举办培训班95期，培训人员近6700人次，对提高造林质量和改善项目管理起到了良好的促进作用。同时，世行中心共组织13个项目省20人分赴芬兰、德国和澳大利亚，对人工林经营管理、抚育管理、林地管理和木材加工等进行了考察。

技术推广活动 ①推广最新优良种植材料。杉木课题组按计划推广优良种植材料，3年来共推广面积11.2万公顷，其中用无性系造林占16.7%，种子园种子占20%，优良种源种子占63.3%。阔叶树课题组在河南、河北等地推广A_{05}等9个刺槐优良无性系，3年来共造林面积达666公顷。桉树课题组推广优良种源、家系和无性系造林，从良种基地生产的尾叶桉和直干桉的优良种子共1035千克用于项目造林，其造林质量普遍不低于进口良种；经测定的100多个优良无性系也在项目造林中推广应用，如广西桉树无性系的数量达50个，推广面积达14 800公顷。②推广先进育苗技术。马尾松大田育苗切根与修剪技术在浙江、江西、湖南、湖北、四川等省得到较广泛应用。桉树课题组研究的70立方厘米容积、基质为60%泥碳土和椰糠（或腐熟的锯木糠）的硬塑管和小容器的育苗技术已广泛推广应用。菌根课题组深入安徽等项目省的育苗和造林现场，指导培育菌根苗90万株，生产Pt菌剂5000余升。③推广实用而有效的造林技术。杉木和马尾松课题组继续推广局部整地和局部抚育作业法，不仅在项目省（区）得到较普遍推广，在非项目的杉木和马尾松的经营中也有较大面积的应用。杨树课题组与辽宁省新民林场合作推广"杨树丰产栽培模式"，建立1340公顷示范样板林，其中年均高生长超过2.5米，年均胸径超过3厘米，保存率95%以上的一类林和二类林占83.5%，创造国内大面积高产纪录。同时，课题组还在河北魏县推广窄冠白杨和团状造林技术，并培育了窄冠白杨苗木100万株，供1999年造林。

资金与财务管理 截至1998年底，整个项目已使用信贷资金9877.92万个SDR，占信贷资金总额的69.7%。其中货物、营林、技援、科研分别已使用574.35万个SDR、9257.21万个SDR、24.99万个SDR、21.37万个SDR，分别占各类别协议总分配额的57.26%、70.91%、32.45%、59.36%。1998年全年共使用信贷资金4162.96万个SDR，其中货物、营林、技援、科研分别使用了305.94万个SDR、3844.44万个SDR、6.80万个SDR、5.78万个SDR。

1998年，经过林业、财政双方的共同努力，加快了项目信贷资金的运转时间，省财政厅将收到的信贷资金转拨给省林业厅（或地、市财政局），再由其层层下拨直至造林单位平均为10～30天，保证了项目资金的有效使用。

1998年，各级配套资金到位情况与过去相比，有明显好转。计划到位16 759.36万元，实际到位18 173.56万元，到位率108.44%，其中省（区、市）、地（市）、县、造林单位到位率分别为112.4%、94.0%、96.7%、122.1%。

物资设备采购 1998年是项目物资设备采购的最后一年。截至1998年底，通过项目采购代理——中机国际招标公司，以国际竞争性招标的方式，为项目单位采购了计算机48台10.82万美元，复印机41台10.07万美元，传真机49台1.85万美元，护林防火指挥车114辆251.2万美元，0.75吨双排座汽车56辆87.3万美元，硫基复合肥26 584吨319万美元。以国内竞争性招标方式，采购了履带式拖拉机28台53.28万美元，过磷酸钙12 777吨60万美元。1998年项目共签订购货合同8份793.52万美元，占采购总计划的35.4%。（陈京华　杨柏权　董　晖）

【自然保护区管理项目实施】 1998年，全球环境基金资助我国的自然保护区管理项目进入实施的第四年。在前几年工作的基础上，国家林业局世行贷款项目管理中心和野生动植物保护司进一步加强了项目管理工作，在各项目单位的共同努力下，项目在实现总体目标上取得了可喜进展和显著成绩。世行于2月、3月派出检查组对项目的实施进行了检查，并于9月、10月进行了项目中期评估。根据评估结果，世行对项目的实施给予了高度评价。1998年项目开展的活动主要包括：

在9个项目保护区中，已有7个制定完成并由国内外专家审查通过了保护区管理计划，这些计划已于12月底之前提交世行等候批准。西双版纳和神农架保护区的土地使用计划均已得到当地政府批准，并已开始实施；各项目保护区加强了野外保护体系建设，包括野外巡护制度的健全、巡护人员的培训，有的保护区还建立了巡护反馈机制来增强巡护的有效性；项目选定的8个共管示范社区积极开展了共管工作，编制了社区资源管理计划，其中有5个社区实施了社区投资项目，取得了良好效果；开展了社区推广和教育活动，举办了8期夏令营和冬令营、编写分发4万多份各类宣传材料、举办13期社区教育推广培训班和一些保护知识竞赛；生物多样性信息管理系统已初步建立并开始输入有关数据；云南省林业厅和武夷山保护区建立了地理信息系统。

长青林业局转产工作：原长青林业局离退休职工进入社会统筹的问题已全部落实：长青自然保护区的机构和人员均已配备齐全，保护工作走入正轨；7月完成了第二批255人的带资转产计划；世行贷款项目管理中心在11月中旬对带资转产工作和一揽子安置计划进行了跟踪调查，结果表明这两项工作是比较成功的；在全球环境基金资助的两个新建企业中，长青工程公司的主要建设任务已初步完成，长青商贸公司的大楼土建工程已完成各项审批手续，于8月28日正式破土动工。

项目在国内积极开展了各类项目管理人员的培训工作，并在香港举办了一期环境教育培训班，同时派出一个考察组赴印度考察。

世行批准了新增设备的采购计划，采购工作正在抓紧进行。除陕西省外，项目的财务管理工作已由各省林业厅转移到各项目保护区。世行贷款项目管理中心开发了项目财务管理软件，并举办了财会人员计算机培训班，加强了财务管理工作。项目只完成52%的年度资金支付计划，其主要原因是由于各保护区的管理计划尚未批准，土建工程没有开始，长青商贸公司的配套资金未能及时到位，全球环境基金资金支付工作暂停。（宋士奎）

【贫困地区林业发展项目实施】 经过近两年艰苦努力和卓有成效的准备，世行贷款贫困地区林业发展项目可行性研究报告于1998年1月获国务院批准，随后于3月顺利通过世行的正式评估。中国代表团于4月6～10日赴华盛顿就项目"临时基金开发信贷协定"（以下简称"信贷协定"）和"贷款协定"与世行进行谈判，并达成一致意见。5月下旬世行执行董事会讨论通过了这两个协定。7月31日我国政府授权代表在华盛顿与世行正式签订了贫困地区林业发展项目的"信贷协定"和"贷款协定"，这两个协定于12月16日正式生效，项目由准备进入全面实施启动。这个项目不是一般的林业项目，是带有扶贫性质的林业项目，是通过发展林业，改善环境，达到减轻贫困的目的。项目的实施为国内同类项目将起到示范的作用，同时对我国全面实施天然林保护工程，保护生物多样性，有着深远意义。

该项目的对象和直接受益者主要是贫困农民，为使他们积极和充分参与项目的准备工作。在项目准备工作中借助于社区林业评估方法，编写了项目《乡村社区林业评估工作手册》。按照《手册》要求，每个项目县于1998年10月全面完成了项目乡村的社区林业评估，其成果真正体现了项目农户的意愿。为评价农户参与项目活动后的效益，制定了项目农户调查行动计划。

为了确保项目的顺利实施，达到预期的目标，财政部、国家林业局共同制定了《贫困地区林业发展项目的实施规定》，与此同时还为项目编制了标准的造林模型，制定了项目的《种植材料开发计划》、《苗圃技术管理规程》、《主要造林树种苗木标准》、《主要造林树种种源区》、《环境保护规程》、《科技推广与培训计划》、《施工设计工作方法》、《计划管理办法》、《财务管理办法》、《货物采购和工程招标管理办法》、《检查验收办法》、《乡镇企业子项目有关问题的暂行规定》等，使项目一启动就有章可循。9月中旬，世行贷款项目管理中心在河南省信阳市举办了造林施工作业设计、种植材料开发计划、苗圃管理3个培训班，共培训了各项目省技术人员75人。（江行勇）

【国外考察培训和对外交流】

国家造林项目 为配合完成国家造林项目竣工后面临的艰巨的幼林后期管理的任务，世行贷款项目管理中心于1998年组织派出了由辽宁、浙江、福建、江西4省有关技术人员组成的考察组2个各8人，分别赴美国和加拿大，对集约经营人工林的抚育管理进行了短期考察。考察内容涉及间伐管理、效益分析、病虫害防治和森林防火、中小径材加工及林木综合利用、林地保护管理、信息系统在幼林抚育中的应用等。

森林资源发展和保护项目 根据项目信贷协定和评估报告中技术援助的安排及项目提高造林质量、加强抚育管理及机构能力建设的实际需要，1998年世行贷款项目管理中心组织派出了4个为期各2周的培训组共计34人分别赴新西兰、美国、法国和芬兰，对林地管理和木材加工、人工林营造和修枝、人工林经营、营林技术进行了实地学习和考察。

自然保护区管理项目 根据原林业部和全球环境基金的托管人世界银行达成的项目年度计划，1998年派出了1人赴美国接受为期1个月的数据管理培训，1人赴英国接受为期4个月的保护管理培训。另外，为加强交流与合作，1998年2月在北京召开了第二次非政府组织项目协调会议，国内外有关非政府组织的代表和世行的官员参加了会议。

参加国际林联林业名词术语研讨会 由世行资助、世行贷款项目管理中心组织、国内外有关专家参与编审的《汉英—英汉林业分类词汇和用语》于1998年3月出版后，引起国际有关方面的关注。应国际林联的邀请，该书主编康定中于1998年6月5～10日参加了该组织在瑞士苏黎世举办的林业名词术语国际研讨会。（王宏）

林业利用外资

【海外协力基金黄河中游生态林项目】 日本海外协力基金（OECF）对华贷款属于日本政府贷款，其赠与成分超过40%，主要应用于交通、能源、农业、通讯、环保等基础行业，贷款条件较为优惠（还款期30年，年利率2.3%，宽限期10年），目前已向我国提供三批贷款。近年来，日本政府强调OECF贷款向环境保护、治理项目倾斜。为争取使用OECF第四批贷款建设中国林业生态环保项目，经与国家计委、外经贸部及日本OECF组织进行多次磋商，国务院批准国家林业局"黄河中游生态林建设项目"列为重大利用OECF贷款备选项目，实施地点为陕西、内蒙古、山西省（区）。日方将此项目列为特别环保项目，承诺该项目贷款还款期40年，年利率0.75%，宽限期10年，80%可兑换为人民币。随后，国家林业局组织编报了中英文项目建议书。1998年11月，江泽民主席访日期间，中日双方就包括该项目在内的28个使用日元贷款项目达成共识，日方正式承诺为中方提供3900亿日元贷款，其中国家林业局项目为135亿日元，贷款安排计划在1999～2000年。 （陈嘉文 许 庆）

【改革开放二十年以来林业利用外资成就展】 为贯彻党中央、国务院指示精神，纪念党的十一届三中全会以来我国对外开放取得的巨大成就，国家林业局参加了由外经贸部、国家计委、国家经贸委于1998年11月27日至12月1日联合举办的“改革开放二十年以来利用外资成果展”。参加本次展览的有各省（区、市）、经济特区和国务院各部、委、局、办，共63个单位，参观者达40万人。12月1日晚，在李育才副局长的陪同下，江泽民、李鹏、朱镕基、李瑞环、胡锦涛、尉健行、李岚清等中央领导同志相继参观了林业展厅。林业展厅及其“中国林业对外开放20年”和“中国林业招商引资项目”两个宣传材料得到主办单位及广大观众的好评，达到了宣传林业、展示林业利用外资20年成就的目的，并获得外经贸部、国家经贸委、国家计委联合颁发的“优秀组织奖”和“最佳设计装修奖”。

（陈嘉文 许 庆）

【亚太经合组织林产品贸易投资自由化谈判取得阶段性成果】 亚太经合组织（APEC）是亚洲太平洋地区十八国政府经济合作组织，也是十八国政府首脑论坛，我国是该组织重要成员之一。近年来，APEC政府首脑会议同意APEC成员比世贸组织（WTO）提前实施部门贸易投资自由化（按照WTO规定，发达国家最迟在2010年全面实施自由化，发展中国家最迟在2020年实施自由化），其实质内容是在3～5年内，取消关税和非关税壁垒，促进APEC范围内物资、技术、资本、劳动力等资源的自由流动和合理配置。1996、1997年两次APEC首脑会议和部长会议上，美国、加拿大、新西兰、印度尼西亚四国联合提出林产品议案：①2002～2004年取消林产品关税，1999年讨论取消非关税措施；②与前款相配套的措施有技术和经济援助、贸易和投资便利化措施等。

根据国内APEC主管部门（外交部、外经贸部和国家经贸委）的统一安排，国家林业局从1997年起，参加林产品贸易投资自由化谈判。谈判期间，国家林业局与轻工总会、国家商检局、农业部动植物检疫局等单位共同研究提出了APEC部门贸易及投资优先自由化林产品对外磋商方案，并在APEC林业专家组会议中，与美国、加拿大、日本等十几个国家的代表进行了谈判，为维护我国林业良好国际形象、切实保护国内林业产业健康发展做了一定工作，改变了林产品贸易谈判被少数国家主导的局面，使得我国在该项谈判中已处于主动和有利的地位。1998年11月，江泽民主席参加APEC首脑论坛，正式宣布我国对贸易投资部门提前自由化的慎重立场，使得一些发达国家企图通过该项谈判达到倾销其本国产品的目的没有实现，并将APEC今后的工作重点由贸易投资自由化减免关税部分转向促进亚太地区经济技术合作。

（陈嘉文 许 庆）

【海外林业开发工作】

1.1998年，国家林业局组织编制了《促进我国与非洲经济合作的投资总体规划》中的林业部分。三个境外林业项目得到批准：一是吉林省大石头林业局赴俄罗斯森林采伐经营项目，其中450万美元资金已列入境外投资专项商业贷款计划；二是吉林省大石头林业局赴苏里南森林采伐经营项目，其中1200万美元使用援外贷款；三是国家木材市场租赁经营坦桑尼亚木材加工企业项目。目前加蓬、巴西、苏里南和喀麦隆项目已列入我国1999年境外投资重大项目计划。

2.对俄罗斯森林资源开发利用面临新机遇。近些年通过两国领导人的互访，并在《中俄联合声明》中将森林工业等列为具有巨大合作潜力的领域，为两国的林业合作提供了前提条件。

目前，通过我国林业、经贸等部门的积极推进，中俄两国总理定期会晤委员会已明确提出要加强两国在森林资源开发利用方面的合作，朱镕基总理访问俄罗斯时双方也就林业开发合作达成了谅解，将对俄森林资源开发推向实施阶段。 （许 庆 陈嘉文）

林业科学技术

中国林业科学研究院

【综　述】

科技体制改革　1998 年是中国林业科学研究院（以下简称中国林科院）作为科技部改革试点单位，全面实施院改革与发展总体方案的第二年。本着积极稳妥、开拓创新的方针，各项改革工作进展顺利。

试点工作　1998 年 4 个试点单位的改革取得了明显的成效。林产化学工业研究所依托林产化学工业工程中心，大力推进成果产业化，产值和效益成倍增长；木材工业研究所按照“一所两制”的模式，通过机制转换和制度创新，初步形成了科研与产业协调发展新格局；林业所根据国家对林业和生态环境建设的总体要求，调整了学科结构，组建了 4 个学科群体，初步形成了适应未来发展的学科布局；热带林业实验中心在强化示范样板建设的同时，对所属实体进行改制，积极探索多种经营途径，改变了以往单一依靠木材收入的状况，试验、示范和生产经营进入良性循环的轨道；桉林实验中心继续加大改革力度，人员分流达到 50%，初步探索出一条自我发展之路。4 个试点单位的改革不仅加快了自身的发展，而且有效地推动了全院改革步伐。

科研与产业结构调整　科研结构方面：完成森林生态环境研究所与森林保护研究所合并，组建了森林生态环境与保护研究所；泡桐中心加挂中国林科院“经济林研究开发中心”的牌子，拓宽了研究领域。先后成立了一批（10 个）全国性和行业性的跨学科“中心”和三个联合中心（营林联合研究中心、林产工业联合研究开发中心、联合推广示范中心）；10 个跨行业、跨学科的中心进一步发挥作用，学科间的交叉、融合和重组进一步增强。

产业结构调整方面：贯彻院第三次开发工作会议精神，对全院经济实体进行整顿，使 71 个经济实体压缩至 48 个；院部处室经济实体与机关脱钩，院属 3 个公司 7 月份开始实行工资自负、定额上缴的承包经营责任制。初步改变了经济实体小型分散的状况，管理水平有所提高。

到 1998 年底为止，中国林科院先后与内蒙古自治区政府、长江三峡开发总公司、印度尼西亚金光集团亚洲浆纸业股份有限公司等地方政府和大型企业集团达成 7 项联合共建协议，其中与印尼金光集团签定林业科技合作协议，由印度尼西亚金光集团出资在该院设立“金光林业科研开发基金”。初步形成了与地方科研单位、地方政府、国内外相关企业进行各种合作的新态势。

科学技术研究发展格局　①面向主战场的重大科技项目持续增加。与林业生态环境建设工程紧密结合的“长江、黄河流域生态环境林业重点治理工程配套技术研究”、“天然林资源保护与可持续经营技术研究”等科技支持项目已经启动，一批重大科研项目列入国家重点计划，“中国森林生态网络体系建设研究”、“长江中下游低丘一滩地综合治理与开发研究”分别获科技部、国家计委的重点支持。

②高新技术和基础研究明显增强。“人工林木材性质形成及其功能改良的研究”列入国家攀登计划预选项目，“遥感信息处理、星载雷达”列入“863”计划；高新技术产品如 ABT 生根粉、五倍子单宁酸等已打入国际市场。

③一些具有潜在发展前景的应用基础研究项目正在争取列入国家第二批重大基础研究项目。

院、所（中心）职能机构改革　1998 年，进一步精简院部管理机构，院部职能机构已从原来 19 个处（室）减为 11 个处（室）；机关人员编制从 211 人精减为 93 人，精减 56%。新成立的院结算中心和人才交流与培训中心，为下一步开展全员聘用、规范财务管理打下了基础。与此同时，各所中心也相继调整管理部门，精简管理人员。总体来看，一支精干的管理队伍的基本框架已经形成。

积极推进干部人事制度、科研管理制度和科技开发与产业建设、后勤服务等方面的改革，先后出台 11

个相互配套的规章制度。通过改革，初步形成了开放、流动、竞争、协作的科研机制；市场取向与技术创新的成果转化机制；干部能上能下，择优录用的用人机制；定量考核、绩效挂钩的分配机制和“求实奉献、开拓进取、团结协作”的院风，调动了科技人员的积极性。

科研与科技产业成绩

课题研究进一步加强 1998年承担各类纵向课题共288项，到位经费2000多万元。正在进行的科研项目进展良好，由中国林科院负责的“九五”国家科技攻关专题、引进项目分别顺利地通过了中期评估和年终检查；首项攀登计划预选项目“人工林木材性质形成及其功能性改良机理的研究”正式启动，并实行首席专家负责制。

围绕着长江、黄河生态环境治理工程，以及生态保护与监测、天然林保护等国家重点项目，中国林科院组织一大批专家，积极开展预研和编制项目建议书。不仅使新增课题达到31项，新增科研合同经费近1850万元，而且进一步扩大了项目储备，为争取“十五”攻关项目打下了坚实的基础。

科技开发和产业建设发展势头良好 1998年，通过清理整顿，各所、中心经济实体得到了调整和充实，全院科技产业体系正在形成，开发基金、周转金、贴息贷款等配套资金也有不同程度的提高。1998年新增贷款1050万元，周转金达到200万元，科技开发基金扩大一倍，达到50万元。三项资金通过完善和补充，初步形成了开发资金配套体系。1998年，全院年产值首次突破亿元大关，创收近2000万元。

产业部门不断开拓新的合作领域，先后签署20余项合作协议或意向书。经过努力，已有5个项目基本确定。印尼金光集团设立了“金光林业科技开发基金”，并与中国林科院签署了300万元的技术开发和转让合同。

国际合作与交流

国际合作与交流领域继续拓展 1998年，中国林科院国际合作项目共40项，项目总经费898.85万美元，当年总经费242.9万美元，新增项目21项，新增项目经费241.1万美元；同时新增19个国外智力引进项目，资助金额为45.2万人民币。

1998年研国际合作课题达到40项，当年到位经费243万美元；新增国际合作课题21项，累计新增合同经费241万美元，成功举办了7次国际学术研讨会和培训班。1998年共派出出国（境）进行项目洽谈、考察、培训及参加国际会议的人达145人次，接待各国专家、来宾来访280人次。

国际化影响力进一步提高 1998年以中国林科院为依托筹建的“国际竹藤网络中心”、并在竹子研究开发中心和热林所筹建国际竹藤组织（INBAR）竹、藤两个分中心，预计项目总投资2亿元。中国林科院将逐步建成与INBAR相配套的国际竹藤研究开发和信息中心。

1998年国家林业局批准以中国林科院为依托建设国际资助约为400万美元的“亚洲防治荒漠化监测与评价网络中心”，与设在中国林科院的防治荒漠化研究发展中心及设在北京林业大学的培训中心配套，直接为亚洲和全球的荒漠化防治开展科研、技术咨询和技术服务。

对外科技合作交流进一步扩大 1998年8月22～28日，中国林科院与国际林业研究组织联盟第二学部联合主办召开了“世界森林遗传和林木改良会议”。来自33个国家的96名代表（国外代表56人）出席了大会。大会主题是“走向21世纪森林持续经营中的森林遗传和林木育种”。大会共收到82篇论文摘要，30位邀请论文作者做了重点发言。

1998年9月，江泽慧院长率中国林业科技代表团就林业可持续经营和林业科技等问题访问了澳大利亚、新西兰，会见了澳联邦总督威廉姆·塔奈、参议院议长玛格丽特·理德、众议院议长拉奈·斯卡拉、初级产业能源部常务副部长肯·马休斯和新西兰农林部部长拉克斯顿等政府高级官员，并就加强双边林业科技合作等问题交换了意见。

1998年10月27日，中国林科院建院40周年纪念大会隆重召开。联合国粮食及农业组织、国际林业研究组织联盟、国际竹藤组织等国际组织和新西兰、加拿大使馆等高级官员，意大利、日本、韩国、新西兰、加拿大、瑞典、芬兰、印度尼西亚等来自11个国家、地区和国际组织的70多位知名专家出席了大会。

院庆期间举行了“面向21世纪的林业——可持续发展全球战略下的林业科学技术国际研讨会，中外专家和会议正式代表共146人（其中外宾42人）和中国林科院科技人员120人出席会议，共宣读论文68篇。江泽慧院长等院领导还会见了各国来宾和国际组织代表，并和印度尼西亚金光集团亚洲浆纸有限公司、香港万通公司、新西兰林业所、加拿大Forintek研究所等签订了合作协议或意向书。

队伍建设和人才培养

进一步加强人才引进和培养的力度 1998年出台跨世纪学术技术带头人后备人才管理办法和国内外客座研究员聘任制度，结合院科研基金、人才培养基金，加大人才培养力度。一方面结合学科调整，全院共接收各类毕业生、归国留学人员56人，全院博士、硕士数量达到270人，占科技人员总数的15.8%，学科结构更趋合理，学历层次有所提高；二是通过专业技术职务的评聘破格晋升一批优秀青年骨干。114人晋升专业技术职务，其中研究员23人，包括45岁以下研究员8人；三是聘请两位外籍研究员，加强重点专业。到1998年底，科技人才队伍的年龄结构、学科配置得到了较大的改善。中国科学院重点学科、领域新的学术技术带头人和后备人才队伍初步形成，人才断层问题已

经得到了解决。

研究生工作和职工再教育取得显著成绩 1998年获准增设了林学博士后流动站，与林业工程博士后流动站（1996年）基本上覆盖了林业的主要学科。同时新增森林经理博士学位授权专业，全院博士学位授权专业达到5个，新增列5位博士生导师，进一步增强了高级科技人员的培养力度。按照控制规模、提高质量的原则，全年招收研究生29人（博士10人）。为加强新形势下职工继续教育，重点对各单位中层领导干部及科技人员进行了计算机技术在职轮训，仅京区累计办班19期，轮训人员370余人，进一步提高了全院职工的综合素质。（吴君琦）

【ABT研究开发中心】

ABT事业稳步迈向产业化 1998年，在全国农林业推广应用面积168.56公顷，育苗37 827.98万株，增产粮食73 939.15万千克，经济效益116 796.24万元，开办培训班1397次，培训技术骨干60.701万人。ABT不仅提高了育苗造林的成活率、增加农作物、蔬菜等的产量、促进了农林业的发展，对增加绿色宝库的蓄积量、改善生态环境条件也起到了积极的作用。目前，ABT推广面积累计0.18亿公顷，育苗9597亿株，推广营销体系的稳定发展保证了ABT事业正在稳步的迈向产业化进程。

1998年ABT中心参加了埃及与阿拉伯联合酋长国，以及中国台北科技交流活动，接待了马来西亚，埃及、印度尼西亚、越南、尼泊尔、孟加拉等国家和台湾的来访。先后与非洲科特迪瓦科敖部和埃及农业部签订了合作协议，并与加纳及联合国干旱地区农业研究中心所属的7个国家的研究机构建立了关系，使ABT的国际合作网络由亚太地区为中心，扩展为以非洲与亚太地区为中心，发展中国家为骨干，吸收发达国家的专家与公司参加的国际合作网络。

1998年出版了《绿色植物生长调节剂应用技术论文集》第二集。继代产品——非激素型的绿色植物生长调节剂完成了试验研究、应用、示范工作，以及配套应用技术与作用机理的研究，在此基础上进行了区域化试验与大范围的示范推广，应用植物种达677种（品种），扦插育苗、播种育苗、飞播造林及造林上应用的植物种达249个种（品种）。

社会林业工程的研究实施 1997年底ABT中心成立了中国林科院社会林业研究发展中心，作为领导全国社会林业工程研究与实施的龙头，进行社会林业资料的收集与文献的研究，1998年共收集中文文献5366篇，外文文献1556篇，提出文献研究报告22篇。

1998年1月份召开全国社会林业协作组会议，开展了以县为单位的社会林业现状调查，春秋两季组织一批专家在全国30个县市落实子项目37项，进行专业培训58期，培训技术骨干1018人。1998年还召开第一次社会林业国际研讨会，来自美国、英国、加拿大、印度等12个国家的60位专家参加会议，成为社会林业国际合作的良好开端。（吴君琦）

【中国林业科学研究院建院40周年】 10月27日，中国林科院建院40周年纪念会暨面向21世纪的林业——可持续发展全球战略下的林业科学技术国际研讨会在京举行。出席纪念会的有：全国政协副主席万国权，全国政协科教文卫体委员会副主任周干峙，科技部副部长韩德乾，北京市副市长岳福洪，加拿大驻华使馆商务参赞Terry Brophy，韩国林业科学研究院院长朴在旭，新西兰林业研究所所长Raymond Francla Meyer，意大利农业科学委员会副主任Francesco Cannata，日本林业同友会副会长、中日农林水产交流协会林业部会长神足胜浩，北欧木材理事会总经理Jan Hagsted，国务院参事高尚武、盛炜彤等。

中国农业科学院、中国水力水电科学研究院、中国气象科学研究院、安徽农业大学、西藏农牧学院和南平市政府的领导应邀出席纪念会，国家林业局各司局、在京各直属单位的领导和专家以及来自世界11个国家、地区和国际组织的70多位知名专家、学者与京内职工800余人共同参加了纪念会。

纪念会上，国家林业局党组成员、中国林科院院长江泽慧作了题为《发扬艰苦创业精神，开拓新世纪的辉煌》的报告。报告指出：建院四十年来，中国林科院广大科研人员紧紧围绕解决国民经济和林业建设中带有全局性、关键性、综合性、基础性的重大科技问题，深入实践，协作攻关，获得了一批重要成果。出版专著、编著、译著200余部，在国内外学术刊物上发表论文4500多篇。到1997年底，共获得科技成果1007项，获奖成果490项。目前，中国林科院已发展成为一个具有相当规模的多学科、综合性国家级林业科研机构。

10月27、28日，面向21世纪的林业——可持续发展全球战略下的林业科学技术国际研讨会在中国林科院召开。研讨会共分三个专题，即：森林资源培育与可持续经营、生态环境保护与生态林业和森林资源的高效利用。来自11个国家和地区的50位国际知名专家、学者与中国林科院数百位林业科技工作者一同参加了此次学术盛会。

院庆期间，中国林科院还和印度尼西亚金光集团、香港万通公司、新西兰林业所、加拿大Forintek研究所、苏州新区科技园和北京花乡白盆窑花卉中心等单位签订了合作协议或意向合作书。（吴君琦）

【中国林业科学研究院大事记】

2月11日至14日，“中国林科院1998年工作会议”在京召开。江泽慧院长作了题为《深化科技体制改革，促进科技与经济结合，全面开创我院科研、开发、管理工作的新局面》的工作报告。

4 月 20～29 日，应日本京都大学木质科学研究所邀请，中日技术合作考察组张久荣副院长一行三人赴日访问，促进了中日科技合作交流和该院正在争取的国际合作项目的立项。

6 月 11 日，国家环保总局解振华局长、祝光耀副局长和部分司局领导，在国家林业局党组成员、中国林科院江泽慧院长等的陪同下，实地考察中国林科院，并与科技人员座谈，探讨林业与环保在科技领域进行合作的途径。

7 月 2 日，“学习中华人民共和国森林法报告会”在中国林科院报告厅举行。国家林业局政策法规和体制改革司陈根长司长应邀到会作报告，江泽慧院长出席会议，并动员全院干部职工全面、系统地学习中华人民共和国森林法，积极、认真地贯彻中华人民共和国森林法，做学法的表率、做用法的先锋。

9 月 8 日，国家林业局在中国林科院召开了“森林资源保护与生态环境建设的关系——特大洪水后的反思”研讨会。全国政协副主席杨汝岱出席了会议，国家林业局党组副书记、副局长李育才主持了研讨会。来自林业、农业、环保系统专家、学者等 140 多人参加了本次研讨会，国家林业局党组成员、中国林科院院长江泽慧在研讨会上作了题为《保护森林资源，建设绿色生态屏障》的专题发言。

12 月 14 日，中共中国林科院京区第七次代表大会在科技报告厅召开。国家林业局党组成员、中国林科院院长江泽慧发表了题为《认清形势，知难而进，为实现我院改革与发展总体目标而努力奋斗》的讲话。

（吴君琦）

科学技术奖励

【国家林业局第四届科技进步奖评审委员会成立和1998 年度国家林业局科学技术进步奖评审会召开】 国家林业局第四届科学技术进步奖评审委员会成立和1998 年度国家林业局科学技术进步奖评审会于 10 月5～7 日在北京召开。在这次会议上，成立了国家林业局第四届科技进步奖评审委员会，评出了 1998 年度国家林业局科技进步奖项目。

按照《国家林业局第四届科技进步奖评审委员会章程》，评审委员会由 71 位委员组成，由国家林业局王志宝局长聘任，任期三年。主任委员：江泽慧；副主任委员：蔡延松、刘效章；秘书长：祝列克。评审委员会设种苗、造林、林副特产、资源、森林保护、木工林化、林业工程、软科学 8 个专业评审组。各专业评审组由 8 至 9 名委员组成，设正副组长各 1 人。

1998 年，国家林业局共收到各单位推荐科技进步奖项目 144 项。评审委员会按照《国家林业局科学技术进步奖奖励办法（试行）》规定，进行了认真评审，共评出获奖项目 71 项，其中：一等奖 4 项，二等奖 15 项，三等奖 45 项，缓评项目 12 项。《1998 年度国家林业局科学技术进步奖公报》登载在 11 月 9 日《中国绿色时报》。

（李明琪）

【国家林业局第四届科学技术进步奖评审委员会】

主　任：江泽慧
副主任：蔡延松　刘效章
秘书长：祝列克

种苗组
组　长：施季森
副组长：沈熙环
成　员：王明庥　张守攻　杨传平　邹学忠　张水松　曹子安　周建铭

造林组
组　长：慈龙骏
副组长：王凤友
成　员：吴晓芙　盛炜彤　朱金兆　李荣伟　唐德瑞　刘效章　张广军

林副特产组
组　长：王　涛
副组长：张志达
成　员：马建章　张启翔　肖江华　谭晓凤　张国良　韩连生　陈克林

资源组
组　长：林　进
副组长：罗富和
成　员：唐守正　董乃钧　徐国桢　马良清　彭世揆　杜永胜　周光辉

森保组
组　长：谢开立
副组长：赵爱群
成　员：沈瑞祥　李典谟　杨忠岐　祝列克　沈伯葵　吴　坚　杨瑞华

木工林化组
组　长：陈坤霖
副组长：马　心
成　员：安鑫南　鲍甫成　江泽慧　宋谌谦　赵广杰

刘一星 吴 博

林业工程组

组 长：王伟英

副组长：盛大德

成 员：路 健 蒋大鹏 毕玉礼 邵树云 王立海 蔡延松 庄寿增

软科学组

组 长：陈根长

副组长：黄鹤羽

成 员：刘东生 高 岚 杨福成 马 福 刘德章 邹立杰

（李明琪）

【1998 年度国家林业局科学技术进步奖项目】

一等奖

项目名称	主要完成单位	主要完成人	推荐部门
马尾松材性遗传变异与制浆造纸材优良种源选择	南京林业大学 中国林业科学研究院亚热带林业研究所 南平造纸营林总公司 福建省林木种苗站 广东省韶关市林业科学研究所 四川省林业科学研究院 湖南省林业科学研究院 中国林业科学研究院亚林中心 江苏省林业科学研究所 广西壮族自治区林业科学研究院	王章荣 秦国峰 陈天华 李光荣 徐立安 周志春 李建民 黄光霖 张大同 陈炳星 张广炎 赵世远 李午平 洪 炜 汪企明	南京林业大学
长江中下游滩地和低丘综合治理与开发	安徽农业大学 湖北省林业科学研究院 湖南省林业科学研究所 江西省林业厅 中国科学院中山植物研究所 上海市崇明县科委 江苏省扬州市科委 江西省吉安地区林业科学研究所 安徽省安庆市地方病办公室	江泽慧 彭镇华 吴泽民 蔡登谷 贺善安 程政红 陈放鸣 於凤安 刘立德 金同芬 费本华 曾昭汉 洪 石 黄家洪 杜兆新	安徽农业大学
热带林生态系统结构、功能规律的研究	中国林业科学研究院热带林业研究所 海南尖峰岭省级自然保护区	曾庆波 李意德 陈步峰 周光益 吴仲民 黄 全 邱坚锐 林明献 张振才 卢俊培 杜志鹄 顾茂彬 刘元福 弓明钦 陈佩珍	中国林业科学研究院
中国主要人工林树种木材性质研究	中国林业科学研究院木材工业研究所 安徽农业大学 东北林业大学 中南林学院 南京林业大学 北京林业大学 中国林业科学研究院林产化学工业研究所 华中农业大学	鲍甫成 江泽慧 管 宁 姜笑梅 陆熙娴 方文彬 李 坚 彭镇华 秦特夫 柴修武 费本华 陆文达 徐永吉 柯病凡 骆秀琴	中国林业科学研究院

二等奖

项目名称	主要完成单位	主要完成人	推荐部门
柳树造纸及矿柱用材优良无性系选育	江苏省林业科学研究所 江苏省金湖县林业站 安徽省长江河道管理局 浙江省富阳市林业技术推广站 江宁县林业站	涂忠虞 潘明建 郭　群 王宝松 王春生 顾炳贤 倪　明 王金顺 董德友	江苏省农林厅
南方主要造林树种耐旱、耐盐碱能力的研究	南京林业大学	曹福亮 沈惠娟 方升佐 万贤崇 张往祥 王永银 谢寅峰 唐罗忠 丁应祥	南京林业大学
刺槐建筑材、矿柱材无性系选育研究	山东省林业科学研究所 河南省林业科学研究所 北京市农林科学院林果研究所	张敦论 张振芬 朱延林 赵毓桂 王　斐 赵体顺 白　金 李善文 田　野	山东省林业厅
杉木建筑材优化栽培模式研究	中国林业科学研究院林业研究所 福建林学院 湖南省林业科学研究所 江西省林业科学研究所 贵州大学 南京林业大学 福建省林业科学研究所	盛炜彤 惠刚盈 何智英 张守攻 陈长发 贺果山 童书振 马　蔷 丁贵杰	中国林业科学研究院
四川盆地嘉陵江、涪江、沱江流域生态经济型防护林体系建设技术研究	四川省林业科学研究院	邱进贤 陈林武 王心清 罗成荣 费世民 黎先进 王　鹏 覃志刚 蒋俊明	四川省林业厅
南方地区杨树纸浆与胶合板材优化栽培模式研究	南京林业大学	吕士行 徐锡增 方升佐 唐罗忠 曹福亮 梁　军 郑勇平 蔡顺章 金志农	南京林业大学
紫貂巢区和生境选择的研究	东北林业大学野生动物资源学院	马建章 徐　利 张洪海 包新康 邹红菲 王　槐 王　文 卢文喜 金　崑	东北林业大学

项目名称	主要完成单位	主要完成人	推荐部门
邳州市银杏栽培技术及综合利用	徐州市多种经营管理局 邳州市多种经营管理局 邳州市绿化委员会 邳州市银杏科学研究所	胥占义　钱丙炎 赵洪亮　陈学广 邹定生　刘昌迎 沈雪珍　尹洪太 刘兆鹏	江苏省农林厅
长江中上游典型流域防护林体系水土流失与水文动态效益信息系统研究	北京林业大学	王礼先　解明曙 余新晓　张洪江 杨雨行　谢宝元 王玉杰　崔赛华 陈丽华	北京林业大学
沿海防护林木麻黄病虫害综合控制技术研究	广东省林业科学研究院 福建省林业科学研究院 华南农业大学林学院 广东省茂名市林业科学研究所 福建省泉州市森防站 广东省湛江市林业科学研究所 中国林业科学研究院热带林业研究所	刘清浪　黄金水 陈炳铨　陈瑞屏 丁　珌　岑炳沾 林思诚　柯玉铸 杜棣芬	广东省林业厅
一字竹笋象综合防治技术研究	中国林业科学研究院 亚热带林业研究所 浙江省龙游县林业局 浙江省安吉县林业局	王浩杰　徐天森 华正媛　汪国华 吴智勇　林长春 陈晓岚　郑国华 叶定仙	中国林业科学研究院
国产化定向结构板生产线及产品应用技术的研究	南京林业大学 福建建瓯市木材厂 镇江林业机械厂 上海人造板机器厂 溧阳矿山机械厂	华毓坤　周定国 张勤丽　洪中立 刘启明　徐咏兰 卢晓宁　高　耀 吴培国	南京林业大学
林木球果采集机器人	东北林业大学	陆怀民　刘晋浩 孔庆华　王守忠 潘建平　李泽林 葛安华　李宝军 刘和安	东北林业大学
《中国造林技术》	林业部科技委 北京林业大学 中国林业出版社	黄　枢　沈国舫 李一功　关福临 罗　林　李德林 王　棋　孙时轩 周士威	中国林业出版社
《中国森林昆虫》	中国林业科学研究院森林保护研究所 中国林业出版社	萧刚柔　吴　坚 李周直　温　晋 李运惟　李亚白 黄金义　张培毅 焦毓平	中国林业出版社

三等奖

项目名称	主要完成单位	主要完成人	推荐部门
兴安、长白和华北落叶松的种子鉴别	内蒙古林学院 内蒙古林业职工中专	乔　辰　弓彩霞 慈忠玲　杨　茜	内蒙古自治区林业厅
林木稳态矿质营养理论与技术研究及应用	中国林业科学研究院林业研究所 中国林业科学研究院 亚热带林业实验中心 安徽省砀山县林业局 山东省兖州市林业局	贾慧君　郑槐明 李江南　万细瑞 陆新育	中国林业科学研究院
《杨树速生丰产用材林主要栽培品种苗木》行业标准的制定	中国林业科学研究院林研所 赤峰市林业科学研究所 临河市林业局 张掖市林业局 伊犁地区林业科学研究所	陈章水　白玉茹 魏基深　刘文国 徐志强	中国林业科学研究院
核桃楸优树选择及其无性繁殖技术的研究	吉林省林业科学研究院 吉林省黄泥河林业局	徐程扬　王玉生 张士俊　任晓光 陶　静	吉林省林业厅
晚熟浓红型苹果新品种——国红	河北省农林科学院石家庄果树研究所	匡明纲　李良瀚 段玉春　冯建忠 张振波	河北省林业厅
杨树优良品种741杨、中保杨繁育技术推广	河北省林业技术推广总站	李占民　刘振庭 王　忠　孟建平 杨敏生	河北省林业厅
草牧场防护林营建技术	东北林业大学 黑龙江省防护林研究所 内蒙古自治区林业科学研究院 辽宁省固沙造林研究所	赵雨森　姜永范 宫伟光　章　中 苑增武	东北林业大学
黄土高原径流林业合理配套技术措施的研究	北京林业大学 山西省方山县林业局 山西省吉县林业局 甘肃省林业科学研究所	王斌瑞　王百田 张府娥　杨晓辉 王　贤	北京林业大学
银中杨营养特性及优质高产栽培配套技术的研究	黑龙江省防护林研究所 黑龙江省防护林研究所新江实验林场 富裕县机械化林场	张剑斌　赵永和 唐永林　呼振德 司海忠	黑龙江省林业厅
北京永定河沿岸沙地综合开发试验示范区	北京市林业局 北京林业大学水土保持学院 中国林业科学研究院林业研究所 北京市大兴县林业局 北京市房山区林业局 北京农业技术学校	李永芳　周　冰 高懿鑫　王　贤 辛学兵	北京市林业局

项目名称	主要完成单位	主要完成人	推荐部门
永定河沙地农林生态系统技术推广	北京林业大学 固安县海河流域平原农业开发办公室 固安县林业局 固安县农业局 固安县蔬菜中心 固安县水利局 固安县科技局	查多禄 张克斌 雷润生 刘少先 郭增文	北京林业大学
观赏动物资源、饲养与贸易现状调查及人工饲养技术研究	湖南林业专科学校 湖南省森林资源管理保护局 湖南省野生动物救护繁殖中心	钟福生 莫小林 曾元根 朱开明 彭亚辉	湖南省林业厅
新疆昆仑山珍稀野生动物资源调查	巴音郭楞蒙古自治州林业局 新疆维吾尔自治区林业厅野生动植物办公室 新疆生物土壤沙漠研究所 新疆大学 新疆林业科学研究院 且末县林业局	顾正勤 高行宜 安尼瓦尔 原 洪 汪成健	新疆维吾尔自治区林业厅
山楂、杏肉绿色食品果茶生产技术开发	河北莽源食品有限公司	阎福轩 邢向东 赵玉亮 王志军 李华风	河北省林业厅
十万亩泰山板栗出口基地标准化生产技术开发	泰安市郊区林业局 泰安市林业科学研究所	张曰盈 侯立群 童申和 姚玉章 王宪德	山东省林业厅
大花蕙兰的现代化规模栽培	深圳农业科学研究中心组织培养研究室	刘荣维 梅庆超 崔元方 麦小燕 伍继成	中国花卉协会
板栗良种的生产系列化研究及其配套技术的推广	浙江省诸暨市林业科学研究所 浙江省诸暨市林木良种繁育站 浙江省诸暨市林业技术推广总站 福建省五夷山市林业委员会	李金昌 卢友芳 王正淼 杨共鸣 黄开芬	浙江省林业厅
巴山冷杉精油开发研究	西北林学院林产工程学院	樊金拴 王性炎 王姝清 曹玉美 贾彩霞	西北林学院
优化伐区调查设计方法的研究	福建省森林资源管理总站 永泰县森林资源管理站	李宝银 江正铨 严思钟 李贞猷 陈祖挺	福建省林业厅
区域水源涵养林、水土保持林防护技术参数及重点工程建设研究	国家林业局中南林业调查规划设计院	苏英吾 黄金玲 王永安 李晓明 付达夫	国家林业局规划设计院

项目名称	主要完成单位	主要完成人	推荐部门
北京西山人工林质量评价研究	北京市西山试验林场 北京林业大学森林生态教研室	田奇凡 阎海平 范兆飞 宋 涛 王铁柱	北京市林业局
南方森林防火林带技术规范研究	中南林学院	文定元 吴东亮 吴轶杰 张明军 袁春明	中南林学院
杨桦林分类定向培育技术的研究	黑龙江省林业科学研究所	才志行 栾士波 王树力 陈喜军 李 晶	黑龙江省森林工业总局
毛竹天然混交林经营技术	江西省林业科学研究院 江西省奉新县林业局 江西省奉新甘坊采育林场 江西省奉新澡下采育林场 江西省弋阳县林业局	黄衍串 宣本康 严伍明 胡瑞秥 黄文超	江西省林业厅
黑星病免疫梨新品种选育	衡水市林业局 阜城县人民政府林业局	高崇达 张英琴 吴湘友 崔凤娥 魏兰珍	河北省林业厅
樗蚕综合治理技术	沧州市林业局森防站 任丘市林业局 河间市林业局 南皮县林业局	宋华茹 张秀红 韩慧智 曲炳国 李振刚	河北省林业厅
肉桂泡盾盲蝽发生规律及综合防治技术研究	广西林业科学研究院 广西苍梧县林业局 广西苍梧县白南林场 广西桂平市科协 广西桂平市金田镇肉桂场	黄荫规 陈崇征 全寿炯 黄江海 莫金莲	广西壮族自治区林业局
落叶松枯梢病防治技术研究	黑龙江省森林保护研究所	赵经周 于文喜 魏 侠 潘学仁 刘国荣	黑龙江省森林工业总局
长江防护林危险性害虫——榕片圆蚧综合治理技术研究	西南林学院 四川省凉山州林业局 四川省宁南县林业局	潘涌智 赵 谦 苏继祥 吴加林 赵应全	西南林学院
翘鳞肉齿菌的生物学及防腐效应的研究	中国林业科学研究院资源昆虫研究所 西南林学院	冯 颖 陈晓鸣 王绍云 惠雅玲 赵丽芳	中国林业科学研究院

项目名称	主要完成单位	主要完成人	推荐部门
YH-1耐洗型喷胶棉用醋丙多元共聚乳液胶粘剂	中国林业科学研究院林产化学工业研究所 江苏省宜兴市江南合成胶粘剂厂	储富祥 吕时铎 裘梅琴 蒋 煜 王治华	中国林业科学研究院
木纤维瓦楞板生产技术及成套设备的研究、开发与推广应用	林业部林产工业规划设计院 福建省漳平市木质纤维瓦楞板厂	林光华 喻乐飞 刘天增	林业部林产工业规划设计院
中密度纤维板的管道与搅拌联合施胶试验	福州人造板厂	黄玉亭 陆懋圣 王高峰 陈维宁 王 旭	福建省林业厅
BSG2813六砂架双面宽带砂光机的研制	苏州林业机械厂	沈文荣 李道堉 陈玉墩 陈国昌 李明堂	中国福马集团
ZLM-18轮式木材装载机的研制	常林股份有限公司	王守连 夏经纶 史华杰 李锦林 鲍继兵	中国福马集团
综合治理广东省云浮水泥厂运输石灰石架空索道病态工程	中南林学院 广东省云浮水泥厂 广东省冶金研究设计院	单圣涤 黄立耕 陈洁余 侯其福 陈均迪	中南林学院
市场经济国家国有林发展模式比较研究	中国林业科学研究院科技信息研究所	李智勇 关百军 石 峰 沈照仁 李卫东	中国林业科学研究院
《森林动态模拟——兼论红松林的优化经营》	美国普渡大学 中国科学院自然资源综合考察委员会 美国弗吉尼亚大学 中国林业出版社	邵国凡 赵士洞 舒噶特 温 晋	中国林业出版社
《鸟类学》	东北林业大学	常家传 马金生 鲁长虎 郑光美 倪乃华	国家林业局人教司
《制材学》	南京林业大学 东北林业大学 北京林业大学 中南林学院 中国林业出版社	区炽南 谭守侠 郑雅各 江良游 戴于龙	国家林业局人教司
《造林学》	北京林业大学 中国林业出版社	孙时轩 沈国舫 黄宝龙 陈大珂 叶镜中	国家林业局人教司

项目名称	主要完成单位	主要完成人	推荐部门
《气象学》	北京林业大学 中国林业出版社	贺庆棠 姚丽华 陆鼎煌 邵海荣 袁嘉祖	国家林业局人教司
《木材学》	中国林业科学研究院木材工业研究所 安徽农业大学 北京林业大学 中国林业出版社	成俊卿 鲍甫成 柯病凡 李源哲 申宗圻	中国林业出版社
《全国青少年绿化知识普及教育 300 问》	全国绿化委员会办公室	朱俊凤 郝燕湘 任锡初 梁宝君 阙秀如	中国林学会
《大森林的未来——21 世纪的林业》	中国林业科学研究院森林生态环境研究所 中国林业科学研究院林业研究所 中国林业科学研究院调研室	宋朝枢 张清华 赵宝瑄 黄鹤羽	中国林学会

缓评项目

项目名称	推荐单位
杉木优良性系推广应用	湖南省林业厅
欧美杨多品系混合造林栽培技术与推广	安徽省林业厅
呼伦贝尔沙地樟子松封育技术推广	内蒙古自治区林业厅
《杜仲丰产技术》行业标准的制定	中南林学院
太行山区森林土壤水分生态及植被快速恢复技术研究	中国林业科学研究院
几种主要森林害虫信息素的开发利用	中国林学会
木质压缩成型燃料技术设备的引进和开发	中国林业科学研究院
490 型柴油机的研制	中国福马集团
1E52FM 汽油机附件壳体六工位专机	中国福马集团
1E52FM-2 汽油机的研制	中国福马集团
锯割冻材修锯技术的研究	黑龙江省森林工业总局
植物新品种产权保护现状与对策研究	江苏省农林厅

（国家林业局科学技术司）

【国家林业局科学技术委员会第五届全体委员会议】 国家林业局科学技术委员会第五届全体委员会议 10 月 4 日在北京召开。会议由李育才副局长主持，李昌鉴副局长宣布了国家林业局第五届科学技术委员会组成人员名单，王志宝局长作了重要讲话，江泽慧副主任作了题为《以邓小平科技思想为指导，推进林业决策科学化和民主化》的工作报告。

按照《国家林业局第五届科学技术委员会章程》规定，科技委设主任 1 人，由国家林业局局长兼任；副主任 3 人，常委 17 人，秘书长 1 人，副秘书长 1 人。科技委委员由中国科学院院士和中国工程院院士、研究员、教授以及林业管理专家、有关方面领导组成，由国家林业局局长聘任，任期 4 年。国家林业局第五届科学技术委员会共有委员 45 人。会上讨论通过了《国家林业局科学技术委员会第五届委员会工作要点》。

（李明琪）

【国家林业局科学技术委员会第五届委员会】

主　任：王志宝

副主任：江泽慧　蔡延松　徐冠华

常　委（按姓氏笔画为序）：

马建章　马　福　王志宝　王明庥　王　涛　江泽慧　刘效章　刘德章　余世袁　张守攻　陈根长　李　坚　贺庆棠　唐守正　徐冠华　盛炜彤　蔡延松

委　员（共 45 人）：

王志宝　江泽慧　蔡延松　徐冠华　马建章　马　福　王明庥　王　涛　刘效章　刘德章

（李明琪）

【1998年国家林业局鉴定科技成果项目目录】

项　目　名　称	完　成　单　位
爆破改土等综合配套技术改造山地果园项目	北京市林业局
“三北”防护林体系和植被变化监测系列技术	中国林业科学研究院资源信息研究所
9个优良枣品系选育	中国林业科学研究院林业研究所
难干阔叶材干燥特性和干燥工艺的研究	中国林业科学研究院木材工业研究所
国际科技合作项目管理与有关政策研究	林业科学研究院调研室
1SC山地林区采种设备的研制	湖南省林业工业研究所
重组木门框材制造技术的研究	东北林业大学
杉木、杨树人工林地力衰退原因机制及其维护地力措施研究	中国林业科学研究院林业研究所
短周期工业材胶合板制造技术	中国林业科学研究院木材工业研究所
几种名特优果品贮藏保鲜技术研究	中国林业科学研究院林业研究所
天然次生林和人工红松、落叶松中幼龄林经营技术的研究	辽宁省森林经营研究所
黔金丝猴的人工驯养及繁殖技术研究	贵州梵净山国家级自然保护区管理处
黔金丝猴野外生态调查研究	贵州梵净山国家级自然保护区管理处
林区灭鼠药品的研制及应用	陕西省林业科学研究院
苦豆草生物碱的生产工艺及苦豆碱防治松材线虫病的理论与技术	南京林业大学森林资源与环境学院
竹杉复合地板	南京林业大学
紫胶虫遗传资源基因库建立及遗传试验	中国林业科学研究院资源昆虫研究所
松毛虫应用价值研究及其对松毛虫的防治作用	中国林业科学研究院资源昆虫研究所
单板磨削加长机组	长沙湘华兴电器有限公司
白蜡稳产高产技术研究	中国林业科学研究院资源昆虫研究所
湿地松人工林养分循环的密度调控机理与生长的经济评价	中南林学院
废弃木质材料制造人造板的可循环利用性研究	中国林业科学研究院木材工业研究所
南亚热带珍稀花木培育技术研究	广西壮族自治区林业科学研究院
“三北”防护林体系区域性生态效益评价的研究	东北林业大学
短轮伐期菇木林培育技术研究开发	浙江省林业科学研究院
林业剩余物制造颗粒成型燃料技术研究	中国林业科学研究院林产化工所
刺槐建筑与矿柱材林优化栽培模式研究	山东农业大学
三江平原湿地鸟类及其保护研究	黑龙江省野生动物研究所
二元森林生物量模型及其相容的一元自适应模型系列的研究	中国林业科学研究院资源信息研究所
高生物量薪炭林及其多效益研究	中国林业科学研究院林业研究所

（续）

项 目 名 称	完 成 单 位
马尾松建筑材林优化栽培模式研究	贵州大学
二次结实板栗的选育及其栽培技术研究	浙江省林业科学研究院
中国林业科研人才资源布局、配置与发展战略研究	中国林业科学研究院调研室

（李明琪）

【1998年度国家科技奖励林业专业评审】 1998年度国家科技奖励林业专业评审会于4月11～14日在四川省简阳市召开，林业专业评审委员会的28位评委中有23位评委和3位特邀评委出席了会议。会议由主任委员刘于鹤，副主任委员王明庥主持，国家科技奖励办公室副主任魏志渊及有关领导到会指导。

本年度推荐到林业专业评审项目共35项，其中推荐国家发明奖3项，科技进步奖28项，推广项目4项。在推荐项目中由原林业部推荐的项目20项，其他专业转来的项目15项。

会议经项目完成人到会答辩，主审委员介绍项目情况，评委们认真审查，利用计算机打分，最后投票表决共评出获1998年国家奖项目13项，其中获国家发明三等奖1项：测径靠尺和显微测树仪（吉林省林科院）；国家科技进步奖12项（含推广项目2项）：一等奖1项：沙棘遗传改良系统研究（中国林科院），二等奖3项：五个相思树种纸浆材种源和家系选择研究（中国林科院热林所）、长江上游防护林体系生态经济效益评价技术研究（四川省林科院）、浅色松香松节油增粘树脂系列产品开发研究（中国林科院林化所），三等奖8项：南方19个油茶高产新品种选育（中国林科院亚林所），欧洲黑杨抗虫转基因的研究（中国林科院林研所）、余甘子加工利用技术研究（中国林科院资昆所）、纸浆竹林集约栽培模式的研究（中国林科院亚林所）、短周期工业材木材干燥技术（南京林业大学）、敖汉旗退化草场防护林体系工程营建（敖汉旗林业局）、良种桉短周期工业用材林综合技术开发（推广）（广西林业技术推广总站）、杨树优良无性系推广（河北省林科院）。

此外，由北京林业大学完成的多功能履带式森林消防车在国家科技奖机械专业组获国家科技进步三等奖，由中国林科院等单位完成的《中国森林土壤》在国家科技奖科技著作专业组获国家科技进步三等奖。

（秦兰梅）

【亿利达科技奖】 1998年，由国家林业局推荐的竹林资源培育与加工利用技术获第二届“亿利达”科技奖。中国林科院院长应邀参加会议并向获奖者颁奖。

（秦兰梅）

林　业　科　研

【“九五”农业科技攻关（林业部分）通过中期检查和评估】 “九五”农业科技攻关（林业部分）项目，共设有“生态林业工程技术研究与开发”、“优质工业用材林培育与高效利用研究”、“荒漠化治理技术与示范”三个项目和“重大森林病虫害综合防治技术研究”课题。根据原国家科委《关于开展“九五”国家科技攻关项目中期检查的通知》（国科发计字［1998］103号）和《关于开展“九五”农业攻关项目中期检查和验收的通知》（国科委农字［1998］021号）精神，为跟踪了解国家林业科技攻关计划的执行情况，及时进行攻关计划的调整，科技司及时下发了（林科计字［1998］24号文）《关于开展“九五”国家林业科技攻关项目中期检查的通知》，组织项目管理办公室、各项目、课题负责人及部分同行专家，于1998年5～8月赴云南、四川、湖北、湖南、福建、江苏、浙江等19个省（市、区），对28个专题、6个子专题进行了现场检查，对其他专题（子专题）采取会议、专家函审等形式逐一进行检查，对64个专题提出中期检查意见，在此基础上形成项目中期检查报告。科技部和国家林业局共同组织有管理人员和专家参加了项目中期检查会议。3个林业科技攻关项目顺利通过了中期检查。各项目中期检查概况如下：

“生态林业工程技术研究与开发”项目 共设4个课题、30个专题，参加攻关的单位144个，科技人员706人，国家总投入3500万元，各省、市（部门）配套及自筹经费946万元。该项目研究总体目标旨在解决我国“三北”、长江沿海和太行山等防护林体系建设工程迫切需要解决的一系列关键技术，为防护林建设工程提供技术支撑，攻关研究总体目标明确。本项目在执行中严格按照合同确定的研究内容、计划进度和项目实施方案全面开展了各项试验研究工作，攻关3年来共建立县级试验示范区18个，试验基点115个，田

间试验212项，营造试验林2869.43公顷；布设生态效益监测站21个，气象站点10个，小流域23条；初选抗逆植物材料637个，试验示范林238.9公顷，完成了合同规定和各项技术经济指标及各项研究任务。在防护林体系高效空间配置、稳定林分结构技术，特殊困难立地造林与植被恢复技术，抗干旱、耐盐碱、抗风等植物材料选育、快速繁殖技术，造林成活率低、保存率低的防护林更新改造技术，农地防护林复合经营技术等五个方面取得的阶段成果26项，专利1项。此外，还整理发表学术论文、报告281篇，出版专著5部。项目管理和运行机制良好。

“优质工业用材林培育与高效利用研究”项目 共设3个课题、25个专题、39个子专题，参加的攻关单位138个，科技人员726人，国家总投入3100万元，各省、市（部门）配套及自筹经费1769万元。该项目总体目标是通过发展和培育优质工业用材林资源、改进木材利用技术、提高资源利用率，减轻对天然林木材供应的压力，对加强生态环境和天然林保护工程建设，具有重要的意义。经过3年的实施，大部分专题都能够按照合同要求完成计划任务，并选育出杨树、桉树、杉木等新品种60个，优良无性系8～10个，选出红松、水曲柳、椴树等树种的优良种源各2～5个，营造各类试验示范林1555公顷；建成不同规模示范生产线5条，木材综合利用率达80%以上。研究的木材制浆工艺比现行工艺技术均有大幅度的提高。另外，在新品种选育、无性繁殖、施肥、定向培育和高效加工利用等方面取得了一批成果，提出新技术、新工艺、新材料19项，已鉴定成果5项，撰写研究报告或发表论文255篇，技术转让成果7项，转让金额93.5万元，有14项成果在实践中得到了推广应用，具有很好的经济、社会及生态效益。

“荒漠化治理技术研究与示范”项目 共设5个专题，18个子专题，参加的攻关单位34个，科技人员120人，国家总投入1000万元，各省、市（部门）配套及自筹经费1121万元。该项目针对我国荒漠化继续扩展所带来的社会和环境问题，结合全国治沙工程建设的需求，在不同荒漠化类型区建立可持续发展的综合治理试验示范基地，以技术创新、引进、集成、示范为核心形成大面积荒漠化土地治理、开发综合技术体系与示范模式，实现我国荒漠化土地的可持续治理及动态评估与监测。

“重大森林病虫害综合防治技术研究”课题 共设4个专题，16个子专题，参加攻关的科技人员180人，国家投入790万元。本课题以灾害可持续控制为目标，以营林技术措施为基础，抓抗病虫树种的选择和利用，改善和提高灾情的监测手段和水平，保护和发挥生物因子在持续抗灾过程中的作用，合理使用化学杀虫剂等进行了较深入系统的研究。通过3年的攻关取得了11项成果。如在杨树天牛上，研制了新型杀虫剂触破式微胶囊，对防治杨树天牛有较好的推广应用前景。在松毛虫监测、微生物防治，松材线虫、柏木叶蜂、湿地松粉蚧、松枯梢病、泡洞丛枝病、云南松小蠹等防治上取得了较好的进展，顺利地通过了由农业部组织的中期检查。 （何力春）

【国家农业（林业）技术预测工作】 解决中国21世纪16亿人口食物安全和其他农业产品的有效供应问题，预测未来30年我国农业发展的关键技术，是摆在农业科学家面前的一项艰巨的任务。林业是农业生产的生态屏障，是改善环境，提高农业产量的重要保证。同时，林业可为提高人们生活水平提供多种林产、林副特产品，是解决除粮食以外生活必须品密不可缺的补充。林业是农业领域的重要组成部分。

为此，国家科委召开了由邓楠、惠永正主持有农、林、水、中国科学院等部门领导、专家参加的“农业技术预测工作会议”。会上，邓楠和惠永正副主任分别讲述了技术预测的重要性，例举了国内外各历史时间技术预测的情况及其所起到的重大作用。会后，根据国家科委的统一部署，科技司组织专家讨论编写了5项林业关键技术申请书和20项重点技术说明材料。在1998年3月19～22日国家科委召开的“21世纪16亿人口食物安全关键技术遴选工作会议”上，经20多位全国知名专家论证和主讲人答辩，林业有“天然林保护及可持续经营技术”、“林业生态工程构建及生态系统恢复技术”、“优质工业用材林定向培育及高效利用技术”、“荒漠化预防与治理技术”、“经济林、竹藤、花卉良种栽培与加工技术”等5项关键技术列入“2116工程”项目。

根据科委的要求，科技司于4月1日召集了有50名林业专家参加的“林业项目可行性研究报告编写工作动员会”，江泽慧同志主持会议并做了重要讲话，指出“独立性、不可比性、不可代替性是林业项目的特点”。要求林业关键技术项目的编写工作要体现“有所为、有所不为”的原则，要与林业重点工程紧密结合，为林业两大体系建设服务。会后，科技司组织多学科专家，经过多次座谈讨论，用了近半年的时间，编写出了5个项目的可行性研究报告。10月15日，科技部和国家林业局共同主持召开了论证会。与会专家原则通过了5个项目的可行性研究报告，经进一步整理修改，于年底报送到科技部。 （李二波）

【国家重点基础研究工作】 为了实施科教兴国战略，实现“九五”和2010年以及到下世纪中叶我国经济、科技和社会的宏伟目标，确保科技自身发展能力不断增强，迎接新世纪挑战的迫切需求，国家科学技术部于1998年制定了《国家重点基础研究发展规划》（以下简称《规划》）。《规划》分五年实施，总投资25亿元。《规划》对我国基础研究工作提出了总体要求和安排：

《规划》项目应是对国家和科学技术的进步具有全局性和带动性，需要国家大力组织和支持的重大基础性研究项目；《规划》项目的立项要围绕农业、能源、信息、资源环境、人口与健康、材料等国家需求和有重大影响，能在世界上占有一席之地的重点学科领域，瞄准科学前沿和重大科学问题，开展多学科综合研究和学科交叉研究，提供解决重大关键问题的理论依据和形成未来重大新技术的科学基础；《规划》项目的立项，由科技部结合我国经济、社会和科技发展的需要，统一布署，分年度提出重要支持方向供申报项目参考，是每年遴选项目的重要依据。

国家重点基础研究项目申报分部门推荐和个人申请两种方式，项目评选采取专家打分制，项目管理实行首席科学家负责制。

国家林业局1998年组织申报了五个项目：

①优质高产林木生长的机理及调控；

②森林植被对生态环境的影响及其调控机理研究；

③荒漠化发生动力学与系统重建机理；

④重大森林火灾发生及预防机理的研究；

⑤重大森林生物灾害可持续控制基础理论研究。

其中，“森林植被对生态环境的影响及其调控机理研究”项目进入最后一轮答辩，但以0.5分之差落选。重大基础研究计划是一项新的国家重大科技计划，虽然林业项目未能列为首批启动的计划项目，但为申报第二批计划项目奠定了良好的基础。　（新　芳）

【中国森林生态系统定位研究网络】　截至1998年，国家林业局共建立了13个森林生态系统定位监测站，其中有10个是1978年改革开放后20年里陆续建立起来的。这13个生态定位站基本覆盖了我国北起大兴安岭，南至海南岛，东起小兴安岭，西至新疆天山及青藏高原的主要国有林区，包括了我国从寒温带到热带、湿润地区到极端干旱地区的最为完整和连续的植被和土壤地理地带系列，是一个最典型的受热量和水分驱动的纬度、经度地带系统，反映出我国森林植被受温度和水分驱动的梯度变化规律，基本构成了一个完整的中国森林生态系统定位研究网络。

建立森林生态系统定位研究网络旨在定位、连续的观测数据基础之上从个体、种群、群落和系统四个水平上同步对我国森林生态系统的结构和功能进行定性和定量的研究，建立中国主要森林生态系统结构、功能与生态环境因子数据库和在区域、国家尺度上的森林资源、生态环境、水资源以及有关的社会经济数据库，建立中国主要流域森林生态效益评估体系以及森林生态环境动态监测网络和预警体系，实现对中国森林资源与生态环境进行长期、全面的动态监测，为我国生态环境建设、森林资源可持续经营和经济可持续发展提供科学依据。

20年来，参与森林生态定位观测与研究的科技人员不计其数。1998年有固定的高级研究人员53人、副高级81人、中级136人；已建立起51个集水区测量堰、131个径流场、26个观测塔、34个气象站，结合利用现有的3万块森林固定标准地、1200余块各类实验固定标准地，在森林生态系统的能量平衡、森林在大气二氧化碳和氧平衡中的作用、森林的涵养水源作用、森林在养分循环中的作用、森林的保持水土作用、森林的净化污染物作用、森林在维护生物多样性方面的作用、森林公益效能的经济评价、森林生态系统经营途径及方法等方面开展了大量的研究，取得一大批研究成果，发表了研究论文166篇、专著64部，有44项成果获得各级科技奖励，其中国家科技进步二等奖3项、三等奖3项、省部级科技进步一等奖6项、二等奖13项、三等奖38项。生态定位研究在森林生态系统经营途径和方法方面所取得的部分成果已在许多地区得到推广应用，并为我国林业可持续发展提供了行之有效的经营模式。

1998年，我国湖北、湖南等省区发生了特大洪灾，森林生态定位监测与研究工作受到国家计委的高度重视，国家计委给予1200万元投资，支持生态定位站的基础设施建设和仪器仪表添置，大大加强和改善了森林生态定位监测与研究的基础条件。　（新　芳）

【林业科技救灾】　1998年，湖北、湖南、江西等省（区）发生了特大洪涝灾害。按照科技部科技救灾领导小组的部署，国家林业局科技司积极组织林业科技救灾工作，针对灾区恢复重建的需要，组织发送林业技术资料2万份，派送科技人员150人，设立科技咨询热线14个，举办培训班50个，为灾区人民提供林业科技服务；与此同时，围绕森林生态建设及其对环境影响作用的研究，积极申报林业科研课题，中国林业科学研究院提报的“中国森林生态网络工程体系建设研究”获准立项。

林业科研院所、科技推广站及生态监测站在1998年洪涝灾害中也有大的损失，房屋倒塌和受淹损失2524万元，仪器设备报废、损坏的损失为1571万元，实验示范林损毁50 905.3公顷，损失11 565万元。

（新　芳）

【引进国际先进林业科学技术项目计划编制】　1998年度紧紧围绕林业生态建设这个重点和难点，遵循重要性、先进性和适用性相一致的原则，着重考虑引进环境与荒漠化治理技术、山区综合开发与林业可持续发展技术、林业高新技术与前沿技术、重要林产品加工技术及林业建设中所急需解决的其他关键技术。要求项目不仅具有近期效益和远期效益，而且应有发展潜力，做到把发展新技术与提高林业生态效益和社会效益结合起来，为实现经济和社会的可持续发展提供技术支持和保障。

通过认真评审、专家论证和答辩，列入 1998 年度引进国际先进林业科学技术项目计划的有 27 项。其中优良造林、花卉新品种 11 项，经济树种、经济作物新品种 7 项，森林经理及保护新技术 4 项，林产品加工及林业生产新技术 4 项，高新技术 1 项。由中央直属单位承担的有 16 项，地方单位承担 11 项。

1998 年引进国际先进林业科学技术项目表

项目编号	项　目　名　称	起止年限	承担单位
98-4-01	花卉高产栽培及花期调控技术引进	1998～2001	北京林业大学 中国林业国际合作公司 中国林木种子公司
98-4-02	柳树新品种种质资源的引进	1998～2001	江苏省林业科学研究所
98-4-03	尤曼桉、大咀桉种质资源及栽培技术引进	1998～2001	四川省林业科学研究院
98-4-04	国外白杨和胡杨新品种及抗干旱基因与转化技术引进	1998～2001	北京林业大学 山西农业大学
98-4-05	美国黄松优良种源家系及快繁技术引进	1998～2001	陕西省林业科学研究所
98-4-06	斑克松、白松优良造林树种引进	1998～2001	辽宁省林业科学研究院
98-4-07	槭树、白蜡优良品种引进	1998～2001	南京林业大学
98-4-08	优良商品棕榈藤新品种及扩繁技术引进	1998～2001	中国林业科学研究院热带林业研究所
98-4-09	北美鹅掌楸育种材料与育种技术引进	1998～2001	中国林业科学研究院林业研究所
98-4-10	南洋楹优良种质资源及栽培技术引进	1998～2001	广东省林业科学研究院
98-4-11	日本杂种落叶松及优良种源和无性系引进	1998～2001	辽宁省森林经营研究所
98-4-12	印度楝优良种源及栽培技术引进	1998～2001	中国林业科学研究院资源昆虫研究所
98-4-13	日本李树优良品种及丰产栽培技术引进	1998～2001	河北省林业科学研究院
98-4-14	白千层树种及优良种源和栽培技术引进	1998～2001	广西壮族自治区林业科学研究院
98-4-15	木豆新品种及栽培技术引进	1998～2001	中国林业科学研究院资源昆虫研究所
98-4-16	叶用银杏新品种及矮林营造技术引进	1998～2001	山东省林业科学研究所
98-4-17	沙棘优良品种引进	1998～2001	中国林业科学研究院林业研究所
98-4-18	沙棘油先进萃取技术引进	1998～2001	山西省林业科学研究所
98-4-19	日本改良果梅品种和栽培技术引进	1998～2001	湖北省林木种苗站
98-4-20	蓝狐银狐优良种狐引进	1998～2001	东北林业大学
98-4-21	森林资源监测指标体系和先进技术引进	1998～2001	中国林业科学研究院资源信息研究所
98-4-22	森林生态系统定位监测技术引进	1998～2001	东北林业大学
98-4-23	多功能无毒胶粘剂专利技术引进	1998～2001	北京林业大学 国家木材工程中心
98-4-24	多功能连续辊压法贴面技术引进	1998～2001	中国林产工业公司 中国福马林机集团公司
98-4-25	高质木铝复合窗结构及生产技术引进	1998～2001	中国林业科学研究院木材工业研究所
98-4-26	叶蜂类害虫性信息素的合成和应用技术引进	1998～2001	中国林业科学研究院森林保护研究所
98-4-27	美国北美鹅掌楸优良杂交亲本材料与体细胞胚胎发生培养技术引进	1998～2001	南京林业大学

（王　琦）

【组织编制和申报国家重大高技术产业化林业项目】 为加快高技术产业发展，有重点地培育新兴产业、促进传统产业的优化升级，推动经济增长方式的转变，调整和优化产业结构，国家计委从1998年开始加大国家高技术产业发展项目计划的实施力度，科技部也准备采取一系列措施，加快科技产业化进程。针对林业产业情况，根据国家林业局关于继续抓好林业产业体系建设的工作方针，以资源为基础，以市场为导向，以科技为依托，以产品为龙头，科技司提出了林业科技产业化重点方向，组织编制了一批重大高技术产业化科技开发项目可行性研究报告。按照国家计委要求，申报了"新型竹材人造板"、"林纸结合"、"复合门窗"、"麦杆人造板"、"无毒胶料"等5个项目；根据科技部通知精神，申报了"花卉产业化"、"有毒灌草开发"、"板栗加工"、"木基复合材"、"环保纸质快餐盒"、"竹材加工"等6个项目。其中"新型竹材人造板"产业化前期关键技术成套设备研制开发项目已原则通过国家计委高技术产业发展司审批，拟资助980万元。 （杨锋伟）

【国家林业局部门重点科研计划实行重大改革】 国家计委从1998年开始取消原部门切块经费（国家林业局每年500万元），改为申报部门重大科技进步项目。原由切块经费支持的国家林业局部门重点科研计划也随之实施了重大改革，因经费来源暂时切断，1998年没有按以往惯例发布科研课题指南和受理申请。根据国家计委高技术产业发展司的改革要求，并结合林业的具体情况，科技司组织编写并申报了"非木质资源利用"、"长江中下游滩地治理"和"野生花卉资源收集"等3个项目，其中"非木质资源利用"、"长江中下游滩地治理"两个项目获计委批准立项，总经费650万元。为保证科研的延续性及与原有课题的有机结合，利用国家计委部门重大科技进步项目经费，结合部内配套经费，针对当前林业生产与科研急需，从以往申报的申请书中，有重点地筛选了"工业木质素防治荒漠化技术研究"、"竹类植物遗传多样性研究和遗传连锁图谱的构建"等15个课题，作为1998年度国家林业局重点科研课题计划。此外，为调动地方、企业科研投入的积极性，还安排了6个单位自筹经费课题，统一纳入国家林业局重点科研课题计划管理。

1998年度国家林业局重点科研课题计划

课题编号	课题名称	承担单位	课题负责人	研究期限
98-01	东北国有林区非木质资源开发利用技术研究	东北林业大学	王凤友	1998～2003
98-02	长江中下游低丘、滩地综合治理与开发	中国林业科学研究院	江泽慧	1998～2002
98-03	工业木质素防治荒漠化技术的研究	南京林业大学	李忠正	1998～2000
98-04	西藏色季拉山针叶林天然更新及促进更新技术研究	西藏农牧学院	郭全水	1998～2001
98-05	板栗仁常温保鲜技术研究	北京林业大学	王建中	1998～2000
98-06	竹类植物遗传多样性研究和遗传连锁图谱的构建	中国林业科学研究院亚热带林业研究所	傅懋毅	1998～2003
98-07	应用原子能防治松材线虫病技术研究	安徽省林业技术推广站	王克祥	1998～2002
98-08	银杏遗传基因资源库建立技术及新品种选育	南京林业大学	曹福亮	1998～2002
98-09	桉树原生质体培养与抗青枯病突变体诱变、再生技术的研究	广西壮族自治区林业科学研究院	韩美丽	1998～2002
98-10	杉木人工林生长收获与最佳轮伐期研究	国家林业局林业规划设计院	何美成	1998～2002
98-11	羌塘自然保护区管理信息系统建立的研究	西藏自治区林业勘察设计所	唐芳林	1998～2001
98-12	中国林业科技发展态势与战略研究	中国林业科学研究院	黄鹤羽	1998～2000
98-13	林业科研管理信息系统研建	北京林业大学	侯小龙	1998～2000
98-14	国际森林问题发展趋势及我国的原则立场研究	中国林业科学研究院科技信息研究所	李卫东	1998～2000

（续）

课题编号	课 题 名 称	承 担 单 位	课 题 负责人	研究期限
98-15	毛白杨等5个植物属、种新品种测试技术及方法研究	国家林业局新品种保护办公室	龙三群	1998～1999
98-16	林业基金制度研究	国家林业局基金总站	苏宗海	1998～1999
98-17	科尔沁沙地“疏林草地”型林牧复合经营模式研究与示范	中国“三北”009项目办公室	邹受益	1998～2002
98-18	小叶杨、榆树基因资源调查、保存、开发利用研究	中国“三北”009项目办公室	杨自力	1998～2002
98-19	科尔沁沙地林业机械化研究与示范	中国“三北”009项目办公室	俞国胜	1998～2002
98-20	科尔沁沙地新型混农林业模式研究与示范	中国“三北”009项目办公室	李钢铁	1998～2002
98-21	科尔沁沙地高效温室林果业模式研究与示范	中国“三北”009项目办公室	姜 鹏	1998～2002

（杨锋伟）

林业科技推广

【林业科技抗灾】 1998年，我国长江、嫩江及松花江流域发生了特大洪灾，为帮助灾区人民尽快恢复生产，重建家园，充分发挥科学技术的作用，科技司根据林业建设的特点，针对灾区开展生产自救和重建家园的需要，提出了生产周期较短，见效较快的林业实用技术56项；针对灾区林业生产单位和林农的苗圃、林地受淹、冲毁等情况，提出了恢复林业生产，保护生态环境的实用技术44项，合并编印了《科技抗灾技术100项》实用手册，并及时分发给灾区人民。

1998年11月，科技部召开了“科技界抗洪救灾先进集体和个人表彰大会”，中国林业科学研究院“以林为主、灭螺防病、开发滩地和综合治理”项目组以及中国林业科学研究院林产化工研究所高级工程师金铁铃分别获“抗洪救灾先进集体”和“抗洪救灾先进个人”荣誉称号。 （宋红竹）

【国家林业局重点科技成果推广计划实施】 1998年度的林业科技推广工作，紧紧围绕国家林业局林业工作的重点，为生态环境建设工程、天然林保护工程以及山区综合开发提供示范样板。通过推广适用的先进技术，典型示范，辐射带动整个区域的经济发展和环境改善。1998年度落实的推广项目共计38项，总经费1617.10万元。其中国家林业局安排资金460万元，地方配套资金1157.10万元。

重点科技成果推广计划主要分为以下类型：

1. 林木良种及丰产栽培技术推广。针对天然林保护工程实施后，我国木材紧缺状况以及恢复森林植被，改善生态环境，特选择“三倍体毛白杨育苗技术及示范林营造”、“南抗杨树丰产林”、“杉木优良无性系”、“落叶松优良杂种种子生产技术”、“刺槐、柳树丰产栽培技术”等项目，分别在吉林、黑龙江、河南、安徽、宁夏、海南等省（区）示范推广。

2. 花卉、经济林良种推广。为加快山区综合开发，带动农民脱贫致富，选择“香石竹脱毒种苗程序化生产技术”、“核桃良种及高效嫁接技术”、“优质丛生笋用竹丰产栽培技术”、“银杏丰产栽培技术”等项目，分别在北京、广西、山西、广东、福建、贵州、辽宁、新疆等地推广。

3. 营林技术。针对生态环境建设中困难立地难造林等问题，选择“三峡库区生态经济型防护林营建”、“林草结合型生态林业模式”、“南方紫色页岩地区综合改造技术”等项目，分别在黑龙江、湖北、湖南、甘肃等生态环境建设重点地区推广应用。

4. 松脂增产组装配套技术及食用菌加工技术。我国是松脂生产大国，出口量居世界之首。为帮助脂农掌握先进技术，利用国内领先水平的采脂技术成果，对马尾松、湿地松进行组装配套综合技术采脂处理，提高松脂产量。另外，为增加林区林农收入，增加林区职工再就业机会，推广应用“食用菌山野菜干品压制成型技术开发”。

5. 病虫害防治技术。选择发生面积大、危害较严重的杨扇舟蛾、竹蝗进行防治，分别在江苏、广东两省推广应用。

6. 培训项目。为加快技术信息的交流，提高基层林业技术人员的水平以及帮助灾区人民重建家园，选择“长江中上游典型流域防护林与水土流失、水文动态效益信息系统”、“长江中上游现有马尾松、柏木水保林经营模式与经营数表编制技术”等七项技术进行培训，并编制《林业科技抗灾实用技术100项》和《推广100项科技成果项目指南》。

在项目的实施过程中，共有13个科研单位参与技术指导，28个推广机构和近30个生产单位参加。通过项目的实施，促进科技与生产的结合，加速科技成果的转化。各示范点建设到项目完成时，将新增产值近1.5亿元。 （宋红竹）

【林业新技术、新产品中试计划实施】 1998年，林业新技术、新产品中试计划重点是：结合天然林保护工程和重点生态建设工程的重点问题以及市场前景好、见效快的花卉及经济林木组织实施。科技司共安排中试项目19项，总投资3645.3万元。其中，国家林业局资金450万元，地方配套资金3195.3万元。

（宋红竹）

【国家级林业星火项目计划】 经国家林业局申报，科技部批准，1998年国家林业局共组织实施国家级林业星火计划项目9项。这9个项目是：①马尾松短周期工业用材林定向培育技术；②ABT生根粉应用；③八角低产林综合改造；④毛竹笋材两用林技术在丰产基地建设中的应用；⑤丰产龙眼示范基地建设；⑥油茶林生态经济开发；⑦沙田柚速生丰产技术和营养诊断技术推广；⑧彭州柚良种繁育技术及保鲜储藏技术开发；⑨桤木短周期工业原料林开发。实施这批项目，科技部、国家林业局和项目承担单位共安排投资4125万元，其中国家林业局安排投资178万元。 （宋红竹）

【国家级火炬计划】 1998年，国家林业局共有两项成果列入国家级火炬计划。分别是：98D231B3270231 SL9200快速贴面生产线（苏州林业机械厂）；98D231B3270232 157FM2（A）发动机（江苏林海动力机械集团公司）。 （宋红竹）

【全国林业科技推广工作会议】 1998年10月31日至11月2日，国家林业局在江苏省徐州林业技术开发试验示范区召开了全国林业科技推广工作会议。国家林业局有关司局，各省、直辖市、自治区林业厅（局）、各有关直属单位的领导和科技管理部门的同志以及林业技术开发试验示范区、科技兴林示范县的200多人参加了会议。

会议的主要任务是：深入贯彻党的十五届二中全会精神，总结交流近年来全国林业科技推广工作经验，探索新时期林业科技推广工作的新形式、新思路，布署今后一个阶段的林业科技工作。

会议主要内容：

1. 大会报告：国家林业局党组成员、中国林业科学研究院院长江泽慧代表国家林业局党组分别在会议的开幕式和闭幕会作了《深入贯彻党的十五届三中全会精神、全面开创林业科技推广工作新局面》和《肩负起科教兴林的历史使命》的报告，这两个报告从世纪之交及可持续发展战略和国土安全的高度，全面分析了当前的林业和林业科技的地位和作用，提出了林业科技和推广工作的方向和重点任务，明确了各项工作的保障措施，对当前林业科技和推广工作具有现实的指导意义。

2. 现场参观：会议代表参观了徐州示范区的高标准农田林网、银杏产业化、治沙工程等示范基地，这些基地通过推广应用科技成果，形成了规模大、效益好的科技产业，是林业科技成果推广的一个方向。

3. 典型交流：河北、吉林省林业厅，江苏省徐州、福建省南平林业技术开发试验示范区，中国林业科学研究院ABT中心等5个单位在大会作了典型发言；浙江、江西省林业厅，衢州市林业技术开发试验示范区，临安科技兴林示范县作了书面交流。

4. 表彰先进：1998年，国家林业局以林科通字[1998]89号文表彰了“农业科技推广年”活动先进集体75个、先进个人108名。会上宣读了表彰文件。北京市昌平县林业局等75个先进集体和北京市林业局周冰冰等108名先进个人受到表彰。江泽慧、蔡延松等领导代表国家林业局对受表彰的先进集体和先进个人颁发了荣誉证书。 （田亚玲）

林业质量技术监督

【《林业标准目录》出版】 为了适应经济体制从传统的计划经济体制向社会主义市场经济体制、经济增长方式从粗放型向集约型两个根本性的转变，满足林业生产建设的需要，多年来，各级林业部门已经制、修订出大批林业标准，初步形成了一个以造林绿化为核心，以主要林业产品为重点，由国家标准、行业标准、地方标准和企业标准相配套，基本涵盖林业生产全过程的林业标准体系。为了便于林业科研、生产、管理部门以及社会各界更好地了解、查阅颁布的各项标准，原林业部科学技术司编辑出版了《林业标准目录》一书。该书收录了至1997年底所有的林业国家标准、林业行业标准(含部颁标准和专业标准)和部分地方标准(规程),并将强制性国家标准和行业标准以及林业国家标准、行业标准,采用国际和国外先进标准的情况作为附录列出,为广大林业标准工作者和广大使用者提供了一本十分有用的工具书。 (田亚铃)

【国家林业局发布18项行业标准】 国家林业局新机构正式运作后,科技司抓紧已审核标准的清理工作,对于条件成熟的标准,积极报批发布。9月22日,国家林业局以林科通78号文发布了"营林产品分类与代码"、"割灌机 声动率级的测定"、"猎枪弹 弹丸"、"电工层压木板"、"聚氯乙烯薄膜饰面人造板"、"木材工业胶粘剂术语"、"味精用粉状活性炭"、"针叶维生素粉"、"木材防腐剂对腐朽菌毒性实验室试验方法"、"木材防腐剂对软腐菌毒性实验室试验方"、"船舶锯材"、"刨花干燥机节能监测方法"、"人造板压机节能监测方法"、"绞盘机 试验方法"、"绞盘机 卷筒性能要求"、"蓝狐饲养管理技术"、"活体野生动物运输要求"、"运材挂车 转盘"18项林业行业标准。至此,国家林业局已有林业行业标准(包括专业标准和部颁标准)442项。 (田亚玲)

【实施国家标准化示范区建设林业项目】 1998年为了充分发挥标准化在推广农业(大农业,下同)科学技术、增加农产品产量、提高农产品质量等方面的作用,促进高产优质高效农业发展,国家质量技术监督局建立了全国高产优质高效农业标准化示范区。经科技司选报的山西壶关、陕西韩城、榆林,福建永安,广东高要,广西资源,湖南挑江,河南信阳,四川梓潼,江苏铜山,黑龙江拜泉,浙江临安,湖北罗田,河北顺平,安徽太湖,辽宁兴城16个县(市)被列为全国高产优质高效农业标准化示范区。这些标准化示范县(市)的建立,将促使林业标准在区域内的实施迈上一个新的台阶。 (田亚玲)

【实施1998年第一季度林木种子、苗木质量国家监督抽查】 由国家林业局南方林木种子检验中心承担,1998年第一季度对安徽、湖北两省的10个地(市)42家生产、经销和使用单位的林木种苗质量实施了国家监督抽查。此次抽查林木种子有杉木、马尾松、湿地松、火炬松、黄山松、日本落叶松、水杉、银杏、板栗等9个树种,苗木有杉木、马尾松、湿地松、杨树等4个树种。在抽查42个单位的53批林木种苗中,种子样品25份,苗木28批。抽查单位合格率71.4%,产品抽样合格率为69.8%,其中种子抽样合格率为80%,苗木抽样合格率为60.7%。 (王连志)

【人造板产品生产许可证换(发)证工作开始启动】 根据国家技术监督局、全国工业产品生产许可证办公室《关于批准人造板产品生产许可证换证实施细则及检验单位的通知》,国家林业局科技司(原林业部工业产品生产许可证办公室)于1998年9月28～30日召开了"林业工业产品生产许可证工作座谈会",会议就进一步统一标准和工作程序并对下一步工作做出安排。截止年底,大部分省(市)的企业材料申报工作已告结束。 (王连志)

林业植物新品种保护

【国家林业局植物新品种保护办公室】 1997年3月20日,国务院颁布《中华人民共和国植物新品种保护条例》(以下简称《条例》),规定自1997年10月1日起国务院农业、林业行政部门按照责职分工共同负责植物新品种权申请的受理和审查,并对符合条例规定的植物新品种授予植物新品种权。为此原林业部成立了林业部植物新品种保护领导小组,下设植物新品种保护办公室,与原科技司推广处合署办公。1998年3月机构改革后,又单独成立国家林业局植物新品种保护办公室,确定该办公室为科技司内一处级单位,编制10人(事业编制)。

国家林业局植物新品种保护办公室正式成立后,起草了《中华人民共和国植物新品种保护条例实施细则(林业部分)》,提出了首批植物新品种保护名录并就名录中涉及的品种分别编制了测试指南,拟定了植物新品种权申请的请求书、说明书等文本,提出了植物新品种权申请的收费标准并报财政部、国家计委批准,为正式实施《条例》做好了准备。

植物新品种保护是授予植物新品种培育者利用其品种的排他的独占权,属于知识产权保护范畴。植物新品种保护工作的开展,必将极大地调动广大育种工作者的积极性,加快新品种的培育和推广应用,推动我国林业的持续发展。 (周建仁)

【开展'99昆明世博会花卉新品种命名活动】 为展示我国花卉新品种育种的成果,'99昆明世博会组委会决定在世博会期间,开展花卉新品种命名活动。为确保此项活动的顺利开展,国家林业局成立了由主管局领导为组长的协调领导小组，下设办公室。具体工作由科技司和造林司负责，科技司负责对所申报的新品种按照《中华人民共和国植物新品种保护条例》的规定进行审查、测试和授权等具体工作。科技司植物新品种保护办公室组织有关专家，对列入花卉新品种征集范围的8个种、属编制了测试指南，同时组织有关专家对所申报的花卉新品种进行实地考查，并对一些性状区别不明显的新品种进行了分子技术方面的测试鉴定。专家们依据新品种应具备新颖性、特异性、一致性和稳定性等条件对所申报的花卉新品种进行了严格审查。1998年初步审查通过了牡丹新品种63个、山茶属8个、蔷薇属14个（其中月季12个，玫瑰2个）、梅花4个、木兰属8个。

（冉东亚）

林 业 教 育

【1998年暨改革开放20年林业教育综述】 1998年是我国改革开放后的第20年，中国林业教育在过去的一年中继续取得长足的发展，在各个方面都发生了深刻的变化。

林业人才的培养和教育 1998年，高等林业院校林科博士授权点已发展到35个，硕士授权点发展到138个，林科类18种本科专业在全国41所普通高校的布点达到了154个。1998～1999学年，全国10所普通高等林业院校在校研究生1328人，比1978年增长19倍；在校本专科学生2.8万人，比1978年增长3.2倍。改革开放20年来，共培养博士生240多人，硕士生2520人，本专科学生7.86万人。20年培养的研究生和本专科学生分别是建国后到1978年30年总和的5.9倍和2.6倍。

林业职业教育迅速发展。全国林业中等专业学校达到60所，1998年在校生7.6万余人，比1978年增长了8.3倍。20年共培养林业中等专业人才14万余人，是建国后到1978年30年总和的2.1倍。

以岗位培训和继续教育为重点的林业成人教育成绩显著。20年来，林业干部培训、职工培训工作全面展开，林业系统接受过行业培训的人员占职工总数的80%以上。“八五”期间，仅由原林业部组织培训的人员就达1.5万人。

林业成人学历教育也得到了迅速发展。1998年，林业高等函授、夜大学办学规模已突破万人，是1980年的36倍。林业成人中专和林业广播电视教育办学规模达到3.5万人。1998年原林业部正式开办林业生态环境管理专业高等自学考试，从而填补了部门林业高等自学考试工作的空白。

林业教育的投入 1978年以来，各级林业部门增加林业教育投资，改善了办学条件。到1998年，全国高等林业院校校舍面积达到141万平方米，是20年前的2.5倍。局属院校的基本建设投资和教育事业经费有了大幅度的增加，1998年事业费投入1.84亿元，等于“六五”期间总和的2倍。20年来，部属高中等院校基本建设投资达7亿元，事业经费投入达12亿元。1998年固定资产总额达到5.5亿元，其中教学科研设备总额1.6亿元，分别为10年前的2.3倍和5倍。随着改革开放的扩大，各院校不断更新观念，改变了过去“等、靠、要”的思想，积极开展委托培养，兴办校办产业，实行联合办学，扩大对外开放，开辟资金渠道，吸收社会资金和外资，增强了自筹资金能力和自我发展的意识。“七五”期间，原部属院校接受了两期世界银行贷款，共计1370万美元，引进国外先进技术和设备，充实了教学和科研。

教育投入的增加，促进了教学和科研水平的提高。到1998年，已经建成国家级重点实验室7个，部级重点实验室16个；建成省（部）级重点学科18个，博士后科研流动站2个。1998年，全国高等林业院校获林业部科技进步成果奖一等奖1项，二等奖8项，三等奖10项。1978～1998年，全国高等林业院校完成科研成果1550多项，其中获国家级科研成果奖90多项，获省（部）级科研成果奖781项，不少科研成果已在林业生产中推广应用，并取得显著效益。

教育投入是建设一流学校的物质基础。1996年，经林业部批准，北京林业大学、东北林业大学启动了面向21世纪的“211工程”建设，1997年北京林业大学作为林业部唯一列入国家“211工程”建设项目的学校，正式通过了国家立项审批；东北林业大学自筹资金建设“211工程”项目也通过了部门专家审定。1998年继续集中资金用于“211工程”建设，建设我国具有国际一流水平的高等林业院校。

师资队伍的建设 国之兴衰，系于教育；教育兴衰，系于教师。1998～1999学年全国高等林业院校教职工数发展到近万人，是1978年的2倍，其中专任教师3746人，比1978年增加了76%。专任教师中副教授以上的占40%，比1978年增加了34%；全国林业中等专业学校教职工数达到了9762人，比1978年增长2.4倍。其中专任教师4540人，比1978年增加了3.4倍。

改革开放以来，林业院校在重视教师队伍数量发展的同时，致力于改善队伍结构，提高教师待遇，稳定师资队伍。通过请进派出，培养骨干和学科带头人，建立学术梯队，缓解了师资队伍的断层矛盾，实现了新老教师队伍的平稳过渡，逐步形成了一支思想过硬、业务素质高、相对稳定的教师队伍，基本适应了林业教育改革与发展的需要。

进入90年代后，为提高广大教师的社会地位和生活待遇，党和国家在改善广大教师住房条件方面采取了一系列重大举措，先后启动了教师安居工程、高校中青年教师解困住房建设工程和筒子楼改造工程。近10年来，部属院校教师住房投资达6000万元，新建成教师住房12万平方米，使广大教师逐步安居乐教。

1998年林业部认真贯彻党中央、国务院领导关于2000年前完成高校筒子楼和危房改造，决不把筒子楼和危房带入21世纪的要求，继续加大了部属院校教师住房建设投资的力度，加快筒子楼和危房改造。

林业教育改革 1982年，林业院校在全国最先实行定向招生，面向林区招收林业职工及其子女，打通了人才通向林区的道路。10多年来定向招生已经扩展到面向林区、边远地区和少数民族地区招收实践生和少数民族预科班、扶贫班等，扭转了长期困扰林区的人才“招不来、分不去、留不住”的矛盾。

林业院校招生和毕业生就业制度的改革，改变了由国家“统招”的单一计划招生体制，逐步改革为国家计划、用人单位委托和自费生3种形式的招生办法。1995年部分林业大学试行了并轨招生，至1998年，高、中等林业院校的招生全面实行了并轨，同时根据林业行业特点和林业院校的实际情况，对报考林科专业的学生实行了减免学费、建立奖学金、特困生补助金等配套政策，继续向林区、边远地区和少数民族地区敞开林业院校的办学大门。

在毕业生就业制度改革方面，林业院校由国家计划统一招生制度，逐步实行了在国家就业方针、政策指导下“供需见面、双向选择”和在一定范围内自主择业的就业制度，同时加强对毕业生就业的指导工作。“八五”期间林业院校培养的1.73万名毕业生中，有1.15万人在林业系统内工作，占66%，有效地保证了林业建设对人才的需求。

教学改革全面展开。20年来，林业院校在全面贯彻教育方针政策和更新思想观念、拓宽专业口径、改革教学内容和方法、加强素质教育的基本思想指导下，全面推进教育改革和专业调整。学分制和教考分离的改革已在部分学校试行；面向21世纪的教学内容和课程体系改革的研究与实践正在全面展开；林科教、产学研相结合的实践已经取得重要经验；高中等林科专业的调整和专业目录的修订工作已经取得初步成果。1998年，高等林业院校原有的18个林科专业已按科学、规范和宽口径、增强适应性原则调整为8个专业，这将使林业院校更好地培养基础扎实、动手能力强的高级专门人才。

林业成人教育和职业技术教育教学改革取得新的成绩。到1998年，林业高等函授夜大学和中等林业学校完成了教育评估和质量评估；全面修订教学计划、大纲和培训计划，更新了教学内容；制定了岗位规范和职业教育评估督导办法。成人和职业技术教育继续向规范化和制度化方向推进。

林业教育管理体制改革取得重要进展。1994年以来，林业部根据国家教委提出的“共建、调整、合作、合并”高校管理体制改革形式，确定了部属院校管理体制改革的思路，积极推进部属高校管理体制改革。在简政放权、扩大学校办学自主权和实行省（部）共建、联合办学方面取得了实质性进展。到1998年，北京林业大学已经与北京林业干部管理学院实现紧密型联合办学；林业部与云南省正式签定了共建西南林学院的协议；东北林业大学、南京林业大学和中南林学院、西北林学院已经或正在与地方院校、企业、科研单位合作、协作，联合办学；北京林业大学、东北林业大学还试行了校董事会制，吸收企业和科研单位参与办学和管理。

林业教育对外开放 20年来，我国高等林业院校与20多个国家和地区的100多所大学或科研单位建立了交流与合作关系，派出各类留学人员1500人，已有900余人学成回国，占派出人员的60%。他们的多数已成为学校教学、科研骨干力量，在林业教育事业发展中起着十分重要的作用。与此同时，高等林业院校还聘请了来自50多个国家和地区的外籍专家、学者3000余人，广泛进行了学术交流、合作研究，大胆吸收和借鉴世界各国的教学、科研、生产的先进经验和技术成果，积极引进外资，促进了学校教学、科研水平的提高。

1998年是林业教育改革与发展的又一个“丰收之年”。20年来，林业教育获得的发展是前所未有的，林业教育已经初步形成了包括高等教育、职业教育、成人教育和林区基础教育在内的林业教育体系。在迎接新世纪到来的时候，肩负科教兴林历史重任的林业教育，将以此作为新的起点，争取更高质量、更高水平的发展，为林业21世纪发展目标的全面实现提供人才和智力保证。

（蓝增寿）

【调整林业部专门人才规划领导小组及办公室】 为了进一步加强林业专门人才现状调查和需求预测并加大对林业专门人才规划工作的领导和协调力度，做好全国林业行业专门人才规划工作，林业部于1998年初对组建于1991年的部林业专门人才规划领导小组成员作了调整。调整后的领导小组成员如下：

组　长：刘于鹤

副组长：甄仁德

成　员：（按姓氏笔画为序）　刘于鹤　李　坚　李葆珍　姚昌恬　祝列克　甄仁德

林业部人事教育司同时调整充实了部专门人才规划领导小组办公室。明确该办公室为处级建制机构，编制2人或3人。办公室设在东北林业大学并挂靠学校管理，设主任1人，由林业部人事教育司的同志兼任，设副主任2名，由东北林业大学配备。办公室领导职数和编制在东北林业大学内部调剂解决。在调整办公室的同时，林业部人事教育司还进一步明确了办公室的

职责范围。（蓝增寿）

【局属高等林业院校筒子楼改造】 国家林业局1998年7月19日在南京林业大学召开局属高校筒子楼改造工作会议，贯彻落实国务院普通高等学校筒子楼和危房改造工作会议精神。局党组副书记、副局长李育才出席会议并作了重要讲话。

李育才副局长在会议上指出，国家林业局把高校筒子楼改造作为落实科教兴林战略的重大举措，专门成立了局属高校筒子楼改造工作领导小组，由人事教育、财务、计划等部门共同协调，制定规划，落实资金和组织实施。

根据这次会议的部署，1998年8月，局属高校筒子楼改造领导小组办公室组成了2个调查组，分赴局属高校进行实地调查，落实筒子楼工作规划和实施方案。通过调查审核，确定筒子楼和危房改造对象28栋，面积58 616平方米，教职工住户1600多户。到1998年底，已经安排筒子楼和危房改造资金3006万元，改造筒子楼15栋，面积37 559平方米，当年竣工面积22 463平方米。筒子楼和危房改造项目和资金安排将在1999年全部到位，1999年底以前局属高校的1600多户教职工将告别筒子楼搬入单元新居。（蓝增寿）

普通高、中等林业教育

【部属高等学校党委书记、校（院）长座谈会】 1998年2月25～27日，林业部人事教育司在北京召开部属高等学校党委书记、校（院）长座谈会。部属6所高校党委书记、校（院）长、校办主任共31人参加了会议。陈耀邦部长、刘于鹤副部长出席会议并作重要讲话。会议认真学习了全国高等教育管理体制改革经验交流会精神；全面系统地总结和交流了部属高校改革和发展建设的成绩和经验；就如何进一步解放思想、更新观念、主动适应高等教育管理体制改革的新形势，进一步扩大办学自主权，淡化单一隶属关系，在为行业服务的同时，更好地为区域经济发展服务，以及如何正确处理规模、结构、质量、效益的关系，强化教学工作的中心地位，深化教学改革，提高教学质量和办学效益，如何进一步加强林科教、产学研结合，更有效地为林业和生态环境建设服务等问题进行了深入的研讨。

（王建子）

【中等林业职业教育教学工作】 1998年工作的重点是：充分发挥营林类、森工类、财经类教材指导委员会和职业教育研究中心的作用，研究制定、修订有关教学文件，进一步规范对普通林业中等学校教学工作的指导与管理。国家林业局人事教育司研究制定下发了《普通林业中等专业学校专业教育质量评估指标体系》、《普通林业中等专业学校专业设置管理办法》和《普通林业中等专业学校教材编审工作程序》。

经过2年的努力，完成了森林保护、经济林、园林、森林资源管理、自然保护区资源管理、野生植物栽培与利用、森林采运工程、木材加工、林业机械、小型土木工程、林业财务会计、林业计划与统计、企业物资管理、林产品贸易、审计等16个专业的普通课、基础课、专业课共162门课程教学大纲编印工作，国家林业局于1998年6月印发了这16个专业课程的教学大纲。该大纲以提高普通林业中等专业学校学生全面素质为宗旨，坚持科学性、系统性、思想性、少而精、按需施教的原则，突出了新知识、新技术、新工艺的传授和实践能力的培养，组织编写出版了木工机械、企业财务管理、数学（上、下册）、物理学（上、下册）等6本通用教材。

国家林业局批复同意南京人民警察学校举办成人中专班，开设治安管理、森林资源保卫、公安保卫、森林防火、刑事侦查专业。经国家林业局人事教育司批准，白城林校增设工业企业电气化专业，宁波林校增设环境艺术设计、森林旅游专业，将计划统计专业改为统计专业，上述专业学制均为3年，从1999年开始招生。

（黄桂荣）

【局属院校招生工作】 1998年局属普通高校共招生6047人，成人高等学历教育招生3700人，中等专业学校共招生1588人。普通高校录取的6047人（本科5025人，专科1022人），其中中学保送生102人，中专保送生185人，定向生431人，西藏班12人，第二学位班14人，统招生5303人，本科统招生第一志愿录取率66.0%，专科统招生第一志愿录取率83.9%（见表1、表2、表3）。

1998年局属院校继续深化招生制度改革工作，为保证林区和林业基层单位对毕业生的需求，国家林业局人事教育司还组织局属高校、各有关省（区）林业厅（局）开展了第四次局属高校招生和毕业生就业制度改革调研工作。同时，为了使接收林业中等专业学校保送生的招生管理工作进一步规范化、制度化，还完善了局属普通高等学校招收林业中等专业学校保送生工作的有关政策规定。

表 1 1998 年国家林业局直属普通高等学校招生计划执行结果分学制、分科类录取情况

	合计	本科			专科		经济学	法学	文学	理学	工学	其中林业工程类	农学
		5 年	4 年	2 年	3 年	2 年							
北京林业大学	1100		963	14		123	299		79	26	424	235	272
东北林业大学	1530		1296		26	208	232	114	76	169	673	258	266
南京林业大学	1060		860		179	21	63		85		703	228	209
中南林学院	967	29	883		55		100	97	30		456	248	284
西南林学院	700		500			200		34			241	140	425
西北林学院	690		480		90	120	90	30			120	120	450
合计	6047	29	4982	14	350	672	784	275	270	195	2617	1229	1906

注：本科 5 年制为实践生，本科 2 年制为第二学位班。

表 2 1998 年国家林业局直属普通高等学校分形式录取情况

	统招生		第二学位		中学保送生		中专保送生		内地西藏班		小计		实践生		定向扶贫班		普通定向		预科	
	计划	录取	计划	录取	计划	录取	计划	录取	计划	录取	计划	录取	计划	录取	计划	录取	计划	录取	计划	录取
北京林业大学	1008	1023	30	14	30	28	32	35												
东北林业大学	1389	1389			45	45	45	45			51	51					51	51	60	73
南京林业大学	924	929			22	15	34	35			80	81					80	81		
中南林学院	693	745			23	14	34	34			210	174	60	29	30	25	120	120	60	60
西南林学院	614	621					14	14	12	12	60	53	60	53						
西北林学院	579	596					22	22			89	72	30	30	30	26	29	16		
合计	5207	5303	30	14	120	102	181	185	12	12	490	431	150	112	60	51	280	268	120	133

注：预科生占第 2 年招生计划。

表 3 1998 年国家林业局直属普通高等学校统招生按志愿录取情况

		合计	一志愿		二志愿		三志愿		调剂志愿	
			人数	比例(%)	人数	比例(%)	人数	比例(%)	人数	比例(%)
本科合计		4469	2951	66.0	874	19.6	383	8.6	261	5.8
专科合计		834	699	83.8	72	8.6	26	3.1	37	4.4
北京林业大学	本科	900	315	35.0	332	36.9	160	17.8	93	10.3
	专科	123	118	95.9	3	2.4	2	1.7		

（续）

		合计	一志愿		二志愿		三志愿		调剂志愿	
			人数	比例（%）	人数	比例（%）	人数	比例（%）	人数	比例（%）
东北林业大学	本科	1167	984	84.3	118	10.1	36	3.1	29	2.5
	专科	222	179	80.6	23	10.4	14	6.3	6	2.7
南京林业大学	本科	758	433	57.1	187	24.7	73	9.6	65	8.6
	专科	171	133	77.8	32	18.7	2	1.2	4	2.3
中南林学院	本科	721	564	78.2	99	13.7	44	6.1	14	1.9
	专科	24	20	83.3	3	12.5	1	4.2		
西南林学院	本科	474	296	62.4	100	21.1	46	9.7	32	6.8
	专科	147	131	89.1	4	2.7	7	4.8	5	3.4
西北林学院	本科	449	359	80.0	38	8.5	24	5.3	28	6.2
	专科	147	118	80.3	7	4.8			22	14.9

注：统招生不含第二学位班、保送生、西藏内地班、定向生。（黄桂荣）

【局属院校毕业生就业工作】

毕业生就业情况 1998年局属高校共有毕业研究生269人，本专科毕业生4569人。其中本科生3104人，专科生1465人。中等专业学校毕业生903人。局属高校1998年共评选出优秀毕业生153人。为了鼓励内地省籍生源毕业生到西藏建功立业，支持西藏的林业建设，国家林业局对东北林业大学、西北林学院和西南林学院的4名自愿赴西藏就业的内地省籍生源毕业生进行了表彰奖励。

本科生一次到位率为81.9%，专科生一次到位率为70.0%，本专科生平均一次到位率78.1%，毕业生到系统内就业的有1564人，占毕业生总数的27.8%，到局及直属机构就业的有16人，占系统内就业总数的1.2%，到各林业厅（局）就业的有366人，占系统内就业总数的23.4%，到地、县、市林业局就业的有281人，占系统内就业总数的18.0%，到林场、苗圃、自然保护区、森林公园等林场系统就业的有254人，占系统内就业的16.2%，到林业院校及科研设计单位就业的有123人，占系统内就业人数的7.9%，到林业企业就业的有217人，占系统内就业人数的13.9%，到各木材公司、林产品经销公司、贸易公司等林业流通领域就业的有251人，占系统内就业人数的16.0%。到林业种苗站及技术推广站、森林病虫害防治检疫站等林业管理机关就业的有56人，占系统内就业人数的3.6%。

主要特点

以学校为基础的校园毕业生就业市场逐渐形成 1998年北京林业大学会同中国农业大学、北京农学院在北京林业大学成功地举办了第二届北京农林院校人才供需见面会，东北林业大学承办了局属院校毕业生信息交流会，南京林业大学木材工业学院举办了第五届供需见面会，西北林学院还与西北农业大学联合举办了陕西省农林类毕业生供需洽谈会。通过举办供需见面会，用人单位能够与学生当面细谈，扩大了需求信息量，大大提高了成功率。事实说明，以学校为基础、政府主管部门为主导的毕业生就业市场，在毕业生资源的信息统计发布、供需信息的收集交流以及毕业生的就业指导和政策咨询等方面起到了积极的促进作用。由于扩大了需求信息，毕业生的一次就业到位率大大提高。如东北林业大学达到80%，与1997年相比有了较大幅度提高。南京林业大学一次到位率达到85%，排在江苏省人事厅公布的全省高校毕业生就业到位情况前10名以内。西北林学院毕业生就业一次到位率达到73%，与1997年相比上升了3%。

加强毕业生就业指导，广泛搜集需求信息 各院校基本都已成立了毕业生就业指导中心，完善了服务机构，通过开设就业指导课程，使学生能够及时了解国家关于毕业生就业工作的有关方针、政策，同时又学会了求职技巧等技能。一些学校还开辟了毕业生就业信息之窗，进行就业信息宣传活动，都取得了良好效果，深受广大学生欢迎。南京林业大学学生处发出了3000多封联系信函，广泛联系需求信息。中南林学院还规定，每推荐成功1名毕业生，年终奖励20学时，调动了广大教职工的积极性，使广大教职工树立起为用人单位服务，为毕业生服务的意识。

加强了毕业生思想教育工作 北京林业大学在毕业生的思想教育活动中，开展了“爱林业、爱北林、为母校增光”为主题的系列活动，南京林业大学组织毕业生重点进行了《劳动法》的宣传学习，通过就业教育，引导毕业生积极参加林业建设，遵守职业道德，热爱专业，为母校增光。西南林学院组织毕业生种植纪念树，树立“学林、爱林、建设林业”的思想，鼓励毕业生到

祖国林业建设最需要的地方去发挥自己的聪明才智。

存在的主要问题

供需结构不平衡的矛盾依然突出 从总量上看，高等林业院校大学毕业生并不算多，但是，就业过程中专业结构性的矛盾依然突出。比如园林、风景园林、室内家具设计、制浆造纸工程、木材加工、汽车运用工程等专业社会需求量大，一些专业供需比例达到1∶3～1∶4，而森林保护、林区多种经营、经济林、管理工程以及一些专科专业的毕业生供需比例在1∶0.5以下。不同专业社会需求量的不同，造成了毕业生心理上的不平衡。

传统的主渠道吸纳能力下降 1998年中央政府人员分流了50%，地方政府机构改革也即将实施，致使各省、自治区林业厅(局)吸纳毕业生的能力有所下降，而国有林区以及林业大中型企业由于面临天然林保护工程、人员分流和企业不景气等原因，对毕业生的需求进一步下降。

毕业生就业观念需要进一步加强 过去，毕业生就业侧重于就业单位的所有制性质，认为只有到了事业单位、国有企业才算真正找到工作。传统的就业主渠道吸纳能力下降，就业环境的变化，要求林业高校的毕业生必须进一步转变就业观念，积极主动地找到能够充分发挥自己聪明才智的位置，为社会作出更大的贡献。这对于林业院校的毕业生尤为重要，客观上要求广大毕业生必须进一步转变就业观念，到林区去，到基层去，到边远地区去，到林业建设需要的地方去建功立业。 (戴栓友)

【评选表彰第三届全国林业十佳大学生和优秀大学生】

为表彰1996～1997学年、1997～1998学年在各普通高等林业院校、普通高等农业院校林学（园林）院(系)涌现出的德智体全面发展的优秀学生，1998年国家林业局开展了第三届全国林业十佳大学生和优秀大学生评选活动，并发出通报表彰，授予张双保等25名同学为“全国林业十佳大学生”和“全国林业优秀大学生”称号，颁发荣誉证书和奖金。对各有关高校推荐的其余19名同学，颁发“全国林业十佳大学生和优秀大学生提名奖”证书。

第三届全国林业十佳大学生 张双保 向雪花 吴文彬 左 宏 刘 毅 武文婷 黄玉梅 周先梅 孙海鹏 叶尔江。

第三届全国林业优秀大学生 宋吉红 高金萍 李俊生 赖秀艳 孙 杰 曾 锋 王志刚 蔡丽杭 曲云峰 王 喆 宋国栋 金莹杉 付瑞燕 赵世林 项 飞。 (王建子)

【林科本科专业目录修订工作】 1996年4月至1998年7月历时两年的林科本科专业目录修订，是在原国家教委“高等教育面向21世纪教学内容和课程体系改革计划”中的研究项目。该项目由原林业部人事教育司主持，南京林业大学、北京林业大学、东北林业大学参与主持，西南林学院参加。项目挂靠在南京林业大学，在研究中依托普通高等林业院校教学指导委员会。项目组贯彻“教育要面向现代化，面向世界，面向未来”的指导思想，以转变教育思想、观念为先导，从分析林科本科专业设置的历史演变和国外高等林业教育改革发展势态入手，在调查研究21世纪我国林业经济、林业科技、林区社会对林科高级专门人才要求的基础上，遵循高等教育的基本规律，坚持拓宽专业、加强基础、注重能力、提高素质、培养全面发展一专多能的高级专门人才的改革方向，研究制订了《林科本科专业目录》及相配套的《专业简介》，并提交原林业部人事教育司、原国家教委分别召开的本科专业目录修订专家论证会审定。国家教育部于1998年7月颁布了《普通高等学校本科专业目录》。

新修订的林科本科专业目录突出了以下3个特点：

1. 严格按学科体系设置专业，拓宽专业口径，增强毕业生择业、转岗的竞争力。归并了主干学科及主要专业（技术）基础课程基本雷同、主干学科不明显和缺少行业特点的“林口”专业。如林学、经济林、森林保护、野生植物资源开发与利用共4个专业归并为林学专业；野生动物保护与利用、自然保护区资源管理2个专业归并为野生动物与自然保护区管理专业；水土保持、沙漠治理2个专业归并为水土保持与荒漠化防治专业；林业与木工机械、林业信息管理专业均“脱帽”分别归并到机械设计制造及其自动化专业和信息管理与信息系统专业。

2. 将交叉学科的专业分别归并到不同种类或不同二级类中，各院校可根据办学实力和社会需求进行调整，办出特色，增强学校自我调节、自我发展、自我约束的能力。如室内与家具设计专业分别归并到木材科学与工程专业和艺术设计专业；风景园林专业分别归并到园林专业和城市规划专业；林业经济管理专业分别归并到农林经济管理专业和工商管理专业。

3. 适应21世纪林业科学技术及林业产业发展趋势，增设新兴学科专业。如森林旅游是原专业目录外的试办专业，1993年以来试办的实践证明，该专业融林学、生物学、旅游管理学、环境科学与工程为一体，是面向21世纪振兴林业第三产业的新兴学科专业。在这次专业目录修订中，森林旅游、野生植物资源开发与利用（部分）专业合并，更新专业内容，设置森林资源保护与游憩专业。

通过这次专业目录修订，林科本科专业由1993年的4个二级类17种专业修订为森林资源类、环境生态类、林业工程类3个二级类8种专业，还覆盖了原专业目录外的1种专业（见表4）。专业的设置有明显的主干学科体系，专业名称比较规范，专业目录大体能顾及不同面向、不同类型的高校，可操作性较强，基本实现了拓宽专业面、增强适应性的宏观调控目标。

表 4　1998 年普通高等学校林科本科专业目录

学科门类	类别	专业代码	专业名称	原专业代码	专业名称
农学	0903 森林资源类	090301	林学	090201	林学
				090202	森林保护
				090203	经济林
				090204	野生植物资源开发与利用（部分）
		090302	森林资源保护与游憩	090204	野生植物资源开发与利用（部分）
				090206W	森林旅游
		090303 *	野生动物与自然保护区管理	090205	野生动物保护与利用
				090605	自然保护区资源管理
	0904 环境生态类	090401	园林	090106	观赏园艺（部分）
				090301	园林
				090302	风景园林（部分）
		090402	水土保持与荒漠化防治	090303	水土保持
				090304	沙漠治理
工学	0820 林业工程类	082001	森林工程	081501	森林工程
		082002	木材科学与工程	081503	木材加工
				081505	室内与家具设计（部分）
		082003	林产化工	081303	制浆造纸工程（部分）
				081504	林产化工

注：1. 原 081505 室内与家具设计（部分）并入文学门类、艺术类 050408 艺术设计专业。
2. 原 081502 林业与木工机械并入工学门类、机械类 080301 机械设计制造及其自动化专业。
3. 原 090302 风景园林（部分）并入工学门类、土建类 080702 城市规划专业。
4. 原 090606 林业信息管理并入管理学门类、管理科学与工程类 110102 信息管理与信息系统专业；
5. 原 090602 林业经济管理（部分）分别并入管理学门类、工商管理类 110201 工商管理专业和农业经济管理类 110401 农林经济管理专业。
6. “*”表示需一般控制设置的专业。
7. “W”表示目录外专业。

（黄桂荣）

【高等林业院校专业整理与专业设置工作】　《普通高等学校本科专业目录》颁布后，各普通高等林业院校按照教育部的统一部署及学校主管部门的具体要求，在本科专业整理中，坚持科学、规范、拓宽的原则，根据需要与可能，加大专业结构调整力度，绝大多数专业按照《普通高等学校本科专业目录新旧对照表》进行整理，少数专业根据学校办学条件，近几年开设的专业方向，社会对人才的需求，在同一门类的二级类中作相应调整，经学校主管部门审核汇总，报教育部审批。全国 10 所普通高等林业院校整理前的本科专业涉及 7 个门类布点 146 个，其中经济学 10 个、法学 2 个、教育学 1 个、理学 8 个、工学 62 个（其中林业工程类 35 个）、农学 61 个，属林科专业布点 96 个占 65.8%。整理后本科专业涉及 7 个门类布点 120 个（见表 5），其中经济学 2 个、法学 3 个、文学 8 个、理学 9 个、工学 48 个（其中林业工程类 22 个）、农学 30 个、管理学 20 个，属林科专业布点 52 个，占 43.3%。经国家林业局人事教育司审批，局直属普通高等学校函授夜大学本科专业整理前 25 个，整理后 23 个（见表 6）。

经学校主管部门评议审核，报教育部审批或备案，全国 10 所普通高等林业院校 1998～1999 年度增设本科专业 22 个（见表 7），其中文学 4 个、理学 3 个、工科 10 个、农科 2 个、管理学 3 个。经教育部批准，中南林学院增设艺术设计、园林函授本科专业，西南林学院具有函授本科办学资格，设置林学函授本科专业。经教育部高等教育司批准，北京林业管理干部学院 1999 年举办高等职业教育专科专业 4 个，即商品花卉、会计电算化、涉外文秘、计算机应用与管理。经国家林业局人事教育司审批或备案，北京林业大学具有夜大学本科办学资格，设置会计学本科专业，增设环境工程、农业建筑工程与能源工程、经济管理函授、夜大学专科专业；南京林业大学具有夜大学办学资格，设置室内与家具设计、计算机及应用、现代文秘夜大学专科专业，增设旅游管理函授专科；西南林学院增设法学、木材科学与工程函授专科专业；西北林学院开办函授林学专升本教育，增设公共事业管理专科专业；同意南京林业大学依托森林资源与环境学院的办学实力，充分利用南京人民警察学校的办学条件，设置治安管理专科专业。上述专业均从 1999 年开始招生。

表 5 普通高等学校本科专业

学校名称	序号	专业代码	专业名称	修业年限	学位授予门类	师范标识	原设专业		
							代码	专业名称	
北京林业大学(10022)	1	020102	国际经济与贸易	4年	经济学		020109	贸易经济	国家林业局(327)
	2	050201	英语	4年	文学		050201	英语	
	3	050408	艺术设计	4年	文学		081505	室内与家具设计	
	4	070401	生物科学	4年	理学		070401	生物学	
	5	071401	环境科学	4年	理学		071401	环境学	
	6	071601	统计学	4年	经济学		020103	统计学	
	7	080301	机械设计制造及其自动化	4年	工学		081502	林业与木工机械	
	8	080605	计算机科学与技术	4年	工学		080709	计算机及应用	
	9	080702	城市规划	4年	工学		090302	风景园林	
	10	082002	木材科学与工程	4年	工学		081503	木材加工	
	11	082003	林产化工	4年	工学		081504	林产化工	
	12	090301	林学	4年	农学		090201	林学	
							090202	森林保护	
	13	090401	园林	4年	农学		090301	园林	
	14	090402	水土保持与荒漠化防治	4年	农学		090303	水土保持	
	15	110102	信息管理与信息系统	4年	管理学		090606	林业信息管理	
	16	110201	工商管理	4年	管理学		090602	林业经济管理	
	17	110203	会计学	4年	管理学		020203	会计学	
	18	110206	旅游管理	4年	管理学		090206W	森林旅游	
东北林业大学(10225)	1	020102	国际经济与贸易	4年	经济学		020109	贸易经济	国家林业局(327)
	2	030101	法学	4年	法学		030101	法学	
	3	030401	政治学与行政学	4年	法学		040201	思想政治教育	
	4	050201	英语	4年	文学		050201	英语	
	5	050408	艺术设计	4年	文学		081505	室内与家具设计	
	6	070101	数学与应用数学	4年	理学	S	070108	数学教育	
	7	070201	物理学	4年	理学	S	070204	物理学教育	
	8	070301	化学	4年	理学	S	070303	化学教育	
	9	070401	生物科学	4年	理学		070401	生物学	
	10	071401	环境科学	4年	理学		071401	环境学	
	11	080301	机械设计制造及其自动化	4年	工学		080315	机械电子工程	
							081502	林业与木工机械	
	12	080602	自动化	4年	工学		080604	工业自动化	
	13	080605	计算机科学与技术	4年	工学		080709	计算机及应用	
	14	080703	土木工程	4年	工学		080803	建筑工程	
							080805	交通土建工程	
	15	081101	化学工程与工艺	4年	工学		081206	工业分析	
	16	081201	交通运输	4年	工学		081702	载运工具运用工程	
	17	081402	轻化工程	4年	工学		081303	制浆造纸工程	
	18	082001	森林工程	4年	工学		081501	森林工程	
	19	082002	木材科学与工程	4年	工学		081503	木材加工	
	20	082003	林产化工	4年	工学		081504	林产化工	
	21	090301	林学	4年	农学		090201	林学	
							090202	森林保护	
	22	090302	森林资源保护与游憩	4年	农学		090204	野生植物资源开发与利用	
	23	090303*	野生动物与自然保护区管理	4年	农学		090205	野生动物保护与利用	

（续）

学校名称	序号	专业代码	专业名称	修业年限	学校授予门类	师范标识	原设专业		
							代码	专业名称	
							090605	自然保护区资源管理	
	24	090401	园林	4年	农学		090301	园林	
	25	110201	工商管理	4年	管理学		090602	林业经济管理	
	26	110203	会计学	4年	管理学		020203	会计学	
	27	110206	旅游管理	4年	管理学		090206W	森林旅游	
南京林业大学(10298)	1	050408	艺术设计	4年	文学		081505	室内与家具设计	国家林业局(327)
	2	080301	机械设计制造及其自动化	4年	工学		080301	机械制造工艺与设备	
							080315	机械电子工程	
							081502	林业与木工机械	
	3	080703	土木工程	4年	工学		080803	建筑工程	
							080805	交通土建工程	
	4	081101	化学工程与工艺	4年	工学		081204	精细化工	
	5	081201	交通运输	4年	工学		081702	载运工具运用工程	
	6	081402	轻化工程	4年	工学		081303	制浆造纸工程	
	7	082001	森林工程	4年	工学		081501	森林工程	
	8	082002	木材科学与工程	4年	工学		081503	木材加工	
	9	082003	林产化工	4年	工学		081504	林产化工	
	10	090301	林学	4年	农学		090201	林学	
							090202	森林保护	
	11	090401	园林	4年	农学		090301	园林	
	12	110201	工商管理	4年	管理学		082201	管理工程	
	13	110203	会计学	4年	管理学		020203	会计学	
	14	110401	农林经济管理	4年	管理学		090602	林业经济管理	
中南林学院(10538)	1	030101	法学	4年	法学		030101	法学	国家林业局(327)
	2	050408	艺术设计	4年	文学		081505	室内与家具设计	
	3	080301	机械设计制造及其自动化	4年	工学		081502	林业与木工机械	
	4	080603	电子信息工程	4年	工学		080704	应用电子技术	
	5	080703	土木工程	4年	工学		080803	建筑工程	
	6	081201	交通运输	4年	工学		081702	载运工具运用工程	
	7	082001	森林工程	4年	工学		081501	森林工程	
	8	082002	木材科学与工程	4年	工学		081503	木材加工	
	9	082003	林产化工	4年	工农		081504	林产化工	
	10	090301	林学	4年	农学		090201	林学	
							090202	森林保护	
							090203	经济林	
	11	090401	园林	4年	农学		090301	园林	
	12	110203	会计学	4年	管理学		020203	会计学	
	13	110206	旅游管理	4年	管理学		090206W	森林旅游	
西南林学院(10677)	1	081201	交通运输	4年	工学		081702	载运工具运用工程	国家林业局(327)
	2	082001	森林工程	4年	工学		081501	森林工程	
	3	082002	木材科学与工程	4年	工学		081503	木材加工	
	4	090301	林学	4年	农学		090201	林学	
							090202	森林保护	
							090203	经济林	
	5	090302	森林资源保护与游憩	4年	农学		090206W	森林旅游	
	6	090303*	野生动物与自然保护区管理	4年	农学		090205	野生动物保护与利用	
	7	090401	园林	4年	农学		090301	园林	

（续）

学校名称	序号	专业代码	专业名称	修业年限	学校授予门类	师范标识	原设专业 代码	原设专业 专业名称	
	8	110201	工商管理	4年	管理学		090602	林业经济管理	
西北林学院(10713)	1	082002	木材科学与工程	4年	工学		081503	木材加工	国家林业局(327)
							081505	室内与家具设计	
	2	090301	林学	4年	农学		090201	林学	
							090202	森林保护	
							090203	经济林	
	3	090302	森林资源保护与游憩	4年	农学		090204	野生植物资源开发与利用	
	4	090401	园林	4年	农学		090301	园林	
	5	090402	水土保持与荒漠化防治	4年	农学		090303	水土保持	
							090304	沙漠治理	
	6	110203	会计学	4年	管理学		020203	会计学	
内蒙古林学院(10131)	1	050408	艺术设计	4年	文学		081505	室内与家具设计	内蒙古自治区(915)
	2	080301	机械设计制造及其自动化	4年	工学		081502	林业与木工机械	
	3	082001	森林工程	4年	工学		081501	森林工程	
	4	082002	木材科学与工程	4年	工学		081503	木材加工	
	5	090301	林学	4年	农学		090201	林学	
							090202	森林保护	
	6	090401	园林	4年	农学		090301	园林	
	7	090402	水土保持与荒漠化防治	4年	农学		090303	水土保持	
							090304	沙漠治理	
	8	110401	农林经济管理	4年	管理学		090602	林业经济管理	
吉林林学院(10195)	1	050408	艺术设计	4年	文学		081505	室内与家具设计	吉林省(922)
	2	080703	土木工程	4年	工学		080805	交通土建工程	
	3	081201	交通运输	4年	工学		081702	载运工具运用工程	
	4	082001	森林工程	4年	工学		081501	森林工程	
	5	082002	木材科学与工程	4年	工学		081503	木材加工	
	6	090301	林学	4年	农学		090201	林学	
							090202	森林保护	
	7	090302	森林资源保护与游憩	4年	农学		090204	野生植物资源开发与利用	
	8	110201	工商管理	4年	管理学		090602	林业经济管理	
浙江林学院(10341)	1	082002	木材科学与工程	4年	工学		081503	木材加工	浙江省(933)
	2	090301	林学	4年	农学		090201	林学	
							090202	森林保护	
							090203	经济林	
	3	090401	园林	4年	农学		090302	风景园林	
	4	110401	农林经济管理	4年	管理学		090602	林业经济管理	
福建林学院(10391)	1	070101	数学与应用数学	4年	理学		070102	应用数学	福建省(935)
	2	080605	计算机科学与技术	4年	工学		080709	计算机及应用	
	3	080703	土木工程	4年	工学		080805	交通土建工程	
	4	081202	交通工程	4年	工学		081703	交通工程	
	5	082001	森林工程	4年	工学		081601	森林工程	
	6	082002	木材科学与工程	4年	工学		081503	木材加工	
							081505	室内与家具设计	
	7	082003	林产化工	4年	工学		081303	制浆造纸工程	
							081604	林产化工	
	8	090101	农学	4年	农学		090109	药用植物	
	9	090301	林学	4年	农学		090201	林学	

（续）

学校名称	序号	专业代码	专业名称	修业年限	学校授予门类	师范标识	原设专业 代码	原设专业 专业名称	
福建林学院(10391)							090202	森林保护	福建省(935)
							090203	经济林	
	10	090401	园林	4年	农学		090301	园林	
	11	090402	水土保持与荒漠化防治	4年	农学		090303	水土保持	
	12	110201	工商管理	4年	管理学		090602	林业经济管理	
	13	110203	会计学	4年	管理学		020203	会计学	
	14	110206	旅游管理	4年	管理学		020209	旅游管理	

表6 普通高等学校函授、夜大学现设本科专业

学校名称	专业代码	专业名称	修业年限	学位授予门类	办学形式	原专业代码	原专业名称(全称)	备注
北京林业大学	080301	机械设计制造及其自动化	5年、3年	工学学士	函授	081502	林业与木工机械	3年制为专升本
	082002	木材科学与工程	5年	工学学士	函授	081503	木材加工	
	090301	林学	5年、3年	农学学士	函授	090201	林学	3年制为专升本
						090202	森林保护	
	090401	园林	5年	农学学士	函授	090301	园林	
	090402	水土保持与荒漠化防治	5年	农学学士	函授	090303	水土保持	
	110201	工商管理	5年、3年	管理学学士	函授	090602	林业经济管理	3年制为专升本
东北林业大学	070101	数学与应用数学	5年	理学学士	函授	070108	数学教育	
	070201	物理学	5年	理学学士	函授	070204	物理学教育	
	080602	自动化	5年、3年	工学学士	夜大学	080604	工业自动化	3年制为专升本
	080703	土木工程	5年、3年	工学学士	函授、夜大学	080805	交通土建工程	3年制为专升本
	081201	交通运输	5年、3年	工学学士	函授、夜大学	081702	载运工具运用工程	3年制为专升本
	082001	森林工程	5年	工学学士	函授	081501	森林工程	
	082002	木材科学与工程	5年	工学学士	函授	081503	木材加工	
	090301	林学	5年、3年	农学学士	函授	090201	林学	
	090401	园林	5年	农学学士	函授	090301	园林	
	110201	工商管理	5年、3年	管理学学士	函授、夜大学	090602	林业经济管理	3年制为专升本
	110203	会计学	5年、3年	管理学学士	函授	020203	会计学	
南京林业大学	081201	交通运输	5年、3年	工学学士	函授	081702	载运工具运用工程	3年制为专升本
	082002	木材科学与工程	5年	工学学士	函授	081503	木材加工	
	090301	林学	5年、3年	农学学士	函授	090201	林学	3年制为专升本
	110201	工商管理	5年、3年	管理学学士	函授	090602	林业经济管理	3年制为专升本
中南林学院	090301	林学	5年、3年	农学学士	函授	090201	林学	3年制为专升本
						090203	经济林	
西北林学院	090301	林学	5年、3年	农学学士	函授	090201	林学	3年制为专升本

注:1."*"表示需一般控制设置的专业。

2."S"表示师范类专业。

3."W"表示目录外专业。

表 7 1998～1999 年度经教育部备案或批准设置的普通高等学校本科专业

学校名称	专业代码	专业名称
北京林业大学	081202	交通工程
	081401	食品科学与工程
	081903	农业建筑环境与能源工程
东北林业大学	071601	统计学
	080603	电子信息工程
	081202	交通工程
南京林业大学	050101	汉语言文学
	050201	英语
	050303	广告学
中南林学院	050201	英语
	070402	生物技术
	110401	农林经济管理
西南林学院	070402	生物技术
	080301	机械设计制造及其自动化
	080605	计算机科学与技术
西北林学院	080703	土木工程
	081801	生物工程
	110401	农林经济管理
内蒙古林学院	110304 *	土地资源管理
吉林林学院	080605	计算机科学与技术
	090401	农学
浙江林学院	090302	森林资源保护与游憩

（黄桂荣）

【林科学位和研究生工作】 1998 年，经国务院学位办审批，在东北林业大学和南京林业大学开展了“林业工程”硕士专业学位的培养工作，丰富了林科研究生的培养类型，也促进了林科研究生教育教学内容及方法的改革。与此同时，结合林业生产实际，积极开展向国务院学位委员会申请“林学”专业学位的设置工作。另外，积极开展在职人员申请硕士学位工作。从 1998 年开始，在西南林学院、西北林学院开展在职人员申请硕士学位工作。至此，局属各学位授予单位全部具备了开展在职人员申请硕士学位工作的条件，使林科高层次专门人才的培养能力进一步加强。

为了进一步提高林科研究生教育工作的质量，国家林业局人事教育司组织开展了林科硕士研究生培养方案的修订工作。根据新修订的林科研究生学科专业目录，对 1992 年林业部组织修订的林科硕士研究生培养方案进行重新修订。

1998 年，经国务院学位委员会和地方学位委员会审批，开展了学位授权学科专业点的增列工作。局属学位授权单位共新增博士学位授权一级学科点 2 个，增列博士学位授权点 3 个，增列硕士学位授权点 7 个（见表 8）。

表 8 第七批博士学位和硕士学位授权学科、专业名单

学位授予单位名称	一级学科名称	博士学位授权学科专业	硕士学位授权学科专业
北京林业大学		植物学	
东北林业大学	林业工程	森林培育	环境与资源保护法
			动物学
			水土保持与荒漠化防治
			会计学
南京林业大学	林业工程		载运工具运用工程
西南林学院			森林工程
西北林学院			野生动植物保护与利用
中国林业科学研究院		森林经理学	
河北农业大学			森林保护学
山西农业大学			森林保护学
内蒙古林学院			木材科学与技术
福建林学院			森林工程
江西农业大学			森林培育

（戴栓友）

【高等林业院校产业发展研讨会】 1998年11月21～23日，国家林业局人事教育司在南京召开高等林业院校产业发展研讨会。北京林业大学、东北林业大学、南京林业大学、中南林学院、西南林学院、西北林学院、内蒙古林学院、福建林学院、浙江林学院9所高校分管校办产业工作的校领导、产业处长、校办企业总公司经理等共25人参加会议。会议在总结交流“八五”以来高等林业院校产业工作取得的成绩和经验的基础上，重点分析和研究了当前高等林业院校校办产业发展的机遇和存在问题，探索在新形势下加速实现产业体制和企业运行机制的两个根本转变，加快高等林业院校产业发展的新思路、新途径，协商成立高等林业院校产业发展研究会。（王建子）

【林业部和云南省人民政府签订共建西南林学院的协议】 1998年3月13日，林业部和云南省人民政府共同建设西南林学院协议签字仪式在北京举行。林业部部长陈耀邦、副部长刘于鹤、云南省省委书记令狐安、省长李嘉廷、副省长程映萱、国家教委副主任周远清等领导出席签字仪式。共建协议为框架协议，主要内容是：实行共建后，实行林业部和云南省双重管理体制，以林业部管理为主。林业部保持对西南林学院的投资渠道不变，并使西南林学院基本建设及早实现配套，保证经部批准的基本建设项目所需投资。云南省对西南林学院的建设给予多方面的支持，在引进人才、征用土地、师资培训等方面建设给予优惠政策，并帮助西南林学院解决好实习场所。随着西南林学院为地方经济建设和社会发展服务领域的拓宽和云南省财政收入的增加，云南省人民政府在现有基础上每年增加一定的投入，以支持西南林学院的建设。西南林学院的专业设置、学位点建设等方面应充分听取云南省的意见。云南省对为地方服务的专业给予各方面的支持，帮助学校完善办学条件，提高教学质量。林业部支持西南林学院逐年增加在云南省的招生名额，支持学校根据云南省的需求进行不同层次和专业的人才培养；支持西南林学院发挥人才和科研优势，积极参加对云南省贫困地区的扶贫工作，参与云南省的产业结构调整，帮助新产业的发展与传统产业的改造，积极承担云南省的科技开发和科技攻关项目。云南省对学校开发高新技术产业给予优惠政策和大力支持。此协议在实施过程中，云南省人民政府和林业部可就协议涉及的具体项目续签有关子协议，并就协议条款的实施情况进行阶段性检查，具体事项委托云南省教育委员会与西南林学院协商解决。（王建子）

【西北林学院本科教学工作评价】 1996年9月，国家教委下发《关于进行第二批普通高等学校本科教学工作评价的通知》，将1979年建校的西北林学院列入第二批本科教学工作评价名单。评价工作由原国家教委直接组织进行，学校主管部门协助配合。以学校的教学工作全局为评价对象，按照《普通高等农林本科学校教学工作评价方案》中的教学条件、过程、效果3个方面的33个要素进行评价，合格标准是：评价要素中不合格项数最多为5项，其中重要指标不能超过1项。

西北林学院把教学评价列为1996年下半年和1997年全年压倒一切的中心工作，全面发动全体师生员工，统一思想认识，从被动迎评转变为评建结合，以评促建，重在建设，并成立自评机构，制订工作计划，层层抓落实，对照评价指标体系，认真开展自评，填写评价表格，进行数据核定、统计和材料汇总，形成依据材料和自评报告。

原林业部对西北林学院本科教学工作评价高度重视，部领导先后3次到西北林学院现场办公，协调解决主要问题。自1996年底到1997年10月，给西北林学院专项投入382万元，其中教学仪器设备费290万元，校园环境建设费92万元（另学校自筹196万元），重点解决学校办学条件中的突出问题。1997年6月，在人事教育司的指导协调下，西北林学院邀请4名农林高校评估专家对本校教学工作进行初评。专家们在听汇报、审阅有关材料、召开各种类型师生员工座谈会和明察暗访的基础上，以评价要素为依据，找出学校教学工作评价中存在的突出问题，向学校中层以上干部反馈意见和建议，在学校中层以上干部中引起很大震动。之后学校逐条研究制定整改措施，狠抓落实，把主要精力投入到加强学校内部建设、改革和管理上。

1997年11月23～29日，国家教委组织普通高等农林院校教学工作评价专家组一行10人，对西北林学院本科教学工作进行实地考察，形成以下评价意见：

主要成绩

重视教学评价，评建工作成效明显 学校领导班子在统一认识的基础上，坚持“以评促改、以评促建、评建结合、重在建设”的原则，广泛深入地发动师生员工，扎实开展评建工作。通过评建，进一步完善了各项教学管理规章，推动了教学基本建设，调动了全院教职工特别是广大教师的办学积极性。在较短时间内，学校的凝聚力和向心力明显增强，学校面貌发生了较大变化。

进一步明确了办学指导思想和学校定位 学校结合自身优势和西北地区社会经济发展的实际，认真落实江泽民总书记关于“再造一个山川秀美的西北地区”的重要批示，突出“以生态环境治理和森林资源保护与开发利用为主”的办学特色，为地方经济建设和西北地区生态环境治理做了大量工作，同时也拓宽了学校办学思路。

教学工作思路清晰 学校制订了加强教学工作的意见，教学工作会议确立的“坚持以教学为中心不动摇，坚持以提高教育质量和办学效益为学校永恒主题不动摇，坚持树立以教师为主体发展教育事业的观念

不动摇”得到较好贯彻，学校各部门为教学服务的意识增强，形成了开展教学工作的良好氛围。

重视德育和思想政治工作 学校虽然远离中心城市，但绝大多数教职工坚持教书育人，工作认真负责，敬业爱岗，勇于奉献；绝大多数学生热爱学校，学习刻苦，奋发向上，举止文明。

重视实践性教学 注重学生的实践技能训练，培养了学生较强的分析问题和解决问题的能力。学校重视教学基地建设，校内教学基地设施较完善，基础较好；校外教学基地关系稳定，能够基本满足教学和科研需要。

推进联合办学 加强与杨陵地区教学科研单位的联系和协作。先后与西北农业大学、原林业部西北林业调查规划设计院、陕西省林研所等签定了联合办学协议，做到优势互补，增强了办学实力。

主要问题和建议

学校教学科研仪器和图书馆建设尚不能满足教学科研需要 尤其新增专业教学实验设备明显不足，办学条件较差。图书馆规模小，图书较陈旧，图书经费占教育事业费比例偏低，且年增长幅度偏小。

学校师资队伍结构性矛盾较突出 教师职称、学历、知识结构和教师分布不尽合理。专任教师比例偏低，且呈下降趋势。部分课程教师配备达不到规定标准，特别是新增专业教师严重不足，制约了教学质量的提高。部分教师业务水平和教学水平均需提高。

教学改革、课程建设等缺乏实质性内容和进展 建议学校更新教育思想和观念，处理好遵循教育规律与适应“两个转变”、注重质量效益与多层次办学、以教学为中心与发展科研生产之间的关系，开展面向21世纪教学内容与课程体系的研究和改革，加强人才培养模式的研究，优化专业教学计划和课程结构，切实建设一批优质课程。

建议学校进一步加强教学管理队伍建设，从政策、舆论和人员配备几个方面，强化教务处在教学管理及运行中的组织和协调作用。进一步规范教学管理，提高管理运作水平。

西北林学院针对专家组反馈的评价意见，制定整改措施，于1998年1月上报国家教委。同年4月，经教育部研究确定，西北林学院本科教学工作的评价结论为合格。 （黄桂荣）

林业成人教育

【实行林业（林农）技术资格证书制度】 林农培训是林业全行业培训的一个重要组成部分。为了实行“林业（林农）技术资格证书制度”，林业部于1998年2月印发了《林业部关于实行林业（林农）技术资格证书制度的通知》（以下简称《通知》）。

《通知》包括实行林业（林农）技术资格证书制度的必要性、林业（林农）技术资格证书制度的实施对象和持证者的权利、实行林业（林农）技术资格证书制度的分工与组织管理、林农技术培训、考核与发证工作和加强实行林业（林农）技术资格证书制度的领导和监督5个部分。

《通知》明确，林业（林农）技术资格证书制度的主要实施对象是具有初中毕业以上文化程度的乡村护林员，乡村（私人）林场和苗圃的管理、技术人员，林业种养大户。

《通知》指出，实行林业（林农）技术资格证书制度，是实施科教兴林战略的需要，是实现林业现代化的必然趋势。它不仅有利于推动林科教结合，而且有利于促进林农培训工作的规范化、制度化，进一步调动广大林农学习科学技术的积极性，培养一支能够适应社会主义市场经济体制需要的、在当地生态环境建设和经济建设中起示范带头作用的林农骨干队伍，加快广大农村（林区）脱贫致富奔小康步伐。

《通知》要求，各级林业主管部门应加强领导，紧密结合山区、沙区综合开发及重点生态工程建设，按照分级管理、分类指导、分工负责的原则，积极稳妥地组织实施林业（林农）技术资格证书制度。（吴友苗）

【《林业行业专业技术人员继续教育科目指南》】 根据国家人事部关于加强专业技术人员继续教育的基础性规范化建设的要求和编制继续教育科目指南的具体工作部署，为指导林业行业专业技术人员自学，规范办学单位继续教育活动，加强继续教育的行业管理，提高继续教育工作的整体水平和效益，经原林业部领导同意，人事教育司于1994年底组织编制《林业行业专业技术人员继续教育科目指南》（以下简称《科目指南》）的准备工作，1995年2月正式启动，具体工作由中国林学会牵头，北京林业大学、东北林业大学、南京林业大学、中南林学院、北京林业管理干部学院和中国林业科学研究院、林业部成人教育研究中心等单位参加。经过林业行业150多名专家学者历时三年半的艰苦努力，《科目指南》于1998年9月通过国家林业局人事教育司组织的专家论证。

《科目指南》分为通识基础类、应用（技术）基础类和职业学科群等三大类，职业学科群又分为林业环境生态、林业产业、现代林业管理等3个“职类”、林业生态工程等16个“职群”，每个“职群”包括国外现状与发展趋势、国内发展动态与趋势、现有专业技术人员素质状况分析及人才需求预测、继续教育科目（课程）目录与要点、实施建议等五部分。

国家人事部考核培训司对《科目指南》的编制工作非常关心和支持，并于1996年11月与林业部人事教育司联合委托中国林学会开展编制林业专业技术人员继续教育科目指南的课题研究工作。（吴友苗）

【开考高等教育自学考试林业生态环境管理专业】 为贯彻江泽民同志关于生态环境建设的重要批示，拓宽人才培养的途径，加快高级林业人才培养的速度，在充分论证和共同协商的基础上，全国高等教育自学考试指导委员会和林业部联合发出了《关于开考林业生态环境管理专业和组织林业从业人员参加学习的通知》，决定自1998年10月起开考高等教育自学考试林业生态环境管理专业。本专业报考对象为林业系统的从业人员和有志于从事本专业方向工作的社会青年，参加本专业学习并且单科或全部课程成绩合格者，由各省（区、市）的高等教育自学考试委员会按照有关规定发给单科合格证书或专业毕业证书，国家承认学历。

1998年10月，北京、山西、福建、江西、广西、新疆等省（区、市）首先开考了本专业，近3000名学员参加了首次考试。

为做好林业生态环境管理专业自学考试工作，1998年，国家林业局人事教育司先后召开3次会议，总结助学工作和首次考试工作经验。同时组织了该专业12门专业基础课、专业课考试大纲、教材的编写工作，印发了《林业自学考试管理暂行办法》，明确国家林业局自学考试管理机构与省林业部门自学考试管理机构的职责分工。（吴友苗）

【国家林业局自学考试管理中心】 为加强林业自学考试工作的管理，经国家林业局批准，决定成立“国家林业局自学考试管理中心”（挂靠在北京林业大学，编制7人，从学校总编制中调剂解决）。其主要任务是承办国家林业局下达的有关自学考试的各项工作，包括参与组织编写开考专业自学考试大纲、教材和自学辅导资料，组织和管理助学网络，培训自学考试辅导教师，组织自学考试的教材征订和发行工作，负责自学考试的信息工作等。（吴友苗）

【中国林业教育学会成人教育分会（筹备）成立暨经验交流会议】 中国林业教育学会成人教育分会（筹备）的前身是1992年在全国林业职工教育研究会基础上成立的中国林业成人教育学会。为适应林业教育事业发展的需要，经国家民政部批准，1996年12月，中国林业教育学会成立，原中国林业成人教育学会改为中国林业教育学会成人教育分会。1998年6月20～22日在湖北省宜昌市召开中国林业教育学会成人教育分会（筹备）成立及经验交流会议，来自全国各地林业部门和企事业单位的87名代表出席会议。会议总结了原中国林业成人教育学会成立以来的工作，讨论并原则通过《中国林业教育学会成人教育分会工作条例》；选举产生了分会领导机构组成人员，组建了职工教育、成人学历教育、林农教育3个专业委员会和学术工作委员会、编辑工作委员会、秘书处等办事机构，部署了分会（筹备）1998～1999年工作。湖北省林业厅、黑龙江省绥阳林业局等单位在会上交流了近几年来林业成人教育工作经验。中国林业教育学会理事长、原林业部副部长刘于鹤出席会议并作题为“同心同德，艰苦奋斗，努力开创林业成人教育工作新局面”的重要讲话。（吴友苗）

林业教育信息统计

1998～1999学年普通高、中等林业院校(系)基本情况

单位:人

	学校数(所、个)	毕业生数	招生数	在校学生数	毕业班学生数	教职工数	
						计	其中:专任教师
总　　计	70	30 442	42 389	129 302	32 447	19 723	8286
一、研究生	—	339	564	1457	417	0	0
1.高等林业院校	—	310	500	1299	374	0	0
国家任务	—	275	388	1052	320	0	0

（续）

	学校数（所、个）	毕业生数	招生数	在校学生数	毕业班学生数	教职工数	
						计	其中：专任教师
委托培养	—	25	64	132	31	0	0
学校自筹（自费生）	—	10	48	115	23	0	0
2.林业科研单位	—	5	10	29	9	0	0
国家任务	—	5	10	29	9	0	0
3.其他高等学校（林科）	—	24	54	129	34	0	0
国家任务	—	20	49	123	34	0	0
委托培养	—	4	2	2	0	0	0
学校自筹（自费生）	—	0	3	4	0	0	0
二、普通本专科	—	9788	12 630	39 937	9894	0	0
1.高等林业院校	10	6569	8756	28 158	6751	9961	3746
国家任务	—	5245	8756	27 402	6222	0	0
委托培养	—	771	0	412	330	0	0
自 费 生	—	553	0	344	199	0	0
2.其他高等学校（林科）	—	3219	3874	11 779	3143	0	0
国家计划	—	2609	3874	11 458	2830	0	
委托培养	—	267	0	85	79	0	0
自 费 生	—	343	0	236	234	0	0
三、林业中等专业学校	60	20 315	29 195	87 908	22 136	9762	4540
1.中等林业学校	53	16 679	23 412	72 039	17 940	9055	4201
国家任务	—	9582	21 594	52 915	10 728	0	0
委托培养	—	6358	1182	16 306	6242	0	0
自费生	—	739	636	2818	970	0	0
2.林业师范学校	4	750	989	2369	750	377	186
国家任务	—	499	488	1316	538	0	0
委托培养	—	251	501	1053	212	0	0
3.林业卫生学校	3	368	646	1636	457	330	153
国家任务	—	112	480	686	110	0	0
委托培养	—	251	40	742	347	0	0
自费生	—	5	126	208	0	0	0
4.其他中等专业学校（林科）	—	2518	4148	11864	2989	0	0
国家任务	—	2157	3942	10 770	2546	0	0
委托培养	—	219	80	387	151	0	0
自 费 生	—	142	126	707	292	0	0

1998～1999学年初普通高等林业院校研究生基本情况

单位:人

学校名称	毕业生数	招生数	在校学生数	毕业班学生数
总计	339	564	1457	417
一、博士生	97	135	372	125
1. 高等学校	93	125	343	116
北京林业大学	31	52	117	27
东北林业大学	25	34	109	45
南京林业大学	31	34	104	40
中南林学院	6	5	13	4
2. 林业科研单位	4	10	29	9
中国林业科学研究院	4	10	29	9
二、硕士生	242	429	1085	292
1. 高等学校	217	375	956	258
北京林业大学	57	92	249	76
东北林业大学	62	98	243	57
南京林业大学	47	68	194	54
中南林学院	24	43	97	27
西南林学院	7	14	34	8
西北林学院	10	30	65	15
内蒙古林学院	6	12	28	9
福建林学院	4	18	46	12
2. 其他高等学校(林科)	24	54	129	34
3. 林业科研单位	1	0	0	0
中国林业科学研究院	1	0	0	0

1998～1999学年初普通高等林业院校(系)分学校学生情况

单位:人

学校名称	毕业生数			招生数			在校学生数			毕业班学生数		
	合计	本科	专科	合计	本科	专科	合计	本科	专科	合计	本科	专科
总计	9788	5486	4302	12 630	9652	2978	39 937	30 803	9134	9894	6115	3779
一、普通高等林业院校	6569	4123	2446	8756	7008	1748	28 158	22 943	5215	6751	4499	2252
北京林业大学	821	532	289	1086	963	123	3487	3162	325	793	640	153
东北林业大学	1262	992	270	1530	1296	234	5416	4857	559	1315	1038	277
南京林业大学	672	601	71	1090	890	200	3781	3067	714	965	672	293
中南林学院	748	445	303	967	912	55	3285	2914	371	754	552	202
西南林学院	505	236	269	700	499	201	2152	1636	516	532	304	228
西北林学院	519	280	239	690	480	210	2048	1508	540	522	301	221
内蒙古林学院	384	256	128	500	337	163	1535	1245	290	343	201	142
吉林林学院	642	317	325	790	560	230	2399	1589	810	620	310	310
浙江林学院	368	119	249	466	303	163	1240	734	506	261	79	182
福建林学院	648	345	303	937	768	169	2815	2231	584	646	402	244
二、其他高等学校(林科)	3219	1363	1856	3874	2644	1230	11 779	7860	3919	3143	1616	1527

1998～1999学年初普通高等林业院校(系)分专业学生情况

单位:人

专业名称	毕业生数			招生数			在校学生数			毕业班学生数		
	合计	本科	专科	合计	本科	专科	合计	本科	专科	合计	本科	专科
总计	9788	5486	4302	12 630	9652	2978	39 937	30 803	9134	9894	6115	3779
林学	1301	922	379	1628	1436	192	5263	4606	657	1176	932	244
森林保护	320	236	84	238	178	60	1004	901	103	303	260	43
经济林	452	208	244	314	257	57	1508	1116	392	432	304	128
园林	1015	454	561	1501	1065	436	3965	2676	1289	932	452	480
风景园林	130	130	0	357	357	0	1011	1011	0	144	144	0
野生植物资源开发与利用	183	90	93	198	143	55	568	409	159	135	79	56
野生动物保护与利用	103	88	15	161	108	53	409	329	80	88	87	1
自然保护区资源管理	22	0	22	0	0	0	60	29	31	31	0	31
药用植物	0	0	0	30	30	0	84	84	0	25	25	0
沙漠治理	54	54	0	54	54	0	243	243	0	53	53	0
水土保持	305	184	121	308	258	50	1195	1014	181	382	274	108
森林工程	261	237	24	242	242	0	1103	1103	0	221	221	0
防火工程	0	0	0	50	0	50	135	0	135	84	0	84
木材加工	421	421	0	634	614	20	1927	1866	61	397	380	17
林业与木工机械	278	278	0	204	183	21	921	900	21	259	259	0
林产化工	166	142	24	161	161	0	749	626	123	221	133	88
制浆造纸工程	53	53	0	0	0	0	69	69	0	27	27	0
制浆造纸工艺	49	49	0	91	91	0	347	328	19	86	67	19
精细化工	35	35	0	34	34	0	128	128	0	30	30	0
工业自动化	62	62	0	57	33	24	176	152	24	53	53	0
载运工具运用工程	152	127	25	156	126	30	693	596	97	190	149	41
汽车运用技术	27	0	27	24	0	24	75	0	75	30	0	30
计算机及应用	231	0	231	325	182	143	943	510	433	208	53	155
机械制造工艺与设备	0	0	0	31	0	31	162	89	73	54	30	24
应用电子技术	24	0	24	135	110	25	406	359	47	83	61	22
机械电子工程	0	0	0	32	32	0	217	217	0	64	64	0
林业信息管理	153	54	99	61	61	0	284	237	47	105	58	47
贸易经济	188	105	83	227	167	60	735	574	161	184	123	61
林业经济管理	587	251	336	746	537	209	2271	1576	695	570	273	297
经济法	23	0	23	0	0	0	0	0	0	0	0	0
法学	178	85	93	289	225	64	962	706	256	242	76	166
会计学	576	359	217	435	357	78	1647	1490	157	470	392	78
市场营销	71	40	31	61	0	61	189	40	149	84	40	44
保险	0	0	0	0	0	0	25	0	25	25	0	25

（续）

专业名称	毕业生数			招生数			在校学生数			毕业班学生数		
	合计	本科	专科	合计	本科	专科	合计	本科	专科	合计	本科	专科
统计学	22	22	0	82	60	22	238	194	44	48	26	22
广告学	0	0	0	28	0	28	79	0	79	21	0	21
室内与家具设计	440	181	259	568	367	201	1624	1177	447	402	217	185
工艺美术学	20	0	20	25	0	25	68	0	68	24	0	24
装潢艺术设计	35	0	35	40	0	40	108	0	108	35	0	35
生态学	0	0	0	60	60	0	60	60	0	0	0	0
环境学	0	0	0	61	31	30	111	81	30	19	19	0
环境工程	45	0	45	78	0	78	206	0	206	83	0	83
观赏园艺	29	0	29	32	0	32	62	0	62	29	0	29
房地产经营管理	20	0	20	35	0	35	55	0	55	20	0	20
英语	63	43	20	133	99	34	483	390	93	112	90	22
应用数学	0	0	0	59	59	0	59	59	0	0	0	0
应用化学	1	1	0	0	0	0	0	0	0	0	0	0
食品科学与工程	58	58	0	0	0	0	79	79	0	28	28	0
旅游经济	109	59	50	209	179	30	625	497	128	170	99	71
水利工程	30	0	30	0	0	0	0	0	0	0	0	0
建筑工程	93	54	39	123	96	27	393	297	96	128	59	69
房屋建筑工程	35	0	35	34	0	34	98	0	98	32	0	32
建筑装饰技术	65	0	65	30	0	30	140	0	140	70	0	70
交通工程	0	0	0	39	39	0	112	112	0	0	0	0
交通土建工程	143	111	32	379	379	0	996	996	0	138	138	0
其他专业(或专业类)	1160	293	867	1831	1242	589	4867	2877	1990	1147	340	807

1998～1999学年初普通高等林业学校(系)分学校函授、夜大学学生情况

单位:人

学校名称	毕业生数			招生数			在校学生数			毕业班学生数		
	合计	本科	专科	合计	本科	专科	合计	本科	专科	合计	本科	专科
总计	2514	103	2411	4130	162	3968	11 389	329	11 060	3201	54	3147
一、函授	1659	103	1556	3150	162	2988	8929	329	8600	2199	54	2145
北京林业大学	226	0	226	522	0	522	1627	0	1627	372	0	372
东北林业大学	472	94	378	673	93	580	1926	251	1675	523	45	478
南京林业大学	310	9	301	464	47	417	1202	47	1155	300	0	300
中南林学院	97	0	97	286	22	264	758	22	736	119	0	119
西南林学院	124	0	124	349	0	349	878	0	878	237	0	237
西北林学院	76	0	76	311	0	311	773	9	764	193	9	184
内蒙古林学院	15	0	15	0	0	0	2	0	2	2	0	2

（续）

学校名称	毕业生数			招生数			在校学生数			毕业班学生数		
	合计	本科	专科	合计	本科	专科	合计	本科	专科	合计	本科	专科
吉林林学院	71	0	71	210	0	210	420	0	420	92	0	92
浙江林学院	140	0	140	128	0	128	555	0	555	152	0	152
福建林学院	128	0	128	207	0	207	788	0	788	209	0	209
二、夜大学	127	0	127	443	0	443	1107	0	1107	236	0	236
北京林业大学	55	0	55	191	0	191	561	0	561	122	0	122
东北林业大学	37	0	37	27	0	27	91	0	91	34	0	34
南京林业大学	0	0	0	0	0	0	4	0	4	0	0	0
中南林学院	35	0	35	225	0	225	451	0	451	80	0	80
三、成人脱产班	728	0	728	537	0	537	1353	0	1353	766	0	766
北京林业大学	31	0	31	80	0	80	104	0	104	24	0	24
南京林业大学	229	0	229	147	0	147	533	0	533	336	0	336
中南林学院	450	0	450	243	0	243	580	0	580	337	0	337
西北林学院	18	0	18	12	0	12	31	0	31	19	0	19
福建林学院	0	0	0	55	0	55	105	0	105	50	0	50

1998～1999学年初普通高等林业院校教职工基本情况

单位：人

学校名称	总计	校本部教职工数										科研机构人员数	校办工厂、林场职工数	附设机构人员数
		计	专任教师						教辅人员	行政人员	工勤人员			
			计	教授	副教授	讲师	教员	助教						
总计	9961	7812	3746	396	1106	1337	763	144	1194	1563	1309	361	1000	788
北京林业大学	1258	795	393	75	137	114	51	16	93	226	83	135	67	261
东北林业大学	2202	1662	754	103	203	285	133	30	409	209	290	66	376	98
南京林业大学	1527	1137	624	70	177	196	159	22	131	248	134	88	124	178
中南林学院	1067	942	457	46	172	133	98	8	116	172	197	45	62	18
西南林学院	637	573	300	19	101	119	44	17	81	102	90	0	0	64
西北林学院	637	555	305	24	64	146	58	13	49	99	102	0	36	46
内蒙古林学院	718	661	271	19	86	105	52	9	129	160	101	12	19	26
吉林林学院	822	524	216	15	60	86	53	2	71	141	96	1	281	16
浙江林学院	431	393	166	4	36	67	41	18	49	73	105	7	20	11
福建林学院	662	570	260	21	70	86	74	9	66	133	111	7	15	70

1998～1999学年初普通林业中等专业学校分专业学生数

单位：人

专业名称	毕业生数	招生数			在校生数	毕业班学生数	专业名称	毕业生数	招生数			在校生数	毕业班学生数
		计	招高中毕业生数	招初中毕业生数					计	招高中毕业生数	招初中毕业生数		
总　　计	20 315	29 195	2083	27 112	87 908	22 136	经贸外语	0	45	0	45	133	0
林　　业	3588	3566	105	3461	12 270	3155	土地管理	57	51	0	51	277	75
森林保护	249	378	45	333	1336	251	环境生态	0	385	0	385	435	0
经济林	1214	1697	45	1652	6169	1529	环境管理	0	48	0	48	205	39
园　　林	2080	5395	138	5257	13 294	2761	文秘与档案	81	138	0	138	358	84
水土保持	327	735	60	675	1958	440	装潢设计	60	149	0	149	422	73
沙漠治理	0	85	0	85	327	82	室内设计	65	23	0	23	172	87
森林防火	30	56	0	56	153	0	发电厂及电力系统	25	0	0	0	0	0
森林资源管理	366	793	0	793	2542	516	机构制造	0	40	0	40	40	0
自然保护区资源管理	83	100	0	100	341	91	汽车拖拉机运用与维修	87	375	0	375	937	286
野生植物栽培与利用	80	78	0	78	444	124	锅炉制造与维修	0	0	0	0	40	0
林特产品加工	240	0	0	0	314	198	机械设备维修	39	0	0	0	0	0
野生动物保护与饲养	24	0	0	0	0	0	电机与电器	125	25	0	25	193	65
森林采运工程	120	137	0	137	558	124	机电设备维修	81	23	0	23	154	85
木材加工	265	310	0	310	1139	198	机电技术应用	0	44	0	44	202	0
林业机械	133	23	0	23	333	90	电子技术应用	56	43	27	16	277	187
林产化工	25	145	0	145	494	0	计算机及应用	1067	1784	126	1658	5353	1372
林业财务会计	849	811	0	811	2919	888	自动控制技术	0	0	0	0	20	0
林业计划与统计	41	74	0	74	172	67	果蔬贮藏与加工	0	22	0	22	177	0
林业经济管理	721	605	30	575	1904	999	小型土木工程	351	125	0	125	662	273
林产品贸易	434	515	95	420	1690	490	家具设计与制造	49	115	0	115	323	77
森林旅游	295	760	0	760	1703	321	建筑装饰	181	107	0	107	343	78
园林经济与管理	39	0	0	0	77	40	城镇规划	89	139	0	139	561	188
治安管理	73	246	0	246	745	191	工业与民用建筑	275	284	45	239	976	296
林业公安	252	300	116	184	897	330	市政工程施工	0	205	0	205	702	68
法　　律	213	344	42	302	914	248	水利水电工程建筑	0	55	0	55	227	65
植物保护	0	0	0	0	21	21	农田水利工程	74	20	0	20	20	0
园　　艺	0	90	0	90	90	0	工程测量	45	73	0	73	233	58
果　　树	235	123	0	123	704	236	环境监测	42	185	0	185	315	40
果树与林业	0	220	0	220	316	0	普通师范	669	966	390	576	2382	702
草原与饲料	32	0	0	0	22	22	幼儿师范	0	40	0	40	40	0
多种经营	164	209	0	209	442	184	体　　育	30	48	0	48	86	0
国有资产管理	0	94	0	94	182	44	音　　乐	0	14	0	14	209	76
保　　险	0	64	0	64	196	40	美　　术	30	112	0	112	280	43
金　　融	190	122	55	67	497	137	外　　语	60	20	0	20	152	69
财务会计	1580	1022	68	954	3529	1246	社区医学	166	131	50	81	377	96
涉外财务会计	42	0	0	0	45	45	护　　理	124	326	180	146	880	261
审　　计	47	98	50	48	209	74	计划生育	0	40	0	40	40	0
计划与统计	0	0	0	0	161	0	预防医学	0	0	0	0	50	50
工业企业管理	107	56	0	56	264	108	妇幼卫生	28	69	0	69	69	0
企业物资管理	90	63	46	17	134	71	病案管理	0	40	40	0	80	0
农业经济管理	0	0	0	0	57	36	医学检验	0	0	0	0	50	0
市场营销	275	162	0	162	700	354	卫生检验	0	0	0	0	50	50
对外贸易业务	0	0	0	0	90	90	其他专业（或专业类）	1856	3410	330	3080	9054	1452

1998～1999学年初普通林业中等专业学校基本情况

单位：人

省(区、市)及学校名称	学校数(所)	毕业生数	招生数 计	招生数 招高中毕业生数	招生数 招初中毕业生数	在校学生数	毕业班学生数	教职工数 合计	校本部教职工 计	专任教师 计	专任教师 高级讲师	专任教师 讲师	专任教师 助理讲师	专任教师 教员	教辅人员	行政人员	工勤人员	校办厂(场)职工	附设机构人员	兼任教师(不计入教工数中)
总　计	60	20 315	29 195	2083	27 112	87 908	22 136	9762	9273	4540	891	2049	1481	119	960	1685	2088	346	143	81
一、林业学校	53	16 679	23 412	1221	22 191	72 039	17 940	9055	8572	4201	817	1904	1368	112	900	1537	1934	346	137	81
北京市	1	108	192	0	192	618	174	94	94	35	4	22	8	1	12	24	23	0	0	0
北京市园林学校	0	108	192	0	192	618	174	94	94	35	4	22	8	1	12	24	23	0	0	0
天津市	1	289	512	0	512	1704	271	171	171	85	15	45	25	0	7	29	50	0	0	13
天津市园林学校	0	289	512	0	512	1704	271	171	171	85	15	45	25	0	7	29	50	0	0	13
河北省	1	246	360	0	360	1151	251	187	178	98	13	39	44	2	21	34	25	9	0	8
河北林业学校	0	246	360	0	360	1151	251	187	178	98	13	39	44	2	21	34	25	9	0	8
山西省	1	322	560	95	465	1789	427	197	169	83	14	35	34	0	20	40	26	28	0	0
山西林业学校	0	322	560	95	465	1789	427	197	169	83	14	35	34	0	20	40	26	28	0	0
内蒙古自治区	2	225	347	32	315	1411	275	295	295	152	23	63	66	0	22	40	81	0	0	0
内蒙古大兴安岭林业学校	0	72	100	32	68	555	90	146	146	71	5	30	36	0	5	24	46	0	0	0
扎兰屯林业学校	0	153	247	0	247	856	185	149	149	81	18	33	30	0	17	16	35	0	0	0
辽宁省	1	266	375	0	375	1235	334	242	238	111	23	43	42	3	42	32	53	0	4	0
辽宁林业学校	0	266	375	0	375	1235	334	242	238	111	23	43	42	3	42	32	53	0	4	0
吉林省	3	697	956	114	842	3986	997	643	638	297	91	145	61	0	76	120	145	0	5	0
白城林业学校*	0	363	397	114	283	1446	333	262	257	116	37	72	7	0	37	41	63	0	5	0
吉林林业学校	0	176	235	0	235	1119	349	224	224	106	39	46	21	0	23	54	41	0	0	0
延边林业学校	0	158	324	0	324	1421	315	157	157	75	15	27	33	0	16	25	41	0	0	0
黑龙江省	6	2434	2770	0	2770	8159	2280	1383	1347	561	164	260	134	3	93	277	416	31	5	0
伊春林业学校	0	287	480	0	480	1626	501	199	177	73	10	48	15	0	12	51	41	22	0	0
牡丹江林业学校	0	796	840	0	840	1923	653	235	230	109	38	56	14	1	24	57	40	0	5	0
齐齐哈尔林业学校	0	667	650	0	650	1767	475	267	264	124	64	55	5	0	11	67	62	3	0	0
黑龙江农垦林业学校	0	568	380	0	380	1691	494	375	375	102	13	40	47	2	31	53	189	0	0	0
大兴安岭林业学校	0	116	120	0	120	532	157	128	128	64	8	25	31	0	0	19	45	0	0	0

（续）

省(区、市)及学校名称	学校数(所)	毕业生数	招生数			在校学生数	毕业班学生数	教职工数												兼任教师(不计入教工数中)
			计	招高中毕业生数	招初中毕业生数			合计	校本部教职工									校办厂(场)职工	附设机构人员	
									计	专任教师					教辅人员	行政人员	工勤人员			
										计	高级讲师	讲师	助理讲师	教员						
东京城林业机电学校	0	0	300	0	300	620	0	179	173	89	31	36	22	0	15	30	39	6	0	0
上海市	1	159	170	0	170	618	132	103	103	36	4	14	18	0	17	20	30	0	0	0
上海园林学校	0	159	170	0	170	618	132	103	103	36	4	14	18	0	17	20	30	0	0	0
南京市	1	229	430	0	430	1372	367	258	242	99	33	37	26	3	25	76	42	0	16	0
林业部南京人民警察学校*	0	229	430	0	430	1372	367	258	242	99	33	37	26	3	25	76	42	0	16	0
浙江省	2	871	1351	144	1207	3579	1150	289	281	169	25	82	52	10	28	33	51	3	5	18
宁波林业学校*	0	309	489	144	345	1208	430	147	143	79	10	36	26	7	20	24	20	0	4	0
浙江林业学校	0	562	862	0	862	2371	720	142	138	90	15	46	26	3	8	9	31	3	1	18
安徽省	2	403	913	50	863	1985	497	233	226	124	12	70	42	0	19	43	40	0	7	0
合肥林业学校	0	210	502	50	452	1002	250	132	127	70	6	36	28	0	12	23	22	0	5	0
黄山林业学校	0	193	411	0	411	983	247	101	99	54	6	34	14	0	7	20	18	0	2	0
福建省	2	591	1347	0	1347	3382	482	310	276	145	31	69	40	5	29	53	49	31	3	0
福建林业学校	0	382	932	0	932	2220	268	200	166	88	26	40	22	0	22	24	32	31	3	0
三明林业学校	0	209	415	0	415	1162	214	110	110	57	5	29	18	5	7	29	17	0	0	0
江西省	2	1189	1103	99	1004	3779	1114	363	336	206	23	70	105	8	24	42	64	23	4	0
赣州林业学校	0	829	683	42	641	2300	743	195	168	99	13	33	50	3	15	19	35	23	4	0
南昌林业学校	0	360	420	57	363	1479	371	168	168	107	10	37	55	5	9	23	29	0	0	0
山东省	1	369	577	0	577	1554	422	355	321	112	29	56	26	1	42	56	111	34	0	0
山东林业学校	0	369	577	0	577	1554	422	355	321	112	29	56	26	1	42	56	111	34	0	0
河南省	3	703	1376	45	1331	4164	790	424	412	242	53	89	72	28	53	37	80	5	7	0
洛阳林业学校	0	424	630	45	585	1750	450	207	195	128	32	43	46	7	6	17	44	5	7	0
汝南园林学校	0	157	333	0	333	1191	170	112	112	66	13	23	12	18	32	8	6	0	0	0
信阳林业学校	0	122	413	0	413	1223	170	105	105	48	8	23	14	3	15	12	30	0	0	0
湖北省	5	3037	2652	462	2190	8970	2992	709	634	359	60	165	122	12	90	93	92	58	17	9
湖北省林业学校	0	435	325	0	325	1063	393	166	157	69	11	33	21	4	25	25	38	1	8	0

（续）

省(区、市)及学校名称	学校数(所)	毕业生数	招生数 计	招生数 招高中毕业生数	招生数 招初中毕业生数	在校学生数	毕业班学生数	教职工数 合计	校本部教职工 计	专任教师 计	专任教师 高级讲师	专任教师 讲师	专任教师 助理讲师	专任教师 教员	教辅人员	行政人员	工勤人员	校办厂(场)职工	附设机构人员	兼任教师(不计入教工数中)
宜昌林业学校	0	392	226	0	226	1038	383	111	111	63	9	31	20	3	11	24	13	0	0	0
咸宁林业学校	0	788	1017	263	754	2809	840	165	165	107	22	52	30	3	20	21	17	0	0	0
黄冈林业学校	0	1105	764	199	565	2891	970	206	140	77	10	29	36	2	33	15	15	57	9	0
恩施林业学校	0	317	320	0	320	1169	406	61	61	43	8	20	15	0	1	8	9	0	0	0
湖南省	1	641	816	0	816	2301	643	215	215	111	34	53	23	1	17	32	55	0	0	0
湖南林业学校	0	641	816	0	816	2301	643	215	215	111	34	53	23	1	17	32	55	0	0	0
广东省	2	441	484	0	484	1557	412	214	192	85	14	46	20	5	25	50	32	0	22	9
广州林业学校	0	441	484	0	484	1557	412	209	187	80	13	43	19	5	25	50	32	0	22	9
广州园林学校	0	0	0	0	0	0	0	5	5	5	1	3	1	0	0	0	0	0	0	0
广西壮族自治区	3	549	1522	0	1522	4992	986	452	355	205	27	110	64	4	31	52	67	59	38	0
广西林业学校	0	230	861	0	861	2909	674	313	216	110	22	62	22	4	17	30	59	59	38	0
桂林林业学校	0	229	366	0	366	1144	261	84	84	55	4	30	21	0	10	18	1	0	0	0
梧州林业学校	0	90	295	0	295	939	51	55	55	40	1	18	21	0	4	4	7	0	0	0
四川省	1	800	1352	45	1307	3196	548	343	287	125	34	64	27	0	30	79	53	56	0	0
四川林业学校	0	800	1352	45	1307	3196	548	343	287	125	34	64	27	0	30	79	53	56	0	0
贵州省	2	404	515	0	515	1942	385	296	287	182	15	74	88	5	23	45	37	5	4	24
贵州林业学校	0	213	316	0	316	1316	275	177	168	104	9	46	44	5	14	23	27	5	4	24
黔东南林业学校	0	191	199	0	199	626	110	119	119	78	6	28	44	0	9	22	10	0	0	0
云南省	2	483	751	90	661	2282	518	259	259	131	14	62	55	0	24	61	43	0	0	0
云南林业学校	0	360	589	90	499	1691	375	202	202	99	13	53	33	0	21	44	38	0	0	0
思茅林业学校	0	123	162	0	162	591	143	57	57	32	1	9	22	0	3	17	5	0	0	0
西藏自治区	0	52	0	0	0	43	43	0	0	0	0	0	0	0	0	0	0	0	0	0
西藏农牧学院中专班＊＊	0	52	0	0	0	43	43	0	0	0	0	0	0	0	0	0	0	0	0	0
陕西省	3	459	1061	45	1016	3655	955	438	436	191	26	85	73	7	54	68	123	2	0	0
陕西林业学校	0	259	623	0	623	1904	434	186	186	82	15	45	15	7	15	35	54	0	0	0

（续）

省（区、市）及学校名称	学校数（所）	毕业生数	招生数			在校学生数	毕业班学生数	教职工数												兼任教师（不计入教工数中）
								合计	校本部教职工									校办厂（场）职工	附设机构人员	
									计	专任教师					教辅人员	行政人员	工勤人员			
			计	招高中毕业生数	招初中毕业生数					计	高级讲师	讲师	助理讲师	教员						
榆林林业学校	0	120	258	0	258	944	286	177	175	73	7	22	44	0	31	21	50	2	0	0
延安林业学校	0	80	180	45	135	807	235	75	75	36	4	18	14	0	8	12	19	0	0	0
甘肃省	2	456	640	0	640	1639	329	274	272	137	18	54	58	7	39	31	65	2	0	0
甘肃林业学校	0	290	480	0	480	1210	240	182	180	95	11	38	39	7	23	22	40	2	0	0
庆阳林业学校	0	166	160	0	160	429	89	92	92	42	7	16	19	0	16	9	25	0	0	0
宁夏回族自治区	1	40	120	0	120	410	40	83	83	30	6	20	3	1	14	13	26	0	0	0
宁夏林业学校	0	40	120	0	120	410	40	83	83	30	6	20	3	1	14	13	26	0	0	0
新疆维吾尔自治区	1	216	160	0	160	566	126	225	225	90	12	32	40	6	23	57	55	0	0	0
新疆林业学校	0	216	160	0	160	566	126	225	225	90	12	32	40	6	23	57	55	0	0	0
二、其他学校（林科）	103	2518	4148	202	3946	11864	2989	0	0	0	0	0	0	0	0	0	0	0	0	0
三、林业师范学校	4	750	989	390	599	2369	750	377	377	186	50	78	51	7	31	79	81	0	0	0
内蒙古自治区	1	80	120	0	120	370	130	118	118	55	12	22	21	0	19	16	28	0	0	0
内蒙古大兴安岭林业师范学校	0	80	120	0	120	370	130	118	118	55	12	22	21	0	19	16	28	0	0	0
黑龙江省	3	670	869	390	479	1999	620	259	259	131	38	56	30	7	12	63	53	0	0	0
伊春林业师范学校	0	130	236	120	116	486	110	75	75	30	7	17	6	0	3	29	13	0	0	0
牡丹江林业师范学校	0	140	193	0	193	513	150	107	107	47	19	18	6	4	7	28	25	0	0	0
大兴安岭林业师范学校	0	400	440	270	170	1000	360	77	77	54	12	21	18	3	2	6	15	0	0	0
四、林业卫生学校	3	368	646	270	376	1636	457	330	324	153	24	67	62	0	29	69	73	0	6	0
内蒙古自治区	1	57	216	0	216	466	87	98	92	47	3	19	25	0	5	24	16	0	6	0
内蒙大兴安岭林业卫生学校	0	57	216	0	216	466	87	98	92	47	3	19	25	0	5	24	16	0	6	0
黑龙江省	2	311	430	270	160	1170	370	232	232	106	21	48	37	0	24	45	57	0	0	0
黑龙江省林业卫生学校	0	211	270	270	0	710	220	109	109	53	16	23	14	0	14	18	24	0	0	0
大兴安岭林业卫生学校	0	100	160	0	160	460	150	123	123	53	5	25	23	0	10	27	33	0	0	0

注：“＊”为国家林业局直属学校，“＊＊”教育部统一口径。

（人事教育司综合处）

国有林场（苗圃）、林业工作站建设

国有林场、苗圃建设

【综　述】　1998年，各地进一步贯彻落实《林业部关于国有林场深化改革加快发展若干问题的决定》和全国国有林场（苗圃）工作会议精神，加强了对国有林场工作的领导和指导，各项工作取得明显进展，出现了良好的发展势头。

工作动态　各地普遍采取有效措施，明确目标，提出要求，加大工作力度，有力地推动了国有林场深化改革和脱贫工作的深入开展。

1. 对国有林场工作的重视程度明显提高。全国有20多个省（区）召开了国有林场工作会议，不少省（区）主管林业的省长、书记等主要领导参加了会议，一些省（区）是十多年来首次召开林场工作会议，会议的层次高、声势大、影响面广，是多年来没有的。许多省（区）以省委、省政府或政府办公厅的名义下发了有关国有林场深化改革，加快发展，推进脱贫，给予优惠扶持政策等方面内容的文件，对国有林场工作起到了重要的指导和推动作用。

2. 国有林场多方面的改革不断深化。突出表现在：一是分类经营改革取得新突破。山东、湖南、辽宁、福建、云南等省对国有林场分类经营改革进行了认真研究，做了大量细致的工作，明确思路和要求，制定分类标准和实施方案，开展试点工作。特别是山东省国有林场分类经营改革有了重大突破，此项工作已由部门行为上升为政府行为，从分类标准制定、类型的划分和审批、各项配套政策的提出和落实等工作都顺利地展开。三种类型林场的划分已经省政府、市政府审批完成，生态型林场事业费纳入各级财政预算和减免税费等政策也已基本落实。据了解，1998年全省国有林场增加事业费等项投入2000多万元，为国有林场的健康发展，走上良性循环的道路，更好地发挥生态效益打下了坚实的基础。二是内部经营机制改革又有新进展。绝大多数国有林场不同程度地开展了以精简管理机构，压缩非生产人员，改革人事、劳动、分配制度为主要内容的内部经营机制改革，约有50%的国有林场在“三项”制度改革方面取得了显著成效，一些省（区）迈出了较大的步伐。湖南省林业厅与劳动厅联合发出通知，明确国有林场在劳动用工制度上取消自然增长招工方式，实行全员劳动合同制；在人事制度上，部分林场已打破干部工人界限，实行场长民主选举和管理人员聘用制；在分配制度上，许多林场打破了“铁饭碗”，取消了“铁工资”，实行按劳分配或按生产要素分配。该省邵阳市国有林场经过改革取得了可喜成绩，林场管理人员精简60%，其中干部精简32%，改革一年后，亏损林场个数由29个减至8个，经济困难的局面开始明显好转。三是改组改制、发展多种经济成分、实行养老保险等深层次的改革出现新高潮。在经济体制改革方面，以明晰产权，盘活资产，改制重组，全场或项目实行股份制、股份合作制经营，小型多种经营项目实行租赁、承包、拍卖、转让，发展合作经济和职工家庭自营经济等多种形式的改革到处涌现。辽宁省清原县在全县10个国有林场中进行了产权制度改革，林场下属单位已完成转制面占90.6%，其中拍卖出售9个；实行股份合作制9个；股份制2个；采取先租后售或先租后股的13个。

3. 贫困国有林场脱贫工作迈出新步伐。1997年起，国家安排专项资金扶持贫困国有林场脱贫，有力地推动了这一工作的开展。各省（区）纷纷制订林场脱贫规划、计划，研究提出脱贫的措施、办法，加强脱贫项目的论证、筛选，多方筹集配套资金，层层签订脱贫责任状，建立帮扶联系点，抓好项目、资金管理，使国有林场脱贫工作卓有成效地开展起来。贵州省加强了对扶贫项目的论证和扶持资金的管理，制定了《贫困国有林场扶持资金项目管理办法》，对项目的申报、实施，资金使用原则，项目的管理、监督、检查等都做了具体规定。1997、1998两年扶持的18个贫困林场项目进展顺利，有的项目已初见成效。河南、四川等省积极主动做好财政部门的工作，千方百计筹集配套资金，扩大了资金来源，增加了投入，加快了林场脱贫步伐。湖南省各级林业部门成立扶贫工作领导小组，由一名主管林场工作的领导负责；贫困林场所在县也成立了扶贫工作领导小组，由主管林业的副县长任组长，有关部门参加。该省以中央下拨扶贫资金为基数，省按1：1配套，要求有关地（州、市）再配1，县再配1，扶持资金由1变4，加大了扶持力度。河北、安徽、江西等省（区）采取层层建立帮扶联系点、确定联系人的做法，对贫困林场脱贫工作给予具体帮助和指导，省林业厅各领导及各处室、单位分别与贫困林场结成帮扶对子，派人下去蹲点调研，协助制定脱贫方案，帮助林场解决脱贫工作中遇到的实际问题。很多省（区）林业部门逐级与贫困林场签订了脱贫解困责任状（书），明确了脱贫的时间、任务和具体要求，并列为政绩考核的主要内容。针对贫困林场领导班子综合素质不高的问题，不少省（区）组织了贫困林场场长培训、学习，帮助场长丰富知识，提高素质，增长才干；对林场班子软、散、懒，缺乏战斗力，难以胜任脱贫工作的进行了调整，一批事业心强、知识面广、综合素质较高的人员走上了林场领导岗位，承担起脱贫的重任。

林业生产　国有林场营林投入比上一年略有减少，完成生产任务有所下降。1998年，全国国有林场共完成荒山造林26万公顷，其中速生丰产林6万公顷；迹地更新14万公顷，其中人工更新13万公顷；低产林改造19万公顷；成林抚育79万公顷，其中中幼龄林抚育66万公顷。原木销售量1022万立方米，比上年下降12.07%。

经济状况　国有林场经济收入比上一年度略有减少，亏损面和亏损额进一步扩大。1998年，全国国有林场实现营业总收入78.9%亿元，比去年减少7%，其中木材收入37.8亿元，多种经营、综合利用收入41.1亿元；实现销售利润15.8亿元，比去年减少12.75%；交纳税金5亿元，比去年减少5.66%。亏损林场占林场总数的47.16%，全国国有林场盈亏相抵，净亏损3.15亿元，比上一年增亏4812万元。（张耀恒）

【贫困林场脱贫】　1998年是贫困林场脱贫攻坚的关键一年，中央财政下拨了4000万元扶贫资金，对27个省的235个林场脱贫项目进行了扶持。国家林业局与财政部印发了《贫困国有林场扶贫资金管理办法》（林财字［1998］29号），该《办法》规定：扶贫资金是国家财政扶贫资金的重要组成部分，主要用于改善贫困林场的生产条件，发展多种经营以及利用当地资源并能带动林区经济发展，有利于贫困林场脱贫致富的项目上，此项资金必须专款专用，任何单位和部门不得以任何理由改变资金的性质和用途；同时，对脱贫项目的管理、配套资金的安排、加强检查监督等方面都做了原则性的规定。

1998年，各地以中央财政支持国有林场扶贫为契机，采取多种有效措施，全面启动贫困国有林场脱贫工作，其主要特点：一是绝大多数的省（区、市）在充分调研的基础上，完成了贫困林场脱贫工作规划。二是召开林场扶贫工作会议。辽宁省林业厅召开了国有场圃深化改革脱贫工作会议，进一步部署了脱贫攻坚工作，1998年已有80%的贫困国有林场脱贫。河北、安徽等省也召开了专门的国有林场扶贫工作会议，对2000年底完成贫困林场脱贫工作做了具体安排。三是建立不同形式的责任制。河北省林业厅实行一把手负责制，厅领导、各处室及有关单位都确定了帮扶对象，并列入年度考核目标；四川省林业厅实行限期脱贫目标责任制，贫困林场脱贫项目经审定后，林业厅与地、市、县、林场签订脱贫目标责任书，1998年已有51%的贫困林场实现了脱贫；福建省对扶贫项目一律实行省、地、场三级责任状管理。四是加强指导，督促检查。福建省建立项目跟踪管理和检查验收制度，在项目启动时下达50%资金，待项目建成验收后下达另外50%的资金，这样在实施过程中可以不断发现问题，及时纠正，避免资金损失。安徽省在脱贫规划的基础上，制订出了《全省贫困国有林场脱贫标准》、《贫困国有林场脱贫验收办法》。湖南省各级林业主管部门成立了扶贫工作领导小组，狠抓了贫困林场领导班子建设，在全面摸底考察的基础上，对问题较多的8个林场的领导班子进行了调整。五是加大扶贫投入。广东省利用林业贴息贷款及相关的扶贫资金向贫困林场倾斜，1998年除了部、省扶贫款70多万元外，林业贴息贷款达2000万元。湖南省1998年除部安排的170万元扶贫资金外，省地配套资金达300多万元。

截至1998年底，全国已有300多个林场摆脱了贫困。（吴丽萍）

【国有林场分类经营】　将国有林场划分为生态公益型、商品经营型和混合经营型三类，实行分类经营，是从管理体制上建立科学的国有林场经营体制和运行机制，深化林业改革，促进生态环境建设的重要途径。按照《林业经济体制改革总体纲要》和《林业部关于国有林场深化改革加快发展若干问题的决定》，各地解放思想、深入调查研究，积极稳妥地推进了国有林场的分类经营改革，取得了重要的经验。

1. 深入调查研究，搞好试点。山东、湖南、辽宁等10多个省（区）在对国有林场进行调查的基础上，选择了具有不同特点的100多个国有林场作为首批试点林场，制定了试点工作的具体方案，提出了试点目的、基本原则、工作步骤和主要措施。在试点的基础上，云南省林业厅出台了《国有林场森林分类经营区划和经营类型划分指导意见》，湖南、山东、黑龙江等省林业厅也出台了《国有林场分类经营划分标准》，山东省召开了全省国有林场分类经营工作会议，推广了泰安市政府重视、工作细致的经验。

2. 形成政府行为，在地方人民政府的组织领导下进行。山东、湖南、辽宁、河北、云南等省区政府出台了有关政策。山东省17个地市、132个县先后成立了由政府分管领导为组长，财政、编制、林业等部门参加的国有林场分类经营领导小组，其中县处级以上领导200多人，组织了林业技术人员1400多人，经过10个月的努力，完成了国有林场分类工作。

3. 林业主管部门统一技术培训，统一方法步骤，认真组织调查及编制分类经营规划，科学有序地完成了国有林场的分类工作。湖南省邵阳市制定了《国有林场分类经营规划操作办法》并抽调160名专业技术人员进行培训后组成专业队伍，开展外业调查和规划工作，将全市34个国有林场的生态公益林、商品林和兼用林落实到山头地块，其中生态公益林占41%，商品林占50.8%，兼用林占8.2%。确定了国有林场的经营类型及发展方向，明确了生态公益林、商品林和兼用林在本县的总体布局及应采取的经营管理措施，确定了生态公益林的补偿标准、资金来源和使用方法。

4. 有关政策基本落实。山东省的三种类型林场的划分已经省政府、市政府审批完成，全省308处国有林场和苗圃，划定生态公益型场圃267处，商品经营型林场2处，混合经营型场圃39处。生态型林场事业费纳入各级财政预算和减免税费等政策也已基本落实，1998年全省国有林场增加事业费等项投入2000多万元，根据广东省政府出台的《广东省生态公益林建设管理和效益补偿办法》，省直属林场划出的4.36万公顷生态公益林将获得财政补偿。（管长岭）

【国有林场产权制度改革】 1998年各地在国有林场产权制度改革方面，采取了稳定所有权，放活使用权等改革措施，对国有林场的森林资源、厂矿企业、房地产等资产，实行了联合经营、股份合作、租赁、承包、转让、拍卖等多种形式的产权制度改革，剥离了不良资产、盘活了存量资产，取得了显著成效。

1. 国有林场以其资产为资本参股、控股，与其他企事业单位或外商联合，组建股份制企业或股份合作制企业。如湖南省洞口县月溪林场与新加坡华洋国际投资有限公司投资入股，兴办了“湖南洁宝木业有限公司”，年创产值1200万元。辽宁省清原县城郊林场，将木材防腐厂实行了股份合作制经营，组建了清原县林业木材防腐有限责任公司，实行独立核算、自负盈亏的经营机制，年人均收入1.2万元，比1997年增长13%。

2. 荒山荒地、经济林、竹林以及不便集中统一管理的用材林，实行国有民营，长期承包。如湖南省华容县胜峰林场，对农田、果园、鱼塘和零星分散的竹林，实行分户承包经营，并将29公顷桔园承包给59户职工，一包30年不变，极大地调动了职工的积极性。山东省的一些国有林场，推行全员承包制，从场长到工人都参与承包，彻底解决了吃“大锅饭”的问题。如费县将5个林场和一个苗圃全部推行全员承包后，每年仅工资一项就减少支出50多万元。

3. 鼓励林场职工兴办养殖业、种植业和加工业等家庭自营经济，既拓宽了就业门路，又增加了职工收入。如山西省省直102个国有林场从事自营经济人员已达1665人，占职工总数的21%，自营投入1978万元，年收入3304万元，年利润1018万元，自营职工平均年收入1.3万元。

4. 国有林场采取了以拍卖为主的改制措施，盘活了林场的资产。如江西省东乡县甘坑林场，两年间拍卖给内部职工杉木“老头林”63公顷，用拍卖收入的122万元营建了高标准果园33.3公顷，再将果园承包给职工经营。既盘活了林木资产，又提高了职工的生产积极性。

5. 招商引资，加速国有林场土地资源的开发利用。如甘肃省西和县玉泉林场和陇南县磨沟铅锌矿联合开发荒山，共同营造日本落叶松用材林基地1000公顷。宁夏自治区青铜峡市树新林场利用林场的土地优势，向国内外企业出租土地333公顷，开发建设以种植为主的种植业和旅游业，林场招商引资总额达5.41亿元。（国丰富）

【转换国有林场经营机制】 截至1998年底，全国有60%的国有林场不同程度地实施了以“三项”制度改革为核心的转换经营机制改革。

人事制度改革 实行场长岗位责任制和管理人员聘任制，打破干部与工人、不同所有制职工的身份界限，按照“以事定岗，以岗定责，按岗定人”的原则，确定岗位、责任和人员，形成一种平等竞争、择优上岗、能上能下、合理流动的用人新机制。辽宁省实现了减员增效。精简机构压缩非生产人员，非生产人员由过去的20%～40%调整到现在的10%左右，促进了人员分流，仅此一项全省每年减少开支达1500万元左右。福建省通过定岗定员、转岗分流，扭转了林场机关化、工人干部化的状况，而且年可直接减少管理人员经费177万元和护林员经费291万元。

劳动制度改革 实行了全员劳动合同制。在定员、定岗、定责的基础上，公开考评，择优上岗。许多林场搬掉了“铁交椅”，打破了“铁饭碗”，场长与职工签订劳动合同，在林场与职工之间建立新型的劳动关系，使双方的责任、权力和义务进一步得到明确。湖南省在总结近几年国有林场劳动用工制度改革经验基础上，省林业厅、劳动厅于1998年4月22日联合印发了《关于改革国有林场劳动用工制度的通知》，在劳动用工制度上取消自然增长招工方式，实行全员劳动合同制。

分配制度改革 打破固定工资形式，实行岗位技能工资和计件工资，并按照“效率优先，兼顾公平，合

理拉开分配档次”的原则，做到了“上岗则有、转岗则变、离岗则无”，既使工资档次拉开，又做到了动态管理。工资和奖金分配向生产第一线和苦、脏、累、险、贡献大的岗位倾斜。辽宁省逐步实行了以按劳分配为主，多种分配方式并存的五种分配形式：①对机关后勤人员实行风险抵押金的岗位目标工资；②对所属企业或项目实行承包制，人、财、物三权自主，自负盈亏的形式，林场不承担工资和补贴；③对资源能够量化的可以抵顶职工工资，按原工资分配资源，由职工自主经营，自我管理；④对下岗职工实行生活补助费或借款扶持的形式；⑤基本工资（生活费）加效益工资制，年终算总帐，所得收入上不封顶，极大地调动了职工干部的积极性。广西自治区派阳山林场取消过去固定工资的“大锅饭”，实行按质按量计酬的计件工资、效益和效率工资。分场、工厂领导实行年薪考核计酬制度，管理人员按月工作质量，效率、档次、单价计算报酬。通过改革，林场面貌焕然一新。（李 焰）

【国有苗圃受灾情况】 1998年，我国大部分省（区、市）遭受较大的洪涝灾害，苗圃生产遭受了重大损失，特别是国有苗圃受灾更为严重。据北京、内蒙古、黑龙江、浙江、安徽、福建、江西、河南、山东、湖北、湖南、广东、广西、四川、重庆、贵州、云南、陕西、新疆等19个省（区、市）的不完全统计，苗圃受灾面积10207公顷，损失苗木61.61亿株，占1998年全年全国苗木总产量的23%，毁坏房屋49903平方米，冲毁围墙20千米，道路635.73千米，输电线路11.8千米，通讯线路2千米，直接经济损失37250.2万元。

灾害给国有苗圃造成了很大的经济损失。湖南省遭受特大暴雨袭击，全省97个国有苗圃受灾，67个受灾严重，损失苗木1248.5万株（其中经济果木苗86.23万株），冲走商品鱼5万多千克，直接经济损失3073万元。黑龙江省嫩江、松花江全流域发生特大洪水，据受灾严重的齐齐哈尔、大庆、哈尔滨、佳木斯市统计，4个市苗圃受灾面积933.3公顷，损失苗木2亿株，冲毁道路60千米，房屋8800平方米，职工承包农田受灾113.3公顷，排灌设施15千米，其他机械设备21台（套），直接经济损失达1300万元。

（高 举）

【国有场圃信息网络建设与《林业场圃报》】

国有场圃信息网络建设 从1997年底，在湖南省张家界国家森林公园召开全国国有场圃信息网络建设座谈会后，经过一年的努力，1998年扭转了网员数量下降的局面。至10月底统计，在册网员总数达到3046个，比1997年1493个增加1倍多，创建网以来网员数量最多的一年。1998年11月，在福建省漳州市召开了国有林场深化改革和发展研讨会后，网络的覆盖面从1997年的13个空白省（区、市）减少到5个省（区、市）。

改革入网办法，简化手续，加快了场圃入网速度。从1998年开始，入网收费和手续，改为以省（区、市）为单位，统一筹集网费，统一上缴；每个网员每年网费100元不变，按3年300元，一次交足，网员名单由省（区、市）统一上报。经过一年的实践，改革是成功的。一是场圃入网的速度大大加快。如江苏、上海、浙江、广西、山东、湖南、湖北等（区、市）的场圃，在很短时间就实现全部入网。二是过去有些省不掌握本省场圃入网情况，而现在一目了然。三是便于管理和掌握入网进度。

《林业场圃报》 1998年，《林业场圃报》进一步为网员提供了适用性更强的信息服务，质量又有新的提高，特色更浓，内容更丰富。在发行工作上，改为按省（区、市）上报入网单发送，减少了退件，每期发行量增加到10 400份，是历史上发行量最多的一年。

（萧纪六）

林业工作站建设

【综　述】 1998年，按照九届全国人大一次会议的决定，林业部改组为国家林业局，并按国务院的统一部署进行机构改革。在这种情况下，新组建的国家林业局，全面贯彻党中央、国务院《关于做好当前农业和农村工作的通知》，加强对基层林业工作站的指导，保证各项林业任务在基层落实。

保持林业工作站管理总站稳定 林业工作站管理总站（简称“总站”）是全部履行行政管理职能的事业单位，国家林业局各司局的职能都通过总站和各级工作站管理部门到基层落实。因此，保留总站至关重要。总站是1989年12月16日总理办公会议决定加强基层林业行政管理工作而经中央机构编制委员会批准成立的，它承担着《农业技术推广法》所赋予的多项任务。国务院1991年发文规定了各级林业工作站加强农业社会化服务体系建设的任务。1993年林业部、农业部、水利部、人事部、国家计委、财政部联合发文，要求稳定乡镇推广机构，防止第一线人员流失。同时其他行业，如农业部，管理乡镇农技推广的机构有7个，人员编制300多人，民政部对基层的管理和建设工作一直管到村民委员会和社区居民委员会。

在新一轮机构改革开始后，经党中央、国务院同意，中央办公厅、国务院办公厅发出［1998］13号文件，要求“确保机构不乱、人员不散、网络不断、经费不减”。国家林业局根据这些情况决定，保留并加强林业工作站管理总站。

切实抓好林业工作站建设合格县工作 1994年以来，我们开展了林业站工作建设合格县活动。1996年全国林业工作站工作会议提出到2000年，实现全国80%的县达到合格县的总目标。这项活动已成为基层林业工作站巩固、完善、提高的主要手段。

1998年共有23个省（区、市）和新疆生产建设兵团申报了220个合格县（市、师）。总站组织12个组进行了检查验收，确认220个县（市、师）为合格县。截至1998年，全国建成合格县1069个。其中，北京市、辽宁省已基本完成合格县建设任务。山西、吉林省也基本完成合格县建设任务。林业工作站建设合格县活动促进了基层林业工作站向标准化、规范化、制度化、法制化方向发展，全国基层林业站的整体水平有了较大提高。

强化林业工作站职能，加强林业工作站廉政建设 近几年我们把全面、充分发挥林业工作站的职能作用，作为林业工作站工作的重点，并列为合格县检查的主要内容。今年对强化林业工作站的职能作用提出了具体的目标和要求。同时，我们正在组织修改《区、乡（镇）林业工作站管理办法》，修改后定名为《基层林业工作站管理办法》，已征求有关部委的意见，国家林业局政法司拟报局党组审批。修改后的《办法》更加具体地规定了林业工作站的各项职责。为加强林业工作站的廉政建设，总站制定并颁布了《关于加强基层林业工作站廉政建设的若干规定》，要求各级林业工作站主管部门切实抓好基层林业工作站的廉政建设和精神文明建设，并规定在林业工作站建设合格县检查验收时，对廉政建设和精神文明建设抓得不力的站实行一票否决制。力求把基层林业工作站建设成农村“双文明”建设的模范站。

积极开展职工培训工作，提高职工队伍整体素质 为尽快提高林业工作站职工队伍的整体素质，从1994年起，我们与中央农业广播电视学校、林业部人教司联合组织基层站45岁以下具有初中文化程度的干部职工参加中等林业专业学习，到2000年达到中专毕业的学历。力争到2000年全部参加学历教育和岗位培训的“双证”学习。从目前的情况看，大部分省（区、市）可以实现这一目标。为搞好“双证”教育，对部分省（区、市）开展林业工作站职工培训情况进行了调研，为1999年修订《林业工作站管理》和召开“双证教育工作座谈会”作了准备。

积极推进林业股份合作制，促进集体林区林业产业发展 为充分发挥林业站在建立集体林区林业产业体系中的基础保证作用，1995年以来，我们把在集体林区推进林业股份合作制作为基层林业工作站的一项重要职责来抓，要求各级林业工作站主管部门充分发挥林业工作站在乡村林业股份合作制中的管理、指导、协调和服务作用。同时，林业工作站直接参与林业股份合作组织的经营管理。广东、广西、福建、湖北、湖南、江西等省（区）基层林业工作站在创办股份合作林场方面探索出了许多成功的经验，林业工作站以信贷方式承接林业项目资金，以股份形式投入集体或林业股份合作组织，并负责按期收回资金，形成资金运行的新机制，以经济关系为纽带，带动了集体和个体林业生产者对林业的投入，促进了集体林区林业生产的发展。江西省已组建由林业工作站参股的林业股份合作林场300多个，经营面积6.7万公顷，使乡村林业逐步走上了规模经营的发展道路。

加强林业工作站基地建设，开展多种经营 1996年7月林业部下发了《关于加强林业工作站基地建设的通知》，两年多来，我们配合地方各级林业主管部门积极落实基地建设方面的有关工作。现在从南到北，由东到西，逐步发展。广东省提出：“九五”期间，基层林业工作站要建立“百亩果、千亩林”，目前，全省林业站的基地面积已超过国有林场的经营面积；广西、湖南两省（区）林业工作站基地面积已分别超过6.7万公顷；福建全省站有基地10.7万公顷，站均66.7公顷。到1998年底，基层林业工作站已建各种基地170万公顷。基层林业工作站把基地建设成科技推广基地、试验示范基地、生产基地，通过基地的辐射带动作用，加速林业科技成果的推广转化，走科技兴林之路。

大力发展多种经营是保持林业工作站稳定发展的重要措施之一。近几年，基层林业工作站多种经营产值每年递增35%。1998年开展多种经营的站约占60%，产值38.5亿元。

加强乡村护林员队伍管理 我们在1996、1997两年摸清乡村护林员基本情况的基础上，1998年开展了评选全国优秀乡村护林员活动，现各省（区、市）的推荐工作已经完成，总站正在组织评选，准备在1999年适当时候表彰全国优秀乡村护林员。

加强林业社会化服务体系建设 1994年以来，我们把加强林业社会化服务体系建设，作为工作重点，在总结了几年来开展林业社会化服务工作的成绩和经验的基础上，我们要求各地结合实际情况，推广已经取得的经验。同时，为了适应社会主义市场经济的特色，我们要求各地基层林业工作站要积极探索跨行政辖区、跨行业的联合。进一步推动林业社会化服务的开展。1998年一年来，全国各地开展社会化服务工作更加深入，进一步加强了基层林业工作站的自身建设。

（徐　洪）

【林业工作站建设合格县工作稳步进展】 根据原林业部关于林业工作站建设合格县工作的要求，各省、自治区对1997年达到合格县标准的县，进行了自下而上的逐级检查、验收、申报。在此基础之上，国家林业局林业工作站管理总站组织12个检查小组，对23个县进行了抽查，最后确认河北省行唐县等220个县（市、区）为1997年全国林业工作站建设合格县（名单附后）。到1997年底，全国林业工作站建设合格县的数量达到1069个，北京市、辽宁省已基本完成了合格县建设任务。合格县工作的开展，进一步促进了全国基层林业工作站向标准化、规范化、制度化方向发展，林业工作站整体水平有了较大提高。

1997年全国林业工作站建设合格县名单

河北省

行唐县　藁城市　高邑县　赵县　涉县　邱县　临漳县　任丘市　河间市　青县　吴桥县　枣强县　武邑县

内蒙古自治区

宁城县　喀喇沁旗　翁牛特旗　多伦县　阿荣旗　科尔沁左翼中旗　库伦旗　乌审旗　达拉特旗　乌拉特前旗　赤峰市松山区

辽宁省

抚顺市顺城区　本溪市平山区　本溪市溪湖区　本溪经济技术开发区　锦州市太和区　锦州经济技术开发区　锦州经济发展试验区　营口市鲅鱼圈区　阜新市清河门区　辽宁市宏伟区　辽阳市太子河区　辽阳市弓长岭区　朝阳市双塔区　盘锦市兴隆台区

吉林省

桦甸市　靖宇县　通榆县　吉林市船营区

黑龙江省

方正县　依兰县　富裕县　集贤县　绥芬河市　同江市　孙吴县　绥化市　青冈县　哈尔滨市道里区　哈尔滨市南岗区　哈尔滨市动力区　哈尔滨市香坊区　哈尔滨市太平区　齐齐哈尔市昂昂溪区　齐齐哈尔市铁锋区　齐齐哈尔市建华区　齐齐哈尔市富拉尔基区　齐齐哈尔市碾子山区　齐齐哈尔市梅里斯达斡尔族区

江苏省

灌云县　金湖县　江都市　如东县　句容市　南京市雨花台区　徐州市贾汪区

浙江省

建德市　桐庐县　奉化市　上虞市　武义县　江山市　仙居县　云和县　遂昌县　嘉兴市郊区

安徽省

凤台县　繁昌县　望江县　天长市　宣州市　安庆市郊区　黄山市屯溪区　阜阳市颍州区　铜陵市郊区

福建省

平潭县　罗源县　晋江市　平和县　长泰县　柘荣县　莆田市涵江区　莆田市湄洲湾北岸管委会　莆田市湄洲岛管委会　泉州市洛江区　泉州市肖厝管委会

江西省

贵溪市　宜春市　铜鼓县　黎川县　峡江县　于都县

山东省

高青县　乳山市　荣城市　曲阜市　鱼台县　沂水县　莒南县　临沭县　邹平县　惠民县　淄博市淄川区

河南省

新密市　荥阳市　兰考县　栾川县　鲁山县　郏县　修武县　淇县　卫辉市　获嘉县　濮阳县　禹州市　镇平县　新野县　虞城县　睢县　淮阳县　西华县　新蔡县　西平县　潢川县　郑州市邙山区　焦作市解放区　三门峡市湖滨区　南阳市宛城区

湖北省

新洲县　郧西县　监利县　枝城市　枝江市　浠水县　黄梅县　团风县　嘉鱼县　来凤县　黄石市铁山区　鄂州市鄂城区　荆州市江陵区

湖南省

新邵县　临湘市

广东省

花都市　翁源县　中山市　揭东县　揭西县　江门市江海区

广西壮族自治区

靖西县　凤山县　钦州市钦北区

海南省

琼山市

四川省

彭州市　天全县　攀枝花市东区

贵州省

清镇市　盘县特区　万山特区　安顺市　兴义市　凯里市　锦屏县　镇远县　榕江县　雷山县　岑巩县　丹寨县　荔波县　平塘县　独山县　三都水族自治县

云南省

师宗县　通海县　水富县　思茅市　南华县　大姚县　姚安县　盈江县　镇沅彝族哈尼族拉祜族自治县

陕西省

岐山县　黄陵县　黄龙县

甘肃省

永昌县　武山县　天祝藏族自治县　临泽县　酒泉市　安西县　迭部县

新疆维吾尔自治区

哈密市　策勒县　库车县　岳普湖县　莎车县　疏附县　阿图什市　和静县　轮台县　若羌县　阜康市　精河县　塔城市　乌苏市

新疆生产建设兵团

农二师　农十师　　　　　　　　　　　　（张志刚）

【福建、江西两省开展创建林业工作站文明示范窗口活动】 为进一步贯彻落实党的十四届六中全会制定的《中共中央关于加强社会主义精神文明建设若干重要问题的决议》的精神，推动基层林业工作站精神文明建设，巩固林业工作站建设成果，从1997年下半年起，福建、江西等省的基层林业工作站开展了“创建文明建设示范窗口”活动。

福建省林业厅制定颁发了具体的实施方案，确定以组织机构、政治思想、廉政建设、规章制度、服务承诺、站容站貌、基本建设、职能作用、档案管理和基地建设等内容作为评比的十条标准，其中规章制度、服务承诺、站容站貌、廉政建设作为重要的条件来掌握。全省各级林业工作站主管部门十分重视“文明示范窗口”建设，成立了相应的机构，指派专人负责，责成有关业务科（股）负责落实和指导。这次活动主要是在加强基层林业工作站的职业道德教育、承诺服务和提高办事效率等方面下功夫，而且把健全制度、强化监督作为硬件来抓，聘请威信高、办事公道、原则性强的乡村干部和纪检干部担任监督员，随时对林业工作站的工作进行监督，使林业工作站工作更贴近基层贴近林农，成为真正体现林业行业特点的服务窗口。为此，省林业厅在永安市大湖林业工作站召开了创建林业工作站“文明示范窗口”现场会，通过树立典型，把创建窗口活动引向深入。经1997、1998年省厅组织的二次验收，全省共有20个基层林业工作站被评为“文明示范窗口”。

江西省林业厅在下发《全省林业站精神文明建设提要》的基础上，要求林业工作站在新形势下，认真按照邓小平理论的“三个有利于”的指导原则，大力弘扬“艰苦奋斗、无私奉献”的行业精神，发挥基层林业工作站在林业生产建设中“领着群众干，干给群众看”的模范带头作用，并确定广昌县头陂等六个林业工作站作为精神文明建设示范窗口站。决定示范站开展以加强行业作风建设为重点，对社会实行承诺服务为主要内容的精神文明建设活动。如广昌县头陂林业工作站率先向社会公开承诺服务后，带动了县林业局机关承诺服务活动的开展，其他林业工作站也纷纷效仿，制定了各自的承诺服务项目，对服务对象实行24小时“全天候”服务，做到随叫随到，耐心细致。此外，为表彰先进、鞭策后进，省林业厅还开展了精神文明建设百面流动红旗争夺和后进站摘牌活动，对达标后双文明建设能继续保持稳定发展的100个基层林业工作站，经省、地、县三级检查验收后，授予“文明建设流动红旗”称号，对不能保持标准化建设的林业工作站，取消其先进林业工作站称号，收回证书和铜牌。通过这些活动的开展，使林区秩序日趋稳定，林业生产发展也得到了有效的保障。　　　　　　　　　　（董　原）

【乡村林业股份合作】 自1995年林业部举办“全国农村林业股份合作制研讨班”以来，集体林区林业股份合作已由试点阶段向推广阶段发展。突出表现在，乡村林业股份合作组织的参与主体向多元化发展，数量明显增多，经营面积不断扩大。实行林业股份合作制，不仅促进了集体林业向规模化经营方向发展，而且为集体林区林业生态体系建设和林业产业体系建设奠定了基础。

福建省三明市是国务院批准的集体林区改革试验区，也是全国较早开展林业股份合作制的地区之一。十年来，三明市的林业股份合作制改革由最初的探索制定林业股东会章程，转移到以深化森林产权重组、推行多种实现形式为主的轨道上来。林业股东会是林农（股东）共同兴办的合作经济组织，森林资产产权以股权的形式为股东会所有，林农按合同规定承包集体山林，拥有使用权、收益权和转让权，建立了较为规范的产权经营制度。林业股东会结合林业分类经营改革，统一负责公益林的经营管理，商品林由联营或股份合作林场负责经营管理，毛竹等经济林则采用统一规划、分户经营的办法，从而实现了传统林业经营方式的新突破。截至1994年底，全市有1347个行政村组建了林业股东会，占行政村总数的83.4%，经营面积132万公顷，占集体林总面积的84.1%。

湖南省怀化市紧紧抓住深化林业经营体制改革的契机，在历经五年试点取得成功的基础上，大力推行以股份合作林场为主的林业规模经营形式，仅1996、1997两年全市建立股份合作林场400余个，经营面积超过12万公顷。以靖州县为例，截至1996年，全县已建股份合作林场105个，入股山林2.5万公顷，入股森林蓄积量116万立方米，占全县森林蓄积量的1/6，入股农户4305户，占全县农户总数的1/10，加上其他形式的联合，对全县62%的山林进行了适度规模经营。据统计，目前怀化市共创建股份合作制林场700个，经营面积34.7万公顷。兴办股份合作制林场，一是使集体和林农的合法利益得到保障，林区的生产秩序得到了进一步稳定，二是加快了山地的开发，林业产业和产业资本不断壮大，三是形成了多元化的联营格局，转移和吸纳了一部分城乡的剩余劳动力。

贵州省锦屏县在总结历史经验的基础上，积极运用林业股份合作制，不断完善林业经营体制改革，全县271个乡村林场中有112个实现了股份合作制运作，总经营面积6万多公顷，活立木蓄积量180万立方米，安置劳动力6100人，连接农户16 000户以上。实行股份合作制乡村林场主要有四种模式，即能人带头型、内部改造型、横向联营型和多元复合型。股份合作制改革，极大地促进了农户造林护林的积极性，乡村林场也得到较快发展，经济实力进一步增强，为当地国民经济的发展注入了新的活力。到1996年，全县乡村林场发展经济林6287公顷，超过造林任务的50%以上，用材林 4.1 万公顷，占全县有林面积的 49%，种、养殖业也渐成规模，乡村林场的年产值已达 1000 万元。

（董 原）

【林业工作站岗位培训与学历教育】 根据岗位培训及学历教育统计，到 1998 年底，全国 37 309 个基层林业工作站共有正式职工 142 524 人，已完成基层林业工作站站长岗位培训 37 421 人次，站员岗位培训 97 284 人次；1998 年参加学历教育的在校生 20 173 人，其中：林业大专班在校生 2947 人，占 14.61%，林业中专班 4015 人，占 19.90%，依托农广校参加林业中专班及专业证书班学习的在校生 13 211 人，占 65.49%，参加各种学历教育的绝对人数比 1997 年同期均有所增加。同时参加农广校学习学员人数占近 2/3，说明各省（区、市）林业站主管部门在贯彻林人职字［1995］43 号文件方面都做了深入细致的工作，同时也表明，依托农业广播电视教育进行岗位培训和学历教育比较适合基层林业工作站的具体情况。

从文化程度看，全国基层林业工作站正式职工中大专以上学历的有 12494 人，占 8.77%，中专学历的有 37284 人，占 26.09%。在基层林业工作站人员有所增加的情况下分别比 1997 年增加 0.20、1.03 个百分点，初中及以下文化程度的人员比例有所下降。由此可见，结合学历教育开展的岗位培训已收到较好成效。

通过 10 年系统的岗位培训和学历教育，基层林业工作站职工的素质有了明显提高，对发挥林业工作站管理、组织、指导、服务的职能作用起到显著促进作用，为林业工作站发展壮大打下了良好的基础，也为林业行业成人教育工作打开了新的思路。 （张明辉）

【《全国林业站网讯》】 《全国林业站网讯》（以下简称《网讯》）是面向基层林业工作站发行的内部刊物，是在基层林业工作站大发展的形势下于 1990 年创刊的。我国基层林业工作站成立于建国初期，但是长期以来一直发展比较缓慢，1988 年，林业部把加强基层林业工作站建设作为林业改革的内容提到了议事日程，并采取了一系列行之有效的措施，使林业工作站建设得到了迅猛的发展。到 1998 年底，全国共建有区、乡（镇）林业工作站 37 309 个，其中 1987 年以前建站 17 000 个。为了适应林业工作站建设和发展的需要，及时沟通上下情况，加强林业工作站之间的横向交流，促进林业工作站更快更好的发展，经部领导同意，决定为全国林业工作站系统创办一个信息交流网，这就是《网讯》。

创办《网讯》的宗旨就是为全国所有的基层林业工作站和各级主管部门服务，及时传达有关林业工作站建设的方针政策，加强对建站工作的指导，交流各地建站办站经验，促进林业工作站标准化、规范化、制度化建设以及林业工作站各项职能作用的充分发挥；介绍各地加强林业社会化服务体系建设的措施及取得的成效；同时还重点报道林业实用技术，提供多种经营信息，介绍趣味性、科普性林业知识，以适应广大职工的不同需要。

《网讯》创刊伊始，由原林业部林业工作站管理总站和林业部科技情报中心合办，刊名为《全国林业工作站网讯》，双月出刊，试刊 3 期后于 1991 年更名为《全国林业站网讯》正式出版发行，每月一期，1993 年后改由林业部林业工作站管理总站主办。《网讯》在各省（区、市）共聘有 160 名信息员，他们为《网讯》的宣传报道发挥了重要的作用，各省（区、市）林业工作站主管部门的同志也积极为《网讯》工作出谋划策，在各级林业主管部门和广大读者的支持下，《网讯》紧紧围绕改革开放，特别是林业改革的新动向、新举措以及整个林业建设在社会主义市场经济建设中的重要地位和作用进行宣传报道，充分发挥了联系纽带和耳目喉舌作用，实现了办刊的初衷，十年来深受广大基层林业工作站职工的好评。1998 年发行量由创办之初的 3500 份增加到 18 000 份，发行量最高的 1996 年达到 21 087 份。

目前《网讯》已召开了四届年会，第一届年会分南、北两片于 1992 年 12 月在广州市、1993 年 2 月在西安市召开；第二届年会于 1994 年 4 月在南宁市召开；第三届年会于 1995 年 10 月在乌鲁木齐市召开；第四届年会于 1997 年 4 月在武夷山市召开。这些会议不但总结了办刊工作，研究了问题，找出了差距，明确了方向，而且提出以《网讯》搭台，经营唱戏，在会议期间为代表们提供多种经营交流场所，使他们进行广泛交流，相互启发与借鉴，促进了多种经营工作的开展。

（侯 艳）

林业计划统计

林业计划·基本建设

林　业　规　划

【卧龙自然保护区总体规划】　国家林业局以林计字［1998］21号批复了《卧龙自然保护区总体规划》，规划内容如下：

指导思想　卧龙自然保护区以保护大熊猫及其生态环境为目标，以科学研究和科普教育为重点，以经济建设为手段，保护、科研、社区协调发展，高起点、高标准、高要求，逐步实现保护管理科学化、科学研究现代化、综合利用合理化、社会发展系统化、基本建设标准化，把卧龙建设成为面向世界、内涵丰富、布局合理、设施完善、运营灵活、管理高效的多功能、多效益的综合性国家级一流自然保护区。

规划期限　规划期限为1998～2010年，划分为三个建设期：一期1998～2000年，二期2001～2005年，三期2006～2010年。

规划总目标　保护大熊猫及其栖息地，保持区内生物多样性以及自然生态系统和自然景观的完整性。在全面保护的前提下，积极开展科学研究，科学、合理利用自然资源，探索符合我国国情的生物资源管护与促进社区经济发展的管理模式。

社区发展规划　保护区分三个功能区，即核心区、缓冲区和试验区。

社区发展项目安排在试验区范围内或保护区境外的周边地区进行。项目包括农业工程项目、多种经营项目、生态旅游、局址及小城镇建设、基础工程建设及文教卫生。

重点工程　共有两项，一是保护工程，包括大熊猫保护工程；植被恢复及森林保护；环境保护；保护设施建设。二是科研工程，包括以大熊猫研究为主的科研项目，科研设施及设备，科研队伍建设及科研组织管理。

保证措施　建立健全组织机构；完善制度，强化执法；提高公众保护意识；加强基础设施建设；加强社区管理、巩固区域联防；提高科学技术水平；加强生态恢复及保护；促进当地和周边地区经济持续发展；严格控制大型工程和盲目引种；合理安置、逐步搬迁农户；适当缩短公路通行时间。　（郝学峰）

【内蒙古赤峰市林业生态建设与保护工程规划】　国家计委计农经［1999］260号批复了《内蒙古赤峰市林业生态建设与保护工程规划》，规划内容如下：

指导思想　实行分类经营，加大生态治理的力度，以科技为先导，以改善、优化生态环境整体结构为中心，以防沙治沙和控制水土流失为重点，以科尔沁沙地和浑善达克沙地综合治理为突破口，以植树造林为主体，造、封、飞、管并举，乔、灌、草结合，治理与保护并重，构建与国民经济和社会可持续发展相适应的良性生态系统，为拉动区域经济发展，有效扩大内需，吸纳城市和农村劳动力，促进少数民族地区稳定与繁荣作出重要贡献。

规划期限　为1998～2002年。

规划总目标　通过5年的建设，项目建成后，森林覆盖率由1998年的21.65%提高到26.92%。风沙危害和水土流失得到有效控制，建立起与国民经济和社会可持续发展相适应的良性生态系统的主体骨架，初步实现农田、牧场林网化，铁路、公路林带化，城镇、村庄园林化。

重点工程　一是造林（种草）工程，营造林总任务66.67万公顷，其中人工造林（种草）46.67万公顷，飞播造林（种草）10万公顷，封山（沙）育林育苗10万公顷；二是种苗工程，建设种苗生产基地1.74万公顷；三是加强林业技术推广及生态监测体系建设。

保证措施 提高认识，加强领导；深化改革，强化管理；进一步落实和完善有关政策，增加投入；依靠科技，提高质量；强化种苗等基础建设。 （付健全）

林 业 计 划

【全国林业基本建设计划执行情况】 1998年，面对国内外极其复杂的经济环境和长江、嫩江及松花江全流域性的大洪水，在局党组的正确领导下，林业系统广大干部职工同心同德，齐心协力，振奋精神，扎实工作，基本实现了年初确定的林业发展目标。

1998年，全国造林核实合格面积完成4811千公顷，比1997年增长10.5%；全国木材产量完成5966万立方米，比1997年减产6.7%。

1998年，林业计划运行的主要特点是：

造林绿化继续保持良好势头，林业生态工程建设取得突破性进展 在继续推进面上造林绿化工作和在建十大防护林工程建设的同时，按照国务院的统一部署和中央领导同志的指示以及国家扩大内需，加强基础设施建设总的要求，新启动了重点地区天然林资源保护工程，以及长江、黄河流域中上游重点地区生态治理工程，这标志着林业生态建设取得了新的突破，按照建立比较完备生态体系的目标又迈进了重要的一步。

森林防火和病虫害防治工作得到加强 全国森林火灾受害面积2.74万公顷，比1997年同期下降了22.62%；全国森林病虫害发生面积与1997年基本持平，防治率比1997年提高4个百分点，达到73%。

国家对林业投资有较大幅度增加 1998年，国家安排用于林业的各项建设投资达到500 741万元，比1998年增加405 191万元，其中：国家计委直接下达国家林业局的各项投资为462 158万元，直接下达地方计委的投资为38 583万元。在下达给国家林业局的各项投资中，债券投资为360 000万元，其中：重点地区天然林资源保护工程312 000万元（中央债券162 000万元、地方债券150 000万元），十大防护林工程48 000万元。1998年，国家对林业投资有较大幅度增加主要得益于国家对林业的重视和国家发行1000亿元建设债券以及启动天然林资源保护工程。

强化林业重点建设项目的管理 在认真总结经验教训的基础上，结合1998年实施重点地区天然林资源保护工程和长江、黄河流域中上游重点地区生态治理工程，制订了《重点地区天然林资源保护工程建设项目管理办法》等专项管理法规，并加强了对建设项目执行情况的监督检查。特别是借鉴了世界银行贷款造林项目管理的成功经验和做法，在重点地区天然林资源保护工程中探索实行准报账制，同时，对资金的管理实行专户储存、封闭运行。

林业计划执行存在的主要问题 一是受长江、嫩江、松花江流域特大洪涝灾害的影响，林木和林业基础设施直接经济损失折合人民币30亿元，急需大量复建资金。二是重点地区天然林资源保护工程等重点建设项目地方配套资金落实情况不平衡，部分地方落实较差；国家和地方部分相关政策没有完全到位，特别是30亿元天然林资源保护工程商品林建设专项贷款没有落实。三是地方债券资金到位情况不好，如由于中央财政的原因，用于天然林资源保护工程4.2亿元地方债券、十大防护林工程建设的4.8亿元地方债券资金1998年大部分未到位。四是全国超限额采伐严重，据调查，全国每年超限额采伐大约在8000万立方米左右。 （闫 振）

【国有林区森工非经营性基本建设投资执行情况】 根据局党组确定的“保在建、保重点、保收尾”的原则，1998年安排下达森工非经营性基本建设投资计划16 345万元。其中：管理局以上行政事业单位投资计划4905万元；森工企业（林业局）投资计划11 440万元。按使用方向划分如下：给水工程2339.7万元，学校2898.4万元，医院1822.4万元，危房改造3510.2万元，油库搬迁614.3万元，林区文化建设255万元。

1998年，森工非经营性基本建设投资计划顺利完成。 （陈瑞国）

【天然林资源保护工程计划执行情况】

资金计划下达情况 1998年，国家新增的基础设施建设财政债券投资中共安排天保工程项目31.2亿元，其中：中央债券16.2亿元，地方债券15亿元。主要用于营造生态公益林和商品林（用作资本金），安排公益林建设投资27.3亿元，其中：中央债券12.3亿元，地方债券15亿元。

国家林业局下达了全部资金计划。各省（区）及时将计划分解下达到建设单位。

资金拨付情况 在国家安排的林业财政预算内资金中，按有关规定，地方债券资金直接由中央财政拨付到地方财政，由国家林业局转拨的中央债券资金共计16.2亿元，全部为天然林资源保护工程建设资金。

财政部已拨付国家林业局中央天然林保护工程债

券资金12亿元，为计划的74%。国家林业局已拨付12亿元建设资金。地方债券到位7.8亿元。

天然林资源保护工程资金完成情况 1998年累计完成投资17.1亿元，其中中央债券9.5亿元，地方债券7.6亿元。

天然林资源保护工程建设任务 ①公益林建设项目完成人工造林28.94万公顷，为计划的49.5%；封山育林259.7万公顷，为计划的157%；森林抚育100.5万公顷，为计划的88%；人工促进天然更新15.6万公顷，为计划的94%；割灌整地0.47万公顷；育苗262.53公顷。②由于《重点地区天然林资源保护工程实施方案》尚待国务院审定，因此1998年77.7万公顷的商品林建设任务需待方案中相关贷款政策落实后组织实施。 （吕光辉）

【国家林业局直属单位基本建设计划执行情况】 1998年，局直属单位基本完成了计划任务。

基本建设投资总量继续增长 1998年，局直属单位完成基本建设投资45 981万元，其中国家投入41 405万元，自筹建设资金4576万元。和1997年相比，1998年局直属单位的国家预算内基本建设投资增加7444万元，增长幅度为22%，是国家林业局安排局直属单位投资最多的一年。在整个林业行业建设资金紧张的情况下，局党组优先考虑和保证了局直属单位的建设资金，并保持了逐年增长的势头，有利地保障了局直属单位各项工作的开展。

基本建设投资规模过度膨胀和基本建设战线过长的势头得到进一步控制 在全面清理局直属单位基本建设在建设项目的基础上，在项目的审批和资金投入两方面，实行“一压、二控、三保”原则：

“一压”是指压缩基本建设战线。结合局直属单位“九五”发展规划，对已批准立项的项目进行全面清理，取消了一批不符合建立社会主义市场经济体制要求，属于重复建设、搞“大而全”、“小而全”的项目。例如东北林业大学根据学校现阶段建设的实际需求，取消了非重点、非急需的项目30个，核减投资950万元，使学校在建规模控制在668万元。

“二控”是指项目审批上严格控制新批楼堂馆所项目，资金投入上控制新开基本建设项目。1998年严格控制了批复新项目，批复的15个项目中，主要是涉及职工群众切身利益的住宅、生活基础设施以及科研教育基础设施项目，占批复项目的85%。严格控制了新开工项目，集中资金安排续建、收尾项目。1998年，局直属单位新开工10个项目，占所有建设项目（指土建工程项目）的19%，投资规模占局直属单位总投资规模的6%，均为科研教学基础设施、职工住宅等项目。

“三保”是指保重点、保在建、保收尾。一是1998年，局直属单位投资重点保证了局机关及在京直属单位职工住宅、北京林业大学“211”工程、中国林业科学研究院竹子中心、竹藤网络中心、卧龙自然保护区管理局大熊猫保护工程和局综合科研办公楼收尾工程等项目的建设，完成投资占局直属单位投资总规模的70%以上；二是投资使用结构比较合理，其中新开工项目完成投资占总投资的6%，在建项目完成投资占总投资的51%，收尾项目完成投资占总投资的43%。

进一步调整和优化投资结构，促进资金向科技教育和职工住宅倾斜 一是增加了林业科技投入。1998年共安排科技投资9007万元，比1997年增加4030万元，增长幅度为81%。二是增加了林业教育投入。1998年安排教育投资7393万元，比1997年增加1362万元，增长幅度为23%，充分体现了局党组关于“科教兴林”的战略思想。三是加大了局直属单位职工住宅建设力度。1998年，局直属单位职工住宅建设完成投资13 186万元，当年竣工面积5.22万平方米（含局机关及在京直属单位购置商品房2.6万平方米），有力缓解了职工住房困难，促进了局直属单位职工队伍的稳定。

多渠道、多形式、多方位筹集建设资金 1998年，局直属单位进一步转变观念，通过“走出去”，充分利用两个市场、两个资源，逐步适应社会主义市场经济体制和运行机制，加大创收力度，土地合理适度开发利用、争取国内外捐赠、职工集资等多种形式共筹集建设资金4576万元，用于职工住宅和其他基础设施建设。特别是各单位积极配合各地出台的房改政策，抓住有利时机，利用各地的优惠建房条件，自筹资金建设职工住宅。据统计，局直属单位1998年自筹资金开工建设职工住宅68 350平方米。这些资金的筹措既缓解了国家投资不足的压力，又解决了本单位的实际需求。例如，南京林业大学自筹资金1261万元，用于职工住宅、筒子楼等项目的建设，而“九五”以来，南京林业大学累计自筹建设资金9177万元，是国家投入的3.7倍，有力支持了学校的建设。

强化局直属单位基本建设管理工作 一是按照1998年年初计划会议的要求，各单位普遍加强了工程建设管理，对单项工程实行招投标制，加强了工程监理，提高了工程建设质量。二是认真执行对局直属单位基本建设项目进行审计的要求，通过加强对各单位建设项目开工前审计、建设项目决算审计等工作，发现了基本建设工作中存在的问题，节约了建设资金。三是开展基本建设执法检查监督工作，强化了监督约束机制，促进了局直属单位建设项目的全过程规范化管理。

（杨旭东）

【局属高校筒子楼改造工作】 1998年，各局属高校认真学习贯彻李岚清副总理关于高校筒子楼改造工作的重要指示，按照国家林业局1998年召开的局属高校筒子楼改造工作会议的统一部署，把改善青年教师住房条件作为1998年学校工作的重中之重来抓。国家林业局党组成立了局属高校筒子楼改造协调小组，由局党组副书记、副局长李育才任组长，人教、计财司等单位领导为成员，办公室设在计财司，负责具体研究落实此项工作。各院校也成立了相应的组织机构，由主要领导负总责，抽调出专门力量组成专门班子负责这项工作，落实任务，责任到人。

为保证局属高校筒子楼改造工作顺利进行，局筒子楼改造协调小组办公室深入各院校调查摸底，严格按照国家有关规定，做好统筹规划，合理编制改造方案；同时从局属高校青年教职工切身利益出发，多次向国家教育部反映局属高校的实际困难，争取局属高校筒子楼改造工程面积 16 200 平方米，为各局属高校筒子楼改造工作创造了宽松的条件。

为确保工程质量，各院校加强了对筒子楼改造工程的施工组织与管理，从设计到施工指定专门机构和人员负责，切实做到精心组织、精心设计、精心施工，严把质量关。东北林业大学的筒子楼改造工程设计采用招投标制，由学校组织专家进行评议审定。西南林学院严格挑选施工单位，降低改造成本，组成专门的项目组，对筒子楼改造工程实行专门的监理。各院校还加强项目的预、决算审查工作，把好审查关，减少损失浪费，降低了工程造价。在对筒子楼资金的管理上，局里在林业建设资金缺口较大的情况下，优先保证筒子楼改造资金，坚决做到专款专用，及时到位，先后以林计通字[1998] 54 号、117 号以及事业费拨款渠道下达了局属高校筒子楼改造资金计划 1928 万元；同时各院校也采取了“厉行节约、专款专用”的办法，优先安排筒子楼改造工程资金，保证筒子楼改造工程的顺利实施。筒子楼改造任务繁重，为使其顺利实施，各单位还积极争取地方相关的优惠政策，如中南林学院通过积极工作，争取地方政府减免各种费用 20 多万元；西北林学院在遇到困难需要异地重建时，省政府领导亲临现场，果断决策，保证了筒子楼改造工程的顺利实施。

为解决筒子楼改造资金不足的困难，各院校教职工采用“国家补助一点、学校挤出一点、教师拿出一点”的三个一点的办法，多方筹集建设资金 508 万元，有力地支持了各院校筒子楼改造工作的进展。

截至 1998 年 12 月，局属高校纳入筒子楼改造计划的 6 所高校，共计改造筒子楼 15 栋，改造面积 37 559平方米，完成投资 2436 万元，其中国家投资 1928 万元，学校自筹 508 万元。　（杨旭东）

林业基本建设

【天然林资源保护工程实施】　1998 年 3 月，原林业部向国务院上报了《重点国有林区天然林资源保护工程实施方案》（以下简称《实施方案》），根据国务院领导同志的指示，新组建的国家林业局在已上报的《实施方案》基础上，修改编制了《重点地区天然林资源保护工程实施方案》。工程的实施范围由原方案 9 个省（区）的重点国有林区扩大到吉林、内蒙古、山西、陕西、甘肃、宁夏、青海、河南、江西、湖南、湖北、云南、贵州、四川、重庆、新疆、海南省（区、市）和内蒙古、龙江、大兴安岭森工（林业）集团。在中央作出的扩大内需、加快基础设施建设，防范亚洲金融危机的决策中，国家林业局利用国家增发的财政债券投资 31.2 亿元（其中中央债券 16.2 亿元，地方债券 15 亿元），1998 年启动了四川、云南、贵州、重庆、吉林、内蒙古、黑龙江、陕西、甘肃、青海、新疆以及海南等 12 个省（区、市）大兴安岭林业集团公司的天然林保护工程。共计完成生态公益林封山育林 266.88 万公顷，人工造林 28.94 万公顷，人工促进天然更新 12.08 万公顷；完成森林抚育 106.4 万公顷；实现木材调减量 318 万立方米；分流安置富余人员 18.8 万人。1998 年完成营林基本建设中央债券投资 9.77 亿元，地方债券投资 7.6 亿元，中央财政专项补助资金到位 9.96 亿元。

（杨　冬）

【森林与野生动植物保护】

1. 1998 年，国家林业局审批了河南鸡公山国家级自然保护区续建工程建设项目的可行性研究报告，批复投资 667.9 万元，其中：国家投资 300 万元，地方配套 367.9 万元；对湖北神农架、浙江天目山、辽宁双台河口及白石垃子国家级自然保护区的一期工程建设项目进行了竣工验收。

2. 审批了广东省台山市林木良种繁育中心建设项目的可行性研究报告，批复投资 367.5 万元，其中国家投资 110 万元，地方自筹 257.5 万元。

3. 向国家计委上报了辽宁朝阳市、内蒙古科尔沁、安徽皖南地区中德合作生态造林工程项目建议书和中德合作中国海南岛沙化土地治理及沿海防护林体系建设项目建议书初审意见。向国家计委申报了《全国种苗建设工程总体规划》。　（刘跃祥　陈瑞国）

【森工非经营性建设】　1998 年，国家林业局审批森工非经营性建设项目 10 个，批复投资 5982.3 万元。其中，国家投资 4117 万元，自筹 1865.3 万元。

1. 管理局以上行政事业单位非经营性基本建设项目 7 个，批复投资 4096.1 万元，其中森林工业非经营性基本建设投资 3100 万元，自筹 996.1 万元。

2. 森林工业企业社会性建设项目 3 个，批复投资

1886.2万元，其中森林工业非经营性基本建设投资1017万元，企业自筹869.2万元。

（刘跃祥 陈瑞国）

【局直属单位基本建设】

1. 项目审批情况：1998年，国家林业局共审批了10个项目的可行性研究报告，14个项目的初步设计。批复项目总建筑面积6.8万平方米，总投资1.4亿元，其中国家预算内基本建设投资1.1亿元，主要项目有：①中国林业科学研究院热带林业研究所危旧住宅改扩建6000平方米，总投资618万元。②中国林业科学研究院计算机网络建设，总投资462万元。③局机关通讯设施改造，总投资685万元。④西南林学院职工住宅8988平方米，总投资792万元。⑤中南林学院体育馆6215平方米，总投资1640万元。⑥局西北林业调查规划设计院职工住宅5611平方米，总投资596万元。⑦局昆明勘察设计院小坝职工住宅6060平方米，总投资883万元。⑧局林产工业规划设计院职工宿舍加固加层调概4922平方米，总投资1467万元。

2. 1998年，全局有6所局属高校被纳入筒子楼改造计划。截至12月，改造筒子楼15栋，改造面积37 559平方米，完成投资2436万元，其中国家投资1928万元。

3. 向国家计委上报了关于国际竹藤网络中心（INBAR）工程项目建议书的初审意见。

（杨 冬 陈瑞国）

【林业技术改造工作】

1. 1998年，林业技术改造工作在认真落实党中央、国务院领导同志关于加快林业生态环境建设步伐，加大天然林资源保护力度的精神，按照国家产业政策和林业发展的总体为目标，以市场为导向，调整林业产业结构，进一步培育大企业和大集团，加快林业行业的优势企业和拳头产品的发展。提出1998年技术改造工作重点：①调整产业、产品结构，发展新型人造板（规模在1.5万立方米以上）及其深加工产品，同时继续抓好已建的人造板生产线的达产达标工作。②对松香生产企业进行技术改造，促进松香、松节油产品的深加工。③加快林业机械制造企业引进技术消化吸收和国产化进程，加速国产林机产品的更新换代。④经济林产品的深加工。⑤对有一定规模林业制浆造纸（现有造纸能力在2万吨以上并已有碱回收者）进行改造，提高产品质量和档次，增加新产品，促进规模经营。编报和下达了1998年技术改造专项贷款项目计划草案。

2. 为保留林业技术改造专项贷款规模，积极做好国家经贸委、人民银行及有关专业银行的工作。1998年，国家下达林业技术改造建议计划投资总额为138 604万元，其中，国家安排技术改造专项贷款78 783万元（农行70 670万元，建行5000万元，工商行8113万元）。

3. 对“九五”技术进步试点企业改造项目作了优先安排，建议计划安排9项，安排1998年投资23 969万元，其中专项贷款17 400万元。

4. 技术改造限额以上项目计划完成1项，即“双加”二期常林股份有限公司项目，共完成投资12 000万元，其中专项贷款8400万元。项目建成达产后新增WA470和WA600大型装载机70台，并形成了年产各种轮式装载机3010台的生产能力。新增销售收入57 800万元，新增利税9788万元。

5. 积极做好技术改造项目的前期工作。审批了苏州林业机械厂新型人造板表面装饰设备技术改造项目和木工机械制造项目及林海股份有限公司低排放发动机及园林机械技术改造等项目的项目建议书、可行性研究报告，同时完成了一批天然林保护工程转产项目中的改扩建项目审查、审批工作。上报了两个限额以上项目即福建南平福人木业有限责任公司引进年产10万立方米复合结构微粒板技术改造和内蒙古森工集团根河林业局年产7.5万立方米均质刨花板生产线技术改造的项目建议书初审意见。

6. 做好吉林森林工业股份有限公司股票上市技改项目中国吉林森工集团露水河刨花板厂引进年产15万立方米均质刨花板生产线的审查上报工作，以引导社会资金用于重点企业的技术改造。

7. 编制了《森林资源综合利用专项规划》初稿。

（胡迎端）

【天然林保护工程转产项目】 天然林保护工程实施后，木材产量大幅度调减。1998年为了调整林业产业、产品结构，转变林业企业的经营思路，转产分流富余人员，国家林业局审批了32项转产项目。总投资13.4亿元，其中贷款8.1亿元。设计能力为：木材综合利用产品24.1万立方米；人造板二次加工产品440万平方米；矿产品1.64万立方米；新型建材30万片；防火设备1万台；啤酒10万吨；化工产品4万吨；水利发电12 580千瓦；其他木制产品209万件（套）。

转产项目情况

单位：万元

序号	项目名称	建设规模	总投资	
			合计	贷款
1	内蒙古绰尔纤维模压制品项目	纤维模压制品6000吨	4747	2980
2	内蒙古根河重组木生产厂项目	重组木1万立方米	2484	1500

（续）

序号	项目名称	建设规模	总投资	
			合计	贷款
3	内蒙古栲胶厂单宁粉状胶项目	单宁胶10 000吨		
4	吉林大石头林业局境外开发项目	30万立方米商品材	641.5万美元	450万美元
5	吉林敦化纤维板厂改扩建工程	3万立方米中密度纤维板	4896	3200
6	吉林珲春林业局铝塑制品项目	铝塑复合板30万片	8226	4900
7	吉林黄泥河出口系列木制品项目	木质百叶窗100万套，玩具40万副	3647	2025
8	吉林泉阳林业局啤酒项目	10万吨	4903	3500
9	吉林汪清中密度纤维板改扩建项目	3万立方米中密度纤维板，120万平方米贴面板	5281	3000
10	吉林三岔子均质板改造项目	3.7万立方米均质刨花板	4990	3800
11	吉林红石实木门项目	实木门20万扇	4925	2342
12	吉林白石山中密度板二次加工项目	饰面地板40万平方米，饰面板40万平方米，实木油漆地板40万平方米	4561	2800
13	吉林和龙中密度纤维板改造项目	6万立方米中密度纤维板	3221	2500
14	黑龙江林口林业局石材项目	石材10 000立方米	3664	2200
15	黑龙江东京城林业局集成材项目	集成材5000立方米，淋漆地板1000立方米，实木门30 000万扇	4548	2267
16	黑龙江松江强化复合地板项目	强化复合地板120万平方米，浸渍纸1080万平方米	4792	3904
17	黑龙江大海林林业局石材项目	大理石荒料6400平方米	4381	2785
18	黑龙江万力刨花板家具生产线	刨花板5万立方米，贴面板234万平方米，30万件家具	4815	2600
19	黑龙江海林装饰材料厂改扩建项目	家具2万件，20万平方米地板块	4556	2489
20	黑龙江南岔酒精厂改造项目	酒精3万吨，饲料2.7万吨	4999	3058
21	黑龙江东京城灭火机项目	灭火机10 000台	1586	920
22	黑龙江汤旺河林业局	均质刨花板4.6万立方米	4958	4648
23	黑龙江迎春家具厂改扩建项目	年产实木门2万扇、实木家具2万标准件	4309	2700
24	大兴安岭福来克西木屋项目	年产木屋1000套	4566	733
25	大兴安岭北芪神保健品有限公司	新增北芪神茶4000吨，天然果汁饮料2000吨	4774	2387
26	大兴安岭恒友公司扩建项目	实木家具4.5万件，板式家具15.5万件	4177	2088
27	大兴安岭林田公司粮食处理综合加工厂项目	绿色面粉1万吨，育牛1000头，有机肥6万吨	3198	670
28	海南吊罗河梯级（四级）电站	装机容量8000千瓦	4429	2400
29	霸王岭林业局黄牛岭水电站项目	总装机容量4580千瓦	3208	2200
30	海南黎母山林业生态示范区项目	0.3万公顷笋基地、加工生产线一条	6192	3700
31	云南林业工程公司机械购置项目	购置设备60台套	4463	2900
32	云南保山定向结构刨花板厂	1.6万立方米定向板，100万平方米贴面板	4882	3809
33	新疆小黄花沟农业综合开发项目	开垦土地0.2万公顷，20 000只养殖基地	4902	2980

（刘跃祥　田勇臣）

林业勘察设计行业管理

【林业工程勘察设计管理】

1. 1998 年按建设部统一部署，国家林业局发展计划与资金管理司组织完成了“营造林工程、森林工业企业总体设计工程、林产工业工程设计文件组成内容及深度要求”（试行稿）的编写工作。

2. 完成了黑龙江省飞天工程建设监理公司、东北林业大学监理单位甲级资质定级工作。

3. 完成了交通监理工程师考核认证工作。1998 年共有 66 名工程技术人员获交通监理工程师证书。

4. 完成一级建筑工程师注册工作，全局共有 10 名工程技术人员获一级注册建筑师证书；完成了结构工程师考核认证工作，全局共有 16 名技术人员通过考核认证。

5. 完成了建设部系统监理工程师注册工作和直属监理单位年报统计工作。（赵莲桂　陈瑞国）

农业综合开发和山区综合开发

【农业综合开发综述】 1998 年，国家农业综合开发用于林业建设的专项资金达 1.01 亿元，比 1997 年增加 1000 万元。完成经济林、防护林等造林任务 49.31 万公顷，其中：长江中上游防护林建设 3700 万元，任务 31.53 万公顷；太行山绿化工程 1700 万元，任务 16.2 万公顷；名优经济林和木本粮油项目 4200 万元，任务 1.31 万公顷；防沙治沙示范项目 200 万元，任务 0.27 万公顷；花卉项目 300 万元；林业科技示范项目 20 万元。

主要工作　①为全面宣传十年来农业综合开发林业建设成果，国家林业局农业综合开发办公室与中央电视台绿化天地栏目联合摄制了一部电视专题片——《发挥屏障作用，促进农业综合开发》（上下集），在中央电视台播出；②强化太行山绿化示范工程项目和资金管理。针对太行山绿化工程存在的问题，年初，国家林业局农业综合开发办公室下发了加强项目和资金管理的通知，并对个别工程建设极差的县按照淘汰制，取消立项资格；③配合国家农业综合开发办公室对贵州省、陕西省、重庆市三省（市）部分县的长江中上游防护林建设项日进行了抽验，该项目顺利通过了国家农业综合开发办公室的验收，并颁发了合格证；④组织有关部门和专家制订了《农业综合开发林业生态工程建设管理办法》（初稿）；⑤完成了农业综合开发科技示范项目的选择、确定、组织实施工作。（李　砾）

【林业防灾减灾】

1. 参与中国自然灾害分类指标的研究和编制工作。为规范自然灾害的统计指标，适应国家宏观调控的需要，由国家经贸委牵头组织有关部门起草了《中国主要自然灾种的划分》，国家林业局参与编制了有关林业灾害方面的指标。

2. 在中国国际十年减灾委员会（以下简称中国减灾委）的组织指导下，国家林业局作为中国减灾委的成员单位之一，参与了《中华人民共和国减灾规划》的编制、修订工作。1998 年 4 月，国务院以国发［1998］13 号文批转《中华人民共和国减灾规划》。

3. 中国减灾委组织有关部门制作《自然灾害与减灾》宣传教育片（共六集），其中国家林业局完成了林业自然灾害内容（共两集）的撰写工作。（李　砾）

【全国山区综合开发综述】 自 1996 年初在全国开展山区综合开发试点示范工作以来，经各地推荐和有关部门共同审查，报国务院领导同志批准，先后分 4 批安排了 114 个示范县。整个示范工作进展顺利，主要开展了以下工作：

1. 强化组织领导，广泛宣传发动。为加强对山区综合开发工作的领导，部际之间成立了以国家林业局局长为召集人的全国山区综合开发协调小组，以联席会制度不定期召开会议，研究议定山区综合开发的宏观指导意见等重大问题。全国山区综合开发协调小组自成立以来，已分别在重庆万县区、山东临朐县、贵州贵阳市三次召开全国山区综合开发工作会议，进行了全面组织发动和工作部署。

2. 深入调查研究，明确工作思路。为研究探索山区开发的路子，及时掌握各地山区综合开发示范工作进展情况，全国山区综合开发领导小组办公室（以下简称全国山区办）每年组织两三次较为深入的调研活动。全国山区办组织力量在对全国山区综合开发的整体发展问题进行研究的基础上，1997 年编制了《全国山区综合开发实施纲要》。各示范县亦立足县情，编制了山区开发五年规划。

3. 注重政策引导，增强开发活力。三年来，全国山区办始终坚持依靠政策调动干部群众开发山区的积极性，鼓励和引导各地积极探索既符合党在农村的基本政策，又具有山区特色的政策机制。各地根据自己的实际，积极探索和制订了一些适合本地实际的政策措施。这些政策调动了山区广大干部群众治理山区、开发山区的积极性，出现了各种生产要素向山上流转的可喜局面，推动了地区山区综合开发事业的发展。

4. 依靠科学技术，提高开发水平。为使山区综合开发工作更加科学化、规范化、制度化，治理开发建设更加科学、合理、高效，1996年和1997年分别成立了全国山区综合开发专家咨询组和科技服务中心，具体负责组织山区综合开发的科技引入、推广以及人才培训和信息发布工作。先后已有近百名专家、学者、技术人员深入山区综合开发示范县推广实用技术。

5. 加强项目管理，注重开发效益。中央为支持山区综合开发试点示范工作，3年共安排专项贴息贷款20亿元（1996年3亿元、1997年7亿元、1998年10亿元），实施开发项目523个，中央财政落实贴息6301万元。1998年，银行职能调整后，中国人民银行和中国农业银行又及时下发了《关于加强扶贫、综合开发等专项贷款管理的通知》和《关于开办扶贫、开发等专项贷款的紧急通知》，保证了项目贷款业务的划转。为了加强对示范县项目实施的监控和专项资金的管理，国家林业局组织起草了《山区综合开发项目管理办法》和《山区综合开发示范县治理与开发统计考核指标体系》。

6. 总结推广经验，发挥示范功能。开展山区综合开发示范工作。先后总结推广了流域综合治理的“生态经济沟”、“围山转”，综合配套开发的“林业小区”，产业化发展的“龙型”经济、科技示范园，以及多种经济成分参与山区开发的“股份合作制园场”等山区开发模式。

三年来山区综合开发示范工作成效显著。一是示范县经济发展速度明显加快，综合实力大大加强。二是农业生产、农民生活条件和生态环境开始得到改善，以农副产品、林果业加工为主的龙头企业已有相当规模，山区农村支柱产业正逐步形成；三是示范县对周边的辐射带动作用已开始显现出来。 （杨万利）

【山区综合开发示范范围扩大】 1998年为将山区综合开发引向深入，使示范县在全国的分布更具有广泛性和代表性，更好地发挥示范带动作用，全国山区综合开发协调小组研究并报请国务院决定，在原有59个山区综合开发示范县的基础上，又从全国选择了55个山区县列入全国山区综合开发示范范围，使全国山区综合开发示范县达到114个。

新增的55个山区县是：北京市延庆县，河北省兴隆县、赞皇县，山西省昔阳县、五台县，内蒙古自治区突泉县，黑龙江省桦南县、木兰县、拜泉县，吉林省汪清县、抚松县、敦化市，辽宁省宽甸满族自治县、新宾满族自治县、岫岩满族自治县、本溪满族自治县，山东省沂南县、泗水县，浙江省临安市、新昌县，江西省修水县、德兴市、崇义县，安徽省宁国市、青阳县，福建省建阳市，河南省淅川县、商城县、确山县，湖北省秭归县、蕲春县，湖南省绥宁县、双牌县，广东省封开县，海南省保亭黎族苗族自治县，广西壮族自治区兴安县、融安县，云南省石屏县、景东彝族自治县，贵州省榕江县、赫章县，四川省南江县、芦山县，重庆市酉阳土家族苗族自治县、武隆县、潼南县，陕西省佳县、富县、蓝田县、山阳县、耀县，青海省湟中县，甘肃省泾川县，新疆维吾尔自治区青河县、布尔津县。

截至1998年底，新增的55个示范县已全部编制了《示范县山区综合开发规划》，并通过了各省（区）组织的专家评审论证，项目建设进展顺利。

（孙小兵）

林业扶贫工作

【林业定点扶贫工作】 1998年，在中央国家机关机构改革，人员大幅度减少的情况下，国家林业局扶贫办继续多方筹资，加大了对九万大山地区定点帮扶的投资力度，全年共安排各类扶贫资金10 196万元，其中林业预算内扶贫资金800万元，森工林业两项贴息贷款5240万元，世行贷款1456万元，山区开发贷款2700万元。经过一年的努力，林业定点扶贫工作取得了明显的进展，广西壮族自治区的金秀瑶族自治县、罗城仫佬族自治县，贵州省的三都水族自治县、从江、榕江、黄平、丹寨等7个县于1998年基本越过温饱线，九万大山地区一年累计脱贫人口近30万人。1998年，九万大山地区还有33万人尚未脱贫，广西的融水苗族自治县、三江侗族自治县、贵州的剑河、雷山、台江等5个县没有越过温饱线。1999年定点扶贫的任务依然严峻。 （刘韶辉）

【国家林业局扶贫开发领导小组第一次会议】 1998年5月，国家林业局扶贫开发领导小组第一次会议在北京举行。会议由局党组副书记、副局长、局扶贫开发领导小组组长李育才主持，扶贫办主任雷加富作扶贫开发年度工作报告，各成员单位及有关单位负责人通报了1997年参与扶贫工作情况及1998年继续帮扶九万大山地区的工作意见，李育才作会议总结。会议总结了原林业部1997年的扶贫工作，研究、部署了今后一个时期的工作思路，并对1998年的工作进行了具体安排。 (刘韶辉)

【中央、国家机关定点扶贫工作会议】 1998年10月17日，国务院扶贫开发领导小组、中直工委、中央国家机关工委在京联合召开了中央、国家机关定点扶贫工作会议。会议由国务院扶贫开发领导小组常务副组长刘成果同志主持，中共中央政治局委员、国务院副总理、国务院扶贫开发领导小组组长温家宝同志出席了会议并作了重要讲话。会上，国家林业局等20个单位受到了表彰。 (刘韶辉)

林 业 统 计

【林业经济统计综述】 1998年，林业工作和其他各项工作一样，在抵御了历史上罕见的自然灾害和亚洲金融危机冲击的同时，仍然取得了很大成绩，特别是在充分发挥国民经济基础部门的作用、改善区域生态环境和保障林产品供给方面作出了应有的贡献，基本实现了1998年年初确定的各项林业发展目标。

林业产业总产值 林业产业总产值增长迅速，结构有所调整。1998年，全年实现林业产业总产值2728亿元（按现价计算，下同），其中第一产业总产值1903亿元，占69.7%；第二产业总产值716亿元，占26.3%；第三产业总产值109亿元，仅占4.0%。与1997年相比，第一产业比重有所下降，第二产业比重略有上升。第一产业中，农业产值970亿元，占第一产业总产值的51.0%，其中茶桑果产值821亿元，占第一产业总产值的43.2%，山区、丘陵茶桑果产值514亿元，占全部茶桑果产值的62.6%；林业产值915亿元，占第一产业总产值的48.1%，其中人造林木产值310亿元，林产品产值370亿元，村及村以下竹木采伐产值235亿元，分别占第一产业总产值的16.3%、19.4%、12.4%。在第二产业中，木材竹材采运业产值173亿元，占第二产业总产值的24.1%；木材加工及竹、藤、棕、草制品业和林产化学产品制造业产值分别为353亿元和33亿元，占第二产业总产值的49.3%和4.6%。在第三产业中，旅游业产值6亿元，占第三产业总产值的5.5%。

由于第一产业中的花卉、茶桑果和第二产业中的木材加工及竹、藤、棕、草制品业、林产化学产品制造业四项的统计范围由林业系统扩大到全社会，林业产业总产值及第一、第二产业总产值均比1997年有较大幅度增长。按可比口径计算，林业产值比1997年增长10.2%，高于国民经济7.8%的增长率，其中人造林木、林产品、村及村以下竹木采伐产值分别比1997年增长19.0%、9.8%和0.9%；由于天然林保护工程的实施，木材产量削减，采掘业及其木材竹材采运业产值分别比1997年同期下降了0.9%和0.5%；第三产业总产值比1997年增长了11.7%，其中森林旅游业发展较快，增长了31.4%。

在各地区中，林业产业总产值增幅超过50%的有天津、山西、辽宁、江苏、浙江、安徽、福建、湖南、广东、重庆、新疆省（区、市）；由于受亚洲金融危机和1998年特大洪灾以及实施天然林保护工程的影响，贵州省、西藏自治区、大兴安岭林业集团、内蒙古森工集团及福马集团林业产业总产值略有下降。

营林生产

全国营林生产特别是林业生态体系建设迈入快速发展阶段，林种结构得到合理调整 1998年，全国各地认真贯彻落实党的十五届三中全会以及江泽民和李鹏同志关于加强生态环境建设的批示精神，切实加强领导，采取有力措施，掀起了植树造林的新高潮。1998年特大洪灾后，党中央、国务院提出的关于灾后重建的“三十二字”指导原则将“封山植树，退耕还林”放在首位，体现了党中央、国务院对林业生态环境建设的高度重视，极大地推动了全国林业生态体系的建设。1998年，全国共完成造林面积4811.05千公顷，比1997年增长10.5%，扭转了1994年以来全国造林面积逐年减少的局面；迹地更新806.30千公顷，比1997年增长1.0%；封山育林33 559.07千公顷，比1997年增长17.2%；零星植树32.7亿株，比1997年减少3.3%；育苗面积212.89千公顷，比1997年增长6.8%。在造林面积中，人工造林完成4086.00千公顷，飞播造林完成725.05千公顷，分别占全部造林面积的84.9%和15.1%；工程造林2533.68千公顷，比1997年增长11.0%。造林面积按林种用途分，用材林、经济林、防护林、薪炭林、特种用途林的比例由1997年的33.6∶31.5∶31.4∶3.1∶0.4，调整为1998年的30.3∶29.0∶36.8∶3.5∶0.4，用材林、经济林的比重有所下降，而防护林、薪炭林的比重得到提高，尤其是防护林所占比重提高了5.4个百分点。

幼林抚育工作出现下滑趋势，成林抚育改造力度加大 一方面，在全国人工造林面积比1997年增长

9.3%的形势下,幼林抚育实际面积和作业面积分别比1997年减少了8.5%和9.9%,重造轻管的局面依然存在。另一方面,天然林保护工程启动后,中、幼龄林抚育的力量和力度加强,成林抚育面积达7093.85千公顷,较1997年增长5.1%,其中中、幼龄林抚育面积比1997年增长2.1%。同时,随着我国木材主产区采伐量的调减,为了维持林业职工的生存,抚育改造出材量大幅度增加,达1675.48万立方米,比1997年猛增43.4%,其中中、幼龄林抚育出材量1027.63万立方米,较1997年增长了44.2%。

全国主要经济林产品产量中可食用产品产量增幅较大,而多数工业用原料产量有所下降 1998年,全国经济林产品中,主要干果(板栗、核桃)产量73.9万吨,比1997年增长17.9%;竹笋干24.5万吨,较1997年增长12.7%;油桐籽、油茶籽分别比1997年减少了4.7%和15.7%;特别是受亚洲金融危机的影响,松香产品出口下滑,导致松脂生产和收购急剧下降,松脂产量较1997年下降了22.5%,尤其是主产区广西壮族自治区受影响最大,由1997年的29.3万吨下降到1998年的21.1万吨,减少了8.2万吨。

森林火灾次数增多,但受害森林面积却低于往年 1998年,全国共发生森林火灾4455次,其中森林火警2510次,一般森林火灾1930次,重大森林火灾14次,分别比1997年增长80.7%、69.2%、96.4%、1300.0%,特大森林火灾1次,与1997年持平。受害森林面积27 424公顷,比1997年减少22.6%,说明各地扑救森林火灾的手段有所增强。在森林火灾中,受伤人数78人,比1997年下降3.7%,死亡人数38人,比1997年上升216.7%。1998年,非生产性用火引起的森林火灾明显多于生产性用火引起的森林火灾。因此,需要进一步加大火源管理力度,加强扑火安全教育。

森林病虫鼠害发生面积下降,但防治工作仍须加强 1998年,全国森林病虫鼠害发生面积7013.95千公顷,比1997年减少14.8%,但杨树虫害发生面积比1997年增长6.4%;1998年,全国共有森林病虫鼠害防治站(点)23 765个,完成实际防治面积4996.94千公顷,防治率71.2%,比1997年同期下降2.5个百分点,而且重虫害防治,轻病害防治。

天然林保护工程和林业重点生态工程建设 在继续推进面上造林绿化工作的同时,按照国务院的统一部署和中央领导同志的指示以及国家扩大内需、加强基础设施建设总的要求,继续全面推进十大林业生态工程建设,新启动了重点地区天然林资源保护工程以及全国生态环境建设重点工程。全部林业重点工程1998年实际完成投资533 920万元,其中国家投资305 676万元,占实际完成投资的57.2%,实际完成投资和国家投资分别比1997年增长109.3%和327.2%。在全部林业重点工程投资完成额中,天然林保护工程完成227 761万元,其中国家投资完成226 365万元,分别占全部重点工程实际完成投资的42.66%和国家投资的67.29%。全部林业重点工程按用途分,人工造林费264 010万元,飞播造林费3 622万元,迹地更新费10 816万元,封山育林费61 750万元,抚育费97 173万元,分别占实际完成投资的49.4%、0.7%、2.0%、11.6%和18.2%。群众投工投劳折合资金274 339万元,比1997年增长17.1%。国家预算内资金、自筹资金、国内贷款依然是林业重点工程建设资金的主要来源。全部林业重点工程1998年财务拨、贷款共515 574万元,其中国家预算内资金282 539万元,国内贷款60 609万元,利用外资32 687万元(主要是世行贷款项目),自筹资金107 446万元,其他资金32 293万元,分别占总额的54.8%、11.8%、6.3%、20.8%和6.3%。1998年,林业重点工程实际完成投资和国家投资比1997年增加较多的原因,一是1998年下半年,国家增发1000亿元长期国债投向基础设施建设,其中投向林业用于天然林保护工程31.2亿元,用于十大林业生态工程建设4.8亿元;二是新启动的全国生态环境建设重点工程,国家发展计划委员会投资力度较大。

全部林业重点工程1998年完成造林面积3173.26千公顷,比1997年增长11.6%,重点工程造林占全部造林面积的66.0%;其中,人工造林2708.84千公顷,飞播造林464.42千公顷,分别占全部林业重点工程造林面积的85.4%和14.6%。在全部重点工程造林面积中,完成用材林造林面积680.67千公顷,经济林造林面积736.96千公顷,防护林造林面积1651.46千公顷,分别占全部重点工程造林面积的21.4%、23.2%和52.0%,用材林、经济林的比重分别比1997年下降4.0、4.1个百分点,而防护林的比重则提高了8.5个百分点。这标志着林业生态工程建设由比较注重经济效益向重视生态效益转变,向建立比较完备的林业生态体系的目标又迈进了重要的一步。

林业重点工程建设由以建设人工植被为主,向建设人工植被与恢复天然植被、加强现有林管护相结合转变,有利于建立比较稳定的森林生态系统。1998年,林业重点工程年末实有封山育林面积12 553.30千公顷,比1997年增长50.8%;其中,本年新封4299.14千公顷,比1997年增长196.4%,相当于人工造林面积的1.6倍。森林抚育实际面积4852.75千公顷,比1997年增长35.5%。

天然林保护工程和全国生态环境建设重点工程启动后,原有林业重点工程进展相对放慢。在原有十一项林业重点工程中,由于治理难度加大、造林任务减少等原因,除黄河中游防护林、辽河防护林、治沙和平原绿化工程完成的造林面积比1997年增加以外,"三北"、长江中上游、沿海、淮河、太湖、珠江、太行山以及世界银行贷款速生丰产林基地工程完成的造林面积均比1997年有所减少。

营造林投资力度的加强，并未使林业重点工程完成的实物工程量造林面积大幅度增加。原因主要有：一是资金到位迟，错过了造林季节；二是地方配套资金到位率低，特别是贫困地区配套资金落实难；三是新增投资主要用于天然林保护工程，而天然林保护工程投资的58.5%用于森林管护和封山育林。

林业重点生态工程建设项目覆盖面几乎涵盖全国，形成重点项目难以突出重点。目前，林业重点生态工程建设项目已有12个，且又都是跨省区建设项目；除“三北”、长防、沿海防护林体系建设工程列入国家计委每年大本子计划外（天然林保护工程由于没有正式批复，1998年只是在下半年灾后重建追加资金中安排了一定数量的资金），其他项目均为自行启动项目；即便是列入国家计委大本子计划的“三大”工程项目，国家每年也只能象征性地给予一定的补助。由于建设任务大，又没有全额资金保证，因此，在目前市场经济条件下，受利益趋使，部分林业重点生态工程任务完成质量不高是显而易见的。

工业生产 由于受天然林保护工程启动实施的影响，1998年木材产量及其制品量均比上年有不同程度的减少。据统计，全国木材产量完成5966.20万立方米，比1997年同期减少6.7%，竹材产量完成6.9亿根，比1997年增长54.2%，锯材产量完成1787.57万立方米，人造板产量完成1056.33万立方米，分别比1997年同期下降11.2%和35.9%。林化产品由于受市场需求影响，完成情况不容乐观，全年完成松香41.6万吨，松节油4.1万吨，栲胶1.4万吨，紫胶255吨，分别比1997年同期下降38.4%、51.6%、28.9%和56.0%。

在全年木材产量中，国有林区135个木材采运企业完成1770.39万立方米，占全部木材产量的29.67%，同比1997年下降1.33个百分点，在全部木材采伐中，皆伐1451.73万立方米，抚育伐482.18万立方米，所占比重分别为75%和25%。人造板产量完成61.10万立方米，仅为全部产量的5.78%。

从业人员与劳动报酬 林业系统国有经济单位增加，而集体和其他各种经济单位减少。1998年，全国林业系统拥有各种经济类型单位52 491个，其中国有单位51 138个，集体单位1127个，其他单位226个，分别比1997年增加71个、153个、减少7个和55个。

林业系统从业人员和职工都有较大幅度减少。1998年末，林业系统从业人员235.9万人，按国家统计局1998年新口径计算，比1997年减少21.5万人，减少了8.4%。按所有制分，国有、集体经济单位分别减少了15.1万人和6.9万人。在全部从业人员中，林业系统职工231.2万人，比1997年减少23.0万人，减少了9.0%，按所有制分，国有、集体经济单位分别减少了16.4万人、6.8万人。国有经济单位中，国有林场、木材竹材采运业、木材加工及竹、藤、棕、草制品业、林产化学产品制造业职工人数分别减少了5.7%、8.1%、22.1%和10.2%。从业人员和职工减少主要是天然林保护工程启动后，停止采伐天然林，林区部分木材加工企业停产，加上部分国有和集体企业兼并、破产，职工下岗分流。

1998年，由于实施天然林保护工程，重点森工企业年末分流职工人数为159 243人，其中从事森林管护人员50 561人，从事生态公益林建设73 121人，从事商品林建设8722人，从事转产项目建设3635人，从事其他工作23 204人。全年离退休人数92 491人，其中提前退休人员7783人。在转岗人员中，待安置职工尚有85 299人。

林业系统离开本单位仍保留劳动关系的职工和离退休职工人数逐年增加，负担继续加重。1998年末，林业系统离开本单位仍保留劳动关系的职工达45.4万人，比1997年（下岗职工）增加17.5万人，占全部职工总数的16.4%，比1997年高6.5个百分点，相当于每六名职工中就有一名离开本单位仍保留劳动关系的职工。在全部离开本单位仍保留劳动关系的职工中，木材竹材采运业最多，达22.0万人，占48.4%，依次为林业和木材加工及竹、藤、棕、草制品业，分别为5.1万人和4.8万人，占全部离开本单位仍保留劳动关系的职工的11.2%和10.5%。1998年末，林业系统离退休职工72.2万人，比1997年增加7.3万人，离退休职工与年末在岗职工人数的比例高达1：3.2。随着离开本单位仍保留劳动关系的职工和离退休职工人数的不断增加，各单位负担的生活费和医疗费用将越来越沉重，使一些企业不堪重负，削弱了企业扩大再生产投资的能力。

职工工资总额增速低于全国平均水平 1998年，林业系统职工工资总额仍保持低速增长，全年发放职工工资总额103.2亿元，比1997年增长0.2%，低于全国2.0%的增幅。从经济类型看，国有单位职工工资总额98.0亿元，增长0.8%；集体单位职工工资总额3.3亿元，下降25.5%；其他单位职工工资总额1.8亿元，增长49.1%。分行业看，林业（包括林业、农林牧渔服务业、自然保护区管理业，下同）职工工资总额增长5.4%，而工业下降3.9%，尤其是木材加工及竹、藤、棕、草制品业下降9.7%。职工工资总额增幅低的原因主要有：一是职工人数总量减少，导致工资总额减少；二是企业经济效益差，部分企业亏损严重，有些森工企业拖欠职工工资，制约了职工工资水平的增长；三是各地物价都有程度不同的回落，各地基本没有出台新的增加工资的项目，也是工资低速增长的原因之一。

林业系统职工平均工资增速较快，但仍不及全国职工平均工资的三分之二。1998年，林业系统职工平均工资4381元，比1997年增长5.3%，尽管增幅比全国平均增幅3.7%略高，但职工平均工资仍低于全国平均水平34.7%。其中，国有单位职工平均工资4579

元，比1997年增长3.1%；集体单位职工平均工资1855元，增长7.3%；其他单位职工平均工资5239元，增长15.0%。国有单位中，林业增长4.6%；工业增长0.2%，其中木材竹材采运业增长1.2%，而木材加工及竹、藤、棕、草制品业、林产化学产品制造业分别下降4.0%和5.0%。由于职工人数减少产生的减人增效作用，林业系统职工平均工资在工资总额增幅很小的情况下增加较快。而工业行业由于受实施天然林保护工程和亚洲金融危机的影响，效益下滑，导致职工平均工资增幅低于林业系统平均增幅，甚至有的行业有所下降。

林业系统安全生产形势不容乐观。1998年，全国林业系统职工轻伤2326人次，重伤223人次，死亡166人，轻伤和重伤人次比1997年减少19.5%和9.0%，而死亡人数上升10.7%。按国民经济行业分，职工伤亡情况较严重的有采掘业、农林牧渔业、制造业中的木材加工及竹、藤、棕、草制品业。其中，采掘业职工轻伤1578人次，重伤107人次，死亡58人，分别占总数的67.8%、48.0%、34.9%；农林牧渔业职工死亡91人，占总数的54.8%，比1997年增加33.8%。职工死亡人数增加主要是吉林、安徽、山东、湖北四省增加较多。

固定资产投资　1998年，面对复杂的国内外经济环境，党中央、国务院审时度势，果断作出扩大内需的正确决策，特别是下半年采取了积极的财政政策，增发1000亿元长期国债，并配套1000亿元银行贷款投向基础设施建设，其中投向林业用于天然林保护工程和十大生态公益林建设36亿元。因得益于中央财政债券的支持，1998年顺利启动了重点地区天然林保护工程，在建的十大林业重点生态工程继续稳步推进，全年林业固定资产投资保持快速增长，对拉动全年国民经济的增长发挥了重要的作用。

全年全社会完成林业固定资产投资87.46亿元，比1997年增加13.28亿元，增长17.90%，增幅比1997年同期高1.6个百分点，比全国固定资产投资增长速度高3.8个百分点，森工固定资产投资完成26.43亿元，比1997年减少24.23%。

1998年林业固定资产投资呈现以下几个特点：

第一、营林固定资产投资显著增长，天然林保护工程和十大重点防护林工程建设成为投资重点。1～12月，营林固定资产投资完成61.03亿元，占全部投资的69.78%，比1997年同期提高16.77个百分点，同比1997年增长55.33%。其中，营林基本建设投资完成60.61亿元，比1997年同期增长57.56%，在营林基本建设投资完成额中，国家投资（主要为债券）完成30.59亿元，比上年同期增长150.75%，达到八五以来的最高水平。按投资用途分，用于天然林保护工程的投资为22.78亿元，用于十大防护林建设的投资额为23.36亿元，两项合计46.14亿元，占全部营林固定资产投资完成额的75.60%。

第二、与营林相比，森工固定资产投资下降趋势明显。1998年，森工固定资产投资完成26.43亿元，同比1997年下降24.23%，其中森工基本建设投资完成16.42亿元，森工基本建设国家投资完成6.40亿元，分别比1997年同期下降23.89%和2.63%。森工更新改造投资完成6.11亿元，其中更新改造国家投资完成2358万元，比1997年同期减少74.12%。森工其他投资完成3.9亿元，比1997年减少1.35亿元，下降25.64%。森工固定资产投资占林业固定资产投资的比重为30.22%，比1997年下降16.87个百分点，降到历史最低水平。

第三、国家预算内资金、自筹资金、国内贷款依然是生产建设资金的主要来源。全年林业固定资产投资资金来源总计为85.58亿元，其中国家预算内资金（含财政债券）34.14亿元，国内贷款13.48亿元，利用外资7.28亿元，自筹资金20.55亿元，其他资金8.47亿元。国家预算内资金、自筹资金、国内贷款分别列资金来源总量的第一、二、三位。在这三项资金中，国家预算内资金同比1997年增长132.72%，自筹资金、国内贷款分别比1997年下降37.16%和19.70%。

第四、林业固定资产投资占全社会固定资产投资的比重依然很低。1998年，林业固定资产投资总额虽然达到了87.46亿元，成为历史最高，但是与全社会固定资产投资总量28 457亿元相比，仅占0.3%，比1997年同期回落了0.3个百分点，在大农口所占的比重依然没有明显的改变。　（汤晓文　汪飞跃）

营 林 生 产

林业系统各地区产业总产值

(按现行价格计算)

单位:万元

地 区	总 计	第一产业	第二产业	第三产业
全国合计	**27 278 452**	**19 030 931**	**7 162 279**	**1 085 242**
北 京	167 450	144 405	8698	14 347
天 津	19 577	18 486	—	1091
河 北	1 196 640	1 122 917	31 073	42 650
山 西	520 053	502 190	9600	8263
内蒙古	543 320	233 961	270 149	39 210
辽 宁	924 845	672 469	182 865	69 511
吉 林	809 349	181 613	494 332	133 404
黑龙江	1 128 406	320 796	683 633	123 977
上 海	54 532	41 588	9803	3141
江 苏	1 033 915	888 872	104 292	40 751
浙 江	2 508 236	1 414 841	1 038 536	54 859
安 徽	910 846	782 518	79 355	48 973
福 建	2 827 178	1 630 800	1 166 254	30 124
江 西	1 137 600	695 593	402 348	39 659
山 东	2 444 256	2 277 274	154 018	12 964
河 南	1 130 229	1 020 480	96 823	12 926
湖 北	790 220	575 087	136 505	78 628
湖 南	1 484 809	1 102 747	299 193	82 869
广 东	2 000 122	1 491 787	464 026	44 309
广 西	1 400 148	1 181 149	189 009	29 990
海 南	54 222	30 326	21 889	2007
重 庆	228 235	209 164	11 873	7198
四 川	1 110 895	769 362	283 044	58 489
贵 州	232 656	205 404	26 270	982
云 南	1 147 761	614 214	506 367	27 180
西 藏	15 474	934	12 680	1860
陕 西	341 891	273 034	56 620	12 237
甘 肃	383 482	337 690	34 989	10 803
青 海	15 612	12 375	1965	1272
宁 夏	43 618	41 209	2019	390
新 疆	223 638	191 609	24 402	7627
大兴安岭	299 218	39 376	219 382	40 460
福马集团	126 342	—	124 486	1856
雷州林业局	23 677	6661	15 781	1235

全国营林生产主要指标增减情况

主要指标	单位	1998年	1997年	1998年比1997年增减(%)
1.当年造林面积合计	千公顷	4811.05	4354.93	10.5
其中:工程造林	千公顷	2533.68	2283.16	11.0
在造林面积中:飞播造林	千公顷	725.05	617.18	17.5
造林面积中按林种用途分:				
(1)用材林	千公顷	1459.68	1465.05	-0.4
(2)经济林	千公顷	1394.82	1371.31	1.7
(3)防护林	千公顷	1772.02	1366.23	29.7
(4)薪炭林	千公顷	167.03	135.49	23.3
(5)特种用途林	千公顷	17.50	16.85	3.9
2.迹地更新面积	千公顷	806.30	798.38	1.0
3.封山育林面积	千公顷	33 559.07	28 634.26	17.2
4.零星(四旁)植树	万株	326 648	337 869	-3.3
5.林木种子采集量	吨	34 600	56 851	-39.1
6.育苗面积	千公顷	212.89	199.41	6.8
7.幼林抚育实际面积	千公顷	7811.24	8539.39	-8.5
8.成林抚育面积	千公顷	7093.85	6750.32	5.1
9.低产林改造面积	千公顷	1177.54	1189.39	-1.0
10.主要林产品产量				
生漆	吨	4694	4415	6.3
油桐籽	吨	432 104	453 355	-4.7
油茶籽	吨	722 627	856 868	-15.7
乌桕籽	吨	40 512	40 912	-1.0
五倍子	吨	13 241	11 060	19.7
棕片	吨	74 251	58 158	27.7
松脂	吨	544 615	702 982	-22.5
竹笋干(鲜笋折笋干)	吨	244 882	217 216	12.7
核桃	吨	269 203	248 383	8.4
板栗	吨	469 828	378 183	24.2
紫胶(原胶)	吨	1816	2771	-34.5

全国历年造林面积

单位:千公顷

年别	造林面积	年别	造林面积	年别	造林面积	年别	造林面积
1949～1952	1707.33	1967	3904.00	1982	4495.60	1997	4354.93
1953	1112.93	1968	3413.33	1983	6324.40	1998	4811.05
1954	1166.20	1969	3479.33	1984	8253.67	1949～1952	1707.33
1955	1710.53	1970	3884.00	1985	8336.80	1953～1957	14 068.00
1956	5723.27	1971	4525.13	1986	5274.00	1958～1962	18 332.33
1957	4355.07	1972	4635.73	1987	5414.20	1963～1965	7866.79
1958	6098.67	1973	4982.87	1988	5533.27	1966～1970	19 213.99
1959	5449.67	1974	5002.47	1989	5023.33	1971～1975	24 119.93
1960	4143.93	1975	4973.73	1990	5208.47	1976～1980	23 256.60
1961	1441.33	1976	4925.73	1991	5594.47	1981～1985	31 520.54
1962	1198.73	1977	4793.27	1992	6030.40	1986～1990	26 453.27
1963	1530.13	1978	4496.33	1993	5903.40	1991～1995	28 735.54
1964	2911.33	1979	4489.27	1994	5992.66	1996～1998	14 085.36
1965	3425.33	1980	4552.00	1995	5214.61	**1949～1998**	**209 359.68**
1966	4533.33	1981	4110.07	1996	4919.38		

注:1985年(含1985年)以前造林面积按成活率40%以上统计,以后按85%以上统计。

全国历年迹地更新面积

单位:千公顷

年 别	迹地更新面 积	其中:人工更新	年 别	迹地更新面 积	其中:人工更新
1949～1952	22.53	22.47	1981	442.60	371.80
1953	16.53	16.07	1982	438.80	375.27
1954	38.80	30.07	1983	508.80	422.93
1955	39.20	31.87	1984	552.00	476.07
1956	94.13	48.47	1985	638.27	544.93
1957	55.80	44.07	1986	577.40	485.13
1958	391.13	193.67	1987	703.50	586.93
1959	560.33	342.13	1988	636.90	542.60
1960	483.73	301.93	1989	719.10	571.20
1961	157.07	103.53	1990	671.50	537.67
1962	106.33	86.00	1991	664.10	539.60
1963	183.00	146.87	1992	673.60	565.70
1964	206.53	170.20	1993	739.20	609.00
1965	238.93	210.87	1994	722.70	608.73
1966	321.00	227.00	1995	750.96	638.95
1967	303.00	278.27	1996	794.75	683.27
1968	240.00	209.73	1997	798.38	659.39
1969	233.00	200.00	1998	806.30	665.93
1970	325.00	265.13	1949～1952	22.53	22.47
1971	307.53	253.00	1953～1957	244.46	170.55
1972	319.00	259.53	1958～1962	1698.59	1027.26
1973	356.73	293.40	1963～1965	628.46	527.94
1974	362.00	318.27	1966～1970	1422.00	1180.13
1975	422.00	366.67	1971～1975	1767.26	1490.87
1976	420.80	374.33	1976～1980	2126.86	1859.59
1977	416.40	369.53	1981～1985	2580.47	2191.00
1978	458.40	390.93	1986～1990	3308.40	2723.53
1979	409.33	355.27	1991～1995	3550.56	2961.98
1980	421.93	369.53	**1949～1998**	**19 749.02**	**16 163.91**

注:1998 年人工更新面积没有统计,系根据 1997 年人工更新占迹地更新面积的比例推算。

各地区按林种分的造林面积

单位:千公顷

地 区	当年造林面积					
	合计	用材林	经济林	防护林	薪炭林	特种用途林
全国合计	**4811.05**	**1459.68**	**1394.82**	**1772.02**	**167.03**	**17.50**
北 京	36.87	0.18	3.15	32.13	0.27	1.14
天 津	9.11	0.02	2.63	6.46	—	—
河 北	358.36	78.82	111.42	155.35	12.73	0.04
山 西	448.22	91.69	122.51	230.67	2.87	0.48
内蒙古	477.82	93.80	82.04	298.02	3.92	0.04
辽 宁	216.16	44.33	33.79	115.73	22.03	0.28
吉 林	90.04	34.91	16.89	37.53	0.41	0.30
黑龙江	289.05	164.26	36.52	72.85	8.91	6.51
上 海	1.60	—	1.40	0.20	—	—
江 苏	15.14	7.42	4.83	2.70	—	0.19
浙 江	41.19	14.97	21.74	3.22	0.74	0.52
安 徽	82.56	35.21	35.20	11.29	0.14	0.72
福 建	25.12	9.73	5.95	5.32	3.99	0.13
江 西	53.07	23.70	21.81	7.05	0.46	0.05
山 东	165.97	32.47	85.91	47.13	0.20	0.26
河 南	233.09	85.21	56.99	88.99	1.66	0.24
湖 北	241.71	99.66	112.98	19.82	8.75	0.50
湖 南	28.62	15.71	9.54	3.00	0.16	0.21
广 东	7.43	2.14	1.09	3.88	0.32	—
广 西	75.25	38.05	31.54	3.97	1.62	0.07
海 南	12.02	5.28	4.49	1.94	0.25	0.06
重 庆	146.50	27.48	53.73	64.16	0.99	0.14
四 川	385.05	128.86	81.95	169.31	4.46	0.47
贵 州	211.92	110.83	58.98	37.34	2.14	2.63
云 南	424.50	155.29	177.39	55.19	35.38	1.25
西 藏	13.00	8.00	5.00	—	—	—
陕 西	377.03	92.33	124.89	137.97	21.64	0.20
甘 肃	190.61	34.75	61.24	72.19	21.93	0.50
青 海	35.36	4.55	0.66	23.16	6.99	—
宁 夏	38.71	0.17	7.68	30.35	0.42	0.09
新 疆	63.96	4.85	20.88	34.10	3.65	0.48
大兴安岭	16.01	15.01	—	1.00	—	—
雷州林业局	—	—	—	—	—	—

各地区营林生产主要指标完成情况 单位：千公顷

地区	工程造林面积	速生丰产林面积	迹地更新面积	育苗面积		幼林抚育实际面积	成林抚育面积	
				合计	其中：本年新育		合计	其中：中幼龄林抚育面积
全国合计	**2533.68**	**319.31**	**806.30**	**212.89**	**130.88**	**7811.24**	**7093.85**	**4412.97**
北京	6.15	—	0.40	4.41	1.31	29.16	12.87	7.61
天津	—	—	—	1.22	0.53	17.55	21.15	13.23
河北	218.97	21.23	21.38	19.28	12.09	409.29	343.64	343.64
山西	139.97	6.97	1.13	18.97	10.76	153.69	118.34	94.44
内蒙古	392.19	20.76	54.67	7.48	4.98	452.23	500.55	394.35
辽宁	117.98	14.05	21.96	9.66	6.92	233.58	49.31	49.31
吉林	43.02	7.24	49.48	12.78	4.19	363.07	226.58	195.78
黑龙江	149.07	26.96	88.18	12.85	5.86	956.30	548.07	245.14
上海	0.20	—	—	1.83	0.65	3.01	0.73	0.71
江苏	3.58	3.67	1.97	11.35	4.82	69.43	101.40	55.80
浙江	14.69	5.56	21.21	2.15	0.82	146.69	362.45	135.01
安徽	53.69	11.28	—	5.37	4.04	323.19	372.97	163.98
福建	7.96	1.52	62.59	0.34	0.29	223.81	206.03	112.54
江西	38.28	8.82	32.85	1.52	1.12	495.28	359.45	181.26
山东	77.43	20.05	17.34	25.72	17.21	521.94	812.52	661.84
河南	53.77	14.40	16.21	19.86	13.07	346.70	593.17	285.38
湖北	127.88	27.52	63.16	6.64	4.43	371.63	425.62	368.82
湖南	12.55	1.34	36.15	4.69	3.27	295.16	214.36	142.12
广东	2.77	0.29	85.95	1.98	1.51	276.34	311.21	206.63
广西	14.45	1.50	77.51	1.73	1.21	340.73	291.21	84.53
海南	3.80	1.17	13.64	0.41	0.27	13.56	8.84	7.28
重庆	128.27	3.43	2.09	1.84	1.60	80.40	17.62	12.59
四川	253.43	47.94	19.57	11.47	9.36	372.96	297.16	157.56
贵州	65.40	19.59	7.98	1.49	1.35	229.22	69.07	53.15
云南	269.88	32.93	34.18	2.03	1.70	179.27	78.98	66.13
西藏	13.00	—	0.76	0.09	0.09	—	—	—
陕西	148.84	9.85	17.70	9.72	7.61	306.70	204.77	130.16
甘肃	120.84	10.55	3.87	6.42	4.42	133.71	82.19	40.81
青海	13.57	0.06	0.24	2.79	0.61	87.98	2.46	1.87
宁夏	22.41	—	—	1.75	1.20	44.39	23.70	17.94
新疆	3.63	0.28	3.70	4.82	3.46	232.64	342.14	143.94
大兴安岭	16.01	0.35	46.73	0.10	0.05	99.83	95.19	39.42
雷州林业局	—	—	3.70	0.13	0.08	1.80	0.10	—

各地区森林病虫鼠害防治情况

单位：千公顷

地　区	合　计		森林病害		森林虫害		森林鼠害	
	发生面积	防治面积	发生面积	防治面积	发生面积	防治面积	发生面积	防治面积
全国总计	**7013.95**	**4996.94**	**966.01**	**612.59**	**5328.61**	**3847.09**	**719.28**	**537.26**
北　京	21.81	16.87	0.80	0.56	20.87	16.25	0.13	0.07
天　津	10.27	8.37	0.73	0.50	9.54	7.87	—	—
河　北	311.52	230.69	20.38	12.96	287.34	217.14	3.80	0.59
山　西	239.77	162.47	3.53	2.33	210.37	141.37	25.87	18.77
内蒙古	520.50	368.53	44.51	43.43	438.84	278.41	37.15	46.69
辽　宁	371.55	354.33	26.57	13.88	337.56	335.01	7.41	5.43
吉　林	46.03	44.43	13.99	14.19	28.70	26.91	3.33	3.34
黑龙江	497.41	403.33	42.44	31.14	255.57	187.52	280.51	249.07
上　海	4.97	4.97	4.46	4.46	0.51	0.51	—	—
江　苏	38.79	35.53	15.99	14.73	22.80	20.80	—	—
浙　江	80.03	61.51	37.16	21.04	42.87	40.47	—	—
安　徽	318.53	211.65	71.39	45.49	247.13	166.17	—	—
福　建	165.07	99.62	75.46	62.29	89.61	37.33	—	—
江　西	133.83	87.07	47.94	29.69	85.89	57.37	—	—
山　东	647.05	499.61	91.79	52.31	555.26	447.30	—	—
河　南	673.00	483.80	118.50	90.07	553.17	393.73	1.33	—
湖　北	232.33	128.00	10.98	5.40	210.55	117.40	10.80	5.20
湖　南	135.19	73.35	33.41	0.03	101.78	73.31	—	—
广　东	335.31	187.41	22.21	21.16	313.09	166.25	—	—
广　西	126.81	95.65	7.69	2.65	119.12	93.00	—	—
海　南	30.92	21.47	4.47	2.45	26.45	19.02	—	—
重　庆	163.09	135.06	2.53	1.20	160.55	133.86	—	—
四　川	531.90	454.31	73.64	52.57	440.62	384.83	17.64	16.92
贵　州	13.89	9.70	3.73	3.54	9.81	6.09	0.34	0.07
云　南	137.18	124.45	12.64	11.19	117.27	106.31	7.27	6.96
西　藏	—	—	—	—	—	—	—	—
陕　西	397.51	211.53	46.67	10.53	280.18	176.40	70.67	24.60
甘　肃	328.60	214.61	81.13	44.93	180.13	114.40	67.33	55.27
青　海	188.47	47.26	19.83	3.49	94.35	20.83	74.29	22.95
宁　夏	68.00	44.00	—	—	51.87	33.00	16.13	11.00
新　疆	135.45	99.43	21.97	6.79	106.71	87.01	6.77	5.64
大兴安岭	109.17	77.92	9.47	7.61	11.21	5.62	88.49	64.69

各地区主要林产品产量

单位:吨

地区	生漆	油桐籽	油茶籽	乌桕籽	五倍子	棕片	松脂	竹笋干（鲜笋折笋干）	核桃	板栗	紫胶（原胶）
全国合计	**4694**	**432 104**	**722 627**	**40 512**	**13 241**	**74 251**	**544 615**	**244 882**	**269 203**	**469 828**	**1816**
北京	—	—	—	—	—	—	—	—	7364	8017	—
天津	—	—	—	—	—	—	—	—	425	224	—
河北	—	—	—	—	—	—	—	—	29 441	42 490	—
山西	—	—	—	—	—	—	—	—	40 365	117	—
内蒙古	—	—	—	—	—	—	—	—	—	—	—
辽宁	—	—	—	—	—	—	—	—	2536	17 644	—
吉林	—	—	—	—	—	—	—	—	220	253	—
黑龙江	—	—	—	—	—	—	—	—	—	—	—
上海	—	—	—	—	—	—	—	—	—	—	—
江苏	—	20	27	—	—	—	—	958	1	9263	—
浙江	28	774	26 842	541	9	1629	8557	67 344	5521	25 662	—
安徽	96	3320	8364	5670	17	1413	8516	8797	98	35 035	22
福建	78	17 797	57 185	360	128	10 624	77 966	99 063	28	13 911	37
江西	—	12 299	148 219	1985	527	5869	35 254	11 486	4420	14 205	80
山东	—	—	—	—	—	—	—	—	10 403	90 145	—
河南	201	56 422	10 980	2086	221	—	1885	59	12 248	72 501	—
湖北	424	26 109	17 126	16 600	2957	3646	4771	1555	1832	57 131	—
湖南	93	43 122	295 818	1334	1528	7518	14 263	12 113	2569	16 752	10
广东	50	4922	30 712	131	—	1204	123 759	12 346	—	3821	149
广西	21	56 554	105 275	9	202	2862	210 959	15 698	240	18 027	10
海南	—	—	4	—	—	—	3020	145	—	—	—
重庆	492	48 976	1008	3688	2704	2658	248	1133	1541	1853	65
四川	549	40 544	6479	2873	1227	18 741	2127	6100	28 711	5517	102
贵州	1076	88 680	8996	4392	1696	5006	3344	3258	4506	6664	7
云南	339	21 270	4894	656	254	9826	48 455	4085	57 169	10 354	1245
西藏	—	—	—	—	—	—	—	—	287	86	—
陕西	1217	10 945	698	187	1764	3216	30	735	32 514	18 363	89
甘肃	30	350	—	—	7	39	—	7	18 189	893	—
青海	—	—	—	—	—	—	—	—	112	—	—
宁夏	—	—	—	—	—	—	—	—	98	—	—
新疆	—	—	—	—	—	—	—	—	8365	—	—
大兴安岭	—	—	—	—	—	—	—	—	—	—	—
雷州林业局	—	—	—	—	—	—	1461	—	—	—	—

各地区林业重点工程造林面积

单位：千公顷

地区	十大林业生态工程												全国生态环境建设重点工程	世行贷款速生丰产用材林基地工程	天然林保护工程
	合计	"三北"防护林工程		长江中上游防护林工程	沿海防护林工程	淮河、太湖流域防护林工程	珠江流域防护林工程	黄河中游防护林工程	辽河流域防护林工程	治沙工程	太行山绿化工程	平原绿化工程			
		合计	京、津周围绿化工程												
全国合计	**2685.67**	**1243.96**	**233.92**	**448.60**	**60.29**	**37.97**	**39.85**	**145.52**	**74.58**	**231.58**	**343.74**	**59.58**	**59.19**	**138.05**	**290.35**
北京	36.87	26.19	26.19	—	—	—	—	—	—	1.47	8.00	1.21	—	—	—
天津	9.11	8.54	8.54	—	0.22	—	—	—	—	0.35	—	—	—	—	—
河北	314.17	199.19	199.19	—	6.28	—	—	—	—	3.82	104.88	—	2.68	17.08	—
山西	443.38	135.43	—	—	—	—	—	71.32	—	4.29	209.96	22.38	—	4.85	—
内蒙古	448.32	292.34	—	—	—	—	—	15.48	59.68	80.82	—	—	—	—	—
辽宁	138.30	93.51	—	—	8.73	—	—	—	14.90	18.74	—	2.42	—	9.48	—
吉林	60.84	43.29	—	—	—	—	—	—	—	17.35	—	0.20	—	—	9.68
黑龙江	105.53	76.93	—	—	—	—	—	—	—	19.66	—	8.94	—	15.36	35.61
上海	1.09	—	—	—	0.20	0.12	—	—	—	—	—	0.77	—	—	—
江苏	8.70	—	—	—	4.30	3.30	—	—	—	—	—	1.10	—	—	—
浙江	7.15	—	—	—	4.03	0.61	—	—	—	0.74	—	1.77	—	6.13	—
安徽	16.65	—	—	5.84	—	4.45	—	—	—	1.66	—	4.70	—	7.16	—
福建	21.81	—	—	—	18.40	—	—	—	—	1.33	—	2.08	—	—	—
江西	12.40	—	—	9.60	—	—	—	—	—	1.79	—	1.01	—	5.21	—
山东	36.06	—	—	—	13.96	14.31	—	—	—	1.33	—	6.46	—	15.19	—
河南	88.12	—	—	23.81	—	11.18	—	27.10	—	4.75	20.85	0.43	5.27	8.24	—
湖北	39.00	—	—	28.00	—	4.00	—	—	—	7.00	—	—	3.00	—	12.00
湖南	8.77	—	—	8.57	—	—	—	—	—	—	—	0.20	2.60	5.94	—
广东	3.64	—	—	—	2.41	—	0.79	—	—	—	—	0.44	—	—	—
广西	15.83	—	—	0.15	0.58	—	15.10	—	—	—	—	—	—	4.12	—
海南	1.24	—	—	—	1.18	—	—	—	—	0.06	—	—	—	—	0.29
重庆	61.05	—	—	61.05	—	—	—	—	—	—	—	—	12.08	14.54	40.60
四川	110.08	—	—	108.49	—	—	—	—	—	1.54	0.05	—	7.92	10.33	146.58
贵州	49.87	—	—	36.86	—	—	13.01	—	—	—	—	—	—	5.22	11.85
云南	43.56	—	—	32.05	—	—	10.95	—	—	0.56	—	—	—	9.20	0.03
西藏	—	—	—	—	—	—	—	—	—	—	—	—	—	—	—
陕西	320.82	158.35	—	111.30	—	—	—	19.62	—	28.08	—	3.47	14.64	—	7.42
甘肃	147.00	107.00	—	22.00	—	—	—	12.00	—	6.00	—	—	11.00	—	15.00
青海	35.36	33.56	—	0.88	—	—	—	—	—	0.92	—	—	—	—	0.29
宁夏	38.71	18.39	—	—	—	—	—	—	—	20.32	—	—	—	—	—
新疆	62.24	51.24	—	—	—	—	—	—	—	9.00	—	2.00	—	—	1.00
大兴安岭	—	—	—	—	—	—	—	—	—	—	—	—	—	—	10.00

各地区林业重点工程投资完成情况

单位:万元

地区	十大林业生态工程												全国生态环境建设重点工程	世行贷款速生丰产用材林基地工程	天然林保护工程
	合计	"三北"防护林工程		长江中上游防护林工程	沿海防护林工程	淮河、太湖流域防护林工程	珠江流域防护林工程	黄河中游防护林工程	辽河流域防护林工程	治沙工程	太行山绿化工程	平原绿化工程			
		合计	京、津周围绿化工程												
全国合计	**233 591**	**90 289**	**18 620**	**27 774**	**21 029**	**9562**	**12 060**	**5144**	**4929**	**37 741**	**11 970**	**13 093**	**18 525**	**54 043**	**227 761**
北京	12 564	5702	5702	—	—	—	—	—	—	2371	663	3828	—	—	—
天津	4109	3829	3829	—	120	—	—	—	—	160	—	—	—	—	—
河北	12 691	9089	9089	—	999	—	—	—	—	631	1972	—	288	2491	—
山西	15 765	4532	—	—	—	—	—	2070	—	632	7970	561	—	522	—
内蒙古	36 561	28 585	—	—	—	—	—	262	4450	3264	—	—	861	—	32 537
辽宁	11 532	1635	—	—	5639	—	—	—	479	3700	—	79	—	2504	—
吉林	6068	5795	—	—	—	—	—	—	—	265	—	8	—	—	17 833
黑龙江	11 162	6200	—	—	—	—	—	—	—	4850	—	112	—	4820	45 855
上海	1233	—	—	—	259	30	—	—	—	—	—	944	—	—	—
江苏	790	—	—	—	550	150	—	—	—	—	—	90	—	—	—
浙江	7435	—	—	—	3425	806	—	—	—	634	—	2570	—	4700	—
安徽	4397	—	—	1750	—	1003	—	—	—	800	—	844	—	2949	—
福建	5200	—	—	—	4288	—	—	—	—	600	—	312	—	3460	—
江西	2538	—	—	1864	—	—	—	—	—	323	—	351	—	4711	—
山东	10 125	—	—	—	3775	2418	—	—	—	2070	—	1862	—	4384	—
河南	19 133	—	—	3725	—	4930	—	2123	—	6940	1365	50	1580	2335	—
湖北	5051	—	—	3155	—	225	—	—	—	1591	—	80	2056	1537	36 727
湖南	1108	—	—	1086	—	—	—	—	—	—	—	22	1160	2696	—
广东	3077	—	—	—	1280	—	1482	—	—	100	—	215	—	5	—
广西	10 082	—	—	250	351	—	9481	—	—	—	—	—	—	5116	—
海南	671	—	—	—	343	—	—	—	—	316	—	12	—	—	2784
重庆	2362	—	—	2362	—	—	—	—	—	—	—	—	4037	3649	7003
四川	6965	—	—	6375	—	—	—	—	—	534	—	56	4320	3100	52 347
贵州	2395	—	—	1578	—	—	817	—	—	—	—	—	—	2468	3217
云南	3291	—	—	2861	—	—	280	—	—	150	—	—	—	2596	103
西藏	30	—	—	30	—	—	—	—	—	—	—	—	—	—	—
陕西	6240	3426	—	1887	—	—	—	685	—	179	—	63	2055	—	7731
甘肃	6686	5321	—	481	—	—	—	4	—	846	—	34	2158	—	8260
青海	8184	5285	—	370	—	—	—	—	—	2529	—	—	—	—	164
宁夏	4712	3357	—	—	—	—	—	—	—	1355	—	—	—	—	—
新疆	11 434	7533	—	—	—	—	—	—	—	2901	—	1000	10	—	52
大兴安岭	—	—	—	—	—	—	—	—	—	—	—	—	—	—	13 148

森 工 生 产

全国森工主要产品 1998 年主要指标与 1997 年比较

主 要 指 标	单 位	1998 年	1997 年	1998 年比 1997 年增减(%)
全部木材产量	万立方米	5966.20	6394.79	−6.7
原 木	万立方米	5555.74	5935.44	−6.4
薪 材	万立方米	410.46	459.35	−10.6
全部人造板产量	万立方米	1056.33	1648.48	−35.9
其中 胶合板	万立方米	446.52	758.45	−41.1
纤维板	万立方米	219.51	275.92	−20.4
刨花板	万立方米	266.30	360.44	−26.1
全部竹材产量	万 根	69 253.11	44 921.22	54.2
全部锯材产量	万立方米	1787.57	2012.35	−11.2
全部松香产量	吨	416 016	675 758	−38.4
全部松节油产量	吨	40 856	84 412	−51.6
全部栲胶产量	吨	14 081	19 814	−28.9
全部紫胶产量	吨	255	579	−56.0
林业系统木材产量	万立方米	3577.36	3625.64	−1.3
原 木	万立方米	3427.92	3485.56	−1.7
薪 材	万立方米	149.44	140.08	6.7
林业系统人造板产量	万立方米	319.71	322.55	−0.9
其中 胶合板	万立方米	56.19	77.27	−27.3
纤维板	万立方米	136.03	110.14	23.5
刨花板	万立方米	113.45	119.96	−5.4
林业系统竹材产量	万 根	3190.91	2341.49	36.3
林业系统锯材产量	万立方米	254.55	229.26	11.0
林业系统松香产量	吨	190 316	314 064	−39.4
林业系统松节油产量	吨	29 970	45 882	−34.7
林业系统栲胶产量	吨	11 369	12 255	−7.2
林业系统紫胶产量	吨	225	346	−35.0

全国历年主要森工工业、林产化学产品产量

时期	时　期	木材产量（万立方米）	竹材产量（万根）	锯材产量（万立方米）	胶合板产量（立方米）	纤维板产量（立方米）	刨花板产量（立方米）	松香产量（吨）	栲胶产量（吨）	紫胶产量（吨）
恢复	1949～1952	3229.00	2710	1151.40	44 539	—	—	78 056	88	180
一五	1953	1753.90	2643	664.00	35 353	—	—	22 267	120	15
	1954	2220.60	5021	759.90	46 542	—	—	45 905	157	105
	1955	2093.30	5902	678.20	51 752	—	—	80 091	568	142
	1956	2104.80	12 490	890.80	56 435	—	—	109 992	1275	154
	1957	2786.90	9348	824.10	69 835	—	—	116 799	1633	143
二五	1958	3579.40	14 873	1187.60	125 715	29	—	98 373	3679	245
	1959	4517.70	15 547	1454.70	153 068	11 633	—	79 387	11 266	201
	1960	4129.30	8869	1622.90	147 575	59 571	—	78 429	13 650	245
	1961	2193.50	4993	778.70	74 337	21 506	—	39 227	6661	332
	1962	2374.60	6076	672.80	74 211	15 541	5413	33 595	4800	241
调整	1963	3250.20	6853	826.40	104 316	18 639	13 034	97 982	6078	180
	1964	3800.00	6726	1063.90	119 542	27 951	21 389	162 914	9276	220
	1965	3978.00	7031	1160.10	138 975	50 188	31 439	167 172	13 064	440
三五	1966	4192.40	6991	1117.80	150 425	62 394	18 492	178 943	15 789	640
	1967	3249.60	7223	1157.40	122 333	34 626	10 879	166 119	14 320	800
	1968	2791.20	6603	909.10	105 850	25 854	9037	181 911	13 100	1400
	1969	3283.30	6619	1004.80	146 663	41 792	12 095	204 158	18 969	1100
	1970	3781.80	6958	1100.30	170 684	54 706	14 989	189 288	22 098	1800
四五	1971	4067.30	7542	1104.90	172 129	87 257	18 690	200 411	23 209	1873
	1972	4253.50	7629	957.80	182 441	108 152	26 780	240 074	21 850	1076
	1973	4466.90	11 493	993.10	188 409	131 368	32 188	261 467	17 581	1302
	1974	4607.10	9954	1009.00	176 166	133 448	30 291	289 287	18 085	1562
	1975	4702.70	9073	1069.10	192 142	154 868	26 668	266 224	20 861	915
五五	1976	4572.80	10 439	1001.10	184 416	170 164	26 473	237 773	19 066	807
	1977	4967.20	10 799	1125.20	208 491	221 324	28 933	259 150	23 959	783
	1978	5162.30	11 181	1105.50	252 154	328 781	43 569	282 027	30 130	1384
	1979	5438.93	10 507	1271.40	292 402	429 321	52 855	297 034	33 831	2234
	1980	5359.31	9621	1368.70	329 900	506 200	78 200	327 283	36 314	2134
六五	1981	4942.31	8656	1301.06	351 100	568 300	76 700	406 214	40 159	1095
	1982	5041.25	10 183	1360.85	394 100	669 900	102 700	400 784	36 000	1397
	1983	5232.32	9601	1394.48	454 800	734 500	127 400	246 916	34 131	1045
	1984	6384.81	9117	1508.59	489 700	735 900	164 800	307 993	36 523	1489
	1985	6323.44	5641	1590.76	538 700	895 000	182 100	255 736	36 875	2102

（续）

时期	时　期	木材产量（万立方米）	竹材产量（万根）	锯材产量（万立方米）	胶合板产量（立方米）	纤维板产量（立方米）	刨花板产量（立方米）	松香产量（吨）	栲胶产量（吨）	紫胶产量（吨）
七五	1986	6502.42	7716	1505.20	610 800	1 027 000	210 300	293 500	42 059	1661
	1987	6407.86	11 855	1471.91	776 300	1 206 500	377 800	395 692	50 306	1909
	1988	6217.60	26 211	1468.40	826 900	1 484 100	483 100	376 482	41 862	1482
	1989	5801.80	15 238	1393.30	727 800	1 442 700	442 000	409 463	26 411	833
	1990	5571.00	18 714	1284.90	758 700	1 172 400	428 000	344 003	20 402	829
八五	1991	5807.30	29 173	1141.50	1 054 000	1 174 300	613 800	343 300	19 516	876
	1992	6173.60	40 430	1118.70	1 564 700	1 444 500	1 158 500	419 503	26 141	732
	1993	6392.20	43 356	1401.30	2 124 500	1 809 700	1 571 300	503 681	26 176	931
	1994	6615.10	50 430	1294.30	2 606 200	1 930 300	1 682 000	437 269	18 177	1001
	1995	6766.90	44 792	4183.80	7 592 600	2 164 000	4 351 000	481 264	19 662	1393
九五	1996	6710.27	42 175	2442.40	4 903 200	2 055 000	3 382 800	501 221	23 766	1450
	1997	6394.79	44 921	2012.40	7 584 500	2 759 200	3 604 400	675 758	19 814	579
	1998	5966.20	69 253	1787.60	4 465 200	2 195 100	2 663 000	416 016	14 081	255
	1999									
	2000									
	总计	216 158.71	729 176	59 692.15	41 940 600	28 163 713	22 123 114	12 006 133	933 538	43 712
	1949～1952	3229 000	2710	1151.40	44 539	—	—	78 056	88	180
	一五小计	10 959.50	35 404	3817.00	259 917	—	—	375 054	3753	559
	二五小计	16 794.50	50 358	5716.70	574 906	108 280	5413	329 011	40 056	1264
	三年调整	11 028.20	20 610	3050.40	362 833	96 778	65 862	428 068	28 418	840
	三五小计	17 298.30	34 394	5289.40	695 955	219 372	65 492	920 419	84 276	5740
	四五小计	22 097.50	45 691	5133.90	911 287	615 093	134 617	1 257 463	101 586	6728
	五五小计	25 500.54	52 547	5871.90	1 267 363	1 655 790	230 030	1 403 267	143 300	7342
	六五小计	27 924.13	43 198	7155.74	2 228 400	3 603 600	653 700	1 617 643	183 688	7128
	七五小计	30 500.68	79 734	7123.71	3 700 500	6 332 700	1 941 200	1 819 140	181 040	6714
	八五小计	31 755.10	208 181	9139.60	14 942 000	8 522 800	9 376 600	2 185 017	109 672	4933
	九五小计	19 071.26	156 349	6242.40	16 952 900	7 009 300	9 650 200	1 592 995	57 661	2284

林业系统工业总产值和销售产值

单位：万元

	工业总产值		工业销售产值	
	按90年不变价格计算	按现行价格计算	总　计	出口交货值
总　　计	3 300 145	3 920 192	3 668 460	135 692
其中：国有	2 552 915	3 059 918	2 887 954	93 044
集体	287 592	340 314	297 123	4138
联营	34 386	41 133	38 220	5655
股份制	270 451	284 726	274 493	5952
外商投资	29 005	34 478	32 072	3033
港、澳、台投资	81 034	89 417	85 270	22 978
一、独立核算工业企业	2 419 333	2 879 736	2 729 303	95 303
1.木材及竹材采运企业	1 239 997	1 539 044	1 477 961	20 138
2.木材加工企业	728 639	804 146	751 168	31 217
3.林产化学企业	109 796	138 318	130 130	29 574
4.机械制造及修理企业	197 349	195 521	186 939	4874
二、非独立核算工业生产单位	880 812	1 040 456	939 157	40 389
按主要行业分：				
(一)木材及竹材采运业	1 293 061	1 639 291	1 610 713	6639
其中：木材采运业	1 226 601	1 562 435	1 541 366	6639
(二)木材加工及竹、藤、棕、草制品业	1 175 735	1 286 288	1 162 086	79 745
1.锯材、木片加工业	243 378	279 794	261 686	45 454
2.人造板制造业	618 818	677 556	620 733	10 376
(1)胶合板制造业	221 406	235 064	219 228	886
(2)纤维板制造业	200 139	233 955	219 770	1434
(3)刨花板制造业	134 562	138 698	119 159	7804
3.木制品业	290 712	289 401	252 597	20 807
4.竹、藤、棕、草制造业	22 827	39 537	27 070	3108
(三)家具制造业	38 842	51 189	47 817	5984
(四)造纸及纸制品业	53 802	65 474	61 630	1364
(五)林产化学产品制造业	131 609	157 132	145 916	30 352
(六)建筑材料制造业	36 714	46 316	41 854	555
(七)机械制造及修理业	191 442	183 940	176 747	4162
(八)电力生产业	19 831	63 687	61 899	—
(九)其它行业	359 109	426 875	359 798	6891

注：工业销售产值按现价计算。

林业系统各地区工业总产值

（按1990年不变价格计算）

单位:万元

地 区	总 计						
	合 计	国 有	集 体	联 营	股份制	外 商投 资	港、澳、台投资
全国合计	**3 300 145**	**2 552 915**	**287 592**	**34 386**	**270 451**	**29 005**	**81 034**
北 京	3955	3163	144	224	290	134	—
天 津	—	—	—	—	—	—	—
河 北	27 725	18 887	2899	—	2939	—	3000
山 西	7275	7275	—	—	—	—	—
内蒙古	200 753	185 824	13 399	—	1478	—	—
内蒙古集团	168 216	157 518	9220	—	1478	—	—
辽 宁	72 904	30 137	21 989	3130	6793	9167	1688
吉 林	349 809	307 746	5078	393	22 661	1681	10 439
吉林集团	132 602	95 344	2286	239	22 613	1681	10 439
黑龙江	537 177	418 375	89 560	7621	425	7202	8411
龙江集团	471 655	360 976	83 895	5777	40	6973	8411
上 海	8323	8323	—	—	—	—	—
江 苏	45 269	38 919	—	—	—	—	—
浙 江	101 473	52 983	8059	5100	30 871	1012	1873
安 徽	46 845	32 664	1433	5102	221	5649	—
福 建	305 901	192 957	28 818	3392	66 093	1110	13 009
江 西	141 336	141 336	—	—	—	—	—
山 东	118 863	116 187	—	780	—	—	1896
河 南	46 711	35 395	7999	—	625	—	—
湖 北	103 707	52 571	487	1616	19 894	—	25 810
湖 南	97 399	74 419	12 184	527	7689	—	1600
广 东	149 448	83 633	51 271	4825	367	550	7058
广 西	150 144	142 630	2372	—	—	784	4358
海 南	13 914	13 713	201	—	—	—	—
重 庆	9294	8649	355	—	19	—	—
四 川	200 690	159 754	7745	626	17 386	—	173
贵 州	23 318	21 801	1077	356	—	84	—
云 南	106 059	92 294	6270	584	4199	993	1719
西 藏	12 680	12 680	—	—	—	—	—
陕 西	39 219	34 559	1499	110	532	—	—
甘 肃	16 064	11 358	4204	—	—	—	—
青 海	1308	1308	—	—	—	—	—
宁 夏	510	504	6	—	—	—	—
新 疆	12 826	10 812	176	—	1199	639	—
大兴安岭	177 430	158 056	19 374	—	—	—	—
林机公司	138 471	50 658	993	—	86 770	—	—
雷州林业局	33 345	33 345	—	—	—	—	—

（续）

地 区	独立核算工业企业 合 计	木材及竹材采运企业	木材加工企 业	林产化学企 业	机械制造及修理企业	非独立核算工业生产单 位	按主要行业分 木材及竹材采运业 合 计	木材采运业
全国合计	**2 419 333**	**1 239 997**	**728 639**	**109 796**	**197 349**	**880 812**	**1 293 061**	**1 226 601**
北 京	1370	—	—	—	—	2585	—	—
天 津	—	—	—	—	—	—	—	—
河 北	13 263	—	3510	98	99	14 462	4462	4462
山 西	537	500	—	1	36	6738	6139	6139
内蒙古	165 619	150 675	10 768	1292	202	35 134	145 245	145 245
内蒙古集团	164 859	150 675	10 058	1242	202	3357	122 638	122 638
辽 宁	56 569	—	32 497	1230	22 842	16 335	—	—
吉 林	263 267	257 845	975	2957	1490	86 542	165 112	163 956
吉林集团	126 897	122 980	775	2957	185	5705	50 246	50 246
黑龙江	473 749	318 272	134 974	6529	4391	63 428	246 424	246 424
龙江集团	467 908	318 272	131 557	6529	3951	3747	199 441	199 441
上 海	—	—	—	—	—	8323	—	—
江 苏	—	—	—	—	—	45 269	—	—
浙 江	61 780	—	33 887	17 463	519	39 693	11 044	10 090
安 徽	20 654	38	16 017	116	1456	26 191	8731	6590
福 建	247 777	98 226	89 358	22 886	10 003	58 124	131 766	115 922
江 西	75 721	64 617	3954	1059	5703	65 615	90 860	68 145
山 东	117 671	—	112 010	82	—	1192	—	—
河 南	24 375	—	12 160	95	—	22 336	3369	3319
湖 北	73 966	8824	51 981	3758	111	29 741	16 970	14 289
湖 南	48 579	12 962	29 295	2405	187	48 820	30 881	30 354
广 东	91 264	3570	75 992	5857	774	58 184	29 095	25 953
广 西	74 138	417	21 627	26 163	793	76 006	72 753	72 753
海 南	10 313	1690	7664	959	—	3601	4871	4205
重 庆	2647	124	941	1067	515	6647	5379	1005
四 川	129 555	73 019	35 980	9760	2168	71 135	89 094	87 267
贵 州	18 596	15 793	2075	728	—	4722	16 411	11 991
云 南	83 526	24 611	49 439	4300	3995	22 533	40 830	38 821
西 藏	12 680	12 680	—	—	—	—	12 680	12 680
陕 西	14 919	8927	1407	991	3594	24 300	28 909	24 958
甘 肃	9877	9877	—	—	—	6187	11 156	11 156
青 海	309	309	—	—	—	999	1205	1202
宁 夏	247	—	—	—	—	263	147	147
新 疆	10 464	8336	2128	—	—	2362	10 425	10 425
大兴安岭	177 430	168 685	—	—	—	—	105 426	105 426
林机公司	138 471	—	—	—	138 471	—	—	—
雷州林业局	—	—	—	—	—	33 345	3677	3677

（续）

地区	按主要行业分							
	木材加工及竹、藤、棕、草制品业							
	合计	锯材、木片加工业	人造板制造业				木制品业	竹、藤、棕、草制造业
			合计	胶合板制造业	纤维板制造业	刨花板制造业		
全国合计	**1 175 735**	**243 378**	**618 818**	**221 406**	**200 139**	**134 562**	**290 712**	**22 827**
北京	14	14	—	—	—	—	—	—
天津	—	—	—	—	—	—	—	—
河北	4826	1494	1328	—	1328	—	2004	—
山西	609	—	454	17	437	—	150	5
内蒙古	42 485	9494	11 406	2567	2039	5973	21 540	45
内蒙古集团	34 341	6873	8765	1142	2039	4757	18 703	—
辽宁	38 998	19 205	11 742	1176	9469	1097	8051	—
吉林	143 208	21 794	50 814	12 332	7780	17 026	70 574	26
吉林集团	60 988	7296	29 574	6016	2017	11 103	24 118	—
黑龙江	198 347	32 574	60 107	11 220	9759	17 912	105 666	—
龙江集团	183 887	24 596	57 924	9956	9759	17 912	101 367	—
上海	1209	—	—	—	—	—	1209	—
江苏	—	—	—	—	—	—	—	—
浙江	45 673	8444	29 132	2121	23 689	1553	6796	1301
安徽	26 565	8496	14 614	2588	5702	6279	1049	2406
福建	99 724	20 658	74 506	35 516	26 443	6029	2133	2427
江西	22 913	244	20 315	8461	8056	3798	2354	—
山东	112 018	4007	103 751	83 700	7889	11 032	4252	8
河南	27 846	1128	14 914	2298	4458	7623	9457	2347
湖北	60 093	4468	51 848	28 305	9277	9853	3306	471
湖南	39 716	6751	28 246	8924	7914	7473	1257	3462
广东	86 099	19 476	65 331	4040	48 595	9555	1261	31
广西	23 581	1954	21 519	493	3306	17 720	—	108
海南	7664	7462	67	67	—	—	125	10
重庆	1218	77	843	173	—	578	263	35
四川	59 001	26 859	23 626	853	13 360	6288	1001	7515
贵州	1896	74	496	—	117	370	590	736
云南	41 711	3923	30 464	16 083	9325	2981	6896	428
西藏	—	—	—	—	—	—	—	—
陕西	4073	522	731	—	634	4	1713	1107
甘肃	1326	959	—	—	—	—	8	359
青海	7	7	—	—	—	—	—	—
宁夏	—	—	—	—	—	—	—	—
新疆	2085	1446	639	—	—	639	—	—
大兴安岭	54 661	13 679	1925	472	562	779	39 057	—
林机公司	—	—	—	—	—	—	—	—
雷州林业局	28 169	28 169	—	—	—	—	—	—

（续）

地区	按主要行业分						
	家具制造业	造纸及纸制品业	林产化学产品制造业	建筑材料制造业	机械制造及修理业	电力生产业	其他行业
全国合计	**38 842**	**53 802**	**131 609**	**36 714**	**191 442**	**19 831**	**359 109**
北京	214	—	—	290	271	—	3166
天津	—	—	—	—	—	—	—
河北	—	1300	98	149	99	—	16 791
山西	—	—	44	—	206	—	277
内蒙古	538	—	1341	613	261	2013	8257
内蒙古集团	313	—	1341	355	261	1858	7109
辽宁	2278	—	—	1227	872	—	29 529
吉林	2476	88	5892	3470	4410	290	24 863
吉林集团	416	—	3115	2803	1715	218	13 101
黑龙江	10 178	5477	4143	9867	9672	4164	48 905
龙江集团	10 097	5477	4143	8863	9231	4164	46 352
上海	—	—	—	—	2764	—	4350
江苏	—	—	—	—	—	—	45 269
浙江	1326	2512	15 776	4726	1753	529	18 134
安徽	559	—	495	3181	177	—	7137
福建	2065	7786	26 196	807	10 609	215	26 733
江西	—	—	1741	557	6503	—	18 762
山东	2122	—	82	—	—	—	4641
河南	218	—	2760	205	—	—	12 313
湖北	1071	116	5858	4100	262	82	15 155
湖南	1538	2433	3778	230	1146	774	16 903
广东	6672	515	16 792	116	876	3773	5510
广西	435	23 381	26 163	1076	889	—	1866
海南	—	—	959	85	—	335	—
重庆	—	—	1390	305	553	12	437
四川	834	8962	3235	4494	2287	5022	27 761
贵州	178	1142	729	—	—	—	2962
云南	1742	35	12 766	604	4077	20	4274
西藏	—	—	—	—	—	—	—
陕西	677	55	991	78	3594	30	812
甘肃	3328	—	—	—	—	—	254
青海	77	—	—	—	—	—	19
宁夏	—	—	—	116	—	—	247
新疆	316	—	—	—	—	—	—
大兴安岭	—	—	—	418	1612	2572	12 741
林机公司	—	—	—	—	138 471	—	—
雷州林业局	—	—	380	—	78	—	1041

林业系统各地区工业总产值(按现行价格计算) 单位:万元

地区	总计						
	合计	国有	集体	联营	股份制	外商投资	港、澳、台投资
全国合计	**3 920 192**	**3 059 918**	**340 314**	**41 133**	**284 726**	**34 478**	**89 417**
北京	4948	3866	254	247	447	134	—
天津	—	—	—	—	—	—	—
河北	31 073	19 847	4103	—	4123	—	3000
山西	9351	9351	—	—	—	—	—
内蒙古	244 499	227 710	14 851	—	1938	—	—
内蒙古集团	211 869	199 317	10 614	—	1938	—	—
辽宁	87 947	34 241	27 803	3363	9168	11 379	1993
吉林	446 004	397 617	5795	393	27 572	2179	10 246
吉林集团	179 166	136 518	2482	239	27 502	2179	10 246
黑龙江	628 811	502 587	102 329	9317	564	5413	8594
龙江集团	561 723	445 097	95 387	7488	42	5108	8594
上海	9803	9803	—	—	—	—	—
江苏	51 584	44 444	—	—	—	—	—
浙江	100 004	50 575	8259	5787	30 924	824	1873
安徽	72 614	49 686	2401	5963	236	9713	—
福建	374 822	253 246	33 004	3887	69 411	1182	13 488
江西	145 441	145 441	—	—	—	—	—
山东	133 387	130 711	—	780	—	—	1896
河南	96 823	58 110	20 713	1850	689	—	—
湖北	113 434	54 049	437	1677	23 110	—	30 589
湖南	110 180	83 571	14 987	674	7699	—	1773
广东	178 846	109 232	52 011	4648	694	826	8640
广西	187 999	178 777	2949	—	—	832	5441
海南	20 622	20 411	211	—	—	—	—
重庆	11 873	11 264	379	—	28	—	—
四川	247 996	189 218	9430	1162	20 687	—	172
贵州	26 270	24 468	1264	454	—	84	—
云南	134 360	115 013	10 945	818	4765	1107	1712
西藏	14 960	14 960	—	—	—	—	—
陕西	45 254	40 605	1464	113	535	—	—
甘肃	20 087	15 362	4219	—	—	—	—
青海	1950	1950	—	—	—	—	—
宁夏	880	872	8	—	—	—	—
新疆	19 255	16 082	214	—	2154	805	—
大兴安岭	208 848	187 446	21 402	—	—	—	—
林机公司	124 486	43 622	882	—	79 982	—	—
雷州林业局	15 781	15 781	—	—	—	—	—

(续)

地区	独立核算工业企业					非独立核算工业生产单位	按主要行业分	
							木材及竹材采运业	
	合计	木材及竹材采运企业	木材加工企业	林产化学企业	机械制造及修理企业		合计	木材采运业
全国合计	**2 879 736**	**1 539 044**	**804 146**	**138 318**	**195 521**	**1 040 456**	**1 639 291**	**1 562 435**
北京	1507	—	—	—	—	3441	—	—
天津	—	—	—	—	—	—	—	—
河北	15 844	—	4270	161	122	15 229	5229	5229
山西	401	364	—	1	36	8950	8148	8148
内蒙古	209 082	181 525	12 734	2496	424	35 417	175 496	175 496
内蒙古集团	208 172	181 525	11 874	2446	424	3697	153 407	153 407
辽宁	72 728	—	40 728	1568	30 432	15 219	—	—
吉林	347 412	342 193	1042	2398	1779	98 592	241 832	241 832
吉林集团	173 459	170 084	792	2398	185	5707	81 636	81 636
黑龙江	564 601	391 494	140 324	8601	5684	64 210	307 455	307 455
龙江集团	557 714	391 494	136 471	8601	5140	4009	263 187	263 187
上海	—	—	—	—	—	9803	—	—
江苏	—	—	—	—	—	51 584	—	—
浙江	55 169	—	33 260	11 967	1038	44 835	13 238	12 039
安徽	34 929	495	21 977	7256	1346	37 685	14 031	11 323
福建	299 138	136 796	93 209	30 663	9079	75 684	186 971	166 517
江西	77 797	66 365	4393	1001	5559	67 644	93 798	70 348
山东	132 074	—	122 819	70	—	1313	—	—
河南	37 781	—	23 252	120	—	59 042	5213	4267
湖北	80 731	8848	58 117	2260	127	32 703	17 644	14 647
湖南	53 362	14 505	31 379	3235	289	56 818	34 082	33 436
广东	100 174	5927	78 335	6271	965	78 672	39 790	36 191
广西	92 859	433	23 285	37 934	805	95 140	91 005	91 005
海南	17 075	2932	13 129	1014	—	3547	5912	5342
重庆	2286	169	1061	601	455	9587	6965	1149
四川	166 177	95 470	41 888	12 901	2746	81 819	114 132	112 146
贵州	20 564	17 723	2041	800	—	5706	18 554	13 135
云南	103 733	35 247	55 105	5983	5524	30 627	55 153	52 682
西藏	14 960	14 960	—	—	—	—	14 960	14 960
陕西	19 371	12 342	1387	1017	4625	25 883	31 545	26 954
甘肃	13 571	13 571	—	—	—	6516	15 112	15 112
青海	416	416	—	—	—	1534	1658	1654
宁夏	413	—	—	—	—	467	235	235
新疆	12 247	11 836	411	—	—	7008	15 430	15 430
大兴安岭	208 848	185 433	—	—	—	—	120 664	120 664
林机公司	124 486	—	—	—	124 486	—	—	—
雷州林业局	—	—	—	—	—	15 781	5039	5039

（续）

地区	按主要行业分							
	木材加工及竹、藤、棕、草制品业							
	合计	锯材、木片加工业	人造板制造业				木制品业	竹、藤、棕、草制造业
			合计	胶合板制造业	纤维板制造业	刨花板制造业		
全国合计	**1 286 288**	**279 794**	**677 556**	**235 064**	**233 955**	**138 698**	**289 401**	**39 537**
北京	15	15	—	—	—	—	—	—
天津	—	—	—	—	—	—	—	—
河北	5721	2197	1400	—	1400	—	2124	—
山西	488	—	329	30	299	—	154	5
内蒙古	43 713	9314	11 105	2283	2512	5362	23 192	102
内蒙古集团	35 221	6658	8319	860	2512	3999	20 244	—
辽宁	48 700	24 921	14 776	1176	13 066	534	9003	—
吉林	155 934	31 703	56 397	12 060	9016	17 679	67 802	32
吉林集团	72 132	13 216	32 530	5758	2294	11 103	26 386	—
黑龙江	204 569	43 817	58 457	10 133	11 859	15 423	102 295	—
龙江集团	184 717	33 263	56 212	8789	11 859	15 423	95 242	—
上海	1338	—	—	—	—	—	1338	—
江苏	—	—	—	—	—	—	—	—
浙江	45 488	7480	29 481	2476	25 023	1450	6968	1559
安徽	36 482	10 555	21 241	2519	10 016	8166	1771	2915
福建	104 056	24 211	75 190	33 626	30 220	4529	2227	2428
江西	23 368	338	20 645	8513	8315	3817	2385	—
山东	122 827	4284	114 185	93 000	8704	11 351	4350	8
河南	60 255	6635	25 498	6460	5653	12 601	12 746	15 376
湖北	69 246	5481	59 841	31 995	11 357	9743	3447	477
湖南	44 202	8864	29 934	9556	8998	7174	1272	4132
广东	92 789	22 684	67 971	4262	49 092	11 025	1578	556
广西	25 574	2289	23 177	506	3870	18 801	—	108
海南	13 129	12 873	57	57	—	—	189	10
重庆	2313	395	909	188	—	604	899	110
四川	69 323	28 609	30 767	872	21 983	5692	1082	8865
贵州	1862	68	510	—	100	400	548	736
云南	45 294	5421	32 257	14 906	11 347	2740	7100	516
西藏	—	—	—	—	—	—	—	—
陕西	4334	634	698	—	556	3	1767	1235
甘肃	1379	1002	—	—	—	—	10	367
青海	172	14	—	—	—	—	158	—
宁夏	—	—	—	—	—	—	—	—
新疆	3336	2531	805	—	—	805	—	—
大兴安岭	51 305	14 383	1926	446	569	799	34 996	—
林机公司	—	—	—	—	—	—	—	—
雷州林业局	9076	9076	—	—	—	—	—	—

（续）

地区	按主要行业分						
	家具制造业	造纸及纸制品业	林产化学产品制造业	建筑材料制造业	机械制造及修理业	电力生产业	其他行业
全国合计	**51 189**	**65 474**	**157 132**	**46 316**	**183 940**	**63 687**	**426 875**
北 京	235	—	—	447	377	—	3874
天 津	—	—	—	—	—	—	—
河 北	—	2300	161	154	122	—	17 386
山 西	—	—	124	—	276	—	315
内蒙古	579	—	2360	831	483	10 587	10 450
内蒙古集团	298	—	2360	444	483	10 398	9258
辽 宁	2554	—	—	1562	1020	—	34 111
吉 林	2523	129	6102	5224	4751	1456	28 053
吉林集团	450	—	2554	4302	1715	1071	15 306
黑龙江	11 201	7057	4392	12 381	11 157	14 937	55 662
龙江集团	11 120	7057	4392	12 007	10 613	14 937	53 693
上 海	—	—	—	—	3535	—	4930
江 苏	—	—	—	—	—	—	51 584
浙 江	1269	2530	10 717	4981	2240	579	18 962
安 徽	6928	—	1733	4105	177	—	9158
福 建	2339	9238	33 800	848	9685	478	27 407
江 西	—	—	1960	512	6380	—	19 423
山 东	2227	—	70	—	—	—	8263
河 南	890	—	1603	203	—	—	28 659
湖 北	1402	116	4801	4390	330	88	15 417
湖 南	1695	3045	5009	243	1384	1708	18 812
广 东	8841	620	18 783	164	926	10 587	6346
广 西	443	28 333	37 934	1329	901	—	2480
海 南	—	—	1014	85	—	482	—
重 庆	—	—	851	650	597	12	485
四 川	930	10 769	3650	5741	3144	8899	31 408
贵 州	178	1216	801	—	—	—	3659
云 南	2210	71	19 758	1283	5629	20	4942
西 藏	—	—	—	—	—	—	—
陕 西	812	50	1017	—	4625	30	2841
甘 肃	3342	—	—	—	—	—	254
青 海	102	—	—	—	—	—	18
宁 夏	—	—	—	232	—	—	413
新 疆	489	—	—	—	—	—	—
大兴安岭	—	—	—	951	1623	13 824	20 481
林机公司	—	—	—	—	124 486	—	—
雷州林业局	—	—	492	—	92	—	1082

林业系统各地区工业销售产值

（按现行价格计算）

单位:万元

地区	总计						
	合计	国有	集体	联营	股份制	外商投资	港、澳、台投资
全国合计	**3 668 460**	**2 887 954**	**297 123**	**38 220**	**274 493**	**32 072**	**85 270**
北京	4902	3831	252	238	447	134	—
天津	—	—	—	—	—	—	—
河北	26 970	16 190	4103	—	3677	—	3000
山西	7996	7996	—	—	—	—	—
内蒙古	240 637	224 800	14 174	—	1663	—	—
内蒙古集团	208 251	196 733	9855	—	1663	—	—
辽宁	81 328	31 179	25 472	3323	8959	10 600	1795
吉林	425 654	376 778	4689	317	29 732	1770	10 096
吉林集团	172 677	128 374	2466	239	29 662	1770	10 096
黑龙江	584 744	470 057	92 080	8259	156	6177	8015
龙江集团	521 667	415 884	85 466	6430	—	5872	8015
上海	9803	9803	—	—	—	—	—
江苏	45 344	39 868	—	—	—	—	—
浙江	91 838	46 774	7701	5726	27 827	471	1873
安徽	65 866	44 942	2270	4823	180	8992	—
福建	358 887	245 771	29 542	3394	65 351	1117	12 692
江西	132 925	132 925	—	—	—	—	—
山东	127 172	124 401	—	810	—	—	1961
河南	41 901	30 900	5000	1770	1231	—	—
湖北	100 181	44 066	377	1807	22 184	—	28 726
湖南	106 805	81 404	14 621	521	6889	—	1691
广东	171 117	105 851	47 535	4648	842	550	8889
广西	187 943	177 147	4649	—	—	702	5445
海南	20 461	20 250	211	—	—	—	—
重庆	10 539	9942	369	—	26	—	—
四川	243 307	188 313	9615	1007	19 259	—	169
贵州	24 621	23 289	814	434	—	84	—
云南	125 921	108 021	9766	1039	5391	786	918
西藏	7282	7282	—	—	—	—	—
陕西	39 169	35 794	551	104	435	—	—
甘肃	21 928	17 207	4219	—	—	—	—
青海	1616	1616	—	—	—	—	—
宁夏	742	742	—	—	—	—	—
新疆	19221	16 508	218	—	1806	689	—
大兴安岭	203 267	185 380	17 887	—	—	—	—
林机公司	122 871	43 425	1008	—	78 438	—	—
雷州林业局	15 502	15 502	—	—	—	—	—

（续）

地区	独立核算工业企业					非独立核算工业生产单位	按主要行业分	
							木材及竹材采运业	
	合计	木材及竹材采运企业	木材加工企业	林产化学企业	机械制造及修理企业		合计	木材采运业
全国合计	**2 729 303**	**1 477 961**	**751 168**	**130 130**	**186 939**	**939 157**	**1 610 713**	**1 541 366**
北京	1507	—	—	—	—	3395	—	—
天津	—	—	—	—	—	—	—	—
河北	11 948	—	2988	40	130	15 022	5022	5022
山西	476	439	—	1	36	7520	6893	6893
内蒙古	204 739	179 192	11 368	2119	415	35 898	177 979	177 979
内蒙古集团	204 420	179 192	11 099	2069	415	3831	155 590	155 590
辽宁	64 016	—	37 186	1239	25 591	17 312	—	—
吉林	335 049	330 141	675	2480	1753	90 605	241 133	240 919
吉林集团	167 758	164 398	675	2480	205	4919	83 315	83 315
黑龙江	522 797	367 297	128 586	6773	4900	61 947	307 242	307 242
龙江集团	517 200	367 297	125 728	6773	4356	4467	264 250	264 250
上海	—	—	—	—	—	9803	—	—
江苏	—	—	—	—	—	45 344	—	—
浙江	52 249	—	32 444	11 556	830	39 589	12 110	10 948
安徽	34 001	248	21 361	7047	1324	31 865	12 161	10 272
福建	286 353	133 930	87 660	27 664	8849	72 534	182 828	162 560
江西	72 046	61 849	3701	810	5290	60 879	86 521	64 890
山东	125 959	—	116 717	48	—	1213	—	—
河南	23 813	—	15 021	120	—	18 088	4039	3863
湖北	74 230	7503	53 920	2073	126	25 951	15 068	12 600
湖南	50 745	13 986	30 334	3167	322	56 060	33 888	33 250
广东	95 668	5420	74 576	5918	948	75 449	38 140	34 095
广西	91 087	458	21 085	38 297	1034	96 856	92 958	92 958
海南	16 881	2803	13 067	1002	—	3 580	5828	5342
重庆	1858	117	949	337	455	8681	6035	1008
四川	162 343	92 396	42 905	12 290	2737	80 964	112 741	110 923
贵州	19 384	16 714	1855	815	—	5237	17 234	12 871
云南	98 356	35 624	50 414	5421	5286	27 565	53 448	51 955
西藏	7282	7282	—	—	—	—	7282	7282
陕西	18 666	12 476	1235	913	4042	20 503	28 520	24 854
甘肃	15 876	15 876	—	—	—	6052	17 063	17 063
青海	309	309	—	—	—	1307	1368	1365
宁夏	386	—	—	—	—	356	159	159
新疆	15 141	12 020	3121	—	—	4080	15 749	15 749
大兴安岭	203 267	181 881	—	—	—	—	124 296	124 296
林机公司	122 871	—	—	—	122 871	—	—	—
雷州林业局	—	—	—	—	—	15 502	5008	5008

（续）

地区	按主要行业分							
	木材加工及竹、藤、棕、草制品业							
	合计	锯材、木片加工业	人造板制造业				木制品业	竹、藤、棕、草制造业
			合计	胶合板制造业	纤维板制造业	刨花板制造业		
全国合计	**1 162 086**	**261 686**	**620 733**	**219 228**	**219 770**	**119 159**	**252 597**	**27 070**
北京	15	15	—	—	—	—	—	—
天津	—	—	—	—	—	—	—	—
河北	4635	1365	1320	—	1320	—	1950	—
山西	569	—	404	30	374	—	160	5
内蒙古	39 114	9732	8538	2510	1677	3954	20 743	101
内蒙集团	30 924	7097	5787	490	1677	3223	18 040	—
辽宁	44 012	23 493	13 423	939	11 961	523	7096	—
吉林	146 663	30 892	53 069	12 209	8378	17 731	62 670	32
吉林集团	66 362	12 940	29 928	5890	1971	11 275	23 494	—
黑龙江	180 525	41 935	53 691	9429	10 851	14 967	84 899	—
龙江集团	164 448	31 709	52 021	8526	10 851	14 967	80 718	—
上海	1338	—	—	—	—	—	1338	—
江苏	—	—	—	—	—	—	—	—
浙江	42 912	6053	28 698	2170	24 701	1382	6574	1587
安徽	33 756	9828	19 585	1258	9051	8328	1671	2672
福建	98 129	22 973	70 773	32 060	29 500	3645	2016	2367
江西	20 693	262	18 816	6921	8273	3622	1615	—
山东	116 725	4129	108 766	89 060	8164	10 562	3822	8
河南	24 772	1284	8720	2141	3417	2479	10 876	3892
湖北	63 600	4654	55 307	30 052	10 603	8858	3162	477
湖南	42 727	9283	28 811	8823	8938	5530	1222	3411
广东	88 047	22 387	63 775	4242	45 178	10 784	1337	548
广西	23 221	2136	20 982	696	3641	16 645	—	103
海南	13 067	12 832	44	44	—	—	181	10
重庆	2217	437	842	165	—	539	874	64
四川	69 682	27 226	32 137	779	23 311	5565	1035	9284
贵州	1576	57	585	—	130	433	500	434
云南	42 330	5381	29 905	15 518	9342	2434	6473	571
西藏	—	—	—	—	—	—	—	—
陕西	3726	478	581	—	469	24	1530	1137
甘肃	1269	892	—	—	—	—	10	367
青海	152	14	—	—	—	—	138	—
宁夏	—	—	—	—	—	—	—	—
新疆	3086	2397	689	—	—	689	—	—
大兴安岭	45 020	13 043	1272	182	491	465	30 705	—
林机公司	—	—	—	—	—	—	—	—
雷州林业局	8508	8508	—	—	—	—	—	—

（续）

地 区	按主要行业分						
	家具制造 业	造纸及纸制品业	林产化学产品制造业	建筑材料制造业	机械制造及修理业	电力生产业	其他行业
全国合计	**47 817**	**61 630**	**145 916**	**41 854**	**176 747**	**61 899**	**359 798**
北 京	235	—	—	447	377	—	3828
天 津	—	—	—	—	—	—	—
河 北	—	1990	40	152	130	—	15 001
山 西	—	—	73	—	136	—	325
内蒙古	489	—	1984	586	468	10 584	9433
内蒙古集团	248	—	1984	378	468	10 398	8261
辽 宁	1904	—	—	1359	863	—	33 190
吉 林	2106	132	3379	5092	4065	1452	21 632
吉林集团	248	—	2650	4189	1708	1067	13 138
黑龙江	10 280	5413	3233	10 191	8623	13 810	45 427
龙江集团	10 200	5413	3233	9329	8079	13 810	42 905
上 海	—	—	—	—	3535	—	4930
江 苏	—	—	—	—	—	—	45 344
浙 江	1213	2444	10 885	4370	1874	579	15 451
安 徽	6791	—	1443	3920	177	—	7618
福 建	2248	8429	30 897	839	9455	474	25 588
江 西	—	—	1823	509	6252	—	17 127
山 东	1997	—	48	—	—	—	8402
河 南	402	858	1405	198	—	—	10 227
湖 北	1235	60	4395	4308	320	87	11 108
湖 南	1619	2756	5003	202	1261	1709	17 640
广 东	8888	523	18 159	161	909	10 610	5 680
广 西	435	28 088	38 297	1260	1130	—	2554
海 南	—	—	1002	82	—	482	—
重 庆	—	—	543	650	597	12	485
四 川	738	9771	3763	5371	3117	8226	29 898
贵 州	172	1059	816	—	—	—	3764
云 南	2232	59	16 906	1178	5368	20	4380
西 藏	—	—	—	—	—	—	—
陕 西	1018	48	913	58	4042	30	814
甘 肃	3342	—	—	—	—	—	254
青 海	87	—	—	—	—	—	9
宁 夏	—	—	—	197	—	—	386
新 疆	386	—	—	—	—	—	—
大兴安岭	—	—	—	724	1152	13 824	18 251
林机公司	—	—	—	—	122 871	—	—
雷州林业局	—	—	909	—	25	—	1052

林业系统独立核算工业企业增加值

单位：万元

	工业总产出				工业中间投入						本年应交增值税	工业增加值
	合计	生产成品价值	对外加工费收入	在产品、自制半成品期末期初差额价值	合计	直接材料费	制造费用中的中间投入	管理费用中的中间投入	销售费用中的中间投入	利息支出		
总计	**2 790 541**	**2 731 494**	**29 839**	**29 208**	**1 736 079**	**1 102 166**	**215 650**	**215 205**	**64 547**	**138 511**	**85 300**	**1 139 762**
其中：国有	2 333 359	2 284 386	25 758	23 215	1 432 211	875 593	185 146	190 181	54 621	126 670	70 370	971 518
其中：一、木材及竹材采运企业	1 499 111	1 492 427	6456	228	698 431	332 939	119 245	145 031	28 413	72 803	31 061	831 741
二、木材加工企业	659 340	622 507	14 943	21 890	544 034	414 364	50 395	30 086	17 944	31 245	19 426	134 732
三、林产化学企业	130 715	130 101	229	385	106 336	81 652	7325	6232	3527	7600	8053	32 432
四、林业机械制造业	164 011	159 154	4084	773	130 545	110 612	3722	7133	4709	4369	6251	39 717

林业系统各地区独立核算工业企业增加值
（按生产法、现行价格计算）

单位：万元

地区	工业总产出				工业中间投入						本年应交增值税	工业增加值
	合计	生产成品价值	对外加工费收入	在产品、自制半成品期末期初差额价值	合计	直接材料费	制造费用中的中间投入	管理费用中的中间投入	销售费用中的中间投入	利息支出		
全国合计	**2 790 541**	**2 731 494**	**29 839**	**29 208**	**1 736 079**	**1 102 166**	**215 650**	**215 205**	**64 547**	**138 511**	**85 300**	**1 139 762**
北京	—	—	—	—	—	—	—	—	—	—	—	—
天津	—	—	—	—	—	—	—	—	—	—	—	—
河北	15 844	15 204	42	598	10 865	6921	1632	660	643	1009	583	5562
山西	401	391	10	—	306	177	31	57	4	37	29	124
内蒙古	209 082	208 954	123	5	76 145	31 588	10 416	19 690	1403	13 048	5139	138 076
内蒙古集团	208 172	208 044	123	5	75 529	31 169	10 361	19 651	1386	12 962	5118	137 761
辽宁	—	—	—	—	—	—	—	—	—	—	—	—
吉林	347 412	344 115	2827	470	195 997	100 191	39 305	37 024	6142	13 335	8525	159 940
吉林集团	173 459	171 142	2316	1	87 640	42 071	17 029	18 483	3911	6146	5437	91 256
黑龙江	564 601	561 066	2608	927	304 038	193 733	28 398	45 713	8318	27 876	7622	268 185
龙江集团	557 714	554 783	2131	800	298 592	190 333	27 671	44 958	8105	27 525	7323	266 445
上海	—	—	—	—	—	—	—	—	—	—	—	—
江苏	—	—	—	—	—	—	—	—	—	—	—	—
浙江	55 169	54 082	837	250	39 412	29 751	3639	2813	1433	1776	2750	18 507
安徽	34 929	32 132	168	2629	27 775	17 450	3460	3887	1684	1294	1994	9148
福建	299 138	292 486	5540	1112	194 907	150 348	14 065	18 714	6050	5730	12 952	117 183
江西	77 797	74 841	2782	174	59 666	35 832	7210	9090	3169	4365	4564	22 695
山东	132 074	113 234	2059	16 781	111 653	89 972	8368	3233	4489	5591	2526	22 947
河南	37 781	34 323	34	3424	33 714	23 684	3723	3436	861	2010	715	4782
湖北	80 731	70 956	8558	1217	53 527	31 857	10 975	4360	3153	3182	2425	29 629
湖南	53 362	52 551	585	226	51 104	29 846	6015	5679	3740	5824	2477	4735
广东	100 174	98 452	1719	3	88 711	68 770	8694	4861	1203	5183	3049	14 512
广西	92 859	92 533	209	117	80 906	64 380	3914	4410	1065	7137	6239	18 192
海南	17 075	17 075	—	—	13 623	1322	8558	422	3329	−8	57	3509
重庆	2286	2283	3	—	2089	1255	235	112	24	463	44	241
四川	166 177	165 257	680	240	101 808	50 665	24 868	11 197	4539	10 539	6219	70 588
贵州	20 564	20 749	116	−301	17 480	10 059	1918	3062	1867	574	1020	4104
云南	103 733	103 231	70	432	63 798	37 973	7046	7829	5063	5887	4911	44 846
西藏	—	—	—	—	—	—	—	—	—	—	—	—
陕西	19 371	19 064	171	136	10 018	3957	1277	2888	390	1506	683	10 036
甘肃	13 571	13 424	107	40	5594	1234	1930	1441	450	539	492	8469
青海	416	416	—	—	201	22	16	72	93	−2	1	216
宁夏	413	413	—	—	417	169	82	58	58	50	35	31
新疆	12 247	11 814	433	—	6972	3958	728	1536	204	546	32	5307
大兴安岭	208 848	208 817	8	23	88 453	32 115	17 399	18 411	1660	18 868	5700	126 095
林机公司	124 486	123 631	150	705	96 900	84 937	1748	4550	3513	2152	4517	32 103
雷州林业局	—	—	—	—	—	—	—	—	—	—	—	—

林业系统各地区国有独立核算工业企业增加值

（按生产法、现行价格计算）

单位：万元

地区	工业总产出				工业中间投入						本年应交增值税	工业增加值
	合计	生产成品价值	对外加工费收入	在产品、自制半成品期末期初差额价值	合计	直接材料费	制造费用中的中间投入	管理费用中的中间投入	销售费用中的中间投入	利息支出		
全国合计	**2 333 359**	**2 284 386**	**25 758**	**23 215**	**1 432 211**	**875 593**	**185 146**	**190 181**	**54 621**	**126 670**	**70 370**	**971 518**
北京	—	—	—	—	—	—	—	—	—	—	—	—
天津	—	—	—	—	—	—	—	—	—	—	—	—
河北	7531	7178	42	311	5638	3204	1322	310	200	602	410	2303
山西	401	391	10	—	306	177	31	57	4	37	29	124
内蒙古	196 530	196 514	16	—	70 611	28 400	10 003	18 394	1207	12 607	4451	130 370
内蒙古集团	195 620	195 604	16	—	69 995	27 981	9948	18 355	1190	12 521	4430	130 055
辽宁	—	—	—	—	—	—	—	—	—	—	—	—
吉林	347 412	344 115	2827	470	195 997	100 191	39 305	37 024	6142	13 335	8525	159 940
吉林集团	131 713	129 396	2316	1	66 615	31 014	13 504	15 404	1948	4745	4123	69 221
黑龙江	448 141	445 782	1966	393	239 275	147 125	21 079	39 703	6072	25 296	6658	215 524
龙江集团	443 166	441 083	1796	287	235 551	144 895	20 576	39 087	5960	25 033	6424	214 039
上海	—	—	—	—	—	—	—	—	—	—	—	—
江苏	—	—	—	—	—	—	—	—	—	—	—	—
浙江	17 449	17 004	428	17	14 421	11 462	837	785	387	950	675	3703
安徽	32 347	31 008	118	1221	24 781	16 063	3460	2878	1655	725	1324	8890
福建	188 733	185 871	2758	104	123 784	92 223	9956	12 263	3728	5614	8348	73 297
江西	77 797	74 841	2782	174	59 666	35 832	7210	9090	3169	4365	4564	22 695
山东	129 398	110 638	2059	16 701	109 301	88 324	8216	3071	4271	5419	2383	22 480
河南	28 505	26 219	34	2252	27 997	19 246	3399	3181	651	1520	556	1064
湖北	45 853	37 005	8494	354	27 112	14 097	7837	2106	1225	1847	1396	20 137
湖南	52 675	51 933	558	184	50 574	29 566	5909	5626	3686	5787	2471	4572
广东	43 141	41 419	1719	3	38 971	25 125	4921	3683	686	4556	1956	6126
广西	85 325	84 999	209	117	73 295	57 846	3697	4121	951	6680	5901	17 931
海南	17 075	17 075	—	—	13 623	1322	8558	422	3329	−8	57	3509
重庆	2286	2283	3	—	2089	1255	235	112	24	463	44	241
四川	144 046	143 189	680	177	83 270	39 398	20 098	10 827	4470	8477	4386	65 162
贵州	20 564	20 749	116	−301	17 480	10 059	1918	3062	1867	574	1020	4104
云南	90 720	90 516	70	134	55 826	32 931	5936	7057	4808	5094	4265	39 159
西藏	—	—	—	—	—	—	—	—	—	—	—	—
陕西	18 851	18 544	171	136	9726	3792	1245	2849	387	1453	675	9800
甘肃	13 571	13 424	107	40	5594	1234	1930	1441	450	539	492	8469
青海	416	416	—	—	201	22	16	72	93	−2	1	216
宁夏	413	413	—	—	417	169	82	58	58	50	35	31
新疆	12 247	11 814	433	—	6972	3958	728	1536	204	546	32	5307
大兴安岭	187 446	187 415	8	23	78 384	27 635	15 470	15 903	1384	17 992	5199	114 261
林机公司	124 486	123 631	150	705	96 900	84 937	1748	4550	3513	2152	4517	32 103
雷州林业局	—	—	—	—	—	—	—	—	—	—	—	—

各地区全部木材、竹材、木材加工、林产化学产品产量

单位:万立方米

地 区	木 材	竹 材	人造板	松香(吨)	栲胶(吨)	紫胶(吨)
全国合计	**5966.20**	**69 253.11**	**1056.33**	**416 016**	**14 081**	**255**
北 京	6.67	—	3.45	—	—	—
天 津	—	—	13.55	—	—	—
河 北	50.21	—	76.75	398	—	—
山 西	27.30	—	1.60	—	—	—
内蒙古	488.08	—	18.49	—	4508	—
内蒙古集团	386.63	—	8.19	—	4508	—
辽 宁	163.66	—	24.72	—	—	—
吉 林	525.69	—	45.68	—	—	—
吉林集团	143.99	—	18.38	—	—	—
黑龙江	771.04	—	40.08	—	—	—
龙江集团	610.00	—	31.37	—	—	—
上 海	—	—	83.11	—	—	—
江 苏	61.73	645.43	129.88	—	—	—
浙 江	215.61	10 088.50	56.81	3501	570	—
安 徽	281.52	5620.33	30.29	933	214	—
福 建	468.93	11 760.59	65.24	45 480	265	—
江 西	249.68	3062.41	39.01	14 029	—	—
山 东	169.80	—	53.27	1767	—	—
河 南	170.13	68.00	60.65	3086	272	—
湖 北	127.06	3182.84	44.75	3732	53	30
湖 南	345.86	5804.73	48.26	9482	—	—
广 东	252.65	7348.64	85.94	90 240	—	28
广 西	358.62	14 995.59	38.37	196 674	5192	—
海 南	34.07	272.00	7.65	2062	—	—
重 庆	36.69	569.59	1.28	30	—	—
四 川	311.41	225.46	38.66	1972	—	10
贵 州	64.30	144.17	1.56	2180	—	—
云 南	242.72	4172.00	34.85	39 307	1828	187
西 藏	22.00	—	—	—	—	—
陕 西	105.78	1292.83	3.90	6	671	—
甘 肃	47.31	—	1.87	—	—	—
青 海	6.66	—	0.11	—	—	—
宁 夏	4.16	—	1.04	—	—	—
新 疆	31.18	—	3.92	—	—	—
大兴安岭	310.30	—	1.59	—	—	—
林机公司	—	—	—	—	—	—
雷州林业局	15.38	—	—	1137	508	—

林业系统国有独立核算大中型工业企业主要工业产品生产能力

地　　区	木　材（万立方米）	锯　材（万立方米）	胶合板（万立方米）	木质纤维板（万立方米）	刨花板（万立方米）	松　香（吨）	栲　胶（吨）	紫　胶（吨）
全国合计	**2637.0**	**643.9**	**107.6**	**108.3**	**137.2**	**477 509.0**	**25 820.0**	**4150.0**
北　京	—	—	—	—	—	—	—	—
天　津	—	—	—	—	—	—	—	—
河　北	—	—	—	—	—	—	—	—
山　西	—	—	—	—	—	—	—	—
内蒙古	480.0	64.7	0.9	1.9	6.5	—	8000.0	—
内蒙古集团	480.0	64.7	0.9	1.9	6.5	—	8000.0	—
辽　宁	—	—	—	—	—	—	—	—
吉　林	426.0	123.7	12.6	10.9	20.7	—	—	—
吉林集团	187.0	62.7	8.4	3.4	14.2	—	—	—
黑龙江	686.0	249.2	11.8	12.8	30.9	—	—	—
龙江集团	686.0	249.2	11.8	12.8	30.9	—	—	—
上　海	—	—	—	—	—	—	—	—
江　苏	—	—	—	—	—	—	—	—
浙　江	—	4.5	—	2.3	1.0	—	1500.0	—
安　徽	—	2.8	0.4	0.9	3.0	1500.0	—	—
福　建	67.0	41.6	23.9	20.9	8.8	95 679.0	1000.0	250.0
江　西	53.0	—	2.0	0.6	—	—	—	—
山　东	—	—	4.1	5.0	8.1	—	—	—
河　南	—	1.4	2.2	1.0	3.2	—	—	—
湖　北	9.0	13.1	12.5	4.9	8.0	4640.0	500.0	—
湖　南	—	1.0	9.0	5.0	6.0	—	—	—
广　东	20.0	12.2	7.5	4.2	13.3	62 840.0	1000.0	300.0
广　西	—	4.9	4.0	11.0	10.4	226 500.0	4000.0	—
海　南	24.0	0.2	0.6	—	—	6000.0	—	—
重　庆	—	10.0	—	—	3.0	—	—	—
四　川	46.0	26.2	0.9	12.2	6.2	7500.0	—	100.0
贵　州	—	2.0	0.6	0.1	0.9	13 200.0	—	—
云　南	180.0	44.7	11.8	10.0	5.8	58 650.0	8820.0	3500.0
西　藏	—	—	—	—	—	—	—	—
陕　西	34.0	2.4	0.7	2.3	0.4	—	—	—
甘　肃	34.0	6.3	0.1	0.3	—	—	—	—
青　海	2.0	—	—	—	—	—	—	—
宁　夏	—	—	—	—	—	—	—	—
新　疆	32.0	19.0	—	—	1.0	—	—	—
大兴安岭	544.0	14.0	2.0	2.0	—	—	—	—
林机公司	—	—	—	—	—	—	—	—
雷州林业局	—	—	—	—	—	1000.0	1000.0	—

劳 动 工 资

林业系统各地区企、

地 区	各部门总计	一、国有经济										
		合计	1. 企业	2. 事业	3. 机关	按国民经						
						(一)农林牧渔业	(二)采掘业	(三)制造业	(四)电力、煤气及水的生产和供应业	(五)建筑业	(六)地质勘查业、水利管理业	(七)交通运输、仓储及邮电通信业
全国合计	**52 491**	**51 138**	**4977**	**43 321**	**2840**	**41 989**	**1438**	**899**	**24**	**129**	**119**	**139**
北 京	120	120	4	101	15	95	—	3	—	1	—	—
天 津	244	244	1	230	13	230	—	—	—	—	—	—
河 北	1599	1588	84	1356	148	1337	—	29	—	—	—	—
山 西	2723	2723	112	2483	128	2441	—	7	—	—	21	—
内蒙古	1855	1809	52	1654	103	1612	17	5	1	1	2	2
内蒙古集团	89	48	26	22	—	5	17	3	1	1	—	1
辽 宁	2371	2159	132	1939	88	1825	—	38	—	3	28	—
吉 林	1796	1753	362	1319	72	1562	19	8	—	4	1	1
吉林集团	39	23	20	3	—	—	8	5	—	—	—	—
黑龙江	3025	2744	214	2424	106	2188	40	65	3	59	8	30
龙江集团	403	249	155	71	23	9	40	28	3	56	6	3
上 海	23	23	—	23	—	23	—	—	—	—	—	—
江 苏	655	598	13	563	22	556	—	—	—	—	—	—
浙 江	1817	1762	127	1564	71	1534	2	20	2	1	—	2
安 徽	2245	2222	148	1960	114	1918	5	31	—	3	1	4
福 建	2336	2104	551	1445	108	1385	327	112	1	9	—	12
江 西	2219	2197	530	1514	153	1517	383	70	—	6	—	4
山 东	3266	3264	85	3032	147	2778	—	39	—	2	3	—
河 南	1564	1554	77	1329	148	1250	2	15	—	—	5	1
湖 北	2572	2554	447	2013	94	1971	14	96	—	6	6	4
湖 南	3025	3010	306	2569	135	2461	216	47	1	5	12	12
广 东	2091	2035	385	1502	148	1429	23	79	5	3	—	26
广 西	1001	996	206	675	115	629	2	36	—	2	7	10
海 南	460	460	42	398	20	365	19	5	—	—	—	—
重 庆	918	915	51	825	39	815	5	13	—	2	—	—
四 川	4138	4116	287	3633	196	3603	86	51	4	6	—	7
贵 州	2039	2037	204	1740	93	1716	159	21	—	2	—	3
云 南	2480	2436	240	2050	146	1964	54	50	—	3	3	15
西 藏	155	155	20	95	40	80	20	—	—	—	—	—
陕 西	1783	1775	100	1566	109	1520	8	23	—	3	9	1
甘 肃	1482	1473	27	1348	98	1300	9	3	—	1	1	3
青 海	359	356	1	319	36	313	1	—	—	—	—	—
宁 夏	499	498	8	468	22	464	—	2	—	—	2	—
新 疆	1232	1221	74	1047	100	1038	17	15	—	4	2	1
局直属	399	237	87	137	13	70	10	16	7	3	8	1
大兴安岭	295	133	92	39	2	53	10	4	7	1	2	1
福马集团	12	12	12	—	—	—	—	12	—	—	—	—

事业及机关单位个数

单位:个

单位合计								二、集体经济单位合计	三、其他各种经济单位合计
济行业分									
(八)批发和零售贸易、餐饮业	(九)房地产业	(十)社会服务业	(十一)卫生、体育和社会福利业	(十二)教育、文化艺术和广播电影电视业	(十三)科学研究和综合技术服务业	(十四)国家机关、党政机关和社会团体	(十五)其他		
1859	**17**	**578**	**41**	**173**	**533**	**2832**	**368**	**1127**	**226**
4	—	2	—	—	—	15	—	—	—
1	—	—	—	—	—	13	—	—	—
52	—	5	—	5	12	148	—	11	—
94	—	11	3	5	13	128	—	—	—
22	1	10	2	13	14	102	5	37	9
2	1	1	2	9	1	—	4	32	9
91	—	55	—	6	25	88	—	208	4
33	—	6	3	4	7	74	31	32	11
—	—	—	1	1	1	—	7	6	10
93	4	71	9	40	15	106	13	255	26
25	2	9	7	23	6	23	9	132	22
—	—	—	—	—	—	—	—	—	—
—	—	6	—	—	1	23	12	50	7
86	—	17	—	4	14	71	9	31	24
93	1	19	—	2	9	105	31	16	7
100	2	28	5	10	5	108	—	162	70
29	1	11	1	1	13	150	11	17	5
46	—	23	—	2	13	147	211	—	2
61	—	3	—	5	63	148	1	10	—
276	—	25	1	10	51	94	—	6	12
14	—	41	1	6	56	135	3	15	—
221	4	22	—	5	56	148	14	36	20
137	—	19	—	5	34	115	—	1	4
15	—	23	—	—	10	20	3	—	—
32	—	6	—	—	3	39	—	2	1
108	—	23	2	8	6	204	8	19	3
19	—	9	—	3	12	93	—	2	—
104	1	59	1	4	29	145	4	30	14
—	—	13	—	—	2	40	—	—	—
54	1	20	1	5	20	106	4	5	3
8	1	23	4	5	18	97	—	9	—
—	—	5	—	—	1	35	1	3	—
2	—	3	—	1	2	22	—	1	—
15	—	13	—	3	6	100	7	9	2
49	1	7	8	21	23	13	—	160	2
34	1	1	5	7	6	1	—	160	2
—	—	—	—	—	—	—	—	—	—

林业系统各地区按

地 区	各部门总计	一、国有经济										
		合计	1. 企业	2. 事业	3. 机关	按国民经						
						(一)农林牧渔业	(二)采掘业	(三)制造业	(四)电力、煤气及水的生产和供应业	(五)建筑业	(六)地质勘查业、水利管理业	(七)交通运输、仓储及邮电通信业
全国合计	**2 312 587**	**2 070 832**	**1 169 998**	**811 211**	**89 623**	**784 418**	**857 281**	**134 009**	**10 818**	**31 996**	**7612**	**12 848**
北 京	6371	6371	245	5358	768	4090	—	108	—	296	—	—
天 津	1358	1358	16	1077	265	1077	—	—	—	—	—	—
河 北	26 673	26 531	3424	19 718	3389	18 684	—	2090	—	—	—	—
山 西	26 468	26 468	2951	20 944	2573	19 777	—	792	—	—	421	—
内蒙古	214 223	188 201	119 765	66 116	2320	62 882	107 129	1694	2598	4221	737	166
内蒙古集团	149 135	123 166	118 937	4229	—	3505	107 129	1552	2598	4221	—	129
辽 宁	38 112	37 037	6645	29 245	1147	27 112	—	2875	—	25	440	—
吉 林	258 675	234 268	186 206	45 374	2688	70 714	149 101	3433	—	2424	48	27
吉林集团	80 148	69 956	69 204	752	—	—	66721	1921	—	—	—	—
黑龙江	596 506	472 644	395 571	71 687	5386	59 233	350 956	26 038	3240	12 759	2176	1553
龙江集团	518 004	400 456	389 923	8659	1874	216	350 956	20 952	3240	12 594	1953	269
上 海	1093	1093	—	1093	—	1093	—	—	—	—	—	—
江 苏	29 217	28 282	4957	23 076	249	26 354	—	—	—	—	—	—
浙 江	29 227	26 551	7955	17 127	1469	17 342	95	2536	7	10	—	15
安 徽	30 247	29 116	8289	19 384	1443	18 521	995	1984	—	287	96	458
福 建	81 889	69 562	40 865	23 982	4715	21 787	22 534	13 376	18	1527	—	253
江 西	111 028	110 478	50 565	53 744	6169	59 118	38 270	4678	—	304	—	52
山 东	36 464	35 864	7989	25 619	2256	22 057	—	6625	—	73	76	—
河 南	33 235	32 710	4402	24 637	3671	23 057	357	1693	—	—	159	28
湖 北	56 293	53 680	16 609	34 422	2649	32 136	1501	7295	—	434	197	63
湖 南	83 028	82 719	21 739	54 143	6837	50 682	12 262	7035	—	98	492	731
广 东	59 132	56 584	16 068	34 078	6438	31 845	3019	5643	166	67	—	801
广 西	78 666	78 233	20 120	50 364	7749	48 343	569	10 573	—	307	326	468
海 南	9386	9386	3656	4874	856	3999	2955	249	—	—	—	—
重 庆	13 270	13 167	2754	8749	1664	8392	690	1024	—	103	—	—
四 川	104 282	102 167	65 177	29 371	7619	35 001	33 232	9447	592	2501	—	5707
贵 州	25 345	25 181	6912	15 477	2792	14 373	4816	1425	—	65	—	263
云 南	71 825	69 653	34 502	28 642	6509	24 597	14 634	11 524	—	3055	46	1689
西 藏	3081	3081	1480	401	1200	313	1480	—	—	—	—	—
陕 西	43 273	43 028	16 004	25 208	1816	23 099	9950	3469	—	373	361	20
甘 肃	40 323	40 063	13 636	24 722	1705	23 457	11 801	456	—	135	13	132
青 海	3538	3482	290	3009	183	2869	290	—	—	—	—	—
宁 夏	10 302	10 291	637	9363	291	8747	—	226	—	—	51	—
新 疆	24 655	24 048	9269	13 449	1330	14 659	4291	1365	—	543	293	350
局直属	165 402	129 535	101 300	26 758	1477	9008	86 354	6356	4197	2389	1680	72
大兴安岭	136 867	101 000	97 113	3235	652	4033	86 354	460	4197	1687	329	72
福马集团	5896	5896	5896	—	—	—	—	5896	—	—	—	—

行业分年末职工人数

单位：人

单 位 合 计									
济 行 业 分								二、集体经济单位合计	三、其他各种经济单位合计
(八)批发和零售贸易、餐饮业	(九)房地产业	(十)社会服务业	(十一)卫生、体育和社会福利业	(十二)教育、文化艺术和广播电影电视业	(十三)科学研究和综合技术服务业	(十四)国家机关、党政机关和社会团体	(十五)其他		
59 926	**669**	**16 842**	**7201**	**22 351**	**25 243**	**89 885**	**9733**	**208 550**	**33 205**
927	—	182	—	—	—	768	—	—	—
16	—	—	—	—	—	265	—	—	—
1340	—	431	—	307	290	3389	—	142	—
1896	—	263	90	376	280	2573	—	—	—
891	210	766	963	1256	1577	2309	802	24 601	1421
314	210	146	963	823	785	—	791	24 548	1421
3745	—	650	—	265	778	1147	—	798	277
900	—	646	441	941	1027	2783	1783	17 136	7271
—	—	—	152	150	450	—	562	3120	7072
1866	135	1383	3040	3116	1412	5386	351	116 438	7424
910	84	424	2981	2562	1160	1874	281	110 393	7155
—	—	—	—	—	—	—	—	—	—
—	—	145	—	—	1	689	1093	891	44
3736	—	477	—	190	370	1469	304	890	1786
4052	29	302	—	260	152	1410	570	430	701
2922	9	791	607	604	419	4715	—	5480	6847
506	13	300	17	15	665	6123	417	295	255
1029	—	408	—	358	279	2256	2703	—	600
1877	—	34	—	421	1368	3671	45	525	—
6529	—	610	51	721	1494	2649	—	603	2010
369	—	1760	26	583	1710	6850	121	309	—
5684	140	415	—	270	1815	6438	281	1071	1477
7454	—	749	—	444	1251	7749	—	55	378
395	—	513	—	—	362	856	57	—	—
941	—	208	—	—	145	1664	—	79	24
5594	—	369	322	640	563	7543	656	1122	993
343	—	318	—	184	602	2792	—	164	—
2723	18	1980	274	397	1913	6480	323	1228	944
—	—	42	—	—	46	1200	—	—	—
1742	42	634	241	464	756	1754	123	135	110
242	6	734	252	295	863	1677	—	260	—
—	—	127	—	—	13	182	1	56	—
31	—	782	—	103	60	291	—	11	—
311	—	110	—	318	375	1330	103	284	323
1865	67	713	877	9823	4657	1477	—	35 547	320
1060	67	99	785	835	309	713	—	35 547	320
—	—	—	—	—	—	—	—	—	—

林业系统各地区按

地区	各部门总计	一、国有经济										
						按国民经						
		合计	1. 企业	2. 事业	3. 机关	(一)农林牧渔业	(二)采掘业	(三)制造业	(四)电力、煤气及水的生产和供应业	(五)建筑业	(六)地质勘查业、水利管理业	(七)交通运输、仓储及邮电通信业
全国合计	**1 032 396.9**	**980 490.8**	**491 412.6**	**425 244.8**	**63 833.4**	**386 199.5**	**341 355.4**	**71 081.6**	**6139.9**	**14 643.5**	**6220.0**	**5223.2**
北京	6902.0	6902.0	190.7	5702.7	1008.6	4386.5	—	54.3	—	483.0	—	—
天津	963.7	963.7	18.1	755.8	189.8	755.8	—	—	—	—	—	—
河北	12 555.3	12 450.1	1340.2	9158.8	1951.1	8510.2	—	935.4	—	—	—	—
山西	11 739.4	11 739.4	1008.3	9420.4	1310.7	8671.0	—	205.5	—	—	279.1	—
内蒙古	96 075.3	89 049.2	57 379.6	30 202.7	1466.9	27 315.1	50 867.4	819.9	1681.4	2535.6	530.2	87.9
内蒙古集团	66 741.7	59 738.3	57 099.7	2638.6	—	1357.3	50 867.4	767.9	1681.4	2535.6	—	72.0
辽宁	16 083.0	15 759.7	1279.9	13 511.7	968.1	11 852.8	—	754.0	—	12.5	366.2	—
吉林	119 093.0	108 008.0	87 229.0	17 815.0	2964.0	25 969.0	71 067.0	1772.0	—	1309.0	32.0	21.0
吉林集团	40 417.9	33 523.3	32 839.2	684.1	—	—	31 215.4	1019.4	—	—	—	—
黑龙江	162 484.2	151 096.5	116 238.3	31 067.7	3790.5	22 859.7	101 099.1	8583.9	1183.5	4510.6	1509.9	472.2
龙江集团	133 321.2	122 920.5	114 785.3	6638.7	1496.5	149.7	101 099.1	7431.9	1183.5	4475.6	1328.9	111.2
上海	1534.1	1534.1	—	1534.1	—	1534.1	—	—	—	—	—	—
江苏	15 568.8	15 205.2	2095.2	12 836.9	273.1	14 245.1	—	—	—	—	—	—
浙江	21 735.2	19 728.3	4873.5	13 351.0	1503.8	12 970.5	43.6	1781.2	5.4	2.3	—	7.6
安徽	20 675.5	20 054.3	4387.4	14 466.5	1200.4	13 806.5	440.8	1332.6	—	107.2	80.6	273.7
福建	49 234.3	42 600.2	21 835.8	16 715.7	4048.7	15 118.1	11 735.9	7320.2	10.0	751.6	—	115.1
江西	41 397.6	41 192.0	17 516.6	20 148.3	3527.1	20 606.1	14 386.8	1710.0	—	190.7	—	21.9
山东	23 594.7	23 245.4	4432.9	17 018.3	1794.2	14 408.7	—	3763.0	—	44.4	62.4	—
河南	14 571.5	14 432.1	1536.2	10 764.3	2131.6	9632.2	211.8	674.5	—	—	139.1	2.8
湖北	25 608.9	24 474.9	7200.0	15 499.0	1775.9	14 070.1	518.5	3352.0	—	185.0	174.0	20.0
湖南	42 371.4	42 264.4	12 255.7	25 299.1	4709.6	23 223.6	6056.9	4552.3	—	71.8	392.9	347.8
广东	43 842.3	42 028.3	12 475.9	24 121.5	5430.9	22 171.0	1900.8	5672.1	92.3	83.0	—	752.3
广西	37 227.0	36 999.0	8912.0	24 107.0	3980.0	22 810.0	230.0	4988.0	—	189.0	151.0	87.0
海南	4228.8	4228.8	1323.5	2098.4	806.9	1723.5	955.0	192.8	—	—	—	—
重庆	6430.4	6409.0	1363.5	4012.4	1033.1	3809.5	258.6	578.9	—	49.0	—	—
四川	55 359.1	54 351.8	34 703.9	14 604.7	5043.2	17 223.7	20 309.0	4656.8	436.7	1342.7	—	1689.3
贵州	11 558.0	11 558.0	2644.0	7480.0	1434.0	6871.0	1721.0	665.0	—	16.0	—	136.0
云南	43 595.0	42 421.3	17 964.4	19 169.9	5287.0	15 750.4	7202.5	6690.7	—	1173.4	41.0	862.0
西藏	2554.4	2554.4	1080.0	351.4	1123.0	270.4	1080.0	—	—	—	—	—
陕西	21 373.3	21 277.8	7788.6	12 425.8	1063.4	10 782.6	5452.3	1535.4	—	143.4	407.0	10.9
甘肃	22 752.4	22 659.5	5318.1	16 117.9	1223.5	14 769.6	4570.2	266.8	—	63.2	7.4	106.7
青海	2639.8	2608.9	198.0	2259.1	151.8	2140.4	198.0	—	—	—	—	—
宁夏	4162.7	4158.1	191.4	3788.8	177.9	3400.3	—	77.9	—	—	27.4	—
新疆	13 314.0	12 958.2	4501.6	7361.6	1095.0	7860.9	2309.8	372.2	—	134.3	223.0	163.8
局直属	81 171.8	75 578.2	52 130.3	22 078.3	1369.6	6681.1	38 740.4	7774.2	2730.6	1245.8	1796.8	45.2
大兴安岭	52 623.6	47 030.0	44 142.0	2356.1	531.9	1606.5	38 740.4	211.7	2733.6	694.3	282.4	45.2
福马集团	7562.5	7562.5	7562.5	—	—	—	—	7562.5	—	—	—	—

行业分职工年工资总额

单位:万元

单位合计									
济行业分								二、集体经济单位合计	三、其他各种经济单位合计
(八)批发和零售贸易、餐饮业	(九)房地产业	(十)社会服务业	(十一)卫生、体育和社会福利业	(十二)教育、文化艺术和广播电影电视业	(十三)科学研究和综合技术服务业	(十四)国家机关、党政机关和社会团体	(十五)其他		
27 699.0	**384.9**	**10 299.1**	**5212.5**	**18 137.5**	**18 099.4**	**63 935.4**	**5859.9**	**33 306.8**	**18 599.3**
771.5	—	198.1	—	—	—	1008.6	—	—	—
18.1	—	—	—	—	—	189.8	—	—	—
406.5	—	239.0	—	185.7	222.2	1951.1	—	105.2	—
666.4	—	136.4	60.3	238.4	171.6	1310.7	—	—	—
395.9	87.3	356.9	630.2	821.5	968.3	1451.5	500.1	6621.0	405.1
199.2	87.3	70.3	630.2	558.2	418.3	—	493.2	6598.3	405.1
513.4	—	379.4	—	268.8	644.5	968.1	—	277.1	46.2
550.0	—	497.0	328.0	795.0	1053.0	3201.0	1414.0	5276.0	5809.0
—	—	—	108.8	125.3	450.0	—	604.4	1093.7	5800.9
815.1	78.3	694.1	2071.5	2060.3	1117.6	3789.5	251.2	9833.2	1554.5
478.1	53.3	288.1	2046.5	1646.3	905.6	1496.5	226.2	8943.2	1457.5
—	—	—	—	—	—	—	—	—	—
—	—	97.0	—	—	0.9	436.6	425.6	336.7	26.9
2257.4	—	388.0	—	212.6	404.0	1503.8	151.9	588.4	1418.5
1987.2	10.4	199.0	—	218.3	111.0	1182.9	304.1	117.9	503.3
1665.5	11.1	536.9	463.7	440.7	382.7	4048.7	—	2029.0	4605.1
191.9	6.2	125.3	7.7	9.5	353.7	3501.6	80.6	117.2	88.4
546.8	—	279.4	—	282.5	237.0	1794.2	1827.0	—	349.3
573.6	—	13.4	—	316.1	723.0	2131.6	14.0	139.4	—
2834.0	—	261.0	30.0	597.0	657.4	1775.9	—	120.0	1014.0
239.3	—	1155.5	11.3	505.9	939.3	4709.6	58.2	107.0	—
3519.1	113.3	291.3	—	405.5	1449.7	5430.9	147.0	833.8	980.2
3045.0	—	373.0	—	351.0	795.0	3980.0	—	18.0	210.0
154.7	—	244.9	—	—	130.0	806.9	21.0	—	—
486.4	—	109.5	—	—	84.0	1033.1	—	14.7	6.7
2149.9	—	176.4	228.0	457.4	364.5	4877.3	440.1	411.1	596.2
106.0	—	157.0	—	117.0	335.0	1434.0	—	—	—
1480.4	12.0	1384.1	240.1	332.7	1819.2	5261.7	171.1	657.9	515.8
—	—	28.0	—	—	53.0	1123.0	—	—	—
538.8	12.0	330.9	187.7	347.4	476.3	1033.1	20.0	42.4	53.1
82.1	7.0	430.8	232.6	274.0	642.2	1206.9	—	92.9	—
—	—	107.2	—	—	11.5	150.8	1.0	30.9	—
12.9	—	390.2	—	48.8	22.7	177.9	—	4.6	—
144.3	—	78.7	—	267.3	275.9	1095.0	33.0	113.3	242.5
1546.8	47.3	640.7	721.4	8584.1	3654.2	1369.6	—	5419.1	174.5
492.6	47.3	67.2	622.8	687.7	230.7	567.6	—	5419.1	174.5
—	—	—	—	—	—	—	—	—	—

林业系统各地区按

地区	各部门总计	一、国有经济										
		合计	1. 企业	2. 事业	3. 机关	按国民经						
						(一)农林牧渔业	(二)采掘业	(三)制造业	(四)电力、煤气及水的生产和供应业	(五)建筑业	(六)地质勘查业、水利管理业	(七)交通运输、仓储及邮电通信业
全国合计	**4381**	**4579**	**4003**	**5160**	**7146**	**4829**	**3885**	**4640**	**5537**	**4292**	**8088**	**3694**
北京	9880	9880	7538	9563	13 099	10 170	—	4848	—	7124	—	—
天津	6791	6791	8227	6677	7162	6677	—	—	—	—	—	—
河北	4672	4670	3884	4622	5755	4531	—	4392	—	—	—	—
山西	4356	4356	3337	4423	4991	4313	—	2546	—	—	6629	—
内蒙古	4376	4623	4597	4615	6274	4314	4586	4632	6455	5890	7194	5081
内蒙古集团	4303	4659	4605	6250	—	2938	4586	4711	6455	5890	—	5294
辽宁	4161	4199	1905	4562	8135	4331	—	2618	—	4167	8013	—
吉林	3924	4015	3848	4477	11 610	3823	3960	2018	—	3912	6667	7778
吉林集团	3831	3875	3831	8715	—	—	3907	1975	—	—	—	—
黑龙江	3238	3564	3313	4586	7124	4162	3295	3176	3482	3855	6888	3577
龙江集团	3098	3441	3317	7084	8328	6963	3295	3270	3482	3863	6759	4134
上海	11 117	11 117	—	11 117	—	11 117	—	—	—	—	—	—
江苏	5351	5401	4157	5620	10 228	5431	—	—	—	—	—	—
浙江	6986	6963	5469	7439	10 188	7142	4589	6036	7714	1917	—	5067
安徽	4911	5005	3882	5334	7288	5285	4081	5015	—	2019	8396	4443
福建	5925	6032	5256	6872	8520	6831	5064	5467	5263	5027	—	4125
江西	3544	3549	3216	3640	5633	3393	3474	3667	—	1938	—	4132
山东	6303	6311	5311	6491	7907	6367	—	5486	—	6082	8211	—
河南	4434	4461	3573	4413	5821	4216	5933	3986	—	—	8860	1000
湖北	4538	4521	3605	4872	7538	4681	3492	4289	—	4960	9943	3509
湖南	3983	3991	3181	4177	6922	4104	2548	4145	—	1777	7750	2139
广东	6389	6379	5441	6617	8349	6496	5249	6933	5663	10 247	—	3339
广西	4811	4812	4451	4847	5580	4776	3418	4718	—	6117	4576	1986
海南	3411	3411	2038	4158	9426	4135	1876	4646	—	—	—	—
重庆	3707	3824	2475	4190	6183	4102	2494	2077	—	4298	—	—
四川	5206	5214	5219	4881	6432	4874	5993	4321	7303	5044	—	3804
贵州	3912	3934	2782	4365	5234	4377	2645	2699	—	2462	—	4134
云南	5949	5972	5034	6672	7990	6389	4685	5779	—	3616	8200	4797
西藏	7220	7220	6000	6532	9358	6595	6000	—	—	—	—	—
陕西	4899	4905	4783	4916	5849	4656	5311	4426	—	4062	11 212	5450
甘肃	5469	5480	3734	6348	7151	6139	3681	5368	—	4681	5692	8083
青海	7485	7508	6851	7523	8295	7476	6851	—	—	—	—	—
宁夏	4015	4015	2991	4016	6309	3850	—	3387	—	—	5373	—
新疆	5301	5281	4940	5218	8302	5081	5717	2994	—	2469	7663	3545
局直属	4481	5438	4721	8159	9100	7291	4075	12 010	6393	4659	10 410	6278
大兴安岭	3458	4274	4158	7285	8158	4026	4075	4602	6400	3512	8584	6278
福马集团	12 577	12 577	12 577	—	—	—	—	12 577	—	—	—	—

行业分职工年平均工资

单位:元

单位合计 济行业分 (八)批发和零售贸易、餐饮业	(九)房地产业	(十)社会服务业	(十一)卫生、体育和社会福利业	(十二)教育、文化艺术和广播电影电视业	(十三)科学研究和综合技术服务业	(十四)国家机关、党政机关和社会团体	(十五)其他	二、集体经济单位合计	三、其他各种经济单位合计
4028	**5669**	**6064**	**7140**	**8128**	**7070**	**7120**	**5239**	**1855**	**5239**
8323	—	10 651	—	—	—	13 099	—	—	—
8227	—	—	—	—	—	7162	—	—	—
3066	—	5532	—	6049	7636	5755	—	4870	—
3430	—	5015	6554	6005	6064	4991	—	—	—
4473	4823	4576	6571	6474	6071	6238	6251	2603	2730
6344	4823	4535	6571	6693	5315	—	6251	2600	2730
1341	—	5740	—	9498	7756	8135	—	3319	1599
5150	—	7693	7455	8307	9705	11 103	5956	2156	5802
—	—	—	6078	8353	9868	—	9048	1191	5911
4521	6315	5323	6798	6625	7367	7122	7157	1375	2427
5372	6422	6731	6828	6428	7286	8328	8050	1334	2387
—	—	—	—	—	—	—	—	—	—
—	—	6736	—	—	9000	6430	3873	3733	6114
5295	—	8220	—	11 249	10 802	10 188	4747	5937	7947
3526	1387	4772	—	8364	6453	7329	3854	1547	3976
5661	12 333	6831	6880	8222	8879	8520	—	3715	6566
3384	4769	4003	4529	5938	5303	5633	1866	2930	2745
4686	—	6933	—	7804	8375	7907	6732	—	5802
3212	—	3941	—	7654	5420	5821	3111	2760	—
3063	—	4763	6667	9171	4984	7538	—	2230	5778
4084	—	6047	3229	8692	5213	6841	2925	2286	—
4606	8093	6822	—	15 418	7598	8349	2561	6597	6663
4162	—	5224	—	7888	6625	5580	—	3273	4861
1683	—	4774	—	—	3552	9426	3043	—	—
3213	—	5368	—	—	5793	6183	—	260	2792
3577	—	4432	7081	6973	6395	6336	4939	3654	6198
2366	—	5097	—	6257	5284	5234	—	—	—
5276	6667	7105	8637	8359	9202	7987	5314	4845	5770
—	—	3590	—	—	10 600	9358	—	—	—
3111	2857	5122	8056	7503	6309	5883	1626	3141	4827
3365	7000	5752	9016	9164	7520	7171	—	3615	—
—	—	8441	—	—	8846	8286	10 000	5942	—
4300	—	5101	—	4604	3783	6309	—	4182	—
4716	—	7155	—	8822	7518	8302	4024	4243	7772
8612	7060	9299	8016	8704	7745	9100	—	1295	5453
4647	7060	6788	7934	8246	7394	7961	—	1295	5453
—	—	—	—	—	—	—	—	—	—

林业系统国有单位劳动工资 1998 年主要指标与 1997 年比较

主　要　指　标	计算单位	1998 年	1997 年	1998 年比 1997 年增减(%)
一、企事业机关单位个数	个	51 138	50 985	0.30
其中:1. 林业	个	41 733	41581	0.37
2. 工业	个	2361	2612	−9.61
二、年末职工人数	人	2 070 832	2 235 372	−7.36
其中:1. 林业	人	776 093	799 198	−2.89
其中:国有林场	人	468 220	496 357	−5.67
2. 工业	人	1 002 108	1 114 433	−10.08
其中:木材及竹材采运业	人	844 718	919 415	−8.12
木材加工及竹藤棕草制品业	人	83 328	106 980	−22.11
林产化学产品制造业	人	17 213	19 166	−10.19
三、职工年工资总额	万元	980 490.8	973 105.0	0.76
其中:1. 林业	万元	384 482.5	364 619.6	5.45
其中:国有林场	万元	218 394.3	217 514.0	0.40
2. 工业	万元	418 576.9	435 565.7	−3.90
其中:木材及竹材采运业	万元	335 355.0	344 111.0	−2.54
木材加工及竹藤棕草制品业	万元	42 996.4	47 633.0	−9.73
林产化学产品制造业	万元	8802.7	9361.6	−5.97
四、职工年平均工资	元	4579	4442	3.08
其中:1. 林业	元	4864	4652	4.56
其中:国有林场	元	4559	4474	1.90
2. 工业	元	4014	4005	0.22
其中:木材及竹材采运业	元	3889	3841	1.25
木材加工及竹藤棕草制品业	元	4395	4579	−4.02
林产化学产品制造业	元	4532	4768	−4.95

林业系统按行业分职工伤亡事故情况

国民经济行业	轻伤（人次）	重伤（人次）	死亡（人）
总计	2326	223	166
一、农林牧渔业	317	70	91
其中：国有林场	260	42	45
二、采掘业	1578	107	58
其中：木竹采运业	1512	97	47
三、制造业	403	40	12
1.木材加工及竹、藤、棕、草制品业	308	35	6
2.林产化学产品制造业	22	—	3
3.机械制造及修理业	27	—	—
4.建筑材料制造加工业	13	1	—
5.其他制造业	33	4	3
四、电力、煤气及水的生产和供应业	9	2	1
五、建筑业	13	3	4
六、地质勘查业、水利管理业	6	1	—

固定资产投资

建国以来林业系统固定资产投资完成额

单位：万元

年份	固定资产投资完成总额	营林固定资产投资合计			森工固定资产			
		合计	基本建设	更新改造	合计	基本建设	更新改造	其他
1950年	1009.7	—	—	—	1009.7	1009.7	—	—
1951年	1665.6	—	—	—	1665.6	1665.6	—	—
1952年	5523.9	—	—	—	5523.9	5523.9	—	—
三年恢复时期	8199.2	—	—	—	8199.2	8199.2	—	—
1953年	13 873.6	512.3	512.3	—	13 361.3	13 361.3	—	—
1954年	12 414.9	423.0	423.0	—	11 991.9	11 991.9	—	—
1955年	11 482.8	725.2	725.2	—	10 757.6	10 757.6	—	—
1956年	17 732.9	7507.1	7507.1	—	10 225.8	10 225.8	—	—
1957年	21 393.2	3332.0	3332.0	—	18 061.2	18 061.2	—	—
"一五"时期	76 897.4	12 499.6	12 499.6	—	64 397.8	64 397.8	—	—
1958年	32 666.0	3787.0	3787.0	—	28 879.0	28 879.0	—	—
1959年	61 239.8	9290.4	9290.4	—	51 949.4	51 949.4	—	—
1960年	84 021.0	15 516.0	15 516.0	—	68 505.0	68 505.0	—	—
1961年	34 396.3	7051.3	7051.3	—	27 345.0	27 345.0	—	—
1962年	39 329.2	12 064.7	12 064.7	—	27 264.5	27 264.5	—	—
"二五"时期	251 652.3	47 709.4	47 709.4	—	203 942.9	203 942.9	—	—
1963年	63 494.6	18 141.2	18 141.2	—	45 353.4	45 353.4	—	—
1964年	81 208.6	23 769.5	23 769.5	—	57 439.1	57 439.1	—	—
1965年	80 974.1	19 365.8	19 365.8	—	61 608.3	61 608.3	—	—

（续）

年　份	固定资产投资完成总额	营林固定资产投资合计			森工固定资产			
		合　计	基本建设	更新改造	合　计	基本建设	更新改造	其　他
三年调整时期	225 677.3	61 276.5	61 276.5	—	164 400.8	164 400.8	—	—
1966 年	79 469.0	18 654.3	18 654.3	—	60 814.7	60 814.7	—	—
1967 年	60 233.4	17 788.8	17 788.8	—	42 444.6	42 444.6	—	—
1968 年	47 492.1	15 174.8	15 174.8	—	32 317.3	32 317.3	—	—
1969 年	56 251.6	16 373.4	16 373.4	—	39 878.2	39 878.2	—	—
1970 年	62 234.5	15 587.9	15 587.9	—	46 646.6	46 646.6	—	—
"三五"时期	305 680.6	83 579.2	83 579.2	—	222 101.4	222 101.4	—	—
1971 年	76 122.5	20 033.7	20 033.7	—	56 088.8	56 088.8	—	—
1972 年	89 978.2	25 347.8	25 347.8	—	64 630.4	64 630.4	—	—
1973 年	93 597.3	27 733.1	27 733.1	—	65 864.2	65 864.2	—	—
1974 年	99 316.7	29 138.7	29 138.7	—	70 178.0	70 178.0	—	—
1975 年	98 806.3	30 737.5	30 737.5	—	68 068.8	68 068.8	—	—
"四五"时期	457 821.0	132 990.8	132 990.8	—	324 830.2	324 830.2	—	—
1976 年	68 668.9	30 723.0	30 723.0	—	37 945.9	37 945.9	—	—
1977 年	58 757.4	24 983.8	24 983.8	—	33 773.6	33 773.6	—	—
1978 年	105 729.9	31 248.8	31 248.8	—	74481.1	53 926.2	20 554.9	—
1979 年	138 976.5	57 403.8	57 403.8	—	81 572.7	59 249.1	22 323.6	—
1980 年	144 953.8	57 302.7	57 302.7	—	87 651.1	81 270.6	6380.5	—
"五五"时期	517 086.5	201 662.1	201 662.1	—	315 424.4	266 165.4	49 259.0	—
1981 年	140 752.3	51 230.9	51 230.9	—	89 521.4	81 958.9	7562.5	—
1982 年	168 724.5	54 403.4	54 403.4	—	114 321.1	64 442.4	10 166.1	39 712.6
1983 年	164 399.3	46 577.8	46 577.8	—	117 821.5	73 066.4	15 413.7	29 341.4
1984 年	180 111.4	53 300.4	53 300.4	—	126 811.0	78 863.0	14 059.0	33 889.0
1985 年	183 303.0	61 898.0	61 898.0	—	121 405.0	76 700.0	12 771.0	31 934.0
"六五"时期	837 290.5	267 410.5	267 410.5	—	569 880.0	375 030.7	59 972.3	134 877.0
1986 年	231 994.0	60 296.0	59 191.0	1105	171 698.0	78 862.0	16 095.0	76 741.0
1987 年	295 048.0	69 691.0	68 157.0	1534	225 357.0	87 292.0	26 561.0	111 504.0
1988 年	261 413.0	83 782.0	81 559.0	2223	167 447.0	79 603.0	37 930.0	49 914.0
1989 年	237 553.0	93 261.0	92 160.0	1101	144 292.0	75 567.0	33 100.0	35 625.0
1990 年	246 131.0	100 957.0	100 024.0	933	145 174.0	84 966.0	28 508.0	31 700.0
"七五"时期	1 272 139.0	407 987.0	401 091.0	6896	853 968.0	406 290.0	142 194.0	305 484.0
1991 年	272 236.0	109 462.0	107 639.0	1823	162 774.0	104 359.0	27 322.0	31 093.0
1992 年	329 800.0	140 826.0	137 411.0	3415	188 974.0	120 749.0	34 706.0	33 519.0
1993 年	409 238.0	162 777.0	158 849.0	3928	246 461.0	145 700.0	54 853.0	45 908.0
1994 年	476 997.0	194 633.0	189 541.0	5092	282 364.0	173 920.0	56 376.0	52 068.0
1995 年	563 972.0	212 546.0	208 531.0	4015	351 426.0	206 932.0	112 608.0	31 886.0
"八五"时期	2 052 243.0	820 244.0	801 971.0	18 273	1 231 999.0	751 660.0	285 865.0	194 474.0
1996 年	638 626.0	295 283.0	278 722.0	16 561	343 343	203 809	96 678.0	42 856.0
1997 年	741 802.0	392 904.0	384 653.0	8251	348 898.0	215 739.0	80 701.0	52 458.0
1998 年	874 648.0	610 303.0	606 051.0	4252	264 345.0	164 192.0	61 143.0	39 010.0
1999 年								
2000 年								
"九五"时期	2 255 076.0	1 298 490.0	1 269 426.0	29 064.0	956 586.0	583 740.0	238 522.0	134 324.0
1950～1998 年合计	8 259 762.8	3 333 849.1	3 279 616.1	54 233.0	4 915 729.7	3 370 758.4	775 812.3	769 159.0

建国以来林业系统基本建设投资完成额

单位:万元

年份	林业系统基本建设投资完成额					
	合计	其中:国投	营林		森工	
			合计	其中:国投	合计	其中:国投
1950年	1009.7	1009.7			1009.7	1009.7
1951年	1665.6	1665.6			1665.6	1665.6
1952年	5523.9	5523.9			5523.9	5523.9
三年恢复时期	8199.2	8199.2			8199.2	8199.2
1953年	13 873.6	13 873.6	512.3	512.3	13 361.3	13 361.3
1954年	12 414.9	12 414.9	423.0	423.0	11 991.9	11 991.9
1955年	11 482.8	11 482.8	725.2	725.2	10 757.6	10 757.6
1956年	17 732.9	17 732.9	7507.1	7507.1	10 225.8	10 225.8
1957年	21 393.2	21 393.2	3332.0	3332.0	18 061.2	18 061.2
"一五"时期	76 897.4	76 897.4	12 499.6	12 499.6	64 397.8	64 397.8
1958年	32 666.0	32 666.0	3787.0	3787.0	28 879.0	28 879.0
1959年	61 239.8	51 647.5	9290.4	7765.1	51 949.4	43 882.4
1960年	84 021.0	74 052.2	15 516.0	13 795.7	68 505.0	60 256.5
1961年	34 396.3	31 284.1	7051.3	6460.1	27 345.0	24 824.0
1962年	39 329.2	29 084.8	12 064.7	6989.6	27 264.5	22 095.2
"二五"时期	251 652.3	218 734.6	47 709.4	38 797.5	203 942.9	179 937.1
1963年	63 497.6	52 505.6	18 144.2	13 892.2	45 353.4	38 613.4
1964年	81 208.6	68 758.8	23 769.5	19 278.3	57 439.1	49 480.5
1965年	80 974.1	69 974.4	19 365.8	16 567.7	61 608.3	53 406.7
三年调整时期	225 680.3	191 238.8	61 279.5	49 738.2	164 400.8	141 500.6
1966年	79 469.0	62 657.3	18 654.3	13 557.5	60 814.7	49 099.8
1967年	60 233.4	44 232.2	17 788.8	13 880.7	42 444.6	30 351.5
1968年	47 492.1	34 054.3	15 174.8	11 742.2	32 317.3	22 312.1
1969年	56 251.6	39 680.4	16 373.4	11 179.3	39 878.2	28 501.1
1970年	62 234.5	42 977.1	15 587.9	9713.1	46 646.6	33 264.0
"三五"时期	305 680.6	223 601.3	83 579.2	60 072.8	222 101.4	163 528.5
1971年	76 122.5	50 339.0	20 033.7	9972.5	56 088.8	40 366.5
1972年	89 978.2	58 054.9	25 347.8	12 982.7	64 630.4	45 072.2
1973年	93 597.3	64 052.2	27 733.1	16 088.8	65 864.2	47 963.4
1974年	99 316.7	63 436.2	29 138.7	16 325.3	70 178.0	47 110.9
1975年	98 806.3	55 519.3	30 737.5	15 491.3	68 068.8	40 028.0

（续）

年份	林业系统基本建设投资完成额					
	合计	其中:国投	营林		森工	
			合计	其中:国投	合计	其中:国投
“四五”时期	457 821.0	291 401.6	132 990.8	70 860.6	324 830.2	220 541.0
1976 年	68 668.9	49 658.7	30 723.0	15 086.7	37 945.9	34 572.0
1977 年	58 757.4	46 008.4	24 983.8	15 142.6	33 773.6	30 865.8
1978 年	85 175.0	65 368.8	31 248.8	15 691.9	53 926.2	49 676.9
1979 年	116 652.9	90 757.6	57 403.8	34 415.5	59 249.1	56 342.1
1980 年	138 573.3	68 480.7	57 302.7	28 797.2	81 270.6	39 683.5
“五五”时期	467 827.5	320 274.2	201 662.1	109 133.9	266 165.4	211 140.3
1981 年	133 189.8	61 024.5	51 230.9	21 747.3	81 958.9	39 277.2
1982 年	118 845.8	68 432.1	54 403.4	22 528.5	64 442.4	45 903.6
1983 年	119 644.2	73 556.6	46 577.8	26 435.2	73 066.4	47 121.4
1984 年	132 163.4	81 782.4	53 300.4	30 891.4	78 863.0	50 891.0
1985 年	138 598.0	78 732.0	61 898.0	31 375	76 700.0	47 357.0
“六五”时期	642 441.2	363 527.6	267 410.5	132 977.4	375 030.7	230 550.2
1986 年	138 053.0	81 753.0	59 191.0	29 510.0	78 862.0	52 243.0
1987 年	155 449.0	97 348.0	68 157.0	32 720.0	87 292.0	64 628.0
1988 年	161 162.0	91 504.0	81 559.0	36 758.0	79 603.0	54 746.0
1989 年	167 727.0	90 604.0	92 160.0	36 305.0	75 567.0	54 299.0
1990 年	184 990.0	107 246.0	100 024.0	46 327.0	84 966.0	60 919.0
“七五”时期	807 381.0	468 455.0	401 091.0	181 620.0	406 290.0	286 835.0
1991 年	211 998.0	134 816.0	107 639.0	53 691.0	104 359.0	81 125.0
1992 年	258 160.0	138 679.0	137 411.0	55 936.0	120 749.0	82 743.0
1993 年	304 549.0	142 025.0	158 849.0	54 300.0	145 700.0	87 725.0
1994 年	363 461.0	141 198.0	189 541.0	59 283.0	173 920.0	81 915.0
1995 年	415 463.0	179 222.0	208 531.0	73 435.0	206 932.0	105 787.0
“八五”时期	1 553 631.0	735 940.0	801 971.0	296 645.0	751 660.0	439 295.0
1996 年	482 531.0	176 439.0	278 722.0	90 844.0	203 809.0	85 595.0
1997 年	600 392.0	187 715.0	384 653.0	121 998.0	215 739.0	65 717.0
1998 年	770 243.0	369 898.0	606 051.0	305 910.0	164 192.0	63 988.0
1999 年						
2000 年						
“九五”时期	1 853 166.0	734 052.0	1 269 426.0	518 752.0	583 740.0	215 300.0
1950～1998 年合计	6 650 377.5	3 632 321.7	3 279 619.1	1 471 097.0	3 370 758.4	2 161 224.7

林业系统营林固定资产投资1998年主要指标与1997年比较

指标名称	1998年	1997年	1998年与1997年比较(%)
营林固定资产投资完成额(万元)	610 303	392 904	55.33
一、基本建设投资完成额	606 051	384 653	57.56
其中:国家投资	305 910	121 998	150.75
(一)按构成分:建筑工程	90 489	80 085	12.99
安装工程	3658	5224	−29.98
设备工器具购置	35 908	27 063	32.68
其他费用	475 996	272 281	74.82
其中:造林费	247 391	183 681	34.69
(二)按用途分:农林牧渔业用	505 722	305 564	65.50
工业、建筑业	14 140	8275	70.88
商业、运输、邮电业	1583	2286	−30.75
住宅	32 411	24 810	30.64
其他	52 195	43 718	35.40
(三)本年新增固定资产	161 572	138 875	16.34
(四)完成的主要实物工程量(千公顷)			
造林面积	3718.9	2471.9	50.45
中、幼龄林抚育面积	2420.9	1591.4	52.12
母树林木面积	56.5	174.8	−67.68
种子园面积	253.9	52.0	388.27
公路(公里)	1852.0	809.4	128.81
林道(公里)	8196.0	4053.5	102.20
防火线(公里)	28 987.0	18 181.8	59.43
(五)房屋建筑面积(万平方米)			
施工面积	116.33	120.25	−3.26
竣工面积	70.48	81.91	−13.95
其中:住宅	37.39	40.37	−7.38
二、更新改造投资完成额	4252	8251	−48.47
其中:国家投资	1421	1782	−20.26
(一)按构成分:建筑工程	432	1128	−61.70
安装工程	437	420	4.05
设备工器具购置	1375	3611	−61.92
其他费用	2008	3092	−35.06
(二)按用途分:农林牧渔业用	2093	3365	−37.80
工业、建筑业	1626	4174	−61.04
商业、运输、邮电业	—	7	−100.00
住宅	86	303	−71.62
其他	447	402	11.19
(三)按建设性质分:新建	1142	1895	−39.74
扩建	2427	2565	−5.38
改建	603	319	89.03
(四)本年新增固定资产	9996	8098	23.44
(五)房屋建筑面积(万平方米)			
施工面积	0.11	1.58	−93.04
竣工面积	0.03	0.91	−96.70
其中:住宅	—	0.27	−100.00

林业系统森工固定资产投资 1998 年主要指标与 1997 年比较

指 标 名 称	1998 年	1997 年	1998 年与 1997 年比较(%)
森工固定资产投资完成额(万元)	264 345	348 898	－24.23
一、基本建设投资完成额	164 192	215 739	－23.89
其中:国家投资	63 988	65 717	－2.63
(一)按构成分:建筑工程	60 277	84 543	－28.70
安装工程	4992	17 392	－71.30
设备工器具购置	52 395	86 899	－39.71
其他费用	46 528	26 905	72.93
(二)按用途分:农林牧渔业用	47 970	6039	7.93 倍
工业、建筑业	88 150	158 805	－44.49
商业、运输、邮电业	3444	4255	－19.06
住宅	13 318	15 147	－12.08
其他	11 310	31 493	－64.09
(三)按建设性质分:新建	86 796	140 836	－38.37
扩建	63 500	54 982	15.49
改建	10 098	9265	8.99
(四)本年新增固定资产	101 050	129 978	－22.26
(五)房屋建筑(万平方米)			
建筑面积	75.37	113.04	－33.32
施工面积	41.15	57.22	－28.08
其中:住宅	20.45	23.30	－12.23
二、更新改造投资完成额	61 143	80 701	－24.24
其中:国家投资	2358	9110	－74.12
(一)按构成分:建筑工程	15 908	13 355	19.12
安装工程	7046	5980	17.83
设备工器具购置	30 282	48 190	－37.16
其他费用	7907	13 176	－39.99
(二)按用途分:农林牧渔业用	4012	4084	－1.76
工业、建筑业	50 540	72 572	－30.36
商业、运输、邮电业	2234	262	8.53 倍
住宅	1093	1912	－42.83
其他	3264	1871	74.45
(三)按建设性质分:新建	6580	10 305	－36.15
扩建	28 664	35 115	－18.37
改建	25 390	34 509	－26.42
(四)本年新增固定资产	37 279	76 971	－51.57
(五)房屋建筑(万平方米)			
建筑面积	5.37	17.30	－68.96
竣工面积	5.14	10.41	－50.62
其中:住宅	1.68	2.69	－37.55
三、森工其他固定资产投资完成额	39 010	52 458	－25.64
其中:国家投资	709	301	135.55
(一)按构成分:建筑工程	26 776	33 067	－19.03
安装工程	380	840	－54.76
设备工器具购置	9868	14 368	－31.32
其他费用	1986	4183	－52.52
(二)本年新增固定资产	32 337	43 725	－26.04

林业系统各地区固定资产投资完成情况

单位:万元

地　区	合　计	营林固定资产投资			森工固定资产投资			
		合　计	基本建设	更新改造	合　计	基本建设	更新改造	其他投资
全国合计	**874 648**	**610 303**	**606 051**	**4252**	**264 345**	**164 192**	**61 143**	**39 010**
北　京	14 886	14 886	14 556	330	—	—	—	—
天　津	4109	4109	4109	—	—	—	—	—
河　北	15 848	15 848	15 848	—	—	—	—	—
山　西	18 488	17 644	17 644	—	844	844	—	—
内蒙古	86 800	41 203	41 203	—	45 597	41 296	1103	3198
内蒙古集团	45 867	270	270	—	45 597	41 296	1103	3198
辽　宁	12 366	12 366	12 366	—	—	—	—	—
吉　林	72 119	35 775	35 775	—	36 344	10 334	4281	21 729
吉林集团	21 470	10 063	10 063	—	11 407	3174	457	7776
黑龙江	94 547	54 267	54 267	—	40 280	30 206	7834	2240
龙江集团	86 577	46 297	46 297	—	40 280	30 206	7834	2240
上　海	1986	1986	1986	—	—	—	—	—
江　苏	4659	2449	2449	—	2210	—	2210	—
浙　江	13 419	10 470	10 470	—	2949	518	2431	—
安　徽	11 009	10 677	10 654	23	332	82	250	—
福　建	19 351	10 450	10 450	—	8901	603	4822	3476
江　西	11 435	6109	5428	681	5326	1341	1813	2172
山　东	29 461	26 061	26 061	—	3400	—	3400	—
河　南	10 246	9023	7661	1362	1223	—	1223	—
湖　北	56 446	32 993	32 983	10	23 453	22 171	967	315
湖　南	6954	6954	6954	—	—	—	—	—
广　东	38 499	16 341	16 341	—	22 158	16 748	5282	128
广　西	37 426	30 278	30 278	—	7148	2324	4824	—
海　南	13 910	13 074	13 074	—	836	836	—	—
重　庆	15 471	15 471	15 471	—	—	—	—	—
四　川	93 919	75 223	74 987	236	18 696	12 415	5502	779
贵　州	17 606	14 512	14 512	—	3094	294	2800	—
云　南	39 957	24 145	23 908	237	15 812	10 486	3870	1456
西　藏	2396	2396	2396	—	—	—	—	—
陕　西	20 354	18 516	17 890	626	1838	1754	—	84
甘　肃	21 288	20 001	20 001	—	1287	627	325	335
青　海	8184	8184	8184	—	—	—	—	—
宁　夏	4712	4712	4712	—	—	—	—	—
新　疆	23 751	13 754	13 007	747	9997	9103	894	—
局直属	53 046	40 426	40 426	—	12 620	2210	7312	3098
大兴安岭	22 737	13 334	13 334	—	9403	2210	4095	3098

林业系统各地区固定资产投资施工、竣工房屋建筑面积及竣工房屋价值 单位：万平方米

地 区	本年房屋施工面积		本年房屋竣工面积		本年房屋竣工价值(万元)	
	合 计	其中:住宅	合 计	其中:住宅	合 计	其中:住宅
全国合计	**204.29**	**96.65**	**121.88**	**61.87**	**88 219.00**	**38 485**
北 京	2.47	1.41	2.25	1.41	2934.00	1693
天 津	—	—	—	—	—	—
河 北	—	—	—	—	—	—
山 西	1.44	0.02	0.99	0.17	320.00	90
内蒙古	8.31	4.13	4.35	3.83	1889.00	1228
内蒙古集团	6.75	3.49	3.69	3.49	1306.00	1161
辽 宁	2.00	—	2.00	—	432.00	—
吉 林	—	—	—	—	—	—
吉林集团	3.92	2.16	3.92	2.16	2864.00	1618
黑龙江	18.32	9.99	11.12	5.53	5497.00	1417
龙江集团	16.59	9.43	9.95	5.53	4495.00	1417
上 海	—	—	—	—	—	—
江 苏	1.00	—	1.00	—	850.00	—
浙 江	2.64	0.02	2.03	0.02	2212.00	51
安 徽	3.13	0.69	2.12	0.51	1379.00	149
福 建	9.39	3.94	4.39	2.00	3354.00	1336
江 西	13.64	1.81	5.50	1.68	2733.00	1342
山 东	1.38	0.63	1.39	0.64	850.00	399
河 南	4.63	2.78	1.39	0.99	1017.00	350
湖 北	12.14	4.37	10.36	3.08	9094.00	1631
湖 南	3.00	1.00	2.00	1.00	407.00	42
广 东	11.34	5.08	5.35	3.23	1771.00	676
广 西	17.55	13.62	15.34	12.32	9227.00	6757
海 南	1.87	1.76	1.88	1.78	2734.00	2653
重 庆	0.79	0.46	0.49	0.16	679.00	264
四 川	20.65	3.91	9.20	2.61	6665.00	1652
贵 州	1.40	0.43	1.44	—	509.00	—
云 南	21.00	12.00	14.00	7.00	11 064.00	4477
西 藏	—	—	—	—	—	—
陕 西	4.61	3.00	2.51	1.51	1966.00	1404
甘 肃	1.07	0.71	0.69	0.29	557.00	298
青 海	—	—	0.31	0.21	281.00	229
宁 夏	—	—	—	—	—	—
新 疆	10.07	5.93	6.97	2.95	6042.00	2254
局直属	30.45	18.96	12.81	8.95	13 756.00	8093
大兴安岭	4.94	2.71	4.74	2.51	3962.00	1981

林业系统各地区营林基本建设投资完成的实物工程量

单位：千公顷

地区	造林面积		中、幼龄林抚育面积	低产林改造面积	林木良种		森林病虫害防治面积	林道（千米）	防火线（千米）	公路（千米）	通讯线路（千米）	输变电线路（千米）	瞭望台（座）
	合计	其中：经济林			母树林	种子园							
全国合计	**3720.6**	**665.9**	**2505.3**	**249.6**	**63.6**	**254.9**	**1825.8**	**8865**	**29 272.0**	**2814.0**	**1558**	**1038**	**8654**
北京	37.0	3.0	8.0	—	—	—	26.0	—	2040.0	—	—	—	
天津	9.0	3.0	13.0	—	—	—	9.0	—	200.0	—	—	—	—
河北	303.0	64.0	273.0	9.0	1.0	—	109.0	75	518.0	43.0	33	17	3
山西	311.0	77.0	81.0	8.0	1.0	—	38.0	241	70.0	50.0	—	12	6
内蒙古	451.0	82.0	197.0	10.0	2.0	3.0	296.0	68	9640.0	84.0	—	1	8
内蒙古集团	—	—	—	—	—	—	—	—	—	67.0	—	—	—
辽宁	97.0	18.0	42.0	17.0	4.0	1.0	3.0	58	65.0	3.0	48	—	6
吉林	76.0	13.0	99.0	7.0	3.0	1.0	9.0	261	60.0	178.0	122	31	10
吉林集团	9.0	—	28.0	—	—	—	—	—	—	—	—	—	—
黑龙江	906.2	8.0	195.7	1.2	—	24.8	262.0	10	615.0	15.0	—	—	2
龙江集团	805.2	—	176.7	1.2	—	23.8	244.0	—	—	—	—	—	—
上海	1.0	1.0	3.0	—	—	—	13.0	1	—	—	—	—	—
江苏	4.9	1.0	—	0.1	—	—	6.7	—	13.0	—	20	—	—
浙江	4.0	1.9	12.7	10.9	0.3	0.3	12.1	334	295.0	79.0	57	5	—
安徽	26.0	5.0	39.0	—	1.0	—	8.0	120	204.0	105.0	4	11	1
福建	11.4	2.7	33.1	2.0	—	—	2.0	1057	2984.0	8.0	3	—	10
江西	17.0	1.0	40.0	17.0	—	—	404.0	1382	550.0	71.0	202	13	13
山东	52.0	19.0	116.0	2.0	—	—	25.0	68	55.0	16.0	19	—	3
河南	103.3	5.6	—	—	—	7.0	10.0	—	30.0	1.0	10	—	1
湖北	141.0	61.0	250.0	18.0	—	1.0	6.0	1851	2088.0	209.0	85	79	81
湖南	14.0	3.0	34.0	25.0	—	—	33.0	190	2211.0	447.0	79	10	17
广东	1.8	—	33.8	18.8	—	0.4	10.7	3	2797.0	60.0	218	11	2
广西	38.0	7.0	56.0	21.0	—	—	4.0	21	283.0	54.0	—	18	1
海南	10.5	3.6	9.0	—	0.3	0.1	17.1	12	70.0	—	—	—	2
重庆	128.0	36.0	36.0	—	—	—	33.0	51	263.0	—	54	—	4
四川	232.2	42.5	466.4	10.6	24.7	0.3	108.8	1199	542.0	629.0	234	802	8435
贵州	92.0	26.0	110.0	9.0	1.0	1.0	4.0	517	1681.0	310.0	163	2	26
云南	83.0	23.0	65.0	1.0	—	—	79.0	275	1642.0	40.0	5	7	13
陕西	293.0	85.0	133.0	47.0	—	200.0	68.0	457	155.0	31.0	36	4	3
甘肃	196.0	60.0	80.0	9.0	1.0	6.0	170.0	334	15.0	99.0	23	14	5
青海	21.3	0.6	21.6	—	0.3	—	37.4	—	—	65.0	—	—	—
宁夏	19.0	—	70.0	1.0	10.0	7.0	8.0	90	6.0	24.0	143	—	2
新疆	41.0	13.0	12.0	5.0	7.0	1.0	14.0	190	180.0	30.0	—	1	—
大兴安岭	16.0	—	39.0	—	7.0	1.0	—	—	—	163.0	—	—	—

林业系统各地区按事业分的

地区	总计	一、造林				二、中、幼龄林抚育	三、低产林改造	四、封山育林	五、迹地更新	六、护林防火
		合计	其中							
			经济林	飞机播种	速生丰产林					
全国合计	**606 051**	**216 923**	**30 626**	**4796**	**33 773**	**22 890**	**8038**	**9619**	**8901**	**15 036**
北京	14 556	9305	950	260	—	504	—	300	10	304
天津	4109	3468	—	—	—	63	—	25	—	120
河北	15 848	9845	2604	477	1896	292	—	410	40	274
山西	17 644	13 556	448	198	648	616	391	259	6	208
内蒙古	41 203	25 808	1394	1247	249	2879	38	530	232	2427
内蒙古集团	270	—	—	—	—	—	—	—	—	270
辽宁	12 366	7642	168	20	1035	164	23	130	113	471
吉林	35 775	5013	154	10	3170	617	169	128	102	680
吉林集团	10 063	—	—	—	—	—	—	—	—	—
黑龙江	54 267	4784	14	45	2921	215	—	309	—	975
龙江集团	46 297	—	—	—	—	—	—	—	—	479
上海	1986	798	539	—	—	113	—	—	—	90
江苏	2449	1050	—	—	—	—	—	110	—	362
浙江	10 470	1741	344	15	50	572	160	195	169	398
安徽	10 654	4474	1072	—	1567	890	—	230	—	376
福建	10 450	5419	792	123	3735	445	—	131	6	928
江西	5428	1368	172	77	293	107	64	136	104	129
山东	26 061	22 613	277	—	4184	48	190	66	36	251
河南	7661	6536	47	40	762	—	1	20	—	88
湖北	32 983	19 964	7748	—	5480	5092	296	1131	246	400
湖南	6954	3581	515	—	942	943	262	560	120	323
广东	16 341	731	10	20	321	915	3090	298	1679	1044
广西	30 278	5176	995	—	195	2251	2585	593	3400	476
海南	13 074	5854	995	—	1142	170	86	195	444	89
重庆	15 471	7824	2302	67	312	144	20	765	1	72
四川	74 987	10 332	1908	578	1097	693	245	776	192	901
贵州	14 512	3540	1003	990	920	543	—	502	—	320
云南	23 908	9933	1768	—	2074	432	35	421	165	1055
西藏	2396	1483	—	—	—	140	—	197	—	190
陕西	17 890	5884	1728	422	147	310	260	191	81	293
甘肃	20 001	6319	1503	98	494	259	14	128	22	1299
青海	8184	1097	10	—	30	110	—	44	10	90
宁夏	4712	2997	752	99	—	553	67	22	—	60
新疆	13 007	6196	414	10	109	978	42	135	1265	157
局直属	40 426	2592	—	—	—	1832	—	682	458	186
大兴安岭	13 334	2360	—	—	—	1832	—	682	458	186

营林基本建设投资完成额 单位:万元

七、森林病虫鼠害防治	八、林业工作站	九、林业公安	十、自然保护区	十一、森林公园	十二、国有天然林改造	十三、林业调查、规划设计	十四、文化、教育、卫生	十五、科学实验研究与技术推广	十六、营林机械制造与修理	十七、林业水利设施	十八、其他
6954	**5644**	**2868**	**4475**	**7141**	**149 275**	**1937**	**4487**	**6204**	**221**	**3187**	**132 251**
272	15	140	242	75	—	1	5	66	—	10	3307
220	80	—	—	—	—	—	—	115	—	—	18
125	89	26	479	10	—	10	10	45	—	2	4191
185	29	37	38	76	—	84	36	297	—	51	1775
502	174	81	95	97	—	179	323	177	55	222	7384
—	—	—	—	—	—	—	—	—	—	—	—
145	49	56	153	30	—	17	15	459	—	5	2894
158	80	99	159	10	17 853	26	—	134	84	152	10 311
—	—	—	—	—	10 063	—	—	—	—	—	—
52	48	40	80	29	45 818	20	20	33	12	—	1832
—	—	—	—	—	45 818	—	—	—	—	—	—
85	41	—	—	—	—	—	—	180	—	—	679
130	320	40	—	—	—	—	—	232	—	—	205
558	323	114	63	951	—	175	1	96	—	64	4890
136	197	103	69	175	—	30	536	475	—	58	2905
158	407	219	160	21	1	67	702	397	4	—	1385
42	107	60	3	12	—	2	20	126	—	12	3136
98	85	101	273	361	—	10	15	315	—	101	1498
54	69	46	165	20	—	102	175	263	—	—	122
201	106	97	67	364	10	153	27	312	2	21	4494
123	167	185	56	8	—	33	17	402	—	36	138
1376	287	208	199	121	—	48	181	397	—	1631	4136
150	533	129	129	2274	—	38	469	126	—	79	11 870
104	38	25	33	—	792	48	17	101	32	1	5045
97	7	13	—	311	5420	3	1	77	—	19	697
240	583	232	862	246	52 347	105	256	574	12	29	6362
400	245	195	—	—	6030	10	43	160	—	—	2524
249	453	393	625	1126	103	181	543	63	10	7	8114
20	50	—	140	—	—	—	36	40	—	—	100
57	394	81	179	575	7519	238	510	84	—	10	1224
161	84	16	102	45	8223	68	412	25	—	247	2577
94	2	29	—	95	100	143	—	26	—	52	6292
172	111	25	65	107	—	58	102	67	—	286	20
590	471	78	39	2	—	88	15	340	10	92	2509
—	—	—	—	—	5059	—	—	—	—	—	29 617
—	—	—	—	—	5059	—	—	—	—	—	2757

林业系统各地区新增固定资产

单位:万元

地区	合计	营林固定资产投资			森工固定资产投资			
		合计	基本建设	更新改造	合计	基本建设	更新改造	其他投资
全国合计	**342 234**	**171 568**	**161 572**	**9996**	**170 666**	**101 050**	**37 279**	**32 337**
北京	3183	3183	3183	—	—	—	—	—
天津	—	—	—	—	—	—	—	—
河北	358	358	358	—	—	—	—	—
山西	1612	768	768	—	844	844	—	—
内蒙古	24 429	14 824	14 824	—	9605	7017	—	2588
辽宁	3044	3044	3044	—	—	—	—	—
吉林	41 003	8255	8255	—	32 748	7332	3641	21 775
黑龙江	24 432	3278	3278	—	21 154	13 130	6364	1660
上海	—	—	—	—	—	—	—	—
江苏	4629	2419	2419	—	2210	—	2210	—
浙江	6323	5275	5275	—	1048	483	565	—
安徽	4027	3965	3952	13	62	62	—	—
福建	4428	3997	3997	—	431	147	111	173
江西	5533	2957	2344	613	2576	207	1400	969
山东	1636	1636	1636	—	—	—	—	—
河南	3642	2419	1057	1362	1223	—	1223	—
湖北	31 484	8493	8493	—	22 991	22 017	659	315
湖南	3483	3483	3483	—	—	—	—	—
广东	9100	5703	5703	—	3397	2846	493	58
广西	33 772	12 330	12 330	—	21 442	17 511	3931	—
海南	2989	2813	2813	—	176	176	—	—
重庆	927	927	927	—	—	—	—	—
四川	31 781	18 375	18 242	133	13 406	9578	3201	627
贵州	3294	3000	3000	—	294	294	—	—
云南	19 703	11 053	10 844	209	8650	4997	2404	1249
西藏	1613	1613	1613	—	—	—	—	—
陕西	6552	5126	4630	496	1426	1342	—	84
甘肃	7535	6615	—	6615	920	478	113	329
青海	1856	1856	1856	—	—	—	—	—
宁夏	1269	1269	1269	—	—	—	—	—
新疆	22 953	11 536	10 981	555	11 417	10 789	628	—
局直属	35 644	20 998	20 998	—	14 646	1800	10 336	2510

(统计处)

林业财务和会计

【林业财务和会计综述】 1998年政府机构改革，林业部改组为国家林业局，林业发展面临着新的形势和更加繁重的任务。在新的形势和任务面前，各级林业财会部门积极拓宽工作领域，强化财务管理、资金管理和资产管理，加强财会规章建设，扎扎实实做了大量积极有益的工作，各项工作又取得了新的成绩。

1. 争取国家财政安排专项资金实施天然林保护工程，确保了工程的顺利启动。1998年天然林保护工程启动，为了确保工程的顺利实施，国家林业局财务部门以争取资金为重点，着重抓好了以下几方面的工作，一是顺利地完成了天然林保护工程所需财政资金的测算工作。二是召开座谈会，深入广泛地开展调查研究，对实施天然林保护工程后有关地方财政减收问题、企业负债、"三角债"、各种挂账以及木材加工、运输下游企业的影响问题等进行了调查。三是积极向财政部汇报天然林保护工程的重大意义及工程实施的具体思路，得到了国家财政的大力支持。1998年，中央财政在资金状况非常紧张的情况下安排专项资金11.3亿元，专项用于天然林保护工程的森林管护事业费、政策性社会性支出、社会统筹养老保险补助和贴息贷款贴息支出，为工程的顺利启动提供了资金保证。

2. 多渠道争取资金投入，进一步强化各项资金管理。资金不足，是制约林业发展的重要因素。随着林业两大体系的逐步建立，这个矛盾将会更加突出。努力增加对林业的资金投入，始终是林业财会部门的一项重要任务。1998年，在国家财政的大力支持下，林业部门广泛开辟资金来源，全方位开展资金筹集工作，有力地支持了林业发展。除天然林保护工程财政专项资金外，1998年，包括林业、教育、科学、森工事业费以及各项专项资金在内的其他各项事业费也有了较大幅度的增加。1998年中央财政共计投入6.9亿元，比1997年增长12%；林业项目、治沙、山区综合开发、森工多种经营四项贴息贷款总规模进一步加大，达49亿元，比1997年增长32%。

在资金投入增长的同时，林业财务部门进一步加强了资金管理。国家林业局从三个方面开展工作，卓有成效。一是整章建制，进一步加强了资金管理的制度化和法制化建设，与财政部联合出台了《贫困国有林场扶贫资金管理办法》，配合财政部出台了《天然林保护工程财政专项资金管理暂行办法》，做到了资金分配、管理的有章可循。二是进一步理顺了财务主管部门与业务主管部门之间的管理程序，做到了资金分配的公开、公正和透明。三是召开专项资金管理座谈会，对各地在专项资金投入、使用和管理方面积累的经验及存在的问题进行了及时的总结和交流。通过以上努力，林业部门资金管理工作又迈上了一个新台阶。

3. 争取政策，国家继续对林业实行税收扶持。根据林业行业的生产特点，1998年，财政部、国家税务总局发文进一步明确，在2000年以前，对国有林区重点森工企业继续按10%的税率减征农业特产税，其中对东北、内蒙古减按5%的税率执行；继续对国有森工企业以"三剩物"和次、小、薪材为原料的综合利用产品实行增值税即征即退的政策；继续对进口种子、种苗等免征进口环节的增值税；并明确对育林基金免征营业税。

4. 高校筒子楼改造工作进展顺利。根据国务院办公厅转发教育部、财政部、国家计委关于加快普通高校筒子楼改造改善青年教师住房条件的意见，国家林业局成立了局属高校筒子楼改造协调小组和工作办公室，要求各校按"特事特办、急事急办"的原则从速组织实施筒子楼改造工作。1998年，共落实基建拨款1028万元，经费拨款1328万元，确保了工作的顺利开展。

5. 做好直属企业下岗职工基本生活费资金的补助工作，保障了困难企业下岗职工的基本生活。对国有企业下岗职工给予基本生活费补助是党中央、国务院关心下岗职工基本生活，推进国有企业改革的一项重要措施，政策性强，不仅涉及下岗职工的基本生活，而且关系到企业改革和社会稳定。按照国务院和财政部的要求，国家林业局计财司及时部署、严格审查、及时上报，认真负责并将补助资金及时足额拨付至困难企业。1998年，全年累计拨付下岗职工基本生活补助资金3876万元，为保障困难企业下岗职工基本生活起到了重要作用。

6. 贯彻党中央、国务院决定，完成直属企业脱钩工作。根据党中央、国务院的决定和国家经贸委脱钩工作领导小组的统一要求，国家林业局成立领导小组，对直属企业进行了及时部署。在脱钩工作进展过程中，国家林业局计财司认真听取局属企业意见，随时了解和沟通有关情况，对直属企业报表及脱钩分类处理意见、进行了及时的汇总、整理和上报，确保了脱钩工作的顺利实施。

7. 森林资源资产化管理从原国家国有资产管理局划归国家林业局管理，森林资源资产化管理得到进一步加强。1998年，重点是进一步加大了景观资产的研究力度，取得了阶段性成果。同时，为了确保国有资产保值增值，财会工作从统计、考核、检查、分析等方面入手，进一步加强了局属企业资产监督和管理，国有资产基础管理工作再上新水平。

8. 加强财会人员业务建设和精神文明建设，林业财会人员素质有新的提高。1998年国家林业局财务部门重点做了三个方面的工作：一是强化了会计电算化业务的培训。根据财政部颁发的《事业单位会计制度》的要求，结合林业事业单位财务工作的特点，国家林业局对48个事业单位（含三级预算单位）进行了事业财务软件培训，实现了林业事业单位记帐和报表的会计电算化。二是举办现金流量表编报培训班，培训直属企业及基层财会人员60多人，为企业编制好现金流量表打好基础。三是组织有关林业专家编写了《林业会计核算教程》，同时为进一步加强基建财务管理工作，提高财会人员的业务素质和管理水平，与财政部基建司一起组织了部分省（区）的基建财务人员共同编写了《基本建设财务管理与会计核算》一书。以上两本书已正式出版发行。

9. 加强林业会计学会的业务指导，林业财会理论研究再上新台阶。一是开展了以“林业成本核算、林木资产管理”以及“育林基金和林业税费”等问题的课题研究和学术交流活动。二是进一步办好学会会刊，组织刊物编辑出版、发行工作经济交流会，对提高办刊质量提出了新的要求，使《林业财务与会计》杂志日益成为全体财会工作者的良师益友。三是出刊《学会通讯》4期，对影响林业发展的重要经济政策、研究成果、学会动态向全国各地进行介绍和交流。四是组织召开地方林业会计学会秘书长会议，召开南方及中原两个片会，为解决当前林业财务工作中面临的问题提出了许多科学建议，对促进林业事业发展起到了积极作用。五是通过办理团体会员以及个人会员登记，发展个人会员等，进一步加强了学会的组织建设及业务建设。

（刘全富）

财　务　管　理

【国家出台林业税收政策】　根据林业生产特点，1998年财政部、国家税务总局联合发文，明确有关林业税收政策。具体是：

1.《关于对国有森工企业减免原木农业特产税问题的通知》(财税字[1998]38号)，明确在1998～2000年期间继续保留对国有森工企业的农业特产税优惠政策。通知规定，对1996年至1997年享受农业特产税优惠政策的国有林区138个森工企业生产、销售的原木，生产环节与收购环节减按10%的税率合并计算征收农业特产税；对东北、内蒙古国有林区森工企业生产的原木暂减按5%的税率征收农业特产税，对小径材免征农业特产税，对生产销售薪材、次加工材发生亏损的，报经省（区）农业税征收机关核准后，可免征农业特产税。

2.《关于对育林基金不应征收营业税的通知》(财税字［1998］179号)，明确对育林基金不应征收营业税。规定林业企业从木材、竹材销售收入中提取的育林基金，以及林业部门按照国家规定从林业企业集中的育林基金，是企业资金内部分配和部门之间的正常划拨。根据《中华人民共和国营业税暂行条件》及其《实施细则》的规定，不属于营业税的征税范围，不应征收营业税。

3.《关于继续对废旧物资回收经营企业等实行增值税优惠政策的通知》(财税字［1998］33号)，明确对国有森工企业以林区“三剩物”和次、小、薪材为原料生产加工的综合利用产品在2000年以前继续执行增值税即征即退的优惠政策。

4.《关于继续对进口种子（苗）种畜（禽）鱼种（苗）和非盈利性种用野生动植物种源实行税收优惠政策的通知》(财税字［1998］66号)，明确在2000年底以前，继续保留对进口种子（苗）、非盈利性野生动植物种源等免征进口环节的增值税。　（刘全富）

【全国森工企业财务状况】

盈亏状况　全行业亏损，亏损额及亏损面进一步加大。1998年全国森工企业财务报表汇总20个省（区），除吉林、内蒙古、福建、青海4省（区）盈利外，其他16个省（区）均为亏损。汇编企业1688户，亏损企业1166户，亏损面达69.08%，比1997年亏损面63.12%增加了5.96个百分点。全国森工企业盈亏相抵，全行业净亏损9.3亿元，比上年同期增亏1.9亿元。其中，亏损企业亏损额为16.1亿元，比上年同期增亏1.3亿元，增长9%。至1998年末，全国森工企业历年累计亏损挂帐为49.4亿元。

总体来看，东北、内蒙古四大森工企业集团经济效益与上年相比有所好转，盈亏相抵，净亏损1.06亿元，比上年减亏0.39亿元。其中，除龙江森工集团亏损额进一步加大外，其他3户集团均有不同程度的减亏增利。龙江森工集团净亏1.67亿元，比上年增亏1.39亿元；吉林省森工企业盈利0.78亿元，比上年增利0.33亿元；内蒙古森工集团盈利440万元，比上年增利71万元；大兴安岭林业集团公司盈亏相抵后净亏损额为0.2亿元，比上年减亏1.44亿元。

西南、西北6省（区）森工企业经济效益严重滑坡。除四川省森工企业亏损1.33亿元，比上年略有减亏外，云南、陕西、甘肃、新疆4省（区）增亏减利幅度均在100%以上。

南方集体林区10省（区）森工企业经济效益进一步下滑，利润盈亏相抵，净亏损6.03亿元，增亏1.35亿元。

由于企业亏损额及亏损面进一步加大，企业职工生活更加困难。1998年末，全国森工企业拖欠职工工资及离退休费26.1亿元，与上年同期相比，增加3.56亿元，涉及职工及离退休人员116万人，比上年同期增加3.8万人。

天然林保护工程事业性专项资金投入及支出状况

1. 资金投入状况。1998年国家首先在10省（区）实施天然林保护工程。全国天然林保护工程专项资金总计投入37.6亿元，其中中央财政投入到位10.1亿元，占27%；地方财政配套3.05亿元，占8%；企业自筹24.3亿元，占65%。具体为：①森林管护事业费投入71 564万元，其中中央财政拨款37 929万元，地方财政配套7791万元，企业自筹资金25 844万元；②政策性及社会性支出专项补助经费123 659万元，其中中央财政拨款33 874万元，地方财政配套20万元，企业自筹资金89 765万元，自筹资金占72%；③养老保险专项补助经费176 370万元，其中中央财政拨款29 255万元，地方财政拨款18 686万元，企业自筹资金127 709万元，统筹部门调剂720万元；④转产项目贷款贴息资金企业到位187万元，均为中央财政拨款。⑤其他投入4120万元，主要为地方财政支付给天然林保护工程的，除以上4个专项之外补助资金。包括一次性解除劳动关系补助资金1000万元，森工企业亏损补贴1500万元、森工企业综合开发及转产事业费补助1500万元等。另外从其他渠道筹集的解困资金有120万元。

2. 资金使用情况。1998年天然林保护工程专项资金支出共计38.2亿元，其中挂帐0.68亿元（主要为新疆自治区暂由企业自筹支出，待财政拨款冲销部分）。按资金使用方向分，具体为：①森林管护事业费支出76 242万元，其中挂帐4678万元。②公检法司经费支出29 722万元，其中挂帐2108万元；③教育经费支出43 067万元；④医疗卫生经费支出：36 165万元；⑤养老保险费支出176 370万元；⑥贷款贴息187万元，为转产项目贴息；⑦其他支出4120万元。

上交财政资金状况　受收入及利润下降的影响，上交税金有所降低。1998年，全国森工企业主营业务收入206亿元，比上年同期减收28亿元，降低12%。由于收入及利润下降，上交财政的各项资金都有所降低。1998年，全国森工企业上交财政各项资金21亿元，比上年同期减少2亿元。其中交纳农业特产税8.2亿元，比上年同期减少0.4亿元；交纳增值税8.4亿元，比上年同期减少1亿元；上交所得税及包干利润2.2亿元，比上年同期减少0.1亿元。利用林区“三剩物”和次、小、薪材为原料的综合利用产品交纳增值税1.24亿元，实际退还0.99亿元，退税比例为79.8%。

资本结构状况　资产负债率偏高，利息支出加重企业负担。1998年年末全国森工企业共有资产722亿元，负债520亿元，资产负债率高达72%。企业负债中银行借款为222亿元，1998年利息支出高达13.6亿元。

主要产品生产及销售情况

1. 木材。1998年木材销售收入为113亿元，占全部销售收入的49%，占主营业务收入的59%，比1997年减少13.3亿元，降低10.48%；生产量为2105万立方米，比1997年减少379万立方米；1998年，全国森工企业各省（区）木材销量普遍下降，为2627万立方米，与1997年2903万立方米相比减销276万立方米；木材销售单价有所下降，1998年为431.65元/立方米，比1997年减少4.73元/立方米；销售利润为36.9亿元，比1997年减少3.4亿元。

2. 锯材。1998年锯材实现销售收入5.2亿元，比1997年的5.9亿元减少0.7亿元，下降12%；生产量为78.7万立方米，比1997年增产4.1万立方米；销售量为84.3万立方米，比1997年增销1.6万立方米，上升1.93%；销售单价为620.12元/立方米，比1997年减少97.41元/立方米，降低13.58%；销售利润为3353万元，比1997年增加625万元，上升23%。

3. 胶合板。1998年胶合板实现销售收入4.6亿元，比1997年减少2.2亿元，下降32.35%；生产量为20.5万立方米，比1997年减少3.8万立方米，下降15.64%；销售量为20.8万立方米，比1997年减销7.4万立方米；销售单价为2222元/立方米，与1997年相比降低200元/立方米，下降8.28%。

4.“三剩物”及次、小、薪材综合利用产品（包括木竹纤维板、木竹刨花板、栲胶、松香、木竹片、地板块等）。1998年实现销售收入32.3亿元，占全部收入的14%；实现销售利润3.7亿元，占全部销售利润的7%。其中：①纤维板。1998年实现销售收入8.3亿元，占“三剩物”及次、小、薪材综合利用产品销售收入的25.7%，比1997年增加1.03亿元，增长14.21%；生产量为64.1万立方米，与1997年相比增产5.4万立方米，增长9.2%；销售量为65.3万立方米，与1997年相比增销6.6万立方米，增长11.24%；销售单价为1272元/立方米，与1997年相比每立方米增加33元；销售利润为10 898万元，比1997年增加1644万元，增长17.77%。②刨花板。1998年实现销售收入7.5亿元，占"三剩物"及次、小、薪材综合利用产品销售收入的23.22%，比1997年减收1.6亿元；生产量为82.6万立方米，比1997年增产5.1万立方米；销售量为78.6万立方米，减销2.4万立方米；销售单价为948.37元/立方米，比1997年减少167元，下降14.97%；实现销售利润3081万元，比1997年减少6005万元，下降66%。

营林情况 1998年全国森工企业完成森林更新及造林面积140.1万公顷，抚育面积141.2万公顷，病虫害防治面积22.9万公顷。

营林资金收入21.3亿元，其中林价及育林基金收入20.4亿元；营林总支出16.4亿元，其中：

1. 营林生产支出6.4亿元，占总支出的39.02%。其中：森林更新及造林支出4.21亿元，森林抚育支出1.06亿元。

2. 营林费用支出10亿元，占总支出的60.98%。其中：营林管理费4.5亿元，占总支出的27.44%；森林保护费1.74亿元；营林"三项费用"支出1.56亿元，占总支出的9.5%。

独立核算的木材加工厂情况 1998年汇编独立核算的木材加工厂170户，其中亏损108户，亏损面63.53%。加工厂全行业亏损5.02亿元，比1997年增亏2.77亿元。销售收入21.24亿元，上交销售税金及附加4140万元，交纳增值税9549万元，交纳所得税及包干利润1513万元。现有资产总额91亿元，负债76亿元，资产负债率为83.52%。年末在职职工人数11.7万人，富余职工1.76万人。 （吕红频）

【全国国有林场财务状况】

1998年全国国有林场汇总30个省（区、市），汇编林场户数4099户。其中亏损林场1941户，亏损面47.16%。国有林场经营总面积5826万公顷，其中有林地面积2589万公顷，年产值99亿元。职工总人数51万人，离退休人员13万人。

主要指标完成情况 1998年全国国有林场资产总额174亿元（不含林木资产），其中流动资产75亿元，比上年减少1亿元，占资产总额的43.23%，其中：货币资金12亿元，比上年增加1亿元；应收帐款12亿元，比上年增加2281万元；其他应收款32亿元，比上年减少7844万元。固定资产85亿元，比上年减少2922万元，占资产总额的48.90%。

负债总额130亿元，比上年增加5亿元，其中流动负债86亿元，比上年增加2亿元，占负债总额的66.29%，其中：短期借款16亿元，比上年增加4838万元；应付帐款7亿元，比上年增加3212万元。长期负债44亿元，比上年增加3亿元。所有者权益总额331亿元，其中，实收资本55亿元。

利润情况 1998年全国国有林场盈亏相抵，亏损3.15亿元，比上年增亏4812万元，利润总额下降18.05%。分析如下：

1. 增收因素。①营业成本287 254万元，比上年减少19 111万元；②营业税金及附加43 934万元；比上年减少4311万元；③育林及维简费71 421万元，比上年减少7343万元；④管理费用206 258万元，比上年减少10 586万元；⑤财务费用29 544万元。比上年减少524万元；⑥承包户上交净收入29 178万元，比上年增加360万元；⑦补贴收入12 340万元，比上年增加3559万元；⑧营业外收入24 680万元，比上年增加480万元；⑨以前年度损益调整454万元，比上年减少2605万元。

合计增收48 879万元。

2. 减收因素。①主营业收入565 172万元，比上年减少46 028万元；②营业费用24 275万元，比上年增加112万元；③其他业务利润22 445万元，比上年减少3925万元；④营业外支出24 069万元，比上年增加1875万元。

合计减收53 691万元。

上交国家税金情况 1998年全国国有林场营业税金5亿元，其中：农业特产税4亿元，比上年减少1680万元，下降3.75%；营业税2746万元，比上年减少692万元，下降20.13%；应交增值税7296万元，比上年减少295万元，下降3.89%；所得税1178万元，比上年增加485万元，上升69.99%。

主要产品销售情况

1. 原木销售量1022万立方米，比上年减少140万立方米，下降12.07%；销售收入37亿元，比上年减少3亿元，收入下降8.46%；木材单价359元，比上年增加15元。

2. 锯材销售量23万立方米，比上年减少4万立方米；销售收入1.4亿元，比上年减少2315万元，销售单价630元，与上年基本持平。

3. 胶合板销售量1万立方米，比上年减少1.4万立方米；销售收入2359万元，比上年减少2765万元；销售单价2334元，比上年上升240元。

营林情况 1998年全国国有林场营林资金投入13亿元，其中，育林基金4.7亿元，采伐回收资金1.4亿元。完成造林面积32万公顷，比上年减少1.6万公顷，造林总成本3.9亿元，比上年减少5483万元。每公顷造林成本556元，比上年减少28元。

营林资金来源构成 ①国家投入3.13亿元（其中：林业事业费1.60亿元，专项拨款1.17亿元，基建拨款3730万元），占营林资金总额的23.69%；②各种借款2.09亿元（其中：林业项目借款9026万元，治沙

借款1989万元，世行借款4458万元)，占15.84%；③当年利润弥补营林资金不足7764万元，占5.9%；④育林基金4.66亿元，占35.24%；⑤自有资金1.19亿元，占8.96%；⑥采伐回收资金1.38亿元，占10.40%；

营林支出构成　①造林支出3.99亿元，比上年减少5483万元，占营林支出总额的15.74%；②森林管护支出6.04亿元，比上年减少205万元，占营林支出总额的45.65%；③营林设施支出6118万元，比上年减少282万元，占营林支出总额的4.62%；

存在问题　①亏损面继续扩大，困难进一步加重。1998年全国国有林场亏损户数1933户，比上年增加126户，亏损面47.16%，国有林场全行业亏损3.15亿元。亏损林场亏损额5.8亿元。②资金紧张，后劲不足。全国国有林场负债总额130亿元，资产负债率已达75.04%。③产品结构单一。1998年全国国有林场营业收入总额69亿元，其中：木竹营业收入37亿元，占营业收入总额的54.04%；"三板"营业收入2.8亿元，占4.06%；多种经营营业收入12亿元，占17.62%。表明国有林场目前仍主要依赖森林资源，从事木材生产，产业结构不合理，产品结构单一。④税负过重。1998年全国国有林场原木农业特产税4亿元，税率11.75%，税负过重，林场难以承受。（阎春丽）

【全国国有苗圃财务状况】

1998年全国国有苗圃汇总30个省（区、市），汇编苗圃户数1841户，亏损苗圃768户。国有苗圃经营总面积13万公顷，其中育苗地面积3.9万公顷，有林地面积6万公顷，年产值4.8亿元。职工总人数4.6万人，离退休人员1.3万人。

资产及负债情况　1998年全国国有苗圃资产总额17亿元（不含林木资产)。流动资产8亿元，比上年增加7447万元，占资产总额的49.28%，其中：货币资金1亿元，比上年增加1754万元；应收帐款9329万元，比上年增加598万元；其他应收款3亿元，比上年增加1636万元。固定资产8亿元，比上年增加1亿元，占资产总额的46.36%。

负债总额11亿元，比上年增加8933万元，其中：流动负债7亿元，比上年增加4119万元，占负债总额的61.83%，其中：短期借款1亿元，比上年增加1525万元；应付帐款6152万元，比上年增加1222万元。长期负债4亿元，比上年增加4814万元。所有者权益8亿元，其中，实收资本6亿元。

利润情况

1998年全国国有苗圃盈亏相抵，亏损2218万元，比上年减亏655万元。

增收因素　①主营业收入32 596万元，比上年增加892万元；②营业税金及附加499万元，比上年减少176万元；③育林及维简费233万元，比上年减少86万元；④承包户上交净收入2322万元，比上年增加187万元；⑤补贴收入4143万元，比上年增加1243万元；⑥营业外收入3225万元，比上年增加293万元。合计增收2877万元。

减收因素　①营业成本23 810万元，比上年增加49万元；②营业费用2905万元，比上年增加571万元；③其他业务利润1680万元，比上年减少398万元；④管理费用14 144万元，比上年增加796万元；⑤财务费用1982万元，比上年增加105万元；⑥投资收益171万元，比上年增加88万元；⑦营业外支出2481万元，比上年增加150万元；⑧以前年度损益调整301万元，比上年增加65万元。

合计减收2222万元。

上交国家税金情况　1998年全国国有苗圃营业税金及附加672万元，比上年减少250万元，其中：农业特产税353万元，比上年减少149万元；营业税223万元，比上年减少43万元；教育费附加10万元，与上年基本持平。应交增值税304万元，比上年增加249万元。

存在问题　资金紧张，后劲不足。1998年全国国有苗圃资产负债率高达64.83%，偿债能力差。

（阎春丽）

【1998年地方林业事业费收支状况】

基本情况　1998年度全国林业共有机构38 657个，其中：林业事业单位38 495个，教育机构49个，科研机构113个。林业事业单位中，营林机构31 009个，技术推广机构748个，良种推广站90个，森林保护机构3972个，勘察设计机构339个，干部培训机构33个，林业技工学校18个，其他机构2286个。

全国林业事业单位年末国家职工人数70万人，集体职工10万人，离退休职工17万人。其中，财政补助开支的国家职工36万人，离退休职工9万人。

地方财政拨入林业经费情况　1998年地方各级财政拨入林业经费总额43亿元，比上年增加3亿元。其中：①农村造林和林木保护补助费9亿元，比上年增加2.5亿元；②农业发展专项资金1.63亿元，比上年增加0.43亿元；③林业事业费26.78亿元，比上年减少0.82亿元；④森林工业事业费（不含天然林保护财政专项资金）7065万元，比上年减少1446万元；⑤支援不发达地区发展资金9991万元，与上年持平。其中：省级财政1378万元，地市财政1787万元，县级财政6826万元。

地方林业事业单位收支情况　地方林业事业单位上年专项资金结存2.2亿元，上年经营亏损2亿元。1998年度收入84亿元，其中，林业事业单位81亿元，教育单位2亿元，科研单位9511万元。1998年度收支结余6571万元，其中，事业结余2亿元，经营结余−1.5亿元。结余分配1.7亿元，专项资金结存2亿元，经营亏损3亿元。

预算外资金支付的林业事业费　1998年用预算外资金支付的林业事业经费17亿元。其中：①育林基金10亿元，占57.18%；②维简费1亿元，占6.64%；③森林检疫费3711万元，占2.18%；④林业保护建设费9134万元，占5.38%；⑤其他5亿元，占28.63%。

地方造林及林业事业费支出情况　1998年度支援农村造林实际支出29亿元，比上年增加2亿元。

支援农村造林资金来源构成　①财政拨款10亿元，比上年增加1.6亿元，占总支出的36.28%；②基建投资1.3亿元，与上年基本持平，占总支出的4.54%；③育林基金5.1亿元，比上年减少6959万元，占总支出的17.79%；④各种借款和贷款7.8亿元，比上年增加5.3亿元，占总支出的27.14%；⑤其他资金4.1亿元，占总支出的14.25%。

造林支出构成　①造林支出18亿元，占总支出的62.90%。其中：用材林支出6.3亿元；防护林支出7.1亿元；经济林支出4.3亿元；薪炭林支出1851万元。②育苗支出1.4亿元，占总支出的4.72%；③抚育支出1.8亿元，占总支出的6.31%；④其他支出7.4亿元，占总支出的26.06%。其中："四旁"植树7948万元；封山育林7749万元；贴息支出1.3亿元。

（阎春丽）

【1998年全国育林基金收支情况】

1.1998年全国育林基金（林价）总收入41.44亿元。其中：①提取育林基金（含林价）28.41亿元，占总收入的68.55%；②征收育林基金8.79亿元，占总收入的21.2%；③营林产品销售净收入转育林基金0.6亿元，占总收入的1.46%；④其他收入3.64亿元，占总收入的8.78%。

2.1998年全国育林基金总支出38.79亿元。其中：①营林生产支出13.94亿元，占总支出的35.93%。其中：森林更新及造林支出9.56亿元；成林抚育支出1.74亿元。②营林费用支出18.48亿元，占总支出的47.65%。其中：营林管理费支出6.88亿元，占总支出的17.75%。森林保护费支出5.72亿元，占总支出的14.75%。其中护林防火支出3.52亿元，病虫害防治支出0.64亿元；营林"三项费用"（营林道路、设施、设备）支出2.47亿元，占总支出的6.36%。③其他支出6.37亿元，占总支出的16.42%。其中弥补机构经费不足2.06亿元。　（吕红频）

【1998年国家林业局直属企业经济效益及财务状况】

经济效益情况　1998年局直属企业实现商品（产品）销售收入372 014万元，比上年减少37 595万元。利税总额28 859万元，比上年增加2392万元，增长9.04%；实现利润总额7098万元，比上年增加2446万元，增长52.28%。主要因为大兴安岭林业集团公司1998年度减亏幅度较大，该公司1998年亏损2039万元，比上年减亏8063万元。9户一级企业中：2户企业亏损，比上年减少1户，亏损面为22.22%，亏损额2565万元；7户企业盈利，实现利润总额为9663万元，比上年减少5266万元。流通企业由于受亚洲金融危机等因素影响，普遍销售不畅，直接影响效益，1998年实现利润512万元，较上年减少1889万元。

获利能力，1998年局属企业销售利润率1.91%，比上年提高0.77个百分点；总资产报酬率2.67%，比上年上升0.38个百分点；资本金利润率1.4%，比上年上升1.39个百分点。以上说明总体获利能力有所改善，但主要受大兴安岭林业集团公司减亏的拉动，福马林机集团、流通企业的获利能力下降。

财务状况分析　①资产、负债及所有者权益。1998年末资产总额为127.89亿元，比上年增加9.04亿元，扣除资产评估增值因素0.4亿元，实际增加8.64亿元，增长7.27%；1998年末负债总额为72.67亿元，比上年增加5.67亿元，增长8.46%；1998年末所有者权益合计55.23亿元，比上年增加3.39亿元，扣除客观因素净增2872万元，国有资产保值增值率100.55%。②资金周转状况。1998年末局属企业应收帐款净额108 719万元，同比增加8465万元，其中超过三年的应收帐款41 073万元，占总额的37.78%。应收帐款周转率355.2%，同比减少60.56个百分点；1998年末企业存货189 340万元，比上年增加13 798万元。存货周转率147.98%，同比减少22.96个百分点。以上说明应收帐款、存货资金占用继续增加，企业资金周转不畅。企业一方面产品销售困难，另一方面销售货款难以及时回笼。③偿债能力。资产负债率56.82%，同比提高0.45个百分点；流动比率109.68%，同比增加0.65个百分点；速动比率75.41%，同比增加1.55个百分点。各指标值虽比上年有所提高，但企业偿债能力仍然不强。　（王　强）

【国家林业局直属企业脱钩工作按步骤进行】　1998年，中共中央、国务院颁发了《中共中央办公厅、国务院办公厅关于中央党政机关与所办经济实体和管理的直属企业脱钩有关问题的通知》（中办发［1998］27号），要求各地区、各部门一定要深刻认识中央党政机关与所办经济实体和管理的直属企业脱钩的必要性、重要性和紧迫性，把这项工作作为严肃的政治任务，从改革、发展、稳定的大局出发，扎扎实实地贯彻落实。

直属企业脱钩工作总体上要求在1998年底完成。根据企业的具体情况，脱钩后分三种处理类型：第一类，属于资不抵债、严重亏损、不能正常经营的工贸企业等，进行停产整顿、关闭、撤销、兼并和破产；第二类，按新的管理方式交由中央管理；第三类，移交地方管理。

根据国务院统一部署和要求，国家林业局成立了直属企业脱钩工作领导小组，王志宝局长任组长，李育才副局长任副组长，有关司局负责人任成员，领导小组办公室设在发展计划与资金管理司。

根据工作要求，国家林业局及时部署、整理、上报了直属企业基本情况表和脱钩分类处理意见，对现有9户企业提出了如下分类处理意见：中国福马林业机械集团有限公司移交中央管理；将中国国营林场开发总公司、中国林产工业公司和中国金龙松香集团公司3户企业并入中国林业国际合作集团公司，移交中央管理；大兴安岭建筑工程总公司和中国林业机械电力设备安装公司移交地方管理；大兴安岭机械筑路工程局破产清算；鉴于大兴安岭林业集团公司兼有资源性、事业性、社会性和地跨两省（区）的特点，提出了暂不脱钩的处理意见。

至1998年末，国家林业局直属企业脱钩有关基础报表和材料的汇总上报工作已经完成，待国务院批准后实施。 （丁立新）

【国家林业局直属林业事业单位启动会计电算化工程】

为了进一步提高林业事业单位会计管理水平和会计信息质量，提高会计人员的会计工作效率，从根本上解放会计人员的繁重劳动，1998年，国家林业局发展计划与资金管理司经过多方比较和筛选，最终采用了北京安易电脑会计公司开发研制的财务软件，并于12月5～11日在长沙市举办了培训班。培训人员是国家林业局直属48个林业事业单位（含10个二级核算单位）的91名会计人员，培训内容主要是帐务处理集成系统、安易电子报表系统、工资核算系统和固定资产核算系统。通过培训，使林业事业单位会计人员初步了解了会计电算化的原理，掌握了会计电算化的基本技能，为林业事业单位普及会计电算化工作打下了坚实的基础。

林业事业单位从1999年1月1日起将全面启动会计电算化工程。 （徐旺明）

资　金　管　理

【《天然林保护工程财政专项资金管理暂行办法》】

1998年，财政部出台《天然林保护工程财政专项资金管理暂行办法》。《办法》规定，天然林保护工程财政专项资金包括森林管护事业费、森工企业社会统筹养老保险补助费、森工企业政策性社会性支出补助费和专项贷款财政贴息资金；各级财政部门每年应根据国家批准的天然林保护工程实施方案核定专项资金预算。《办法》要求，专项资金必须单独核算，实行集中统一管理，严禁帐外设帐；任何部门和单位不得截留、挤占、挪用专项资金，保证专项资金专款专用，结余留用。《办法》还对专项资金的使用范围作了具体明确的规定，并要求专项资金使用单位要严格按规定范围使用资金，设专项科目单独反映，年度财务决算报告中要进行专项分析说明。《办法》强调，各级财政部门要会同林业主管部门对资金的使用和管理情况进行检查监督，发现问题，及时纠正。对违反专项资金使用规定，截留、挤占、挪用或造成资金损失、浪费的部门和单位，要追究有关部门、单位及其当事人、负责人的责任，同时扣减下年度专项资金指标。 （吕红频）

【国家林业局、财政部联合颁发《贫困国有林场扶贫资金管理办法》】

从1998年起，国家每年投入扶贫资金专项用于贫困国有林场的脱贫项目建设。为了加强资金管理，提高资金使用效益，国家林业局、财政部联合颁发了《贫困国有林场扶贫资金管理办法》，主要内容为：①资金的性质：扶贫资金是国家扶持贫困林场发展生产、实现脱贫的无偿资金，是国家财政扶贫资金的重要组成部分，必须专款专用。②资金的用途：扶贫资金必须专款用于贫困国有林场的脱贫项目，不得用于机构开支、工资奖金的发放、修建楼堂馆所、购买小汽车等与扶贫资金使用宗旨相违背的支出。③资金的管理：各级林业部门应加强资金的管理，并接受同级财政部和审计部门的监督。对违反规定截留、挤占、挪用或造成资金损失、浪费的单位，将视情节轻重追究有关人员的责任。

（阎春丽）

【中央级林业预算外资金管理】 国家林业局1998年度中央级林业预算外资金收入总额为7849万元，比年初财政部批复的计划收入数多2778万元，超额完成55%；上缴财政专户的预算外资金为2880万元，比年初财政部批复的应上缴数多664万元，超额完成30%。 （韩礼香）

【1998年国家林业局教育事业费大幅增长】 为认真贯彻落实“科教兴国”战略，国家对教育投入的增长速度一直保持高于经常性财政收入的增长速度，对高等学校的投入增长幅度也很大，特别是对师范、农林、民族等特殊专业院校的财政拨款要高于其他类学校，体现了国家对教育的高度重视。1998年国家林业局教育事业费17 687万元，比1997年增加5660万元，增长幅度47%，创历史最高水平。增加部分主要为一次性专项经费，其中：

1. 筒子楼改造经费1328万元。根据党中央、国务院改善高校青年教师住房条件，决不能把筒子楼带入

21世纪的指示精神，1998年国家财政增拨了高校筒子楼改造经费1328万元，局属6所高校共改造18幢筒子楼，改造面积34 270平方米。

2. 资助灾区学生经费338万元。1998年特大洪涝灾害，使灾区人民遭受了重大财产损失，为坚决贯彻党中央、国务院关于抗洪救灾工作的指示精神，保证来自灾区的高校学生按时入学，安心学习和生活，财政部分3次下达了338万元的资助灾区学生经费，解决了局属高校灾区学生生活困难问题。

3. 高校招生并轨补助经费1116万元。从1997年起，全国1032所普通高校录取的新生已全部并轨，结束了高校招生国家任务计划和调节性计划并存的双轨制。并轨后，统一收费标准低于双轨招生收取学费的平均数，高校因此出现了短收。造成短收的原因：①并轨前，高校中委培和自费的学生一般占30%左右，学费为3000～5000元，并轨后学费为1200元，大大低于委培和自费收费标准，致使并轨前后学校收入出现差距；②并轨后，原招生计划中委培和自费部分的学生转换成新的国家统一招生计划后，学校培养学生所需经费没有相应来源。现行高校经费拨款，是按照国家任务部分的学生人数为依据计算财政拨款经费。为了弥补学校收入减少造成的经费不足，财政部下达招生并轨补助经费1116万元。（吴　今）

【国家林业局部门统贷基建基金借款转为国家资本金】

1995年，林业部向财政部统借中央级基本建设经营性基金本金6100万元用于直属企事业单位发展林业事业，1995～1998年发生利息325.3万元。1998年，根据国家计委、财政部《关于中央级基本建设经营性基金本息余额转为国家资本金的实施办法》（计投资[1998] 15号），经国家计委、财政部批准其中本息余额757.8万元转为国家拨款，本息余额5667.5万元转为国家资本金。此次转资本金和拨款后，减轻了林业行业企事业单位的债务负担，有利于企事业单位经济的快速健康发展。（郝雁翎）

资　产　管　理

【森林资源资产化管理职能划归国家林业局承担】

1998年机构改革，国家国有资产管理局并入财政部。财政部的“三定”方案中明确将原国家国有资产管理局承担的森林资源资产化管理的有关职能交给国家林业局承担。

森林资源资产化管理作为一项新工作，自1993年底启动以来，在原林业部和国家国有资产管理局的通力合作下，做了大量的工作，取得了较大的进展。针对森林资源资产化管理工作的复杂性和没有现成模式可借鉴的状况，通过大量的调查研究，确定了“由简到繁、由易到难”的工作思路，同时加强了宣传工作，以改变人们的森林无价、无偿占有使用的传统观念。重点研究探讨了森林资源资产会计核算、森林资源资产产权管理、评估管理及评估操作等问题，并出台了相应的规定和办法。同时，组织有关人员共同编写了森林资源资产评估培训教材，举办了培训班，为从事森林资源资产评估的人员颁发了第一批上岗证。

实践证明，上述已开展的工作，对加强和规范森林资源资产产权管理，维护森林资源资产所有者、经营者、使用者的合法权益，防止森林资源资产的流失起到了积极的作用，解决了实际工作中急需解决的问题。（丁立新）

精神文明建设

林业纪检监察

【综　述】　1998年，林业纪检监察部门按照中央纪委、监察部和国家林业局党组的总体部署要求，紧密联系林业部门的实际，进一步采取有力措施，坚持在突出重点、狠抓落实和整体推进上下工大，较好地完成了各项工作任务，取得了新的进展。

学习和教育　重点抓了中纪委二次全会和国务院第六次反腐败工作会议精神的学习贯彻，并采取多种形式开展宣传教育活动。全年共召开8次党组会议、9次局务会议和局长办公会议、2次纪检监察负责人会议进行学习贯彻。

2月9日，林业部召开了部机关及在京直属单位领导和纪检监察部门负责人会议。会上学习了江泽民总书记在中纪委二次全会上的讲话、李鹏总理在国务院第六次反腐败工作会议上的讲话，部党组成员、中纪委驻部纪检组组长李昌鉴同志传达了中纪委二次全会精神，党组书记、部长陈耀邦同志作了讲话，印发了1998年党风廉政建设和反腐败工作要点。

2月23～25日，在江苏省召开的全国林业系统纪检监察工作会议上，学习传达了中纪委二次全会和国务院第六次反腐败工作会议精神及江泽民总书记、李鹏总理的讲话，并结合林业部门的实际对全国林业系统1998年的党风廉政建设和反腐败工作作出了部署。

4月1日，由国家林业局党组书记、局长王志宝同志主持召开局制止奢侈浪费协调小组会议，认真学习中纪委《关于印发〈廉政准则补充规定〉的通知》和《关于狠抓制止奢侈浪费八条规定落实的通知》文件精神，对国家林业局贯彻落实制止奢侈浪费工作作出了具体部署，提出了明确要求。

10月9日，局党组召开局机关和在京直属单位主要负责人以及纪检监察部门负责人会议，传达中纪委、监察部贯彻落实制止奢侈浪费八项规定专项检查组9月14～24日对国家林业局进行检查后的反馈意见，并就进一步贯彻落实制止奢侈浪费行为八项规定工作再次提出要求，作出部署。

在认真学习贯彻党中央、国务院加强党风廉政建设和深入开展反腐败斗争的同时，为使党员干部进一步了解中央的部署要求和有关廉政规定内容，还采取多种形式，有针对性地开展了宣传教育活动。一是对党员干部进行了党性党风党纪教育；二是开展了党纪政纪条规教育。坚持把《廉政准则》、《中国共产党纪律处分（条例）》、《关于党政机关厉行节约制止奢侈浪费行为的若干规定》和《行政监察法》作为遵纪守法教育的重要内容进行了专题安排，组织在京各单位的全体党员干部参加了《行政监察法》知识竞赛活动；三是利用发生在身边的案件，对党员干部进行了典型案例教育。1998年，结合案件查处工作及时印发了三期通报，组织党员干部进行学习讨论；四是国家林业局党校坚持把党风党纪教育列为必修课，有针对性地对党员领导干部进行教育；五是驻局纪检组、监察局与直属机关纪委共同举办了一期纪检监察干部培训班，对纪检监察干部进行了业务培训。

反腐败三项重点工作

领导干部廉洁自律　国家林业局在清理通信工具方面，不仅摸清了底数，建立健全了通信工具配备范围、话费标准、使用管理方面的制度，而且严格按照有关规定进行了清理和处理。清理后，对局机关保留的212部公务住宅电话，在京23个直属事业单位的111部公务住宅电话，全部过户到个人名下，都实行了电话费限额包干、超额自负的办法，通信费用有了明显下降，仅局机关每年就可节约话费14.56万元。另外，局机关还清理移动电话50部，清理后，保留23部，对超额配备的27部移动电话，分别进行了作价、退还、销号处理。在京直属事业单位共清理移动电话70部，保留49部，作价处理给个人21部。在京企业共清理移动电话76部，保留68部；在严格控制会议方面，国家林业局严格按照制止奢侈浪费八项规定的要求，本着精简高效的原则，严格控制会议数量，压缩会议经费。局机关压缩和取消会议4个，节约经费66.5万元，建立

健全了会议审批制度。在京直属事业单位共压缩和取消会议11个，节约经费29万元。压缩和取消庆典2个，节约经费20万元。在严格执行公务活动接待标准方面，建立和完善了公务接待管理办法，明确了公务接待就餐标准和审批权限及程序，比1997年节约经费18万元。财务单独列户的18个直属事业单位，也都已按财政部的规定将招待费单独列支；在严格控制公费出国（境）方面，局机关和在京直属事业单位，全年共压缩或制止公费出国（境）7批46人，节约经费136万元。中纪委贯彻落实八条规定检查组对国家林业局检查后，给予了充分肯定和高度评价。

局机关和在京直属单位纪检监察部门根据党中央的要求，围绕落实制止奢侈浪费八项规定和《廉政准则》，狠抓领导干部廉洁自律工作，使领导干部廉洁自律意识不断增强，工作不断深入。一是坚持把加强教育作为重要环节来抓，努力增强领导干部拒腐防变的能力。各单位始终把强化思想教育作为加强领导干部思想道德防线建设的根本措施，紧密围绕机构改革、《行政监察法》知识竞赛、学习'98抗洪英雄事迹、开展"三讲"教育等活动对党员干部进行了党性党风党纪方面的教育，进一步提高了党员干部反腐倡廉的自觉性。二是坚持在抓好民主生活会各个环节的工作上下工夫，进一步提高了民主生活会的质量和效果。在召开民主生活会时，坚持做到了会前搞好动员安排，广泛征求群众意见，及时将意见反馈给领导班子和领导个人，认真作好准备，会上对照廉洁自律有关规定逐条自查自纠，会后坚持认真搞好整改。局机关和在京直属单位共有187名司（局）级领导干部参加了民主生活会，占应参加人数的94%。

查处领导干部违纪案件　1998年驻国家林业局纪检组、监察局及在京直属单位共收到举报信件（含来访和电话举报）269件，初步核实48件，立案5起。其中驻局纪检组、监察局收到群众举报206件，转各省（区、市）林业主管部门办理135件，直接受理71件。在直接受理的信件中，由驻局纪检组、监察局直接办理的有54件。在自办案件中，已进行初步核实的有22件，立案查处3件，了结15件，正在查核的7件，其中涉及处以上领导干部的有20件，给予党纪和政纪处分的1人，政纪处分的1人，正在处理过程中的1人。

纠风工作进一步深入　根据中纪委、监察部和国务院纠风办的部署要求，结合林业行业的实际，国家林业局下发了《关于进一步加强林业系统治理公路"三乱"工作的通知》和《国家林业局关于进一步规范木材凭证运输管理有关问题的通知》。围绕木材检查站执法程序、文书案卷管理、"收支两条线"等开展了检查。1998年驻局纪检组、监察局与资源司先后派出6个检查组，对9个省（区、市）的近百个木材检查站进行了检查。对检查出来的问题，立即与当地有关部门协商解决。对新闻曝光反映的黑龙江省和江西省木材运输检查方面出现的问题，进行了督办，并及时向国务院纠风办报告了处理情况。在重点抓好治理公路"三乱"的同时，还积极开展了减轻林农和企业负担工作。

执法监察工作　1998年，围绕国家林业局的重点工作，驻局纪检组、监察局与有关业务司（局）共同开展了以下几个方面的执法监察工作。①1998年11月下旬至12月上旬，由国家林业局牵头，国务院秘书局、最高检察院、最高法院、监察部、国土资源部等部门组成5个联合检查组，对云南、贵州、海南、湖北、江西、内蒙古、黑龙江、新疆、甘肃等10个省（区）贯彻落实《国务院关于保护森林资源制止毁林开垦和乱占林地的通知》情况进行了执法监察。②对贯彻落实制止奢侈浪费八项规定情况进行了专项检查。在1998年初对各单位进行全面检查的基础上，6月份，由局机关组织3个检查组，对9个司（局）及企事业单位进行了抽查。7月中旬，又一次组织检查组对机关和4个直属单位进行了检查。③对贯彻落实中央办公厅、国务院办公厅、中央军委办公厅《军队、武警部队不再从事经商活动的实施方案》及中央办公厅、国务院办公厅《关于中央党政机关与所办经济实体和管理的直属企业脱钩有关问题的通知》的贯彻情况进行了监督。④驻局纪检组、监察局派人参加了国家林业局机关的机构改革工作，并对群众举报机构改革中的问题进行了检查。⑤对群众反映的办公大楼、购买职工住房以及机构改革前夕提干等方面的情况进行了检查，并及时向中纪委进行了汇报。

党风廉政制度建设　1998年国家林业局先后制定了《林业部机关住宅公务电话管理试行办法》、《国家林业局特殊岗位工作人员住宅公务电话补助管理办法》、《国家林业局关于加强领导干部移动电话使用管理有关工作的通知》、《国家林业局机关公务接待暂行办法》、《国家林业局关于增收节支制止浪费支援抗洪救灾工作的通知》等。驻局纪检组、监察局重新修订和健全了工作制度。国家林业局还进一步加大了对干部离任审计的工作力度，1998年共对12名企事业单位领导进行了离任审计，对审计中发现的问题及时进行了纠正和处理。

（张秀斌）

林业思想政治工作与精神文明建设活动

【综　述】 1998年，林业行业精神文明建设和思想政治工作坚持“两手抓，两手都要硬”的方针，紧紧围绕林业改革和建设的中心开展工作，取得了一定成绩，有了新的进展。

继续深入学习邓小平理论和党的十五大精神 通过学习和教育，使广大干部职工，特别是领导干部进一步解放了思想，转变了观念，在指导林业沿着正确方向进行改革和建设等方面取得较好的成效。各地各单位对学习十五大精神和邓小平理论都做出了系统的安排。浙江省林业厅发出了《关于学习贯彻十五大精神，深化党性党风教育的通知》，在全省林业系统掀起学习邓小平理论，学习十五大精神的高潮。河北、新疆、甘肃、北京、辽宁等省（区、市）林业厅针对本地区本单位存在的实际问题提出具体的贯彻意见和工作思路。吉林省敦化林业局积极开展“解放思想，转变观念”的大讨论，对一些陈旧的思想观念进行排、查、摆、议，提出帮助职工转变旧思想观念的办法、措施，并积极引导他们树立适应社会主义市场经济发展需要的新观念。广东省林业厅围绕广东林业的二次创业展开研讨，提出用党的十五大精神和邓小平理论中关于“解放思想，实事求是”的理论精髓来统揽广东林业二次创业的改革和发展。黑龙江省大兴安岭地区塔河林业局等6个单位组织形势任务教育报告团赴基层巡回报告，深受群众的欢迎。

国有森工企业普遍开展了以实施生态建设工程和天然林保护工程为中心的宣传教育 自1998年两大工程实施以来，各国有森工企业和林业主管部门都普遍开展了两大工程的宣传教育。龙江森林工业集团、大兴安岭林业公司、中国吉林森工（集团）总公司等单位以不同形式加大了宣传力度。大兴安岭林业公司和地委宣传部，制定了《实施天然林保护工程宣传提纲》，共分5个部分：实施天然林保护工程的伟大意义；实施天然林保护工程的指导思想、奋斗目标和实施标准；工程的主要内容；工程的资金投入、配套政策、措施；实施两大工程是大兴安岭地区各级党组织、广大党员和干部群众光荣而神圣的使命，把这一跨世纪的战略任务落到实处。黑龙江省林口等林业局根据森工总局关于加强实施天然林保护工程宣传力度的部署和要求，大力开展“保护大森林，维护生命线，树立新观念”的大讨论，他们本着广度与深度相结合、理论与实践互相促进的原则，对大讨论做出精心安排，要求从领导班子、党员干部、职工群众3个层次进行讨论。为了配合和推动大讨论，他们利用各种宣传媒体和宣传工具，努力创造大讨论的声势和轰轰烈烈的局面。领导干部带头，党员发挥模范作用，对广大职工进行宣传教育，同时，对思想不通的同志进行耐心细致的思想政治工作，进行答疑解惑，化解了矛盾，提高了认识，转变了观念，进而在全局上下形成了人人为实施天然林保护工程献计出力的局面。

实施两大工程，一些森工企业和大型国有林场，都要采取大幅度减少采伐量，实行减人增效工程，因而有相当多的职工要面临下岗、转产、再就业。各地各单位都围绕林业改革和建设中的这个中心任务努力开展思想政治教育，积极寻找就业门路。中国吉林森工（集团）总公司提出，以再创业为全年工作的主旋律，为保证天然林保护工程的顺利实施，他们首先在全省森工系统开展形势教育，把实际情况告诉职工，把形势讲透。松江河、三岔子、湾沟林业局根据集团公司的要求，开展森工企业前途、命运的大讨论，各局长分片下去讲形势，通过讨论和讲形势解除了部分职工的困惑，认识到天然林不保护不行了，森工企业不减产不行了，实施两大工程，是林业的大局，是国家的大局。其次，把发展前景讲够。围绕保护资源、发展资源讲发展，使广大职工看到林业的美好前景，使他们树立起信心，并且要以伟大抗洪的精神实现林业的再创业。再次，抓转岗分流，实行综合开发，扩大就业门路。森工集团公司党委宣传部组织再就业报告团，请下岗转岗再就业的职工作讲演报告，通过他们再就业的事迹教育广大职工群众。松江河林业局组织再就业讲演比赛，教育职工、启发职工。该局全年有7000多人下岗，已有4000多人实现了再就业。

加强调查研究 1998年的第二、第三季度，林业部正在积极进行机构改革时，政治思想工作办公室的同志仍然坚持抓好研究工作，利用开会的机会，比较全面地了解全国林业行业思想政治工作的情况，同时还到吉林省延边州林业管理局和中国吉林森工(集团)总公司的一些林业局进行调查研究，掌握第一手材料。

各地政研会和政工部门，按照国家林业局的要求和安排，以林业职工普遍关心的热点、难点问题为课题，积极组织职工开展研究工作。通过调研，掌握本地区本单位职工思想的基本情况，并有针对性地提出了解决的途径、办法和措施，增强了思想政治工作的时效性。为了交流各地的研究成果，推动行业思想政治工作的开展，1998年根据年初的计划，分别按东北、东南、华北和西北及西南四大片组织开展区域性的课题研究和协作，并召开研讨会，其共同特点：一是研讨的课题和本地区本单位的实际更贴近了，都是当前林业职工最关心的思想问题。二是每个研讨会都涌现出一些水平较高的研究成果，比如：江西省林业厅的“关于当前林业职工的基本心态及其对策”、中国林业科学研究院热带林研究中心的“以经济建设为中心，切实抓好思想政治工作”、吉林省延边州林业管理局的“关于对当前企业职工思想状况的调查与建议”等，对本地区本单位林业职工思想政治工作有很强的指导、示范作用。三是各级领导对思想政治工作越来越重视，参加这项研究工作的人员越来越多，撰写论文的不仅有政工干部，包括机关、企事业等单位的行政、业务干部，每次研讨会都有厅（局）级领导参加，并亲自撰写论文。

为了进一步推广研究成果，对1997年评选出的优秀研究成果，于1998年上半年编辑出版了《林业行业思想政治工作优秀论文选编》，发送各地林业部门参阅。

积极开展争先创优活动　为迎接建国50周年，全面反映50年来林业行业两个文明建设成果，树立林业行业先进典型，塑造当代林业职工的崭新形象，推动林业行业两个文明建设的健康发展，1998年初国家林业局作出在全行业深入开展“树典型，学先进”活动的决定，并发出通知，要求各部门、各单位积极行动起来，树立林业行业两个文明建设的先进典型，并利用广播、电视、报刊以及巡回报告等形式进行宣传，扩大影响，教育广大职工发扬“艰苦创业，无私奉献”的行业精神。同时向国家林业局推荐一二位先进事迹特别突出的林业先进模范人物。全国共有21个省（区、市）林业厅局推荐出54位先进模范人物。他们当中有最基层的治沙造林模范，有林业科技工作者，有多种经营致富的带头人，有爱岗敬业的好干部、好工人。甘肃、黑龙江、新疆、广东、湖南、吉林等省（区）林业厅都有计划地开展了评选表彰林业行业思想政治工作优秀单位、优秀工作者的活动。黑龙江省森林资源管理局在“精神文明建设实施规划”中规定：今后每年评选“优秀公仆”、“敬业爱岗模范”、“生产技术能手”、“信得过小队长”等先进模范人物各10名，并从中选出代表组成局巡回讲演报告团，到林区基层和生产第一线作巡回讲演。内蒙古大兴安岭林业管理局在全林区开展“林区职工职业道德”十佳标兵和十佳单位的评选活动。中国龙江森工集团总公司开展“搞好二次创业，振兴龙江森工”专题片展播和评比活动，集中宣传一批“二次创业，治危兴林”的典型单位和个人。福建省林业厅组织了全省林业系统先进模范人物演讲报告团，收到很好的效果。

与此同时，还积极向中宣部和中国政研会等上级单位推荐林业系统精神文明建设和思想政治工作的先进单位和个人。江西省林业政研会、湖南省林业政研会秘书长王国斗、北京市林业政研会副会长李振瑜分别获得中国政研会颁发的“政研会工作奖”；国家林业局政研会林万春同志获得中国政研会颁发的“开拓创业”荣誉证书；福建省福州人造板厂党委书记杨先耳同志获1998年度“半月谈思想政治工作创新奖”。

进一步落实了“全国边疆地区国有森工企业文化长廊建设规划”　1998年是文化长廊建设实现第二步（1998～2000年）建设目标的头一年。在巩固、利用原有的文化设施的基础上，对确实不适应需要的文化设施进行了改建、扩建，进一步充实文化设施，扩大文化阵地。为把第二步头一年的工作做好，国家林业局安排非经营性资金100多万元补助经济较困难的吉林省珲春林业局、临江林业局、黑龙江省东方红林业局、大兴安岭塔河林业局的文化建设。政治思想工作办公室的同志还到延边林业管理局、珲春、松江河、临江林业局调查了解了文化长廊建设规划实施的情况。总的看，文化长廊建设工程已在边疆地区国有森工企业扎了根，得到各级领导和职工的重视，群众文化活动有了新的发展，文化设施得到一定程度的完善。　（林万春）

林业行业宣传

【综　述】　1998年是林业部行政机构发生重大变革的一年，也是林业发展挑战和机遇并存的一年。林业宣传工作始终围绕林业建设的中心任务，根据局党组对宣传工作的部署，组织了一系列宣传活动。全年新闻报道量有所增加，文艺、史志宣传更加活跃，宣传面进一步扩大。全年中央新闻单位发表林业报道1600多篇（条），其中：新华社国内部180多篇、国内动态清样90多篇，人民日报140多篇，中央人民广播电台250多篇，中央电视台430多条（集）。首都各大报纸编发林业专栏、专版30多组，中央电视台“新闻联播”播发林业新闻98条，制作、播出“焦点访谈”9集、“东方时空”6集、“经济半小时”10集。从宣传内容上主要做了以下几方面的工作：

强化了林业地位与作用的宣传　针对社会对林业地位和作用认识不足的现状和巩固林业机构和职能的需要，年初起即组织中央主要新闻单位进行采访，从不同角度宣传林业的地位、作用和林业部门的行政职能。2月份中央电视台播出“造林固山川”和“边造边毁几时休？”2集焦点访谈节目，重点反映了森林植被的破坏是造成长江上游水土流失严重的主要原因的事实，

在社会上产生了较大影响。植树节期间开展了"建设山川秀美的生态环境"主题宣传活动,组织中央电视台焦点访谈节目组拍摄制作了"救林如救火"、"补贴到手、斧锯出手"、"绿遍青山人未老"3集节目,再次集中反映了长江上游森林植被破坏造成严重水土流失的问题。洪水灾害发生后,又立即集中力量投入了洪灾与森林的报道,向中央各大新闻单位提供了大量阐述洪灾与森林的新闻背景材料。经济日报率先推出专版"治水之本在山　治水之道在林",中国青年报刊发长篇报道"水灾给我们上了一课",首都各大新闻单位纷纷发表文章,通过洪灾原因的分析,对林业的地位和作用进行深入探讨,形成了强大的社会舆论,林业一时成为全社会关注的焦点。

开展《森林法》修正案的宣传　全国人大常委会正式通过的《森林法》修正案,在人民日报全文发表,并配发了评论。专门召开全国林业宣传工作座谈会,研究落实宣传《森林法》的具体措施,配合有关单位组织"贯彻实施《森林法》座谈会"的宣传报道,联合中国青年报、法制日报、中国绿色时报开展《森林法》有奖知识竞赛,共收到答卷12万份。编辑出版《森林法》宣传挂图4万余份,发往全国各地。各省(区、市)广泛开展了《森林法》宣传月和街头宣传咨询等活动,在全国掀起了学习宣传贯彻《森林法》的高潮。

组织开展了"跨世纪保卫绿色行动"宣传活动　"跨世纪保卫绿色行动"是国家林业局为贯彻落实国务院8号电报精神而部署的重点宣传项目,也是1998年宣传工作的重点工程,对此宣传中心精心策划行动方案,及时组织采访报道。重点组织了海南万宁市毁林开矿,三亚市破坏红树林,广西崇左县农民侵占国有林场,黑龙江航运公司违法运输木材,云南迪庆藏族自治州继续采伐天然林,贵州镇雄县国有林场被长期偷砍盗伐等典型事件采访,制作"焦点访谈"9集和十几集新闻、专题节目。同时联合中央新闻单位开展了"跨世纪保卫绿色行动——让绿色护卫京津"专项大型采访活动,出动记者40多人次,采访3省(市)领导,召开高级专家座谈会,发表稿件60多篇,引起河北、天津和北京各级领导、各方面专家和广大群众对建设山川秀美的京津地区的广泛关注。

组织"天然林保护工程"的宣传报道　在全国林业厅(局)长会议暨林业计划会议期间,对即将实施的天然林保护工程作了重点报道,随后组织中央新闻单位记者到天然林区进行先期采访,为国务院批准工程实施方案提供详尽的第一手资料。四川省率先启动天然林保护工程,在对四川省采访报道的同时,还组织对云南、甘肃、吉林、大兴安岭等地保护天然林情况进行报道,人民日报在要闻版发表了"追踪四川禁伐令"、"禁伐之后访云南",中央电视台"新闻联播"、"中国新闻"、"经济半小时"节目均对天然林保护工程作了重点报道,保护天然林成了全社会的热点话题之一。

组织林业重点生态工程的宣传报道　植树节前后,组织新闻单位播发了"我国生态环境建设步入工程化规模化发展轨道"的新闻,结合世界防治荒漠化与干旱日,对我国荒漠化的严峻形势和防沙治沙工程进行集中采访,产生了一定的社会影响。配合全国政协京九绿化工程考察团对京九沿线的造林绿化进行了采访,拍摄制作专题片"情系京九　聚焦绿色"。为推动"三北"防护林工程建设,组织30多位记者对纪念"三北"防护林工程建设20周年座谈会及时进行报道。

组织纪念改革开放20周年的宣传报道　在中央电视台新闻联播栏目播发了"历史的跨越——改革开放20年林业建设取得重大成就"专题新闻。配合有关部门举办"改革开放20年外商投资林业成就展",拍摄制作专题片"开拓绿色"。组织参加"改革开放20年系统职工美术、书法、摄影艺术大展",推荐作品30多件。

(董启昌)

【林业电视宣传】　1998年林业电视宣传紧密围绕林业中心工作,在提高林业执法地位和跨世纪保卫绿色行动方面提高了报道声势,扩大了宣传效果。1998年,中央电视台第一、第二套主要新闻栏目播出林业新闻438条(集)。第一季度报道重点是,全国掀起义务植树高潮;我国生态环境建设步入工程化发展轨道;海南万宁市毁林挖钛,海防林遭严重破坏。第二季度报道的重点是,党和国家领导参加全民义务植树活动;全国各地再掀造林高潮;世界防治荒漠化与干旱日系列报道;野生动物保护连续报道;内蒙古火灾现场跟踪报道。第三季度报道重点是,修改后的《森林法》颁布实施;国务院发出《关于保护森林资源制止毁林开荒和乱占林地的紧急通知》;四川、甘肃等地陆续启动天然林保护工程。第四季度报道重点是,"三北"工程20周年巨大成就;改革开放20年林业建设成就辉煌。1998年电视宣传报道特点是,正面报道和舆论监督相结合;一般日常报道与连续系列报道相结合;中央大政方针报道与地方典型事例报道相结合,提高了报道效果。尤其是"焦点访谈"分别于2月27日播出"造林固山川——关于金沙江水土流失的调查"、4月4日播出的"边造边毁几时休"、4月19日播出的"山绿了,眼红了"、5月23日播出的"来自火场的报道"、8月5日播出的"把根留住"、8月29日播出的"违法运输,指山卖木"等节目,对当前制约林业发展的一些突出问题进行了集中深入的报道,进一步唤起了全社会对林业事业的密切关注,得到了中央领导同志的高度重视,使一些长期悬而未决的矛盾和问题得到了解决,有力地推动和促进了林业改革和建设事业的发展。尤其是8月1～3日,中央电视台"焦点访谈"首次连续播出林业题材的节目。节目播出后,引起了党和国家领导同志对林业的高度重视,8月2日晚"焦点访谈"节目刚播完"补贴到手、斧锯出手",朱镕基总理办公室立即给国家林业局局长王志宝同志打电话,询问节目反映的问题,要求国家林业局跟踪督办。"绿遍青山人未老"播出后，朱镕基总理在黑龙江视察抗洪救灾时专门接见了马永顺同志。朱总理说，我看了报道你的电视节目，你过去伐木是英雄，现在仍是英雄，是植树的模范。这是对马永顺同志个人工作的充分肯定和表扬，更是对一代伐木工人的公正评价。系列节目的播出，尤其是在水灾期间播出，为积极引导公众对森林与生态环境的关注起了很好的作用。全国林业系统组织广大干部职工收看了节目，节目涉及到的有关省进行了认真的整改。云南省省长李嘉廷迅速作出批示，成立了省政府工作组进驻迪庆州，专门调查处理"补贴到手、斧锯出手"涉及到的人员，全面纠正了天然林保护工作中出现的错误做法。10月23日，国家林业局召开专题研讨会，王志宝局长、李昌鉴副局长以及各司局主要领导、中央电视台新闻评论部领导和节目的编辑记者参加了会议，对系列节目的社会反响进行了总结，并就林业建设与舆论监督的关系进行了研讨。（曹清尧）

【与瑞典Sebra公司签订电视合作备忘录】 11月26日至12月3日，瑞典王国Sebra电影公司制片人Jonson先生来华访问了国家林业局宣传中心。通过会谈双方建立了电视节目拍摄制作、交流的合作关系，就双方相互的技术培训、节目拍摄达成了共识，签署了有关备忘录，并承诺，瑞方以其拍摄制作的8集电视系列片"世界林业"与中方的电视专题片"绿染中华"、"中国向荒漠进军"交换节目母带，分别授权对方公众播发权和另制作剪接权；可互派摄制组到对方拍摄制作电影和电视节目，所在国方应积极配合，并提供便利条件；双方可邀请对方到本国访问；初拟在1999～2000年，由双方共同出资合作拍摄制作一部"世界自然遗产——中国的自然保护区"电视系列片。（曹清尧）

【《中华大典·林业典》在京立项启动】 《中华大典·林业典》于9月1日经《中华大典》工作委员会和编纂委员会审定在京通过立项。

《中华大典》是由众多专家学者倡议，经国务院批准编纂的国家重点图书出版项目。该书是一部参照现代学科划分的百科全书性的大型工具书，所收书目上自先秦，下迄辛亥革命，集中华民族文化之精华，约7亿字，是对我国历代典籍的全面科学和系统的分类整理及资料性的汇编总结，是新中国成立以来最大的一项文化出版工程。

《林业典》是《中华大典》所规划的22个典中第一批开始编纂的典，也是相继启动的第11个典和自然科学类的第一个典。为保障《林业典》编纂工作的顺利开展，国家林业局为此配备一定经费，并成立了以王志宝局长为主任，各省厅、参编院校领导为委员的《林业典》编纂委员会，下设办公室，挂靠在宣传办公室，具体负责、协调《林业典》的编纂工作。《林业典》的编纂是一项浩瀚工程，成书字数近1000万字，编纂时间约5年左右。（杨玉芳）

【著名书法家情系国土绿化联谊会】 1998年，国家林业局决定在北京西山建立"绿化功臣碑"。为配合功臣碑的建立，宣传植树造林模范，号召全社会关注、参与国土绿化，全国绿化委员会、国家林业局宣传办公室、中国书法家协会、中国林业文联联合举办了"著名书法家情系国土绿化联谊会"。

联谊会于1998年9月16日在北京昆仑饭店举行。出席联谊会的有国家林业局副局长李昌鉴，全国绿化委员会、国家林业局宣传办公室、中国林业文联的领导，中国书法家协会沈鹏、李铎、刘炳森、张虎、刘艺、傅家宝、于曙光、谢云等著名书法家。会上，李昌鉴副局长对书法家关心林业、关心国土绿化的行动予以高度评价，中国书法家协会副主席刘艺发表了热情洋溢的讲话，代表书法界表达了对国土绿化事业的关注和支持。各位书法家纷纷挥毫泼墨，为绿化功臣碑题写匾额、碑名，表达了他们情系国土绿化之心。

（段兆刚）

【编绘新《森林法》宣传挂图】 1998年4月29日，第九届全国人民代表大会常务委员会第二次会议通过了《全国人民代表大会常务委员会关于修改〈中华人民共和国森林法〉的决定》，修改后的《森林法》于1998年7月1日起实行。

为配合国家林业局加大对新《森林法》的宣传力度，国家林业局宣传中心组织编绘了新《森林法》宣传挂图。新《森林法》宣传挂图彩色、大四开、一套4张，形象生动，便于张贴，适合于城市、乡村、林场、大中小学、街道等各种层次宣传。7月1日前，三万套挂图发行到了全国地方、基层各级林业部门，及时有效地配合了各地组织的新《森林法》宣传活动，大大增强了宣传效果。（段兆刚）

【"改革开放20年利用外资成果展"林业展】 1998年是我国改革开放20周年，国家经贸委组织了"纪念改革开放20年利用外资成果展"。20年来，林业生产建设取得了令人瞩目的成就，其中利用外资加速林业建设功不可没。外资投资领域涉及营林、造林、林产工业、林业机械、多种经营等，极大地弥补了林业建设投资不足，丰富了林产品市场，促进了林业外向型经济发展。截至1996年，林业系统共利用外资总额21亿美元，其中外国政府贷款2亿美元，世界银行贷款6亿美元，外商直接投资8亿美元，国外无偿援助5亿美元。在这次展览中，林业展区获得了最佳设计装修奖和优秀组织奖。（段兆刚）

【纪念改革开放20周年全国产业系统美术、书法、摄影艺术大展】 由中国文联、中国美协、中国书协、中国影协主办，全国16个产业部委（局）文联（文协）参办的“纪念改革开放20周年全国产业系统美术、书法、摄影艺术大展”于1998年12月22～27日在北京中国美术馆展出。此次大展共有930件作品入选，展出了其中的465件。中国林业文联共有60件作品入选，其中30件参展。

中国林业文联从1998年初就着手这次大展的准备工作，先后从各级林业部门征集了国画、油画、版画、书法、摄影作品300余件，并聘请了有关专家组成评审小组对作品进行了审定，评选出美术、书法、摄影作品各20件，送大展筹委会，经大展评委会从中评选出美术、书法、摄影作品各10件共30件在中国美术馆正式展出。林业文联的参展作品均为林业系统基层工作者创作，体现了浓郁的林业特色和森林气息，受到了林业职工及社会各界的好评。 （王铁成）

林业出版

【中国林业出版社】 1998年，在国家林业局党组和局领导的关怀支持下，在社党委统一领导下，认真贯彻落实党的十五大和十五届三中全会精神，发扬伟大的抗洪精神，全社干部职工团结一致、振奋精神，按照社党委关于中国林业出版社深化改革、促进发展的总体思路，围绕1998年图书生产任务指标，注重选题调整，优化选题结构，加大制度约束力度，进一步转换经营机制；注重质量，健全并完善质量检查体系；促进队伍建设，提高全员素质，做了大量工作。在国家林业局机构改革过程中，做到了认识明确，思想稳定，工作不松，较好地完成了全年的各项任务。

图书的出版和销售势头很好 截至1998年底，共完成图书出版324种，其中新书197种，重印书127种，重印书占全年出书品种数量的40%，生产图书总码洋3084万元，比1997年增长了14%。《中国造林技术》、《中国森林昆虫》等7种图书荣获国家林业局科学技术进步奖；《中国果树志·枣卷》荣获省级科学技术进步奖。“果树设施栽培丛书”中的4种科普读物，在团中央和新闻出版署共同组织的评选活动中，被评为“农村青年最喜爱的科技图书”。1998年的图书出版品种总量得到了适度控制，增强了市场意识，图书结构进一步向适应市场的方向调整；经济增长方式进一步向提高重印率的方向转变；立足本专业，面向大科技，以精品树名牌，以质量求生存，抓“两头”的编辑出版思路，得到了进一步的落实。

国家和社重点图书的编辑工作稳步发展，一些精品图书充分展示了本社编辑出版的水平和实力，受到了出版行业和社会读者的充分肯定。面向林业建设，针对图书市场，科普图书的出版也取得了新的进展。为配合林业法制建设，及时出版了《中华人民共和国森林法》（一年内重印5次，印数11.8万册），以及有关林业政策与林业法制建设的读物。这些图书的相继出版，丰富了本社科普读物可供图书市场需求的品种数量，体现了面向农村、面向林业、促进林业生产技术提高的指导思想。

此外，本社温晋同志获得全国第三届“中青年优秀编辑”、陈利同志获得全国第二届“百佳出版工作者”的光荣称号。特别值得庆贺的是中国林业出版社是新闻出版署表彰的全国150家良好出版社之一。

图书销售仍然保持良好势头，并有了新的突破。据统计，截至1998年底，发行部共销售图书总码洋1231万元，首次突破千万元大关，比1997年多销售385万元，增长45%；回收款733万元，比1997年增加133万元，增长22%。无论是图书销售总码洋，还是回收款都比1995年翻了一番，这是一个很大的成绩，是编辑部和发行部共同努力的结果。

改革开放和内部管理工作又有了新的进展 一是坚持办社宗旨，组织全社编辑力量，认真进行了“九五”重点选题规划的调整工作。二是加快了对外合作的步伐。自1997年与加拿大UBC出版社签订了合作协议以来，图书代理销售工作已取得了一定的成果。与此同时，与欧洲NHBS等图书代理销售商的合作也比较成功。全年累计向国外销售图书收入12.8万元（1.5万美元），图书现已销售到美国、加拿大、日本、新加坡、英国、法国、西班牙、德国、瑞士、意大利、荷兰等国，还有几家出版商表示愿意与本社合作。1998年10月成功地组织参加了法兰克福国际书展，进一步加强了本社与国际学术出版间的交流，并确定了一些图书引进版权的意向。三是贯彻党的十五大精神，适应改革发展的需要，于1998年年初在全社范围内完成了第二轮全员聘任工作，调整了处室设置和人员编制结构，减少了管理人员，坚持按岗聘用，优化了劳动组合。四是财务管理，1997年税务稽查和原林业部审计之后，在认真总结经验的基础上，加快了从旧的会计制度向新的会计制度转换的工作。将社财务与发行部内部进行改革，财务帐目合并，统一了科目设置，基本做到全社财务信息完整、及时地汇集和报告，为社领导经营管理决策提供完整、准确的财务依据。同时还建立和健全了出版社内部的管理制度，制定了《编辑费用管理办法》、《事业费用管理办法》等。五是发行部内部进行改革，调整了业务分工结构，对全国新华书店实行分片管理，指标、责任、利益落实到人，效果明显。六是对教材的编辑出版工作加强了管理。七是完善了编辑出版工作的管理制度。进一步完善了对编辑出版业务的管理。八是深化改革，规范管理，确保了政策的连续性。九是在社党委的直接领导下，妥善解决了一些全社干部职工关心的热点、难点问题。

继续抓好干部队伍建设 一年来，党委在1997年工作的基础上继续把干部队伍建设作为一件大事来抓，做了大量工作。一是按照国家林业局的统一部署，年初对处以上干部进行了认真考察、考核，并经党委研究逐个作出了评价；二是根据本社实际，经过对后备干部的考察推荐调整了中层领导班子，选拔了一批青年干部充实到领导班子，使中层领导干部年龄结构发生了明显的变化。

把党的建设和精神文明建设提高到一个新水平 1998年，在社党委的统一领导下，以加强党员领导干部的思想政治教育为重点，继续抓紧党风廉政建设和反腐败斗争，积极开展精神文明创建活动，有力地保证了各项工作的顺利开展。（王宏祥）

【《中国主要人工林树种木材性质》】 鲍甫成、江泽慧等著。本研究专著是在国家"八五"科技攻关课题"短周期工业用材林木材性质研究"的研究成果基础上著述而成的，是对我国主要人工林树种木材材性进行了多树种、多地域、多领域、多内容的全方位研究所取得的丰硕研究成果的系统论述，是一部与人工林林木定向培育和木材高效利用紧密结合的木材材性方面基础研究专著。它一方面可为工业人工林林木定向培育、集约栽培提供科学依据，另一方面可为工业人工林木材科学加工、高效利用提供理论指导。著者从木材解剖、化学、物理、力学各方面全面揭示了我国人工林木材材性特点及其幼龄材与成熟材、天然林木材与人工林木材的材性差异规律；从种源、种群、无性系各层次上揭示了我国主要人工林树种在不同遗传结构层次上的材性变异规律；从不同立地条件、种植密度、间伐强度、施肥方法、土壤类型等方面揭示了栽培措施对人工林主要树种木材材性影响规律；从木材株内自身生长发育阶段的材性变化规律提出了我国主要人工林树种木材材性早期预测方法；从木材物理力学和化学性质出发，探讨了人工林树种木材材性对制浆和制胶合板的适应性及其优化工艺条件。

本研究专著出版后，于1998年获得了国家林业局科技进步一等奖。（徐小英）

【《中国森林·总论》(第1卷)】 《中国森林》编辑委员会编著。本书由原林业部组织编写，成立了以著名林学家吴中伦院士为首的编辑委员会，集中全国数百名林学专家、学者，历经10余年编纂而成。全书分4卷出版，约400万字。第1卷总论，第2卷针叶林，第3卷阔叶林，第4卷竹林、灌木林、经济林。该书以森林生态理论为基础，森林志与森林学相结合，寓学于志，全面、科学、系统地总结了新中国成立以来林业工作者对中国森林调查研究的成果。

第1卷总论中的内容包括自然地理环境、森林变迁史、森林地理分布规律、森林资源概况、森林植物区系、森林分区、森林分类等重要篇章，为志述我国森林类型提供理论基础和指导原则，以便形成覆盖在中国大地上一个完整的森林生态体系，特别是在森林类型和森林分类的划分上进行统一的规范及界定，建立比较完整的森林类型编码系统，便于检索查询，这是我国林业战线上的首创，无疑，对科学经营森林、保护生物多样性将起到指导作用。森林植物区系是森林植物在自然条件下长期发展演化的结果，与生态系统一起发展，本书采用吴征镒院士最新的研究成果；森林分区则是集各家所长，从我国林业生产实际出发，为重新修订林业区划提供科学依据。（李德林）

【《中国树木志》(第3卷)】 郑万钧主编。该书是中华人民共和国成立以来我国树木学方面的一部巨著，被列入国家重点图书。它不但是林业工作者必备的工具书，而且是植物、农业、园艺、环境保护、医疗卫生等学科重要的参考书。该书从20世纪70年代开始编写，全书分4卷出版，共计800余万字，包括我国国产树种179科8000余种，第一、第二卷已分别于1983年和1985年出版。

《中国树木志》(第3卷)是由全国林业院校、科研单位、综合性大学生物系、中国科学院植物研究所等单位80多位植物分类学家、树木学家、林学家完成编写的。全书包括62个科的乔灌木树种。主要的科有榆科、桑科、椴树科、梧桐科、大戟科、山茶科、杜鹃科、桃金娘科、卫矛科、鼠李科等。对每个科、属、种的特征按顺序分别做了比较详细地记述。每个树种除描述其形态特征之外，还叙述了地理分布、生物学特性、生态学特性、林学特性、繁殖方法及经济利用价值，重要树种还介绍了栽培技术要点，绝大部分树种都配有大幅插图，书后还附有中文名称索引和拉丁学名索引。

（张宏潮）

【《中国果树志·李卷》】 张加延主编。该书是我国，特别是1949年以来，我国李种质资源及相关研究的阶段性总结。书中阐述了李的起源和演化、栽培历史、生物学特性、植物学分类、农业技术要点、果品加工等内容，重点阐述了李种质资源。其中李砧木种质资源中国李、樱桃李、欧洲李等共计13种；李品种和品系共735份。重点描述的共699份。

《中国果树志·李卷》是对中国李资源全面系统的调查研究的结果，首次记载了中国李的新变种和一些多倍体资源以及欧洲李的野生资源，明确了中国李属植物各种的数量与分布，对中国李的栽培历史、生物学特性及丰富的砧木资源进行了研究和整理。这些将对李的生产、教学及科研产生深远的影响。（朱崇胜）

【《中国果树志·荔枝卷》】 吴淑娴主编。该书是我国，特别是1949年以来，我国荔枝种质资源及相关研究的阶段性总结。书中阐述了荔枝的价值、栽培历史、地理分布、产地及分类、形态特征和生物学特性、栽培和果品加工要点、品种分类。重点阐述了荔枝种质222份，其中野生单株10个，云南褐毛荔枝4个，栽培品种、株系、单株208个。详细介绍了其来源、产地、分布、品种特性，并进行了评价。

该书是全面系统地调查研究的结果。在荔枝品种分类方面，通过考察野生荔枝果实形态的多个类型特点，以荔枝果实外观性状遗传性表现比较稳定的果实中部龟裂片、裂片峰特征为依据，归纳为果皮龟裂片尖突、隆起、平坦三大类，同时又划分为主栽品种、稀有品种和品系以及有特殊性状的单株等4类。本书的出版对荔枝的产前、产中、产后工作都有着十分重要的意义，对科研教学也有巨大的推动作用。（朱崇胜）

【《武陵源风景志》】 以张家界国家森林公园为核心景区的武陵源，位于湘西北张家界市。它以世界罕见的峰林地貌和美林秀水被联合国列入世界遗产名录，是我国重点风景名胜区之一。1998年6月，《武陵源风景志》由湖南省林业厅为主，联合张家界市人民政府经过3年努力完成首次编纂，由湖南人民出版社出版并公开发行。

该书应用方志学原理，吸取古今山水名胜志优点，实现了编纂的突破和创新。它以风景为主线，以旅游服务为主要目的，全方位介绍了武陵源的自然风光、人文景观和旅游建设。全书36.3万字，分为“景区景点”、“自然环境”、“民俗风情”、“文学艺术”、“名人览胜”、“旅游服务”、“建设管理”7个专题篇，卷首设“概述”，卷尾设“大事简述”和“辑录”。

该书的出版获得了社会好评。新华社和《湖南日报》、《湖南林业》杂志作了专题报道。张家界市人民政府为该书举办了首发式。湖南省地方志学会已将此书列入“湖南省第五届社会科学优秀成果评奖”项目予以申报。（廖振旅）

林业报刊

【《中国林业报》更名为《中国绿色时报》】 从1998年1月1日起，《中国林业报》更名为《中国绿色时报》。

《中国绿色时报》以“面向社会、面向世界、面向21世纪，为推进我国生态环境建设创造良好的舆论环境”为办报宗旨，以“顺应绿色潮流，荟萃绿色信息，倡导绿色时尚，共建绿色家园”为己任。

在今后相当长的时期内《中国绿色时报》宣传报道的主旋律是：

面向全社会，宣传贯彻江泽民总书记“全党动员，全民动手，植树造林，绿化祖国”的号召和中央关于“全社会办林业，全民搞绿化”的精神，宣传党和国家关于加强生态环境建设的战略部署，宣传以林业为主体的生态环境建设在可持续发展中的重要地位和作用以及全国绿委、林业部一个时期的重大决策和工作部署，报道全国生态环境建设的新成就、新经验、新情况、新问题，传递与生态环境建设各相关领域的经济、市场、科技、文化信息。

面向全世界，大力报道中国政府和中国人民有效培育保护、合理开发利用森林资源，发展绿色事业，维护生态平衡，推进生态环境建设的伟大实践和辉煌成就，介绍国际生态环境建设的先进经验和先进技术，积极促进生态环境建设领域的国际合作与交流，进一步提高我国在国际生态环境建设领域的声誉和地位。

面向21世纪，宣传保护生态环境的基本国策和可持续发展战略，增强社会公众特别是各级领导及一代代青少年的生态意识和可持续发展观念，推动《中国21世纪议程》的顺利实施，促进我国经济社会与生态环境建设的协调发展。

《中国绿色时报》以全社会所有从事、关心生态环境建设的人士为读者对象。当前主要包括：林业、绿化工作者；环境保护工作者；资源管理和保护工作者；绿色学科领域（含生态、环境、资源等）的教学、科研工作者，以及大中专院校相关专业的学生；各类绿色产业从业人员；各类绿色消费业从业人员；中小学师生和民间绿色社团组织成员及绿色志愿者；关心改善自身生存质量和生活质量的市民和工业化、城市化程度较高的发达地区的公众。

《中国绿色时报》的报道领域有：林业、绿化；环境保护；资源合理开发利用；可持续发展的相关领域（含绿色产业、绿色科技、绿色消费等领域）；社会公众普遍关心及与公众切身利益息息相关的社会生活领域等。（王左军）

【中央领导题词、题字或参与报社的有关活动】

1. 中共中央总书记、国家主席江泽民为《中国绿色时报》题写报名。为《中国绿色时报》题词的中央领导同志还有：中共中央政治局委员、国务院副总理姜春云，题词是："办好绿色时报，促进生态建设"；国务委员陈俊生，题词是："坚持正确导向，推进绿色事业"；全国政协副主席钱正英，题词是："让世界充满绿色"；全国政协副主席朱光亚，题词是："为改善人类的生存环境，做好普及宣传工作"；全国政协副主席万国权，题词是："珍惜自然资源，保护生态环境"。

2.1998年10月30日，全国政协副主席、统战部部长王兆国参加中国绿色时报社和中国光彩事业促进会、国务院发展研究中心农村部、北京大学化学院联合在北京召开的"SSAP与国土绿化"研讨会，并发表讲话。SSAP是超快速高吸水性树脂的英文缩写，是一种可以提高荒漠干旱地区植物抗旱能力的高科技产品。

（王左军）

【"行动起来　拯救黄河"活动】　中国科学院、中国工程院151位院士就黄河的严重断流问题，联名向全体炎黄子孙发出"行动起来，拯救黄河"的呼吁，呼吁书首发于1998年1月1日的《中国绿色时报》。随后，《中国绿色时报》对拯救黄河进行了一系列报道，引起国内外的广泛反响，为解决黄河断流，恢复黄河流域的生态平衡起到了积极的推动作用。（王左军）

【'98中国十大绿色新闻】　由中国绿色时报社、世界自然基金会共同评出'98中国十大绿色新闻：①中国科学院、中国工程院151位院士呼吁：行动起来，拯救黄河；②新森林法颁布实施；③天然林保护工程启动；④中央领导批示根治北京大气污染，加快京津及周围地区的绿化步伐；⑤国务院批准实施全国生态环境建设规划；⑥朱镕基总理赞扬马永顺由伐木英雄变为植树模范；⑦南北大洪灾引起全国人民对生态环境建设的高度重视；⑧国务院发出"保护森林资源，制止毁林开垦和乱占林地"紧急通知，跨世纪保卫绿色行动启动；⑨北方频遭沙尘暴，泥雨降临北京城；⑩濒危动物藏羚羊保护引起国内外广泛关注。（王左军）

【中华100棵名树公选养护活动】　中国绿色时报社与全国绿化委员会办公室、国家林业局宣传办公室、长岭集团联合主办了"长岭绿色世纪行——中华100棵名树公选养护活动"。继1997年在四川广安邓小平故乡册立中华名树——广安古银杏后，1998年先后册立为中华名树的有：广东省中山市孙中山故乡的"中山南国榕"，湖南省韶山市毛泽东故乡的"韶山参天松"，湖南省湘潭县彭德怀故乡的"湘潭元帅树"，陕西省黄陵县的"黄帝手植柏"。（王左军）

【《中国绿色时报》获奖情况】

1.7篇作品获第十三届中国产业报好新闻奖。由阳含熙、关君蔚等151位中国科学院、中国工程院院士撰写签名，由黎祖交、王左军编辑的《行动起来　拯救黄河》获一等奖；由黎祖交撰写的《中国绿色时报发刊词》获二等奖；获三等奖的有：《荒漠羚哀》（作者：康勇军，编辑：张一粟）、《长江黄河流域生态环境重点工程天然林保护工程启动》（作者：刘宁、孙友，编辑：陈廉）、《野生动物伤农事件呼唤解决途径》（作者：梅青，编辑：厉建祝）、《拯救黄河别忘了"杨家将"》（作者：张一粟、刘慎元，编辑：李树明）、《毒龙闹龙口　百姓苦不堪言　市长语惊人　污染不除辞职》（作者：高立鹏，编辑：海相涛）。

2.中国绿色时报在第三届中央部委产业经济报编校质量抽查评比中获优胜奖。

3.中国绿色时报社于1998年再次获中华环保世纪行组织奖。（王左军）

林 业 专 论

沉痛反思　矢志护绿

中国工程院院士　沈国舫

1998年夏季中国南北方同时发生的特大洪水，在中国历史上写下了悲壮的一页。虽然许多精确的数字还有待查明和统计，但对于普通老百姓来说，那一次接一次的洪峰，持续不下的高水位，大堤上临时栖身的无数灾民，军民团结护堤堵决的英勇拼搏……电视上展现的种种画面已不言自明，这是全中华民族遭受灾难的时刻，也是全中华民族遭受考验的时刻。现在我们的抗洪斗争已经取得了重大胜利，虽然付出了沉重代价，但却也保住了无数生命财产免遭损失，向全世界展示了我国有英明的领导，负责的政府，英勇的军队，能干的科技人员，团结一心的人民大众。一场与洪魔搏斗的恶战刚过，一场灾后恢复重建的持久战又将展开。在战斗间隙人们禁不住要反思，为什么我们要受到大自然如此严重的惩罚？今后我们能不能避免这种惩罚？减轻灾害的严重程度，我们为此该做些什么？

特大洪水来源于大范围的特大降水，为什么1998年在受灾地区出现这么多这么集中的大暴雨，涉及大气环流，温室效应，也涉及厄尔尼诺和拉尼娜的影响。这些科学道理还需继续探明，但目前人类除了降低温室气体排放量这一项长期行动外，还没有积极干预的有力方法和手段。但降水落到地面后如何分散径流，就地保蓄，延迟下泄，把河川流量控制在可控制范围内，让洪水就范于规定河道和湖泊（分洪区）顺利下泄，不酿成重灾，这些都是人类在现有科技和经济条件下可以做得到的，主要措施集中在水利建设和植被建设两大领域。但是，这些年来我们又做得怎么样呢？“惩罚”已经给了我们回答，做得不够好，有些地方甚至很不好！在水利建设方面我是外行，自有内行人来分析总结，而在植被建设方面，我们有义务说明，情况是很不理想的。我们近40多年来有过重大失误，而我们近年来采取的弥补措施速度太慢了，力度太小了，不足以使我们有适当控制洪魔的主动权。

痛定思痛，总结教训。首先我们不该开发地处长江黄河上游、青藏高原东侧的川西滇西北（也有部分涉及青海和甘肃）的原始森林。这片森林，面积巨大（控制面积约65万平方千米），生长繁茂，不少是由数十米高的巨木（以云杉、冷杉为主）与多层植物形成复层异龄混交林，林下有很厚的活地被及死地被（枯落物）层，具有很高的涵蓄水分的功能（植被加土壤一般每公顷可保蓄约1 000立方米水），而且有很高的生物多样性（珍稀动物大熊猫、滇金丝猴等就栖息于其内）。这样的一大片堪称国家宝藏的原始森林，本该为国土的长治久安、江河的稳定驯服提供有力的保障，却从50年代起遭到了破坏覆灭的厄运。当初为什么要“开发”这片原始林区，从川西的马尔康、米亚罗林区开始，逐步扩大到全地区范围，理由似乎很充分。一曰国家建设需要资金、需要木材；二曰原始老林已经开始腐朽，不伐白不伐。上到国家机关，下到省地县乡，当时都这样看这个问题。现在回过头来看，实在是太失策了。把森林仅仅当作是木材和财富的来源，这本身就是很近视，很狭隘的。而且原始老林的木材腐朽率高，这本是自然规律。老树（一般在300～400年以上）腐朽了，枯倒了，造成了林中空隙，小树就在此空隙中更新成长，生生息息，才构成复层异龄林。正是这些老树保护了其下的树子树孙们永续地占领这块土地。甚至枯倒的老树也是有用的，它既成了小树的养料来源，本身（包括在其上生长的苔藓等低等植物）也有保持水土的作用。西南地区的原始老林大多生长在地质条件复杂的陡峭山坡上，这就更突出了它保水护土的作用。一旦老林被连片砍伐，林下植被和土壤也经受创伤，水保蓄不住了，土也护持不住了，崩塌、泥石流等灾害就会接踵而来，再要恢复原来景观就难了。即使人工更新在积累经验的基础上取得了成功，但从森林采伐到幼林充分郁闭成林这几十年中，林地涵蓄水分能力大幅度下降；就是成了林以后，其功能也与原始老林比相差甚远。可惜，这些并不深奥的道理，当时掌握的人并不多。间有少数明白人提出来要对山地森林的开发规模和强度有所控制，要采取适用于复层异龄林的采伐方式（如择伐）等等，但因都被当时的开发投资紧、林道铺不开、要求开发成本低、收效快（所谓肥水快流）的现实局限而被束之高阁。于是大量人口进入林区，大面积无约束地开发原始森林终成定局。原始老林养活了一批人，给国家建设积累了一大笔当时很宝贵的资金。现在看来，这就是有利当代，而贻害子孙(其实也害了当代)的短期行为。

其次，60年代中期开始的三线建设进一步扩大和加剧了天然林区的破坏，这既涉及到西南林区(所谓金沙江林区开发会战)，也涉及到大兴安岭林区(所谓大兴安岭林区开发会战)，正好都是1998年大水灾的源头地区。在这里我们不去说对三线建设总体的评价，单说以会战的方式从全国各地调集人马集中开发江河上中游天然林区，在今天看来，简直是疯狂的行为。而在当初，却是作为国家建设的重大行动来执行的，反映了当时认识上的愚昧，尤其是当时国家的重大决策中，科学性、民主性都很差，有多少科技工作者的金玉良言听得进去？更多的人则是在当时的政治空气下连执言的勇气也没有，或者只是一味盲目服从，缺乏独立思考。

江河上游的植被破坏引起水土流失除了森林采伐以外最严重的就是盲目开垦了。客观上，有相当一段时期，人口失控，过多的人口进入或留在生态脆弱的山区、林区，又加上贫穷，于是不断地为了生存而乱砍(打柴)乱垦(开荒)破坏植被，加速土壤侵蚀，引起了严重恶果。如果问，长江中的泥沙主要从哪里来，回答应该是主要来自农业开垦的地区，如嘉陵江流域、沱江流域、乌江流域等等，当然金沙江流域的泥沙流量也很大。虽然，当时政府已有明文规定，对开垦土地有坡度限制，也有保持水土要求，但是根本控制不了。为了收获一点点粮食，许多上游山区的居民连很陡的坡也开了(以贵州毕节地区、云南昭通地区为最)，号称“挂壁田”，看到那种场景，那就对“长江变成了黄河”的说法不足为怪了。一些有识之士早就敲响了这个警钟，但短期行为为主导的动向并没有逆转，一些人满足于当时没有出大问题，另一些人满足于当时制造了几个好典型，还有一些人则停留在缺乏资金没有条件干的悲叹中。但是大自然的演变不以人的意志为转移，满足和悲叹并不能改变局面，还是发展成了一江黄汤向东流的局面，水库填满，河道淤塞，湖泊萎缩，一些江段成为了悬河，一把利剑时刻悬挂在中国人民的头顶上。

其实，恩格斯早在上一世纪在《自然辩证法》中就发出了毁灭森林会引起恶果的严重警告了，一些学者也早已发出过人口过多会酿成重大问题的严重警告了，地球上自然资源有限的惊呼声也已传播了好几十年了。但是，在相当一段时间里，我们还是在盲目行动，不断失误，造成了今天中国的人口、资源、环境之间关系高度紧张的局面，某些方面成为了世界上不少人议论(如美国的布朗等人)的不良典型。在这大洪灾后的反思中，我们不想追究什么人的历史责任，但要追求对这个沉痛教训的认识普遍提高。要使每个中国人都懂得这些大道理，都要有危机感:中国人的历史包袱已经够沉重的了，如果再这样繁衍下去，这样消耗资源，破坏环境，中国人的子孙就更无立足之地，自己这一代的发展也要受到严重制约。现在再不大声疾呼，更待何时?!

当然，在现实面前，我们不能逃避退缩，更不能畏难不前。这次救灾过程本身展示了中国人民有强大的生命力，中国政府有强大的组织领导能力，现行的社会制度有明显的优越性，而且很关键的是，领导和群众两个方面的觉醒都已开始，经济基础确实提高到了可以支持巨大行动的程度，我们还是有办法对付的。办法来自科学，办法来自掌握了知识的人民，办法也来自善于听取群众呼声、依靠科学技术、总结经验教训的广大领导层。我们要以这次大洪灾为契机，把各方面的认识都提高上来，把各方面的力量都调动起来，坚韧不拔，团结向前，经过长期的努力，把中国的江山重新装点起来，把中国人民引向更加美好的未来。

川西生态环境恶化　国家应作重点治理

国务院参事　高尚武　盛炜彤

1998年5月4～20日，我们就川西地区生态环境进行了调查研究，实地考察了岷江、大渡河、青衣江流域的生态环境状况，认为川西生态环境好坏，关系着成都平原、三峡库区安全和长江流域经济可持续发展，国家应将川西作重点治理，否则“川西不治，长江治理是空话”。

一、现实状况

川西是金沙江中上游、雅砻江、岷江、大渡河、青衣江6条大河的流域区，地处长江上游，既是长江水源保护的主要区域，又是长江产业带的重要组成部分。川西地区包括84个县，是四川省藏、彝、羌等少数民族聚居之地，幅员面积34.2万平方千米，总人口782.2万人。该地区有着十分丰富的自然资源，是中国主要林区。据1995年的资料，有林地面积590.3万公顷，活立木蓄积11.22亿立方米，森林覆盖率18.4%，极大部分为天然林，其中原始林面积和蓄积分别占60%和70%。有143种重点保护动物和80多种珍稀植物，也是我国重要的生物基因库。由于河川发达，水力资源集中，其蕴藏量达1.9亿千瓦，约占全国的1/3，是潜在西电东送的开发基地。金属矿、非金属矿也有很大开发潜力。

建国后这个地区的开发受到了重视，公路、水运及航空等交通运输逐步得到了发展。建立了22个重点森工企业和80个国营林场，水能、矿产资源有较好的开发。目前在川西地区形成了初具规模的能源、钢铁、钒钛生产基地，西昌卫星发射中心，以及一批大中小型水电站。根据1995年的数字，全区工农业总产值574亿元，其中工业产值360亿元，占62.7%，农业产值214亿元，占37.3%。但是川西是属老少边穷经济欠发达地区，地方财政赤字严重（地方财政总收入15.6亿元，而总支出达34.6亿元），人民生活比较贫困，人均年收入不足800元。29个贫困县贫困人口约占35%。

四川省各级政府十分重视生态环境保护和建设工作，将川西生态环境保护与治理作为保持社会稳定、藏区稳定和可持续发展战略重点工作来抓。川西建立了自然保护区34个，面积达199.3万公顷。1997年四川省计划委员会及林业厅提出了1998～2010年生态建设规划，以"三江一河"为重点建设322万公顷林业工程，充分发挥林业的生态和经济效益。

二、四个问题

1. 森林过伐，森林覆盖率锐减。以岷江为例，50年代起大规模集中采伐，采伐量大于生长量1～3倍，森林资源每年以高于生长量1.7倍的速度递减，10多个国营森工企业，加上地方小采企业，将岷江上游近山、远山沿河河段大片森林和坡度较高的片林已基本采光，"七五"期间开始向远山、深远山砍伐，使森林覆盖率由原来的30%下降至18.8%。据了解，川西林区每年资源消耗量不少于2 500万立方米，是林木生长量的3倍。1985年前川西森工企业（包括地方小采伐企业）尚有天然林361.1万公顷，而到1995年仅存234.4万公顷，10年间减少了35%，平均每年减少3.5%，严重地破坏了赖以维护川西生态平衡的森林生态系统。

森林大面积被采伐，又不能及时更新，使川西地区的生态环境迅速恶化，高山峡谷出现森林线下降，干热干旱地带上升，森林带愈来愈窄，岷江的主要支流杂谷脑河现在已有100多公里的河谷形成干热气候。同时导致川西山地涵蓄水量功能下降。据有关资料，岷江、大渡河、雅砻江径流量明显减少。岷江50年代初期平均年径流量为148亿立方米，下降到现在的131亿立方米；而且时段流量分布变幅扩大，枯期（12～4月）只占来水的16%，汛期（6～10月）占70%。因此枯期严重缺水，致使成都市及岷江灌区工农业、城市及环境用水十分紧张。

2. 陡坡开垦，造成严重水土流失。川西地区山高坡陡，可耕地很少，农民不得不在河川两岸开荒种地。长江上游地区约有70%耕地是没有水土保持措施的顺坡耕作。金沙江，雅砻江及岷江以旱地为主，旱地占60%。其中坡度大于25°以上又占34%，雅砻江达到了45.6%，位于大渡河中游的峨边彝族自治县和金口河区，耕地坡度在25°以上的达到了70%～95%，我们亲眼所见大渡河两岸童山濯濯，植被已破坏殆尽。

陡坡开垦无疑会带来严重恶果。据长江上游的有关资料，水土流失是随坡度而增加的，到了大于20°坡度时，侵蚀模数达到5 542吨/平方千米。大面积的陡坡开垦是造成川西水土流失的主要原因，整个川西地区水土流失面积占幅员面积的30%，而雅安地区达到了65%，乐山市的峨边彝族自治县也达到了63%。一年平均的侵蚀量雅安地区为3 908万吨，而阿坝藏族羌族自治州达到了5 686万吨。从而使河流输沙量不断增加。50年代大渡河流域水土流失面积为12 096平方千米，到1992年增加到19 846平方千米，年输沙量是0.5亿吨，约占宜昌多年平均输沙量的10%。位于乐山市沙湾区的龚嘴电站，建站20年，因泥沙淤积水库，使设计库容减少了78.3%。另据宜昌站多年记载，年均输沙量5.14亿吨，1981年高达7.54亿吨，这些泥沙近80%来自金沙江、雅砻江、岷江和嘉陵江，严重危害三峡水库的安全。

3. 生态环境恶化，旱、涝灾害频发。由于森林植被的严重破坏和大面积的陡坡开荒，使川西地区失去了蓄水保土、维护生态平衡的功能，致使干旱和荒漠化发展，河川径流量洪枯比例扩大，并引发出旱、涝和山地灾害。金沙江、雅砻江、大渡河及岷江中上游干旱干热谷地上升了200～400米，雅砻江上游冰川退缩了200～400米，已呈现出荒漠景象；而一些原来比较干旱的森林草原区则出现了荒漠化。据资料，阿坝藏族羌族自治州干旱河谷面积达13万多公顷；川西地区的荒漠化土地已达23.7万公顷，潜在荒漠化土地49.2万公顷。泥石流危害加剧，阿坝藏族羌族自治州50年代泥石流发生2次，60年代4次，80年代10余次。1992年引发洪灾，造成21.4万余人受灾，直接经济损失4.1亿元；1997年又发生旱情，全川2万多人断炊，20余万人缺粮。类似的灾害，在雅安、乐山等地也同样存在，人们称川西的这些灾害为生态性灾害，严重威胁人民群众生命、财产安全，并制约当地的经济发展。

4. 资金短缺，生态环境建设力度不大。川西地区的生态环境建设，涉及到天然林的保护，干旱干热河谷的植被恢复，陡坡耕地绿化造林以及荒漠化治理等众多复杂问题，都需要投资作保证，但是川西经济落后，财政入不敷出。川西的重点森工企业严重亏损，1997年亏损额达2.06亿元，还拖欠着职工工资和离退休费，森工企业转产，职工求业无力解决。而地方财政不少是"木头财政"，如阿坝藏族羌族自治州目前木材收入占财政收入的36%。因此压缩或停止森林采伐存在相当大的困难。此外，川西绿化、造林费用高。过去绿化造林主要靠农民投劳，长江防护林一期工程，国家每公顷投入不到105元，加上地方配套，也不超过225元，而1公顷地实际造林费用需要1 800～2 250元，一些干旱干热河谷治理，难度大，每公顷高达6000元以上。由于缺乏投资，生态环境治理力度不大，恶化趋势未能得到有效控制。

三、三点建议

1. 鉴于川西地区对长江流域、三峡水库、成都平原的安全与水源保护和经济发展上的重要地位，以及生态环境日趋恶化的现状，建议中央将川西地区作为长江流域生态环境建设工程及天然林保护工程的重中之重加以治理建设，加大投资力度，防止这一地区生态环境的进一步恶化，并逐渐得到恢复。

2. 川西大江大河谷地水土流失严重，旱化、荒漠化加剧，请四川省政府立即采取有力措施，禁止陡坡开垦，坡度25°以上坡耕地应限期退耕绿化，确保长江重要水源地的安全。

3. 川西林区极大部分为天然林，原始林的比重也很大，为了减轻大面积天然林保护在实施上的困难及投资上的压力，对天然林保护范围应予界定，突出重点，划定必须保护的森林和可以进行生产的森林。森林法及林业法规规定的防护林、水源涵养林、水土保持林以及坡度在30°以上的森林，均应划作必须保护的森林，其余森林可以允许进行生产性经营。对于可以进行生产性经营的森林，应严格设计施工，保证及时更新，使之发挥良好的生态功能。

植树造林和预防水患

首都师范大学教授　赵微平

中华民族的母亲河　中华大地有两条大河是我们的母亲河，这就是长江和黄河。由于她们分布在我国主要地区，横跨大部分省份，对中华民族及其文化的形成起着关键性的作用。千万年来，她们滋润着中华富饶的大地，为我们民族提供了生存的乳汁，养育着我们亿万儿女。今后，为了国家的发展和民族的兴旺，我们更应该加倍地爱护我们的母亲河，让她们感受到儿女的孝顺，慈祥而不动怒，永远地流淌而不干枯。

人类形成的初期，河流的分布是很不规则的，因此经常发生洪水泛滥。当时人烟稀少，人们可择高而居，任其横流。洪水则不断冲刷着地表，带动泥土，造就了许多平原。人类发展到一定程度后，洪水的泛滥影响到人们的生存。故先古时期，尧令鲧治水，9年无功而被罚。其子禹（后称大禹或禹王）总结经验，以疏导为主，以铜为兵，凿伊阙，通龙门，决江导河，东注于海。以后中原大地黄河400年，长江4 000年，安居乐业，无重大水患。

（一）

黄河流域的森林　中华民族主体炎黄子孙发源于黄河流域和黄土高原。据历史地理学家史念海的研究资料，数千年前，由六盘山以东，直抵山西、陕西两省间的黄河峡谷，数千百里，都被称为沃野，农牧兼宜。黄土高原上的群山，都是郁郁葱葱，到处有森林覆盖。森林还延伸到山下，茂密的树木与农田、草原相间，呈现一片绿色。那时太行山以东，到淮河以北，到处都是湖泊，大小相间，数以百计。以山东西部的巨野泽为例，数千年前是一浩淼广阔的大湖，可与洞庭湖媲美。此外还有大陆泽和巨野泽不相上下。可见，当时黄河下游水文状况并不逊于现在的长江。但由于人为的破坏，黄河流域现在已经面貌全非了。

古代，西北和华北地区，气候温暖湿润，森林茂密，水草丰盛，人口少而禽兽众。我们的先祖，开始以狩猎为生，对森林的破坏力很小。神农之世，教民耕种五谷，农业社会开始出现，对中华民族的发展起了巨大的作用，但与林争地也由此开始。平原适于种植和发展农业，人口不断得到繁衍，地区连续扩大，建立起夏、商、周等大的王朝。春秋以后，战乱频繁，秦始皇统一中国后，大兴土木，盖阿房宫，大肆砍伐森林。但直到1 000多年前，西北森林还是很茂密的。据《汉书·地理志》记载“天水，陕西，山多林木，民以板为室屋”。又据《榆林府志》记载，北宋淳化年间（990～994年）延州（延安）是“土山柏林，溪谷相接”。古代的山西则大部分是林区。“山西遍地林木，一望不彻”，“林木参差，干霄蔽日”，“四面林峰拥翠峦”，等等。明清以后，毁林的速度加剧，造成了大面积秃山无林、长年干旱的景象。

黄河流域的历史教训　地面缺少了森林和植被，降水和所形成的径流直接冲刷地表物质并往低处搬运。同时也将土壤中的易溶解的营养元素带走，使高处土壤的肥力降低。暴雨也造成山地滑坡、崩塌和泥石流。携带大量泥沙的河水，流速减缓时，沉积在河床或湖泊中，提高水位，酿成水患。生态环境恶化后，不但闹水灾，而且旱灾也频繁。以山西的气候变迁为例，据地方志记载，自商成汤二十四年至汉景帝元年1532年间，有6个旱年，平均255年1次；汉景帝二年至唐高祖元年（公元前155～公元618年）773年间，有8个旱年，平均97年1次；唐高祖元年至元世宗元年（618～1264年）646年间，有19个旱年，平均34年1次；元世宗元年至明洪武元年（1264～1368年）104年间，有14个旱年，平均7.4年1次；明洪武元年至清顺治元年（1368～1644年）276年间，有61个旱年，平均4.5年1次；清顺治元年至中华民国元年（1644～

1912年）268年间，有108个旱年，平均2.5年1次，中华民国元年至三十七年(1912～1949年)37年间,有17个旱年，平均2.2年1次；1949～1979年的30年间，有17个旱年，平均1.8年1次。由此可见生态环境破坏的结果是水患增多，旱灾也加剧。

黄河“悬河”后的水患 在自然农业经济的条件下，破坏森林的速度和规模还不很大，但随着人口增加,对森林的砍伐加剧。黄河由于不断有泥沙沉积，而防洪的传统办法又是筑堤防水,因此泥沙越积越多,堤坝越筑越高,黄河便成了悬在我们头顶上的河,变得可怕起来,经常决口或改道。每次都给两岸人民造成重大的伤亡和财产损失。据郑肇经所著《中国水利史》资料，唐朝以前（公元前21世纪至公元618年）2 700年间，黄河共漫溢18次，决口7次，改道4次，大洪水以千年、百年或数十年1次计。但自唐朝（618年）起，290年间，漫溢23次，决口7起，改道1次，大洪水10年1次。五代、宋、辽、金374年间（907～1271年)，发生漫溢74次，决口129次，改道7次，大洪水平均每2年1次。元、明、清（1271～1911年）640年间，共漫溢298次处，决口874次处，改道30次，大洪水平均1年几次，成为中华民族的大威胁和大灾难。又据其他资料，历史上3400年间，黄河共决口1593次，故有“三年两决口，百年一改道”之说。国民党统治时期，由于政治腐败，水利失修，黄河的洪水泛滥最为严重。更可气和可恨的是，蒋介石在抗战初期，采用荒唐的“以水代兵”策略，炸开了花园口，不但没有阻止住穷凶极恶的日本侵略军，还造成黄泛区数十万人伤亡，百万人流离失所，损失极为惨重。中华人民共和国成立以后，对黄河进行了大规模的整治，多年来黄河没有发生大的水患。而且最近几年下游还经常发生断流，表明水源已经不足。可能是由于黄河流域广大地区森林减少，引起气候干旱，降水量也随之减少，使得黄河总水量减少，再加上人为的用水不合理和浪费，最后造成断流。目前，西北地区的沙化，“三北”地区的干旱以及华北地区的河道干枯，无一不与黄河流域和黄土高原的森林遭受破坏有关。因此，植树造林，综合治理黄河也刻不容缓。

（二）

长江为什么成了第二条黄河 长江又称扬子江，是我国第一大河，素有黄金水道之称。它和黄河一样，也起源于青海省，流经云南、四川、湖北、湖南、江西、安徽、江苏，东注入海。流域广阔，水量丰富，航道水深，是联系我国东、中、西三大地区的主要动脉。与黄河相比，长江由于其上游经过的多是山区，历史上江水的含沙量较低，河道比较稳定，所以闹水患的频度较低。据历史记载，大禹治水以后4 000年，长江堤岸虽间有小变，而大体安然无恙。故历代治水多重视黄河而忽视长江。但自汉朝起，由于人口增加，人类活动从平原向丘陵山区发展，开荒毁林；沿江滩和湖滩围垦造田，以致河床淤积，河道变窄。再加上长江流域降水量大于黄河2～3倍，整个流域又是我国南方季风气候区，夏季多突发性暴雨，所以不断发生水患。但主要是在下游几个省份。据历史记载，西汉开始闹水患，汉1次，后汉1次，三国时1次，魏1次，晋7次，北魏6次，唐12次，宋52次，元15次，明52次。有一次，江西永新县水暴溢入城，水深8尺。清代由于康熙重视治水，江患降至12次。中华民国政府由于政治腐败，水利失修，几十年，长江却发生了8次洪灾。从水患发生的规律来看，越到近代越严重。这主要是由于人类砍伐森林和破坏生态环境所带来的恶果，是大自然对人类的惩罚。

以长江上游岷江为例，古代是一片茫茫的原始林，覆盖率达50%以上，50年代初尚为30%，但是到了80年代便降到了18.8%。又据有关资料，整个川江流域的森林覆盖率，60年代便已降至12.9%，70年代降至11.8%，沿岸地区甚至降至5%。80年代由于国家开始重视，森林覆盖率有所上升，也仅为13%左右。破坏速度之快可想而知。50年代以后砍伐森林主要是从“大炼钢铁”、“大跃进”开始。从四川、云南和内蒙古部分地区木材产量历年增加的情况来看，长江和嫩江森林的破坏，30年增加了2～6倍（见下表）。

长江上游和嫩江上游地区木材的生产量

（万立方米）

地区＼年份	1957	1965	1978	1980	1985	1986	1987
四 川	149.9	198.6	375.6	415.7	422.4	425.3	431.6
云 南	50.7	112.6	211.7	245.6	331.5	341.3	356.0
内蒙古	196.5	391.4		414.0	502.1	627.0	596.0

长江上游地区地质构造复杂，属红黄壤地带中亚热带常绿阔叶林，温暖、湿润。但由于人们砍伐和干预的结果，已经引起河谷气候变干，相当部分地区呈干旱灌丛状态，并且有局部地区向半荒漠化演变。长此以往，后果不堪设想。

50年代初期，洪水4年1次，近年则几乎每年都有。洞庭湖大堤加高了2.5～3.5米，洪水位也跟着升高了1.5～2.5米。目前，洞庭湖年淤积泥沙量已达3000万吨。由于在“以粮为纲”口号的推动下，围湖造田，湖面已由原来的4000平方公里，减小到现在的2600平方公里。在错误方针的引导下，长江流域湖泊围垦，导致江湖萎缩13 000余平方公里。相当于洞庭湖、鄱阳湖、太湖、洪泽湖和巢湖五大湖的1.3倍。其蓄洪能力大大减弱。长江上游砍伐森林，铲草积肥，破坏植被，不但造成资源的浪费，而且引起严重的水土流失。近期，岷江每年平均输沙量已为367万～429万吨，沱江为342万～564万吨，涪江为293万～661万吨，嘉陵江为3 225万～35 722万吨，渠江为2 732万～15 031万吨，而且主要集中在夏季。从1998年大洪水的情况看，长江泥沙的问题不解决，水患的趋势必然年年恶化。

1998年长江洪水之大，持续时间之长，为历史所罕见。但据水利专家虞孝感等分析，宜昌洪峰流量不过60 000立方米/秒，属中等流量。而历史上洪峰流量80 000立方米/秒，有8次，流量90 000立方米/秒，有5次，最大曾达到105 000立方米/秒。当然，持续时间之长与上游降雨有关。但是，从如此流量会引发如此严重的洪水局面可以看出长江上游植被破坏、水土流失和整个流域泥土淤积的严重性。实际上，长江已经成为了第二条黄河。

中华人民共和国成立后，在黄河建了大型水库14个，中小型水库3 556个。在长江建了大型水库101个，中小型水库48 445个。水库数量是黄河的13.6倍，应该具有相当的拦洪和蓄水能力。但是，从1998年所反映出来的情况看，不解决泥沙淤积问题，水库的作用还会大大减弱。

（三）

先祖们对森林的态度 在中华民族的整个文明史中，老祖宗对治理山林也还是非常重视的。如公元前1100年，周公“正百官，制礼乐”，设六卿，主管或兼管山林事宜。公元前685年，齐桓公任管仲为相，重视林业生产，认为“山泽救于火，草木殖成，国之富也”，提出“修火宪，敬山泽”、“以时禁发”等保护森林的措施。公元前335年，孟子见梁惠王，强调治国应保护山林，植树造林，认为“斧斤以时进山林，林木可不胜用也”。公元前48年，汉谏议大夫征贡禹上疏，提出“斩伐林木之有禁时，水旱之灾未必不由此也”。有识之士，不胜枚举。到近代，公元1836年清御史陶士林还上疏，请禁止南方棚民开山种植，以防水土流失。但当某朝代出现昏君，或社会矛盾加剧时，对森林的破坏也加剧。如秦始皇（公元前221～206年）建阿房宫，大规模采伐荆蜀及吕梁等地的森林。公元482年北魏孝文帝则昭令开山泽之禁，为流民毁林铺平了道路。更糊涂的是，1446年明英宗为防胡人，于外三关采取烧荒政策，使西北大片森林消失，至今不能恢复。

保护森林的重要性 森林最大的功能是涵养水分，树木本身的含水量为70%左右。原始森林下的枯枝落叶层含水量更高。一般平均含水率为129.6%～185.1%，而林下经常生长的苔藓植物，含水率可高达450%～625%。所以森林的存在，能为地表面贮藏大量的水分。降雨时除贮藏水分外，还能降低地面径流的速度，防止土壤被冲刷流失。在无雨的时候，森林还不断向空气中散发水分，所以是地表最大和最好的水分调节器和缓冲器。森林也是多样物种生存和繁衍的栖息地，是最大的基因库。森林能够为我们提供木材和许许多多的工业原料。可惜的是，我们只注意到了它最后的功能，而错误地对待它，无休无止地砍伐。如果我们不是过量采伐，并且注意抚育更新，它既是可再生的自然资源，也是可再生的能源，能够维持人类社会可持续地长期发展。

几千年来人类只知道对森林进行索取，乱砍滥伐，以致造成今天的洪涝、干旱灾害频繁，气候条件恶化。这是大自然对人类的惩罚。如果不改变对森林的态度，惩罚会变得更加严厉。

（四）

全民都要改变对森林的态度 国家建设需要木材，但不计后果的一味索取和过量砍伐，严重破坏生态环境，必然要受到大自然的惩罚，为此付出沉重的代价。80年代初，国家领导人已经开始大力提倡植树造林，营林拨款的力度也增加了，以致人工林面积有所回升。但是实际情况并不乐观，人工林林分的质量不高，其中，中、幼树的比例高，低效林面积大，成过熟林每公顷木材蓄积量仅为75.01立方米。大大低于天然林的207.94立方米。经过这次大洪水的教训，党中央和国务院作出了迅速的决断，立即在长江上游地区严禁砍伐森林，并已拨款60多亿元，着手综合整治各大江河流域的生态环境，这是一项英明的举措。国家兴亡，匹夫有责，为从根本上减少洪水为患和建设好国家，在此特提出几点建议。

—— 在长江上游金沙江、乌江、岷江、雅砻江、汉江、嘉陵江等流域以及其他大江大河上游，建立禁伐性水源涵养林，严禁砍伐。为节省投资，可先采取封山育林和飞播造林的办法。在降水比较多的地区，几十年便能成林。投资少，见效快。

—— 对无矿产资源，可耕地少，人口又不多的森林保护区，有计划地将山民迁移到平原，组织其他生产。特别是长江上游山区，适于耕作的土地很少，又多为坡地，属贫困地区，当地的居民为维持生计，必须要靠山吃山，偷伐林木很难制止。平原地区，要开发，缺劳动力的地方很多。山民们迁移初期要适应一段时间，但定居后，在经济、文化和生活等方面肯定比在深山老林里好。四川省人口密度大，可在其他省进行安排，要全国一盘棋来考虑。北京市政府最近几年对山区居民作了有计划的迁居工作，对防止泥石流危害和保护植被起了很好的作用，效果就比较好。

—— 责成长江上游所有流域的地方政府和工矿企业，制定植树造林和流域治理的短、长期规划，中央在财政上给予一定的支持，并加强督促和检查。这次长江抗洪救灾工作真正体现了全国一盘棋，由中央统一部署，各省（自治区）联合行动，收到了极好的效果。治理长江也应该是这样。实际上砍伐森林的受益者是云南、四川、陕西等长江上游的林区，而最大的受害者是湖北、湖南、江西、安徽等省广大地区。如此情况，中央不统一指挥，各省根据地区和局部利益，很难协调。中央政府为了全国人民的利益可以下达流域治理和造林的任务，并利用财政杠杆加以调节。

—— 在水土流失不严重的地区，鼓励当地群众集体或个人承包荒山荒坡，植树造林，发展用材林或经济林。政府给予政策优惠和财政补贴。长期承包，子女可以继承，并保护其所有权。用材林也应合理间伐，并制定采伐限额和木材凭证运输等制度。集体和个人所有林也不能乱砍滥伐，严格执行森林法的各项规定。

—— 在山区要加大退耕还林，在平原要加大退田还湖的力度。河道和湖泊要清淤，堤坝应修整，增加蓄洪、泄洪的能力。当然，从防洪的角度要采取综合措施，但是整治河流上游的生态环境才是根治洪水的出路。有了森林，气候能向好的方向发展，水土得以保持，河流可以变清，水患和旱灾都能减少。比起水利工程来，造林是投资少、效益高的百年大计、千年大计，何乐而不为之。

中华民族进入农业社会已经有几千年的历史，工业化只有几十年的历史，任务还远远没有完成。但必须从现在起狠抓生态环境建设，其中植树造林和防止污染是中心环节。毁林是历史造成的，我们无法埋怨。但当我们认识到这个问题的严重性时，就有必要从现在作起，抓紧植树造林，改善生态环境。国家应该认真规划，统一领导，发挥我国社会主义制度的优越性，通过两三代，三五代或十几代人的努力，还长江、黄河和整个国土以青山绿水。

污染的问题也是目前困扰我们国家的另一个大问题。工业化与环境污染几乎是孪生姊妹。但今天的污染我们有责任，因此必须从现在起，唤起全民的重视，不要让国家和民族再付出沉重的代价。要采取更为科学的政策和方针治理国家。其中，大规模植树造林能降低空气中的二氧化碳含量，防止地球温室效应的发生。森林也能吸收二氧化硫并消除其污染。所以尽可能多地植树造林是我们永恒的任务，只有这样，中华民族在不久的将来，才能建立起现代化的高度物质文明和精神文明的生态社会。这也是目前整个人类所追求的目标。

从经济学角度谈林业改革发展中的几个热点问题

国家林业局政策法规司司长　陈根长

一、正处在向市场化转变时期的我国林业

我国林业正处于重要的由传统林业向现代林业的转变时期。传统林业是以木材生产为中心的，传统林业理论的核心是“木材永续利用”。随着社会的进步，人们对林业的需求已不只是木材及林产品，更多的是要其提供社会和生态环境方面的服务。这是供求关系的一个根本性的转变。这一转变将带来林业十分深刻和系统的变化，甚至包括林业性质的变化。这是林业处于转变时期的第一个深层原因。

从党的十一届三中全会开始，我国正在由计划经济体制向社会主义市场经济体制转变，这一改革的实质是要由通过计划配置资源转变为通过市场配置资源。它对林业提出了许多新的情况和新的要求。这是我国林业处于转变时期的第二个深层原因。林业既是一个基础产业，又是一项社会公益事业。在计划经济体制下，事业也好，产业也好，都是统收统支的大计划中的一部分，差别不大。在市场经济下，则不同。社会公益事业是政府职能，发展产业是企业职能。这就要求我们在体制上进行根本性的转变。

中国的改革走过了20年的历程，中国的面貌发生了巨大变化，中国已经从短缺经济走出，人民生活水平有很大提高，国际地位大幅上升。可以说从党的十一届三中全会开始的这20年是中国面貌发生最深刻变化的20年，是中国历史上最辉煌的20年，也可以说是面貌大变化的20年。这20年来，林业怎么样？可以说有发展，有进步，有不足。

改革开放20年，我国林业建设和其他各行业一样，取得了很大成绩，森林面积和蓄积双增长的历史成就是不可抹杀的。但林业形势仍然严峻：

1. 森林结构很不合理。增加的是中幼林林分，大的可利用的森林资源的比例仍在下降，仍有很大赤字，森林实物量上升，价值量下降的问题仍然严重。这种情况决定了林业取得的双增长的成绩是非常脆弱的。随着森林单位面积蓄积量的减少，用同样数量木材满足社会需要，必然要采伐更大面积的森林，造林绿化的成果将会被抵消。

乱砍滥伐森林、乱占滥用林地的违法行为还较严重，也直接大量地抵消了每年造林绿化成果。

2. 森林仍是我国最短缺的资源。许多有识之士为我国人均耕地和淡水资源短缺而伤脑筋，其实森林资源比耕地和水资源短缺程度更严重得多。而且森林资源短缺将更加剧耕地和水资源的短缺。

我国人口占世界总人口的22%，耕地占7.1%，淡水占7.0%，森林只占3.3%。

从人均占有量看，人均耕地相当世界41.48%，水相当世界1/4，而人均森林面积只相当世界11.7%，蓄积量相当世界12.6%。资源越短缺，保护和发展的难度越大。

3. 林产工业发展表现出“四低一高”。

发展速度低：1986～1995年全国工业年均增长18.6%，林业工业增速为7.16%，林业比全国低11.44个百分点。这个差距太大。其中林业重点省区，内蒙古、黑龙江、四川、云南年均增幅低于3.0%，吉林不到7%。

经济效益低：1995年林业工业企业的总资产贡献率（利润＋税金＋利息）7%，比全国工业企业的11.5%低4.5个百分点。

劳动生产率低：1995年林业工业的劳动生产率为6957元/人，比全国平均低近一半。

技术水平低：主要设备属于国际水平的占1.29%，国内先进的占13%，而属于国内落后的占27.34%。

负债率高：1995年全行业资产负债率为70.68%，超过了50%的警戒线，尤其严重的是占整个行业资产60%的采运企业的资产负债率更高，有的已超过破产企业资产负债率。

森工经济危困长期未得到解决，林业负债越来越重。林业经营单位的经济危困得不到解决，必然反作用于森林资源，超限额采伐屡禁不止。

4. 目前促使林业形势好转的因素在不断弱化，而促使林业形势逆转的因素在上升。如已灭荒的省多数是自然地理条件好的，剩下的大都是自然地理条件差的省。

产生上述问题有历史原因，客观条件也是重要的原因，但从主观上讲，我们的思想解放不够，林业改革滞后，特别是在所有制实现形式等方面的改革没有迈开步子是重要原因。关于这一点，以下数据可以说明：

1. 投资结构。"八五"期间我国全社会固定资产投资比"七五"期间增加2.15倍，而同期林业只增加0.61倍，仅为全社会平均水平的28%，林业在社会总投资的份额由0.6%下降到0.3%。林业在21个行业中资产实力由13位下降到19位。投资少，主要是社会投入少。国家预算内投资"七五"期间林业占全国的2.3%，"八五"期间上升到3.3%，但国家预算内投资在社会总投资中的份额由10%进一步下降到3.7%，而林业的国家预算内投资却由14.5%上升到37.9%，只靠预算内投资比例的有限上升，很难使林业投入不足问题得到解决。林业的投资不足主要是社会向林业投入的机制未建立起来，渠道未打开，如果"八五"期间能继续保持林业占社会总投资的0.6%比例，林业可增加200个亿投入。林业的二重属性对社会增加对林业的投入是个很大的障碍。

2. 所有制结构。林业由于投资结构没有迈开很大的步伐，所有制结构上变化也不大。

1995年全国工业企业资产构成是：国有59.9%，集体18.1%，私人0.13%，联营0.91%，股份制5.53%，合资13.43%。而林产工业的所有制结构是：国有87.53%，集体5.97%，联营0.18%，股份制0.12%，合资5.08%。

林产工业的国有比例比全国工业企业的国有比例多近27个百分点，其他多种经济成分都比全国低很多。所有制结构调整不是要把国有资产分了，改变结构，而是要吸收社会多元主体投入，增加多种经济成分，要改变公有制实现形式。

3. 经济结构调整缓慢。传统林产工业是以生产木材和锯材为主的产业结构。随着社会的发展，这种产业结构已适应不了市场需要，应向造纸、人造板、家具、装修、林化、森林食品、药材等深加工发展，向花卉、森林旅游等新兴产业方面发展。而这种结构调整太慢，至今未见成效，有些已失去市场机遇。产业结构调整慢反映在：林业资产分布主要在传统产品项目上。在林业总资产中，木竹采运占60.2%，锯材占11.45%，造纸只占1.4%，家具占0.86%，林化占2.73%。

由于投资结构未调整过来，新兴产业项目大多处于低技术，小规模，低档次。这样在林业上表现出了一个怪现象，越是深加工项目，新兴产业项目经济效益越差，这些项目不但没带动林业产业结构的升级换代，反而成了产业升级的障碍。1995年林业系统造纸的总资产贡献率为12%，木材采运8.9%，林产化工7.8%，木材加工3.2%，家具为2.5%，胶合板为1.3%，纤维板6.7%。

4. 深加工和新兴产业产品销售率也很低，市场竞争力很弱。1995年全国工业品产销率为95.7%，林业为92.9%，木材加工为85.4%，家具为72%，造纸为81%。表明林业深加工项目缺乏竞争力。

这样就显现出：林业原来优势的产品和项目在社会上的地位越来越下降，有的（如珍贵树种生产的木材）不容许生产，而新的、市场大的、价格高的、利润多的产品和项目林业没有占领，没有优势，有的市场已经失去。

二、关于林业分类经营

从计划经济体制中走出来的林业，要想市场化，基本思路是分类经营。

1. 分类经营的经济学依据。林业分类经营，从经济学角度讲，就是对林业的产品和服务划分为私人消费品和公共消费品的问题。林业生产经营者的成果可以产生两类产品和服务。一类是可以在市场上分割销售的、服务对象明确的产品或服务，这可以在市场上进行交换，生产经营者的投入可以通过交换得到回报或者补偿。另一类属于公共品，这些物品或服务是用来为全社会广大范围的对象服务的，不能将这种产品分割成一部分一部分进行交换。这就存在所谓外部性问题，就是受损者和受益者是背离的，不统一的，是通过林业生产经营者受损而使社会受益的。过去我们是采取政治思想工作的方法，用行政命令的办法让农民出资出力，用提倡顾全大局，多作贡献的思想来维持和掩盖这种外部性的。而在市场经济条件下，长期这样做是行不通的。如果我们不分类，只有两种办法，一种就是林业生产经营者永远为社会无偿作贡献，这行不通；还有一种办法就是整个林业作为社会公益事业由政府养起来，实行收支两条线，而在中国林业有近一半是农民兼业性的林业，另一半国有林业企业也在从事多种经营，有几百万人口，也行不通。在这种情况下，只有按政企分开的思路，把一部分主要用来发挥社会生态效益，作为公共品生产，由政府来办，另一部分作为私有品生产，进入市场，就是所谓的市场化。

2. 分类经营的法律依据。我国森林法已经修改，从1998年7月1日起施行。对这部新森林法，由知名立法专家郛福肇和国务院法制办曹康泰副主任为主编，由参加森林法修改的工作人员编辑的《中华人民共和国森林法释义》，对分类经营有大段说明，内容如下：

林业分类经营是在社会主义市场经济条件下，根据社会对生态和经济的需求，按照对森林多种功能主导利用的方向的不同，将森林五大林种相应地划分为生态公益林和商品林两大类，分别按各自的特点和规律运营的一种新型的林业经营管理体制和发展模式。林业分类经营，是在我国林业经济体制改革不断深化，社会对林业生态功能的要求不断强化的情况下提出的全新的现代林业经营方式。

林业分类经营从1995年开始进行试点。基本做法是，将《森林法》中规定的防护林和特种用途林划分为生态公益林，将用材林、经济林、薪炭林划分为商品林，两大类林种采取不同的经营手段、资金投入和采伐管理措施，把商品林的经营推向市场，而生态公益林的建设则作为社会公益事业，采取政府为主、社会参与和受益者补偿的投入机制，由各级政府负责组织建设和管理。

经过几年的试点，林业分类经营在一些地区已经取得了一定经验和成绩，在修改《森林法》时，对这个问题是否在《森林法》中规定，曾经进行过研究、讨论。《森林法》的规定体现了林业分类经营的原则，特别是在《森林法》第六条中增加了森林生态效益补偿基金的规定，在《森林法》第十五条中对用材林、经济林、薪炭林和国务院规定的其他森林、林木和林地使用权的转让、入股、作为合资、合作造林条件的规定，实际上肯定了林业分类经营的思路与做法。而且《森林法》五大林种划分的规定与林业分类经营的做法基本上是可以衔接起来的。林业分类经营可以在五大林种划分的基础上协调好不同林种的功能，从林业经营管理体制、运行机制、经济政策、管理手段、经营措施和组织结构形式等方面来促进林业建设的发展。而且《森林法》在有关自然保护区的规定中，在森林采伐和更新的规定中，对于不同种类的森林已经规定了不同的管理措施，这些规定都可以为林业分类经营提供相应的法律依据。

3. 分类经营现在实施的情况和遇到的问题。经过这几年的实践，对分类经营的认识越来越一致了。经过40多个试点县的试点，摸清了路子。目前正在实施天然林保护工程和生态建设工程，实际上已将分类经营通过重点工程的形式在大面积实施。现在剩下的就是非工程地区大面积上怎么实行？从点上看，现在一般还在规划和制度设想上。现在的关键是两个：

第一是要把规划和设想真正地落实到山头地块上，而且要经过规范的，合法的，经得起历史检验的多方认定，这就不那么简单了。有许多问题非要解决不可，比如，防护林、特种用途林谁说了算？凭林业部门的二类清查的图纸上划了林种就有法律效力？就判林权单位的经营行为是合法还是违法肯定不行。必须经林权单位确认，而且要留下能起法律凭证作用的文书。

第二是森林生态补偿基金。《森林法》第八条规定："国家设立森林生态效益补偿基金，用于提供生态效益的防护林和特种用途林的森林、资源、林木的营造、抚育、保护和管理。"现在不是要不要办，而是怎么办的问题。

这里的基金是什么含义？是专门用途的事业发展资金。

怎样筹集？由于这项基金有明显的补偿性，就是说生态公益林生产经营者由于生产经营生态公益林其利益受到了损失，社会应该对其进行补偿。从这方面讲，补偿金应该通过收费获取。但是这项服务又很难局限于特定的付费者，而是覆盖整体和全社会的，是属"公共消费"。因此它最好是通过税收获得。另外从税收的功能是满足国家提供公共物品和服务的需要，履行政府职能的财力保证的性质来看，生态公益林属公共物品，其补偿基金应属于财政公共支出的范围。因此，从税收中获得森林生态补偿基金是最说得通的。如果说当前由于宏观经济处于紧缩状态，增加税收不适宜，则可考虑由政府举债建立一个基金，用这一基金的运营收益（如存在银行中的利息）来对公益林生产经营者进行补偿也是可行的。还有一个办法就是将现在筹集的基金切出一块作为森林生态补偿基金。

森林生态效益补偿基金需要多少？全国算大账，现在20多亿亩森林，如果从其中划出30%作为严格保护生态林，划出30%作为一般性保护生态林，共需划定防护林、特种用途林12亿亩，严格保护每亩每年补偿10元，需60亿元，一般性保护补偿4元，需24亿元。再加上公共使用的防火、防病虫害等设施建设，一年大约需要120亿元。按高税基，低税率，易征管的原则，最好在增值税、营业税、消费税上附加。1997年全国增值税3283.92亿元，消费税678.7亿元，营业税1324.27亿元，合计5286.89亿元。留有余地附加3%，可以满足补偿需要。如果采取一次发行国债1200亿元用来建立生态补偿基金，每年用其运营收益也可满足补偿所需。

怎样操作？由林业部门与林权单位签订合同，把生态林面积，种类（严格保护、一般性保护），管护责任，补偿数量都通过签订合同定下来。自下而上统计，报账制管理。

三、关于经济发展的生态环境成本问题

地球上的生物资源、土地资源、水资源、大气资源、

太阳能等在传统经济学上都被称为自然资源。最早是作为一个取之不尽,用之不竭的,可以随意获取的一个生产要素来对待的。后来人们发现由于其中有些存在“稀缺性”,如土地,因而有了价格,于是生产过程中也就有了成本,出现了“资源成本”的概念。现代社会人们已经不只是从经济活动的生产要素或生产资料的角度来理解这些资源了,人们已从人类赖以安身立命的自然生态系统来理解和认识这些资源。自然资源的价值也不应是纯粹意义上的经济价值,而应从长远的、可持续发展的角度来看其对人类生存基础的价值,人类在发展经济中所付出的成本,也不是购买这些资源所付出的成本,而应是对人类生态环境所造成的影响的代价。这个成本不知比传统经济学上的成本要高出多少倍。从生命的角度去理解稀缺性问题就很不一样。有些资源从传统经济学角度去看并不稀缺,而从生命生态角度去理解十分稀缺。所以我觉得要创造出一个新名词“经济发展的生态环境成本”。

生态成本可以定义为“为经济发展而付出的生态代价”,在理论数量上它等于在生态环境消耗后要恢复生态系统原状,或者建设一个新的能代替原生态环境功能的新的生态环境费用。这个成本至少有以下特征:

1. 整体性特征。它不等于各资源价格的简单相加,而是构成生态系统的各要素的非加和。

2. 外在性的特性。收益者和受害者是分离的,受害者很难通过市场交换要求受益者付费。

3. 时滞性特征。即人类为了发展经济所付出的成本有多高,其后果有多大,当时是很难看得清楚和计算得清楚的,要过很长一段时间才能反映出来。

举个例子来说明我的意思:

我国新疆有个塔里木河,是第一大内陆河流,在塔克拉玛干沙漠中。从其三条主要支流汇合处到罗布泊全长1500多千米。在历史上河流水量充裕,支流很多,沿河两岸湖泊星罗棋布。沿河两岸数公里内胡杨林丰富。形成了沙漠中的“绿色长廊”。

1782年清代阿弥达等人到罗布泊考察,称罗布泊“为西域巨泽……东西200余里,南北100余里;多年不盈不缩”,1942年苏制地图罗布泊为3006平方千米,1962年我国航测罗布泊为660平方千米,1972年美国第一颗人造卫星照片反映罗布泊完全干枯。1981年中科院进入实地考察,证实罗布泊干枯。接着其上游的台特马湖干枯。现在塔里木河下游完全干枯320余千米,季节性断流500多千米,常年有水的只有不到700千米。中下游断流后,沿河植被大量死亡,1983年经新疆维吾尔自治区人民政府批准成立的世界唯一的胡杨林自然保护区有胡杨林39.52万公顷,现在只剩一半。下游已有6.7万公顷草地几万公顷耕地失去利用价值。野生动植物大量消失,据调查有62种土著鱼类,23种新种鱼类消失。塔克拉玛干和库姆塔拉两大沙漠已经联接,沙漠化土地大幅度上升,特别是下游地区,不少绿洲、村庄被迫放弃,古城楼兰的阴影再现。中下游风沙日由60年代的42天,增加到现在的130天,风沙损失也在增加。

塔里木河地区生态环境的恶化不是自然气候变迁造成的(近年来降雨量是增加的),而是人的经济活动,也就是发展经济造成的,是经济发展的生态成本的反映。说具体一点是五六十年代农垦在塔里木河开垦土地,80年代以后地方要发展经济,搞“黑白战略”造成的,仅在上游一个阿克苏地区,地方开垦土地有60万公顷,农垦开垦50多万公顷,上游开垦土地拦截下游河水,引起了全流域的生态恶化。

对我国实施天然林保护工程后解决木材供需问题的探讨

中国林业科学研究院　研究员王恺　副研究员熊满珍

前言　我国是一个少林缺材,人均森林资源量少的国家,人均占有森林面积为0.12公顷,占世界第119位;人均拥有森林蓄积量仅8.6立方米,远落后于60.6立方米的世界人均水平。近几年越来越频繁的自然灾害,特别是1998年我国三江(长江、嫩江、松花江)流域的特大洪灾,使人们越来越清醒地认识到保护森林,改善生态环境的重要性。中央已作出决策,加大林业投入,加快生态林业防护体系工程建设;启动天然林保护工程,在天然林区全面禁止木材采伐。但我国经济建设的发展,人们生活水平的提高,特别是改善人们居住条件及国家基础建设比重加大又对木材及其制品从量到质提出了更高的要求。这是一对尖锐的矛盾,也是世纪之交我国木材供需所面临的新形势。如何解决这一矛盾,是一个必须正视和认真研究的战略性问题,也是保证我国天然林资源保护工程实施时应注意的问题。

世纪之交我国木材供需面临的新形势　世纪之交我国木材供应形势不容乐观。据全国森林资源调查结果表明,从量上讲,目前全国可供采伐利用的用材林资源只有14亿～15亿立方米,1995年可供工业用木材资源为5425万立方米,预测到2000年为8532万立方米,而我国目前年均木材总耗2.5亿立方米。其中工业用材消费量在1.3亿立方米左右。从质上讲,木材供应主渠道的天然林近成过熟林单位面积平均蓄积量在持续下降,另一方面大径级、特大径级木材特别是珍贵树种木材的面积减少迅猛,传统的工业用材树种如红松、水曲柳、椴树、马尾松、云南松、落叶松等的成过熟林，下世纪初将面临无林可采的局面。

天然林保护工程的实施加剧了我国木材供应总量不足。为了强化国土保安，造福子孙后代，实现可持续发展战略，我国加快了天然林保护工程进程，决定自1998年起在天然林区逐步全面禁止林木主伐，1998～2000年计划累计调减木材产量3045万立方米，众所周知，目前国内市场尤其短缺的是珍贵树种材、大径级和高档纸浆纤维材等，而这些木材主要来自于天然林地区，因此禁止天然林采伐，不仅减少了木材总的供应来源，更加剧了木材供需的结构性矛盾。

缓解我国木材供需矛盾的途径分析 为缓解木材供需矛盾，我国每年不得不消耗大量外汇进口木材及其制品。外汇消耗额已从1992年的26.95亿美元增加到1995年45.19亿美元，1996年53.14亿美元，1997年已逾60亿美元。但依赖进口解决我国木材供需矛盾显然不是最佳战略。

世界范围内木材供给量将日渐减少，依赖木材进口的可能性将越来越小。目前发达国家中有能力出口木材的主要是美国、俄罗斯、芬兰、瑞典及新西兰等国。美国长期以来一直是世界林产品第一出口大国，但也是林产品进口大国。据美国林务局1995年对美国2000～2040年的林产品消费预测，其林产品进出口贸易差额将保持在3113万立方米和3396万立方米的较高水平，即美国为了满足国内林产品的需求仍将依靠进口来解决。俄罗斯出口木材地区主要是西伯利亚，但由于采伐运输困难，难以在世界木材市场上发挥很大作用，且该区生产的木材主要是次生间伐林，存在质量差和病虫害等问题。瑞典与芬兰的木材主要用于自已加工的需要。新西兰是人工林资源发达的国家，但每年也只有850万立方米木材可供出口。发展中国家能出口木材的国家较少，量也不多，目前有能力出口木材的国家主要是马来西亚、加蓬、喀麦隆、南非等，由于长期大量出口木材，本身的森林资源也有限。如马来西亚现有木材生产能力已呈递减趋势，据马来西亚林业部门预测，该国2010年将出现木材赤字，2030年木材缺口将达1200万立方米，2050年达4800万立方米。而加蓬、喀麦隆等国家一是资源有限，二是出于本国木材加工业的发展和解决就业人员等问题不可能长期维持目前出口水平（两国目前年出口量分别为133万立方米和112万立方米）。据联合国粮农组织于1996年进行的最新统计，近10年来全球工业材出口量一直维持在1亿～1.2亿立方米水平，近几年已出现下降趋势，由1989年的12 674.9万立方米减少到1994年的11 342.9万立方米。可见未来世界范围内木材供应量将日渐减少。同时由于世界范围内实施环境保护和可持续发展战略，限制和禁止出口木材的国家将日益增加，世界范围内全面限制原木出口是迟早之事，依赖木材进口的可能性将越来越小。

缓解我国木材供需矛盾的根本途径 缓解我国木材供需矛盾的最佳战略应是立足国内，开源与节流为主，争取适量进口为辅。即利用木材可再生的特点，大力营造和科学培育工业人工林，持续有效地发展木材综合利用，加强木材节约和非木材可再生资源的代用，并在国家外汇承受力和国际木材市场允许的情况下适量进口木材。

1. 继续大力营造和科学培育优质人工林，不断提高现有森林生产力。大力发展速生丰产优质用材林是世界各国历来采取的缓解木材不足的重要措施。美国从本世纪40年代一直大力发展工业人工林南方松，目前其栽培面积已达100多万公顷，占世界南方松栽培面积的2/3。新西兰二三十年代开始营造辐射松30万公顷，20多年后可供应木材800万～1000万立方米，不仅满足了本国需要，而且木材成为其出口创汇的主要产品之一。南非二战后吃够了进口木材的苦头，后短短二三十年里，在同样面临粮食生产对土地的竞争、水资源短缺和森林资源消耗的条件下，依靠科技，利用1%的国土大力发展工业人工林，一跃变成目前木材的出口国。我国地处热带、亚热带，有丰富的宜林地资源，优越的水、热条件，适宜速生丰产的树种多，加上充足的劳力资源，发展人工林有着优越的条件。早在60年代我国就开展了丰产造林活动，营造的数量也不少，到目前人工林面积已达4135万公顷，居世界之首。但由于当时只注重了数量和速生，忽略了树种质量、市场需求和应用领域的开拓，特别是忽略了集约经营、定向培育和科学管理，以致于质量差、产出低、实用性不强。如起步早的杨树速生丰产林，作建筑材材性差，作造纸材成本高，作胶合板材节疤多、易变形。因此今后发展人工林要强调国情，依靠科技，具体来说：一是利用华南、华东和华北等地域特别是南方地区自然条件优势，加快速生用材基地建设步伐。据有关部门初步设想，到2000年将新增和改扩建速生丰产用材林400万公顷，争取短期内通过采伐利用人工林，使木材供给能力相应增加1000万立方米，二是加快现有亟待抚育的2000万公顷中幼林抚育的步伐，每年抚育133万公顷，初步估算，到2000年大约年均可增加木材供给1000万立方米；三是加强重点地区商品林建设，通过定向培育，加强以工业原料林、珍贵大径级用材林等为主的基地建设，力争到2000年商品林建设规模达270.6万公顷；四是加强对现有森林资源的科学经营管理，不断提高现有森林生产力。据有关专家研究认为，通过科学经营，我国许多地方森林每公顷蓄积量达到200～300立方米是完全可能的，如能使我国现有人工林面积的1/4（1000万公顷）达到新西兰、南非等国家的人工林经营水平，则下世纪初每年至少有2亿立方米的木材供应。

2. 持续有效地发展人造板工业。人造板工业是实现木材综合利用的核心产业，也是我国木材工业高效利用木材和节约木材资源的支柱产业。虽起步晚于发达国家20～30年，但其发展速度很快，特别是进入90年代以来其生产能力已出现飞速发展，为我国的经济建设，特别是节约森林资源、缓解木材供需矛盾做出了积极贡献。据第三次全国工业普查，我国人造板产量1995年1684.59万立方米，1996年1203.26万立方米，1997年1684.31万立方米。据不完全统计，到1998年我国共有不同规模的各类人造板厂3500个，总生产能力已超过2000万立方米。按目前发展速度，专家预测到2000年在不再建新厂的情况下，我国人造板产量可达到2000万立方米。按每立方米人造板顶替2.5～3立方米木材，2000万立方米人造板则可顶替5000万～6000万立方米木材。可见大力发展人造板工业是弥补我国木材供需不足的有效途径，并对调整我国资源结构变化，推动木材资源向人工速生定向培育林发展具有重要意义。我国人造板工业，经过3个五年计划的努力，先后引进了近代先进设备与技术，已具备良好的技术装备条件；据初步调查，目前原料来源仅以林木为基材的“三剩物”、次小薪材，每年可用于人造板生产的用材就达4700万立方米，考虑到收集、贮运、加工损失及木材产量调减的影响，按50%计，其可供利用量也高达2350万立方米。而且由于木材减产将更加激励企业提高对木材“三剩物”的利用率。所以只要“九五”能搞好引进技术、工艺、设备的消化吸收工作，加强行业管理，使刨花板、纤维板上等级、上水平，注重拓展其应用领域，那么本世纪末21世纪初立足发展人造板解决木材供需紧张的矛盾是大有希望和可行的。

3. 加强木材节约代用工作，挖掘木材节约代用潜力。据原内贸部节约办从木材采伐、加工及综合利用等11个方面统计预测，2000年我国木材节约代用潜力高达5925万～7562万立方米，而目前我国年木材节约代用量仅为1730万立方米，可见这方面的潜力巨大，许多工作急待开展，择其要者如下：

一要加大节燃改灶推广力度，挖掘烧材节约潜力。据林业部1997年对全国29个省市的调查，我国薪材年消耗量8322万立方米，占森林资源消耗28.8%，而发达国家的烧材比重仅10%左右。如能通过节燃改灶使农村老式柴灶热能利用率由目前的12%提高到25%，则每年可节省4000多万立方米木材资源。因此建议加大在林区推广节能改灶的力度，同时尽快建设商品薪炭林生产基地，既保护森林资源，又为农民提供高效薪炭林材种。

二要加强废纸回收，开发木质废弃材料的循环利用技术。有关专家对1995年全国城市生活垃圾9000多万吨的组成进行了测算，其中废弃质材料的比例4%，达360万吨，北京市目前每天扔掉的废纸已达1500吨，如全部回收，可生产1200吨好纸，节约造纸木材6000立方米。目前国外不少国家废纸回收率在50%左右，而我国仅为28.8%。专家预测，2000年我国纸及纸板年消耗量将达3400万吨，如果按回收利用率达到35%，木浆占造纸原料15%计算，则2000年可节约原木1428万立方米。

三要发展散装水泥，取消纸袋包装。近几年我国水泥的产量已连续居世界第一，1997年全国水泥产量高达4.93亿吨，其中采用纸袋包装的水泥达4.2亿吨，散装水泥仅0.73亿吨，散装率14.86%。据测算，包装每万吨水泥需耗费包装纸张60吨。全年要消耗包装纸250多万吨，折合优质木材1360万立方米，相当于全国木材产量的1/5（1997年木材产量6730万立方米）。目前工业化国家水泥散装率在90%以上，我国仅为14.86%，如能取消纸袋包装，使水泥散装率达到80%，则每年可节约木材1300万立方米。

四要合理调整木材代用政策，积极开发推广其他再生资源代替木材。我国曾于七八十年代制定并推行“以钢代木，以塑代木”的政策，实践证明长期执行这一政策已不可取。我国竹材、农业剩余物资丰富，是发展代木的再生资源。目前我国竹材产量居世界之首，1997年全国年产竹材1160万吨，生产各类竹材人造板约27万立方米，可代替80万立方米的木材。秸秆农作物资源更为丰富，仅棉秆、麦秸、蔗渣、亚麻屑等每年可作人造板原料达4亿多吨，若利用2%，则可生产非木材纤维人造板800多万立方米，相当2000多万立方米原木，而生产成本却较木材人造板低10%～20%，可见发展竹材、农业剩余物生产人造板是大有潜力可挖的。

总之，木材是人民生活和国民经济建设不可缺少的物资。要缓解我国木材供需矛盾，必须本着自力更生、立足本国的原则，开源节流并优先考虑节流措施。在当今新形势下，我们更应抓住机遇，采取非常行动，否则，时日越长，遗患越深，事在人为，不可须臾有误。

利用资源优势把森林旅游建成21世纪林业支柱产业

北京林业大学教授　张启翔

国家林业局国有林场和林木种苗工作总站　王兴国

森林旅游是指在林区内依托森林风景资源发生的以旅游为主要目的的多种形式的野游活动，无论这种野游是直接还是间接利用森林，都属于森林旅游的范畴。它具有放松、猎奇、求知、求新、健身、陶冶情操和激发艺术灵感的多种功能，具有较强的自然性、真实性、科普性和参与性。

以森林为主要景观的森林旅游业是本世纪60年代以来世界各国为有效保护森林，改善人类生活环境而兴起的一项独具特色的旅游事业。据联合国有关专家预测，到本世纪末，世界旅游总人数可望达到30亿人次，其中有一半人要到森林中去。森林旅游已成为当今世界旅游的一大热点，发展潜力巨大。

建立森林公园，开发森林风景资源，发展森林旅游事业是我们林业部门转变观念，深化改革，利用自身资源向社会提供高质量的旅游环境而进行的立体开发、综合利用的优势项目，是发展生态经济型林业的一项重要举措，也是全面发挥森林多种效益的一项系统工程。发展森林旅游事业，顺应了时代潮流，迎合了人们物质文化生活的需要。具有广阔的发展前景。

一、发展我国森林旅游业的资源优势

发展森林旅游事业，资源是基础，需求是动力。我国具有丰富的森林风景资源和巨大的潜在客源，在改革开放和建立社会主义市场经济的大好形势下，发展森林旅游业有着得天独厚的条件和优势。

我国地域辽阔，从西双版纳的热带雨林到东北北部的寒温带针叶林，从沿海的红树林到天山北坡的泰加林，组成了景观特色各异的森林风景资源。复杂的自然条件，决定了我国生物种类和生物群落的多样性。在广阔的林区内，分布着高等植物3.2万种，树木2800多种，各类动物2000多种。山岳森林型、海滨森林型、沙漠森林型、冰川森林型、溶洞森林型、火山迹地森林型以及森林湖泊型、森林草原型、热带雨林型等陆地生态系统的森林风景资源几乎全部可以在我国找到。"一山有四季，十里不同天"的景观比比皆是，"水的世界，洞的天下，花的王国，云的故乡"更是遍布大江南北。不少地方已成为名符其实的"植物王国"、"动物世界"和"绿色海洋"。

据统计，仅在我国现有的4200多个国有林场和15万个集体林场中，拥有森林风景资源且具备开发价值的地方就有近3000处，面积约2500万公顷。随着我国十大防护林体系工程的建设，在形成我国林业生态环境建设骨架的同时，又将培育出许多新的森林风景资源。预计到2000年，拥有森林风景资源的地方将新增1000处，面积将新增850多万公顷。

改革开放以来，随着人民物质文化生活水平的不断提高，旅游已日益成为国民日常生活的一部分。根据国家旅游发展规划，到2000年，来华旅游入境人数将达5500万人次，国内旅游人数将达到10.3亿人次，若按10%～20%的比例来计算森林旅游的人数和规模，国内将有1.43亿～2.06亿的游客要走进大森林。由此可见，发展森林旅游，客源市场十分广阔。

二、我国森林旅游业发展现状

目前，我国开发利用森林风景资源，发展森林旅游的主要形式是建立森林公园、野生动物园、狩猎场及在自然保护区开辟旅游小区。自1982年建立了我国第一个森林公园——张家界国家森林公园后，极大地推动了全国各类森林公园的建设和发展。截至1998年底，全国各类森林公园已达942处，总经营面积788多万公顷，其中经林业部批准建立的国家森林公园295处。同时，建立国际狩猎场22处，75%的自然保护区开辟了森林旅游小区。此外，全国各地已建森林旅行社（旅游公司）40多家，旅游从业人员6万多人。据不完全统计，1998年全国森林公园接待游客5100多万人次，旅游直接收入7.8亿多元。张家界、千岛湖、太白、瓦屋山、流溪河、琅琊山等一大批国家森林公园已成为我国新兴的旅游胜地。

森林公园的建设作为调整林业产业结构、发挥森林多种功能的重要内容，这几年获得了飞速的发展。它不仅加深了人们对森林与人类关系的认识，而且把它当作建设有中国特色林业的一项战略工程，是林业产业经济与生态林业协调发展的成功举措。森林公园是以保护和提高生态环境质量为前提，直接服务于社会的经济实体。既不同于风景名胜区，也有别于自然保护区，它是生态效益与经济效益完善结合的一种形式。为保护森林资源，帮助贫困林场的脱贫致富，推动地方经济的发展起到了不可替代的作用。地处陕西省眉县的太白国家森林公园，自开业以来，四年迈了四大步。1996年，森林公园接待国内外游客50多万人次，森林旅游直接收入400多万元，占林场总收入的60%以上，成为林场新的经济支柱产业。四川省乐山市洪雅林场，面积104万亩，资源丰富，经营有方。1992年，他们确定以开展森林旅游为龙头，开发建设瓦屋山国家森林公园，带动全场经济的发展。他们一方面加快旅游基础服务设施的建设，一方面利用多种形式扩大对外宣传，提高知名度。三年来，修复景点14处，开通公路数十千米，接待床位由原来的几十个增加到1400个，使这片"养在深闺人未识"的神奇土地与峨眉山、乐山大佛齐名而成为川西南金三角旅游圣地。1996年，全场总收入达到6000多万元，利税500多万元，一跃成为全县利税大户。在湖南，随着张家界国家森林公园的建设和发展，公园附近的两个村农民人均纯收入由原来的122元增加到1995年的1919元，并且使周边20万农民依托森林旅游而摆脱贫困。在张家界市的经济总收入中，其旅游收入占48.5%。

我国森林公园、自然保护区绝大多数是在原国有林场基础上建立起来的，森林风景资源的保护和培育是经过几代林业工人的艰苦奋斗换来的，他们凭着对大自然的一往情深，为改善人类的生存环境作出了巨大贡献。泰山、黄山、武夷山等风景名胜区，如果不是几十年来林场职工的努力，是决不会形成今天的景象。

三、对进一步推动我国森林旅游业发展的意见

森林旅游业是我国旅游事业的重要组成部分，是发展林业产业的重要内容。根据目前我国森林公园与森林旅游发展的实际情况，当前和今后一段时间开发森林风景资源、发展森林旅游业总的指导思想是:立足保护，注重效益，科学规划，适度超前，树立形象，突出特点，规范管理，提高水平，促进森林旅游业持续、健康、快速地发展，努力把我国森林旅游业建成21世纪林业支柱产业。

1. 旅游是一种社会现象，是人们的一种特殊生活方式，旅游业作为一项经济事业，随着社会的进步，其规模越来越大，旅游方式也越来越向高层次发展，这个高层次就是当今全世界所盛行的生态旅游，在诸多的生态旅游项目中，最为广大旅游者所钟情的还是森林旅游，这恰好与我们近几年蓬勃发展的森林公园事业相吻合。这不仅为我们林业产业的建设提供了一个发展的空间，也提供了一次机遇。

2. 森林旅游是以发挥森林的生态效益、社会效益和经济效益为宗旨，围绕吃、住、行、游、购、娱六要素的合理配套，形成一个具有市场营销能力的综合型产业。它是一个融观光型、参与型、休闲型旅游于一体的高雅娱乐方式，它对人们的吸引力是无限的。正因为如此，森林旅游业的发展必须把生态环境的保护放在首位。作为森林公园，它以开展森林旅游为主体的多种功能已经明确，不再是生产木材的基地。因此，要在提高环境质量上狠下功夫。舍得在荒山绿化、调整林种、树种结构、美化景区环境，创造有特色的森林景观，保护好珍稀动物及名胜古迹上多下功夫。资源是公园的命根子。所以不少森林公园组建了专门的环保队伍，建立健全各种环保制度，控制环境容量，让森林公园永葆优美、清新的秀色。

3. 由于我国的森林公园建设和森林旅游的开展尚属初级阶段，经营者的市场观念还不是很强，因此，很有必要强调树立市场意识，使每个经营者从一开始就重视市场、研究市场，根据市场的需求和分布特点来开发旅游产品，根据资源特色、地理区位及交通条件等编排旅游线路。要在宣传上加大力度，推销自己，只有让人们懂得了森林旅游的价值及了解旅游条件，并发生了兴趣，才会对游客产生吸引力，才会转换为较大的经济效益。此外，还要重视研究相关部门的性质和职能，如宾馆饭店、交通、商店、金融、保险、海关、安全、通讯、旅行社等，以实现其有机配合，发挥最佳作用。总之，要以良好的形象面对市场、争取市场、服务市场，把森林公园和森林旅游业推向市场。

4. 开发森林风景资源。发展森林旅游业必须在资源调查的基础上，根据其价值大小，实事求是地制订可操作性的森林旅游总体发展规划，并以市场为导向，制订森林旅游产品开发战略，利用已有的交通条件和客源市场，本着布局合理、方便游客、特色突出、功能齐全的要求，设计出项目丰富多彩、内容千变万化的森林旅游产品。

开发森林风景资源要坚持重点开发，分步实施，在资金投入问题上，一方面要坚持多渠道、多层次、多种形式筹集资金，本着“谁投资，谁受益”的原则，走“滚动发展”的路子；另一方面要认识到森林旅游事业是一项社会公益事业，有必要建立森林风景资源的有偿使用制度。

5. 尽快出台《森林公园管理条例》，完善规章制度，以使森林公园和森林旅游管理实现法制化、规范化、制度化。

6. 加快相关人才培养，适应森林旅游业发展的需要。要建设好高品位、高档次的森林公园，发展森林旅游，实行优质服务，提高经济效益，就必须培养大批的建设、管理、营销、服务方面的技术骨干。尤其对于森林公园和森林旅游这门边缘学科，涉及林业、旅游、环保、建设、文物、地理、历史、文学等多门学科，我们一方面要加快培养人才，并为这些人才提供展示才能的机会；另一方面采取走出去、请进来的办法和长短结合、内外结合的方式，认真抓好职工培训；提高业务水平和服务质量。同时要重视建立中国森林旅游信息网络，使我国的森林公园建设和森林旅游事业的发展走向世界。

各省、自治区、直辖市林业

北京市林业

【概　述】

发展与成就　1998年，郊区人工造林1.58万公顷，超计划58%，其中荒山造林1.25万公顷（水源保护林0.77万公顷，太行山绿化0.33万公顷，爆破造林266.67公顷），平原农田林网及“四旁”植树1157.8万株，超计划15.8%，其中新建和更新完善农田林网863千米，植树127.1万株；公路、河道和铁路绿化396千米，植树99.2万株；治沙造林1933.33公顷，植树100.5万株。机关单位义务植树450万株，超计划12.5%。新封山育林1.33万公顷，中幼林抚育2万公顷，飞机播种造林作业面积3.33万公顷。发展果树0.87万公顷1013.2万株，果品产量达5.45亿千克。森林旅游业收入突破6000万元。饲养蜜蜂6万群，产蜜208万千克，比1997年增产48.6%，创历史最高水平。养蚕980张，产茧6.02万千克。城区植树185万株，超计划23%，种草120万平方米，超计划20%，种植宿根花卉100万株，增加绿地面积538公顷，超计划35%，城区绿地面积达到1.87万公顷。

改革与林政实施

强化生态环境建设，提高造林绿化总体水平　一是突出抓重点，着力创造精品工程。郊区完成10类134项重点工程，总面积3100公顷，植树326.6万株。二是全民义务植树形式多样，县城绿化有突破性进展。中央、市、区（县）属1700个单位150万人在郊区义务植树450万株，抚育管理幼树1030万株，农民义务植树600万株。中央领导带头参加义务植树，驻京部队和武警官兵发挥突击队作用，工会、共青团、妇联等造纪念林植纪念树13万株。新建县城和村镇片林52片646.67公顷，植树65.8万株。三是改革和探索造林和管护机制。采取租赁、承包、拍卖、股份合作等多种形式发动社会各方造林营林。进行了造林苗木政府采购试点，提高绿化资金的使用效率。四是加强科技推广，扩大良种壮苗。重点推广了10套林业综合技术，发布实施了苹果、梨、桃栽培技术等4项北京市地方标准。评定郊区首批林果专业农民技术职称547人，培训果农15万多人次，已有20 525人获得林果“绿色证书”。郊区育苗4266.67公顷，其中新育1266.67公顷，容器育苗2283.3万株，出圃苗木2918.7万株，良种生产基地已达200多公顷，林木良种使用率达27%，比1997年提高了4个百分点。

强化林业法制建设，加大林木资源管护力度　认真贯彻新森林法和国务院关于保护森林资源制止毁林开垦和乱占林地的通知，加强林木资源管护。一是开展跨世纪保卫绿色行动，严厉打击破坏森林资源行为。有关部门对经营野生动物及其制品的单位进行检查，组织清理清查非法使用林地情况。全年受理林业案件191起，处理违法单位103个，处理违法人员116人，责令补种树木5.4万株，赔偿损失3.3万元。二是推行林政和资源管理责任制，严格执行年森林采伐限额，加强征占用林地的管理。全市批准采伐林木13.5万立方米，征占用林地155.63公顷，制订了《北京市古树名木保护管理条例》和古树名木损失鉴定办法，开展了古树名木养护工作。三是加强病虫害检疫、测报和专项调查。林木病虫害发生面积2.26万公顷，发生率4.3%；防治面积1.67万公顷，防治率73.8%；监测覆盖面积42.88万公顷，监测率为82.4%；种苗产地检疫面积1900公顷，产地检疫率94.2%，全部符合国家林业局标准。四是大抓护林防火宣传教育和基础建设。在边远地区又组建了30支半专业扑火队，开设防火道390万延长米，发生森林火警8起，一般森林火灾1起，过火面积67.11公顷，受害林地6.1公顷，受害林木8745株，死亡树木3019株。

强化林业产业化建设，林业经济稳中有进　①山区综合开发林果富民工程深入开展。结合土地承包落实“以分为主”经营的果树面积12.73万公顷，占果树总面积的91%，果树承包农户增至25万户。水利富民工程的实施，逐步完善了果园水利配套设施，7个山区县果树灌溉面积达4.73万公顷。郊区新栽植果树

2900公顷255万株，更新改造果树5800公顷758.2万株。②加强花卉行业管理。制定了花卉发展的扶持政策，建立了花卉信息反馈网络，确立了一县一品的生产布局，郊区花卉生产面积1333.33公顷，有花卉批发市场11家，销售网点300个，专业花农1600户。全市生产鲜切花5000万支，盆花800万盆，宿根花卉1600万株，花灌木2800万株，鲜切花年销售量达到1.7亿支，花卉年收入超过2亿元，出口创汇100万美元。③转变经营管理机制。按照事企分开的原则，理顺了林业事业单位与所属企业的关系，通过租赁、股份合作、联营、承包等形式，建立灵活有效的林业企业经营机制。北京市林业局系统总收入4.44亿元，实现利润4262.2万元。④森林资源开发利用向规模化方向发展。森林旅游业接待200万人次，收入突破6000万元。已有80个单位开展野生动物的驯养繁殖活动。

强化林业宣传，推动首都林业建设　在植树节、新森林法7月1日开始实施、6·17世界防治荒漠化和干旱日、11·8野生动物保护法颁布10周年等重要时期，开展了宣传咨询活动。拍摄了“绿色的困惑”、“捧着金饭碗找饭吃”等8部电视专题片，举办了改革开放20年林业成就展览，组织了“让绿色护卫京津”在京采访活动，利用各种媒体发表稿件800余篇。

存在问题　荒山造林难度加大而补助偏低；造林树种单一，良种率低；科技含量和生产力水平有待提高。（刘雄鹰）

【1994～1998年造林绿化任期目标责任书】　责任书规定增加有林地面积124 066.5公顷，林木覆盖率达到40%。5年累计完成人工造林93 013公顷，封山育林70 327公顷，飞播造林作业面积135 653公顷，增加有林地面积130 653.3公顷。其中在宜林荒山荒滩增加林地124 910.5公顷，超计划2.05%；荒山造林49 801.3公顷，超计划30.14%；增加城市隔离片林、环境保护林4437.5公顷，超计划19.46%；达到绿化标准的乡镇已有226个，超计划10个。郊区14个区(县)均完成或超额完成造林绿化任期目标责任书规定的任务，平谷、密云、怀柔等县增加有林地面积较多，海淀、平谷、怀柔等县的林木覆盖率也有大幅增长。全市林木覆盖率已超过40%。（薛　康）

【康庄绿化工程】　延庆县康庄地区是北京五大风沙危害区之一，风沙危害区面积达1.04万公顷。1994年康庄绿化工程被市政府列为一号绿化工程，规划面积3730公顷，宜林荒山荒地造林1560公顷。5年共造林1560公顷，栽植32个树种197.61万株，成活率95%以上，造林施工挖土石方111万立方米，修道路54千米，建蓄水池4个14.1万立方米，打井7眼，埋设固定输水管道3万米。该地区的林地面积由治理前的1410公顷增加到3100公顷，林木覆盖率由37.8%增加到79.6%。据环保部门测定，该地区年平均风速由5米/秒降低到3.5米/秒，每年沙暴由4次降为2次，每平方千米月降尘量由11.5吨降到8吨。（李　洪）

【采取多种形式鼓励造林】　对荒山荒滩造林采取租赁、承包、拍卖、股份合作等多种形式，变以往单纯补助为以奖代补、多干多补，鼓励农民投资造林，兴起以农民为投资主体的承包造林热。90%以上的果树由农民承包经营；山区农民积极承包、租赁荒山荒滩，投资打井、平地进行综合开发，全市已累计承包荒山6万多公顷。房山区推行承包、租赁、专业队、部门协作、集体个人合作和点面结合等6种模式造林，有1053户农民租赁荒山1.26万公顷；大兴县采取以奖代补的办法由农民承包建立了151.47公顷银杏种植园；通州区有236户农户承包发展银杏200公顷。（蔡宝军）

【政府招标采购林业物资】　北京市对部分林业物资实行政府采购，向社会公开招标，经过发标、竞标、议标、定标，最后供求双方签订协议，市财政、林业等部门对采购物资的落实情况进行监督检查。政府采购把竞争机制引入了林业建设，改善了林业投入体制，增加了林业投入，提高了资金使用率，同时也调动了林业单位参与市场竞争的积极性。1998年，主要对部分重点绿化工程苗木特别是银杏苗木、林业保护设施、林业公安防火通讯设备等进行了政府采购，总计财政投入2034万元，吸引社会资金1600万元。（朱国成）

【绿地认养活动】　首都绿化委员会、北京市政府决定1998年开始在全市开展绿地认养活动，首批推出30个公园80块大型公共绿地、120条250千米道路、10块500公顷城市隔离片林、50块200公顷居民小区、11片900公顷风景林、220块2700公顷治沙片林供单位、团体和个人认管、认养、认建。目前有40多个单位申请认养，12个企业已签订协议书认养37万平方米绿地，其中北京市金马四方房地产开发有限公司、燕京啤酒集团、牛栏山北京醇集团各出资200万元分别认建了2万平方米、7万平方米和1万平方米的绿地，宾都物业出资22万元认建了1200平方米道路、护栏并长期提供管护资金。（曹美萍）

【山区森林资源管理】　为了搞好山区建设，1990～1997年7个山区区（县）搬迁120个自然村，搬迁人口18 740人，搬迁村总面积7.2万公顷，有林业用地面积5.79万公顷。这些地区还有1.4万公顷荒山需要绿化，森林防虫、防火和常规抚育也比较繁重。实施搬迁后，这些地区人力减少，加之山高地僻，交通不便，完成荒山造林任务和开展林木病虫害防治、护林防火等管护工作难度加大。同时，也造成了许多林地无人经营管理，虽然房山、延庆等区（县）在搬迁地区采取了租赁、承包、股份合作等形式经营林地1.93万公顷，也只占总面积的26.9%，搬迁后的村庄大量林地资源被闲置。对此，市有关部门提出对这些地区进行统一规划，通过政府补助和社会融资，开展跨地区、跨行业合作造林，同时组建乡村林场，加强对现有森林的保护管理和开发利用。 （张云飞）

【国有林场建设】 五六十年代先后在水源保护区、风沙危害区、风景旅游区和文物古迹保护区建立了34个国有林场，总面积近6.67万公顷，森林面积占全市森林面积的10%以上。其中市、区（县）林业部门所属的林场29个，经营面积4.05万公顷，职工总数1501人。几十年来，这些国有林场在造林营林和资源管护方面积累了许多经验，发挥了骨干和示范作用，林木资源大幅度增加，生态环境得到了根本改善。但是，由于管理和投入体制不顺，林场林业生产基本处于维持状态，因设施较差使森林火灾隐患多，病虫害发生和成灾面积大，许多林场的房屋陈旧且危房较多，水、电、交通、通讯设施差，职工工资、医疗费长期拖欠，人员老化且文化水平较低。对此，市有关部门对全市国有林场进行了全面调查，市政府办公厅发出了关于进一步加强国有林场建设意见的通知，提出了8个方面的要求，包括调整和理顺国有林场的管理体制，把国有林场作为事业单位实行定额或定项补助，林场建设纳入市和区（县）绿化造林总体规划；增加林业生产和基础设施建设投资，分别将其列入市和区（县）年度基本建设和财政投资计划，市计委将林业基建投资由每年的330万元增加到400万元；财政、林业部门按照统收统支和定项、定额补助的原则解决国有林场离退休职工养老金和在职职工的工资及医药费问题；搞好国有林场的造林绿化和森林资源管护，力争5年内基本消灭宜林荒山并完成2.67万公顷中幼林抚育。 （宋 涛）

【北京市社会林业工程】 该工程是中国社会林业工程研究与开发项目的子项目，1998年启动，2002年完成。该项目将在全面调查社会林业发展现状的基础上，根据北京市社会、经济、环境的可持续发展规划和首都林业发展特点，从宏观上研究和探索在社会主义市场经济体制下的北京市社会林业建设和发展模式，重点对“三北”防护林、太行山绿化、山区综合开发、平原绿化、水源保护林、沙地综合开发治理、自然保护区建设等重点工程的持续经营进行研究并综合评价其效益，探讨社会林业工程的体系建设特别是技术推广、教育培训、社会化服务和科技试验示范体系建设，以及资金筹措和经济运行机制等，为促进首都林业与社会、经济、生态协调发展提供科学依据。 （杜建军）

【林业科技】 近20年来，北京市林业科技发展很快，为首都林业建设和发展起着先导和支撑作用。一是抓规划和管理工作。1983年以来多次制订了林业科技发展中长远规划，各阶段都明确了科技项目重点，每年都有科技计划，制订和完善了科技工作、科技项目管理办法，加强项目立项和论证及检查、监督和总结。二是抓科技队伍和网络建设。现有市级科技推广机构7个、县级41个，科技推广人员412人，乡镇林业工作站268个1267人，市林业局有45个专业近900名科技人员，是1981年的4倍多。加强了继续教育、学历培训和岗位培训，累计培训林业从业人员10万人次，培养了农民技术员、林业工人和专业技术干部3支队伍。三是抓科技项目的研究与应用。实施局级以上科技项目296项，其中科研项目128项、科技推广项目163项、星火科技项目5项。近年来，每年推广科技成果20项以上，推广面积6.67万公顷以上，重点推广了良种繁育、抗旱造林、果树栽培、病虫害生物防治、山（沙）区综合开发等技术，基本形成以科技兴林示范县（林场）、示范区为中心，示范乡、示范园为重点，示范点、示范户为基础的科技示范体系。市级10个示范区建设面积1.14万公顷，辐射推广7.1万公顷，推广科技成果和先进技术100项，引进林果花良种86个。四是抓科技合作与交流。先后有美国、加拿大、德国、日本等20个国家的59名专家学者前来讲学或技术指导，选派了400多人次科技人员到国外学习，中国林业科学研究院、北京林业大学、中国科学院等院校近百名专家在郊区进行了20项科研。 （黄发吉）

【野生动物保护和管理】 近10年来，北京市加强法制建设和依法治理，搞好野生动物保护管理工作。一是认真执法，严厉打击破坏野生动物资源的违法犯罪活动。每年林业、公安和工商等部门联合到集贸市场、商店、宾馆和饭店等重点经营场所进行野生动物保护执法检查；在春秋候鸟迁徙期，加强鸟市的检查和管理，打击非法粘鸟捕鸟者。10年共查处违法案件155起。1993年10月至1997年11月，首都机场海关查获走私猎隼案29起，没收猎隼399只，市有关部门先后6次组织到外地或郊区进行放飞，将查获的猎隼全部放归大自然。二是建立组织，扩大宣传。市、县林业主管部门的野生动物保护机构依法加强了行业管理，北京野生动物保护协会和北京爱鸟养鸟协会发挥了积极作用。从1983年开始确定每年4月1～7日为爱鸟周，后又确定每年11月为野生动物保护宣传月。在此期间，各级林业、园林、环保、教育等部门联合开展野生动物保护宣传教育活动，提高广大市民依法保护野生动物的意识。近10年来，群众主动救护、上交伤病野生动物和检举揭发非法猎捕和经营野生动物的现象逐年增加，通过群众举报查处的案件有300多起。三是依法开展野生动物驯养繁殖。到1998年底，全市有以生产经营、科研和观赏为目的的野生动物驯养繁殖单位80家，是10年前的4.4倍，其中以生产经营为主的单位60家，大量饲养了梅花鹿、非洲鸵鸟等，存栏量分别达 3000 头和 1500 只；以科研、繁殖和观赏为主的野生动物驯养繁殖场所 10 个，成功地繁殖了大熊猫、金丝猴、麋鹿、东北虎、黑颈鹤、黄腹角雉等濒危野生动物；还建成了八达岭野生动物世界公园、百鸟园、神奇岛野生动物园等 10 家野生动物观赏场所。 （王民中）

【中德林业技术合作项目】 密云水库是北京市城市生产生活的重要水源，密云水库水源保护林建设引起国内外关注。1982 年密云水库水源保护林纳入了全国“三北”防护林体系建设，制订了规划，开展了造林、营林技术研究。1995 年，北京市林业局向林业部、外经贸部申报了密云水库水源涵养林、水土保持林技术研究项目，1997 年经中德双方专家论证和修订，1998 年中德两国政府确认“密云水库流域保护和经营”为两国政府间林业技术合作项目。该项目主要是引进国内外先进技术并进行试验示范，对典型地区的小流域进行治理、恢复和开发经营，以保护水源和富裕农民，并建设国际先进水平的水源保护林发展技术和科学管理体系。项目实施范围是密云水库流域在北京市境内的密云、怀柔、延庆、昌平 4 个县 39 个乡镇，面积 4498 平方千米，项目建设期限总体规划为 9 年，分 3 期执行。一期工程是 1998 年 4 月 1 日至 2001 年 3 月 31 日，德方无偿提供 400 万马克，中方配套 2400 万元人民币，工程重点在密云县、怀柔县，主要是建立小流域治理和经营模式，以及造林营林、中幼林抚育、封山育林、经济林及种苗等示范区 4489 公顷，观测森林在保持水土、涵养水源、净化水质、发展经济等方面的数据，并将成果及时推广。 （朱先智）

【制止和清理乱占林地】 为了贯彻执行国务院关于保护森林资源制止毁林开垦和乱占林地的通知精神，北京市从 1998 年 8 月 5 日起严格控制征占用林地，冻结各项建设工程征占用林地 1 年；实行林地保护目标责任制，对林地进行总量控制，保证林地面积只增加不减少；加强对林权证的管理和使用，搞好林权变更登记，组织开展集体林权证的核发工作；全面清理采矿点，制止毁林采矿和放牧毁林行为；依法开展打击毁林开垦和乱占林地的专项斗争。按照国务院和市政府的通知要求，8 月中旬开始，市、区（县）林业行政主管部门组织对本市非法使用林地进行了清查和处理。自 1992 年下半年至 1998 年 8 月 5 日，全市非法使用林地 570 件 432.25 公顷（集体林地 451 件 328.90 公顷，国有林地 119 件 103.35 公顷），主要是工程建设和经营开发、采矿、建公墓等。清查还发现，在租赁或合作开发荒山中，扩大使用有林地 41 件 7315.73 公顷，少数地区存在放牧毁林问题。目前，林业行政主管部门正在按规定抓紧对非法使用林地进行处理，并严格加强对征占用林地的审核和监督管理。到年底，已经处理非法使用林地 115 件 105.37 公顷，补收森林植被恢复费 472.54 万元。 （王丹英）

【推行林政资源管理责任制】 经过试点，北京市从 1998 年 5 月开始推行林政和资源管理责任制。该责任制涉及区（县）林业局、林政科、乡镇人民政府、乡镇林业工作站、村委会 5 个层次的管理部门，及其与林政资源管理工作相关的 14 个岗位，涵盖了林木采伐、林地林权、森林资源档案及古树名木等管理工作，责任书分别对上述部门和岗位的主要职责、权限、年度执法及管理目标、年度考核标准等进行了具体规定，准确地界定了相关人员的责任归属。目前，在郊区 14 个区（县）林业局、246 个乡镇人民政府、240 个乡镇林业工作站、4044 个村中，已有 2577 个岗位签订了责任书，其中区（县）林业局 72 个、乡镇 484 个、村 2021 个。大兴县、朝阳区做到了县乡村三级岗位全部签订了责任书。该责任制的实施，强化了相关人员的责任心，促进了林政和资源管理工作的制度化、规范化、法制化建设。 （王丹英）

【山区综合开发林果富民工程】 近年来，北京市实施山区综合开发林果富民工程，激发了农民治山治水挖穷根、致绿致美栽果树的热情。为了提高山区综合开发水平，林业部门加强了林果富民工程的科技示范，在 7 个山区县落实了以果树生产为主的科技示范区 69 个、示范户 1638 个，果树面积 1 万公顷。在此基础上，全市重点抓好怀柔县渤海所镇长道峪村板栗丰产园，密云县新城子乡巴各庄村精品红富士，房山区长沟镇百万株酸枣改接大雪枣，门头沟区军庄镇东山村千亩京白梨，昌平县长陵镇辛庄和燕子口村老果园更新改造，平谷县镇罗营乡关上和西寺峪村、大华山镇挂甲峪和泉水峪村山地立体开发等 10 个示范区，实行新品种、新技术、新设施三上山，引进新品种 22 个，推广新技术 10 项，推广渗灌、滴灌设施 53.33 公顷。 （张　瑞）

【密云县建设环湖果品基地】 该县为解决密云水库占地带来的耕地匮乏和经济发展困难，实现保护水源与富裕农民的目标，1993 年开始营建 3.3 万公顷环湖果品基地，1994 年江泽民总书记视察时对密云县建设提出了“绿山、净水、富民”的方针，有力地促进了基地建设。几年来，该县相继制定了果树引种、建圃育苗、低产改造、技术革新等方面的优惠政策和富士苹果等综合标准，建立健全了县乡村三级服务网络，扶持成立了 24 个农民果树技术协会。到 1998 年底，已建成环湖果品基地 2.8 万公顷，果树 1560 万株，形成了以水库周边山区为中心、辐射外围平原地区，以苹果、板栗、鸭梨为主的果品生产格局，年产干鲜果品 7000 万千克，产值 1.13 亿元，4.5 万农户直接获益，基地建设还带动起一批果品贮运户和加工企业。“云岫”和“绿

湖”苹果、“燕香”板栗和“不老”鸭梨等4个品牌已在首都果品市场占有优势。（李志新）

天津市林业

【概　述】

发展与成就　1998年，全市完成人工造林9113.2公顷，其中：营造用材林21公顷，经济林2631.5公顷，防护林6460.7公顷，“四旁”植树364.6万株。年末实有育苗面积1224.5公顷，其中当年新育526公顷。封山育林7024公顷，幼林抚育实际面积17 553公顷，成林抚育21 154公顷。经1998年天津市林业资源二类调查，全市经济林（果园）50 194公顷，其中水果林39 799.7公顷，干果林10 394公顷。干鲜果品总产251 372吨，其中：鲜果产量250 654吨，干果产量718吨。全年仅水果产值按1990年不变价格为38 029万元，现价为46 321万元。

改革与林政实施

科学造林增资源

①抗旱造林有窍门。针对严重干旱，实事求是地提出“以水定林，抗旱造林，节水造林”，强调“林跟水走”，所栽树木要“向水靠拢，向渠路靠拢，向村镇靠拢”。为此，压缩了东南部造林任务，加大了山区开发及全市葡萄种植任务。坚持“有水造林，无水欠林，来水补林”的及时抓水造林做法，使当年造林任务基本完成。

②重点工程有特色。全市实施了十大重点林业工程，面积达5800公顷。具有天津市造林绿化水平和特色的有4项工程：京津塘高速公路绿化带武清段植树14.4万株；宝坻县宝平路绿化带及农田林网工程，宝平路植树11.2万株，尔王庄片农田林网植树24万株；宁河县水田林网工程植树30万株；蓟县山区综合开发建设工程成果显著。

③外环线绿化带有续建。全带补植各类乔木1.7万株，更新改造果园86.3公顷。

④科技兴林有进展。继续栽植毛白杨优良无性系、毛白杨三倍体、苏柳、中林系杨、千头椿、洋槐无性系等，造林良种使用率已达85%以上。ABT生根粉用于果园喷施6666公顷，用于造林3666公顷。

⑤社会林业的社会活动有氛围。春植期间，市林业局与多部门组织了形式多样的植树造林活动。如开展“百万青少年植绿护绿”和“造跨世纪之林，种跨世纪之树，做跨世纪之人”及“爱护我们的家园，让津沽大地绿起来”等活动。公仆林、致富林、青年林、三八林、党员林、双拥林如雨后春笋般地涌现在津沽大地上。全年全市义务植树190万人次，植树830万株。

依法治林管资源

①森林病虫害防治完成“四率”管理指标。全市森林病虫害发生10 986公顷，发生率12.3%；防治9220公顷，防治率83.9%；种苗产地检疫1026公顷，检疫率76.2%；病虫害监测71 133公顷，监测率78.9%。全年防治资金投入260.7万元，其中县级以上财政投入96.1万元。美国白蛾、松毛虫、榆尺蛾、侧柏毒蛾、舞毒蛾和杨树溃疡病为1998年防治重点。美国白蛾防治为重中之重。美国白蛾发生1295公顷，全年重复防治7668公顷。全市共检疫木材类（包括木制品）23.28万立方米、果品4738吨、苗木2998.5万株。

②森林资源管理呈现良好势头。全市林政执法队伍已达350人，其中区（县）级以上持证的林政执法人员60人。全年发生林业案件65起，已查处60起。全市认真执行森林年采伐限额，全年采伐林木32 535立方米，占年采伐限额的65%。林地管理方面，严格实行林地用途管制，坚决冻结各类建设项目征占用林地1年；与天津市高级人民法院、检察院、公安局联合开展严厉打击破坏森林资源违法犯罪活动专项斗争，清理出违法乱占林地4起，近200公顷，并以此得到市主要领导的有力支持。全市发生森林火警3起，森林火灾1起，受害森林1.22公顷。1998年蓟县开出防火道100千米，修建防火道路10千米，历时4个月，实地调查了4万余个小班，完成了天津市林业资源二类调查工作。

③野生动植物保护卓有成效。开展了全市范围野生动物资源外业调查工作，圆满地完成了第十七届爱鸟周活动，进一步规范和加强了野生动物及其产品的进出口管理、驯养繁殖管理、非正常来源的陆生野生动物及产品的管理、猎捕管理工作。通过严格执法，全年查处非法运输、倒卖、出口野生动物及其产品9起，没收、救护各级保护野生动物2100余只；查处猎捕非国家重点保护野鸟案件10余起，放生偷猎野鸟1000余只；全年签发进出口证明书1100余份；建立起蓟县、宝坻、汉沽野生动植物保护管理站兼职机构。

存在问题　①森林病虫害防治资金不足，防治力量薄弱，主要病虫害有继续扩大趋势，1998年美国白蛾疫情已扩展到9个区（县），如不采取有效措施，1999年疫情将向周边省市扩散。因此，必须从增加资金、加强管理、社会联防、科学防治等多方面强化防治工作。②造林基础薄弱，尤其缺少大规格苗木，增加科技含量和抓好苗木行业管理已成为当务之急。（张步峰）

【宝坻县林业建设】　据1998年天津市林业资源二类调查，宝坻县森林面积已达到17 681.6公顷，其中：防护林12 929.7公顷，特用林206.5公顷，用材林722.5公顷，经济林3822.9公顷。全县林木覆盖率已达到13.76%，活立木总蓄积量达到61.37万立方米。1996～1998年连续两届被市政府评为“造林绿化先进县”。

目前，宝坻县森林资源总量和科学造林水平走在了全市平原地区的最前列。林业建设成就与特色主要体现在4个方面：

全县森林资源总量增幅显著　与1995年底相比，森林面积纯增5352.5公顷，森林覆盖率提高了3.76个百分点，其中：防护林纯增3921.7公顷，特用林纯增206.5公顷，用材林纯增315.8公顷，经济林纯增908.5公顷。

工程造林成绩突出　3年累计工程造林212.85万株，占累计全部新造林的34%。在全市影响良好的有4项工程：①津围、宝平、宝三和环城林绿色通道工程建设，绿化长度70.6千米，植树55.1万株，主栽树种为优质毛白杨大苗；②农田林网区域化治理三期工程，涉及的大洼地区有八门城、欢喜庄、黄庄、大白庄、尔王庄、大唐庄、中登、周良、牛家牌、糙甸10个乡镇，绿化干支渠85条、600余千米，植树51万株，全部采用优质苏柳和垂柳，基本建成了宽林带、大网格农田防护林网，实现了水田林路综合治理，绿色屏障保护农田近4万公顷；③在蓟运河、潮白河、青龙湾河河系沿线建设防风治沙林工程，3年累计造林303.5公顷；④进行了武河堤、塘白渠、大钟排干等成片速生丰产林工程建设，3年累计造林138.9公顷。

城镇绿化呈现出现代化园林景象　县城园林景观十分优美。以环城四路和主干街路为绿化框架，以园林小景为点缀，绿化与美化结合，建设与养管结合，乔灌花草一齐上，全面进行园林建设。到1998年，建成钰华街和环城路带状公园2处，种植草坪74.7万平方米，建风景墙3500平方米，栽植绿篱4.5万延长米，设置园林景点23处，筑立大型花架5个，城区内已绿化大小街道54条、50余千米，县城绿化覆盖率达到30.1%。以县城为样板，带动了8个建制镇园林化建设。全县城镇园林绿化总面积达到284.8公顷，其中公共绿地达39.1公顷，公园20公顷。

站在跨世纪的战略高度，努力增加林业的科技含量　①大力繁育、引进、推广名优树种毛白杨、中林号杨、苏柳等，使全县造林良种化程度达到90%以上。②推广新技术造林营林有新进展。3年推广ABT生根粉造林233.3公顷，成活率提高到96%以上。营造混交林313.3公顷。采取综合防治措施，使林木病虫害防治达到目标要求。推广果树综合丰产新技术2400公顷，年均增值180万元。

宝坻县林业建设取得突出成绩的经验，政府级领导层全新的环境建设观念和社会林业的政府行动是推动生态林业建设的根本法宝。县委、县政府决心彻底加大生态环境治理力度，将县林业局设置为县林业局、县园林局两块牌子一套机构，实行城乡绿化一体化推进。要求县级领导对林业建设要率先垂范，承包重点工程。认真落实领导干部（县、乡两级）任期绿化责任制，并对此制定严格的目标考核管理办法，坚持每年考核两次，坚持每年对各乡镇干部绿化政绩实行严格奖惩，对绿化政绩差的给予媒体公开曝光。并且，干部绿化激励机制已形成规范化、制度化。成功地建立了多元化筹资机制，增资投资，增强了林业建设实力，1996～1998年全县共筹集绿化资金4728万元。绿化部门员工尽职尽责，深入基层，吃苦耐劳，勇于拼搏，开拓进取，在行政管理、法制管理、科技管理中充分发挥了职能部门和政府的参谋作用。　（张步峰　阎学勇）

【津围公路绿化带宝坻段建设】　津围公路宝坻段绿化带南起青龙湾桥，北至蓟运河九王庄桥，全长35千米，两侧可绿化长度30千米，绿化带宽度为两侧边沟外各50米。沿线涉及大口屯、马家店、石桥、城关、霍各庄5个乡镇。1998年绿化带共建有森林320公顷，其中，经济林80公顷，风景林240公顷；当年果品产量600吨，年果品产值150万元。在绿化带的城区段，主栽乔木选用胸径6厘米以上的毛白杨雄株壮苗，实行乔灌花草一齐上，常绿与落叶配置，采用具有东方文化底蕴和西方现代流派相融的精美园林艺术形式，配以高雅雕塑和大型瓷砖彩墙时代风貌画面，建成了长1.5千米、面积为8公顷的带状迎宾公园。在迎宾公园建造景点28处，建瓷砖彩墙长1.5千米、面积为750平方米（全县路段共建瓷砖彩墙6千米、面积3000平方米），建造园林景观5处，植草坪17万平方米。

（张步峰　阎学勇）

【天津市森林公园建设】　1998年底，天津市共建有森林公园5处，面积达15 189公顷。这5处森林公园皆是近50年来植树造林、封山育林、抚育管护形成的大片森林。“七五”以来，在不断营造森林景观环境的同时，从规划设计入手，实行“营林、护林、基本建设、开发利用”同步进行，多方位开展森林旅游事业，取得良好成效。

九龙山国家森林公园　公园原为国有林场，1995年7月蓟县政府定为九龙山森林公园，边建设边开放，1996年6月天津市农林局批准为市级森林公园，1997年12月林业部批准为国家森林公园。公园总面积1451公顷，辖九龙山、梨木台山、黄花山三大风景区，建有桃花岭、杏花坡、柏树沟、松山林、龙泉洞、野生动物园、揽月亭等30余处景观景点。公园是一座集古洞、幽林、奇峰、秀水为一体的人工林与天然林相融合的森林风景区。县政府投资并招商引资200多万元，进行旅游设施全面建设。到1998年，公园已具备吃、住、

游、购、玩一整套服务条件。

国家级重点风景名胜区——盘山　盘山也曾是国有林场，总面积10 600公顷，旅游核心保护区900公顷。1988～1998年先后集资1357.19万元修建历史文化遗迹及森林旅游服务设施。盘山现有植物115科307属643种，百龄以上古树1300株，其中300年以上的有300株。盘山以"五峰"、"八石"、"三盘"闻名于世。区内云海松涛，水石清奇，峰峦石崖错落，森林秀丽清幽。

港北森林公园　港北森林是沙荒造林形成的天津市面积最大的人工森林。公园总面积800公顷，其中建有风景林573公顷，建有果林167公顷，林龄20～40年，活立木总蓄积量40万立方米。市财政先后拨款120万元，修建了20余千米的游园柏油曲路、不同民族风格的度假村、养鹿场。园内栽植的沙兰杨林相整齐，精美绝伦；疏密不等错落有致的混交林呈现幽雅迷人的森林风光。

杨柳青森林公园　公园总面积200公顷，其中有林地141.3公顷，森林覆盖率70.7%。园内建风景林60公顷，建果园53.3公顷，建防护林28公顷。由于距市区仅15千米，区位极具优势，森林景观良好。园区周围修建了5800米环园河及排灌设施，建成4千米曲径柏油路、森林别墅、野生动物园等。旅游年均收入150～200万元。

官港森林公园　1988年市政府批准建园。1989年市政府组织建园指挥部。1990年市政府决定将官港作为市直机关义务植树基地。由盐碱荒滩的沼泽区，坚持10年义务植树，渐成津门著名景区。公园总面积2138公顷，其中，天然芦苇荡234公顷，人工官港湖515公顷，人工林733公顷，森林覆盖率46%。主要绿色景观有森林迷宫、芦苇迷宫、鸟禽自然保护区。游乐设施主要有水上俱乐部、森林度假村、瞭望塔。

（张步峰）

【天津市三大果品基地建设】　天津市三大果品基地是1987年始按照《天津市"京津周围地区"造林绿化总体规划》建成的。基地共涉及9个县（区）的76个乡镇。规划前已建有果园8638公顷。"九五"初期，基地种植结构有所调整，涉及县（区）、乡（镇）有所减少。到1998年底三大果品基地果树面积达到28 617公顷，占全市经济林面积的57%；当年干鲜果品总产108 989吨，占全市果品总产的42%。

津西水果基地　基地包括北辰、西青、武清3个区（县）的10个乡镇。规划前有水果树2375公顷，年产鲜果8789吨。1998年底水果树达到4426公顷，水果当年产量61 152吨。主栽树种为苹果、桃、梨、枣、葡萄。杨柳青镇大柳滩村果园是天津市规模大、品种新、技术强、集约化经营的现代化大果园，面积为533公顷。主要栽有红富士、短枝红星苹果和梨树，年果品产量3000吨。多树种多品种形成园林型果园，是天津市观花果赏风景的观光型与产业型林业的典范。园内早酥梨每年销往香港、新加坡、马来西亚150吨。

蓟宝果品基地　基地包括蓟县山区及半山区和宝坻县西北部沙土地带，涉及23个乡镇。到1998年基地仅留有蓟县，共有果树15 673公顷，当年果品产量36 549吨（面积与产量均扣除重复计算部分）。其中，红果基地果树达到2821公顷，当年果品产量5664吨。核桃基地果树达2978公顷，当年果品产量4950吨。板栗基地果树7438公顷，当年果品产量9754吨。柿子基地果树7455公顷，当年果品产量20 363吨。葡萄基地果树944公顷，当年果品产量6401吨。苹果基地果树2428公顷，当年果品产量2624吨。

天津金丝小枣基地　基地地处平原盐碱地区，以枣粮间作和枣树林网方式发展小枣生产，共涉及7个区（县）的43个乡镇。到1998年仅保存静海、大港、津南、武清4个区（县）。基地果树共达8518公顷，当年果品产量11 286吨。静海县1998年枣粮间作和枣树林网及纯枣园达到7050公顷（包括粮田面积），当年鲜枣产量5383吨。

（张步峰）

【蓟县山区综合开发】　1998年是蓟县山区综合开发示范县建设的第二年。全县全年共实施项目37个，其中使用国家山区综合开发专项贷款项目3个，贷款额度1300万元，带动各方投入配套资金5.23亿元。以山区综合开发为建设重点带动全县国民经济建设，到1998年底，全县国民生产总值达到51.5亿元，同比增长18.4%；财政收入达到2.9亿元，同比增长16.9%；农民人均纯收入达到3410元，同比增长15.4%，分别比山区综合开发示范前的1996年增长47%、38%、42%。

主要建设成果　①生态林业与产业林业建设得到持续发展。全年完成荒山造林366公顷，新建农田林网391公顷，营造片林18公顷，新建果园1583公顷，"四旁"植树440公顷，全县当年果品产量46 198吨。全县森林生态环境良好，森林面积达到43 216公顷，平均森林覆盖率已达到36.99%，其中山区森林38 634公顷，森林覆盖率67.31%。全年森林旅游101万人次，直接收入3150万元，其中九龙山国家森林公园全年接待游客21万人次，旅游收入27万元。②围绕山区综合开发，山区基础设施与生产条件发生根本改变，普遍实现了通电、通路、通邮、通电话。1998年水电路通讯基础设施总投资达到2.8亿元。一年中新修、改造县级公路58千米、乡村公路32千米，架设农电线路9千米，小流域综合治理1500公顷，新建小水窖950座，改善灌溉面积2040公顷，坡改梯田2800公顷，改造中低产田3333公顷。③按照"高起点、高档次、高投入、高科技、高效益"的开发思路和产业化要求，实现了酒用葡萄、蔬菜、肉鸡、肉鸭四大系列产业化经营。

城郊型、高科技、产业化的山区开发之路　1998

年5月，全国山区综合开发办公室主任（北方片）会议在蓟县召开，国家有关部委（局）、15个省（区、市）及示范县160位代表出席会议。周连荣副县长在大会上第一个发言。代表们参观了山区开发工程。会后有6个省（区）来蓟县参观。11月天津市应邀参加了在北京市召开的全国山区综合开发示范工作座谈会，蓟县再次向全国介绍了经验和体会，得到了国家有关部门的充分肯定。（张步峰）

【宁河县苗圃场】 地处宁河县板桥乡杨花村北的宁河县苗圃场现有场域面积114公顷，其中，苗圃地32.4公顷，果园2公顷，稻田26.7公顷，菜地2.9公顷，鱼池13.3公顷，固定资产总值78.54万元。场内有正式职工12名，其中技术人员8名。

县苗圃场1996年以前每年苗木生产和经济收入基本处于持平状态，培育的苗木品种单一，质量不高，很不适应全县林业大干快上的局面。为加速宁河林业可持续发展，县林业局坚持以人为本，调整了场领导班子，并对场给予多方指导和具体支持。苗圃场全方位努力，使这个场从1996年起三年迈出三大步，经济效益直线上升，成为天津林业国有场圃“绿起来，富起来，活起来”的典范。

主要建设成绩　3年中通过“以林为主，多种经营”所获得的经济效益十分可观。该场1996年林业产值为84.33万元，实现利润21.11万元；1997年林业产值为87.21万元，实现利润23.84万元；1998年林业产值为92.67万元，实现利润27.65万元。3年共培育各类树苗97.2万株，销售收入194.4万元，纯利98万元；生产稻谷600吨，销售收入96万元，纯利48万元；出栏生猪800头，销售收入64万元，纯利10万元；鲜鱼产量100吨，销售收入72万元，纯利10万元；瓜菜获纯利5万元，其他获纯利9万元。

主要做法与经验　①植树造林，兴修水利，改造农田，建立整体的高标准的绿色农田区域环境。3年修建防渗渠道1000米，排水管道800米，涵闸8座，泵站2座；改造中低产田66.7公顷，拓荒13.3公顷；栽植杨、柳、洋槐树种，营建苗圃场外围和场区农田林网。②有效增加科技含量，建立高产优质高效种养业基地。3年共引进中林号杨树、苏柳、千头椿、优质洋槐共30多个优良品种品系，林木良种化程度达90%以上。花卉、稻谷、生猪生产也全部采用良种。新建2座328平方米的全光照喷雾扦插育苗装置和1座500平方米现代化花窖。新建花卉基地3.33公顷，其花卉种类达30余种。同时，对全县实行有偿技术服务，如为本县培育优良葡萄营养袋绿苗50万株。③以人为本，建立适应市场经济运行的激励机制，实行“定人员、定责任、定目标和一奖惩”的管理制度。

（张步峰　朱德林　徐志君）

【天津市农业名牌产品——天津板栗、盘山磨盘柿】 天津板栗、盘山磨盘柿均产自蓟县，栽培历史悠久，为天津市果品特产。天津板栗、盘山磨盘柿经县绿色食品办公室于1996年以“翠湖牌”商标注册于县工商局。天津板栗、盘山磨盘柿、茶淀玫瑰香葡萄于1997年9月被天津市政府命名为首批“天津市农业名牌产品”。经1998年林业资源清查，天津板栗栽培面积为1728公顷，当年产量224吨；盘山磨盘柿栽培5789公顷，当年产量9070吨。

天津板栗又称天津甘栗，为果中珍品，每千克150粒左右，果肉味甜，糯性强，含淀粉、糖、脂肪，并含磷、铁等多种微量元素，在国际上享有东方“黑珍珠”的盛誉。天津板栗主要分布于蓟县长城沿线，涉及下营、小港、孙各庄等10多个乡镇。主要品种为燕山奎栗、燕山早丰、燕山短丰等。近几年，天津板栗主要销往日本，是出口创汇的主要果品之一。

盘山磨盘柿别名盘山大柿子，曾为中国封建时代宫廷贡品，也是老百姓喜食的果品之一。它的果形如磨盘，平均单果重250克，外表橙黄色，皮薄、汁多、汁清、甘甜，含糖及淀粉15.13%，每100克鲜果中含维生素A450国际单位，含维生素C 30毫克。盘山地区以花岗岩、麦饭石构成的土壤质地，造就了其独特的品质和风味。主产区为盘山地区的官庄、许家台、白涧等17个乡镇。盘山磨盘柿在国内市场享有盛名，主要销往我国东北地区，并远销海外东南亚地区，已形成拳头产品。盘山磨盘柿不仅倍受人们青睐，而且它的树形幽雅，果繁色艳，秋叶变红，是优良的园林观赏树种。每逢金秋，灯笼似的柿果和红叶把著名的盘山景区点缀得绚丽多彩，美不胜收。（张步峰）

河北省林业

【概　述】

发展与成就　1998年，全省完成造林合格面积35.83万公顷，是年计划的134.4%；新育苗面积1.2万公顷，是年计划的120.7%；新封山育林面积10.57万公顷，是年计划的158.5%，果品总产量达63.85亿千克，是年计划的102.2%；系统内林产工业和多种经营完成产值8.03亿元，是计划目标的123.5%；全年实际利用外资709万美元，是计划目标的101.3%。

生态体系建设 全面推进六大生态工程，突出抓了窗口绿化和造林机制创新。在生态工程建设中，改革了以往的治理模式，提出了“深山以飞播封管为主，窗口地带加大投入，其他地区以奖代补”的新思路。在坚持整体推进的同时，集中资金，规模治理，建成了一批具有一定规模的窗口绿化工程，全省建成万亩以上规模工程66个，其中示范工程10个。全省共完成环京津绿化工程、太行山绿化工程、沿海防护林工程、平原绿化工程、治沙工程、省会周围绿化工程造林21万公顷。在生态工程建设中，突出抓了造林质量。首先是实行了一把手负责制、分级抽查利益挂钩制、工程项目全过程监理制、林木管护责任制、档案管理责任制，规范了管理工作；其次是制定了《河北省京九绿色通道工程实施方案》、《河北省工程造林管理和检查验收办法》等13个工程实施方案和地方性管理法规。此外，狠抓了造林质量把关和典型示范，推动面上工作，先后推广了邯郸、邢台两市抓京深高速公路沿线绿化典型，枣强县京九绿色长廊建设等先进典型。

产业体系建设 7月在承德、唐山、秦皇岛3市召开了全省林业产业化工作现场会议，明确了产业化工作的基本思路。按照“系统内抓骨干，系统外抓重点”的原则，选择隆峰木业有限公司等7家企业进行了重点扶持，并新组建了冀南花木集团等3个龙头企业。开展了果树争名牌、创优质活动，狠抓了示范果园建设，普及常规技术，主要果品商品率比1997年有所提高，一些传统名牌果品正在恢复其本来面貌。森林旅游业、花卉业保持较快发展势头，全年分别创销售收入4510万元(系统内)和4.5亿元，成了全省林业经济新的增长点。开展了林业经济信息网建设，制定了《河北省林业经济信息网建设工作“九五”及2010年发展规划》，确定了11个市及50个果品生产重点县为第一批信息采集和服务对象。

精神文明建设 开展了以“外树形象、内强素质”为核心的全省林业系统形象建设现场会，制定了形象建设评比办法和具体评分标准。在全系统开展了讲学习、讲政治、讲正气、讲法律、讲效率、讲团结的活动。在副处级以上领导干部中开展每年至少选学1本书、每天至少挤出1小时以上的学习时间、每周记2篇以上学习笔记，每年至少写出1篇调查报告的学习活动，收到了较好的学习效果，促进了领导素质的提高。

改革与林政实施

加大改革力度 一是国有林场改革，贯彻落实《林业部关于国有林场深化改革加快发展若干问题的决定》，重点抓了“换脑筋、换思路、换机制、换本领”的工作，引进竞争和激励机制，推行干部聘任制、双向选择工效挂钩等制度，提高了国有林场的整体素质。二是抓了造林机制改革。探索建立了资源有偿流转机制、投入保障机制和在工程造林中引入优胜劣汰机制，促进了乡村集体林果业的发展。

扩大对外开放 一是引进外资工作。加大了对外宣传的力度，在河北省经贸洽谈会会刊上介绍了河北林业优势产业、名牌果品等内容；在“5·18河北省经贸洽谈会”上发布重点林业引资项目25项。开展了赴外招商和学习交流工作，组织有关人员赴欧洲、南美等地开展了以招商为主的对外交流活动；把引进外资列入对各市林业局的考核日标，全年实际利用外资709万美元。二是大力发展创汇林业。继续抓了林果产品出口基地建设，新发展外向型果品基地2万公顷，河北果品销售到东南亚、欧洲、北美等30多个国家，年出口果品1.83亿千克，创汇8700万美元。三是利用外资造林。其中中德合作白洋淀上游造林项目年内完成投资259.5万马克，完成造林7733公顷。

科技兴林 在送技术下乡活动中，一是林业厅与团省委、省妇联联合开展了林果科技“金钥匙工程”。二是派出科技人员通过承包形式送技术下乡，林果科技普及率有较大提高。实施了林业标准化工作，与省技术监督局联合下发了《关于围绕提高果品品质开展标准化工作的通知》，建立健全了标准化示范体系，建立了顺平、兴隆、涉县、泊头4个示范县。全面开展了林业行业关键岗位培训工作，举办培训班4期，有244人获得了《岗位培训合格证书》。全省共评审出省林业科技进步奖26项，组织申报省科技进步奖9项，获奖6项。“杨树优良无性系推广”项目获国家科技进步三等奖。全省林业科技进步贡献率达到40%，科技成果转化率达到54%，新建林果基地良种使用率达到100%。

清理毁林开垦和乱占林地 为抓好清理工作，省林业厅成立了领导小组，下发了《河北省林业厅关于开展清理毁林开垦和乱占林地工作的通知》，对清理工作进行了具体安排。省高级人民法院、省人民检察院、省林业厅、公安厅、监察厅转发了最高人民法院、最高人民检察院、国家林业局、公安部、监察部《关于开展严厉打击破坏森林资源违法犯罪活动专项斗争的通知》。各级林业主管部门都成立了专门工作机构抓此项工作，截至11月底，全省基本完成了清理任务，共清出1994年以来乱占林地案件176起，1858.4公顷；清理出1994年以来发生毁林开垦案件2226起，2585.4公顷，两项合计4443.8公顷。结合清理工作，各市(县)对清理出的毁林开垦和乱占林地案件依照国务院、省政府《文件》精神和省有关法律法规提出了处理意见，一些重点案件的查处取得了初步成效。

存在问题 执法不到位，表现在森林资源管理上一些地方乱砍滥伐林木、毁林开垦、乱批乱占林地案件时有发生；国有场圃经济困难，亟需加大扶持力度；造林绿化和森林保护的资金投入与其承担的繁重生态环境建设保护任务不相适应。

(冯小军)

【承德市建设“四源林业”】 承德市地处河北省的东北部，是首都北京的东北门户。实施环京津周围地区绿化工程以来，承德市瞄准为京津阻沙源、保水源、为河北林业增资源、为农民致富拓财源的“四源林业”目标，以服务京津、致富当地农民为己任，合理规划，加大投入，狠抓落实，取得了很好的生态、经济和社会效益。

为京津阻沙源 本着因地制宜、因害设防的原则，实施了以阻止风沙南侵为目的的沿边沿坝防风固沙林工程。困扰京津多年的尘暴扬尘、浮尘日已由1985年以前的20.6天减少到现在的10天；8级以上大风日数由70年代的37天减少到现在的17天；北京市区空气的悬浮颗粒和降尘量分别比80年代初下降了18%和43%，“风沙紧逼北京城”的状况趋于缓解。

为京津保水源 承德是滦河、潮河的发源地，是密云水库、潘家口水库的上游集水区。密云水库担负着北京市的城市饮用水，潘家口水库则担负着天津市的城市饮用水。为此，承德一直把为京津涵养水源作为防护林建设的重点工程来抓，经过长期不懈的努力，现在全市有17万平方千米的水土流失面积得到初步治理，有效地控制了水土流失。土壤侵蚀模数和输沙量明显下降，减少了水库淤积，延长了水库使用寿命。据测定，潮河水泥沙含量由1985年的23.5%下降到13.5%，使密云水库水体质量多年保持国家地面水环境质量二级标准水平。

为河北林业增资源 承德市是河北省重要的林区。为此，市委、市政府明确提出了以林兴市的目标，把发展林果业列入重要的议事日程，采取了一系列行之有效的措施，造管并举，森林资源持续增长。截至1998年底，全市有林地面积已达165.4万公顷，森林覆盖率达41.8%，活立木蓄积达3840万立方米，占全省总量的45.1%。

为农民拓财源 为把“三北”防护林体系建设成为多林种、多树种、多功能的生态经济型防护林，承德市坚持“适地适树”原则，确定了苹果、山楂、板栗、大叶桑、仁用杏、用材林六大林果基地，面积达82.1万公顷。目前，承德市农民人均拥有林地0.53公顷，其中0.03公顷是果树，相当于人均在“绿色银行”存款3000元，按现年木材、果品、山野资源的实际收入计算，全市农民依靠林果资源年人均收入达500元以上，有116个村通过林果实现了小康。 (冯小军)

【绿色庄园——元氏县治山新模式】 所谓“绿色庄园”，就是一户或几户农民从集体买来或承包来一定期限的荒山使用权，自己投资建房、修路、造田、植树、打井、办电，在山上安家建设庄园。

元氏县位于太行山东麓中段，总面积668平方千米，现有宜林地1.4万公顷，多为片麻岩地质。农村实行家庭承包责任制以后，该县曾把荒山承包给农民，但由于包得过于零散，形不成规模，结果是“包而不治，分而不管”。1994年，国家启动太行山绿化工程，元氏县在总结过去开发荒山、造林绿化工作时借鉴外地造林大户的经验，结合本县低山丘陵多的地貌特点，提出了建设“绿色庄园”开发荒山的设想，并在实践中不断总结群众经验，逐步完善成了一种新的治山模式。1994年，县委、县政府制定了政策，对过去分而不治的荒山重新承包或拍卖，明确开发荒山必须具有一定规模，适当延长承包期，少的30年，多的100年，农民有了“定心丸”，调动了他们进山开发荒山的积极性。

元氏县独特的地理位置和气候条件非常适合栽植石榴。河北省林业厅把该县确定为石榴基地，规划到本世纪末发展到0.33万公顷。为实现这一目标，县林业部门积极引导农民发展石榴，并在技术、资金上予以扶持，这从另一方面促进了“绿色庄园”的发展。

“绿色庄园”与造林承包大户有明显区别：一是造林承包大户在山上承包建房相对是临时的，一般不需到土地部门办理宅基地手续，而“绿色庄园”一般建庄园都要经土地部门批准；二是造林承包大户造林一般以防护林、用材林为主，而“绿色庄园”则以经济林为主。到1998年底，元氏县已发展“绿色庄园”730个，开发荒山2600公顷。 (冯小军)

【曲周县公开拍卖宜林地使用权】 曲周县是冀南平原县，全县版图面积667平方千米，其中耕地4.8万公顷，全县辖10个乡镇，342个行政村，人口37万人。从1997年开始，曲周县开始拍卖宜林地。①县、乡、村都安排专人，成立相应的组织机构负责拍卖工作。在县级，成立拍卖领导小组，农村工作部、土地管理局、林业局、水利局、公安局、司法局、开发办等单位参加。各乡镇、村也都有专人负责此项工作。②制定政策。出台了《关于实施农田路渠林网化，拍卖荒废地使用权的暂行规定》，明确了拍卖目的、范围、年限、程序、绿化目标、购买者责权利等内容。同时，县政府还印发了《关于维护宜林地拍卖使用权加强林木管护的通告》。③按程序拍卖，做到公平合理。各乡镇、各村根据各自的情况制定具体的拍卖办法。面积小，绿化难度小的，一次性拍卖，限期绿化；任务大的一次性拍卖，分期治理；较难开发的，由集体先治理然后拍卖。拍卖金额视地力、预期收益民主讨论决定，成片荒地和可长期间种粮油作物的较宽河岸，一般每公顷卖价750～1050元，并在拍卖之初收一定数量的风险金，绿化期限1～3年，经营期限20～70年。为防止少数人徇私舞弊，县政府要求拍卖方案要由村民集体讨论制订，做到家喻户晓。拍卖时要召开村民大会，当众宣布拍卖地点、数量、标底、绿化要求等。为指导拍卖工作有序进行，县委农村工作部还制订了《关于“四荒”拍卖程序的说明》和《拍卖合同书》样本，以规范拍卖行为。拍卖成交后，村委会和购买者签字，乡镇政府盖章，最后县公证处公证。1998年，该县拍卖道路289条，525千米，河渠713条，980千米，闲散及边远次地135公顷，共签定拍卖合同 1740 份，收拍卖资金 1650 万元。

（冯小军）

【林木种苗工程实行竞争招标】 为改变过去种苗工程分散投资、不成规模的弊端，1998 年省林业厅实行了林木种苗工程竞争招标，做到重点投资，建设精品工程。年初，林业厅种苗站给各市林业局发了通知，部署了招标工作。按要求，全省 50 多个苗圃场早报了竞标书和发展规划。9 月份，省林业厅组织专家对竞标苗圃呈报的材料进行了初步评议，产生了 16 个候选苗圃。在此基础上组织专家分两片对竞标苗圃进行了实地考察，最后通过投票产生了中标苗圃。威县苗圃、赞皇苗圃、龙头山苗圃被定为省级示范苗圃。丰宁县大阁苗圃，隆化县下洼子苗圃、三河苗圃，邢台县良种繁育场，涿州市第一苗圃被确定为市级示范苗圃。省林业厅对省级示范苗圃补助资金 50 万元，对市级示范苗圃补助 30 万元。（冯小军）

【开展果树“争名创优”活动】 1998 年，按照调整结构、提高质量、开拓市场和增加效益的工作思路，全省开展了果树“争名牌、创优质”活动。省财政投资 600 万元，占全省农口调整结构、提高质量资金总数的 60%。完成果树改劣换优 4.66 万公顷，疏花疏果 39.8 万公顷，果实套袋 90.1 亿个，新建和完善名牌生产示范基地 1.05 万公顷，新引进果树优种 20 个，完成优种核桃嫁接成苗 39.4 万株，成苗率 86.8%，居国内领先水平。全省主要果品的平均好果率和商品果率分别达到 89.6%和 85%，鸭梨、苹果、核桃等主要果品的含糖量比 1997 年提高 1～3 个百分点，果品质量明显提高。经河北省名牌办批准，新增赵州雪花梨等 7 个名牌，被河北省质量兴省名牌企业战略领导小组授予“名牌战略推进奖”。（冯小军）

【窗口绿化工程】 1998 年初，省林业厅制定并下发了《河北省窗口绿化重点工程实施意见》，并将绿色通道工程建设列入窗口绿化的主要内容，开展了以京九铁路、京深高速公路、京石高速公路、107 国道和京承御路为重点的绿化工程。在工程建设中，一是抓了宣传发动工作，1998 年 2 月 20 日、22 日全省农村工作会议和全省林业工作会议都强调要在林业建设中注重窗口绿化。二是各市都把窗口绿化工作列入了党委、政府的督办内容，进行了专项督查。三是省林业厅积极与形象建设推进委员会、省交通厅等单位联系，联合下发了《关于实施绿色通道工程的通知》，部署了绿色通道工作。年内省林业厅制定了《工程造林质量检查验收暂行办法》，提出了窗口地带的示范工程、精品工程的造林成活率要达到 95%的目标和抓好良种壮苗、起苗运苗、苗木修剪、整地植树、浇水、管护等 6 个关键环节的技术要求，促进了造林质量的提高。截至年底，全省绿色通道工程建设完成总里程 6842 千米，植树 3393.3 万株，其中：京深高速公路两侧植树 42 万株，占年度任务的 150.5%；京九铁路绿化 4306 公顷，其中农田林网完成 933 公顷，占年计划的 114%。（冯小军）

【林业宣传】 1998 年，河北省的林业宣传工作力度和成效是前所未有的。在组织领导上，厅里向省编制委员会办公室呈报了关于成立林业厅宣传中心的请示。3 月 17 日，省编办发了《关于〈河北林业〉杂志社增挂河北省林业宣传中心牌子的批复》。在工作力度上，一是把宣传作为全厅工作“四个加大”力度之首，摆上了突出位置。在资金紧张情况下，加大了对林业宣传的投入。省林业厅仅森林法宣传等 3 项较大宣传活动就投入资金 61 万元，各市林业局投资 500 多万元。二是在宣传工作中突出了“一把手”的作用，从省到县都把宣传作为“一把手工程”来抓，调动了方方面面的积极性。同时强调了目标激励，首次将宣传工作列入了各市林业目标责任制，实行了目标考核。三是充分利用各种宣传媒介，为林业宣传服务。积极与新闻单位联系，扩大了宣传渠道。根据宣传内容的要求，先后开展了街头宣传、电视文艺宣传、以刷写标语为主的长效宣传等活动。

在搞好常规工作的同时，组织了 4 次大型宣传活动。一是春季义务植树宣传，包括万炮齐轰太行山宣传、植树节街头宣传、电视台“戏曲大观园”文艺晚会宣传等。二是新《森林法》宣传。在《河北日报》、《河北经济日报》出了专版，刊登了省委书记程维高、省长叶连松为新《森林法》颁布的题词，安排省内新闻单位记者采访了省人大常委会副主任白录堂，组织河北电视台“新闻广角”记者赴承德市滦平县、保定市顺平县采访毁林案件。三是开展了林业长效宣传活动。全省在市以上城区树立长久标牌 91 块，在高速公路、国道两侧建长效标牌 394 块，刷写标语 15 180 条。四是精心组织开展了“让绿色护卫京津”宣传，人民日报等 6 家新闻单位记者沿张家口、承德、唐山一线采访 9 天，发了 30 多篇稿件。特别是人民日报记者赵永新在人民日报发表了“泽被当地惠及京津”一文后，受到了全国人大常委会副委员长邹家华的高度重视，并于 9 月 15～17 日视察了河北京津周围绿化工程，安排了再造 3 个与塞罕坝机械林场同等规模林场的项目，收到了显著成效。

（冯小军）

【林业科技“16 推”】 “16 推”即在全省范围内重点推广的 16 项林果实用技术。各市（县）林业部门普遍成立了由主要领导任组长的“16 推”领导小组，将这项工作列入了目标管理，省林业厅对各市提出了建议指标，作为考核林业科教工作的重要内容，各市也将任务目标分解到县，落实到了果园、小班地块，责任到人。在此基础上，制订了《林业科技“16 推”考核评比办法》，对各地进行了全面督查。为加大宣传力度，全系统还利用森林法宣传月等机会，宣传科技的重要作用。通过抓示范样板点，把每个推广项目落实到果园，用典型推动科技推广工作。在开展“16推”活动中，全省林业系统开展了科技下乡工作，4月份省林业厅、团省委、省妇联组织有关专家到辛集市梨产区送科技下乡，现场技术咨询600多人次，发放技术资料1万多份。在“16推”活动中，各级林业部门本着“实际、实用、实效”的原则，开展了形式多样的技术培训。全年完成行业培训87万人次，其中“绿色证书”培训13万人，发证5000人。（冯小军）

【发展花卉产业】 1997年8月全省花卉工作会议以后，全省花卉产业出现了良好的发展势头。一是抓宣传、引导消费。通过电台、电视台、报刊等媒介开展花卉宣传，特别是通过举办博览会、花展等形式集中宣传。二是抓基地，加快发展。省林业厅抽调专人深入到重点花卉产区调查摸底，落实了《全省花卉业发展规划》。三是抓市场，促流通。充分利用省内大专院校和科研院所的技术优势，开展名牌花卉的开发与培育，现在开发培育出具有较强市场竞争力的花卉新品种8个。积极建立花卉流通网络，全省现已建成规模较大的花卉交易市场75个，花卉集散地3个，花卉销售门市部281个。发展壮大花卉营销队伍，全省从事花卉营销的人员有5000人。四是抓品种，扩大良种繁育。上半年引进新品种9个，同时加强了对引进品种的驯化和扩繁工作，在灵寿县、平山县建立了种球良种繁育基地，全年生产优质种球20万粒。到1998年底，全省花卉总面积已经达到4293公顷，年产值达4.6亿元。全省已初步形成了园林观光苗木、切花、盆花、盆景、观叶植物协调发展的格局。（冯小军）

【《河北省志·林业志》出版】 开始于1987年3月的《河北省志·林业志》编纂工作，经历了组织力量、征集资料、设计篇目、分工撰写、总纂成书、评审修改6个阶段，于1998年12月由河北人民出版社出版发行。

本志纵贯古今，略古详今，上限尽可能追述到有史可查年代，下限止于1990年。篇目设概述、森林资源、造林绿化、果树蚕桑、林场、森林保护、森林经营利用、宣教科技、行政管理、附录。共8篇23章69节，74万字。（冯小军）

【衡水市开通林果技术服务热线】 从1998年4月开始，衡水市林业局与邮电局协商，在全市开通了“160林果技术服务热线”。农民在生产中遇到技术上的难题可以直接拨打电话“160”，市林果技术站的科技人员当即解答，全年共接受技术咨询600多人次。用电话这种形式为农民开展技术服务方便快捷，直接与科技人员对话，很受农民欢迎。（冯小军）

【河北省1998年林业大事】

1.4月24日，全省林业系统形象建设现场会在河北林校召开。参加会议的有各市林业局党政一把手，厅机关和驻石家庄直属单位副处级以上领导干部。与会者先后参观了河北林校和河北省林科院。会上，河北林校校长侯秀瑞作了题为“抓形象建设创文明单位办一流学校育‘四有’新人”的典型发言。厅党组成员、纪检组长张振宇作了“内外并举，突出重点，真抓实干，努力塑造河北林业行业的崭新形象”的报告，省直工委书记范玉书出席会议并讲话。林业厅长王廷玖作了总结讲话，省形象办副主任马建章出席了会议。

2.7月8～12日，河北省林业厅召开林业产业化现场会，与会代表参观了秦皇岛市、唐山市、承德市的林业产业化先进单位，13日在承德市集中开会。承德市、秦皇岛市、沧州市林业局，保定市优质果品协会等林业产业化先进典型在会上发言介绍了经验。

曲宪忠副厅长在大会上作了主题讲话，他总结了近年来全省林业产业化工作所取得的成绩，分析了存在的问题，提出了下阶段全省林业产业化建设的基本思路和目标任务。王廷玖厅长就如何抓林业产业化工作讲了意见。郭庚茂副省长作了题为“抓住关键强力突破加快林业产业化经营步伐”的书面讲话。原林业部产业司，河北省委书记程维高、省长叶连松为会议发了贺信。

3.9月8日，河北省政府下发了《河北省人民政府关于保护森林资源制止毁林开垦和乱占林地的通知》。9月28日省政府召开了电话会议，郭庚茂副省长在会上就认真贯彻落实文件精神，坚决制止毁林开垦和乱占林地，切实保护森林资源提出了具体要求。

4.9月15～17日，全国人大副委员长邹家华一行20余人专程到承德市考察河北省林业建设情况和新森林法执行情况，并视察了河北省京津周围绿化工程。邹家华副委员长一行实地考察了滦平县九龙山绿化工程、隆化县骆驼峰绿化工程、围场县造林绿化工程以及塞罕坝机械林场、御道口牧场等。在塞罕坝机械林场，邹家华同志看望了林场老劳模、离退休老职工，并听取了河北省林业厅厅长王廷玖关于全省林业情况的汇报。17日在承德市召开了总结会，在观看了“京津周围绿化工程建设”的专题录像片和听取了叶连松省长关于河北经济工作、京津周围绿化工程建设和环保工作的情况汇报后，邹家华副委员长发表了重要讲话。

5.10月9～12日，省林业厅在承德市兴隆县召开了全省国有场圃解困工作会议，参加会议的有各市林业（农林）局长、厅直属单位和部分场圃领导160多人。

会议提出的场圃解困目标是，1998年解困26个，1999年解困33个，2000年解困32个。林业厅副厅长白顺江同志在会上讲话，就全省国有场圃解困讲了具体意见。（冯小军）

山西省林业

【概　述】

发展与成就

造林绿化　全年完成造林44.82万公顷，其中人工造林32.96万公顷(干果经济林8.53万公顷)，飞播造林11.86万公顷；“四旁”植树2.07亿株，其中义务植树8000万株；育苗2.05万公顷，其中新育1.07万公顷。西山防护林、太行山绿化、黄河中游防护林、防沙治沙四大重点生态工程造林21万公顷，中德合作山西北部恢复生态环境项目造林3513公顷，世界银行贷款森林资源发展和保护项目造林7500公顷。

1998年，山西省基本绿化工作如期推进，沁源、襄垣、黎城3县通过达标验收，全省基本绿化县达到48个。

森林资源保护　加强森林病虫害防治工作，继续实行目标管理，全年防治面积16万公顷，防治率67%。加强野生动物保护，修订了《山西省实施〈中华人民共和国野生动物保护法〉办法》，并经省人大九届四次常务会议审议通过；组织编制了《山西省有益的或有重要经济、科学研究价值的陆生野生动物名录》，纳入了保护管理范畴；查处违法案件4起，没收马来巨龟12只、活鹿2头、死鹿1头、鹿皮14张，没收东北虎、黑熊各1只、蟒1条，放飞麻雀5000只。加强资源林政管理，全省审批采伐林木47.3万立方米，占计划采伐量的79%，商品材由1997年的34万立方米调减为30万立方米，林木采伐审批率达到100%；严厉打击乱砍滥伐林木的违法犯罪行为，查处各种毁林案件2664起，处理违法犯罪人员240人；清理非法占用林地106公顷。森林防火，全年发生森林火灾20起，过火面积1447公顷，受害面积410公顷，火灾受害率为0.18/1000。

林业产业建设　继续推进六大产业龙头建设。森磊建业有限公司，全年生产刨花板5000立方米，实现产值1500万元；新普生保健品有限公司，签订政府间贷款协定，国内配套资金到位500万元；林纸综合开发项目，建立三倍体毛白杨良种繁育圃26个，培育三倍体毛白杨100万株、种条400万节，组建了山西省九发林纸开发有限公司；森林旅游，全年接待游客100万人次，旅游收入达到1000万元。花卉开发，成立了山西省花卉协会，举办了“山西省花卉盆景展”，编制了《山西省1999～2000年花卉基地建设工程规划》；干果市场，完成项目的考察、专家论证及地址选择。

科技兴林　全年有10项林业科研成果通过省(部)级鉴定，全省培训地、市、县林业科技人员20万人次。建立枣树丰产园、元宝枫栽培基地、石质山区花椒丰产园区、三倍体毛白杨种苗繁育圃等科技示范工程660多公顷，完成“双十双生态”工程1.87万公顷。径流林业、覆盖林业、根宝、生根粉蘸根造林、经济林综合丰产等先进适用技术推广成效显著，山西省林业厅被国家林业局授予“林业科技推广先进单位”。

林业改革　认真贯彻十五大关于所有制改革的精神，在林权制度上大胆变革，制订出台了《关于扶持农户参与林业生态建设的实施意见》，投资60万元，扶持面积在33.3公顷以上的造林大户81户，完成造林4300公顷。继续推进生态工程项目的招标投标，“三北”防护林、太行山绿化、黄河中游防护林等国家重点生态工程全部实行了招标确定项目的办法。加快股份制、股份合作制林业建设，新发展股份合作制林业经营实体700多个，累计达到4200多个，股份合作制造林2.9万公顷。大力拍卖宜林“四荒”使用权，全年新拍卖面积11.87万公顷，全省累计达到71.5万公顷，其中，33.3公顷以上的购荒、治荒大户达到200多户。

林业对外开放　1998年，山西林业在引资引项方面成绩突出。日本海外协力资金贷款建设黄河中游生态林项目基本确定，中德合作“在使用土地和森林中贯彻农民的参与”项目得到两国政府批准，世行三期贷款“贫困地区造林项目”已经世界银行和国家林业局世界银行贷款项目管理中心考察认定，全年共签订和引进外资折合人民币4.2亿元。

1998年，全省共征收林业建设基金2544万元，比1997年减少1920.80万元，完成计划的66%。其中，地税部门代征1390万元，占代征计划的53%；林业部门自征1154万元，占自征计划的90%。1998年省属国有林场提取育林基金947万元，占计划1000万元的94.7%。

国债投资　1998年，山西省林业厅积极适应国家扩大内需，加大基础设施建设的形势要求，争取使用国债资金7500万元，占全国同类资金总量的15.6%，安排39县、9个森林经营局完成人工造林4.29万公顷，封山育林3.84万公顷，新育苗366公顷。

存在问题　全省旱情严重，天干物燥，对植树造林的成活保存形成一定影响；面对造林绿化大上的新形势，苗木相对不足，尤其是通道绿化所需的大苗和部分名贵花木；经济林管理和森林资源保护力度不够，资源破坏和林地占用的现象还严重存在。　(刘增光)

【山西省编制《1999～2010年林业生态建设规划纲要》】　《纲要》将全省林业生态建设划分为四大区域：一是黄河中游水土流失区。该区域包括沿黄河65县，总面积8.6万平方千米，目前水土流失面积7.76万平方千米，年输入黄河泥沙3.66亿吨。二是北部风沙区。该区域包括晋北、晋西北18县，总面积276.4万公顷，目前严重沙漠化土地面积80万公顷。三是东部土石山区。该区域包括省境东部59县，总面积7.2万平方千米，目前水土流失面积3.62万平方千米。四是平川区。该区域包括从北到南6大盆地的40县，总面积占全省的20%，是山西农业生产的重点区域。《纲要》规划从1999～2010年新增林地面积186.67万公顷，林木覆盖率达到30%以上，年均新增林地面积15.53万公顷，年均增加林木覆盖率1%。（刘增光）

【山西省启动实施绿色通道工程】 1998年9月，山西省委、省政府决定，在大同至运城、太原至旧关、108国道、307国道4条公路主干线建设绿色通道工程，该工程总长度1036千米，其中大运路583千米，太旧路144千米，108国道84千米，307国道225千米，总面积7.49万公顷，其中公路林带1万公顷，农田林网5.5万公顷，荒山造林0.95万公顷，绿化村镇436个，建设园林景点80个，植草坪572万平方米。工程建设标准是，在公路主干线两侧，以高大针阔叶乔木为主，建设30～50米宽的主林带，在林带外侧，若为平川，建设50米宽的经济林带，再延伸1000米建设农田林网；若为山区、丘陵区，以第一山脊为界，实行全面绿化。整个工程规划从1998年冬季到2000年春季完成，总投资3.2亿元，投资比例由省、地（市）、县按6：2：2比例分担。1998年10月26日，省政府召开绿色通道工程启动大会，范堆相副省长同有关地（市）签定了责任状。会后，工程涉及的9个地（市）35县按照省委、省政府的统一部署，党政一把手亲自挂帅，林业、交通、水利、农机等部门密切配合，广大群众在寒冬季节苦干实干，到年底，工程建设取得阶段性成果：主林带整地完成80%，荒山整地完成60%，在116千米干线公路沿线建设水利设施，在部分路段带母土移植大苗34万株，总计完成投资1亿元。（刘增光）

【山西省停止天然林采伐】 山西省天然林面积100.50万公顷，占全省有林地面积的54.8%，其中：省直九大林区52万公顷，地、县林场21.6万公顷，乡村集体26.9万公顷。根据国家实施天然林保护工程的精神，山西省政府于1998年9月22日发布了《关于停止天然林采伐的通告》。通告发布之后，全省各地对所有天然林停止了采伐；封闭了林区木材市场，停止了在林区进行的木材销售、运输、加工活动；回收了木材采伐许可证、木材准运证。天然林停采后，省林业厅组织力量，编制了《山西省国有林区天然林保护工程实施方案》、《山西省黄河流域天然林保护工程实施方案》和《山西省天然林保护工程实施方案》，成立了天然林保护工程组织管理机构，天然林保护工程开始有计划地实施。（刘增光）

【山西省争取“利用日本海外协力基金（OECF）贷款建设黄河中游生态林项目”】 该项目总投资4.067亿元人民币，其中，利用日本OECF贷款3500万美元（折合人民币2.905亿元），国内配套资金1.162亿元人民币。实施区域位于苍头河、朱家川河、蔚汾河、三川河等水土流失严重的7条一级支流范围的30个县，计划造林12.21万公顷，增加林木覆盖率3.2%，建设期限1999～2010年。（刘增光）

【晋城市林业】 晋城市位于省境东南部，辖城区、高平市、陵川县、阳城县、沁水县、泽州县，总人口205万人。1998年，该市林业突出生态建设，各项工作取得显著成效。

造林绿化 市委、市政府围绕省委提出的“治好母亲河，绿化两座山”的要求，制订了《晋城市1998～2002年太行山绿化实施意见》和《晋城市1999～2010年生态林业建设规划纲要》，明确了林业建设的目标、任务和重点，提出了1998～2000年消灭宜林荒山的任务。各级党委、政府和林业部门按照规划，加强实施，全年完成造林1.4万公顷，完成育苗810公顷，义务植树549万株，超额完成了计划任务。

森林资源保护 市政府下发了《关于加强森林防火工作的通知》，进一步加强了森林防火的行政责任；建立了林火监测指挥中心，并进入全国卫星林火监测网；组建了6支、450人的森林防火专业队；狠抓了国务院8号明传电报精神的贯彻落实工作，采伐林木9829立方米，占计划的78%，收回木材采伐证1250份、运输证1050份，封存木材2630立方米；加强野生动物保护和病虫防治工作，接收群众送交的野生动物5只，检疫各类苗木6500万株、种子211吨、木材4.5万立方米、果品300吨、花卉500株，建立无检疫对象种苗繁殖圃27处53公顷，防治病虫害4520公顷。

科技兴林 建成市林业技术推广服务中心大楼，径流林业、覆盖林业技术推广率达到100%，培训经济林管理人才3万人次，建立核桃系列品种基因库和美国黑核桃种源林，完成“欧美杨胶合板材、纸浆材新品种选育”课题研究，启动“香椿日光温室栽培及丰产技术研究”项目。

林业建设基金征收 全市征收林业基金331.4万元，占任务的83.1%，其中地税部门代征263.14万元，林业部门自征68.3万元；市（县）两级全年投入林业建设资金400多万元。

部门经济建设 市林业局制订了《关于事业科室兴办经济实体的10条规定》，鼓励事业单位兴办实体，发展经济。市林业局创办实体10个，年产值174万元；城区、泽州县林业局年产值均超过百万元。

（刘增光）

【山西省1998年林业大事】

1.1月8日，经山西省编制委员会批准，山西省成立林政稽查大队。6月14日，省林业厅邀请国家林业局党组成员江泽慧和省委、省政府有关领导举行了隆重的挂牌仪式。林政稽查大队成立后，严厉打击破坏森林资源行为，全年共查处各类毁林案件30多起，依法批捕罪犯25人。

2.1月23日，省森林防火指挥部、省林业厅慰问52935部队、武警山西总队、省消防总队指战员，赠送“森林卫士”牌匾和慰问金各1万元。

3.3月5日，省林业厅、省野生动物保护协会联合举办“保护野生动物，维护生态平衡”笔会活动。姚奠中、徐文达、力群、姚天沐等35位书画名家参加了笔会活动。

4.3月12日，省绿化委员会办公室和太原市绿化委员会办公室在太原市组织“造林绿化宣传一条街”活动，省直有关部门100多个单位近千人参加。

5.3月16日，山西省林业局长会议在太原市召开。会议认真回顾总结了1998年的林业工作，安排部署了1999年林业建设的任务和重点。

6.4月1日，经省编制委员会批准，山西省林业厅成立“林业建设工程质量监督站”。

7.4月7日，全国绿化委员会第十七次会议授予山西省“1987～1996年度全国人工造林成效突出省”。

8.4月14～17日，山西省林业厅举办“纪念《野生动物保护法》颁布10周年百名书画名家义写义画作品暨动植物保护10年成就图片展”，展出首都和省内优秀作品120件，珍稀野生动物标本70件，宣传版画17块。省委书记胡富国、省长孙文盛、常务副省长刘振华及省级老领导李立功、王庭栋、赵雨亭等专程参观。

9.4月21日，山西省飞播造林战略研讨会在太原市召开。

10.4月25日至5月18日，德方考察组就山西省中德林业技术合作“在使用土地和森林中贯彻农民的参与”项目，在山西省进行考察评估。双方议定，该项目实施期8年，分3个阶段执行，第一阶段德方无偿援助400万马克。

11.4月29日，省林业厅在榆社县召开太行山干石山区农业综合开发现场会，副省长范堆相、省政协副主席赵凤翔到会讲话，晋中地区、长治市，榆社、和顺、左权、沁县、武乡、平顺、壶关、沁源8县59乡有关领导150余人参加了会议。

12.5月11日至6月11日，山西省林业厅组织40多名林业专家和技术人员，按照荒山绿化、平原绿化、通道绿化、村镇绿化、天然林保护和经济林建设6个方面组成调查组，深入全省11个地（市）、60多个县、100多个乡（镇）进行林业生态建设大调查。这次调查，省委、省政府十分重视，副省长范堆相在调查开始前作了动员报告；调查结束，省林业厅向省政府呈报了调研报告，基本明确了全省林业的生态现状，提出了今后工作的任务和举措。

13.5月27日，省林业厅批准建立绛县东华山和陵川棋子山森林公园。绛县东华山森林公园位于绛县卫庄镇，总面积3333公顷，包括太阴寺、华山庙观、晋文公墓和晋献公墓四大风景名胜。陵川棋子山森林公园，位于陵川县东南20千米，境内奇峰兀立，翠岭环抱，沟壑深邃，有棋子山、西溪、夺火、横水4个风景区，总面积12 666公顷。

14.6月14日，山西省花卉协会成立，全国花卉协会副会长江泽慧亲临大会，20多个省、市60多个单位发来贺电。

15.7月14日，山西省林业厅成立“九发毛白杨林纸开发集团公司”，目的在于进行三倍体毛白杨产业化开发。

16.7月24日，山西省第九届人民代表大会常务委员会第四次会议审议通过《山西省实施〈中华人民共和国野生动物保护法〉办法》的决定，并公布实施。

17.9月11日，山西省第四次林业工作会议在太原市召开。这次会议认真回顾总结了全省三年来林业建设取得的成绩和经验，指出了存在的问题，确定了今后一段时间林业建设的任务目标、工作重点和主要措施。省政府颁布了《山西省林业建设规划纲要》，对应县、汾阳县、泽州县、平定县、榆社县5个植树造林先进县等80个先进单位、91名先进个人进行了表彰奖励。

18.9月20日至10月20日，山西省林业厅组织6个执法检查组，由6名厅领导带队，赴全省11个地（市）、省直九大林区进行执法大检查。检查组共检查40个县（市）、200个乡镇、80个林场。这次活动，清理非法占用林地106.6公顷，处理盗伐林木案件3580起，挽回经济损失329万元。（山西省林业厅）

内蒙古自治区林业

【概　述】

发展与成就

森林培育　全区完成人工造林合格面积45万公顷，其中，经济林8.7万公顷；飞播造林8.3万公顷；

封山（沙）育林8.7万公顷。全民义务植树完成5640万株，“四旁”植树4872万株。新育苗0.5万公顷，容器育苗3965万袋，比1997年增长62.4%；采集林木种子120万千克。完成迹地更新56 470公顷，幼林抚育452 227公顷，成林抚育500 522公顷，低价林改造12 921公顷，抚育改造出材180.88万立方米。

森林保护　全区共发生森林火灾33起，其中：特大森林火灾1起，一般森林火灾7起，森林火警25起；受害森林面积7007公顷，森林火灾受害率为0.43/1000，其中大兴安岭林区发生的特大森林火灾受害森林面积占全区的99.6%。全区共发生森林病虫鼠害52.4万公顷，发生率为2.9%；完成有效防治面积36.6万公顷，防治率为69.8%。林木种苗产地检疫率达到96%，森林病虫害监测覆盖率达到85%。

全区共发现和受理各类森林及野生动物案件3642起，其中林业行政案件3404起。破坏林地214.3公顷，损失木材4895.2立方米、幼树169 919株、野生动物729头（只），造成直接经济损失95.6万元。共侦破和查处案件3626起，综合查处率为99.62%。打击处理各类违法人员5264人，收缴木材1748立方米，国家级保护野生动物187头（只）、各类枪支64枝，挽回直接经济损失230万元。

林业科技　自治区林业厅制定了“6311科教兴林实施计划”，即在全区建设6个示范旗（县）、31个示范乡镇场圃、10项示范工程、147户示范户。全区重点推广了10项林业科研成果和适用技术，推广面积达23.1万公顷，为计划的132%。山地建设生态经济沟，进行综合治理，沙地建设生物经济圈，实行立体种植，引种入林，坡耕地退耕还林还草，石质山地客土造林。

林业经济　全区生产木材490万立方米，锯材25.5万立方米，人造板14.95万立方米。生产果品3.84亿千克，山杏核1921万千克，枸杞1204万千克，麻黄草2138万千克，山野菜1005万千克，鹿茸2401万千克。营建生态经济沟483条，面积5.7万公顷；生物经济圈10 510个，面积3.9万公顷；“五小林业”（小林场、小苗圃、小果园、小药材园、小经济园）3499个，面积8.2万公顷。全区林业系统总产值达到55亿元，其中森林旅游收入达到379万元。

林业基础建设　全区又有敖汉旗、克什克腾旗、林西县、武川县的97个乡镇林业工作站达到了国家林业局规定的林业工作站建设合格县标准，并通过自治区验收。至此，全区有34个旗（县）共585个乡镇（苏木）林业工作站达标，占全区乡级林业工作站的48.7%。

存在问题　①随着国家大型林业生态工程的陆续启动和全区各级领导生态意识的不断增强，林业生态建设和森林资源保护管理任务越来越繁重，因此对加强林业行业行政管理的要求越来越迫切。②森林防火工作还存在一些薄弱环节。特别是防扑火设施建设严重滞后，尚不具备预防和扑救重特大森林火灾的能力，火情发现难，扑救更难。③种苗基础建设薄弱仍未解决。随着生态建设任务的加重，造林的立地条件越来越差，目前种苗基础工作远远不能适应造林的需要，特别是体现地方特色的名优特经济林品种苗木严重短缺。④森林资源保护和林政管理工作需要进一步加强。乱捕滥猎野生动物和乱批滥占林地现象屡禁不止，个别地方愈演愈烈，手段越来越高，情节越来越恶劣。

（王家祥　乔　云　郝永富）

【林业改革力度加大】　全区继续实行了林业四项改革和八项调整。通过政策激励、利益驱动、健全经营机制等多种形式，逐步落实宜林“三荒”使用权和发展股份合作制林业，有效地解决了生态建设周期长、规模大与一家一户分散经营的矛盾，充分调动了全社会投身生态建设的积极性。全区推行股份合作制造林1.7万公顷，拍卖宜林“三荒”使用权14.1万公顷，完成引种入林立体经营30.8万公顷。国有林场通过深化改革，又有34个场圃实现了脱贫。为了把林业改革引向深入，自治区林业厅召开了全区林业改革研讨会，在总结20年林业改革成就及经验的基础上，出台了“关于进一步深化林业改革的若干意见”，明确了今后一个时期林业改革的指导思想、原则、基本思路和改革重点。即：稳定和完善以家庭承包经营为主的统分结合的双层经营机制，落实宜林“三荒”使用权；大力发展多种经济成分的林业；进一步深化国有场圃改革；积极探索森林资源有偿流转；进一步完善林业社会化服务体系；加快林办企业转制步伐。　（乔　云　郝永富）

【自治区林木种苗工程启动】　自治区启动实施了林木种苗工程，即从1998～2000年有计划、有重点地建设一批林木良种繁育基地、采种基地和中心苗圃，力争用3年时间使全区林木种苗基本满足生态建设的需要，主要造林树种的种子在全区实现自给，其中基地供种率达到70%以上；重点旗（县）苗木实现自给，出圃苗木合格率达到95%以上。1998年自治区共投入专项经费500多万元，重点建设了17处中心苗圃、9处采种基地、3处良种繁育基地和8处种苗科技服务体系，新增育苗面积507公顷，产苗量3亿株。

（郝永富　刘建瑞）

【国家加大对内蒙古生态建设的支持力度】　1998年是内蒙古自治区新增林业投入最多的一年。国家新启动的生态建设重点县工程、财政债券林业生态工程、天然林保护工程，都把内蒙古自治区列为重点建设地区。天然林保护工程，国家林业局给内蒙古安排中央财政债券15 600万元，其中大兴安岭林区12 100万元。中央财政债券生态建设工程给内蒙古安排4000万元，建设范围包括内蒙古的23个旗（县），总任务为人工造林1.3万公顷，飞播造林1.88万公顷，封山（沙）育林2.7万公顷。国家生态建设重点县工程，安排内蒙古用于林业建设资金3386.8万元，建设范围包括内蒙古的10个旗（县），任务为人工造林1.8万公顷，封山（沙）育林0.16万公顷，飞播造林0.47万公顷。国家农业开发防沙治沙项目，安排自治区200万元；光肩星天牛工程治理项目，国家和自治区各安排100万元；林业种苗工程，国家、自治区共投入500万元；国有林场扶贫项目，国家投入420万元；此外，还有育苗周转金90万元。仅以上新增因素，1998年投入内蒙古的林业建设的资金就达24 396.8万元。国家林业局批准下达的林业项目贴息贷款、治沙贴息贷款和山区综合开发贴息贷款，1998年分别增加到6600万元（包括森工企业转产3000万元）、14 000万元和3200万元。

（郝永富）

【光肩星天牛工程治理项目启动】 多年来，光肩星天牛的危害给内蒙古林业建设造成很大破坏，在个别地区已出现生态灾难。为了有效控制天牛灾害，在国家林业局的大力支持下，自治区启动了光肩星天牛工程治理项目。项目区位于内蒙古自治区西部，涉及4盟3市31个旗县（市、区）的115个乡镇（苏木）。项目区内现有林面积近300万公顷，其中天牛喜食的杨、柳、榆等阔叶林面积近100万公顷。截至1998年底，项目区内天牛发生面积3.6万公顷，受天牛感染的虫害木5400多万株。其中重灾区0.8万公顷，平均被害株率10%以上，主要分布在巴彦淖尔盟、伊克昭盟、呼和浩特市、包头市及乌海市。天牛工程治理项目实施一年来，全区共清除天牛虫害木56万多株，利用伐桩萌芽更新133万公顷，捕杀天牛成虫640多万头，以打孔注药防治天牛幼虫为主的综合治理面积4万多公顷（次）。 （郝永富）

【改革开放20年的内蒙古林业】

造林绿化步伐加快 1979～1998年，全区累计完成人工造林合格面积530万公顷，是改革前30年的1.8倍，其中保存面积443万公顷，是改革前的4.9倍。

森林资源快速增长 1998年全区森林面积达到1867万公顷，比1978年增长59.1%；林木蓄积11.7亿立方米，比1978年增长42.9%；森林覆盖率达到14.82%，比1978年提高4.92个百分点。

林业建设质量明显提高 1949～1978年，全区人工造林保存率仅28.4%，1978～1985年提高到48.1%，1986～1995年达到78.5%，1996～1997年全区人工造林合格面积率达到90%。

国有林业场圃改革 打破了职工吃场圃大锅饭、场圃吃国家大锅饭的局面，改变了国家所有、国家经营的单一所有制结构和单一经营形式，产业结构渐趋合理，场圃经济日趋活跃。

林业经济日益壮大 改革开放20年，全区累计生产木材9340万立方米，是改革前30年的1.2倍。1998年全区林业总产值达到55亿元，农牧民人均林业收入120元。 （乔 云 郝永富）

【“三北”防护林工程建设】 1978年，党中央、国务院启动了“三北”防护林体系工程。按照工程总体规划，内蒙古自治区建设总任务1113万公顷，占工程总规划任务的31.8%。20年来，内蒙古的“三北”防护林体系工程建设取得了丰硕的成果。一期工程，完成造林保存面积181.69万公顷，是工程建设前总和的2倍，超额2.4%完成任务。二期工程，全区完成人工造林202.4万公顷，飞机播种造林9.0万公顷，封山（沙）育林63.9万公顷，分别超过任务的22.5%、126.2%和59.4%；零星植树3.4亿株，建设质量位居“三北”地区13个省（区）前列。为此，林业部授予内蒙古自治区“‘三北’防护林建设先进自治区”荣誉称号。目前，三期工程均完成年度任务。

（乔 云 郝永富）

【自治区党委、政府号召向王果香同志学习】 王果香同志是内蒙古伊克昭盟达拉特旗树林召乡长。她1992年担任副乡长以来，同乡干部和林业工作者一道，自力更生，艰苦创业，常年奋战在治沙造林第一线，组织当地群众栽种防风固沙林，开发水浇地，发展林果园，并发动妇女参加全国妇联、林业部组织的“三八”绿色工程活动，营造了“妇女治沙工程林”。经过坚持不懈的努力，使地处库布齐沙漠边缘的树林召乡80%的沙地得到了改造，森林覆盖率达到24%，植被覆盖率达到52%，成为全旗第一产粮大户，全乡人均收入由过去的500元提高到近3000元。王果香同志先后荣获“全国十大女杰”、“妇女环保百佳”、“三八绿色奖章”和“自治区妇女环保二十佳”的光荣称号。王果香同志和树林召乡治理荒沙的成就和经验，受到联合国的重视，被拍成电视片在143个国家播放。1996年王果香应邀出席联合国防治荒漠化公约第八次政府间谈判会议并作演讲，在国际讲坛上引起轰动。自治区党委、政府认为，王果香同志是自治区改革开放和社会主义现代化建设事业中涌现出来的优秀基层干部，是新时期农村牧区干部的楷模和女性的杰出代表。在全区大力宣传王果香同志的先进事迹，对于进一步弘扬江泽民总书记倡导的“抗洪精神”，促进自治区治理荒漠化进程和改善生态环境，实现农牧业可持续发展，推动全区特别是农村牧区两个文明建设，具有重要的现实意义。因此，自治区党委、政府决定，在全区范围内广泛开展学习王果香同志先进事迹的活动。 （郝永富）

【赤峰市启动4321生态建设工程】 赤峰市启动了宏伟的“4321”生态建设工程，以“四路”、“三河”、“两沙”为主战场，在路上突破，河上攻坚，沙上打阵地战，整体推进生态建设，1998年建设了60个重点工程项目，20个精品工程，治理面积达5.4万公顷。

（郝永富）

【锡林郭勒盟发现新的遗鸥繁殖群】 内蒙古林业勘察设计院野生动物调查队在锡林郭勒盟锡林浩特市南部的白彦库伦诺尔发现了新的遗鸥繁殖群。白彦库伦诺尔遗鸥繁殖地处于典型草原和浑善达克沙地过度区，是目前所知遗鸥繁殖的最东缘，湖区面积650万公顷，共发现遗鸥巢穴201个，遗鸥410多只。（郝永富）

【白音敖包自然保护区的云杉被确定为世界罕见的沙地云杉】 1998年3月27日，赤峰市克什克腾旗白音敖包自然保护区云杉树种鉴定论证会在北京召开。中国科学院植物研究所、中国科学院沈阳应用生态研究所、东北林业大学、内蒙古大学、中国林业科学研究院、国家林业局、内蒙古林业厅等单位的有关专家参加了会议。会议通过对标本的认真审定和讨论，一致认为分布在白音敖包自然保护区的云杉既不是红皮云杉，也不是白杆云杉，而是一个特有的新树种，种名为沙地云杉。白音敖包沙地云杉是世界上非常罕见的并仅存于内蒙古浑善达克沙地上的残遗森林生态系统类型。

（郝永富）

【全面清查毁林开垦事件】 国务院《关于保护森林资源制止毁林开垦和乱占林地的通知》下发后，自治区人民政府组织有关部门全面开展了清查毁林开垦和乱占林地工作。清查结果，全区开垦林地总面积294 129公顷，其中：有林地38 754公顷，疏林地5 480公顷，灌木林地10 216公顷，幼林地1 312公顷，火烧迹地9 552公顷，采伐迹地1 222公顷，苗圃地333公顷，其他宜林地227 260公顷。开垦的林地中，有批件的171 638公顷，占58%。毁林开垦造成林木损失1324万株，蓄积量损失40万立方米。全区出现重大毁林开垦面积14 208公顷，损失林木112万株，毁林蓄积54 307立方米，造成经济损失折合人民币237万元。清查发现，1996～1998年，全区非法征占用林地24 623.87公顷，其中内蒙古森工集团占92%。根据清查结果，自治区制定了退耕还林规划，全区退耕还林总面积247 905公顷，计划在1999年退耕还林109 115公顷，2000年退耕还林100 309公顷，2001年退耕还林38 481公顷。在全区退耕还林面积中，属于开垦林地退耕还林127 625公顷，占51.5%；属于25°以上坡耕地退耕还林120 280公顷，占48.5%。（郝永富）

【内蒙古林学院庆祝40华诞】 内蒙古林学院是我国少数民族地区惟一的一所综合性林业专业高等院校，1958年创建于呼伦贝尔盟布特哈旗扎兰屯镇，1960年迁至自治区首府呼和浩特市。建院时，共设置2个系4个专业，教师只有43人。经过40年的艰苦创业，内蒙古林学院已发展成为一所以林为主，包括生物学科、工科、管理学科等多学科协调发展和以本科教育为主，包括本科生、专科生、研究生、成人教育等多层次、多形式办学的高等林业院校。现已有林学、沙漠治理、环境工程、机电工程、森林工业、林产工业、经济管理等7个系和基础课、社会科学2个部；设置11个本科专业，3个专业方向，4个单列专科专业，4个成人函授专科专业，2个自学考试专业和民族预科班，2个自治区重点学科，3个硕士学位授权点。全院在编教职工721人，其中教授、副教授102人，占专任教师总数的37%；获得博士学位的4人，享受政府特殊津贴专家14人。在校学生最多时达1800多人。40年来，学校在为自治区乃至全国林业建设培养造就出大批科技和管理人才的同时，充分发挥学科门类齐全、人才和技术密集等优势，积极开展科研攻关，研究、创造出不少科研成果和新技术。1979年以来，全院共获得科技进步奖、科学成果奖等各类奖项326项，其中国际奖2项，省部级奖38项。出版专著、教材133部，发表各种学术论文1833篇。

（郝永富）

【自治区加快村屯绿化步伐】 5月8日，自治区绿化委员会作出《关于加快全区村屯绿化的决定》，明确提出全区村屯绿化的目标是：到2000年全区消灭无林无树的村屯，实现乡镇（苏木）所在地村屯的绿化，到2002年，全区实现所有村屯绿化。要求各地区、各部门的领导一定要从利国利民、移风易俗、改善环境、繁荣经济、实现可持续发展和加强精神文明建设的战略高度来认识村屯绿化的必要性，充分利用村屯人力、物力、财力相对集中，水资源比较丰富的有利条件，把村屯绿化美化纳入重要议事日程，切实抓紧抓好。特别是各级绿化委员会及其成员单位的主要负责人，要把实现村屯绿化工作摆上重要位置，加强调查研究，进行分类指导，带头真抓实干。要进一步健全旗县、乡镇（苏木）领导干部实现村屯绿化目标责任制，从实际出发，作出规划，层层明确责任，限期实现村屯绿化。

（郝永富）

【自治区新建3个自然保护区】 5月26日，自治区人民政府批准建立乌梁素海湿地水禽、鄂尔多斯遗鸥和红花尔基樟子松3个自治区级自然保护区。乌梁素海湿地水禽自然保护区位于巴彦淖尔盟乌拉特前旗境内，面积29 300公顷，主要保护大天鹅、疣鼻天鹅等30多种国家重点保护野生动物及其繁殖和迁徙地。鄂尔多斯遗鸥自然保护区位于伊克昭盟东胜市和伊金霍洛旗交界处，面积8800公顷，主要保护对象是世界濒危物种、国家一级保护野生动物遗鸥及其种群繁殖地。红花尔基樟子松林自然保护区位于呼伦贝尔盟鄂温克自治旗，面积6167公顷，主要保护对象是樟子松林及天然种质资源。（郝永富　群　力）

【内蒙古发生特大森林火灾】 5月13日，大兴安岭林业管理局阿尔山林业局因雷击发生森林火灾。经过

6000余名军警民奋力扑救，于5月22日彻底扑灭。火场面积12 060公顷，其中有林地过火面积6750公顷。这是自1994年以来内蒙古自治区连续第5年发生森林火灾。

（郝永富 王 海）

中国内蒙古森林工业集团

【概 述】

发展与成就 1998年，全林区完成人工更新造林3.69万公顷，天然幼壮林抚育26.56万公顷，全面完成了国家下达的营造林任务；生产商品材348.3万立方米，各类人造板8万立方米，栲胶4000吨；固定资产投资完成3.6亿元，其中经营性投资完成3.01亿元。实现全部营业收入21.5亿元，其中，主产品木材销售收入14.6亿元，木材平均售价348.17元/立方米；实现工业增加值13.9亿元，国有资产保值增值率为100.01%；完成税金及附加1.44亿元，并偿还以前年度拖欠1933万元；清回外欠货款2.1亿元，净债权下降1.2亿元；处理以前年度潜亏挂帐5486万元，全年实现利润440万元，比1997年多实现71万元；完成向自治区上交财政包干1000万元、育林基金1200万元；补发以前年度拖欠的工资及离退休费2200万元，全林区拖欠职工工资和离退休费总额从1994年底的2.1亿元下降到了1.48亿元；当年消灭了经营性亏损企业，取得了减产不减收的经营成果，全面完成了与自治区政府签定的经济目标责任状。

结构调整 规划中的几个林产工业重点项目建设有了实质性进展。图里河3万立方米中密度纤维板技术改造、乌尔旗汗1.5万立方米集成材改扩建、库都尔1万立方米集成材、得耳布尔3万立方米刨花板4个项目已建成投产，开始产生效益；金河5万立方米改进型中密度纤维板项目的土建和设备安装已经完工。林产工业中小企业通过深化改革，提高了效益，消灭了亏损。规划中的多种经营五大基地建设，黑木耳种植和山野菜采集两大基地产量已初具规模。家庭经济发展迅速，已达4.4万户，其中收入超万元的1.6万户；全年多种经营产值及收入达到9亿元。随着“天然林资源保护工程”的实施，独木支撑的经济格局将会有比较明显的改变。

企业管理 1998年，集团公司以严格考核经济目标责任状完成情况和加大企业内部审计力度为重点，加强和改进了对企业的管理。在经济运行过程中，及时对未能实现进度目标以及完成全年目标有困难的企业进行专题“会诊”，帮助制定措施，给予必要的扶持。集团公司综合管理部门和各专业部门也对各企业的经济运行情况进行不间断的跟踪，实行动态监控。各企业在经营活动中，都紧紧围绕经济目标的完成开源节流，强化管理，全年木材单位成本比1997年下降1.92元，共压缩两级管理费6575万元。1998年，各企业都兑现了经济目标责任状，这是十年来第一次。强化审计稽察，是加强管理的另一项重要措施，一年来，林区两级审计部门共完成了661个审计项目，对发现问题，制定对策，堵塞漏洞，规范企业行为，提高企业管理水平起到重要作用。

林业改革 一是公司制改造迈出了新步伐。18户子公司先后正式挂牌运营。二是企业破产重组有了实质性进展。除新组建的远大工贸公司已投入运营外，牙克石林业机械厂、伊图里河机械厂、林业建筑材料厂、吉文水泥厂都已破产终结，新的森源建材有限公司正在紧张组建中。原联合厂的栲胶、热电部分从母体剥离出来，新组建的栲胶制品有限公司已进入自治区高新技术企业行列。三是调整所有制结构取得了整体突破。全林区共有528户国有、集体中小企业明晰了产权关系，进行了改制，成为自主经营、自负盈亏、自我约束、自我发展的独立实体，年初提出的“要么消灭亏损企业，要么消灭企业亏损”的目标已经实现。以森工主产业生产资料有偿转让为重点，全林区共转让各类设备3228台套，加上出售闲置办公楼、房屋，总计活化资产4881.6万元。以实行工资田、股份工资田为重点，在明确退耕还林任务的基础上，对2.53万公顷农业用地进行了经营方式的改革，分流富余人员4902人。四是劳动用工和养老保险制度改革步伐加快。普遍开展了劳动用工的清理整顿，实行了劳动用工动态管理。已有13.1万名职工建立了个人养老保险帐户，1998年的养老基金已足额收缴，纳入专户储存。五是再就业工程同步实施。1998年全林区下岗和1997年结转的下岗职工共有2.95万人，已分流安置了2万人，暂未安置的全部纳入了再就业服务中心管理，并发放了基本生活费。

存在问题 ①经营思想还远不适应市场经济的需要。表现在经营管理上，注重行政命令多，运用经济手段少；在市场开拓上，强调客观多，检查主观少；在内引外联上，坐等客商多，主动出击少；在争取政策上，消极坐等多，有效工作少。②科技兴林没有摆上应有的位置。面向林区经济建设主战场的科技开发机制、科技引进机制和科技推广机制没有真正建立起来，从而使林区许多资源得不到科学地开发利用，形不成经济优势。③招商引资步伐缓慢。由于长期计划经济条件下形成的生产计划国家下、生产物资国家供、产品销售国家包，使得林区人习惯于依赖国家上项目、关起门来搞建设，缺乏市场经济条件下依靠招商引资、横向联合发展经济的意识。（胡明华　徐凤金）

【森工集团进行3项重点改革攻坚】 森工集团把调整所有制结构、探索公有制的多种实现形式、大力发展非公有制经济、改变林区多年来单一的全民所有制模式作为林区'98改革攻坚战的重点，取得了可喜的成效：一是中小企业改制有了突破性进展。据24户企业统计，全民系统主体产业以外的中小企业共有252个，已有232个完成了改制，占92%。其中，实行股份制的8个，股份合作制的66个，租赁经营的86个，出售的28个，兼并、联合重组的21个，解体、委托经营及合资合作等其他形式的23个。这些改制后的企业在产权明晰的基础上，完善企业制度，转变经营机制，成为自主经营、自负盈亏、自我约束、自我发展的独立经济实体。在集体经济战线的645个中小企业及独立经营的核算单位、网点中，实行股份制的19个，股份合作制的14个，租赁经营的91个，出售的3个，加上解体、委托经营及合资合作等其他形式的168个，转制量占总数的45.9%，296个集体企业明晰了资产的经营权、使用权。总之，林区的中小企业积极调整所有制结构，努力探索公有制的多种实现形式，打破了单一的国有国营、集体有集体营的模式。二是生产资料有偿转让全面推开。1998年，林区共转让汽车993台、拖拉机693台、绞盘机263台，油锯、发电机、电焊机等其他设备1279台（套），加上出售闲置的办公楼、房屋，活化资产总计4881.6万元。生产资料大面积的有偿转让，不仅降低了生产成本，提高了劳动生产率和职工收入，更重要的是彻底打破了生产资料单一的国有国营的模式，实现了劳动者与生产资料的直接结合，促进了生产组织形式和生产方式的重大变革，推动了林区生产力的进一步解放和发展。三是农业用地经营方式的改革为分流人员探索了新路。1998年在按上级规定退耕还林的基础上，对2.57万公顷农业用地进行了经营方式的改革，由过去国营农场式的经营，变为实行工资田和股份工资田，共分流富余人员4902人。

（胡明华　徐凤金）

【天然林资源保护工程全面启动】 1998年9月28日，内蒙古大兴安岭林区召开实施天然林资源保护工程工作会议，这标志着天然林资源保护工程在内蒙古大兴安岭林区全面启动实施。

内蒙古森工集团先期对林区55%的森林面积实行禁采。下决心把主伐产量调减到位，杜绝超限量采伐。同时作好到2000年全部停止主伐生产的思想准备和工作准备；停止一切毁林开垦、乱占林地的行为，坚决做到按要求退耕还林，切实加强林地的清查管理，严厉打击毁林开荒和乱砍伐行为。主要措施：一是严格按计划调减木材产量，该停止采伐的坚决停止，不允许超限额采伐。二是切实加强林地资源管理，立即停止一切在林区的开垦行为；凡是1994年以后开垦的林地，必须在2000年前全部退耕还林；1994年以前开垦的林地，凡坡度在25°以上的，也必须在2000年前退耕还林。全林区在彻底清查农业用地的基础上，退耕还林工作要做到责任、资金、时间、地块"四落实"。严格实行林地用途管理制度，冻结征占用林地1年。三是改革营林体制，加快森林资源培育，组建专业森林经营机构，实行人财物一体化，造育管一条龙；实现营林生产商品化。四是多渠道分流安置富余人员，减轻资源压力。停止天然林采伐有大批采伐战线人员需要分流安置，其主要途径是：转向森林经营和管护；转向养殖业、矿产资源开发、森林旅游业、商贸服务业、林产化工业；转向家庭经济。五是转产项目必须是非林非木产业，必须是新项目新机制。转产项目投资必须与转产职工个人挂钩，落实到具体人头，带资转入新项目、新产业的职工一律与原企业解除劳动关系，确保分流安置工作见到实效。（胡明华　徐凤金）

【阿尔山森林工业公司改革】 阿尔山森林工业公司1998年实现盈亏平衡，全面完成了各项合同指标。职工工资按月发放，并补发了以前拖欠的工资2249万元。现在全公司人心稳定，生产秩序井然，经济稳步增长。主要作法：

从思想入手，抓观念转变　一是破除因循守旧、等靠要的儒夫懒汉思想，让职工群众认识到自己的梦自己圆，立足于企业自身走自立自强之路，等靠要只是死路一条；二是破除怕担风险、不思进取的思想，让职工群众明白只有高风险才有高收入。

从经营方式入手，抓生产资料的有偿转让　他们通过先试点后铺开的方式，将木材生产的主要设备如汽车、拖拉机、绞盘机、油锯等设备，通过租赁等方式全部转让给职工个人。转让的设备以原值为基数，扣除折旧为起始价，并考虑到"运材权"、"生产组织权"这一无形的资产的价值计算出底价，采取公开竞价的方式进行一次性转让。在转让设备过程中，出台相应的措施，明白地告诉职工，谁拥有汽车谁就拥有运输木材的权力；谁拥有了拖拉机，谁就有了木材生产的组织权力，就是说谁占有了生产资料，谁就有了发财致富的机会。全公司共转让了汽车110台，拖拉机40台，绞盘机34台，油锯62台，车床3台，四轮拖拉机4台，占生产单位设备的85%，收回资金551.6万元，设备增值122.8万元。设备转让后，效果相当明显，设备出勤率高了，产量直线上升。

从机制入手，抓中小企业改革　在改制过程中，一是保证国有资产不流失，聘请专门的资产评估师对拟转制企业资产进行实地评估，办理评估手续。二是所有转制后的新企业都重新办理了工商营业执照。三是不图虚名，不走形式，不搞一种模式，因企业、因人而宜。

1998年全公司对除教育、公安以外的26个二级企业都以股份合作制、组建新企业、划段经营、委托经营、租赁经营、内部市场经营等方式进行了改制。改革后的企业，由于责任和权利明确了，职工的生产积极性高涨，都程度不同地出现了减亏或扭亏的良好势头。

（胡明华　徐凤全）

【阿里河森林工业公司发展非公有制经济】 该公司在改革过程中，一方面积极探索公有制的多种实现形式，另一方面努力寻求和发展能使生产力极大发展的各种非公有制经济。在改革过程中不拘泥于条条框框，积极鼓励发展非公有制经济。本着"能个体经营的不集体经营、能集体经营的不国家经营"的原则，特别是在小企业改制中，产权关系尽量做到一次清晰。1998年该公司在改制中形成的非公有制单位有8个，占改制企业的28%。其中：个体4个，合伙的4个。从业人数达到293人，资产额达到149万元。通过设备有偿转让改革和木材生产、营林生产方式的改革，出现了大量的家庭作业组，设备有偿转让购买设备的人数达332人，全公司9个主伐作业林场全部实行单户、联户生产形式。参加营林生产的职工与公司签订单户、联户承包合同的达610户，取消了过去大帮干的生产模式，发展前景与经济效益都很好。

总结他们的经验，在发展非公有制经济方面做到了三个突破：一是生产环节个体经营有突破，促进了生产方式的改革。他们按着上管资源、下买产品，中间环节放开的思想，将木材生产方式改革推广到山上各林场，除加强保护森林资源、加强伐区作业质量和木材产品质量管理外，木材生产中间环节一律放开。设备转让后，实行个体、合伙采伐及集材、造材、运输、生产经营行为用经济杠杆和合同、法律约束。营林生产以单户、联户方式生产，克服了大帮干的弊病。二是非林非木产业发展有突破，促进了多种经营发展，鼓励了各单位和职工积极发展非林非木产业。三是吸引外资经营有突破，积极寻找合作伙伴，促进了地区非公有制经济的发展。（胡明华　徐凤全）

【林区第一家股份合作制企业——隆美筷子厂】 森工集团所属克一河森工公司隆美筷子厂，经过一年的改造，1998年3月6日，正式挂牌运营，从此筷子厂的职工改变了身份，与公司脱离了关系。同时改组后的隆美筷子厂将以其全部的资产独立承担民事责任，单立账户，走上了自我发展的轨道。改制后的隆美筷子厂达到了资产一次买断，身份一次脱离，产权一次清晰，法人治理结构一次健全，林区第一家股份合作制企业正式成立。

改造前的隆美筷子厂，有正式职工44人，知青120人，拥有固定资产82万元，流动资金26万元，年生产能力3万箱。1993年建厂，隶属于克一河公司劳动服务公司，一直处于经营性亏损状态。1996年将其从劳动服务公司剥离，升格为克一河公司直属科级单位，同时对其进行了技术改造，生产能力有了较大提高，但1997年上半年仍出现经营性亏损28万元，累计欠发职工工资12万元，成为经营最差的林产工业单位。这时，公司决定对其进行改制。他们首先成立领导小组，制定了"股份合作制改革方案"和"股份合作制章程"，通过对筷子厂的债权、债务进行清理，重新核定了全部资产，进行了资产评估。改组时，对该厂现有在册职工按工龄每年500元，实行身份买断，以固定资产及产品和储备原材料共计85.1万元支付买断金，脱离全民身份的人员以支付给其的买断金入股，每股50元。职工身份买断金及入股金63.6万元，剩余21.5万元暂借筷子厂使用，限期归还。职工如扩大自己的持股额，可用货币形式入股。青工以每人欠发的300元工资入股。厂内职工无论身份如何，均执行岗位技能工资，实行按股共有，并坚持股权平等，同股同利、利益共享，风险同担。1997年11月，43名职工签署办理认定工龄登记卡和职工买断工龄协议书，并经股东大会选举产生了董事会、监事会，选举了董事长、总经理，11月进入了试点经营阶段。1998年3月正式申办了营业执照和税务登记证，并举行了终止劳动合同签字仪式，正式运营。

通过几个月的运营，全新的机制给筷子厂注入了新的生机和活力，摘掉了连续4年亏损的帽子，每箱成本由原来的56元降到了49.7元，截至1998年12月末，共盈利4.3万元，全部股东共分得2.5万元的股东红利。

（胡明华　徐凤全）

【内蒙古森林工业集团1998年林业大事记】

1.1月15～18日，林业部副部长祝光耀一行6人在自治区有关领导的陪同下来林区慰问，先后走访慰问了联合厂、林业建筑工程局、大兴安岭林业管理局防火办、森警支队、大林公安局、图里河林业局、根河林业局和根河航站及部分困难职工家属。

2.3月3日，国家林业局驻自治区森林资源监督专员办公室与林业管理局党委、林业管理局、集团公司召开控制限额采伐，加强林地管理联席会议。

3.5月13～22日，内蒙古大兴安岭林区阿尔山森林工业公司兴安林场施业区，因雷击发生森林火灾。国家林业局副局长李育才，自治区主席云布龙，森工集团有关领导亲临火场指挥扑救，经6000多名扑火勇士9昼夜的奋战，截至22日上午明火全部扑灭。

4.5月18～21日，内蒙古大兴安岭北部原始林区乌玛施业区因雷击发生森林火灾。

5.5月18日，与东北林业大学共同研究的西伯利亚红松育苗项目在内蒙古大兴安岭林区获得成功并通过国家鉴定。

6.7月，进入7月份以来，内蒙古大兴安岭林区所属林业建材厂、阿尔山、绰尔、绰源、克一河、甘河、阿里河、大杨树、毕拉河、图里河森林工业公司(林业局)等部分地区相继遭受了特大洪水的袭击。

7.9月15日,内蒙古大兴安岭林区所属得耳布尔森林工业公司实现连续40年无森林火灾的佳绩。

(内蒙古森林工业集团公司)

辽宁省林业

【概 述】

发展与成就

造林经营 完成人工造林合格面积13.7万公顷,超省市长责任状计划4.5%;飞播造林9.7万公顷,超计划21.7%;新封山育林13.3万公顷。全民义务植树1.6亿株,尽责率为77.5%。完成森林透光抚育4.3万公顷、低产林改造1.8万公顷、主伐更新9000公顷,分别超计划的7%、23.2%、40.4%。完成林业育苗9300公顷,超计划41.3%;产苗14.36亿株,较1997年增加19.7%;容器育苗1.9亿株,较1997年增加58.3%;采集、调运各类林木种子140万千克,良种使用率为40.67%。

林业产业 新建续建产业项目108个(其中新上76个),项目总投资额达1.86亿元,其中投资百万元以上项目69个(新上46个),新上千万元以上项目1个。全省林业总产值92.5亿元。

资源管理 认真执行森林采伐限额,没有突破下达的指标,省审批征占林地项目37项,面积670公顷,收取林地、林木补偿费3637万元,收取育林费和森林植被恢复费1750万元,征占林地初审率达90%以上。认真清理毁林开垦和乱占林地的案件,已处理300多起,面积267公顷,补交各种费用900多万元,罚款100多万元。

林业"三防" 共发生森林火灾74次,其中:火警65次,一般火灾9次。受害森林面积78公顷,受害率为0.017/1000,低于控制指标,没有发生重大、特大森林火灾和人身伤亡事故。共查处各类森林案件4365起(重大、特大案件12起),打击处理各类违法犯罪分子7019人,打掉毁林犯罪团伙29个118人,为国家挽回直接经济损失691万元。森林病虫害发生面积为37万公顷,发生率为8.87%,防治率为77.6%,种苗产地检疫率为96.5%,监测覆盖率为83.9%,森林病虫害防治目标管理成绩居全国前列。

科研推广 落实林业科研项目53项,经费350万元,较1997年增加16.7%。其中引进国外技术交流项目2个,引资22万美元,完成引智项目4个。通过省(部)级鉴定的科研成果6项,获省政府科技进步奖4项,林业厅科技进步奖10项,省推广了科研成果4项。

改革与林政实施

落实责任,加快生态建设 年初就把省市长林业责任状的任务分解到乡村、山头地块,明确责任,制订了检查验收细则,组织督查组,实行跟踪检查,收到了很好效果。开展了荒山大户县造林竞赛,对当年完成造林合格面积7000公顷以上的县给予10万元以上的以奖代补资金,对西部灭荒任务重的朝阳、阜新、锦州、葫芦岛4市,在资金上予以重点扶持,在造林方法上继续实行飞、封、造3个轮子一齐转。在造林管理上,抓工程造林,带动一般造林。对"三北"防护林、辽河流域防护林、防治沙、水源涵养林、海防林和世界银行贷款造林工程,强化管理,增加科技含量,确保建设质量。世界银行贷款造林项目代表国家接受了世界银行检查组的检查,受到了高度评价。

抓好龙头,带动产业发展 重点抓了宽甸县板栗加工在建项目的前期准备和建设工作,又抓了新上投资2980万元的技术改造项目桓仁木塑型材项目,带动了全省产业项目的发展。对经济林重点抓了国家林业局下达的凌源、朝阳、新城子名优经济林项目,发挥了辐射作用,全省新植经济林4万公顷,对山区综合开发,重点抓了5个全国山区综合开发示范县,编制了山区综合开发规划,落实了12个项目,贷款额度为3640万元。

依法治林,强化资源管理 省人大、省政协领导对《森林法》的实施情况进行了视察,又组织了宣传小分队赴基层宣讲新《森林法》,强化了全社会的依法治林的意识。对森林采伐限额坚持全额管理,分项控制,抓好采伐设计、审批和伐区验收工作。林地林权管理,继续对1992年以来非法使用的林地进行清理,省政府下发了清理文件,提高了清理效果。国务院关于保护森林资源制止毁林开垦和乱占林地的通知下发后,省委书记闻世震、省长张国光、副省长杨新华等都作了重要批示。通过省政府发文、省林业厅召开会议、组成检查组下到各市检查等多种形式贯彻国务院通知,及时处理了毁林开垦和乱占林地的案件。

狠抓"三防",保护森林资源 针对春季森林防火形势异常严峻的情况,省政府下发了防火戒严令,较往年提前15天、延后15天。正月十五和清明节等,都组织了检查组对各市进行全面检查和重点检查。省及5个市防火办与国家防火办实现了联网。对破坏森林资源的违法犯罪开展了"严打"专项斗争,特别是查处了岫岩县盗伐919.9立方米林木的建国以来辽宁特大盗

伐团伙案，公开曝光，震慑了罪犯。对重点森林病虫害实行工程治理，松毛虫治理被列为国家级工程治理项目之一，美国白蛾、日本松干蚧、杨树病虫害被列为省级工程治理项目，全部启动。

开拓创新，深化林业改革　国有林业：以东港林场为代表，实行股份制和股份合作制；以本溪县国有林场总场为代表，实行县级国有林场组合；推广清原县甘井子林场以优势产业为龙头，以优级产品为拳头，组建企业集团的经验；继续完善和深化国有场圃内部干部聘用、劳动合同、收入弹性的3项制度改革。集体林业：继续推行股份制和股份合作制。森林分类经营改革上，又新辟了大连甘井子区试点，在全省27个国有林场开展了分类经营。

存在问题　造林、防火资金严重不足；乱征滥占林地严重，补偿不到位；林业公安机构少、警力不足，影响了森林案件的查处；林业产业体系不发达。

（张洪生）

【辽宁省林地保护管理工作】　辽宁省的林地保护管理工作，始终依法管理，做到有法可依，有章可循，维护林权所有者的利益。

领导重视　1998年5月省人大副主任王向民带队视察林地管理情况；6月省政协副主席吕炳华视察东部毁林开矿情况；8月省委书记闻世震、省长张国光、副省长杨新华对贯彻国务院（8号明传）电报精神作了重要批示。领导的重视，对林地管理工作起到了重要保障作用。同时各级林业部门加大宣传力度，通过有重点、有层次、有声势的宣传，形成了一种爱护林地、知法、守法的社会风尚。

建立林地管理法规体系　通过修改《辽宁省实施〈森林法〉办法》，完善地方法规，明确了林业部门的审批权、设计权和处罚权及补偿标准，制订了征占林地审批规定。创造性地总结了"五个一"（一个项目、一次设计、一次补偿、一次审批、一次办理采伐手续）、"五不批"（没有计划任务书不批、没有林业部门审核意见不批、没有补偿协议不批、没有采伐林木设计不批、不到现场审核不批）、"两不准"（没有采伐许可证不许采伐林木、没有林地许可证不准施工）的经验。狠抓三长（市长、县长和局长）工程、三小（小煤窑、小矿山、小采石场）工程、三边（边施工、边报批、边筹集资金）工程和重点工程的补偿，树立了林业部门的威信。1998年共审核征占用林地项目37项，收取各项费用3637万元，省林业厅提取两费330万元。

查处违法征占用林地情况　自1992年以来，开展查处违法占用林地工作，共查处违法用地案件1100起。为加大查处力度，1998年3月省政府转发了《林业厅关于全省开展清理违法使用林地工作情况的报告》，全省上下互相配合，协同作战，抓重点案件、抓跟踪曝光，利用法院裁决和领导督查等措施，保证了清理工作顺利进行。1998年查处违法用地案件300多起。

做好退耕还林工作　省林业厅多次召开会议，组织督查组检查落实，层层制定还林规划，控制了毁林开垦、乱占林地的势头。全省需退耕还林面积有3.3万公顷，其中25°坡以上的是1.3万公顷。1999年计划还林2万公顷，有6000公顷已经为造林做好了整地。

开展了林权清理登记试点　为抓好试点工作，省林业厅制定《林权变更登记试点方案》，确定了试点原则、方法和步骤。现试点工作基本结束，共审核林权证5776份，调处林权纠纷26起，为进一步明确山林权属，调动林权所有者的生产积极性，为森林分类经营改革，发展林业经济创造了条件，现试点经验正在向全省推广。　（邹丽坤　张洪生）

【辽宁省"三北"防护林建设20年】　1978年，辽宁西北部的8市29个县（市、区）被列为"三北"防护林工程建设区，这个地区总面积671万公顷，占全省土地总面积的46%，工程建设规划造林保存面积为102.7万公顷。

建设"三北"防护林工程的序幕一拉开，这里的人们就投入了巨大的人力、物力、财力，一沟一坡、一山一岭、一条流域一条流域地治理，日复一日，年复一年，种草植树。"三北"防护林建设缺资金，当地群众就自筹，工程建设的前12年自筹资金2.5亿元，占建设总投资的80%。经过艰辛努力，一期工程（1978～1985年）共完成造林保存面积42.3万公顷，超过国家下达计划的17%。其中：封山育林6.7万公顷，飞机播种造林有苗面积2.5万公顷，使有林面积由65.7万公顷发展到107.9万公顷，森林覆盖率由11.1%提高到19.9%。二期工程（1986～1995年）完成造林保存面积51.8万公顷，为计划任务的122.5%。其中：封山育林8.2万公顷，飞播造林2.5万公顷，有林面积达150万公顷，森林覆盖率达到27.3%。三期工程前两年又完成人工造林12.5万公顷，封山育林10万公顷，飞播造林2.5万公顷。

20年来，辽宁"三北"地区的广大干部群众付出了巨大的心血，也获得了丰厚的效益：

初步控制了水土流失　已有水土保持为主的防护林73.3万公顷，控制水土流失面积200万公顷，绝大部分山地的土壤侵蚀模数已由每年每平方千米2500～4500吨下降到1000～1500吨。

保护了大量农田　已营建农田防护林9万公顷，在科尔沁沙地南缘初步形成了一道樟子松和杨树带片网结合的绿色屏障，有效地保护了160多万公顷耕地。

缓解了农村生活能源的奇缺　薪炭林已发展到16.7万公顷，由原来占有林面积的2.6%提高到11%，40%左右的农户生活能源达到了自给自余，35%左右的农户基本自给。

增加了农民收入　以大扁杏、大枣、白柳条为主的经济林已达33.3万公顷，年增加收入2.2亿元；创办绿色产业30多项，解决150万人就业，年产值1.2亿元。已有40%左右的农户靠经济林和绿色产业收入而脱贫，有20%左右的农户开始走向富裕的道路。

（张洪生）

【沈阳市专业森林消防队】 沈阳市建国前，森林资源仅有1.1万公顷。建国后，特别是党的十一届三中全会以来，林业事业迅猛发展，到1998年底，全市现有森林资源达20万公顷，为全市发展旅游业带来了得天独厚的条件，全市现已建起著名的怪坡风景区、辉山风景区、陨石山风景区及沈阳国家森林公园、植物园，与全国闻名的东陵公园形成了风景旅游体系。宝贵的森林资源，为维护沈阳的生态环境、开发旅游资源、扩大招商引资和改革开放、发展经济起到了不可估量作用。

然而，森林资源的扩大，也给森林防火工作带来了极大的压力。特别是在当前市场经济飞速发展的条件下，仍然沿用以往发动广大农民群众的老办法进行义务扑救森林火灾已暴露出诸多的矛盾和问题，至1997年底全市无一支专业森林消防队伍。面对如此严峻形势，组建专业队伍已势在必行。为此，采取了以下举措：

明确指导思想 确立了以国务院《森林防火条例》精神为指导，按照队伍专业化、扑火机具化的要求，坚持了专业森林消防队伍建设规划和标准，加速全市森林消防队伍建设，确保森林资源安全，促进经济发展和社会安定的指导思想。

变部门行为为政府行为 市林业局领导班子多次进行专门研究，采取实际步骤。一是参谋到位，取得领导支持。从1996年底市林业局拿出了组建专业森林消防队的意见报告，市长、主管财政的常务副市长、主管农业的副市长以及两位市人大副主任、一位市政协副主席分别都作了重要批示。二是走出去学习经验。由一名副局长带队，于1997年7月带领市防火办全体干部和各区、县（市）防火办负责人赴大连、鞍山、本溪等市考察学习。1998年初又派员专程赴北京学习考察，将综合考察报告上报市政府领导。同时，借鉴兄弟市经验，结合本市具体情况，草拟出全市组建专业森林消防队的方案，在征集各区、县（市）意见基础上修订方案，向主管副市长作专题汇报，争取领导重视。三是争取市政府批转专题报告。市林业局及时将各区、县（市）反馈意见综合整理后，于1997年11月1日写出了组建森林消防队的专题报告上报市政府，12月8日市政府转发了市林业局的报告，引起各区、县（市）政府的重视，并立即贯彻落实。

抓典型，以点带面，全面推广 市林业局首先抓住以领导重视、组建快、标准高的苏家屯区为试点，并召开了全市专业森林消防队建设现场会，会后很快推广开来。在此基础上，又组织了全市的互检活动，从而进一步提高了专业森林消防队的标准。由于工作力度的不断加大，在1998年全市8个区、县（市）及棋盘山国际风景开发区共组建起10支以国有场（圃）为依托，实行劳武结合、平战结合的年富力强、装备良好、训练有素、纪律严明、技术过硬、召之即来、来之能战的半军事化管理的专业森林消防队。

加大资金投入 1998年全市共投入80余万元，其中：市财政投入40万元，各区、县（市）投入40余万元。目前，各专业消防队均有20～30人，有值班室、办公室、会议室、物资仓库、队员宿舍；除设有专用防火电话外，还配备了800兆无线通讯系统；每队有1台座机，至少有3台手持对讲机，保证了信息畅通，配备了风力灭火机共120台，油锯30台，防火服装220套，扑火二号、三号工具1万余把。（汪振山　张洪生）

【国有清原满族自治县城郊林场】 该林场始建于1958年4月，现有森林9500公顷，总蓄积量100.6万立方米，现有固定职工385人。建场以来，特别是党的十一届三中全会以来，该场始终遵循“以营林为基础，普遍护林，大力造林，采育结合，永续利用”的林业建设方针，努力培育后备资源。在此基础上，以市场为导向，开发第二、第三产业，目前全场已有8个独立核算企业。近几年来，又进行了力度较大的产权制度改革，初步实现了林兴民富的目标。1998年全场实现总产值4000多万元，税金413万元，利润200万元。

调整结构，发展产业 建场初期搞育苗和造林的单一生产，70年代转入森林经营为主，当时年销售收入仅在35万元，利润不到1万元，林场处于举步维艰的境地。经林场班子细致的研究，决定利用林区资源优势，发展养鹿业，1980年鹿已有100多只。还陆续办起了木材加工厂、食用菌厂、细辛厂、木耳园、果园、油坊、莱板厂、淡水鱼养殖场、农业生产基地、花卉生产基地等6个行业20多个项目。1988年初，先后成立了林工商公司，下设林业商场3处、汽水厂1处、地板厂1处。1993年该场又对20多个多种经营项目进行了优化调整。经过周密的市场调查、科学的预测、严谨的论证，建立起了木材防腐厂、鹿场、木制品厂、胶合板厂、机制木炭厂、清原宾馆、汽水厂、加油站8个独立核算企业，使林业经济效益大增。

改革劳动人事制度，减员增效 随着林场的发展，职工不断增加，到1995年底已由建场初职工总数86人增加到500人。尽管林场资源增加，新项目不断建立，但终因人多饭少、负担沉重，制约了林场经济的发展。根据这种情况，经场务会研究和职代会讨论，通过了在籍职工可以自愿辞职、林场按场龄和工龄给予一次性安置费的规定。规定一公布有61人提出自愿辞职，1998年又有63人提出申请，现已有70人办了手续。同时鼓励机关后勤人员自愿办理停薪留职手续，林场为其代付养老保险金。第一年林场每月支付生活费270元，第二年每月150元，第三年停发。已有6人办理了手续，其中1名大学生主动停薪留职承租了花窖

和鱼塘。根据中层干部人浮于事的情况，实行定员竞聘上岗，使中层干部由原来39人减少到20人。此外，将87名退休人员和34名遗属全部采取一次性保险，移交到保险公司。以上几项措施每年林场减少开支96万元。对在岗职工的工资实行了多种分配形式，对一线工人实行计件工资，对机关后勤人员实行工资与岗位、效益、技能工资相结合，提高了全体职工积极性。

深化产权制度改革，建立有效运行机制 党的十五大后，该场对全场现有8个独立核算企业进行力度较大的产权制度改革，对木材防腐厂和鹿场两大企业，实行了股份合作制经营，改制后两个企业分别成为独立法人，实行独立核算、自主经营、自负盈亏，并以全部资产对债务承担有限经济责任。对处于潜亏状态的林业胶合板厂实行对外租赁经营，年租金2万元，安排林场职工15人。对木制品厂和加油站实行对内租赁经营，安排林场职工20人，对规模较小的汽水厂和食用菌厂实行资产作价抵顶买断职工工龄工资，对经济效益走向低谷的林业商场全部出售，资产增值近20万元，此外，对适合转让的落叶松林进行了有偿转让，缩短了投资的回收期，通过上述改革，收到了显著的效果。 （张洪生）

【本溪县草河口镇封山育林】 本溪县草河口镇是以林为主的乡镇，全镇有林地总面积1.2万公顷。由于该镇地处沈丹公路铁路沿线，人口稠密、开发较早，森林资源破坏严重，影响了群众致富。从70年代开始，这个镇在市县林业部门的指导下，狠抓了封山育林工作，每年保持封山育林5000～8000公顷，使森林蓄积量逐年增加，林地产出价值不断提高。据调查，封育10年活立木蓄积量增加28万立方米，增长率达74%。通过封山育林，生态环境得到明显改善，依托森林资源和环境发展多种经济效益显著，仅封沟育蛙一项每年可创产值110万元。目前，北沟、正沟村的年林业收入可达70万元，人均收入实现2500～3000元。

典型引路，全面开展封山育林工作 该镇北沟村原是毁林十分严重的村，1971～1974年这个村将山林全部封育，10年后彻底改变了山林面貌，蓄积量大幅度增长，他们根据林木生长情况开始有计划透光抚育，仅抚育每年收入万元以上，抚育后续封。镇政府认真总结了这个村的经验，制定了全镇对天然林和人工幼林全部封育的方案，并及时召开会议，组织各村到北沟村参观学习，落实了全镇的封山育林方案。

加强领导，抓好封育后的管护工作 镇政府由1名副镇长具体分管封山育林工作，各村由一把手亲自抓，封育成效与村干部的工资挂钩。并在原有十几名兼职护林员的基础上，增设专职护林员24名，制定和落实护林员岗位责任，签订了责任状，完成任务奖励，出现问题惩罚。

合理解决封山与打柴、放牧的矛盾 该镇有农户4269户，每年烧柴需消耗林木资源1.7万立方米。为了解决这个问题，抓了改灶节柴，改灶2400铺，每年节柴3600立方米；充分利用林场正常采伐剩余物和农作物茬子、秸秆等；提倡以煤、液化气代柴，东沟和正沟两村从合作林场盈利中拿出11万元为农户购买炉具和液化气。以上措施每年全镇可节柴1.3万立方米。该镇有牛羊1万多只，过去在幼林地放牧，对幼林危害严重。镇政府规定放牧只允许在牧场和成林下进行，违者依法给予处罚，从而保证了封山育林封一片成一片。 （张洪生）

【铁岭县夹河厂村股份合作制林场】 铁岭县白旗寨满族乡夹河厂村，总土地面积4200公顷，有7个村民组，425户，1400口人。

该村于1993年建立股份合作制林场。目前，有林地面积3500公顷，森林总蓄积量25.4万立方米，森林覆盖率84.1%。分别比1993年建场时增长了5.2%、13.9%和4.0个百分点。建场以来，共生产木材3000多立方米，林业总收入达432万元，其中木材加工及多种经营收入近200万元。目前，全场森林资源资产总值达3600万元，人均为2.57万元，向国家缴纳各种税金114万元，偿还了村遗留外债140多万元，为股东分红54万元，新建场部一处205平方米，银行存款达64万元。村民应缴纳的农业税、教育基金、乡村统筹款、优扶费等都由林场统一支付，还为村民们安装了程控电话、投资治理河道等，开展公益事业建设。1998年全场人均收入2200元，其中林业收入达1540元，成为铁岭市乡村林场建设的先进典型。他们的主要做法是：

健全规章制度，实行规范化管理 1993年，在市、县林业部门的指导下，制定了股份合作制林场章程，建立了股东代表大会制度，选举产生了董事会、林场管理委员会。建场以来，各项生产作业实行承包经营责任制；财务管理实行单独核算，独立建账，账目公开、民主理财；森林资源管理实行专职护林员分区划段承包管护责任制；技术管理实行严格执行技术规程和规定，明确奖罚等。

培育森林资源 建场以来，对“两山”（自留山、责任山）进行了清理，对已治理的“两山”，重新确权发证，坚持依法保护；对未治理的“两山”，收归林场统一经营，该封的封、该造的造。共完成宜林荒山荒地造林174.5公顷，其中项目造林60公顷。封山育林2000多公顷，进行森林主伐更新9.8公顷，改造低产林97.7公顷，抚育间伐76.4公顷，林分质量和林地生产力明显提高，单位面积蓄积量由建场初每公顷67.4立方米，增加到72.7立方米。

保护森林资源 一是对烧柴场采取打柴留树办法，保护森林资源；改烧大柴为烧茅柴，节约木材消耗；林场投资4万元为农户购买液化气罐，年节约烧柴近400吨。二是改变用材习惯，统一解决农民自用材。林场先后投资4万多元，扶持农户改建铁制粮仓、永久性

猪舍等，对农户所需的建房、建菜窖、寿材等自用材，由林场统一按市场价格的50%给予解决，节约了大量木材，降低了资源消耗。

发展多种经营 先后于1995年办起了木材加工厂1处，1996年建立固定苗圃1公顷，1997年建起炭厂一处，1998年“两厂一圃”纯收入达32万元，对16条山沟实行封沟养蛙，修建蛙塘84个，年纯收入达12万元。（王 珏 张洪生）

【辽宁省凤城市边门镇林业工作站】 凤城市边门镇林业工作站现有职工12人。全镇有林地面积1.87万公顷。多年的实践使他们认识到，要想使山区尽快富起来，必须有一支林业专业队伍，发展全镇林业，开展林业技术服务。1989年，林业工作站组建了林业专业队伍，主要面向各村屯，开展造林、采伐设计、采伐作业、技术开发等多项有偿服务，受到农民的热烈欢迎。

确保造林质量，扩大后备资源 专业队在造林过程中，严把苗木关、栽植关、管护关；做到苗木不达标准不栽，苗木不沾泥浆不栽，苗不采取科学措施（蘸生根粉、保湿剂）不栽，不整地不栽，地块没落实管护人不栽。到目前为止，全镇人工造林面积已有4000公顷，其中2000公顷已郁闭成林。与此同时，由于专业队造林，实行有偿服务，林业工作站自已也拥有落叶松林266公顷，板栗经济林47公顷。

严格管理，提高采伐质量 几年来，林业工作站在采伐工作中，通过竞争，通常采取专业队负责各村林场采伐的作法。在采伐设计批复后，林业工作站与专业组签订采伐作业合同，明确责任和采伐质量指标，制定奖惩办法。由于制度健全，管理严格，杜绝了超界、超限额采伐的现象，从而使全镇林业经营水平有了较大提高。

搞好技术服务，发展板栗生产 1998年，专业队建成高标准板栗园一处32公顷，从而带动了边门镇板栗的发展。现在，全镇板栗园面积已发展到667公顷。林业工作站每年还从林业专业队创造利润中拿出3000元，帮助农民搞板栗良种嫁接，使板栗嫁接面积达到266公顷。专业队还积极为农民做好病虫害防治，开展喷施稀土。1998年，该镇板栗年产量达30万千克，有20多户栗农年收入超万元，有50多户栗农脱贫致富。

加强技术培训，扩大服务范围 几年来，林业工作站与专业队共举办科技培训班20多期，培训人员2000多人次，发放科普资料2000多份。此外，林业专业队对农民开发和承包荒山，积极进行规划设计、更新、采伐、加工、造林等项服务工作。对特困户、贫困户、军烈属、教师给予减免费用等优惠待遇。

林业专业队伍不仅促进了全镇林业的发展，而且为林业工作站创造了较好的经济效益。林业工作站现有站办实体12个，年创产值300万元，利税近40万元，站内固定资产达670万元。（董明水 张洪生）

大连市林业

【概 述】 1998年，大连市农村共完成造林面积1.61万公顷，其中“四小”造林2145公顷，迹地更新939公顷，低产林改造1.3万公顷，造林总面积与1997年基本持平。石质山裸岩爆破、客土造林104.1万株，比1997年增长0.03%；“四旁”植树1574.2万株，增长0.3%；育苗513公顷，增长18.2%。完善提高农田林网和海防林带54千米，完成市级项目造林3600公顷，新建园林式村庄102个，花园式单位305个，铺种草坪58.7万平方米，栽植花卉71.3万株，新建4处千亩大苗圃，一期工程已竣工投产，面积达233公顷。与此同时，还创建了100项绿化精品工程。全年共投入绿化资金10 510万元，其中市本级投入1700万元，各区（市、县）到位资金3135万元，各乡镇投入资金5875万元，是大连市历史上投入绿化资金最多的一年。年内，全市无森林火灾发生，森林受害率在万分之零点一以内，大大低于省规定控制指标，获辽宁省森林防火内业建设和专业扑火队建设两项第一。森林病虫害防治推广应用了仿生药剂和赤眼蜂等生物防治措施，效果良好，森林病虫害发生面积为1.65万公顷，比1997年减少1300公顷，实际防治1.29万公顷，占发生面积的78.2%，比省定防治指标高8个百分点，获辽宁省森防工作一等奖。

1998年，大连市的造林绿化工作，采取了极为有效的措施和办法。比如，在残次林改造方面，由单纯发展水源涵养林变为发展速生丰产林、经济林和防护林，在树种的选择上，打破仅发展日本落叶松的单一模式，科学栽植红松等珍贵树种。在石质山造林方面，首次推广应用了营养丸造林技术，种植面积达220公顷，解决了高、远、险、陡峭石质山地绿化难的问题。在园林式村庄建设方面，推行了“绿化型”、“美化型”和“经济型”3种不同的建设模式，采取乔灌花草相结合，平面与立体结合的方法，提高了绿化美化的档次和水平。1998年，大连市的农村造林绿化工作受到广泛的好评，被辽宁省政府授予“林业工作先进市”称号，并作为辽宁省市长签订的绿化责任状中，惟一免检的城市。

1998年，大连市在抓好造林绿化和资源管护工作的同时，将林业产业体系建设纳入议事日程，对林业经营管理体制进行了大胆改革，实行林木林地有偿转让的办法，通过实践证明，林木林地的有偿转让，既为山区农民脱贫致富找到了一条新路，也为林业的经营发展注入了新的生机和活力。另外，国有场圃的三项制度改革也初显成效。一是人事制度改革，实行领导班子聘任制，精简一批管理人员到生产第一线；二是劳动制度改革，打破铁饭碗，公平竞争，优化组合，实行定岗、定责的全员承包管理办法，此项改革减少费用104万元；三是分配制度改革，实行档案工资、弹性工资、计时工资、效益工资等多种分配制度，既减轻了企业负担，又调动了职工积极性。年内，全市林业系统共完成总产值16 260万元，实现利润1880万元，分别比1997年增长15.6%和17.9%。 （蔡星艳）

吉林省林业

【综　述】 1998年，吉林林业按照举生态旗、走生态经济林业建设之路的总要求，大打林业改革发展攻坚战，经过全省上下的艰苦努力，克服多种不利因素影响，较好地完成了年初确定的各项任务目标。其主要标志是：①林业生态建设摆上重要位置，造林绿化、森林防火、资源管护等均取得重大成果。全年计划造林5.4万公顷，实际完成8.1万公顷，各项指标均超额完成年度计划。绿色通道建设、部门造林绿化工作也取得了突破性进展。森林防火工作声势大、效果好，实现了全省连续18年无重大森林火灾。资源管护工作力度大、措施实。及时制止了“效益采伐”，冻结林地征占用，停止林地熟化，加大退耕还林力度，加强森林病虫害防治，强化5年禁猎措施，组织开展了严厉打击毁林犯罪专项斗争，使森林资源得到了有效的保护。②林业企业改革向纵深推进。各地、各单位按照森工企业解困和市县场圃渡过生存线的目标要求，大力实施改革攻坚，产权制度改革有所突破，3项制度改革和林木生产商品化改革稳步实施。同时，注重加强对改革的引导和规范工作，保证了全省林业改革沿着健康的轨道推进。③资源综合开发和再就业工程稳步实施，对维护林区稳定作出了重要贡献。以全方位开发林区资源为依托，积极进行森林资源的综合开发利用，稳步启动国有天然林保护工程，加快企业转产和人员分流。以资源综合开发为主要途径，职工再就业工作的力度进一步加大。1998年6月经批准成立吉林省林业厅再就业服务中心，负责编制本部门下岗职工分流安置计划，指导所属企业再就业服务站工作，发放和缴纳有关生活费、保险费，组织再就业培训，帮助下岗职工实现再就业。到1998年底，全省林业共有6.8万人下岗，分流安置4.4万人，再就业率达到64.7%。④林业经济克服木材减产等不利影响，实现了年初确定的扭亏增盈指标。针对木材减产、效益下滑的实际，各地、各单位大力开展扭亏增盈攻坚，不断强化管理，坚持物质文明与精神文明两手抓、两手硬，行业风气有了很大改善，广大职工保持了良好的精神风貌，为全省林业保持持续健康发展提供了重要保证。 （王志新）

【天然林保护工程】 ①在国务院批准的采伐限额的基础上，3年内调减木材产量180万立方米，即在1997年的375万立方米基础上，1998年减到314万立方米，1999年减到274万立方米，2000年减到195万立方米，3年累加减少木材产量342万立方米。②将全省18个森工企业局分为两大类：把可采资源基本枯竭的7个林业局转为以护林为主的事业单位；将11个林业局划为部分停止天然林采伐企业。③将全省现有的重点国有林区的公益林面积由37.7万公顷扩大到262万公顷，占总面积75%，使被保护的活立木由5410万立方米增加到29 000万立方米，占总蓄积量的70%。商品林面积重新区划为84万公顷，占总面积的25%，活立木蓄积12 000万立方米，占总蓄积的30%。④3年内安排开发替代产业项目90个，其中利用存量资产嫁接改造现有林产工业项目27个，林特产品加工项目33个，开发矿产水电业项目26个，境外采伐项目4个。同时，计划从1998年开始，年均营造公益林3万公顷，封山育林60万公顷，森林抚育8万公顷，年均培育商品林12万公顷。⑤按照国家林业局计划安排，1998年核定吉林省天然林保护投资和补贴为8.6亿元。其中债券转国家预算内基本建设投资3.38亿元（中央债券2.18亿，地方债券1.2亿）；国家开发银行贴息贷款4.62亿元，其中转产项目1.82亿元，商品林建设2.8亿元；中央财政专项经费补贴0.6亿元。现资金、规模已陆续开始到位。 （姜维军）

【连续18年无重大森林火灾】 1998年，吉林省经历了80年代以来最为严峻、最为紧张的春季防火期，由于冬干春旱，出现了大范围、持续性的高火险状态，险象环生。经过全省各方面的努力，落实责任制，早抓严防，齐抓共管，分类管火，采取了有效严密的工作措施，实现了全省连续18年无重大森林火灾。全年共发生森林火灾54次，其中森林火警49次，一般森林火灾5次，火烧森林面积157.9公顷，森林火灾受害率0.02%，平均每次森林火灾控制在2.9公顷以内。其中，秋季发生森林火警10次，无一般森林火灾。 （赵文华）

【制止毁林开垦和乱占林地】 《国务院关于保护森林资源制止毁林开垦和乱占林地的通知》下发后，吉林省委、省政府召开了吉林省坚决制止毁林开垦乱占林地电视电话会议，省委书记、省长王云坤作了重要讲话。省委副书记洪虎对贯彻落实王云坤的讲话提出要求，省委副书记陈玉杰参加了会议。会后，下发了《吉林省人民政府关于坚决制止毁林开垦和乱占滥用林地的通知》，制定了《吉林省制止毁林开垦和乱占滥用林地工作实施方案》。吉林省各级政府、林业主管部门按照国务院《通知》精神，以清查毁林开垦和乱占滥用林地为重点，实行打防结合，综合治理，做了大量工作，并取得了一定进展。①全省各地立即停止了毁林开垦和乱占滥用林地行为，省林业厅及各级林业部门于1998年8月5日起停止了各项工程征、占用林地的审批工作，对确需征占林地的国家和省重点工程按要求报国务院审批。②完成了文件清理工作。各级政府和国有林业局、森林经营局对有悖于两个《通知》精神的文件和有关熟化林地、综合开发使用林地的文件进行认真清理。截至11月末，共清理各类文件16件。其中地方3件，国有林业局13件，并已明令废止或修订。③基本完成了林地清查工作。各级政府、各国有林业局、森林经营局成立了专业队伍，利用近两个月的时间，对已发生的毁林开垦和乱占滥用林地以及25°以上的坡耕地进行了一次清查，基本查清了毁林开垦和乱占滥用林地的时间、面积、责任人以及批准单位和造成的损失。全省共查出毁林开垦林地面积85 976.2公顷，其中，1994年前毁林开垦林地面积34 664.9公顷，25°以上坡耕地24 747.9公顷，1994年后毁林开垦林地面积51 311.3公顷。清理非法征、占用林地面积2138.8公顷。④制定了切实可行的退耕还林计划。全省1999年计划投资4650.0万元，还林37 442.1公顷，2000年计划投资6021.4万元，还林38 617.1公顷。（林俊萍）

【森林病虫害预测预报网络建设】 吉林省现有林地面积788.25万公顷，其中人工林面积为208.8万公顷，每年有40多种森林病虫害造成灾害。1989年开始把森林病虫害预测预报工作当作一项重要任务来抓，重点建立和完善了省、市（州）、县、林场（乡林业工作站）四级测报网络。目前全省测报网在林场级以上单位落实率95%以上；国有林场虫情调查员落实率60%以上。全省已确定虫情调查员3000多人；设监测点331个，其中省级65个；设立监测林分510块，监测标准地918块；配备专职监测员98人；全省共确定监测对象16种，使测报工作形成了面上虫情调查和点上定位监测相结合的布局。（姜维军）

【对犀牛角和虎骨实行禁贸】 为进一步加强野生动物保护，吉林省对犀牛角、虎骨及其产品实行禁贸措施：①加强封存管理，重新核查定点封存的虎骨、犀牛角及其制品的封存、包装、封存物重量等情况，确保封存措施完善、保管得当、数量不减。②对药品生产经营企业、药材市场、医药商店及机构商店等场所进行清查，对销售含有犀牛角、虎骨成分中成药或声称含有犀牛角、虎骨成分药品的，采取严厉措施禁止。③对允许在一些医院有控制使用的含有虎骨、犀牛角成分中成药的使用与管理进行检查，对尚未用完的有关药品落实责任到人，严格监督管理，绝不流失到外面的市场。④对实行禁贸后查获的走私、违法所得虎骨一律登记造册，就地封存，未经国家主管部门批准，不得启封。

（王志新）

【开展打击毁林犯罪统一行动】 吉林省林业厅、省工商局、省公安厅、省人民法院、省人民检察院联合组织开展了为期半年的打击毁林开垦和乱占林地等破坏森林资源违法犯罪专项斗争。全年共查处各类森林案件9867起，打处各类违法违纪人员10 940人。收缴木材3662立方米，协助回收林地427.7公顷，挽回经济损失886万余元。（林俊萍）

【林木种苗生产和经营管理】 吉林省于8月3日发出通知，要求：①积极推行专营制度，严格按标准发放生产和经营许可证，对林木种苗实行统一经营和供应。②集中力量整顿种苗市场，坚决打击非法生产和经营活动。③制止私引滥调，市州间种苗调剂由省林业主管部门统一调拨，县市间种苗调剂由市州林业主管部门统一调拨。④实行《林木种苗质量检验合格证》制度，对无证的造林地不予验收和拨付造林经费。⑤坚持以销定产，对林木种苗生产实行计划管理。由于措施有力，使全省林木良种使用率提高到45%，林木种子和出圃苗木合格率均提高到90%。（王志新）

【“三北”防护林工程建设】 自1978年实施“三北”防护林体系工程建设以来，共完成造林保存面积118.3万公顷，占总任务的101.4%。其中，人工造林完成111万公顷，占保存面积的93.8%；封山育林7.3万公顷，占保存面积的6.2%。营造防护林68.6万公顷，占保存面积的58%，其中，农田防护林24.5万公顷，防风固沙林30.7万公顷，水土保持林、水源涵养林、牧防林等13.4万公顷。营造用材林26.1万公顷，占保存面积的22.1%；营造经济林19.3万公顷，占保存面积的16.3%；营造薪炭林4.1万公顷，占保存面积的3.5%；营造特用林0.2万公顷，占保存面积的0.2%。目前，“三北”地区有林地面积达130.39万公顷，森林覆盖率达16%，实现了网、带、片，林、路、渠相结合的农田林网化，一个区域性的大型防护林体系已经基本形成。28.1万公顷农田防护林已使266.7万公顷农田得到了有效庇护，每年使粮食增产26.5亿千克，现在“三北”地区每年粮食产量达177.2亿千克，是1977年粮食产量的3.6倍。堵住风口576个，治理大小流动沙丘1320个，有效地控制了沙地蔓延，使130万公顷农田、40万公顷牧场得到保护，取得了区域性环境治理的较好效果。全区大风次数与十几年前相比下降了67%，8级以上大风天数下降60%，平均风速下降了55%，年降水量增加了13%，年蒸发量减少15%，风沙受害面积由20年前的730万公顷，减少到253万公顷，结束了“沙进人退”、“风起黄沙滚，沙撵人搬家”的历史。（姜维军　高子民）

【梅河口市实行集体林地有偿转让】 梅河口市大桦树村进行了集体林地有偿转让探索。主要做法：一是成立乡村两级林权改制领导小组，制定出《大桦树村林业体制改革方案》。二是合理作价。重新核清了森林资源数量，将333.3公顷天然林划分成43块，按每立方米作价80元；对666.7公顷人工中幼龄林及灌丛划分为71个小班，按林龄、面积、蓄积实行对比作价，最高6000元/公顷，最低750元/公顷。三是公平竞争。对拍卖的人工中幼龄林及灌丛，向社会公布标价地块，交押金参加竞价；对只有村民参加分配的天然林让利30%；实行分期付款，首期只交应付款的20%。交足费用后，抓阄分林到户，签订为期50年的合同。通过林权改制，盘活了集体资产150万元，减少乱砍盗伐等毁林行为，有效地保护了山林。（张仁杰）

【吉林森林工业股份有限公司创立】 1998年9月28日，全国森工企业第一家股份公司——吉林森林工业股份有限公司隆重召开创立大会暨第一届股东大会。吉林省人民政府副省长全哲洙代表省政府致贺词。国家林业局、省（市）领导及省有关部门负责人出席了大会。国家林业局等有关上级主管部门、国家120户试点企业集团及省内和林业系统上市公司向大会发来了贺电贺信。（王方求）

【白山市开展山林承包管护经营试点】 为了搞好森林资源管理工作，白山市自1998年7月中旬开始，在八道江区红土崖镇和大镜沟林场开展了山林承包管护经营试点工作，将国有、集体的山林的保护管理与当地林场职工和村民的切身利益有机地结合在一起，从而增强了责任感，调动了林业职工和村民群众管山护林的积极性。由于管住了乱砍盗伐的源头，从根本上解决了盗伐问题。截至1998年底，大镜沟林场已确定10名职工（7户家庭）承包红土崖镇行政区域的国有林1228.8公顷；红土崖镇政府将卢家沟村集体林237公顷承包给26户当地村民管护（还有46户村民入股承包）。这些山林完全落实了管护责任并签订了管护合同，做到了生态、社会、经济3个效益相统一。（赵永刚）

【省政府命名“省级三好企业”】 根据省经济贸易委员会《关于对1997年度全省“转抓练增”竞赛活动优胜单位和先进个人的表彰决定》精神，森工集团成员企业松江河林业有限公司和白石山、红石、三岔子、临江、露水河林业局，经省政府批准，命名为“省级三好企业”，松江河林业有限公司总经理兼党委书记宫喜福、白石山林业局局长兼党委书记田关喜、红石林业局局长兼党委书记石国新、三岔子林业局局长兼党委书记李凤春4名同志，经省政府批准，命名为“优秀经营者”。（张玉岩）

【下岗职工再就业先进事迹报告】 8月14日，由森工集团党委和工会组织的下岗职工再就业先进事迹巡回报告团在集团公司作最后一场报告。报告团已在集团所属8个林业局巡回报告，深受职工群众的欢迎和称赞。报告会上，来自辽源胶合板厂的吴剑峰、吉林制材厂的刘长军、松江河林业有限公司的宋来花、湾沟林业局人造板公司的邵德波、白石山林业局的郑明军和临江林业局林机厂的张万库6名下岗职工再就业标兵，介绍了从下岗到再就业走上致富之路的经历，令所有与会同志赞叹。（李玉祥）

【森林资源综合开发】 吉林省从1996年开始实施森林资源综合开发战略，在不改变林地权属和用途，有利于保护和培育后备森林资源的原则下，坚持走以林为主、立体经营、综合开发的路子，充分发挥森林资源优势，发展种植业、养殖业、采集业。1998年全省共开展林粮、林药、林参等间作3.5万公顷，产量达7.2万吨，收入1.4亿元；沟系开发78万公顷，收入达3.1亿元，其中养殖林蛙1.2亿只，收入达1724万元；开展林下养殖家禽牧畜等3.1万只（头），收入达19.2万元，森林资源综合开发缓解了林业场圃的困难，分流了富余人员，加快了职工致富步伐。（高玉林）

【长白山天池长廊发生山体崩裂】 8月1日，位于长白山天池长廊右翼的龙门峰山体崩裂，砸死游客6人。经有关专家现场勘查认定：长白山龙门峰山体崩裂造成的游客伤亡事故，是在长白山特定的地质地貌条件下发生的一起难以抵挡的、不可预见的高强度的自然灾害事故。（林俊萍）

【抗洪救灾】 1998年洪涝灾害，林业系统损失相当严重。全省共有16个县的71个国有场圃和18个森工企业受灾，冲毁林地2.4万公顷、苗圃地325公顷、耕地1.1万公顷；冲毁输电线路319.2千米、机电井176眼、森林铁路84千米、自营道206.6千米、桥涵527座；受灾职工7046户，受灾人口2.6万人；倒塌房屋7.5万平方米；多种经营及其他损失5840万元。全省林业直接经济损失达4.2亿元。全省林业系统按照省委、省政府的部署，全面开展抗灾自救、恢复生产和重建家园工作。抽调大批得力干部深入灾区帮助工作，多渠道筹集资金，尽快恢复水毁林地、苗圃，修复林道、输电线路、生产设施设备，恢复场圃的基本生产条件，解决受灾职工住房问题。在做好林业抗灾自救工作的同时,全省林业积极为抗洪抢险提供物资保证。全省共砍伐调运抢险用材 25.4 万根，合计材积 2.4 万立方米。

为了帮助灾区群众渡过难关，恢复生产，重建家园，全省林业广大员工克服自身困难，积极行动起来，踊跃捐资捐物，向灾区群众奉献森工人的爱心。全省林业共捐款捐物折合人民币 464.97 万元。其中，省林业厅集体捐款 10.5 万元，连同个人部分共计 25.8 万元；延边州林业管理局及州属林业企业捐款捐物 309.17 万元，吉林森工集团及集团成员单位捐款捐物 130 万元。省林业厅接受了帮助大安市扶建一个村 106 户住房的任务，吉林森工集团接受了帮助前郭县灾区重建 26 户住房的任务。经过帮建单位和灾区人民的共同努力，10 月底以前，灾民已喜迁新居。

（姜维军　王方求）

【临江林区检察院荣记集体一等功】　春节前夕，在最高人民检察院召开的全国检察机关第四次先进集体、先进个人表彰大会上，临江林区检察院被最高人民检察院荣记集体一等功。这是该院继 1996 年被省委政法委、省人事厅授予全省政法系统优秀基层单位，记集体二等功之后，获得的又一最高荣誉。在这次表彰中，临江林区检察院是全国林业检察机关唯一获此殊荣的单位。（张玉岩）

【苏里南大使海伦·贝格先生访问森工集团】　苏里南共和国驻中国大使海伦·贝格先生应吉林森工集团总公司邀请,在国家对外经济贸易合作部援外司、外交部拉丁美洲和加勒比司的同志陪同下，于 1998 年 8 月 22～26 日对吉林森工集团进行了考察访问，副省长全哲洙同志亲切会见并宴请了大使先生。省外经贸厅和吉林森工集团总公司的领导陪同大使先生考察访问了三岔子、红石林业局。大使表示积极向苏国政府介绍吉林森工集团,在促进集团与苏里南合作方面多做工作。

（王　海）

【职工技术活动优秀成果】　年初以来，全省林业系统广大职工积极开展群众性技术革新、技术攻关、新产品开发、合理化建议等活动，有 19 项成果获吉林省职工技术活动优秀成果，其中一等奖 4 项，二等奖 6 项，三等奖 9 项；有 13 个单位获全国林业系统合理化建议和技术革新先进集体有 97 人获全国林业系统合理化建议和技术革新先进个人。（王志新）

【测径靠尺和显微测树仪获国家技术发明三等奖】　在成都召开的 1998 年度国家科技奖励林业专业评审会上，吉林省林科院研制的测径靠尺和显微测树仪获国家技术发明三等奖。（林俊萍）

【“丹峰”纤维板成为吉林名牌产品】　在吉林省政府组织的第二届“吉林名牌”评比活动中，敦化林业局生产的“丹峰”牌普通硬质纤维板被评为“吉林省名牌产品”。该产品全套设备由波兰引进，年设计定产 1.5 万立方米，经过几次技术改造后，年产量可达 2.5 万立方米。产品具有厚度均匀、强度高、耐水性好、颜色均匀等特点，适用于建筑、车辆、家具等行业，也是生产美铝曲板、宝丽板、华丽板、波音板等装饰材料的基材板。

（姜维军）

【白城市林业】　1998 年，白城市制定并组织实施了“造绿工程”，全面启动了国家发展计划委员会审批的“吉林省白城生态示范区建设项目”。通过清查林业用地，加大工程造林力度，研究制定加快营林生产的激励机制，实施“一把手工程”，采取“一票否决权”和“以奖代投”措施，全市虽然遭受了历史上罕见的特大洪涝灾害，但林业建设却取得了显著成绩。全年完成造林 3.5 万公顷，是省下达计划的 1.7 倍。图乌、长白、镇白公路两侧盐碱地绿化带造林 187 公顷，市区环城林果带植树 20 公顷，全市义务植树 451.5 万株。城市新增绿地 41.98 万平方米，绿化公路 145 千米，绿化铁路 1.31 千米，绿化江河两岸 23 千米，强化了资源林政管理，控制了林木采伐，虽因抗洪抢险，但采伐量仅完成省下达指标的 65%。继续抓了 5 年禁猎活动，实现了连续 20 年无重大森林火灾。全市受理林业案件 269 起，查结 264 起，查处率为 98%，处理违法违纪 310 人次，收缴财物折款 29.65 万元。（肖凤祥）

【辽源市林业】　1998 年，辽源市紧紧围绕抓好造林绿化生态建设工程，加强领导，采取过硬措施，取得了全年造林绿化任务一春完的好成绩。全市共完成更新造林 893.8 公顷，为年计划的 111.7%；低质低产林改造 183.8 公顷，为计划的 150.7%；营造速生丰产林 997 公顷，为计划的 191.4%；全民义务植树 200.6 万株，为计划的 107.8%；绿化道路 49.8 千米，为计划的 249%；绿化河岸 13 千米，为计划的 144%；完成村屯林围化 111 个，为计划的 111%；城市新增绿地 20.7 万平方米，为计划的 100%。全市实现连续 14 年无森林火灾，确保了森林资源的安全。开展了大规模清理毁林开垦乱占林地活动，边清查，边查处，初步取得成效。全市共清查非法侵占林地 1721.6 公顷，其中 1994 年以后毁林开垦 327.6 公顷，25°以上坡耕地需还林 1456.3 公顷。全市查处林业行政案件 2115 起，处罚 2137 人，收缴罚款及林木补偿费 55.7 万元。林业经济效益有了新提高，全市林业实现社会总产值 3449 万元，销售利润 700 万元，多种经营利润 176 万元，分别比 1997 年增长 10%。（李茂生）

【吉林市林业】　积极实行营林生产改革，调整苗圃生产布局和经营结构，转换育苗经营机制，探索营林生产商品化，加快森林培育步伐。人工造林 6445.92 公顷，低质低产林改造3424.22公顷，封山育林累计42 544.56公顷，退耕还林752公顷，幼林抚育11 787公顷。全力保护森林资源，清理林地13 659.9公顷，森林病虫害防治率达到99.2%，连续19年无重大森林火灾。林业改革成效显著，企业转制58户，事业单位改革37户，职工分流转岗7000余人，大力推行了林地林木分户承包经营。企业招商引资1300多万元，国有林场多种经营、木材综合利用和非林非木产业发展较快，林粮间作面积4000多公顷。科教兴林工作取得新成果，全年共开发新产品7项，推广新成果23项。林业法制进一步健全，颁布了《吉林市乡村林业管理条例》、《吉林市绿化管理条例》。　（赵玉龙）

【通化市林业】　1998年，通化林业以启动“三大生态工程”为契机，全面加快林业生态体系建设，各项工作都取得可喜成果：①造林绿化。红松阔叶林建设工程2556公顷，栽植红松460万株；天然林皆伐面积比1997年下降64%，封山育林完成1.53万公顷，占计划的31%；新开河生态植被恢复工程完成2734公顷。营造经济林2699公顷；林地综合开发完成4798公顷，占计划的360%；新启动林业生态经济村32个。②森林资源保护。强化了森林防火工作，实现了连续44年无重大森林火灾，森林受害率仅为0.006/1000；强化了资源保护工作，共查处各类林业案件1594起，受处罚人员1737人，收缴木材358立方米，挽回经济损失196万元。清理出毁林开荒和乱占林地8865公顷，毁林株数402 825株；强化了栗山天牛和日本松干蚧的除虫防治工作，用肿腿蜂防治栗山天牛取得重大进展。③林业经济。形成了综合利用和多种经营多业开发的经济格局，木材综合利用比1997年提高10%，开发品种有空心门、指接板、卫生筷子、刨花板等15个品种。加大了以沟系开发为重点的多种经营生产，开发沟系872条，封沟面积1.7万公顷，封沟经济收入达到3.2亿元。全市林业企业实现销售收入1.5亿元，利润380万元。④精神文明建设。坚持“两个文明”一起抓，在全省林业系统行风测评中获第一名。　（张仁杰）

【四平市林业】　1998年是四平市林业面临困难较多的一年，也是任务最重的一年，同时也是改革与发展迈出决定性步伐的一年。一年来，四平市坚持高举生态大旗，以“三北”三期工程为重点，造林4047.9公顷，超年计划145.5%；动员组织143.4万人次完成义务植树554.5万株，超年计划22%。深化林业改革，以市委、市政府名义下发了文件，并在6月初进行了督查，从督查情况看，全市林业在林地使用权有偿转让、所有制结构调整、盘活存量资产、场圃内部管理体制改革等方面都迈出了实质性步伐；双辽市、公主岭市、伊通县的乡镇林业工作站和市林科所的人员编制和经费问题得到了解决。狠抓产业建设，按照“一业为主、多种经营”的方针，全市初步建立了营林、加工、养殖、复合经营、采掘建材、果品业和服务业务7个主导产业，建成养牛、养鹿和果树基地11处，形成了山区以养鹿为主，半山区以经济林为主，平原和沙区以复合经营及养牛羊为主的新特点；全年完成林业产值7700万元，实现利润170万元。加强资源管护，加大依法治林力度，开展“严打”斗争，全市查处各类林业案件367起，打击处理396人，收缴木材206立方米，为国家挽回经济损失48.3万元；继续推进“七长”负责制和“十户”联防责任制，实现连续18年无重大森林火灾；以日本松干蚧防治为重点，森林病虫害发生率为1.23%，防治率为97%，调查覆盖率97.97%，森林植物检疫率100%，森防“四率”达到了省里标准并顺利通过了省林业厅的检查验收。　（王世君）

【延边州林业】　1998年，全州林业社会总产值42.08亿元，实现工业总产值14.09亿元，全行业盈亏相抵实现利润285万元。①天然林保护工作。研究编制了天然林保护工程实施方案。完成了禁伐区、缓冲区、商品林区的划定，规划图已定点定位。封山育林63.65万公顷，森林抚育1.25万公顷，造林整地2200公顷。编制完成了39个项目的可研报告，其中14个项目已呈报国家林业局，4个项目列入全国首批转产项目计划。强化了对采伐限额的指标管理、林木采伐管理执行情况的监督检查。实现了连续18年无重大森林火灾的好成绩。②企业改革工作。一是分层转制取得阶段性成果。吉林延边林业集团跻身于全省15个重点扶持发展壮大的大型企业集团行列。基层单位改制完成163个，占应改制计划的46.5%。二是管局机构改革迈出新的步伐。改革后的内设机构由原来的26个精减到17个，机关干部从298人减到157人。三是资本优化有实质性的进展。截至1998年末，有偿转让采运设备364台套，出租厂房场地3万多平方米。全州6户森工企业的汽运处，将320台运材车作价给职工有偿使用后，盘活了1295.6万元国有资产，使运材成本平均下降20%，劳动生产率提高30%。③生态经济沟系建设。全州林业资源开发总投入已达1283.47万元。1998年，资源开发实现产值2.8亿元。按照每条沟系产值200万元的目标，完成了136条达标沟系的规划设计，达标沟占开发沟的9.1%。粮豆基地实际播种面积9986.2公顷，山野菜采集2177.7吨，林蛙放养16.2亿只，养牛（羊）存栏7483头（只），野生越橘扶壮1000公顷。④林产工业建设。一是抓紧了林产工业后劲项目建设。全州林产工业大部分项目已建成投产。二是林产工业规模经营步伐加快。各企业加大了对生产同类和相似产品的小厂进行兼并联合的力度，优化了生产要素的配置，经济效益明显提高。⑤外经外贸工作。’98图书洽谈会，延边林业派出近160人的代表团，共签订招商引资项目11项，总投资额9503万美元。签订贸易合同

22项，总金额2910万美元。与俄罗斯爱伯斯有限公司签订的年采伐30万立方米木材的工程已全面启动，现已采集木材7万立方米，运回国内2万立方米，实现销售收入1160万元。1998年组织出口产品16种，创汇724.8万美元，比1997年提高3.5%。⑥家庭经济工作。各企业在加快产业结构调整、深化企业改革、强化企业管理的同时，认真组织实施再就业服务中心。围绕“九五”期间普及万元户，着力发展“劳力型”、“智力型”、“资金型”的家庭经济户，提出了切实可行的措施。1998年，全林区发展家庭经济实现再就业职工达11 166人，占全部分流安置人员的52.8%。家庭经济万元户达标率为38.4%，实现家庭经济收入4.3亿元。⑦精神文明建设。全州林区广大干部和职工通过深入开展学习邓小平理论，解放思想、转变观念、狠抓了领导干部廉洁自律教育，加大了纠风专项治理和效能监察的工作力度，为企业挽回经济损失646万元。各企业认真落实精神文明建设五年规划，为培育林业特色经济及林业改革和经济发展提供了精神动力和思想保证，为全面启动林业“百亿工程”打下了良好的基础。在1998年抗洪救灾活动中，延边州林管局捐款捐物达300多万元，被省政府评为抗洪救灾模范集体。

（范淑芬 尹 岚）

【白山市林业】 1998年，白山市全面贯彻市委、市政府和省林业厅提出的“企业改革攻坚、结构调整攻坚、扭亏增盈攻坚、山区资源综合开发工程、职工再就业工程”战略，较好地完成全年的工作任务。①造林绿化工作实现了提前两年完成“九五”造林绿化各项规划指标的奋斗目标。“四旁绿化三年达标”工作1998年完成了规划目标的35%。②森林防火工作实现了连续19年无重大森林火灾，取得了全年无一般性森林火灾的好成绩。全市共发生森林火警16起，火烧总面积24.98公顷，其中有林地面积2.52公顷，森林受害率0.000 17/1000，损失总价值3.5万元，火案查处率68.7%。③林政管理工作加大了对乱砍盗伐等毁林犯罪的打击力度，加强了木材加工经营企业的清理、整顿和管理力度，并且探索出了一条山林承包管护的新路子，破坏森林资源现象得到有效遏制。全市共查处林业案件1541起，没收木材1192立方米，收缴林木损失费46.7万余元。罚款40.8万余元，木材变价款44.7万余元，处理违法嫌疑人1616人（次），其中逮捕12人，治安拘留46人，治安处罚76人。④林业企业改革工作坚持有利于企业与市场经济接轨；有利于内部经营管理水平提高；有利于经济实力增强；有利于职工经济收入稳步提高的总原则，采取改组、改造、兼并、租赁、承包经营、股份合作制和出售等形式，一厂一策，一事一议。目前，靖宇县林业局林工商公司和市直林业锅炉制造公司、浑林物资站已出售给个人变为私营企业，转制后的企业经营效果比较好，职工收入有所提高。⑤全市地方林业实现总产值22 638万元，实现利润499万元，上缴税金2349万元。 （赵永刚）

【松原市林业】 1998年，全市完成造林19 162公顷，占计划的100.5%，完成经济林造林4417公顷，占计划的119%，完成义务植树560万株，占计划的143%。在全面实施国家“三北”三期工程规划的同时，又认真制定和组织实施了1998～2000年全市林业发展规划，以承包造林为主的新的造林机制在全市已初步形成。环境绿化水平有了新的提高，以行政小区广场和6条主要街路为主的市区绿化又上了新档次；以村屯整治为主的农村环境绿化有了新的发展。林业经济有了长足发展，全年实现林业产值2.3亿元，以“四梨”（苹果梨、大慈梨、晚香梨、南果梨）为主的经济林基地建设成效显著，专业化、规模化和产业化程度有了进一步提高。资源管理与保护工作得到了进一步加强，森林防火工作实现了连续18年无重大森林火灾的目标；森林病虫害得到了有效遏制；森林案件查处率达到了90%以上；森林资源的“停、清、退、打”工作取得了阶段性成果；野生动物保护工作成效显著。 （尹芳卿）

【吉林省林业改革开放20年】 改革开放20年来吉林省先后获得全国治沙先进省、造林绿化先进单位、部门绿化先进省、实现荒山造林绿化规划省、森林防火先进省等称号，实现连续18年无重大森林火灾，得到了党和国家领导人以及省委、省政府的充分肯定。

林业体制建设 全省林业设有市（州）林业（管）局9个、县（市、区）林业局57个、乡镇林业工作站911个、木材检查站91个，开发建设森工企业28个（其中：国有林业局18个，木材加工企业4个，机械制造企业2个，林产化工企业1个，建筑、物资、进出口公司各1个），成立了中国吉林森林工业集团和延边林业集团，上市股份制公司1个，森林经营局4个，国有林场297个，国有苗圃50个，集体林场1041个，自然保护区8个（其中：国家级自然保护区3个，省级自然保护区5个），森林公园及国家森林旅游区21个（其中：国家级森林公园14个，省级森林公园7个），有面向全省林业建设服务的省级林业科学研究院、规划院、设计院、森林病虫害防治中心站、森林植物检疫站、航空护林站、林学院、林业学校、森林公安干警学校、技工学校、职工疗养院各1处，种子站2处，武装森林警察总队1个，此外还有林业公检法等机构。

森林资源发展 到1998年底，全省林业用地面积达967.56万公顷，占全省土地面积的51.12%，列全国第12位。其中，有林地面积793.67万公顷，列全国第8位。在有林地中，用材林地639.45万公顷，防护林地102.40万公顷，特用林地34.17万公顷，薪炭林地3.23万公顷，经济林地14.42万公顷。全省活立木总蓄积量达83 021.25万立方米，列全国第6位。在林木蓄积中，幼龄林6887.38万立方米，占8.5%；中龄林35 114.98万立方米，占43.1%；近熟林17 110.03万立方米，占21.0%；成、过熟林22 228.72万立方米，占27.4%。林木年均生长量2331.84万立方米，生长率2.81%。森林覆盖率达42.3%。全省现有陆生野生动物437种，其中：两栖类14种，爬行类16种，鸟类327种，兽类80种，森林昆虫1200余种。吉林省人工饲养野生动物的历史比较悠久，有的已形成规模。全省各类野生动物饲养场达887处，养殖马鹿2万余头，梅花鹿18万余头，黑熊2100多头，野鸡10万余只。全省已知野生植物种类达3900多种，其中：地衣类270多种，苔藓类350多种，真菌类900多种，蕨类140多种，裸子植物30多种，被子植物2300多种。有许多珍贵稀有和特殊利用价值的植物种类：野生食用植物达350多种，珍贵药用植物达800多种，工业原料植物近200种，蜜源、粉源植物近200种。近几年，人工种植、加工、利用野生植物事业发展很快。到1998年底，人参种植场遍布东部地区，产量在全省占有重要地位；中型以上食品用、药用、保健用野生植物加工厂达30余家。

改革开放　以东部"拨改买"、西部"钱木挂钩"为主要内容的林木生产商品化改革稳步进行。森工企业还围绕建立现代企业制度，积极探索了资本金承营和股份制改革，成立了吉林和延边两个森工集团，吉林森工股份有限公司于1998年正式上市，向社会募集资金4.39亿元，盘活资金，用于开发林业深加工产品和调整产业结构；推行了出租、租赁、拍卖、国有民营、剥离经营等多种形式的产权制度改革。市县国有场圃按照兴林致富奔小康的要求，积极探索分类指导、分类经营、分类管理，实施企业化改革。具有社会服务功能的事业单位，面向社会、探索有偿服务，兴办实体，积极创收。

造林绿化　吉林省"三北"防护林体系工程建设区位于吉林省中西部，总土地面积816.8万公顷，占全省总土地面积的43.2%，包括4个地区的21个县（市、区）。自1978年开始实施"三北"防护林体系工程建设以来，到1995年末圆满地完成了第一、第二期工程建设任务，共建设了科尔沁沙地治沙工程、扶余松花江右岸治沙工程、大黑山水土保持工程、白城地区西部治沙工程和白城地区中部治沙工程共五大工程。到1998年底，完成三期工程造林任务27万多公顷，占三期工程总任务的81%多。20年来，共完成人工造林保存面积118.3万公顷，占"三北"工程总体规划任务的98.2%。

1988年4月，省政府作出了《关于10年绿化吉林大地的决定》。到1995年底，全省9个市（州）分别提前2～4年完成10年绿化吉林大地任务。全省参加义务植树人数累计达到8000万人次，义务植树7.8亿株，完成规划任务的138.7%；栽花种草2683.5万平方米，完成规划任务的156.9%；荒山荒地造林78.8万公顷，完成规划任务的109%；封山育林40.3万公顷，完成规划任务的133.7%；疏林地改造20.5万公顷，完成规划任务的100.7%；城市、县城新增绿地11 928.2万平方米，完成规划任务的120.3%；绿化村屯31 495个，完成规划任务的120.6%；绿化铁路、公路、乡路和江河两岸2.6万千米，完成规划任务的211.8%。至此，10年绿化吉林大地的16项指标全部完成。森林覆盖率、城市绿化覆盖率和县城城镇绿化覆盖率分别由1987年的36%、17.2%、9.9%提高到42%、30.3%和26.8%。全省基本实现了平原和沙区农田林网化、城乡道路林荫化、村屯林围化、连片宜林荒山荒地全绿化。东部地区实现森林资源增长平衡，年生长量大于消耗量。全省27个平原县全部达到国家平原县绿化标准，有9个县（市、局）成为百万亩人工林建设先进单位。通过了国家灭荒检查验收，全省实现了基本消灭宜林荒山荒地的奋斗目标。至此，全省林业生态体系的主体框架基本形成。

森林防火　认真贯彻"预防为主、积极消灭"的森林防火工作方针，坚持"全社会抓保护、全民搞防火、政府负全责"的基本原则，全面落实行政领导负责制，实行森林防火全社会齐抓共管；坚持依法治火，于1995年4月，颁布了《吉林省森林防火条例》，这是全国第一部地方性森林防火法规；强化火源管理，对重点火险区和重点部位实行死看死守；充分发挥森林警察部队、专业（或半专业）森林消防队和航空护林队的作用；不断增加森林防火的投入，增强预防和扑救森林火灾的总体实力。1991年3月，被国家授予"森林防火先进省"称号，成为全国唯一的省级森林防火先进单位。截至1998年，全省森林防火设施设备总值达2.16亿元，现有瞭望塔450座、望远镜527台、有线电话206部、图文传真机94部、微型计算机34台、数传终端机4部、无线电台和对讲机6060部、消防车辆1562台、风力灭火机4154台、物资储备库1座、扑火工具库263座、防火公路3058千米、防火隔离带15 535千米。全省有县级以上森林防火指挥部90个，成员2039人，森林防火办公室90个，工作人员682人，防火检查站739个、人员2282人，专业（或半专业）森林消防队268支7072人，义务森林消防队9504支355 039人，专职护林员10 703人。江泽民总书记1995年6月视察吉林时指出："吉林省实现连续14年无重大森林火灾，保护了长白山自然保护区，保护了森林资源，对全国乃至全人类作出了贡献。"

森林病虫害防治　自1989年以来，全省推行了森林病虫鼠害防治目标管理检查考核制度，把科学实施森林防火目标管理作为整个森林防火工作的重点，强化防治目标控制；落实防治工作责任，制定目标管理配套措施，健全防治体系，到1998年底，全省共设有各级森林病虫防治检疫站80个，配备人员507余人（其中专职森林植物检疫员367人）；专职虫情调查测报人员达287人，省（市）级病虫鼠情监测点21个，兼职森林植物检疫员1648人，全省共配有机动喷药机1991台，小型林药加工厂6处，赤眼蜂繁育厂5处。

野生动植物保护　全省每年都积极开展“爱鸟周”和“野生动物保护宣传日活动”。到1998年底，全省参加这项活动的人员累计达1500万人次，挂置人工鸟巢20余万个，营造爱鸟林1800多公顷，社会群众自发救护野生鸟兽2300只（头）。1996年省人大通过了《关于五年禁止猎捕陆生野生动物的决定》。禁猎以来，共查处违法狩猎案件870起，处理教育违章人员1213人，没收大型猎物1860头（只），放生鸟类4500只，放生蛇类2850条，放生林蛙19 700只，没收狩猎工具1690件，罚款9.2万元，收缴封存和集中保管猎枪45 165支。全省养殖梅花鹿18万头、马鹿2万头、黑熊1800头、紫貂1000余只；国营、集体和个人兴办的野生动物饲养场1.2万余家，养殖野生动物45万多头（只）；中型以上野生动物产品加工生产企业20余家，初步形成了国家、集体、个人及中外合资养殖加工利用并存的产业布局。

自然保护区管理　吉林省现有森林和野生动植物类型的自然保护区8处，总面积155万公顷，占全省面积的8%。全省设自然保护区管理局（处）8个，人员1280多名。其中，长白山、向海两个保护区均已被列为国家级自然保护区。长白山保护区被联合国教科文组织定为世界自然保留地，被世界野生生物基金会定为具有国际意义的“A级保护区”；向海保护区被列入“国际重要湿地名册”。同时，全省划定的野生动物禁猎区已达28处，总面积达41.8万公顷。

森林采伐管理　1980年以来，吉林省全面推行了全额控制、分项管理森林采伐制度；建立了森林采伐管理目标责任制，层层签订了责任状；制定了《吉林省森林采伐限额管理暂行办法》，规范和强化了森林采伐管理；完善了采伐限额执行情况监督、检查制度，积极开展了监督检查工作；实现了森林采伐总消耗量和各分项消耗量均不超限额的目标。

林地林权管理　1980～1985年，开展了林业“三定”工作；1986～1990年，开展了国有林定权发证工作，使林业用地有了法律保证；到1998年底统计，林业用地面积占全省总土地面积的52.05%。

资源档案管理　完成了全省森林资源清查第三次、第四次复查，对全省县（市）、森工企业局和森林经营局进行了二类资源调查。开发研制了《森林资源微机管理系统》、《森林采伐微机辅助设计系统》等资源管理软件，森林资源档案、伐区设计基本实现了微机化管理，资源管理工作正在向规范化、科学化方向发展。

木材流通管理　全省统一了木材流通领域各个环节的票证和证件，制订了相应的发放管理办法。加强了对木材经营（加工）单位的监督管理，为符合规定条件的单位及个人核发了经营（加工）许可证，查处、取缔违法经营单位，维护了木材流通秩序，防止和减少了森林资源非正常性消耗。

林业行政执法　加大了对各类破坏资源违法犯罪活动的打击力度，积极主动会同公检法部门开展以查处乱砍滥伐林木、乱捕滥猎野生动物、乱采滥挖野生植物为主要内容的专项斗争，有效地遏制了各种毁林案件的发生，森林资源受害率逐年下降。

林业经济持续健康发展　1985年，吉林省林业实现工业总产值9.45亿元，比1978年翻了一番；实现利税1.4亿元，也比1978年翻了一番。1998年底，吉林省林业工业总产值已达35.0亿元，分别比1988年和1978年增长3.02和6.33倍；职工人均年收入近3922元，分别比1988年和1978年增长1.08和3.71倍多。这一时期的特点是：林业产业、产品结构调整已大见成效，林产工业有了较快发展，林业多种经营已形成一种产业，森林旅游也有了较大发展并初步形成产业和规模，营林业、采运业、林产品加工业、多种经营业和森林旅游业五业并举的林业产业体系已初步形成，为到“九五”期末乃至2010年初步建成比较发达的林业产业体系奠定了坚实的基础。20年间，吉林林业平均发展速度为111%，即平均增长速度为11%。

林业教育事业　林区的基础教育有了一定的基础，林业职业技术教育有了较大的发展，林业高等教育初步形成了多层次、多学科、多形式的体系，以岗位培训和继续教育为重点的林业成人教育得到了进一步的发展。现有高等教育学校——吉林林学院1所，自1978年筹办以来，办学条件和办学规模发生了较大变化，教学科研都取得了可喜成绩。校园面积22万平方米，建筑面积10万平方米，教职工852人，设置有5个系，22个专业，在校生2600人。现有省属林业中专1所，地方所属林业中专1所。成人教育现有职工中专、干校、警校、培训中心共22所，年可培训工人8万人次、干部5000人次。

林业科技事业　科技兴林的观念日益深入人心，林业科技工作得到进一步加强。林业职工科技意识普遍增强，科学技术对经济的贡献率达到21.6%。到1998年底，全省林业工程技术人员达到61 752人，占全省林业职工总数的18.5%。其中，高级职称2561人，占工程技术人员总数的4.15%；中级职称15 392人，占工程技术人员总数的24.93%；初级职称43 799人，占工程技术人员总数的70.92%。全省紧紧围绕转机制、打基础、抓重点，坚持改革、管理一齐抓，促进了林业科技进步，带动了全省林业的发展。科研单位改革初见成效，按照“在稳住中求发展、在放开中增活力”的指导思想，在实践中稳步发展。科研队伍健全，一批具有较高学识水平的林业优秀科技工作者正在林业科研一线发挥重要作用。林业企业等生产单位科技意识逐步增强，向产、学、研联合，创办科技先导型企业（项目）方向发展，企业产品的科技含量不断增加，开发省级以上新产品30多项。1978年以来，全省通过省级以上鉴定的科研成果233项，取得了一批关系吉林省林业发展的重要成果。全省扎扎实实地开展了科教兴林竞赛活动，组织实施了《全省林业科技推广计划》和各年度推广计划，共推广种苗、造林、森林保护、木材加工等方面配套成果96项，科技项目推广率达41%。建立速生丰产林、低质低产林改造、林木良种化、水田防护林、沼泽地造林、采育林等各类省级示范点30多个，为进一步推广这些实用技术树立了样板。

林业执法体系 党的十一届三中全会以后，为保障林业建设顺利进行和法制建设的需要，进一步健全了吉林省林业执法体系。1982年，将设在省公安厅的森保处改建为吉林省林业公安局，主管全省林业公安业务。在延边州、吉林市、白山市（原通化地区）设立林业公安处，负责本地区的林业公安业务工作。在各森工企业局和各森林经营局及长白山自然保护区管理局设立了林业公安局。在18个重点林区县（市）的公安局内设立了9个林保科和45个林业公安派出所。在平原地区，相继在43个市、县（市）建立了42个林保科（处）和92个林业公安派出所。林业公安民警由原来的1429名增至4985名。在省人民检察院增设林业检察处，负责全省的林业检察工作。在延边州、吉林市、白山市分别设立林区人民检察分院。在19个森工企业局设立林区人民检察院。在9个重点林区县（市）检察院设立林业检察科。全省共有林业检察人员536名。在省高级人民法院增设林业审判庭，负责全省林业案件审理和指导监督工作。在延边州、吉林市、白山市分别设立林区中级人民法院，在18个森工企业局分别设立了林区基层法院。在9个重点林区县（市）人民法院设立林业审判庭，共有司法人员678名，在18个森工林业局设立法律顾问处。成立了吉林省林业政法办公室，负责全省林业公检法的协调工作。到1998年底，全省林业公检法执法体系已经形成，共有公检法人员6199人。

森林公园建设 从1990年开发建设森林公园以来，截至1998年底，全省已批准建立森林公园22处，其中：国家级森林公园12处，国家级森林旅游区1处，国家示范森林公园2处。批准森林公园区域面积21.7万公顷，森林旅游区规划面积1.8万平方千米，完成总体规划设计的森林公园9处，现已开发建设景点180处。完成道路建设593千米，服务设施进一步完善。完成基建面积2.7万平方米，旅游床位增至1713个，森林公园旅游接待能力增至每年1500人次。累计完成建设投资13 857万元。1990～1998年底，全省森林公园累计接待国内外游客2113万人次，其中国外游客16万人次，累计收入10 547万元。

林业精神文明建设 党的十一届三中全会以来，全省各级林业主管部门坚持两手抓、两手硬的方针，造就了一支吃苦耐劳、勇于奉献的职工队伍，树立了良好行业风气和形象。仅1986年以来，全省林业就有40多个企事业单位被党中央、国务院和省委、省政府以及林业部命名为思想政治工作先进企业、精神文明建设先进单位。在职工群众中普遍开展了“五讲、四美、三热爱”，“学模范、做主人、比先进、讲贡献”和“两先一优”以及“四有”教育等一系列活动，坚持两个文明一起抓。全省林业有80%以上的基层单位都建立了图书馆（室）、阅览室、文化活动中心（室）、职工之家、篮球、排球、羽毛球、乒乓球等场地，还有歌舞厅、电视差转台、有线电视台（站）等等，活跃了林业职工的文化生活，振奋了职工精神，一批花园式的林业局（场）、学校、工厂等陶冶了人们的情操，推进了林业两个文明建设的协调发展。

20年的实践，使吉林省林业积累了一些宝贵经验。一是各级党委、政府重视林业工作，特别是主要领导真抓实干。在开展10年绿化吉林大地活动中，省五大班子15位主要领导和各级领导带头兴办了6469个造林绿化点。二是坚持全党动员、全民动手，依靠群众、依靠社会力量办林业的方针。在10年绿化吉林大地中，省绿委、省教委、省总工会、省妇联、团省委等部门积极开展植纪念树、造纪念林等多种形式的造林绿化活动。铁路、煤炭、石化等系统包括驻军部队都成立部门绿化委员会，积极开展造林绿化活动。特别是在创造连续18年无重大森林火灾的光辉业绩中，更加显示了全社会人民群众的巨大作用，显示了各行各业、各部门、军警民通力合作的巨大作用。三是坚持全社会抓保护、全民搞防火、各级政府负全责的工作原则。把预防扑救森林火灾、防治森林病虫害、控制非正当性森林资源消耗，纳入各级政府工作日程，作为全民、全社会的共同责任，齐抓共管，群防群治，维护森林资源安全，保证林业持续健康发展。四是坚持生态、经济、社会三大效益相统一的生态经济林业建设思想。通过大力发展森林营造业，带动山区、沙区百业兴，走兴林致富之路；通过大力发展林业多种经营、综合利用，发展壮大林业集体经济；通过建设生态林业，造成一个良好的社会环境，促进林业经济发展。五是坚持以改革总揽全局，以科教振兴林业的发展战略。不断研究新情况，解决新问题，提高林业科技含量，提高劳动者素质，使林业各项工作不断上质量、上水平。六是坚持依法治林、依法兴林的管理思想，把林业各项管理活动纳入规范化、法制化轨道。吉林林业在贯彻落实《森林法》的基础上，制定了一系列的法规和规章，充分发挥了法律、法规在保护森林资源安全、巩固造林绿化成果、保障林业企业改革等方面的重要作用。七是坚持两手抓、两手都要硬的方针，林业物质文明和精神文明建设同步发展。在思想建设上，为经济发展和改革开放提供了强大的精神动力和坚实的思想保证；在文化建设上，为陶冶职工情操，增强职工凝聚力、向心力创造了条件。在设施建设上，为引导群众、教育职工、培育人才奠定了物质基础。

（王志新 李信建）

【吉林省1998年林业大事】

1.1月13～17日，由林业部副部长王志宝率领的慰问团一行5人，在省林业厅党组书记宋文和同志的陪同下，先后慰问了森林警察部队和长春胶合板厂、泉阳林业局和大石头林业局。在结束对吉林省的慰问时，王志宝副部长对吉林省林业工作取得的成绩给予充分的肯定。省委书记张德江看望了林业部慰问团，并就吉林省林业的若干重大问题发表了意见。

2.1月21日，吉林省九届人大常委会一次会议通过任命宋文和为吉林省林业厅厅长。

3.1月23日，杨庆才副省长慰问森林警察官兵。

4.2月4日，厅党组作出《关于进一步加强班子建设的决定》，强调要讲政治，讲学习，讲团结，讲制度，讲廉政。

5.2月12日，经吉林省机构编制委员会批准，吉林省林业厅成立政法办公室，列行政编制3名，核定处级干部职数1名。

6.2月18日，召开全省林业工作会议。

7.2月19日，吉林省人民政府决定任命宋文和同志为中国吉林森林工业集团总公司董事长（兼），免去李世学兼任的中国吉林森林工业集团总公司董事长职务。

8.2月23日，中共吉林省委任命金德友为吉林省林业厅党组成员。

9.3月3日，吉林省人民政府任命金德友为吉林省林业厅副厅长。

10.3月30日，国务院召开全国森林防火电视电话会议，温家宝副总理、王志宝副部长在会上作了重要讲话。会议结束后，省森林防火指挥部总指挥杨庆才副省长当即主持召开了全省会议，对春季防火工作进行深入部署。

11.4月6日，省长王云坤就做好森林防火工作作了重要批示：要加大督促检查力度，封山就是封山，要落实责任，搞巡逻，一旦发现火情，必须以最快的速度报警扑灭，决不能延误时机。

12.4月12日，上午，省委、市委组织省（市）领导、驻军部队参加植树，省委书记张德江、省长王云坤以及省委、省人大、省政府、省政协、省绿委、省军区、空一军、十六军、武警总队、农牧大学领导一同参加植树活动。下午，省绿委组织召开全省绿化委员会第十七次全体会议暨造林绿化双向电视动员大会。副省长杨庆才、绿委顾问李德明、林业厅厅长宋文和、省政府副秘书长赵振启、林业厅副厅长段敏达参加会议，杨庆才作重要的讲话。

13.4月20日，吉林省政府公布取消松花江“三湖”保护治理基金等部分基金项目。

14.4月22日，省林业厅、省文化厅和省野生动物保护协会在省博物馆联合举办以“鸟——我们的朋友”为主题的鸟类知识和标本展览。

15.5月5日，省林业厅决定，将吉林省林业工程质量监督站划归省林业厅直接管理。

16.5月6～11日，省人大阿古拉副主任带领农经委5位常委在张鲁风副厅长的陪同下，深入通化、白山等地对《森林防火条例》的贯彻执行情况实施检查。

17.5月20日，全省林业信访工作会议在长春召开，省林业厅副厅长张鲁风在会上作了讲话。出席会议的有省政府副秘书长、信访办主任刘力群同志，省林业厅宋文和厅长及各市（州）和省直企事业单位主管信访工作负责人和办公室主任、省厅有关处室负责人。

18.5月25日，省林业厅党组、部驻省专员办党组共同研究决定，成立联合调查组，对全省资源林政管理工作进行检查。

19.6月9日，省委决定，刘志田同志任省林业厅党组成员（副厅级）。

20.7月8日，中共中央政治局常委、全国人大常委会委员长李鹏来吉林调研时在省委书记、省人大常委会主任张德江，省委常委、省委秘书长施殿金，省人大常委会副主任桑逢文，省委常委、延边州委书记王儒林，州委副书记、州长南相福和长白山自然保护区管理局副局长徐连友的陪同下视察长白山国家级自然保护区，并为延边州和长白山自然保护区管理局题词：“保护长白山资源，发展延边特色经济”，“长白山天下奇观”，还为长白山自然博物馆题名。

21.7月10～12日，东北内蒙古林区面向21世纪林木遗传育种战略研讨会在抚松县召开。来自大专院校、科研院所、种苗管理部门、林学会和重点林木良种基地的专家和学者42人参加了会议，省林业厅金德友副厅长到会并参加了研讨活动。

22.7月12～16日，吉林省中西部地区林业复合经营现场会在双辽召开。省林业厅副厅长金德友到会并讲话。

23.7月21～23日，吉林省东部山区林业复合经营现场会在敦化召开。省林业厅金德友副厅长到会并讲话。

24.7月22～25日，国家林业局东北航空护林中心在吉林市召开1998年秋季东北航空护林合同会议，吉林、黑龙江、内蒙古3省区和大兴安岭防火办及12家航空护林供机单位派员参加了会议。

25.7月28日，省林业厅在长春市召开市州林业局长座谈会，会议主要内容是总结上半年情况，分析形势，研究对策、部署下半年工作。

26.8月20～31日，张鲁风、杨世和应日本国北海道知事邀请，赴日本国北海道进行林业技术交流考察。

27.8月21～23日，以日本国际协力事业团高级顾问神足胜浩先生为团长的中日人工林利用合作项目基础调查团一行7人，在中国林业科学研究院常务副院长张允荣的陪同下来吉林省考查。省林业厅副厅长金德友会见了日本林业调查团。

28.9月8日，副省长杨庆才在南湖宾馆会见美国中洲集团董事会主席凯瑟瑞博士。省林业厅副厅长刘延春会见时在座，并陪同客人对吉林省东部林区进行了实地考察。

29.9月10日，日本森林施业技术考察团来吉林省考察长白山的原始天然林资源环境保护情况。

30.9月25日，国家林业局秋季防火工作检查组一行3人到吉林省敦化航站、敦化林业局、白石山林业局检查秋季防火工作，并在省防火指挥中心听取关于吉林省秋季森林防火工作的汇报。

31.9月29日，国务院办公厅工作组一行8人来吉林省就森林警察总队的管理和体制问题进行调研，并听取了省政府和林业厅的汇报，参观了省森林防火指挥中心。

32.10月5日，代省长洪虎在“白山市森林防火形势严峻”的信息上批示：林业厅要重视此事，采取有力措施，防范森林火险。

33.10月6日，吉林省政府办公厅发出《关于切实加强长白山自然保护区森林防火工作的紧急通知》。

34.10月7日，省委书记王云坤在“长白山自然保护区连续发生两起森林火警”的专报信息上批示：进入秋冬后，秋季防火要引起足够的重视。请林业厅加强领导，认真部署。

35.10月30日，代省长洪虎在《吉林省林业厅关于贯彻落实省政府办公厅加强长白山自然保护区森林防火工作明传电报情况报告》上批示：应对林业厅认真贯彻省政府电报的行动提出表扬，希望再接再厉，继续抓好东部林区的防火工作。

36.12月7日，针对有的县（市）以国有林场为主体组建企业集团问题，省政府办公厅发出了《关于稳定市（县）林业管理体制的通知》，要求稳定市（县）林业管理体制。

37.12月25日，省森林警察总队召开“纪念吉林省森林警察部队组建50周年大会”，省长杨庆才出席并讲话。省林业厅宋文和厅长及市（州）兼职领导参加了会议。

38.12月24日、25日，国家林业局天然林保护工程管理中心在长春召开东北内蒙古国有林区天然林保护工程座谈会。国家林业局天然林保护工程管理中心主任张佩昌在会上作了讲话，介绍了我国森林资源现状，实施天然林保护工程的思路等9个方面的问题，吉林省林业厅、龙江集团、内蒙古林业厅、牙克石集团、大兴安岭集团介绍了天然林保护工程实施情况，4个基层林业局实施天然林保护工程的做法。

（吉林省林业厅办公室）

长春市林业

1998年，长春市林业工作认真贯彻党中央、国务院关于加强生态环境建设，保护林业资源的一系列指示，高举生态建设的旗帜，以环城绿化带建设工程和农田防护林更新改造工程为重点，全面推进造林绿化工作，较好地完成了各项任务。

营林生产 全年完成人工造林面积6200公顷，超过年计划的24%，其中工程造林3210公顷。按林种划分，营造用材林1860公顷、经济林1610公顷、防护林2470公顷、薪炭林200公顷、特种用途林90公顷；完成迹地更新面积250公顷；完成封山育林面积10 340公顷，其中本年新封480公顷；完成育苗面积1200公顷，其中本年新育410公顷；完成幼林抚育面积26 350公顷，幼林抚育作业面积64 730公顷；完成成林抚育面积6780公顷；低产林改造面积260公顷；生产木材74 700立方米。1998年全市林业实现总产值17 707万元，比1997年增长65%。按产业分，第一产业产值12 867万元，其中：林业11 134万元，花卉338万元；第二产业产值2441万元，其中：采掘业2122万元，第三产业产值2399万元，其中旅游业1200万元。

造林绿化 按照长春市“九五”期间确定的造林绿化总体目标，1998年，全市完成全民义务植树1717万株，超年计划的91%；“四旁”植树762.2万株，超年计划的52.4%；绿化公乡路249.5千米，超年计划的66.3%；绿化江河堤防158.6千米，超年计划的6%；绿化村屯1019个，超年计划的155%；营造经济林1913.3公顷，超年计划的91.3%；建设环城绿化带长10.5千米，面积105公顷，超年计划的5%；更新改造农田防护林724.3公顷。县城扩大绿地面积30.5公顷，市区扩大绿地面积105公顷。造林绿化投资5682.8万元，比1997年增加49%，是近年来投入资金最多的一年。

森林资源保护

全面开展保护森林资源、制止毁林开垦和乱占林地清理工作　对全市1994年以来，以拍卖“四荒”进行低产林改造、种果树为名，实为种粮、砍树挣钱的；人工林皆伐、农田防护林更新伐后未造林或造林未达标的；少数农民蚕食林地，在林地内开小片荒地；超过25°以上山坡地种粮需退耕还林的；未经批准，占用林地开办采石场的；未经批准占用林地搞开发或改变林地用途的；部分国有林场将林地作为“工资田”出租或林粮兼作的，都进行了全面清理、登记。经清理，全市应退耕还林面积1990公顷，其中：非法侵占和蚕食林地1542公顷，25°坡耕地448公顷。

开展严厉打击毁林开垦、乱占林地专项斗争　在全市范围内停止一切毁林开垦和乱批乱占林地行为；制定退耕还林措施和计划，做好退耕还林工作；加强林地管理，办理和补办占用林地手续；积极打击毁林开垦、乱占林地、破坏森林资源违法犯罪活动的专项斗争。1998年，全市共查处林业案件68起，其中：林业刑事案件33起，林业行政案件27起，林业治安案件8起；处理违法人员82人，其中：逮捕8人，治安拘留8人，林业行政罚款37人，其他处罚28人；收缴林木损失款37.8万元，木材68立方米，林业行政罚款21.2万元。

加大森林防火工作力度 集资25万元，购置防火专用对讲机60部、无线电台10部、风力灭火机15台，保证了全市重点防火区防火联络畅通无阻，全市没有发生森林火灾。实现了连续15年无森林火灾目标。

坚持开展森林病虫鼠害防治工作 全市共发生森林病虫鼠害总面积1111.6公顷，其中：虫害1023.7公顷，病害70.2公顷，发生率为0.4%。全年共完成防治面积1081.4公顷，其中：虫害1023.7公顷，病害40公顷，鼠害17.7公顷，防治率达97.3%；检疫各种苗木1409.61万株，检疫木材55 588万立方米，苗木除害处理2.31万株，木材除害处理0.06万立方米，苗木产地检疫率达到95%以上，测报调查覆盖率达90%以上，均超过国家规定的指标。

1998年，由于加大了森林资源保护的力度，全市共有林业用地325 766公顷，比1997年增加1696公顷。其中，有林地229 585公顷，比1997年增加1348公顷；灌木林地25 121公顷，比1997年增加339公顷；疏林地1247公顷，比1997年增加472公顷；未成林造林地43 178公顷；育苗用地471公顷，比1997年增加74公顷；活立木蓄积量达16 906 092立方米，比1997年增加652 898立方米，其中林分蓄积15 343 108立方米，比1997年增加3323立方米。"四旁"树蓄积1 537 039立方米，比1997年增加85 499立方米。森林覆盖率由1997年的13.92%增加到14.16%。

环城绿化带建设 1998年，市委、市政府决定启动环城绿化带工程，在绕城高速公路外侧营造长10千米、宽100米、面积100公顷的绿化带工程。经过广大干部群众和林业科技人员近50天的艰苦努力，首战告捷。共营造主绿化带10.5千米，面积105公顷，超原计划5%，投资950万元，共栽植各种树苗13.2万株，其中栽植黑松、云杉、冷杉等常绿针叶树1.3万株，京桃等亚乔木0.8万株，丁香等花灌木1.1万株，杨柳树10万株。整个工程全是大苗上带，一次成林。从栽植的主绿带效果看，横向成线，纵向成行，层次鲜明，错落有致，树木长势良好，生机勃勃，成活率和保持率均超过90%。

农田防护林更新改造 农田防护林更新改造是长春市重点生态林业建设项目之一。1995～1997年连续三年进行更新改造试点取得成功的基础上，1998年在坚持推广滚带更新、原带更新、隔带更新、栽植优质大苗、抗旱造林的基础上，又采用了杨树伐根嫁接和根蘖更新试验，共改造农田防护林255条，其中主带151条，副带104条，面积724.3公顷。

林业科技推广 1998年，针对林业建设急需解决的问题，一是开展科技示范点建设工程。全市共立科技项目14项，其中：市局3项，各县（市、区）11项。重点项目是：长春市环城绿化带建设工程、农田防护林更新改造建设工程、速生丰产林营造工程和经济林基地建设工程。实施总面积350公顷，涉及97个乡镇。投入科技资金65万元，创经济效益达150万元。二是开展科技成果推广工程，全市共推广新技术、新成果达53项，重点推广技术是：农田防护林杨树伐根嫁接技术、农田防护林杨树根蘖更新技术、果树高接换头技术、"九台晚李"品种推广技术、大穗葡萄修剪技术、杨树天牛综合防治技术、杨树腐烂病防治技术及使用ABT生根粉等20多项。投入推广资金120万元，参赛人数达2000人，推广面积2500公顷，创直接经济效益2400万元，造林成活率平均提高10%～25%。三是进行了林业科研体制改革和科技项目攻关。在林业科研机构内进行了科研与生产、效益与管理的体制改革，实现科研与生产一体化，调动了全体科研人员的积极性，全市共完成科研项目7项，鉴定成果3项，投入推广经费45万元。推广项目2项，推广面积300公顷，投入推广经费25万元，科研项目的成功与科技推广，为科研单位增收45万元。

花卉繁育基地 根据长春市未来生态环境建设和林业产业化发展的需要，1998年，经聘请中国农业大学和林业专家精心筹划，市财政投资400万元，在长春市林业科学研究所种子园内建成一座3000平方米植物组培室和全日光人工气候室。工程从6月初动工，仅用3个月时间就投入了使用。共生产4个系列的切花和盆花。其品种有百合、风信子、鸢尾和郁金香。11月份，生产的花卉开始供应市场。年底统计，共生产各类切（盆）花5000余支（盆），创产值5万余元，做到了当年立项当年建设当年生产。

重点生态工程 长春市认真总结我国南北洪灾的教训，站在可持续发展的高度，以加快全市生态林建设，提高城市生态环境建设水平和增强抗御自然灾害能力为目标，经过反复调查，提出了以治理大黑山山脉和主要江河、沟壑流域生态环境治理的构想。这一构想得到吉林省林业厅和长春市委、市政府的高度重视，并于1998年10月请吉林省林业勘探设计院承担了该项工程的总体规划和可行性研究报告的制定工作。长春市重点生态林建设工程主要包括：大黑山生态林建设工程、北部沟壑小流域综合治理工程、主要江河堤防两侧防护林建设工程、森林病虫鼠害综合防治工程。

（魏运秀）

黑龙江省林业

【概　述】

发展与成就

植树造林　1998年，全省完成造林27.47万公顷，是计划的144%。其中，农村造林15.37万公顷，是计划的172%；国有林场造林5.62万公顷，是计划的112%；部门造林6.48万公顷，是计划的126%。林木育苗完成0.87万公顷。全民义务植树完成6951.6万株，是计划的110%。“三北”防护林三期工程完成造林7.47万公顷，是计划的160%，已提前两年完成了全省“三北”防护林体系三期工程任务。省“三北”防护林体系建设20年宣传工作获国家“三北”局表彰的两个一等奖之一。到1998年，全省有32个县（市）实现“灭荒”，有25个县（市）实现绿化达标。尚志、林口、拜泉3个市县人工造林保存面积达到6.67万公顷。牡丹江市被评为“全国造林绿化十佳城市”，拜泉县、通河县、密山市等10个县（市）被评为“全国造林绿化百佳县”，有10个乡镇被评为“全国造林绿化百佳乡”，有111个村被评为“全国造林绿化千佳村”，有22个单位被授予“全国部门造林绿化400佳”光荣称号。

森林防火　1998年，全省共发生森林火警、火灾121起，森林受害面积471公顷，受害率0.025/1000。每10万公顷森林火灾发生率仅0.64次，取得了连续11年没有发生特大森林火灾的好成绩。到1998年，全省共建立县级以上森林防火单位293个，专业森林消防队伍314个，专业人员达到11 617人，森林警察部队4650人，半专队森林消防队1042个、36 615人；建立瞭望塔807座，全省瞭望覆盖率达85%；购置通讯电台748部，对讲机7458部，灭火机具1.5万余台，森林防火专用车辆1115辆，重点林区配备了森林防火特种车辆50余台；设立航空护林站7处，飞机加油点6处，化学灭火库4座。年均火灾次数、年均过火林地面积和森林受害率分别比1987年“5·6”大火前38年平均下降了83.4%、99.5%和99.4%。

森林资源保护　1998年，全省共查处各类森林案件5669起，其中：森林刑事案件782起，林业行政案件4887起。查处各类违法犯罪人员5836人，其中：逮捕126人，拘留172人，行政处罚5538人次，收缴木材3313立方米。全省共清查出开垦林地31.33万公顷，其中地方林业11.33万公顷，占36.2%。收缴野生动物2500只（头），查获国家重点保护野生动物10余种、近千只，放生鸟类2万余只，蛙类2000余千克。全省发生各种森林病虫害27.21万公顷，发生率为4.32%，防治森林病虫鼠害18.71万公顷，防治率为68.76%，监测率为92.4%。检疫苗木10.1亿株，检疫率达到96.75%。

林业科技　1998年，全系统共完成科技成果10项，新立科研项目13项，延续项目及国家和省科委攻关项目共41项。获国家林业局科技进步三等奖1项，获黑龙江省科技进步三等奖4项，获黑龙江省林业科技进步奖9项，其中：一等奖2项，二等奖4项，三等奖3项。新建地（市）、县级科技推广站4处，开展科技推广项目13项，创经济效益2500多万元。

精神文明建设　全系统坚持不懈地开展“三文明”（文明局、文明场、文明户）创建活动。围绕廉洁自律，讲学习，讲政治，讲正气，强化政治理论学习，突出抓了党性党风党纪教育，领导干部和职工的思想和工作作风有了明显转变。特别是在抗洪抢险救灾斗争中，仅8月份、9月份林业厅机关组织的两次捐款额就达246 676元，衣被等物品8615件，折合人民币55万元。11月份，厅机关干部又为齐齐哈尔林校捐款1.5万元，厅拨款5万元。林业厅机关党委被省委、省政府命名为抗洪抢险先进集体，尚志国有林场管理局的李跃民同志被授予抗洪抢险先进个人。

改革与林政实施　全省从抓宣传入手，大造声势，提高全社会对林业在生态环境建设中主体地位的认识。通过广播、电视、报纸等新闻媒介，利用植树节、地球日、防治荒漠化和干旱日、爱鸟周和《森林法》宣传日等有利时机，采取各种形式，广泛宣传。开展了“三北”防护林体系工程建设20周年、保护野生动物“娃蛙手牵手”签名等社会宣传活动，对造林绿化和’98绿色行动连续报道，组织了洪灾后的反思——森林与水患的专题研讨。

加强规划的编制、立项工作　为有计划、大规模推进林业生态体系建设，编制了《黑龙江省林业生态建设工程规划纲要》及《天然林资源保护工程实施方案》、《松花江、嫩江流域防护林体系建设工程规划》、《黑龙江省界江（河）防护林体系建设工程规划》。召开全省规划编制会议，部署编制城乡绿化一体化、退耕还林、封山育林、山区开发、种苗建设等17个规划。

加大林业依法治林力度，强化森林资源的管护　1998年，省政府下发了《关于加强森林资源保护管理工作的紧急通知》、《关于坚决制止毁林开垦控制水土流失保护森林资源的紧急通知》、《关于印发黑龙江省开展严厉打击破坏森林资源违法犯罪活动专项斗争方案》等4个重要文件，对进一步规范林地管理，加强森林资源保护管理、制止毁林开垦、乱砍滥伐林木等提出了明确要求。在全省范围内进行了林地清查，对开垦的林地建立了档案卡，制定了还林规划。严格执行采伐限额，加强限额执行情况检查。恢复了木材销售的林业行业的管理职能，理顺了全省地方木材运输归口管理。开展了严厉打击破坏森林资源违法犯罪活动的专项斗争，加大查处打击力度，对孙吴、萝北县和亚布力、双鸭山、东方红林业局的毁林开垦和乱砍滥伐林木案件进行了认真调查，公开曝光，并对负有直接责任的39名领导干部进行了严肃处理，有13名县处级领导干部受到党政纪处分，其中撤消行政职务的2名。开展了野生动植物和湿地的普查，省林业厅与省工商行政管理局联合下发了《黑龙江省野生动物及其产品经营许可证管理办法》，又与公安、工商、海关等执法部门和铁路、民航等交通部门联合制定出台了《黑龙江省野生动物及其产品运输管理办法》。

存在问题 全省生态建设还不适应经济发展的要求，造成绿化整体上发展不平衡，个别地方生态恶化的趋势还没有得到根本遏制；森林资源保护形势虽有明显好转，但一些地方乱砍滥伐、乱侵滥占、毁林开荒问题没有得到彻底纠正；产业发展滞后，在市场上没有形成规模；林业投入严重不足。 （吴梅芳）

【省委、省政府作出发展林业的重大决定】 1998年10月30日，《中共黑龙江省委、黑龙江省人民政府关于积极培育、严格保护和合理利用森林资源，大力发展林业若干问题的决定》（以下简称《决定》）正式出台。《决定》明确了全省林业建设的指导思想、目标和任务。要求全省森林覆盖率由现在的41.9%，到本世纪末提高到43.6%，到2010年提高到47.2%。明确提出要实施天然林资源保护工程、“三北”防护林体系建设工程、松花江、嫩江干流防护林体系建设工程、森林生物多样性与湿地资源保护工程、防沙治沙工程、城乡绿化一体化工程、三江平原农业综合开发林业生态配套建设工程等八大工程。《决定》要求大力培育、切实保护森林资源，广泛持久地开展全民植树造林运动，推动全省造林绿化持续快速发展。切实抓好退耕还林工作，严格执行采伐限额管理制度，严禁毁林开垦，强化林地管理和野生动植物资源保护，加快自然保护区建设。广筹资金，增强林业投入，建立省级林业基金制度。省、市（地）、县级财政都要在现有投入的基础上逐年增加对林业的投入，原木特产税按实缴额的1/3返还林业企业（含企业化管理的事业单位）。切实加强对林业工作的领导，强化林业行政的统一管理，维护政令统一。森林资源培育和保护是各级党委、政府义不容辞的责任，要把其纳入重要的工作日程，切实抓好。 （吴梅芳）

【尚志、庆安两个国有林场公司收归省林业厅直属管理】 1998年7月1日起，尚志、庆安两个国有林场公司上收省林业厅直接领导。其机构名称分别更名为黑龙江省庆安国有林场管理局、黑龙江省尚志国有林场管理局。两个国有林场管理局均按副处级事业单位管理，其副处级党政正职领导各1名。庆安国有林场管理局事业编制总数为1363名，尚志国有林场管理局事业编制总数为1868名。人员经费渠道仍实行自收自支。

两个林场管理局在当地政府的组织领导下，具体负责国有林场施业区内的护林防火工作；现内部设置的公安派出所继续保留，承担施业区内的林业公安管理职能不变，业务上接受所在公安局指导；原已设置的林木种子站继续保留；原有的木材检查站、林木病虫害检疫站职能不变。 （吴梅芳）

【黑龙江省林业厅系统自然保护区】 到1998年，黑龙江省林业厅系统已建自然保护区26处，总面积909 728公顷，占全省土地总面积的2%。其中：国家级3处，即：扎龙自然保护区，面积为21万公顷，主要保护以丹顶鹤为主的6种鹤及其他水禽——天鹅、白鹤、鸭类等；牡丹峰自然保护区，面积19 468公顷，主要保护次生林及生态环境；兴凯湖国家自然保护区，其面积17.95万公顷，主要保护自然景观和各种珍稀水禽。省级7处，即：黑龙宫自然保护区，面积为3600公顷，主要保护中国林蛙、黑龙江林蛙；山河自然保护区，面积为871公顷，主要保护中国林蛙、黑龙江林蛙；松峰山自然保护区，面积为1465公顷，主要保护次生林、鸟类、自然景观、古迹等；凤凰山自然保护区，面积1488公顷，主要保护松茸等；七星砬子自然保护区，面积3.3万公顷，主要保护东北虎、马鹿、豹、猞猁等珍兽；曙光自然保护区，面积19 942公顷，主要保护天蚕、柞林等；三江自然保护区，面积14.07万公顷，主要保护天鹅、白鹳、丹顶鹤、鸳鸯等珍贵水禽。县级16处，即：小金河自然保护区、亮子河自然保护区、大窝集自然保护区、乌底河自然保护区、新店自然保护区、五马沙驼自然保护区、茂山自然保护区、富裕（植物）自然保护区、富裕（动物）自然保护区、富裕（水禽）自然保护区、西大图自然保护区、青沟岭自然保护区、宝兴自然保护区、丹清河自然保护区、乌拉浑自然保护区和黑山自然保护区，总面积是299 694公顷。

（吴梅芳）

【黑龙江省国有林场】 到1998年，全省已有国有林场360处，总经营面积773万公顷，有林地面积471万公顷，森林蓄积3.23亿立方米，分别占全省地方林业的76.3%、79.8%和87.5%。拥有固定职工5万多人。年更新造林6.67万公顷，生产木材150万立方米。有67个林场跻身于全国国有林场500强行列，有7个林场被评为全国百佳林场，尚志国有林场公司被评为全国林业系统十大标兵单位，庆安国有林场公司及阿城中和林场等10个国有林场（公司）被评为黑龙江省“十佳”林场。国有林场在全省森林资源培育和生态环境建设上，发挥着不可替代的主体作用，已成为全省林业经济的支柱。

大力植树造林，培育后备森林资源 从建国初期到1998年，全省国有林场封山育林达133万公顷，累计造林保存面积130万公顷，飞播造林5.37万公顷。有255个国有林场实现了灭荒。近几年，又大力推广合作造林、股份造林经验，坚持定向培育，实行集约经营。抚育中幼龄林200万公顷，改造低产林、疏林地34万公顷，采伐利用43万公顷，生产木材3500万立方米。与1978年相比，全省国有林场森林面积增加了24万公顷，蓄积增长8360万立方米。

以林为主，多种经营 依托林区丰富的自然资源，调整产业结构，以木材加工和综合利用次小薪材为重点，兴办各类加工厂点251处。形成人造板、地板块、家具等15大类、200多个品种，产品畅销省内外。在多种经营上，开发种植业、养殖业和森林旅游业，发展多元经济，基本形成了阿城山河林场的熊胆、林口楚山林场的采石，杜蒙新店、四家子林场养牛和明水林场水稻生产等十大基地。建立森林公园46处，其中国家级森林公园15处。

实行了以任期目标责任制为主要内容的承包制 在机构设置、人事调动和产品经营等方面放权于场长；在经营成果和工作业绩等方面，对场长等相关人员实行关联奖励；在效益上实行“确定收支基数，超支短收不补，超收按比例分成，一定五年不变”；在职工劳动分配制度上，实行了以劳动定额为基础，按劳分配为核心，“定、包、奖”为主要形式的责任制，强化内部管理。同时，还普遍推行了“七包七保，双基数，四挂钩，兑现奖惩”的经营承包制，开展了人事、劳动、分配3项制度改革。

依法经营，维护权益 已初步形成了比较健全的管护网络，有的林场已建立了林业公安机构，配备了经济警察队伍。国有林场已累计收回林地2.7万公顷，退耕还林2.5万公顷。

精神文明建设取得丰硕成果 全省国有林场坚持开展“文明局、文明厂、文明户”的创建活动。全省已荣获县级以上文明单位称号的林场226个，占林场总数的62%，其中：省级文明单位22个，地市级113个。

（吴梅芳）

【1998年洪灾林业损失巨大】 1998年夏秋季节，嫩江、松花江流域发生了特大洪水。哈尔滨洪水最高水位达到120.89米，超过1957年洪峰水位0.84米。在这次洪灾中，全省林业也遭受巨大损失。71个县（市）中，有52个县（市）受灾，有120多个林场、苗圃受灾，受灾林地面积4.67万多公顷，倒塌和损坏房屋约2万间，水毁道路1109万多千米，冲毁桥涵400多个，受灾人口达1万人，直接经济损失6亿多元。

（吴梅芳）

【国家濒管办哈尔滨办事处】 中华人民共和国濒危物种进出口管理办公室哈尔滨办事处设在黑龙江省林业厅。1998年开始正常工作，向国家林业局和国家濒管办上报申请文件300余份，向海关出具鉴定证明书200个。批准进口动植物38种，合计进口金额7.3亿美元，出口动植物53种，合计出口金额4000万美元。

（吴梅芳）

【马永顺获黑龙江省特别绿化奖章】 马永顺同志是黑龙江省铁力林业局一名工人出身的离休干部，1998年已85岁高龄。他做为新中国第一代伐木工人，在开发和建设社会主义新林区的实践中埋头苦干，创出了全国手工伐木的最高记录，共计采伐3.65万棵树，先后24次被评为地区、省、原东北局及全国劳动模范，并出席了第十次、第十一次全国党的代表大会。他先后14次受到毛泽东、周恩来等党和国家领导人的接见。离休后，他以“青山常在，永续利用”为己任，发誓要把自己亲手采伐的3.65万棵树全部补栽上，坚持“生命不息，造林不止”，带领全家人义务植树4万株，实现了向大山“还账”的愿望，还建立了自己的造林基地。江泽民总书记给予高度评价：“马永顺同志真了不起。”他还被联合国授予“全球环保500佳”先进个人称号，并于1998年6月出席了在莫斯科举办的颁奖大会。省绿化委员会授予马永顺同志黑龙江省特别绿化奖章。

（吴梅芳）

【孟家岗林场】 孟家岗林场建于1956年，是黑龙江省建立的第一批国有林场之一。现有职工442人，各类专业技术人员43人，固定资产250万元，施业区面积1.63万公顷，有林地面积1.33万公顷，天然次生林0.36万公顷，活立木蓄积35.76万立方米，森林覆盖率达81.7%。建场42年来，绿化了施业区内的所有宜林荒山荒地，营造了0.97万公顷的人工用材林，活立木蓄积90.24万立方米。林场已由建场初期的更新造林转为以人工林经营为主的国有林场，成为全省最大的人工用材林基地之一。累计上缴利税达1848万元，超过建场以来国家事业费投资的99.3%，连续12年林场年上缴利税额超过100万元。1979年荣获国务院“在社会主义建设中成绩优异”的嘉奖令，1986年被林业部命名为“全国林业企业整顿先进单位”，同年被省政府命名为省级文明单位，1992年被省林业厅授予文明林场标兵称号，1993年被林业部表彰为“全国国营林场100佳”，1995年被林业部确定为全国科技示范林场，连续8年被省林业厅评为抚育伐生产先进单位。来访的外国专家称赞孟家岗林场的万顷人工林海是个世界奇迹。这个林场的主要做法是：

深化企业改革，强化内部管理 针对林场管理机构臃肿、人浮于事、产品结构单一的实际，场领导深入调查研究，制定了“林场精简机构，裁减冗员工作方案”，累计裁员56人，年节约开支30多万元。转换经营机制，为下岗人员兴办实体，开发多元经济渠道，使

富余人员变下岗为换岗。进行股份合作造林，承包现有土地，扶持职工购买20余台农用四轮拖拉机投入生产，闲置场房租赁给职工开设浴池、商店和兴办种植业等。同时，林场强化内部管理，编制了林场经营方案，并输入微机管理。建立完善了财务、劳动、生产等36项管理制度，制定了25种岗位人员考评办法和7章40条场纪场规。

重视科技兴林，积极推广科研成果　结合多年来省（市）许多科研单位把林场作为试验、示范基地，这个林场从70年代开始就抓科技兴林，科研成果多次获省（部）级科技进步奖。近年来，又确定了《万顷人工林天然化持续发展组装配套技术》研究课题，下设5个子课题进行研究，有的已转化为阶段性成果。红松用材林向红松坚果林转化，其经济效益增长1倍以上；林下种植中草药，实现立体开发，可增加林分单位效益的20%～30%等。林场先后推广了育苗综合改良技术，开发低温地造林，营造落叶松、水曲柳混交林，人工林伐根处理，林冠下更新二代林，双层土高台整地等12项科研成果。林场每年从木材销售总额中提取1%的资金作为科研费，每年至少5万元。林场还主动与大专院校、科研单位合作开展科学研究。其中“落叶松带状疏伐技术的研究”、“樟子松髓心形成层嫁接技术”等6项科研成果，获省科技进步奖。“落叶松八齿蠹虫综合防治技术的研究”和“落叶松带状疏伐经营技术的研究”，1990～1992年被确定为国家级科研成果。

（吴梅芳）

【牡丹江林业】 1998年，牡丹江市林业局坚持以林为本、合理开发、综合经营、全面发展的方针，加快“两推”（推进产权制度改革、推进林业产业化）进程，搞好“三个开发（山区综合立体开发、森林旅游开发和新产品开发），实施“梯次战略”（山外找市场、山上建基地、山下搞加工），林业工作有了新突破。牡丹江市被全国绿化委员会授予全国造林绿化10佳城市。

抓主业，在营林生产上有突破　围绕造（造林）、封（封山育林）、退（退耕还林）、管（林木管护）4个方面狠抓落实。年初进行工作规划，召开春季造林动员大会，举办造林培训班，确定市五大班子领导成员绿化点，改变造林方式由一季造林为三季造林。组织封山育林现场会，制定301、201国道绿色通道造林规划。全市完成造林面积2.28万公顷，是省下达计划的123.5%；“四旁”植树完成325.3万株，是计划任务的162.7%；环城山植树120.5万株，是计划的100.4%；全民义务植树660.21万株，人均植树4.9株；育苗完成228.75公顷，是省下达计划的111.7%。全部完成天然林抚育采伐面积5708.93公顷，出材106 779立方米。封山育林完成新封面积5355.56公顷，是市政府目标的160%；退耕还林1.35万公顷，是市政府目标的101%。

抓产业结构调整，在种植业、养殖业和加工业上有突破　通过对6个县（市）和城区的多种经营综合利用情况的调查评估，评选出10个“十佳林场”和10个“十强场长”。木材加工产品销售收入实现3340万元，是计划的110.9%。

抓资源管护，在清理林地案件上有突破　抽调646名干部和技术人员，组成127个工作组，对全市76个乡（镇），44个国有林场经营管理的林地进行了清查，共清理林地1.93万公顷。还成立了林政稽查队，建立警区责任制、护林人员轮岗制，重点区段死看死守，取缔林区腹部的木材加工点。共处理森林案件826起，结案807起，结案率为97.6%。

抓新的增长点，在开发山区旅游业上有突破　针对实施天然林保护工程后采伐量下降、收入减少的实际，推广小流域治理模式，即：栽灌木，等垄堰，三跑变成三保田的强度治理型；花果山，修梯田，靠山养山开财源的治山致富型；林在上，果中央，沟塘种养鱼米香的立体开发型；山常青，水则秀，回归自然有人游的城郊旅游型；林上山，田下川，蓄水保土稳高产的生态农业型。结合世界旅游年，招商引资，加快建设了牡丹峰国家级森林公园等。

（吴梅芳）

【虎骨、犀牛角封存核查工作】 根据国家林业局和国家濒危物种进出口管理办公室有关要求，省政府组建了犀牛角、虎骨禁贸核查团，下设封存组、医院组和市场组等3个检查组。对全省定点封存的犀牛角、虎骨的管理情况和含虎骨、犀牛角成分中成药的使用及管理情况进行了核查。共核查了16个封存点、20余个医院和100多家药店。做到了集贸市场不让卖，药店柜台不让摆，生产厂家不让制，边境口岸不让进。把住了进货、加工、销售3个环节，为濒危野生动物保护作出了贡献。

（吴梅芳）

【拜泉县生态农业建设】 拜泉县坚持不懈地抓生态农业建设，其成就与经验受到了黑龙江省委、省政府的肯定，获得了一系列国家级先进称号，并作为全国生态农业建设试点县，引起了联合国专家学者的高度重视，曾被授予国际生态工程一等奖。

这个县始终坚持农林牧相结合，林粮间作，林草间作，做到了农中有林，林中有牧，实现了草多、畜多、肥多、粮多、收入多的良性循环。1998年夏季，尽管拜泉县也遭受了百年不遇的洪涝灾害，在40多天里连续降雨1200毫米，比常年降雨量多近2倍，但由于农田防护林、水土保持林、护村林、护路林的保护作用，大面积耕地、林地、草原经受住了严峻的考验，使这场灾害减少损失15.2亿元，农业生产获得了历史上第二个丰收年，粮豆薯总产近8亿千克。　（吴梅芳）

【黑龙江省“三北”工程建设20年】 黑龙江省“三北”防护林体系工程建设范围包括哈尔滨、齐齐哈尔、绥化、大庆4个地（市）所辖的30个县（市、区）、581个乡镇，区域总面积10.95万平方千米，占全省总土地面积的24.1%。1978～1997年，全省“三北”工程累计造林保存面积123.27万公顷，是从建国到1978年间造林保存面积的6倍。其中：防护林53.01万公顷，用材林37.24万公顷，经济林5.31万公顷，薪炭林26.61万公顷，特种用途林1.10万公顷。在超额完成一期(1978～1985年)、二期(1986～1995年)工程建设任务后，从1996年开始了为期5年的三期工程建设，按照省政府确定的“五年任务三年完”的目标，1996～1998年共完成造林26.93万公顷，已提前两年完成了三期工程建设任务。

经过20年的建设，全省西部平原农牧区森林覆盖率由工程建设初期的4.3%提高到16.58%，一个以农田防护林为基本框架，山、水、林、田、路综合治理，多林种、多树种并举，网、带、片、乔、灌、草结合，农、林、牧彼此镶嵌，相互补充，县县毗连，互为一体的综合防护林体系已初步形成，并产生了巨大的生态、经济、社会效益。全区现有的493.4万公顷耕地有423万公顷得到农田防护林的庇护，庇护率达90%。经省防护林研究所对林网庇护农田与空旷地多年定点定位对比观测，农田防护林对全省三大主栽作物小麦、大豆、玉米的平均增产效益为15%，仅护田增产一项匡算年可增产粮食23.8千克。在全区240万公顷的草原中，有77万公顷得到草牧场防护林的庇护。通过生物措施，配以工程措施，治理水土流失土地160万公顷，与治理前对比，年减少表土流失量21～34.5吨/公顷，全区年减少土壤流失量3840万吨，少损失氮磷13.4万吨、钾40万吨，相当于40万吨硝酸铵和80万吨硫酸钾的含量。在沙区，使近45万公顷风沙危害严重的低产田得到了改造，并新增耕地1万公顷，粮食单产增加34%。新增立木蓄积近3000万立方米，年抚育间伐木材约20万立方米，薪炭林年产薪材328万层积立方米，经济林年产鲜果5.8万吨，粮食等作物3000万千克。兴建了一批森林公园和以森林景观为主的度假村、旅游观光区（点）等。20年间全省“三北”工程建设总效益达287.34亿元，为20年总投入的16.3倍，其中：直接经济效益达63.5亿元，占22.1%；立木储备效益41.38亿元，占14.4%；生态效益161.5亿元，占56.2%；社会效益20.96亿元，占7.3%。现在“三北”工程已经由建设初期单一的生态功能向多功能、多效益方向发展，成为集改造区域自然环境、生态环境、生产生活环境及生态、经济、社会效益为一体的社会系统工程。

（吴梅芳）

【1998年度黑龙江省造林绿化竞赛先进单位】

地（市）级先进单位 齐齐哈尔市人民政府、绥化地区行政公署、哈尔滨市人民政府、鸡西市人民政府、牡丹江市人民政府、佳木斯市人民政府。

县（市）级先进单位

一等奖 尚志市人民政府、龙江县人民政府、青冈县人民政府、虎林市人民政府、呼兰县人民政府、兰西县人民政府、鸡东县人民政府、绥化市人民政府、海林市人民政府、桦南县人民政府。

二等奖 明水县人民政府、勃利县人民政府、佳木斯市郊区人民政府、甘南县人民政府、富裕县人民政府、安达市人民政府、同江市人民政府、讷河市人民政府、富锦市人民政府、穆棱市人民政府、宁安市人民政府、延寿县人民政府、木兰县人民政府、克山县人民政府、绥芬河市人民政府。

（吴梅芳）

【1998年度黑龙江省绿化奖章获得者】 方永才 王文立 周岩 王忠新 李孟东 赵利国 吕尊法 邹广正 高玉霞 丛淑珍 沈友春 王兰君 孟新龙 王凯然 李爱国 李志新 赵国起 赵文久 刘增桥 李福斌 李凤琴 王立伟 邢凤石 马广军 刘瑞华 董惠波 阎志刚 刘山 薛治祥 潘建中 陈长春 张振武 丛祥荣 李久君 陈振国 王友江 赵文波 刘恒斌 高伟 原洪江 刘增新 赵恒太 于忠诚 曲连贵 李庆德 徐洪忠 单瑞武 李建华 黄鹤 宋学民 赵桂英 刘德山 冯国君 李惠莉 张贤超 王志田 边才 白永清 王志新 刘广松 李久义 李文鸿 国玉斌 王齐 孙成炬 郭云山 王德辉 李景瑞 赵建军 王士臣 屈延峰 邓传芳 远继连 姚骥 张玉江 刘鲲 曲学君 赵广奇 王明武 赵明升 王文仁 刘宝臣 宁先鸣 潘凌安 李坤 俞维贤 杨传平 李勤 赵广林 陈希锋 慕清祥 韩淑琴 仲崇复 王文才 张立奎 隋秀成 王茂 韩库 王颖 窦乃武 于文来 王晓明 李玉生 张学武 孙永刚 于德胜 蒋典昌 赵国辉 刘淑湘 黄俊洋。

（吴梅芳）

哈尔滨市林业

【概　述】 1998年，哈尔滨市林业现有经营面积129.96万公顷，其中有林地面积96.17万公顷，占林业经营面积的74%，森林覆盖率42.39%。在有林地面积中，天然林57.9万公顷，占有林地面积的60.2%；人工林38.27万公顷，占有林地面积的39.8%。活立木总蓄积6832.89万立方米，其中：天然林蓄积占76%，人工林蓄积占24%。按林种分，用材林占83%，防护林占9%，薪炭林占5%，特种用途林占1%，经济林占2%。1998年，哈尔滨市共造林3.85万公顷；抚育采伐森林1.97公顷，出材50.7万立方米。年林业总产值达6.1亿元。全市已连续13年未发生重大、特大森林火灾，有林地面积和森林蓄积连续多年实现双增长。林产工业骨干项目主要有人造板，年生产1.5万立方米；板方材，年生产10万立方米；地板块，年产3800立方米；铅笔板，年产5500立方米；装饰门，年产2万扇；家具，年产2.3万件，年产值已达1.236亿元。多种经营项目年产值达2.09亿元。

（哈尔滨市林业局）

黑龙江省森林工业

【概　述】

发展与成就

培育保护森林资源　全系统育林费投资更新造林7.19万公顷，完成年计划的103.7%；森林抚育10万公顷，为下一年整地4.46万公顷，封山育林9.33万公顷；加大了森林资源的保护力度。清理有关“五荒”、熟化丰产林用地、劳保田和工资田的文件；严厉打击破坏森林资源违法犯罪活动。1998年共查处森林刑事案件369起，森林治安案件1095起，林政案件3505起，行政处罚5427人，收缴木材9166立方米，挽回经济损失591万元，严肃处理了毁林开荒问题，处罚32人；开展了清查林地工作。森工林区内部开垦林地面积25.74万公顷，其中：林业多种经营用地21.81万公顷，熟化造林地3.93万公顷。被侵权开垦的林地10.09万公顷，已收回2.04万公顷。制定了退耕还林规划。1999年将25°以上的0.19万公顷坡耕地全部退耕还林，2000年将坡度在15°以上的0.29万公顷坡耕地和1994年后开垦的0.75万公顷有林地全部退耕还林（或还经济林或进行“坡改梯”），从2001年开始，对10°～15°容易造成水土流失的地块，退耕还林；加强了森林防火工作。1998年发生森林火警41起，一般森林火灾1起，过火总面积1116.83公顷，其中森林过火面积22.4公顷；加大病虫害防治力度，森林病虫害防治率达95.56%。

全面启动天然林保护工程　建立了天然林保护工程领导机构，加强对工程的领导和指导。经过锲而不舍的努力，工程顺利启动，建设资金到位。1998年财政专项补助资金落实3.9亿元（不含财政贴息），公益林建设资金4.1亿元，商品林资本金2370万元。制定了管理办法和核算体系，下发了《国有林区天然林资源保护工程建设项目管理暂行办法》、《天然林资源保护工程营林项目管理暂行办法》、《天然林资源保护管理暂行办法》、《生态公益林经营管理暂行办法》和《关于加强天然林资源保护工程公益林项目建设资金财务管理和会计核算工作的通知》。开展了林业分类经营工作，制定了分类经营规划、工作方案及技术标准，力争到2000年生态公益林比重占林业用地面积的75%以上。搞好项目筛选工作，总局共审查转产项目29个，上报国家林业局19个，国家林业局已批复8个。完成了天然林保护工程的建设任务，营造林3.33万公顷，完成年计划的100%；人工促进更新1.77万公顷，森林抚育完成23.41万公顷，封山育林15.06万公顷。

森林工业经济体制改革　按照建立现代企业制度的要求，各单位从实际出发，因企制宜，敢闯敢试，大胆突破，探索出了以双鸭山局岭东胶合板厂为代表的“股租结合”、“股卖结合”、“债权转股权”、“合资合作”、“企业内部股份合作制”等适合森工特点的改制形式和运作方式，收到明显成效。伊春林业管理局完成产权制度改革613户，经营方式改革196户。盘活存量资产，资本运营效率有所提高。各单位以市场为导向，围绕产业产品结构调整，通过出售、重组、引资等方式，推进存量资产的流动和重组，使大量闲置厂房、设备等生产要素得到重新配置和有效利用。苇河、亚布力、山河屯林业局通过租赁、出售闲置房屋、设备，分别盘活资金94.5万元、130万元、320万元。运用国家优化资本结构、企业兼并破产和再就业的政策，除伊春作为试点城市核销陈欠利息3.1亿元外，八面通、迎春局和正阳河、牡丹江木材厂核销陈欠利息2373万元，为企业卸掉包袱。“两自立”（以场自立，以户自立）取得成效。全省有320个林场（所）实现了基本自立，解决三项费用1.1亿多元。从事家庭经济的职工达29.8万户，产值28亿元，纯收入9.98亿元。精简机构，分流人员工作有较大进展。林业局机关机构设置由1252个减到820个，精简幅度为34.5%；非生产人员由7643人减到4002人，精简幅度为47.6%。事业单位内设机构由686个减到535个，精简幅度为22%；在岗人员由7132人减到6170人，精简幅度为13.5%。绥棱林业局精简机构和人员，年减人节支180万元。实施了下岗分流再就业工程，总局、管局和分公司、企业成立了三级再就业办事机构，66户国有企业建立了再就业服务中心，72 312名下岗职工与企业签订了基本生活保障和再就业协议，实现再就业达2.23万人。推进了森工社会保险制度改革。1998年参加森工系统社会保险的职工32万人，参保率为79%，参保的离退休职工16.9万人。1998年下半年，养老保险金收缴率为98%，发放率为100%，达到了国务院和省政府“按时足额发放养老

金”的要求。清回截留、挪用社会保险金209万元。

强化管理 清河林业局企业管理现场会后，涌现出兴隆、大海林、桦南、五营、方正林业局等一批学清河的典型。各企业认真贯彻总局10号文件，强化管理，堵塞漏洞，全系统1997年增收节支达1.92亿元。其中：成本降低节约3600万元，财务费用少支出3500万元，管理费少支出3200万元，营业外支出减少4600万元，木材售价提高增收4300万元，消化了木材减产、劳保支出增加等增支因素对企业效益的影响。方正、东京城、大海林、兴隆林业局1997年分别增收节支5598万元、4100万元、3000万元、2779万元。

抗洪救灾 1998年，黑龙江省森林工业总局30个企事业单位受灾，松花江沿江的兴隆、方正、清河林业局受灾严重，水灾损失达4.35亿元。各级领导靠前指挥，投入抗洪抢险费用1.07亿元，经过全体职工共同奋斗，抵御了百年不遇的特大洪水，取得了决定性胜利。同时，各企业还捐款捐物，出动大批人力、物力支援全省的抗洪救灾，受到省委、省政府的表彰。涌现出抗洪抢险先进集体30个，抗洪抢险标兵48人。

完成各项生产任务 1998年，在调减70.4万立方米木材产量，遭受百年不遇特大洪水的情况下，林区广大干部职工奋力拼搏，较好地完成了各项生产任务。社会总产值完成91.9亿元，比1997年增长2.2%；木材生产完成605.8万立方米，产值达26.3亿元；林产工业总产值（不变价）完成21.1亿元；多种经营、集体经济总产值及收入完成36.2亿元，比1997年增长12.1%，其中多种经营产值完成25.8亿元，比1997年增长15.1%。全省森林工业95户预算内企业实现亏损17 001万元，比1997年同口径调整后亏损21 492万元，减亏4491万元，减亏幅度为20%；盈利企业38户，盈利13 679万元；亏损企业57户，亏损30 680万元，比1997年减亏1320万元。取得了八年来第一次当年基本不新欠职工工资，还补发拖欠6000万元的成效。大多数上缴企业提前1个月完成了上缴任务，保证了经济正常运行和社会稳定。

涌现出了一大批先进典型 老模范马永顺获联合国颁发的’98全球生态环境500佳环保奖。出现了深化改革成效显著的铁力林业局，改革、管理又上新台阶的清河林业局，实施天然林保护工程工作实、效果好的海林林业局，强化资源林政管理的大海林、汤旺河林业局，调整结构加快发展的朗乡林业局，“两自立”取得成效的双鸭山、桦南林业局，实现扭亏为盈的双丰、迎春林业局和牡丹江木材厂，扭亏增盈300万元以上的双丰、金山屯、美溪、乌马河、五营、大海林、东京城林业局和牡丹江木材厂，当年实现“三不欠”的兴隆、柴河、东方红、东京城、鹤北、亚布力、穆棱、沾河、方正、大海林、清河林业局。

存在问题 经济结构不合理，企业间发展不平衡，特别是城市加工厂亏损严重，仍是困扰森林工业经济发展的最大问题；森林工业总体经济发展速度较慢，经济运行质量和效益不高；实施天然林保护工程后森林工业管理体制、经济运行机制还没有完全理顺；企业管理还存在着薄弱环节，在营林和林产工业方面亟待加强；森林工业林区仍存在一些不稳定因素。

（王文操）

【带岭林业实验局对森林资源实行分类经营】 从1993年以来，先后推广国家级科研成果试点、商品林集约经营试点、林业分类经营试点。

区划和实施了“三种林”经营模式 1993年按公益林、商品林、兼融林的三种林区划，开展了第五次森林经理调查，建立了公益林和商品林分类经营、生态效益和社会效益兼顾、大中小径材并重、用材林和经济林结合的现代林业经营模式。实施了三大基地建设，一为生态公益林基地建设，采取低强度采伐、大面积补植、人工促进更新和封山育林经营措施，实行天然和人工更新结合的方式，建立仿自然生态的复层异龄林森林植物群落，有利于保护生物多样性和构建比较稳定的森林生态环境；二为商品林基地建设，建立定向培育、短周期经营的速生丰产林和工业原料林，以30%的林业用地面积，产出占全局80%的木材产量；三为生态经济林基地建设，改培红松人工林果经济林，建立刺嫩芽采集园，发展封沟养蛙。

开展了森林资源高强度集约经营生产试验 坚持生产和试验、改革和改造、引进和创新相结合的方针，加大了科技兴林的工作力度；培育了60万公顷9个品种的林木种子园、建立了年产100万株规模的营养杯工厂化育苗生产线、推广了大垄整地和地膜覆盖技术、进行了无性系造林、推行了林地施肥等十多项推广科研成果的中间试验；加速了后备森林资源培育，人工成林面积达到31 044公顷，占有林地面积的37.2%，蓄积量达到247.8万立方米，占总蓄积的25%，平均每公顷人工林蓄积量79.9立方米。

实施了天然林资源保护工程 调整了木材产量，从1993年18万立方米，调减到1998年的16万立方米；调整了采伐方式，终止了皆伐和机械化原条流水生产作业方式，实行冬季生产、牛马套畜力集材，推行适度经营择伐和抚育取材；修改完善了人工造林、促进更新、森林抚育、封山育林的森林调查设计规程。制定了《红松人工林改培技术操作规程》和《加强天然林资源保护工程基础管理工作暂行规定》，坚持高标准、高水平、高质量，全面完成了1998年10 700公顷公益林建设任务，占公益林建设规划总量的16.5%。

（王瑞芳　李　辉）

【穆棱林业局加强木材生产经营管理】 穆棱林业局是全国4个林业可持续发展试验示范区之一，1997年实现累计人工林面积达到6.7万公顷，截至1998年末，有林地面积、森林总蓄积、林木年净生长量、森林覆盖率4项主要指标与1958年第一次森林经理调查统计数字相比都有所增长。

国家全面实施天然林资源保护工程以来，他们把木材生产纳入以天然林保护工程为中心的轨道，在保证木材生产有计划、有组织、高效率运行的同时，培育、保护了森林资源。一是坚持总量从严，自觉保护森林资源。做到了“五个结合”：把森林资源消长指标与林场所领导任期目标责任制有机结合，实行森林资源消耗和伐区林地管理一票否决制；把自觉调减木材产量与实施天然林保护工程有机结合，减少主伐，加大抚育伐比重，公益林全部停伐；把木材生产任务落实与天然林保护工程量的安排有机结合，做到同计划、同落实、同检查、同考核，任务和责任分别落实到单位、工组、承包户；把合理采伐与保护资源有机结合，推行大面积、低强度择伐和限径采伐，加速资源培育；把加强资源管理和监督与天然林保护有机结合，制订执行了把好“五关、五不批、五统一”制度。二是坚持质量从优，科学组织木材生产。在生产组织上，实行户自为战，承包作业，承包户负责打枝、集材、清林等非技术性工作，一人承包，全家就业。每个承包户冬运可集材400立方米左右；在采伐、造材上，实行专业队伍作业，要求各生产单位必须组建专业采伐队，每年举办一次油锯手、量材员培训班，所有从事伐木和造材的人员，必须经专业培训考试发证后，持证上岗；在产品交接上，实行山上对检车板交货，产值产量双交接，林产工业原料实行三方对检，运材司机负责根数保运，运到贮木场平台后进行根数核对、检验复核。在运输管理上，实行装、运、卸、养一体化作业，公路管理处合并到汽运处，公路养护打破大锅饭，划小核算单位，实行三级承包，即段、班组、个人承包，工资分配与路况质量挂钩。三是坚持效益领先，强化生产经营管理。继续实行“五清一化”管理，一楞一卡、一木一号，木材销售统一计划、统一定价、统一划拨、统一结算，归口由木材科销售，取消浮动价格，企业不预收货款。贮木场实行封闭式管理，职工挂牌上岗，闲杂人员禁止入内。支拨实行“还原法”，为防止支拨员与客户有舞弊行为，分车实行抽签制，对重点车辆配两名支拨员。局下令拆除林场（所）小加工、禁止林场（所）卖木材，并加强了林政管理，依法成立了木材稽查大队，加大了巡逻检查力度，建立了林政管理严格把关责任制，全局上下形成了齐抓共管网络。 （温宏升）

【迎春林业局实现扭亏为盈】 迎春林业局建立于1963年，地处黑龙江省东部完达山脉，施业区总面积为21.6万公顷，现有职工9000人，森林蓄积1070万立方米。由于建局投资不足，企业连年亏损。1998年，迎春林业局以加大企业改革力度，加大企业管理力度，加大森林资源培育和保护力度；优先发展农业，优先扶持效益好的林产工业厂家，优先保证职工工资的“三大三优”为工作目标，加大经济工作力度，在6个方面取得新的突破，全面推动了经济的发展，实现扭亏为盈。

在木材生产上取得新突破 1998年全局实现利润12.8万元，比1997年同期增加利润230.8万元。为完成全年12万立方米木材生产任务，林业局提出“早准备、早投产、早结束”的方针，坚持抢前抓早，严格执行产值、产量交接，增加准备作业投入，保证生产资金，积极组织劳动竞赛，截至1998年底，商品材入库132 634立方米，完成年计划的120.6%。木材生产实现销售收入4588.5万元，创历史最好水平。

在林产工业上取得新突破 按照“三改一加强”的原则，对林产工业厂家进行了改组改造，实行了资产重组，对效益不好的工厂实行无偿划转和兼并，特别是重点扶持有效益、有前景的工厂和产品，以此为龙头，带动整个林产工业战线全面增效。1998年，林产工业实现利润46.6万元，比1997年增加利润34.5万元。

在多种经营上取得新突破 多种经营以黑土地为依托，注重科学种田，实行“三高一优”战略，即高技术、高产量、高效益，优化经济模式；推广“三大产品”，即优质麦（冬小麦）、高产玉米、大豆。由于注重科学种田，实行科学管理，农业喜获丰收，产量突破1500万千克，多种经营实现利润541.9万元。

在营林生产上取得新突破 在实现造林、抚育双百万亩的基础上，不断加大营林工作力度，特别是国家实施天然林保护工程，为营林事业的发展带来新的机遇。在营林生产上做到“六落实”即思想落实、组织落实、资金和物资落实、造林地块和苗木落实、技术措施落实、跟踪管理和跟踪验收落实。通过扎实工作，保质保量完成了全年造林计划。

在加强企业管理上取得新突破 加强计划管理，强调维护计划的严肃性；加强财务管理，提高财务管理水平；强化资金管理，对于不能按时缴款、完不成缴款计划的单位，在年度双文明考核中实行一票否决，单位不能评先进，取消一切奖励晋级；明确规定全局的物资采购进货由物资公司统一集中管理；修订了双文明考核办法，局机关科部室和基层单位实行双向考评，局机关科部室考核基层单位双文明完成情况，基层单位考核局机关科部室职能完成情况；建立和完善了合同审核制度，基层单位签订的合同必须经企业管理办公室审核，公证处公证。通过以上措施，深化了企业管理，避免了企业效益流失。

在改革上取得新突破 全局的产权制度改革依据“抓住机遇，大胆改革，加快发展”的方针，加快产权制度改革的步伐，向着产权关系明晰化、资产经营形式多样化、小型单位民营化的目标迈出了一步。深化股份制改革，深化承包经营改革，深化租赁和拍卖改革。实行竞价租赁土地，土地租赁价格由每公顷450元提高到每公顷900元，全局土地出租净增加收入200万元左右。在改革上不留死角，不出空位，实行全员全方位改革，取得较好成绩。 （迎春林业局办公室）

【沾河林业局实现当年“三不欠”】 企业当年实现上缴、职工开支和离退休人员开支“三不欠”，沾河林业局主要采取了以下两项工作措施：

加大改革力度，增强企业发展动力

实施产权制度改革 一是对山上林场(所)的一些主要生产设备,采取竞价风险抵押承包的办法,有偿的转卖给个人。全局共转卖164台(套)集运材设备,回收资金133.2万元，全年节约机械修理费96.7万元。同时,激发了职工的生产积极性,全局冬运木材生产任务提前17天完成。二是对全局闲置的房舍统一竞价拍卖或定期出租，共收回资金近10万元。三是对山上的职工公有住房实行了商品化转让，共收缴房产资金112.8万元。

抓了基层单位经营方式改革 对依赖林业局生存,负效益经营的林产工业厂家,实行租赁经营,回收租金55万元。改变了全局林产工业战线长期亏损和效益下滑的局面。

实施医疗制度改革 对全局医疗费用支出每年高达500多万元的不合理现象进行了大胆改革，医疗费用支出较1997年减少100多万元,职工医疗第一次实现了费用节支4.8万元。同时,改革也使医疗技术水平和服务质量有了较大提高。

强化企业管理，加快效益回升

抓减人增效 对局机关和各基层单位的机关，进行两次精简,实行小机关大服务,全局的非生产人员减了892人,社会性服务人员精减了229人,年可节约工资支出440万元。同时，加大了全局各级干部的风险金，提高了机关工作效率。

抓成本管理 一是严控生产物耗，对主要的生产物资煤、油，实行按定额、按生产进度供给，由物资部门统一专车送货到单位,减少了人为造成的丢失。抓了各单位清仓查库工作，对积压物资由局统一调剂平衡使用。1998年全局物资下拨较1997年减少了998万元,节约物资采购资金30万元。二是严格生产管理,狠抓了跑、冒、滴、漏问题，全年对基层单位的生产检查达20次以上。全局直接木材生产单位成本较计划节支总额279万元，较1997年节支总额168万元。

抓增收节支 一是广辟增收渠道,严控资金支出,加强财务管理和审计力度,查收违纪重额近千万元。二是实行工资联审联查制度，严控工资基金支出。1998年全局工资支出按可比口径较计划节约444.4万元。

（沾河林业局办公室）

【八面通林业局改革见成效】 多年来，林业局农林混居状况严重，林政案件居高不下，人为纵火时有发生，山副产品谁采谁有、谁占谁用,在采集者无偿得到收益的同时,也造成了国有资源的破坏与浪费。1998年，结合实施天然林资源保护工程，林业局提出了对森林资源实行“划区管护、责任承包”改革的设想，在风月桥林场和七家子经营所进行改革试点。

具体做法

广泛宣传，深入发动，增强参与意识 试点开始，职工对承包要交纳承包费一时想不通，对林政防火工作存在种种顾虑，对此工作组配合试点单位进行了宣传教育工作,通过家庭走访、专题讨论和提案解答等广泛的宣传教育工作,使职工群众树立了“山副产品资源国有意识”和“山副产品资源有偿使用观念”，认识到“划区管护、责任承包”改革，既是加强森林资源保护的重要手段,也是培育、开发资源,保证企业增效和职工增收的有效形式。从而充分调动了职工群众参与“划区管护，责任承包”改革的积极性。

因地制宜,实事求是,合理确定基价 确定承包费的基价是“划区管护、责任承包”改革的重点，也是难点。他们的做法是:实事求是地对每个承包区的各种因素,如利用前景、管护难度、山副产品产值等进行分析,然后召集各个方面人员进行商定底价，使之尽可能地接近实际，得到职工的认可和接受。承包基价确定后,又通过公开竞价的形式进行发包，既调整了底价确定中的失误，又争取了最大经济效益。

适当照顾,政策倾斜,鼓励联户承包 鼓励联户承包，通过富户带穷户的办法保证公平参与，共同增收，同时,对少数无力投入,难以在承包区内发展副业的职工适当照顾，给予适当降低承包费和分期缴纳承包费的政策倾斜，并要求林场（所）给予必要的扶持。

“划区管护，责任承包”改革取得的成效

加强了资源保护 制订了严密的合同条款，职工领取管护费必须履行保护森林资源的义务，以法律的形式约束职工尽职尽责，参与森林管护和护林防火工作,改变了林业局执法部门与林场(所)护林人员二级管护森林资源的旧格局,形成了局、场、户三级管护森林资源的新体系,真正将“护林防火，人人有责”落到了实处。

提高了企业效益 试点单位风月桥林场林业用地面积7880公顷,划分承包区30个,由110户职工以联户的形式承包,林场年收取承包费9.6万元,七家子经营所施业区面积4772公顷，划分承包区13个，由39户职工承包,收取承包费3.2万元。全局可收承包费近百万元,扣除应支付的60万元管护费后，企业纯利40余万元。

增加了职工收入 参与承包后，职工对承包区内的山副、林副产品有采集、经营和出售的权利,避免了农民的采集和对资源的破坏造成的效益流失，同时又可以在承包区内进行食用菌等经济作物培育以及野生动物驯养，开辟了新的致富门路，增加了职工的收入。

（秦守明）

【方正林业局深化改革求发展，细化管理增效益】 1998年全局扎扎实实抓管理，实实在在变机制，增收节支5598.3万元，实现了上不欠缴，下不欠支，外不欠税费，补发了1997年欠发的3个月工资1018万元，补发了离退休老干部"两费"和拖欠的教师工资185.2万元，偿还前期预收木材货款3200万元，补欠缴育林基金58万元，全局经济工作开始复苏，步入良性循环轨道。

面向市场转机制，"断奶分流"促发展　将7个处于潜亏的林产工业厂家，一律从母体分离，推向市场，实行租赁、委托、承包经营，年收租赁承包费216万元；把任务不饱合的机修厂放开经营，盈利10万元；土木建筑工程公司进入市场后，主动承揽工程，上缴30万元；电话局、广播电视局形成2000门程控电话和20路有线电视能力后，由吃"皇粮"，变成自创自收，创利38万元；电业管理处实行收费大包干，收费率达到72.2%，由1997年亏损180万元，到收支平衡；实行资产优化配置，能租则租，能包则包，能卖则卖，把闲置的资产盘活，收租赁费38万元。

细化管理精雕刻，精打细算增效益　一是细管主财源。从源头抓起，实行木材归口销售；改革生产工艺，实行"三定"运输；合理造材，实行产值产量双交接；搞好售前、售中、售后服务，实行灵活销售。堵塞了效益流失的黑洞，木材每立方米售价比1997年提高93元，增收2300万元。实行严格木材拨付手续，加大执法力度，仅烧柴、菜墩等节约资源2000立方米，增收近百万元。二是管细资金。认真清理预算外资金和小金库，实行收支两条线，稽查不合理支出128万元，做到该花的钱就花，不该花的钱一分不花。（刘继文）

【海林林业局全面启动实施天然林资源保护工程】

健全组织机构，切实加强领导　局成立了工程领导小组和办公室，各林场也建立了相应的组织机构。同时，组建了营林调查队和营林验收队，从上到下形成了较为完备的领导体系，为工程顺利实施提供了强有力的组织保证。

突出重点，完成公益林建设计划　营林部门和各林场紧密配合，赶在封冻前树立90处封山育林标牌，同时集中劳力889人开展了森林抚育大会战，加快了抚育进度。到1998年末，人工造林完成800公顷，封山育林完成4800公顷，森林抚育完成9600公顷，人工促进更新完成1200公顷，上述指标均完成计划的100%；苗圃设施完成投资42万元，完成计划的16%。

集中力量，开展林地清查和退耕还林工作　按照国务院和省政府要求，认真开展了林地清查工作，摸清了底数，为下步退耕还林、回收林地打下了坚实的基础。

积极争取，进行转产项目的可研报审工作　为争取装饰材料厂、鹿场扩建这两个重点转产项目早日落实，林业局成立了专门班子，跑省进京，做了大量艰苦细致的工作，通过了国家林业局的评审。

落实措施，保证工程的健康发展　①加强了资金管理。制定实施了"天然林资源保护工程公益林项目建设资金财务管理和会计核算办法实施细则"，严格执行上级规定，按项目进行管理，设立了专项账号，专款专用，封闭运行，由财务部门专管，不准挪用、串用、截留一分钱，确保了工程资金合理使用。②加强了质量管理。在工程建设中严格执行"国有林区林业企业更新造林检查验收办法"和"黑龙江省林区营林技术标准"。强化技术指导和检查验收，经验收合格后，方可支付工资和成本费用，从根本上保证了公益林建设各项生产作业质量。1998年公益林建设人工造林成活率为94.1%，面积合格达到100%。③加强了基础管理。建档设卡，绘制形象图表，健全了各项原始记录。④加强制度建设。结合实际，制定了8个相应的办法和实施细则，用严密的制度体系，保证了工程的顺利实施。

（张恒国）

大兴安岭林业集团公司

【概　述】

发展与成就　1998年，全公司林业企业总产值(1990年价)完成218 284万元，其中：工业总产值完成177 430万元，完成计划的112.7%；农业总产值完成24 706万元，比1997年同期增长4.5%。在林业企业总产值中，木材采运产值112 183万元，林产工业产值43 610万元，多种经营产值51 084万元，营林产值11 407万元。木材产量完成310.3万立方米，生产锯材213 111立方米，生产综合利用材581 941立方米，生产原煤772 395吨，生产黄金1 034 219克，完成计划的195.4%。造林面积16 009公顷，比1997年同期增长114.1%；迹地更新面积46 724公顷，比1997年同期增长20.3%；幼林抚育作业面积150 975公顷，成林抚育面积95 194公顷，均完成计划的100%。

改革与林政实施

发展主体经济，推进所有制和经济增长点的根本转变　实施"抓大放小"的原则，以集团公司机构改革为突破口，继续深化国有大中型企业改革，企业管理机制和经营机制有了新转变。按照"精简、统一、效能"的原则，集团公司机关合并8个部门，有4个部门和4个事业单位转为企业，撤并12个事业单位，减编318名，占原有编制的40%。各直属企业按照集团公司的机构改革总体要求也进行了机构改革，局、场两级压缩管理人员和非生产人员，进一步剥离所属的辅助性服务单位，精简机构147个，分流人员1.4万人。通过委托经营和股份制改造等各种改革措施，使184户企业转换了经营机制，盘活资产4.1亿元，超过全年推进40%的目标。各项配套改革顺利进行。全面实行效益工资制；稳步实施再就业工程，当年下岗职工再就业率达73.2%，下岗职工的基本生活费得到保障；6月1日后，离退休人员工资按时足额发放，并克服困难，筹措3000万元资金，补发了拖欠的部分离退休人员工资。

大兴安岭地委（大兴安岭林业集团公司党委）、大兴安岭地区行政公署、大兴安岭林业集团公司把1998年确定为“企业管理效益年”，制订了具体的管理措施和办法。坚持“一个口”销售，制订了林木产品经销调运管理办法，实行销售“五统一”（统一销售、统一价格、统一提报运输计划、统一请配车、统一结算），严格控制并稳定了木材销售价格。贮木场实行缴库与调拨分设，对经销环节重要岗位人员，上收到集团公司木材调运处统一管理。加大木材稽查工作力度，由经委牵头，稽查、资源、公安等部门联合行动，严肃处理违纪案件162起，处理330人，挽回经济损失3560万元。全区木材每立方米平均售价比1997年提高15.11元，全年增加销售收入4747万元。严格执行年初制订的《加强财务管理二十条规定》，实行“一支笔”批钱，共节约机关经费1349万元。通过开展“企业管理效益年”活动，增收节支1亿元，全面完成了“三包”任务，10个林业局实现利润7085万元，比计划多实现183万元；上缴款完成27 403万元，多缴103万元；职工工资做到了当年不欠。

产业结构进一步优化 依托资源优势，继续走林工、林农、林矿、林副相结合的经济发展路子，促进产业结构的战略升级。地方工业实现产值4.5亿元，比1997年增长22.9%。农业在遭受低温、洪涝等自然灾害的情况下，粮豆薯总产量1.57亿千克，乡镇企业产值实现3.74亿元，增长27.6%。个体工商户发展到2.1万户，比1997年增长20%，从业人员3.8万人，增长42.3%，销售总额实现7.4亿元，增长22.9%。在森工采运产值下降的情况下，林产工业、多种经营、地方工业、乡镇企业和个体私营经济的快速发展拉动了经济稳步增长，对工业经济增长贡献率达到139%。

天然林保护工程取得阶段性成果 国家林业局将大兴安岭林区列为全国第一批天然林保护工程重点实施地区，在政策和资金上给予最大限度的倾斜，专项资金年末到位4.7亿元。按照国家批准的规划方案，加大了营林生产和资源管护工作力度，组建了专业造林公司和资源管护队伍。完成国家下达的18.1万公顷公益林建设任务的同时，划定出第一批生态林保护区和封山育林区119.9万公顷，为国家下达任务的10倍。占全区总经营面积的14.4%，其中：主要公路2千米以内面积56.2万公顷，主要河流1千米以内面积11.9万公顷，国防林面积34万公顷，自然保护区面积16.7万公顷，风景林面积608公顷，母树林面积10 077公顷。在保护区和封山育林区内做到“五有”（有明确的保护区域，有永久性的警示标牌，有组织健全的管理队伍，有明确的领导责任制，有严格的管理办法和奖惩规定）。首批纳入天然林保护工程的6个转产项目完成投资10 687万元，完成了第二批19个转产项目的前期工作。对因木材产量调减而造成的1.3万名下岗职工，通过向营林生产转移、向资源管护分流等多种渠道进行了妥善安置。

社会各项事业得到协调发展 教育改革不断深化，布局日趋合理；卫生、医疗保健水平进一步提高，地区妇幼保健站、血站相继成立；交通基础设施建设有了突破性进展；科技成果转化步伐加快；计划生育工作全面达标；居民住房和城镇基础设施进一步改善；民政、民族、侨务、法制、环境保护、文体、新闻宣传等各项工作均取得较大成绩；金融税务、公检法等部门发挥各自的职能作用，为经济发展作出贡献。

存在问题 企业的管理机制和经营机制有待于进一步转变，结构性矛盾仍很突出，下岗再就业压力较大，部分工业企业管理不善、经济运行质量不高。

（安 丽 刘庚正）

【集团公司机构改革】 1998年8月，为加快国有企业改组改造步伐，调整森工经营方向，整体推进集团公司运营效率、经济效益和社会效益的不断提高，为改善国有森林资源生态环境，实现“搞好二次创业，兴企富民强区”的发展战略，以建立“政企分开，产权明晰，权责明确，管理科学”的现代企业管理制度为目的，遵循“精简机构，分流人员，转变职能，提高效益”的方针，建立“办事高效，运转协调，行为规范”的行政管理体系，按现行“地区行政公署与集团公司相应部门实行合署办公”的体制，先上后下、先易后难，分步实施了集团公司机关机构改革。

在集团公司机关机构设置上，合并8个部门，仍与行署相应部门合署办公6个部门，暂不变动8个处室，机关4个部门和4个事业单位成建制转为企业。经过改革、改造、合并，林业集团公司机关设1办12部，公司设立12个专业公司，改造13个子公司为有限责任公司，投资2个参控股公司，撤销和合并12个事业单位。在人员精简上，林管局核定编制478名，减编318名。机关重新调整各部门的行政职能，确立内设机构，核定人员编制和精简比例、竞争办法和人员分流方案。事业单位进行“十定”，规定各单位的法定名称、社会职责、管理体制、机构规格、法人资格、经营形式、经费渠道、内设机构、编制结构、附属单位。编制员额按15%左右核减。对管理人员、专业技术人员、工勤人员的结构分类设档，实行聘任聘用、合同化、编制化管理。企业进行“五定”，即定产品结构、经营方向、效益指标、内设机构、机关编制。在分流人员的去向上，打破了传统的单一管理方式，实行多渠道分流，进行双向选择、整体转移、辞职辞退、退职退休、派往基层、入学深造、自谋职业等，同时对机关的代干人员一并进行清理。经过紧张有序的工作，机构改革工作于11月末全部完成。 （安 丽 刘庚正）

【天然林保护工程】 大兴安岭林业集团公司在实施该工程中，成立了天然林保护工程领导小组，制定了《天然林保护工程项目及资金管理办法(试行)》，同时根据国家林业局的要求，结合林区实际，编报了集团公司和试点林业局的《工程规划》和《实施方案》，下发了《第一批重点生态公益林规划保护方案》，对第一批119.9万公顷的重点生态公益林实行立牌保护，停止一切采伐，由所在林业局、林场负责封闭保护管理。

集团公司还根据年度计划安排，下达了1998年度公益林建设任务。林管局与各林业局、项目建设单位签订了天然林资源保护工程实施目标责任状，落实了保护区天然林资源管理领导任期目标责任制，把各项公益林建设计划完成情况和保护区森林资源管理工作作为考核各级领导政绩的主要内容之一。十八站林业局在实施天然林保护工程中，协调营林、资源、计划等部门人员，组成天然林保护工程领导小组办公室，绘制了第一批重点生态公益林规划示意图和公益林、商品林任务图，把商品林、公益林指标分解到作业组；培训了森林管护人员，设立了生态公益林警示牌。呼中林业局重点做好现有森林资源的看护工作，综合林场进一步明确了森林资源看护责任状，建立了护林、防火网络，完成人工林鼠害防治400公顷、樟子松红斑病防治600公顷、天然落叶松林鞘蛾防治1000公顷。

（安 丽 刘庚正）

【新林林业局提高森林覆盖率】 新林林业局1965年建局，到1998年初，完成更新造林总面积12.8万公顷，其中：人工更新造林3.7万公顷，人工促进天然更新造林9.1万公顷，全局森林覆盖率提高到84.62%。全局更新造林面积超过森林采伐面积，森林覆盖率比开发初期提高3个百分点。

1985年初，新林林业局作出建设营林生产基地的决定，并建基地71块，其中：人工更新造林基地29块；水湿地造林基地5块；天然幼中林抚育基地26块；母树林基地3块；促进更新基地8块。全局开辟3个苗圃，年产苗木1800万株，不但满足本局更新造林用苗的需要，还支援了其他林业局。

该局注重科技在造林过程中的作用，适时进行“白桦林复合经营”专题研究。在天然幼中林抚育中合理确定抚育种类、方法、强度，实现了由定性抚育向定量抚育的转变，使林木生长率由抚育前的1.13%提高到抚育后的3.6%，抚育面积合格率100%。针对树种单一、经济材比重少、材质差等问题，进行“西伯利亚红松引种试验”，并获得成功。引种中，上山苗木达3万多株，成活率99%，当年树苗长高25厘米，并建立了西伯利亚红松种子园。根据不同的造林环境条件，采取科学造林，研究出“三防整地造林法”、“塔头方代替营养杯育苗法”、“窖贮苗木雪藏法”在全局应用。同时推广和应用ABT生根粉和HRC保根剂，防止病虫鼠害的发生，使全局人工造林成活率提高5%，保存率提高12%。为恢复采金占地的森林植被，进行了“矿体造林”研究。新林林业局成为全国造林绿化先进企业、全国林业系统更新造林先进单位、黑龙江省造林绿化先进林业局。 （安 丽 刘庚正）

【治理整顿木材流通领域秩序】 大兴安岭地委（集团公司党委）、大兴安岭地区行政公署、大兴安岭林业集团公司高度重视木材流通领域中存在的弄虚作假、内外勾结等问题，全公司从整章建制抓起，制定了“堵黑洞，截暗流，保资源”的具体措施，召开“整顿木材流通秩序，严肃木材销售纪律”会议，公布“处罚”决定。重点抓各级领导，把打击木材流通领域的违纪违法行为作为检验各级领导班子敢不敢抓、敢不敢管，有没有事业心和责任感的重要标准。对危害大影响大的案件进行公开曝光。

强化木材生产、销售和运输等关键环节的管理。建立由177人组成的9个稽查小组，聘用1300多名义务稽查员，形成覆盖全区的稽查网络实施堵查。采取对各装车网点和运输交通要道监督检查，对销区进行追踪复尺检查的办法，对串装、超装、多装少算和违价等方面的问题进行全面检查，共检查3120节木材铁路运输车皮，612辆公路运材汽车，209条木材水运驳船，跟踪复查560节木材铁路运输车皮，查出违规问题150多个。

抽调纪检监察、木材稽查、资源、公安和新闻部门人员组成稽查组，用51天对全区的铁路、公路、水路木材销售秩序进行6次突击抽查。重点抽查1个县、10个林业局的46个贮木场及装船点，17个木材加工厂，在装的87条驳船，198节车皮，232辆运材汽车，检查木材60 600立方米，核对清查装车装船通知单、运输证明2000多份。查出有问题的木材运输驳船5条，木排1个，铁路车皮17节，汽车54台，立案16起，收缴违纪资金26.4万元。

全年查处违纪违法案件162起，处罚违纪违法人员330人，收缴罚没金额182.2万元，为国家挽回经济损失3560万元，使全区木材售价平均每立方米提高10元以上，为集团公司减亏起到促进作用。

（安 丽 刘庚正）

【围绕天然林保护工程开展技术攻关】 大兴安岭地区林业科学研究所从基础设施建设到课题立项，都本着解决天然林保护工程营林生产技术问题开展科技攻关。新建了营林科技综合示范区，有10个与天然林保护工程相关的科研课题在综合示范区开展研究和试验，取得初步成果，其中PT菌根剂的推广试验成功，为全区苗木、林木生产提供了“催化剂”。扩建了实验苗圃，使苗圃成为集育苗、实验、生产、园林、旅游为一体基地，每年可生产成苗910万株，提供上山苗560万株，可供营造速生丰产林1666.7公顷。精心经营万亩林木种子园，每年可为天然林保护工程提供营造2000公顷商品林所需的良种。建设中的综合科技种植养殖示范园，可为全区种养业提供试验基地。

（安　丽）

【开展中小学天然林保护工程教育活动】 大兴安岭地区教委于10月下发《关于在全区中小学开展天然林保护工程“三活一课”教育活动的通知》，使天然林保护知识通过教学主渠道得到系统宣传。

教委组织人力收集材料，编写出天然林保护工程教育讲义，大兴安岭地区行政公署、大兴安岭林业集团公司拨出1.5万元印制教材5万册，使小学四年级以上学生人手一册。小学在活动课中，中学在地理课或时事课中集中进行天然林保护工程教育。

教委与大兴安岭日报社联合举办中小学生“保护天然林”征文活动，50余篇征文在《大兴安岭日报》校园专版刊发。

举办书画比赛活动，征集学生们反映天然林保护工程内容的书法、绘画作品，在学校和社会展出。

举办社会调查活动，学生们利用寒假走入社会，采用参观、座谈、走访等形式，了解学习老一代林业建设者的开发创业事迹，认识天然林保护工程的重大意义，关心身边生活发生的巨大变化。活动中评出20多篇优秀社会调查报告。

各种形式的天然林保护教育活动，使生活在林区的孩子从小就树立了“知林爱林兴林”和天然林保护工程观念。（安　丽）

【森林工业企业效益工资全面启动】 集团公司所属森工企业深化分配制度改革，全面实施效益工资，打破了林区森工企业以往按固定级别计付工资形成的“大锅饭”。

效益工资的具体办法是：将职工的档案工资封存，根据“三定”方案确定的本人现行岗位，对应到制定的岗位工资参考标准。岗位工资划分为11个标准，分成基础工资和岗位效益工资两部分，其中基础工资占70%，岗位效益工资占30%。职工干满一个月的工作后，企业如数支付全部基础工资，岗位效益工资暂不按月计发，而是计入职工个人工资账户，待年终企业决算后，视企业效益兑现。到年末，森工企业效益工资运行态势良好。（安　丽）

【调整教育结构】 大兴安岭地委、大兴安岭地区行政公署、大兴安岭林业集团公司针对所在地加格达奇小学布局不合理、中等职业技术教育生源紧张、职业教育和教科研工作滞后、教育资源浪费严重等问题，调整了教育结构。调整中，坚持教育面向现代化，为林区“二次创业”培养多学科人才服务的原则；以资产存量调整为主，优化教育资源配置的原则；打破分散办学、部门办学的界限，统筹规划，合理布局的原则；办学规模与办学效益统一的原则，将加格达奇职业高中、地区财贸中专、林业管理局技工学校合并，建立地区职业技术教育中心；将加格达奇区二小和地区聋哑小学合并；将地区教育学院的中教部、初教部、艺体部、科研部、教育学会与地区教委所属的电教馆合并，建立地区教科研中心，填补了地区没有教科研中心的空白。结构调整后，仅合并学校一项就节省经费60余万元。同类学校的合并，缓解了生源紧张的矛盾。通过对现有资产存量的调整，减少投入1200多万元。优化配置现有教育资源，促进了教育教学质量的提高，增强了为林区“二次创业”培养急需的、合格的人才的综合实力。

（安　丽）

【高压化学灭火器通过专家鉴定】 3月31日，由大兴安岭森林警察支队和北京机械厂联合研制的SM-Q型高压化学灭火器在加格达奇通过大兴安岭地区科委和有关专家的鉴定。这种灭火器具有结构紧凑、体积小、操作灵活、易于掌握、携带方便、射程远、喷射强度大等特点，单兵操作可控制性强，可单独直接扑灭200延长米的火线，能抑制火头，缓解火势和扑救森林火灾，与其他扑火机具相比具有明显的效果。大兴安岭森林警察支队装备了100台高压化学灭火器，在春季防火和秋季防火中发挥了应有的性能和威力。

（安　丽）

【职工自营经济跨越式发展】 林区职工自营经济1994年起步，产值由1994年的8800万元，提高到1998年突破3亿元，职工从业人数由1994年的4000户7000人，发展到1998年的5.5万户7.7万人。自营经济成为吸纳林区富余职工再就业的重要途径，到1998年，累计分流1.2万名企业下岗富余人员，扶持困难职工脱贫1.1万户。

林区各地党、政部门落实扶持政策，完善服务措施，为职工自营经济发展创造有利条件。地委（集团公司党委）、集团公司先后出台《关于加快个体和私营经济发展的若干规定》、《关于搞好林场若干问题的意见》、《关于发展职工自营经济若干规定（试行）》等政策性文件，调动了职工的积极性。在资金物资上扶持，全区建立县级职工自营经济基金组织16个，场（科）级76个，筹集资金220万元，为6000多户职工提供资金服务。1997、1998年物化投入折合人民币1000多万元。在技术信息上帮助，各地每年都举办种植、养殖等技术培训班，累计有6500多人参加了培训。在产品销售上提供服务，全区兴办扶贫解困市场8处，设摊位400多个，先后有7000户下岗和困难职工进入市场，主要销售自营经济产品。

拓宽领域，突出特色，加快基地建设，促进职工自营经济向规模化、产业化方向发展 全区初步建成各具特色的自营经济产品基地，如图强林业局生猪、肉食鸡养殖基地等。全区有80多个自营经济业户发展成私营企业。全区形成种、养、采、加、服等多业并举的新局面。

加强管理，强化基础建设，促进职工自营经济工作步入规范化轨道 全区局、场两级单位都建立了职工自营经济档案。各地还建立了季度统计报表和半年工作大检查制度。

发挥自营经济典型示范户的带头作用，选树典型，以点带面 全区选树脱贫示范户110名，专业大户20名，产业大户10名。在1997、1998年林业部和中国农林工会连续两年联合召开的全国林业职工自营经济经验交流现场会上，大兴安岭林区都介绍了经验，并有20名先进个人和4个先进单位受到表彰。

（安　丽）

【连续11年无重大火灾】 1998年，全区发生火警火灾45起，其中：森林火灾1起，火警44起，过火总面积7568.17公顷，其中林地过火面积103.53公顷，林地过火率0.017/1000，实现“5.6”大火后连续11年无重大以上森林火灾。

集团公司党委对各地提出“五个必须”的要求，即：防火资金必须保证及时到位、专业队伍必须建立健全、瞭望卡必须上岗到位、机具状态必须保证完好、各项规章制度必须落到实处。进入防火关键期，各级领导将防火工作摆在首位来抓。深入重点火险区检查督促各项防范措施的落实。

全区防火史上第一次专门召开宣传教育工作电话会议，具体部署防火工作。各地采取多种宣传形式，形成全社会都参与防火工作的氛围。

春季防火、秋季防火期间，集团公司总经理签发3个指令，地区防火指挥部下发3个紧急通知，指导各地防火工作，促进了各地防范措施的落实。

继续坚持“科学防火、减少经费支出”的原则，合理安排秋季防火工作。近三年，在控制飞机飞行小时、避免人海扑火战术和提前结束防火期三个方面共比前些年的平均值节省近1000万元左右。（安　丽）

【“林区铁人”张美钧】 张美钧是新林林业局碧洲林场高级营林工程师，中共党员。1965年，他从山东农学院毕业后，响应党中央“开发大兴安岭”的号召，志愿来到大兴安岭林区的基层林场，从事营林技术工作。他扎根边疆，执着追求，无私奉献，30多年来潜心钻研森林培育技术。先后研究出“樟子松直播造林法”、“落叶松无性繁殖”、“塔头方育苗造林法”等10多项重要科研成果。从1972年以来，他带领营林职工精心培育种苗，累计提供上山苗木1800多万株，造林6000多公顷，成活率在95%以上，保存率在85%以上，已郁闭成林3000多公顷。在他更新造林技术指导下，碧洲林场于1996年实现了更新跟上采伐，林木恢复到建场初期水平。为能尽快更新优良树种，调整林木结构，提高经济材比重，1992年，他与东北林业大学3位教授合作，经过5年试验，于1997年成功地将西伯利亚红松引种到大兴安岭“安家落户”，苗木成活率100%。西伯利亚红松苗需30多年才能结果，为了缩短结果时间，他从俄罗斯新西伯利亚地区采摘1502个红松母树枝条，历尽艰难带回碧洲，与樟子松进行嫁接试验并获得成功，成活1252棵，保存率在83.5%以上。张美钧1996年10月退休后，仍继续工作在自已的岗位上。1997年，碧洲林场被地区评为营林科技标兵单位，张美钧被评为劳动模范，享受国务院政府特殊津贴待遇。1998年，张美钧被选为黑龙江省“弘扬四大精神，推进二次创业”先进事迹报告活动典型之一，在全省巡回报告4场。8月4日，大兴安岭地委（集团公司党委）宣传部组织了张美钧同志先进事迹报告会，下发了《关于向张美钧同志学习的决定》，《黑龙江日报》刊发了题为“大兴安岭不会忘记”的张美钧的先进事迹。

（安　丽）

【碧水雪糕板厂以效益足额返还职工集资款和利息】 1995年，呼中林业局在广泛调研论证的基础上，筹集70万元现金，在碧水林场建了一个雪糕板厂。厂领导组织本厂技术力量研制改造了6个蒸煮锅、4台速送机、2台烘干机、1台面曲机，节约资金近70万元。为打开产品销路，厂领导带人背着产品正月初七走，腊月二十回，在河南、河北、山东和辽宁等地发展7个稳定的大客户，使工厂始终满负荷生产。产量由1996年的6.7亿支提高到1998年的10亿支，不压库，工人月薪由260元增到350元，按时发放。从1998年5月起，该厂陆续返还集资款本金和利息，到12月初，已足额返还400余名职工的全部集资款和利息，共计100万元。

（安　丽）

【目标责任制工作走向正规】 党政机关年度目标责任制与企业经营承包责任制平行配合，相得益彰，走向正规。地区目标责任制领导小组根据省里下达的1998年经济建设和社会发展指标，编制了《1998年度大兴安岭地区目标责任制方案》，对各项目标责任制指标进行了分解和落实。领导小组对机关82个部门和20个事业单位制定的年度目标方案进行了审核后批复，年初的全区经济工作会议，专员、集团公司总经理杨喜军同各县（区）和部分大中型企业负责人签订了1998年目标责任状。领导小组和目标办对目标执行情况监督检查，按月公布经济和社会发展目标实现进度。在与有关部门配合下，对1997年度的目标责任制单位及负责人目标完成情况进行了考核，确定了考核等次。共审批1997年度目标奖金270万元，收缴目标罚款2000元。

（安　丽）

【热带鸵鸟高寒地区安家】 阿木尔林业局多种经营公司鸵鸟养殖场由局劳资科王辉和多种经营公司职工以入股方式集资20万元于1996年6月兴办，王辉个人投资15万元。鸵鸟场占地面积3000平方米，是齐齐哈尔以北惟一的鸵鸟养殖场。建场后购入种雏鸟12只。

养殖场正式投产后，建立了严格的管理制度和饲养操作规程，饲养员严格按照规程和资料精心饲养。为了防止疫病，鸵鸟室内用泡沫铺地，并定期接种疫苗。经过细心饲养，12只鸵鸟安然渡过饲养关、越冬关。场里投资5.5万元购买了先进的人工孵化设备，1998年6月，一只鸵鸟产下一只1.5千克重的蛋。

（安 丽）

【大兴安岭林业集团公司1998年林业大事】

1.1月19～21日，林业部部长陈耀邦率林业部慰问团先后走访了大兴安岭森林警察支队，参观了马铃薯研究中心、恒友木业有限公司、地区防火中心，视察了大兴安岭制浆造纸总厂、地区粮食处理中心和金丝木刨切装饰材料厂。陈耀邦对林区今后工作提出5点希望。

2.1月27日，驻漠河北极村边防某部四连官兵，用桦树皮制作的贺卡，在中央电视台春节联欢晚会亮相，主持人转达了驻北极村全体官兵对全国人民的问候。

3.2月7日，大兴安岭地委常委（扩大）会议暨全区经济工作会议在加格达奇召开。会议提出1998年全区经济工作的总体要求：解放思想，振作精神，抓住机遇而不丧失机遇，开拓进取而不因循守旧，把各项事业扎扎实实地推向前进。会议对全年经济与社会发展做了具体部署，兑现了1997年县（区）目标责任状、企业经营目标责任状，签订了1998年县（区）目标责任状、企业资产经营责任状。

4.2月14日，全区最大的现代化封闭市场——林都商贸城开业，地区领导出席了揭匾开业仪式。林都商贸城位于加格达奇城区中心，建筑面积6542平方米，总造价1800多万元。内设市场管理所、公安值勤室、市场服务中心、储蓄所等办公、办事、服务机构。

引进外地资金和技术建立起来的股份合作制企业——大兴安岭金丝木刨切装饰材料厂揭牌。该厂1997年10月筹建，投入资金380万元，8台主要设备一次试车成功，并转入正式生产。主要产品有落叶松、樟子松、白桦等刨切单板。

5.3月3日，大兴安岭地委下发《关于印发地委1998年主要任务推进落实方案的通知》，成立国有企业改革、发展及扭亏增盈、农业及农业开发、实施再就业工程、清仓压库促销、搞活中小企业、多种经营和非国有经济、发挥科技和信息产业、加速发展外向型经济、加强党建和改善经济发展环境、精神文明建设、社会稳定工作、个体私营经济大市场建设、粮食流通体制改革14个专题推进领导小组，分别推进14项工作的落实。

6.3月6日，以澳雷利亚博士为代表的意大利外交部合作发展司一行3人抵达加格达奇，就实施“加强大兴安岭地区医疗组织疾病防治”项目进行考察。双方就援建项目有关事宜进行协商，并达成协议。

7.3月12日，集团公司发出《关于印发大兴安岭地区林业行业关键岗位培训班及持证上岗工作实施方案的通知》。

8.4月，加格达奇区政府对城乡火灾隐患进行彻底的专项治理整顿。区政府六大班子领导分片包干整治，700余名机关干部、街道干部深入到拆除现场协调、指导、督促，拆除板仓房（砖房）近6000个，清除超储柈子2000余立方米，打通消防通道近2万余延长米。

9.4月21～24日，以国家林业局副局长李昌鉴为团长的国家林业局森林防火检查团来区检查。检查团先后深入塔河、阿木尔、图强、漠河检查防火工作。

10.5月，地区总工会会同地区防火中心、资源局、木材稽查办等单位，在全区范围内聘任了3000多名义务监督员，协助企业加强森林资源、林木产品、安全防火管理。

11.5月27日，大兴安岭职业介绍服务中心、大兴安岭人才开发流动服务中心、大兴安岭林业集团公司职工再就业服务中心成立。中心设有就业训练、求职登记、家庭服务、临时工管理、外埠农村劳动力管理、工资基金管理等窗口。

12.6月8日，大兴安岭地委精神文明指导委员会召开全体会议，讨论通过《大兴安岭地区居民文明公约》和《大兴安岭地区居民行为规范》。

13.6月15～21日，第九届中国哈尔滨经济贸易洽谈会在哈尔滨开幕。以杜宇新、杨喜军为团长的大兴安岭贸易分团（包括16个代表团）共180人参会，各县（区、局）主要领导都亲自带队。总计签约合同近50份，签约总额13.4亿元人民币。分团中的北奇神保健品有限公司和加格达奇林业局被授予“黑龙江交易团先进单位”称号。

14.6月25～26日，全区文学艺术界联合会第一次代表大会在加格达奇召开。省作家协会党组书记冯建福前来祝贺，地区六大班子领导出席开幕式，杜宇新就如何繁荣全区文艺工作提出了具体要求。

15.6月25日，黑龙江省环境保护科学研究所等单位联合开展“黑龙江省环境区划研究”，对全省79个市（县）进行4年的测试评估，并依据地貌、土地利用、国民生产总值等20余项指标综合分析划分出5个环境区。大兴安岭地区属全省最洁净区域。

16.7月17～18日，全区天然林保护工程暨“二次创业”发展战略研讨会在岭南林田山庄举行。集团公司副经理戴万春、行署计委主任赵广君分别对《天然林保护工程实施方案》和《“二次创业”发展规划》进行了说明。杜宇新做了总结性发言。

17.7月22日，加格达奇区工商局、国家税务局、卫生防疫站、公安局、地方税务局、文体局、土地局和大兴安岭地区烟草专卖分局等10个部门，简化办理证照程序，降低收费额度，改善经济发展环境，实行“一站式”服务，办理营业执照、税务登记证、卫生许可证和其他行业经营许可证、合格证、资格证等手续。

18.7月23日，呼玛县白银纳乡举行鄂伦春族下山定居45周年庆祝大会。省民委副主任关立卓，呼玛县及周边单位、地林直有关单位的领导参加了庆祝大会。45年沧桑巨变使鄂乡基本形成农业、林业、加工业、服务业、狩猎业等具有民族特色的比较合理的产业结构，鄂族同胞的生活水平明显提高。与会同志参观了文艺演出，赛马、珍珠球、颈力赛等民族体育表演。

19.8月1日，大兴安岭林业集团公司工会正式挂牌成立。中国农林工会主席韩义敏、集团公司党委副书记张进运为大兴安岭林业集团公司工会揭牌。集团公司工会主席周玉环主持了揭牌仪式。

20.8月2～3日，大兴安岭北奇神保健品有限公司邀请的以国际经济市场研究专家、人民日报社副总编王文翔为团长，人民日报社公关信息部主任崔秀芝为副团长的“京城公关策划专家团”来区传经送宝。专家团与地区有关部门的负责人，就如何创出自己的名牌产品，如何为经济发展作出长远规划等问题进行了交流，并作了题为“公关策划与经济发展”、“市场形势与企业再造”的报告。

21.8月5～6日，由省政府口岸办、省边防局、哈尔滨动物检疫局、黑龙江港务监督局、黑河卫生检疫局等主管部门组成的验收组，受国家委托对漠河口岸对外开辟旅客运输的准备工作进行了检查验收。口岸设施建设基本适应对外开放的需要，漠河口岸8月9日正式对外开通国际旅客运输业务。

22.8月18日，地区马铃薯脱毒种薯系列标准审定委员会的专家，审定通过由地区技术监督局委托大兴安岭地区马铃薯科研中心编制的“马铃薯脱毒种薯生态环境质量标准”等6个系列标准。

23.9月1日，地区职业技术教育中心学校及地区教育科学研究中心挂牌。中心融林业管理局技工学校、地区财贸中专、加格达奇地区职业高中为一体，结束了地区没有独立的教育科研机构的历史。

24.9月14日，经农业部批准，农业部科教司与地区农业科学研究所于北京签订了在大兴安岭地区建设国家超早熟大豆原种扩繁基地合同。这是地区农业科学研究所、东北农业大学大豆研究所、省农牧渔业厅科技处、地区农业局科技科等单位合作的科研项目。

25.9月30日，由江西电视台摄制的反映林业职工喜怒哀乐的电视剧《绿色警报》开机仪式在加格达奇举行。这部电视剧在加格达奇、漠河等地完成拍摄。

26.10月13～17日，地区科委在加格达奇召开全区1998年科技难题招标会。国内有17家科研院所、大专院校的科研机构来加格达奇竞标。“大兴安岭云杉林培育技术研究”、“马铃薯生产精淀粉剩余物‘薯渣’的利用研究”、“红豆果汁、都柿果汁的保鲜技术”、“地板块脱染工艺的研究”、“兴安落叶松锯材脱脂、干燥技术”5项科技招标难题各有其主，科研成果与生产需求直接对接。

27.10月20日，黑龙江证券有限责任公司大兴安岭证券交易营业部，在加格达奇正式开业。营业部是经中国人民银行黑龙江省分行批准成立的非银行金融机构，于1998年7月6日试营业，至开业，已有700余股民在营业部开设近1600余个深市和沪市的账户，交纳了1700多万元保证金，平均日成交额70余万元，最多达200余万元。

28.10月31日，林区内8家与饮品相关的企业签署协议，联合组建北奇神（集团）公司。北奇神（集团）公司以中美合资大兴安岭北奇神保健品有限公司为龙头企业和母公司，其所属的3个公司、1个分厂和1个连锁店作为子公司；塔河山野饮品有限责任公司等7家饮品企业为（集团）公司的成员企业。

29.11月11日，齐齐哈尔市甘南县委书记张贵海、县长梁玉祯，齐齐哈尔市市委书记吴煜一行来区，代表甘南县21万受灾群众，答谢大兴安岭林区各级领导和广大人民群众给予他们在水灾中的无私援助。

30.11月，由国家投资兴建的天然林保护工程转产项目——大兴安岭林田精面粉厂在加格达奇建成进入调试阶段。该厂引进的生产设备和工艺流程，在国内同行业中占领先地位，每年可加工小麦1.5万吨，生产沙子粉、特一粉、特二粉、普通粉1万吨，麦麸子5000吨，创产值约2500万元，可获纯利200万元，并可带动0.7万公顷优质小麦生产。

31.11月28日，大兴安岭交通运输服务中心成立。中心集车辆检测、维修、救援于一体，是具有法人资格的经济实体。集团公司副经理石尚志、黑龙江省运管局副局长艾洪文为交通运输服务中心揭了牌。

32.12月8日，由地区农办和地区科委联合举办的为期5天的全区生态、绿色农业培训班在加格达奇开学。省农业开发办设计所、省种子管理局等单位的9名教授、研究员、农艺师及地区2名农艺师，分别讲授了生态农业、油菜高产栽培技术、化学除草推广法、日光温室富晒康马铃薯脱毒等内容。

33.12月11日，全区军队、武警部队和政法机关企业交接仪式在加格达奇举行。全区10户军队、武警部队和政法机关企业中撤消3家，移交3家，解除挂靠关系2家，保留2家。

（安　丽）

上海市林业

【概　述】

发展与成就

造林绿化　1998年，上海市郊区认真贯彻全国林业厅（局）长会议和市林业工作会议精神，紧紧围绕“九五”平原绿化达标目标，加快生态环境建设；以市级林业生态示范工程和“四个一”绿化形象工程为抓手，郊区绿化状况得到进一步完善、提高。1998年共完成“四旁”植树1163.9万株，为计划的116.4%；营造沿海防护林205公顷，为任务的103.3%；调整发展经济林727公顷，新建农田林网化村365个，扩展农田林网控制面积15 433公顷，建设环城林带160公顷，建设“淮太”河道水系防护林133公顷，完成中幼林抚育2400公顷。新增育苗地620公顷。

国有场圃　全年销售总收入超亿元。两个国家级森林公园新建了森林阳光浴场、山人茶庄、室外攀岩场地、知青墙等景点项目，增加了森林旅游车、马车和双人情侣车等设施，并对具有森林特色的项目进一步完善，初步建成集旅游观光、休闲度假、会议疗养于一体的休闲胜地，并被市旅游委员会列为上海旅游的专线游览点。全年接待游客80万人次，旅游收入1239万元，创利86万余元。两个国家森林公园作为主会场还成功举办了首届“崇明森林旅游节”和“上海之根松江旅游文化节”，1998年双双被评为“文明单位”。

林政资源管理　①林政资源行业管理得到了市国资办、市法制办、市消防局等有关部门和社会各界的关心，形成全社会齐抓共管、密切配合、保护有限森林资源的良好局面。②加强防火设施和火源管理，形成立体消防体系；清山23.3公顷，连续10年未发生森林火灾。③县（区）林政执法人员通过《森林法》、林政执法程序等有关法规培训。④全市共办理植物检疫证、木材出省证21 600份和21 250份，其中对木材、胶合板等木制品检疫达96 249.35万立方米，242 861件；检疫鲜花3375万支，盆花（景）2144盆，种球、种苗148.85万株（只）、水果2300箱，苗木6.61万支，其他17.77万株。⑤实施森林资源消长动态监测。

野生动物保护管理　①完成郊区2930平方千米农田和65.9平方千米滩涂湿地范围内的陆生野生动物资源调查外业工作，建立样带140条。②成立上海市野生动植物鉴定中心，共鉴定80多批进出口物种。③贯彻执行《野生动植物进出口商品编码目录》，加强野生动植物及其产品进出口有效监管，编写《野生动植物进出口监管手册（植物部分）》。全年办理进出口野生动植物及其产品申报件150多件；查验和出具物种鉴定证明书4000多份；核发允许进口、出口、再出口证明书2051份。④上海市人民政府同意建立崇明东滩鸟类自然保护区。

存在问题　尽管近年来上海绿化得到较快发展，但是苗木基础工作较为薄弱，自给率低，特别是新树种、新品种的引种、驯化更为缓慢；林业的科技投入力度还有待于进一步加强；有法不依、执法不严的现象依然存在；林业服务体系尚须进一步完善，从业人员素质有待进一步提高。　（吴云昌）

【上海建设市级林业生态示范工程】　根据黄菊书记提出上海要形成“点上绿化成景、线上绿化成荫、面上绿化成林、环上绿化成带”的要求，在市财政的大力支持下，以建设造林绿化精品，构筑林业建设高地，力争使上海林业建设快出形象，早出成果为宗旨。在海塘、主要骨干道路和河道两侧、农业示范区等地段共建设具有生态型、观赏型、经济型等各具特色的市级林业生态示范工程15个。营造生态型、观赏型和经济型沿海防护林35.2公顷；高标准河道、道路防护林30.7公顷；高标准农田防护林控制面积为680公顷。其主要特点：

选题定位立意高　市级林业生态示范工程的设计构想、功能定位、树种配置都体现了城乡一体的绿化思路，并做到“三个结合”，即与种植业结构调整相结合，与“四个一”形象工程实施相结合，与上海市林业三大生态工程建设相结合（沿海防护林、平原绿化和淮太工程）。

工程建设上规模　根据“当年建设，当年出形象、见效果”的示范工程建设总体要求，在规模上体现出“林网上植树逾万株，通道绿化逾千米，环上造林超百亩”。

示范效果好　在市级林业生态示范工程的推动下，分层次带动县（区）以“河、路、集镇、农业示范区”绿化配套工程建设为重点的“通道”、“窗口”绿化建设。

特色性强　示范工程既有生态型防护林带，又有生产经济型果林带，同时也结合园林艺术手法，达到色块大，乔、灌、花、草合理搭配，层次错落有致、季相分明的植物群落体系。　（吴云昌）

【上海市跨世纪林业发展框架】　根据上海城市建设总体规划，以及建设都市型现代农业和城乡绿化一体化的要求，以培育完备的林业生态体系和发达的林业产业体系为目标，上海市农林局制订“1999～2005年上海林业建设规划构思”。通过实施，将逐步形成“环、屏、线、点、面结合，多元集聚，多面开敞”的绿化新格局，逐步使“森林包围城市”，让郊区成为城区的“绿肺”。具体将分6个层面推进：

1. 建设环绕中心城区的“绿色项链”。在49千米3条内环绿化基础上，在97千米外环线外侧营造500米林带，187千米郊区环两侧营造各宽50米林带。

2. 形成一弧三圈的“绿色屏障”。对168.9千米大陆岸线防护林带补缺加宽，并在崇明、长兴、横沙营造环岛林带，平均宽度达50米以上。

3. 形成水陆交通的“绿色通道”。410千米长的7条国道两侧建设各宽50米林带，10条放射状干线两侧建各宽30米林带；黄浦江中上游建各宽100米水源涵养林和26条市管河道两侧营造护堤岸林各宽20米。

4. 形成错落有致、合理布局的“绿色园区”。拟在闵行、嘉定、南汇、青浦、金山僻建成片森林，并拓展两个国家级森林公园的绿色辐射能力。

5. 形成大面积的“绿色楔面”。重点搞好乡镇镇区、机关企事业单位、村庄和庭院的绿化。

6. 形成具有上海特色的“绿色产业”。将以花卉、水果、苗木作为主体加快发展绿色产业。（吴云昌）

【积极开展绿化评比活动】 为加快郊区林业建设，营造植树造林精品，构筑林业建设高地，达到城乡一体化绿化目标，会同市绿化委员会首次开展“花园单位”、“绿化合格单位”评比和“森林杯”林业示范工程竞赛活动，通过严格的审核，1998年“森林杯”林业示范工程获奖工程为：浦东新区孙桥现代农村绿化示范点获一等奖；金山区沪杭公路观赏型防护林带获二等奖；闵行区济阳路绿化带，奉贤县金汇镇现代农业园区配套绿化工程获三等奖。郊区有32个单位获得“花园单位”称号，156个单位获得“绿化合格单位”称号。

（吴云昌）

【培育上海市林木种苗繁育和生产体系】

1. 抓13.3公顷市级林木种苗繁育基地。负责新树（品）种引进、筛选、驯化和繁育（殖），为大面积苗木生产提供优良种苗；及时掌握和应用国内外林木种苗生产先进技术和科研成果，开展技术交流、培训和咨询等技术服务工作，指导大面积苗木生产；利用植物的生长特性，成为青少年普及植物学、生物学知识的科普园地，也是市民了解自然的休憩观光场所。

2. 带动133公顷林木种苗示范基地。抓好林木良种和新技术在本地区的推广和应用；开展育苗技术咨询和服务，起示范、辐射和指导的作用，带动大面积苗木生产；为造林绿化提供优质苗木。

3. 形成1330公顷林木种苗生产基地。抓好苗木生产，为上海市造林绿化提供大量苗木。

通过3个层次的基地建设，逐步形成以市级林木种苗繁育基地为核心，示范基地为纽带，大面积苗木生产基地为根本目标的覆盖整个林业行业、渗透全市的苗木繁育和生产体系。 （吴云昌）

江苏省林业

【概　述】

发展与成就

造林绿化　1998年江苏省以建设高效林业为中心，生态工程为重点，积极开展造林绿化活动，全面完成了各项计划任务。完成人工造林合格面积为17 930公顷，为计划的103%。其中：营造速生丰产林11 420公顷，水土保持和水源涵养林6510公顷。在人工造林面积中完成采伐迹地更新造林4490公顷。新建或完善农田林网控制土地面积188万公顷，为计划数的208%。“四旁”植树1.17亿株，为计划数的146%，其中林网更新栽植0.74亿株。育苗（包括留床培育大苗）1190公顷。苏州、无锡两市在完成编制《县级城乡一体化现代林业工程规划》的基础上，确定了19项重点工程和苗木培育基地，城乡一体化现代林业示范工程的建设开始启动。一年完成人工造林1670公顷，新建园林式的林网8600公顷，累计达到33 200公顷。在完成732万株“四旁”树木中，观赏树木125万株。江苏省把高级骨干公路两侧的绿色通道工程作为文明形象工程来抓，全年完成护路林带656.8千米，折合成片造林1190公顷，其中：石山造林示范工程133公顷，岗地园林示范工程66公顷。高级骨干公路两侧新建高标准农田林网28 200公顷。沿海地区围绕改善农业生态环境，继续开展海防林建设达标活动，全年完成海防林面积10 270公顷，超额完成了国家林业局下达的计划任务，新建了4个海防林专用苗木培育基地，为建设沿海国家特殊保护林带奠定了苗木基础。滨海、响水两县已完成海防林建设任务，省验收达到了标准。淮河、太湖两流域综合治理中完成人工造林8740公顷，长江沿岸兴林灭螺工程造林1000公顷。

丘陵山区开发　继溧阳市丘陵山区开发示范工程启动后，宜兴、六合、盱眙等市（县）相继启动了丘陵山区开发工程。1998年溧阳市又投资3000万元，新开发利用荒地1670公顷，总体规划中的配套工程已基本完成。宜兴、六合两市（县）以低产林分改造更新为突破口，加快综合开发步伐，相继建成8个万亩速生丰产用材林、经济林商品基地。盱眙县四套班子的领导每人负责一项开发工程，从县级机关抽调了30名得力干部分片包干项目，一定3年不变，拟于2001年完成丘陵山区的开发工程。

森林保护 在森林防火方面，1998年全省共发生森林火警、火灾98起，过火面积156.2公顷，与1997年相比下降52.3%；受害面积41.3公顷，与1997年相比下降59.6%。查处火案47起，查处率47.9%，与1997年相比提高12%。苏州、无锡和连云港等市开展了火险天气等级的预报工作，在高火险天气还发布了森林防火戒严令。省护林防火指挥部、绿化委员会、农林厅、交通厅和公安厅等部门，针对夏收期间群众在公路上打谷晒场经常发生烧毁护路林木的问题，联合下发了《关于禁止在公路上打谷晒场保障护路林安全的通告》，县级相关部门组织人员在公路上巡回检查，有效地制止了烧毁护路林木事件的发生。省护林防火指挥部还致信给全省乡镇长，要求抓好农事用火管理工作，保护造林绿化成果。在森林病虫害防治方面，在省、市、县政府签订的绿化责任状中，增加了森林病虫害防治任务及考核指标的内容，把防治任务明确落实到各级政府及其领导身上，取得了明确效果。1998年森林病虫害防治的各项指标，与1997年相比有明显好转，发生率下降0.3%，防治率提高5.7%。松材线虫病防治面积1万公顷，清理病死松树47.1万株，灭虫处理病材3.2万立方米，更新改造疫点664公顷，扑灭了江浦县永宁乡、溧水县东庐乡（镇）等8个疫点，消灭了苏州市疫区，松材线虫病防治率100%。连云港市云台山发生大面积日本松干蚧危害，省、市林业主管部门开展了大规模化学防治和更新造林，防治面积3670公顷，防治率达80%。在防治过程中清理死树1790公顷，化学施药1200公顷，更新造林320公顷，取得了阶段性成果。1998年徐州市丘陵山区石灰岩人工营造的侧柏林，受到侧柏毒蛾的严重危害，面积3500公顷，省、市林业主管部门共同研究了以"飞机防治为主，人工地面防治为辅"的防治方案，进行超低量、低常量喷雾飞机作业169架次，灭虫效果达90%，宿迁、淮阴、徐州等市发生杨树草履蚧、杨尺蠖危害，全年防治面积5000公顷。为切实做好预防工作，在该地区，分别新建了3处森林病虫害测报站。

林业规划 江苏省全面贯彻执行了国务院《关于保护森林资源制止毁林开垦和乱占林地的通知》，一方面开展专项斗争，依法查处各类毁林和侵占林地的违法犯罪行为；另一方面从迅速恢复森林植被，加快林业建设步伐的高度出发，省农林厅相继编制了《江苏省林业生态建设规划》、《江苏省沿海国家特殊保护林带建设规划》和《江苏省林业产业建设规划》，报省政府和国家林业局批准后组织实施。在相关的规划中明确了退耕还林、封山育林、建设生态公益林和商品林的具体计划，并规定了实施措施。

绿化达标复查 1998年省农林厅又派出6个组对全省12个县（市、区）平原绿化达标情况进行跟踪复查，有效地防止了平原绿化的滑坡，发现了高标准平原绿化的新典型，保护了平原绿化现有成果。

改革与林政实施

立法 ①为保护和改善农业生态环境、合理开发利用农业、林业资源，实现可持续发展，提高农林产品质量，保障人体健康，省农林厅根据《农业法》、《森林法》和《环境保护法》等法律、法规，结合江苏实际，起草了《江苏省农业生态环境保护条例》，1998年12月29日经江苏省九届人大常委会第七次会议审议通过，自1999年2月1日起施行。该条例有5章43条，明确规定了"对野生蛙类、蛇类、鸟类等害虫、害兽的天敌禁止非法猎捕、收购、运输和出售"、"组织植树造林，加快平原、丘陵山区绿化，提高林木覆盖率"、"组织农田防护林建设，农田防护林可以依法实施抚育采伐或更新采伐，不得实施皆伐作业"等保护森林资源的条款。②省农林厅起草了《江苏省植物检疫管理办法》，1998年11月11日经省政府第十六次常务会议讨论通过，以政府第147号令予以发布施行。该办法共32条，主要明确规定了农业、林业主管部门检疫范围、对象和各自的职责。

国有林场改革 1998年省农林厅针对多数国有林场的林业、工副业企业管理体制不顺，运行机制不活、经济亏损等状况，在专项调查的基础上，积极推广溧水县秋湖林场和常熟市虞山林场的改革经验，以促进林业生产的健康发展。秋湖林场打破了林业生产管理人员"铁饭碗"，实行护林人员上岗责任制、领导干部效益挂钩制、用材林建设用工工资制、经济林开发管理承包制等为主要内容的改革，从而减少了行政管理科室和人员，提高了工作效率，增加了林场收入和积累，实现了森林资源资产的保值增值。全年全场职工人均收入比1997年增加了1500多元。虞山林场是国家级森林公园，除抓好森林旅游外，着重点放在所属工副业等企业的改革上，采用先租后股、租售结合、拍包承租、资产评估拍卖和兼并等多种形式强化改制，从而明晰了产权，企事业分离，落实了责任，确保了工副业中国有资产的保值增值，实现了经济效益的持续增长，为工副业养林、补林注入了新的活力。溧阳市瓦屋山林场的工副业长期处于亏损状态，继学习一些国有林场改制的成功经验后，强化了管理，在1997年扭亏转盈的基础上，再次取得了好的效益。1998年完成经营收入300多万元，比1997年销售收入增长11%，利润增加65%。1998年6～8月份省农林厅组织4个调查组对9个省辖市的21个国有林场的改革与发展情况进行了专题调查，对林业分类经营、生态公益林补偿机制、事业（林业）与企业（工副业）分离提出了初步实施方案，报请省政府批准后进行实施。

林业产业网络 1998年江苏林业产业网络框架初步形成。一是林业事业单位利用自有资金和银行贷

款，发展股份制合作造林，为木材加工业建立原料林基地。省林业技术指导站筹集资金150万元，与徐州、盐城等地的国有、集体林场合作营造了767公顷。淮阴市林业技术指导站，着力发展意大利杨产业，积极组织实施市政府确立建设1万公顷意大利杨树林基地的规划目标。二是以丹阳福迈特、淮阴光大等人造板加工企业为龙头，抓产、工、销产业链，开辟了3家产品销售代理商。南京市林业技术指导站还建立了江苏省第一个规范化的木材交易市场，1998年首届全国性交易会成交额100多万元。三是南京、苏州、无锡等市和省林业部门以全省20多个森林公园为依托，联合开展了森林旅游业务，开拓了一项新林业产业。四是省、市、县林业规划和技术指导单位普遍开展了园林规划设计业务，逐步形成了育苗、供苗、规划设计和施工管理系列服务的新格局。

林政实施　①学习贯彻全国人大常委会关于修改《森林法》的决定。6月30日，省人大常委会农委和省农林厅联合召开了省级机关负责人学习宣传贯彻新《森林法》座谈会。7月5日，省农林厅举办了宣传新《森林法》骨干培训班。7月中旬至10月底，以省辖市为单位组织林业干部、职工进行新《森林法》学习和培训。②9月，省农林厅成立了《江苏省实施〈森林法〉办法修正案》起草领导小组，着手起草修正案，拟于2000年提请人大常委会审议。③10月，省农林厅、检察院、法院、公安厅、监察厅根据省政府《关于保护森林资源制止乱占滥用林地和毁林行为的通知》精神，联合下文，组织力量，开展专项斗争，并督查非法侵占林地的重大案件。督查工作得到江苏电视台"大写真"栏目的支持，随同采访，公开曝光，震慑违法犯罪，警示社会，教育群众。④为巩固治理公路"三乱"成果，年初省农林厅制定下发了《木材检查站文明执法示范单位评比条件》和《木材检查站建设标准》，7月10～30日组织力量对全省35个木材检查站中的17个站进行了明查暗访，对行为不甚规范的站进行指导和纠正，对违法违纪现象通报全省，并责令停止上岗检查，限期整改。继金坛市城西木材检查站被国家林业局授予全国文明执法示范站后，1998年又有东台市富安、睢宁县西郊、泗阳县众兴、句容市天王、金坛市城西和吴县市通安6个木材检查站被国家林业局评为全国第一批标准站。⑤进一步加强了年森林采伐限额管理，规范了审批程序，经华东林业调查设计院检查验收，首次实现不突破年森林采伐限额指标的目标。⑥继1997年对全省林业行政执法人员考试后，1998年进行了资格审查，为900多名人员颁发了林业行政执法证，实行了持证上岗执法。

存在问题　①征占用林地的管理没完全到位，林业主管部门"审核同意"率仅占各级政府批准面积的48%，有关部门将林业用地弄虚作假地改为其他土地进行审查报政府批准的现象比较普遍。由于在相关的林业法律中，对其他国家机关滥用职权，越权审核的行为处理没有作明确规定，提高"审核同意率"的难度很大。今后力争在修改《江苏省实施〈森林法〉办法》中予以明确。②乡级林业工作站属乡级政府设置的机构，随意撤消、调出调入人员和平调财产、经费等现象时有发生，从而不同程度地削弱了该机构组织、指导造林绿化和林业管理的职能，影响了林业建设和发展。③现有33个林业公安派出所、35个木材检查站的人员多数没有编制和正常的经费渠道，影响了这些人员工作积极性。

（郦振平）

【徐州市飞机防治侧柏毒蛾】　江苏省徐州市城区周围，环形分布有1.67万公顷山地，土质多系石灰岩分化形成，立地条件极差。建国初，在地方党委和政府领导和组织下，完成侧柏林1.53万公顷。

危害侧柏的主要虫害是侧柏毒蛾，1970～1985年侧柏毒蛾连年暴发成灾，经多年综合治理，长期保持有虫无灾的低虫口状态。1998年因受气候异常等诸多因子的影响，侧柏毒蛾又暴发成灾。据调查，受害面积达1.33万公顷，占侧柏林总面积的87.1%，其中单株虫口400条以上的成灾面积有0.87万公顷，最高单株虫口达万头以上，侧柏失绿枯黄的重灾面积达3530公顷。成灾区域主要分布在该市铜山、泉山、贾汪等县（区）的云龙山和泉山，包括云龙公园和泉山森林公园范围内的风景林。

为迅速扑灭侧柏毒蛾灾害，市政府成立了除治临时指挥部，与江苏省农林厅共同制定了"飞机除治为主，人工地面除治为辅"的防治策略，在省民航局支持下紧急调集常州航空公司、北京航空运动学校的3架飞机（运－5型1架、JI－500超轻型2架）至徐州喷洒农药灭虫。运－5型飞机喷洒的农药是2.5%敌杀死1000倍和40%灭幼脲3号200倍的混合液；JI－500超轻型飞机喷洒的农药是2.5%敌杀死200倍和40%灭幼脲100倍的混合液。7月2～18日，运－5型飞机低常量喷药作业119架次，除治面积3530公顷；JI－500超轻型飞机超低量喷洒作业50架次，除治面积2670公顷。据作业定点药效检查，施药48小时后，其施药效果除1处为79%外，其余点均达90%以上。对不适宜飞防的区域，市林业部门紧急购置了50台高压喷雾机、8吨农药，实施人工地面施药作业，除治面积6530公顷，灭虫效果达85%以上。除治总面积占受害侧柏林面积的95.7%，基本达到了预定的灭虫目标。

（徐克勤）

南京市林业

【概　述】 1998年，南京市林业部门把生态林业建设和丘陵资源开发列入林业建设的主要目标，落实关键措施，推进重点工程，全市农村绿化再添新貌。

生态林业建设　全市共完成成片造林2713公顷，是任务数的1.7倍；营造农田林网3.5万公顷，是任务数的1.18倍；“四旁”植树401万株；育苗933公顷，生产各类苗木7355万株。绿色通道工程脱颖而出，沪宁、机场、宁连、宁通高等级公路共栽植护路林带100千米，植树32.37万株，石山造林127公顷，配套农田林网4000公顷。长江两岸南京段新建兴林灭螺工程林340公顷，防火重点林区建成生物防火隔离带43千米。大洪灾发生后，市、县林业部门抓紧时机，制定了以构筑林业生态体系为重点的林业新3年发展规划。

富山工程建设　年初，市政府邀请部分农业大专院校、科研院所的专家座谈，专家认为：南京市丘陵资源广阔，开发丘陵资源，发展林果产业潜力很大，是农村经济新的增长点。全市新拓经济林果2334公顷，是任务数的1.75倍。其中：茶叶560公顷，青梅和黑树莓480公顷，干鲜果847公顷，杜仲、笋用竹等447公顷。10个经济林果开发重点乡镇取得规模发展，共栽植茶果767公顷。1998年全市桑茶果瓜总产值达到2.64亿元，较1997年增长2.1%。为建成一流的园艺业，市农林局先后组织召开了花卉、茶叶、果树、蚕桑发展研讨会，商定全市经济林果开发的主选品种，提高山林资源开发的总体质量。

资源保护工作　森林防火、病虫害防治成绩明显。本轮防火期内，全市发生森林火警6次，一般火灾4次，森林火灾受害率、控制率分别为9.8/1000和0.1/1000，低于市政府下达的控制指标。江浦、雨花台、浦口、大厂4个区（县）实现无森林火灾，江宁、溧水2个防火重点县火灾危害明显下降，全市森林火灾查处率达到91%。松材线虫病防治，完成疫点更新改造366公顷，清理病死树29.29万株，处理病材17 350立方米，烧毁枝梢9.04万担，消灭疫点5个。林政工作取得突破，征占用林地审核发证率达60%，木材检查站杜绝“三乱”行为。全市组织开展了野生动物经营市场调研，查处了一批违法案件，审核发放了《江苏省野生动物经营利用许可证》。

产业化发展　4月份，南京雨花茶集团挂牌营运，从而发挥了品牌优势，提高地产雨花茶的知名度。市级两个集苗木引进、试验示范、推广销售于一体的林业、园艺苗圃基地崭露头角，一批苗木新品种进入市场。南京东郊杜鹃园完成基础设施配套、品种引进、种苗繁殖工作，草坪工厂化生产项目同步建成，扶郎、百合等一批切花品种在市内享有一定的知名度。南京森林旅行社依托市郊林区优美的林相、深厚的文化底蕴，积极发展森林旅游产业，并与市委宣传部联合组织了“城市人看农村新面貌”活动，取得了预期的效果。

（陈　健）

浙江省林业

【概　述】

发展与成就

绿化造林　1998年的绿化造林和全民义务植树工作以“建设山川秀美的生态环境”为主题，突出生态建设，注重经济效益，全年共完成人工造林41 192公顷，是年度计划的210%，其中竹林面积6306公顷。按林种分：用材林14 967公顷，经济林21 745公顷，防护林3218公顷，薪炭林745公顷，特种用途林517公顷。完成海防、太防、平原绿化、治沙四大林业生态工程造林和世界银行贷款速生丰产林基地造林分别为4019公顷、613公顷、1771公顷、744公顷和6129公顷。完成迹地更新面积21 208公顷，是年度计划的134.6%。封山育林面积达到754 143公顷，其中本年新封128 296公顷。完成幼林抚育146 689公顷，成林抚育362 445公顷。改造低产低效林面积36 839公顷。育苗面积2152公顷，其中本年新育苗822公顷，是计划的257.2%。“四旁”植树3396万株，是计划的167.20%。全省新增城镇绿地面积362.5万平方米。杭州市把城市绿化列为1998年市政府为民办实事的十件大事之一，全年扩大绿地143.36万平方米，大大超过了年初确定的100万平方米的计划。嘉兴市围绕“点成景、线成荫、面成片”的要求，投资2000多万元用于绿化城区。全省又有38个小城镇跨入“省级绿色小城镇”行列，累计已有114个镇获此荣誉称号。全省参加义务植树人数达到2086.4万人，比1997年增加248.9万人，义务植树尽责率为80.1%，比1997年提高了9.6个百分点，共植树8419.2万株，人均4株；铺设草坪362.5万平方米，种植绿篱110.4万米。农村义务工用于植树造林473.6万工，全年收缴义务植树以资代劳绿化费464.6万元，已执行全民义务植树登记卡制度的市、县达到42个，建卡率为46.7%。县级绿化达标活动全面展开，计划用3年时间使全省每个县（市）都达到县级绿化标准，最终如期实现省委、省政府提出的“十年绿化浙江”的宏伟规划。公路、铁路、水路的绿色通道工程正式启动，制订了绿色通道工程的绿化规划，拟定了实施方案。通过实施平原绿化达标攻坚战，慈溪、象山、定海、岱山、乐清、瑞安、平阳、三门8个最后规划达标的县（市、区）都如期完成了平原绿化任务，各项绿化指标均达到了国家标准。至此，全省42个列入全国绿化工程建设县已全部达标，比国家规划提前2年完成了任务。为巩固和提高浙江省平原绿化达标成果，根据省政府办公厅《关于开展高标准平原绿化建设的通知》精神，在总结海盐、桐乡、镇海3县（市、区）试点经验的基础上，相继制定了《浙江省高标准平原绿化建设总体规划》、《浙江省高标准平原绿化先进单位考核验收办法》、《高标准平原绿化建设工程造林实施办法》等规范性文件，全面开展了高标准平原绿化。宁波市成立高标准平原绿化领导小组，市级16个相关部门明确分工、落实职责、齐抓共管。

山区林业综合开发 全省新发展经济林21 745公顷、竹林6306公顷，分别占本年度人工造林面积的52.8%和15.3%。省定经济林、竹林“四个百万亩”工程的年度造林计划超额完成，其中名特优经济林163 333.3公顷，是计划的147.9%；毛竹丰产林11 067公顷，是计划的100.2%；笋竹两用林13 000公顷，是计划的127.5%；毛竹低产林改造12 640公顷，是计划的123.9%。云和县在完成万亩高标准板栗基地建设之后，又规划启动了“一一二三”富山富民工程，即建设一万亩经济林、一万亩笋竹两用林、二万亩低产低效笋竹两用林改造和三万亩玩具原料林，县政府已拨出170万元资金用于工程的基础配套建设，本年度已完成工程造林600多公顷。淳安县确立了“一手抓湖，一手抓山，大搞山区综合开发”的工作思路，提出到2000年实现人均1000元/亩的优高经济林的开发目标，全县建成2.67万公顷优高特色经济林。杭州市坚持十大商品林基地建设，按产业化要求加大建设力度，全市新建特色林业基地6867公顷，占造林总面积的74.3%。临安市围绕竹子、山核桃等优势特色产业抓好基地开发，新造以竹笋、山核桃为主的基地林1500公顷。淳安、龙泉、临安、新昌4个全国山区综合开发示范县争取国家山区综合开发贴息贷款3800万元，安排了14个开发项目。

林业产业 组织制订了浙江省竹木产业发展规划，明确了今后一段时间竹木产业发展的指导思想、目标、任务和措施。制订了《浙江省林业产业化发展指导意见》，同时专门组织力量开展板栗产业化、竹产业化的专题调查研究，提出发展对策，搞好指导。筹备成立了浙江省林业产业协会，加强行业管理和协调服务。对全省的人造板产品生产企业开展了生产许可证的申报和初审工作，有108家人造板生产企业通过省级审核。加大了林产品质量监督检验力度，省林产品质量检验站除完成企业委托检验外，共完成省级抽检180批次，其中：人造板88批次、林化产品20批次、地板54批次。本年度共落实技改项目5个，总投资2877万元；落实森工多种经营项目20个，争取贴息贷款2100万元。这些项目的实施，促进了产品结构的调整和档次的提高。全省102家预算内森林工业（林业）企业扭亏成效明显，亏损由1997年的2680万元下降到1621万元，减亏幅度达到40%。

全省花卉业持续快速发展，产值达到12亿元以上。省政府把花卉业列为农村经济的十大支柱产业之一来重点扶持，在全省开展了建国以来第一次花卉苗木情况普查，摸清了家底。全省已有花卉生产单位或专业户15 710家，生产面积7400公顷，专业市场18个，常年经营花店1040家，从事花卉生产、经营人数10多万人。在普查的基础上，组织制订了浙江省花卉产业发展规划。1998年11月，省林业厅与有关部门在杭州联合举办了西湖国际花卉博览会，进一步扩大了浙江花卉的知名度，促进了浙江花卉业的发展。

1998年新建省级森林公园5处。至此，全省有森林公园52处，经营面积24.87万公顷，其中国家级森林公园12处，经营面积13万公顷。全省各森林公园共接待国内外游客951万人次，其中境外游客11.87万人次，旅游经营收入9428万元，分别比1997年增加17.26%、10%和9.17%。

1998年全省林业行业产业总值250.82亿元，其中：第一产业总值141.48亿元，占56.41%；第二产业产值103.85亿元，占41.4%；第三产业总值5.49亿元，占2.19%。

全年共生产木材215.62万立方米，毛竹9015.5万根，毛篙竹1016.8万根，锯材68.98万立方米，木片10.37万立方米；生产人造板56.81万立方米，其中：胶合板16.42万立方米，纤维板23.53万立方米，刨花板4.49万立方米，其他人造板12.37万立方米；生产木地板块17.52万平方米，人造板二次加工装饰板113.69万平方米，热固性树脂装饰层压板129.89万平方米，刨切单板0.49万平方米；生产松香3513吨，松节油515吨，冰片47吨，栲胶570吨，活性炭6817吨。与1997年相比，木材、竹材产量大幅上升，人造板、装饰板产量略有增加，林化产品大都减产。

全省生产竹笋干（鲜笋折笋干）67 344吨，板栗25 662吨，核桃5521吨，油桐籽774吨，油茶籽26 842吨，乌桕籽541吨，棕片1629吨，松脂8557吨。与1997年相比，板栗大幅度增产，竹笋干、核桃、松脂产量基本持平，“三籽”和棕片产量大幅减产。

森林资源保护管理 坚持凭证采伐、限额采伐，伐前设计、伐中检查、伐后验收，进一步落实“源头”管理的经验措施。针对近年来山地流转机制的推行，切实加强了林地、林木转让活动的管理。同时，对采伐许可证的发放、伐区作业设计和伐后验收等执法过程，加强了监督管理。并组织制订了《浙江省人造板耗材折率标准》和《浙江省毛竹制品耗材折率标准（试行）》，统一了折算标准，促进森林采伐限额管理。全年共采伐消耗林木蓄积750万立方米、毛竹1亿株，比1997年有所下降，继续控制在省政府下达的林木800万立方米、毛竹1.16亿株的限额指标以内。全省林地征占用的审核率和补偿费兑现率稳步提高，分别达到92.4%和91.8%。以综合治理为突破口，切实加强森林防火工作，在完成建德、临安等16个县的一期森林防火综合治理工程后，启动了淳安等16个县的二期工程。全省共发生森林火灾328起，受害森林面积1186.85公顷，与前3年平均数相比分别下降了50.3%和54.7%。森林火灾受害率为0.21/1000，发生率为5.85次/10万公顷，均大大低于省政府规定的指标。在30个县（市）对马尾松毛虫、竹子害虫、日本松干蚧、板栗病虫害、松材线虫病五大森林病虫害实施工程治理。全年共发生各类森林病虫害面积8万多公顷，发生率为1.51%，森林病虫害防治面积6.2万公顷，防治率为77.55%，森林病虫害监测面积118.47万公顷，监测覆盖率为92.85%，种苗产地检疫4000多公顷，检疫率为97.4%，“四率”指标均达到国家林业局和省政府下达的指标要求。全省各级森林公安机关共受理各类破坏森林和野生动物资源案件3676起，查处3656起，查处率为99.5%，打击和处理4785人，挽回直接经济损失1188.2万元。省重大案件督查领导小组对重特大森林案件加大督查力度，重点督查33起案件，已侦破29起；杭州、金华、衢州、丽水、台州等市、地相继成立了重大森林案件督查领导小组，抓好对重特大案件的督查。抓好山林纠纷调处工作，促进林区社会稳定和经济发展。全年调处山林纠纷748起，是计划的200%，共落实争议面积3444公顷。加强野生动物管理，做好对野生动物驯养繁殖、经营利用的审核审批工作，全年共审核审批600余批次；调查了全省野生动植物的基本情况，摸清了家底，并编制了《浙江省2010年野生动物保护发展规划》和《浙江省野生动物工程建设项目表》。

学习、宣传、贯彻新森林法 一是开展了声势浩大的集中宣传。通过采取领导讲话、答记者问、开辟专栏以及执法人员上街下乡开展宣传、咨询和组织知识竞赛、发行彩图等形式，大力宣传新森林法，形成深厚的氛围。二是积极组织全省广大林业干部职工学习新森林法，并举办各种专门培训班、讲座，有重点地开展学习，尤其是注重抓好森林公安、资源林政等林业执法人员的培训学习，提高业务水平。三是为配合新森林法的宣传，根据国家林业局的统一部署，全省开展了“跨世纪保卫绿色行动”，严厉打击破坏森林资源和野生动物的违法犯罪活动，严肃查处乱砍滥伐林木、乱捕滥猎野生动物、乱批滥占林地等大要案，并选择一些典型案子重点查处，公开曝光。

林地清查工作 国务院《关于保护森林资源制止毁林开垦和乱占林地的通知》下发后，省政府及时印发了《关于贯彻国务院通知要求立即停止审批建设工程征占林地的紧急通知》和《关于坚决制止毁林开垦和乱占林地加强森林资源保护工作的通知》，明确要求各级政府和林业、土地等有关部门立即停止审批各项建设工程征占用林地，抓好林地清查，强化林地管理。根据林地清查要求，省及各市、地相继成立了林地清查办公室，公布举报电话和举报箱；全省林业、计划经济、土管、建设、民政、交通、水利、公安、监察、农业、工商部门密切配合，对1994年5月20日以来的征占用林地情况进行了全面清查。到年底已查明，自1994年以来共乱占林地6151起，5000.32公顷。其中：交通工程254起，780.40公顷；水利水电工程176起，926.73公顷；机耕路1218起，1379.15公顷；采石取土1379起，684.45公顷；公用设施314起，299.04公顷；居民建房2248起，137.29公顷；综合开发149起，482.42公顷；其他（包括公墓等）413起，310.84公顷。根据实际情况和有关政策规定，对其中的5230起补办了征占用林地审核手续，林地面积4250公顷。同时，还清理出各地出台的违反林地管理有关法律、法规和规章的文件7个。通过林地清查，大大增强了各地依法征占用林地、节约用地的意识，并为规范今后的林地管理打下了良好的基础。

科教兴林和对外开放 1998年又取得了一批林业科技成果。获得国家林业局科技进步奖2项，其中：二等奖1项、三等奖1项；获得省科技进步奖15项，其中：二等奖3项、三等奖6项、优秀奖和星火奖6项；省林业科学研究院的“活性炭斜板移动活化炉”项目获得第47届尤里卡发明铜奖。积极推广现有科技成果和先进实用技术。经筛选申报，优质高效笋用竹早出笋及丰产技术示范项目被列入省科技推广计划；杉木10个优良无性系、板栗调花丰产素及应用技术2个项目被列入国家林业局推广计划；广大林业科技人员送技术下乡，认真办好科技示范点、示范林，科技推广取得了显著的成效，据对42个项目统计，已推广应用面积92.47万公顷，新增产值9.72亿，增加产量2亿千克，增加木材121.5万立方米，节约农本9674万元，挽回损失1.03亿元。全省林业科技贡献率稳步提高，达到31.66%，居全国第五位。在省首届优质农产品评奖中，有50个林产品获省优质农产品金银奖，其中枫桥牌香榧、东林牌精制山核桃、神仙果牌金华佛手被认定为1998年浙江省农业名牌产品。省林业厅组织拍摄了科教兴农专题片5集、林业专题片2集；做好省重大攻关项目“板栗贮藏保鲜加工”有关组织协调工作，并收集整理了民间板栗贮藏保鲜的实践经验，编印了小册子，推广民间传统贮藏保鲜技术。

利用外资发展林业有了新进展。1998年利用世界银行贷款400万美元，在13个县（市）发展森林资源11 000公顷，在15个县（市）完成幼林抚育27 733公顷。林业系统内签订了2个外商合作项目。为促进外商投资，省林业厅组织建立了林业利用外资项目库。同时印发了《关于进一步加强和完善林政执法管理，促进外资利用工作的通知》，进一步改善全省的投资环境。

存在问题 ①重造林轻管护、重数量轻质量、重生产轻加工流通的现象依然存在，低产林改造和采伐迹地、火烧迹地更新由于缺乏必要扶持资金，进展不快。城镇绿化、村庄绿化仍是全省绿化的薄弱环节。主要水系河道的不少宜林地段还没有绿化起来，有少数地方义务植树登记卡制度还没有建立起来。②国有林场（苗圃）扭亏增盈难度很大。全省120个国有场圃大部分是建于五六十年代的老场圃，地处偏远山区，交通不便，主要以发挥生态效益、社会效益为主，经济效益普遍低下，而且离退休职工多，负担重，步履艰难。1998年虽然狠抓扭亏增盈，有18个场圃如期扭亏，但全省场圃的亏损却在增加，亏损总额为778万元，比1997年度增亏218万元。③森林资源保护形势严峻。乱砍滥伐林木、乱捕滥猎野生动物、乱批滥占林业用地时有发生，尤其是破坏森林资源的重大案件发案数居高不下。加上森林火灾、森林病虫害，对浙江省森林资源构成很大威胁。④林业队伍思想观念、工作方法、业务水平与形势的发展还有不少的差距。（张 钢 吴三民）

【浙江省提前实现全省平原绿化达标】 至1998年底，全省42个有平原绿化任务的县（市、区）都先后实现平原绿化达标，跨入了全国平原绿化先进县行列，浙江省比国家规划提前2年完成平原绿化达标任务。平原绿化达标建设10年来，全省累计完成工程造林3.85万千米，折合面积1.46万公顷，“四旁”植树6600万株。全省已绿化公路、铁路2.11万千米、沟堤1.88万千米、河流1.49万千米，绿化率达到74.7%；农田林网控制面积60多万公顷，占宜农田林网面积的72%，绿化村庄4.33万公顷，绿化率达到24%以上；现有林木总蓄积量达到2400多万立方米，成为全省森林资源稳步增长的生力军。平原、半平原和部分平原县的森林覆盖率分别达到16%、33%和36%。全省平原地区已初步形成了带、网、片、点相结合的农田防护林体系，自然面貌发生很大变化。许多平原绿化已开始产生可观的生态、社会效能和经济效益。

总结10年来平原绿化达标建设的经验，主要有以下几点：

领导重视，措施落实，是实现平原绿化达标的关键

从1989年开始，平原绿化作为绿化造林责任状的重要内容列入领导干部的考核范围，把平原绿化落到各级领导身上，并明确规定了农田林网工程的经济补助政策。特别是“九五”期间把平原绿化作为全省林业工作的重中之重来抓，增加了资金投入。为确保1998年全面完成平原绿化达标任务，还对未实现平原绿化达标的县实施达标攻坚战，确保如期完成达标任务。各地把平原绿化列入了重要议事日程，平湖市连续6年坚持春节后召开的第一个会是“绿化会议”。镇海区政府专门出台一系列扶持政策，每年拨款20多万元用于平原绿化建设，并对林带占用的耕地，一律免收农业税。瑞安市委市政府为打好平原绿化攻坚战，把平原绿化作为该市形象工程来抓，分别把1997、1998年定为“绿化年”和“平原绿化达标年”，提出了“四大绿色工程”和“四大创建工作”，其中绿色长城和104绿色长廊工程列入市重点工程，并组织人事、监察、财政等部门进行检查考核。各地林业部门积极当好政府的参谋，争取部门的支持。台州市由市政府与交通部门签订公路绿化责任状，每年有计划、有考核、有奖惩，大大加快了公路绿化的进程。

因地制宜，分类指导，是实现平原绿化达标的前提

一是狠抓未达标县的林带林网建设。平原农区的林带林网是浙江省平原绿化建设的薄弱环节，突出表现为公路、铁路、河流、堤防、干渠等干线的绿化率和农田林网的控制率明显偏低。这两项指标能否达到部颁标准，直接关系到平原绿化达标任务的完成。各县都以五大干线绿化和农田林网建设为突破口，集中人力、物力、财力实施达标大会战。二是把平原地区竹林和经济林开发作为加快平原绿化达标建设的突破口来抓。三是抓好达标县绿化成果的巩固和提高。针对有的地方实现了平原绿化达标后，产生松劲情绪，甚至出现滑坡等情况，明确提出了已达标县要努力向高标准平原绿化迈进。并分别在海盐、桐乡、镇海开展了试点工作，出台了相关的措施，引导全省平原绿化向高标准发展，确保了已达标的县在原来基础上稳步提高。

落实林地、林权及林木胁地政策，是平原绿化达标建设的基础 浙江省采取了政策引导和行政措施相结合的办法，通过落实林地、林权、林木胁地政策，妥善解决了营造林带林网占用耕地的问题。海盐实行了“补北不补南、东西各补半；下动上不动，分头挑担子”的林缘遮荫补偿政策。上虞市则明确规定“在界定公路、河流路基两侧各1～1.5米为林业用地，土地所有权不变的前提下，由乡镇负责处理好经济政策，落实绿化植树”，从而确保了平原绿化达标任务的如期完成。

工程造林，项目管理，是实现平原绿化达标的保证

一是按照原林业部平原绿化工程建设的有关规定，制定了《浙江省沿海防护林和平原绿化造林实施办法》、《浙江省平原绿化检查验收办法（试行）》、《浙江省沿海防护林体系建设县级达标调查方法和检查验收工作细则》等工程造林管理办法，使平原绿化建设一开始就步入了规范化的轨道。二是常年不懈地抓好规划、设计、施工管理、检查验收、建立档案等关键性业务工作，扎扎实实地搞好施工设计，明确造林小班和地段，落实树种和技术措施，严把整地、苗木和施工质量关，加强成果考核，组织全面检查和抽查，逐步建立起规范化、制度化、科学化的工程管理制度，保证了工程施工质量，使近几年浙江省的造林成活率都在85%以上，合格率都在90%以上。三是切实加强管护，强化依法治林。四是多方筹资，形成良性投入机制。10年来，浙江省采取"财政拨一点，有关部门挤一点，乡村合作组织集一点，乡镇企业筹一点，农民个人投一点"的办法，多渠道筹集资金，逐步建立起一个以国家财政和信贷投入为导向，以乡村集体和农民投入为主体，以工补林、以工建林和全社会扶林的现代林业投入新体系。浙江省用于平原绿化工程建设资金达2.2亿元，其中省（部）级资金投入6000多万元。在资金使用上，坚持"宏观调控、分级管理、分类指导、统一效益考核"的原则。

科技兴林，种苗先行，是平原绿化达标建设的动力

首先是抓好种苗工作。认真办好骨干苗圃，立足于苗木的自产自销，培育出品种对路、数量充足、质量优良的工程造林苗木。海盐县对造林苗木长期坚持采用Ⅰ级、Ⅱ级优质苗，实行栽培规范化、管抚科学化。其次是抓好适用技术的推广和运用。10年来，浙江省平原绿化苗木主要以"三杉"、木麻黄为主，树种较为单一。为打破这个格局，各地进行了许多有益的探索和试验，并取得了一些成功。（张　钢　吴三民）

【浙江省公路绿化3年发展规划】 浙江省现有公路通车里程3.6万千米，其中宜林路段2.7万千米，至1997年已绿化2.3万千米，国省道和县乡道的绿化率分别为80.7%和86.7%。为加快公路绿化，从1998年起，全省加大了公路绿化的力度，计划用3年时间，使宜林公路全部绿化，消灭绿化空白路段，绿化率达到100%。重点实施交通绿化"311绿色通道工程"，到2000年把1000千米国省道干线改造公路和100千米的京杭运河浙江境段全部绿化；全省各市（地）逐步建立完善公路绿化苗圃基地，每个市（地）至少有一个比较规范的有一定规模的标准化苗圃；全省建成144个庭院式公路管理站，一站一园，庭院绿化覆盖率达到36%；公路绿化不但要有数量上的增加，而且要在质量上、管理上有较大提高，整体促进公路绿化上档次、上水平。

为实现公路绿化3年发展规划，采取了4个方面的措施：

1. 公路绿化实行辖区负责制，明确职责分工，层层落实责任制。

2. 重点抓好国省道干线公路绿化和"绿色示范路"建设。要求各市（地）抓好一二条"绿色示范路"，省里确定104国道杭州至文子岭和34省道临甬线作为"绿色示范路"。

3. 加强公路绿化队伍建设。要求各市（地）公路管理机构，至少要配备一二名专职绿化技术人员，每个县（市）至少要配一二名兼职绿化技术人员。1998年举办了全省公路绿化培训班，组织各市（地）交通局、公路管理处分管领导和绿化主管人员，就公路绿化的有关法律、法规和设计、栽植、养护等技术进行专题培训。

4. 实行规范化管理。制定了《浙江省公路绿化管理办法》和《浙江省公路绿化技术标准》，明确规定今后公路设计会审时，要同时会审公路绿化是否符合要求，工程验收时也要同步验收绿化是否到位，坚持做到同步规划、同步实施、同步会审、同步验收、同步交付养护管理。

1998年度全省完成公路绿化长度1700千米，折合面积330多公顷，共投资4000多万元，投劳705万工。至1998年底，全省国省道干线公路绿化率已提高到91%，县乡道公路绿化率提高到90%。

（省绿化办公室）

【理顺全省森林公安管理体制】 "体制不顺，警力不足，执法权限不到位，经费供应渠道不畅通"是长期困扰浙江省森林公安发展的根本问题，也是浙江省林业及森林公安部门一直致力于解决的大问题。从1996年开始，浙江省林业厅加大工作力度，会同省编委办、省公安厅的同志，先后2次到外省的5个地区9个县取经学习，同时数次下基层调查研究和论证方案，先后撰写了近10万字的调查材料，为省委、省政府领导和决策部门定下一揽子解决森林公安队伍建设问题提供了准确、有力的依据。1997年省编委第十六次会议上确定了解决的基本思路。1998年在国家机关精减整编的形势下，省领导在省编委第十七会议上决定全省增加280名森林公安编制，明确原有654名森林公安编制和新增280名编制，全部为全省森林公安专项编制控制数，原使用的事业编制一律核销；同时决定所需经费开支统一列入各级财政部门预算，从而结束了森林公安费用一直由林业"两金"中开支的不合理状况，减轻了林业部门的负担。在此基础上，11月29日省人事厅、林业厅、公安厅又联合下发了《关于全省森林公安人民警察实施国家公务员制度有关问题的通知》，对全省林业公安实行公务员制度。由于体制问题的根本解决，极大地调动了广大民警的工作积极性，为开创森林公安建设新局面奠定了坚实的基础。全省森林公安以理顺体制为契机，加强队伍建设，加强学习培训，提高森林公安民警的整体素质。（张　钢　吴三民）

【中日浙枥友谊林】 1998年10月16日，浙江省林业厅与日本国枥木县林务部在杭州签订了在枥木县共建"中日浙枥友谊林"协议书。浙江省与枥木县自90年代初开展林业交流合作以来，通过共同努力取得了可喜

的成果，尤其是1993年在浙江省桐庐县共同营造的“浙栃友谊林”(由栃木县提供树苗)已成为林业友好合作的象征和人民友好的标志。为进一步发展友谊，双方商定在栃木县共建“中日浙栃友谊林”，友谊林所需种子由浙江省提供，栃木县负责育苗及友谊林培育管理。浙江省林业厅已提供杉木、马尾松、大叶榉、柏木4个树种种子，以后还将陆续提供一些其他树种种子。日本国栃木县确定了县南、县中和县北3块林地作友谊林建设用地。 (张 钢 吴三民)

【奉化市抓好生态公益林建设】 奉化市位于浙东沿海，陆地面积1254平方千米，海域面积96平方千米，是一个以山区为主的沿海新兴城市。据1998年森林资源调查，全市有林业用地面积8万公顷，占土地总面积的63.9%，林木总蓄积量131万立方米，森林覆盖率62.2%。几年来，奉化市认真抓好林业生态环境建设，积极营建生态公益林，使环境面貌不断改善。该市先后被上级有关部门授予“灭荒先进单位”、“全国平原绿化先进单位”、“省城市环境综合整治先进单位”和“全国卫生城市”荣誉称号。回顾总结几年来的生态公益林建设，主要做了以下几方面工作：

大力宣传，提高认识 大力宣传植树造林，增加植被覆盖，搞好水土保持，改善生态环境是全民的共同责任；宣传做好林木保护、防火工作，是保障绿化造林成果和森林资源安全的根本性措施；宣传林业法律法规，学习森林法，运用森林法，以法律维护林业健康稳定发展。通过多种形式、各种渠道的宣传，进一步提高了干部群众对建设生态公益林重要性的认识。奉化市把搞好生态公益林作为一项投资省、见效快的农业基础设施建设和窗口形象工程来认识，作为改善旅游环境和农村自然环境、提高人们生活质量的实事工程来认识，作为农村社会主义精神文明建设的一项重要内容来认识。

科学规划，合理布局 一是搞好无林地的绿化规划。针对全市尚有1300多公顷荒山荒坡、采伐迹地和火烧迹地的实际，按照宜造则造、宜封则封的原则，规划在2年内全部消灭无林地。二是搞好退耕还林的规划，对全市300多公顷开垦山，按照谁垦谁还林的原则，要求在2年内全部植树还林。三是搞好高标准平原绿化规划。按照建设高标准平原绿化市的要求，规划在5年内建成10个生态镇和100个生态村，通过“绿色长廊工程”和“窗口工程”的实施，努力把奉化建设成为旅游生态型新兴城市。四是搞好生态林封育规划。规划在5年内实施封山育林2万公顷。通过大力培育生态公益林，改善全市的生态环境和生存空间，促进社会经济的进一步发展。

领导重视，政策启动 市委、市政府把改善生态环境作为奉化经济可持续发展的大事来抓，列入重要议事日程。市政府与各镇乡签订了保护和发展森林资源责任状，每年考核，并把考核结果与年终奖金挂钩。市财政用于林业的建设资金每年在130万左右，规定平原绿化实现“生态镇乡”每一镇乡奖励2万元；实现“生态村”每一村奖励0.5万元；海岸基干林带每千米补助1万元；封山育林每公顷补助30元，一定5年；营造阔叶林每公顷补助1500元；对落实在生态林区域内的以改善林分结构为目的的中幼林抚育，每公顷补助450元。同时，奉化市林业局积极做好参谋，初步拟定从水资源费中每吨提取1.5～2分钱用于二库三江上游的生态林资源保护，逐渐使生态公益林投入有一个比较完善的经济体系和政策保障体系。

部门协作，齐抓共管 为保护生态公益林，市养鸟护鸟协会的退休老人自发组织，制作鸟笼放挂在树林中，引来了许多益鸟，为保护公益林出了一份力量。市民政局推行殡葬改革一年来，共平毁寿坟1570座，平坟还林，节约了林地近7公顷。针对小瓦窑多、污染严重的实际，在市政府的协调下，市环保、土管、林业、法院等单位联合起来，开展了一次“集中清理小瓦窑行动”，使周围环境重归清新和林木健康生长。市教委、团委、城建委、市绿办、电视台等单位发起“绿色小卫士”活动，保护生态公益林。

大力造林，美化家园 一是坚持把绿化造林与改善旅游环境相结合。大力开展创建“花园式”单位、实施绿色小城镇与平原绿化、海防林建设活动，并把三者有机结合起来。二是坚持把绿化造林与开发水资源相结合。奉化市境内有二大水库三大水系，是奉化市水资源库和水源大动脉，担负着宁波市、北仑港、大榭岛、奉化市的饮水供应和农业灌溉。为此，在上游区域大力开展封山育林，有目的地增种阔叶树种，改造优化林分结构，以及对25°以上山地停垦还林等措施。市环保局还及时关闭了上游10余家造纸厂和2家电镀厂，从而保护了植被，保护了生态环境，确保了两大水库水质优良，总体水质达到一类饮用水标准。三是坚持把绿化造林与建设生态农业相结合。山上，开展以灭荒、绿化迹地为目标的营林活动，共绿化无林地8800公顷，无林地绿化率达到97.4%。平原按自然地形营造大小不同的林网，绿化沟、渠、路、河，改善农田小气候，促进农业高产稳产。目前林网绿化率已达82.3%。海岸营造海岸基干林和绿化岩岸一起抓。共绿化岩岸32.4千米，绿化泥岸14.4千米。通过几年的努力，全市已初步建成了常绿与落叶相结合，乔木与灌木相结合，沿海林带与平原林网相结合的防护林体系格局，对全市农业生态环境的改善和保障农业丰收起到了积极的作用。四是坚持把绿化造林与发展特色产业相结合。在强调生态社会效益的同时，通过大力培植水蜜桃、竹笋、花卉、芋艿头四大主导产业，在低山缓坡大力发展本地特色经济林，提高林业经济效益，增强林业自我积累、自我发展能力，促进了生态公益林建设。

加强管护，巩固成果 根据不同情况制订不同的

管理责任制。对主要堤塘、公路、河流两侧的防护林落实专人管护制度，制订管理目标，奖惩与考核挂钩。对承包田周围的农田林网，按照“树跟田走”的办法来落实管理。对封山育林，重点落实好四个“有”：即有班子（一支护林队伍和护林员），有牌子（封山广告牌），有印子（封山合同书），有票子（给予补助）。同时切实落实好“市长、乡长、村长、家长”四长防火责任制，确保绿化造林取得好的成效。（奉化市林业局）

【三门县重视退耕还林工作】 三门县是一个海边山区县，由于山区人多田少，历史上毁林开垦种粮现象极为普遍，形成的坡耕地面积8100多公顷，占全县土地总面积的8.3%；其中25°以上的坡耕地有1600公顷，这些坡耕地地表径流强，水土流失严重，使该县干旱、洪涝灾害频繁发生，雨季河港水位、流量、泥沙量剧增，水库淤积，给工农业生产和人民生活带来严重影响。

1998年以来，三门县认真贯彻落实国务院和省政府有关退耕还林工作的指示精神，明确了“以山绿民富为目的，以发展优高林业为突破口，实施坡耕地还林、还果，提高水土保持能力和资源利用率，加快山区综合开发和农民脱贫致富奔小康步伐”的总体思路，注重生态、社会、经济三大效益并举，采取“五抓五促”，突出重点，整体推进，切实做好退耕还林工作，成效较为明显。到年底，全县已完成坡耕地退耕还林面积340公顷。他们的具体做法是：

抓宣传动员，促认识到位 县政府召开了各乡镇党政一把手、部门负责人和村支书、村民主任参加的全县退耕还林动员大会，进行部署和动员；各乡镇相继召开村党员以上干部会，对退耕还林工作进行了再部署、再宣传、再发动，乡镇干部还进农舍、坐村口，现身说法，与农民面对面核算生态账、经济账；村级组织采取电影映前动员会等形式进行宣传发动。与此同时，该县还充分利用多种媒体，以群众喜闻乐见的形式，大张旗鼓地宣传退耕还林对保持水土、改善生态环境，促进山区经济和社会可持续发展的重要作用。

抓调查规划，促科技到位 1998年9月初开始，该县抽调20多位技术骨干，组成4个工作组赴全县16个乡镇，对全县坡耕地现状进行一次全面的调查。在摸清家底的基础上，编制了《三门县1999～2000年退耕还林调查规划及实施方案》，制定具体目标，划分年度实施区域。布局因地制宜、适地适树，结合生物防火林带工程建设，宜林则林、宜果则果。还结合地块的自然地理条件和社会经济条件，注重区域化布局、专业化生产、相对集中格局的形成，有选择地发展脐橙、胡柚、板栗等名优经济林，杉木、国外松等用材林和工业原料林，以及竹林和笋用林基地。规划制定后，注重林业实用、高效、丰产技术的推广。在报纸、电视、广播上开设林业知识专题讲座栏目；在乡村开展农村干部技术培训。林业、特产技术人员还送技术到农户、到山头、到田头，提供配套服务，使营林技术进山村，确保科技到位。

抓目标管理，促责任落实 为保证退耕还林工作取得实效，县委、县政府把退耕还林工作纳入各级党委、政府的任期目标，真正做好任职一届，绿化一地，造福一方，自觉增强工作责任感和紧迫感。一是县里建立了实施退耕还林工程领导小组，由政府分管领导任组长，有关职能部门为成员，下设办公室，配置专业技术人员，具体负责退耕还林的组织实施工作，并定期听取汇报，组织督查。二是政府与各乡（镇）签订责任状，明确退耕还林地点、面积和质量等指标，确定考核标准、程序和奖惩办法，责任状考核结果交县委组织部存入干部档案，实行人大监督，对不能完成退耕还林任务的乡镇党政一把手施行一票否决。各乡镇也都按照责任状要求一级抓一级，层层落实责任，将任务分解到分管乡镇长、片负责人、驻村干部、村委会，并制定具体办法、措施和检查验收制度，落实奖惩。三是把退耕还林工作目标纳入全县农村经济发展目标一同安排、一同考核、一同奖惩，使之成为山区经济发展的一个新的增长点。四是县级机关党政班子实行联乡包干责任制，分片负责16个乡镇退耕还林工作，完不成任务的扣发年终奖金。为了避免新的水土流失，县水利部门在抓小流域治理的同时，抓好退耕还林各项工程配套措施的落实；县林业部门实行技术人员联系乡镇制度，做到规划、整地、造林“三到场”，把好技术质量关，做到治山与治水相结合。

抓政策配套，促资金筹措 制订出台了《关于切实做好退耕还林工作的若干政策》，规定：退耕还林，经林业部门验收合格的，免征农林特产税，连片开发发展经济林6.7公顷以上的，每公顷扶持825元；实行采造结合，完不成退耕还林的，冻结采伐指标1年，并由村集体垫付资金，组织人员限期开发，费用向土地户主收取。在出台退耕还林工作奖惩政策的同时，稳定土地承包政策，延长坡耕地承包期，积极引导土地使用权流转，搞适度规模经营。在开发形式上，实行分类指导，提倡统管山采取“统一规划、统一承包、统一管理、收益分成”，自留山采取“统一规划、统一技术、分户开发、收益归已”。在资金投入上，贯彻落实“国家引导、配套投入、民办公助、滚动开发”的投入机制，想方设法多渠道筹措资金。积极向政府争取退耕还林补助资金，县财政在十分紧张的情况下，挤出20万元资金，用于扶持公路两侧退耕还林，建设林业“形象工程”。努力引进外地资金、技术、人才，股份开发坡耕地，发展名特优经济林。现已引进一家农业龙头企业。

抓领导办点，促示范效应 为确保退耕还林工作如期保质地完成，县领导认真办点，以点促面。要求每个乡（镇）、村都要抓好各自的典型示范，并树碑挂牌，群众监督。做到手中有典型，实施有样板。已落实县、乡（镇）两级领导办点，规划面积近200公顷，完成绿

化或整地的130多公顷。由于各级领导的示范，有力地带动了全县开发坡耕地的积极性。（三门县林业局）

【武义县林场深化改革】 武义县林场创建于1957年，经营面积3200公顷，活立木蓄积11.4万立方米，农田24公顷，并经营胡柚、茶叶、笋竹林、水面、加工等项目。现有在职职工104人，退休人员95人。

多年来，林场以原木销售为主要收入来源，经济发展迟缓，近年出现连年亏损，年亏损额为数万元至数十万元不等，至今累计负债额达147万元。究其原因，主要有：一是权责不清，机制不活，利益不够直接；二是体制不适，管理滞后，效率不高；三是项目繁杂，重点不明，基础设施落后，产业化程度低；四是包袱沉重，经营投入不足。

为此，根据原林业部、省政府、省林业厅关于国有林场深化改革加快发展的若干政策意见，借鉴兄弟林场和农村改革的成功经验，结合自身产业、资源、地点等特点，对林场实行打破干部职工身份界限，实施分户经营为基础，统分结合的管理体制改革和转机工作。

改制转机的主体内容：深化产权制度改革，转换经营机制；精简内设机构，改革人事用工制度；盘活存量资产，实现资产变现；加强全面管理，调整产业结构。林场改制工作始于1997年7月到1998年底，已完成人员分流意向选定和农田山林分户经营工作，有29人选择领取生活补助费，74人参与分户经营，1人自谋职业；53份承包合同已全部得到完善，并签订了协议。

（武义县林业局）

【江山市加强森林病虫害防治】 江山市是一个“七山一水一分田，其他用地占一成”的林区市。1998年全市森林病虫害发生面积3127公顷，占全市森林总面积的2.5%，其中进行防治的面积为2416公顷，防治率达77.26%。森林病虫害监测率和种苗产地检疫率均达100%。江山市1998年的森林病虫害防治工作主要抓住以下7个方面：

1. 层层落实责任制。江山市委、市政府把目标管理责任制作为考核林业局及各乡(镇)政府工作的主要内容，列入绿化责任状。随后江山市林业局又进一步与森防站、各片林业工作站、各乡（镇）林业工作站（林业干部）签订岗位责任制，将管理目标落实到基层，做到目标明确、职责分明、任务落实。

2. 大力宣传。在宣传中，做到法律法规宣传与科技宣传并举，向群众宣传和向领导提供信息宣传并重，充分利用广播、报纸、电视等新闻媒体以及自办的内部宣传资料等舆论工具，宣传森防工作的重要性和必要性，宣传主要病虫害的发生特点、形态特征、防治方法等。对林农提出的疑难问题，多次组织科技人员上门指导，进行宣传。林业局还组织送科技下乡小分队，到须江、大桥、贺村、峡口等乡镇的集市进行宣传。

3. 加强队伍建设。在局木材运输证办证点充实了一名专职检疫员，加强检疫力量。同时邀请有关专家对全市兼职检疫员进行了为期4天的培训，42名兼职检疫员经考试全部合格。

4. 突出重点抓好森林病虫害预测预报。

5. 进行综合治理。坚持预防为主，生物措施和人工措施为主，辅以必要的化学防治。

6. 严把检疫关，防止检疫对象特别是松材线虫病传播。重点抓检查进口关、抓全面普查、抓产地检疫和调运检疫、抓案件查处。

7. 探索森林病虫害防治发展新路子。在市场经济条件下，森林病虫害防治队伍也面临着机构改革的问题。1998年江山市首先选派技术人员到河北省衡水市考察取经，学习兄弟单位开展综合服务的经验。其次是积极鼓励和支持森防站开展有偿服务。森防站一年中为机关、工厂、部队、学校和专业户提供技术咨询、防病治虫、器械修理等服务，收取技术服务费达5000余元。（江山市林业局）

【浙江省1998年林业大事】

1. 2月6日，省绿委、团省委、省建设厅、省林业厅联合发文授予杭州市西湖区转塘镇等34个小城镇“省级绿色小城镇”荣誉称号。

2. 2月23日，省林业厅组织5个工作组，分别由厅领导带队代表省政府对各市（地）1997年度保护和发展森林资源责任状的执行情况进行考评，并检查春季绿化造林情况。

3. 3月6日，林业部同意临安市、新昌县列入全国山区综合开发示范县。

4. 林业部决定授予奉化市、义乌市、温州市瓯海区、龙湾区、舟山市普陀区、台州市路桥区“全国平原绿化先进单位”称号，并颁发奖牌和证书。

5. 4月7日，在全国绿委第十七次全体会议上，浙江省丁成伟等14人荣获1997年度“全国绿化奖章”。临安市、平湖市、嵊泗县3县（市），余姚镇等5个镇，景芳新村等33个村和杭州市园林文物局等11个单位分别荣获“全国造林绿化百佳县”、“全国造林绿化百佳乡”、“全国造林绿化千佳村”、“全国部门造林绿化400佳单位”的称号。

6. 6月26日，省九届人大常委会第五次会议审议通过了《浙江省陆生野生动物保护条例》，并于1998年10月1日施行。《条例》共六章，四十八条，分总则、保护管理、猎捕管理、驯养繁殖和经营利用、法律责任和附则。

7. 6月28日，浙江省林业产业协会正式成立，程渭山厅长当选为首届理事会理事长。方尧宗、俞世卯当选为副理事长，施鸿志当选为秘书长。

8. 6月30日，新森林法施行座谈会在杭州召开。省人大常委会副主任李志雄、省政协副主席王务迪及有关厅（局）负责人应邀出席会议。

9.11月9日，随着全省平原绿化达标任务的全面完成，省林业厅在宁波市召开全省高标准平原绿化建设工作会议，全面部署高标准平原绿化工作。程渭山厅长、沈璇副厅长出席会议并讲话。

10.11月18～20日，国际竹藤组织第三次董事会会议在杭州召开。印度、加拿大、美国、中国等8个国家30多名代表参加会议。章猛进副省长代表省政府宴请与会代表。会议期间，各国代表还赴临安、安吉考察竹林基地和竹子加工情况。

11.12月2日，省政府召开全省山区开发现场会。各市（地）分管农业的市长（专员），部分山区、老区县（市）和刚脱贫的贫困县（市）的县（市）长及省级有关部门负责人参加会议。柴松岳省长和省山区开发领导小组副组长、省林业厅厅长程渭山分别讲话。会议期间，与会同志还到新昌、绍兴、临安等地参观考察山区开发情况。

12.12月12日，省政府组织有关厅局人员组成5个林地清查工作抽查组，对全省11个市（地）的清查毁林开垦和乱占林地工作进行抽查。

13.12月30日，省政府同意增设宁海县长街、胡陈、大佳河3个森林植物临时检疫检查点，撤销杭州市三桥森林植物临时检疫检查点，延长杭州市钱江一桥、杭州市社井等24个森林植物临时检疫检查点的检疫期限。各森林植物临时检疫检查点的检查期限均到2000年底。

（浙江省林业厅）

安徽省林业

【概　述】

发展与成就

营林生产　1998年，全省完成人工造林8.25万公顷，占计划的123.8%，其中：用材林2.72万公顷，经济林3.52万公顷，防护林1.13万公顷，薪炭林143.3公顷，特种用途林716.1公顷，竹林7990.3公顷。重点林业工程中，完成长防林造林5800公顷，世界银行贷款（二期）造林6933.3公顷，淮防林造林2400公顷，兴林抑螺造林1466.6公顷，治沙造林1666.7公顷，工业原料林造林7779.8公顷。全省义务植树1.2亿株，“四旁”植树3.78亿株；封山育林44.95万公顷，其中当年新封8.28万公顷；幼林抚育32.32万公顷，作业面积67.64万公顷次；成林抚育37.30万公顷；低产林改造2.77万公顷；育苗5370.9公顷（其中当年新育4039.8公顷），容器育苗1100万袋，采集林木种子51万千克，种子合格率85%以上，高于全国平均水平；新续建林木良种基地1286.77公顷，其中：种子园225.3公顷，母树林812公顷，采穗圃91.87公顷，无性系繁殖圃6.8公顷，实验林112.4公顷，良种示范林38.4公顷。

全省在10月29日至11月20日组织技术人员随机抽样对17个市（地）、85个县（市、区）、292个乡镇、450个行政村的1905个小班核查，结果表明：全省人工造林面积核实率为95.2%，有11个市（地）超过95.2%；人工造林面积合格率达98.3%，有8个市（地）达到100%；人工造林平均成活率91.6%，有6个市（地）超过91.6%；新造幼林抚育率97.3%，有7个市达到100%。还完成现有林培育间伐53.69万公顷，占计划的156.4%，培育间伐面积合格率达99%。

森林工业　1998年，全省生产木材357.4万立方米，其中：国有林场采伐46.8万立方米，乡村林场及村以下采伐242.1万立方米，抚育改造出材51.34万立方米。全省生产毛竹4797.88万根，篙竹935.74万根。森工企业生产锯材7.4万立方米；木片2.18万立方米；生产人造板13.38万立方米，其中：胶合板2.66万立方米，纤维板5.88万立方米，刨花板4.84万立方米，人造板产量比1997年上升33%，胶合板产量则翻了一番；生产木地板块33.03万立方米，二次加工装饰板196.95万平方米，刨切单板1000平方米；生产松香932.9吨，松节油155.6吨，栲胶214吨，木炭7518吨，软木砖500立方米。

林副产品产量　1998年，全省林副产品产量增幅较大的有：栓皮4811.8吨，是1997年产量的17倍；乌桕籽5669.9吨，是1997年产量的3倍多。其余产量上升的有：搪材107 958吨，上升59.4%；竹笋干8797.1吨，上升34.6%；板栗35 035吨，上升23.8%；油桐籽3320.2吨，上升25.6%；棕片1412.8吨，上升19.6%；元杂竹152 399.2吨，上升19.1%；香菇1754.2吨，上升16.6%；杂木棍25 541.63万根，上升13.6%；木耳1023.5吨，上升9.6%；香椿头2479.1吨，上升5.1%。与1997年相比，产量持平但略有下降的有：青檀皮3570.9吨，下降0.2%；油茶籽8386.5吨，下降0.2%；木本燃料6 287 027.5吨，下降0.3%；银杏505.1吨，下降2.7%。其余松脂8515.5吨，下降10.3%；香榧116.6吨，下降14.3%；条类448 977.8吨，下降15.2%；核桃98.2吨，下降16.1%；山核桃2650.9吨，下降31.5%；生漆96.3吨，下降74.1%；五倍子16.9吨，下降70倍。1998年，还生产紫胶21.6吨。

林业产值　1998年，全省林业社会总产值按现价计算75.81亿元，其中：营林产值13.57亿元，林产品产值27.51亿元，林木采伐产值18.36亿元，第二、第三产业产值12.82亿元。林业系统工业总产值7.26亿元，其中：国有企业4.97亿元，集体、联营和股份制企业1.83亿元。

林业资金　1998年林业建设资金实际投入28 402.41万元，资金到位率96.4%，其中：预算内资金2354.02万元，银行贷款8584.46万元，利用外资2273.02万元，自筹资金5378.20万元，事业费7171.45万元，农业综合开发和以工代赈577.6万元，扶贫和其他资金2019.26万元。

森林保护　在森林防火上：全年发生森林火灾41次，比1997年上升1.6倍，其中：火警19次，一般森林火灾22次；受害森林面积239公顷，上升38.2%；烧死树木11.65万株，损失林木蓄积6226立方米，森林火灾受害率0.078/1000；参加森林扑火数7907人，因扑火伤亡9人，全年投入森林防火资金376.2万元。

在森林病虫害防治上：1998年，全省发生森林病虫害面积31.95万公顷，发生率10.43%，其中虫害发生面积24.15万公顷，病虫发生面积7.81万公顷，均比1997年略有提高。防治面积21.17万公顷，防治率66.24%，防治率仍高于下达指标1.24个百分点。病虫害监测覆盖率65.7%，比下达指标高0.7个百分点，苗木产地检疫率88%，比下达指标高1个百分点。1998年突出抓住主要森林病虫害的防治，除大力除治马尾松毛虫（生物防治与化学防治相结合）3.67万公顷，使全省虫口密度仍处于低水平不成灾局面外，特别对松材线虫病害扎实除治，共皆伐发病松林933.26公顷，病区外围超前皆伐561.2公顷，清理病死树3031.93公顷，砍伐病区松材51 666.5立方米，除害处理病材48 044.5立方米，扑灭1个疫情发生区和7个疫情发生点。全省还防治经济林病虫害4.35万公顷，防治率达86.6%，减轻了群众经济损失。全年投入森林病虫害防治资金135.5万元。

在资源林政管理上，强化林木采伐的监督检查和指导：①开展采伐限额检查，抽查20个县（市、区）和15个国有林场，全省林木限额消耗631.5万立方米，控制在年森林采伐限额内。②规范国有林场采伐管理，审批118个国有林场采伐申请，核发林木采伐许可证282张，采伐面积3706.73公顷，采伐蓄积31万立方米。③加强林地管理保护，突出林地征占用审核，对8起补办林地征占手续的，追缴森林植被恢复费75万元，对重点工程征占用林地的，上报国家审核。

在保护森林资源制止违法犯罪上，集中开展专项治理的"严打斗争"：全省林业公安机关1998年共查处各类森林案件4223起，占受理案件的98.8%，其中：破获刑事案件95起，治安案件381起，林业行政案件3747起。共处罚各类人员6902人，其中：逮捕97人，劳教4人，治安拘留227人，警告286人，治安罚款476人，林业行政罚款4223人，其他处罚1589人，还收缴木材4624立方米，收缴、放归自然野生动物10.83万只（头），为国家挽回经济损失489.7万元。

林业科技　1998年，林业科研有5项研究被评为1997年度省科技进步奖，其中"安徽省封山育林地森林植被类型划分及营林技术的研究"获省科技进步三等奖；"高生物量薪炭林及其多效益研究"、"大袋蛾综合防治研究"等4项课题获省科技进步四等奖。1998年省林业科技进步奖申报数量和质量有较大提高：共评出"欧美杨多品系混合造林栽培研究与推广"、"高标准银杏采叶园优质高产技术研究"、"松类截根菌根化栽培技术应用与推广"等12项为省林业科技进步一等奖，"楝籽水浸液浸泡I-69杨种条育苗试验和推广"等15项获得二等奖及7项获三等奖。全省还开展"农业科技推广"活动，向祁门、潜山等山区送林业科技下乡。

改革与林政实施

组织学习宣传新《森林法》　制定安徽省学习宣传新《森林法》方案和宣传标语；编印《森林法》单行本和宣传材料2.5万份，购买宣传画4000份发至全省乡镇和各级林业机关；省、市、县三级党政、人大召开了贯彻实施新《森林法》座谈会；组织省、市（地）两级林业厅局长《森林法》研讨班，举办多形式培训活动；邀请新闻单位记者采访各级领导并通过报纸、电台、电视台进行专栏专题宣传报道。

对外交流合作　1998年，除世界银行贷款林业扶贫项目、中日高知"绿色基金会"安徽造林项目、中日技术合作培训项目启动外，中德、中芬、中葡、中日间林业合作交流项目也积极开展，全年实施国际援助项目引进利用外资143万马克、201万美元和625万日元，共折合人民币2353.4万元。此外，从1998年起，日本志愿者每年自备苗木、自费赴安徽各地整地造林，每年造林10公顷，连续5年。同时，日方还为安徽省林业部门无偿培训2名研修生，培训期为10个月。1998年，中外林业技术交流及专家咨询达20人次180人日。

林业执法资格认证　1998年，对林业行政执法人员开展登记和执法资格审查。在此基础上，省林业厅会同省政府法制局组织了认证资格考试，这是安徽林业史上规模最大、人数最多、范围最广的一次资格认证考试，全省有4100名林业执法人员申报应试。考试自8月22～24日以A、B卷分两批进行，全省设考点52个，考场130个，共有3950名人员参考（个别地方因防汛任务重的没有参加），经考试合格者，颁发资格证书3871份，林业行政执法人员资格认证合格率为98%。

实施竹业致富工程　安徽省是全国产竹重点省份之一，全省竹子共有13属57种，现有竹林近23万公顷，其中毛竹近20万公顷，居全国第5位，毛竹立竹总量5亿株，居全国第6位。发挥优势形成竹产业，是开展林业二次创业的重要内容。1998年起，在全省8个地(市)的30个县实施"竹业致富工程"。其目标是：用3年时间，把全省竹林全面垦复一遍，竹林面积由现在的22.67万公顷扩大到26.67万公顷；竹业产值达11亿元；通过扩鞭和营造，年新建竹林1.33万公顷；通过低产竹林改造，使竹林每公顷立竹3000～3300株，笋用林年每公顷平均产笋1.5万千克；笋竹两用林年每公顷平均产笋5250千克；同时，大力发展竹类制品，提高加工能力和产值。实施"竹业致富工程"，以培育保护和新建扩建竹林为突破口，形成规模化、区域化、集约化经营的生产基地；坚持多层次、多形式、多种经济成分投资开发，每年安排30～50万元实行以奖代补；坚持科技引路，评出泾县蔡村等18个乡镇为"安徽竹乡"，树立科技开发的典型。

开展打击破坏森林资源专项斗争 1998年，最高人民法院、最高人民检察院、国家林业局、公安部、监察部发出《关于严厉打击破坏森林资源违法犯罪活动专项斗争的通知》，安徽省"两院三厅"联合成立省专项斗争领导组，部署在全省开展冬季"严打"斗争。省林业、公安、监察、检察院和法院五部门密切配合，自11月至12月底，用2个月时间，共同查处各类林业案件1409起，处罚各类违法犯罪人员2398人次，逮捕32人，治安拘留77人，警告137人，为国家挽回经济损失153.4万元。

存在问题 有的地方经济林发展盲目。义务植树尽责率有待进一步提高。长江沿线发生特大洪水灾害，林业受损严重：林区公路毁损956千米，冲毁桥涵224座，毁坏新造林地和幼树3380.4公顷，冲刷受淹圃地54.7公顷，冲漂木材及制品2.9万立方米，竹材6.4万根，林业生产和林业基础设施总损失达1.098亿元。

（安徽省林业厅）

【安徽省林业改革开放20年】 20年来，安徽林业稳步健康发展，步入90年代，林业进入了最快最好的发展时期。到1998年，全省有林地达到323.33万公顷，森林覆盖率上升到28.9%，森林蓄积量1.044万立方米，分别比1978年增长65%、59.7%和49.7%，安徽成为全国第四个"灭荒"和基本全面绿化的省份，造林绿化跨入全国先进行列，受到党中央、国务院的表彰，先后荣获"实现荒山造林绿化规划省"和"全国造林绿化先进省"称号。

主要做法和经验：①不断端正林业生产方针。山区确立以林为主、多种经营、全面发展的方针，划定21个山区县，平原、丘陵地区也确定了宜林则林、宜农则农、宜牧则牧或农林牧并举的方针。全省确立建立林业生态和产业"两大体系"的总体目标。②积极探索建立多形式林业生产责任制。80年代初，改革林业经营体制，划定自留山60万公顷，80%山场确定了责任制；此后鼓励国家干部、林业职工承包荒山造林，发展林业重点户、专业户、联合体达32.02万个；80年代末期起，参股、投股、联营造林和股份合作造林不断深入，全省多形式、多层次股份合作、联营林场和乡村林场发展到9362个。③努力增加林业投入。省财政对造林补助不断增加，由80年代每年1220万元提高到现在的2350万元；争取国家投资项目，年贴息贷款在2000万元左右；引进外资项目，累计利用外资10多个项目达5.16亿元人民币。④实行科技兴林。对营林生产建立从调查设计、作业施工到检查验收的规范化质量管理体系，重点推广容器育苗等61项科技成果和先进技术，全省人工造林成活率已达90%以上，重点工程良种使用率达100%。⑤强化资源林政管理和保护。开展退耕还林和保护林地。⑥实施"五八造林绿化（五年消灭荒山，八年绿化安徽）"和林业第二次创业的战略决策，动员全社会办林业，加快了造林绿化步伐。⑦领导承担起造林绿化和保护森林资源的重任。省地县乡各级签订林业责任状，大办领导绿化点、示范点800多个，形成了"党委保证、政府实施、人大监督、政协参与"的发展林业保障机制。⑧调整优化林业结构。坚持多产业、多产品、多渠道开发，着力发展"一优两高"林业，高效经济林造林比重提高到50%，形成各具特色的经济林基地近100万公顷，用材林基地近100万公顷，全省林业总产值逐年提高，目前已逾70亿元。⑨以法治林，先后出台《安徽省实施"森林法"办法》等地方性法规、规章50余种，使林业发展法制化、规范化。

（王　文）

【安徽"京九绿色长廊"工程】 根据全国绿委关于京九铁路绿化的总体部署，安徽省率先在全国实施"京九绿色长廊"工程，在1997年完成了境内192千米沿线两侧1千米范围的绿化任务后，1998年再向两侧3千米范围延伸，担负建设任务的阜阳、亳州两市的6县(区)33个乡镇实行沟渠田林路庄站闸涵桥综合治理，全年完成栽植树木326万株，配置长青树16万株，完善新建林带173千米，完善新建农田林网5.23万公顷，16个站台绿化18.14公顷，77个桥头（涵）绿化7.32公顷，河渠绿化总长341.5千米，沿途镇村绿化1.67万公顷。并修整开挖大圹330余口，养鱼种藕，初步展现了"一带林荫道，一带鱼儿跳，一带绿果香，一带荷花笑，一带新气象"的规划目标，在6个县（区）中，亳州、阜南被评为全国"京九绿色长廊"工程建设先进县。

做法和经验：①认识到位：各级都把"京九绿色长廊"提高到树安徽形象、树国家形象的高度来认识，当作"一把手工程"、"富民工程"、"形象工程"来抓。②领导到位：6县（区）成立了书记、县（区）长任指挥长和政委的工程建设指挥部，各乡镇公布了60余位责任人名单。③宣传到位：亳州市成立京九绿化宣传小组，市电台、电视台、教育台、有线台和报社记者深入一线采访报道，阜南县坚持一天一次汇报会、二天一次碰头会、三天一次进度通报会的"一二三制度"。④督查到位：阜阳、亳州两市设立由市委组织部长或纪委书记负责的督查组，在会战期间划片包干、分线检查，强调在绿色长廊建设中，考察、发现、提拔一批干部。⑤政策到位：落实京九新植树木的林权，引进“树随地走”的机制，做到“树有主、主有证、证有章”，允许继承，允许转让，群众开展多种复合经营模式，以短养长。⑥投入到位：两市提倡广筹资金，实行“财政拿一点，企业捐一点，干部职工出一点，社会各界献一点”的办法，全年投入京九长廊的经费共达1700万元。

（薛胜平）

【黄山市发展个体林业】 为推进林业二次创业，黄山市积极鼓励农民和社会有识之士以个人或联合投资承包、租赁山场，全市具有一定经营规模的个体林业达7081个，到1998年个体林业自筹资金550.5万元，完成造林1595.1公顷，一些起步较早的个体林业典型示范户年纯收入都达几万元以上，带动了更多的农户办林业奔小康。过去山区农民有钱存银行、盖新房，如今则是有钱投资山场。个体投资山场开发，成为农村经济新的增长点。有的县（区、乡）个体林业造林的面积占到总任务的50%以上，黄山市黄山区桃园乡个体造林则占到74%，这些地方形成了林业“一创”靠集体，“二创”靠个体的新态势。目前黄山市个体林业主要有6种形式：在社区内或跨社区租赁承包山场，独资办林业；能人带头组合山场，社会集资入股办林业；乡村干部带头组合山场，自筹资金办林业；个体工商业和其他行业的个人投资办林业；一户或多户农民承包、租赁分到户的山场或集体山场，共同投资投劳办林业；下岗职工承包租赁山场，自筹资金办林业。 （杨传玉）

【马鞍山市殡葬改革添绿地】 马鞍山市为防止森林火灾，针对市区周围群山林地内遍布2万多座坟茔，常年因上山祭奠烧纸，时常引发山林火灾的实际，近年来有组织地迁移林区零散坟茔，集中建立公墓，既推进了殡葬改革，保护了森林资源，又增加了林地。市委、市政府把迁移林区坟墓集中建公墓陵园作为利国利民、创建文明城市的大事来抓，召集林业、民政、计委、物价、工商等部门统一协调，统一部署，大力宣传，限定时间，有组织地提供服务，使迁坟建陵园得到社会各界的理解和支持。目前，全市已在葛羊山、仙人山、阡马山等处建立7座公墓式陵园，陵园按每座墓穴占1平方米、栽1株树、树一块碑、建一个盒的“四个一”标准，统一格调，规范管理。已完成迁移墓穴8000座，新增林地7.5万平方米，建坟还林8公顷，新植各类林木数万株。平坟后，森林火灾由过去每年24起左右下降到现在的8次（含火警），年挽回直接经济损失10万元。

（祖白水 薛胜平）

【安庆市科技兴林】 安庆市辖8县3区，总面积1.54万平方千米，山场面积66.7万公顷。在实施“五八”绿化规划和林业二次创业的战略决策中，始终以科技为先导，促进林业发展，林业科技的推广和运用促使全市提前2年消灭宜林荒山，提前1年实现绿化达标。到1998年，全市有林地发展到51.45万公顷，活立木蓄积达1244.37万立方米，森林覆盖率上升到38.1%。安庆市林业局被省委、省政府授予“安徽省造林绿化先进集体”称号，市属太湖县被授予“全国科技兴林示范县”称号。

主要做法和经验：①强化领导。市林业局成立由局长任组长、有关科室站负责人参加的科技兴林领导小组，一方面舆论宣传科技兴林意义，一方面组织科技人员制定科技兴林规划和年度实施计划，年年送科技下乡，并在全市树立太湖县为科技兴林示范县，树立10个经济林示范片、112个县级领导科技兴林示范点，辐射推动调动群众科技兴林积极性。②健全科技网络。以市（县、区）林业科技推广中心为龙头，以155个林业工作站、10个森防站、6个国有林场、1600个乡村林场为依托建立科技推广服务网络，每年培训群众和林业职工，印发科技资料，近3年，市、县林业局共举办培训班152期，培训人员达7000人次，印发科技资料近万份。③推广适用技术。大力推行飞播、容器育苗和工程封山育林等技术，全市营造板栗、猕猴桃、杜仲、银杏等为主的经济林基地10.12万公顷，商品用材林基地18万公顷；并在重点工程中广泛应用ABT生根粉、洲滩灭螺等先进适用技术，产生了大的经济效益。④实施林业“2.5亿元工程”。大力改造和新建工业原料林和经济果木林基地2.2万公顷，防治重大森林病虫害面积4.47万公顷，开发新产品4个，完成科研项目1个，新增产值2.5亿元，3年将完成新增产值5亿多元。

（刘春旺）

【江淮汽车公司捐资扶持林业生态建设】 1998年11月24日，合肥江淮汽车有限公司向林业生态建设捐款签字仪式在北京举行。全国人大常委会副委员长布赫、国家林业局局长王志宝出席签字仪式，国家林业局副局长李昌鉴和江淮汽车公司总经理左延安在协议上签字。根据协议，该公司从1998年10月1日起10年内，每销售一辆“JAC”牌轻型卡车捐资100元，由国家林业局安排用于长江流域林业生态建设。此举开创了我国企业界支持造林绿化、建设林业生态的先河。

江淮汽车有限公司是中国汽车行业的重点企业之一，“JAC”牌轻型卡车是其主导产品，目前年销量达万台，该公司每年捐资将不低于100万元。首期工程是建设312国道安徽段260千米的“绿色长廊”，并已于1998年底正式投入施工。 （余遵本）

【安徽省1998年林业大事】

1.1月12日，省委、省政府召开全省“五八”造林绿化总结表彰电视电话会，隆重表彰在“五年消灭荒山、八年绿化安徽”中作出贡献的先进集体和个人，省党政军领导卢荣景、回良玉、孟富林、方兆祥、陈光琳、王昭耀、汪涉云、狄玉增为林业"十佳标兵"颁奖。省委书记卢荣景、省长回良玉作重要讲话，省委副书记方兆祥主持会议，省委常委、副省长王昭耀宣读表彰决定。

2.2月13日，中国工程院院士、中国林业科学研究院ABT研究开发中心主任王涛赴皖作社会林业工程研究讲学，王昭耀副省长会见了王涛院士。

3.2月25日至3月2日，林业部场圃总站站长周建铭率春季植树造林督查组赴皖检查工作，省林业厅厅长周蜀生、副厅长张玉良向督查组汇报情况。

4.3月12日，省党政军领导王太华、王昭耀、乔传秀、陈瑞鼎、吴天栋、张平、任朝海和省暨合肥市机关千余名干部及解放军、武警官兵1000余人在市蜀山镇栽植意大利杨5000余株。

5.4月4日，省林业厅暨合肥市农林局举行爱鸟周活动，王文副厅长、杨振坦副市长参加了宣传活动。

6.4月12～18日，全国人大常委会副委员长姜春云深入安徽省黄山、贵池等地调研依法治林、造林绿化及《森林法》修改等，赞扬安徽"山青水秀，'五年消灭荒山，八年绿化安徽'"取得了很大成功。

7.4月14日，省委、省政府发出通报，表彰省林业厅等6个单位五年目标管理成绩显著，考核为优秀，记集体二等功一次，领导班子成员每人增发一个月工资，周蜀生厅长记个人二等功一次，发给奖金1000元。

8.6月22日，省人大常委会、省政府召开"安徽省贯彻实施新《森林法》座谈会"，省领导孟富林、王昭耀、吴天栋、季昆森、杨多良出席座谈会，省人大常委会主任孟富林作重要讲话。

9.7月1日，安徽省、市、县设立《森林法》宣传站点，祝贺新《森林法》自1998年7月1日起施行，省委副书记王太华、省人大副主任吴天栋、副省长杨多良等领导走上街头，看望冒雨宣传新《森林法》的同志们。

10.7月20日，全国中等林业学校南方片第十四次会议在安徽省合肥市召开，13个省（区）的24所林校代表和部、省教育部门的负责人到会，省林业厅厅长周蜀生到会，副厅长王文讲了话。

11.9月25日，省政府以明传电报形式，向全省发出《转发国务院关于保护森林资源制止毁林开垦和乱占林地的通知》，要求各地立即停止一切毁林开垦和乱占林地行为，全面清理清查，并做好停垦和退耕还林工作，实行林地用途管制，冻结征占用林地一年。

12.9月，省林业厅及直属单位向洪涝灾区踊跃捐款捐物，支援灾区款额达44 955元，其中离退休老同志捐款超过1.06万元。

13.10月7日，省林业厅召开全省地（市）林业局长会议，贯彻落实《国务院关于保护森林资源制止毁林开垦和乱占林地的通知》精神，厅长周蜀生、副厅长王文分别在会上作重要讲话，省高级法院、检察院、公安厅、监察厅等有关负责同志也参加了会议。

14.10月10日、11日，全国政协人口资源环境委员会副主任江泽慧率组赴皖视察"京九绿色长廊"，省委常委、副省长王昭耀和省政协副主席张润霞、省绿化委员会顾问汪涉云、省林业厅厅长周蜀生等陪同考察。江泽慧称赞安徽京九绿色长廊工程很有特色，为全国提供了很好的模式。

15.11月3日，省委指示：深入开展林业二次创业，不断提高城乡绿化水平，建立森林生态效益补偿基金制度，全面推进以培育和保护森林资源为核心的林业生态环境建设，力争到2010年全省森林覆盖率达到33%以上。

16.12月29日，安徽省野生动物保护协会召开第三届会员代表大会，钱正伐作二届协会工作报告，中国野生动物保护协会副秘书长李玉铭、省林业厅副厅长王文在会上作重要讲话，王文副厅长当选为第三届理事会理事长。

17.12月31日，省委发出《关于贯彻"中共中央国务院关于灾后重建、整治江湖、兴修水利的若干意见"的意见》，强调大力实施以封山育林、植树造林为重点的林业二次创业工程，加强生态公益林保护，减少大别山、皖南山区森林采伐；实行退耕还林，25°以上的11.87万公顷坡耕地在2000年全部退耕还林；小流域每年治理水土流失500平方千米，到2000年，基本遏制水土流失逐年增加的趋势。 （安徽省林业厅）

安徽省自然保护区情况一览表

名称	级别	地点	面积（公顷）	保护对象	保护类型	批建时间	审批单位	建区前单位	业务主管部门	主要特色景点
扬子鳄	国家级	宣城地区	43 333	扬子鳄及生存环境	野生动物	1986	国务院	无	林业	鳄鱼湖
牯牛降	国家级	石台县、祁门县	7133	中亚热带常绿阔叶林及珍稀动植物	森林生态	1988	国务院	国营、集体山场	林业	森林旅游
鹞落坪	国家级	岳西县	12 300	水源涵养林，珍稀动植物	森林生态	1994	国务院	集体山场	环保	无
升金湖	国家级	东至县、贵池市	33 400	水禽及生存环境	野生动物	1997	国务院	湖泊管委会	林业	观鸟、宣教

（续）

名称	级别	地点	面积（公顷）	保护对象	保护类型	批建时间	审批单位	建区前单位	业务主管部门	主要特色景点
天堂寨	国家级	金寨县	1333	森林生态和野生动物	森林生态	1998	国务院	国营山场	林业	森林旅游
马宗岭	国家级	金寨县	3467	森林生态和野生动物	森林生态	1998	国务院	国营林场	林业	森林旅游
皇藏峪	省级	肖县	2067	暖温带落叶阔叶林	森林生态	1982	省政府	国营林场	林业	森林旅游
歙县清凉峰	省级	歙县	1000	中亚热带常绿阔叶林	森林生态	1982	省政府	集体山场	林业	
绩溪清凉峰	省级	绩溪县	3000	中亚热带常绿阔叶林	森林生态	1986	省政府	集体山场	林业	
皇甫山	省级	滁州市	3600	北亚热带植被、鸟类	森林生态	1982	省政府	国营林场	林业	观鸟
扬子鳄繁殖研究中心	省级	宣州市夏家渡	100	扬子鳄	野生动物	1983	省政府	国营林场	林业	鳄鱼湖
安庆沿江	省级	安庆市	120 000	珍稀水禽及其栖息生活环境	野生动物	1995	省政府	湖泊管委会	林业	
岭南	省级	休宁县	2771	中亚热带常绿阔叶林，珍稀动植物	森林生态	1995	省政府	国营林场	林业	
万佛山	省级	舒城县	2000	北亚热带落叶常绿阔叶林，珍稀动植物	森林生态	1995	省政府	国营林场	林业	森林旅游
板　仓	省级	潜山县	1523	北亚热带落叶常绿阔叶林，珍稀动植物	森林生态	1995	省政府	国营、集体山场	林业	
板　桥	省级	宁国	5000	北中亚热带落叶常绿阔叶林，珍稀动植物	森林生态	1995	省政府	国营、集体山场	林业	
十里山	省级	黄山区	1937	北中亚热带落叶常绿阔叶林，珍稀动植物	森林生态	1995	省政府	集体山场	林业	漂流
十八索	市级	贵池市	7500	珍稀水禽及生境	湿地类型	1998	市政府	湖泊管委会	林业	
老　山	市级	贵池市	20 232	森林生态系统	森林生态	1998	市政府	国营、集体山场	林业	
紫石塔	县级	东至县	6670	森林生态系统	森林生态	1998	县政府	国营、集体山场	林业	
枯井园	县级	岳西县	4000	森林生态系统	森林生态	1998	县政府	国营林场	林业	
合　计			282 366		占省国土总面积的 2.02%					

（安徽省自然保护站）

福建省林业

【概　述】

发展与成就

森林培育　1998年，全省共完成造林更新总面积8.77万公顷，占年计划的110%。其中：荒山造林2.51万公顷，迹地更新6.26万公顷。全省封山育林总面积121.17万公顷，其中本年新封面积17.65万公顷。完成幼林抚育实际面积22.38万公顷。全省森林抚育、竹林垦复和低产林改造面积共计73.13万公顷，约占森林面积的10%。受特大洪灾影响，全省育苗面积288.87公顷，比1997年有所下降。

全省林业重点工程建设造林更新面积3.23万公顷，其中：沿海防护林0.32万公顷、速生丰产林基地工程1.89万公顷、工业原料林基地0.43万公顷、竹业基地0.44万公顷。

全省参加义务植树人数1825.93万人，植树7066.6万株，完成工日1987.19万个，占法定任务的110%。全省城市新增园林绿地535.3公顷，其中公共绿地207.34公顷。建成区绿化覆盖率提高到30.8%。绿色通道工程全面启动，完成江河绿化0.19万公顷，铁路绿化33公里，公路绿化1101公里。全省公路绿化已占可绿化里程的81.6%。开展“百乡千村”绿化活动，首批表彰了46个省级园林式乡镇和98个省级园林式村庄。厦门市同安区马塘村坚持环境建设和经济建设协调发展，人均拥有公共绿地达40平方米，被誉为“福建绿化第一村”。

经国家林业局抽查，全省造林面积核实率、造林成活率均达100%，被全国绿化委员会、国家林业局授予“1987～1996年度全国十年人工造林成效突出省”称号。

林业产业　努力克服亚洲金融危机和百年不遇的特大洪灾造成的严重影响，林业工业生产基本保持平稳发展。全省木材总产量468.94万平方米，比1997年下降2%。其中林业系统内木材产量385.2万立方米，销售木材390.4万立方米。全省林业系统完成人造板产量39.34万立方米，比1997年增长5.3%。其中：胶合板产量11.28万立方米，纤维板20.75万立方米，刨花板6.51万立方米。生产竹材11 761万根，比1997年增产1308万根。松香出口受阻，价格下跌，仅生产4.6万吨。1998年，林业企业亏损面达51%，比1997年提高3个百分点。全省林业企业实现利税25 421万元，比1997年下降20.89%。上缴利税31 656万元，比1997年下降13%。永安林业集团狠抓管理，千方百计降低生产成本，全年实现利润7212万元，比1997年增长136%。福州人造板厂努力提高产品的科技含量，加大促销力度，实现利润1638万元，继续保持全国同行业领先水平。

全省竹林面积发展到80万公顷，经济林面积增加到100万公顷。漳州百里花卉走廊和延平区百合花基地、南靖县兰花基地、周宁县鲜切花基地等花卉生产初具规模。全省花卉面积已达0.61万公顷，年产值6亿多元。全省建成森林公园14个，森林旅游的接纳能力大大增强。福州国家森林公园全年游客人数达77万人次。

漳州林产品交易市场一期工程已建成投入试营业。福州林产品交易市场已完成投资2000万元。

资源管护　森林“三防”体系建设取得较好成效。全年发生森林火灾120起，受害森林面积仅66.67公顷，分别比1997年下降26%和96%。全省森林病虫害发生面积16.82万公顷，比1997年有所增加，防治面积13.17万公顷。林业行政执法部门受理各类行政案件45 299起，查处44 800起，共没收木材14.8万立方米、竹子62.4万根、野生动物3146只，挽回经济损失7382万元。林业公安共受理各类案件11 385起，查处11 190起，挽回直接经济损失2759万元。共调解处理山林纠纷432起。全省清查出非法征占用林地0.6万公顷，补缴四项费用7493万元。

生物多样性保护取得新进展。将乐龙栖山自然保护区经批准升格为国家级自然保护区。全省现建立自然保护区48个（其中国家级3个），建立保护小区3922个，保护面积达61.33万公顷，占全省土地总面积的4.95%，居华东地区第一位。梅花山华南虎繁育研究中心于9月底挂牌成立，华南虎拯救工程正式启动。

改革与林政措施

深化改革　初步完成公益林和商品林的划分，其中：公益林206.23万公顷，占24.6%；商品林272.75万公顷，占32.5%。全省林业企业完成和正在改制的有54家，其中：股份制6家、有限责任公司7家、股份合作制15家、承包租赁20家、破产1家、兼并3家、其他形式2家。全省国有林场定岗定员和转岗分流方案实施顺利，林场干部管理人员精减23.0%；后勤人员精减46.6%。

利用外资　经省政府批准出台了《福建省鼓励外商投资造林营林若干规定》。行业与外商签订投资项目合同85项，利用外资9928.9万美元。闽北林产工业公司与美国劳特国际公司合作开发合成树脂项目已建成投产。中日合作福建林业技术开发后续项目于6月份顺利结束，并达成合作树木生物活性物质利用项目和闽江流域生态林业研究项目的协议。与芬兰达成南平大洲10万立方米复合结构微粒板项目的合作意向。

科技兴林　全年共有19项科技成果获部省级科技进步奖。福人牌人造板、武夷山牌竹筷、平和蜜柚、邵人牌刨花板、永林蓝豹牌金刚板获全国林产品博览会推荐产品，平川牌合成樟脑获“省名牌产品”称号。种苗工程规划开始实施。推广实施“杉木优质大径材培育技术”、“食用菌原料林培育技术”等7项重点项目。建阳、泰宁、武平、寿宁、安溪、南靖6个新建科技兴林示范县工作全面启动。福建林校、三明林校招生1359人，创历史最高水平。

加强宣传　围绕林业工作重大事件，特别是“3·12”植树节，新《森林法》颁布实施，洪灾之后的反思等加大宣传力度。召开记者座谈会，举办报刊专版、摄制电视专题片，省、地、县林业部门领导亲自走上街头，开展大型宣传活动，形成了强大的宣传规模。7月份在福州大戏院举办全省林业行业文艺调演，弘扬行业精神。将10位林业系统先进模范人物的事迹，编印成册，并组织先进模范人物报告会，增强干部职工的敬业意识和奉献意识。

存在问题　①森林资源存在“两多两少”，即中幼林多，近成过熟林少，近成过熟林仅占7.6%；针叶林多，阔叶林少，阔叶林仅占31.3%。②受亚洲金融危机和国内市场低迷、闽北特大洪灾的影响，林业经营难度大，资金短缺。③森林病虫害较严重，在局部地区暴发成灾。

（陈玉华）

【九地（市）1998 年度主要指标完成情况】

项目 单位	人工造林更新		封山育林		幼林抚育		抚育间伐		森林火灾		森林病虫害			沿海地市财政1%支林资金		利用外资		
	完成（万公顷）	占计划（%）	完成（万公顷）	占计划（%）	完成（万公顷）	占计划（%）	完成（万公顷）	占计划（%）	发生率（次/10万公顷）	受害率（/1000）	发生率（%）	防治率（%）	监测率（%）	到位数（万元）	占财政支出（%）	合同书（份）	总投资（万美元）	外资（万美元）
南平市	1.5	100.9	1.8	123.6	5.7	117.2	2.5	123.1	0.59	0.04	2.7	92.9	84.8	—	—	33	3491.3	2966.1
三明市	1.5	109.4	1.5	90.4	4.7	118.5	3.0	123.1	0.37	0.03	0.7	99.0	77.0	—	—	11	1055.0	706.0
龙岩市	1.6	132.8	3.3	110.7	3.4	128.5	0.9	62.2	1.54	0.12	0.8	99.2	95.0	—	—	7	900.0	555.0
漳州市	1.0	112.1	1.8	106.4	2.4	107.6	1.0	102.3	3.01	0.25	1.5	97.2	75.5	347	0.190	11	2067.5	2067.5
厦门市	0.1	92.3	0.1	90.0	0.1	48.0	0.1	94.0	7.50	0.52	2.1	83.9	72.6	998	0.300	1	100.0	100.0
泉州市	0.8	108.7	2.3	133.1	2.3	115.7	1.1	106.3	3.97	0.28	0.7	97.7	95.4	1088	0.430	9	1336.9	1206.6
莆田市	0.3	107.5	0.7	105.0	0.5	157.8	0.2	79.7	6.00	0.59	0.4	99.3	84.4	1	0.001	7	676.1	674.6
福州市	0.9	103.1	2.6	130.3	1.1	56.7	0.6	78.0	5.00	0.19	1.8	92.9	93.0	618	0.170	1	1180.0	1180.0
宁德地区	1.1	103.7	3.5	115.4	2.1	90.9	1.1	102.0	2.75	0.21	0.9	91.6	79.4	—	—	5	678.0	473.0

（福建省林业厅）

【近 20 年来福建省造林绿化主要指标增长情况】

项目 时间(年)	森林覆盖率（%）	参加义务植树人数（万人）	城市绿化覆盖率（%）	人均公共绿地（平方米）
1979	39.5	—	—	—
1981	—	—	5.8	2.03
1982	—	572.47	—	—
1989	43.2	1383.72	19.0	3.00
1998	57.3	1825.93	30.8	6.10

（张华坚）

【福州市推进城乡绿化一体化】 福州市，又称榕城。地处闽江下游，毗邻台湾海峡。城内三山鼎峙。

1996 年以来，福州市围绕建设“经贸港口园林省会城市”目标，大力实施城乡绿化一体化工程。至 1998 年底，全市有林地面积达 64.67 万公顷，森林覆盖率 57.8%。城市园林绿化面积 2845.5 公顷，其中建成区园林绿化面积 2280.8 公顷，建成区绿化覆盖率 28.8%。人均公共绿地面积 6.34 平方米。创建园林式乡镇 38 个，园林式村庄 116 个，省级绿化红旗单位 60 个。

福州市委、市政府高度重视绿化工作，省委常委、福州市委书记赵学敏亲自挂帅担任市绿化委员会主任，13 个县、市、区党政第一把手也都担任绿化委员会主任，并充实了办事机构。市人大常委会通过并颁布实施《福州市城市园林绿化管理办法》和《福州市绿化保护带若干规定》等地方法规。该市城乡绿化一体化主要抓了三个方面的工作：

城市园林建设　首先抓好道路、街头和广场绿化，完成 37 条（段）55 千米长的道路配套绿化和 22 条（段）主次干道绿化改造，做到一街、一树、一景。新建、改造绿化广场绿地 30 多个，总面积 30 多万平方米。其次抓好公园的建设改造和管理，重点做好乌山、于山、屏山“三山”显露和闽江、内河两岸绿化。新建各具特色公园 11 座，改造老公园 4 座。并举办郁金香、荷花、百合花展，改善榕城环境，丰富群众生活。

城乡结合部园林绿化　着重提高城市东西南北四个城门园林绿化的档次和水平，把城市园林绿化延伸到乡村，把乡村大自然的绿化树、青草、鲜花引入城区，使城乡绿色融为一体。共完成了绿地建设 10 多万平方米，基本形成绿色门户。

坚持大园林、大绿化　一是做到千里海堤千里林，在 1137 千米长的海岸线海堤内侧营造 3～5 排防护林，初步构成一道抗灾、减灾、防灾的生物防御体系。二是抓好山地综合开发，加大防护林、特用林，特别是生物多样性保护工程林的比例，拓展竹业和以名特优新干鲜林果为主的经济林，培植花卉产业。三是抓好环城绿色屏障建设，让青山绿水环抱城市，绿荫市民。四是在城郊结合部和郊县创建园林式乡镇，建成乡、村公园或村头小绿地 100 多个（处）。

（福州市绿化委员会）

【厦门市清理征占用林地力度大】 厦门市共辖 7 个区、19 个镇和 13 个农林场。有林业用地面积 6.7 万公顷，占全市土地总面积的 42.8%。1998 年下半年，该市认真贯彻执行国务院《关于保护森林资源制止毁林开垦和乱占林地的通知》，取得显著成效。全市共清理征占用林地 1087 起，面积 836.6 公顷。关闭海沧新阳工业区 14 家采石场，暂停海沧大桥、厦门出入境边防检查总站、环岛路二期工程，海沧中沧科教园 4 个工程的建设。冻结征占用林地 312 154.79 平方米。对征占用林地的森林植被恢复费910万元使用情况进行检查落实。开展专项斗争，侦破林业刑事案件5起，查处林业行政案件25起。

落实责任制 市政府接连下发3个文件，贯彻落实国务院通知精神。成立以分管副市长为组长的征占用林地清查整顿领导小组，下设办公室。各区相应成立专门的组织机构。市林业局组织督察员，派驻各区指导检查清理清查工作。把清理清查、宣传发动、专项打击、退耕还林规划等各项工作分解落实到具体的处室和人员。每两周召开一次会议，及时掌握进展情况，收集并整理清查清理毁林开垦和乱占林地的处理意见，以指导清理整顿工作。

力求一步到位 首先发布通知，凡1992年下半年以来，未向林业主管部门办理《使用林地许可证》的，限于10月5～30日到市林业局办理登记手续，听候处理，并设置举报投诉电话和举报箱，接待来访。聘请律师，指导国有林场依法清理各种林地承包和开发合同。积极解决历史遗留问题，研究整治方案。修改有悖于新《森林法》条款的地方法规和规范性文件。

做好服务工作 该市海沧台商投资区开发建设征占用林地比较突出，林业部门重视做好协调服务工作，取得投资区领导的支持。自8月以来，该区有15个已建的重点工程项目申报补办使用林地许可证，补缴森林植被恢复费31万元。还主动承包30多公顷的宜林荒山，投资造林。制定恢复被破坏山体的绿化计划。

（厦门市林业局）

【野生动物保护管理】 福建省野生动物资源十分丰富。全省有陆生脊椎动物824种，约占全国的34%；鱼类815种；昆虫31目5000多种。在现有的野生动物中，列为国家重点保护的有147种，占国家重点保护种类的45%。其中：国家一级保护的24种，二级保护的123种。列入省重点保护和省一般保护的陆生野生动物分别为76种和921种，省重点保护的水生野生动物11种。近年来，福建省把野生动物保护管理工作摆上了议事日程，取得了明显成效。

组织机构建设 1992年，在省林业厅内成立福建省野生动物保护管理站。随后三明、南平等一些地、市、县也相继成立了管理站。1993年全省各地林业工作站增挂野生动物保护管理站牌子，履行野生动物保护管理职责。同时在9个地（市）和33个县（市、区）成立野生动物保护协会。初步形成野生动物保护和管理网络。

法制建设 1989年，《野生动物保护法》颁布实施后，根据全省实际情况，省人大先后通过并颁布实施了《福建省实施〈野生动物保护法〉办法》、《福建省森林和野生动物类型自然保护区管理条例》。省政府公布了《福建省重点保护野生动物名单》。制定公布了一系列有关野生动物狩猎、驯养繁殖、经营加工以及进出口贸易等配套措施。依法重判走私和贩卖大熊猫皮、金丝猴皮罪犯。有关部门注重宣传发动，通过印发宣传资料、出动宣传车、举办文艺晚会、讲座，与新闻单位联合，办宣传专栏，摄制专题片等，形成强大宣传声势，提高人们的保护意识。

改善野生动物栖息环境 大力实施生物多样性保护工程。至1998年底，全省共建立自然保护区48个，自然保护小区3922个，保护面积占全省土地总面积的4.95%。挂牌登记保护名木古树13 798株。同时，通过采取人工繁殖使野生动物资源得以发展。全省批准建立各种养殖场68家。还建立了梅花山华南虎繁育中心和福州大熊猫研究中心，拯救濒危物种。加强同国内外，特别是台湾地区进行野生动物保护的学术交流和考察。1996年开始了全省野生动植物资源调查，为野生动物保护管理工作提供重要依据。

（福建省野生动物保护管理站）

【南靖县发展职工自营经济】 南靖县是福建省重点林区县之一。有林地面积14.07万公顷，森林覆盖率72.7%，森林蓄积量368万立方米。全县林业系统共有独立核算的企事业单位18个，在职职工1417人，离退休职工794人。

自1993年以来，南靖县林业部门大力发展职工自营经济，实施再就业工程。至1998年底，全县已有90%的企事业单位发展职工自营经济，参与职工达51.6%。全系统共筹集资金860万元，其中林业职工集资540万元。主要经营项目有果竹、花卉、禽畜饲养、汽车运输、水电开发等。1998年，职工自营经济销售收入达1440万元，纯收入550万元，户均增收7500元，部分职工年增收超万元。同时，上缴国家税收100多万元，安置富余人员及家属子女200多人。企业职工转岗不下岗，家庭收入稳中有升。1997年，县林业局和永溪林业采育场被林业部产业司、中国农林工会授予“全国林业系统职工自营经济先进集体”称号。主要体会：

转变观念，加强领导 南靖县林业“两危”长期制约林业生产的发展，县林业部门的领导意识到，必须要彻底改变单一经营木材的模式，栽竹种果建基地，跨出林业办产业。把发展职工自营经济、实施再就业工程列入基层领导年终政绩考核的主要内容。县林业工会对从事自营经济职工的待遇、租赁国有山地使用费标准、资金和物资扶持以及信息、技术服务等都做了具体规定。县林业局还制定《发展职工自营经济“三二一工程”实施方案》，解除职工的思想顾虑。

多种形式，股份为主 县林业局要求各单位按自营经济的行业、规模和投资金额、管理难易等不同情况，分别采取股份制经营、承包经营、租赁经营、个体经营等多种管理形式。并强调以本单位职工集资、股份制经营形式为主，统一规划、统一经营、独立核算、自负盈亏、按股分红。解除职工因工作调动、退休等原因在继续经营管理方面的后顾之忧，充分发挥技术作用，

形成规模经营和产品市场，取得最佳经济效益。

转岗不下岗，实现再就业 林业系统成立再就业工程领导小组，设立再就业服务中心。实行减员增效，把富余人员转岗到生产第一线，从事营林、采伐和职工自营经济。共压缩后勤管理人员108人，辞退外来工100多人，年节约人员经费60多万元。

（南靖县林业局）

【南平市林木采伐许可证张榜公布】 南平市林委针对一些地方采伐林木，出现批少砍多、越界采伐、超强度采伐、无证采伐等现象，推行了林木采伐许可证张榜公布制度，作为村务公开的一个重要内容。该制度的实施，强化了林木采伐许可证民主监督约束机制，加强了林木采伐工作的管理。同时也密切了干群关系，推进农村基层组织建设和党风廉政建设。

具体做法：把林木采伐许可证的全部内容张榜公布，包括山场的采伐面积、四至、伐区坐落地点、出材量以及杉、松、杂的数量规格等项目都公之于众。各县（市、区）林委都设立举报电话，接受群众的监督和投诉。集体林由林业工作站负责督促张贴公布；国有林场、采育场和其他国有单位，在场部和工区张贴公布。林木采伐许可证张榜公布5天后，方可实施采伐。如发现没有把采伐许可证张榜公布的，责令终止采伐，并收回采伐许可证。情节严重的，停止办理该林权单位采伐证一年。

（黄洪章）

【永安林业集团营造速生原料林基地】 永安林业（集团）总公司从可持续发展战略的高度出发，坚持不懈地抓好森林资源的培育、保护和管理，大力营造工业原料林基地。目前，集团已拥有森林经营面积7.27万公顷，森林蓄积量达754万立方米，建成短周期工业原料林基地955.7公顷。实现了长大于消的良好势头。

永安林业集团有三明胶合板厂、中密度纤维板厂、快餐盒厂等多家企业，每年需消耗20多万立方米的木材。集团始终把营造工业原料林基地摆在重要的位子抓紧抓好。近4年，共投入营林资金4500万元，因地制宜，建立了以桉树、桤木为主的短轮伐期工业原料林基地。1998年，又投资900万元建立种苗基地，推广应用容器育苗、马尾松切根育苗、ABT生根粉等新技术，不断提高育林的科技含量，使造林成活率高达95%以上。同时对造林基地存在的虫害、施肥、土壤等问题进行科学分析，以点带面，建立丰产示范林基地，促进速生丰产林生长，提高林地的单位产量。这些林木造5～7年即可采伐，不仅满足了企业对原料的大量需求，并且为扩大再生产提供了可靠的资源保证。

（永安林业集团）

【福鼎市贯岭林业检查站文明执法】 福鼎市贯岭林业检查站位于闽浙交界的104国道上，是本省通往浙江、上海、江苏等省（市）的主要门户。近年来，该站坚持以法行政、文明执法、秉公办事、热情服务的原则，向社会公开承诺，严格履行职责，得到普遍好评。数十次经受各级领导多种形式的检查，均无发现重大问题。1997年底，被省林业厅授予“全省林业系统精神文明示范窗口”称号，1998年3月，被林业部公布为全国第一批标准化建设木材检查站。1998年，该站共查验正常运输木材11.99万立方米，查处违法案件186起，挽回经济损失98万元。主要经验：

抓队伍建设 注重提高人员素质。该站现有工作人员10人，其中党员7人，共青团员2人；高中以上文化程度的有8人；工程师3人，技术员2人。站领导以身作则，坚持每月两次以上的集中学习。全年举办5起职业技术培训班，制定完善各种规章制度。形成讲学习、讲政治、比贡献的良好风尚。

依法行政 该站向社会公开承诺，按照“公正、高效、服务流通”的原则检查和处理案件，保证查实后1小时内处理完毕。对正常运输的，及时登记、查验、签章后立即放行，若延误时间，赔偿当事人经济损失。不属检查站职责范围内的坚持不拦不查。实施行政处罚严格做到证据确凿，定性准确，运用法律法规正确。

树立良好行业形象 严格站长、检查员的岗位规范。执行公务做到着装整齐，佩带帽徽、领花、胸章、执勤带等行业标志，坚持2人以上持证上岗，亮证检查，文明执勤。做到一张笑脸相迎、一张椅子请坐、一杯热茶请喝。教育鼓励检查员见义勇为，热心助人。

强化监督管理 在值班室、办公室设立执法公开栏，公布有关法律法规。公开依法办案程序和违章处理结果。设立廉政监督台和举报电话、举报箱，首批安装闭路电视监控系统。聘请市审计局、市检察院领导担任廉政监督员。坚持每季度召开一次廉政座谈会。强化内部监督、群众监督、舆论监督和民主监督。

（贯岭林业检查站）

【福建省1998年林业大事】

1.5月22日，《厦门市林地保护办法》经厦门市人民政府常务会议通过，从7月1日起开始施行。该《办法》共26条，严令禁止各种破坏林地的行为，严格规定了征占用林地的审核手续，以及对违反者的处罚规定。

2.7月15日，省林业厅主办的《情系八闽》文艺调演晚会在福州大戏院举行，晚会热烈、精彩，高潮迭起。省委副书记习进平，副省长潘心诚、丘广钟观看了演出。

3.8月，福建闽林资产评估事务所经省林业厅和省国有资产管理局批准，依托省林业勘察设计院，获得从事森林资源资产及相关资产评估业务的资格，现有专职人员11人。

4.9月28和29日，省林业厅举办“森林与防灾减灾”研讨会，有农业、林业、水利、气象、地理和水土保持等方面数十位专家、学者和领导就“6·22”闽北特大洪灾的发生原因以及防范对策进行深入探讨。

5. 10月18～21日，省第七届木材林产品展销交易会在安徽芜湖举行。共签订木材供需合同（协议）84万立方米、人造板3.15万立方米、毛竹50万根以及其他一批林产品合同，总交易额约为5.6亿元。

6. 11月16日，省高级人民法院、人民检察院、林业厅、公安厅和监察厅联合召开会议，部署开展打击破坏森林资源违法犯罪活动专项斗争。专项斗争共分4个阶段，时间从1998年11月1日至1999年2月20日。

7. 永安林业（集团）股份有限公司获'98福建省工业企业经济效益300佳木材及竹材采运业第一位。

8. 1998年，中共中央政治局常委、全国政协主席李瑞环，中共中央政治局委员、国务院副总理吴邦国，中共中央政治局委员、上海市委书记黄菊，中共中央政治局候补委员、国务委员吴仪，全国人大副委员长王光英，全国政协副主席杨汝岱等，先后视察了福州国家森林公园。

（福建省林业厅）

江西省林业

【概　述】

发展与成就　1998年，江西林业经受了历史罕见的特大洪涝灾害的严峻考验，实现了由“在山上再造一个江西”向“跨世纪绿色工程”的转变。

森林培育　全省完成造林合格面积5.31万公顷，为年度计划的122.5%。按造林方式分，人工荒山造林4.77万公顷，飞机播种造林0.54万公顷，分别占计划的130.1%和81.0%。按林种分，用材林造林2.37万公顷，占44.6%；经济林2.18万公顷，占41.1%；薪炭林0.05万公顷，占0.9%；防护林和特种用途林0.71万公顷，占13.4%。完成迹地更新3.29万公顷，新增封山育林20.75万公顷，育苗0.12万公顷，幼林抚育49.53万公顷，成林抚育35.95万公顷，低产林改造25.79万公顷，“四旁”植树7770万株。

林业重点工程建设　世界银行贷款速生丰产用材林基地工程、长江中上游防护林体系建设一期工程、防沙治沙工程、平原绿化工程共完成投资7249万元，其中：国家预算内投资762万元，国内贷款971万元，利用外资2445万元，自筹资金1573万元，其他渠道资金1471万元。群众参与重点工程建设投工投劳折合资金1137万元。四项工程共完成造林1.761万公顷。其中：世界银行贷款造林0.52万公顷，迹地更新0.47万公顷，中幼林抚育3.41万公顷；长江中上游防护林工程造林0.96万公顷，迹地更新0.72万公顷，中幼林抚育26.78万公顷，新增封山育林4.14万公顷；防沙治沙工程造林0.18万公顷；平原绿化工程造林0.10万公顷。

森林工业　全省生产木材249.68万立方米，其中：国有林业企业单位生产木材72.53万立方米，国有林业事业单位生产木材33.45万立方米，林业系统以外企事业单位采伐自营林地的木材15.80万立方米，乡（镇）集体企业及单位生产木材12.76万立方米，村及村以下各级合作组织和农民生产木材115.14万立方米；生产竹材3062.41万根，其中：毛竹2849.34万根，篙竹213.07万根；生产锯材17.09万立方米；人造板39.01万立方米，其中：胶合板15.50万立方米，纤维板7.73万立方米，刨花板9.37万立方米，其他人造板6.41万立方米；松香14 029吨；松节油2359吨；樟脑500吨；活性炭2200吨。国有林业企业完成工业总产值14.54亿元，工业销售产值13.29亿元，其中：独立核算工业企业完成产值7.78亿元，工业销售产值7.20亿元，利税总额4533万元；实现销售收入8.19亿元，利润1.20亿元。

森林保护　全省发生森林火灾290次，其中：火警136次，一般火灾153次，重大火灾1次；受害森林面积1687公顷，森林火灾受害率0.1986/1000。森林病虫害发生面积13.69万公顷，发生率1.63%；有效防治面积8.83万公顷，防治率64.5%；森林病虫害成灾面积0.08万公顷，成灾率为0.6%。查处各类森林案件7472起，其中：刑事案件207起，治安案件522起，林业行政案件6743起；处理违法犯罪人员12 677名；摧毁犯罪团伙55个；为国家挽回直接经济损失1492万元。

林业科技与教育　获得国家林业局科技进步三等奖1项，省科技进步二等奖1项、三等奖6项，省农业科技教育突出贡献二等奖3项、三等奖5项。引进了一批优良品种和种源，主要有：美国黑核桃种源33个、美国薄壳山核桃种源22个、桉树种源7个、美国布朗李优良品种11个、美国红提优良品种2个。列入省级重点科技推广计划的杉木、马尾松大径材培育及人工林间伐技术、竹类丰产栽培技术、常绿阔叶树次生林改造技术、油茶优良无性系推广等10个林业科技推广项目推广面积达10.26万公顷；在此基础上筛选的杉木大径材定向培育、常绿阔叶次生林定向培育等2个项目列入国家林业局重点科技推广计划和林业新产品中试计划，毛竹笋竹两用林丰产技术、油茶生态经济开发等2个项目列入国家级星火计划。经评估，江西省林业技工学校被劳动和社会保障部批准为国家重点技校，成为目前全国惟一的林业重点技校。江西农业大学林学院、南昌林校、赣州林校、江西省林业技工学校共为社会输送毕业生1700余人。

林业基本建设投资 全省林业建设资金实际到位57 874万元，比上年增加1791万元，增长3.2%。其中：国家预算内基建资金2064万元，国内贷款15 300万元，利用外资2523万元，自筹资金17 349万元，事业费2407万元，专项资金963万元，扶贫资金115万元，其他渠道资金17 153万元。在林业建设资金总额中，用于固定资产建设的投资10 946万元，其中：营林固定资产投资5620万元，占51.3%；森工固定资产投资5326万元，占48.7%。固定资产投资按资金来源分，国家预算内资金1721万元，占15.7%；国内贷款2734万元，占25%；利用外资1145万元，占10.5%；自筹资金3433万元，占31.4%；其他资金来源1903万元，占17.4%。与1997年相比，营林固定资产投资减少4108万元，减少42.2%；森工固定资产投资增加934万元，增长21.3%。全省营林基本建设投资5408万元，其中用于造林的资金1368万元，完成造林1.7万公顷。

林业产值 全省实现林业社会总产值113.76亿元（新统计口径），其中：第一产业产值69.56亿元（农业20.05亿元，林业48.70亿元），占61.1%；第二产业产值40.23亿元（采掘业10.80亿元，制造业28.28亿元，建筑业1.05亿元），占35.4%；第三产业产值3.97亿元，占3.5%。

劳动工资 全省林业系统国有经济单位2197个，集体经济单位17个，其他经济单位5个。年末从业人员117 956人，职工111 028人，分别比1997年减少22 661人和27 286人。林业系统退休人员13 151人。林业职工工资总额41 397.6万元，职工年均工资3544元。

改革与林政实施

跨世纪绿色工程 根据党中央、国务院关于生态环境建设的一系列部署和江西林业的实际，在“山上再造”工程的基础上，省委、省政府于1998年11月作出实施“跨世纪绿色工程”的战略决策，规划到2010年，在全省初步建立起比较完备的林业生态体系和比较发达的林业产业体系。整个工程分阶段实施，第一阶段的总体目标是：到2003年，全省森林覆盖率达到56%，活立木蓄积量达到3亿立方米，城镇绿化率提高到30%，控制水土流失190万公顷，初步形成比较完备的林业生态体系和比较发达的林业产业体系的基本框架。第一阶段的基本任务是：第一，建设鄱阳湖水系生态防护林体系工程。在赣、抚、信、饶、修五大河流及其主要支流的源头和两岸、主要交通干线两侧、大中型水库、鄱阳湖和城镇周围以及其他生态需求突出地区，采取封山植树等措施，恢复林草植被，初步建成结构比较合理、功能比较完备的生态防护林体系框架，使鄱阳湖水系的生态环境有一个较大改观，从根本上提高防灾减灾能力。主要内容包括：封山育林133.3万公顷，退耕还林14万公顷，保护天然林246.7万公顷，改造人工针叶林66.7万公顷。第二，建设商品林业基地。在立地条件较好、对生态环境不构成显著影响的地区，以改造现有低产林为重点，大力发展速生丰产林、工业原料林、名特优新经济林等商品林业，根据市场和产业发展需求组织生产，实行定向培育、集约经营，建设高效益的商品林业基地67.4万公顷，提高林业生产的经济效益。其中：速生丰产用材林和工业原料林基地16.7万公顷，竹林基地26.7万公顷，薪炭林基地4万公顷，名特优新经济林基地20万公顷。第三，综合开发森林资源。依托山区的土地、林木、野生动物、矿藏、水文、气候和自然景观等森林资源优势，因地制宜，拓宽产业发展领域，大力发展森林旅游、森林食品、花卉、水电、木本粮油、森林药材和森林蔬菜等新兴产业和前沿产业。根据国家的产业政策和当地的产业基础，大力调整产业结构，发展林产品精深加工，延长产业链，开发创汇产品，实现森林资源的多次加工增值，提高林业经营的规模化、集约化和组织化程度，提高产业整体素质和经济效益。总的要求是，以森林资源的综合开发利用为突破口，推动林业产业快速发展，把林业培育成全省农村经济的主要增长点和山区群众的重要增收点。

事业单位改革 1998年4月，省林业厅下发《厅属事业单位改革实施意见》，提出了“以党的十五大和九届全国人大一次会议精神为指针，按照精简、效能、规范的原则，调整内部机构，明确岗位职责，精减办事人员，压缩经费开支，提高办事效率，广开创收门路，放手搞活经济，增强发展实力，争取用两到三年时间在事业单位建立起机构简洁、运转协调、办事高效、效益稳定、自我积累、自我发展的经营管理体系”的思路，对厅直事业单位的改革工作作出具体部署。按照《意见》要求，各单位均制定了“改革方案”，并积极组织实施，取得了较好的效果。按综合、职能、经营管理三大块调整了内部机构，厅直各单位共精减内设机构23个，占16.9%；在定编的基础上严格定岗定员，将工作任务分解落实到了每个具体岗位和人员；推行中层领导干部竞岗聘任制，打破了长期以来单一的干部任命制；分流了一批富余人员，截至1998年底，各单位共分流富余人员357人，占总人数的16.9%。

存在问题 林业投入不足，特别是生态林业建设缺乏稳定的资金来源；国有林业经营单位经济困难，国有林场、苗圃和森工企业亏损面达63%，各类负债达24.42亿元；林业科技不高，经营粗放、效益低下的状况普遍存在。

（钟世富）

【江西省遭受特大洪涝灾害】 1998年，长江流域遭受了历史罕见的特大洪涝灾害，全省林业系统受灾面积10 887公顷，灾害涉及林业职工及家属30余万人，冲毁林地9988公顷、林区道路3055.03千米、桥涵1345座，倒塌房屋4206间（34 150平方米），冲失木材33 986立方米、毛竹55.49万根、木竹制品140多万件，冲毁山塘鱼池60公顷、苗圃502公顷、果园201公顷、幼林2900公顷，损毁电机39台、输电及通讯线路302千米，受淹工厂设备850台、农田8300公顷，直接经济损失80 356.19万元，其中个人财产损失数百万元。灾情发生后，全省林业系统干部职工奋力投入抗洪抢险，把灾害损失降到了最低限度；随后，又迅速组织生产自救，帮助灾区恢复生产，重建家园。省林业厅下拨救灾款85万元，厅机关干部职工捐款9.16万元。

（钟世富）

【建设京九绿色长廊工程】 京九线在江西境内长722千米，沿线有59个车站，途经九江、南昌、宜春、吉安、赣州5个地（市）的26个县（市、区）。1997年，根据全国绿化委员会第十六次全会关于建设京九绿色长廊的要求，在京九绿化带建设规划的基础上，按照高起点、高标准、高效益、多功能的要求，制定了《京九绿色长廊江西段工程建设规划》，根据京九线江西段现有绿化情况，将工作重点转移到了前期绿化相对薄弱的城镇、公路、铁路、江河等山下部分的绿化。总的建设任务为192 627公顷，其中：铁路绿化1038公顷，公路绿化962公顷，江河湖岸绿化1168公顷，平原绿化2158公顷，山地丘陵绿化64 127公顷，城镇绿化3195公顷，村屯绿化2685公顷，封山育林103 249公顷，水土保持治理面积14 045公顷。到目前为止，累计完成工程建设面积16.96万公顷，占规划任务的88%。1998年，兴国、信丰、吉水3个县荣获首批“京九绿色长廊”工程建设先进县。

江西省建设京九绿色长廊工程的新做法：

兴办基地，强化管理 一是建立基地。九江市在沿线建立各类林场、果园140个，经营面积7933.3公顷。吉安地区在绿化带区域内建成万亩基地2个、千亩以上果业基地16个、千亩笋用竹基地1个。二是强化管护。沿线的景观林和行道树聘用专职护林员进行管护。赣州地区按20公顷基地落实1名护林员，订立护林公约，设立禁牌，要求林草完好率达96%以上。南昌、九江市按每千米配1名护林员，将沿线路树管护工作落实到具体责任人。三是对有林地、新造林地、疏林地实行全面封禁。

因地制宜，注重效益 按照因地制宜的原则，宜造则造、宜封则封、宜补则补、宜林则林、宜果则果。在水土流失区域，以封为主，辅以疏林补阔和低效林改造，以改变林相，提高林分质量，发挥森林生态效益；在低丘土岗大搞果业开发，且与义务植树、领导办绿化点等多种形式结合，推动京九绿色长廊的建设。

（熊　燕）

【江西省森林公安工作】 1998年，江西省森林公安机关在全省范围内适时开展严打斗争和区域性专项整治，保持了对毁林违法犯罪活动的主动进攻态势，依法严惩了各类毁林违法犯罪分子，加强了案件督查，加大了执法力度，有效地保护了森林资源，维护了林区治安。其主要做法是：

开展“严打”斗争 元旦、春节前后组织了严打冬季攻势；3月20日至4月30日开展了春季护笋专项整治行动；7月1日至10月8日开展了保卫绿色整治行动；11月1日至1999年1月31日开展了严厉打击毁林违法犯罪专项斗争。全年共受理各类森林案件7472起，其中：刑事案件207起，治安案件522起，授权处理的林业行政案件6743起。打击各类违法人员12 677人，其中：逮捕148人，劳动教养48人，治安拘留315人。收缴木材4332立方米，为国家挽回直接经济损失1492万余元。

加大重特大案件的督办力度 省森林公安局对婺源县红豆杉案、贵溪市非法烧制白炭案等37起重特大案件进行了直接督办，其中在井冈山市开展的保护野生动物专项整治行动中，摧毁非法收购、出售野生动物窝点5个，收缴非法野生动物336件，依法刑事拘留3人，林业行政罚14人，刹住了井冈山市非法经营野生动物歪风。

强化执法监督 一是进一步完善了法制机构，配备专人严把案件质量关。全省各地市都成立了法制机构，有专职法制员25人，县市分局都设有专职或兼职法制员共396人。二是开展执法检查。1998年组织了一次全省性的执法大检查，各地市组织的执法检查活动达20次，从而及时纠正了办案过程中存在的各种问题。

加强队伍建设 自2月份起，开展了为期10个月的教育整顿活动。通过教育整顿，全省森林公安队伍出现了三个增强：一是为民服务意识增强。一年来全省森林公安民警为民做好事1886件，收到感谢信、锦旗382封（面）。在抗洪救灾中抢救被淹群众682人，疏散、转移被洪水围困群众2.17万余人，抢救、转移物资价值325万元，为灾区捐款19万余元，捐衣24万余件。二是廉洁自律意识增强。三是争先创优意识增强。开展了创建“十佳民警”、“十佳办案能手”、“十佳班子”、“十佳窗口单位”、“十佳警属”活动。乐安县森林公安分局招携派出所先后被公安部、团中央授予“讲文明、树新风”先进单位和“全国青年文明号”，荣立集体三等功；高安市森林公安分局长虹派出所所长陈良德被公安部授予二级英模，全省森林公安机关有2人荣立个人一等功，4人荣立二等功，28人荣立三等功，1位民警被公安部授予“全国优秀人民警察”。

（谢继平　罗赣勇）

【江西省林地保护管理】 全省征占用林地的审核率由1992年的26.1%提高到1998年的49.2%，部分县（市）征占用林地的审核率达到100%。主要做法是：

加强队伍建设 省、地、县林业主管部门确立了林

地主管机构，并配备了专人管理，乡镇林业工作站也配有兼职人员管理林地。全省共有林地专职管理人员近200人，兼职管理人员近1000人。

完善法律法规体系 依据《森林法》、《土地管理法》和《林地管理暂行办法》（林业部1号令）及其他有关文件规定，制定了《江西省林地保护管理试行办法》，并于1994年6月10日发布施行；1996年又相继制定了《江西省征占用林地收费暂行办法》和《江西省森林植被恢复费管理暂行办法》等规范性文件。这些法律、法规和规范性文件，从征占用林地的审核程序、审核权限、征占用林地的补偿、核发《使用林地许可证》制度、补偿费用的使用与管理，以及征占用林地单位和被征占用林地单位的权利、义务、责任等方面作出了具体规定，使林地保护管理有法可依、有规可循。

广泛宣传 全省张贴林地保护管理法规6万余份，制作永久性标语1万余条，出动宣传车1000余次。1998年，结合宣传贯彻新的《森林法》，通过江西省电视台“社会传真”和“警与法”栏目，对武宁县凤口开发区、安福县严田镇砖瓦窑非法侵占林地进行了曝光，收到了很好的宣传效果。

加大执法力度，强化监督管理 1995年和1996年，省人大环境资源保护委员会、省林业厅、省公安厅、省法制局、省工商局联合组织开展了打击破坏森林资源的专项斗争，把清理非法征占用林地作为重要内容。1997年8月8日，省政府召开省长办公会议，专门研究以保护林地为重点的林业工作，并责成省政府办公厅牵头，组织林业、财政、税务、工商、监察、土地管理、计委等部门对全省非法占用林地进行了一次检查。通过这次检查，限期补办审核、补偿手续的林地448.12公顷。国务院8号文件下发后，在全省开展对毁林开垦和乱占林地的清查过程中，按照省政府的部署，省林业厅组织力量对清查工作进行督查和核查，并由公、检、法、林业、监察等部门共同组织开展了打击破坏森林资源违法犯罪的专项斗争，一批非法征占林地案件得到查处，南车水库、江西亚东水泥厂、九景高速公路、井冈山华能电厂等一批征占林地面积大、影响面大的国家和省级重点工程补办了审核和补偿手续。在此期间，有1205公顷征占用林地补办了审核手续，补交森林植被恢复费600多万元。

建立林地保护管理目标责任制 省政府将林地保护管理作为“跨世纪绿色工程”的一项重要内容，纳入各级政府的任期责任目标进行考核。 （张扬纯）

【江西省林业宣传工作】 1998年，江西省加大林业宣传工作力度：一是宣传重点突出。重点围绕《森林法》的重新颁布实施，组织开展了一系列林业宣传活动：以城镇为中心的“林业法规政策宣传周”活动；邀请有关方面专家学者参加《森林法》实施座谈会；举办《森林法》实施新闻发布会；邀请省领导就《森林法》实施在江西省电视台发表电视讲话；制作专题节目，在江西省电视台新闻评论栏目“社会传真”连续曝光了几起破坏森林、乱占林地的案子；开展林业普法下乡活动；举办“保护森林资源建设绿色家园”江西省跨世纪保卫绿色行动图片展。二是宣传形式多样。各地因地制宜，运用电视、报刊、板报、标语、知识竞赛等多种形式开展宣传活动。摄制了《森工之路》、《森林防火》等系列专题片，在江西省电视台成功地举办了《绿色之歌》、《森林之春》电视晚会和绿化知识竞赛，在报纸和广播电台开辟了“绿化江西大地”专栏，出版了《前进中的江西林业》等宣传画册。 （刘伟成）

【赣州地区实施猪沼果工程】 该工程的主要内容是，以养殖业为龙头，以沼气建设为中心，充分利用猪粪和农作物秸秆等废弃物下池发酵生产沼气作为农村生活能源，发酵后的沼液作为优质农家肥用于浸种、施肥和喂养家畜，推行户建1个沼气池，人均出栏2头猪，人均种好1亩果的“121”生态林业模式。到1998年底，赣州地区共建成沼气池32.1万余个，并以每年10万个的速度递增，果园面积已达18.87万公顷。1998年生猪出栏398.3万头、存栏364.3万头，发展生态林业户23.41万户，形成了沼气生态村953个、沼气生态乡（镇）107个。

猪沼果工程的实施，在该区取得了显著成效：①调整了林业种植结构，提高了林地利用率和比较效益，实现了农村燃料由薪柴到沼气的转变，有效地减少了薪炭资源消耗，保护了森林资源，促进了植树造林和国土绿化进程。根据调查，建一口沼气池一年可减少薪柴消耗约7立方米。全区从1980年开始兴办沼气至1997年止，共节约柴草140万吨，相当于18万公顷森林植被得以恢复。通过植树造林，发展沼气，大办果业，全区森林覆盖率由1982年的43.6%上升到68.2%。②带动了生猪饲养业、果树种植业、渔业、特种养殖业以及甘蔗、烤烟、蔬菜等相关产业的发展，加快了农民脱贫致富步伐。③实施猪沼果工程，将沼气池、猪圈、厕所建在一起，使人畜粪便入池发酵，保持了农村居住环境的清洁卫生，减少了环境污染，促进了农村精神文明建设健康发展。 （赣州地区林业局）

【上饶地区发展私营林业】 改革开放以来，特别是党的十五大以来，上饶地区一大批个体工商业主、农村能人，纷纷投资山地开发。全区已有个体林业专业户3000余户，经营林、果、竹、药面积3.33万公顷，投入山地开发的资金近1亿元。其中经营山地百亩以上、投资规模超过10万元的大户就有600户。到1998年止，全区私营林果业销售产值累计达到3000余万元，实现利税1000万元，使400户贫困农户摆脱贫困。

近几年来，该区围绕坚持“鼓励、保护、引导、服务”的八字方针，制定出台了一系列关于鼓励社会各界开发山地资源、建设高效林业的政策措施，积极推进山地使用权的有偿流转，鼓励经营者通过竞买、租赁、承包、股份合作等形式取得使用权。与此同时，林业部门切实加强技术指导。由于政策和技术到位，各种形式的私营林业蓬勃发展，形成了以公有制为主体的多种经济成分共同发展的林业发展新格局。上饶市茅家岭乡四吉村农民龚树耀，3年投入资金280万元，营建林果基地93.33公顷；横峰县岑阳镇农民刘楚雄1994年以2万元一次性买断6.67公顷荒山50年的使用权，发展高效果业；玉山县南山乡党委委员何光顺，投资30万元，跨乡租赁下镇镇双园村板栗园33.33公顷，进行改造；广丰县黄尖山林场从1994年开始在职工内部办起了股份制联合体56个，变1个国有林场为多个"家庭职工林场"，经营高效林果业60余公顷；铅山县陈家寨乡1994年开始办起了32个股份制联合体，经营果业面积333.33公顷；上饶县林远泉，除经营96.67公顷林果业外，还培育苗木18公顷，套种蔬菜3.33公顷，花圃0.47公顷，开发水面养鱼30万尾，养珍珠2.87公顷，养猪1000头，实行综合开发，滚动发展，成为全县有名的个体林业大户。（上饶地区林业局）

【崇义县实施林业分类经营】 1998年，省林业厅在崇义县进行林业分类经营试点，将林地区划为"两大类四大区"，即生态公益林经营区和商品林经营区两大类，其中商品林区细分为集约经营丰产高效区和一般商品林区，生态公益林区细分为禁伐区和一般生态保护区。

生态林经营 对生态公益林划区域、明界址、树标牌、定责任，并以政府布告将每个林班公之于众；全面实行禁伐、禁烧（烧木炭、烧柴）、禁垦（毁林开垦）、禁猎、禁牧、退耕，对部分林分进行补植造林、封山抚育、适度间伐、逐年更新；狠抓改灶节柴、改燃节能，提倡以煤、汽、电、太阳能代柴；建立生态效益补偿基金，从县财政、育林基金、水能发电、城镇供水、排污等有关渠道筹资，专门用于生态公益林的营造、抚育、保护和管理等。

商品林经营 杉木林坚持良种壮苗上山，适地适树适度密植造林，适时适度抚育间伐；天然针、阔叶林采取"开通一条路、砍掉霸王树、调整疏密度、留下目的树、封山加管护"的方法进行人工促进天然更新；毛竹林采取"开通公路、斩山抚育、号字经营、合理挖笋、铲挖施肥"的方法进行改造。天然针、阔叶林每公顷平均立木年生长量由改造前的不足6立方米提高到14.1立方米，林子形成复层林，主伐林龄继续坚持40年，主伐周期可由40年缩短为20年；毛竹林笋、竹产量成倍增长，每公顷平均立竹由改造前的1800株提高到2700株以上；林区林道密度达到每平方千米0.8千米，资源利用率达到90%，采运成本控制在公路边销价的30%以内。（崇义县林业局）

【于都县林业工作站建设】 于都县按照"布局合理化、建设标准化、管理规范化、服务体系化、经营基地化"的要求，积极推进林业工作站建设，取得了良好效果。

狠抓"四落实" 一是落实人员编制，全县27个林业工作站135名职工全部纳入事业编制。二是落实干部待遇，通过招干聘干，择优提拔，选配了一批德才兼备的站长与业务骨干。三是落实事业经费，基层林业工作站工作人员的工资、福利以及调资、晋级与县林业局机关人员一视同仁，经费列入县财政预算。四是落实养老保险制度，解除职工后顾之忧。

强化"四抓住" 一抓职工素质教育。搞好培训，鼓励职工自学成才。已有23名职工经自学考试，获得了大专文凭，林业工作站职工中具有大中专学历人数占85.2%。二抓制度建设，从建立健全岗位责任制入手，实行全方位制度化管理。三抓目标责任管理，采用百分法全面考核，每年对获前三名的站给予表彰和资金奖励；对后三名的，第一年通报，连续两年黄牌警告，连续三年站长就地免职，站员下降一级工资。四抓廉政建设和精神文明建设，在工作站全面开展了"讲政治、讲正气、讲学习"和"比思想境界、比知识技能、比贡献大小"的活动，严格执行"六要六不准"的廉政建设要求，近两年就有11个站受到县委、县政府表彰，8个站被授予县级文明单位称号。

开展"四个一"活动 即建好一个阵地（标准化办公设施设备），创办一块示范基地，办好一个实体，扶持和塑造一批典型。活动开展以来，种植业、养殖业、加工业、立体综合开发、基地加农户产业联营承包护林等各种发展模式相继涌现，既带动了乡村集体林业发展，也增强了林业工作站的经济实力，促进了标准化建设。至1998年底，全县27个林业工作站拥有站房8578平方米，购置汽车、摩托车62辆，通讯设备42部（台），创办基地和兴办经济实体65个，示范基地面积1266.67公顷，实现产值492万元，创利润99万元，扶持和塑造家庭林场、联合体等林业产业化典型32个。

发挥林业工作站对集体林业的"组织、管理、指导、服务"功能 于都县林业局对各乡镇林业工作站授予了林木限额采伐管理权、县内木材运输监督权、林业规费代征代缴权、林业行政执法权等，使之对上承接县林业主管部门的相关职能，对下管理乡村300余人专职护林员队伍，建立起乡、村、组三级护林网络，延长其职能触角，有效地保证了林业工作站职能发挥。同时，把开展林业社会化服务作为工作站的重要任务和考核指标之一，强化其技术咨询、技术服务和对乡村集体、个体、联合体的林业产业开发产前、产中、产后系列化服务，并设定了目标、措施、量化指标和示范典型。几年来，各林业站共接待林农咨询3万多人次，培训人员1.2万人次，印发法律政策宣传材料和实用技术资料近5万份。既服务了林农，也促进了自身的巩固与发展。（江西省林业工作站）

【宜春市发展丛生竹】 宜春市从1993年引种栽培丛生竹，共栽植40万丛，绝大部分生长良好，三四年生平均每丛达40多株，胸径最大达10厘米。平均每丛每年可产竹10根、鲜笋2.5千克。

1994年，该市创造性地采取带蔸埋秆法栽植，有效地解决了过去采用分蔸交叉斜栽法造成成活率偏低的问题。1995年该市又成功地开创了“丛生竹带蔸埋秆育苗移栽”的道路，解决了到外地取种竹运输距离远、造林成本高、成活率低等问题，使造林成本降低30%，成活率平均提高40%，发笋期提前近1个月。同时，该市还对丛生竹的栽植时间、栽植地点和栽植方法进行了探索，取得了很好的经验。（宜春市林业局）

【分宜县东坑林场走活三步棋】 分宜县东坑林场是1982年实施世行项目时从荒山上建起的国有林场。近几年来，该场抛弃“等、靠、要”思想，坚持眼睛向内，深化改革，强化管理，从困境中走了出来。1998年全场实现工农业总产值875万元，比1997年增长9.6%，收入124万元，比1997年增长12.6%。其主要做法是：

深化用人制度改革 一是撤并管理机构，总场由14个股室减为8个股室，工作变被动为主动。二是下放人事调配权、生产经营权、工资分配权、财务管理权，强化基层领导职能作用，激发各部门的生产积极性。三是完善岗位责任、经营管理、资金管理、费用监控等共八大类的100多条规章制度，以制度管人。四是实行“能人治场、竞争上岗”。先后调整了11名机关干部，解聘了5名不称职的中层干部，有8名优秀青年和退伍军人走上了中层领导岗位，做到了人尽其才、人尽其力。

改革分配制度 取消固定工资，推行岗位工资、计时工资及定额承包等多种形式的分配制度，极大地调动了干部职工的积极性。1998年总场投入的40万元营林经费本场职工挣到的份额由过去10%提高到70%，职工人均年收入比1997年增加700余元。

一业为主，多种经营 该场先后引进资金180万元，联合投资开发生产经营项目10个，年新增产值280万元，形成了用材林、经济林、网箱养鱼、麻羊养殖、精养鱼塘、松脂加工六大主导产业。一是把500公顷毛竹笋材两用林作为增后劲、求发展的重要经济增长点，每公顷投入2250元进行改造。1998年低产林改造的166.67公顷毛竹林平均每公顷立竹增加975株。二是瞄准境内733.33公顷水面，组织实施了“渔业富民工程”。通过引进技术和资金，投饵网箱养鱼专业户发展到98户，养鱼网箱发展到3000箱，鱼产量是两年前的4.5倍。三是以东坑村为龙头发展麻羊养殖。1998年出栏麻羊2740头。（分宜县东坑林场）

【国家级重点技工学校——江西省林业技工学校】 江西省林业技工学校创建于1979年5月，坐落在南昌市区，校园环境优美，教学设施配套。该校1993年被江西省人民政府评为省级重点技校，1998年被国家劳动和社会保障部评为国家级重点技校，是目前我国林业行业唯一一所国家级重点技工学校。

该校校园占地面积10.27公顷，建筑面积3万平方米，藏书4万册，设有营林、园林花卉、木竹检验、房屋建筑、旅游、室内装璜、电脑文秘、电脑簿记、电子电工和家电维修10个专业（工种），在校学生1200人。拥有10个专业实验室和配有60台586型微机的微机室、10个校外实习基地和1个校办实习工厂。现有教师101人，其中高级讲师15人，讲师44人。在努力提高教学质量的同时，该校还积极组织力量开展教学研究，在省级以上刊物发表论文100多篇，编写供全国使用的专业教材18种。学校办学形式多样，先后建立了江西省农业广播学校林业分校、南京林业大学南昌函授站、江西省林业职业技能鉴定站和江西省林业厅干部培训中心、厅直机关党校，形成了以技工教育为主体，以成人中、高等教育和在职职工培训为补充的多层次、多渠道办学模式。

建校20年来，学校共培养技校毕业生8585名，成人大、中专毕业生586人，培训各级各类职工3000余人。考核鉴定初级工135人、中级工4304人、高级工1556人、技师110人。先后荣获“南昌市文明单位”、“南昌市园林化单位”、“江西省职工教育先进单位”和“江西省法制宣传教育先进单位”称号。

（江西省林业厅）

山东省林业

【概　述】 1998年全省完成造林16.6万公顷，新建农田林网22万公顷，育苗1.7万公顷。村镇“四旁”植树1.6亿株，果品总产达到93.6亿千克。全省有林地面积达到191万公顷，林木蓄积量达到6022万立方米，森林覆盖率达到17.26%。

林木资源保护 为宣传林业法律、法规，打击毁林行为，唤起全社会的爱林意识，省林业厅决定：1998～2000年开展“跨世纪绿色行动”。1998年的主题为在全省开展林业执法大检查，对违法犯罪活动进行严厉打击，组织新闻媒体对典型毁林案件进行曝光。1998年

为打击犯罪、保护林木，省林业厅联合省高级人民法院、人民检察院、公安厅、监察厅在全省深入开展了以惩治盗伐、滥伐、破坏林木资源，非法猎捕、经营国家和省重点保护的野生动物资源为重点的严打整治行动。在各级法院、检察院、公安、监察机关以及新闻单位的密切配合下，全省共侦破查处各类破坏森林资源案件312起，其中林木案件288起，野生动物案件24起。刑事案件23起，治安案件45起，林业行政案件220起，打击处理违法犯罪分子676人，其中判刑4人，逮捕19人，刑事拘留20人，治案拘留41人，党纪处分14人，林业行政处罚578人。打掉团伙3个，收缴木材1328.9立方米，收缴野生动物11.62万（只）头，放生青蛙10.2万只。挽回经济损失164.08万元。

森林防火　1998年发生火灾次数比1997年度下降73.9%，受害林地面积下降87.6%，林木损失下降89.6%，是全省近年来森林防火工作最好的一年。

科技兴林　1998年通过实施部、省、重点推广计划、中试计划等，使林木良种品种选育、容器育苗、组培和脱毒苗应用以及适用配套的先进技术推广等都有了新的进展。组织推广了一大批先进实用的科技成果。1978～1998年，全省林业系统共取得科研成果1000多项，科研成果转化率已达到35%，林业科技进步对林业经济增长的贡献已达到25%。其中速生丰产林推广应用了42号优良无性系的丰产栽培技术，使杨树的生长量提高了3～5倍，成材年限缩短了5～10年。经济林推广应用了苹果、板栗、桃核等优良品种，新建果园基本实现良种化，老果园经过嫁接改造，良种率达70%以上，使山东经济林10年间面积增加了1倍多，产量增加了3倍多，质量和效益也有提高。山区绿化应用了容器育苗技术，延长了造林时间，提高了瘠薄山地造林成活率。　（谢桂英）

【国有场圃分类经营】　根据国家体改委、林业部关于《林业经济体制改革总体纲要》、《林业部关于国有场圃深化改革加强发展若干问题的决定》要求，国有场圃要建立起分类经营、分级管理的科学运营机制，按照森林的用途和生产经营目的，结合场圃的自然、经济和社会状况，将国有场圃划分为商品经营型、生态公益型和混合经营型三种类型。县（市、区）、市（地）、省属分别由县（市、区）、市政府行署、省三级人民政府划定并管理。山东省从1997年7月开始，组织专门人员分两批用半年的时间，对全省国有场圃进行了调查研究。到1998年底，全面完成了国有场圃的类型划分工作。全省国有场圃共308处，其中省属的5处，市（地）属的22处，县（市、区）属的281处。已划定生态公益型场圃267处，占86.6%；商品经营型2处，占0.7%；混合经营型39处，占12.7%。　（李　萍）

【泰安市率先完成国有林场苗圃分类经营工作】　泰安市从1998年3月19日至5月24日，集中两个多月的时间，对全市24处国有场圃的经营类型进行了划分，其中：13处国有林场均划为生态公益型；11处国有苗圃，有3处划为生态公益型，8处划为混合经营型，成为全省第一个完成国有林场苗圃类型划分的地市。　（王　迎）

【山东省花卉业迅猛发展】　花卉业是一项劳动密集型、管理集约型的新兴产业，是我国发展“高产、优质、高效”农业的重要组成部分。山东省委、省政府把发展花卉业作为繁荣经济的一个新的增长点。到1998年底，全省的各类花卉种植面积已达9333公顷，比1990年翻了两番；产值达12亿多元，比1990年增加了10倍。鲜花已达4000万盆，切花达4700万支，花卉市场达113个，花店350多家，花卉企业达到1100多个，从业人员达50万人，出口创汇800万美元，花卉业已成为山东省农村经济一个新的增长点和支柱产业。　（谢桂英）

【黄河三角洲国家级自然保护区】　黄河三角洲国级自然保护区位于东营市北部黄河入海口处，是以保护黄河口新生陆地生态系统和珍稀、濒危鸟类为主体的湿地类型自然保护区，总面积15.3万公顷。到1996年底总投资1300万元，一期工程提前一年全面完成。1997年5月林业部又批准并投资260万元保护区二期工程建设。几十年前，这里是一片寸草不生的荒凉之地，经过一代又一代林业工作者的科学实验，在改良土壤的同时，人工引种了耐盐碱的刺槐、白蜡、沙枣等新树种。其中刺槐林面积达1万公顷，是中国平原地面积最大的刺槐林。该地区刺槐林林龄10～30年，平均树高10米，胸径0.15米，冠幅6米，这里已成为东营市沿海防护林骨干林带，成为游人观光避暑的好地方。现在整个保护区内已有野生植物393种，其中仅高等植物就有277种，有269种鸟类栖息于此，仅国家一级保护鸟类由建国前的5种增加到7种，二级保护鸟类由27种增加到34种，仅丹顶鹤就有120多只，还有金雕、白枕鹤、苍鹰等。这里已成为东北亚内陆和环西太平洋鸟类迁徙的重要的“中转站”和鸟类越冬、栖息、繁殖地。世界珍稀鸟类黑嘴鸥，世界上仅存3000余只，在保护区能观察到1420余只，占世界总数50%。是目前中国最大的黑嘴鸥分布区之一。自1992年10月经国务院批准建成国家级自然保护区后，吸引了数千名来自世界野生生物基金会等国际组织和日本、美国等20余个国家和地区的专家、学者来这里参观考察，并同澳大利亚、荷兰等国家签订了野生动植物科学考察研究合作项目。这片保护区已成为东营市对外开放的重要窗口。　（谢桂英）

【威海市封山育林】　威海市把封山育林作为加快造林绿化步伐的一项重要措施，常抓不懈，取得了显著效果。主要做法是：市政府发布了通告，明确规定防护林、特用林20年不砍伐，10年不修枝；制订规划，划定范围，插标立界；建立组织，落实责任，加强管护。目前，全市封山育林面积达到9万多公顷，占有林地面积的一半多，防护林、风景林基本实现了长期死封。通过连年封山育林，造林绿化成果得到进一步巩固，森林资源持续稳定增长，生态环境步入良性循环的发展轨道，沿海防护林、山丘水土保持林和以自然景观为主体的风景林三大体系初具规模，森林覆盖率达到35.2%，先后被授予"全国造林绿化十佳城市"、"全国绿化先进单位"、"全国环保模范城" 等称号。(威海市林业局)

【潍坊市林业建设】 改革开放20年来，潍坊市各级党委、政府一手抓资源培育，一手抓开发利用和保护管理，基本建成了山区、平原、沿海和村镇四大绿化体系。山区已基本实现灭荒，林果业成为山区农民脱贫致富的支柱产业。全市53万公顷平原农区全部实现高标准农田林网化。"三北" 沿海地区以防护林带和农林间作为重点，大力建设网、带、片、间、点相结合的海防林体系。"百镇千村绿化美化工程"每年植树1500万株以上。1998年全市林地总面积达到30万公顷，农田林网53万公顷，农林间作75万公顷，林木蓄积量610万立方米，林业年总产值34.6亿元，与1978年相比，林业资源增长1倍多，年总产值增长30多倍，林木覆盖率达到23%，比1978年翻了一番。

潍坊市林业系统市、县、乡三级共兴办各类林业科技示范园70多个，面积达到666公顷，年实现产值1.5亿元，示范带动面积达6.6万公顷。其中市科技园1处，面积33公顷；县级科技园20处，面积400公顷；乡镇科技园50余处，面积达266公顷。全市新建科技园面积平均达到10公顷，其中潍坊市花卉苗木繁育场、昌邑江北林果高科技园、潍城符山良种场、寿光机械林场等科技园面积都在33公顷以上。在科技园建设上始终坚持高起点、高科技的发展方针，到1998年底，全市科技园先后引进名优品种100多个，其中中外名花20多种；第三代甜油桃、红提和黑提葡萄、冬枣、梨枣、凯特杏、蜜思李等干鲜杂果30多种；三倍体毛白杨、土耳其杨等绿化苗木10余种；观赏鹦鹉、瘦肉型猪、河蟹等养殖品种10多个，科技园良种化程序达到100%。 (谢桂英)

【银杏之乡——高密市呼家庄镇】 高密银杏科技园是高密市呼家镇机关党委、政府于1994年5月采用股份合作方式建立的，该园总投资50万元。全镇43个村全部发展银杏育苗和栽培。1997和1998年银杏面积分别达到773公顷、1573公顷，银杏苗、银杏叶收入分别达到1000万元和2300万元。银杏叶健康茶加工收入600多万元。该镇先后被省和潍坊市分别确定为山东省银杏技术开发试验示范基地，潍坊市"九五"期间六大经济林开发区重点项目和十六个经济林建设示范区之一。1997年被潍坊市委、市政府授予 "科技兴农先进单位"。 (谢桂英)

【花卉龙头——潍坊市花卉苗木良种繁育试验场】 潍坊市花卉苗木良种繁育试验场是潍坊市林业局于1996年6月创办的花卉龙头示范基地，面积33公顷，职工168人，其中专业技术人员26人，固定资产718万元，以生产名贵盆花、盆景、鲜切花、园林绿化苗木和优质草皮为主，花木品种300多个，年产苗木700多万株，年销售收入800多万元。现建有温室展厅6600平方米，冬暖式生产温室2000平方米，春暖式大棚9000平方米，组织培养室100平方米，园林雕塑室170平方米，水利设施实现"三灌化"(微喷、滴灌、微灌)，加入了国际互联网。该场1997年9月被林业部确定为全国十大花卉生产示范基地之一，1998年9月被中国科学院植物研究所列为科技实验示范基地，首开院市合作之先河。 (刘兴成 郭光智)

【德州名牌产品——金丝小枣】 金丝小枣是德州的名牌产品，红枣生产具有得天独厚的优势。1998年重点抓了基地规模扩大、科技含量提高，市场、龙头企业建设。全市新植枣树300万株，建立了枣树科技示范园，引进省内外枣树优良品种100多个，嫁接改造枣树0.7公顷，小枣年产量1.5亿千克，收入4.3亿元。投资2亿元，扩建市场21处，特别是乐陵红枣市场，1998年投资1亿元，新建市场1万平方米，成为中国最大的集流通、加工、贸易于一体的红枣集散地。红枣加工企业达130多家，小枣产业产值达14亿元，小枣已形成了市场牵龙头、龙头带基地、基地连农户一体化格局，金丝小枣已成为德州地区农民致富奔小康的重要产业。 (德州市林业局)

【中国花椒之乡——莱芜市莱城区】 莱芜花椒栽培历史悠久，其主栽品种大红袍花椒以其果大、香味浓、果皮鲜红亮丽，晒后不变色等特点广销全国各地。

莱芜市委、市政府十分重视花椒的生产与开发，1998年把以花椒为主的干杂果列为全市四大主导产业之一。花椒已成为全市地堰开发的主要树种。现全市栽培面积已达0.8公顷，年产椒皮410万千克。

大红袍花椒主产于莱城区茶叶口、腰关、圣井等乡(镇)，1998年莱芜市莱城区被"中国特产之乡推荐及宣传活动组织委员会"命名为"中国花椒之乡"。

(莱芜市林业局)

【栖霞市农民发展林果业】 栖霞市大力发展高效林业，不仅绿化了荒山，提高了林木覆盖率，而且林业年收入达12亿元，农民收入80%来自林果业。他们的做法：一是优化结构，调整了林粮结构、林种结构和产业结构。坚持林果生产不与粮油争地，全市农耕地控制在5.4万公顷以上，人均不少于0.08公顷，果树面积发展到4.3万公顷，实现了人均0.06公顷果木林；凡高山陡坡、大河沿岸、水库上游发展防护林，其他土层深厚的地方发展经济林；一、二、三产业有机结合、协调发展，先后办起了果品加工厂，木材加工厂。二是加强基地建设。全省有21处乡镇成为优质苹果生产基地，有4个乡（镇）成为大梨生产基地，有7个山区乡（镇）成为柞茧集中产地，有3处乡（镇）发展成为香椿芽和核果类生产基地。三是依靠科技进步提高林业生产水平。该市先后从国外引进红富士系列，北斗、乔纳金、北海道九号等64个果树品种，从省内外引进了板栗、银杏、大樱桃等优良品种20多个，目前栖霞市以红富士为主的优良品种苹果已达3.3万公顷，占苹果园总面积的80%。（谢桂英）

【山东省园林城市】 经过遥感、航拍，烟台、莱芜、青州、新泰、胶南5个城市以其优美、洁净的综合环境和别具特色的城市绿化，荣获"山东省园林城市"的称号。这5个城市绿化覆盖率（含区水面）最高是42.93%，最低也有34.78%，人均绿地面积超过了7平方米，街道绿化普及率达到95%。城市空气干净、水体污染小——大气总悬浮微粒年日平均值不超过0.60毫克/立方米，二氧化硫年日平均值低于0.60毫克/立方米。（山东省林业厅）

【全国造林绿化百佳市——兖州市】 兖州市把发展林业作为壮大农村经济、建设农业现代化和实现可持续发展的战略措施来抓，每年春季组织近10万人上阵造林，重点实施了"四大工程"：一是1000千米农田林网示范工程，实行乔灌草结合，立体绿化。二是万亩河堤残次林改造示范工程，东泗河大堤城区段建设了200公顷石榴园和10千米的葡萄长廊，在市境内的光府河、黄狼沟大堤上营建了133公顷花椒园和66公顷大枣、石榴园。三是完成了8处乡（镇）驻地和120个村庄园林化建设工程。四是高标准营建了327国道和汶邹公路兖州段绿化长廊工程。全市基本实现了农田林网规范化、经济林基地化、河道堤防林果化、乡镇村庄园林化。到1998年底，全市有林地面积达到6066公顷，林木蓄积60万立方米，林木覆盖率达到19.8%。先后三次被林业部、全国绿化委员会命名为"全国造林绿化先进县"，1998年被全国绿化委员会命名为"全国造林绿化百佳市（县）"。（谢桂英）

【中日绿色黄河友好林】 1998年6月，山东省与日本山口县签署了"中日绿色黄河友好林"项目，计划造林500公顷，20个小班，建设期限为5年（1998～2002年），项目无偿总投资375万元人民币。1998年10月31日，日本山口县政府友好代表团、林业协议团义务植树团和记者团一行90人，在小河启佑副知事的带领下来山东省长清县出席了"中日绿色黄河友好林"开工仪式和参加友好纪念林义务植树活动。（谢桂英）

【高慧娟青春无悔绿化荒山】 高慧娟，东平县张河桥乡夏谢四村人，中共党员。她15岁初中毕业，毅然承包了光秃秃的7.3公顷狼窝山，以惊人的毅力和钢铁般的意志，用自己的青春和汗水绿化了狼窝山。先后搬动土石10万立方米，修筑山路4000余米，栽植果树3000株，槐树和椿树5000株，花椒树800株，柏树4.5万株，绿化荒山5.3公顷，开垦果园2公顷。她刻苦认真地学习文化技术知识，熟练掌握了果树科学施肥、浇水、剪枝、嫁接、治虫等技术，使一座荒山变成了山顶柏树盖帽、山中果树缠腰的花果山。她也因此脱了贫、致了富，年收入在2万元以上。在她的带动下，几十户村民也靠治理荒山脱贫致富。近年来，她先后被评为省市劳动模范、"新长征突击手"、"三八红旗手"，荣立省"青春立功"活动特等奖，荣获全国"三八绿色工程奖"、第二届"国际青少年消除贫困奖"。1998年，她当选为省九届人大代表、泰安市十三届人大代表，被评选为第三届"全国十大杰出青年农民"。（李广玉）

【山东省1997年度"全国绿化奖章"获得者】 葛平春 李吉祥 张守增 李殿印 李本跃 万振甫 崔卫东 宋来君 侯庆祥 苏衍贤 刘宪存 周长杰 佘国和 王公义 贾仁贤 许民武 刘业环 张幸福。（山东省林业厅）

青岛市林业

【概　述】 全市完成造林4066.7公顷，占年计划的174%；完善和更新农田林网3.9万公顷，占年计划的148%；林粮间作3333.3公顷，占年计划的100%；"四旁"植树489万株，占年计划的122%；育苗733.3公顷，占年计划的110%。全民义务植树运动继续深入开展，全年参加义务植树人数230万人（次），完成植树709万株。"植树节"期间，市林业局、团市委等8家单位联合组织了声势浩大的植绿护林宣传活动，上万名干部群众和青少年志愿者汇集五四广场，向市民发出了植绿护林的倡议。结合新《森林法》实施，在全市开展新《森林法》宣传月活动，组织街头咨询，播发公益广告，张贴布告，使新《森林法》深入人心。

生态林业建设　为构筑和完善全市总体生态林业格局，青岛市规划确定了八大生态林业建设工程。即：铁路两侧路域绿化工程、沿海基干林带补植完善工程、环胶州湾高速公路两侧滩涂绿化工程、潍莱高速公路两侧绿化工程、进出青岛市（区）主通道和旅游干线两侧迎面山绿化工程、平度市平原高标准绿化示范工程、大沽河流域绿化开发工程、城阳区花园式村庄绿化示范工程。环胶州湾高速公路两侧滩涂绿化工程高标准完成造林33.3公顷，栽植柽柳、中山杉8万余株。在铁路绿化工程中，沿线有关市（区）坚持乔灌草结合、平面立体绿化结合，建设高标准农田林网，绿化美化站台、村镇，完成年度规划任务，使铁路沿线整体绿化面貌有了初步改观。城阳区投资近2000万元，绿化村镇街道，美化庭院，建成高标准园林式村庄132个，成为建设现代化农村的一项精品工程。

林业产业建设 围绕大枣、银杏、板栗、茶叶等七大商品林开发工程，新建高效林业基地3000公顷。平度市新发展银杏266.7公顷，银杏种植面积已达613.3公顷，1998年产银杏干叶800吨，收入1680万元。莱西市把发展名特优新品种作为实现传统林业向现代林业转变的突破口，引进日本丰水梨、中华寿桃、黑提、红提等国内外经济林良种27个，并发展保护地栽培大棚2400多个，面积120公顷，1998年大棚果品总产量210万千克，收入5000多万元。崂山区茶园面积已达到200多公顷，年产绿茶6万千克，收入近千万元。

年内，相继扩建和新建了一批与林业行业关联度大、科技含量高、辐射能力强的林产品加工项目，提高了林业的综合效益。平度同丰红枣加工厂投资500万元，加紧二期工程建设，带动了周边枣粮间作19个基地镇5000多个生产户的发展，1998年共产鲜枣350万千克。崂青杜仲茶厂生产的杜仲茶获国家专利，1998年产杜仲茶1.25万千克，销售收入200多万元。

林业执法 以新《森林法》实施和贯彻国务院《关于保护森林资源制止毁林开垦和乱占林地的通知》为契机，在全市开展“保卫绿色行动”。市中级人民法院、人民检察院、林业局、公安局、监察局共同发起了严厉打击破坏森林资源违法犯罪的专项斗争，共查处各类毁林案件8起。针对乱捕滥猎和非法加工利用野生动物的不法行为，加大打击力度，共检查集贸市场73处（次），酒店135家，对12家违法单位进行了处罚，出动800余人（次）上山清理网鸟行动116次，收缴网具1500余套，放飞野鸟3600余只。

森林资源保护 根据国务院要求，进一步强化林地管理，对一些地区存在的以各种名义乱占滥用林地、违反规定毁林采石挖沙等行为进行了全面清查，规范林地征占用审核和林木限额采伐审批管理，有效地保护了林地和林木资源。坚持依法治火，狠抓各项防范措施落实，山林火灾（警）损失大幅度下降，全年仅发生火警火灾4起、过火面积2.6公顷，烧死烧伤树木3000株，是1987年以来损失最少的一年。由于受气候异常等多种因素影响，全市多种林木害虫大发生，面积达6.38万公顷，局部地区暴发成灾。各级林业部门组织技术人员靠在一线，全力以赴防虫治病、抗灾保树，共投入资金200余万元，动用喷药车18辆，其他工具千余台，使用农药40余吨，防治用工达10万余个，有效地控制了森林病虫害扩散蔓延的势头。

林业改革 莱西市按照“两权”分离原则，进行改革试点，对林网、道路树木、宜林“四荒”地使用权进行拍卖，调动了农民对林业投入和管护的积极性。崂山区积极引导个体、私营经济发展林业，全区已涌现出承包山林大户16个，承包面积最多的达80公顷，吸纳资金500多万元。各级林业部门适应市场经济要求，创办、领办良种示范基地，既发挥了示范作用，又增加了经济收入。即墨市林业局示范基地总面积已达8.7公顷，共培育苗木40余万株。胶南市林业局与有关村庄签订承包合同，建起10公顷板栗育苗示范基地，包种子、包技术指导、包苗木销售，对育苗制度改革进行了有益尝试。

（青岛市林业局）

河南省林业

【概　述】 1998年，全省林业工作以党的十五大和十五届三中全会精神为指针，发扬伟大的抗洪精神，坚持森林资源培育与保护管理并重，山区造林与平原绿化并举，强化措施，整体推进，全省林业建设保持了持续健康发展的好形势。

发展与成就

造林绿化 全省紧紧围绕“再造山川秀美中州大地”的宏伟目标，以实施《河南省十年造林绿化规划》为重点，抓住春夏雨水较丰的有利时机，早安排、早动员，加大了春季和雨季造林力度，保证了年度造林任务的顺利完成。全省完成人工造林20.47万公顷，飞播造林5.37万公顷；新建农田林网90万公顷；完成林业育苗1.82万公顷，容器育苗5.2亿株；改造低产林2.67万公顷；全民义务植树2.2亿株。均超额完成了年度目标任务。据第四次森林资源清查和年度造林实绩核查，全省又有9个县（市、区）通过了实施造林绿化规划的验收，至此，12个山区市地、66个县（市、区）全部完成了规划的造林任务。全省有林地面积由1988年的157.13万公顷增加到209万公顷，活立木蓄积量由9152万立方米增加到1.32亿立方米，森林覆盖率由14.76%提高到19.83%。

全省参加义务植树人数6000万人次，植树2.2亿株，造林成活率85%以上；新建义务植树基地226个，完成造林2.67万公顷；全省乡以上领导干部办造林绿化点688个，新认定造林绿化点300个，规划造林面积1万公顷。铁路、公路和水利部门加快了通道绿化步伐，绿化铁路150千米、公路1800余千米（国道和省道）、堤防1400余千米。煤炭部门开展了争创“全省煤矿造林绿化十佳单位”的活动，新完成造林168.33公顷。团省委在全省组织开展了建立“青少年绿色文明园”活动，积极搞好跨世纪青年绿色工程的建设。广大驻豫官兵搞好营区绿化，省军区80%的单位达到了园林式营院标准。各城市认真贯彻《城市绿化条例》、《河南省城市绿化实施办法》和《关于在全省开展争创园林城市活动的通知》精神，共完成义务植树274万株，铺草坪160万平方米，种绿篱72万米，垂直绿化25万株，培育盆花108万盆，育苗19.77公顷。

森林资源保护和管理 全省完成了制止毁林开垦和乱占林地的清理清查工作，全省需退耕还林面积14.12万公顷。查处林业案件4857起，打击处理违法犯罪分子6134人，追缴木材1万多立方米，重大森林刑事案件破案率达92%。有21个木材检查站达到部颁标准。全省森林资源消耗量低于800万立方米。均未突破国家和省政府下达的控制指标。

全省现有成幼林面积209万公顷，“四旁”树木13亿株，寄主总面积449.53万公顷，发生森林病虫害69.92万公顷，其中：中度以上发生37.47万公顷，占发生总面积的53.6%；有效防治49.70万公顷，监测面积342.85万公顷，产地检疫1.01万公顷。全省森林病虫害发生率15.5%，防治率71%，监测覆盖率76%，种苗产地检疫率69%。实现了“一降三提高”的总体目标。全省8个森林病虫害防治站进入先进站行列，11个站达到标准站条件。全省建立中心测报站点90个，一般站点1310个。全年发布病虫情报540期5000余份，测报准确率达85%以上。

全省共发生森林火灾25次，受害森林面积27.6公顷，受害率0.016/1000。共营造生物防火林带300千米。开展了森林防火宣传月活动；制定了《伏牛山区森林防火综合保障体系建设规划》，修订了《河南省伏牛山区森林扑火预案》；组织全省专业森林消防队，开展标准化建设，制定了升级标准；规范了森林火情报告制度；全省森林防火工作继续保持良好的发展形势。

科教兴林 据国家林业局测评，全省林业科技进步对林业经济增长的贡献率达到28.99%，科技成果转化率达到34%，在适宜地区的覆盖率达到30%。

林业产业化 全省经济林产品总产量达到30.5亿千克，林业系统林产工业和多种经营销售收入达到16亿元，林业总产值达到113亿元，不少县依靠林业产业走上了兴县富民之路。

国有林场建设 全省有87个国有林场，绝大多数是建国前或建国初期创建的。截至1998年底，全省国有林场累计完成造林合格面积33.33万公顷，改造低产林6.67万公顷，抚育中幼林153.33万公顷（次），森林覆盖率从建场初期的26.9%提高到68.55%，累计向国家提供木材200多万立方米，积累非资源性固定资产1.4亿元，向国家交纳税费2亿多元，现存活立木蓄积量1231万立方米、价值37亿元，是国家总投资3亿多元的10倍。全省国有林场多种经营及综合利用收入达到7800万元，是1978年的42倍。

存在困难 一是造林绿化任务仍很艰巨，生态环境仍呈恶化趋势。全省尚有90多万公顷宜林荒山需要绿化、70多万公顷低效林需要改造。“通道”绿化和平原绿化还需要进一步完善和提高。全省尚有310余万公顷的严重水土流失区、66.8万公顷荒漠化土地、5.3万公顷流动半流动沙丘需要治理，水土流失和风沙危害十分严重。二是森林资源保护和管理的形势仍很严峻，部分毁林大案要案查处难度较大。三是林业结构不够合理。不少地方绿化美化品位较低，林业的整体效益发挥不够充分。四是虽然林业投资总量有所增加，但增加比例明显低于全省基本建设平均增长水平，严重制约着林业建设的快速发展。（徐 忠）

【制止毁林开垦和乱占林地清理清查】 8月5日，国务院发出《关于保护森林资源制止毁林开垦和乱占林地的通知》后，省委书记马忠臣作了“《通知》完全符合河南实际，我们的责任是全面贯彻落实”的批示，省长李克强、省委常委、秘书长王全书、副省长王明义等领导同志都作了相应的批示和安排。省政府9月3日发出了《关于加强森林资源保护管理工作的通知》，并于11月18日和19日召开省政府协调会、全省电视电话会。省林业厅制订下发了《关于制止毁林开垦和乱占林地的实施意见及行动方案》、《河南省清理清查毁林开垦和乱占林地及退耕、复垦还林计划实施办法》，9月18日召开了全省市地林业局长和有关单位参加的会议，安排部署了清理清查工作，要求以“严打”开路，大力开展打击破坏森林资源违法犯罪行为的专项斗争，确保年底前完成任务。全省先后派出11个督查组，两次赴各地检查督导。郑州、南阳等11个市政府、地区行署的主要领导同志对贯彻《通知》作了批示或发表重要讲话。9个市召开了主管县（市、区）长和有关单位负责人参加的会议，9个市、地召开了有关单位负责人参加的协调会。全省18个市、地都以政府或行署名义下发了贯彻文件或明传电报。重点山区、沙区县（市、区）也都召开了乡（镇）长和有关部门负责人参加的会议，主要党政领导作了批示和发表了讲话。

为加强对清理清查工作的领导，省林业厅成立了以厅长张敬增为组长的清理清查领导小组。焦作、南阳等5个市地成立了以市长或主管副市长（专员）为组长的清理清查领导小组，商丘、新乡等5个市成立了以林业局长为组长的清理清查领导小组。光山、西峡、清丰等重点山区、沙区县成立了以主管副县（市、区）长为组长，土地、林业、水利、农业等部门负责人为成员的清理清查领导小组。

省林业厅向省土地局、农业厅等省直12个单位发出《关于清理有关文件的函》，对国办发［1994］64号文件下发以来出台的有关文件进行了清理，全省共清理出需修改或废止的文件9个。

全省共抽调1800余名技术骨干，组成450个专业调查队，按照林业厅制订的实施办法，对毁林开垦和乱占林地情况逐起进行清查、登记、统计。全省共清理毁林开垦林地119 253起，面积11.2万公顷。属于重大毁林开垦林地422起，毁林面积10.13万公顷，其中：集体393起，毁林面积8.67万公顷；国有29起，面积1.46万公顷。全省共清理非法征占用林地4947起，面积1.22万公顷。其中：违背中发［1997］11号文件的建设项目征占用林地19起，面积66.67公顷；有立项批准手续，未经林业主管部门审批，未缴纳规费的2179起，面积3666.67公顷；无立项批准手续，也未经林业主管部门审批的各种乱采、乱挖、乱建占用林地2608起，面积3000公顷；集体、群众等侵占国有林场（苗圃）141起，面积5466.7公顷。（徐　忠）

【野生动植物保护】 全省组织开展了为期一个月的严厉打击破坏野生动物资源违法犯罪活动的专项斗争，共检查宾馆、饭店、招待所130余家，集贸市场90多个，驯养繁殖单位247个，查处非法经营利用野生动物的单位和个人104个；查处无证驯养繁殖单位76家，取缔11家，补办许可证65家；查处非法猎杀、运输、倒卖野生动物及其产品的案件24起，抓捕犯罪嫌疑人15个，没收猎具76套；共查获国家和省重点保护野生动物1400多只，骨、皮363张（套）。省林业厅重点督促查办了新郑机场“猫头鹰案”、“麻雀及斑鸠案”，邙山区“花园餐馆案”，济源五龙口“猕猴案”，潢川火车站“野鸭案”，禹州市“麝鼠案”和驻马店市“虎骨酒案”等。完成了《河南省实施〈野生动物保护法〉办法》部分条款的修改工作。在河南电视台上播出“爱鸟周”公益广告，制作播放了4期“中原焦点”节目、3期“都市报道”，组织开展了“湿地日”、“爱鸟周”、“野生动物保护宣传月”、“纪念野生动物保护法颁布10周年”等系列宣传活动。完成了全省水鸟资源调查、朱鹮专项调查、太行山猕猴专项调查等工作。

（徐　忠）

【太行山猕猴自然保护区】 保护区于1998年经国务院批准建立，位于河南省北部济源、沁阳、修武、辉县境内，太行山的东南麓。地理坐标为东经112°02′～113°46′，北纬34°54′～35°43′。北接山西高原、南临华北平原，位于我国一二级大地形的陡坎上，其地形地势的突出特点是山高、沟深、坡陡、切割严重，一般坡度在30°～50°。保护区总面积5.66万公顷，由“河南济源猕猴省级自然保护区”、“河南济源省级禁猎区”、“河南沁阳白松岭省级自然保护区”、“辉县石门沟自然保护区”和河南修武国有林场部分林区组成。其中：国有林区面积1.67万公顷，集体林区4万公顷。保护区内保护动物猕猴是亚洲分布的最北界，也是华北地区惟一残留下来的灵长类动物。保护区内约有20余群，2000余只。

保护区除分布有丰富的猕猴资源外，还分布有陆栖脊椎动物约300多种，其中鸟类200多种，兽类40多种，两栖爬行类30多种，国家重点保护野生动物有金钱豹、猕猴、麝、青羊、金雕、石鸡等。保护区内有植物200科，791属，1912种，其中维管束植物166科、704属，1836种，国家重点保护的珍稀植物有连香树、山白树、太行花、狭叶瓶儿小草等。（徐　忠）

【杨树食叶害虫防治】 全省共发生杨树食叶害虫2亿株，占杨树总数的一半以上。其中中度以上发生1.2亿株，树叶被吃光近3000万株。省委、省政府和国家林业局领导分别在新华社《国内动态清样》上作了重要批示。为贯彻省委、省政府和国家林业局领导同志的批示精神，尽快遏制杨树害虫危害，坚决杜绝类似灾害再次发生。省林业厅采取三项措施予以防治：一是严格落实防治目标责任制；二是因地制宜，分类施策。对中度发生区集中连片的中幼龄树，采用生物制剂防治。用灭幼脲加少量菊酯类杀虫剂叶面喷洒。对中重度发生区高大树木（高于13米），采用甲胺磷、久效磷内吸杀虫剂根基注射防治。5年生以下，3～4克/株；6～10年生，5～7克/株；11～15年生，8～11克/株；15年生以上，15克/株。对轻灾区幼龄林，保护天敌（舟蛾赤眼蜂、病毒等）资源，避免使用广谱性杀虫剂。发动群众摘除第1、2代幼虫虫苞，或使用超低容量喷洒白僵菌、BT乳剂等生物制剂进行叶面喷洒防治；三是调整树种结构，实施工程治理。选用抗病虫树种，营造混交林和隔离带，混交形式选择不同品种杨树的杨杨混交及杨桐、杨椿（香椿）、杨槐、杨楝、杨杏（银杏）等混交。力争用3～5年时间，逐步改善平原防护林结构，增强抗灾能力，更好地发挥防护效益。由于措施得力，未造成大的灾害。（徐　忠）

【河南省京九绿色长廊建设】 10月12～13日，由全国政协人口资源环境委员会副主任江泽慧任组长的全国政协“京九绿色长廊”考察组一行22人，对新县的京九绿色长廊建设进行了考察。王明义副省长代表省政府和省绿化委员会向考察组汇报了京九绿色长廊建设及林业有关情况；新县县长曾召宝汇报了新县京九绿色长廊建设及林业工作。王明义、胡廷积及省林业厅厅长张敬增、信阳地委书记李中央、信阳市市长刘怀廉等领导同志陪同考察。

京九铁路穿越河南省3个市的8个县（市、区），境内总长229.9千米。1996年底实施京九绿色长廊工程以来，全省共投入工程建设资金1000多万元，绿化铁路130千米、公路860千米，完善和新建农田林网2.3万公顷，植树605万株，绿化站台、桥头、城镇、村庄等492个，完成了工程建设任务。 （徐 忠）

【省委副书记范钦臣在豫西考察林业】 8月4～7日，省委副书记范钦臣在省委政研室、省林业厅负责同志的陪同下，冒雨深入嵩县、栾川、卢氏、灵宝等县林区，考察山区林业，并就林业工作发表了重要谈话。

（徐 忠）

【《森林法》宣传贯彻活动】 河南省林业厅成立了以厅长为组长，副厅长、党组成员为副组长，处室负责人为成员的全省宣传《森林法》活动领导小组，下发了《关于在全省开展学习宣传贯彻〈森林法〉活动的决定》，召开了“全省学习宣传贯彻《森林法》工作会议”，举办了全省学习宣传贯彻《森林法》骨干培训班，王明义副省长在河南电视台发表了学习宣传《森林法》的电视讲话。省人大农工委、省林业厅和河南日报社联合召开了学习宣传贯彻《森林法》座谈会，邀请有关专家和领导就学习宣传《森林法》进行座谈，并将座谈内容在《河南日报》上摘要发表。《河南林业》杂志社开辟“领导谈法”专栏，全省40多个县（市、区）长发表了电视讲话，20多个县（市、区）林业局邀请当地党委、人大、政府的领导同志及各界知名人士发表讲话。《河南日报》全文刊登了新《森林法》和全国人大常委会关于修改《中华人民共和国森林法的决定》，刊发整版宣传照片，报导各地宣传《森林法》开展活动情况和查处案件动态，《河南农村报》组织了宣传活动，河南电台组织了系列报道，河南电视台举行了《森林法》知识电视竞赛，省人大副主任亢崇仁、省政府法制局局长宋学贵等作为特邀嘉宾观看了比赛，《河南日报》刊登了《森林法》百题知识竞赛试题。省林业厅组织全省林业公安干警在郑州市花园路开展“《森林法》宣传一条街”活动，省人大副主任亢崇仁、省政府副省长王明义、省政法委副书记李连魁、省政府法制局局长宋学贵等领导参加了宣传活动，并向过往行人发放宣传材料，解答有关问题。南阳、鹤壁、新乡、漯河、信阳、许昌、周口等地也开展了新《森林法》宣传一条街活动，组织了大规模的宣传游行。 （徐 忠）

【防治荒漠化工程建设】 据1995年沙漠化普查，全省风沙化土地范围涉及开封、郑州、新乡、濮阳、安阳、鹤壁、焦作、商丘和周口区等9个市（地）及所辖42个县（市），区域总面积405.19万公顷，占全省土地总面积的24.2%。现有沙化土地66.83万公顷，占沙漠化土地面积的2.6%；半固定沙丘（地）2.36万公顷，占3.5%；固定沙丘（地）11.83万公顷，占17.7%；闯田（指毁林开沙种地1～2年的沙地）2.68万公顷，占4.0%；沙改田4.77万公顷，占71.3%；重盐碱地0.56万公顷，占0.9%。1998年全省流动、半流动沙丘面积达到5.33万公顷。建国后，为了治理荒漠化土地，发展农业生产，采取“以工代赈”的办法，在豫东营造了5条大型防护林带，全长520千米，造林10.93万公顷，控制面积53.33万公顷。党的十一届三中全会以来，省委、省政府把防沙治沙工作作为一项基本建设项目，投资1181万元。从1980年开始，按照“因地制宜、因害设防、全面规划、综合治理”的原则，制定了总体规划和分年度施工方案，新造两条豫北防护林带和完善提高豫东防护林带，造林面积4.72万公顷，新造农田林网13.45万公顷，农林间作19.79万公顷，形成了点、片、网、带相结合的综合防护林体系，有效地控制了风沙危害。昔日的风起沙腾、填井压房、种不保收的情况已不复存在。

1992年开始，防治荒漠化工程列入国家重点林业生态工程，在2个实施县和18个重点县完成治沙面积19.67万公顷。 （徐 忠）

湖北省林业

【概 述】

发展与成就

造林绿化 全省共完成人工造林21.87万公顷，占年度造林计划的149.1%；完成“绿色致富工程”基地建设面积21.08万公顷，占责任状计划的101.2%；全省参加义务植树的人数达到2585多万人次，尽义务率达88.8%，共植树1.46亿株。为确保“十年绿化湖北”目标的如期实现，省政府专门召开会议并多次派检查组督查，全省最后一批16个县（市）经验收全部合格。

重点项目工程 全省共完成外资项目营造林5.59万公顷，占计划的99.6%；三峡地区重点生态工程在4个县（市）启动实施；全国山区综合开发示范的5个县已完成了总体规划的编制，建立了项目库；长防林工程完成营造林9.59万公顷；淮太防护林工程完成营造林0.27万公顷；京九绿色长廊完成基地造林0.9万公顷，植树600多万株；开展汉宜、汉十等公路的绿色通道建设，全省共完成公路植树3845万株，绿化里程1214.7千米。

种苗生产 为扭转林木种苗供应不足的状况，省林业厅专门下发了《关于抓紧做好1998年林木种苗工作的通知》，对种苗调剂和种苗生产进行具体部署，全省共完成林业育苗5933公顷，超计划48.3%；并对全省苗圃按示范苗圃、中心苗圃、骨干苗圃和专业村、专业户苗圃四大类进行了规范建设，其中建立省级示范苗圃17个，面积0.33万公顷。

资源管护 一是在新《森林法》颁布实施后，全省及时发出通知、组织办班培训和狠抓了凭证采伐等制度的落实，全省森林采伐总量控制在680万立方米，低于限额120万立方米；林木凭证采伐率为85%，比1997年有所提高。二是狠抓了征占用林地审批和补偿制度的落实，全省征用、占用林地（除国家和省大型重点工程外）报林业部门审批率达60%，补偿率为70.3%，分别比1997年提高了15个和20个百分点。三是依法加大了对乱砍滥伐林木、乱征滥占林地、乱捕滥猎野生动物等案件的查处、打击力度，全省林业、监察、公安、检察、法院联合开展了保卫绿色行动严打专项斗争，还开展了“保卫绿色行动荆楚行”系列宣传活动。四是狠抓了森林防火和森林病虫害防治。全省共发生森林火灾204起，其中火警129起，一般火灾75起；过火面积1450公顷，实际受害森林面积720公顷。

产业建设 全省共营建高效经济林基地15.25万公顷，速生丰产林和短周期工业原料林基地17.5万公顷；全省林业工业企业克服了东南亚金融风波和特大洪涝灾害的影响，累计完成总产值20.7亿元，销售收入增长20.1亿元，上缴税金9600万元，实现利润1730万元。全省木材经营企业木材经营总量205万立方米，竹材经营总量为1350万根，实现产值5.6亿元，利税2930万元，利润330万元，扭转了长期亏损的局面。全省170个国有林场活立木蓄积年净增49万立方米，完成销售收入4.1亿元，完成销售利润2488.9万元，上缴国家税收1896万元。

科技教育 一是结合生产实际开展科技攻关，获得省部级以上科技进步奖9项。其中：部级科技进步一等奖1项，省科技进步二等奖4项、三等奖4项。二是重点推广了意杨新品系的引进和筛选、ABT生根粉的应用等10多项先进技术，组织近3000名科技人员深入第一线开展科技指导、推广、承包、培训工作。三是对26个重点科研推广项目加强了组织管理和检查督办。四是全省6所中等林校中，有黄冈林校、湖北省林校、咸宁林校通过了A级中专验收；有5所林校实现了跨省招生，6所林校共招生2836人，完成计划的92.7%，超过了全省平均水平。

抗洪救灾 在1998年夏天长江流域发生的1954年以来最为严重的洪涝灾害中，全省共冲毁、淹没有林地8.5万公顷，苗圃0.2万公顷，毁坏林区公路1876千米，毁坏电力、通讯线路332千米，林业系统淹没倒塌房屋5435间，有1095户4378人无家可归，直接经济损失达13.02亿元。灾情发生以后，全省林业系统各级领导和广大职工积极投身于抗洪抢险和抗灾救灾第一线，为全省取得抗洪斗争的最后胜利作出了应有的贡献，并涌现出成传仁、汪泽春等一批英雄模范。

灾后重建 省林业厅在资金非常紧张的情况下挤出42万元专款，解决林业重灾单位和职工的困难；安排拨付了90万元资金，用于被洪水冲毁的16个林业工作站的站房重建工作：湖北省按照党中央、国务院的灾后重建原则，迅速制定规划，及时总结推广随州等地的经验，在宜昌县、丹江口和恩施市办示范点，组织掀起了生态环境建设的高潮，全省完成封山育林186.67万公顷，退耕还林近1万公顷。

林业部门自身建设 一是针对林业部门自身建设滞后、影响到林业部门服务功能的实际，把林业部门自身建设摆上重要议事日程，于11月在随州召开全省林业局长会议，提出“内强素质，外树形象”，实现“林业部门社会地位有明显提高、经济实力显著增强、干部素质和服务水平全面提高、环境和职工精神面貌焕然一新”的目标。省林业厅带头加强自身建设，新修了机关大院的门楼、地坪，新建了职工宿舍。二是狠抓了林业基层单位规范化建设，全省有36个木材检查站达到了部颁建设标准，有新洲等13个县（市、区）成为林业工作站建设合格县，涌现出一批“十强”、“百佳”林业工作站。三是狠抓了林业队伍的建设，对森林公安人员普遍进行了“双考”和“双整”，使干警素质有较大的提高。四是狠抓党风廉政建设，治理公路“三乱”，纠正林业行业不正之风，使林业部门在社会经济生活中树立了新形象。

确立新的发展思路和目标 全省基本灭荒和全面绿化后，特别是洪水后，如何抓住灾后重建的机遇加快发展？新的厅党组及时确立了研究新阶段、抓住新机遇、提出新目标、实现新突破的工作思路。根据这个思路确定了今后五年全省林业发展的奋斗目标：完成封山育林233.33万公顷；退耕还林还草40.8万公顷；植树造林99.6万公顷；保护天然林81万公顷；新建30个国有林场；实施并建成林业的“212”工程，使全省森林覆盖率达到30%以上。“212”工程即200个国有林场、1亿亩(666.67万公顷)林地、2000万亩(133.33万公顷）高效经济林。力争在林业生态和产业体系建设、森林资源管护、科技兴林、林业企业改革、提高林业效益等8个方面实现新的突破。

存在问题 林业灾后重建任务重、难度大，封山植树、退耕还林还有许多问题难以解决；国有林业企业扭亏工作任务重，森工企业转产难度大；林业部门自身建设基础差，发展不平衡。 （闵凤鸣）

【林业抗洪英雄人物】 1998年夏季，湖北遭受了百年一遇的特大洪涝灾害，面对灾害，全省林业系统广大干部职工奋勇抗灾，谱写了一曲曲生命的凯歌。成传仁、汪泽春就是他们之中的杰出代表。

成传仁，湖北省阳新县富水镇马岭村人，生前系县林业局特产良种场职工。1998年8月5日午夜，成传仁和骆名财、尹全波等人在防洪护堤时，洪浪猛烈冲向正在拦网护堤的成传仁等人，成传仁不顾个人安危，使尽浑身力气将身边的尹全波推向拦网，尹全波抓住拦网脱险，成传仁英勇牺牲，时年37岁。中共湖北省林业厅党组、湖北省林业厅授予成传仁同志“林业模范”光荣称号，并号召全省林业职工向他学习。

汪泽春，湖北省鄂州市沙窝乡宝团村林场场长。在1998年8月24日主动请缨上堤防汛。8月26日下午，在抗洪一线连续战斗了33个小时的汪泽春，在带领防汛队员巡堤时，不幸被雷电击中，以身殉职，时年67岁。湖北省鄂州市市委授予他“优秀共产党员”荣誉称号；中共湖北省林业厅党组、湖北省林业厅授予他“林业模范”称号，并在全省林业系统开展向汪泽春同志学习的活动。 （湖北省林业厅宣传办公室）

【“十强百佳”林业工作站评选活动】 为了总结推广典型，学习先进，进一步推进全省林业工作站建设，省林业厅于1997年12月发出了《关于评选全省“十强”、“百佳”林业工作站的通知》。各地按照这个《通知》精神，积极组织林业工作站开展创优争先和评选“十强”、“百佳”先进林业工作站的活动。全省1502个林业工作站有1106个站上报了评选材料。经省林业厅核实并汇总计算，按年总收入、年利润、森林资源蓄积量、站员素质、站房面积、固定资产总值和精神文明建设7个方面的综合评分排序，评选出全省林业工作站综合实力前10名“十强”林业工作站和第11～110名的“百佳”林业工作站，同时，评选出全省林业工作站建设成效显著的前3名地（市、州）林业局为先进单位。随后，省林业厅以鄂林政字[1998]第294号作出《湖北省林业厅关于表彰全省“十强”“百佳”林业工作站及林业工作站建设先进单位的决定》。授予京山县新市镇等10个林业工作站为全省“十强”林业工作站，“十强”林业工作站的站长李月明等10名同志为“湖北省十强林业工作站站长”；远安县茅坪镇等100个林业工作站为全省“百佳”林业工作站，“百佳”林业工作站的站长汪爱民等100名同志为“湖北省百佳林业工作站站长”。

在1998年全省林业工作会议上，省委副书记王生铁、省政协副主席韩南鹏、省政府办公厅副秘书长陈柏槐、省林业厅党组书记吴先金等领导亲自为全省“十强”、“百佳”林业工作站及林业工作站建设先进单位代表授牌。通过评比使全省林业工作站形成学有先进、赶有目标、相互学习、你追我赶争上游的良好氛围。

（石志军）

【湖北省研究出森林防火树种】 森林防火树种是营造生物防火林带的基础，营造生物防火林带是预防森林火灾，减少森林资源损失的一项永久、经济的科学技术。为了筛选出适用的森林防火树种，落实《湖北省生物防火林带工程建设规划》，1998年初，省护林防火指挥部办公室、省林业厅科教处、省林业科学院联合成立了森林防火树种研究领导小组；在省科委立下“森林防火树种选择”项目后，省林科院组织工程技术人员开展了研究，经过1年多对抗火耐火资源调查、野外点火试验、室内对比不同树种的生理生化特征、分析测定植物防火能力的指标、定量划分不同的防火等级、栽种试验等方法和手段，最后经有关专家学者评审鉴定，一致通过，适宜全省森林防火一二级树种26种。其中：一级防火树种6种，二级防火树种20种。 （鲁水清）

【湖北省林业厅加大老干部工作力度】 湖北省林业厅党组把做好老干部工作当作事关“改革、发展、稳定”大局的大事来抓，加大了老干部工作的力度。

一是加大了对老干部工作的领导力度。及时完善了以厅党组书记、副厅长吴先金同志为组长的厅老干部工作领导小组，召开了老干部工作专题办公会议，下发了《关于进一步做好老干部工作的通知》，部署了厅机关和厅直单位的老干部工作。

二是加大了对老干部政治、生活待遇的落实力度。厅机关新成立了退休干部党支部，处以下退休干部实现了单独学习、过组织生活的愿望；多次召开老干部座谈会，通报了抗洪抢险、灾后重建、新世纪林业发展规划、加强林业自身建设等情况；组织老干部捐款捐物支援灾区人民，使老干部心想国家大事、心系林业发展；在确保厅机关老干部各项待遇落实的同时，对厅直单位的老干部工作进行了检查、指导和督办，厅直单位老干部的政治、生活待遇也得到了基本落实。

三是加大了发挥老干部作用的组织协调力度。在支持老干部根据自身特长发挥老干部作用基础上，先后组织厅机关老干部到咸宁、十堰等地考察国有林场、森林公园、城市绿化等，到荆门、襄樊、咸宁等地进行了“四荒”拍卖和林地使用权流转的调查。

四是加大了为老干部办实事的力度。拨出专款更新了老干部活动室的部分设施；在九龙井宿舍区新开辟了一个老干部活动室；为离休老红军彭林及时调拨资金治疗疾病。 （周兴坤）

【开拓奋进的黄冈林校】 黄冈林校创办于1979年，坐落在古城黄州。经过20年的建设与发展，该校已成为一所以林为主，兼有工、经、商贸、管等学科的综合性中等专业学校，是黄冈市乃至湖北省的重要林业教育、科研基地。学校现有全日制中专生及函授生3600多人，教职工215人。校园占地40公顷，建筑面积5万平方米，固定资产5000多万元。已为国家培养中等技术和管理人才6000多人，培训各类管理、技术人员2000多人，为林业建设作出了应有的贡献。

党的十一届三中全会以来，特别是最近几年，学校为适应市场经济对人才的需要，在改革中发展，在建设中提高，在稳定中前进，各项工作都取得了可喜的成绩：一是坚持多层次、多形式办学，推行学历教育与职业培训、职业教育与成人教育、普通中专与职业中专“三结合”的运行机制，通过与华中理工大学、华中农业大学、湖北大学等高校建立校际协作关系，与深圳、海口等地联合办学，与10多家大、中型企业对口挂钩，走出了一条教学、科研、生产、培训“四位一体”的办学新路子；二是坚持教研与教学协调发展，在抓好教学质量的同时，学校加大教研工作力度，近年来，先后在各级各类报刊发表论文400多篇，主编或参编专著30多本，有20多项科研成果获地市级以上科技进步奖，其中“杉木优良种源选择”获省政府科技进步二等奖，已在全省推广应用2万多公顷。

由于成绩突出，学校先后被原林业部授予“技术革新先进集体”、“行业思想政治工作先进单位”等荣誉称号，被湖北省教委评定为“办学条件合格学校”、“办学水平A级一等学校”。（郑　进）

【宜昌市国有林场经济发展迅速】　近两年来，宜昌市国有林场经济发展速度在全省连续保持领先地位。1998年，全市18个国有林场总收入7811.9万元，比1997年增长了28.6%。促进经济快速增长的主要原因，就是这些林场坚持了“以林为本、合理利用、综合经营、全面发展”的办场方针，在抓好营林生产的同时，大力发展多种经营和职工自营经济。1998年，全市国有林场多种经营收入1613.7万元，占总收入的21.1%；职工自营经济收入621万元，占总收入的8%。1998年，全市国有林场造林1933.3公顷，育苗49公顷，中幼林抚育4666.7公顷。同时，各个国有林场还加大了人事、用工和分配三项制度的改革力度，加强了内部管理，有效地调动了职工的积极性，为林场的稳定发展注入了活力。（涂定卓）

【宜城市国有林场推行双层经营管理】　国有宜城市金牛山、长北山、黑石沟林场始建于50年代初期，经营总面积7866.7公顷。由于这些林场长期以来经济成分单一，产业结构和树种结构调整的步伐缓慢，集体经济和职工收入完全依赖于营林生产，因此在由计划经济向社会主义市场经济转变过程中，不可避免地陷入了贫困的境地。为了摆脱困境，近两年来，这些林场在坚持国有经济的主体地位，继续发展场级经济的同时，大力推行双层经营，支持和鼓励职工发展自营经济。其主要措施，一是制定合理的优惠政策，为自营经济提供资源和资金，帮助职工发展种植、养殖业；二是将经济林和不适宜于集体集中统一经营的杂灌林承包给职工分户经营；三是鼓励职工利用工余时间开发林场的荒坡、荒地和零散土地；四是对困难职工重点进行扶持。为了促进自营经济的规模化和规范化，林场还在产前、产中、产后积极为职工提供技术、信息、资金方面的服务。目前，这些国有林场的自营经济已经形成了户户有项目、人人有收入的良好态势。1998年，3个国有林场职工自营经济收入286万元，占总收入的16.5%。（涂定卓）

【随州市封山育林建设】　随州市地处汉江中上游，面积6979平方千米，其中林业用地38.9万公顷，占55.7%。从1994年起，市委、市政府决定在全市实施全面的封山育林，带来了良好的生态、社会、经济效益：有林地面积由1989年的29.6万公顷增加到36.9万公顷，森林蓄积量由1989年的531万立方米增加到775万立方米，增值4.5亿元，森林覆盖率由1989年的46.9%提高到51%；野生动物大量回升；带动了林业产业发展；推进了农村现代化发展。主要做法：

建立三大体系　一是组织领导体系。市成立封山育林总指挥部，书记、市长、人大主任任指挥长，乡（镇）成立分指挥部，从市到村配备专管林业干部1000多人；二是自治制约体系。市作出封山育林决定，制定绿色行动计划，乡（镇）村制定乡规民约、村规民约，用以规范和自治；三是管护执法体系。市成立公安局林业分局，乡（镇）成立护林执法队，村成立护林联防分队，有林村配备专兼职护林员，共计9800人。

大搞双改节能　提倡草、煤、电、气一起上，农户和城镇居民全部改燃代柴，改灶节柴，封山期间，全市节约燃柴消耗120万立方米。

加大执法打击力度　冻结木材采伐限额，禁止本地鲜活林木交易，关闭所有柴行，清理整顿木材经营加工市场，做到“全封封死，不开口子；高奖重罚，不碍面子；围清堵截，不留路子”，刀斧不上山，青枝不下山，砍一（枝）栽三（棵）罚十（元）。

新时期，市委、市政府提出了：“继续封山，永不解禁，有序开发，高效利用”的原则，决心从区域生态环境治理抓起，做建设秀美山川的大文章，为跨世纪经济发展作贡献。（随州市林业局）

【恩施州发展银杏生产】　1998年7月，恩施土家族苗族自治州作出决定，将银杏产业作为实施农业产业化的重要内容、支柱产业和新的经济增长点，力创“全国银杏第一州”。全州规划到2010年发展银杏6.67万公顷以上，产值达到20亿元。在银杏发展面积中，果用林基地4万公顷，2400万株；庭院经济2.13万公顷，1280万株（户均10株）；“四旁”植树0.53万公顷，320万株；叶用林200公顷。1998年全州发展银杏3233.33公顷，银杏育苗81.67公顷，一条银杏叶提取物生产线投入生产，3000千米公路“银杏长廊”建设工程全面启动，涌现出了一大批发展银杏先进典型。8月8日，州政府举办了全州银杏发展暨第一届银杏学术研讨会。

为加快银杏产业发展，恩施州采取了六条措施：一是城乡联动、基地开发、庭院经济、“四旁”植树结合，大力建设银杏基地。州委、州政府率先在利川市建立了万亩银杏指挥样板基地。二是建立激励机制，调动各方面发展银杏的积极性，重点支持银杏大户。如鹤峰县傅培根等4个私营企业主发展银杏260多公顷。三是开展争创银杏第一县、第一乡（镇）、第一村活动。巴东县决定将银杏作为县树，确定9月16日为银杏节，1998年栽植银杏120万株。四是依靠科技，增加投入，实行投资主体多元化。州建立了银杏科研所，成立了银杏学会，通过两次鉴定评选出银杏优良单株27个。五是培植龙头企业，逐步组建银杏产业集团。利川市林化总厂等企业已生产出银杏黄酮甙、银杏茶、银杏酒等银杏产品。六是加强对银杏产业的领导。州成立了以州长郭大孝为组长的领导小组，确定16个部门为银杏发展职能部门。

1998年8月上旬，华中农业大学教授陈章久等7名国内知名银杏专家应邀对恩施州古银杏资源进行实地考察，发现了大型古银杏群落，认为恩施州古银杏数量之多、分布之广、树龄之古、树体之大、长势之好为国内外罕见，堪称银杏的古老故乡，誉之为“奇观古银杏之州”。据恩施州林业部门两次调查统计，该州现有银杏树690多万株，其中挂果树56 511株，100年生以上大树6578株，1000年生以上古树245株，在全州8县（市）、103个乡（镇），海拔200～1800米的范围内广泛分布，并具有古老苍劲、品质优良、速生早实等特点。巴东县是恩施州古银杏分布最集中的县，该县清太坪、野三关两镇保存着一个长30千米、宽2.5千米的古银杏群落，共有10年生以上银杏挂果树4738株，其中百年以上古树、大树601株。生长在宣恩县和平乡白果树村的“九子抱母”古银杏，是恩施州最古老的银杏树，根径达5.25米。陈章久等实地测量后认为，“九子抱母”六世同堂当属“中华银杏第一树”，称之为“中华银杏第一奇观”。 （恩施州林业局）

【荆州市林业产业化建设】 荆州市是江汉平原重要的短周期工业原料林基地，近几年，全市结合高标准平原绿化，大力拓展林业发展空间，充分利用沟渠路堤和宜林滩涂，营造短周期工业原料林。目前全市已建成短周期工业原料林基地3万公顷。为变资源优势为经济优势，全市积极探索林业产业化的路子，发展木材加工企业，全市已建成大中小木材加工企业400多家，其中福江、吉象、利晟公司已成为林业产业化的龙头企业。市场、龙头与基地之间的联结机制也正在逐步建立，一个市场牵龙头、龙头带基地、基地连农户的林业产业化格局已基本形成。预计到2010年，全市短周期工业原料林基地将达到百万亩，林业产业链将实现产值45亿元。 （荆州市林业局）

【十堰市东河林业工作站开辟以农养林的新路子】 十堰市郧阳县东河林业工作站，积极兴办实体，走“长短结合、以农养林”的路子，就基层林业工作站如何寻求自身发展进行了有益探索。1994年8月，东河林业工作站率先在全市林业系统中创办实体，建起了经营面积266.7公顷的陈湾林场。有一定经济基础后，他们采取滚雪球的办法积累资金，1992年，又新办了面积666.7公顷的蜡烛山林场。东河林业工作站的做法：一是兴办实体，增强林业工作站的经济实力，稳定了职工队伍。陈湾林场建场4年来，积极发展农副业生产，走以农养林的路子，实现了职工工资、福利和奖金自收自支。二是积极培植森林资源，保证了森林资源的持续发展。随着天然林保护工程的实施，森林采伐限额指标逐年递减，东河林业工作站在经济收入不减的前提下，大力培植森林资源，4年来建杜仲、松杉、茶叶、板栗等高标准基地70公顷。1998年在新建的蜡烛山林场栽植松杉13万株。三是采用季节工、临时式等用工方式，既保证了林场用工，又减轻了林场负担，还增加了林场周边群众的收入，加快了周边群众脱贫致富的步伐。 （十堰市林业局）

【郧阳县承包荒山】 1982年，郧阳县河夹乡东寺村“天麻大王”谢迎春，承包了箭流河村苏家山千亩荒山，成为郧阳大山中第一个跨村上山承包的荒山承包大户。至1997年，第一轮合同期满，15年来，累计向山场投资50万元，共栽种杜仲等药材10万株，千亩药材林价值达千万元。面对这些，谢迎春有喜有忧，喜的是15年辛勤的汗水换来了丰硕成果，忧的是承包期满，还能否再承包。正在这时，党中央及时出台了土地延长承包期政策，党的政策给他吃了定心丸，其子谢帮文子承父业，与村委会续签了30年山场承包合同。如今，谢迎春一家正加大对山场的投入，不断巩固和提高苏家山这片千亩山林。 （十堰市林业局）

【大悟县山区综合开发】 大悟县位于鄂东北部，地处大别山与桐柏山相接地段，跨长江、淮河两大流域。面积19.87万公顷，其中山场13.07万公顷。1996年7月被确定为全国山区综合开发示范县，全县励精图治念“山字经”，扎实苦干唱“林字歌”，大搞山区综合开发。一是领导率先垂范。全县有19名副县级以上领导和200多名乡（镇）、科（局）级干部办示范点，实行定地点、定任务、定质量标准、定奖惩的“四定”责任制，造林0.46万公顷。二是动员全民参与。全县投入标准工20多万个，完成造林1.24万公顷，完成改水、改土、造林“三位一体”坡改梯工程0.4万公顷。三是基地开发管理探索出三种新模式，即启发带动型，能人带着贫困人组成联合体达到共同富裕；立体综合型，推行林粮油瓜菜多种植物立体栽培；链锁发展型，集团公司＋基地+农户，实行产加销一条龙。1998年全县林业总产值3.12亿元，占农业总产值的44%，林业特产税达到890万元，林特收入10万元以上的村68个，5万元以上的小组142个，万元以上的农户234户，新脱贫人口4万余人。（大悟县林业局）

【黄冈市林科所开展技术服务】 近几年来，该所围绕建立“鄂东大别山板栗科技示范区”和实施林业“绿色致富工程”，组织科技人员深入乡村，开展林业科技服务，取得了明显成效。现已建立科技示范基地9处573.3公顷，1998年各类技术服务共创收20.8万元。其主要做法：一是技术承包。麻城市凌家岩有板栗园130多公顷，1995年总产不足1万千克，该所技术承包后，经过3年技术改造，1998年总产达9万公斤，产值65万元，年增收约20万元。二是技术入股。1996年，该所以技术、苗木入股与蕲春县青石镇联营建银杏基地233.3公顷，1998年已实现产值60万元，且发展势头良好。三是租赁土地搞开发。自1996年来先后在英山、罗田、团风等县通过租赁、买断等方式新建、改建茶叶、板栗、水果、甜柿基地共37.3公顷，新建良种繁育苗圃5.3公顷，1998年创收14.7万元。四是技术培训。在办好基地的同时，该所技术人员，以基地为依托开展技术培训。3年来，义务培训林农3900人次，通过考核评聘，为乡村培养林农技术员达330多人。（黄冈市林业局）

【湖北省1998年林业大事】

1.1月20日，湖北木业集团总公司成立。

2.1月23日，经省政府常务会议审议通过，《湖北省国有林场管理办法》发布实施。

3.2月10日，湖北省、武汉市党政军领导在省长蒋祝平和市委书记钱运录的带领下，到武汉市青山区南干渠绿色游园三期工程现场，同1000多名干部群众一起参加义务植树活动。

共青团湖北省委、省绿化委员会、省林业厅、省建设厅、少先队湖北省工作委员会联合发出通知，大力开展创建“青少年绿色文明园”、深入推进全省青少年志愿者植绿护绿行动。

4.2月14日，湖北中兴木业股份有限公司在监利县正式揭牌创立并举行内部股首发式。

5.2月26日，中日双方在北京签署了日本无偿援助中国十堰汉江水土保持林项目会谈纪要，共同确认了项目的基本内容。

6.3月17日，林业部发文公布第一批标准化木材检查站名单，黄梅县界子墩木材检查站等36家木材检查站榜上有名。

7.3月30日，省政府召开“十年绿化湖北”工作汇报会，副省长王生铁给大会发了贺信，省长助理江泓作重要讲话。

8.4月6～14日，省人大常委会副主任章治文和常委、农村委副主任车光彪、翁立生、常委曾凡荣在副厅长石山、厅长助理左雄中的陪同下，分别对襄樊、黄冈、鄂州、随州市贯彻执行《森林法》的情况进行了视察。

9.5月4日，经省国有资产管理局同意，“湖北林丰资产评估事务所”成立。

10.5月14日，全省首次林业系统档案工作会议在鄂州市沼山林场召开。

11.6月30日，省人大常委会召开宣传贯彻新《森林法》座谈会，省人大常委会副主任章治文、鲍隆清参加会议并作重要讲话。

12.7月10～14日，省林业厅、省绿化办和武昌区教委在神农架国家级自然保护区联合举办了1998“爱绿护绿”生态环境夏令营活动。

13.8月5日，全省森林（生物）防火林带项目协作会议在武汉市召开。

14.8月8日，根据省防汛指挥部紧急通知要求，副厅长肖吉棠带领5名处长迅速奔赴咸宁地区，提前一天完成10万根楠竹运往公安等地防汛救灾的任务。

副厅长黄春发专程赶到省民政厅，将省林业厅全体干部职工为灾区捐献的8万元送到省民政厅有关部门，同行的5名日本育种专家也向灾区捐款5000元。

15.8月9日，省林业厅发出紧急通知，要求各地林业部门要全力支援防汛抗灾，切实抓好林业系统防汛抗灾，加强防汛抗灾工作的组织领导，带头为防汛抗灾作贡献。

16.8月10日，厅党组书记吴先金、党组成员肖吉棠、石山率领15名处长组成6个工作组赶赴荆州、咸宁、黄冈等防汛第一线，组织抗洪救灾工作。

17.8月24日，省林业厅慰问武警官兵的车队在厅党组书记、副厅长吴先金的率领下，来到位于汉南区东荆河段干堤的防汛第一线，慰问参加抗洪抢险的湖北武警总队的广大官兵。

18.8月29日，国务院灾后重建工作湖北工作组林业小组，就特大洪灾过后如何恢复和发展林业生产、改善全省生态环境等问题到省林业厅作专题调研。

19.9月5日，省政府以鄂政发［1998］67号印发“关于开展封山植树退耕还林大力保护和发展森林资源的通知”。

20.9月7日，国家林业局长王志宝随朱镕基总理一行来湖北研究灾后重建工作。王志宝局长在听取了吴先金同志关于林业受灾及灾后重建工作的汇报后，对灾后林业重建工作提出了重要指导意见。

21.9月17日，湖北省政协副主席蔡述明和政协常委、秘书长金启方，带领部分省政协委员和有关专家一行20人，就贯彻落实党中央、国务院提出的“封山植树、退耕还林”问题，到省林业厅开展了工作调研。

22.9月26日，省林业厅、省监察厅、省公安厅、省人民检察院和省高级人民法院5家单位联合发出

《关于开展保卫绿色行动严厉打击破坏森林和野生动植物资源违法犯罪活动的通知》，从1998年11月1日至1999年2月底止，在全省范围内组织开展了保卫绿色严打专项斗争。

23.9月27日，全省地市州林业局长会议在武昌召开。会议确定了研究新阶段、抓住新机遇、提出新目标、实现新突破的工作思路，拉开了全省封山植树、退耕还林的战斗序幕。

24.10月12日，邓道坤副省长代表湖北省人民政府与财政部签订实施及转贷安排世界银行贷款“贫困地区林业发展项目”确认书，标志着全省从1996年就着手准备的世行贷款三期项目进入实施阶段。

25.11月6日，省委副书记、副省长王生铁带领省直有关部门的负责人到省林业厅进行现场办公。会上，王书记就贯彻落实国务院“封山植树、退耕还林”指示精神，推进全省林业绿色致富工程，加快林业发展作了重要讲话。

省高级人民法院、省检察院、省林业厅、省公安厅、省监察厅联合发出通知，开展严厉打击破坏森林资源违法犯罪活动专项斗争。

26.11月13日，经省林业厅同意，“湖北省林科院安陆银杏研究所”挂牌成立。

全省森林资源复查工作会议在武昌区召开，标志着全省林业资源第三次“二类调查”和“一类调查”第四次复查工作正式拉开序幕。

27.11月15日，全省1045名森林公安人民警察参加了由省林业厅举办的森林公安民警基本素质考试。

28.11月27～29日，在随州市召开了全省地、市、州林业局长会议，各地、市、州和部分县市的林业局长汇聚一堂，共商林业系统内强素质、外树形象的大计。

29.12月2日，省林业厅以鄂林场字（1998）268号文批复，同意建立“武汉楚雄建材市场”。

30.12月2～8日，国家林业局会同公安部、监察部、国土资源部组成检查组来湖北省检查贯彻落实《国务院关于保护森林资源制止毁林开垦和乱占林地的通知》的情况。 （白 勤）

武汉市林业

【概 述】 1998年，武汉市按照城市林业试验区总体规划，着力加强生态绿化和重点工程项目建设，积极调整林业结构，发展高效林业，不断加强林政资源管理和野生动物保护，克服特大洪涝灾害的不利影响，城市林业建设得以推进。全市全年人工造林6817公顷，占计划的131%，其中营造经济林3585公顷，用材林2900公顷；封山育林23 660公顷，其中新封2440公顷；全市新建绿色致富工程基地11 760公顷，超省政府下达责任目标1840公顷；培育改造低产果茶园5110公顷。完成世界银行贷款二期造林工程3047公顷，长江防护林工程1690公顷，治沙工程造林1690公顷；植树绿化京九、汉宜、汉新公路60千米，面积1.48公顷；共完成“四旁”植树82.3万株，超计划11%，市郊参加义务植树180万人，比1997年增加14.5万人，完成义务植树604.35万株，比1997年增加71万株；培育林业苗木226.07公顷，全市林业育苗面积达621公顷，其中当年新育214公顷。现已建成市级中心苗圃2个，骨干苗圃8个，区县骨干苗圃50个，总面积过266 670公顷，林果品总产量达6.65万吨，超计划21%，茶叶总产1000吨，比计划减产2.4%。 （吴继红）

【杨桐合作林场一年巨变】 武汉市江夏区土地堂乡杨桐合作林场是1997年初，该区林业局干部职工主体投资并吸收社会闲散资金于一片杂草丛生、荆棘遍野的荒芜之地兴办起来的林业股份制企业，现有林业用地面积10.67公顷。经过林场职工20余人1年多的艰苦奋斗，林场面貌大为改观，至1998年底，已定植杉木幼苗12万株，雷竹1.7万株，可出圃绿化观赏苗木13.2万株。投资仅1年，杨桐林场的苗木已增值58.6万元，占当年生产投入的87.5%。

1年来，杨桐合作林场从组建到内部管理进行了成功的尝试。一是改变传统的林业投资体制，依靠个人集资入股，广泛利用社会闲散资金（共募集资金80余万元），开辟了林业投入的新渠道；二是改变传统的经营机制，实行董事会领导下的场长负责制，实现所有权与经营权的分离，为在林业企业建立现代企业制度，提供了经验；三是科学的管理模式、灵活多样的工资制度、看得见的经济效益，为社会各界投身林业提供了样板。 （吴继红）

【省级示范苗圃——武汉市林果品种园】 位于江夏区郑店镇廖桥村的武汉市林果品种园始建于1993年，是全市经济林木引进繁育推广的主体和核心。经过几年的筛选试验，其引进的美国油桃、日本甜柿、雷竹已进入大面积推广阶段。1998年，繁育油桃10万株，日本甜柿2万株，可出圃雷竹母竹10万株，可为500公顷经济林建园提供优质种苗。11月在武汉市召开的全国食品博览会上，该品种园出产的胡柚荣获十佳“质量信得过品牌”称号。

在积极推广新品种的同时，该园还不断引进经济林新品种（系）。1998年，新引进鲜食枣品种8个、蟠桃品种6个、油桃品种21个、翠冠等优质梨品种2个、美丽李等优质李类2个、欧亚种葡萄8个、巨峰系列葡萄4个，均在该园定植成功。

1998年，湖北省林业厅批准武汉市林果品种园为省级示范苗圃。 （吴继红）

【创建林业工作站建设合格县】 按照国家林业局要求，至2000年，全国80%的县（市）要成为林业工作站建设合格县。但到1997年末，市林业工作站建设合格区县仍为零。1998年，武汉市将新洲县定为林业工作站建设合格县试点单位，同时，市林业局拨专项资金20万元，以加强领导，重点突破，推动该项工作。

新洲县委、县政府成立了林业工作站建设合格县工作领导小组，县林业局拟定了工作实施方案，县政府专门下发了文件，各乡镇对照国家林业局检查验收的十条标准，明确分工，紧密配合，用半年时间完成了需2年时间完成的达标工作。全县现有22个林业工作站，办公用房总面积达到1810平方米，每个站都配备了摩托车和程控电话，每站有编制3～8人，共创办经济实体23个，建果园30.67公顷，育苗3.13公顷，各类林业档案、图表资料齐全，各林业工作站基础设施、外部环境建设也得到改善。

1998年12月上旬，该项工作顺利通过国家林业局的检查验收，新洲县成为武汉市第一个林业工作站建设合格县。 （吴继红）

【林业行政执法】 1998年，新修订的《森林法》出台，《湖北省林地管理条例》第一年全面实施，《野生动物保护法》颁布10周年，国务院下发了《关于保护森林资源制止毁林开垦和乱占林地的通知》（国发明电[1998]8号）。为了贯彻落实这些重要法律法规、规章，武汉市林业部门以多种形式，加强林业法律法规宣传，制定《武汉市林业公安机关林业案件破案责任制及考核奖惩办法（试行）》，规范执法，提高执法水平，加大各项林业行政执法力度。不断打击和曝光一些重大林业案件，全市森林资源和野生动物得到有效保护和管理。

市向区县基层单位下发《森林法》（修订）单行本1800本，全市张贴《湖北省林地管理条例》布告1000余张，张贴森林防火、森林资源和野生动物保护标语1万余条，制宣传标牌200多个，新闻媒体对重大典型林业案件曝光20余次。全市全年林木采伐总量为1.37万立方米，占全年采伐限额的68.5%（不含防汛抢险木材）。全市征占用林地38.07公顷，其中6家办理了林地使用许可证，面积29.55公顷，林地审批率77.6%，彻底清查了以往林地征占用情况，共查处毁林开垦、毁林采石、非法征占用林地事件20多起，关闭采石场17家，林地管理工作开始步入正轨。野生动物和森林资源保护方面，共立案查处刑事案件7起，其中重大案件4起，特重大案件2起，共抓获嫌疑人7人；查处林业行政案件2起，处罚25人；查处治安案件3起，处罚5人；共没收国家一级保护动物29只（条）、二级保护动物63只（条），省级保护动物1000余只（条），青蛙2.5吨，为国家挽回损失400余万元。森林防火工作上，及时调整了森林防火领导班子，成立了以胡国璋副市长为指挥长的共19人的市防火指挥部，投入资金20多万元，购置了一批灭火器材，各区县注意加强了瞭望台等防火基础设施建设，全年没有发生大的火灾，林木受灾率控制在万分之一以下，损失林木仅6.2立方米。 （吴继红）

湖南省林业

【概　述】

发展与成就 1998年林业总产值（按新统计口径）148.48亿元；森林面积919.8万公顷，比1997年增加3.67万公顷；森林蓄积量2.749亿立方米，比1997年增加1010万立方米；森林覆盖率51.73%，比1997年增加0.32个百分点。

造林绿化 全年人工造林、迹地更新5.65万公顷，改造杉、松、油茶、楠竹低效林32.55万公顷，抚育中幼林14.12万公顷，新增封山育林面积19.55万公顷，义务植树1.3亿株。林业重点工程项目进展顺利，主要树种造林良种使用率达92.2%。封山育林、退耕还林工作起步较好。按照中央提出的“封山植树，退耕还林”指示精神和国家林业局的统一部署，上报了天然林保护、封山育林、退耕还林、薪炭林建设等重点生态建设工程规划。营造林质量继续名列前茅，据国家林业局对本省1997年人工造林、更新实绩抽查，除抚育率99.8%外，面积核实率、质量合格率、作业设计率、管护率、资料建档率、检查验收率均为100%。1994年人工造林、更新保存率99.3%，建档率、管护率100%。

森林资源保护 1998年，新《森林法》出台和国务院8号明传电报发出后，全省集中时间和精力，开展了规模空前的宣传活动。省政府发出了《关于加强森林资源保护管理的通知》，全省各地市州对毁林开垦和乱占林地情况进行了全面清理。共清理历年毁林开垦事件201 129起，面积290 054.22公顷；清理非法征占用林地16 122.47公顷；收缴植被恢复费2200多万元。严肃查处了桂东县青山乡、江永县上江圩镇等一批毁林犯罪的大案要案，促使长石铁路、江垭水库、洪江电站、株六铁路复线等一批国家和省重点建设项目办理了征占用林地手续。全省共查处各类林业行政案件66 772起，查处率84.5%。林业公安机关破获查处各类森林案件14 972起，破获查处率为99.4%。林业检察机关共受理林业刑事案件519起，结案率97%。林业审判机关审结各类林业案件14 503起，结案率98.5%。森林病虫害发生13.52万公顷，防治8.75万公顷，防治率64.7%，严重成灾面积1000公顷，是近10年发生面积和成灾面积最小的一年。森林火警、火灾发生366次，受害面积2400公顷，受害率0.26/1000，均在省政府控制标准以内。

林业产业　各地结合实际，以市场为导向，以科技为手段，以效益为中心，着力调整和优化林业结构，培育了一批龙头企业和主导产品。以洪江市联合胶合板厂的竹胶合板，怀化林都股份有限公司、湖南人造板厂和衡阳木材厂的中密度纤维板，会同金裕集团的竹木地板，永州木材总厂的指接材以及桃江县天竹复合板厂的竹复合板等为代表的一批支柱产业和拳头产品已初步形成。林业企业整体效益有所好转，全年生产商品材345.86万立方米、人造板32.2万立方米、造纸22万吨、二次贴面板354.9万平方米、竹木地板214.3万平方米、锯材63.7万立方米、松香9482吨。

林业改革　林业分类经营改革在资兴市、靖州县试点的基础上，已全面推开。怀化、郴州、常德、长沙4市和68个县（市、区）、86个国有林场已基本完成了分类经营规划。林业企业围绕转机建制、增资减债、兼并破产、减员增效和实施再就业工程等，进一步加快了改革步伐。国有林场借鉴农村改革和企业改革的做法，从强化职工的主人翁意识、调整优化产业结构、积极发展多种经济成分、转换内部经营机制出发，探索出了一条具有自身特色的改革路子。推介了邵阳市国有林场全面实行管理人员聘用制、全员劳动合同制、工资分配效能制的经验。

林业科教　共申报部（省）科技进步奖22项，获奖21项。推广名特优新林木良种21个、先进适用技术30项次，项目辐射18个县（市），营造丰产示范林4438.67公顷。新组建了省林业科学院和省级林木无性系育种重点实验室。衡阳林业专科学校、湖南林校调整了专业结构，充实了教学力量，改善了基础设施，确保了招生任务圆满完成。林业专科学校招收新生580人，比1997年多18人；林校招收新生876人，比1997年多56人。林业科技推广体系建设进一步完善，新建了12个县级林业科技推广站。

存在问题　造林绿化整体水平不高，森林生态环境建设任务繁重；产业结构调整难度大，产业经营效益不佳；森林资源保护管理难度加大，破坏森林资源的案件增多；林业基础设施薄弱，投入不足的矛盾依然突出。

（宋自力　刘正平）

【宣传新《森林法》】　4月29日，新《森林法》出台后，各级党政领导带头学习宣传，林业部门精心组织、周密部署，全省城乡开展了规模空前的学习宣传活动。6～7月份的宣传月活动期间，全省共举办报刊专栏专版128期，电视录像或专访112次，发表广播、电视、报刊新闻400余条，出动宣传车3771台次，组织游行宣传100余次，上街下乡咨询宣传5890人次，组织各类知识竞赛、抢答赛20多场，举办各类培训班238期，组织汇报会或座谈会272次，播出公益广告400条，点歌2000多首，点剧100多集，书写悬挂标语21万字，横幅3400幅，制作墙报或永久性宣传栏730块，印发各种宣传资料94万份。省林业厅由葛汉栋副厅长带队组织的新《森林法》宣讲团，先后到13个地（市、州）巡回宣讲16场，历时1个多月，参加听课的地市级领导达38人、县团级党政领导近200人，这在全省法制宣传史上还是头一次。通过深入、广泛的学习宣传，人民群众的法律意识、绿化知识得到了进一步增强，林业在人们心目中的地位得到显著提高。

（向延建）

【造林质量居全国前列】　从1997年起，全省营林工作实行目标管理，将年度造林任务完成情况、质量标准、管理要求、反馈情况分解成若干指标，按百分制考核评比，考核结果与项目、投资挂钩。同时，严把种苗质量关，大力推广良种。全省已逐步建立起良种审定、生产、使用制度，良种由省统一供应。对无质量合格证的种子，不准育苗，育了苗也不能验收；对无质量合格证的苗木，不准调运，不准上山造林，把良种使用率作为衡量造林质量高低的一项重要指标纳入营林目标管理考核，扭转了有良种不用、乱采乱调劣质种子的现象。在此基础上，加强检查验收，既查重点工程造林，也查一般面上造林；先由县市区自查，再由省地抽查。一环紧扣一环，层层把好质量关。1997年、1998年国家林业局对本省1996、1997连续两个年度人工造林、更新实绩抽查，面积核实率、质量合格率和综合管理五项指标的综合评分分别列为全国第三名、第一名；对1993、1994年度人工造林、更新保存率、管护率和资料建档综合评分，分别列为全国第三名、第一名；对近10年造林质量核查综合评分，在全国排第三位。

（何友军）

【治理公路、水上“三乱”】　1998年省林业厅成立治理“三乱”领导小组，制定具体工作计划，召开专门会议，下发专门文件，并举办木材检查站操作规范培训班，全面开展了木材检查站文明执法窗口创建活动，进行了3次暗访，检查了32个木材检查站，退还货主罚款800元，进一步规范了林业行政行为。12月16～29日，省纠风办、省治理公路水上“三乱”办公室组织交通、公安、林业等部门考核评估，益阳市、湘潭市、湘

西自治州、张家界市被评为全省第一批实现公路、水上基本无“三乱”的市（州）。（张向前）

【湖南省毛竹枯梢病、松针褐斑病综合治理工程】 毛竹枯梢病、松针褐斑病是国内重要的森林植物检疫对象，1991年6月、1994年8月分别在汝城县、江华县发现，1995年省林业厅森林资源保护管理局对这两种危险性病害实施综合治理工程，经过3年努力，毛竹枯梢病、松针褐斑病已基本得到治理。毛竹枯梢病发生面积由4003.3公顷降到1236公顷，发生率从11%降到1.27%，超过原定5%目标；松针褐斑病经普查原发生面积467.8公顷，经工程治理后现剩轻度感病林分22.7公顷，病害发生面积下降95.1%，发生林分病株死亡率为零。在工程综合治理的过程中，主管技术人员编写了《毛竹枯梢病防治检疫技术规程》和《松针褐斑病防治检疫技术规程》，为今后毛竹枯梢病和松针褐斑病的综合治理规范化提供了依据。1998年7月16日，毛竹枯梢病和松针褐斑病综合治理工程通过专家组的鉴定，对这两种病害的综合治理给予高度评价，认为这两种病害通过工程治理并取得如此好的效果在国内还是首创。（王明旭　欧阳叙回）

【18个县（市）首次开展出省森林植物检疫工作】 随着各省市之间的林木、种苗及林产品调运日益频繁，危险性病虫害扩散蔓延的机会也越来越多，厅森检部门在对全省各地、县（市）森林植物及其产品调运情况和森林植物检疫工作调查分析的基础上，根据《植物检疫条例实施细则（林业部分）》第十五条的有关规定，决定委托检疫任务重、地处边界且检疫技术力量强、检疫设备齐全的浏阳市、炎陵县、平江县、澧县、安化县、南县、龙山县、保靖县、花垣县、永顺县、邵东县、隆回县、城步县、通道县、宜章县、石门县、蓝山县、江华县开展出省森林植物检疫工作。（王明旭）

【《竹广肩小蜂防治技术规程》推广应用】 由省林业厅森林资源管理保护局主持制定的地方标准《竹广肩小蜂防治技术规程》，获得1998年省技术监督局科技进步一等奖和湖南省科技进步三等奖。竹广肩小蜂严重危害的祁东、衡山等县（区），自1994年以来，推广该标准，应用面积达1.21万公顷，防治后平均每公顷产竹1875根，新增竹501根，每年每公顷新增产值4571.25元。至1997年底，推广区新增竹达519.88万根，新增总产值4164.34万元，新增纯收入3848.72万元，每年平均新增纯收入962.18万元，取得显著的经济、生态和社会效益。（王明旭）

【洪江市联合竹胶合板厂】 洪江市联合竹胶合板厂是全省农业产业化龙头企业，建厂8年来，依靠科技进步，内引外联，深化竹产业开发，初步形成了市场牵龙头、龙头带基地、基地连农户的竹产业化经营格局。该厂生产的“雄溪”牌系列竹胶合板，除西藏外，覆盖全国，远销日本、泰国、马来西亚、比利时等，产销量和出口量均居全国同行业第一。1998年，在市场疲软、资金紧缺的情况下，通过强化管理，开拓市场，仍生产竹胶合板9100立方米，实现销售收入5000余万元，利税400余万元。该厂充分发挥龙头企业的带动作用，积极引导林农加工竹帘，在省内外18个周边县（市）、70多个乡（镇）设立了252个竹帘加工点，带动5000多户林农、2万多农村劳力从事竹帘加工，年加工竹帘达500万床，致富一方林农。（向德庚）

【衡阳木材厂】 衡阳木材厂建于1958年，是全省林业骨干企业之一，现有固定资产原值6000余万元，职工1300多人。1994年以前，该厂仅有年设计能力1万立方米木质胶合板生产线和年设计能力1000立方米硬质纤维板生产线各一条，产品单一，设备老化，亏损严重。从1994年起，该厂外引内联，多方筹集资金，加快技术改造步伐，大力调整产品结构，与香港启泰有限公司合资成立衡阳启泰合板有限公司，先后上了年设计能力1.5万立方米的中密度纤维板生产线、3000立方米的竹胶合板生产线、3000立方米的细木工板生产线以及人造板二次贴面生产线。产品由木质胶合板、硬质纤维板发展到中密度纤维板、竹帘胶合板、细木工板、饰面板等，加上良好的管理，企业逐步走出困境。1998年实现销售收入4000万元，实现利税103.1万元。（向德庚）

【马尾松板材脱脂保色生产线投入试生产】 1998年，会同县金裕竹木制品有限公司年产5000立方米规模的马尾松板材脱脂保色生产线和绥宁县年产1万立方米规模的马尾松板材脱脂保色生产线分别于9月和12月投入试生产，产品脱脂率为75%，脱脂后的板材基本保持原材颜色，解决了马尾松松脂含量高、易蓝变、利用率低的难题，用脱脂板材生产的家具、地板，深受用户欢迎。（向德庚）

【湖南省林业厅厅直企业全面建立再就业服务中心】 截至1998年7月30日厅直企业全部建立了再就业服务中心。厅直企业共有下岗职工998人，占职工人数的28%，其中进中心人数为878人，占下岗职工人数的87.98%。7～12月，省劳动和社会保障厅、省财政厅共拨付厅直亏损企业下岗职工生活费65.8万元，保证了厅直企业下岗职工的基本生活和企业的稳定，为企业深化改革，转换经营机制和走出困境创造了良好的外部环境。（罗振新）

【林区公路建设】 据对新中国成立以来全省林业公路建设情况普查，全省林业部门共投资4.5亿元，修建林业公路 28 505 千米，其中已由交通部门、乡（镇）和其他部门接养的有 5022 千米。为养护好林业公路，各重点林区县市成立了专业养护道班，全省共建养护道班 837 个，专业养护人员 2540 人，公助民养人员 2847 人。这些公路连结全省林区 1014 个乡镇及 6952 个行政村，每年承担全省 350 多万立方米木材（其中间伐材近 50 万立方米）、5000 多万根楠竹、2 万吨松脂及各种林副产品、农产品、药材和林区群众大量的生产、生活物资的运输，每年通过林业公路运输的物资在 1 亿吨左右，为发展林业、搞活林区经济起了一定的促进作用。

（朱秀舜）

【"三难地"改造】 "三难地"（紫色页岩、石灰岩和钙质页岩山地）造林绿化工程，是全省灭荒之后，经省政府批准、省财政专项扶持的重点造林绿化工程。1994 年，在衡阳、张家界、永州、郴州及湘西 5 地（市、州）实施。经过摸索，在树种选择、造林方式上取得了重大突破。截至 1998 年底，全省共投入资金 2170.7 万元，其中省财政拨款 435.25 万元，地县配套 857.49 万元，乡村和群众自筹炸药、苗木费 816.83 万元，共完成造林 8580 公顷，为计划造林任务的 99%。

（陆　跃）

【会同县全面推行山林股份制改造】 1998 年，会同县委、县政府作出《关于加强林业工作的决定》，在全县范围内全面推行山林股份制改造。成立了由县委副书记谭和东任组长，人大、政府、政协主要领导任副组长，县委办、政府办、农办、体改办、林业局、财政局主要负责人为成员的县山林体制改革领导小组，各乡（镇）都成立了相应机构，县乡村三级层层签订目标管理责任状，抽调 1968 人组织工作队专抓，保证每个村有 5 人以上。县委、县政府确定林木林地权属按 1982 年林业"三定"的权属不变，尊重群众意愿，组建股份合作林场。全县新建了 346 个股份合作林场，入股山林 15.7 万公顷，在股份设置中，林农的山林使用权股占 70%以上，林场山林所有股在 30%以下，保证利益分配中林农占大头，使股份比例基本合理。

为保证林场正常运行，县委、县政府采取五条措施：一是严格坚持政企分开。任何部门和单位不得平调林场的钱物，不得乱集资、乱摊派。二是保证经济扶持到位。县林业主管部门在为每个林场提供 500 元启动资金的基础上，从 1998 年起，征收林场的育林基金返回 4%给林场。三是保证木材生产计划单列到林场，尽快实现林场木材产销见面。四是积极推行场务公开，民主管理。五是县里成立了林场管理站，加强林场管理。各林场现已基本按照"统一采伐、统一管护、统一销售、统一分配、统一更新"的"五个一"原则投入规范运转。

（廖亚杰）

【湖南省 1998 年林业大事】

1.1 月 1 日，省林业产业管理局在原省林业工业管理局基础上组建成立，为归口省林业厅管理相当副厅级规格的事业单位。

2.2 月 18～20 日，林业部副部长刘于鹤一行来湘考察。

3.3 月 11 日，省委副书记胡彪、副省长庞道沐在《湖南日报》上联名发表"把三湘大地装点得更绿更美"专文，纪念全民义务植树 17 周年。

4.4 月 1 日，省委、省政府在长沙市召开全省基本实现全面绿化表彰大会，并作出《关于表彰基本实现全面绿化先进单位的决定》，对 14 个地（市、州）、122 个县（市、区）和 2 个大型国有林场进行了表彰，颁发奖金 100 万元。省委书记王茂林、省长杨正午、省委副书记胡彪、原省委书记、省绿化委员会顾问熊清泉、副省长庞道沐出席会议并作重要讲话。

5.4 月 7 日，全国绿化委员会第 17 次全会表彰了一批先进单位，其中湖南省有 56 个单位获先进单位称号。

全国绿化委员会决定向在 1997 年植树造林、绿化祖国的伟大事业中作出突出贡献的 557 名同志颁发"全国绿化奖章"。湖南省获此殊荣的有 18 位同志。

经国家林业局对全国 1987～1996 年度人工造林实绩核查，山西、福建、湖南 3 省十年人工造林平均核实率、合格率名列全国前三名，成绩突出。全国绿化委员会、国家林业局授予 3 省"1987～1996 年度全国人工造林成效突出省"荣誉称号。

6.5 月 4～10 日，湖南省林业厅与芬兰森林和公园局合作委员会第三次会议在长沙市召开。

7.7 月 2 日，省政府对省绿化委员会作如下调整：由熊清泉、肖求如任顾问，庞道沐任主任，蔡家作、欧阳斌、刘永寿、葛汉栋任副主任，赵世荣、肖常锡、鲍沛生、刘定中、易鹏飞、江水波、罗和秋、詹新华、邹定民、杨始伍、谷文龙、贺文仪、汤士荣、金先贵、肖绍勋、孔光明、陶干三、刘益民、朱云华、吴启荣、陈建平、赵卯津、罗毅、李金和、李维建、吴天保、莫文秀、胡忠雄为委员。委员会下设办公室，在林业厅办公，由葛汉栋兼办公室主任，刘楚雄任副主任。

8.7 月 22 日，中捷政府间科技合作项目"梨、李、杏等水果优质高产栽培"合作协议签订仪式在长沙市举行，该项目由省林科所和洛沃思果树育种研究所具体执行。

9.8 月 12 日，省政府下文批准全省设立 29 个水上木材检查站：茶陵县洪山庙，炎陵县瑞口，慈利县东门大坝，桑植县人潮溪，岳阳市北门渡口，衡阳市湘江南路，新邵县筱溪，资兴市东江库区，汝城县江仔口，永兴县塘门口，双牌县理家坪、双牌水库大坝，新化县上梅，沅陵县五强溪，中方县铜湾，洪江市，辰溪县，溆浦县善溪，桃源县尧河，安乡县城关，安化县坪口、敷溪、渠江，资阳区东关，沅江市漉湖，南县茅草街，湘西自治州酉水，龙山县隆头水上木材检查站和冷水滩区下河线水上铁路木材检查站。

10.9月8日，省林科院在原省林科所基础上组建成立。

11.10月21日，省政府发出《关于加强森林资源保护管理的通知》。

12.10月25日，经全国绿化委员会批准，国家林业部宣传办公室、中国绿色时报社和国家大型企业——长岭集团共同发起组织的“长岭绿色世纪行——中华100棵名树公选养护活动”在毛主席故居韶山和彭德怀故居乌石镇开展，并为韶山古松、乌石“元帅树”两棵中华名树授牌揭碑。

13.11月，宁乡苗圃、吉首苗圃、汨罗白水苗圃、衡南苗圃、资兴苗圃、郴州市林科所苗圃和新邵苗圃顺利通过创建省级无检疫对象种苗繁育基地的检查验收，达到湖南省无检疫对象种苗繁育基地标准，成为继祁东苗圃之后第二批“湖南省无检疫对象种苗繁育基地”的苗圃。

14.12月4日，湖南林都中密度纤维板股份有限公司年产3万立方米中密度纤维板技术改造项目竣工验收。该项目由怀化市林业局牵头，所属12个县(市)林业局参股，建在怀化市狮子岩，1997年1月28日动工，12月底投入试生产，项目总投资5074.17万元。至1998年底，共完成产量22 984立方米，超过设计能力。产品质量经湖南省林产工业产品质量监督检验站检验，达到GB-11718-10-89规定的要求，检验结论为合格（特级），车间检验合格率在95%以上。该项目试产一年，实现工业总产值2700万元，实现利润182.5万元。

15.12月23日，衡阳启泰合板有限公司年产1.5万立方米中密度纤维板技术改造项目竣工验收。该项目由衡阳木材厂与香港启泰有限公司等3家合资建在衡阳木材厂内，1996年7月动工，1997年3月投入试生产，总投资2180万元。项目从试生产以来，共生产中密度纤维板23 364立方米，平均日产58.7立方米，已超过项目设计能力。产品经国家人造板质量监督检验站检测，质量达到GB-11718(1-10)-89规定的一级标准。1997年10月，该产品在湖南省首届林业名特优新产品博览会上获金奖。试产以来，实现了产销率100%，在市场价格疲软的情况下，仍实现了16.5%的产品利税率。

16.12月28日，省林业技术培训中心（国林大酒店）建成开业。全省国有林场改革工作会议同时召开。

17.12月31日，世界银行贷款贫困地区林业发展项目全面启动。项目总投资为24 266.18万元人民币，其中世行贷款13 280.00万元，省内配套资金10 986.18万元。项目布局于沅陵、平江、保靖、安化、新化、桑植、城步、石门、慈利、江华、宜章、龙山、古丈、湘乡、双牌、鹤城16个县（市、区）。设计内容：营造集约经营人工林20 365公顷、垦复（新造）竹林18 280公顷、营造（低产林改造）经济林7416公顷、小型加工企业4个，项目受益人口20万人。项目建设期7年，贷款期16年，其中宽限期6年。项目建成后可提高项目区森林覆盖率1%，增加木材产量319.89万立方米，竹材137.8万吨，经济林产品38.08万吨，总产值359 252.65万元，参与项目的农户年人均纯收入可增加673元。（宋自力　刘溅根　王明旭　王中超　兰成云　向德庚　邓鹰鸿）

广 东 省 林 业

【概　述】 1998年，全省林业建设按照省委、省政府作出林业第二次创业的决定和全省林业工作会议的精神，围绕“增资源、增效益、优化生态环境”的目标，积极组织开展林业第二次创业工作，全省林业继续保持稳定发展。全省林业用地1082.76万公顷，有林地面积919.48万公顷，森林蓄积量2.998亿立方米，林木总生长量1706.04万立方米，林木总消耗量760.18万立方米，森林覆盖率为56.6%。与1997年相比，出现“三增”、“两减”，即全省有林地面积增加，森林蓄积量增加，林木生长量增加，林业用地面积减少，林木总消耗量减少。全行业总产值224.87亿元，比1997年下降0.5%，其中：营林总产值35.89亿元，森工总产值120.2亿元，山区茶桑果总产值68.78亿元。

发展与成就

森林资源培育和生态公益林建设　全省加快建设生态公益林，切实抓好林相改造、树种调整，改造低产林，抓好中幼林抚育和防护林带的恢复建设，不断提高全省营林水平和生态公益林功能等级。全年完成人工造林、迹地更新和低产林改造面积20.6万公顷，中幼林抚育20.67万公顷，育苗2000公顷。全省完成义务植树8664万株，其中，成片造林1.19万公顷。

突出重点抓好林业示范基地和林业形象工程的建设。在全省29个县（市）开展“四江”即北江、西江、东江和韩江流域生态公益林建设试点，全面启动京九绿色长廊广东段的40个示范点和深汕高速公路沿线的绿色工程建设。其中京九绿色长廊广东段工程投入3000多万元，补植1000多公顷，封山育林2600公顷，造林2000公顷，和平县完成省下达造林任务的

172%，被全国绿化委员会评为京九绿色长廊工程建设先进县。城市林业规划建设有新进展，有4个市基本完成规划。

森林工业 按照林业第二次创业的要求，各地加快了林业产业发展步伐，普遍加大了速生丰产林、工业原料林和经济林种植比重，并积极发展花卉、森林旅游等新兴产业。同时，各地大力发展木材、林产加工业，逐步建成一批支柱企业。全省木材产量252.65万立方米，比1997年下降3.5%，其中：原木233.72万立方米，薪材18.93万立方米。全省竹材产量7348.64万根，比1997年减少5.3%，其中：毛竹2821.82万根，篙竹4526.82万根。全省人造板产量85.94万立方米，比1997年减少22.69万立方米，下降20.9%，其中：胶合板21.3万立方米，比1997年减少22.45万立方米，下降51.31%；纤维板39.6万立方米，比1997年增加4.91万立方米，增长14.15%；刨花板23.94万立方米，比1997年减少3.53万立方米，下降12.85%；其他人造板1.1万立方米，比1997年减少1.62万立方米，下降59.56%。全省木片产量75.14万立方米，比1997年减少57.18万立方米，下降43.21%，木片出口25万绝干吨，比1997年减少17万绝干吨，下降40.48%，木片出口创汇2500万美元。全省松香产量9.14万吨，比1997年减少4.61万吨。

森林资源保护与林政管理 全省各级政府把保护森林资源、制止毁林开垦和乱占林地列入重要议事工程。省政府以加急电报（粤府明电［1998］34号）转发了国发明电［1998］8号文。根据省政府的部署，对1994年以来，各地乱占林地和毁林开垦的情况进行了认真的清理检查。全省共清理非法征占用林地项目2164宗，面积7638.37公顷，其中补办征占用林地手续789宗，面积4319.9公顷，追缴森林植被恢复费436.3万元，清理毁林开垦林地11 055宗，面积25 294.79公顷。按照国务院的要求，对清查出来的林地必须逐步还林，全省应退耕还林的林地有75 158公顷，并已制定了还林规划。认真抓好1997年度全省森林资源保护和发展目标责任制的检查，考核工作，省政府对落实责任制较好的中山市和广州市给予了通报表彰和奖励。继续加强野生动物的保护管理工作。针对虎纹蛙资源急剧下降的状况，根据《野生动物保护法》的规定，按照“加强资源保护，积极驯养繁殖和合理开发利用”的方针，在严禁猎捕经营野外虎纹蛙的同时，积极鼓励发展虎纹蛙的养殖业。到1998年，全省75家虎纹蛙养殖场均申领了驯养繁殖许可证，同时，全省设立了102个虎纹蛙经销点，并在主要贸易市场设立经销点，省还在南海市建立了虎纹蛙交易中心和信息管理中心，使全省虎纹蛙的驯养、售销等管理工作走上了规范化管理轨道。认真做好森林防火工作，狠抓森林防火行政首长负责制和以生物防火林带为主体的森林防火基础设施建设，加强野外火源管理力度，较好地遏制了山火的发生，没有发生重大森林火灾。全省发生森林火灾245次，比1997年增加64次，受害森林面积1733.33公顷，森林受害率1.9/1000。森林病虫害发生有所上升，全年发生面积31.01万公顷，比1997年上升了17.77%，防治面积18.74万公顷，防治率为93.4%（不含湿地松粉蚧），其中：森林病害发生面积2.22万公顷，森林虫害发生面积28.79万公顷。在虫害发生面积中，湿地松粉蚧发生面积19.26万公顷。继续加强林区治安，省法院、检察院、公安厅、监察厅和省林业厅，联合开展了打击破坏森林资源违法犯罪专项斗争。全省查处各类森林和野生动植物案件7198宗，查处了7042宗，查破率为97.83%，其中：刑事案件274宗，重、特大案件25宗；依法处理各类违法分子8814人，打掉犯罪团伙28个，共114人；依法收缴木材19 962立方米，野生动物6210（只），挽回直接经济损失2236.8万元。

林业外经工作 继续加大招商引资力度，1998年省林业厅首次组团参加了国家对外贸易经济合作部在香港举办的'98中国投资贸易洽谈会，签订林业投资和贸易合同、协议或意向项目10项，合同利用外资金额6128.5万美元，已经落实的项目有5项，实际利用外资3518万美元。同时，积极组织技术劳务输出和境外资源开发。1998年，潮阳市木材公司同苏里南华裔商人签订合同，在苏里南联合开采森林25万公顷，可年产原木10万立方米，板材3万立方米。省林业厅继1984、1987年两次在澳门承包造林工程后，1998年，又与澳门海岛市政厅签订了造林绿化工程区经济生态环境综合评估的合同。

科技兴林 一方面，大力推广重点林业科技成果。1998年，全省推广应用灭幼脲Ⅲ号防治竹蝗3733.33公顷，防治效果90%以上，挽回经济损失4000多万元。怀集县推广茶秆竹埋鞭造林技术种植茶秆竹2万多公顷，年产值达到4500万元。上述两个推广项目均被国家林业局列入重点推广计划。另一方面，林业高新技术研究及开发应用开始起步。1998年，通过发挥高等院校、科研机构的人才、技术优势，实行专题攻关、联合攻关等，在林业高新技术研究方面取得一些突破。桉树抗青枯病的抗菌肽基因转导已获成功，3S技术进行森林资源监测已定位到小班，完成了反馈信息收集。同时，开展了尾叶桉、细叶桉RAPD基因连锁图谱构建的研究工作。

林业法制建设 一是省九届人大第五次常委会议审议通过了《广东省林地保护管理条例》，并从1998年10月18日正式实施。《条例》按照《森林法》和中共中央、国务院关于加强林地管理的规定，结合林业发展中出现的新情况、新问题，对林地的界定、规划、保护和开发等内容都作出明确的规定，是一部操作性较强的地方性法规。二是省政府出台了《广东省生态公益林建设管理和效益补偿办法》，提出了生态公益林建设实行“统一规划、分级管理、科学经营、严格管护”的方针；确立了由政府对生态公益林经营者的经济损失给予补偿的制度；明确了生态公益林建设、保护和管理资金的来源渠道，对全省生态公益林体系建设起到了积极的促进作用。三是省人大常委会第五次会议审议通过了省人民政府《关于加快营造生物防火林带工程建设议案的办理方案报告》，并作出了相应的《决议》，决定从1999～2008年，按省、市、县（包括乡镇、群众投工投劳）4∶2∶4的比例筹集，省政府每年投入专项资金2754万元用于生物防火林带工程建设。计划投入资金共68 839万元，新建83 209千米、面积94 624公顷的生物防火林带。

固定资产投资 固定资产投资完成38 499万元，为计划的98.69%，比1997年增加5346万元，增长16.1%。在完成的投资额中：营林基建投资完成16 341万元，为计划的122.2%，比1997年减少1480万元，减少8.3%。其中国家投资完成3331万元，为计划的124.5%，比1997年增加122万元，增长3.8%。在完成的国家投资中：由国家林业局安排的基建投资1567万元，占国家投资的47%；省级预算内基建投资320万元，比1997年增加193万元，增加1.5倍，占国家投资的9.6%。市级预算内基建投资472万元，其他为地方财政配套完成。森工基建投资完成16 748万元，为计划的84.8%，比1997年增加7528万元，增长81.6%。森工基建主要项目有高要嘉耀木业发展公司（刨花板）新建项目投资11 256万元，横石木材厂迁建项目投资1974万元。森工更新改造投资额完成5282万元，为计划的90.5%，比1997年减少830万元，减少13.6%。其中鱼珠林产集团公司塑料装饰板工程完成投资4786万元。

劳动工资 林业系统职工人数下降，下岗职工人数增加幅度较大。年末职工人数68 502人，比1997年减少5426人，减少7.3%。其中在岗职工59 132人，不在岗职工9370人。不在岗职工比1997年增长73%。

全年工资总额减少，人均工资有所提高，但在全省处于较低水平。全省林业系统工资总额43 842.3万元，比1997年减少1759万元，下降3.9%。职工人均工资6389元，比1997年增加154元，增长2.5%，增长幅度比1997年上升1.1个百分点。但比全省职工平均工资10 214元低37.4%。按行业分类，5个教育文化事业单位职工人均年工资最高，达到15 418元，比全省平均工资还高50.9%。

职工伤亡事故发生次数和伤亡人数都有所上升。全省林业系统发生职工伤亡事故66人次，比1997年增加21人次，上升46.7%，其中：轻伤51人次，比1997年增加16人次，上升了45.7%；重伤9人，比1997年增加2人；死亡6人，比1997年增加1倍。职工死亡人数增加的原因是水灾。

存在问题 一是行政职能难以到位。有的部门越权管理林地、有的部门擅自改变国有森林经营单位的隶属关系、经济林管理政出多门。有的地方对林业地位和重要性认识不足，资金投入没有稳定来源，林业主管部门难以正常运作，严重影响了行政管理职能的发挥。二是迹地更新和退耕还林任务艰巨。三是森林防火形势严峻。由于1998年秋季以来，天气持续干旱，山火发生频繁，给全省森林防火带来了严重的威胁，造成人员伤亡和经济损失相当严重。四是森工企业亏损严重。由于亚洲金融风暴影响，以及经营管理不善和人员包袱重等因素，全省森工企业亏损相当严重。1998年全省林业系统独立核算工业企业盈亏相抵后净亏损额为5328万元，比1997年增亏4410万元。 （曹仁福）

【广东省1998年林业大事】

1.1月17日，省九届人大一次会议通过了《关于加快生物防火林带工程建设议案》。

2.5月26日，财政部、国家林业局同意将广东省松材线虫病治理工作列为国家级重大森林病虫害工程治理项目。中央财政从1998年起，连续3年每年安排专项防治经费280万元，省、市、县落实配套686万元。

3.6月2～5日，广东省林业厅首次组织参加了国家对外贸易经济合作部在香港举办的'98中国投资贸易洽谈会暨'98中国投资政策研讨会。

4.6月4日，广东省机构编制委员会以粤机编办［1998］58文批复，同意广东省林业公安局增设法制科，主要负责系统内执法监督、行政案件复议、案件审批和有关法规的宣传培训工作，所需编制内部调剂解决。

5.8月14日，广东省公安厅以粤公（复）字［1998］85号文批复，同意广东省市级以上林业公安机关按照公安部1998年修改后的《公安机关办理刑事案件程序规定》第二十条第二款规定，负责其辖区内盗伐林木、危害陆生野生动物和珍稀植物等刑事案件的侦查，可对所辖案件依法采取侦查措施（讯问犯罪嫌疑人、询问证人勘验、检查、扣押等）和刑事强制措施（拘传、取保候审、监视、拘留、逮捕），并承担相应的法律责任。

6.9月21～25日，广东省林业厅在广州市为香港渔农处举办了一期17人参加的农林督察培训班。

7.10月12日，广东省政府办公厅发出《关于清理果园庄园有关问题的通知》（粤府［1998］58号），要求各地立即停止果园、庄园的审批工作，监督果园庄园招商资金的使用，切实加强对果园开发的管理。

8.10月27日，广东省林业厅发出通知，确定从1999年起，全省的林木采伐年度统一规定为每年的1月1日至12月31日。森林采伐限额、森林总采伐量计划指标和木材生产限额的年度执行期与林木采伐的年度一致，禁止跨年度使用。

9.10月28日，经广东省政府同意，广东省林业厅和财政厅共同制定了《广东省世界银行贷款国家造林项目清偿办法》，决定对逾期不能清偿的项目债务，由省财政厅预算扣款清偿。

10.11 月 17 日，广东省省长卢瑞华签署广东省人民政府 1998 年 48 号令，发布《广东省生态公益林建设管理和效益补偿办法》。省财政每年安排 1.28 亿元专项资金，要求市、县也必须落实配套资金用于生态公益林的补偿。

11.11 月 20 日，澳门海岛市市政执委会第 333/45/CMI/98 号决议，通过广东省林业厅在澳门海岛市植林区多种效益评估项目中标方案。

12. 经广东省政府批准，广东省林科院研究员陈远生、高级工程师茹正忠被授予 1998 年广东省科学技术突出贡献奖和广东省有突出贡献专家荣誉称号。

13.12 月 28 日，省政府批准建立英德石门台、惠州象头门、海丰公平大湖、五华七日嶂、龙川枫树坝、曲江罗坑和乐昌杨东山十二度水 7 个省级自然保护区。

（广东省林业厅）

广州市林业

【概　述】 1998 年，广州市根据“增创新优势”调研活动的部署和要求，确立了林业第二次创业目标，即建立 13.33 万公顷相对稳定的生态公益林体系，建立以 3.33 万公顷“三高”林业基地为龙头的林业产业体系和建立有效的林业社会化服务体系。

全面完成年度绿化任务　全市共完成造林绿化作业面积 5053.33 公顷，为计划的 106.3%；“四旁”植树 240.5 万株，为计划的 136%；中幼林抚育 9200 公顷，为计划的 126.6%；容器育苗 52.67 公顷，满足了造林绿化的需要；新封山育林 1.71 万公顷，为计划的 104.5%，完成合作造林面积 849.93 公顷。与此同时，林业部门积极推动生态公益林体系建设，在边规划、边实施的基础上，进一步争取市委、市政府以及各有关方面的重视和支持，其中生态公益林体系建设已被市政府列入“青山碧水蓝天工程计划”，《广州市流溪河水源涵养林效益补偿资金筹集和使用办法》正按有关规定落实保护和补偿措施，生态公益林的立法补偿迈出了可喜的一步。

森林公园建设　在抓好流溪河、石门、帽峰山和大夫山森林公园以及温泉自然保护区建设的同时，1998 年批建了增城金坑、花都王子山和从化黄龙湖 3 个森林公园，使全市已批建的森林公园增至 7 个，森林公园和自然保护区面积达 2.24 万公顷，既有效地保护了森林资源和自然景观，又为广大市民提供了休闲度假的好去处，促进了森林旅游业的发展。

森林资源保护管理　在林政管理方面，通过加强限额采伐、林地管理等，有效地控制了森林资源消耗；在林业执法工作方面，通过打击非法捕猎经营行为和查处违反林业法律法规的案件 187 宗、263 人，有力地稳定了林区社会治安；在森林防火和森林病虫害防治方面，重点抓好防火队伍建设，实现了有虫不成灾的综合防治目标，当年全市森林病虫害发生率仅占总面积的 0.4%，是近 5 年来发生面积最少的一年。

（黄杰辉）

广西壮族自治区林业

【概　述】

林业生产完成情况　1998 年，全年完成造林 25.09 万公顷，其中：“四荒”造林 7.33 万公顷，迹地更新面积 7.75 万公顷，低产林改造面积 9.81 万公顷。至 1998 年底，封山育林面积已达 420.5 万公顷，其中新封 22.04 万公顷。“四旁”植树 3818 万株。林木种子采集 105 吨。育苗面积 1210 公顷。幼林抚育实际面积 34.07 万公顷，作业面积 46.21 万公顷。成林抚育面积 29.12 万公顷，其中中幼龄林抚育面积 8.45 万公顷。抚育改造出材量 443.23 万立方米。生产木材 358.62 万立方米，人造板 38.37 万立方米，木片 30.61 万立方米。1998 年，全自治区林业行业实现总产值 140 亿元，其中：第一产业完成 118.1 亿元，第二产业完成 18.9 亿元，第三产业完成 3 亿元。

生态林建设　1998 年，广西启动或继续实施了珠江流域防护林工程、沿海防护林工程、防治沙漠工程、平原绿化工程、石山封山育林工程、生物防火林带工程、城市大环境绿化工程，共造林 29.92 万公顷。珠江流域防护林工程涉及广西 12 个地（市）80 个县（市、区）。1996 年启动，至 1998 年底共完成造林 17.78 万公顷，其中 1998 年完成 6.13 万公顷。沿海防护林工程涉及沿海 3 市 9 县（区）。至 1998 年底共完成造林 26.53 万公顷，其中 1998 年完成 7466.67 公顷，新增各种防护林带曲线长 236.8 千米。防治沙漠工程涉及沿海 3 市 9 县（区）的 39 个乡（镇），1992 年启动，至 1998 年底共完成工程建设面积 4.6 万多公顷，1998 年完成1066.67公顷。平原绿化工程涉及合浦等18个平原、半平原县（市、区），80年代中期启动，至1998年底全部工程县均实现达标，林网控制面积达66万多公顷，农田林网控制率达80%以上；林带总长8.3万千米，折合面积4666.67公顷。1998年完成造林1.61万公顷，全区"四旁"植树1056.12万株。石山封山育林工程涉及都安等35个石山、半石山县（市）。1990年启动，1995年作为重点工程实施，至1998年底完成石山封山育林106万多公顷，1998年封山育林20.53万公顷。生物防火林带工程于1996年作为重点工程实施，到1998年底共扩宽、改造、新造林带21 858千米，完成627千米，折合面积1266.67公顷。城市大环境绿化工程主要涉及南宁、北海等20多个较大的城市，1998年底共划定城市周围绿化特殊保护区13万多公顷，1998年完成植树2000多万株，折合面积6660多公顷。

此外，还启动了国家级的长江中游防护林工程，涉及桂北湘江流域的全州、资源等4个县，全年完成造林4000公顷。

森林工业 1998年，广西森林工业企业资产总计11.6亿元。全年销售收入3.2亿元。完成木材购进78.6万立方米、木材销售80.2万立方米，分别比1997年增长7.7%和6.9%。生产人造板11.7万立方米，销售人造板11.2万立方米，分别比1997年增长37.3%和36.9%。广西高峰人造板有限公司生产的中密度纤维板A级板率达92%以上，全年生产6.1万立方米，超过设计能力22.2%；梧州木材厂建成耐磨木地板新项目，年内生产12万平方米并完成1999年的全部订单。广西森工企业有基地林场368个，林地面积6.7万公顷，活立木蓄积量310万立方米。全年抚育间伐木材3万多立方米。森工企业注重盘活固定资产存量，重点是土地开发利用，桂林木材工业公司开发沿街门面租赁，年租金收入100万元；贵港贮木场扩大代储代运业务，全年中转木材4.5万立方米、中转煤炭等物资23万吨，中转收入达365万元，占全场总收入82.5%；南宁木材厂停车场收入达116万元；德保县木材公司成功开发石雕工艺品成为公司的主要收入。

1998年，广西森工企业继续深化分配、劳动、人事三项制度改革。按岗位和贡献大小拉开收入档次。普遍实行全员劳动合同制。建立公平、公正、竞争的用人机制。年内，销区外纸材达25万立方米，拉动了木材销售。抽查了30家人造板生产企业、5家木地板生产企业、55家木材生产企业的产品质量。梧州木材厂顺利通过ISO9002质量管理体系认证。荔浦县木材公司按现代企业制度要求改组为荔浦县木材经贸有限责任公司。玉林贮木场改制成股份合作制企业后，销售收入、实现利润、上缴税金分别增长26.9%、35.4倍和12.5%。1998年完成森工企业多种经营专项贴息贷款项目5个，计划贷款总额1150万元。

林产化学工业 1998年，松香价格由最低3300元/吨回升至5000元/吨。确定了65户获换（代）生产许可证松香企业。全区有证厂生产松香13.2万吨，实现了年初预定压产30%以上的目标，销售13.3万吨，产销率为100.7%；生产纸品9.0万吨，销售9.1万吨，产销率为101.1%；生产栲胶0.48万吨，销售0.52万吨，产销率为108.3%。全区林产化学工业实现工业总产值9.3亿元（现行价），实现税利0.4亿元。

以分配制度改革为核心的三项制度改革工作深入开展。在分配制度方面，多数企业已把活工资比例增大到70%以上。在劳动制度方面，实行全员劳动合同制，建立有动态的定岗、定员、定编制度。在人事制度方面，多数企业取消了干部与工人的身份界限，实行公平竞争上岗。广西国发林业造纸有限责任公司自1996年以来，连续上3台万吨以上纸机，产量增加4万吨，不但没有增员，相反还减员300人，减少企业开支近200万元，职工人均收入1998年比1997年增加1000元。开展以产品与产品质量为中心的企业全面整顿工作，产品品种增多，性能趋优，产销率高。广西国发林业造纸有限责任公司已能大批生产铜版原纸、白卡纸、高白双胶纸和静电复印纸等高档文化用纸系列产品。武鸣栲胶厂新开发没食子酸丙酯已出口日本，形成新的经济增长点。林化产业生产的产品达到27个。

林政管理和法制建设 自治区人民政府组织了108人的工作队，对全区101个县（市、区）执行1997年度《县级领导干部任期森林森林消长目标责任状》的情况进行了全面检查。检查表明：森林面积有所增长的占93.1%；森林资源消耗总量超限额有1个县；征占用林地初审率有所提高，初审率在90%以上的有31个县（市、区）；无森林火灾的县（市、区）占51.5%。检查共评出桂林地区、贺州地区为优秀地区，南宁等13个地（市）为合格地市，龙胜各族自治县等14个县为优秀县（市、区），桂林市雁山区等82个县（市、区）为合格县（市、区），百色市等5个县（市、区）为不合格县（市、区）。自治区人民政府下文将检查结果通报全区，兑现奖惩。

自治区人民政府全文转发国务院国发明电[1998]8号文件，并结合广西的具体情况提出了4条贯彻意见。全区毁林开垦共17 730起，面积为6.3万公顷，其中：重大毁林开垦172起，面积6442公顷；非法征占用林地183起，面积9616.9公顷。在全区开展严厉打击破坏森林资源违法犯罪活动专项斗争，共查处毁林违法案件1024起，打击处理违法人员1486人次，为国家挽回经济损失335.92万元。

1998年调整了部分木材检查站，全区共设立木材检查站235个。提出了全区木材检查站标准化建设的目标，全区有15个县（单位）的35个木材检查站被原林业部列为全国第一批标准化木材检查站，对岑溪市、藤县、蒙山县的11个木材检查站进行了验收。对全区原15个地、市和28个县（市、区）林业局及15个区直国有林场的木材运输证管理与签发情况进行了全面检查，各地、市林业局对所辖县（市、区）再进行了检查。

1998年自治区通过决定对《广西壮族自治区陆生野生动物保护管理规定》进行第二次修改。积极开展了对新《森林法》的学习贯彻活动。自治区人大法制委员会与自治区林业局召开新《森林法》发布会。自治区人大财经委、自治区政协分别与自治区林业局联合召开学习新《森林法》座谈会。组织林业干部上街宣传，发放学习资料，接受咨询。全区15个地、市林业局分别举办骨干培训班，培训骨干500人。自治区林业局、法制局、土地局联合组织林地管理执法检查组，对柳州地区、钦州市贯彻落实《森林法》情况进行检查。

1998年，广西森林防火继续实行各级政府行政首长负责制，广泛开展森林防火宣传教育，狠抓林区野外火源管理，加强森林防火基础设施设备建设，进一步稳定和巩固专业森林消防队伍。专业森林消防队伍建设被国家林业局森林防火办公室授予一等奖。全区现有专兼职护林员5.4万人，专业、半专业、义务森林消防队伍共6853支20.2万人。全年共发生森林火灾430次，其中重大森林火灾6次，受害森林面积5410公顷，森林火灾受害率0.66/1000，烧毁成林蓄积97 211立方米，烧毁幼林712万株，经济损失699万元。陆川县等4个县乡的森林防火指挥部获1997～1998年度湘粤桂三省区护林防火联防先进单位称号。

1998年，广西切实加强森林防治病虫害目标管理责任制，狠抓以马尾松毛虫为主的病虫害防治，大力推广马尾松毛虫综合治理技术和工程治理技术，建立了广西第一期马尾松毛虫工程治理示范区，面积32.7万公顷。1998年，广西森林病虫害发生面积12.48万公顷，发生率1.17%；实施防治面积9.80万公顷，防治率78.5%。其中马尾松毛虫发生面积10.09万公顷，发生率2.30%；防治面积8.27万公顷，防治率81.96%。全区生产白僵菌26.99万千克，活孢率88.40%。全区使用白僵菌防治马尾松毛虫面积7.45万公顷，占马尾松毛虫防治面积的90.08%。“马尾松毛虫综合治理技术推广”项目，获自治区林业科技进步一等奖、科学技术进步二等奖。

1998年，广西各级林业公安机关狠抓队伍教育整顿和执法大检查，认真开展立功创模活动，全区共有25人荣立个人三等功，被评为优秀公安科、股的15个，被公安部、国家林业局授予全国林业系统优秀人民警察称号2人。在全区组织开展严厉打击破坏森林和野生动植物资源的违法犯罪活动专项斗争。全区共查处各类森林案件4964起，综合查处率为97.6%，其中：查处森林刑事案件374起，森林治安案件842起，林业行政案件3748起；打击处理各类违法犯罪人员7417人，收缴木材17 086立方米，收缴国家重点保护的珍稀、濒危野生动物一批，为国家挽回经济损失1100万元。全区已有182个林业公安派出所实现规范化达标。

野生动植物保护 1998年，广西各地积极开展形式多样的野生动物保护宣传活动。南宁市开展爱鸟板报比赛、到公园和风景区挂鸟巢、举行千鸟放归大自然等活动，参加学生达4000余人。野生动物资源调查完成专项调查样带530条，占总数的40%，普通调查样带310条，占总数的36%。共清理取消不合格的养殖场400多家，保留养殖场630家。召开了第一届广西野生动物养殖技术与经验交流大会。自治区高级人民法院、人民检察院、林业局、公安厅、监察厅在全区开展严厉打击破坏野生动物资源违法犯罪专项斗争。广西灵长类实验动物养殖数量达到1.2万只，出口达2900多只，比1997年同期增长50%，为国家创汇达160多万美元。编写了《重点保护野生植物资源广西调查工作方案及技术实施细则》，成立了专家技术委员会，3次召开专家座谈会对方案及技术实施细则进行修改，于1998年2月完成报批工作。调查工作预算经费120万元，已安排经费40万元，至年底，全区已完成24个县外业调查工作。

自然保护区管理 1998年，广西自然保护区有64处，其中林业部门管理的62处，已建机构55处。经营总面积182.8万公顷，有林面积108万公顷，分别占全区土地总面积的7.7%和4.6%。年内木论自然保护区成为国家级自然保护区后，广西国家级自然保护区已达5处。全年共投入经费1108万元，其中：管护补助经费300万元，林农口粮补助808万元。

继续实施抓大放小、重点扶持的办法，对国家和自治区重点自然保护区实行经费倾斜政策。投入资金140万元，占全区管护经费46.7%。举办了1期保护区主要领导干部业务培训班。与香港嘉道理农场生物多样性调查队合作，完成了广西境内的花坪等11个保护区生物多样性调查工作。制定了保护区目标管理考核标准，加强了保护区规范化管理。继续实行林农口粮补偿制度。落实了保护区山界林权10 420公顷，其中花坪自然保护区9800公顷。

森林旅游 至1998年底，广西已批建30个森林公园，其中有14个建成开放，2个对外试营业，开展旅游的保护区有6个，森林旅游总投入3984.2万元，全区森林公园、自然保护区和森林旅游公司共接待游客81.95万人次，比1997年增加2.9万人次，旅游直接收入2027.8万元，比1997年减少5.7%，社会旅游收入2688.3万元。

自治区旅游局正式批准成立广西森林旅行社，并登记注册取得营业执照。制定《广西森林公园管理条例》，已提交自治区人大常委会审议。制定了'99生态环境游广西活动方案（林业）。

林业科技 1998年争取到国家、部、自治区林业科研、推广项目16项，落实科研经费约300万元。全区共有24项次林业科技成果获奖，其中："良种桉短周期工业用材林技术推广"项目获国家科技进步三等奖；"肉桂泡盾盲蝽发生规律及综合防治技术研究"项目获国家林业局科技进步三等奖；"松毛虫综合治理技术的推广"等3个项目获广西科技进步奖二等奖；"杉木1.5代种子园营建技术的研究"等6个项目获广西科技进步三等奖。通过国家林业局、自治区科技厅、自治区林业局鉴定（验收）的科技成果共8项，其中有3项成果达到国内同类研究领先水平。"良种桉短周期工业用材林"项目，推广面积已达8万公顷，经济效益达19.2亿元，受益林农达10多万人；"松脂增产综合技术"项目，推广面积已达2000多公顷；"银杏丰产技术"项目，推广面积已达1300万多公顷；杂交竹栽培技术推广面积已达133.33公顷。桉树、相思树混交模式推广，已营造桉树、相思混交林130多公顷。与自治区党委宣传部等联合举办了"绿色的辉煌、绿色的呼唤"大型科普展览。

林业教育　1998年制定了广西林校、广西林业成人中专和广西林业干部学校合并的实施方案，完成了合并论证报告，并获得了自治区教育厅的批准。调整了成人教育领导小组人员，修订并印发了《广西林业成人教育管理办法》。全年共培训职工19 326人次，职工参培率达27%，其中干部培训6170人次，工人培训13 156人次。共举办林业关键岗位培训20期，培训人数1145人，举办各类林农培训班组150期，培训林农3万人次。组织了"林业生态环境管理专业"大专自考班，学习人数已达500多人。年内，区内3所林业普通中专并轨招生录取新生1600人，创历史最高纪录。完成了区外有关大中专林业院校在广西招生400人的计划。全区74所林业中小学（含教学点）的小学生巩固率达99.8%，毕业率达99.5%，学龄儿童入学率达100%。

林业宣传　1998年，林业宣传工作多方位开展，形成了林业主题鲜明，简练精悍，既有高潮，又有连续性，以电视报刊宣传为主阵地，以召开座谈会、上街分发传单接受群众咨询、出版报墙报宣传橱窗、印发宣传材料、写挂宣传标语横幅等相配套的林业宣传格局。在中央和自治区的报刊、电台、电视台发表文章、消息167篇（条），其中：国家级36篇（条），自治区级131篇（条），约20多万字；拍摄电视专题报道5部；在区内外刊物发展图片宣传417幅；为大型展览提供图片300多幅；《广西林业》杂志全年出版发行6期和增刊1期，60多万字，600多条信息；出版《广西林业简报》14期共100多条；街道宣传橱窗出版宣传栏4期，共300个专题，400多幅图片。在《广西日报》、广西人民广播电台等先后开辟了"绿化之后"、"学习新《森林法》"等专栏。1998年被评为全国林业宣传发行先进单位。

（广西壮族自治区林业厅）

【国有林场】　1998年，广西国有林场有151个，职工40 945人，经营面积114.1万公顷，有林面积74万公顷，活立木蓄积量5153.15万立方米。年末固定资产原值10.58亿元，比1997年减少1.7%；固定资产净值8.96亿元。全年实现工农业总产值11.2亿元，比1997年增加4.2%，营业收入9.17亿元。缴纳税金7329万元，比上年减少21.35%；有129个林场亏损，亏损面达86%，亏损总额12 154万元，盈亏相抵净亏12 084万元。

营林生产　完成荒山造林808公顷，迹地更新造林17 712公顷，低产林改造5652公顷。全年营造速生丰产林4518公顷，占造林总面积的18%；营造经济果木林6726公顷，国有林场年末经济果木林总面积46 160.6公顷，职工人均拥有经济果木林面积1.13公顷，幼林抚育作业面积85 802万公顷，实际面积52 672万公顷，育苗166公顷。

林产品生产　生产木材168.53万立方米，比1997年增加3%；销售木材169.02万立方米，比1997年增加1.8%；年末库存木材23万立方米，比1997年减少31.5%；生产松香14 267吨，纤维板69 507立方米，刨花板3867立方米，胶合板454立方米，机制纸3130吨。木片出口11.7万绝干吨，比1997年增加6.4%，创汇912.6万美元，比1997年减少20.2%。

森林保护　自9月份以来，持续干旱，防火形势十分严峻。全年发生森林火灾50起，森林受害面积297.4公顷，受害率为0.02/1000。

科技进步　象州县花山林场与其他单位合作的杉木1.5代种子园营建技术研究获得了自治区科技进步三等奖。

林场改革　至年末，已有131个国有林场实行岗位责任制，138个实行生产经营承包责任制，75个实行干部聘任制，117个实行用工合同制，18个实行股份制。全年国有林场职工自营经济总收入1.68亿元，纯收入4536元。国有林场的改革，走出了一条既增加森林资源和生态效益，又增加职工收入的新路子。

1. 打破单一经营格局，发展多种经营，宜林则林，宜工则工，宜商则商，发展国家、集体、个体多极经营格局的广义林场。

2. 制定了实行分散经营、规模建设、种养并举、以短养长的林场自营经济发展指导思想。职工自营经济出现了承包、租赁、股份合作、个体自营等多种经营形式。实行划小盘活、分地到户、责任到人的办法建立家庭林场，变多级管理两级核算为三级管理两头核算，资产两头共有、两头融通。对荒山、更新迹地实行"谁造谁有、合造共有"的政策。林场对内部资产实行股份制改造或拍卖、租赁、转让，变由管人管钱管物转为管资产总量管价值价格总量。

3. 采取地方财政、自身积累、基层单位、多方合作"四合一"的办法筹集资金，改善林场和风景区森林旅游的交通、环境、设施条件，建设具有岭南特色的广西各类森林公园。依托森林旅游成立了森林旅游服务公司，办招待所、饭店、游乐场等。靠近城镇的国有林场，适度发展房地产。

4. 人事制度实行聘任和聘用制度；用工制度以双向选择为目标，做到能进能出、能上能下；分配制度实行按质按量计酬的计件、效益和效率工资。领导实行年薪考核计酬制度，管理人员按月工作质量、收益、档次、单价计酬。

这些改革措施，使林场经济快速发展，职工收入明显增加，干部、工人的界限越来越不明显。

（廖河康　蒋卫民）

【能源生态“152工程”】　至1998年12月底，全区农村能源管理机构共406个，专门人员1611人，培训农村能源技术人员达2.3万人次。全区投入建设资金共1.78亿元，其中：各级拨款0.25亿元，贷款0.02亿元，群众自筹1.5亿元。全区累计建省柴节煤灶达788.94万户，占农户总数的94%，形成年节柴草780万吨，折标煤400万吨，保护森林资源26万公顷；建沼气池44万多座；小型风力发电机620台，总装机容量104.84千瓦，年发电量约40万千瓦时；微水发电的开发利用累计4万台，总装机容量8.2万千瓦，年产电量达6500万千瓦；太阳能热水器安装使用达2.2万平方米。以上各项农村能源设施已形成年节约标煤434.6万吨，保护森林资源28.93万公顷，广西能源性的森林资源消耗已从1985年的40%下降到31%。其中，1998年推广省柴节柴灶21万个，建沼气池11.4万座，推广太阳能3000平方米，推广微水发电1500台，装机容量450千瓦。

恭城瑶族自治县通过以沼气为重点的农村能源综合建设，初步形成了“养殖—沼气—种植”三位一体生态农业新格局，取得了巨大的社会、经济、生态效益。1998年8月11日自治区人民政府下发了推广“恭城模式”的广西生态农业“152示范工程”（即通过5年的实施，在全区建设100个生态村、50个生态乡、20个生态县为重点的农村能源生态建设）实施方案。至12月底止，全区新建沼气池11.4万座，是1997年的2倍多，是1996年的7倍多。建池县超千座的有35个，其中北流市、全州县、兴安县超过5000座。1998年，全区沼液浸种面积19 593公顷，增产粮食8424吨，平均每公顷增产粮食430.5千克，增产约7%；沼液喂猪28.5万头，节约饲料7889.8吨，沼液养鱼2062.5公顷，增产2036.6吨；沼渣种菇10.2万平方米，产量为682.7吨；水果保鲜152吨。南方能源生态模式的户数为15.1户，年产蔬菜61.8万吨，年产水果353.5万吨。建大中型沼气工程12处，总池容量为5900立方米，废弃物处理量为39.2万吨，年产气量为40.8万立方米。全区建有56处生活污水净化沼气池，总池容量为1400立方米。　（李　遐）

【十大商品林基地】　1998年，按照森林分类经营战略，实施了以追求最大投资经济效益为目标的十大商品林基地。全区年内完成短轮伐期速生工业原料林、竹子、花卉绿化苗木、木本粮油和绿色食品、亚热带新水果、木本干果调香料、木本油料、林下药材、速丰脂材两用林等十大商品林基地建设17.1万公顷，占全区年造林的68%。其中玉桂1.3万公顷，八角3.3万公顷，油桐0.6万公顷，油茶0.5万公顷，桉树速生短轮伐期工业原料林1.4万公顷，竹子3.2万公顷，亚热带水果1.5万公顷，速生丰产脂材两用林1.5万公顷。通过租赁、承包、联营、股份合作等经营形式，全区由社会各方面投资十大商品林基地建设建立的林果场达2000多个，面积超过4万公顷，投入资金超过2亿元。基地建设选择具有市场潜力大和竞争力强的名特优新品种，改变广种薄收的粗放经营模式，普遍采用高投入、高产出的集约规模经营管理模式。

1998年，广西十大商品林基地主要品种产量：油桐籽5.6万吨，油茶籽10.5万吨，松脂21.1万吨，八角3万吨，玉桂皮1.7万吨，白果0.4万吨，茴油0.1万吨，桂油0.1万吨，龙眼16.6万吨，荔枝10.8万吨。到2010年，全区商品林基地建设将达到700万公顷。

（廖宏俊）

【广西壮族自治区1998年林业大事】

1. 1月10～15日，林业部副部长李育才率团先后到桂林、龙胜、柳州、融水、防城、东兰、河池、罗城、南宁等地了解广西林业生产建设及扶贫情况。

2. 2月18日，自治区绿化委员会、自治区林业厅在南宁市举行广西实现造林绿化达标新闻发布会，宣布广西实现绿化达标。

3. 3月1日，自治区党委书记曹伯纯、原自治区政府主席成克杰、自治区政府主席李兆焯、自治区党委副书记陆兵、自治区副主席袁凤兰等领导与出席全国九届人大代表、机关干部、驻邕部队官兵1500多人到良凤江和石门森林公园植树造林。

4. 4月17～19日，世界能源理事会地方事务官员维拉戎，应国家计委邀请，到桂林市、阳朔县、桂林地区的平乐县和恭城县考察农村能源发展和利用情况。

5. 6月29日，自治区人大副主任洪普洲等出席自治区人大法制委、财经委分别与自治区林业厅召开新《森林法》新闻发布会和座谈会，6月30日，自治区政协与林业厅召开新《森林法》座谈会，自治区政协副主席卢湖山到会讲话。

6. 7月2日，美国总统克林顿夫妇在自治区政府主席李兆焯夫妇陪同下，在桂林市七星公园发表环保演讲，在游览漓江兴坪时，参观了农户沼气设施。

7. 9月25日，自治区林业局与南宁市人民政府举办了'98首府爱护野生动物万人签名大会。自治区人大副主任张敦颢等有关领导、干部职工1万多人参加了签名。大会向全区发出了“爱护野生动物，从我做起”的倡议书1万多份。

8.9月28日，自治区人民政府主席李兆焯在听取管炳六局长汇报时作出五点指示：从10月15日起在全区范围内立即停止采伐天然林、水源林、防护林；对各地已下达的采伐指标中，凡有水源林、天然林、防护林指标一律取消；依法严厉打击各种破坏森林资源的违法犯罪活动；认真做好退耕还林工作；严格执行《县级领导干部任期森林资源消长目标责任制》。

9.11月21日，自治区党委第七届六次全会通过的《关于贯彻〈中共中央关于农业和农村工作若干重大问题的决定〉的意见》中明确提出：把绿色工程作为广西实施农业和农村工作6大基础工程的首位。

10.11月28日，国家林业局广西濒危野生植物保护中心暨广西珍稀植物园建设项目可行性研究报告通过评审。

11.12月12～16日，中共中央政治局委员、国务院副总理吴邦国，全国人大常委会副委员长成克杰，国务委员司马义·艾买提等在自治区党委书记曹伯纯、自治区政府主席李兆焯、副主席周明甫陪同下，到武鸣县杨李村、恭城县平安乡江贝村考察生态农业建设。

（蒋卫民）

海南省林业

【概　述】

造林绿化　1998年，全省共完成造林2.56万公顷，占全年造林任务的184％。造林的重点是沿海防护林和低产林改造。全省新增封山育林1.33万公顷，使全省封山育林面积达25.8万公顷。全年参加义务植树的人数达300万人次，义务植树1258万株。

林政管理　1998年，全省以贯彻国务院国发明电[1998]8号文为重点，结合“跨世纪保卫绿色行动”，在全省掀起了爱林护林、保护生态环境的高潮。一是闻风而动，令行禁止。省委、省政府对贯彻国务院国发明电［1998］8号文非常重视，提出了具体的贯彻措施，要求各地迅速停止一切毁林开垦和乱占林地行为；认真清理一切与国务院通知相悖的文件，清理毁林开垦、乱征占林地面积；按时做好退耕还林和坡改梯计划；冻结审批征占用林地一年；加大打击破坏林地和森林资源等违法行为的力度。二是重点查处、专项治理。针对海南省毁林挖塘养虾、毁林挖钛、毁林种菠萝等破坏森林资源、侵占林地的特点。省林业局联合省国土海洋环境资源厅共同对海防林的破坏情况进行了全面调查。省委书记杜青林、省长汪啸风、副省长韩至中等均作了重要批示，省政府办公厅以琼府办［1998］51号文下发了《海南省人民政府办公厅转发省海防林检查组关于我省海防林破坏报告的通知》。8月份，省林业局派出9个工作组，检查各地执行情况，对某些地方禁而不止的毁林占地行为，再向省政府提交了调查报告，省政府办公厅又以琼府办［1998］92号下发《海南省人民政府办公厅转发省林业局关于海防林治理和毁林开垦情况报告的通知》，使较为猖獗的毁林占地现象从根本上得到禁止。除此之外，全省还完成了海防林及沿海基干特殊保护林带的划定工作，基本完成竖牌立碑工作；按时完成了森林资源连续清查第三次复查；基本完成全省野生动物资源的调查和全省野生植物资源的外业调查，为及时掌握全省森林资源家底，科学决策提供了可靠的依据；加强了林业执法人员的培训，组织了林业执法资格考试，合格者凭证上岗；理顺了林业公安的管理权限，使处级以上单位的林业公安具有了行政拘留和刑事拘留权，林业公安的战斗力得到进一步增强；进一步加强了木材检查站和林业工作站建设，又有一批木材检查站完成标准化建设，通什市跨入建设林业工作站合格（县）市的行列。

林业“三防”　积极贯彻“预防为主，防治结合”的方针和不断完善森林防火行政领导责任制。全年森林火灾受害率仅为0.17/1000，低于0.5/1000部颁标准，连续6年低于全国平均水平；野生动物保护工作不断迈入法制化、规范化轨道，加强了对野生动物经营加工单位的许可证发放的审批和经营行为的检查，全年共检查野生动物经营单位954家，处罚或取缔经营单位285家，没收野生动物4832条（只）；森林病虫害防治检疫工作一手抓防治，一手抓检疫，并及时发现了一种危害性较大的病虫害——蔗扁蛾，且及时采取了有力措施予以防治，有效防止了其蔓延的势头。同时，共检疫各类花木50多万立方米（吨），全年森林病虫害防治率75.3％，高于部颁标准，森林病虫害发生率仅为2.26％，低于部颁3％的规定指标。

林业改革和发展　1998年，全省林业分类经营改革工作全面铺开，二类林（生态公益林、商品林）的划分工作已基本完成，并已草拟了《海南省生态公益林管理和效益补偿办法》，送交省法制局，列入了1999年的全省立法计划。为贯彻落实朱镕基总理视察海南时提出把海南建成“椰林茂密、遍地葱绿、鲜花盛开、环境优美、交通发达、电讯通畅、文明法治”的宝岛的指示精神，海南省委、省政府作出了率先在全国把海南建成生态省的决定，力争在5年内将全省的森林覆盖率从现在的51％提高到55％；使高速公路、国省县乡公路、河流、渠道、海岸绿化率达到95%以上；农田林网控制率达到80%以上；村庄绿化率达到50%以上；城市绿化水平有较大提高，绿地率和绿化覆盖率分别达到30%和36%，人均公共绿地达到6平方米以上。

国际合作与交流 海南省林业总公司与新加坡亚洲浆纸业有限公司正式签订了联合营造23.33万公顷浆纸林的合作合同。国际热带木材组织（ITTO）无偿援助的海南热带天然林保护与永续利用项目已完成前两期的各项工作，获得国际热带木材组织前来检查项目实施情况的官员的一致好评。并获准进行项目的第三期计划。同时还开始了ITTO无偿援助的森林资源地理信息系统遥感监测项目。中德合作的海南热带天然林保护与恢复(GTZ)技术援助项目进展顺利，培训了一大批技术骨干，为进一步争取德国政府的财政援助创造了条件。 （吴银华）

【重点林业工程】 1998年，海南林业的发展形势十分喜人，海南国有林区被国家列为全国国有林区天然林保护工程的重点实施地区；省委书记杜青林亲自倡导百万亩椰林工程；省长汪啸风直接抓350万亩（23.33万公顷）浆纸林基地建设。

天然林保护工程 海南省国有森工采伐企业共有11个，经营管理面积43万公顷，其中天然林14.02万公顷。为保护这些珍贵的天然林资源，自1994年1月1日起，海南省在全国率先全面停止天然林采伐。经过多年的森工转向，相继建成一些转产项目，但由于资金投入不足，尚不能从根本上解决这些森工采伐企业转产的困难。1998年，海南省国有林区被列入全国天然林保护工程重点实施地区。国家投资6759万元，实际到位4059万元，项目单位共11个，覆盖面积14.02万公顷。项目资金严格按照财政部、国家林业局的要求进行管理，实行独立法人、独立账户、封闭运行。账目与原项目单位财政划开，由专人来做。从执行情况看，各项目单位对项目进度和工程质量都比较重视，项目执行情况良好。

350万亩浆纸林基地建设工程 1998年10月26日，海南省与新加坡亚洲浆纸业有限公司正式签订了联合营造350万亩浆纸林合作合同。12月18日，海南省年产60万吨木浆厂开工典礼在洋浦开发区举行，正式拉开了大规模建设浆纸林基地的序幕。浆纸林基地建设是年产60万吨木浆厂提供原料的基础工程。中方负责提供造林土地，外方则按每公顷750美元的标准投资造林。每年造林4万公顷，在6年之内全部完成。基地建成后，海南省人工林面积将大幅度增长，经营管理水平也将大大提高。

百万亩椰林工程 百万亩椰林工程是省委书记杜青林同志亲自倡导的一项集经济、生态、景观效益于一体的跨世纪林业工程。自杜书记1998年10月22日在《海南日报》发表题为"大种椰子，富民强省"的署名文章以来，海南省林业系统积极响应，突出抓了"四个早"：一是早规划。多次邀请国家计委、国务院政策研究室、国家林业局的领导和专家帮助编制《海南省百万亩椰林工程建设规划》，并于年底获国家林业局批准通过。百万亩椰林工程主要包括2万公顷的沿海防护林椰林工程、1.67万公顷的绿色通道工程、1.67万公顷的乡村椰林工程、1.33万公顷的高效椰林工程以及两个66.67公顷的椰子种苗基地；二是早部署。杜书记的文章发表后，省林业局迅速发出了《海南省林业局关于全面实施百万亩椰林工程的通知》，要求各级林业部门把实施百万亩椰林工程作为一项中心工作来抓。并于10月下旬在文昌市东郊镇召开实施百万亩椰林工程现场会，研究和部署了全省林业系统实施百万亩椰林工程的具体措施，极大地推动了这项工作的开展。文昌、琼海、三亚、乐东、陵水、东方等市县迅速提出了实施椰林工程的方案和规划；三是早抓种苗。大种椰子，种苗先行。为确保椰林工程的全面实施，海南省林业局投入资金500多万元，分别在文昌市、陵水县各建一个66.67公顷的椰子种苗基地。截至1998年底，共培育椰苗150万株，加上各市县林业系统的育苗，全省共育苗250万株以上；四是早抓示范。省林业局会同省交通厅、省国土海洋环境资源厅根据省领导的指示，由省交通厅出资金，省林业局组织种苗和负责技术指导，在万宁市高速公路两旁率先进行"绿色通道椰林工程"的试点，以此作为示范，全面推广。至1998年底，万宁市高速公路两旁均已按要求种上了椰子，且成效良好，为全面启动百万亩椰子工程奠定了基础。

（吴银华）

重庆市林业

【概　述】 1998年，重庆市各级林业部门因地制宜、分类指导、突出重点、总体推进、强化管理、全面提高，卓有成效地开展工作，推动了全市林业持续健康发展。

营林生产 全市完成营造林任务19.57万公顷，为年计划的149.0%(其中：植苗造林11.7万公顷，直播造林0.87万公顷；封山育林7万公顷)；"四旁"植树1.2亿株，为年计划的120%；大田育苗1500公顷，营养袋育苗2010.4万袋，为年计划的100%。在植树造林中，以工程造林为重点，以调整结构为突破口，把工程造林与林场职工和林农脱贫致富、发展地方经济紧密结合起来，在坚持各林种协调发展的前提下，积极发展经济林。1998年新发展名特优新木本粮食、木本油料、木本药材、木本香料等经济林4.42万公顷，提高了经济林在营造林中的比重。

年森林限额采伐　全年森林限额采伐实际执行指标205万立方米，比国家林业局和市政府下达的采伐限额指标280万立方米少采75万立方米，低于控制指标的27%；全市共查处毁林案件7727起（查处率达95.6%），处罚违法人员7467人，挽回经济损失141.7万元，补栽树29.65万株，刹住了乱采滥伐、盗伐林木的歪风。

森林防火　全市森林火灾受害面积500公顷，森林火灾损失率为万分之二点八九，低于市政府下达的森林火灾损失率控制在有林地面积万分之三以下的目标。在森林防火工作中，始终坚持"预防为主、积极消灭"的方针，完善落实了各级政府行政管理责任制，切实做好以野外火源管理为中心的群防工作，加大了森林火灾案件查处的力度，全市发生山火案件150起，已查处127起，处理肇事者130人，其中刑事处罚7人。

森林病虫害防治　全市共防治森林病虫害面积11.24万公顷，占发生面积的68.9%，高于国家林业局提出的防治指标；森林病虫害成灾面积为发生面积的0.78%，低于国家林业局和市政府下达控制指标的98.44%。在森林病虫害防治工作中，坚持把森林病虫害防治率和成灾率指标纳入各级政府年度工作目标考核内容，层层签订责任书，认真考核，严格奖惩；加强预测预报，全市设立一般测报站、点433个，派出森防人员2567人（次），在6339条主要林区线路中设有12 826个样地，开展了大规模的越冬虫情及春防调查。为及时防治提供了可靠依据；多方筹集病虫防治经费458.17万元，林业自筹120多万元，基本保证了森林病虫害防治工作的开展。

科技兴林　组织开展"林木优良无性系采穗圃建设"、"松扁叶蜂综合防治技术研究"、"高度酸雨对森林生态的影响"等国家和市级科研项目11项（其中3项获国家林业局科技进步奖），推广林果优良品种10余个。首批建立了荣昌、酉阳、綦江、彭水4个科技示范县，推广先进适用技术9项，推广应用率达47.3%，提高了林业生产的质量和效益。

国有林场解困脱贫　坚持"以林为本、合理开发、综合经营、全面发展"的办场方针，采取重点扶持，帮助国有贫困林场，调整经营结构，开发经济效益好的项目。扶持贫困林场脱贫项目12个，扶持资金180万元，通过对场施策，分类指导，具体帮扶等措施，已有6个国有贫困林场实现脱贫，职工年均收入达4200元以上。

林业投入　通过各种渠道，争取国家和地方各类资金3亿多元用于林业建设，基本上保证了林业生产的顺利进行。（周尚前　陈思明）

【实施天然林资源保护工程】　根据国家林业重点地区天然林资源保护工程实施方案的要求，结合重庆市天然林的生态地位、作用和资源分布现状及特点，重庆市在实施天然林资源保护工程中，将境内的大江大河干流、一级支流和生态环境脆弱的二级支流的第一层山脊以内的一定范围和大型水库、湖泊周围，高山陡坡、山脉顶脊部位以及有天然林分布的其他地区计120万公顷现有森林（含116.1万公顷天然林）面积划定为禁伐区，严格禁止采伐所有的天然林和人工林，实行重点投入，重点保护。

通过天然林资源保护工程的实施，到2010年，除保护好现有120万公顷森林资源外，并要完成封山育林88.19万公顷，人工营造公益林31.96万公顷。分两个阶段实现这一工程目标：第一阶段（1998～2000），从1998年9月1日起，停止天然林采伐活动，将以木材生产为主转为以森林管护、生态公益林建设为主，关闭林区木材市场26个。到2000年，调减采伐林木蓄积量131万立方米；林场1.2万名富余人员基本得到安置；完成转产项目投资7.4亿元；天然林资源得到有效管护；完成人工造林7.96万公顷；封山育林31.31万公顷。全市有林地面积增加33万公顷，达到206万公顷。第二阶段（2001～2010），天然林资源得到恢复，生态环境得到改善，林业生态体系初具雏形，林区经济发展完全摆脱寄希望于采伐天然林的依赖。并完成人工造林24万公顷，封山育林56.88万公顷，全市有林地面积比2000年增加94万公顷，达到300万公顷，森林覆盖率提高到36%。

为了实施好天然林资源保护工程，市和各区县（市）政府成立了领导机构，形成了强有力的组织保障体系；建立健全了规章制度，明确了各级政府领导及广大群众保护天然林资源的义务和权利；实行了各级领导管理目标责任制，作为每年各级领导干部政绩考核的一项重要内容；同时注意做好技术培训，增加天然林资源保护的科技含量和资金投入，确保实现天然林资源保护工程的预期目标。（周尚前　陈思明）

【长江干流生态林工程】　长江干流自西向东横贯重庆全境，流程665千米。重庆市针对长江干流两岸缺林少绿这一现状，1997年底至1998年初对西起朝天门，东至巫山口长江两岸的造林绿化进行了专题研究，及时制定了《长江干流生态林工程建设的总体规划》，规划用3年的时间（1998～2000年）完成长江两岸3.4万公顷的营造林任务，再用2年时间完成补植造林和幼抚任务。这一工程经市政府批准于1998年初启动。为保证如期完成工程任务，市和干流各区县（市）分别成立了以分管领导为组长，计委、财政、林业、国土、水电、环保、移民等部门主要领导为成员的工程建设领导小组，以加强对工程建设的领导。重庆市政府、市林业局还分别与各相关区县（市）政府、林业局签订了限期完成任务的目标责任书，层层落实责任制。干流各区县（市）利用农田基本建设的有利时机和林事季节大搞植树造林，一年来经沿江13个区县（市）的真抓实干，共完成长江干流生态林工程造林1.25万公顷，占3年规划任务的36.7%。（周尚前　陈思明）

【绿色通道工程建设】 重庆市把绿色通道作为生态环境建设的重要组成部分和形象工程、窗口工程来抓。林业部门、铁路部门、交通部门密切配合，狠抓铁路、公路绿化。铁路部门本着"宜树则树、宜草则草"的原则，大力营造护路林。在成渝、襄渝、渝黔铁路重庆段，栽植乔木12.8万株，灌木15.9万株，护坡树木347万窝，使铁路绿化面貌得到了进一步改善。交通部门以交通枢纽、主干道为突破口，按照"力保绿化成果、提高绿化档次"的基本思路，围绕公路改建升级，开展新造和查漏补缺，搞好绿化、美化工作。在210、212、318、319、326等国道重庆段主干道完成公路新植666千米，公路补植2713千米，种植树木花草40.37万株。武隆县政府提出了"三高"（高标准、高质量、高效益）、"三统一"（时间、行动、栽植大苗）建设"绿色长廊"的目标，成立了由县长任组长的319国道绿色领导小组，公路沿线的9个乡（镇）也分别成立了319国道绿化指挥部，并明确了相关部门的职责。由于措施得力，绿化效果显著。圆满完成了县境内83.4千米国道两旁的绿化栽植任务。酉阳县在"319"国道两边岩石裸露无法绿化的地段，利用砖头、水泥垒砌花坛1000多个，栽植灌木、花草，实现了县境内319国道的全面绿化。（周尚前　陈思明）

【重庆市中德合作造林项目】 中德合作造林项目是重庆市引进外资发展林业事业的第二个大型生态林工程项目。该项目系由德国政府无偿援助重庆市1200万德国马克，用于建设生态防护林。项目总规模3万公顷，其中新造混交林1.7万公顷，经济林3000公顷，封山育林1万公顷，分别在重庆市的涪陵区、丰都县、石柱县、忠县4个区县实施。这一合作造林项目，经重庆市林业局及项目各区县林业部门的艰苦努力，顺利通过了国际咨询专家和德国复兴银行可行性考察和认定。于1998年12月17日，由中华人民共和国财政部和德国复兴银行分别代表两国政府在德国签署了财政协议。重庆市林业局也与中国进出口银行签署了转赠协议。1999年将全面启动实施中德合作造林项目。（周尚前　陈思明）

【开展"六杯"竞赛活动】 为了加大林业工作力度，确保"绿山富民活行业"阶段目标的实现，1998年重庆市绿化委员会和林业局采取加压驱动、激励调动、典型带动的工作方法，在全市区县人民政府开展"绿化杯"、在贫困国有林场间开展"脱贫杯"、在乡镇林业工作站间开展"基石杯"、在林业产业开发上开展"产业杯"、在科技兴林上开展"科技杯"、在林业系统内开展"文明杯"的"六杯"竞赛活动。按照竞赛规则，通过参赛单位自查总结和重庆市绿化委员会、重庆市林业局检查考核，综合评定，评出了"六杯"竞赛结果。荣获"绿化杯"的5个区县（市）人民政府，荣获"科技杯"、"产业杯"、"文明杯"的各5个区县（市）林业局，荣获"基石杯"的5个乡镇林业工作站，荣获"脱贫杯"的3个国有林场。市绿化委员会、市林业局分别对上述各"杯"荣获单位予以通报表彰、授予奖杯1座，并给予了一定数额的奖金。通过"六杯"竞赛活动的开展，有效地推动了各项工作的顺利开展，保证了全年目标任务的圆满完成。（周尚前　陈思明）

【重庆市1998年林业大事】

1.1月9日，重庆市政府对市森林防火指挥部成员进行了调整。调整后，市政府副市长陈光国担任指挥长，市长助理周建中、市政府副秘书长傅钟鼎、市林业局局长周克勤、重庆警备区副司令员陈知建、市公安局副局长周志仁担任副指挥长，市武警总队、消防总队、计委、教委、检察院、高级法院、财政局、气象局、林业局、园林局、广播电视局、电信局、交通局、环保局、卫生局、民政局16个部门的主要领导或分管领导为指挥部成员。

2.2月18～21日，在开县、巫溪县召开了1998年第一次全市林业局长会议。会议传达了全国林业厅局长会议精神，总结了直辖以来重庆林业建设所取得的成绩和经验，安排部署了1998年全市林业工作。会上，重庆市林业局长分别与16个区县（自治县）林业局长签订了长江干流生态林工程建设目标管理责任书。会议期间，参观了开县、巫溪县的植树造林现场。市林业局局长周克勤主持了会议并作了重要讲话。

3.2月21日，市一届人大常委会第六次会议审议通过了《重庆市林业行政处罚条例》，自1998年3月1日起施行。

4.3月4日，重庆市编委批文撤销"重庆市森林病虫防治检疫站"和"重庆市森林病虫防治试验站"，新组建"重庆市森林病虫防治检疫站"。定编77名，市财政全额拨款。隶属重庆市林业局。

5.3月28日，市一届人大常委会第八次会议审议通过了《重庆市绿化条例》、《重庆市实施全民义务植树条例》和《重庆市实施〈中华人民共和国野生动物保护法〉办法》，自1998年7月1日起施行。

6.4月8日，重庆市林业局为九龙坡区的"白市驿白鹭保护区"进行了命名立碑，同时，在渝北区开展了野生动物保护知识竞赛活动。

7.4月20日，重庆市绿化委员会成立。由市政府副市长陈光国担任主任，重庆警备区副司令员陈知建、市林业局局长周克勤、市政府副秘书长雷尊宇、市政府副秘书长傅钟鼎任副主任。市委宣传部、农办、计委、经委、建委、教委、园林局、科委、财政局、规划局、环保局、土地房屋管理局、交通局、农业局、水电局、林业局、重铁分局、总工会、妇联、团委等部门的领导为绿化委员会成员。市绿化委员会办公室设在市林业局，周克勤兼任办公室主任，刘楚雄（市园林局局长）兼任办公室副主任。

8.5月18日，在江北区召开重庆市林学会第一次会员代表大会。123名会员代表参加大会。大会产生72名理事组成第一届理事会。大会选举周克勤为理事长，马良清、郑文鼎为副理事长，杜士才为秘书长。

9.5月29日，市一届人大常委会第九次会议审议通过了《重庆市林地保护管理条例》和《重庆市长江中上游防护林体系管理条例》，自1998年7月1日起施行。

10.6月5日，在重庆市缙云山自然保护区召开重庆市绿化委员会第一次全体（扩大）会议。会议传达了全国绿化委员会第十七次全体会议精神，总结了重庆直辖以来造林绿化工作，研究部署了全市造林绿化工作重点和任务。会议审议通过了《重庆市绿化委员会成员单位绿化分工负责制》、《“重庆绿化奖章”评选办法》和《重庆市绿化标准》，并决定了在全市各区县（自治县、市）政府之间开展“绿化杯”竞赛活动。市政府副秘书长傅钟鼎主持会议，副市长、市绿化委员会主任陈光国到会并作了重要讲话。

11.8月14日，重庆市林业局公布实施了《重庆市保护的有益的或有重要经济、科学研究价值的陆生野生动物保护名录》（渝林护［1998］45号文），该名录公布保护的野生动物343种。

12.8月15～17日，重庆市林业局举办了直辖市首次全市林业行政执法培训班，各区县（自治县、市）林业局和市林业局直属事业单位的分管局长、处（站）长、林政科（股）长、政策法规科（股）长、林业公安科（所）长约160人参加了培训学习，提高了全市执法骨干人员的法制意识和执法水平。

13.8月26日，重庆市人民政府制发了《认真贯彻国务院关于保护森林资源制止毁林开垦和乱占林地的通知的通知》。通知要求要把保护和发展森林资源作为改善生态环境的重要任务来抓；坚决制止一切毁林开垦和乱占林地的行为；严格实施林地用途管制；严格征占用林地审批管理；认真执行征占用林地补偿制度和加强对林地保护工作的组织领导。

14.8月29日，国务院生态环境建设调研组组长、国家林业局局长王志宝一行，抵渝开展生态环境建设调查研究和工作视察。王志宝局长对重庆市十一届三中全会以来生态环境建设所取得的成就予以了充分肯定；对重庆市下一步的生态环境建设，特别对退耕还林、封山育林和三峡库区生态环境建设等问题，进行了认真的研讨，并作出明确的指示。

15.9月6日，重庆市政府召开贯彻《国务院关于保护森林资源制止毁林开垦和乱占林地的通知》座谈会。市长蒲海清到会并作了重要讲话。市级有关部门负责人和在渝新闻单位记者参加了会议。

16.9月12日，重庆市政府发出了《关于保护天然林资源的通告》。该通告决定，从1998年9月1日起对全市所有天然林实行全面保护，停止一切采伐活动；将全市天然林保护重点地区的江津、万盛、南川、武隆、彭水、石柱、城口、巫山、巫溪、万州、奉节、云阳、黔江、酉阳14个区县（自治县、市），确定为天然林禁伐区；关闭了天然林区的26个木材市场。

17.10月7日，市政府公布实施《重庆市重点保护陆生野生动物名录》（渝府［1998］166号），该名录公布保护的野生动物有53种。

18.10月13～15日，重庆市林业局在石柱县召开了1998年第二次全市林业局长会议。会议贯彻落实党中央、国务院有关封山植树、退耕还林、改善生态环境、根治长江水患的一系列重大决策精神；安排部署重庆市委、市政府年内提出的天然林保护、生态林建设、封山育林、退耕还林等四大重点林业生态工程建设工作。会议期间，参观了石柱县的生态林工程建设和退耕还林等现场，陈光国副市长到会并发表了题为《封山植树，退耕还林，努力改善重庆生态环境》的重要讲话，市林业局局长周克勤作了《认真实施林业四大工程，为彻底改善我市生态环境而奋斗》的报告。市政府副秘书长傅钟鼎主持了会议。

19.10月19日，重庆市林业局与西南农业大学签订联合办学协议，共同组成西南农业大学资源环境学院林学系系务委员会，对林学系实行管理。按照协议，林学系面向重庆市招收林学函授或自考本、专科和农业资源利用研究生班，以及为重庆市林业系统开展各种短期培训及专项技术培训。

20.10月21～28日，重庆市林业局在重庆警备区教导大队首次对全市林业公安民警进行了集中整训。参训单位51个，共200余人。28日，重庆市委常委、市农工委书记税正宽，市政府副市长陈光国和市人大、市政协、市级有关部门的领导出席了林业公安民警集训检阅仪式，市委常委税正宽代表市委、市政府作了重要讲话。

21.12月17日，重庆市林业局颁发了《重庆市陆生野生动物驯养繁殖许可证管理办法》（渝林护［1998］03号文）。

（王太奇）

四川省林业

【概 述】

发展与成就

营林生产 全省完成造林面积36.79万公顷，其中长防林重点工程造林10.1万公顷，飞播造林6.48万公顷，人工迹地更新1.75万公顷，都超额完成目标任务。参加义务植树4386.55万人次，零星植树1.72亿株，成片造林1.47万公顷。

林产工业 木材生产完成311.41万立方米，控制在限额采伐范围内。主要林产品：锯材38.32万立方米，人造板23.03万立方米，其中：胶合板2.16万立方米，纤维板12.17万立方米，刨花板8.51万立方米；林化产品2332吨。

林业重点工程建设 全省长防林工程、治沙工程、平原绿化工程等林业生态工程建设、全国林业生态工程、世行贷款速生丰产林工程、天然林资源保护工程实际完成投资57 967万元，其中：国家投资46 336万元。群众投工投劳折资13 750万元，完成造林面积26.13万公顷，封山育林面积197.19万公顷，森林抚育面积46.6万公顷。

林业产值 全省林业系统产业总产值111.06亿元，其中：第一产业76.9亿元，第二产业28.3亿元，第三产业5.86亿元。主要林副产品产量：生漆549吨、油桐籽4.05万吨、油茶籽6479吨、乌桕籽2873吨、核桃2.87万吨、板栗5517吨、棕片1.87万吨、松脂2127吨。

多种经营和技术改造 落实多种经营贷款7800万元，其中：农业银行贷款5000万元，工商银行贷款2800万元。完成更新改造投资5784万元，其中国家开发银行贷款3130万元，外资185万元。

森林保护 全省共发生森林山火371次，其中森林火警317次，一般森林火灾54次，受害森林面积757.2公顷，森林火灾损失率0.065/1000。发生森林病虫害面积52万公顷，已防治43.3万公顷，防治率为83.3%。

改革与林政实施

天然林资源保护工程 经国务院批准，四川西部天然林资源保护工程于1998年9月1日启动实施；从1998年10月1日起，在全省范围内所有天然林资源一律停止采伐。各地按照省委、省政府《关于实施天然林资源保护工程的决定》和“停、造、转、保”的工作思路，全省已对564万公顷天然林实行封山管护。“停”：从1998年9月1日起，四川西部的阿坝、甘孜、凉山州，攀枝花、乐山市，雅安地区，全部停止天然林经营性采伐，对现有463万公顷天然林实行常年管护。“造”：从1998年起，每年造林14万公顷，封山育林69万公顷，森林抚育28万公顷次，到2010年，西部实现全面绿化。“转”：森工企业由砍树人改为种树人，对森工企业现有职工45 636人，安排24 789人转向森林管护，18 847人转向生态公益林建设；还有一部分职工利用林区资源转产发展种植业、养殖业和森林旅游等多种经营。“保”：将64 649名森工离退休人员全部纳入省级社会养老保险统筹，保障离退休人员、下岗职工基本生活费的发放。同时对加强天然林保护及停止采伐后结存木材运销、木材加工、木材市场、林区烧柴和自用材等都作了明确规定，整个天然林资源保护工程实施取得阶段性成果。

国土绿化 坚持工程造林与封山植树相结合，营造生态林与商品林相结合，加快国土绿化。国家安排剑阁县、苍溪县、旺苍县、朝天区、茂县、汶川县、大邑县、遂宁市中区、涪城区、盐亭县、黑水县、九寨沟县、阆中市、中江县14个县（市、区）生态环境治理工程启动；在干热干旱河谷地带的61个县开展造林绿化攻坚，完成示范林5000公顷。公路绿化1500千米，应绿化总长度的绿化率达67%；城市绿化率达到15.87%；建成区绿化覆盖率达到18.24%；全省水库管理区、引水堰、渠道等应绿化面积的绿化率已达95.6%。1998年，成渝高速公路四川段绿色经济走廊建设启动，阿坝州、绵阳市九寨沟千里绿色通道工程开工建设，盆中地区20多万公顷石骨子馒头山基本绿化。继遂宁市后，又有成都市、德阳市实现全面绿化。到1998年底，盆中地区92个县有69个县实现全面绿化，盆周山区36个县有23个县实现基本绿化，西部地区53个县有12个县实现林草覆盖。

宣传贯彻《森林法》 九届全国人大二次会议审议通过修改《森林法》的决定公布后，省、市（地、州）、县（市、区）分层次举办领导干部培训班1000多人次，培训基层执法人员5000多人次；印发《森林法》读本、挂图、宣传辅导材料1.5万多册（套），颁发《林业行政执法证》1.3万个。全省上下通过多种媒体和形式进行宣传，提高了全省城乡各族人民对保护森林、发展林业的认识。

科技兴林 全省林业继续实施科技兴林“双百工程”，加大科技推广力度，科技推广率达35%，重大成果覆盖面达30%以上。速生丰产林营造技术推广100万公顷；干旱干热河谷及川中丘陵区造林技术推广120万公顷。70年代引种的湿地松、火炬松、日本落叶松，80年代引种的杨树、墨西哥柏，90年代引种的巨桉、良种竹等速生树种生长迅速，主伐期缩短近一半时

间。在科技兴林中突出抓了工业原料林、木本药材、木本粮油、优质干鲜果、松香、花卉等产业发展，全省30公顷以上林果业基地4200多个。

林业改革　按照“抓大放小、减人增效、盘活存量资产”的要求，对国有企业内部核算制度、用工制度、工资奖金分配制度、产权制度等进行了改革。国有林场积极推行“管好一片林、开发一片地、养活一家人”的政策，试办家庭林场，发展自营经济。深化改革林地使用权，盘活森林资源资产，鼓励社会各界开发宜林“四荒”等，通江、西昌、德昌、广元市中区等地，实行有偿转让、承包租赁、合作联营，加快宜林“四荒”的开发利用。

森林资源保护管理　坚持以限额采伐管理为核心，林地管理和行政执法为重点，对1997年采伐限额执行情况，共检查753个乡（场），核对林木采伐证39 090份，伐区2962块，基本符合限额要求。按照《森林法》和国务院《关于保护森林资源制止毁林开垦乱占林地的通知》，查处了一批乱征乱占林地大案要案；建立了林政稽查队伍，加强了木材运输管理规范化、制度化建设；加强了森林防火、森林病虫害防治和野生动植物保护，人工繁育大熊猫取得了重大进展。森林和野生动物类型的自然保护区从17个增加到42个，自然保护区已占全省国土面积的5.7%，已有卧龙、九寨沟等10个保护区列为国家级保护区，占全国的1/7。1998年全省共发生行政案件17 617件，查处17 276件，查处率98.06%，收缴非法木材1.56万立方米。在林政、林业公安的配合下，依法打击了一批破坏森林资源的违法犯罪分子。森林公安受理破坏森林资源和野生动植物案件9899件，侦破9838件，收缴木材1.88万立方米，野生动物16.88万只（头），打击处理违法犯罪人员8865人，挽回经济损失1480.3万元。

社会稳定工作　省、州森工主管部门先后派出10个工作组到林区及森工离退休人员集中居住地，协助地方党委、政府做好工作。同时积极争取政策，多方筹集资金，解决职工实际困难，安定了职工情绪，维护了社会稳定。

存在问题　生态环境恶化的趋势尚未完全控制，国土治理任务十分艰巨；相当一部分国有企业和事业单位机制不活，生产经营困难，效益差，林业投入严重不足，制约了林业生产的发展；林业结构调整还很不适应社会发展的需要。　　　　　　　　　　（魏寿才）

【成都市实现全面绿化】　成都市位于川西平原，是驰名中外的“天府之国”。全市1.2万平方千米，人口近1000万，辖19个县（区）。该市按照省委、省政府“绿化全川”的战略部署，开展全民义务植树和城乡造林绿化，全市林木覆盖率达到36.72%，人均公共绿地3.13平方米，道路、水系绿化率均在95%以上，提前3年实现全面绿化阶段的目标任务。

成都市平丘地区占较大比例，国土绿化取得突破性进展。一是领导重视，带头示范。市委、市政府和各级党政领导把绿化建设与加强农业基础地位、与保护和改善生态环境、与加快小康步伐、与推进经济社会发展和精神文明紧密结合起来，形成“领导认识到位，制度、机构健全，奖惩措施得力，各级齐抓共管”的局面。市委、市人大、市政府先后作出了《关于加快植树造林，提高造林绿化水平的决定》、《关于巩固造林绿化成果，提高造林绿化水平的决议》、《关于加快植树造林实现全面绿化的意见》，各地都制定了《造林绿化“八五”计划和十年发展规划》，报当地政府或人大审议通过，付诸实施。彭州市、龙泉驿区、双流县四大班子的主要领导集中时间，深入乡村、单位调查研究，现场办公解决绿化存在的问题；成华区、新津县等成立了全面绿化达标指挥部，统一协调；市级绿化职能部门和都江堰市、双流县、金牛区、青羊区等领导，加大力度，充实人、财、物力。同时，成都市四大班子分别在彭州市、龙泉驿区、金堂县、温江县建立绿化示范点，连年带头义务植树，全市建立义务植树基地42个，较好地发挥示范、辐射作用。二是层层落实责任，实行领导干部任期绿化目标责任制。各区（市）县、市级主要职能部门向市政府签订了《实现绿化达标责任书》，各区（市）县委、政府将全面绿化纳入一级目标管理，制定了考评与奖惩制度，把目标层层分解，落实到各乡（镇）、街道、部门和单位。双流县每年考核两次，金堂县等实行“一票否决”制度，对未能按期完成目标的单位、乡（镇）取消评选先进的资格，不发当年目标奖金。三是抓创先争优，加快绿化进程。1992年，成都市被省政府授予“基本绿化第一市”的荣誉后，为实现全面绿化，市委、市政府提出全市统一开展创建“园林式单位”和“绿化之乡（镇）”活动。几年来，全市创建三级园林式单位1603个（其中省级1个、市级290个），占全市有绿化条件单位总数54.4%，创建市级“绿化之乡（镇）”141个。在开展“双创”的同时，全市还开展了争创全国造林绿化千佳村、百佳乡、百佳县和十佳城市活动，现有4个县、3个乡（镇）、25个村荣获全国造林绿化百佳县、百佳乡、千家村荣誉称号。四是充分发挥绿委机构的职能，加强基础工作。成都市及各区（市）、县调整了绿委成员，充实了办事机构，加强了统筹、协调工作。市绿委按全面绿化目标的要求和技术方案及时部署，指导各区（市）、县自查、建档和申报，市林业、园林、交通、水电等部门积极配合，分头把关。全市19个区（市）、县全面绿化的申报资料和汇总数据整齐、规范、图文并茂，标示清楚，数据翔实，保证了考核验收工作的顺利进行，受到省政府目标考核组的好评。

（四川省林业厅）

【高山林区森林扑火新途径】　四川西部是原始林集中分布地区，一般都分布在海拔2500米以上。这些地区冬干春旱，平均年降雨量在400毫米左右，局部地区蒸发量大于降水量；原始林区多属于连片的成过熟林，林中可燃物厚度都在30厘米以上；同时这些地区人烟稀少，交通不便，信息不灵，森林防火手段十分薄弱，扑救森林火灾仍采取常规办法。甘孜州森林防火部门通过多年实践，借助于现代科学技术，探索扑救森林火灾的新路子。一是人工爆炸高山湖泊增雨扑救森林火灾。甘孜州林区地处青藏高原及其山缘区域，由于地壳变迁的演绎，伴生了不少海拔在4000米以上的高山湖泊。根据当地群众的实践，组织人员爆炸湖泊，巨大声波传感外加力的作用，破坏大气层的平衡状态，相对运动，形成降水。这个州在扑救木里、理塘、雅江县等森林火灾中，采取爆炸高山湖泊增雨的办法，取得了一定成果。二是高炮人工增雨扑救森林火灾。借鉴气象部门夏秋高炮防雹的经验，使用高炮人工增雨的措施，达到增厚云层降低温度、适量降水的目的。使用高炮增雨扑灭林火是一种科学有效的手段，随着气象科技的发展，气象卫星、气象雷达不断地进步，天气预报准确率不断提高，为人工高炮增雨提供了重要的技术保障。在道孚县近几年的森林大火中，两次使用高炮人工增雨，取得了明显效益。三是运用手抬机动泵逐级提水扑救森林火灾。采用泰州林业机械厂生产的BJ331、7.4千瓦手抬机动泵、消防水袋和消防用水枪，按高度50米1个扬程决定机动泵台数，使用汽油桶或1立方米的水箱(若土壤结构紧密和防透性好的，可就地挖中转蓄水池，相互串联，协调一致，能在火势猛烈、扑火人员不能接近火源地带的情况下，迅速控制火头，也能借用水泵压力有效地扑灭树冠火和临空的空中飞火（火爆)。四是航空护林扑救森林火灾。川西高山原始林区大多为高山峡谷林区，人迹罕至，交通不便。近年来，西南航空护林总站在甘孜州开展航空护林，对有效地控制和扑灭森林火灾发挥了重要作用，如在火情侦察、火场指挥、火场监测、调集兵力、运送物资、救护伤员、火场调查等方面都发挥航护飞机快速、机动、灵活的特点，结合地面扑火力量，能较快地扑灭森林火灾。

（四川省林业厅）

【宜宾市实施千万元绿化工程】 改革开放20年来，宜宾市通过杉木林基地、联合国粮援工程、世行贷款项目、部省速生丰产林、长防林等建设，推进了国土绿化，1995年基本实现国土绿化目标，森林覆盖率达27%。由于造林绿化发展不平衡，1996年底市委、市政府作出《关于加强江河及公路沿线两旁绿化工作的决定》，由市财政安排1000万元，县级财政配套50%，实施第一期“千万元绿化工程”。经过2年，全市投劳1100万个，总投资2000多万元，成片造林2.29万公顷，公路绿化1050千米。全市森林面积已达34万公顷，林木蓄积量1418万立方米，森林覆盖率上升到29.82%，有3个县（区）实现了全面绿化。

宜宾市在实施千万元绿化工程中，着力抓了几点：一是明确范围，突出重点。绿化工程范围，主要是在人多地少的交通沿线及立地条件差、坡度大、土质贫瘠地段，重点在“三江九河”和翠屏区向各县辐射的交通要道。各县区根据该市下达的总任务及时作好规划设计，将任务层层分解落实到乡（镇)、村社、公路道班和山头地块，严格在规划范围内施工。二是明确责任，兑现奖惩。市委、市政府对公路、江河绿化工程实行条块结合的双向责任制，对各县（区）党政主要领导和林业、交通、水电部门的主要领导应承担的责任、绿化范围、时间、质量要求以及奖惩措施都作了明确的规定，各县（区）对乡（镇）也采取同样的办法，纳入年度工作目标考核。市、县（区）都成立领导小组，落实专门人员，负责组织协调、技术指导，资金落实等工作。三是广泛宣传，层层动员。全市上下利用多种媒介，对实现公路、江河绿化，发挥林业三大效益、改变全市形象、建设文明开放的新宜宾进行大力宣传，市委、市政府专门召开各县（区）主要领导、分管领导和市级有关部门负责人的动员大会，市委书记在大会上作动员讲话，层层召开动员大会，在《宜宾日报》开辟专栏，召开现场会等进行部署。四是领导带头，办点示范。全市各级领导兴办造林绿化点面积2987公顷，其中县级党政领导和有关部门办点面积1093公顷，各级领导办点起到示范作用。五是加强工程管理，严格检查验收。严格按照工程技术造林的标准，对施工中各个环节和各道工序进行严格检查，环环把关，做到上道工序不合格不进入下道工序。市绿委发文明确了各县（区）检查验收的内容、技术标准和方法。在县自查的基础上，市绿委办抽调30名业务骨干两次抽查和复查，确保了工程质量和成效。

（四川省林业厅）

【凉山州鼓励开发宜林“四荒”】 凉山州委、州政府制定一系列优惠政策，鼓励广大干部群众开发宜林“四荒”。在6年的时间里，全州共有2800名干部和农民承包荒山造林，种植石榴、葡萄、苹果、花椒、核桃、板栗、直干桉树等成片造林1.93万公顷，1994年开发种植的经济林，现开始产生效益。

凉山州有宜林荒山荒地2.67万公顷，土地资源丰富，自然气候得天独厚，适宜发展多种林木生产。州委、州政府先后出台了《凉山州“五荒”土地使用权有偿使用试行办法》、《加快推进农业产业化的政策》、《加快发展经济林的意见》等政策规定。凡利用“五荒”（包括荒水)从事种植、养殖的农业产业化项目从有收入起免征农业税。利用“五荒”从事农业产业化基地建设的项目，从有收入起免征农业特产税3～5年。稳定发展经济林政策，坚持“谁种植，谁所有，谁受益”的原则不变；业主可以自主选择取得土地使用权的方式发展经济林；租赁、承包、联营入股等方式取得土地使用权发展经济林的，使用年限最长可达50～70年；利用“四荒”新发展经济林产业化基地建设项目，从有收入之年起免征农业特产税3～5年；严禁任何单位以各种名义收取不合理费用。由于政策优惠，措施得当，凉山州广大干部群众抓住实施天然林资源保护工程的机遇，在全州掀起承包荒山植树造林的热潮。西昌市21个乡（镇）266户干部、职工和村民，贷款1369万元，营造直干桉8900公顷，造林成活率都在96%以上。会理县广大干部群众已开发荒山发展经济林2500公顷，1994年前开发的9户种植233.3公顷，现开始产生效益，1998年产值达500多万元。（四川省林业厅）

【绵阳市游仙区发展“三高”林业】 绵阳市游仙区以生态效益为基础，以经济效益为依托，实现山绿林茂、林茂粮丰。全区森林覆盖率33.12%，1998年实现全面绿化，林业总产值5000万元，是1993年的4倍多，农民收入中，林果、药材等大林业收入占20%，较1993年提高10个百分点。

1993年游仙区建立后，区委、区政府提出了“增财源、增活力、增效益在‘活’字上下功夫”的林业建设指导思想，确定在山上建基地，山外抓市场，科技创高效。区政府统一领导“大林业”，同各乡（镇）签订了目标责任书，把林业工作纳入政府的目标管理。全区以工程造林为契机，建立经济林基地8个、2000公顷，发展桃、梨、柚、枇杷，区林业局直接抓了5个基地，面积1300公顷，并在东林镇等建立良种繁育基地。改造低效林，开发非耕地，实行林粮间作，立体种植，全区发展庭院经济林木6700公顷。

科技兴林是游仙区加速绿山富民的有效手段。大抓国有苗圃建设，1993年游仙苗圃列为全国现代化苗圃之一，通过综合开发，培育各种优质林果花木45.4万株。全区培训林果技术人员5000多人。同时开展技术承包，改进林果品质，新植的名特优新苗木占2/3，工程造林良种壮苗90%以上。

为使生产、加工、贸易一条龙，游仙区采取了国有、集体、私营、个体多条腿走路的方式和参股、合资、内引外联等多种方法，推进林业产业化进程。现全区共有各类承包果园户和经营户近300家，从果品销售、木材原材料销售到木材加工、木制品制作，已成龙配套，形成规模。（四川省林业厅）

【珙县退耕还林】 珙县在多年坚持大规模植树造林的同时，针对该县喀斯特山地宜林的自然特点，长期有计划地坚持退耕还林，在这个人口不到40万的县，历时20年，已退耕造林1.1万公顷，生态环境明显改善，水土流失基本得到遏制，实现山青水秀、林茂粮丰。

珙县从实践中逐渐领悟到解决好经济社会发展与生态环境这一矛盾的重要性，1994年开始大力发展林业，大规模开展人工造林。原民胜乡干部群众率先开发荒山，3年建成第一个万亩林用材基地。为鼓励农民退耕还林的积极性，除退耕造林与荒山造林同样享受造林补助资金，还对退耕造林按每亩给予连续3年的粮食补助，同时免去退耕地农业税，减免粮食定购负担。王家镇麻元村林地面积413.8公顷，其中退耕还林128.3公顷，占该村林地面积的31%，造林前粮食总产量20万千克，1997年上升到36.5万千克，人均年林业分成收入310元。该县成片造林已恢复到4.67万公顷，其中退耕还林1.1万公顷，森林覆盖率上升到46.2%，水土流失由原来的61.03%下降到48.24%，严重的水土流失得到遏制。

为使退耕还林退得下、稳得住，珙县县委、政府又带领广大干部群众走上一条发展高效林业的新路。岩桂是该县特有的一种天然香料树，剪取其枝叶可提取黄樟油，国际国内市场十分走俏，生态效益、经济效益、水土保持均可兼得，并可长期利用，上罗镇麻柳村已依靠岩桂种植走上小康路。该县在省、市支持下，开始实施3年内发展岩桂3300公顷的计划，其中退耕还林种植岩桂1300公顷，使之成为珙县农村经济发展的一项支柱产业。（四川省林业厅）

【四川省1998年林业大事】

1.4月30日，四川省人民政府向国务院作了《关于实施四川森工转营林保护天然林方案的请示》。

2.6月30日，国家林业局经国务院批准，发出“关于《四川省人民政府关于实施四川森工转营林保护天然林方案的请示》的复函”，同意四川省人民政府提出的保护天然林规划和目标。

3.8月20日，四川省人民政府发出《关于停止天然林采伐的布告》。

4.8月21日，四川省人民政府作出《关于实施天然林资源保护工程的决定》。

5.8月23日，省委、省政府召开四川省实施天然林资源保护工程工作会议，工程区州、市、地党政一把手参加了会议。省委书记、省人大主任谢世杰，省委副书记、省长宋宝瑞，省委副书记、常务副省长张中伟作了重要讲话；省委常委沈国俊、刘绍先，省人大副主任孟俊修，省政府副省长欧泽高、敬正书，省政协副主席陈昌智等出席会议。

6.8月29日，四川省人民政府办公厅发出《关于全面停止天然林资源采伐的紧急通知》。

7.8月30日，四川省人民代表大会常务委员会作出《关于加强天然林资源保护的决议》。

8.8月31日，省委、省政府领导宋宝瑞、张中伟、刘绍先、欧泽高、敬正书带队分赴阿坝、甘孜、凉山州，攀枝花、乐山市督查天然林停采。

9.9月9日，四川省人民政府贯彻国务院［1998］8号明传电报，以川府发［1998］64号文发出《贯彻〈国务院保护森林资源制止毁林开垦和乱占林地的通知〉的通知》。

10.9月12日，朱镕基总理来川视察时，省委、省政府作了天然林资源工程汇报，朱镕基总理指出：“在

世杰、宝

第二次天然

杰、省委副书

来的基本经验，对下步实施讲了意见。

中共四川省纪委、监察厅发出《关于违反天然林资源保护工程政策规定党纪政纪处分暂行规定》。

（魏寿才）

业

【概 述】

发展与成就 1998年，全省提前两年实现了1990年省委、省政府提出的“十年基本绿化贵州”宏伟目标，林业和生态环境建设工作有较大发展。

造林绿化 1998年，全省共完成造林21.2万公顷，为年计划的106%，其中：人工造林17.4万公顷，飞播造林3.8万公顷。按林种分，用材林11.1万公顷，占52.3%；经济林5.9万公顷，占27.8%；防护林3.7万公顷，占17.5%，薪炭林0.2万公顷；特用林0.3万公顷。新增封山育林24.3万公顷，为年计划的121%。新育苗0.13万公顷，“四旁”（含零星）植树5465万株，完成幼林抚育22.9万公顷，低产林改造0.8万公顷，完成迹地更新0.79万公顷。

林业重点生态工程建设 长江中上游防护林、珠江防护林、世界银行贷款“森林资源发展与保护”项目、长江流域天然林保护、贵阳至遵义高等级公路绿化五项林业生态重点工程，共完成投资2395万元，其中国家预算内投资1661万元。五项工程共完成造林6.7万公顷，其中：长江防护林3.6万公顷，珠江防护林1.3万公顷，世行贷款造林0.5万公顷，天然林资源保护工程共整地、造林1.1万公顷，贵遵公路绿化造林0.2万公顷。五项工程新增封山育林7.8万公顷，新育苗0.1万公顷。

林产工业 生产木材64.32万立方米。其中：系统内国有企事业单位生产木材29.04万立方米，占45.2%；系统外企事业单位生产木材2.17万立方米，占3.4%；乡及乡以下各级经济组织及农民生产木材33.09万立方米，占51.4%。生产竹材144.17万根，比1997年增产17.84万根。生产锯材9.25万立方米，胶合板1.07万立方米，纤维板0.20万立方米，刨花板0.50万立方米，木地板块17.41万立方米，木片0.03立方米。全年生产松香2180吨，松节油190吨，木炭99吨。全年林业系统工业总产值26 270万元，销售产值24 621万元。

主要林副产品产量 全年共生产生漆1076吨，油桐籽88 680吨，油茶籽8996吨，松脂3344吨，核桃4506吨，五倍子1696吨，乌桕籽4392吨，棕片5006吨，竹笋干3258吨，板栗6664吨。核桃4506吨，香菇1270吨。

林业基本建设投资 1998年，全省林业建设应拨贷资金39 520万元，实际到位29 037万元，其中：国家预算内资金到位11 234万元，国内贷款7358万元，利用外资2087万元，专项资金1189万元，事业费2827万元，建设单位自筹资金2928万元，扶贫资金440万元，其他渠道资金920万元。在资金总额中，计划用于固定资产建设的投资21 108万元，实际完成固定资产投资15 519万元。其中：营林固定资产投资完成12 425万元，占80%；森林工业固定资产投资完成3094万元，占20%。新增固定资产3294万元，共实施项目189个，新开工项目145个，新投产项目35个。

森林“三防” 全省共发生森林案件2953起，查处2870起，查处率97%。其中：查处森林刑事案件158起，治安案件294起，林业行政案件2418起。处理各种违法犯罪人员3590人，共摧毁盗伐林木犯罪团伙9个，抓获团伙人员49人，收缴木材5500立方米，野生动物3487头（只），共1539千克，折款5.1万元。为国家挽回直接经济损失307.21万元。

全省发生森林火情783起，森林受害面积1738公顷，火灾受害率为0.47/1000，投入护林防火资金320万元。

森林病虫害发生面积1.2万公顷，防治面积1.1万公顷，发生率为0.36%，防治率为86.2%，监测覆盖率89.5%，种苗产地检疫率为88%，县级站管理规范率为63%。投入防治经费400万元。

林业产值 全省林业系统实现社会总产值232 656万元。其中：第一产业产值205 404万元，占88.3%；第二产业产值26 270万元，占11.3%；第三产业产值982万元，占0.4%。

林业科技 全省林业系统科研成果，获省科技进步奖6项，实施推广项目7项，举办实用技术培训班12期，培训技术骨干2234人，发放各类技术资料2.5万份。引进麻竹杆插育苗技术和核桃室外嫁接技术，完成国家林业局推广项目，“核桃良种丰产技术”示范林10公顷，“竹林低产林改造及笋竹两用林栽培技术”示范林12公顷，低产林改造26.67公顷。

山区综合开发和林业扶贫 继镇宁、紫云、独山3

个全国山区综合开发示范县后，1998年，又有榕江、赫章2个县被列为全国山区综合开发示范县。九万大山扶贫，国家林业局、省林业厅投入扶贫专项资金500万元，共实施7个经济林种植项目，在继独山、荔波基本解决温饱后，1998年，又有黄平、榕江、从江、三都4个县基本解决温饱，共25万人口越过温饱线。

改革与林政实施

造林绿化达标攻坚战　1998年是提前两年完成“十年基本绿化贵州”目标任务的最后一年。1997年12月，省林业厅下发了《关于扎实抓好今冬明春造林绿化工作的通知》，对1998年造林绿化任务进行安排落实，1998年初，省人民政府召开全省林业工作暨造林绿化表彰会议，对1998年造林绿化达标攻坚进行了全面动员和部署。各级政府把造林绿化工作同改善生态环境、发展农村经济和农民脱贫致富奔小康有机结合起来，把造林绿化当作农村工作的中心任务抓。各地（州、市）把造林绿化工作任务层层分解落实到县（市、区），落实到乡（镇）、村、组，并层层签订责任状。

加强林地保护　省人民政府9月下发了《关于保护森林资源制止毁林开垦和乱占林地的通知》，对保护森林资源制止毁林开垦和乱占林地提出具体要求，要求各地立即停止毁林开垦。对坡度在25°以上的陡坡耕地坚决退耕还林，坡度在25°以下的，必须提高水土保护标准，达到水土保护要求。从1998年8月5日起，冻结各项建设工程征占用林地一年。严格实施林地用途总量控制制度。

加强自然保护区管理　进一步加强自然保护区管理，组织有关专家编制了《贵州省森林和野生动植物类型自然保护区发展规划》。对瓮安朱家山自然保护区和石阡佛项山自然保护区进行综合考察。完成贵州省习水中亚热带常绿阔叶林保护区拟晋升国家级自然保护区的提报工作。

跨世纪保卫绿色行动　根据国发明电[1998]8号和《最高人民法院、最高人民检察院、国家林业局、公安部、监察部关于开展严厉打击破坏森林资源违法犯罪活动专项斗争的通知》要求，贵州省高级人民法院、省人民检察院、省林业厅、省公安厅、省监察厅，联合开展了“跨世纪保卫绿色行动”，严厉打击了破坏森林资源违法犯罪活动，1998年11～12月，全省林业公安机关在跨世纪保卫绿色行动严打专项斗争中共查处森林案件234起，抓获犯罪嫌疑人58人，摧毁长期盗伐林木犯罪团伙2个，抓获团伙犯罪18人，收缴木材572立方米，折款11.5万元，野生动物848头（只），折款0.8万元。现场抓获盗伐国有森林犯罪团伙1个，收缴运赃车辆2台，木材22立方米，破获毁林开垦特大案件4起，收回被侵占林地77.5公顷。

存在问题　造林绿化达标后，少数县出现了松懈和畏难情绪；林业专项贷款落实较差；重点生态工程和山区综合开发示范工作发展不平衡；林业管理体制不顺，乡镇林业工作站职能不能

经营困难，亏损依然严重。

【贵州省经济林建设】　贵州省自然条件优越

资源十分丰富，品种众多，仅经济价值较高、并具

定资源面积的经济林树种就有30余种。全省现有经济林资源73.33万公顷，加上水果面积，共80万公顷。在经济林面积中，片林占40%，散生树占60%。

随着改革开放的不断深入和党在农村各项经济政策的贯彻落实，各级党委、政府在山区综合开发中，始终坚持以市场为导向，以经济效益为中心，把发展经济林生产作为振兴农村经济的战略举措，抓发展、建基地、上规模、求效益，使经济林生产进入一个快速发展、全面振兴的大好时机。特别是1997年省委、省政府作出“大力发展绿色产业的决定”以后，各地把培育和发展名特优新经济林作为调整农村产业结构，建立新的支柱产业和实现农民脱贫致富的重要内容来抓，经济林生产又迈上了一个新台阶。

1998年，全省完成经济林造林面积58 980公顷，其中：共造干果（板栗、银杏、核桃等）林35 173公顷，鲜果林13 046.67公顷。主要经济林产品产量比1997年均有不同程度的增加。在经济林产品中，不少产品驰名中外，例如，镇宁县“六马牌桐油”，以质量上乘，享誉中外，成为出口免检商品；遵义杜仲，以皮张大，质量好，中外驰名；大方县生漆是全国四大名漆之一，销往日本及港澳地区。另外，贵州的银杏（白果）、椪柑、板栗、核桃等产品也深受客商青睐。

随着农村产业结构的调整，全省各地在山区综合开发中，以经济林为突破口，走出了一条富山、富民、富县、富行业的路子，望谟、遵义、正安、威宁、从江、锦屏、凯里、台江、盘县、罗甸、玉屏、绥阳等地，从实际出发，以市场为先导，根据本地区自然条件，因地制宜地发展经济林，取得明显的经济效益。望谟县是极贫县，产业调整后，该县根据本县宜林荒山多，适宜于发展油桐生产和群众有种植油桐经验的优势，大力发展油桐生产。1998年，全县油桐资源面积已达到7万公顷，与“八五”相比，增加50%，年产桐油籽9500吨，为全国油桐重点县产量之冠。油桐的发展不仅为该县农民群众增加了收入，而且还有力地带动了全县加工行业的发展，增加了地方财政收入，成为全县的重要经济支柱。

（王莲英）

【贵州省林业产业取得新进展】　由于受到市场疲软、企业改制、国家林业宏观政策重大调整、金融体制实行重大改革以及自然灾害等各种因素的影响，1998年全省林产工业和森工生产遇到前所未有的困难，国有森工企业生产经营困难，举步维艰，给全年林业工业生产计划的如期完成带来很大难度。但是，经过全省林业干部和职工的艰苦努力，1998年全省林产工业仍然取得

可喜成绩。

超额完成林业工业生产任务 各级林业部门采取切实措施，积极挖掘生产潜力，及时调整营销策略，加强生产和信息调度，逐步扭转了森工生产经营的被动局面。1998年，全省生产商品材64.32万立方米，为年计划的64.3%，与1997年同期相比增长10.7%，销售木材64.99万立方米，同比增长28.01%，产销率达到84%；生产人造板2.27万立方米，为年计划的113.5%，同比增长52.3%，产销率达到87%；全年共实现林业工业销售收入2.9亿元，同比增长5.2%，为年计划的105.2%。

推进林业产业化经营 为逐步建立比较发达的林业产业体系，切实推进全省林业产业化经营，为林业产业的发展提供相对宽松的政策环境，1998年5月20日，省人民政府发出《批转省林业厅关于推进林业产业化经营意见的通知》(黔府发［1998］22号)，对切实推进林业产业化经营以及相关政策提出明确要求。

重点工程建设 全省在建的5个林产工业重点工程项目中，1998年建成投产的有都匀市年产1.8万立方米刨花板生产线、黔东南州林业集团凯里木材厂年产1.5万立方米中密度纤维板生产线，其他3个项目将于1999年上半年建成投产。

强化林产品生产经营执法监管工作 为切实加强全省林产品技术质量监督，依法维护生产企业的正当权益和消费者的合法权益，经过认真筹备，省技术监督局审查认可和计量认证，贵州省森工产品质量监督检验站已于1998年12月30日正式授牌成立，结束了贵州省没有林产品质量监督检验法定机构的历史。

(黄永昌)

【天然林资源保护工程】 1998年，国家林业局下达贵州省天然林资源保护工程财政预算内投资9000万元，其中中央投资3000万元，地方转贷投资6000万元。建设规模10.65万公顷，其中：人工造林6.85万公顷，封山育林3.2万公顷，飞播造林0.6万公顷。工程实施范围包括全省9个地(州、市)的42个县。省委、省政府高度重视，省林业厅进行了认真研究和安排部署，及时召开全省天然林保护工程会议，深化认识，精心组织；成立了贵州省天然林资源保护工程领导小组及组织机构，各工程县也成立了组织机构。为确保天然林资源保护工程质量，省计委和省林业厅认真审查各实施县的工程施工作业设计，重点把好工程布局、林种结构、退耕还林、基础设施、投资预算、国有森工企业和林场承担的任务量等关键环节。加大对工程实施的检查督促力度，建立工程进度快报制度；建立各级示范点276个，总面积1.45万公顷，充分发挥了天然林资源保护工程的示范作用。

至1998年12月30日，中央和地方转贷投资计划9000万元已到位6000万元，其中：中央投资3000万元，地方转贷3000万元，划拨到项目单位4932万元。累计完成投资4395万元，其中中央和地方转贷投资2679万元，占落实到省资金6000万元的45%。完成造林整地3.7万公顷。植苗造林1.1万公顷，两项合计占造林计划的69%，封山育林完成2.47万公顷，占计划面积77%。

该工程存在的问题：一是由于实施天然林资源保护工程是以生态公益为主，担心地方转贷给林业部门带来压力；二是因初冬干旱，植苗进度跟不上。

(唐贵芳)

【贵遵公路造林绿化工程】 贵阳至遵义高等级公路，地跨贵阳市云岩、乌当、白云、修文、息烽5县(区)及遵义市、遵义县、红花岗区，全长159.5千米，是继贵阳至黄果树高等级公路之后的第二条高等级公路，是贵州的北大门。为了树立新形象，展现改革开放以来的新成就，省政府把贵遵高等级公路绿化工程作为省长工程来抓，成立了以原副省长袁荣贵为指挥长的指挥机构，制定了《贵州省贵阳至遵义高等级公路沿线造林绿化工程总体规划》。建设目标强调“高起点、高标准、高速度、有特色”，力争3年内全面完成绿化任务，10年内建成绿色长廊，实现生态效益、经济效益、社会效益为一体各具特色的高标准林带。

贵遵公路全线绿化工程以沿线两侧目击1千米范围内的荒山荒坡、坡耕地、厂矿、机关、学校乡镇、村寨的绿化美化作为一项大的系统工程来进行综合治理。规划营造林总面积6001公顷，总投资1117万元；分3年实施完成，1998年计划造林1835.5公顷，占工程总量的30.6%；1999年造林1932.3公顷，占工程总量的32.2%；2000年造林2233.2公顷，占工程总量的37.2%。年度任务按比例分配沿线各县(市、区)负责组织实施。工程于1998年1月14日正式启动。沿线各县(市、区)将贵遵公路绿化列入政府议事日程，成立了专门工程指挥机构，加强宣传，深化认识，层层签订责任状，把造林任务分解到村、组，落实到山头地块；强调做到有机构、有人员、有制度、有目标、有切实可行方法的目标责任制。1998年10月，省绿化委员会、省林业厅组织对贵遵公路绿化工程进行检查核实：1998年共完成营造林面积2280.4公顷(其中：人工造林1931公顷，封山育林349公顷)，面积核实率98.1%，但工程人工造林合格率仅40%，补植率8%，重造率高达52%。工程质量不尽人意，效果较差。究其原因：一是天旱造成苗木枯萎干死；二是苗木准备不足，一些地方使用有三级和等外苗；三是投入资金不足，部分市、县财政资金不到位；四是作业设计有误差，林种、树种选择不当；五是造林管护措施跟不上；六是一些地方重视不够。11月13日，省绿化委员会召开贵遵公路绿化工程阶段总结会。会议要求沿线各级政府和有关部门要进一步深化对贵遵公路绿化的认识，引起高度重视，将工程任务纳入各级领导干部任期目标责任制，落实目标责任。要强化工程管理，确保工程质

量；多渠道、多形式、多层次筹集工程建设资金，加强工程管护，力争3年内把贵遵公路建成绿化线、风景线、致富线。（唐贵芳）

【贵州省"九五"及2010年林业产业发展规划】 省林业厅与原林业部林产工业规划设计院等单位联合编制了《贵州省"九五"及2010年林业产业发展规划》（以下简称《规划》）。经请示省人民政府同意，省计委和省林业厅于1998年5月21日联合发文（黔计工业［1998］308号），将《规划》印发全省各地、州（市）、县（市、区）正式实施。

《规划》明确提出了林业产业发展的指导思想和原则、发展目标、总体规划及建设重点、主要措施以及拟上重点项目。"九五"及2010年林业产业发展的指导思想是：坚持可持续发展思想、市场经济思想、大林业思想，努力寻求一条人口、经济、社会、资源和环境相互协调的路子，实现林业生态、经济、社会三大效益的统一，立足市场，充分发挥自然资源优势，以山地资源为依托，以国内外市场为导向，以科技为先导，以经济效益为中心，以林产工业为龙头，通过产业结构的调整，逐步建设"布局合理、林工贸一体化、产供销一条龙、种养加相结合、有特色、有市场、见效快、产值高、效益好、可持续发展"的林业产业体系。"九五"期末林业产业发展的目标是：林业产业增长速度为15%，商品用材林达到80万公顷，经济林达到50万公顷，原木商品材年产量达到154万立方米，人造板年产量达到15万立方米，木浆（纸）年产量达到5万吨，松香年产量达到2万吨。2010年的发展目标是：林业产业增长速度为12%，商品用材林达到120万公顷，经济林达到60万公顷，原木商品材年产量达到300万立方米，人造板年产量达到30万立方米，木浆年产量达到60万吨，松香年产量达到8万吨，桐油年产量达到5万吨，林业为农民年均增加直接经济收入30亿元，林业产业总产值达到217亿元，林业工业总产值达到67亿元。"九五"及2010年林业产业建设的重点是：在林产工业中，建设重点是木材制浆工业、人造板工业、制材、木材干燥、木材防腐、松脂加工、活性炭以及桐油、生漆、五倍子、杜仲、银杏、天然香料、干鲜果品加工等经济林产品加工业；在营林业中，建设重点是工业原料林、坑木林、建筑材、竹材、油桐、漆树、五倍子、杜仲等基地；在森林旅游业中，重点是规划新建国家级森林公园和省级森林公园，改善基础设施，开发具有森林特色的旅游产品。（黄永昌）

【贵州省调整部分木材检查站设置】 1993年，经省人民政府批准，全省设立了188个木材检查站。几年来，各木材检查站依法履行其木材运输检查职责，为保护森林资源作出了贡献。经几年的运转，部分木材检查站因公路改道等原因，逐渐失去了木材检查监督的作用，必须进行合理调整。为此，省林业厅在充分征求基层意见的基础上，按照"木材检查站调整后总数不增加，国道、省道站合理调减，加强县管理站和出省站"的调整原则，对全省木材检查站设置布局进行了认真研究，并于1998年3月向省人民政府提交了木材检查站的调整方案。省人民政府对此十分重视，向省公安厅、交通厅等有关部门征求了意见，并对有关问题进行了协调。1998年5月，省人民政府以《关于调整部分木材检查站的批复》（黔府函［1998］119号）批准了省林业厅的调整方案，全省木材检查站由原来的188个调减为181个，共撤除木材检查站18个，新设11个，改设32个，调整后国道、省道木材检查站分别减少了37%和24%。通过这次调整，全省木材检查站的布局更趋合理。（侯勇军）

【森林植物补充检疫对象】 根据《贵州省植物检疫办法》规定，贵州省林业厅1998年1月15日发布"贵州省森林植物补充检疫对象和应施检疫的森林植物及其产品名单"。明确贵州省森林植物检疫除按林业部规定的检疫对象和应施检疫植物及产品名单执行外，并实施贵州省规定。贵州省森林植物补充检疫对象为马尾松疱锈病和光肩星天牛2种；应施检疫的森林植物及其产品名单：林木种子、苗木和其他繁殖材料；乔木、灌木等森林植物；运出疫情县的松、杨、柳等森林植物木材、根桩、枝条、带皮原木及其制品；松、杨、柳等森林植物的种子、苗木、插条，以及运出疫情发生县的来源于上述森林植物的产品；可能被森林植物检疫对象污染的其他林产品、包装材料和运输工具。

（唐贵芳）

【先进单位】

受省政府表彰的林业生产先进单位 贵州省提前两年完成十年造林规划指标的有：普定县、关岭县、紫云县、威宁县、都匀市、长顺县、罗甸县、晴隆县、水城县；1998年度造林绿化工作成绩显著的有：锦屏县、台江县、凯里市、普定县、紫云县、织金县、黔西县、册亨县、兴仁县、白云区、开阳县、印江县、德江县、三都县、福泉县、凤冈县、赤水市、六枝特区。

受国家林业局表彰全国林业科技推广先进单位 贵州省林业科技推广站、遵义地区林业科技推广站。

（唐贵芳）

【贵州省1998年林业大事】

1.1月8～14日，林业部副部长刘于鹤率赴黔慰问团一行7人深入贵州省凯里、台江、黄平、丹寨、三都、都匀等县（市）视察林业扶贫工作，慰问贫困农户和林业职工。

2.1月21日，省政府召开全省造林绿化广播电视表彰会，对提前3年造林达标的12个县和1997年度造林绿化工作成绩突出的20个县进行表彰。

3.4月15日至5月30日，省长防办组织对全省

1997年长防林工程营造林进行实绩核查，结果：1997年全省共完成长防营造林为年任务的133.8%；20个工程县人工造林面积核实率99.9%，核实合格率97.3%。

4.5月14日，省人民政府批复同意将全省原设置的188个木材检查站调减为181个。

5.9月11～20日，由国家农业综合开发办、国家林业局组织的农业综合开发长防林竣工项目检查验收小组一行4人，对贵州省1995～1997年使用国家农发资金的长防林工程县资金使用管理和造林实绩等进行检查。认为：贵州长防林工程建设取得较好成绩，资金落实到位情况好。

6.9月15日，省政府办公厅以黔府办发(1998)85号文对省绿化委员会组成人员进行了调整。

7.9月17～18日，全省天然林保护工程工作会议在贵阳召开。42个工程县和9个地（州、市）林业局负责同志参会，会议强调：深化认识，把握机遇，精心组织，确保天然林资源保护工程顺利实施。

8.10月30日，国家林业局发表公报，宣布1998年度获国家林业局科技进步奖71项。省农学院参加的“杉木建筑优化栽培模式研究”获科技进步二等奖。

（唐贵芳）

云南省林业

【概　述】

发展与成就

营林生产　1998年，全省计划造林38.87万公顷，实际完成42.34万公顷，为年计划的109%。其中：人工造林34.47万公顷，飞播造林7.87万公顷；营造经济林17.74万公顷；完成封山育林48.57万公顷；“四旁”植树14 144.3万株；全省参加义务植树1978.43万人，完成全民义务植树14 347.2万株，为年计划的110.36%；完成迹地更新3.2万公顷，育苗1449.04公顷，预整地29.11万公顷，新造幼林抚育12.73万公顷，中幼林抚育5.57万公顷。生态防护林建设项目和商品林基地、扶贫绿色工程等项目都完成或超额完成了年度计划。

森林资源保护管理　全省有31个县（市）完成了第二轮森林资源二类调查，并顺利完成了全省森林资源连续清查第三次复查成果上报工作；开展了全省采伐限额执行情况核查；对禁伐区原采伐木材进行了认真清理并重新审核发放运输证；认真贯彻新《森林法》和国务院8号文件，全省共清理出毁林开垦林地的事件668 329起，涉及林地面积300 935公顷。其中：有林地18 830公顷，疏林地30 219公顷，灌木林地102 828公顷，火烧迹地5261公顷，采伐迹地5505公顷，竹林地1264公顷，幼林地2272公顷，苗圃地13公顷，其他宜林地134 743公顷，折合林木蓄积损失254.22万立方米，1000多万株；清理了5公顷以上的重大毁林开垦事件17起，涉及6个地（州、市）的7个县（市），毁林面积达436.84公顷；对非法征占用林地进行采石、采沙、取土、修路等行为（含未经林业部门审核、越权审批、少批多占、未缴纳补偿费等）也进行了清理，全省共发生非法征占用林地面积636.91公顷。全省共发生林业行政案件19 059件，查处18 868件，查处率99%；没收违法所得426.24万元、非法木材21 978.96立方米。全省新建农村户用沼气池7.1万户，推广太阳能热水器9.4万平方米，节柴改灶25.8万户，新增微型水力发电2167台1862千瓦。这些项目的年效益相当于节约薪材60多万立方米。全省共发生森林火灾329次，为控制指标的21.9%；其中火警256次，一般火灾73次；受害森林面积416.22公顷，为控制指标的19.6%；受害率0.039/1000，比控制指标低0.0161个千分点；控制率1.27公顷/次，比控制指标低3.03公顷/次；火灾案件查处率85.7%，超过控制指标0.7个百分点，全面完成了云南省人民政府下达的各项控制指标。全省有3个地州市76个县无森林火灾。森林病虫害监测覆盖率和防治率均达到了80%以上；种苗、木材检疫率达到90%以上。全省共查处森林和野生动物案件9413起，其中刑事案件153件；处理违法人员15 615人，其中逮捕167人，劳教16人，治安拘留347人，治安处罚339人，收缴违法木材16 333立方米、野生动物29 854头（只），为国家挽回经济损失1115.03万元。野生动植物和自然保护区管理进一步加强和规范。

林业产业　云南省林业厅与直属企业签订了1998～2000年企业下岗职工基本生活保障与再就业工作责任书，其中20户企业成立了再就业服务站，17户企业分流下岗职工6806人，进入再就业中心托管1684人，筹集基本生活保障金410万元，筹集职工自营经济周转金240万元，安置下岗职工1072人，从事自营经济的职工2930人，实现产值2687.9万元。同时，省林业厅狠抓企业扭亏增盈工作，制定了省属森工企业改革与脱困三年规划，帮助企业落实有销路产品流动资金封闭贷款2100万元，贴息120万元。对直属企业扭亏增盈起到了积极作用。

1998年，由于实施天然林保护工程，全省商品木材生产完成199.1万立方米；人造板完成52.4万立方米；松香完成4.93万吨。编制了竹产业发展规划和松香产业发展规划；重点扶持发展松香及利用伐区剩余物、小材小料的木材深加工项目7个，安排森工多种经营贴息贷款2100万元。

1998年，林业行业实现社会总产值118.73亿元(现行价)，其中：第一产业57.51亿元，第二产业58.48亿元，第三产业2.74亿元。

森林分类区划 1998年，开展了8个地州市共30个县(市)的森林分类区划工作。先后两次召开了全省部分地州市县森林分类区划工作会议，培训骨干、统一认识、交流经验，规范了两类林区划的工作原则、程序和技术标准。这项工作的顺利开展，为科学管理、经营森林资源、加快发展林业事业打下了基础，也为在全省更大范围内开展两类林区划工作，提供了重要经验。1998年正式启动了中甸、景谷两个林业示范县建设项目，并签订了项目建设责任书。

林业法制建设 《云南省绿化造林条例》经省人大颁布，1999年1月1日起施行；我国第一部因野生动物造成人身财产损失补偿的政府规章《云南省重点陆生野生动物造成人身财产损害补偿办法》，于1998年9月16日发布施行。同时，深入开展了新《森林法》的学习宣传和贯彻工作，印制各种宣传品3.1万册(张)，举办两期共170名林业局长培训班。培训各级各类林业行政执法人员12 372人，发放林业行政执法证件9513份。

林业国际合作 启动中荷合作“云南森林保护和社区发展”项目；全面完成GEF项目各项任务；组织召开“中德合作西双版纳热带雨林的恢复和保护”项目研讨会，完成项目实施计划文件的编制工作；中德合作云南第二期造林项目和世界银行第三期林业贷款项目已做好启动前的各项准备工作；“云南热带阔叶树种造林技术开发及示范”项目，已被国际热带木材组织正式批准；由昆明金殿国家森林公园与香港信禧投资有限公司合作，新建的“云南野生动物大世界”项目正式签署了协议书。

天然林保护 坚决贯彻党中央、国务院关于停止长江中上游天然林采伐的重大战略决策和云南省委、省人民政府两次发出的紧急通知，多次组织工作组赴停伐区督促检查，清理整顿木材生产加工企业，关闭木材市场；先后编制了《云南省重点林区天然林资源保护工程规划》及其实施意见；安排落实了公益林建设项目第一批计划。建设单位现已完成封山育林38 620公顷，人工促进天然更新18 480公顷，人工造林预整地700公顷，育苗15.2公顷。

精神文明建设 深入学习邓小平理论和党的十五大精神，坚持民主生活会和民主评议党员制度，认真开展“双学”、“五讲”活动，省直属单位涌现出先进基层党组织30个、优秀党务工作者21名、优秀党员79名；较好地发挥了工、青、妇联系群众的纽带作用。对公款配置的电话、手机进行了清理、处理；压缩会议、减少文件，控制各种费用开支，取得明显效果；全年共处理来信1185件，接待来访人员112起313人次；自1996年以来，省直属单位共查处案件13件，涉及县处级干部13人；坚持领导干部的离任审计制度，全年共完成审计项目81个。

普遍开展“爱岗敬业，艰苦奋斗”活动，弘扬“抗洪精神”，多次组织募捐活动，厅机关及直属企事业单位全年捐款87.5万元，捐衣被1.85万件；加大对林业工作的宣传力度，全年发表宣传林业的文章300多篇；高度重视挂钩扶贫工作。在省林业厅定点挂钩扶贫的两个乡开展了建设生态示范村、续建希望小学、进行科技培训、建立办学、奖学基金、安排经济建设项目等实质性帮扶工作，收到良好效果。1998年，厅属各单位共创建省级文明单位5家，地市级文明单位6家，县区级文明单位14家。

存在问题 造林难度大，“灭荒”任务重，江河湖泊治理任务艰巨；速生丰产林、工业原料林、珍贵用材林、经济林、薪炭林等商品工程建设远远跟不上林业发展的需要；实施天然林保护工程、退耕还林、森工企业转产和体制调整以及职工分流安置等工作涉及面宽、政策性强，需要加强各种关系的协调；森林资源管理保护与开发利用矛盾突出，超限额采伐、毁林开垦、偷砍盗伐、乱占林地等问题在一些地方仍然比较突出，森林防火形势严峻，查处破坏森林和野生动物资源案件难度大；林业投入严重不足，远远不能适应形势发展需要。 (王世能)

【云南省人民政府部署禁伐区停止采伐天然林】 根据中央的战略决策，云南省委、省人民政府决定金沙江流域和西双版纳傣族自治州，从1998年10月1日起全面停止采伐天然林。1998年9月19日，云南省人民政府召开云南省金沙江流域天然林保护工作会议，研究部署金沙江流域和西双版纳傣族自治州停止采伐天然林工作。黄炳生副省长在会上作了重要讲话。

云南省人民政府要求，各地各有关部门要提高认识、统一思想，坚决执行党中央、国务院的决策，认真搞好宣传工作，做到家喻户晓。要采取坚决措施，停止采伐天然林。金沙江流域和西双版纳傣族自治州的商品材计划尚未执行部分，终止执行，指标一律作废。停止发放采伐许可证，采伐人员立即撤出伐区，封存一切采伐器具，禁伐区内停止修筑伐区公路。要认真清理已采木材，严格审验，凭证运输。停止申报和批办木材经营、加工许可证，并对木材经营加工单位进行清理整顿。关闭禁伐区内木材交易市场，禁止任何单位和个人进山收购木材。停止审批综合开发使用林地的计划。坡度在25°以上的耕地，逐步退耕还林。禁伐天然林涉及的地州市，要尽快制定相关政策，妥善分流安置职工。有关部门严格监督检查，依法打击破坏森林资源的犯罪行为。要加强思想工作，保持林区稳定。同时组织专门力量，开展退耕还林调研工作。同时，启动天然林保护工程。云南省实施天然林保护工程的基本思路是：调整经营方向，封山植树，退耕还林，封、育、管、造并举，增加森林覆盖率，治理水土流失，遏制生态环境恶化趋势。为此，1998年9月25日，云南省人民政府发布告如下：停伐区范围：迪庆藏族自治州、丽江地区、大理白族自治州、楚雄彝族自治州、曲靖市、东川市、昭通地区、昆明市属金沙江流域的县（市、区）和西双版纳傣族自治州3个县、市。采伐人员撤出伐区，封存采伐器具，废除商品木材采伐计划指标，停止修筑伐区公路。停伐区内的木材就地清理核实，逐级上报省林业行政主管部门批准发证运输。关闭停伐区内木材交易市场，清理整顿木材经营、加工企业，停止申报和审批木材经营、加工许可证。停伐区内各县级人民政府要在天然林禁伐区竖立永久性天然林保护标示牌（碑），加强监督管理。林业、公安、工商等部门要严格执法，严肃查处违反上述规定的有关单位和人员。构成犯罪的，依法追究刑事责任。封山植树，退耕还林；保护森林，人人有责；改善生态，造福子孙。布告自1998年10月1日起施行。 （王世能）

【云南省林业厅关于禁伐的举措】 为坚决贯彻党中央、国务院停止长江上游天然林采伐的英明决策，同时全面实施天然林保护工程，云南省林业厅提出七条具体举措：高度重视，把禁伐天然林作为当前头等大事来抓；对在禁伐区内乱砍滥伐、无证或超范围经营、加工、运输木材的事件，要坚决制止、严肃处理、绳之以法、严惩不贷；木材检查站要加强内部管理、加大检查力度，做到严格执法；禁伐区内的基层林业工作站和森林公安派出所要加大监督检查力度，重点是检查采伐人员是否撤出伐区、木材市场是否关闭、伐区公路是否停修；禁伐区内的林业主管部门，要在1998年10月底前将已采伐的木材进行认真清理核实，同时未使用完的木材运输票证要尽快交回省林业厅，经审核后加盖木材运输专用章，凭加盖章后的运输证在省内运输已清理核实的木材；禁伐区内林业主管部门应根据实际设立并公布举报电话或举报信箱；禁伐区以外的地州市也要认真贯彻上级有关精神要求，抓好封山植树和退耕还林工作。 （刘健伟）

【云南省林业生态工程建设】 云南省委、省人民政府十分重视大江河生态环境建设。在70、80年代期间，云南省人民政府就开始了金沙江流域的生态环境治理，安排资金恢复两岸植被。1989年，国家启动长江防护林工程建设项目，省内金沙江流域生态环境建设范围由4个县逐步扩大到1998年的26个县，资金投入加大，建设速度加快。随着国家对环境的重视和经济发展的需求，云南省又相继启动了珠江、澜沧江防护林工程，1999年将再启动南汀河流域和红河流域防护林工程。这些工程的实施，必将为云南省内大江河流域筑起一道绿色屏障。

长江、珠江、澜沧江防护林工程实施以来，1989～1998年共完成人工造林41.2万公顷，封山育林29.4万公顷。长江防护林工程成绩显著，森林覆盖率明显增加，流域区水土流失有所缓解，生态环境明显好转。东川市森林覆盖率由1995年13.3%提高到21.6%，1992、1993、1994、1995、1996年降雨量分别为530、640、716、969、895毫米，降雨量逐年增加促进农业生产发展。会泽县水土流失面积由建设前的3800平方千米下降到现在的2200平方千米，下降了42%，侵蚀模数由3164吨/平方千米，下降到2179吨/平方千米。在工程建设中，通过林种、树种结构调整，适当加大经济林比重，山区群众在参与防护林工程建设中增加了经济收入。姚安县林业总产值比重从1987年的3.7%增加到1994年11.3%；绥江县通过种桑养蚕，每年增加群众收入达28万元，许多农户靠参加防护林工程建设脱了贫。在防护林建设的推动下，全省先后启动了滇西南农业综合开发、防治荒漠化、中德合作造林、元谋县生态恢复等工程造林，从而有力地促进了全省造林绿化事业的发展。“八五”期间，全省完成造林面积163.8万公顷，比“七五”期间增加了18.43%。

这些成绩的取得，一是各级领导重视，真抓实干。所有工程区都层层建立了目标责任制，把工程建设质量、造林绿化责任落实到各级领导肩上；坚持各级领导办示范点制度，仅长防林工程，各级领导就创办样板林1000片，面积1.89万公顷，以点代面，带动广大群众投入防护林建设。二是广泛开展宣传活动，增强生态工程林建设意识。各地充分利用广播、电视、报刊、标语等宣传舆论工具，大力宣传防护林建设的目的和意义。长江、珠江、澜沧江防护林建设启动以来，先后在省内的报刊上登载各类文章800多篇，书写各类标语12万条，建立永久性碑牌2285个。通过广泛的宣传，全省共有361.5万人次参加防护林工程建设劳动，投入工日7723万个。三是调整结构，不忘记项目区群众的经济利益，因地制宜地调整林种、树种结构，调动了群众的积极性、主动性，促进了防护林工程建设。四是广泛筹集资金，加大防护林工程建设的投入。1989年以来，全省共投入长江、珠江、澜沧江防护林建设，防治荒漠化和元谋生态恢复等工程资金15 960.7万元。其中：中央投入11 077万元，省级投入4883.7万元。五是依靠科技，提高工程建设的整体效益。在工程建设中，广泛开展技术培训，全省先后共举办各类技术培训班410多次，受训人员4800多人次。提高参与人员的技能。同时，积极开展科技成果推广和营造林技术难题的研究，“八五”期间，有25项长防林科技成果获奖励。六是切实加强工程管理。通过制定管理办法，规范管理行为，做到有法可依，有章可循；坚持施工设计审批制度，做到没有设计不施工，不经批准不施工，不按设计施工不验收。坚持检查验收通报制度，县自检、省地抽查，检查结果及时通报；并实行造林成效与来年的造林计划、资金投入进行挂钩，择优扶持，使造林质量不断提高。（邹恒芳）

【云南省经济林基地建设】　1998年，云南省经济林面积已达123.47万公顷，年产值超过27亿元，农民人均经济林果产值90多元。经济林在各地州市的分布是：昭通地区超过13.33万公顷，曲靖市、西双版纳州、大理州、临沧地区在10万～13.33万公顷，楚雄州、红河州、文山州、思茅地区在6.67万～10万公顷，昆明市、玉溪地区、保山地区、丽江地区在3.33万～6.67万公顷，德宏州、怒江州、迪庆州、东川市在3.33万公顷以下。经济林主要树种面积：核桃24.73万公顷，橡胶14.35万公顷，板栗11.27万公顷，茶叶14.8万公顷，油桐6.53万公顷，桑树5万公顷，水果类14.43万公顷。云南省经济林基地建设有以下特点：

1. 经济林在人工造林中的比重不断增加，林种、树种结构显著改善。1996年全省营造经济林12.27万公顷，占当年人工造林总面积的39.8%；1997年营造14.41万公顷，占当年人工造林总面积的44.4%；1998年营造17.74万公顷，占当年人工造林总面积的51.5%。经济林正向着占全省有林地面积10%的目标迈进。

2. 经济林正在成为部分县市经济的支柱。核桃的栽培在云南省具有悠久的历史，到1998年底，全省总面积达24.73万公顷，年总产量55 448吨，年产值3.32亿元。漾濞、昌宁、凤庆等12个县（市）年核桃收入均在1000万元以上，成为当地经济收入的支柱。漾濞、景东、大姚等县（市）先后建立了1000～5000吨的核桃乳生产线10余条。罗平、富源、腾冲等县把银杏作为支柱产业建设，已种植0.67万公顷。富宁种植八角0.87万公顷，年产值达2667万元。福贡县种植油桐0.67万公顷，年产值达511.6万元。另有相当多的县市把经济林作为经济收入的支柱加以培植。

3. 经济林的发展已进入扶贫攻坚主战场。为打好扶贫攻坚战，确保"九五"基本脱贫，云南省委、省政府决定以全省506个扶贫攻坚乡为主，实施"改土、治水、通电、通路、绿色工程"五项基础设施建设。其中绿色工程要求506个扶贫攻坚乡贫困农户户均有经济林果面积0.2公顷以上。该项工程规划总面积28万公顷，总投资4.2亿元，建设期4年，已于1997年启动实施，当年共投资1.05亿元，完成经济林5.14万公顷，1998年完成经济林7.33万公顷。

4. 重点工程在经济林建设中的龙头作用日益突出。1992年以来，云南省一大批重点工程造林相继启动，给经济林的快速发展，注入了活力。干果基地的建设由省财政在1995～2000年投资6000万元，地县相应配套，在全省范围内建设以核桃、板栗为主的干果基地56个，其中一期工程建设的25个县造林任务已经完成，共造经济林4.6万公顷；二期工程建设的31个县于1998年启动。扶贫绿色工程中95%以上的造林面积都是经济林；以工代赈造林项目大部分造林面积是经济林；1996年启动的34个速生用材林基地发展15%的经济林；1998年启动的澜沧江防护林体系建设工程也规定经济林占造林面积的30%。

5. 经济林造林树种向多元化方向发展。云南省经济林的发展历来以核桃、板栗、橡胶、茶叶、蚕桑、水果居多，近年，银杏、柠檬、八角、花椒、杜仲等树种的造林不断增多，经济林树种呈多元化发展的趋势。

6. 经济林的经营管理逐步走上规范化、规模化、科学化、商品化的轨道。在加强领导、搞好宣传、实行领导干部任期目标责任制等成功管理经验进一步强化的同时，省林业厅又推出了"计划、落实、检查、调整"四落实的新的管理模式，使经济林的发展改变了过去"重计划、轻落实、轻检查、轻调整"的局面，使经济林建设有序进行。

7. 经济林建设是退耕还林的重要项目。1998年全国发生特大洪水以后，"封山植树，退耕还林"成了全社会的一项重要工作。在退耕地上大力发展经济林既能提高土地利用率，群众又易于接受。云南省在这方面已初见成效，罗平县建设银杏1333公顷，基本都是在退出的耕地上造林，在林果未成林前，还可间种粮食作物，群众亦有粮食收获；元阳县2000公顷核桃基地，全部都种植在陡坡农耕地上，随核桃的成林，耕地逐步还林；昌宁、凤庆两县分别建设核桃基地2000公顷以上，其中半数以上与老茶林混交，建立了新的混交模式，提高了土地的利用率，增加了茶农的经济收入。

（冯　敏　肖　华）

【云南省绿化造林纳入法制轨道】　为改善生态环境，实现农业可持续发展，云南省九届人大常委会第六次会议于1998年11月27日审议通过《云南省绿化造林条例》，正式将绿化造林纳入法制轨道，于1999年1月1日起施行。

《条例》提出，云南省的长远绿化造林目标为森林覆盖率达到60%，城市绿化覆盖率达到35%。为此，各级人民政府应当加强对绿化造林工作的领导，增加投入，坚持统一规划、限期绿化、分步实施，专业管理与群众管理相结合，生态效益、社会效益、经济效益并重的原则，实行各级行政首长负责制，逐级签订目标责任书，纳入任期考核内容。

《条例》规定，宜林荒山荒地属于国家所有的，由林业主管部门和其他主管部门组织造林；属于集体所有的，由集体经济单位组织造林。男11～60岁、女11～55岁的公民，除丧失劳动能力者外，每人每年植树3～5株，并保证成活。未完成义务植树任务的单位和年满18岁的公民，应当按照有关规定缴纳绿化费。采伐林木的单位或个人必须在采伐的当年或次年，按规定完成更新造林任务。

《条例》还规定，对毁坏新造林苗木、采伐林木未完成更新造林任务、未完成义务植树任务又不缴纳绿化费、对国家扶持的植树造林和封山育林质量达不到验收标准、提供带有危险性病虫害的林木种苗和其他繁殖材料进行造林、虚报造林面积骗取造林经费、挪用绿化造林资金等行为的。要依法处以罚款，构成犯罪的依法追究刑事责任。 （王世能）

【云南省森林分类经营区划】 根据1997年12月云南省人民政府召开的全省林业工作会议精神，加快林业分类经营改革步伐，争取用两年时间完成森林分类经营区划工作，为推进全省林业分类经营改革奠定好基础，省林业厅领导高度重视，厅党组在安排1998年度工作时，明确指出“今年林业分类经营改革要有新突破”，按照“稳中求进”的原则，在原来省人民政府批准的6个试点县基础上，扩大到部分地、州、市的30个县（市、区）开展了森林分类经营区划工作，在取得经验的基础上，再在全省铺开。到12月底止，已有28个县（市、区）均能从实际出发，按照“因害设防”的原则，科学合理地划定生态公益林和商品林。在现场界定时，当地政府领导和村社干部、林权所有者、技术人员深入实地进行逐块界定，做到四至清楚、政府认可、群众公认，最后经县（市、区）政府批准，逐一立碑公示。这一做法得到了国家林业局的充分肯定，为全面铺开森林分类经营区划工作和林业两大体系建设提供了成功的经验。

根据云南省人民政府安排，在认真总结了30个县经验的基础上，将在1999年力争完成全省森林分类经营区划工作，为深化林业分类经营改革和林业两大体系建设打下坚实的基础。 （吴学忠）

【云南省林业科技推广及体系建设】 1998年，云南省林业厅扶持新建7个地、县级林业技术推广站，使地级建站率由1997年的58.8%上升到76.5%；启动了一批林业科技推广等项目；组织编制了云南省林业种苗工程及技术推广计划和一批推广基础工程，初步建立了林业推广项目库。林业科技推广采取多种形式，以技术入股、技术支撑、技术引进等方式多方面与公司、地方、国内外进行合作。既解决了科研经费不足问题，又使林业科技直接进入生产第一线和市场，为调整林业产业结构和形成林业新的经济增长点进行了新的探索。云南省林业厅、思茅地区行署合作的“现代林业资源培育产业化试验与示范”项目，列入省重点科技项目，项目投入1400万元。针对“果品生产品种老化、技术手段落后、商品率低”的现状，利用滇中地区地理气候优势，引进美国、以色列的优良品种和先进技术，与昆明市官渡区房地产开发企业集团、美国 The Burchell Nursery Inc. 合作，以公司的形式开展“滇中果品产业化开发试验示范”项目，列入省重大科技成果产业化示范工程项目，总投入16 400万元（其中科技试验和国外引种经费500万元）。利用云南省森林植物培育与开发利用重点实验室的优势，争取云南省计委将“北美红杉区域性栽培与丰产培育试验示范”项目列为省重点科技攻关计划，投入资金90万元。

1998年共获省厅级林业科技奖励29项，是云南省林业科技成果获奖最多、获大奖最多的一年。其中：获省科技进步奖3项，其中：“云南主要林木种质资源研究”获二等奖，“云南省山区林业综合开发规划与‘九五’实施计划”、“国内外林业科技发展趋势和云南林业发展方向”获三等奖；获省星火奖16项，其中：“云南省世界银行贷款‘国家造林项目（NAP）’科技推广”获一等奖，“直干桉育种及丰产栽培技术示范”、“‘三剩物’的开发与利用——细木工板”、“镇雄县柳杉引种示范推广”、“4万亩野生铁核桃改造”获二等奖，其余还有11个项目获三等奖。获省林业厅科技兴林奖10项，其中：一等奖2项，二等奖4项，三等奖4项。 （王莉桢）

【云南省启动澜沧江防护林建设工程】 云南省继长江、珠江防护林体系建设之后，澜沧江防护林体系建设工程启动。工程建设目标是：绿化造林63.33万公顷，使流域区森林覆盖率由现在的38.5%提高到50%，水土流失率由28.7%下降到18%左右，使流域区生态环境得以恢复和改善。

澜沧江是云南省通向东南亚的一条重要国际河流。在云南境内，澜沧江干流全长1170千米，流域涉及8个地州的32个县。流域内水电、矿产、生物和旅游资源十分丰富，是国家生物多样性保护及综合开发的重点地区。由于历史和人为的原因，澜沧江流域森林植被遭到严重破坏，生态环境形势严峻，洪涝、滑坡、泥石流等自然灾害几乎年年都有发生。据卫星遥感资料表明，澜沧江流域的水土流失面积已占流域面积的28.7%，年流沙量不断增加，80年代比60年代上升了39%，给已建成和在建的漫湾电站、大朝山电站、小湾电站等水利、水电工程设施和航运事业造成严重威胁。为从根本上对该流域的生态环境进行综合治理，云南省人民政府决定用15～20年，造林63.33万公顷。整个工程分三期实施。第一阶段，省财政每年投入1000万元，地县配套1000万元，3年造林10万公顷；第二阶段，造林20万公顷；第三阶段，造林33.33万公顷。建起以防护林为主，多林种、多树种合理配置，生态效益、经济效益和社会效益相统一的森林资源群体，形成有利于促进全流域经济、社会、生态协调发展的生态防护林体系。 （王世能）

【云南省开展森林采伐限额专题调研】 为切实解决超

限额采伐林木、降低森林资源的低价值高消耗问题，省林业厅1998年2月成立了由主管厅领导任组长、资源林政处及有关处室参与的森林采伐限额专题调研小组。在认真调查研讨的基础上，拟写了《云南省森林采伐限额专题调研报告》。通过对超限额采伐主客观原因的实事求是的分析，提出了八项整改措施：以保护现有森林资源为基础，坚持可持续发展、保护与发展并重的基本思路，加强森林资源管理；结合新颁布的《森林法》，并配合国家林业局的立法规划，争取尽快出台《云南省森林采伐限额管理条例》、《云南省林政管理条例》、《云南省木材运输管理办法》等有利于森林采伐限额管理的法律法规；深化林业经济体制改革，坚持和完善森林资源的全额管理、限额采伐制度；正确处理好限额采伐与分类经营、年度计划管理的关系；采伐限额要由注重计划指标按消耗结构管理转向山上源头的采伐类型管理；要理顺和加强资源林政管理机构，充实管理力量，提高人员素质，增加经费投入；在分类经营指导思想下，实行商品林、公益林及兼用林采伐限额管理办法；要建立年森林采伐限额执行情况监督检查制度，要制定具体的、操作性强的检查验收办法。（刘健伟）

【云南省林业厅挂钩扶贫】 屏边县是国家扶持的贫困县，境内山高坡陡，山区面积占总面积的99%，群众生活贫困。1996年，云南省林业厅与屏边县的白云乡和新华乡结为挂钩扶贫对象后，林业厅成立了扶贫领导小组。徐光凡副厅长带人赴屏边进行调查研究。林业厅党组决定“治穷先治愚”，先抓教育扶贫，提高劳动者素质。省林业厅先后投资20万元建成白云乡中学林业希望楼，投资30万元建成新华乡马鹿塘林业希望小学，后又再追加5万元添置教学、生活设施。1998年初，省林业厅还为两个乡建立20万元的“林业希望奖学金”和“救助辍学儿童基金”，以奖励当地品学兼优的学生和教学突出贡献的教师，救助失学儿童重返校园。

云南省林业厅还把屏边县争取列为山区综合开发示范县、干果基地县、绿色扶贫工程项目县、第三期世行贷款林业发展项目试点县，加快了该县林业产业的发展步伐。1998年，省林业厅又在两个挂钩乡建设生态示范村，投资10万元补助购买水泥和灶具，修建沼气池，解决煮饭、照明能源，改善农民群众的生活条件，恢复山区良好的生态环境。（王世能）

【云南省红豆杉资源分布】 云南省是我国红豆杉资源的主要分布区，这是云南省林业专业技术人员对全省的红豆杉资源进行全面调查后得出的结论。红豆杉树种为第四纪冰期孑遗的古老树种，也是当今珍贵的抗癌药用树种，在全世界有11种，大多数分布在北半球，我国有4种1变种。为了有效地保护和合理利用红豆杉资源，1995年，云南省林业厅决定对全省的红豆杉资源进行全面系统调查。承担调查任务的云南省林业调查规划设计院的专业技术人员，深入到省内13个地州、44个县，对所涉及的85.4万公顷林地进行了全面调查。经过调查确认：云南省有云南红豆杉、南方红豆杉2个树种，红豆杉1个变种，其种类占全国种类一半；天然红豆杉分布面积为22.1万公顷，蓄积为70.7万立方米，有各种红豆杉树354万多株，其数量之多在全国是少有的；主要分布在11个地州34个县。其分布范围是：云南红豆杉分布在滇西、滇西北海拔2600～3300米的针阔混交林和中山湿性常绿阔叶林中；南方红豆杉主要分布在滇东南海拔800～1800米的湿性常绿阔叶林中，滇西南有少量分布；红豆杉变种分布在滇东南海拔1000～1600米的岩溶地貌季风常绿阔叶林中。（王世能）

【参与性森林资源管理国际研讨会】 1998年5月8日，国际山地综合发展中心与国家林业局、西南林学院联合举办的“参与性森林资源国际研讨会”在昆明市召开。来自中国、孟加拉、不丹、印度、缅甸、尼泊尔、巴基斯坦7个国家的政府代表和专家学者，共同商讨喜玛拉雅山地区的林业政策以及山区综合开发前景。

云南省副省长黄炳生、国家林业局副局长李育才、国际山地综合发展中心主任佩林克教授出席研讨会并讲了话。

研讨会上，李育才说，这次我们有机会与国际山地综合发展中心合作，联合举办具有重要意义的研讨会，使我们能够分享各国在制定山区林业政策和开展山区综合开发方面的经验，将会对喜玛拉雅山地区的综合开发产生积极影响。中国作为国际山地中心的成员国，我们愿意与喜玛拉雅山地区的其他国家一道，携手合作，为促进该地区社会、经济的全面发展作出努力。

黄炳生说，云南省位于喜玛拉雅山东部地区，森林资源非常丰富，云南省政府通过各种优惠政策，调动群众积极性，促进了山区社会经济的综合发展，同时重视加强对森林资源的保护。这次与会的各位都是林业发展政策和山区开发方面的专家、学者，你们的成功经验对我们具有重要的参考价值，借鉴各国在森林资源管理和山区综合开发方面的新经验和实践成果，对云南省的山区综合开发和经济腾飞将起到积极的推动作用。

佩林克说，这次研讨会是首次在中国举行的以山区为主题的关于参与性森林管理的一个重要论坛。我们召开这个研讨会，就是为了相互学习与交流，为山区村社实现自给自足、经济繁荣而努力，并使这些山区村社在充分利用资源优势的同时，有效地保护好自然资源。（王世能）

【南滚河国家级自然保护区生物多样性考察】 西南林学院和南滚河国家级自然保护区管理局共同主持、省内多家科研机构参加的南滚河国家级自然保护区综合科学考察结果表明:该保护区内雨热资源极其丰富,共发育形成了以典型的北热带雨林和南亚热带季风常绿阔叶林为主的9个生境类型，是一个难得的北热带和南亚热带交汇的动植物种基因库，生物多样性为国内罕见。

南滚河自然保护区位于临沧地区沧源佤族自治县境内,是以保护南滚河流域的亚洲象、孟加拉虎和白掌长臂猿等珍稀野生动物为主而建立的自然保护区。1998年，列入“GEF”（全球环境基金）自然保护区管理计划项目。由于该区的热带森林河谷曾是第四纪冰期许多生物物种的“避难地”，不少动物得以幸存和延续下来。根据这次考察结果，保护区内共有种子植物178科，921属，1855种（含亚种）；有蕨类植物29科，47属，58种（含亚种）。属国家保护的野生植物36种，其中：一级保护植物1种，云南特有种20种。兽类共72种，属国家保护的有27种，其中一级保护的有10种。鸟类共145种，属国家保护的有18种，其中一级保护1种。爬行类共有40种，属国家保护的有3种，其中一级保护的有2种。这次考察，首次提供了该区动植物资源、植被类型以及自然地理概况如地质地貌、气候等基本的资料，在动植物资源上有数项新发现，填补了该地区的空白。经云南省生物学界权威人士评议认为，该项考察成果已达到国内同类考察先进水平。

（王世能）

【昆明市提前实现“九五”绿化目标】 昆明市围绕“七年消灭宜林荒山，十年绿化昆明大地”的目标，进一步加大绿化造林和抚育管护的力度，普遍推行领导干部造林绿化任期目标责任制和灭荒责任制，提高造林绿化工程的质量和科技含量，造林绿化工作取得长足进展，提前实现了“九五”规划发展的目标。1998年全市完成造林面积2.39万公顷，其中合格面积2.39万公顷，为年计划的102%。全市森林覆盖率已由10年前的22.7%增长到40.3%(含灌木林为51.2%)，活立木蓄积量由1164万立方米增至1749万立方米。

昆明市把造林灭荒工作作为一项重要的工作来抓，用于造林绿化的投入年年有增长。各级领导率先垂范，共兴办造林绿化点90个，营造样板林1293.33公顷。全市从县（市、区）到乡（镇）都层层签订了领导干部造林绿化任期目标责任状。工程造林项目，建立了从规划设计、年度施工作业设计、施工质量检查验收到建立技术档案等一整套项目管理制度。除抓好工程造林外，全市积极组织动员群众开展“四旁”植树和义务植树，1998年就植树1545万株，收取绿化代劳费220多万元。各区县市以营造水源涵养林、水土保持林、农田防护林、经济林等为重点建设林业，并大力开展封山育林，使全市森林面积有了较大的增长；推动了“灭荒”工作的顺利开展，1998年全市又有15个乡（镇）实现了灭荒目标。

（王世能）

【西双版纳傣族自治州自然保护区管护】 云南省人民政府决定在西双版纳傣族自治州停止采伐天然林，州自然保护区管理局以此为契机，采取切实可行措施，加大对自然保护区管理的力度。一是强化森林防火队伍建设。在保护区有关乡、镇、村公所和自然村成立森林防火领导小组313个，建立以民兵为主体的快速扑火队伍85支1180人，组织半专业扑火队133支2848人，修建防火线10千米，建立火情监测网点70个，1998年全保护区再次实现无森林火灾的佳绩。二是加大执法力度。保护区内巡山设卡4327处，共出动车辆5962台次，巡山护林37 618人次，共查处破坏野生动植物案件220起，查处各类违法人员525人，收缴资源损失费32.36万元、治安罚款1.23万元。三是在保护区内开展林地清理，共查出历年来非法侵占国家自然保护区林地562.13公顷，并依法限期交纳资源损失费，限期退耕还林。保护区天然林面积由原来的19.8万公顷，1998年增加到了24.3万公顷，保护区内亚洲象也从70年代初的100余头增加到近300多头。

（王世能）

【临沧地区农业综合开发造林】 临沧地区1990年被列入滇西南农业综合开发项目区，覆盖全区8县21个乡镇44万多人口。该县本着治标与治本结合，造林与治水结合，实行山、水、田、林、路综合治理，把林业纳入开发的重要内容，取得了良好的生态效益、经济效益和社会效益。

在实施中，临沧地区各县充分发挥林业部门的作用，实行定任务、定质量、定时间、定目标、定投资、定奖励的项目管理责任制；进行科学规划，因地制宜，根据不同的土地和气候资源，优选树种，连片种植，规模化开发。临沧县、双江县的一些乡镇，把水土保持与发展林纸产业相结合，营造了大量的桉树、竹子；永德县永康镇、耿马县富荣乡等亚热河谷，重点营造荔枝、龙眼、芒果、咖啡、澳洲坚果等热带经济林木；气候更为炎热的南汀河下游营造热带珍贵树种柚木；临沧县博尚镇、圈内乡，双江县沙河乡的一些冷凉山区营造杜仲、核桃、板栗等；沧源县勐角、勐来乡，实施封山育林1300公顷，退耕还林267公顷，造林453公顷，有效控制了水土流失，加上勐董河的治理，初步解除了沿河洪涝灾害的威胁。

综合开发的主体是农民群众，各地实行林业项目与利益挂钩，开发与扶贫结合，坚持“谁种植，谁管理，谁受益”的政策，从规划、资金、种苗、化肥、技术等配套扶持，对当地和引进的外来种植大户，政府出面帮助协调土地，有效地调动了农民群众和开发大户的积极性。农业综合开发实施8年来，林业项目共投入开发资金2792万多元，在项目开发区共营造防护林2.18万公顷、经济林0.19万公顷，封山育林2.07万公顷。项目区的森林覆盖率由开发前的32.8%提高到37.7%。

（王世能）

【景谷县林业可持续发展】 景谷县林业用地面积58.33万公顷，占全县总面积的77.5%，其中有林地面积51.5万公顷，占林业用地的88.3%。活立木蓄积量5514万立方米，森林覆盖率达68.5%。全县28.5万人人均占有林地面积2公顷、活立木蓄积193立方米。改革开放以来，该县一直坚持“扬长避短抓优势，集中力量建支柱”的发展思路，把林业作为振兴全省经济的战略重点，不断探索发展林业的新路子，深化森林资源管护和培育制度改革，合理开发森林资源。基本形成以保护和发展森林资源为基础，以林产工业为龙头，集保护、营林、森工、木材、加工、林纸、林化、林板、林果等多种经营并举的林产工业群体。1997年与1978年相比，全县林业总产值由1135万元增至26 270万元，占全县国民生产总值的比重由22.8%提高到41%；林产工业总产值由116万元增至19 274万元，占全县工农业总产值的比重由0.2%提高到25.8%；农民因林业劳务收入由430万元增至10 632万元，人均林业收入由19.4元增至411.5元。森林资源的培育保护进一步加强，农民护林、营林的积极性明显提高。全县林木年净生长量保持在210万立方米以上，年林木消耗量89.6万立方米，林木年净增长120万立方米。 （张伏全）

【施甸县十能人承包管护全县大半山林】 施甸县十位能人承包管护着全县4.33万公顷林地，撑起了全县护林半壁河山。这是该县在市场经济条件下深化林业改革闯出的一条新路子。大户承包联防护林是实施“两山”到户责任制后，出现的一种新型民营护林防火组织形式。承包大户与农户之间自愿协商，签订森林管护合同并经公证后实施。在护林防火的责、权、利关系上，实行县、乡、社以行政区划管，承包大户以承包范围具体管理，农户按有林地面积交给的承包大户管理费，“两山”到户后的林地、林木所有权不变，其所产生的经济效益全部属农户所有。

为探索一条林地管护新路子，施甸县于80年代初开始进行多层管护、统分结合、以能人承包、民营为主、联防护林的试验、示范。1982年，该县首先在仁和乡五楼村横沟社，由老社长张世珍牵头将8个社的400公顷山林进行联防护林并取得良好效果。继而，又由农民赵成林带头组织“西山林区联防护林队”，承包管护林地1.1万公顷，其承包范围跨乡跨镇，打破了行政区划界限。此后，又有农民赵德武于1987年组建“法禅东山林区护林指挥部”，先后招聘124名护林员，承包管护面积达1.46万公顷，范围涉及4个乡（镇）24个村（办事处）294个合作社。目前，该县已有10名承包大户对12个乡（镇）的林地实行承包联防护林，其承包管护面积占施甸县总林地的69.2%，占全县森林面积的51.33%。全县大户承包的联防护林区，共有343名专业护林员，他们平时为护林员，造林季节是造林员，森林防火期既是宣传员又是林火管理员、防火安全检查员。这支护林队伍，踏遍千顷林海，被人们称为“林区守护神”。

大户承包联防护林给施甸县的林业发展带来了生机和活力，森林综合效益得到充分体现。大户承包护林不需国家投资，按照谁受益谁出钱的原则，自我完善，自我发展。施甸县实行承包联防护林的12个乡（镇），原有1224名护林员，现在只有343人。林农每年每公顷林地面积只需付出7.65元护林费，林农负担明显减轻，而群众受益却比原来增加8～10倍。同时，偷砍盗伐、乱砍滥伐、毁林开荒等现象得到有效控制。全县的森林覆盖率由承包前的28%提高到现在的42.2%。施甸县已连续10年无森林火灾发生，该县也因此多次受到国家、省、地表彰。承包护林的“大户”张世珍、赵成林、赵德武等人则分别荣获省、地级劳动模范称号。 （刘安国）

【石屏县天然林保护】 石屏县森林资源丰富，是重点林区县之一。石屏县虽然不在国务院决定的禁伐区域内，但该县立足长远发展，主动参与这一行动。首先确保林区管护和造林正常进行，杜绝乱砍滥伐的发生。为管护好县内9.33万公顷国有林地，各林场对林区管护、造林实行责任制，明确职责、任务，做到老树有人管、新树有人栽，年终进行考核奖惩。1998年，全县3个国有采伐林场营造速生丰产林2000公顷。其次，引导国有采伐林场增加投入，积极发展经济果木林，铺平以短养长的道路。县国有采伐林场，种植了466.7公顷核桃，中达林场和龙朋林场种植核桃933.3公顷，全县3个国有采伐林场种下的干果、水果已超过2000公顷。第三，引导国有林场解放思想，转变观念，积极发展第三产业，分流林业职工。1959年建场的石屏县国有采伐林场禁伐天然林后，于1998年投资600多万元新建了林苑大厦，一次性分流职工30人，另外，还制定优惠政策，鼓励职工从事汽车运输、修理和木材加工等，又分流职工50多人；国有中达林场多头并进，全方位分流职工，目前已有近80人分流到第三产业。目前，该县3个国有采伐林场已分流职工200多人。

由于路子对、措施实，石屏县禁伐天然林后，林业职工队伍稳定，共谋发展。1998年，省下达的该县商品林采伐限额为2.76万立方米，该县没有采伐一根天然林木，只常规性抚育间伐了9000立方米，比1997年还少7000立方米。林业采伐量大幅度减少了，全县林业职工的收入却稳中有升，其中县国有采伐林场职工年总收入达8500元，中达林场和龙朋林场职工年总收入均在6500元以上，3个国有林场职工人均月增工资40元以上。 （刘安国）

【永善县建设绿色四大支柱产业】 永善县立足县情、优化、调整产业结构，建设金江魔芋、金江花椒、罗汉鲜笋、金江红柑四大支柱产业。

永善金江魔芋，是全国少有的优质魔芋，畅销海内外。以金江魔芋为原料生产的"金江牌"魔芋精粉，含有丰富的甘露聚糖、复合氨基酸、多酚氧化酶、蛋白质、纤维素、碳水化合物，是永善县"人无我有，人有我优"的一大产业。1991年以来，相继获国家"七五"星火科技成果银质奖，云南省"星火"科技一等奖。产品远销广西、广东、湖南、湖北、北京等省市以及美国、日本、新加坡、韩国等国家。1988年，全县金江魔芋种植面积已达1900公顷，年产值达3659.2万余元。

永善金江花椒，以色鲜、味美、清香而独树一帜，远销四川、湖南、湖北、广西、浙江等长江流域一带，在东南亚地区享有盛名。1998年，全县已种植金江花椒总面积达2700公顷，年产量达50余万千克，年产值约达1200万元。

永善县以丰富的竹类资源赢得了"竹乡"的美称，被国家列为竹类资源基地县。该县生产的"三江牌"盐渍、清水罗汉笋，含有丰富的维生素B、维生素C及钙、磷、蛋白质、氨基酸等成分，以色质鲜艳、天然清香、脆嫩爽口、纤维细、肉质厚等优点而走俏国内外市场，远销昆明、北京、深圳、福建、台湾及日本、东南亚等地，深受消费者的青睐。

永善金江红柑、甜橙、脐橙、贡柑、香蜜柑等多种名特产果品，以果大色鲜、酸甜适度、汁多味美、可口芳香的特点在南方5省鉴评会上名列第一，被视为"果中珍品"。全县种植面积已达1300公顷，年产量300万千克，年产值4000万元。 （王世能）

【大姚县推动泡核桃产业化发展】 大姚县是一个多民族聚居的山区农业县，境内山高箐深，气候温和，雨量充沛，大部分乡镇较为适宜种植核桃。该县不断深化对县情、乡情的认识，针对当地所产核桃个大、壳薄、仁白、味香、营养价值高等优点，决心把核桃培植成为一大优势产业。为此，县里采取一系列激励措施：一是明确发展目标，调整产业结构，坚持不懈地把发展核桃生产作为振兴山区经济脱贫致富的一大产业来抓，出台了加快核桃商品生产的优惠政策，鼓励乡镇走规模化、专业化、林工商贸一体化之路，向"一乡一品"的方向发展。二是依靠科技，促进林果商品生产，县乡村年年坚持举办培训班，逐步使山区群众掌握了核桃嫁接、移栽、管理技术。三是制定规划，一抓到底，一任接着一任干，牢固树立"大姚民族山区发展出路在林业，希望在核桃"的思路，制定中长期发展规划，要求山区群众充分利用轮歇地、退耕地、山坡山箐地的优势，按规划每年人均发展5～10棵核桃树，多者不限，常抓不懈。四是制定乡规民约，健全管护体系，逐级建立责任制，明确权、责、利，坚持营造与管护相结合，做到造一片、成活一片、管护一片、受益一片。经过10多年的不懈努力，该县核桃产业化生产初具规模，建成了泡核桃基地1.2万公顷、185万多株，年产泡核桃3300多吨，产值3000多万元。 （王世能）

【腾冲县大抓林果支柱产业】 腾冲县是个林业大县，全县有林地面积25.87万公顷，活立木蓄积3647万立方米。为进一步调整产业结构，变资源优势为经济优势，培植新的经济增长点，腾冲县从三个方面挖掘潜力，大力发展林果支柱产业。一是搞好林产品的加工利用。在木材加工上，从目前有林产品加工单位284个、年生产能力52万立方米的现状，向组建林业工业集团发展，走林纸结合、林板结合的路子，把植树造林和造纸、木制品生产结合起来，使林产品的开发从原料型向精加工、深加工发展，建设一个龙头加工企业。二是抓好以银杏为主要品种的干果基地建设。到1998年底，全县已种植银杏1200公顷，建有银杏发展公司1个，建成银杏苗圃20多个，采穗圃1个，每年出苗木150万株。1998年新植866.7公顷。1999年以前建成银杏叶加工厂，把基地建设和龙头加工企业建设结合起来。同时，在南部各乡发展核桃，逐步形成干果基地。三是大力发展香菇产业。腾冲县的椴木香菇生产，从1996年开始推广，至1998年已在13个乡（镇）铺开，已种植椴木香菇6283.5立方米。另外，还在马站乡建有一个香菇发展公司，实行"公司＋农户"的经营模式，建立产、供、销一条龙的生产体系，全面推广香菇栽培，使之发展到10万立方米，成为新的经济增长点。 （刘安国）

西藏自治区林业

【概　述】

发展与成就

营林工作 全区完成植树造林1.27万公顷，其中成片造林7333.33公顷；"四旁"植树664万株；营造农田防护林51.7万株；种植经济林木59.8万株，新增育苗面积88.07公顷；人工迹地更新1666.67公顷。1998年首次在拉萨市曲水县开展了全区荒漠化治理试点工作，试治面积1万公顷。

资源管理 继续按照"全额控制，分类管制"的原则，对森林资源实行全额消耗总量限额管理，进一步完善和健全采伐、加工、运输许可证制度。严格年度采伐计划，加大木材运输管理和林政执法力度。

根据国发明电［98］8号文件的精神，全区及时制定了贯彻意见，对全区毁林开垦和乱占林地进行了全面的清理整顿。按照国家林业局跨世纪保卫绿色行动计划，制定了《西藏自治区跨世纪保卫绿色行动实施方案》，并成立了领导小组；根据国务院关于实施长江、黄河上游天然林保护工程的总体部署，制定了《西藏自治区关于加强长江上游天然林保护的决定》，加快植树造林工作，停止金沙江流域芒康、贡觉、江达3县的一切商品材的采伐。

全区共发生森林火灾12起，其中火警8起，过火面积378公顷，受害森林面积84公顷，与1997年同期相比，火灾次数、过火面积和受害森林面积分别上升33.3%、103.9%和43.9%。1998年发生森林火灾次数多于往年的主要原因是高温、干旱连续时间长、火险等级持续偏高，但仍低于全国所规定的标准，全区连续3年未发生重大火灾。

全年共受理各类案件566起，处理559起，其中刑事案件8起，全部破获；治安案件发生190起，处理188起。林业行政案件受理368起，处理363起。收缴财物折合人民币1620万元。

野生动物和自然保护区管理　藏北羌塘是野生动物最集中、面积最大、分布最广、数量和种类最多的保护区，近年来，由于偷猎现象十分严重，导致珍稀动物种类和数量逐年减少，厅党组对此进行了多次研究，先后派出以厅长为组长的两次工作组，赴阿里、那曲对羌塘野生动物进行了专题调查，并向自治区政府呈报了《羌塘自然保护区加强保护与管理的意见》，得到了区党委、人大、政府主要领导的高度重视，分别作了重要批示。根据领导的指示精神，及时组织区、地、县三级林业公安加强了保护区巡逻工作，加大了打击力度，同时对羌塘保护区进行了重新总体规划和功能区划，划分了核心区，并向国家林业局申报为国家级自然保护区，目前申报工作正在进行。

为加强珠穆朗玛峰自然保护区对外交流与国际合作。与国外专家共同完成了西藏东部生物多样性保护项目第一阶段野外调查工作；与国家外经贸部、联合国开发计划署的人员一起完成了珠穆朗玛峰保护区民族手工业开发项目的实地调查和项目建议报告的基础性工作，争取了荷兰政府援助珠穆朗玛峰项目资金450万美元；与美国高山研究所共同完成了珠穆朗玛峰保护区生态保护和扶贫援助项目建议报告的基础工作，预计引进外资200多万美元。

林业产业　全区林业总产值1.55亿元，生产木材22.5万立方米，为加快全区国有森工企业改革步伐，制定出台了《西藏森工企业改革意见》，9月份召开了以进一步加强内部管理、建立完善各项制度、搞好内部清理整顿、严肃财经纪律、增强市场竞争意识、加快企业改革步伐为主题的全区森工企业改革座谈会，自治区政府副主席徐明阳到会作了重要讲话，代表们认真总结和分析了森工企业面临的困境，提出了今后的发展方向。

林业调查规划　圆满完成了继1997年米林县森林资源二类调查数据分析等内业工作，并完成了林芝县二类资源清查外业工作。对羌塘中西部珍稀野生动物种群、结构、数量以及消长动态作了全面、系统的普查工作，积极完成了全国森林资源第五次连续清查汇总的西藏资源部分，自治区林业勘察研究所4月获得国家林业局颁发的林业勘察甲级设计单位。10月经自治区编制委员会同意，林勘所正式更名为西藏自治区林业勘察设计研究院。

其他方面的工作　《西藏林业志》、《西藏植物志》目录编纂大纲经区地方志办公室召开的专家评审通过，目前已全面开展撰写工作；《中国林业五十年》(西藏部分)、《中国古树名木》(西藏卷) 初稿已全部完成，《辉煌21世纪新中国大记录西藏卷》(林业部分) 已完成定稿工作。

存在问题　林业行政管理薄弱，执法难度大，林业投入严重不足，森林防火设施落后，生产设备陈旧；林业基础建设十分薄弱，林业机构不健全；科技投入低，管理人才十分匮乏。　(黄国全)

【西藏自治区1998年林业大事】

1. 3月10～12日，自治区林业厅直属企业工作会议在拉萨市召开，参加会议的有厅直属12家公司(厂) 的负责人。

2. 5月15日，自治区人民政府颁布了《关于加强造林绿化步伐的决定》。

3. 7月10～18日，南方林业厅局长协作会议在拉萨市召开，参加会议的有四川、重庆、西藏、云南、贵州、湖北、湖南、广东、广西9省 (区、市) 的林业厅局长，自治区人民政府副主席洛桑顿珠到会作了重要讲话。

4. 8月21～25日，全区经济林木工作会议在拉萨市召开，参加会议的有全区18个重点经济林木县政府主要领导、林业局长，会议出台了《西藏自治区关于加快经济林木生产的意见》。

5. 8月31日至9月4日，在拉萨市成功地举办了世界自然基金会合作召开的"西藏生物多样性保护与管理国际研讨会"，会议总结了西藏生物多样性保护工作经验，探讨研究面临的问题与对策，扩大了西藏野生动物保护和自然保护区建设与管理的国际影响。

6. 9月15日，自治区林业厅向区人民政府呈报了《西藏自治区关于加强长江上游天然林保护工程的意见》，政府领导批示，原则同意意见，林业厅将"意见呈报国家林业局，意见中首先提出长江上游金沙江流域芒康、贡觉、江达3县为全区第一步实施天然林保护工程。

7. 9月23～26日，全区森工企业改革座谈会在拉萨市召开，会议制定出台了《西藏自治区森工企业改革意见》，自治区政府副主席徐明阳到会，并作了重要讲话。

8. 10月26日至11月9日，根据自治区人民政府决定，由自治区经贸委牵头，自治区林业厅协助，区政府办公厅、编委、农发办、计委、财政、工商税务、环保等10家厅局委组成的联合工作组，对林芝地区进行林业综合调研，通过这次调研以调研组的名义向区人民政府报送了《关于加强天然林保护管理的决定》、《关于加强林政管理的决定》、《关于加强西藏林业机构，增加林业编制的意见》。

9. 10月29日至12月5日，中国科学院组织徒步穿越完成了雅鲁藏布大峡谷科学考察任务，被正式确认为世界第一大峡谷，根据国家测绘局公布数据确定雅鲁藏布大峡谷全长504.6千米，最深6009米。

10. 11月，为加强西藏野生动物管理工作，羌塘野生动物保护区扩大保护范围，晋升为国家级自然保护区，总体规划工作已全面展开。（黄国全）

陕西省林业

【概　述】

发展与成就

造林“灭荒”　1998年是贯彻执行省委、省政府《关于奋战四年实现全省绿化灭荒任务的决定》的决战之年。按计划1998年灭荒剩余任务应为16.7万公顷。但由于三年持续干旱，造林成活率降低，部分面积不合格，需要进行补植和重造，1998年全省实际灭荒任务为32.2万公顷，超计划近1倍。经过全省各级政府和广大群众的共同努力，1998年共完成造林36.8万公顷，占全年计划任务的110.4%。全省的灭荒任务，除榆林地区白于山区的几个县外，基本完成。

1998年灭荒中采取的主要措施：一是再加大火荒力度。在原每年计划完成26.7万公顷任务，已经加大到30万公顷的基础上，再加大3.3万公顷，确定1998年完成造林33.3万公顷；二是要求各大防护林工程尽可能的结合灭荒安排任务；三是要求灭荒重点难点地、县实行责任包干的联络员制度，夯实任务，督促检查；四是加强监督检查，1998年省林业厅抽调机关50多人，组成10个灭荒检查组，多次深入地市、县检查；五是推广各级行政领导带头办绿化点和层层签订目标责任状等经验。由于采取一系列得力措施，为1998年造林任务完成奠定了基础。

天然林保护工程　陕西省人民政府发布了《关于实施天然林保护工程立即停止省属森工企业国有林区天然林采伐的命令》。省林业厅组织有省森工总公司参加的督查落实小组，深入各采育企业，全面动员，并举行封锯仪式，拉开了全面启动天然林保护工程的序幕。同时省森工总公司组织考察组，深入四川省天然林区进行调查学习，并结合实际，提出了落实工程的建设性意见。11月17日，省林业厅又在西安市召开了省属森工采育企业天然林资源保护工程实施工作会议，全面安排了天然林保护工程的实施工作。按照工程规划，全省已先期投入国家和地方债券7800万元，全面启动了全省天然林保护工程。

国家重点生态工程　省林业厅召开了全省生态工程建设规划会，全面安排了生态工程规划工作，1998年4月又在富县召开了全省林木种苗工作会，提出“植树造林，种苗先行”。要求在今后一个时期内要抓好种苗建设两大工程，即“双百万工程”（即建采种基地100万亩，年采种100万千克）和“151”工程（即重点治理区县级建设6.7公顷（100亩）以上中心苗圃，乡级建3.3公顷（50亩）以上骨干苗圃，村级建0.7公顷（10亩）以上基本苗圃）。1998年采取一系列相应措施，全省育苗8000公顷，使种苗工作上了一个新台阶。

科教兴林　“九五”期间全面实施的科教兴林“4151工程”，带动了全省山区综合开发和林业产业化建设。1998年推广10项林业适用新技术，建立科技示范点400余处，完成新技术推广面积13.3万公顷。经济林基地建设及产业化完成新建面积6万公顷。其中：红枣基地建设新建0.52万公顷，杏基地建设1.5万公顷，核桃基地建设0.12万公顷，板栗基地建设1万公顷，地埂花椒基地建设0.53万公顷，油桐基地建设0.7万公顷，杜仲及中药材基地建设0.6万公顷，沙棘基地建设0.15万公顷，蚕桑基地建设0.3万公顷，五倍子、元宝枫等基地建设0.5万公顷。1998年全省共营造红枣、仁用杏、花椒、核桃、板栗、蚕桑等经济林15.2万公顷，超额完成省下达5.3万公顷林特产品基地建设任务。为了支持全省各地林业产业的发展，省林业厅积极争取国家林业贴息贷款，全年立项197个，总贷款2.7亿元。

1998年陕西省新增全国山区综合开发示范县5个，使总数达到8个，为占全国数量最多的省份。新增的5个县已完成“九五”规划设计，省林业厅已下达了1998年各示范县建设项目和贷款计划，立项28个。总贷款规模达到6000万元。

森林资源保护与林政管理　1998年，省林业厅积极探索森林资源管理改革办法，在凤县组织了森林资源管理试点评估工作。还加大了对各类林政案件的查处力度，对太白林业局超计划采伐等问题进行了调查处理。省高级人民法院、省人民检察院、省林业厅、省公安厅、省监察厅联合发出通知，开展严打破坏森林资源违法犯罪活动专项斗争，全省共受理各类森林和野生动物案件1577起，其中查破刑事案件14起，逮捕犯罪嫌疑6人；查处林业治安案件91起；处理林政案件1472起，处理各类违法犯罪人员1929人，收缴木材1854立方米，收缴野生动物753头（只），为国家挽回经济损失168.8万元。

1998年，全省共发生森林火灾15次，其中：森林火警6次，一般森林火灾8次，重大森林火灾1次，受害森林面积285.14公顷，比1997年减少15.8公顷，经济损失20.3万元，比1997年减少损失164万元。

1998年，森林病虫害防治工作狠抓了一个“早”字，做到早动员、早测报、早防治。对一些主要的病虫害进行了突击防治，松毛虫5月底已全面完成防治，美国白蛾除兴平市基本扑灭外，其他均已达到扑灭和彻底扑灭。银杏大蚕蛾、刺槐尺蠖1998年春也相继发生成灾，省、地、县及时组织力量防虫救灾，达到了有虫不成灾。

野生动物保护和自然保护区建设方面，继续进行了全省野生动物资源普查工作，3月份报告了在黄龙发现国家珍禽褐马鸡，召开了新闻发布会，引起了社会的普遍关注。继续抓了GEF项目、中日朱鹮合作保护项目等。

森工企业改革 1998年，陕西省委、省政府作出《关于放开搞活国有小企业的决定》和《关于大力发展非公有制经济的决定》。

陕西森工总公司所属17户企业，既有以森林资源培育利用为主的森工采育企业，又有以林机、木材加工为主的工厂性企业，还有林产品经营为主的商贸企业。

森工采育企业以搞活“三剩”利用、加工等厂（点）为重点，盘活国有资产。根据行业的特殊性和经营项目的多样性特点，首先把改革相对容易，资产变现、转换能力较强的加工、服务性二级核算单位作为改革的重点，实行个别突破，整体推进的改制办法。其一是对经营单位采取不同形式，从母体剥离独立运作；其二是转换经营机制，活化生产要素；其三是对学校、医院等非经营单位实行费用包干，逐步剥离，减轻企业负担；其四是大力发展非公有制经济，正确引导职工自主经营。

对工厂、商贸企业充分利用两个《决定》的优惠政策，实行改革，一厂一策，抓两头带中间。西北林机厂在陕西省森工系统首家创立规范性股份制企业；西安林化厂产品有销路，重点进行技术改造和贷款扶持；其他工厂企业也采取相应的对策，加大改革力度。

在改革中，省林业厅、省森工总公司积极指导、协调，并多次带领企业人员走出去考察、取经，同时注意把改革同改组、改造和加强企业管理结合起来，把采育企业的整体改革与天然林保护工程同步进行。

1998年，森林工业增加值完成9500万元，为年计划的96%，较1997年同期下降4.5%，未超过省经委下达的增长速度。

存在问题 ①资金紧缺和到位迟的问题愈显突出，使全省灭荒的扫尾工作受到限制和影响。②生态工程实施范围缩小与前期准备工作面大且准备比较充分的矛盾非常尖锐，使原本就很紧张的资金，在规划设计，种苗准备等方面缺口更大，致使基层林业单位背上了沉重的包袱，压力很大，反响强烈，实行的合同育苗也将难以向群众兑现。③连续4年干旱，加上资金紧张，1998年个别地方特别是白于山区实现灭荒有一定难度。④天然林保护工程启动实施，森工采育企业转产面临停止采伐，收入减少；森工企业效益差，负债多。再加上暴雨洪水袭击，省森工系统直接损失达1800万元，使企业面临的问题较多，困难较大，形势严峻。

（周灵国）

【陕西省人民政府颁布禁伐令】 为了贯彻《森林法》，落实党中央、国务院关于根治水患，加强生态环境建设的重大战略部署，确保实现陕西省经济与社会的可持续发展，决定在全省实施天然林保护工程和停止省属森工采育企业采伐天然林活动。陕西省省长程安东签发颁布了《陕西省人民政府关于实施天然林保护工程立即停止省属森工采育企业采伐天然林的命令》：

省属太白、宁西、宁东、汉西、龙草坪5个森工采育企业从1998年11月1日起，停止一切采伐活动，全部转入实施天然林保护工程。其他林区的禁伐令待后另行发布。

上述禁伐林区所涉及的宁陕、太白、佛坪、留坝、勉县、户县行政辖区内的5个省属森工采育企业作业范围内的产地木材交易市场立即关闭，并对木材经营加工单位进行清理整顿，取缔一切山场经营与加工。

外运上述禁伐区已采伐的木材，必须持有省政府林业行政部门核发的木材准运证，否则以违法论处。

各地所持本年度的《林木采伐证》，凡未采伐的，一律作废。禁止任何单位和个人乱砍滥伐林木，违者必须坚决依法查处，严惩不贷。 （周灵国）

【黄龙山林区发现褐马鸡】 陕西省自然保护区和野生动物管理站与黄龙县林业局组成联合调查队，从1998年3月10～31日，经过20多天的调查，并请西北大学、陕西师范大学、陕西省动物研究所等多方专家鉴定，证实了在陕西省黄龙山林区有一定分布面积和数量的濒危珍禽褐马鸡，4月7日，陕西省林业厅和延安市人民政府联合在西安市召开新闻发布会，向外界公布了在陕西省黄龙山林区发现褐马鸡的消息。

黄龙山位于陕西省延安市东南部，这次发现褐马鸡新的分布区涉及黄龙、宜川2个县和韩城市的5个乡（镇），面积约4万公顷，褐马鸡种群数量在2000只左右。

褐马鸡是我国特有的珍稀鸟类，在国内仅分布于山西省的吕梁山和河北省的小五台山一带，数量极其稀少，是国家一级重点保护野生动物，被列为世界《濒危野生动植物国际贸易公约》保护对象。这次陕西褐马鸡新种群的发现有其十分重要的科学价值，使该物种的分布范围扩展到黄河以西地区，分布区面积扩大了几百平方公里，使马鸡属的分布区基本呈连续状况，这不但对保护褐马鸡这一分布区十分狭窄的濒危物种具有重要意义，而且对马鸡属亲缘关系和发生中心的学术研究将起重要作用。

调查还证实，黄龙山林区是褐马鸡的原产地。历史上由于宋、明以来的连年战争，山区移民剧增，大量垦荒，导致森林生态环境恶化，使褐马鸡种群几乎消失殆尽，而一直未被中外学者发现，致使动物学界认为褐马鸡在陕西省已灭绝。这次在黄龙山林区发现褐马鸡，探究其原因，关键是改革开放以来，黄龙山一带积极实行退耕还林、封山育林和大力植树造林的政策，森林植被得到有效的保护和恢复，给褐马鸡创造了良好的栖息环境，加之连年禁猎，人为干扰减少，使残存于此的褐马鸡种群得以恢复壮大，且有继续扩大的趋势。

陕西省林业厅和黄龙县人民政府对加强褐马鸡的保护，已采取了有力措施，将黄龙山褐马鸡种群资源调查与评价作为陕西林业1998～2000年科研计划项目，正在组织调查研究。（周灵国）

【陕西省生态环境建设研讨会】 经省政府批准，省绿化委员会、省委政研室、省林业厅和省林学会联合组织于1998年11月4～6日在西安市召开了“跨世纪的陕西生态环境建设研讨会”。来自中国科学院、中国工程院、中国林科院、北京林业大学、西北大学、陕西师范大学、西北林学院、陕西省林科院等科研教学的专家教授、省委、省政府有关部门和部分地（市）、县的领导、林业系统科技人员共138人参加了会议。陕西省委书记李建国亲自到会，省长程安东和国家林业局党组成员、中国林科院院长江泽慧分别在会上作了重要讲话。与会专家学者本着科学求实的态度，对跨世纪陕西生态环境建设进行了认真研讨，主要从以下几个方面提出了很重要的意见和建议：要提高林业在生态环境建设和经济社会可持续发展中的主体地位；统筹规划，重点突破，实施大生态建设战略；加大投入，实施强有力的扶持和保护政策；加强林业科研成果推广应用，实施科教兴林战略；切实加强对生态环境建设的组织领导。（周灵国）

【陕西省林业科技推广体系】 陕西省林业科技推广体系建设按照“先搭架子，逐步完善”的原则，截至1998年，全省共有各级林业技术推广机构1393个，科技人员4896人。其中：省级6个（含种苗、森防等专业站），78人；地市级21个，269人；县级254个，2402人；乡镇林业工作站1112个，2147人。尤其是县、乡两级推广机构发展迅速；县级推广机构由“八五”前的77个，通过省部合建25个、中德合作造林款项建设7个，国务院直接投资建设7个，以及地方投资建设很快增加到现在的254个，乡镇林业工作站由“八五”前的363个增加到1112个，翻了近三番。逐步形成了省、地（市）、县（市、区）、乡（镇）四级科技推广服务网络和成果转化运载系统。为了加快基层林业工作站的标准化、规范化建设，从1994年开展乡镇林业工作站“合格县”和“百强站”活动以来，到目前已有16个县达标，已建“百强站”51个。陕西省的林业技术服务体系，逐步完善，已由单一的技术指导型走向综合配套的系列化全程服务，包括产前的项目论证、规划设计、产中的技术组装配套实施、产后的加工、销售及信息传递。在当前建设社会主义市场经济的新形势下，坚持“围绕服务搞经营，搞好经营促服务”的办站方针，全省已有1/3的县、乡两级推广机构创办了经济实体或示范推广基地，初步走上了自我发展、自我积累的良性循环之路。（周灵国）

【飞播造林40周年总结表彰大会】 40年前，在毛泽东同志“绿化祖国”的伟大号召鼓舞下，陕西省从1958年在榆林毛乌素沙地试播，揭开了全省飞播造林的序幕，随着飞播造林工作的不断开展，陕西省飞播造林取得了令人瞩目的成就，全省在70多个县（市）飞播造林153.3万公顷，其中有效面积117.1万公顷，成林面积60万公顷，已郁闭成林40万公顷，使全省森林覆盖率增加近3个百分点，而且安康、商洛、汉中三地（市）的飞播造林使森林覆盖率增加了5个百分点。全省有15个县飞播造林增加森林覆盖率超过10%。大片飞播林的建成，产生了较大的生态防护效益，全省每年至少减少泥沙流失1260万吨。榆林流动沙地飞播造林种草3年后，植被盖度由飞播前的1.54%～7.9%提高到17.4%～45.2%，使沙丘达到固定状态，改善了沙区农业生产条件。大面积飞播林，还为野生动物的栖息创造了条件，商洛、汉中、延安等地多年不见的锦鸡、青羊、豹猫、獐子、金钱豹、熊等已在飞播林区安了家。大面积飞播林的建成，也为国家培育了大量的后备森林资源，同时给当地群众脱贫致富创造了条件。

总结表彰会上，由省林业厅、省计委、省财政厅、中国民航西北管理局、兰州军区空军政治部联合发文，对在陕西省飞播造林工作中作出贡献的31个先进集体和101名先进个人进行了表彰奖励。（周灵国）

【陕西省又批准成立8个森林公园】 为了切实保护森林自然景观和人文景观资源，在明晰产权、经营权的前提下，因地制宜，采取多种形式、多种渠道筹集资金，联合经营，滚动发展，共同受益，尽快发挥森林的生态效益、经济效益和社会效益。1998年，经省林业厅批准又成立了华山、褒河、三道门、苍龙山、蟒头山、千家坪、凤凰湖、玉湖洞8个森林公园，陕西省森林公园总数已达42个，经营面积达15.37万公顷。

(周灵国)

【榆林地区发展红枣产业】 红枣栽植在陕北榆林地区有悠久的历史，近年来，榆林地区把红枣生产作为山区和沙区综合治理，群众脱贫致富的主导产业来抓，已经取得了显著的生态、经济和社会效益。截至1998年，榆林全区共建枣园保存面积6.8万公顷，年产鲜枣8万吨，产值达3亿元。红枣产值占沿黄河6县农业总产值的33%。枣农人均红枣收入占总收入的60%左右，靠红枣使沿黄河各县70%的贫困人口解决了温饱问题，261个村成了小康村。1998年榆林地区又决定启动“东枣西延”工程，使红枣从沿黄地区向榆林全区红枣适生区更大规模地全面推开。 (周灵国)

【陕西省扑灭美国白蛾】 国际检疫性害虫美国白蛾是1984年8月在陕西省武功县发现的，之后，迅速扩散蔓延到咸阳、西安、宝鸡3市9县（市、区）54个乡(镇)。最初发生地平均每平方米有虫133条，周围5万多株树木，4万多米长的绿篱叶子被吃光。中心发生区的武功、兴平2个县（市），27个乡（镇）遭受白蛾危害，白蛾网幕比比皆是，林网、村庄树叶被吃光后，又进入苗圃、果园、农田、菜地。外围发生区南至西宝公路南线，北至西宝公路北线之间20多千米，东至西安市区，西至扶风县降帐镇，美国白蛾迅速扩散蔓延，在蔓延发生高峰期，疫区直接和间接经济损失达11.04亿元，且直接威胁西北地区工农业生产和人民群众正常生活，形势十分严峻。

美国白蛾的迅速蔓延，引起了国务院、中央军委的高度重视，1985年2月，国务院办公厅、中央军委办公厅批转了《农牧渔业部、林业部迅速扑灭陕西省境内美国白蛾的报告》，要求尽快扑灭陕西省境内美国白蛾。陕西省人民政府立即成立了主管副省长为总指挥的扑蛾指挥部，精心安排部署，全面动员，开展了深入持久的查防扑灭美国白蛾的人民战争。历经14年的艰苦奋战，先后投入100余万人次，投资1500多万元，喷药灭虫53.3万公顷，人工防治66.7万公顷，营林措施2万公顷，剪除白蛾网幕150多万个，捕杀成虫93万头，摘除卵块23万块，挖蛹灭虫120万头。到1993年，先后扑灭了礼泉、乾县、扶风、雁塔、周至、杨陵6县（区）的美国白蛾。1994年，省人民政府连续发出了《关于认真搞好今年查扑美国白蛾的通知》和《关于进一步抓好扑灭美国白蛾紧急通知》的内部传真电报，要求咸阳市政府向省政府负总责，强化政府行为，加大查扑力度，限期扑灭美国白蛾，1994～1997年，咸阳市先后扑灭了秦都、武功2个县(区)美国白蛾，1998年，拔除了陕西省最后一个美国白蛾疫情点——兴平市，胜利实现了全省境内扑灭美国白蛾的奋斗目标。

(周灵国)

【中德合作陕西延安生态造林项目】 中德合作陕西延安生态造林项目，是陕西省于1996年开始申报洽谈的又一个国际合作项目。1997年项目经过可行性调研、准备，申报工作有了重大进展。1998年1月起，项目进入可研设计准备阶段。在德方专家的协助下，历经3个月，完成了规划设计，并通过了德国复兴银行项目官员对项目的评估认定。于6月5日中德双方在北京就会谈纪要举行了签字仪式。会谈纪要中在充分肯定了项目前期工作的基础上，提出了对项目区“退耕还林、林牧采育、农民参与”等问题，由中德双方专家共同进行补充考察。此后，中德合作陕西延安造林项目办公室，首先聘请国内水保专家对项目区存在问题进行分析评价；其次组织省设计院的技术人员深入项目区进行土地结构调查。在此基础上，11～12月，由中德双方共同对项目进行补充考察。考察报告由德方专家提交复兴银行，复兴银行很快对初期考察报告做出反应，同意至少从一个县（吴旗）启动本项目。对此，国家林业局发电传给复兴银行，建议应以作业区为标准来启动项目。到1998年底，中德合作陕西延安生态造林项目各项考察工作已经结束，启动程序即将运行。

(周灵国)

【西北林业机械厂完成股份制改造】 西北林业机械厂是1996年经国家计委批准建设的全民所有制林业机具专业生产厂。经“六五”、“七五”、“八五”共投资2500万元，开发研制BG33高把油锯、CH25轻型油锯、6MF-4风力灭火机、3MF-4喷粉喷雾机、3MF-2农林两用喷雾器等产品适销对路，供不应求，年产量由原来8000台提高到了3万台，企业经济效益稳步增长，综合实力达到国家中Ⅱ企业。1989年被评为“国家二级企业”，在大兴安岭大火灾期间被国家防火指挥部评为“全国灭火先进集体”，还曾先后被陕西省评为“先进企业”和“经济明星企业”。

西北林机厂是三线建设时期，按计划经济模式建立的，由于不能适应社会主义市场经济要求，又缺乏技术改造资金、流动资金，进一步扩大经营规模，遇到很大困难，严重制约企业发展和经济效益提高。企业改革势在必行，为了理顺产权关系，转换经营机制，使企业建立起自我约束、自负盈亏、自我发展的良性机制。工厂于1997年5月8日正式成立转制办，进行股份制改制工作。这一设想，厂里向省森林工业总公司汇报后，得到了支持。在此期间，省森工总公司、省体改委、渭南市体改委、省林业厅等就企业转制进行调查，7月7日，省林业厅党组会专题研究，并于7月15日正式上报省体改委，8月11日，陕西省体改委［陕改函(97)87号］根据陕西省林业厅“关于发起设立陕西西北林业机械股份有限公司立项申请”进行批复，同意改制。

在省体改委、林业厅、森工总公司指导下，按照法律程序规范操作，聘请陕西现代企业咨询有限公司咨询顾问，于9月23日，由省体改委、国资局、省证券办、省政府办公厅、省工商局、林业厅、森工总公司、岳华会计师事务所、现代咨询公司等专家指导下，就西北林机厂股份制改制方案正式论证。之后经过评估，所有权界定、重组，出资折股，股权管理、审计，土地评估，12月27日正式上报设立“陕西西北林业机械股份有限公司”。1998年4月21日，陕西省人民政府正式同意并批复；5月进行股份认购及缴纳股款工作；6月召开了公司创立大会，选举董事会成员，通过了公司章程；12月11日领取了《企业法人营业执照》，取得了法人资格，陕西西北林业机械股份有限公司即告正式成立。 （周灵国）

【太白山索道建成】 秦岭主峰太白山，自古就是一座中华名山，“太白积雪六月天”是著名的长安八景之一。1991年经林业部批准建立陕西太白国家森林公园，面积2949公顷，森林覆盖率94.3%，园内奇峰嶙峋，景点密布，构成一幅动、静相间，自然景观与人文景观相映成趣、浑然一体的生动画卷，是我国西部不可多得的自然风光旅游区，被誉为我国西部的一颗绿色明珠。为了解决登山难的问题，根据太白国家森林公园总体发展规划，1996年4月经眉县县委、县政府和太白国家森林公园研究决定建设太白山客运架空索道，并于1996年8月经宝鸡市计委审议通过可行性研究报告，1997年太白山索道工程被列入宝鸡市20项重点建设项目之一。

太白山索道工程于1997年7月正式开工建设，驱动站选在下板寺，海拔2800米，迂回站选在上板寺，海拔3200米，索道全长1100米，高差400米，总投资1035万元，1998年5月建成投入试运营，当年收入161万元。

太白山索道是陕西省林业部门修建的第一条森林公园索道，游客乘索道缆车登太白山可当日往返于太白山主峰拔仙台，观赏太白山独特的森林景观和保存完好的第四纪冰川遗迹。 （周灵国）

【陕西省林业科学研究所更名】 陕西省林业科学研究所是陕西省惟一的省属综合性林业科研机构。经过40年的发展，专业、学科设置齐全，技术雄厚，科研手段和试验设备先进，信息系统健全，科研成果丰硕。所内设有林业部黄土高原林木培育重点开放性实验室、陕西省林业综合实验室、陕西省林业科技信息中心、陕西省红枣研究中心、陕西省魔芋研究中心等研究开发机构；在1995～1996年林业部进行的全国林业科研所实力评价与绩效考核中，以较强的科研开发实力，成为中国西北地区惟一进入全国20强的科研院所，已达到了省级林业科学院的规模和条件。

为了加强对外合作与交流，积极参与国内外竞争，经陕西省林业厅和科委同意，陕西省机构编制委员会1998年9月9日批复，同意陕西省林业科学研究所更名为陕西省林业科学院。 （周灵国）

【陕西省林业生产受灾严重】 1998年7～9月，陕西全省连续普降大到暴雨，各地都不同程度受到暴雨洪水袭击，给全省林业生产造成严重损失，其中陕南的安康、商洛、汉中和陕西省森工系统受灾最为严重。暴雨来时，山洪暴发，河水猛涨，冲毁林地、苗圃、林区公路、桥涵、房屋及毁坏小水电站和其他基础设施。全省林业生产受灾严重，水毁道路3907千米，倒塌房屋2300余间，冲毁苗圃400多公顷，摧毁桥涵1258座，水毁林地3万多公顷，冲毁小电站6座，冲失木材1万多立方米等等，共计全省林业生产受灾直接经济损失2.25亿元。 （周灵国）

西安市林业

【概　述】 1998年，西安市林业总产值实现1.51亿元。

造林绿化　全市农村完成造林合格面积1.59万公顷，为年目标的149%，其中：飞播造林有效面积7593.33公顷，人工造林8306.67公顷；新育苗326.67公顷，为年目标122.5%；义务植树1008万株，完成了年目标的100.8%；封山育林1.33万公顷；幼林抚育5333.33公顷，均为年目标任务的100%。

林业重点工程建设　绿山富民工程继续被列入市政府为群众办的十件事项目，共完成扶持山区5509户群众建经济林园1714.93公顷，分别为年计划的110.3%和128.6%，平均成活率为88%；黄河中游防护林工程和“三北”防护林工程完成了4600公顷和1333.33公顷的建设任务；以农业综合开发中农田林网建设为主体的平原绿化工程在质量方面有较大突破，全市农田林网建设共绿化路渠150条250千米，植树37.6万株，平均成活保存率在80%以上，是西安市多年来林网建设成活保存最好的一年；渭河防护林工程植树41万株；全民义务植树不断深入，涌现出了1个百佳县、1个百佳乡、4个千佳村和2个400佳单位。

资源林政管理　认真执行采伐限额管理制度，坚持实行采伐限额目标管理责任制，年森林总采伐量消耗18万立方米，没有超出省下达的年森林总采伐量消耗23.5万立方米的计划，抚育间伐实际生产木材

2.14万立方米，控制在3.5万立方米的计划限额内。认真贯彻国务院《关于保护森林资源制止毁林开垦和乱占林地的通知》精神，全面完成了对山区乱占滥用林地的调查，严格实施征占用林地许可证等"三证"制度，遏制了只顾眼前经济利益破坏生态环境的现象。按照中共中央、国务院《关于灾后重建、整治江湖、兴修水利的若干意见》中"实行封山育林、退耕还林、防止水土流失、改善生态环境"的指示和西安市人大代表视察林业工作时提出的要求，完成了全市1.33万公顷25°以上需要退耕还林的坡地调查，并制定出切实可行的措施和规划，加强了政府对林地、林权的管理职能。

森林资源保护 加强森林防火工作，全市未发生一起森林火灾；加大林业案件查处力度，积极开展乱砍滥伐专项斗争，全年发案148起，比1997年下降23%，查处141起，案件综合查处率达95%；狠抓林木病虫害防治，认真落实目标管理责任制，全市共防治林木病虫害1.88万公顷，有效防治率50.1%，完成年目标的100%。经省林业厅和国家林业局检查，均未发现任何虫态的美国白蛾，标志着西安市基本实现了消灭美国白蛾的目标。

林业科技推广 坚持科技兴林战略，积极开展科技下乡活动和引进国外智力工作，加快林业科技推广步伐。全市建立板栗、核桃、红枣、莱用香椿等丰产示范园218.67公顷，新建猕猴桃丰产园2000公顷；ABT生根粉、吸水剂等应用造林666.67公顷，完成毛白杨、水杉等抗病虫林木良种造林800公顷，繁育毛白杨、水杉、黑核桃等良种苗木1000万株；利用日本国民间捐资115万日元，在西安市草滩建立了中国·西安—日本千叶县水杉友谊林；莱用香椿丰产栽培技术试验与推广通过了西安市科委组织的成果鉴定，居国内同类试验推广项目先进水平。 （陈小利）

甘肃省林业

【概 述】

主要经济指标 1998年，全省共完成造林17.79万公顷，占年计划的107.8%；经济林5.93万公顷，占年计划的97.35%；完成义务植树720.8万株，占年计划的115%；完成育苗0.59万公顷，占年计划的110%。全省经济林干鲜果品年产量达160多万吨，其中优良果品率增加20%以上，林业总产值53亿元，农民人均林业收入净增40元以上，实际已达350元。崇信、康县、临夏3县（市）已通过整县宜林荒山绿化达标验收；规划实现整县宜林荒山绿化的康乐、徽县、灵台、秦安4个县，基本完成规划任务；嘉峪关市和永昌县基本完成了平原绿化任务。

林业宏观管理 1998年10月，全省召开了林业处局长、绿化办主任参加的专题会议。会议在党的十五届三中全会精神的鼓舞下，总结交流了各地生态环境建设的经验和保护天然林工程的实施意见，分析了当前形势下的主要矛盾和对策，安排部署了今后生态建设的各项任务和工作重点。林业法制建设不断得到加强，《甘肃省林木种苗管理条例》已经省人大常务会议审议发布，《甘肃省实施森林法办法》、《甘肃省林地管理办法》、《甘肃省天然林保护条例》等当前林业发展急需的地方性法规起草工作，也正在按计划有步骤地进行；全省各级执法人员的培训考核、发证已全部完成，林业行政处罚主体的确认、资格证的颁发、罚没收入两条线等工作也已基本完成。稳步启动了国有天然林资源保护工程。对全省总体方案先后进行了三次大的调整，并9次进京向国家林业局进行了汇报衔接，多次向省委、省人大和省政府进行专题汇报，省委、省政府作出从10月1日起全面停止白龙江等十大国有林区天然林采伐决定后，及时开展了各项工作，并积极协助有关部门关闭林区和林缘区木材市场、落实天然林保护工程计划、投资等工作。在基本完成清山任务的基础上，正在对合法存材有秩序地组织营销，保证了天然林区的正常经济运行。

林业生态建设 1997年9月，省委、省政府发出了"再造山川秀美的新甘肃"的动员会，部署了全省生态环境建设的总体规划；提出了首先实施"再造河西"生态农业的宏大系统工程，标志着全省生态环境建设进入了新的发展阶段。1998年2月，省政府发布了关于加快全省林业发展的十条决定。9月，省政府发出了关于贯彻国务院紧急通知，保护森林资源，制止毁林开垦乱占林地的通知，并发布了停止国有天然林采伐的决定。全省"三北"、长防、黄防、防治治沙、平原绿化5大重点林业生态工程建设加大工作力度，有了新的突破。全年共完成长防林营造面积4.72万公顷，占年任务的112.4%。其中植苗造林1.68万公顷，飞播0.53万公顷，封山育林0.67万公顷，幼林抚育0.84万公顷，按林种分：防护林2.77万公顷，用材林0.49万公顷，经济林0.6万公顷，薪炭林0.021万公顷。完成义务植树1060万株，新育苗面积0.65万公顷，均超额完成各项任务。长防地区建成千亩以上长防工程65处，面积达1.36万公顷。在抓好现有大型生态工程的基础上，以启动保护国有天然林工程为契机，以长江、黄河两大流域和重点风沙区治理为重点，按照"兴林治

山治水相结合、水旱风沙灾害治理相结合、上下游同步治理相结合”的原则，抓好黄土高原水土保持林、黄河上游—洮河流域水源水保林、河西走廊农田防护林、防风固沙林、祁连山水源涵养林，兰州南北两山生态林、刘家峡水库区绿化，大砂沟绿化工程、秦王川生态经济型防护林、马莲河和九华沟流域治理等省列一批重点生态工程。全省大面积工程造林在万亩以上的有6处，5000亩以上的有20处，千亩以上的有165处。仅武威市就完成国道、省道和县乡道路绿化1390千米。

林业科技宣传　1998年5月和9月分别召开了全省林业宣传教育和林业科技推广工作座谈会，进一步分析了林业科技宣传工作形势，研究了加强措施和意见。新列林业科研、推广项目50多项，其中“雨水集流庭院经济林建设试验示范”、“杜仲丰产栽培与集约经营技术研究”等项目，经现场验收，生态和经济效益十分显著，有效地提高了科技对林业发展的贡献率。与此同时，全省各级紧密结合植树节、世界防治荒漠化纪念日、《野生动物保护法》颁布10周年以及“三北”工程建设20周年活动，集中开展了各种形式的林业宣传活动，特别是配合天然林保护工程的启动实施和制止毁林开垦、乱占林地的工作，突击组织开展了大规模的各种宣传活动，有力地配合了全省林业建设各项中心工作，收到了良好的效果。

林业产业建设　全省各级既注重名、优、特、新品种的使用和推广，也注重名优商品苗木专业繁育基地建设，省林业厅与地县合作已联建了3处美国黑核桃苗木生产基地，各地县也都从实际出发，不断加大了这方面工作的力度。1998年新造经济林5.93万公顷，经济林总面积已达到60万公顷；采用高接换优等技术改造老果园1.34万公顷，占年计划的105%。全省林果业总产值已达53亿元，已有41个县林果特产税超过100万元，其中10个县超过500万元，最高的县达800万元。全省果品贮存保鲜能力达到25万吨以上。新上了靖远、秦城、敦煌3个国家名特优新经济林基地示范县；建立了经济林发展动态信息定期测报制度，在全省确定18个经济林大县，作为测报县，每月向省林业厅填报。首次对全省花卉产业现状进行了全面调查统计，全省现有各类花卉栽培面积近1300公顷，年产鲜切花1670万支，生产各类种球种苗2334万粒（株），培育盆景、盆花628万盆；花卉业年总产值达到8818万元。编制了《甘肃省1999～2010年重点花卉基地建设工程规划》。几年来，全省国有林场按照“以林为本、合理开发、综合经营、全面发展”的办场方针，抓结构调整，促多种经营；抓支柱产业，促自营经济；抓经济发展，促林场致富；紧紧结合，环环紧扣，初步形成了“东部的种植业、南部的采掘业和木材加工业、中部的旅游业和花卉业、西部的经济林果业”的产业新格局，基本达到了一场一业、一场一品的产业建设要求。如酒泉地区截至1998年底，国有林场经济林果园保存面积达1000公顷，人均0.33公顷，果品产量达323.7万千克，销售总收入达434.2万元，职工人均收入1420元；兰州市的12个场站，就有8个场站依靠开展森林旅游业和花卉业走上致富路，两项收入达170多万元，占全部收入的25%；陇南地区20个国有林场，全年销售总收入1809.7万元，其中50%来自木材加工产品和采矿业收入；庆阳地区子午岭4个国有林业总场26个林场，整治河堤开发河滩沙地和川台地，种植粮食和经济作物，总规模达160公顷，近年最高年产值达1500多万元，成为广大林区职工赖以生存和脱贫致富的基础。

森林资源保护　以林木采伐源头管理为核心，切实加强森林采伐限额管理。在管理中从狠抓源头管理、加强督查力度出发，制定林木采伐作业设计质量验收办法，组织开展了重点林业生产单位采伐作业设计的验收工作，为采伐限额有效控制奠定了基础，并由专业技术人员组成3个工作组，对全省进行了大规模检查监督，全省应凭证采伐的生产性消耗控制在国务院下达的指标之内。认真贯彻国务院《关于保护森林资源制止毁林开垦和乱占林地的通知》，促进了林地管理制度化、规范化和法制化进程。完成了征占用林地核查工作，全省发生征占用林地5宗，面积59.09公顷，经林业主管部门审核的57.98公顷，审核率为98.1%；建立了全省林地管理信息网络，林地信息统计工作逐步走向规范化；先后对临洮县体育场扩建工程、国道316线改建工程征占用林地申请，依法进行了审核，征占用林地审核制度得到进一步落实；制订了贯彻落实国务院《通知》的工作方案，并进行了组织实施，而且派出专人赴各地检查指导，同时对非法占用张掖市西城驿林场林地、高台县罗城乡毁林开垦等案件进行了调查处理；认真推行木材凭证运输和经营加工许可证制度，不断加大综合治理木材流通秩序的力度。按不同的地区和单位、规格材和非规格材，木材、林木产品和林副产品，在颜色、代码和号码上予以区分，设计印制了1998年甘肃省木材、林木产品准运证，并坚持木材运输证管、发、用、审制度，完善管理办法，严格办证纪律，规范办证行为，加强监督检查，提高凭证运输率。清理整顿木材市场和木材经营加工点，维护木材经营秩序，促使依法经营；加强了木材检查站规范执法和达标建设，对木材运输线路进行不定期路查，对12个检查站进行督查，严格了检查程序和处罚程序，扭转了代罚代没现象，并对不按规定履行职责的检查人员进行了严肃处理。同时，结合治理公路“三乱”，狠抓木材检查站达标建设。全省林业公安机关共立各类森林案件1619起，查处1602起，抓获犯罪嫌疑人和处罚违法人员3160名；收缴木材3689立方米，为国家挽回经济损失285万多元；全年全省只发生一般森林火灾1次，火警3次，过火面积77.3公顷，损失幼树7000多株；森林病虫害发生面积32.78万公顷（其中：病害8.05万公顷、虫害18万公顷，鼠害6.73万公顷），发生率为7.29％；完成森林病虫害有效防治面积21.62万公顷（其中：病害4.51万公顷、虫害11.44万公顷、鼠害5.67万公顷），防治率为65.95％；确定监测对象72种，应施监测面积272.6万公顷，完成监测代表面积199.7万公顷，监测覆盖率为73.26％；应施产地检疫种苗面积1100公顷，实施产地检疫种苗面积930公顷，种苗产地检疫率为86.88％。超额完成了国家林业局下达的目标管理任务指标，并在年底通过了国家林业局组织的森防目标管理检查验收。　（何　熙）

【甘肃省宣传“三北”防护林体系建设成就】　甘肃省是全国“三北”防护林体系建设的重点省份之一。1998年是“三北”防护林体系工程建设20周年，为了总结全省“三北”防护林工程20年的建设成就，进一步提高广大干部群众的绿化意识，激发他们的积极性，增强工程建设信心，推动工程建设持续、快速、健康发展。省林业厅根据国家林业局关于开展一次全面系统的总结宣传活动的指示精神，把其纳入了1998年全省林业工作的重要内容，及时进行了安排部置，组织实施了“五个一”系列宣传活动，即组织一场电视文艺晚会，一次新闻采访团活动、发表一批系列专题报道、摄制一部电视专题片、汇编一本书。全省有“三北”防护林建设任务的地（州、市）充分利用广播、电视、报刊等媒体，开展了全方位多形式的宣传活动，大力宣传全省生态建设取得的成就、涌现出的先进典型及进行“三北”工程建设的重要意义。全省各地在《中国绿色时报》、《甘肃日报》、《甘肃科技报》、《金昌报》等各级报刊、电台、电视台刊登和播发文章、稿件近3000篇。1998年11月1日，省林业厅与甘肃省电视台联合举办了题为“生命的呼唤”大型文艺晚会，并向全省各地进行播放。平凉地区举办了“平凉地区首届林果产品展览交易会”，宣传展示了该地区“三北”防护林建设20年来所取得的丰硕成果，提高了广大群众兴林致富的积极性，促进了本地林果业的发展。　（惠晓萍）

【甘肃祁连山国家级自然保护区一期工程总体建设】　甘肃祁连山国家自然保护区基本建设(一期工程)已于1998年按总体投资设计全部完成。国家林业局委托甘肃省林业厅组织验收小组，于1998年11月8～10日，在张掖市召开了验收会，并一致同意总体工程竣工验收。一期工程自1990年开始建设，至1998年按总体设计全部完成。该设计总投资819万元，其中林业部投400万元（包括基建部门借款65万元），省投419万元。省级投资已扣除5％节约额18.45万元。实际拨款400.55万元，实际完成总投资800.55万元，建成项目30个，使管理局机关基本生活设施就序，使21个自然保护站的基础得到改善，8个保护站和36个护林站危房进行了重修和维修，使护林站、点布局更加合理，完善了各项保护体系，初步形成健全的管理格局，综合管护能力进一步加强，极大地调动了职工的积极性，取得了建立国家级自然保护区10年无森林火灾的好成绩，继续保持了建国以来48年无森林火灾的显著成绩，经济、社会、生态十分显著。

（祁连山国家级自然保护区管理局）

【甘肃省区（乡）林业工作站建设】　1998年甘肃省利用国家林业局投资的30万元，加上地方的配套投资，完成了13个林业工作站建设任务，新建办公用房65间。截至1998年底，全省共利用国家投资760万元，省配套资金590万元，地县配套资金704万元，完成或部分完成704个林业工作站的基本建设任务，占规划建设总数的86.5％；全省林业工作站人员总编制为2928人，现已培训的站长有813人，站员1867人；完成林业工作站合格县建设共33个县（市、区）。全省林业工作站充分利用当地的自然资源，依靠自身的技术管理优势，开展了多种经营，创办了经济实体，有基地的站305个，总面积1700公顷，年产值640.05万元，年利润170.63万元；开展其他经营项目的站已达124个，年产值976.9万元，年利润200.51万元。林业工作站自我积累、自我发展能力得到进一步增强，较好地发挥了组织、管理、指导、服务的职能，在护林防火、组织指导林业生产，依靠科技带领农民兴林致富等方面发挥了重要作用。

（甘肃省区（乡）林业工作站管理站）

【甘肃省森林公园和森林生态旅游建设】　1998年7月底，省林业厅与省旅游局联合在天水市召开了全省森林公园暨森林生态旅游工作会议，总结了过去森林公园和森林生态旅游工作的经验和问题，分析了森林生态旅游的发展前景，提出了今后一个时期的奋斗目标和任务，研究制定了对策措施，为推动全省森林公园建设和森林生态旅游事业的更大发展起到了积极的作用。同时，调整思路，扩大宣传，广泛合作，增加投入，夯实基础，强化管理，狠抓服务，全面加强了森林公园的建设与管理，极大地促进了森林生态旅游业的发展。成县鸡峰山森林公园顺利通过了申报国家级森林公园的专家考察评估，批建了兰州市兰山省级森林公园，对已申报建立森林公园的定西西岩山、西固石头坪、无视三峡、民乐海潮坝进行了实地考察与评估，年内批复建设。全年共接待国内旅游人数254.39万人，比1997年增长11％；森林公园收入总额达1425.28万元，其中旅游收入1009.58万元，分别比1997年增长46％和26％；社会旅游收入1439.9万元，比1997年增长57％。　（何　熙）

【甘肃省林业勘察设计水平提高】　1998年完成了20余项林业勘察设计工作，尤其是全省天然林保护工程规划设计、全省绿色通道工程建设规划、河西走廊（疏勒河）农业灌溉暨移民安置综合开发项目林业工程建设初步设计等，为各项工程建设摸清了家底，确定了规划设计，为开展工作打下了良好的基础。同时，积极开发应用了计算机林业制图体系，将高新技术应用于规划设计中，全年共完成各种规格的规划设计图100多幅，以成本低、周期短、质量高，赢得了用户的好评，在国内林业专业制图中处于领先水平。有9项成果分别获省林业科技进步一、二、三等奖，有两个QC小组获省建委优秀QC小组荣誉称号。至此共获优秀勘察设计、科技进步奖55项，其中获国家级、省部级奖10项，连续7年9项成果获省建委颁发的优秀质量管理（QC）小组奖。（谭雅枝）

【甘肃省林业技术推广工作】 建立健全了四级推广网络，省上利用世行贷款建成了省林业科技推广总站，相继14个地（州、市）均建立了林业科技推广站，全省87个县（市、区），除4个牧区县外已建立了83个县级林业推广站，并在林业部的支持下建成了704个重点乡级林业工作站。现有职工总人数4243人，其中科技人员1434人，占职工人数的34%；林业科技推广和省上的重点工程建设项目相结合，如河西的复合林网生态模式示范推广项目同治沙工程建设项目相结合，陇南的银杏、杜仲丰产栽培项目同长防林工程建设项目相结合，陇东的仁用杏丰产栽培同平原绿化工程建设项目相结合，这样使林业科技推广和林业工程建设同步进行，从布局上、人力、物力、财力上均能得到充分合理的利用和发挥，使之互补互促，进度快，效果明显；开展林业科技推广同当地的支柱产业建设相结合，使科技引导带动了生产，生产促进了科技的发展，得到了各级党政领导的高度重视，形成了科技生产一齐抓的新局面。同时，把分散的、单项的科技推广逐步向配套技术、规模推广、规模效益、产业化方向过渡，如仁用杏推广已形成了生产基地、产品加工、销售一条龙的格局。截至1998年底，全省共实施林业科技推广项目407项，推广了114项科技成果，示范面积达63.1万公顷，辐射推广面积达到626.59万公顷，取得直接经济效益140 136万元，培训各层次科技骨干116.34万人（次），获国家级奖4项，省部级奖18项，地（厅）级奖34项，其他奖4项。（程同浩）

【甘肃省防护林建设】 1956年以前，全省仅在河西沙漠边缘分散零星地营造了一些防风固沙林带。1956年甘肃省委作出了营造"万里绿色长城"的决定，拉开了甘肃省大规模营造防护林、改变恶劣生态环境的序幕。这条"绿色长城"西起敦煌的哈拉湖，东至民勤、古浪、永登，经过14个县（市）。1958年4月，在1500千米的风沙线上，每天出动50万人参加植树造林工作，仅半个月就造林10万公顷，完成计划的64%。但由于这项造林计划未经详细的调查设计，造林后又无认真抚育管理，加之接踵而来的三年自然灾害，这项大规模的造林现保存无几。1964年，省上不惜动用省林业经费的1/4，从东北、新疆调人员，在庆阳地区泾河支流——蒲河的中上游建立了国营蒲河造林总场，下设10个造林场，计划营造大面积水土保持林，以控制该流域的水土流失。但由于山地权属矛盾，农林、林牧矛盾，零碎分散的森林形不成体系，于70年代初下马。至1977年底，全省防护林营造保存面积仅为17.4万公顷。改革开放以后，全省广大人民在省委、省政府的正确领导下，紧紧围绕国家先后启动的以营造防护林为主的重点林业生态工程，即"三北"、长江中上游、防沙治沙、平原绿化、黄河中游防护林体系建设工程和省上推行的整县宜林荒山绿化达标工程展开大规模的防护林建设。几大林业生态工程采取全民动手、全社会广泛参与的办法；推行工程造林，实行项目化管理；倡导领导创办绿化点，以点带面；突出重点，注重规模；提高科技含量，强调科技服务。经20年的努力，防护林建设取得了喜人成绩，生态和社会效益显著。至1998年底，全省累计营造防护林保存面积157.53万公顷，其中农田防护林11.6万公顷；防风固沙林33.33万公顷；水土保持林112.6万公顷。全省森林覆盖率由1978年的6.8%提高到9.04%，净增2.24个百分点，初步控制水土流失面积22.4万平方千米，庇护农田和村舍185.6万公顷，各种自然灾害比1978年以前减少了1/4。许多昔日的荒滩戈壁，如今变成了条田成方、林网纵横、渠路配套、林茂粮丰、花果飘香的"塞上江南"。（洪 涛）

【甘肃省山区综合开发示范县建设】 武都、泾川两县被全国山区综合开发领导小组和国家林业局分别于1996、1998年列为全国山区综合开发示范县。两个示范县在全国山区综合开发领导小组办公室、国家林业局和当地党委、政府及有关部门的领导、支持下，坚持以市场为导向，以科技为保证，以群众开发为主体，以"改土、治水、植树、修路、通电"为基础内容，以山水林田路综合开发、农林牧副渔全面发展为原则，大力开发以林果支柱产业建设为主的山区综合开发工作，取得了一定成效。泾川县年内共兴修水平梯田1560公顷，完成造林合格面积3400公顷，新建集雨水窖5200眼，新修乡村道路18条400余千米，改扩建了黑河千头肉牛育肥场，建成4栋44间680平方米育肥牛舍、200平方米的青贮氨化池、300米场部围墙、200平方米的饲料储库，架设1.2千米供电线路，购种牛33头，仔牛52头；修建砖混结构通风果库6栋贮量1000吨，为千吨级气调果库收购贮存鲜果850吨，产值181万元，为烤烟厂收购烤烟11.7万担，完成产值1200万元，创利润206.1万元。武都县重点实施了"油橄榄基地建设"、"花椒基地建设"、"速生丰产林基地建设"、"白龙江沿岸规模养猪"、"县种畜场肉牛基地建设"项目和花椒液综合加工厂、洛塘青椒加工厂、汉王红芪饮片加工厂等龙头企业。共新建橄榄园22处115公顷，扦插育苗290万株，整地555.6公顷；新发展花椒1.3万公顷，总面积达3.1万公顷，并建成大红袍花椒丰产示范园20处2000多公顷；引进中药材新品种11个，种植面积2300公顷，扶持建成20个规模养猪村和50个养猪大户，已获得显著的经济效益，并辐射带动了全县养殖业的发展。（何　熙）

【甘肃省国有林场脱贫工程】 1998年9月，在兰州市举办了第二期全省贫困国有场圃场长、主任培训研讨班，对林场场长和苗圃主任从市场经济管理、现代企业管理、项目可行性研究、领导艺术与职能、林业政策法规、林业发展趋势与实用技术、产业体系理论等方面进行了培训，同时，交流了经验，研究讨论了今后工作的思路和措施，使他们解放了思想、扩大了信息、提高了水平，也为今后总结了经验。7月份组织专业人员分3个工作组对全省1996和1997年与省林业厅签订了脱贫目标责任书的54个国有林场和20个国有苗圃的脱贫工作进行了全面检查验收。有48个林场和17个苗圃如期实现脱贫，脱贫率为88.9%和85%，其中脱贫当年盈利超过10万元的有文县洋汤河林场、张掖市红沙窝林场、岷县马烨林场和灵台县百里林场。全省国有林场贫困面由“八五”期末的46.4%下降到24.4%。同时，各地在财政十分困难的情况下，每年千方百计筹措资金，扶持国有林场生产建设的正常进行。现全省有161个林场有事业费。另对每年确定的脱贫林场，省上除在生产、基建等项目倾斜外，还对国家安排的扶持资金进行配套。3年来为74个脱贫林场安排的扶持资金达300多万元，启动脱贫项目85个，基本达到扶持一个林场、启动一个项目、收到一份成效的帮扶目标，有力地推动了国有林场脱贫步伐。（何　熙）

【甘肃省国有林场深化改革】 原林业部《关于国有林场深化改革加快发展若干问题的决定》出台后，全省国有林场深化改革的力度不断加大，改革的领域不断拓宽。在内部改革方面，改革场长任命制为招标任期目标责任制，打破干部、工人原定岗位界限，实行双向选择，公平竞争，择优上岗，承包经营，确定上缴数后全奖全罚，并根据工种和任务完成情况计发工资。在分类经营、组织机构调整方面，对林区开展的种植业、养殖业、加工业、旅游业、服务业、商业、运输业等二、三产业，彻底放开搞活，实行独资、合资和参股经营；对以保护管理天然林资源为主的生态型国有林场，实行“山上有路走山路、山上无路打开山门找出路”的办法，重点在森林旅游、野生动物驯养繁殖、饮食接待服务等领域找突破，鼓励发展非公有制经济；对资源和经济基础比较好的国有林场，按照以林为本的原则，打破地区所有制和行业界限，实行场场联合、场圃联合、场站联合、达到以强带弱、以大带小、规模发展的目的。酒泉地区林工商总公司，联合全区11个国有场圃，将各场圃的林果基地全部变为其下属“车间”；张掖市的6个国有场圃，两年来联合投资1000多万元，建市场、搞旅游、开发土地等，已取得了显著的经济效益；灵台县百里林场，先后购买当地村社宜林荒林320公顷，建设用材林基地，同时还兼并了本县一场一圃，开创了全省场场、场圃兼并的先例。在联合开发方面，积极鼓励林场以厂房、设备等存量资产，与国内企事业单位、外商和集体、私人经济实体，联合开发林区旅游、矿产、土地等自然资源，加快林场经济发展；西和县玉泉林场与陇南磨沟铅锌矿联合开发荒山0.1万公顷，建设日本落叶松用材林基地，当年栽植330公顷；武威地区石羊河林业总场，5年开发沙荒地333.3公顷，成立2处开发区，将其建成高标准的林粮间作和酿酒葡萄示范基地。（何　熙）

【甘肃省林木种苗生产建设】 截至1998年底，全省已建成各类种子生产基地1.33万公顷，其中良种基地9处520公顷；新建、改建苹果、梨、杏、枣、花椒、核桃等名优特新品种繁育基地333.33公顷。各类基地年产种子20万千克，其中良种6500千克，优良穗条400万根，经济林名优特新品种穗条3000万根；年产各类优良苗木9930万株；全省基地供种率达80%，良种供应率达14%，经济林名优特新品种供应率达95%。同时一座库容面积470平方米、储种能力20万千克的低温库全面建成并投入使用，初步具备了丰年多采、合理储备，以丰补歉的能力。

全省共有国有、集体和个人育苗基地8389.24公顷，其中国有育苗基地5213.5公顷。在建的省级示范苗圃1处，地区级中心苗圃10处。1998年，全省共育苗5874.94公顷，年总产苗量140 095.5万株，年出圃各类苗木70 913.9万株，基本上保证了当年造林绿化对苗木的需要，同时为来年各类林业生产建设和天然林保护工程打下了物质基础。

全省通过加强良种基地、中心苗圃的建设与管理，已初步形成了基地生产良种、中心苗圃初期繁育示范、国有苗圃扩大辐射、各类育苗基地全面育苗、造林用苗部门安排及社会自发使用的良种推广体系。良种推广保障制度建设也取得了一定的进展，先后建立了良种使用率指标下达制度、良种使用率检查验收制度等。良种推广体制的形成和完善，有效地推进了良种推广工作。1998年，全省林木良种使用率达14%，比1997年提高了2%。

各级种苗管理部门认真贯彻落实国家及地方有关法规、标准，充分利用现有设备，积极开展质量检测、监督工作，通过加强种苗生产、流通、使用领域的质量抽检和结果通报，基本上把住了种苗质量关。省地两级种苗管理部门共抽检全省的飞播、育苗等各类用种样品62份，抽检苗木样方40个，苗批74个。抽检覆盖面达80%，苗木自检率达94%。种子平均合格率达85%，使用苗木平均合格率达96%，均比1997年略有提高。

省林业管理部门先后出台了《甘肃省主要造林树种苗木》、《核桃育苗嫁接技术》、《林木种子标签》等有关法规、标准和规程；天水、庆阳、兰州等地还依照《中华人民共和国种子管理条例》制定下发了地方性林木种苗管理办法。这些都为种苗的法制化建设打下了良好的基础。全省种苗行业开始向法制化、规范化迈进，管理水平有新的提高。 （何正伦）

【甘肃省开展木材检查站“三化”达标】 近年来，在全省范围开展了木材检查站“三化”达标活动。至1998年底，全省62个木材检查站中有18个站经省林业厅验收实现“三化”达标，其中10个站经国家林业局验收达到全国木材检查站标准化建设标准，2个站被评为全国先进木材检查站，1个站被命名为全国示范窗口站。 （田葆华）

【甘肃省实行林地总量控制和用途管理制度】 为遏制毁林开垦和乱占林地歪风，防止林地流失，1998年10月，甘肃省林业厅制定并实施了全省林地总量控制和用途管制制度。该制度要求各级林业行政主管部门积极参与当地土地利用规划的制定工作，总体规划中应确保林地总量不少于上期规划确定的林地总量。各地在制定林地利用规划时，生态公益林的面积不得少于林业用地总面积的70%，林业用地规划确定后不得擅自改变。同时，要加强使用林地管理和监督，有效制止林地流失特别是有林地流失，切实扭转有林地过量逆转为疏林地、灌木林地和无林地的局面，严禁将有林地、疏林地、灌木林地作为“四荒”拍卖经营。

（田葆华）

【甘肃省主要森林病虫害防治】 1998年，全省森林病虫害防治工作按照突出重点、综合治理的思路，采取试验研究与示范推广相结合的方式，全年共筹措资金408万元，其中中央、省、地、县筹措资金308万元，群众投工投劳折算100万元，在对主要森林病虫鼠害的防治上有了突破，有效地控制了病虫害的传播和蔓延。在祁连山、小陇山、子午岭林区和定西、陇南地区，采用以投放“鼢鼠灵”药剂为主，以弓箭、灭鼠弹等为辅的综合措施防治中华鼢鼠3300公顷，防治效果达85%以上，有效地提高了油松、落叶松的造林成活率和保存率；在天水市、陇南地区应用化学药剂防治沙枣尺蠖1300公顷，防治效果达95%以上；在天水市、定西地区和临夏州应用性引诱剂防治杨干透翅蛾2000公顷，诱杀雄蛾达3万头；在平凉地区崇信县应用“林丹”烟剂防治短肛棒蝓700公顷，杀虫率达96%；在河西走廊应用化学药剂防治农田林网食叶害虫沙枣尺蠖、杨兰叶甲1.3万公顷，平均防效达85%，控制了该虫的危害蔓延。苹果蠹蛾在酒泉地区敦煌、金塔等4个县（市）的19个乡（镇）发生，发生面积1000公顷，蛀果率25.1%。经采取人工、化学等措施综合防治，蛀果率下降到2.2%以下，挽回经济损失110万元，有效遏制了该虫在全省扩散蔓延的势头，促进了全省经济林发展。 （甘肃省森林病虫害防治检疫站）

【甘肃白水江国家级自然保护区】 甘肃白水江国家级自然保护区是我国大熊猫主要栖息地之一。20年来，该保护区管理局在各级政府及业务部门的领导下，由于区内群众的密切配合和管理局100多职工的艰苦努力，使保护区的自然资源得到了有效保护。20年无森林火灾；大熊猫种群数量相对稳定；其他国家一、二级保护动物数量都有不同程度的增长；森林覆盖率由1965年的73.9%上升到82.7%；机构健全，基础设施完善；科研人员和专业技术队伍的整体素质不断提高；开展各类专项研究62项次，编写专著6部，在国家级学报杂志上发表、交流论文100多篇。经过5年的综合科学考察，查清了资源本底，编辑出版了125万字的《甘肃白水江国家级自然保护区综合科学考察报告》，全面系统地查清了该保护区的自然资源，特别是生物资源，确定了保护区的动植物区系、种类，资料翔实，数据可靠，达到了国内同类研究的领先水平。保护区管理局还扶持区内群众，营造了一批经济林基地和用材林基地，已初具规模，经济效益可观。 （高士钧）

【甘肃尕海—则岔国家级自然保护区】 尕海—则岔自然保护区位于青藏高原东部，碌曲县境内，总面积2474.31平方千米。甘肃省人民政府分别于1982年和1992年批准建立了尕海湿地保护区和则岔森林生态保护区。后经省人民政府批准，将两个保护区合并建立尕海—则岔自然保护区。1998年8月18日，国务院发布通知，将尕海—则岔自然保护区列为国家级自然保护区。

该保护区由山地和盆地两大部分组成，海拔3000～4000米，最高为4157米。本区气候高寒多变，只分暖寒两季。年平均气温2.3℃，无绝对无霜期。保护区内动植物资源相当丰富，自然景观和人文景观独特。主要植被是紫果云杉及其伴生树种组成的高山森林植物群落及高山草原群落。高寒阴湿的气候、茂密的森林、广阔的草原以及栖息在这里的野生动植物资源构成了该地区完整的高山森林草原生态系统。分布在区内的石林面积达2万多公顷，是我国少有的大面积石林风景区。尕海海拔3200米，是典型的高原湖泊，周围群山环抱，山顶积雪终年不化，区内水草肥美，并有多处温泉，严冬不结冰，夏季气候凉爽，为鸟类特别是国家一级保护动物黑颈鹤提供了理想的繁殖场所。保护区内有种子植物466种，8亚种，48个变种，7个变型。我国特有植物紫果云杉等247种，5亚种，27变种，5变型，大型真菌68种。脊椎动物197种，我国特产种类40种，国家保护种类38种，是生物遗传多样性很

高的地区，是宝贵的基因库。保护区地处藏族区，有悠久的藏族文化和浓郁的民族风情，蕴藏着丰富的旅游资源。 （高士钧）

【干旱、半干旱山区节水型庭院经济】 1996年，甘肃省林业科学研究所、甘肃省林业科学技术推广总站承担了“雨水集流庭院经济试验示范”课题。在会宁县新庄乡杜岘村建立了重点试验示范区。在年平均降水量仅300毫米、干燥度3.24，特别是1996年降水量233.2毫米、1997年183毫米的干旱情况下，课题组把减少无效蒸发，增加根系活动层含水量作为技术关键，并根据当地农民经济拮据，对滴灌、微灌设施投入困难的状况，创造并采用了插管灌根、双瓶渗灌、插瓶灌根为主的节水灌根系列技术，使根系活动层土壤含水量提高73.6%，补灌期延长25天，有效地抑止了地表蒸发，在抗旱造林技术上有所突破。1～3年生果树每公顷年补水量132立方米，比普通地表穴灌节水66.7%，苹果成活率达96%，保存率达94%。定植后第三年，苹果树47%见花，32%见果，平均株产达3.75千克，金富、旱生富士等优良苹果，单果重200～330克，一级果占95%以上。并且节水型的果菜、果瓜、果药复合经营和庭院养殖业特点鲜明，成效显著，庭院经济年产值达4090元。1998年底还在旱塬率先建起第二代日光温室，种植优质黄瓜、甜瓜喜获成功，重点示范户仅此就可增加收入数千元。经3年努力已在3个自然村建立重点示范户58户，辐射户186户，建起雨水集流庭院经济科技协会，培训农民450人（次），接待各类参观考察52次，1168人，为推动干旱、半干旱黄土区可持续发展起到了很好的示范功能。

（赵岷阳）

【甘肃祁连山生态保护工程】 祁连山地处青藏、蒙新、黄土三大高原交汇地带，生态环境十分独特。祁连山区南接青海省，北临河西走廊，总土地面积265万公顷，其中草场面积166万公顷，林地面积46万公顷。每年涵养水源吐放水约70亿立方米，是河西走廊区工农业生产和人民生活的基本保障。河西走廊地区不仅是全国主要商品粮基地之一，也是我国有色金属生产的重要基地。省林业厅经多年努力，于1998年在祁连山原保护工程的基础上，又争取国家林业局启动了祁连山生态保护工程，作为“三北”工程建设的重点项目。初步考虑第一期建设为3年，每年安排造林666.7万公顷，封育0.33万公顷，育苗6.67万公顷。国家每年专项投入不低于100万元。生态保护工程启动实施后，得到了省、地、县各级领导的高度重视。地（市）林业处（局）专题开会研究布署；县政府出面协调乡、村及群众，明确界定造林和封育区，出具有关证明，预防杜绝林牧矛盾发生；实施区内的各林场抽调技术骨干，及时认真地编制完成营林作业设计；省林业厅于秋季派专人对照作业设计对此项工程的完成情况进行了全面检查。经查各项任务均已完成落实，为工程今后的全面顺利实施开了个好头，奠定了基础。 （张宝芹）

青海省林业

【概　述】

发展与成就

造林绿化　1998年，全省林业系统共完成造林2.87万公顷，新封山（沙）育林（草）2.42万公顷，“四旁”植树2169.9万株，其中农田林网植树449.4万株。各项生产计划任务不但超额完成，而且造林质量大幅度提高，造林合格率较1997年提高4.3个百分点，重点生态工程建设取得新的进展。按照全省林业工作会议部署，“三北”防护林等重点林业建设进展顺利，在此基础上启动实施了以国道、省道、县乡道路、铁路沿线、机场绿化内容的绿色通道、绿色窗口、绿色样板建设工程，完成公路绿化1074.8千米，植树370.6万株。

林业生态环境建设　省委、省政府从保护长江和黄河上游天然林植被，根本遏制江河水患的大局出发，采取了一系列果断措施，进一步加大对江河源头森林资源保护管理力度，发布通告宣布停止天然林采伐，编制完成了《天然林保护工程实施方案》。启动实施天然林保护工程。这一系列决策的实施，将全省林业推向了只造不砍、全面保护、封造结合、以生态环境建设为主体的新阶段。

森林资源管理　各级政府坚决贯彻落实省政府《关于国务院关于保护森林资源制止毁林开垦和乱占林地的通知的通知》（青政［1998］76号）精神，停止建设消耗天然林资源的木材加工项目，取缔林区木材市场，加强木材检查站建设，管好管严木材流通；搞好毁林毁草清查工作，加大执法力度，坚决刹住毁林和非法开垦草原、采金、采矿等活动；有计划、有步骤地做好退耕还林还草工作；严格实施林地用途管制，冻结各项建设征占用林地一年，开展了严厉打击破坏森林和野生动物资源、毁林开荒、蚕食林地为重点的违法犯罪斗争。

全年完成森林病虫鼠害防治面积50040公顷，取得良好的防治效果，护林防火工作取得了连续12年无重大森林火灾的好成绩。

野生动物保护 组织专门力量编制了《青海省1998～2010年森林、湿地和野生动植物类型自然保护区发展规划》、《青海湖国家级自然保护区总体建设规划可行性研究报告》;完成了陆生野生动物资源野外普查工作;深入开展宣传活动;加强执法检查力度;省政府就强化保护藏羚等珍稀动物资源工作,召开专题协调会,协调落实各项管理措施,使可可西里地区的野生动物保护问题得到解决。

改革与林政实施

领导带头 各级政府抓林业生态建设的积极性日益高涨,造林绿化的组织领导有力,各地继续坚持和完善了各级政府和部门主管领导造林绿化目标责任制,层层签订生产承包合同,层层落实任务,建立考核制度。省委、省政府的领导多次召开研讨会研究黄河、长江源头生态环境建设规划及组织实施工作。西宁市制定实施了渗透着省会意识和开放观念的以市区绿化的"三环战略",成立了生态林业工程建设领导小组,制订了《1998年生态林业工程建设项目责任制考核办法》,严格检查、严格奖罚,自我加压,完成造林绿化任务比省下达任务翻了一番,有力地促进了西宁市绿化工作。过去没有搞过造林绿化的果洛藏族自治州大武镇、久治县域,海南藏族自治州的兴海县域,海北藏族自治州的西海镇大力开展植树种草,绿化美化城镇,面貌焕然一新。省绿化委员会充分发挥监督、协调、指导、服务职能,成员分工抓联系点,定期检查,解决问题。各州、县主管领导兴办造林绿化示范点,建立绿化点档案,严格考核。1998年全省各级领导共办绿化点313个,造林6660多公顷。累计领导办绿化点1220个,造林2.6万多公顷,起到了带头示范作用。

典型示范 1998年及时召开了春季造林和治沙造林两个现场会,观摩了造林绿化、治沙工作的新典型和示范点,总结经验,大力推广。参加现场会的各级领导参观了平安、互助汇集径流造林示范点之后,在本地区大力推广,1998年应用这一造林整地技术完成提前整地1773.33公顷;海西乌兰、德令哈治理开发沙区的典型,使荒漠化治理、治沙造林工作有了新的思路。

注重实效 各地突出以小流域、山系为单元,合理布局,集中投放资金,集中投入劳力,集中技术力量,强化项目管理,按治理方案、一块一块地搞,一湾一湾地治理,治理一片,见效一片,充分发挥整体效益。在具体工作中,狠抓林业技术服务这一关键环节,紧紧围绕林业重点工程组织推广7项林业科技项目,提高造林质量。在贵德、大通、互助、化隆、平安、乐都、民和、湟中等县完成汇集径流整地技术推广1773.33公顷;推广使用生根粉、吸水剂处理各类苗木579.6万株,浸种育苗和造林5524.6万株;推广新树种造林6.2万株;在贵南、都兰县推广荒漠地区杨树深栽造林技术142公顷;西宁、互助、贵德、贵南、乌兰5个县推广容器育苗造林技术61.57万袋;在西宁、互助、平安、民和、贵德5个县推广杨树伐根按接毛白杨8990株;在乐都、平安、民和县,西宁市推广集雨灌溉造林技术,建水窖9眼。各地还结合生产实际,积极开展山地农田林网营造技术、地膜覆盖育苗技术、乔灌混交林营造技术,加大了造林绿化科技含量,取得了明显成效。各地普遍实行了科技人员科技项目承包责任制,对每个乡、每个重点工程都确定专业人员负责,专业技术人员分乡分片包干,现场进行科技指导和检查验收。湟源县制定了1998年林业科技人员科技项目承包方案,共有39人参加了12项科技项目承包,定任务、定质量,年终进行考核。工作质量直接与工资、职称挂钩,激发了广大科技人员的积极性,增强了责任心。大通县向每个乡(镇)派驻两名干部具体负责造林绿化规划、种苗调运和技术指导,并制订了考核奖罚办法,确保了造林实效。

增加造林投入 在积极争取国家资金支持的基础上,各地重视对林业的投入。西宁市在财政十分困难的情况下,拿出近百万元资金用于造林整地、购苗、水源涵养林建设;海北藏族自治州财政投入20万元用于西海镇绿化。1998年全省投入林业建设各项资金达1.48亿元,比1997年翻了一番多,同时,改革林业资金管理办法,突出重点、择优扶持,保证了重点生态工程建设的需要。

营造林业政策环境 探索新时期林业建设的新机制,继续坚持"国家、集体、个人一起上"的方针,"四荒"地实行承包治理,谁承包、谁治理,谁管护、谁受益,定权发证,可以继承、转让、拍卖的政策长期不变;进一步活化造林绿化机制,调动社会各阶层力量承包治理"四荒"地,加快治理开发步伐,西宁市出台了《关于转让荒山荒地,加快治理开发步伐的意见》后,省内外开发商开发、承包、租赁860多公顷荒山搞绿化,有的已投入十几万元用于荒山治理。造林绿化呈现多元投入的新局面。

存在问题 一些地区造林质量较差,林木管护工作需要进一步加强;值得重视的是,国家林业局关于1997年度全国人工造林更新实绩检查结果,青海省名列最后一名,其原因不是面积不实、质量不高,而是作业设计、抚育和档案建立方面做得很差;乱砍滥伐林木、乱捕滥猎野生动物事件时有发生。 (李 文)

【青海全面停止天然林采伐】 省人民政府1998年11月9日发布通告[青政(1998)75号]宣布停止一切天然林采伐。通告将省内祁连林区、大通河林区、湟水林区、黄河上段林区、黄河下段林区、隆务院林区、柴达木林区、玉树林区、玛可河林区等天然林区划为禁伐区,严禁一切形式的采伐。东部农业区人工林不得实施主伐作业,其余小片原始林、次生林、灌木林、疏林地、未成林地、沙生植被,城镇所有地的防护和绿化区禁止采伐、樵采;关闭林区木材市场,严禁在林区进行木材交易，撤销林区木材加工厂（点）；停止禁伐区的木材和林木产品运输；对伐区逐沟进行清理，并实行永久性封禁，通告还宣布自1998年8月5日至1999年8月5日，冻结各项建设征占用林地一年；立即停止一切毁林开垦行为，凡在国家规定的乔木林地、灌木林地、疏林地、未成林造林地和采伐迹地、火烧迹地、苗圃地及国家规划的宜林地上进行开垦、采金、采砂、采矿活动，不论以何种名义、何种方式，不论哪一级政府和部门批准的都必须立即停止。已经批准尚未实施的要停止实施。凡有令不行，有禁不止，继续毁林开垦、乱占林地和采伐天然林木的依法从严查处，并追究有关领导的责任。通告要求各级林业主管部门要会同公安、行政监察等有关部门，集中开展打击乱砍滥伐、毁林盗伐等违法犯罪行为的专项斗争，依法从严查处毁林和乱占林地的违法行为。（李　文）

【加强保护可可西里藏羚】 可可西里国家级自然保护区是我国面积最大、海拔最高的天然林保护区，具有青藏高原特有、珍稀的动植物资源，近几年来，由于境外藏羚制品价值暴涨，可可西里这一全国最大的无人区野生动物资源惨遭盗猎分子的破坏，偷猎、走私等犯罪活动一直没有停止，使藏羚资源遭到严重破坏，虽然有关地区和部门，特别是治多县西部工委在条件极为艰苦的条件下为打击破坏野生动物的违法犯罪活动做了艰苦斗争，但保护形势依然十分严峻。1998年11月27日，省政府召开专题会议，就进一步加强可可西里藏羚等野生动物保护工作进行了研究协调。要求各级政府和有关部门要切实加强领导，进一步加大对可可西里藏羚等珍稀野生动物的保护力度。会议决定，由玉树州人民政府协调解决理顺可可西里保护区管理处与治多县西部工委的关系，统一管理，形成合力，共同做好该地区野生动物资源的保护工作。强化保护区管理处的执法职能，在现有编制中明确一部门森林公安人员编制，尽快成立保护区森林公安机构，配备必需的武器、交通、通讯工具，以强化保护区的管护能力，加大打击力度和处理紧急事态的能力。

鉴于可可西里自然保护区的特殊地理位置，对案件的审理本着就近和从快的原则进行，具体受案问题由省高级人民法院协调落实。保护区管理处、格尔木市政府和当地公、检、法等单位要密切配合，协同作战，采取巡山、路查、端窝等措施，堵源截流，有计划地开展“严打”行动，必要时武警部队予以支援。同时，省工商、公安、农林部门要监督格尔木市有关单位坚决取缔野生动物及其产品的非法贸易市场，杜绝藏羚的走私渠道。加大投入力度。三年内由省财政给予50万元，专项用于打击破坏藏羚资源的违法犯罪活动。要积极争取国家和社会各界的支持。专题向国家林业局汇报，协调解决青、新、藏三省（区）联防管理和保护藏羚事宜；大张旗鼓地开展江河源生态环境保护宣传工作，可可西里自然保护区管理处要在有关业务部门的指导下，开展区内珍稀野生动物生活繁殖规律的研究，制定有针对性的保护方案，有重点地加强区内野生动物保护工作。（李　文）

【尖扎县发生特大毁林案件】 1998年8月30日，化隆回族自治县德恒隆乡哇家滩村50多名群众，携带作案工具，有组织、有计划地到尖扎县冬果林场加如林区盗伐林木。20时30分，尖扎县公安局和林业派出所接到报告后，立即组织28名公安民警乘坐三辆汽车前往隆务峡口林业检查站进行制止、堵截，当场收缴木材约12立方米，盗伐分子趁天黑逃窜到公路两边的山坡上，用石块等打砸公安民警和警车，执法者被迫开枪还击。为了防止事态进一步恶化，尖扎县公安民警决定撤离现场，在返回途经哇家滩村时，又遭100余名群众的袭击，并在公路上设置了4处路障，拦截、围攻、殴打公安民警，哄抢了被没收的木材，致使5名民警受伤，2辆车被砸。

案发后，引起了省政府高度重视，责令省林业局牵头，尽快查处。省上成立了尖扎县“8·30”案件督办组，通过内查外调，于1999年1月21日、28日，抓获了“8·30”案件嫌疑人3名。（王军强）

【全省开展林业专项斗争】 遵照国家的统一部署，省政府成立了以刘光和副省长为组长、穆东升副省长为副组长的省严厉打击破坏森林资源违法犯罪活动专项斗争领导小组，决定从1998年11月1日至1999年1月31日在全省范围内组织开展林业专项斗争。1998年10月29日，省高级人民法院、省人民检察院、省农林厅、省公安厅、省监察厅联合下发了《关于开展严厉打击破坏森林资源违法犯罪活动专项斗争的安排》，重点打击破坏森林和野生动物资源、毁林开荒、蚕食林地的违法犯罪活动，要求各级人民政府、检察院、林业、公安、监察、工商部门要在这次林业专项斗争中通力合作，协同作战，坚决依法严厉打击各种破坏森林资源的违法犯罪分子，对滥用职权、玩忽职守、徇私舞弊，特别是林业主管部门工作人员违法发放木材采伐证、滥发木材运输证的违法犯罪行为要坚决予以严惩。省政府召开了领导小组会议，进一步安排布置这场“绿色保卫战”，各州、地、市、县层层落实严打各项措施，森林公安发挥主力军作用，紧紧抓住大要案不放，抓住多年来在保护森林和野生动物资源中的热点、难点问题，展开强有力的攻势，在专项斗争中，因地制宜，突出重点，大造声势，宣传有力，共查处各类林业案件324起，打击处理违法分子395人次，收缴木材386立方米，野生动物及其产品741头（只、张），为国家挽回直接经济损失61.4万元。（王军强）

【青海省湟水流域暴发食叶林木害虫】 1998年春，由于全省的持续高温干旱，4～6月，湟水流域大面积暴发食叶害虫。在民和县春尺蠖和榆黄黑蛱蝶突然暴发，面积达5333.33公顷，大面积人工林严重受害，杨、柳、榆的叶片被取食干净，沙棘、柠条、红沙柳等也不同程度被害。乐都县和平安县也受到两虫的危害，同期，循化县人工林受到杨毒蛾的严重危害，乐都县药草台林场的云杉受到叶蜂的危害，互助县青杨受到大青叶蝉的危害等。春夏两季全省暴发食叶害虫面积达3.9万公顷，林木受害，损失严重，此灾情受到国家林业局和省各级政府及其主管部门的重视，受害地区森防部门集中力量，紧急救治，两虫的防治面积为5200公顷，使96%的树木恢复生长。由于财力、物力的限制，此次湟水流域大面积虫害仅对重点危害区进行了防治控制。

（张德海）

【青海省1998年林业大事】

1.2月20日，林业部启动的国有天然林保护工程，将玛可河林业局确定为1998年启动的全国6个天然林保护试点单位。

2.3月9日，全省绿化委员会全体会议在西宁市召开。省政府副省长刘光和主持了会议，研究部署了1998年全民义务植树和开展绿色通道工程建设的任务，决定对全省11个庭院绿化先进单位和9个林业宣传先进工作者进行表彰。

3.3月12日，省委、省政府召开全省林业工作会议。各州、地、市、县党委、政府领导及林业局长参加会议。省委副书记姚湘、省委常委洛桑、省人大常委会副主任高尼，省政府副省长刘光和、苏森、省政协主席卓玛出席会议。刘光和副省长作了题为《抓住机遇，扎实工作，为建造良好的生态环境而努力奋斗》的报告。提出要紧紧抓住林业生态工程建设的历史机遇，推动林业大发展，实行投资对象放开，投资渠道放开，经营形式放开。做到产权清晰，责权利明确，造林归己，长期不变，使绿化工作有一个新突破。省农林厅厅长谢承志具体部署了1998年林业工作。省农林厅受省政府委托与六州一地一市签订了1998年林业生产合同。

4.3月17日，省农林厅、省交通厅、省民航局、省林业局、省绿化办和海东行署农林局等有关单位领导和技术人员对109国道绿色通道建设、西宁火车站、飞机场绿色窗口和西宁、湟源、平安、乐都、民和5个绿色样板工程建设情况进行了现场办公，落实了各项任务。

5.4月1日，省委常委洛桑、副省长刘光和、原省人大常委会副主任尕布龙以及省农林厅、西宁市政府和互助县政府的负责同志，检查了西宁机场和西宁火车站的绿化工作，现场办公，协调解决绿化工作中的一些实际问题。

6.6月11日，省绿化委员会组织召开全省植树造林现场会，省委常委洛桑、省政府副秘书长申忠玉、省绿化委员会各委员、省农林厅、各州、县人民政府主管领导70余名代表参加了会议，现场会期间，代表们现场观摩了海北藏族自治州西镇造林绿化、海晏县克图治沙造林、湟源县小高陵山地农田林网建设、湟中县109国道绿色通道工程、西宁市西山造林绿化、平安县汇集径流整地、互助县崖子沟林业生态工程提前整地情况。

7.6月26日，省农林厅制定了《青海省乡镇灭荒标准及管理办法》，提出灭荒标准，决定在东部15个县、市开展以乡（镇）为单位的灭荒达标。

8.6月30日，湟中县狠抓义务植树工程、绿色通道工程、林网营造工程、县城绿化工程、科技兴林工程、领导包干工程，全面推进绿化进程，在全省第一个超额完成全年造林绿化任务。

9.7月1日，循化县将宜林"四荒地"承包给个人经营。

10.7月3日，省委书记、省人大常委会主任田成平就新《森林法》的修订实施发表题为《依法治林、保护森林，推进青海生态环境建设》的重要讲话。他指出：新修订的《森林法》是九届人大常委会通过的第一部法律，更加适应在市场经济条件下林业发展的客观规律和要求，是新时期发展林业、加速我国生态环境建设的根本大法。要求各级人大、政府抓好新《森林法》的宣传、学习和贯彻落实。各级人大要加强执法检查、执法监督工作，改善执法环境，支持林业工作，各级人民政府要充分运用法律手段组织和调动各方面力量，加大生态环境建设力度，大力推进黄河源头生态治理工程为重点的林业各项生态治理工作。

11.7月13～16日，省绿化委员会召开全省首次治沙造林现场观摩会。海西蒙古族藏族自治州、海南藏族自治州、海北藏族自治州和有关县政府、省有关部门的领导和林业主管部门负责同志80余名代表参加会议，代表们现场观摩了都兰县夏日哈高海拔沙区综合治理示范区，乌兰县沙山湾治沙林场，乌兰县农工商有限责任公司东台林场，纳木哈村沙区综合治理造林工程以及德令哈市丰乐公司沙区治理，综合开发工作，柴达木生物高科技开发公司。现场会期间海西州、海南州、贵南县、都兰县和沙珠玉治沙站代表们介绍了治沙工作的经验。

12.8月4～7日，省绿化委员会委员、省总工会副主席孙亦浩和省农林厅副厅长陆文正赴青海省玛可河林业局检查指导工作，就实施天然林保护工程，保护发展森林资源等问题与省玛可河林业局职工、领导举行了座谈，商讨对策。

13.9月24日，国家林业局王志宝局长与青海省苏森副省长一行在京座谈，就青海生态环境建设和青海林业发展交换了意见。

14.9月18日，白恩培省长就贯彻落实《国务院关于保护森林资源制止毁林开垦和乱占林地的通知》作了重要批示。

15.10月20日，贵南县人民政府作出对本县居布、莫曲沟2个天然林区实行禁伐和严禁开垦草原的决定。

16.11月4～6日由省计委主持，省有关厅局和各有关州、市、县部门的领导和专家，对平安、乐都、湟中、西宁城东区、贵德、共和县6个生态环境建设重点工程项目建设可行性进行论证，并由省计委批复实施。

17.11月6日，政府办公厅成立天然林资源保护工程领导小组，省长刘光和、苏森任组长，省政府办公厅等14个厅局领导任成员。

18.11月10日，国家林业局王志宝局长和刘光和副省长在北京就林业生态工程建设和天然林保护工程启动实施问题进行座谈。

19.11月17日，省市林业、工商管理部门在西宁地区开展了野生动物执法大检查，查获非法经营的雪鸡7只，藏原羚角3对、鹿角1架。

20.11月24日，省政府批准实施《青海省森林、湿地和野生动植物类型自然保护区发展规划》。

21.11月27日，省政府就藏羚和可可西里野生动物保护问题召开专题协调会。省高级人民法院、省人民检察院、省公安厅、省农林厅、省计委、省财政厅、省工商局、省环保局及玉树藏族自治州、海西蒙古族藏族州、格尔木市、治多县和可可西里国家级自然保护区管理处负责同志参加了会议。

22.11月30日，西宁市完成造林、种草6013.33公顷，提前整地8106.67公顷，实现任务翻番，创历史最好成绩。

（马建平）

宁夏回族自治区林业

【概　述】

发展与成就　全年完成人工造林成活率达85%以上的核实合格面积2.54万公顷，比1997年增加4.2%；飞播造林1.33万公顷，比1997年增加1倍；义务植树1361万株；新育苗1204公顷，比1997年增加48.6%，是近10年来造林育苗面积最多、质量最好的1年。幼林抚育实际面积4.44万公顷，成林抚育实际面积2.37万公顷；以苹果为主的果品产量1.6亿千克；核桃产量98吨，比1997年增加32.4%；生产木材4.16万立方米；创林果业总产值3.46亿元。

改革与林政实施

重点林业生态工程建设　防沙治沙工作通过封、飞、造、育相结合，国家、集体、个人一起上，引导和鼓励企业积极参与，加快了沙漠化土地综合整治的进展。启动了六盘山及其外围水源涵养林二期工程，全年完成造林核实合格面积3466.7公顷，树种结构和造林密度作了新的调整。引黄灌区二代林网建设新植树644万株，区域规模进一步扩大，林种、树种结构不断优化，林网大骨架基本形成。农业综合开发项目区和重点乡（镇）率先形成了区域性的防护林体系。彭阳、隆德、固原3县黄河中游生态环境重点治理工程全面启动，整地超过6700公顷，造林4000余公顷。

林政资源保护管理　①依法治林。以宣传贯彻新的《森林法》和国务院《关于保护森林资源制止毁林开垦和乱占林地的通知》为契机，在全区广泛开展了严厉打击破坏森林资源违法犯罪活动的专项斗争，禁止了天然林采伐，对毁林开垦和征占用林地进行清理，查处各类破坏森林、林木和野生动物案件205起，处理各类违法人员326人（次），罚款4.83万元，赔偿损失1.89万元。②加强了以火源管理为重点的森林防火工作，全年未发生森林火灾。③森林病虫害防治。全区森林病虫鼠害发生面积6.8万公顷，发生率16.3%，完成有效防治面积4.4万公顷，防治率64.7%，其中完成天牛防治面积2.33万公顷；种苗产地检疫率93%，比1997年提高13%，监测覆盖率68%，比1997年提高6%。④自然保护区建设。根据国办发［1998］111号和国家林业局护通字［1998］77号通知精神，结合宁夏实际，自治区林业厅发出了《关于加强自然保护区建设管理有关问题的通知》提出了8条贯彻意见；编报了“宁夏野生动物保护建设工程规划”，使全区自然保护区建设管理在近、中、长期不同阶段有了明确的目标。

林业产业化　加大了引黄灌区经济林基地老果园改造力度，果品质量和经济效益明显提高。山区“两杏一果”扶贫开发工程1998年完成7200公顷，基地面积已达1.86万公顷，为山区林业建设打下了基础。优质名牌枸杞基地新植面积773.3公顷，为计划任务的113.3%。围绕基地建设建立了一批不同规模和类型的保鲜设施。果品深加工开始起步，贮藏能力有所提高。加强了果品营销工作，使全区果品没有积压。六盘山、贺兰山森林旅游业基础设施进一步完善，花卉业发展方兴未艾，形成了林业产业新的增长点。

科技兴林　实施了一批林业科技项目，加速科技成果转化，有效地提高了林业科技的普及率和到位率，科技效益日益显露。突出表现在：一是地膜育苗达到200公顷，占新育苗面积的17%，缩短了育苗周期，提高了苗木质量和效益。二是推广以隔带水平沟整地为主的旱作造林8000公顷，提高了荒山造林质量。三是与农建委联合实施了“宁南山区旱作生态林业示范区

建设”项目，营造以地埂林为主的防护林866.6公顷，合格率比常规造林高10%。四是在毛乌素沙地推广综合整治技术，部省合建的柳杨堡示范基地建设取得了实质性进展，促进了沙区经济的发展。五是在引黄灌区大面积推广以营林为主要措施的天牛综合防治技术，成效显著，成为全国防治天牛的成功范例。

对外林业合作　中日专项技术合作“宁夏森林保护研究计划”已完成了预定的科研项目，达成了续建协议。中德合作“宁夏贺兰山东麓生态防护林工程”项目进展顺利，1998年造林1733.3公顷，封山育林3万公顷，顺利通过德方项目专家评估。同时，还广泛开展国际间的交流，全年有4个国家和地区的270余人来宁进行林业考察、技术交流；成功地开展了宁夏与日本岛根县友好纪念林揭碑和树木营造活动，进一步增进了友谊，扩大了影响。

存在问题　灌区二代林网尚未形成气候，城乡绿化总体水平不高，大的环境形象还未改观；随着造林绿化的深入，造林地的条件越来越差，作业难度越来越大，需要投入更大的人力、物力和科技手段；造林苗木总量不足仍是制约林业大发展的因素；退耕还林工作直接涉及着群众的物质利益，政策性强、牵扯面广、难度较大。（朱永元）

【中日合作“宁夏森林保护研究计划”项目】　中日合作“宁夏森林保护研究计划”项目，是宁夏回族自治区人民政府向国家科委申报由日本国家协力事业团援助的专项技术合作项目。1994年4月1日开始实施以来，经过中日两国森防专家5年的联合攻关，取得丰硕成果。1998年12月3日，这项研究计划项目终期评估联合委员会会议在银川市召开，日本农林水产省森林综合研究所森林生物部部长竹谷昭彦和自治区科委主任张吉生、林业厅厅长孙长春分别在联合评估报告协议书上签字。中日双方还达成协议，将“宁夏森林保护研究计划”项目再延续2年。

该项目立足宁夏，服务三北防护林建设，突出科技进步对经济建设和社会发展的促进作用。5年合作期间，日方提供技术配套资金5亿日元，中方提供项目运营费420万元人民币。先后建造了功能齐全的1613平方米的中心实验楼和550平方米的特殊实验室，营建了120.4公顷的试验示范林。日方派遣了8名长期专家和35名短期专家来宁工作，中方也派遣了16名研究人员赴日研修。中日双方科技人员在宁夏境内布设样方约200个，较全面地掌握了宁夏森林受害实际情况。并采取“以菌治虫”和“以虫治虫”的原理，就森林害虫的发生生态、昆虫饲养、发育生理、监测预报、生物化学防治和综合防治技术等方面进行了广泛深入的研究，取得了丰硕成果。天牛室内饲养获得成功，初步建立了天牛种群发展预测和天牛危害损失预测的预测预报模型，共分离出13种昆虫病原微生物，发现了3种天牛天敌，建立了拥有100多个品系的品种资源收集圃，培育杂交苗木1200株，刺槐4倍体试管苗快繁技术取得突破性成果，还探明了天牛喜食的饵木，在对不同林分结构抗虫效应的研究中基本摸清了主栽杨树品种中以行间或株间混交形式配置高感树种的规律。这些成果已经在宁夏林业建设和三北防护林建设中发挥作用。（佘　峰　樊学宏　朱永元）

【贺兰山东麓生态防护林工程】　贺兰山东麓生态防护林工程，是中德两国政府关于发展援助政策的财政合作项目之一。项目自1996年全面实施以来，已完成人工造林3845公顷，占总任务的45%。其中防风固沙林1481公顷，农田防护林767公顷，经济林1597公顷。封山育林3万公顷，并设置87个样地进行动植物资源变化的监测。增配的150名护林员加强了对封育区的管理，目前已取得明显效果；5处水利工程除贺兰金山尚有部分没有完工外，其他项目区已全部完工。新建林区道路32千米，护林站7处，林业技术培训中心1处和推广中心2处已全部竣工交付使用。根据德国复兴银行的要求，完成了为项目建设配备的办公、通讯、交通等设备的采购任务。

主要做法：①各级领导重视支持。各级政府将项目列入重要议事日程，工作中做到领导、管理、配套资金、技术服务、农民利益、宣传六到位。②各部门密切配合。自治区各有关部门对项目建设给予了极大的关心和支持。政府办公厅、经贸厅为保证项目的顺利实施，积极做好各方面的组织协调工作。③把质量管理贯穿于项目建设全过程。一是加强质量监督；二是严格检查验收制度；三是完善合同管理。对项目建设中的造林、基本建设、物资设备采购全部签订合同。④建立健全各种规章制度。先后制定了“工程管理办法”、“财务管理办法”、“财务核算办法”、“造林检查验收办法”和“水利工程监测管理办法”等。⑤深入发动，广泛宣传，调动社会各界参与项目建设。（朱永元）

【宁夏兴果富民二期工程建设】　“兴果富民”二期工程以结构调整、特色发展、规模化、基地化建设为目标，重新调整了灌区经济林发展格局，并由此带动宁夏经济林的持续稳定发展。1998年是“兴果富民”二期工程实施的第一年，工程辖区各市县林业、财政部门抓住机遇、重点突破、加快调整、改造、提高步伐，“兴果富民”工程建设进展顺利。据检查验收结果，“兴果富民”工程新发展面积517.2公顷，占年度计划的91.9%，其中成活率达85%以上面积为324公顷，占62.6%。树种结构有较大改变，1998年新发展红枣面积占79.1%，苹果占13.4%，梨占6.8%，基本实现了工程提出的稳定苹果面积、大力发展红枣基地、适当加快梨树发展的调整思路。在总结一期工程建设经验的基础上，继续加强低产低质果园改造，1998年共改造1.52万株，为计划的104%，取得了很好的效果。建设优质高效示范园1200公顷，自治区级示范园133.3公顷；新育红枣苗22.3公顷，为计划的112%。基本可满足工程建设用苗。1998年继续加大科技培训力度，重点加强了果品优质化、无毒化和绿色食品化生产技术的培训。全年共举办自治区级培训班6期，培训各级技术人员及果农620余人次，特别是全区果品保鲜及产后商品化处理专题讲座，对普及产后商品化技术、推动果品产业化进程起到了良好效果。工程辖区举办各级培训班387期，培训果农2.1万余人次。

（朱永元）

【宁南山区扶贫开发工程】　为期5年的宁南山区“两杏一果”扶贫开发工程，1998年是实施的第3年。工程辖区各市县林业、财政部门加强领导，通力协作，精心组织，广大技术人员和山区人民积极参与，抓住前期降水多、墒情好的有利条件，加快工程建设，取得了突破性进展。全年完成造林面积7231.4公顷，占计划任务的91.9%。其中成活率达85%以上的面积为5297.6公顷，占计划任务的67.3%。新育苗92.1公顷，占年度育苗计划的79%，共出合格苗木1847.8万株，其中山杏1675.5万株，仁用杏72万株，核桃28.3万株，花椒45万株，其他27万株。可以满足1999年工程建设需要。新增示范园5个，面积200公顷，示范园累计已达22个，总面积1000公顷。其中彭阳县共建13处；面积为766.7公顷，集中连片66.7公顷以上达8个；固原县新增示范园3处，总面积已达200公顷。为提高林农素质，确保工程建设质量，全年工程辖区共举办各种类型的先进实用技术培训班86期，培训林农6000余人。　（朱永元）

【宁夏枸杞基地建设】　枸杞习称“茨”，果实称“茨果子”（枸杞园称茨园），是宁夏名优特产之一。1998年，完成发展面积770.4公顷，为计划任务的113.3%，其中成活率在85%以上的面积为720.6公顷。中宁县和银川市郊区分别超额完成任务的71.5%和25%。新育苗39公顷，为计划任务的157.8%。全部采用宁杞1号和大麻叶优系2个优良品种；确保了品种纯度；技术上采用春季硬枝扦插，插后覆膜，当年成苗，为基地建设提供合格苗木。全年共建设优质高效枸杞示范园40公顷，技术管理做到“五统一”：统一苗木定干、统一田间操作、统一病虫害防治、统一浇水、统一土壤培肥，平均成活率达98%。1998年为提高枸杞园科技含量，重点推广了土肥水管理、整形修剪、病虫害防治、热风烘干等早果、优质、高效、低耗配套栽培技术。一是编写了《宁夏枸杞优质丰产高效栽培技术》；二是抓县级培训，组织专家巡回讲座，累计培训茨农4000余人次，发放技术资料1000余份；三是举办了基地辖区各市县主管局长和重点乡镇长参加的枸杞模式化栽培现场观摩。　（朱永元）

【全国造林绿化百佳县——隆德县】　位于六盘山麓的隆德县，全境生态环境脆弱，水土流失严重，干旱、冰雹等灾害频繁。长期以来，该县一直把发展林业作为振兴全县经济的基础来抓，推行各级领导任期绿化目标责任制、各级林业部门承包责任制，鼓励和支持个人及单位开发“四荒地”，充分调动了全社会造林、护林的积极性。每到造林季节，在有关部门组织下，各机关单位、学校、乡镇纷纷组织人员上山造林，带动了群众造林。自1990年以来，该县每年造林保存面积均在1333公顷以上。先后建成了山庄、碾沟等5个万亩林基地，将666.7公顷耕地退耕还林，在六盘山西麓的土石山区建成水源涵养林基地5400公顷，建立针叶林、经济林、地埂林示范点20个，面积1600公顷。小流域集中连片造林17 100公顷，初步得到治理的小流域已达936个，占全县小流域总数的65%。在抓好植树造林的同时，县委、政府不断完善森林资源保护的各项制度和措施，健全林业机构，狠抓林木管护工作，保障了全县林业建设的稳定发展。全县造林保存面积达2.5万余公顷，森林覆盖率达31.6%，并且连续多年无乱砍滥伐，也无重大林木病虫害和大的森林火灾发生。

林业建设给隆德县带来了多种效益。全县林业年度效益已达693.6万元，年果品及林副产品收入达170万元。农田防护林庇护率为70.5%，粮食单产逐年提高，水土流失控制率达53%，生态环境明显改善。在红军长征经过的六盘山西麓，水源涵养林不仅解决了本县9666.7公顷农田灌溉用水，15万人口和4万头大家畜的饮水困难，还惠及相邻的甘肃庄浪、静宁两县。　（陈　华　张　瑛　张胜辉）

【宁南山区旱作生态林业示范区建设】　为高标准实施国家确定的黄河中游水土流失区生态环境林业重点治理工程，加快宁南山区生态农业建设而实施的“宁南山区旱作生态林业示范区建设项目”。该项目包括：固原县彭堡、头营半干旱台塬、梁峁、沟壑区，彭阳县崾岘半干旱梁峁丘陵区，泾源县东峡、新民半湿润低山区，隆德县好水半干、半湿中山区，西吉县城郊、马建半干旱丘陵、沟壑区和海原县关庄干旱丘陵、沟壑区共6个示范区，总土地面积1.89万公顷，规划3年造林4120.6公顷。1998年全面启动，固原、彭阳、泾源、隆德、西吉、海原6县，在示范区建设中采取示范、推广树种合理布局、良种快速繁育、截流蓄水保墒、密度合理设置、造林抢墒抗旱、幼林抚育管理6项旱作林业综合技术。全年完成成活率在85%以上的面积826.1公顷，为年度计划的112.6%，造林达标合格率为91%。

主要做法：①积极推广旱作生态林业技术成果，结合小流域综合治理，把梯田地埂林作为林业生产的主战场和新的增长点，积极治理绿化“四荒地”，为宁南干旱山区的生态农业建设提供工程措施与生物措施结合、生态环境建设与经济建设同步发展的各种类型的林业示范区。②各县都把示范区建设作为林业重点项目,列入当地政府的重要议事日程,利用多种形式宣传和介绍示范区建设的重大意义及对加快生态建设和农村经济发展的重要作用,使广大干部群众积极参加项目建设。③在总结以往经验的基础上,进行科学规划,在适地适树多树种造林的同时突出当地优势树种。④各项目区在造林前举办了培训班,实行多种形式的科技承包责任制,按照工程管理和项目技术要求制定了实施方案和技术规程,并在各示范区建立了科技含量较高的试验、示范点,将新技术和本地实用技术进行组装配套。 (余 峰 贾仁安 朱永元)

【沙湖自治区级自然保护区】 沙湖,1992年被国家旅游局列为全国35个王牌旅游景点之一,1997年1月被列为自治区级自然保护区。该保护区位于贺兰山下,黄河以西的平罗县境内,东经106°20′,北纬38°37′,总面积4247公顷。由于贺兰山和黄河的作用,保护区具有独特的地形地貌和优美的自然景观。其中有荒漠沙丘1515公顷,水域湖泊895公顷,沼泽湿地1837公顷,是鸟类主要驿站和繁殖地。该区是国内北方荒漠化区域中既有南国水乡秀色,又有塞外大漠风光的独特景观,也是荒漠类型湿地鸟类自然保护区。区内有脊椎动物144种,其中:鸟类98种、兽类17种、鱼类16种、爬行类10种、两栖类3种。国家一、二级重点保护动物有黑鹳、中华秋沙鸭、大鸨、天鹅、大鲵等18种,还有中日、中澳候鸟保护协定中受保护的鸟分别为46种和9种。每年在这里停歇和繁殖的鸟类达12万余只,植物资源有陆生植物63种。 (朱永元)

【贺兰山暴发百年不遇特大山洪】 5月20日下午,宁夏贺兰山及其沿山地区突降暴雨,贺兰山国家级自然保护区辖区内苏峪口6小时内降水达168.7毫米,相当于这一地区正常年份一年的降雨量,苏峪口沟内最大洪峰流量480立方米/秒,为130年一遇的重现期。这次山洪经过地区受灾严重,受灾人口达15万人;成灾人口10万人,9人死亡,5人被洪水冲走下落不明;6700余公顷农田受淹,其中绝产约占一半;倒塌房屋4500间,造成危房123万间,4000多人无家可归,死亡牲畜、羊只1万多头(只);冲毁各类电力线路13千米、各种车辆15台,建筑物44座,渡槽14座,桥梁45座,6座扬水站报废,3000多眼水窖(井)被淹淤,109国道等主要干线公路冲断,6100多名群众被水围困。洪灾造成直接经济损失3.2亿元。

这次受灾最重的是贺兰山国家级自然保护区及其贺兰山东麓德国政府援助建设的生态防护林项目区。经调查,惟一通往保护区的一条4.5千米公路被冲毁,10余千米林道受损,通讯、电力线路被冲断,护林点和森林公园的电、水、交通中断,山上有60多名护林员被围困。德援项目的贺兰、平罗县及其沿山国有林场圃,因洪水冲毁了项目区近两年修建的水利设施,79间房屋、187余公顷果园、80多公顷苗圃和经济作物,直接经济损失达1100多万元。 (余 峰 朱永元)

【宁夏回族自治区1998年林业大事】

1.1月22日,全区林业局长会议在银川市召开。自治区林业厅厅长孙长春作了《抓住机遇,加快发展,努力开创宁夏林业改革和建设的新局面》的工作报告;通报表彰了1997年完成造林任务的彭阳、泾源、平罗、隆德县林业局和育苗成绩突出的平罗、彭阳、惠农县和青铜峡市林业局。分别各奖励现金3000元和2000元。

2.2月10日,自治区党委书记毛如柏、政府代主席马启智在全区农村工作会议上强调:"要大力发展林草业,努力改善生态环境,建设秀美宁夏山川"。

3.2月20日,自治区人民政府代主席马启智会见了在自治区工作的"宁夏森林保护研究计划"项目的日方专家组长古本忠先生、宁夏大学美国文教专家苔丽女士及日本专家砚野弘先生,并代表政府向3位专家颁发了在宁工作的外国专家荣誉证书。

4.3月10日,自治区党委任命郭生岐为自治区林业厅党组成员。13日,自治区人民政府任命郭生岐为自治区林业厅副厅长。

5.3月30日,自治区党委书记毛如柏、自治区代主席马启智和马思忠、卢普阳、刘国范等自治区领导带领区直机关和银川市干部群众及解放军、武警官兵到银川市义务植树基地——西夏王陵区参加义务植树活动。共栽植樟子松、刺槐等3000多株。

6.5月7日,自治区绿化委员会第十七次全体(扩大)会议在石嘴山市召开。传达了全国绿化委员会第十七次会议精神;宣读了《自治区绿委关于表彰全区造林绿化"20佳"单位和"20佳"学校的决定》,代全国绿化委员会向宋小军等8人颁发了"全国绿化奖章",向全区部门绿化20佳单位、全区造林绿化20佳学校颁发了奖牌。

7.5月9日,自治区林业厅、财政厅决定,对在"兴果富民"工程中领导重视、各项建设任务完成好、质量高的中宁县、青铜峡市、中卫县予以表彰,分别奖励2万元、1.5万元和1万元;对在"两杏一果"工程建设中工作扎实、连续两年超额完成年度计划任务的彭阳、隆德县分别奖励2万元和1万元;对在工程建设中作出成绩的刘廷俊等18名先进个人,给予表彰奖励。

8.5月11日,自治区林业厅林业志办公室恢复工作。21日,自治区林业厅党组研究决定成立《宁夏通志·林业志》领导小组和办公室。领导小组组长为孙长春厅长,副组长为李赞成副厅长。

9.5月30日至6月14日,应德国基泰克(GITEC)林业咨询公司邀请,以自治区林业厅厅长孙长春为团长、康满堂、张恩光等为副团长,自治区林业厅德援项目办公室组织各县项目办负责人共19人,赴德国、意大利进行技术考察培训。

10.7月3日，自治区项目领导小组（扩大）会议在永宁县项目区召开。自治区政府副主席、项目领导小组组长周生贤主持会议并讲了话。

11.8月14日，自治区党委组织部决定：李月祥任自治区林业厅党组成员。

12.9月28日～30日，自治区林业厅在银川市召开全区森林资源管理工作会议。孙长春厅长在会上作了“依法行政，强化监督，努力提高森林资源管理水平”的讲话。

13.9月28日至10月18日，应全国鸟类环境研究中心的邀请，为执行全国鸟类研究中心和沙特阿拉伯野生动物研究中心签署的《中沙猎隼资源保护合作协议》，沙特阿拉伯野生动物研究中心鸟类调查组一行4人，来宁夏对海原、西吉、固原等县进行野外调查。

14.10月16日，固原、彭阳两县被列为第一批国家生态环境建设重点县。

15.10月16日～24日，自治区政府副主席周生贤会见了德国驻华大使馆公使耶思先生。林业厅厅长、项目领导小组副组长孙长春陪同耶思先生考察了中德合作造林永宁县项目区。

16.10月27日，自治区林业厅成立《宁夏林业志》编纂委员会。主任：孙长春，副主任：李赞成、郭生岐，委员20人。主编：田　原，副主编：朱永元。

17.10月28日，自治区林业厅主持召开了《宁夏林业大事记》(1986～1997）审定会。由原林业厅厅长兰泽松为组长的16人审定组经过认真审定，一致通过该大事记，可定稿印刷。

18.11月13日，自治区人民政府发出《关于保护森林资源制止毁林开垦和乱占林地的通知》要求，采取严厉措施，坚决制止毁林开垦和乱占林地行为，抢救和保护森林资源。

19.11月20日，自治区林业厅编写的《宁夏六盘山土石山区造林技术规程》和《宁夏治沙造林技术规程》12月14日经自治区技术监督局批准，将于1999年1月起执行。

20.11月30日，自治区党委免去张恩光自治区林业厅助理巡视员职务。

21.12月6日，自治区高级人民法院、高级人民检察院、林业厅、公安厅、监察厅转发最高人民法院、最高人民检察院、国家林业局、公安部、监察部《关于开展严厉打击破坏森林资源违法犯罪活动专项斗争的通知》的通知。

（宁夏回族自治区林业厅）

新疆维吾尔自治区林业

【概　述】

发展与成就

森林资源培育　1998年，自治区共完成平原造林面积70 650公顷，其中：地方造林55 590公顷，生产建设兵团造林15 060公顷。为年度计划的112.74%。其中用材林面积2880公顷，经济林面积21 330公顷，防护林面积40 980公顷（含农田防护林6480公顷），薪炭林4850公顷，其他林610公顷。义务植树6870万株，参加义务植树人数达769万人次。零星植树4201万株。完成山区人工更新林面积达1973.33公顷。全区平原地区育苗4680公顷，其中新育3020公顷；山区育苗80.1公顷，其中新育4.1公顷。完成部（省）区合建林木良种351.56公顷。全疆苗圃各种合格苗木2.64亿株（其中平原出圃2.22亿株，山区出圃0.42亿株）。完成沙区综合治理开发总面积154 870公顷，其中治沙造林13 200公顷，封沙育林育草133 330公顷，治沙造田6800公顷，种植药材及经济作物1540公顷。续封平原天然林13.8万公顷，引洪灌溉平原天然林达66 660公顷，胡杨林改造400公顷。

1998年又有鄯善、米泉、温泉、石河子、裕民、哈巴河6个县市实现了农田林网化。阿图什、焉耆、尼勒克、轮台、乌苏、温宿、阿瓦提7个县市通过了自治区平原绿化验收。

自治区十大林业工程之一的“百万亩山林再造工程”已在特克斯县、布尔津县率先启动。根据国家要求，制订了《重点国有林区天然林资源保护工程实施方案》，山区林场开始用发展生态林业的思路来经营森林资源，以最大限度地发挥其涵养水源、保持水土、调节气候、抵御自然灾害的功能。

森林资源保护　以宣传贯彻新《森林法》为契机，加大了《野生动物保护法》等法律法规的宣传力度和执法力度。1998年继续进行了陆生野生动物资源调查工作，完成了南疆塔里木盆地、天山中东部林区、天山西部部分林区的森林、灌木林荒漠林调查样带共计1200多条，样带面积3648平方千米，涉及调查区域总面积28 4871平方千米。1998年5月组织了3个检查组，对天山中东部、天山西部和阿尔泰山的重点林区进行了森林防火检查。1998年10月中旬至11月底，派出3个考核组按照森林病虫害防治目标管理责任状的要求，对13个地州市和天山西部、阿尔泰山林业局进行了现场抽查考核。全疆共发生林火13次，其中森林火警12次，重大森林火灾1次。总过火面积251.41公

顷，其中受害森林面积达108.38公顷。森林受害率0.04/1000。全疆森林病虫害发生面积131 140公顷、防治面积104 250公顷，森防“四率”全部达标。全年查处各类森林案件1388起、野生动物案件44起、打击处理违法犯罪人员1387人。

森工生产 1998年山区林场共采伐木材28.16万立方米，比1997年同期减少3.8%；累计销售原木28.79万立方米，比1997年同期减少2.5%；锯材生产5.15万立方米，比1997年同期增加27.1%；销售4.6万立方米，比1997年同期增加21.1%。刨花板生产8294立方米，比1997年同期增加2.9%；销售6434立方米，比1997年同期增加4.6%。木制品（细木家具）完成总产值573.7万元，比1997年同期减少34.2%。全年完成木材货运量122 466吨。预算内企业实现利润1050万元，比1997年增加995万元。

资源林政管理 历时2年的全疆平原林森林资源二类调查工作，至1998年底，外业调查基本完成，1998年在北疆片开展了平原人工林，南疆片开展了河谷林和荒漠灌木林的调查工作，内业统计汇总与成果审查正在进行之中。这是第二次在全疆范围内开展此项工作，并首次把GPS全球卫星定位技术应用于林业资源调查。

根据国务院国发明电［1998］8号《关于保护森林资源制止毁林开垦和乱占林地的通知》和自治区人民政府新政发［1998］79号关于认真贯彻国务院8号文件精神，经过清理，1994～1998年，全区毁林开垦面积38 161.74公顷，其中：有林地2948.83公顷，占7.73%，疏林地3767.88公顷，占9.87%，灌木林地31 391.62公顷，占82.26%，其他林地53.41公顷，占0.14%。非法征占用林地案件234起，面积4372.1公顷。

1998年，全区共发生林政案件1980起，查处1707起，损失林地89.5公顷，林木94 292.6立方米，幼树3.97万株，收缴木材541立方米，行政处罚人数2744人次。

1998年，全区91个木材检查站发现违法运输木材案件450起，查处421起，处罚人数468人次。全区木材检查站未发生公路“三乱”事件。霍城县果子沟木材检查站和布尔津县布尔津木材检查站被自治区授予文明执法示范（窗口）单位荣誉称号。1998年，全区未发生超限额采伐林木现象，为自治区连续第六个森林面积、蓄积双增长年。

林业科技和教育 根据自治区林业工作会议确定的发展目标，重点加强了名优特干果经济林引种、育种、丰产栽培技术和病虫害防治技术的研究、科技推广力度，安排重点延续项目14个、新上项目2个，完成了4项林业科研成果的鉴定和3项科研成果的验收。低产核桃和巴旦木嫁接改造取得较好效果，滴灌节水技术在荒山造林和防治荒漠化工程建设中开始应用并取得显著成效。以林业基础教育、成人教育、干部培训和林业中等教育为重点的林业教育工作取得新的成绩。

存在问题 一是全社会对造林绿化、改善生态环境面临的严峻形势缺乏足够的认识，一些地方和部门不能正确处理经济发展和环境保护的关系，只顾眼前利益、局部利益，对毁林开垦、破坏植被、乱占林地等违法行为制止打击不力，边建设边破坏现象严重，加剧了生态环境恶化的趋势。二是造林绿化工作的任务和难度逐年增大，投资相对减少，林业建设投入不足与林业发展任务艰巨的矛盾仍很突出。三是林业经济结构比例失调，林产品商品化、产业化程度低。四是科技兴林力量薄弱。 （蔡立新）

【新疆自然保护区】 新疆地处欧亚大陆中部，位于祖国的西北边陲，面积166万平方千米，约占全国面积的1/6，由于新疆独特的地理位置及广漠的地域，使其蕴育着丰富的野生动植物资源。为了加强野生动植物资源及其生栖环境的保护管理工作，以自治区野生动植物保护管理办公室为核心，各地州、市县相应建立了保护管理机构，配备了专职人员。其中地州级12个，县、市级23个。全疆从事野生动植物保护及自然保护区管理工作的人员已达250余人。在科学考察的基础上，共区划自然保护区30处。自1980年以来，经自治区人民政府批准，目前已建立了21处各种类型的自然保护区，总面积达98 114.6平方千米，占全疆面积的5.91%；其中国家级自然保护区3个，即哈纳斯国家级自然保护区、巴音布鲁克天鹅国家级自然保护区、阿尔金山自然保护区。天池自然保护区被列为人与生物圈自然保护区。新疆还是普氏野马的故乡，建国前因乱捕滥猎而灭绝。80年代中期从国外引进18匹普氏野马，在吉木萨尔县建立一个野马饲养繁殖中心，现普氏野马已发展到90多匹。

全疆21个自然保护区中林业部门管理建设的森林生态系统和野生动植物类型自然保护区14处，构成了自治区自然保护区的主体。自然保护区的建立，在维护生态平衡、恢复物种资源、保护生物多样性中发挥着重要的作用。10余年来各自然保护区及林业主管部门投入了大量的人力、物力、财力，用于保护区的管理和建设工作，使濒危野生动植物资源得到了很好的保护和显著的增长。例如巴音布鲁克国家级自然保护区是国内大天鹅最大的繁殖栖息地，以往在这里每年约有2万余只大天鹅，由于人为活动增加，生境变化，80年代初仅剩2000余只，保护区建立后，已恢复到5000～8000只。

自然保护区自1980年首批建立以来，已进入建设发展阶段，逐步实施了保护区的总体规划工作。哈纳斯国家级自然保护区的总体规划已经国家林业局批准正在实施当中，累计投入资金近370万元。1997年经国家林业局批准，巴音布鲁克天鹅国家级自然保护区总体规划着手制定，投入经费50万元（其中原林业部30万元，巴州政府20万元）。该设计已于1998年完成，保护区建设正式启动。此外，巩留雪岭云杉、天池、卡拉麦里山、托木尔峰4个自然保护区总体规划的编制工作业已完成。其中巩留雪岭云杉自然保护区已向国家林业局申报拟晋升为国家级自然保护区。

在加强自然资源保护的同时，各自然保护区相继开展了大量的基础性科研工作。卡拉麦里山有蹄类自然保护区野生动物资源调查（航调）、布尔根保护区"河狸的人工饲养及活体取香研究"、巴音布鲁克国家级自然保护区天鹅生态研究、塔里木胡杨保护区管理系统研究、野马中心"普氏野马饲养管理、野化研究"、巩留云杉保护区"云杉保护区本底资源考察"、天池保护区物候观测研究、托木尔峰保护区野生动植物资源调查、"哈纳斯保护区综合科学考察"等等，为实施保护区科学管理，保护珍稀濒危物种奠定了基础。此外，还出版了《新疆自然保护区》、《新疆珍贵动物图谱》（4种文字），印制了法规手册等宣传品。

近年来，在各级政府的领导下和各级管理部门的共同努力下，保护区管理工作得到加强，查处了大量在保护区内乱捕、乱猎、乱占保护区土地和乱砍、滥伐林木的事件，使自然保护区管理工作逐步走上法制化的轨道。（张彦刚）

【新疆经济林商品基地建设】 由原国家林业部批准立项的《新疆1988～2000年16个名特优经济林商品基地建设规划》，经过11年的实施建设，在和田、墨玉、洛浦、叶城、莎车、英吉沙、泽普、伽师、疏附、库尔勒、和静、和硕、哈密、精河、霍城和伊宁16个县市，已取得了良好的经济效益、生态效益和社会效益。主要成绩：一是16个经济林商品基地已累计完成各类经济林营造面积3.91万公顷，完成规划任务的195.73%，按树种分，完成核桃基地建设面积1.12万公顷，巴旦杏2666.67公顷，红枣5126.67公顷，酸梅780公顷，苹果9853.33公顷，库尔勒香梨5253.33公顷，枸杞4266.67公顷。二是随着商品基地建设面积逐年增加，部分基地已进入了初果期，有的已进入了盛果期，基地效益日益明显，产品产量和产值亦呈逐年上升之势。产量已由1988年建设初期的0.11万吨，提高到9.65万吨；产值由364万元，提高到29 719.32万元。部分县市通过基地建设，经济林已成为当地农村经济发展的支柱产业和群众脱贫致富的重要途径。三是商品基地果品产量的逐年增加，带动和促进了相关产业的不断衍生、壮大。库尔勒、精河、哈密、叶城等县市，围绕香梨、枸杞、大枣、核桃等名优特果品开发，已建立起了一批贮藏、包装、运输、加工和销售等相关企业，形成了产、供、销服务等一体化经济链条，促进了农村二、三产业的全面发展。（师　茁）

【新疆"三北"防护林工程建设】 新疆被列为"三北"防护林工程重点建设区，是自建国50年以来林业发展规模最大，持续时间最长，生态、经济、社会效益最显著的林业生态工程。通过治沙造田，保护恢复荒漠植被，改善农牧业生产条件，因地制宜，因害设防，初步建成由灌木（草带）、防风固沙林带、农田防护林网相结合的防护林体系。全区已提前并超额完成了"三北"防护林一、二期工程。

自治区的"三北"防护林工程建设，从一期工程（1978～1985）到二期工程（1986～1995），全区防御治理范围由规划初期的53个重点风沙县（市）扩大到86个县（市）。人工造林面积从每年2万公顷，增加到6.7万公顷。17年间完成人工造林面积43万公顷，相当于1978年以前28年造林总和的2倍。截至1998年，全疆累积完成人工造林面积85.6万公顷。

营造的31万公顷农田防护林使全疆5个地州、66个县（市）基本实现农田林网化。林网保护耕地287万公顷，占全疆耕地总面积的85%。荒漠植被的保护，采用封沙育林和引洪灌溉播种造林的办法，已使52万公顷荒漠疏林得以恢复成林。全疆发展经济林21万公顷，建成了16个一县一品的名特优经济林果基地。称誉国内外的新疆纸皮核桃、哈密大枣、库尔勒香梨、薄壳巴旦姆、伊犁红苹果、伽师酸梅、精河枸杞等优良品种愈来愈受到人们的青睐。目前全疆年产各类干鲜果品超过120万吨，年产值超过20亿元。林果业的发展已成为农村脱贫致富的主要途径之一。

50年来，以农田防护林建设为核心的林业成果突出表现在以下几个方面：①森林覆盖率从1978年的1.03%，提高到1995年1.68%。到1998年，又完成造林面积16.3万公顷，封沙育林27万公顷，使森林覆盖率还可提高0.27个百分点。②营造的85.6万公顷大规模防风固沙基干林带和农田防护林，形成了区域性防护林体系，使农区内部生态环境和农牧业生产条件不断改善。如和田地区以前风沙肆虐，现在从沙漠边缘到农区内部，由于有防护林层层阻隔，生产季节风速平均降低30%～69%，盛夏日均气温降低3～4℃，相对湿度提高7%～20%，水面减少蒸发31%～58%，农业生态条件的改善使粮食增产16%～29%，棉花增产24%。生态林业为自治区农牧业连续取得20个丰收年提供了有利的生态保障。③防护林体系建设使农村经济发生了明显的变化。防护用材林建设向农村提供大量木材，缓解了对天然林资源的采伐，初步实现了木材生产由山区向农区的战略转移。平原人工林蓄积量达3000万立方米，每年提供商品材超过60万立方米。名特优经济林基地建设，使农村形成新的经济增长点，仅和田地区，70%的贫困户脱贫是靠发展林果业，经济林收入占农民收入的1/3以上。④通过三北防护林工程的实施，总结出"全党动员、全民动手、全社会办林业"的发展林业的基本工作方法。摸索出一套防沙治沙，“造、封、育、管”结合，以“窄林带、小网格”为标准的多林种、多模式，“乔灌草、网片带”为一体的综合防护体系。全区广泛采用生物治沙、生态型、生态经济型、防护用材型防护林模式。用时采用农林混作，林草、林药混作，葡萄长廊、核桃长廊等十几种高产模式。

目前，全疆已有近40个县市造林绿化达到国家绿化标准。通过全疆各族人民几十年的共同努力，自治区的绿洲面积由建国初期的1.3万平方千米扩大到5.87万平方千米。耕地面积由120万公顷增加到346.6万公顷，85%的农田得到农田防护林的保护，片片绿洲林茂粮丰、绿树成荫、瓜果飘香、各业兴旺，呈现一片兴旺发达的繁荣景象。（崔培毅）

【贯彻落实自治区林业工作会议精神】 自治区林业工作会议召开之后，自治区林业厅以贯彻落实《自治区党委、人民政府关于加快林业改革和发展的决定》为重点，集中精力狠抓了《决定》事项的落实兑现工作：按照《决定》精神，已对“九五”林业计划和2010年远景规划进行了修订，并分解落实到各地州；研究拟定了1998～2000年森林采伐调减计划，制定了新疆百万亩山林再造工程规划，并于5月4日和5月30日先后在伊犁特克斯县和阿勒泰布尔津县举行了百万亩山林再造启动工程现场会；按照《决定》要求和国家有关建立森林生态效益补偿基金制度的规定，起草了《自治区森林生态效益补偿基金征收、使用、管理办法》，并经自治区全席办公会议讨论通过，现已公布实施；开展了新疆平原林资源二类调查；根据林业工作会议和全国治理水土流失、建设生态农业现场经济交流会精神，修订了“九五”到2010年新疆防治荒漠化长远规划，加大了防治荒漠化工程建设比重；积极争取国家对林业的投入；对林业企事业单位从事种植业、养殖业、农林产品初加工业及贫困国有林场生产经营暂免征收企业所得税，对以林区小规格材、次加工材及加工剩余物所生产的产品实行增值税即征即退的政策基本得到落实；按5%征收原木特产税已基本落实；对林业科研项目进行了调整，加强了名特优干果丰产栽培技术的研究，尤其支持阿月浑子、巴旦杏和山区逆温带果树栽培的研究；已将林业企业农业综合开发项目纳入林业多种经营发展规划；积极稳妥地推进林业分类经营工作；林业企业待业人员跨行业安置以及林业企业职工子女招工就业问题，经与自治区劳动厅协调，基本同意按地方条件同等对待；在林业企业全面开展学邯钢、抓管理、增效益活动，选择新疆木材总厂、木垒林场为重点指导单位，其中，木材总厂被自治区列为重点联系推广邯钢经验百家企业之一；加强了对各地贯彻落实自治区林业工作会议精神情况的督促检查。（蔡立新）

【新疆维吾尔自治区1998年林业大事】

1.1月18日，自治区林业厅厅长买合木提·买买提在自治区九届人大一次会议上当选为自治区九届人大常委会委员。

2.1月22日，自治区九届人大一次会议决定任命买买提·阿不都拉为自治区林业厅厅长。

3.2月17日，自治区林业厅造林处郑炎甫同志被区直机关工委命名为“十佳公仆”，在“五一”前又获“区直机关优秀共产党员”称号、全国“五一”劳动奖章。自治区林业厅组成郑炎甫先进事迹报告团在全疆巡回报告55场，直接受教育者达3万余人。

4.3月19日，自治区副主席熊辉银到自治区林业厅听取林业工作汇报。

5.4月16日～26日，和静县巴伦台镇发生一起重大森林火灾，总过火面积250公顷，其中林地面积104.26公顷，直接经济损失达1000多万元。

6.4月30日，新疆百万亩山林再造工程先后在伊犁地区特克斯县和阿勒泰地区布尔津县启动。

7.6月30日，全疆新组建的75个林业（区）公安派出所全部挂牌工作。

8.8月18日～28日，第六届西北五省（区）林业厅长、办公室主任联席会议在新疆举行。出席会议的有陕西省林业厅厅长钟高适、甘肃省林业厅副厅长田志勇、宁夏自治区林业厅厅长孙长春、青海省农林厅副厅长陆文正、新疆维吾尔自治区林业厅厅长买买提·阿不都拉、副厅长刘仰嵩以及各省厅办公室主任及秘书共20人。

这次会议的召开正值江泽民同志、李鹏同志关于“再造一个山川秀美的西北地区”的重要批示发表一周年之际。与会同志回顾了一年来各省（区）深入贯彻批示精神，努力再造秀美山川的经验措施，分析总结和交流了一年来林业建设的新情况、新经验和新问题，探讨了西北五省(区)生态环境建设所面临的困难和解决的办法。

9.8月26日，自治区主席阿不来提·阿不都热西提签发第83号政府令，《新疆维吾尔自治区林业基金管理办法》自发布之日起施行。

10.9月24日，经自治区人民政府主席办公会议审议，研究制定了《新疆国有林区天然林资源保护工程实施方案》，报国家林业局，并上报国务院。

11.10月16日，自治区人民政府结合新疆实际，制定下发《关于认真贯彻落实〈国务院关于保护森林资源制止毁林开垦和乱占林地的通知〉的意见》，要求各地、各部门采取严厉措施，坚决制止毁林开垦和乱占林地行为，保护和抢救森林资源。

12.10月17日至11月14日，自治区林业厅买买提·阿不都拉厅长率团赴美国考察巴旦杏栽培技术。

（田照敏 蔡立新）

新疆生产建设兵团林业

【概　述】

发展与成就

造林绿化　1998年，完成造林建园15 666.6公顷，为计划任务的117.5%，其中：防护林9400公顷，经济林2733.3公顷，“三滩”营造柽柳、梭梭3533.3公顷。育苗666.7公顷，其中新育517.6公顷，生产各种苗木6500万株。新封荒漠灌木林27 666.7公顷，超额完成计划的3.75%。造林建园成活率85%以上的保存面积1.2万公顷。全兵团参加义务植树人员98.02万人，尽责率85%，植树2895万株，人均植树29.5株，比1997年增加6.6株。

森林保护　1998年，全兵团没有发生森林火灾。森林病虫害防治工作实行目标管理，1998年，兵团森林病虫鼠害发生面积39 213.3公顷，其中春尺蠖、杨毒蛾、杨梦尼夜蛾发生2.1万公顷，比1997年增加了21.3个百分点，占总发生面积的54.3%，鼠害发生面积4740公顷，比1997年增大233.3公顷；防治面积3.61万公顷，其中生物防治面积2066.7公顷，防治率达92.1%，有效防治率达到79%，监测率达77%，全年投入防治经费556.4万元，其中中央投资10万元，兵团配套10万元，团场自筹536.4万元。加大了林政执法力度，1998年林政案件341起，查处279起，查处率82%，挽回直接经济损失29.7万元。

林业科技　1998年，推广了胡杨次生林及梭梭、柽柳荒漠林恢复发展技术面积26 666.7公顷、经济林丰产栽培技术面积6666.7公顷、经济林涌泉灌节水技术面积3333.3公顷、节水造林技术面积2333.3公顷、地膜育苗技术面积133.3公顷，推广ABT生根粉应用造林266.9公顷，用于造林35公顷，推广保水剂应用面积1560公顷。应用防啃剂面积1000公顷。

改革与林政实施

造林建园　1998年造林建园工作主要抓了4个方面：一是狠抓造林建园备耕工作，提前准备林床，1998年造林前期已准备好林床9200公顷，是造林建园计划的69%，为超额完成造林建园工作打下了良好的基础；二是加快生态林建设步伐，逐步扩大绿洲外围荒漠封育面积，积极营造荒漠林，在荒漠沙丘上栽植柽柳、梭梭，改善生态环境，促进国民经济发展；三是提高造林质量，实行“四个标准化”，即标准化苗木，标准化林床，标准化栽植，标准化管理，提高造林成活率和保存率，巩固造林绿化成果；四是依托新疆品种、资源等优势，加速名、特、新优质果品基地建设，振兴兵团林业经济。1998年新建优质果园面积2733.3公顷，其中定植香（贡）梨1400公顷，葡萄1133.3公顷，红枣200公顷。截至1998年底，已形成香（贡）梨基地8000公顷，无核白葡萄基地3333.3公顷，年产名、优、特果品12万吨，总产值2.4亿元以上。

资源林政管理　严格执行了森林采伐限额管理，有效地控制了森林资源的消耗，1998年全兵团采伐林木4.5万立方米，为年采伐限额的45%，为年木材生产计划的36%，已连续7年森林资源消耗量未突破采伐限额和计划；认真贯彻国务院8号文件精神，加强了林地管理，冻结征占用林地，严禁毁林开荒，1998年全兵团征占用林地21.9公顷，较1997年减少11公顷；加强了修改后《森林法》的宣传和学习。

林业管理机构　1998年又有4个团场成立了林业工作站，团场建站总数达到了156个；农二师、农十师的林业工作站建设经国家林业局林业工作站管理总站检查验收达到“合格（县）师”标准，截至1998年底，全兵团建成“合格（县）师”总数达5个；1998年又有23个团场林业工作站建设达到“合格站”标准，团场“合格站”总数达到145个，占已建站总数的92.9%。

种苗基地建设　1998年兵团重点扶持了5个师和1个直属单位共6处中心苗圃建设，新建苗圃地206.7公顷，并对原有的一些中心苗圃进行了重新规划，完善基础设施建设，调整了育苗树种和品种结构，1998年全兵团共完成育苗面积666.7公顷，苗木6500万株，可供1999年春季造林苗木约4500万株，自给有余，较好地完成了年度计划。　（贯寿珍　赖　煜）

【兵团经济林和园艺生产】　1998年，兵团经济林、园艺生产以资源优势为依托，以特色瓜果为主体，以科学技术为先导，以行政推动为手段，加快地方名优特产瓜果的开发力度，进一步增加科技含量，经济林、园艺生产取得了重大突破。

地方名、优、特果品基地建设　当年新植果园2733.3公顷，其中名、优、特果品面积比重加大，果树结构明显改善，已形成香梨基地面积7466.7公顷，年产4万吨以上；无核白葡萄面积4466.7公顷，年产量4.5万吨；贡梨基地面积2000公顷，年产量1万吨。

果品质量提高　1998年，兵团遭受了历史罕见的大风、低温，果品减产8万吨以上，完成果品总产17.5万吨。但由于加强了管理，果品质量明显改善，一级果率比往年提高了6个百分点，达到90%以上，实现果品总产值3.8亿元。

西瓜、甜瓜生产保持平稳　甜瓜良种面积在5000公顷以上，占甜瓜总面积的94%；促早栽培和延后栽培在3000公顷以上，占西瓜总面积的75%。1998年兵团西瓜、甜瓜播种面积1.01万公顷，总产28万吨。

保护地蔬菜播种面积加大 1998年，兵团蔬菜种植面积1.34万公顷，年产蔬菜43.5万吨，其中保护地蔬菜种植面积1066.7公顷，总产6.3万吨。农七师、乌管局围绕城市进行的蔬菜保护地栽培，已初步形成规模，对平抑市场物价起到了积极作用。

花卉产业化建设 当年鲜花生产量560万枝，盆花42万盆，草坪1.5万立方米，实现产值550万元，以乌鲁木齐、石河子、奎屯等城市为中心的花卉生产、加工、销售体系初具规模。

经济林和园艺科技推广工作 一是瓜果生产的模式化栽培水平有了重大进展，首批184.7公顷标准化果园达标验收，甜瓜规范化栽培面积占到了45%以上；二是节水灌溉技术得到了推广，推广适用节水技术——果树涌泉灌面积549.3公顷。

果树产权制度改革 农七师采取果树一次性拍卖，产权划归个人，园地性质不能改变，拍卖费用于果树的扩大再生产；哈管局采取果树租赁承包的办法，由农场出资建园，成园后将果树作价租赁给职工，由职工具体经营，农场只收取租金。承包方式的改革，调动了生产者的积极性和创造性，经济林和园艺生产水平有了较大幅度地提高。 （张利琪）

【团场农田林网化建设】 兵团农牧团场处于新疆干旱内陆荒漠气候，主要分布在塔克拉玛干、准噶尔大沙漠边缘，植树造林、实现农田林网化对于兵团农牧团场有着特别重要的意义。1998年兵团农田林网化建设工作又有新进展，1998年10月兵团农业局组织有关专家，依据“兵团农场实现农田林网化主要指标”的要求，对申报实现农田林网化的团场进行了实地检查验收，农四师71团、农五师88团、农八师142团3个团场实现了农田林网化，使兵团实现农田林网化团场数达131个，占全兵团平原团场的81.4%。 （赖 煜）

【果树涌泉灌推广】 涌泉灌溉技术是在滴灌技术基础上改进的，克服喷头易堵塞缺点的一种节水器，适合新疆水土资源特点，1992年兵团在农十师184团试验后，技术已基本成熟，近几年开始在兵团果产区推广。截至1998年，已推广549.3公顷，其中：农二师193.3公顷，哈管局70.2公顷，农十师68.3公顷，节水效果明显，节水率为65%，果树平均增产8%，果品品质有所提高，并且省工、省电、运行可靠，每公顷设备投资12 750元，经济社会效益显著。 （张利琪）

【农二师林业工作站建设】 农二师团场林业工作自1992年开始建站到1997年底止，建成16个团场林业工作站，现有站员1211人，其中：业务人员117人，都经过培训持证上岗；办公用房总面积1982平方米；交通汽车3辆、摩托车40余辆，电话60余部；下属管理专业连队36个，林园工人7000余人。充分发挥组织、指导、管理、服务和执法等职能，1998年经国家林业局林业工作站管理总站检查验收，达到“林业工作站合格（县）师”标准。农二师林业工作站建设主要有以下几点经验：

稳定机构，增加人员 从1992年起，农二师林业局有计划、有步骤地进行建站工作，到1997年底，全师各团场全部建站；建站工作不仅抓好硬件设施建设，如办公用房、交通工具、通讯设备等，而且抓好软指标建设，如人员培训、资源林政建档管理、各类图表和责任制上墙等。建站后团场管理林业人员，由原来的1人增加到现在的3～15人，实行行业专业管理，大大提高工作效率。

科站合一，强化管理 农二师林业工作站科站合一有两种体制，一种是林业工作站行使管理职能，由团场核算林业费用及人员工资；另一种是林业工作站统管全团林业系统人、财、物，具有行政管理职能，还具有经营管理权，负责林产品的管理和对外销售。这两种体制林业工作站的管理、组织、指导、服务的职能都得到较好的发挥，在造林、林木抚育和资源保护等方面建立起一整套检查、监督、管理和奖惩办法，保证林木健康发展。第二种体制林业工作站具有一定的经济实力，更有利于工作的开展，站员积极性高，职能发挥的更好。

加强廉政建设，增强凝聚力 各团场自建站以后，各项廉政制度和措施就随之建立起来，接受群众监督。站长、书记以身作则，站员严格自律，在林木采伐、销售、林政处罚、核销投资以及林木检疫、林业收费等工作中，都按章以法办事。林业工作站成立至今，未发生违法、违纪案件，增强了林业工作站的凝聚力和向心力。 （农二师林业局）

【五家渠飞机防治春尺蠖】 五家渠是一座军垦新城，是兵团农六师师部所在地。从1992年至今，经过三代军垦战士的建设，已成为绿树成荫、景色迷人的绿洲明珠。自1992年以来，每年春季春尺蠖暴发成灾，严重时可将榆、杨树叶吃光。为了保证林木健康生长，发挥树木在城市中绿化、美化环境和净化空气的作用，五家渠连续7年利用飞机防治春尺蠖，累计防治面积2300公顷，有效地控制了危害。总结起来有以下几点经验：

组织机构落实 由师林业局、城建局负责牵头，林业局总体协调，城建局组织实施，植保站提供药品，101团提供机场，使整个防治工作顺利开展。

建立监测体系 以师植保站为主，及时进行测报工作，调查2～3龄幼虫数量达到85%以上时，开始防治，达到最佳防治效果。

科学用药 以高效低毒的菊酯类农药为主，避免造成人畜伤亡和药害。

多方筹款 每年防治费用约4万元，分别由各机关、事业单位筹集，7年共投入防治经费28万余元。

（陈文军）

【新疆生产建设兵团1997年林业大事】

1.1月12～16日，在石河子市召开了兵团果树生产研讨会。林业局秦山鼎书记、韦兴南副局长到会作了重要讲话。会议总结了1997年果树生产和果树丰产攻关工作；制定了兵团果树生产发展战略；安排了1998年果树生产主要工作和丰产攻关任务。

2.1月13～15日，在乌管局召开资源林政及森林病虫害防治总结评比会。各师局主要业务人员参加会议，会议总结1997年资源林政、森林病虫害防治工作，评选出统计报表优胜者，安排部署了1998年资源林政、森林病虫害防治工作。

3.3月12日，兵团副司令员、绿化委员会主任胡兆璋在兵团日报上发表了题为“提高认识、深化改革、扎实工作，为创造一个良好的生态环境而奋斗”的文章。

4.3月26～28日，在农一师召开了兵团植树造林现场会。参加会议的有各师局分管林业工作的领导、林业局局长、主管业务人员及典型团场代表共53人。兵团副司令员胡兆璋向会议发出题为“总结经验、开拓奋进、确保1998年林业各项工作全面完成”的一封信。兵团林业局长李志荣作了题为“总结经验、精心部署、狠抓落实、扎实工作，全面完成兵团1998年林业建设任务”的报告。会议总结了1997年林业工作，安排布置了1998年林业工作任务，表彰了先进单位和先进个人。

5.4月12日，兵团遭受特大风灾、沙尘暴和霜冻袭击，吹断农田防护林木41.94万株，6666.7公顷果树受冻，1066.7公顷结果果园绝收，造成直接经济损失1.6亿元以上。

6.5月11日，兵团调整绿化委员会成员，调整后兵团副司令员胡兆璋任兵团绿化委员会主任。

7.6月中旬，兵团花协众卉花业技术服务中心成立。

8.7月23～25日，在农四师召开兵团植树造林检查评比会议。兵团林业局局长李志荣作了题为“总结经验、再接再厉，夺取1998年兵团林业生产全面胜利”的报告。会前组织了由师局组成的3个检查组，对14个师局，2个兵直农场的造林及管护情况进行了抽查，经过综合评比，评出了9个造林绿化先进优胜单位。兵团绿化委员会以兵绿发［1998］1号文进行了通报表彰。

9.8月份，兵团组织有关专家进行了果树“二高一优”达标园竞赛验收活动。全兵团184.7公顷果园达到了标准园建设指标，其中农二师183.1公顷，农一师1.6公顷，成为兵团首批达标单位。

10.8月25～29日，中国农垦苹果品种更新协作组年会（北方片）在乌鲁木齐市召开。农业部农垦司及北方地区、10省（市）及新疆兵团的代表31人参加了会议。会议研讨了近几年果树生产发展、生产管理及新技术、新品种推广、果品贮藏保鲜、包装、深加工等方面情况。

11.10月下旬，由兵团、师（局）和石河子大学7人组成的考察组赴内地进行果树引种考察，共引进果树品种27个。

12.1998年组织有关专家编制了兵团贡梨、无核白葡萄、匍匐苹果等7个品种的栽培技术规范。

（贯寿珍）

创 业 人 物

王廷玖 男，满族，1947年9月生，河北围场人。1968年毕业于河北农大林学专业。中共党员，历任县交通局长、县长、县委书记、市委副书记和常务副市长。

1997年12月任林业厅党组书记、1998年3月任林业厅厅长以来，带领全厅干部职工，紧紧围绕“健全三大体系（生态体系、产业体系、市场体系），做到三个并重（改革与开放并重，发展与保护并重，运用市场机制与全社会办林业并重），实现三个结合（生态、社会、经济效益有机结合，科教兴林与依法治林相结合，利用国内资源与利用国外资源相结合）”的指导思想，谋划思路，理顺关系，健全机制，狠抓大事。坚持以作为求地位，以拚搏求发展，统筹兼顾，突出重点，真抓实干，强力突破，林业建设开始由单纯重速度向质量速度型转变。

在生态体系建设方面，积极调整治理结构和投资结构，全面推进六大工程建设，突出抓好窗口地带绿化，狠抓建设质量管理，积极探索并逐步建立起森林资源有偿流转机制，工程建设招投标竞争淘汰机制，分级抽查、逐级制约、利益挂钩的检查验收制度，审计监督制度，项目资本金和偿债准备金制度等，使全省造林成活率有较大提高，造林质量取得新突破；坚持依法治林，狠抓森林资源管理，积极推动林业立法，加大林业执法和森林防火工作力度，使全省资源管理取得突出成绩，实现新的突破，居全国先进行列。

在产业化经营方面，按照“系统内抓骨干、系统外抓重点”的原则，重点扶持了一批龙头企业；开展了果树“争名牌、创优质”活动，使主要果品商品果率比1997年有所提高，一些传统名牌果品正在恢复其本来面貌；以种苗工程为突破口，开展了科技“16推”活动，使科技兴林取得显著成绩，全国林业科技推广工作会议上推广了河北省的经验。在争资金、跑项目上，争取部省两级资金比1997年增长19.6%，争取国家建设债券资金5000万元，在全国21个安排生态工程投资的省市中列第二位。同时，谋划了“再造3个塞罕坝林场”等一批大型项目。争取世行三期项目总投资1200万美元，已于1999年1月上旬正式启动。

在精神文明建设方面，通过“三讲”文明机关建设和行业精神文明建设，使全系统形象建设大为改观，整体素质明显提高，受到了行业内外的普遍好评。

（河北省林业厅）

王爱英 女，汉族，1942年8月生，河北临漳人，高中文化，中共党员，历任临漳县妇联主任、临漳县委常委、邯郸地委组织部副部长，邯郸地区妇联副主任、主任等职。1993年任邯郸市林业局局长。担任邯郸市林业局长6年来，王爱英同志把全部的精力献给了林业事业。她率领全市林业系统干部职工认真贯彻落实党和国家的林业方针、政策，创造性地开展工作，以宏大的气魄在全市组织实施了造林绿化一把手工程，把各级党政一把手推到造林绿化第一线，迅速扭转了全市平原绿化滑坡的被动局面，全面加快了太行山绿化步伐，培养出了大名魏县、馆陶等全省平原绿化的新典型，造就了涉县王金庄、武安活水乡、磁县龙泉寺等万亩荒山绿化新样板，共建成一把手绿化工程100多个，使全市造林绿化步入快速发展的新阶段，她积极倡导林业改革，组织和指导全市大力推广了曲周县拍卖路渠使用权搞绿化的做法，吸引了社会各界资金投入造林绿化，有效地解决了全市造林绿化资金不足的问题；组织全市大力实施科技兴林战略，开展了百名技术干部承包百个果园的林果科技“双百”工程，6年共引进新品种24个，推广新技术16项，使果品产量到1998年达到44万吨，是1993年的191.3%，林果总产值达8.6亿元，是1993年的172%；她注重开放，以实绩求信任，以成效搞引资，共引进世行贷款国家造林项目二期和三期工程2600公顷，引进资金500多万元，引进二期国债资金523万元，同时，省下达该市太行山工程造林、飞播造林任务和资金年年增加，使全市绿化步伐大大加快；她一手抓资源培育，一手抓资源保护，在全市推广了树木档案管理、专业队管护等做法，加大了对毁林犯罪的打击力度，有效地保护了森林资源，实现了连续6年无森林火灾，1998年获得全省森林防火第一名，受到省政府表彰。她在任的6年，全市森林覆盖率由14%增长到18.2%，为全省林业建设做出了突出贡献。

由于王爱英同志政绩突出，她连年被市委评为优秀党员，被市委、市政府授予“市农业战线红旗标兵”称号，并荣获1998年全国绿化奖章。市林业局也连年被市委、市政府评为实绩突出单位，并被授予市农业战线红旗单位。

（河北省林业厅）

王英忱 男，汉族，1944年4月生，黑龙江海伦人，中共党员。1965年11月毕业于齐齐哈尔林业干部学校财会专业。历任齐齐哈尔林校、嫩江地区林管局教员、会计，富裕林机厂财务科科长，阿城林机厂副厂长、总会计师，省林业厅审计处副处长，财务处副处长、处长、高级会计师，现任省林业厅常务副厅长。

在毕业留校任教期间，编写了《林业事业会计核算》和《增减记帐法及其在林业会计核算上的应用》教材。1977年调富裕林机厂工作，他起草了《厂内经济核算暂行办法》，使工厂每百元产值的利润比年计划增加8元。到阿城林机厂上任后，积极主张开辟第三产业，先后主持建立了干洗厂、纸箱厂、贸易公司，解决了就业问题。还与阿城继电厂成功地组建了全省林业系统第一家跨行业联营的碳钢厂和低压开关柜分厂，当年获经济效益近50万元。在林业厅财务处工作期间，在预算安排上大力压缩弹性支出，把增收节支指标层层分解落实，改革财务管理办法。1991年厅财务处被省政府评为“保盘子工程”先进单位，并获省政府“嘉奖令”。1992～1993年度，他领导全省林业系统的财务会计制度改革工作，会同省财政厅制定了《黑龙江省林业会计核算规程》，使新旧财务会计制度成功的对接，受到林业部、省林业厅、省建行、省国有资产管理局、省控办等部门的表彰奖励。任林业厅副厅长后，提出了对厅直单位全面进行财务包干、优化资金结构、加强宏观经济管理的建议，还提出了建立林业财务服务体系、林业基金管理体系、森林资源资产管理体系的工作思路，并组织实施。为林业经济步入良性发展轨道作出了积极的贡献。

（黑龙江省林业厅）

杨克杰 男，汉族，1955年9月生。1980年毕业于东北林业大学林学系，高级工程师，中共党员。现任黑龙江省林业厅副厅长、省绿化委员会副主任。

多年来，他深入实际调查研究，注意抓典型、树样板，善于总结推广经验和发现、解决问题。他主持制定了黑龙江省三北防护林工程管理办法，组织实施了拜泉县水土流失治理等6项重点工程，树立了拜泉、兰西等一大批典型；主持并参加完成了“农田防护林树种更替及结构优化”等多项研究，组织推广了15项综合配套技术，使全省三北二期工程的科技含量达70%以上，综合效益达10亿元以上。近10年来，他主持完成了诸多林业政策、科学技术等推广，特别是他主持起草的《关于大力植树造林，十二年绿化黑龙江大地的决定》、《黑龙江省林业技术政策》、《关于积极培育、严格保护、合理利用森林资源，大力发展林业若干问题的决定》、《黑龙江省林业生态建设工程规划纲要》、《黑龙江省三北防护林体系建设三期工程规划》和《黑龙江省治沙工程规划》等重要文件，对全省造林绿化事业和林业建设的发展起到了积极的推动作用。1995年被林业部授予三北防护林二期工程建设先进工作者称号，1996年被全国绿化委员会、林业部、人事部授予全国绿化先进工作者称号。他组织和参加的数次林木种苗、造林、防护林、治沙等省级以上科研课题和科技推广项目，有近10项获部省级科技成果和“三北”适用技术推广奖。

（黑龙江省林业厅）

杜宇新 1953年12月生，黑龙江林口人，1976年8月加入中国共产党，研究生学历，经济师。1969年参加工作，在双鸭山市当工人、刑警。1973年入黑龙江大学中文系学习。1976年8月任双鸭山市安邦乡干事。1978年8月后，任双鸭山市郊区团委副书记、市委农工部科长、市农林办政研室主任。1982年1月后任黑龙江省委农工部科长、副处长。1986年2月任中共尚志县委副书记。1987年12月，任黑龙江省农委处长。1991年3月，任黑龙江省农委副主任。1994年9月入中共中央党校学习，1995年10月起任中共大兴安岭地委书记，大兴安岭林业管理局党委书记。1995年7月至1997年1月在职攻读中央党校法学专业研究生。1997年9月在中共第十五次全国代表大会上当选中央候补委员。

在大兴安岭地区主持工作以来，同班子成员一道，坚定地贯彻中央、林业部（局）、省委的工作部署；精心培育典型，着力转换广大干部和群众的观念；主持制定了若干行之有效的政策；进行精神文明建设，千方百计搞活企业，带领全区人民同心协力，团结奋斗；为树立党的形象，为求改革之计，为提高决策水平，走遍大兴安岭乡村与林场。使全区各项工作都取得了新的进展。在深入调查研究、统一思想认识的基础上，确定了改革与发展的总体思路，组织制订了全区“九五”计划和2010年远期规划，并提出了力争早日把大兴安岭建设成为全省最富裕、最文明地区之一的奋斗目标。在经济工作方面，突出抓了深化改革、保护资源、调整结构、加强管理等项重点工作。森工企业内部的产权关系和利益分配关系进一步明晰，国有中小企业改革基本到位，天然林资源保护工程顺利启动实施，林区各种资源趋向综合开发，创业储金会普遍建立，职工自营经济、个体私营经济迅猛发展，全区第一、三产业比例稳步上升，经济结构得到初步调整优化，减编压支、转岗分流、盘活资金等管理措施收到实效。切实加强党建和精神文明建设。坚持干部制度改革，组织制定了考核干部公开制、提拔干部公示制和干部能下、任用失误惩戒、企业领导干部先审计后任免等项制度，强化了正确的用人导向，优化了县处级领导班子结构。以抓好教育、制度、查处三个环节为重点，加强党风廉政建设，主持查处了一批大案要案。倡导并重新叫响了“弘扬突破高寒禁区的大兴安岭精神”的口号（被省委确定为四大精神之一），组织发动了创建“双文明林场”、“创建“爱心基金会”扶危济困等多项精神文明建设活动，凝聚了人心。1995～1998年，全区经济在困境中保持了稳步发展，林业集团公司大幅减亏，工业企业扭亏为盈，城镇居民和农民人均收入分别增长1069元和980元，居民储蓄增长18亿元，科教文体卫生等项社会事业健康发展。在执行全省目标责任制考核中，个人连续三年（1995～1997）获得“好”等次，1998年被省委、省政府嘉奖。近年来，撰写了大量理论文章，有数十篇在各级各类报刊上发表。1998年5月，主持撰写的“大兴安岭地区经济发展概述”一文，获全国统计科技进步优秀成果一等奖。

（赵 明 方志建）

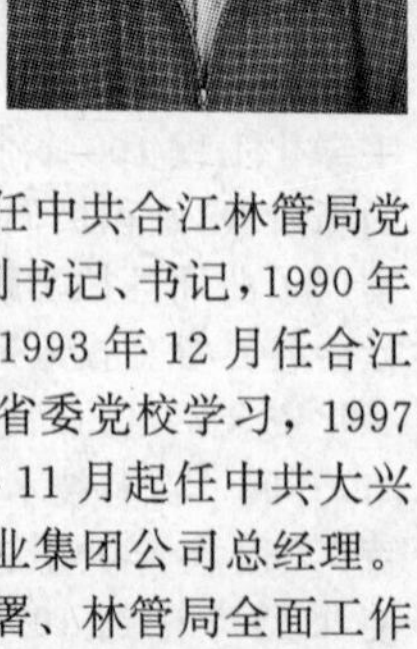

杨喜军 男，1954年4月生，黑龙江桦南人，大学学历，高级经济师，第九届全国人民代表大会代表。1970年8月参加工作，在黑龙江省桦南林业局森铁处当工人，1972年1月任桦南林业局新青林场验收员、调度，1976年7月加入中国共产党，1976年11月后任新青林场党总支副书记、生产副场长，1980年4月后任鹤北林业局联营林场党总支副书记、书记，1983年7月后任中共合江林管局党委组织部科长、鹤北林业局党委副书记、书记，1990年10月任合江林管局党委副书记，1993年12月任合江林管局党委书记，1995年9月到省委党校学习，1997年9月到中央党校学习，1997年11月起任中共大兴安岭地委副书记、行署专员、林业集团公司总经理。

杨喜军主持大兴安岭地区行署、林管局全面工作以来，在地委的正确领导和班子成员的支持协助下，认真落实林业部（国家林业局）和省委、省政府的工作部署，坚持以经济建设为中心，勇于开拓，锐意改革，创造性开展工作，带领全区人民“二次创业”，经过一年多的努力，扭转了全区经济工作被动局面，各项社会事业长足发展。在深入实际调查研究和对林情、区情进行再分析、再认识的基础上，杨喜军提出了切合实际的经济发展总体思路和社会进步目标，在提高经济效益上狠下功夫，突出抓了产业、产品结构调整、招商引资、资源保护、深化改革及强化管理等项工作，经过全区上下的共同努力，全区经济运行质量明显提高。1998年在木材产量调减27万立方米、直接影响销售收入1亿元和农业遭受严重洪涝灾害的情况下，全区国民生产总值实现38.5亿元，增长8.6%，高于全国、全省平均增长水平；通过开展“企业管理效益年”活动，企业管理水平大大提高，集团公司比1997年减亏8600余万元，职工工资基本不欠，税款上缴及时，全年增收节支1亿元；以集团公司机构改革为重点的各项改革稳步推进，企业的经营机制有了很大转变，活力进一步增强；坚持多业并举多元发展，走林工、林农、林矿、林副相结合的发展之路，几大专业性企业集团相继组建并投入运营，使产业结构初步得到优化；森林资源保护力度加大，稳步实施了“天然林资源保护工程”并取得阶段性成果。同时，大力加强了两个文明建设，城市改造建设速度加快，科学、文化、教育、体育、卫生等项社会事业同步发展，社会稳定，人民生活条件得到一定改善。

杨喜军同志经常深入实际调查研究，注重解决实际问题，撰写并在报刊发表理论文章、调查报告20余篇，其中“提高领导干部素质，发展林业市场经济”和“大兴安岭林区搞好二次创业，实现可持续发展战略研究”等在国家级刊物上发表后引起较大反响，取得了较好的社会效益。（孙　海　方志建）

张振华　男，1944年8月生，汉族，河北阳原人，中共党员，1968年毕业于天津南开大学政治经济学系，现任中共大兴安岭地委副书记兼任大兴安岭地区政协工委主任，高级政工师。

80年代中期，走上地委领导岗位的他，组织林业研究人员，在深刻分析区情的基础上，提出了大兴安岭林区要避免重蹈老林区陷入“两危”的覆辙，必须坚持以营林为基础、采育结合、多种经营、全面发展之路。他的建议被采纳，成为当时全区工作的总体思路。

进入90年代，他与林区广大干部群众一起，探索摆脱困境、走上可持续发展之方略。批准了制约林区经济发展的主要症结——思想陈旧、体制僵化、结构单一、管理粗放。积极参与地委的一系列重要决策的研究与制定，并在工作中创造性地贯彻执行。具体组织了全区解放思想和经济发展创造宽松环境大讨论，撰写了“解放思想是加快发展的迫切需要”、“市场经济与改革经济环境”等理论文章。在调整结构中，倡导以林区丰富的地上地下资源为依托，大搞综合立体开发，以市场为导向，大力发展非林非木替代产业，旗帜鲜明地提出经济工作中，也要坚持“两手抓”，即一手抓国有森工企业的改革与发展，一手抓大力发展个体私营等非国有经济，并连续几年亲抓发展林业职工自营经济，总结经验，树立典型，制定扶持政策，被中国农林工会授予“全心全意依靠职工办企业、事业优秀党员领导干部”称号。撰写的“发展自营经济是林业职工致富奔小康的重要途径”的文章，被中国农林工会办的刊物刊登。

1998年，他又组织了地区内的省政协委员和林业专业人员，深入调查研究，亲自主笔撰写了“认真实施‘天保工程’，实现可持续发展”的文章。这篇文章受到国家林业局“天保办”的重视并拟定在中国北方天然林资源保护学术研讨会上交流。

面对着下岗没分流、因欠发工资生活困难的集体上访职工，他总是带信访干部热情接待，细致做思想工作，想方设法解决实际困难，一次又一次地妥善化解了矛盾，维护社会稳定。他撰写的有关林区改革、发展、稳定的文章，多次在国家、省、地报刊上刊载，其中“妥善处理涉众矛盾”一文，先后在《黑龙江日报》、《半月谈》、《内部参考》和中组部《组工研讨》上刊载，获黑龙江省社会科学优秀科研成果二等奖。主编了《八万里兴安在崛起》等书。（齐克敛　方志建）

褚　凤　女，汉族，中共党员，1944年4月出生于黑龙江省五常县，在职研究生结业，高级会计师。

褚凤同志1960年7月参加工作，先后在五常县拉林镇皮革鞋帽厂、绥阳林业局商业科做会计工作；1965年12月调入大兴安岭参加林区开发建设，先后在塔河县商业局、工程处任会计；1972年调入塔河林业局财务科，先后任会计、副科长、科长；1986年任塔河林业局总会计师，1989年任大兴安岭林管局审计处处长，1992年任大兴安岭地区财政局局长，1994年任大兴安岭地委常委、行署副专员、林管局副局长。

褚凤同志从事财务工作20余年，具有丰富扎实的基层工作经验。她在工作之余，不断总结积累，撰写了大量优秀论文和经验材料。由于她一心扎根边疆，献身祖国的林业建设，专业精通，业绩突出，1987年林业部授予她优秀财会人员的光荣称号，并在全国林业战线通报表彰；同年，国务院大兴安岭灾区恢复生产重建家园指挥部授予她会战先进个人。1988年，大兴安岭行署、林管局授予她劳动模范；同年中共塔河县委授予她优秀共产党员的光荣称号。

她在主管全区的财政、财务工作期间，以其出色的管理水平和业务能力稳定了财政、财务的紧张局面。为“避危兴林，二次创业”做出了突出贡献。由她主持的大型企业经济核算，为林区的经济发展提供了科学的决策依据。任常务副专员后，褚凤同志面对改革中劳动、人事、信访、民族等工作中出现的新情况新问题，认真调查研究，积极化解矛盾，尽职尽责，慎重决策，以稳定大局为己任，以加快改革求发展，用她的实际行动，为大兴安岭的青山常在和林区人民的安居乐业默默地贡献着自己全部的精力。（王笃坤　方志建）

钟志山　男，蒙古族，中共党员，1947年6月出生于内蒙古突泉县，大专学历，高级经济师、高级政工师。1968年12月至1974年8月任塔河区建筑材料厂生产组、政工组组长；1974年8月至1975年9月任塔河区机械筑路队副书记、副主任；1975年9月至1981年1月任塔河区委常委、副主任；1981年1月至1982年12月任塔河县（林业局）县委常委、副县（局）长；1982年12月至1983年9月任塔河县（林业局）县委副书记、县（局）长；1983年9月至1985年7月在省委党校进修班学习；1985年7月至1986年4月任地委派驻呼玛县、古莲河煤矿整党工作联络员；1986年4月至1991年10月任加格达奇区委副书记、区长；1991年10月至1993年3月任大兴安岭地区人事局局长；1993年3月至1997年11月任大兴安岭林管局副局长；1997年11月任大兴安岭地委常委、组织部长。

在塔河县（局）、加格达奇区工作期间，坚持“两手抓，两手都要硬”的指导方针，立足现实，深化改革，当地的经济得到快速发展。1982年、1987年分别受到地区晋升一级工资的奖励，1986年被地委行署授予精神文明建设先进个人称号。任大兴安岭林业管理局副局长期间，他分管交通、物资、房产、建设、环保、建材等方面的工作，正值全区道路交通规划、住房制度改革、城市规范化建设、强化环保等工作处于比较重要的运行时期，他经常深入基层现场办公，指导各部门制定并实施若干工作方案和规划。使各项工作得以顺利运行，协调项目资金成了重中之重的问题，他迎韧而上，经常赴京城、省城向上级主管部门争取项目和建设资金，保证建设项目的顺利实施。在组织、人事战线工作中，致力于推进全区干部人事制度的改革，他认真探索改革中遇到的新情况、新问题，指导科室总结研究并起草了干部考察、任免等若干项制度，经地委常委会议研究讨论，以地委文件印发实施。在抓干部工作的同时，十分重视党的基层组织建设，经常深入基层调查了解下情，指导县级党委抓好班子和组织建设，有力地推进了全区党的建设进程。（田振平　方志建）

朱洪祥　汉族，1948年11月出生于黑龙江省肇州县，政工师，大专学历，1970年12月加入中国共产党。1964年10月在省建二公司参加工作；1967年3月至1973年2月任松岭区环宇机修厂团总支书记；1973年12月至1981年9月历任共青团大兴安岭地委干事、组织部副部长、部长；1981年9月至1983年12月任中共大兴安岭地委青少年教育办公室负责人；1983年12月至1987年11月任中共大兴安岭地区纪律检查委员会副处级检查员；1985年7月至1987年7月在北京大学国际政治系政治学专业大专班学习；1987年12月至1990年3月任地纪委案件检查室主任；1990年4月至1999年8月历任中共大兴安岭地区纪律检查委员会常委、副书记、地委常委、地纪委书记。

朱洪祥同志任地委常委、地纪委书记以来，严格按照常委分工和责任目标的要求，高举反腐倡廉、保驾护航的两面旗帜，坚持反腐败的三项工作格局和指导原则，认真解决群众反映的热点问题。工作中敢抓敢管，敢于碰硬，坚持原则，秉公执纪，清正廉洁，扶正祛邪，较好地履行了纪检监察机关“教育、监督、保护、惩处”的职能。纠风工作坚持纠建并举的方针，突出重点，连续三年深入开展了行风评议工作，使纠正部门和行业不正之风工作取得明显成效。为有效解决多年来木材效益流失严重的问题，狠刹木材流通领域不正之风。1998年以来，朱洪祥同志亲自带队，协同有关部门组成联合检查组，对全区的铁路、公路、水运木材秩序进行11次突击检查。通过检查立案33件，处分违纪人员64人，为国家挽回直接经济损失和间接经济损失3712.6万元，对典型案件进行公开曝光，使木材流通秩序明显好转，偷拉私运、多装少算、以好充次、滥砍盗伐的现象得到有效遏制。朱洪祥同志还注重加强纪检监察机关班子和队伍的自身建设，内强素质，外树形象，使纪检监察机关整体素质得到明显提高。在1997、1998年目标考核评比中地纪委班子被评为一类班子，连续两年被地区评为超标单位，1998年又被授予地级精神文明标兵单位称号，地纪委监察局机关党总支连续两年被地直机关工委授予创先争优先进基层党组织标兵称号。（张庆和　方志建）

王忠林　男，汉族，1956年3月出生，河北迁西人，研究生班结业，高级工程师，1982年11月加入中国共产党，现任大兴安岭地委常委、林管局副局长。1973年

12月在黑龙江省森工总局苇河林业局冲河五七生产队参加工作，历任苇河林业局团委常委、宣传委员、党委秘书、党办副主任、西平林场党总支副书记；1986年7月至1988年5月任苇河林业局党委常委、宣传部长、改革试验区办公室主任、体改委主任、研究室主任；1988年5月至1989年12月任苇河林业局副局长；1989年12月至1992年6月任党委副书记；1992年6月至1993年10月任党委书记；1993年10月至1995年5月任党委副书记兼局长；1995年5月至1997年1月任党委副书记兼局长；1997年1月至1997年10月任黑龙江省森工总局助理巡视员兼苇河林业局局长；1997年10月至1998年1月参加省委党校第十四届地厅级干部进修班学习；1997年10月至1997年11月任黑龙江省森工总局助理巡视员；1997年11月任黑龙江省大兴安岭地委常委、林管局副局长。1993年被林业部政策法规司聘为特约研究员；1994～1996年被黑龙江省科委聘为特约研究员；1995年被省委组织部、团省委、省报社等部门共同授予全省十大杰出青年称号，现任黑龙江省青联常委；1998年当选为中国商贸专家委员会委员；1999年当选为中国林学会林业计算机应用分会第四届理事会理事；中国共产党黑龙江省第七届代表大会代表。苇河林业局是全国改革试验区，在任苇河林业局局长期间，求真务实，开拓进取，从建立机制入手，锐意改革，取得了丰硕成果。并在全局建立了一整套现代化的企业计算机管理网络，贮木场管理、财务管理、销售管理等各项管理工作走上了科学化、规范化的轨道，企业经济效益连年稳步增长，社会稳定，人心安定。到大兴安岭工作以后，针对林区"两危"的严峻形势，他经常深入到各林业局和基层单位调查研究，了解实际情况。在此基础上，对林业局和直属企业分别实行了资产经营和经营目标责任制，并在企业改革、经营管理、增收节支等方面制定了一系列具体规定和办法，使全区经济形势明显好转，经济效益显著提高，改革和管理工作登上了一个新的台阶。 （李中先 方志建）

张 赋 1953年8月生，黑龙江鹤岗人，1973年7月入党，1970年3月参加工作，中央党校经济管理专业（函授）毕业，大学文化，经济师、高级政工师。1972～1973年任黑龙江省依兰县平原乡中学教师、中心校副校长。1973～1982年任平原乡团委书记、副乡长，愚公乡党委副书记兼乡长、党委书记，宏克力镇党委书记。1982～1984年在中共黑龙江省委党校学习。1984～1989年任依兰县人民政府副县长（1985年10月至1986年6月在浙江省上虞县挂职学习，任县长助理）。1989～1993年任大兴安岭行署计委副主任、主任兼党组书记。1993～1994年任大兴安岭行署副秘书长兼计委主任。1994～1996年任大兴安岭行署副秘书长兼行署、管局办主任。1996～1997年任大兴安岭行署（林管局）专员（局长）助理兼农业系统党委书记、农办主任、农业局长、农业开发办主任。1997年11月起，任中共大兴安岭地委常委、秘书长兼地直机关工委书记。

该同志在基层农村一直在县域最偏远贫困的乡镇勇挑重担。担任依兰县副县长近6年的工作中，曾先后主管过农业、多种经营、地方工业、交通、文教卫生、财政、金融贸易、综合计划和常务工作，为县域经济发展做出了突出贡献。1989年到大兴安岭。在行署计委工作期间，狠抓了计划体制的改革和社会主义市场经济条件下计委职能的转变。成功地主持编写了《全区"八五"及十年国民经济和社会发展规划》、《林区产业产品结构调整方案》。在全省计划部门首次提出并开展了宏观经济运行分析与监测，为地委、行署领导经济决策提供了重要依据。同时，积极争取国家和省的支持与投入；在行署、管局办公室工作期间，较全面地熟悉了领导机关工作，并且为机关正规化建设，培养廉洁高效的机关干部队伍做出了积极的努力。提出了围绕办公部门职能的"三服务"（为领导服务、为机关服务、为基层服务），实行"三转变"（变被动服务为主动服务、变滞后服务为超前服务，变一般服务为规范化服务），达到"三提高"（提高服务水平、提高服务质量、提高服务效率），使行署、林管局办公室连续三年被评为先进单位。同时，通过理顺关系、整顿规范，健全制度，发挥作用，加强了地区驻外机构与企业的管理工作。在负责大兴安岭农业工作期间，坚决贯彻执行党和国家发展农业的路线、方针和政策；坚持"开荒不毁林、开发不移民"的原则，仅用短短两年的时间，新增耕地面积4万公顷，是前6年的2倍；播种面积首次突破百万亩大关，播种面积7.53万公顷，比1995年翻了一番，粮豆薯总产量1997年达到1.67亿千克，首次实现粮食总量基本自给，实现了历史性的突破。农业综合开发由盲目无序初始试验向依法有序、正规化开发转变；农业开发主体由以零散户为主向以林业企业成建制开发、分流富余人员为主转变；农业综合开发由粗放经营向依靠科技集约化经营转变。农业产业化有了历史性推进，建设了马铃薯脱毒种薯、商品薯加工、林田公司等一批龙头企业，使农业成为拉动全区经济较快增长的产业之一。

该同志1993年被地区评为优秀处级干部，1996年地委给予三等功奖励，1997年荣获省委、省政府授予全省农业先进工作者称号，1998年荣获省人事厅、农业开发办授予全省农业综合开发先进工作者称号。在繁忙的工作期间，他还亲自撰写了“变林业经济为林区经济是避危兴林的根本途径”、“树立资源和生态忧患意识，实施林区可持续发展战略”、“转变林区经济增长方式应注意的几个关系”、“大办开发性农业是林区经济发展的战略选择”等30余篇有价值、有影响的论文，为地委、行署、林管局进行宏观决策提供了大量的依据和较好的参谋意见。（赵金辉　方志建）

黄慰民　汉族，1948年8月5日出生于湖南韶山。1968年9月在黑龙江省伊春市新青林业局机修厂参加工作，1974年2月加入中国共产党。1968年9月在伊春新青林业局机修厂当电工；1970年12月至1978年2月任伊春市新青林业局团委副书记、局办公室主任。1978年恢复高考以后，考取到哈尔滨师范大学政教系学习，获哲学学士学位。1982年2月毕业后分配到中共黑龙江省委宣传部工作。历任理论研究室科级巡视员、办公室副处级巡视员、办公室副主任、研究室副主任、主任、办公室主任、宣传处处长。1997年11月任中共大兴安岭地委常委、宣传部部长。

黄慰民同志合著有《关于社会主义的几个问题》、《社会主义共产主义思想教育读本》、《利益群体论——社会主义初级阶段社会结构探讨》，分别由黑龙江人民出版社、教育出版社出版发行。合著《密切党同人民群众的血肉联系》，由省委组织部、政研室在内部出版发行。合著“论社会主义初级阶段利益群体”获1988年全国纪念党的十一届三中全会十周年优秀论文奖（中宣部颁奖）。合写的“再创黑龙江辉煌的强大精神动力——关于大庆、铁人、北大荒精神的调查”，获1997年全国“五个一工程”优秀论文奖。撰写的论文“学好理论是解放思想之本”被中共中央党校出版社出版的《江泽民重要论述研究》一书收入。近年来，在报刊、杂志发表论文10余篇。理论素养和思想水平得到了省委宣传部门的认可，1996年度被评为省委宣传部先进工作者。

黄慰民到大兴安岭地委宣传部工作后，确定了全区宣传思想文化工作新的基本工作思路，即“围绕中心、服务大局，协调各方、形成合力，突出重点、注重实效”。两年来，本着这一基本思路，他带领全区宣传思想文化战线的同志们重点抓了以下几项工作：一是引导人们进一步解放思想、转变观念，为改革、发展、稳定提供思想理论保证。二是突出经济工作重点，为全区的经济发展营造良好的舆论环境。三是进一步深化了大兴安岭精神教育。四是在全区广泛开展了形势任务教育活动。五是开展了群众性精神文明建设活动。六是为提高宣传思想文化工作队伍整体素质，他提出了在全区宣传思想文化部门和单位开展“争先创优”评比竞赛活动。通过抓规划、抓总结、抓建设，抓管理、抓学习、抓培训，进一步提高了整体工作质量，充分发挥了整体功能。（姜　杨　方志建）

魏文彦　汉族，1946年11月出生，黑龙江巴彦人。东北林业大学机械系毕业，高级工程师，中共党员。1970年8月至1974年3月分别在大兴安岭新林林业局工程处任技术员、党委宣传干事，1974年3月至1977年6月任新林区委组织干事，1977年6月至1979年10月任新林林业局翠岗林场副书记、副厂长，1979年10月至1985年3月分别任新林林业局办公室副主任、主任、区委宣传部长、副书记，1985年3月至1992年11月任新林区委书记，1992年11月至1993年3月任大兴安岭林管局局长助理，1993年3月任大兴安岭林管局副局长，1997年11月任大兴安岭地区行署副专员。

魏文彦同志在担任新林区委书记期间，带领班子成员，团结广大干部群众，坚定不移地贯彻党的基本路线和方针政策，深化改革，强化管理，狠抓党建和精神文明建设，物质文明和精神文明建设不断取得新的进展。1987年被推荐为党的十三大代表。任林管局副局长、副专员以后，对分管的林产工业、对外贸易、木材销售、科技、公安等诸方面工作，按照全区的统一部署，精心谋划工作思路，狠抓工作落实，为实现林区经济、社会发展和政治稳定作出了不懈努力。在林区的再次创业中做出了新贡献。工作中，经常深入基层调查研究，针对实际工作中的新情况、新问题提出诸多有创建的对策措施。与东北林业大学合作，主持并参与了“落叶松刨切薄木的研究”项目的研究，获得部级鉴定。近些年来，撰写了十余篇学术论文或调查报告，并在国家有关刊物上发表。（左　芳　方志建）

唐庭棣　男，汉族，1945年2月26日生，河北雄县人，大专学历，中共党员，1988年12月1日经黑龙江省科技干部局批准，授予副编审专业技术职务，现任大兴安岭地区行政公署副专员。

1964年1月于甘河林业局参加工作；1968年8月至1973年8月任牙克石电业局党委政治处、甘河林业局宣传部理论干事、通讯干事；1973年8月至1975年8月任塔河电厂会战指挥部党委秘书；1975年8月至1978年9月任大兴安岭地区五七干校理论教员；1978

年9月至1979年3月任大兴安岭地委常委学习秘书、宣传部干事；1979年3月至1982年9月任大兴安岭地委宣传部学习室副主任、主任兼理论科副科长、科长；1982年9月至1988年11月任大兴安岭地委宣传部副部长兼大兴安岭日报社总编；1988年11月至1993年3月任大兴安岭地委副秘书长、政研室主任、地委办公室主任；1993年3月至1997年11月任地委常委、地委秘书长；1997年11月任大兴安岭地区行署副专员。

他主编的《林区改革与发展研究》、《林区再次创业战略研究》、《继承与发展》由黑龙江人民出版社出版；编著的诗集《森林诗》由北方出版社出版；他撰写的新闻作品和论文多次荣获黑龙江省好新闻奖和社会科学优秀科研成果佳作奖。在报社工作期间，他率先进行新闻改革和人事制度改革，将一个在“文革”中被称为“地区三大乱”之一的落后单位建设成省级文明单位。在地委政研室工作期间，他率领全室人员深入调查研究，为地委重大决策当好参谋助手。在地委办公室工作期间，他倡导全区党办系统开展了“三服务竞赛活动”，不断提高办文、办会、办事的效率与质量。在担任地委常委、秘书长期间，他努力搞好协调工作，保证了地委各项重要决策的贯彻落实。在他担任行署副专员期间，他大力推进“普儿”教育，使全区提前两年完成“普九”任务；他还大刀阔斧地进行了教育结构的调整，组建了大兴安岭地区教科研中心和地区职教中心，填补了地区两项空白；在他的努力下，使1988年意大利政府决定捐赠给地区急救中心的医疗设备全部到位，改善了医疗卫生条件；积极推进综合治理责任制，使全区消除碘缺乏病的工作提前一年达到国家标准，通过全省评估验收；他大力加强卫生系统行风建设，使医疗服务质量不断提高，深得群众的赞誉。由于工作业绩突出，1986～1989年连续被大兴安岭地委、行署和黑龙江省授予优秀共产党员、优秀党务工作者、劳动模范、优秀思想政治工作者荣誉称号。（高文保　方志建）

戴万春　男，满族，1943年10月出生于陕西省宝鸡县。1962年以优异的成绩考入中国人民大学国民经济系计划专业学习，1967年参加工作。1973年6月加入中国共产党，现任大兴安岭林业管理局副局长，高级经济师。

大学毕业后，被分配到林业部，但他响应党中央、国务院开发大兴安岭的号召，毅然来到莽莽原始森林加入到开发大兴安岭的大军之中。他从最艰苦的基层工作干起，曾在塔河林业局塔林林场担任工段检尺员、工资核算员、林场劳动工资员，后任塔河林业局计划统计员、物价员、计划员。1976年调入大兴安岭地区计划委员会，任计划员。1979年随机构变动到大兴安岭林业管理局计划统计处工作。历任副科长、副处长、处长。1990年后被任命为大兴安岭行政公署副秘书长，1991年任大兴安岭林业管理局局长助理。1994年任大兴安岭林业管理局副局长。现兼做黑龙江省科顾委林业专家组成员、中国林业企业管理学会常务理事等社会职务。

他参与或主持编制了大兴安岭林区开发30余年的生产建设计划及“五五”至“九五”发展规划。起草了大兴安岭林区企业多项管理规章制度，在推行中得到实效。组织了林业企业改革工作并获取诸多成功。目前正在领导大兴安岭林区天然林资源保护工程的实施。

1984年以来，戴万春同志先后在《林业经济》、《林业建设》、《中国林业企业》等刊物上发表论文40余篇，主要有“大兴安岭林区经济体制改革初探”、“论木材总产量计划”、“大兴安岭林区林产工业投资导向研究”、“大兴安岭林区拖欠职工工资问题及对策”等。其科研成果获部级优秀合理化建议奖1项；省部级优秀论文二等奖2篇；地市级社会科学成果一等奖1项，科技进步二、三等奖各1项、优秀论文一等奖5篇。

30年来，戴万春同志先后荣获过大兴安岭地区“优秀共产党员”，“劳动模范”，国务院大兴安岭火灾复建指挥部“模范工作者”等称号。

（李　毅　方志建）

程焕章　男，汉族，1940年1月生，1963年12月毕业于北京林学院林业系林业专业。1977年9月加入中国共产党。1980年晋升为营林工程师，1988年晋升为营林高级工程师，1989年经黑龙江省职称改革办公室批准享受教授、研究员级待遇的高级工程师。

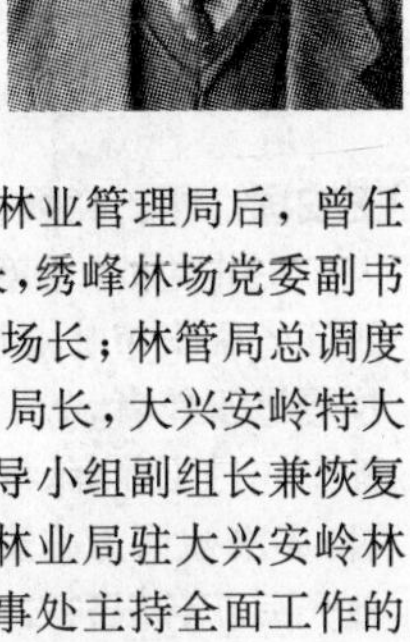

曾任林业部森调二大队、十一大队技术员、小队长、中队技术员；1970年1月调入大兴安岭林业管理局后，曾任塔河林业局生产科技术员、副科长，绣峰林场党委副书记、副场长，盘中林场党委书记、场长；林管局总调度室副主任，森林经营局党委书记、局长，大兴安岭特大森林火灾火烧区恢复森林资源领导小组副组长兼恢复森林资源办公室主任。现任国家林业局驻大兴安岭林业集团公司森林资源监督专员办事处主持全面工作的副书记、副专员。

程焕章同志先后被授予1985年大兴安岭地区劳动模范，1986年度黑龙江省林业系统精神文明先进个人，1990、1992、1993年地区优秀科技工作者称号，1991年在恢复森林资源工作中受林业部表彰，1993年3月获全国绿化奖章，1993年10月被地委、行署、林管局授予有突出贡献的科学、技术、管理专家，1997年获林业部大兴安岭特大火灾区恢复森林资源和生态环境先进个人光荣称号，1998年获黑龙江省政府重大科技经济效益奖。

在学术方面该同志现任中国林学会会员，国际林联北方森林经营学会会员，中国林学会森林生态分会理事，中国林学会森林经理分会理事、东北林区研究会名誉理事长，森林资源资产研究会副理事长，《林业经济》杂志特约研究员。

先后取得科研成果17项，其中有9项获省部级科技进步二、三、四等奖，累计创经济效益2亿多元。先后在《林业科学》、《生态学杂志》、《北京林业大学学报》、《东北林业大学学报》、《中国林业》等杂志发表学术论文20余篇。主编出版了60万字的《大兴安岭营林技术规范》，参与撰写了《高寒地区育苗技术》一书。

曾组织了通北林业局、内蒙古吉文林业局、阿尔山林业局的二类资源调查工作，负责方案的编制，内外业技术指导和吉文林业局二类清查成果的撰写工作。主持了塔河林业局绣峰林场生产技术和企业管理、塔河林业局盘中林场全面企业管理工作，取得了良好的经济效益。协助林管局主持了大兴安岭林管局生产调度指挥，开展了经营、经济活动分析。在主持大兴安岭林管局森林经营局工作时，主持制定了“大兴安岭营林生产技术标准和操作技术规程”，主持编制了《大兴安岭5·6特大森林火灾火烧区恢复森林规划设计方案》，并负责组织实施，组织了大兴安岭林区苗圃技术改造工程，使大兴安岭林区苗木生产能力提高了十几倍，组织了1991～1993年大兴安岭林区大面积发生的落叶松毛虫综合防治工作，达到了预期效果，取得了近亿元的经济效益。自1994年负责林业部驻大兴安岭林业集团公司森林资源监督专员办事处的技术管理工作以来，制定了森林资源监督办法，提出了“三总量”检查新方法，开始把森林资源培育工作列入监督核查工作，对林业企业加强森林资源管理、提高森林资源培育起到了积极作用。 （贾培峰　方志建）

王安国　男，高级工程师，1942年4月生，浙江临安人，中共党员，1968年8月毕业于浙江林学院，现任浙江省临安市林业局总工程师。先后获浙江省林业科技先进工作者、省农村科普先进工作者、全国农业科技推广先进工作者、杭州市优秀共产党员、优秀科技工作者，多次被评为临安市拔尖人才、十佳公仆、优秀党员。他先后获各级科技成果奖28项，其中省政府二等奖5项，省林业厅、杭州市一等奖4项，临安市二等奖4项。

他30年如一日，兢兢业业奉献于林业科技推广，事业心很强。近10年来，他为繁荣临安山区经济，富民兴林，除了每年有1/2以上工作日上山下乡从事林业科技推广外，还放弃了2/3以上节假日，指导农民应用林业先进技术，为农民培训讲课185次，累计受训1.75万多人次，并到乡村户林场现场指导、技术咨询452次。他为各级领导提供了50多条决策建议，其中“临安经济翻两番，竹子挑重担”建议被采纳后，通过10年努力，竹子已成为临安农村经济支柱。他主持的“食用菜竹技术推广”等竹子科技项目，累计推广1.03万公顷，其中雷竹早出高产技术推广0.43万公顷，累计增值3亿多元，涌现出6000多个竹笋万元户，他抓的高虹镇陈家坎村5组示范点，人均雷笋收入超万元。他主持“山核桃综合丰产技术推广”项目增值4286万元，涌现了山核桃年收入超10万元农户。他呕心沥血为农民增收搞技术推广，深受农民爱戴和乡镇领导欢迎，被农民称为脱贫致富的“财神爷”。他在主持“乡村户绿色企业综合开发”项目中，抓的示范点和总结出的山区林业综合开发指导思想、技术路线、技术措施获得联合国粮农组织和国际林业研究中心专家们的高度评价。（浙江省林业厅）

田　云　男，1941年10月生，大学文化，高级工程师，现任杭州铁路分局副局长兼分局绿化委员会主任。他从事造林绿化工作16年来，认真贯彻执行党和国家有关方针、政策和林业绿化有关法规，始终把铁路造林绿化工作放到重要议事日程，积极争取政策，保证资金投入，使分局造林绿化工作做到常抓不懈，稳步发展。他经常深入现场，研究、指导造林绿化工作，以提高科技含量为方向，开展科学造林、护林、育林和育苗工作，按照铁道部要求大力开展铁路绿色通道工程建设，营造标准化林带。目前，分局管内的千里铁道造林绿化率已达到94%，有各类乔灌木250万株，育苗基地20余公顷，绿化覆盖率达到31%，已基本形成林带不断、乔灌结合、生长茂盛、四季常绿的绿色长廊，为创造良好的旅行、工作、生活环境和改善生态环境，为在浙江省境内努力提高国土绿化质量和品位作出了积极贡献。杭州分局先后荣获全国部门造林绿化300佳、400佳单位和全国绿化先进单位称号，他曾荣获全国绿化奖章。

（浙江省林业厅）

马如兴 男，安徽利辛人，40岁，1980年黄山林校毕业后参加工作，1986年加入中国共产党。历任祁门县林业工作站站长、营林股副股长、林业局副局长、局长。工作以来，他踏遍了祁门的每一块山场，全身心地投入林业事业，他与同事一道编制了祁门县造林绿化总体设计，从山场组合、拔山整地、苗木调运、栽植管护等各个环节深入一线，组织"423绿化工程"的实施，并采取"回头看，算总账，找差距"的方法，使全县如期实现"灭荒"和绿化。他针对县情，提出并展开以"5432"工程（即建5大基地、主攻4个深加工项目、组织3个突破、深化2项改革）为主题的林业二次创业，近6年全县完成人工造林1万多公顷，义务植树75万株，多次被评为省市造林绿化先进县，并获全国国家造林项目先进县称号。他坚持科技兴林，推广化学除草、ABT生根粉、毛竹实生苗栽培等林业应用技术，他的"草甘磷除草剂在NAP幼林管理中的推广应用"等论文被全国第6次林业化学除草研讨会评为优秀科技论文。他大胆提出"山林权属不变，入股经营，风险共担，利益共享，分利不分林"的股份制经营模式，全县不同形式股份制林场发展到210个，经营面积2.67万公顷，造林2万多公顷，林场总收入达1000万元；他还在全省率先推出"森林股票"，吸纳社会发展林业资金达200万元，形成全社会办林业的良好氛围。祁门县股份制成为林业在全国成功的典范，县林业局荣获全国乡村林场建设先进单位，全省"五八"造林绿化先进集体。1998年他被省委、省政府评为造林绿化"十佳"标兵。

（安徽省林业厅）

陈良德 男，汉族，1956年8月生，江西临川人，中共党员。现任南丰县森林公安分局长红派出所所长，二级警督。在1998年的特大洪水中，带领派出所干警和突击队转移和抢救群众400多人，被公安部授予"二级英模"称号。

1998年6月，南丰县连降暴雨，遭受了历史上罕见的特大洪涝灾害。6月22日，他在长红大坝察看水情，发现险情后，立即指挥岭下、上溪东村、港背村小组和长红陂街等村（居）民迅速转往安全地带。当晚11点30分，当他得知许多群众还没转移时，立即带领长红派出所2名民警和突击队挨家挨户帮助群众转移。次日凌晨零点，大坝倒塌，他把个人安危置之度外，带领民警和突击队员冲入激流，抢救落水群众。洪水夹着沙石、木头、树枝，将他打得遍体鳞伤。他忍着剧痛与洪水奋力拼搏，奋不顾身营救群众，使400多人摆脱了生命危险。

（江西省林业厅）

何四喜 男，汉族，江西高安人，中共党员，三级警督，生前曾任高安市森林公安分局华林派出所副指导员。1998年被公安部授予二级英模。他从警11年来，认真学习马列主义、毛泽东思想和邓小平理论，自觉地实践党的全心全意为人民服务的宗旨，忠诚地履行打击毁林犯罪、维护林区安全、服务人民的神圣职责。1997年8月12日，因肝癌晚期，倒在工作岗位上，年仅39岁。他以忠于党、忠于祖国、忠于人民、忠于法律的崇高品格，铸造了短暂人生的辉煌。①忠于职守。他患有严重的血吸虫病，从不向战友吐露，长期抱病工作，带领战友翻高山、钻丛林、涉深水，常因过度劳累引起肝部剧痛，便悄悄吞下几粒止痛片。在从警11年间，有350多个节假日在工作岗位上度过，加夜班1650多个。就在临终前的几天，他还走村串户，查处案件，调解纠纷，直至以身殉职。②情系百姓。为了保护人民群众生命财产的安全，他奋不顾身，带领民警战火海，哪里最危险就战斗在哪里；为了帮助辍学孤儿重返校园、山村小学改善办学条件、缺少资金的农民适时买到化肥，他尽管家庭经济拮据，总是慷慨解囊相助，先后给有困难的群众捐款5000多元；为了抢救身负重伤、昏迷不醒的汽车驾驶员，他和战友用大板车及时护送到3千米外的医院，伤员化险为夷，而他却劳累过度，旧病复发。③廉洁自律。他虽然负债上万元，但手不伸、心不贪。不少亲朋好友找他办事，送钱送物，他都坚决顶住：法律不能容情。他爱人看到家里债务很重，想调换个能发出工资的单位；弟弟不愿依赖哥哥的经济接济，想办理农转非户口，以便找个工作。但他宁愿亏待自己，不给组织上添麻烦，不以职务之便谋私利，耐心教育爱人、弟弟体谅国家的困难。同学、战友、亲戚到华林采购山货，他都是自己掏钱请客吃饭，从不占公家一分钱便宜。④敢于斗争。11年来，他主办各类案件360多起，为国家挽回经济损失20多万元。

（江西省林业厅）

傅本发 男，汉族，1947年出生，中共党员，农民，湖北随州人。1977年冬，他在参加"三治"劳动时，被土炮震塌的木桥和土石压在底下，腰部以下高位截瘫，靠双拐行走仍很困难。他受英雄模范人物事迹的影响，立志绿化荒山，做个有用之人。1978年冬，他带着父亲特制的铁镐和铁锹，来到屋后的荒山上，开始了他的植树生涯。挖窝时，他只能用草垫坐在地上，用锹把上端顶着肩胛窝，用双手挥动铁镐挖树窝。刚开始，一镐挖下去震得浑身钻心地疼，但他咬牙坚持住，终于，他用3天时间，挖出了第一个树窝，整个一冬一春，共挖了15个树窝，并栽下了15株意杨。第二年春天，当他看到自己栽下的15棵意杨成活了13棵，心里充满了无比的喜悦。经过10多年的艰苦努力，他克服了常人难以想象的困难，绿化荒山近13公顷，栽植意杨、湿地松、红梅李、梧

桐、刺槐等树苗5万多株，同时还学会了20多种果树栽培技术，育苗10多万株。据测算，他栽植的用材林价值10多万元，每年还在递增。1986年，他在山上种植了一片红梅李，4年后开始受益，1990年收入1000元，1991年收入2000元。在他的带动下，全村有20多户农民种植红梅李13多公顷，年创收入12万多元。1995年，经批准，他将已长大的意杨树砍掉部分卖了1200元钱，主动交给村里600元，还向村民无偿提供自育树苗。他1985年被团省委授予“新长征突击手”称号，1997年被评为“全国自强模范”，受到江泽民总书记等国家领导人的亲切接见。 （随州市林业局）

田恒柱 男，土家族，1954年9月生，湖北巴东人，1972年加入中国共产党，1984年招干，曾任玉米塘村党支部书记、巴东县马眠塘乡党委副书记、巴东县绿葱坡镇镇长、镇党委书记。任马眠塘乡党委副书记期间，田恒柱主持了该乡万亩板栗基地建设。在绿葱坡镇工作期间，田恒柱连续3年被评为优秀公务员。80年代初，在田恒柱等人的发起下，玉米塘村与县林业局联办了河坡国合林场，后因管理不善，到1992年河坡林场债务达13万多元。就在当年，田恒柱让妻子张喜翠承包了这座200多公顷的林场，并承担了林场的全部债务，承包期80年。

1997年秋，巴东县委、县政府出台了鼓励干部分流、承包开发荒山的政策，田恒柱向县委提出了回乡开发山地、兴办绿色产业的申请。1998年1月10日，田恒柱辞去了镇党委书记职务，回到玉米塘村经营河坡林场，并采取租赁、联营和扶持3种形式，联合110多户农民，连片开发240多公顷山地，发展高效经济林。1998年，田恒柱共培育银杏5公顷，联合50多户农民在房前屋后和田边地角栽植经济林木11万株，其中银杏4万多株，板栗7万株，在荒山上栽植日本落叶松6万多株，并建了瓦场、榨油厂、饲料加工厂，开展多种经营，当年总收入近100万元。 （恩施州林业局）

李祖耀 男，汉族，广东番禺人，1939年8月生，中共党员，大专文化程度。1960年7月参加工作，1983年10月至1991年2月先后任广东省林业厅人事处副处长、处长，1991年3月至今任广东省林业厅党组成员、副厅长。

他任副厅长分管森林工业企业和国有林场期间，提出在省直属国有林场开展人事、劳动、分配三项制度改革，狠抓省直属林业企业的改制工作，并选择省鱼珠木材厂进行改制试点，积极推进现代企业制度，组建省鱼珠林产（企业）有限公司和省鱼珠林产集团，在全省187家现代企业制度试点企业中属首批完成改制的企业。同时，结合广东省林业实际，大力组织木片生产出口，积极开拓木片出口市场，先后与日本、韩国、印度尼西亚等国家和我国台湾建立了合作关系，使木片出口创汇一直处于全国首位，推动了木片产业发展。

他分管人事工作，充分贯彻民主集中制原则，坚持“以人为本”、“任人为贤”，重视厅直属单位领导班子的思想、作风和组织建设，大胆提拔优秀年轻干部，狠抓安全生产、岗位培训和学历教育。他分管办公室工作，非常重视机关和职工住房建设，积极开展“为民、利民、便民”服务活动，大力推进办公自动化建设，使厅机关办文办事逐步规范化、制度化，不断提高机关整体服务水平和工作效率，为广东省林业的发展提供了有力的后勤保障。 （广东省林业厅）

刘 挺 男，陕西泾阳人，56岁。1965年从陕西仪祉农校毕业后，来到“七沙二山一分田”的陕北革命老区榆林，从事林业工作33年。历任榆林市林业工作站站长、榆林市林业局局长，从1997年至今任榆林地区绿化办副主任。长期从事荒山荒沙治理工作。1965～1980年，刘挺走遍了榆林市的沟沟岭岭，先后带领群众实施了荒山“穿鞋戴帽系腰带”的绿色工程，推广“截杆造林”技术；号召群众向沙界进军，推广沙地飞播造林技术；首创油松“坐水栽植法”；向市委、市政府提出大面积推广樟子松的建议，并带头实施“榆林市百公里长城樟子松林工程建设”，33年来，他对林业事业作出了突出的贡献，曾两次受到省政府和省级有关部门奖励；3次获榆林地区科研成果奖；多次被评为全省林业系统和榆林市直属机关模范党员，全国绿化委员会授予他绿化奖章。 （陕西省林业厅）

许继学 男，48岁，1969年参加工作，历任乡党委书记、区长、区委书记，南郑县林业局长、财政局长，1997年至今任南郑县副县长。30年来，许继学同志总是任职一处，播绿一片、造福一方。在南郑县新集区，率先带领群众在荒凉的梁山山系成片栽植柑橘274公顷。在贫困山区元坝任区委书记期间，他全面推行“每人秋采10斤种，冬砍2亩灌，春造2亩林”的举措，率领群众栽植苹果、花椒、雪梨50多万株，改良野生板栗10万多株。群众见到效益，他自己却因劳累被送进医院。在他任县林业局长期间，他带领干部群众全力实施南郑林业由生态型向生态经济型转变的第二次创业。大力发展经济林，实行工程造林。1994年春一举消灭全县宜林荒山。在南郑被列入国家长防工程县以前，他带领全县自我启动，被确定为陕西省“优质高效林业超前示范县”。在被正式列入国家长防林工程县后，全县林业跨入“四高一大”的新阶段，1993年南郑县被省上评为长防林工程先进辐射县。1994年被省上评为长防林面积核实率、合格率“双百县”。全县林业产值占农业总产值的比重由1990年的4.01%上升到1993年10.1%。同时他狠抓森林资源保护工作，加大管理力度，率先在全省实现了森林防火“四网两化”达标，1993年被评为全国连续三年无森林火灾先进单位，他个人同时被人事部、林业部评为森林防火有功人员。

群众称他为“深山拓荒牛”，他两次被汉中地区评为优秀共产党员；被省委、省政府、省军区评为学雷锋标兵；被省委、省政府授予省级“劳动模范”；全国绿化委员会授予他绿化奖章。（陕西省林业厅）

李赞成 男，汉族，1939年12月生，宁夏永宁人，中共党员，高级工程师。现任宁夏回族自治区林业厅副厅长。1963年宁夏大学林学系毕业，先后在灵武新华桥种苗场、白芨芨滩防沙林场、县林业工作站基层造林绿化第一线工作20年，1983年6月任副厅长以来，一直主管林业科技教育宣传、林业技术推广、林业包乡扶贫工作，还曾分管过森林病虫害防治检疫、中日合作森林防治中心、造林经营治沙、果树经营及林学会等工作。他组织指导了宁夏三北防护林二期、三期工程、黄河中游防护林工程、引黄灌区“兴果富民”工程、南部山区“两杏一果”扶贫开发工程、灌区第二代农田林网建设工程和盐池县沙漠化土地综合整治等重点建设工程项目，确保全区按照山、沙、川三大块各有侧重的林业发展格局，每年完成2.3万公顷的造林绿化任务。“九五”期间，他主持制定了“宁夏‘九五’科技成果推广计划指南”、“关于加强林业科技推广工作意见”等规范性文件，推动和促进了“科技兴林”战略的实施，使全区林木面积、覆盖率、蓄积量显著增长，三大效益逐年提高。他走遍了宁夏南部山区的贫困县乡，为发展宁夏绿化事业作出了积极的贡献。1998年荣获全国绿化奖章。（宁夏回族自治区林业厅）

刘吉顶 男，汉族，1950年5月生，山东烟台人，中共党员，高级工程师。1977年宁夏农学院园林系毕业后，分配到宁夏国营渠口农场任园林技术员，1981年调宁夏农垦事业管理局农业处工作，1996年任农业处副处长至今。在渠口农场的园林建设中，他试制了育苗锥和改进造林方法，使育苗成苗率和造林成活率分别达95%和90%以上。在园林病虫害防治、果树防霜冻和果树优质高产栽培技术上，都作出了显著成绩。1981年至今，在农垦局农业处主管园林生产管理与科研工作，先后负责并执笔完成了《宁夏农垦林业区划》、《宁夏农垦三北防护林总体规划》、《森林病虫普查》，还参与了枸杞、果树蔬菜栽培和贮藏保鲜等多项试验，均取得较好的效益。他积极认真搞好本系统的造林绿化工程，还利用业余时间义务帮助邻近工厂搞好厂区绿化、美化工作。他还撰写科普文章40余篇，其中《宁夏农垦五朵金花》、《农场绿化带头人》获自治区好稿件、好新闻二等奖。1998年荣获全国绿化奖章。（宁夏回族自治区林业厅）

赵光寿 男，1939年7月生，甘肃武威人，中专学历，中共党员，现任新疆林业厅党委书记。

赵光寿同志自1992年任新疆林业厅党委书记、副厅长、新疆林业政研会会长以来，认真坚持党的基本路线和基本方针，认真贯彻落实“两手抓、两手都要硬”的方针，在建立社会主义市场经济体制下，针对林业行业思想政治工作的“难点”、“热点”问题，努力探索新形势下思想政治工作的新途径和新方法，积累了丰富的经验，具有较高的政治理论水平和解决实际问题的能力。在工作中，他教育林业系统的各级领导要把思想政治工作列入工作的重要议事日程，做到认识到位、工作到位、落实到位，要坚持一岗双责的领导责任制。

在他的辛勤努力下，全区林业行业精神文明建设和思想政治工作呈现出积极向上的态势，林业厅机关、喀什地区林业局、木垒林场共8个单位先后荣获“自治区级精神文明单位”，42个单位荣获“县级精神文明单位”，22个单位荣获“地级精神文明单位”荣誉称号。在全区林业单位开展民族团结教育月活动中吉木萨尔林场、策勒县林业局等4个单位荣获“国家级民族团结模范单位”，2个单位荣获“自治区级民族团结模范单位”，27个单位荣获“县级民族团结模范单位”荣誉称号，并且涌现出一大批思想政治工作的先进单位和个人。1996年，因成绩突出，赵光寿同志荣获全国林业行业思想政治工作优秀工作者光荣称号。

（新疆维吾尔自治区林业厅）

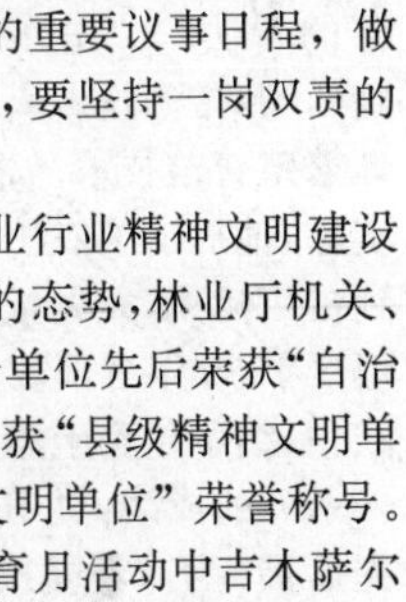

郑炎甫 男，汉族，1939年1月生，江苏海安人。中共党员。1959年毕业于新疆林业学校。现任自治区林业厅助理巡视员。毕业后，他即到自治区林业厅种子站当技术员，一干就是20年。后历任自治区林业厅种子公司业务科长、厅造林处高工、副处级调研员、处级调研员。40年来，他把大部分时间都奉献给了南疆人民，无私地向他们传授技术，

指导他们发展核桃生产，并在基层进行核桃研究，选育、改良、推广优良核桃品种，成功地培育出“新丰”、“新光”等11个优良品种，推广优良核桃5300多公顷，使核桃结果时间从十几年缩减到5～8年，有的当年嫁接，当年开花结果，株产由2.5千克增加到25千克，最高株产达40千克，为南疆农民脱贫致富作出了巨大贡献。1998年，被自治区直机关命名为“十佳公仆”、“优秀共产党员”，并获得全国“五一”劳动奖章。自治区林业厅组成先进事迹报告团在全疆巡回报告55场，直接受教育者达3万多人。

（新疆维吾尔自治区林业厅）

纳赛尔·尼牙孜 男，54岁，维吾尔族，1963年新疆林业学校毕业后，分配到阿克苏，先后任地区中心林管站技术员、地区农林处林业科副科长，地区林业处副处长、处党组成员、地区绿化委员会办公室副主任。

纳赛尔·尼牙孜同志一参加工作便接受了重任，为在全地区普及乡级苗圃，他大胆提出自己的看法，“先办一个示范苗圃”，并带领技术人员深入基层，办乡级苗圃，推广无性繁殖育苗技术。根据阿克苏区风沙危害比较频繁的实际，他提出了农田防护林设计规划，并且在全地区得到推广运用，大大推动了全地区造林绿化的步伐，使全地区1989年全部实现了农田林网化。在长期的工作实践中，纳赛尔勤于总结经验和探索，在科研方面取得了一系列的成绩，尤其在核桃的栽培、良种选育方面，他先后撰写了《新疆核桃》、《巴旦栽培技术》、《新疆发展特种经济林》等多类书籍并已出版发行。他曾先后3次参加全国核桃研讨会，介绍经验。他长期工作在基层，为阿克苏地区的造林绿化事业作出了贡献。他多次被自治区绿化委员会、林业厅评为全疆造林绿化先进个人，1990年荣获全国绿化奖章，1995年荣获“全国绿化先进工作者”称号。（新疆维吾尔自治区林业厅）

方德润 男，汉族，1939年9月生，河南唐河人。1958年毕业于河南信阳农业专科学校，中共党员，高级农艺师，现任新疆生产建设兵团农六师农业局局长。他毕业后来到农六师，先后担任师科所技术员、103团6连技术员、103团生产科参谋、师农业处主任科员、师农业处副处长等职。

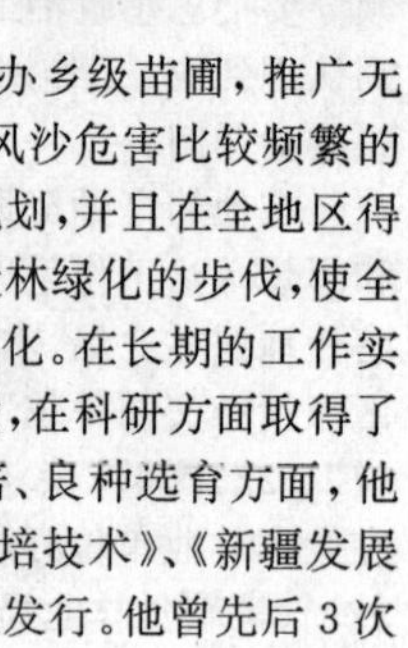

在他主管农六师林业工作以来，造林年终累计保存面积由1971年的83.91公顷发展到1998年的12 646公顷，全师森林覆盖率由6%提高到7.8%，有9个团场实现农田林网化，9个团场林业工作站达标，从1995年起连续4年超额完成植树造林任务，1995年、1998年被兵团评为植树造林第二名和第三名。

1992年兵团防沙治沙工程开始起动，他负责全师防沙治沙工程的规划和组织实施，到1998年已累计完成宽50米的大型防沙基干林73千米，面积达365公顷；封沙育林3.6万公顷，经济开发区600公顷，取得了明显的生态、社会和经济效益。

他1995年制定了农六师林业管理办法，执行至今，奖罚兑现，责任到人，由于管理办法的实施，使农六师新植林成活率连续4年超过85%，老林带的保存率在80%以上。

他著有《胡杨育苗初步探讨》，获昌吉州科技进步三等奖，与同事合作《甜瓜高产优质栽培研究》，获农六师科技进步一等奖。（农六师林业局）

郭大平 男，汉族，1943年生，河北大名人，中共党员。1965年毕业于西北农学院园艺系，同年分配到新疆生产建设兵团工作。历任农七师130团生产科参谋、园林科科长、副团长，现任农七师林业局局长，从事林业工作已34年。

在130团工作期间，他首先制定了林业发展规划和育苗计划，在实现苗木自给的前提下，为大规模营造农田防护林、道路林打下了基础。引进速生杨树新品种、大面积发展速生用材林，解决了农场建筑和民用木材的困难，为此该团在1985年被新疆维吾尔自治区授予“造林绿化先进单位”荣誉称号，他也于1996年被自治区科技干部局授予“优秀专业技术工作者”称号。130团经兵团验收1988年成为兵团第一批实现林网化团场。他于1991年获得中国林学会颁发的“劲松奖”。

自1994年任农七师林业局局长以来，主管林业生产、林业工作站建设、林业科技推广和林业管理工作。期间组织、制定和实施了农七师“九五”林业规划和编写了师三北防护林三期造林工程建设规划；在实施的过程中每年都超额完成兵团下达的造林任务，分别于1994年、1995年、1997年和1998年获得兵团造林绿化先进单位第一名、第三名、第三名和第二名；1995年获兵团“林业宣传奖”第一名。1996年受兵团林业局的委托，组织承办了兵团首届花展，由于规模大、内容丰富、组织水平较高，受到了兵团、各兄弟师局及自治区花协和奎屯市广大群众的赞扬和欢迎；这次花展是新疆有史以来规模最大的一次，它标志着兵团和农七师花卉产业的启动和发展。1995年实现全师林业工作站达标，并于1996年通过国家林业工作站管理总站的验收，成为兵团第二个林业工作站达标师，他也因此于1997年获兵团林业局授予林业工作站工作先进个人。在兵团1997年组织的首届林政执法知识竞赛和资源档案评比中均获第一名。

目前，农七师在花卉生产、“四有”林业工作站建设、果树产权改制、中心苗圃建设，林果新品种、新技术引进推广等工作走在兵团前列。他在任职的6年中，农七师的林业生产有了长足的发展，各项林业工作多次受兵团绿化委员会和林业局的表彰。

（农七师林业局）

人事劳动

国家林业局机构改革

【综　述】 国家林业局的机构改革工作，自1998年6月23日国务院下发《国家林业局职能配置、内设机构和人员编制规定》开始，历时两个多月，到8月底，全部完成预定的各项工作任务。机构改革期间，干部职工思想稳定，机关秩序有条不紊，各项工作照常进行，没有发生一起影响安定团结的事情。

1. 坚持机构改革指导思想，分步开展工作。这次机构改革，局党组坚持以邓小平理论为指导，按照建立社会主义市场经济体制的要求和林业发展的客观需要，以积极的姿态和稳妥的步骤，扎扎实实地开展各项工作，保证了各项改革措施的落实到位。工作总的指导思想是：通过机构改革，切实转变职能，理顺关系，精兵简政，提高效率，使局机关真正做到办事高效，运转协调，行为规范；进一步优化人员结构，提高干部素质，开发人才资源，努力建设一支精干、高效、优化、廉洁的公务员队伍；建立健全各项规章制度，转变工作作风，改进工作方法，努力适应新形势下林业建设的需要；进一步充实和加强直属单位的领导班子和干部队伍建设，促进林业事业的全面、健康、持续发展。

整个机构改革工作分三个阶段进行：

第一阶段，研究提报国家林业局"三定"方案。这一阶段，主要是通过对上次机构改革的认真回顾和得失分析，对转变职能、理顺关系、机构设置等一系列问题开展调查研究，提出综合意见，经局党组审议后，向中央机构编制委员会提报国家林业局"三定"方案。

第二阶段，进行机构改革的思想和工作准备。主要做了两项工作：一是紧紧围绕转变职能这个中心环节开展学习、讨论，进一步解放思想，转变观念，为机构改革进行思想准备。二是结合实际，研究拟定了机构改革实施方案及有关的政策措施，为机构改革进行工作准备。

第三阶段，组织实施国务院批准的国家林业局"三定"方案。具体分六个步骤进行：动员部署；组建新司局筹备组；确定新司局"三定"方案；定岗分流；整章建制；试运行和工作总结。

2. 转变职能，精简机构、人员和编制。一是进行了较大幅度的职能调整，进一步理顺了工作关系。这次国务院批准的国家林业局"三定"方案，确定国家林业局履行10项职责，新划入1项职能，下放1项职能，取消8项职能。对此，在机构改革中都认真进行了调整和落实。在转变职能中具体体现四个原则：第一是政企、政事、政社分开的原则。凡属于可由市场、企业、事业或中介组织承担的职能，都坚决转出去。第二是事权划分的原则。哪些事情由国家林业局管？哪些事情由地方林业主管部门管？工作主体是谁？各负什么责任？界定清楚。第三是一件事情只能由一个部门管的原则。对交叉或相近的职能，逐一进行理顺或合并。第四是强化宏观管理、弱化微观管理的原则，尽量减少对林业生产建设的直接干预。

经过职能调整和分解，局机关共下放和转移了20项职能，取消了9项职能，合并了8项职能，大大提高了行政效率。

二是精简调整了内设机构，减少了办事环节和程序。这次机构改革，原林业产业司撤销，原综合计划司与财务司合并，原森林防火办公室和公安局合并，机关司局数由原来的14个减少到11个，精简了21.4%。

重点对各司局的处室进行了精简和调整。机关的处室由原来的93个精简为41个，精简了55.9%。

三是精简了人员编制，优化了队伍结构。原林业部定编为446人，这次定编为200人，减少了246人，精简幅度达55.2%。机构改革后，公务员队伍结构得到优化，干部年龄和知识结构有了明显改善。

在调整司局和处室领导班子的同时，还对司处级干部和一般干部进行了交流，有50%以上的干部变动了工作岗位。

3. 突出重点，抓好关键。一是领导重视，责任落实。整个机构改革工作，自始至终在局党组直接领导下进行。局长、党组书记王志宝同志亲自抓，直接负责机构改革工作，不仅对机构改革的整体方案、具体措施、工作安排等提出思路和要求，而且在机构改革进入每一个关键阶段，都亲自动员、亲自部署和亲自指导。局党组各位成员都明确分工，各负其责，做好工作。对各司局建立领导责任制，主要领导负总责。在局党组的统一领导下，成立了局机构改革办公室，专门负责具体工作。机构改革期间，局党组集中精力，突出重点，随时研究解决工作中出现的重大问题，牢牢掌握工作的主动权。周密部署，精心筹划，稳步推进。每个阶段、每个步骤，都有计划、有方案、有要求、有部署、有时间表，保证了各个环节的有机衔接，使整个机构改革工作按照局党组的意图一步一个脚印地向前推进。

二是坚持公正、公平、公开的原则。对人员定岗工作，严格按8个程序进行：第一，确定并公布职位。将各司局研究、局党组审定的处及处以下132个职位在全局范围内公布，让大家自由选择，平等竞争。第二，组织填报志愿。第三，开展民主推荐。司局级职位的推荐，分别在在京各直属单位主要领导、机关全体司局级干部和各司局全体干部两个层次上进行；处及处以下干部的推荐以在本司局进行为主。第四，能力测试。由局机构改革办公室统一命题、统一考试、统一评卷。并将测试成绩作为每个同志定岗分流的重要依据之一。第五，组织考察。第六，司局班子集体研究，提出处及处以下定岗人员名单。第七，审核把关。各司局向局机构改革办公室上报定岗人员名单，由局机构改革办公室进行审核。第八，公布名单。经局党组讨论确定定岗人员名单后，发文公布。

对分流人员的安排，严格按4个程序进行：公布分流人员岗位；组织填报志愿；接收单位领导班子集体研究提出接收人选；局党组审核批准分流人员安排意见。通过公开程序、公开政策、公开办法、公开结果，把定岗分流工作置于广大群众的监督之下。

三是层层负责，思想政治工作贯穿始终。从党组成员到司处长，都层层负责，做深入细致的思想政治工作，随时掌握每个干部职工的思想动态。特别是局领导，定岗分流期间每天都向局机构改革办公室了解干部职工的想法和意见，并带头做思想政治工作。局领导对司局级干部，逐个进行了个别谈话，有的党组成员还谈到了处一级干部。

在局领导的带动下，各司局筹备组成员普遍对司局每个同志进行了事前、事中、事后三轮谈心，侧重解决不同的问题。第一轮是逐人普遍谈心或谈话。主要是讲形势，打招呼，摸情况，了解大家的意愿，要求大家做到一颗红心，两种准备，听从组织安排。第二轮是逐人考核谈话。主要根据每个人的综合情况，征求本人意见，交换其工作安排意向。第三轮是重点谈话。主要是在确定上岗人员后，在公布之前对拟分流的人员进一步做思想引导工作；同时，对拟定岗的人员严肃地指出工作中的缺点和不足，要求其在新的岗位上努力克服。由于工作做得深入细致，及时理顺情绪，化解了矛盾。

四是注意通过制定优惠政策，鼓励机关人员分流。在分流工作中，从直属企事业单位安排了一定的适合机关同志的职位，供分流人员选择。同时，还明确规定了“先定岗、后培训”的政策，解除了培训人员二次择业的后顾之忧。

这次机构改革虽已基本完成，但这只是初步完成了国务院批准“三定”方案的实施工作，离真正建立新的行政体系的要求还有很大差距，并有一些遗留工作需要进一步做好。比如，全国绿化委员会办公室、森林资源监督专员管理办公室等单位的机构、编制问题还要继续落实；有的不属于政府管理的职能还没有完全下放和转移；有的司局的职能分解得还不够具体、明确，需要进一步细化；有些机关工作人员的素质与其所承担的职责和要求还不适应；新的工作制度的建立、完善乃至真正落实还有一个过程等。特别是一些干部的思想观念和工作方法还没有真正转变过来，还难以跳出微观管理的老框框。这些问题，局已专题作了研究，准备采取措施加以解决，巩固和扩大机构改革的成果。

（陈幸良）

国家林业局领导成员

局长、党组书记：王志宝（1998年4月5日任局长，1998年3月20日任书记）

副局长、党组副书记：李育才（1998年4月9日任副局长，1998年3月23日任副书记）

副局长、党组成员、中纪委驻国家林业局纪检组组长：李昌鉴（1998年4月9日任副局长，1998年3月23日任党组成员，1998年4月21日任纪检组组长）

党组成员：江泽慧（1998年3月23日任职）

（许　鹏）

新任国家林业局领导班子成员

王志宝 男，1939年6月出生，汉族，山东招远人。高级工程师。1965年5月加入中国共产党。1958年入吉林电力学院动力系电厂热能动力工程专业学习。1963年8月参加工作。曾任内蒙古牙克石林管局基建处技术员、机电处副处长，绰尔林业局党委副书记、代局长，牙克石林管局副总工程师兼计划处处长、副局长。1986年6月调任林业部计划司副司长，1989年4月任林业部综合计划司司长，1992年9月任林业部副部长、党组成员。1998年3月20日任国家林业局党组书记，1998年4月5日任国家林业局局长。

李育才 男，1948年12月出生，汉族，山东单县人，1966年3月加入中国共产党，中共中央党校在职研究生班毕业。1968年开始在单县徐寨公社徐楼大队任职。1973年毕业于山东省菏泽地区农业专科学校，同年8月参加工作。历任单县计委办事员、人事局副局长，李半庄公社党委副书记、管委主任、党委书记，县委常委。1984年1月任山东省成武县县委副书记、县长，1985年12月任成武县县委书记。1988年1月任山东省林业厅副厅长、党组成员，1990年4月任林业厅厅长、党组书记。1993年6月调林业部任综合计划司司长，1993年12月任林业部党组成员，1995年4月任林业部副部长，1998年3月23日任国家林业局党组副书记，1998年4月9日任国家林业局副局长。

李昌鉴 男，1947年6月出生，汉族，海南文昌人，1971年4月加入中国共产党，副研究员。1970年7月毕业于中山大学数学力学系，毕业后留校任党委办公室秘书。曾任广东省委科教办公室干事，教育部副部长秘书，林业部部长秘书。1982年5月任林业部办公厅研究室副主任，1983年11月任中央整党指导委员会办公室秘书组副组长，1984年11月任林业部政策研究室副主任、林业部科技委委员兼软科学组组长，1986年12月调任中共中央办公厅综合组负责人，1987年9月任中央宣传思想工作领导小组秘书组组长（正局级）、中央办公厅调研室副主任兼统战组组长。1993年12月任中纪委驻林业部纪检组副组长，1994年11月任中纪委驻林业部纪检组组长、党组成员。1998年3月23日任国家林业局党组成员，1998年4月9日任国家林业局副局长，1998年4月21日任中纪委驻国家林业局纪检组组长。

江泽慧 女，1938年2月出生，汉族，江苏扬州人，1962年6月加入中国共产党，教授、博士生导师。1960年6月毕业于安徽农学院林学系。曾任安徽农学院森工、林学系教师，政治辅导员兼系团总支书记。1973年9月任安徽农学院滁县分院政工组副组长，1979年9月起任安徽农学院林学系助教、讲师、副教授，1984年3月任安徽农学院林学系党总支副书记，1991年3月任安徽农学院副院长。1993年2月起任安徽省人大常委会副主任、安徽农业大学党委书记、校长。1996年1月任林业部党组成员（副部长级），1996年2月任中国林科院院长、分党组书记，1998年3月23日任国家林业局党组成员。中国林学会第九届理事会副理事长、国际竹藤组织董事会联合主席，是第九届全国政协委员。

（许　鹏）

国家林业局机关各司局负责人

办公室

主　任：卓榕生（1998年8月20日任职）
副主任：王忠仁（1998年8月20日任职）
　　　　张永利（1998年8月20日任职）

植树造林司（全国绿化委员会办公室综合组）

司　长：雷加富（1998年8月20日任职）
副司长：魏殿生（1998年8月20日任职，兼任副组长）
　　　　赵良平（1998年8月20日任职）
　　　　郝燕湘（1998年8月20日任职）
助理巡视员：刘　红（1998年8月20日任职）

森林资源管理司

司　长：寇文正（1998年8月20日任职）
副司长：李忠平（1998年8月20日任职）
　　　　王祝雄（1998年8月20日任职）
助理巡视员：苏春雨（1998年8月20日任职）

野生动植物保护司

司　长：张建龙（1999年3月4日任职）
副司长：刘永范（1998年8月20日任职）
　　　　陈建伟（1998年8月20日任职）

森林公安局（森林防火办公室、武装森林警察办公室）

局　长（主任）：王汉忠（1998年8月20日任职）
巡视员：李志同（1998年10月21日任职）
副局长（副主任）：肖兴威（1998年8月20日任职）

杜永胜（1998年8月20日任职）
曹　真（1998年11月9日任职）

政策法规司

司　长：陈根长（1998年8月20日任职）
副司长：汪　绚（1998年8月20日任职）
王洪杰（1998年8月20日任职）

发展计划与资金管理司

司　长：马　福（1998年8月20日任职）
巡视员：罗江滨（1998年8月20日任职）
副司长：姚昌恬（1998年8月20日任职）
单吉儒（1998年8月20日任职）
孙　建（1998年8月20日任职）
助理巡视员：柏章良（1998年8月20日任职）

科学技术司

司　长：祝列克（1998年8月20日任职）
巡视员：李东升（1998年8月20日任职）
副司长：黎云昆（1998年8月20日任职）
李　兴（1998年8月20日任职）

国际合作司

司　长：曲桂林（1998年8月20日任职）
副司长：吴　斌（1998年8月20日任职）
助理巡视员：刘洪存（1998年8月20日任职）

人事教育司

司　长：关松林（1998年9月15日任职）
副司长：李葆珍（1998年8月20日任职）
柳学军（1998年8月20日任职）
助理巡视员：马安全（1998年8月20日任职）

直属机关党委

书　记：李昌鉴（兼任）
常务副书记：刘玉来（1998年8月20日任职）
副书记兼纪委书记：杨建新（1998年8月20日任职）

离退休干部局

局长、党委书记：邝国斌
副局长：刘雪平　薛全福（1998年11月9日任职）
党委副书记：林海涛

机关服务局

局长、党委书记：张祖芳
副局长：韩国祥　蒋瑞符　孙传玉
党委副书记：蒋章元

直属机关工会联合会

副主席：侯淑珍　李玉华

（许　鹏）

中纪委、监察部驻国家林业局纪检组、监察局负责人

组　长：李昌鉴（1998年4月21日任职）
副组长、局长：杨继平（1998年7月23日任职）
副局长：刘双来（1998年7月23日任职）

（许　鹏）

国家林业局直属单位负责人

林业部驻吉林省森林资源监督专员办事处

专员、党组书记：黄庆昌
副专员、党组成员：隋景海　李忠平（1998年3月免职）
党组成员：及瑞华

林业部驻黑龙江省森林资源监督专员办事处

专员、党组书记：孙丕文
副专员、党组副书记：荆家良
副专员、党组成员：李远畴（1998年4月免职）
赵恩举
党组成员：齐兴武

林业部驻内蒙古自治区森林资源监督专员办事处

专员、党组书记：金永洪
副专员、党组成员：周广德　姬金（1998年3月免职）　李文达（1998年3月任职）

林业部驻大兴安岭林业集团公司森林资源监督专员办事处

副专员、党组副书记：程焕章（1998年12月任党组副书记）
副专员、党组成员：韩学吉（1998年12月免职）
王荣满（1998年12月任职）
党组成员：傅金龙（1998年12月任职）

林业部驻云南省森林资源监督专员办事处

专　员：凌　鹤

林业部驻福建省森林资源监督专员办事处

专　员：周华永

林业部濒危物种进出口管理中心

主　任：王志宝（1998年7月免职）　甄仁德（1998年7月任职）

副主任：王福兴（1998年7月免职）　卿建华（1998年8月退休）　孟　沙（1998年8月任职）　周亚非（1998年8月任职）　孟宪林（1998年8月任职）

林业部林业工作站管理总站

总站长：徐　洪

副总站长：张泽洲　韩学吉（1998年4月任职）　米海生

林业部国有林场和林木种苗工作总站

总站长：周建铭

副总站长：赵明光　王维正　赵良平（1998年8月调离）

总工程师：游应添

林业部林业基金管理总站

总站长：高玉英

林业部世界银行贷款项目管理中心

主　任：江行勇

副主任：宋士奎

林业部宣传中心

主　任：黎祖交（1998年7月免职）　董启昌（1998年7月任职）

副主任：封加平　汤升享

北京木材交易中心

副总裁：张世维（主持工作）　刘宝玉　徐向一（1998年3月任职）　董新民（1998年8月任职）

林业部经济发展研究中心

党委副书记、副主任：王成祖（主持工作）　张　蕾（1998年11月免职）

副主任：金锡洙（1998年1月退休）　孔　明　王前进

国家林业局天然林保护工程管理中心（筹）

筹备组负责人：张佩昌

筹备组成员：杨跃先　张周忙

国家林业局重点生态工程管理中心（筹）

筹备组负责人：张志达

筹备组成员：张希武　胡培兴

防治荒漠化管理中心

主　任：慈龙骏（兼）

副主任：刘　拓（1998年3月任职）

国家林业局人才交流开发中心

主　任：安丰杰（副司局级，1998年11月任职）

副主任：谢　颖（正处级，1998年11月任职）　贾　骞（正处级，1998年11月任职）

国家林业局林业国际合作交流中心

负责人：金普春（1998年11月任职）

国家林业局法律事务中心

主　任：张　蕾（副司局级，1998年11月任职）

副主任：莫泽升（副司局级，1998年11月任职）

中林审计事务所

所　长：缪荣兴（1998年7月任职）　苏桂生（1998年3月免职）

副所长：辛运林（1998年3月任职，1998年8月调离）

中国林业科学研究院

院长、分党组书记：江泽慧（副部长级）

常务副院长、分党组副书记：张久荣（正司局级）

京区党委书记、分党组成员：宋　闯

副院长、分党组成员：熊耀国　张守攻　李向阳

副院长：慈龙骏

林业部调查规划设计院

院长、党委副书记：林　进

党委书记、副院长：程志民

副院长：王庆杰　刘国强　赵中南

林业部林产工业规划设计院

院长、党委书记：刘永龙（1998年11月免职）　于建亚（1998年11月任职）

副院长：吴继昌（1998年7月退休）　刘振邦（1998年3月退休）　刘　君（1998年11月调离）　朱志强（1998年11月任职）

党委副书记：石廷克（1998年11月任职）

总工程师：陈坤霖

中国林业报社

社长、党委书记：黎祖交

常务副社长、总编辑：冯　泰

副社长、总经理：丁付林

副总编辑：李树明　赵圣铁

中国林业出版社

党委书记、副社长：王宏祥

社长、党委副书记：张柏涛

副社长：马广仁

副总编辑：陈　利　贾蕴英

中国林学会

秘书长：施斌祥

副秘书长：宋长义　程美瑾

中国野生动物保护协会

秘书长：王福兴

副秘书长：陈润生　李玉铭　耿　戍（正处级）

中国绿化基金会

秘书长：马全民

中国花卉协会

副秘书长：姜伟贤（正处级，主持工作）

中林林业设备调剂咨询服务中心

主　任：温继贤（副司局级，1998 年 10 月任职）

林业部西北华北东北防护林建设局

局长、党组书记：张建龙

副局长、党组成员：郭　涛

副局长、总工程师、党组成员：刘与立

副局长、党组成员：刘裕春

纪检组组长、党组成员：曹之治

林业部森林病虫害防治总站

党委书记：刘　拓（1998 年 3 月免职）　吴长利（副司局级，1998 年 3 月任职）

总站长：陈凤学（副司局级，1998 年 3 月任职）

副总站长：刘　拓（1998 年 3 月免职）　赵明光（1998 年 8 月退休）　潘宏阳

副司局级调研员：初振忠（1998 年 8 月退休）

北京林业大学

党委书记：胡汉斌

校　长：贺庆棠

党委常务副书记、副校长：吕焕卿（1998 年 3 月明确为正司局级）

党委副书记、纪委书记：张清泉

党委副书记：周　景（1998 年 1 月任职，3 月明确为副司局级）

副校长、党委常委：朱延福　陈　森　朱金兆

副校长：尹伟伦　陈天全

工会主席：张振民

副校级调研员：张泽民（1998 年 3 月退休）　张泉如

东北林业大学

党委书记：李希明（1998 年 1 月调离）

校　长：李　坚

党委副书记：王学全（主持工作，1998 年 1 月任职）　李　坚（1998 年 1 月任职）

党委副书记、副校长：陈文斌

党委副书记：任世忠（1998 年 1 月免职）　梁洪志（1998 年 1 月任职）

副校长：霍建宇（1998 年 1 月免职）　梁洪志（1998 年 1 月免职）　杨传平　曹　军（1998 年 1 月任职）　胡万义（1998 年 1 月任职）

纪委书记：刘宝林（1998 年 1 月免职）　吴国春（1998 年 1 月任职）

正校级调研员：霍建宇（1998 年 1 月任职）

副校级调研员：吴殿枫（1998 年 10 月退休）

南京林业大学

党委书记：程志文

校　长：余世袁

党委副书记、副校长：陈景欢

党委副书记：万福绪

副校长：吴涤荣　洪启清　施季森

正校级调研员：马钰琦

副校级调研员：郑伯宇（1998 年 2 月任职）　许有本（1998 年 2 月任职）

中南林学院

党委书记：肖子来

院　长：粟显才

党委副书记：李去惑（1998 年 12 月任职）

副院长：李去惑（1998 年 12 月免职）　吴晓芙　姚东和　何　平（1998 年 12 月任职）

西南林学院

党委书记：陈宝昆

院　长：杨福成

党委副书记、纪委书记：李品贵

副院长：刘惠民　杨宇明

西北林学院

党委书记：刘万堂

院　长：陈存根

党委副书记：王学全（1998 年 3 月免职）

副院长：彭有冬

北京林业管理干部学院

院　长：刘于鹤（副部长级，兼）

党委书记、副院长：胡汉斌

党委副书记：段柏芳

副院长：朱延福　陈　森

林业部南京人民警察学校

党委书记：侯文权（1998 年 3 月免职）　周鸿升（1998 年 3 月任职）

校　长：侯文权（1998 年 3 月免职）　苏惠民（1998 年 3 月任职）

党委副书记：莫泽升（1998 年 3 月免职）

副校长：莫泽升（1998 年 3 月免职）　杨玉珙（1998 年 11 月退休）　张治平　张南群

副司局级调研员：侯文权（1998 年 3 月任职）

林业部宁波林业学校

党委书记：吴马可（1998 年 3 月免职）　朱国增（1998 年 3 月任职）

校　长：吴马可

党委副书记：朱国增（1998 年 3 月免职）

副校长：冯祖祥　杨木铎　韩明波（1998 年 3 月任职）

正处级调研员：宋崇高

副处级调研员：吴孟迁

林业部白城林业学校

党委书记：纪德荣

校　长：亢平信

副校长：宁有敏　孟庆江

林业部华东林业调查规划设计院

院长、党委书记：傅宾领

副院长：黄文秋　江一平

党委副书记：周　琪

林业部中南林业调查规划设计院

院长、党委书记：包拓华

副院长：周光辉

党委副书记：尹友轩

林业部西北林业调查规划设计院

院　长：郭天相

党委副书记：康晓达

副院长：王金昌　彭长清

总工程师：李立球

林业部昆明勘察设计院

院长、党委书记：杨开才（1998年3月明确为副司局级）

副院长、党委副书记：刘文德（正处级）

副院长、总工程师：思安悦（1998年3月明确为正处级）

副院长：张贤才（1998年3月明确为正处级）
李玉印（1998年3月明确为正处级）
唐芳林（1998年3月任职，正处级）

林业部西南航空护林总站

总站长、党委书记：陈国祥（1998年3月退休）
余　兵（1998年3月任职）

副总站长：刘洪诺（1998年3月免职）　和　宏

正处级调研员：刘洪诺（1998年3月任职）　饶美醒（1998年6月任职）　向重军（1998年6月任职，1998年7月退休）

林业部东北航空护林中心

主任、党委副书记：郑林玉

党委副书记、纪委书记：李炳泉

副主任：任国祥　李世奇

中国福马林业机械集团有限公司

董事长、总经理：戈　成

党委书记：戈　成（1998年7月免职）
蒋祖辉（1998年7月任职）

副总经理：孔罗元　赖国康

党委副书记：曹万金

总经济师：李洙一

中国林业物资供销总公司

副总经理、党委副书记：肖予白（主持工作）

副总经理：徐基明　焦德发

党委副书记：王作文（1998年9月任职）

中国林产工业公司

总经理：潘祉贤（1998年3月免职）

副总经理：张森林（1998年3月主持工作）　朱元鼎　张鸿文　曹效军

中国金龙松香集团公司

总经理、党委书记：李满盈（1998年10月任党委书记）

副总经理：李祖明　杨树林　宋力丰（正处级）

党委副书记：张　维（正处级，1998年10月任职）

中国林产品经销公司

总经理、党委书记：潘真生（1998年3月任党委书记）

副总经理：高秀贞　马双彪　朱继东

党委副书记：王志勇（正处级，1998年3月任职）

中国国营林场开发总公司

总经理、党委书记：陈新华（1998年5月任党委书记）

副总经理、党委副书记：谢荣禄（1998年5月任党委副书记）

副总经理：修贵金

中国林木种子公司

总经理：袁有德

副总经理：朱伟成　郑卫华

中国林业国际合作集团公司

总经理、党委书记：张樟德（1998年3月任党委书记）

副总经理、党委副书记：杨湘洪（1998年3月任党委副书记）

副总经理：王永淦（1998年6月退休）

总工程师：黄树敏（1998年11月调离）

总会计师：蔡異伟

北京中林食品药材开发公司

副总经理：刘世勤（主持工作）　徐向一（1998年3月免职）　陈斯忠　熊　炼（1998年3月免职）　何晓宁（1998年3月任职）

森林国际旅行社

副总经理：刘孟龙（主持工作）　王士魁　吴劲松（正处级）

中国林业机械电力设备安装公司

经　理：马焕明

党委书记：刘忠域（1998年3月免职）　丛　斌（1998年3月任职）

副经理、总经济师：杨国勤（1998年3月免职）

副经理：兰瑞才（1998年3月任职）　牛光普（1998年3月任职）　周梦辉（1998年3月任职）

党委副书记：于景和

纪委书记：王福德（1998年3月免职）　于景和（1998年3月任职）

总工程师：王永科（1998年3月免职）

总会计师：胡树肃

工会主席：张守禄

（敖安强）

各省、自治区、直辖市林业（农林）厅（局）负责人

北京市林业局

局长、党组书记：李永芳（1998年7月离职）
杨德宏（1998年7月任职）

副局长、党组副书记：李树旺（1998年10月任职，正局级）

副局长、党组成员：姜永洲　于志民　康德铭　赵根武

副局长：张　皎

纪检组组长、党组成员：李振瑜（1998年9月退休）

总工程师、党组成员：周冰冰

党组成员：艾爱华

天津市农林局

党委书记：赵万明

局长：张树明（1998年7月任职）

党委副书记、副局长：蒋凡凡

党委副书记：常洪友

副局长：仁锡骏　张　杰

天津市林业局

局长：张宝恕

副局长：王宜民　李森阳

河北省林业厅

厅长、党组书记：王廷玖（1998年4月任厅长）

副厅长、党组副书记：张彦斌　曲宪忠（1998年10月任副书记）

副厅长、党组成员：白顺江

纪检组组长、党组成员：张振宇

巡视员：宋墨禄

山西省林业厅

厅长、党组书记：曹振声

副厅长、党组成员：王银娥　杨保庆　霍转业　马双柱

纪检组组长、党组成员：赵贺贤

助理巡视员：周　洪

党组成员、厅长助理：姚文达　温普德

内蒙古自治区林业厅

厅长、党组书记：王家祥

副厅长、党组成员：张纯良　高锡林　邹立杰　敖斯尔

助理巡视员：田增善

总工程师：申　克

辽宁省林业厅

厅长、党组书记：陈天民

副厅长、党组副书记：舒兴第

副厅长、党组成员：刘　镇　金连成

纪检组组长、党组成员：王振威（1998年8月任职）

助理巡视员：吴兆忠

吉林省林业厅

厅长、党组书记：宋文和

副厅长、党组成员：公丕兴　刘延春　段敏达（1998年4月退休）　张鲁风　金德友（1998年2月任职）

纪检组组长、监察专员、党组成员：宣德义

党组成员：刘志田（1998年6月任职）

巡视员：魏连生

助理巡视员：关清康

黑龙江省林业厅

厅长、党组书记：赵向东

副厅长、党组副书记：丁　珂（1998年5月退休）

副厅长、党组成员：林永凯　王英忱　刘亚文　杨克杰（兼省绿委副主任）

纪检组组长、党组成员：任耀文

省森林防火指挥部专职副指挥党组成员：陈贵荣

上海市农林局

党委书记：朱颂华（1998年4月免职）

局长、党委副书记：陈文泉

党委副书记：范陈杰

副局长：周国祺　巫开梁　沈兰全

纪委书记：庄福纯

江苏省农林厅

厅长、党组书记：冯惟珠

副厅长、党组副书记：刘立仁

副厅长、党组成员：徐希珍　张留芳　陆乃勇　王春喜　吴沛良（1998年8月任职）

纪检组组长、党组成员：史遗秀

浙江省林业厅

厅长、党组书记：程渭山

副厅长、党组成员：沈　璇　李　斌（兼纪检组组长）　陈国富

安徽省林业厅

厅长、党组书记：周蜀生
副厅长、党组成员：张玉良　王　文
纪检组组长、党组成员：程　鹏
总工程师：吕锡德

福建省林业厅

厅长、党组书记：刘德章
副厅长、党组成员：吴炳清　陈则生　吕月良　陈家东
纪检组组长、党组成员：柴喜堂
巡视员：张宗辉

江西省林业厅

厅长、党组书记：吴志清
副厅长、党组成员：许青龙　严金亮　陈金生　肖河（1998年10月任职）
纪检组组长、党组成员：龙远飞
助理巡视员：罗昌庆

山东省林业厅

厅长、党组书记：辛云岩（1998年6月免职）
厅长、党组成员：蔡秋芳（1998年6月任职）
副厅长、党组书记：孙庆传（1998年6月任党组书记）
副厅长、党组成员：李生瑞　张俊杰　石效贵
纪检组组长、党组成员：孔庆荣
党组成员：包树凯

河南省林业厅

厅长、党组书记：张敬增
副厅长、党组成员：李德臣　张守印　余学友
纪检组组长、党组成员：李健庭
助理巡视员：王镇兴

湖北省林业厅

厅长、党组书记：韩　永（1998年7月免职）
副厅长、党组书记：吴先金（1998年7月任职）
副厅长、党组成员：黄春发　肖吉棠　石　山
纪检组组长、党组成员：姚振华（1998年7月退休）
助理巡视员：王启林（1998年3月免职）
李元度（1998年9月任职）

湖南省林业厅

厅长、党组书记：刘永寿
副厅长、党组副书记：葛汉栋
副厅长、党组成员：刘炳树　赵爱群
总工程师、党组成员：李定一
纪检组组长、党组成员：全邦湖（1998年5月退休）　黄旭国（1998年7月任职）
巡视员：李遨夫
助理巡视员：刘礼芳

广东省林业厅

厅长、党组书记：梁星权
副厅长、党组副书记：曾繁耀
副厅长、党组成员：李祖耀　陈俊勤
纪检组组长、党组成员：黄洋谦

广西壮族自治区林业局

局长、党组书记：管炳六
副局长、党组成员：张　锁　廖培来　罗永魁
纪检组组长、党组成员：黄明升

海南省林业局

局长、党组书记：蒋厚镇（1998年6月免职）
韩剑淮（1998年6月任职）
副局长、党组成员：吴华盛　秦忠文
助理巡视员：林树光（1998年1月任职）

重庆市林业局

局长、党组书记：周克勤
副局长、党组成员：马克清　郑文鼎
纪检组组长、党组成员：李新国（1998年5月任职）

四川省林业厅

厅长、党组书记：曹正其
副厅长、党组副书记：赵洪银
副厅长、党组成员：杨传邦　彭晃时　杨冬生
副厅长：张　涵
纪检组组长、党组成员：李光怀
党组成员、直属机关党委书记：唐洪均

贵州省林业厅

厅长、党组书记：杨　铁
副厅长、党组副书记：彭远森
副厅长、党组成员：王　森　范华钊（1998年5月退休）　张礼安　伊世炎
纪检组组长、党组成员：沈徐逵
省绿化委员会专职副主任：彭百登

云南省林业厅

厅长、党组书记：陈继海
副厅长、党组成员：徐光凡　陈德照　史记武
纪检组组长、党组成员：赵克清
助理巡视员：宋新中（1998年7月任职）
田钟贤（1998年7月任职）

西藏自治区林业厅

党组书记、副厅长：徐　强
厅长、党组副书记：阿　布（1998年5月任职）
副厅长、党组成员：本　宗（1998年5月免职）
祝列克（1998年6月免职）
李近如（1998年8月任职）
扎　西
助理巡视员：本　宗（1998年5月任职）

陕西省林业厅

厅长、党组书记：钟高适
副厅长、党组成员：何发理　赵秉正　陈东升　郝福财

纪检组组长、党组成员：杨蔚中

甘肃省林业厅

厅长、党组书记：郭继芳（1998年4月免职）
马尚英（1998年4月任职）

副厅长、党组成员：张志全（1998年8月退休）
陈耀仁　史本成　张生贤
田志勇（1998年4月任职）

纪检组组长、党组成员：冯兴治（1998年8月任职）

助理巡视员：李立长（1998年10月免职）
林依明（1998年8月免职）
陈哲民（1998年8月任职）

青海省农林厅

厅长、党委书记：谢承志

副厅长、党委委员：柴全柱（正厅级）　多杰才让（正厅级）　唐明鑫　陆文正　肖俄力

纪委书记、党委委员：吴　珉（1998年9月退休）　任有德（1998年9月任职）

助理巡视员：刘德文

青海省林业局

局长：王　谦

副局长：包玉玲

宁夏回族自治区林业厅

厅长、党组书记：孙长春

副厅长、党组成员：李赞成　刘荣光　郭生岐（1998年3月任职）

纪检组组长、党组成员：郭玉堂

巡视员：康满堂

助理巡视员：张恩光（1998年11月免职）

党组成员：李月祥（1998年8月任职）

新疆维吾尔自治区林业厅

党委书记、副厅长：赵光寿

厅长、党委副书记：买买提·阿不都拉

党委副书记、纪委书记：严效寿

副厅长、党委委员：邵立山　刘仰嵩　朱马什·夏克尔提

助理巡视员：阿不都·克依木　郑炎甫（1998年10月任职）

区绿化委员会副主任：买买提江　艾买尔哈孜

林业工会主席：阿德里·苏英都克　（李　瑛）

知识分子工作

【国家林业局知识分子工作领导小组成立】 为进一步做好国家林业局专家工作、职称改革工作和其他知识分子工作，加强科技人才队伍建设，经局研究决定，于1998年12月成立了国家林业局知识分子工作领导小组，负责科技人才队伍建设、院士推荐、各类专家的选拔、深化职称改革等知识分子工作方案和重大政策等的制定，研究协调知识分子工作中的有关重大问题。领导小组组长由局党组书记、局长王志宝担任，副组长由党组成员江泽慧担任，成员有：卓榕生、陈根长、马福、祝列克、关松林、马安全、张久荣、贺庆棠。

（文世峰）

【1998年度人事部批准的有突出贡献的中青年专家】

付懋毅 男，汉族，1944年11月23日出生，浙江杭州人，1968年毕业于南京林业大学。现任中国林科院亚热带林业研究所所长、研究员，兼任国际林联第五学部非木质林产品组副组长，国际竹藤联络网顾问委员会成员及生产研究组组长，中国林学会竹子分会秘书长，中国林学会华东情报分会主任委员。1997年享受国务院政府特殊津贴。1981～1983年在瑞典农业科技大学进修，1989年在加拿大多伦多大学进修。

付懋毅长期从事竹类研究。1985年以来，先后主持完成科研项目9项，在竹类生态、栽培和农用林业技术等研究领域取得了一批成果，在国内外享有较高声誉。他主持完成的“毛竹林养分循环规律及其应用研究”，获原林业部科技进步二等奖和国家科技进步二等奖。积极开展学术交流，推广先进的科学技术成果，努力为青年科技人员创造条件，共同开展科研工作。先后在国内外发表论文20余篇，主要著作有《中国竹类植物图谱》（主编之一）。

余新晓 男，汉族，中共党员，1961年7月7日出生，甘肃平凉人。1982年毕业于北京林业大学，1992年取得博士学位。现为北京林业大学水土保持学院副院长、教授、博士生导师，兼任国家林业局水土保持重点开放性实验室主任、国家林业局教学管理与研究委员会副主任、中国林学会森林水文与流域治理分会常务副理事长兼秘书长、中国水土保持学会青年学术研究会主任。1992年享受国务院政府特殊津贴。1987～1988年在德国慕尼黑大学进行合作研究。

余新晓自参加工作以来，一直从事水土保持学教学和科研工作，曾主持或承担国家或省部级重点攻关科研项目12项，在森林植被防蚀减沙理论和土壤动力水文学方面有独到研究，在防护林营建技术及效益评价技术研究方面取得了重大进展。他主要参加完成的科研项目获国家科技进步二等奖1项，省部级科技进

步一等奖 2 项、二等奖 1 项、三等奖 1 项。10 多年来，在国内外发表论文 40 余篇，出版学术刊物 4 部，专业词典 1 部，学术文集 3 部，译著 3 部。

祖元刚 男，汉族，中共党员，1954 年 2 月 10 日出生，辽宁铁岭人。1975 年参加工作，1987 年获博士学位。现任东北林业大学教授、博士生导师，教育部植物生态学开放研究实验室主任，兼任国务院学位委员会第四届学科评议组成员、巴西圣卡罗斯联邦大学植物学系客座教授、中国科协《青年科学家论坛》执行主席、黑龙江省生态学会理事长。1991 年享受国务院政府特殊津贴。

祖元刚主要从事植物生态学研究并取得了较大成果。在能量生态学研究方面，全面系统研究了能量生态学的理论与方法；在植物生理生态学研究方面，设计并组装了野外条件下同时测定植物群体光合、呼吸与蒸腾作用的气体交换测定装置，推导出计算植物蒸腾速率的公式；在非线性植物生态学模型研究方面，提出植被分形研究的野外测试方法和生命能量系统的耗散方程，发展了非线性生态模型的理论与方法；在濒危植物保护生物学方面，阐述了濒危植物的濒危过程，提出濒危过程中的“累加效应”概念，划分出濒危植物的 4 种类型，丰富和发展了保护生物学的理论。他主持或主要参加的科研项目获省部级科技进步二等奖 2 项，三等奖 1 项，先后撰写（或合作撰写）学术专著 10 部，译著 1 部，发表学术论文 70 余篇。已培养博士生 7 名，硕士生 14 名。

周定国 男，汉族，中共党员，1949 年 9 月 12 日出生，江苏邗江人。1978 年参加工作，1996 年获博士学位。现为南京林业大学教授、博士生导师、木材工业学院副院长，兼任国家林业局木材加工与人造板工艺重点开放性实验室主任。1997 年享受国务院政府特殊津贴。1987～1989 年在德国柏林大学进修。

周定国长期从事木材科学与技术研究，在木材加工与人造板工艺方面取得了显著成绩。合作主持“八五”攻关项目“国产化定向结构板生产线及产品应用技术的研究”，国家科委加强项目“1.5 万立方米定向结构板生产线成套技术”等科研项目 10 余项，并在推动成果转化为生产力方面作出了突出贡献。研究成果获国家计委、国家科委“八五”科技攻关重大科技成果奖（甲等），原林业部科技进步二等奖 1 项，发明专利和实用新型专利 8 项，出版专（译）著 3 部，发表论文 80 余篇。

尹光天 男，汉族，中共党员，1960 年 12 月 15 日出生，湖南湘潭人。1982 年毕业于中南林学院，现任中国林科院热带林业研究所副所长，副研究员，兼任广东省热带林学会第六届理事会理事。

尹光天长期从事棕榈藤的资源、生态生物学特性、繁殖、丰产造林、藤林经营、材性与综合利用等方面的研究工作。掌握了棕榈藤从野生到栽培的技术，并实现了种子低温高湿储藏技术，使种子存放期由 15 天延长到 180 天，发芽率不变；突破组培难关，实现优质棕榈藤组培苗的规模化生产，揭示藤林生物量结构与养分分配规律，建立藤茎产量预测模型。对壮苗配套技术、藤林结构与养分分配等研究达到国际领先水平，并取得了全面、系统的研究成果。他主要参加的研究项目成果获国家科技进步一等奖 1 项，原林业部科技进步一等奖 1 项，省级科技进步三等奖 1 项。主笔撰写的研究报告或论文 10 余篇，合作完成的论文 30 余篇，合作主编《棕榈藤的研究》。 （王常青）

【1998 年国务院批准享受政府特殊津贴人员】 赵汉章 侯元兆 杨自湘 王志贤 陈玉培 宋新民 陈华盛 毛培琳 赵绍鸿 张效方 陈永盛 李东升 李志仁 张勤丽 叶建仁 程祥之 康文星 蒋远舟 王明昌 张廷桢 朱 玮 杨福成 陈舒怀 陈金山 熊智平 汪艳霞 彭长清 陈坤霖 黄向荣 王成祖 赵秉义 张志强 陈致生 潘国庆 汪强华 （文世峰）

【1998 年度国家林业局批准的有突出贡献的中青年专家】 马乃训 鞠洪波 唐金鑫 王百田 赵广杰 马钦彦 葛剑平 马 岩 王克奇 薛建辉 赵博光 谭晓风 魏美才 苏印泉 辉朝茂 樊国盛 王庆杰 龙 晶 刘龙飞 周 琪 李立球 王焕良 刘少刚 廖晓明 张志澄 （文世峰）

【第六届中国青年科技奖获得者】

张方秋 男，汉族，中共党员，1964 年 9 月出生，江苏人。1989 年毕业于西北林学院，获硕士学位，现为中国林科院热带林业研究所副研究员，兼任全国林木引种驯化专业委员会委员。

张方秋主要从事柚木、桉树、棕榈藤的无性繁殖、早期选择及我国相思类树种的系统遗传改良研究工作，系统研究了 3 个藤种 8 种外植体的 12 个生理生化和生长增殖性状，探讨了组培复壮和丛芽萌蘖机理，突破棕榈植物组培难关，实现优良藤种的快速繁殖；揭示了 5 种相思的种源、家系水平变异规律，应用多点多性状分析，综合选出适合华南山地的优良种源、家系 51 个，材积生长量提高 15%以上，良种在华南 6 省的 6 类贫瘠立地得到普遍推广。他主要参加的研究项目“棕榈藤的研究”获原国家科技进步一等奖，“5 个相思树种纸浆材种源和家系研究”获林业部科技进步一等奖。

葛剑平 男，汉族，民盟成员，1962 年 6 月 7 日出生，新疆人。1984 年参加工作，1993 年获东北林业大学博士学位。现为东北林业大学教授、博士生导师，兼任黑龙江省政协委员、中国景观生态学会理事、国际景观生态学会委员。1996 年享受国务院政府特殊津贴。

葛剑平主要从事对红松林生态学和经营学的研究

工作，对天然红松林林隙更新规律、斑块镶嵌时空结构、火干扰与群落自我维持机制、红松树木生长与构筑型形成规律等理论与技术，进行了深入研究，拓宽了森林生态学研究领域，揭示了红松林动态与生长机制。并对人工红松混交林优质稳产技术体系进行了研究，在林区进行了推广；在生态林培育、全球变化与森林之间关系等方面也取得了进展。发表研究论文30余篇，撰写了《森林生态学建模与仿真》和《小兴安岭红松林结构与动态》等著述。

魏美才 男，汉族，九三学社成员，1966年6月21日出生，江苏人。1984年参加工作，1994年获中国科学院博士学位，现为中南林学院教授。

魏美才主要从事系统昆虫学、生物地理学、生物多样性和昆虫资源研究及教学工作。在系统昆虫学领域共发表生物学新属56个，新种500余个，建立一个新的膜翅目分类系统；在生物地理学、生物多样性和森林保护领域都提出了一些新的见解和观点。他主持国家“八五”、“九五”重大课题三级子专题“中国动物志叶蜂亚目（一）研究”、“中国动物志叶蜂亚目（二）研究”及3项国家自然科学基金课题，主持或参加其他课题10余项，完成科研论文135篇，其中英文65篇，已在国内外发表论文110余篇，出版专著或合著6部。

（王常青）

【第五届中国林业青年科技奖获得者】 张方秋 魏美才 申世斌 田玉柱 彭长清 范国强 毕 君 徐年梓 方升佐 江香梅 邱建生 苑增武 潘 辉 刘少刚 贺康宁 胥耀平

（文世峰）

社 会 团 体

【社会团体清理整顿工作】 开始于1997年下半年的社会团体清理整顿工作，到1997年底和1998年初基本完成了社团自查和主管部门审核工作。23个由林业部主管或挂靠管理的社团组织中，按有关规定有条件参加清理整顿工作的社会团体18个。经过社团自查和林业部审查认为：这18个社团组织都能够认真贯彻党和国家的路线、方针、政策，紧密结合林业改革和建设的中心工作，在社团章程确定的业务范围内积极开展活动，在协调行业生产、提供信息咨询服务、举办技术培训和开展国际交流活动等方面，较好地发挥了桥梁和纽带作用，为林业部宏观决策提供了有益的参考。通过审查，符合社团登记管理机关清理整顿的保留条件，建议予以保留，并正式报民政部审定。保留的18个社会团体中，属林业部主管的社团11个，属挂靠林业部管理的社团7个。

按民政部有关社团清理整顿的工作安排，社团清理整顿后的审定和换证工作原计划在1998年上半年全部结束，后由于中央国家机关部委机构改革工作而一度停顿，直到1998年11月份新的《社会团体登记管理条例》颁布实施后，民政部才恢复清理整顿的审定和换证登记工作，同时增加了清理党政领导干部兼职和修订社会团体章程等新内容。国家林业局根据1998年7月中共中央、国务院发出的《关于党政领导干部不兼任社会团体领导职务的通知》精神和新颁布的《社会团体登记管理条例》的要求，认真组织了社团党政领导干部兼职情况清理和社团章程修订工作，并于1998年末全部完成。社团清理整顿的审定和换证登记工作计划于1999年结束。

国家林业局主管的11个社会团体基本情况

（截至1998年底）

社团名称	主管部门	业务归口单位	成立时间（年）	会长或理事长	法人代表	秘书长
中国花卉协会	国家林业局	植树造林司	1984	陈慕华	王甘杭	王甘杭
中国绿化基金会	国家林业局		1985	陈慕华	马玉槐	刘 琨
中国经济林协会	国家林业局	植树造林司	1994	刘广运	承正女	承正女
中国治沙暨沙业学会	国家林业局	植树造林司	1992	董智勇	朱俊凤	朱俊凤
中国竹产业协会	国家林业局	植树造林司	1993	江泽慧	张志达	张志达
中国林业经济学会	国家林业局	林业部经济发展研究中心	1980	陈统爱	陈统爱	金锡洙
中国林业机械协会	国家林业局	中国福马林业机械集团有限公司	1987	刘效林	刘效林	许士顶
中国林产工业协会	国家林业局	中国林产工业公司	1991	朱元鼎	朱元鼎	吴祖榕
中国林场协会	国家林业局	林业部国有林场和林木种苗工作总站	1993	刘广运	王维正	王维正
中国林业工程建设协会	国家林业局	发展计划与资金管理司	1987	蔡延松	宋会川	宋会川
中国林产品经销协会	国家林业局	中国林产品经销公司	1992	潘真生	潘真生	高秀贞

挂靠国家林业局管理社会团体基本情况

（截至1998年底）

社团名称	主管部门	挂靠主管单位	成立时间（年）	会长或理事长	法人代表	秘书长
中国林学会	中国科协	国家林业局	1917	刘于鹤	沈国舫	施斌祥
中国野生动物保护协会	中国科协	国家林业局	1983	王志宝	王福兴	王福兴
中国水土保持学会	中国科协	国家林业局	1985	杨振怀	阎树文	阎树文

（续）

社团名称	主管部门	挂靠主管单位	成立时间（年）	会长或理事长	法人代表	秘书长
中国林业教育学会	教育部	国家林业局	1996	刘于鹤	贺庆棠	贺庆棠
中国林业记协	中国记协	国家林业局	1984	刘广运		封加平
中国林业文联	中国文联	国家林业局	1993	李昌鉴	王毓峰	庄义国
林业思想政治研究会	全国职工政研会	国家林业局	1993	李昌鉴	林万春	林万春
*中国林业体协	国家体育总局	国家林业局	1986	蔡延松		蒋祖辉
*中国林业花卉协会	中国花协	国家林业局				
*中国会计学会林业分会	中国会计学会	国家林业局	1994	马 福		刘金富
*中国老年科协林业分会	中国老年科协	国家林业局	1990	蔡延松		孙庆民

注：带“*”号的4个社团因未在民政部办理过登记手续，故未参加清理整顿。

（蓝增寿）

中国林学会

【综 述】 中国林学会在1998年的各项活动中突出了为林业建设与改革、为会员服务的意识，坚决贯彻江泽民总书记为学会成立80周年题词的要求，在学术、科普、期刊编辑以及组织建设方面取得了重要进展。围绕林业改革与发展的重大问题及中国科协的重大学术活动，组织了几次影响较大、层次较高、研究较深入的学术研究会，引起很大反响。进一步加强了与加拿大、美国、日本以及港台地区的合作与交流。在科普工作方面，举办了第十六届林学夏令营；围绕植树节、中国科协成立40周年组织了大型的科普宣传；基本完成了《中国科学技术专家传略农业篇·林业卷（2）》的编撰任务。《林业科学》在1998年公布的“被引频次最高的中国科技期刊500名排行”中，1997年的排名由1996年的第六十四位跃为第四十九位，在所有林业科技期刊中仍居首位。《林业科学》在1998年实现了印刷版、光盘版与中国科技情报中心网三种方式同步发行，增加了版面，扩大了信息量；开辟了林学界两院院士介绍栏目，编辑出版了竹子专刊。在组织建设方面，先后召开中国林学会省级学会、二级分会秘书长工作会议，研究学会如何适应社会主义市场经济发展的要求，探索学会发展道路；为理顺学会的领导机制，中国林业科学研究院江泽慧院长被推选为中国林学会第一副理事长；完成了第五届中国林业青年科技奖评审表彰工作；1997年底由学会推荐的王涛、董乃钧、盛大德荣获中国科学技术协会首届全国优秀科技工作者称号；4个二级分会完成了换届选举。

据统计，截至1998年底，中国林学会会员人数已达81 000名。

（官秀玲）

【学术活动】 1998年，学会及分会围绕林业学科发展与林业建设的热点共开展学术活动21项，交流论文639篇，参加人次1426人。1998年度重点学术活动是：全国病虫害防治与预测研讨会、全国减轻自然灾害学术研讨会、科学技术面向21世纪学术年会、当代林业发展理论研讨会、森林资源保护与生态环境建设的关系——特大洪水后的反思研讨会、全国林业分类经营学术研讨会、第四届青年学术年会暨中国林学会第四届青年学术年会、黄土高原综合治理与农业可持续发展讨论会。专家们在学术研讨的基础上为各学科发展与相关领域的改革与建设提出了建议和对策，其中关于加强当代林业发展理论和林业分类经营研究、1998年森林病虫害、森林火灾发生趋势分析及防治对策、特大洪水后的反思及建议受到有关领导和部门的重视。

另外，还召开了森林可持续经营学术研讨会、森林生态环境·山区综合开发·天然林保护学术研讨会、中国木材工业科技革命的探讨、全国森林植物检疫学术研讨会等会议。

（孙肇凤）

【全国林业分类经营学术研讨会】 1998年10月22～24日在西安召开，由中国林学会、森林经理分会、国家林业局森林资源管理司、政策法规司、植树造林司、科学技术司联合主办，会议由中国林学会理事长刘于鹤主持。国家林业局、陕西省林业厅、林学会有关领导和来自全国17个省（区、市）的代表66人参加了会议，交流论文40篇。会议围绕林业分类经营的理论基础、与可持续发展和天然林资源保护工程的关系、政策法规体系以及国内外的最新进展进行了认真研讨。实施林业分类经营是我国林业实现可持续发展的重要途径，是天然林资源保护工程的基础工作。存在的问题是理论研究滞后，基础工作薄弱，保障机制不完善等。会议建议：①在国家林业局科技攻关项目指南中增加林业分类经营理论研究项目；②在森林分类试点工作基础上开展规划、评价、监测试点，不断总结经验，研建公益林和商品林的经营管理体系；③开展林业分类经营的保障体制改革特别是税费制度的改革，尽快出台森林生态效益补偿基金征收、管理办法；④减轻林农和林业企业负担；⑤因地制宜搞好森林分类经营。

（朱乾坤）

【森林资源保护与生态环境建设的关系——特大洪水后的反思研讨会】 受国家林业局委托，由国家林业局科技委、中国林学会联合承办，于1998年9月8日在京召开。会议旨在贯彻落实国务院《关于保护森林资源制止毁林开垦和乱占林地的紧急通知》精神和“封山植树，退耕还林”的重要部署，深刻反思1998年特大洪水的发生根源及防范措施。全国政协副主席杨汝岱、全国人大农业与农村委员会副主任伍精华、全国政协人口与环境资源委员会主任侯捷、中国工程院副院长沈国舫和国务院有关部门的领导同志以及受灾省（区、市）林业厅（局）、国家林业局有关司局、直属单位的专家、领导以及新闻单位共150人出席。国家林业局领导李育才、李昌鉴、江泽慧等分别主持、总结或在大会上发言。会议对建国近50年来林业建设的成败得失进行了认真反思，认为1998年长江流域、嫩江、松花江流域特大洪水与森林资源破坏、生态环境恶化密切相关，提出了治水要标本兼治，治水之道在于治山，治山之道在于兴林的治水方略。专家们呼吁，要增强全民族发展林业的意识，调整林业战略思想和布局，依法治林，科技兴林，稳定基层林业组织，切实增加林业投入，实施国家林业保护政策。会后向党中央、国务院报送了建议书。

（孙肇凤）

【当代林业发展理论研讨会】 1998年5月26～28日在北京举行，来自我国林学界、经济学界和社会学界的21位学者和专家以及国家林业局办公室、发展计划与资金管理司、政策法规司、人事教育司、宣传中心、中国绿色时报社等负责人参加了会议。国家林业局党组成员、中国林学会第一副理事长江泽慧致开幕词，理事长刘于鹤作了会议总结。会议充分交流探讨了中国当代林业发展的诸多理论和观点，反思了150年以来世界林业发展理论的演变，分析了当前我国林业发展的自然、经济和社会环境条件。一致认为当前我国林业正处在一个划时代的转轨时期，也是建国50年来最好的发展时期。当代林业发展理论的研究应对森林和林业再认识和再定位，处理好传统与现代、借鉴与应用国外先进经验的关系，把当代林业视为是由生态系统、经济系统和社会系统复合而成的开放的巨系统，走高效可持续的发展道路。应当发挥学术团体的优势推进我国林业宏观理论问题的研究；面向社会加强宣传林业和森林的战略地位和作用。会后出版了论文专集。

（孙肇凤）

【中国林业青年科技奖表彰大会暨中国林学会第四届青年学术年会】 1998年7月22～24日在北京召开。林业青年科技工作者以及中国科协、国家林业局领导及人事教育司、科技司和其他有关部门的领导共110多人参加了会议。会议主题是“科技增强国力，青年开创未来——林业青年学者与面向21世纪的中国林业科技”。中国林学会刘于鹤理事长主持了表彰大会并致开幕词。国家林业局党组成员、中国林学会第一副理事长江泽慧出席会议并作了重要讲话。会上为32名第四届、第五届中国林业青年科技奖获得者颁发了奖杯；交流总结了近年来各地青年科技工作者取得的研究成果，交流论文62篇，并就迎接林业新科技革命、建立林业科研创新体系发出了倡议。王涛院士、董乃钧教授分别在大会上作了专题报告。中国林学会常务副理事长兼秘书长施斌祥在闭幕式上作了总结讲话，对今后学会加强青年工作提出了希望和要求。国家自然科学基金委员会资助了会议。一些老林业科技工作者还资助了贫困地区的代表。会后出版了论文集《中国青年绿色论坛》。

（朱乾坤）

【国际及港台地区的交流活动】 1998年3月10日，由台湾中华林学会理事长、台湾林业试验所所长杨政川率领的台湾林木种源访问团一行9人来学会访问，刘于鹤理事长及学会其他领导人参加了会谈，双方就两岸学会的发展和林业科技交流与合作的各个领域展开了探讨与磋商，在开展两岸刊物与资讯交流、人员互访及共同举办研讨会等方面达成了初步协议。应加拿大林学会的邀请，5月21日至6月3日，学会派出了以宋长义副秘书长为团长的中国林学会代表团一行8人访问加拿大，对私有林的管理、私有林经营体制及政府对私有林的协调服务与引导机制进行了重点考察；提交了《加拿大私有林考察报告》。8月17日，加拿大林学会副理事长Golden Stone来访，学会秘书长施斌祥向客人介绍了中国林业和学会的概况，双方就今后两会进一步的交流与合作达成了协议。应加拿大林学会的邀请，学会前任理事长沈国舫代表中国林学会于10月4日赴温哥华参加加拿大林学会90周年庆典并进行了学术交流。

（冯彩云）

【第十六届林学夏令营】 中国林学会第十六届林学夏令营于1998年7月17～22日在北京林业大学举办，来自安徽、四川、山东、山西等省的81名中学生参加了此次我爱北京林学夏令营活动，中国工程院副院长沈国舫院士、国家林业局科技司、北京林业大学、中国林业科学研究院等单位的领导出席了开幕式。

（秦向华）

中国野生动物保护协会

【《中华人民共和国野生动物保护法》颁布10周年纪念活动】 1998年11月8日，《野生动物保护法》颁布10周年。从年初开始，中国野生动物保护协会就举行了《野生动物保护法》系列宣传和科学普及活动。①在《野生动物》杂志举办了知识竞赛，在《大自然》杂志举办了有奖征文，吸引了大量读者参与。②与国家林业局保护司一起，向各省（区、市）林业厅（局）、协会，印发了《关于开展〈野生动物保护法〉颁布10周年宣传活动的通知》，提出了“依法保护野生动物，关注人类绿色家园”的宣传主题，确定了宣传活动的指导思想、宣传重点、组织形式和组织领导等。③在11月8日，全国各地统一行动，组织进行了街头宣传活动。中国野生动物保护协会与国家林业局、国家濒管办、北京市科协和市林业局以及市野生动物保护协会等单位，在北京的动物园、美术馆、龙潭湖公园和蓝岛大厦等地，开展了大型宣传纪念活动，并向首都市民印发了纪念《野生动物保护法》颁布10周年爱护野生动物的倡议书。有关领导、专家、教师、学生以及工作人员1400多人参与了发放宣传材料、专家咨询、有奖问答等宣传活动。中央和北京市的电视、广播、报刊等作了专门报道。④召开了中国野生动物保护协会宣传和科技委员会，以及有关社会人士参加的座谈会，畅谈10年来在普及、宣传、贯彻《野生动物保护法》方面取得的成就。⑤在《野生动物保护法》颁布10周年前后，接受中央电视台、人民日报社等新闻媒体的专题采访，开展了爱护野生动物的法制教育活动。（蔡炳城）

【中国野生动物保护协会成立15周年座谈会】 1998年12月23日，中国野生动物保护协会在北京召开了成立15周年座谈会，有关专家和新闻界代表40多人参加了会议。

中国野生动物保护协会作为我国建国后成立的第一个全国性的野生动物保护民间组织，15年来在民政部、中国科协、国家林业局及社会各界的支持下，已经发展成为有4万多会员，在全国省（区、市）建立了200多个地方协会组织，成立了科技、宣传、基金、养殖和鹤类保护等5个工作及专业委员会，是我国目前最大的野生动物保护组织。与会代表回顾了协会成立15年来的发展历程和取得的成就，一致认为：15年来，协会在向全社会开展的野生动物保护宣传教育、科学普及、国际交流、支持基层科学研究、专业和法规培训、救助濒危野生动物等方面做了大量工作，取得了很大的成绩。大家衷心希望协会在保护生态环境和国际合作交流方面发挥更大的作用。（郭立新）

【全国娃蛙手牵手爱蛙签名活动】 1998年6月，中国野生动物保护协会与中央电视台少儿部、黑龙江少年儿童出版社等多家单位联合开展了“全国娃蛙手牵手爱蛙签名活动”。这次活动是配合电视连续剧《蛙鸣》的播出和长篇小说《蛙鸣》的出版而开展的，并分别在黑龙江省齐齐哈尔市和北京市举行了黑龙江省和全国的启动仪式，全国数十万青少年参加了此项活动。通过这次活动，使孩子们充分认识到青蛙是人类的朋友，害虫的天敌，保护青蛙就是保护人类自己；野生动物与人类的生产、生活息息相关，保护野生动物是全社会的共同责任和神圣义务。（尹 峰）

中国水土保持学会

【综 述】 1998年，中国水土保持学会发挥学术团体桥梁纽带作用，较好地完成了一年的工作任务。

组织工作 评选了中国水土保持学会第三届青年科技奖，共有23人获奖。

学术交流 主办了第一届海峡两岸山地灾害与环境保育学术研讨会；组织了水土流失与环境专家论坛；参与中国科协成立40周年学术年会“环境与可持续发展”科学家论坛；组织部分水土保持专家对湖南岳阳市水土流失综合防治规划进行论证；参与组织“黄土高原综合治理与农业可持续发展讨论会”。

科学普及 参与组织“水土保持宣传咨询日”及“《水土保持法》有奖知识问答”阅卷，统计和抽奖活动；举办4期水土保持方案编制甲级单位持证上岗培训班，培训学员467名；组织620名小学生参与全国小学生环境保护知识大赛。

对外交流 组织水土保持技术人员参加在尼泊尔举行的流域综合管理的新概念、新措施和新技术研讨班；推荐水保专家参加国际山地生态系统管理学术研讨会；组织专家参加亚洲地区教育机构以及流域管理课程体系研讨会，并为会议作了中国水土保持高等教育课程体系及主要教材评估的报告。（黄 元）

【第一届海峡两岸山地灾害与环境保育学术研讨会】由中国水土保持学会主办，国家自然科学基金委员会、中国科学院资源环境科学与技术局、国家泥沙研究培训中心、中国建筑学会工程勘察分会以及台湾方面的6个科研机构和学术团体共同协办，中国科学院、水利部成都山地灾害与环境研究所和中国水土保持学会泥石流滑坡专业委员会承办的第一届海峡两岸山地灾害与环境保育学术研讨会，于1998年9月21～27日在成都市召开。会议得到了内地和台湾21个单位及学术团体的大力支持。参加会议共计174位代表，其中台湾代表53位，海外代表4位。会议围绕两岸山地环境与山地灾害、山洪、泥石流、滑坡与边坡稳定、水土流失、环境保育、新技术与新方法应用和'98洪灾等问题进行了广泛的学术交流。会议收到学术论文140余篇，选出93篇论文编辑出版了《海峡两岸山地灾害与环境保育研究》（第一卷）论文集。

会议结束时宣读了第一届海峡两岸山地灾害与环境保育学术研讨会倡议书，举行了象征海峡两岸山地灾害与环境保育学术研讨会继续举行的第一届与第二届的会徽交接仪式。会议定于2000年8月在台湾中部举办第二届学术研讨会。（黄　元）

中国林业经济学会

【综　述】1998年，中国林业经济学会紧紧围绕林业改革和发展的大局以及国家林业局的中心工作，开展了各项活动。

出版《林业经济专辑》 1997年底，中国林业经济学会与联合国粮农组织"亚洲国家林业市场化改革项目"联合举办了"林业政策的制订分析与应用培训班"暨中国林业经济学会第三届青年论坛。为了总结和反映这次培训与研讨的成果，学会秘书处将该次会议收集到的论文汇集成册，于1998年1月出版了《林业经济专辑》青年论坛专辑。

"我看林业分类经营"征文活动 1997年，中国林业经济学会与8家杂志编辑部联合进行了"我看林业分类经营"征文活动。此次征文活动得到了全国林业各级主管部门、科研单位、生产单位、大专院校的积极响应。1998年初，学会共收到林业分类经营方面的学术论文80余篇。经各编辑部的推荐，中国林业经济学会秘书处组织有关专家对应征的论文进行了评审，共评出一等奖12篇、二等奖21篇、三等奖34篇。中国林业经济学会向获奖论文的作者颁发了证书。学会秘书处编辑出版了《林业分类经营专辑》。

推荐科学技术进步奖项目 1991～1994年，林业部曾指定中国林业经济学会为林业软科学成果的初评单位，以后因故未能延续。随着林业改革的不断深入，政策研究、经济研究、规划研究等为各级林业管理部门决策服务的软科学研究任务越来越重，软科学研究成果也越来越多，为了进一步加强对林业软科学研究成果的评审工作，促进林业软科学研究的繁荣和发展，学会秘书处于1998年3月向国家林业局科技司递交了《中国林业经济学会关于申请恢复林业软科学成果初评资格的报告》，国家林业局科技司于1998年4月在林科成［1998］25号文中第三条中批准中国林业经济学会负责受理和初审本学会、林业经济发展研究中心推荐的项目。1998年5月，中国林业经济学会秘书处以中林经会字［1998］2号文向学会各专业委员会、各团体会员单位及理事单位、各省（区、市）林业经济学会发出了《中国林业经济学会关于推荐1998年度国家林业局科学技术进步奖项目的通知》。

1998年12月，学会与国家林业局政法司、联合国粮农组织项目办公室在北京联合举办了"宏观、微观经济学及其在林业政策制定的应用培训研讨会"，来自全国17个省（区、市）林业厅及有关单位的40余人参加了会议。（穆正明）

中国花卉协会

【综　述】

首届全国花卉科技信息交流会 中国花协与中国园艺学会于1998年9月在大连联合举办了首届全国花卉科技信息交流会。全国有19个省（区、市）的50个科研、教学单位共85位专家、学者和企业代表近200余人参会。交流会期间，安排了2场特邀报告，13个专题报告，29项成果发布。江泽慧副会长在会上作了报告，阐明了花卉产业和花卉产业化的内涵，全面分析了我国花卉科教、生产、流通现状及亟待解决的问题，进一步强调了行业协会、学会应在促进我国花卉产、学、研相结合上更好地发挥桥梁和纽带作用。13个专题报告，涉及到我国野生花卉资源的开发利用、新品

种选育、快繁技术、栽培管理、采后保鲜等多方面的内容。这些内容既有理论基础，又有较强的实用性。29项成果充分反映了我国改革开放以来，花卉界取得的丰硕成果。

会后，由中国花协、中国园艺学会主编了《中国花卉科技信息全书》，该书收集了我国改革开放以来的600余项科技成果，50多个重点科教单位的研究领域和成果介绍。

’98中国国际花卉园艺博览会　由中国花协、上海花协主办，上海国际展览中心承办，于4月在上海国际展览中心进行。展览全部设在室内，以展示、洽谈、交流、订货为主。布展面积6000多平方米。前来参展的有荷兰、比利时、以色列、美国、法国、泰国、意大利、西班牙、澳大利亚、印度尼西亚等14个国家，参展的公司近百家。来自上海、广东、云南、北京、浙江、山东、江苏、辽宁等省（市）和香港、台湾的120多家企业参展。

组团参加香港花展，荣获最高奖，并取得圆满成功

1998年，中国花协组织16个省（区、市）共60余人参加了香港花展。’98香港花展主题为“百花齐放展新元”，象征着香港回归祖国后，开始进入了一个更加繁荣昌盛、充满生机的新时代。结合花展主题，中国花协设计制作了占地200平方米的主景点“祖国明天更美好”，象征着中华民族的“万里长城”，蜿蜒在春意盎然、鲜花盛开的祖国大地上，用2万多支香石竹切花插成的“中国地图”和香港区徽“紫荆花”分别镶嵌在长城两侧，用3万支月季花插制而成的两道彩虹腾空而起，预祝中国以崭新的姿态迈入21世纪。这个景点荣获1998年香港花展最高奖。各地带去的销售品也全部出售，取得了较好的经济效益。

（中国花卉协会办公室）

中国林产工业协会

【综　述】

推动企业技术进步　①1998年7月，中国林产工业协会与中国工业经济协会等7个协会联合举办并由中国林产工业协会主持对木材进行核辐射改性的科技成果鉴定会。②1998年9月在杭州市临安化工制剂厂主持了科技成果人造板新型防水剂的鉴定会。③1998年11月在杭州市主持召开了中密度纤维板和刨花板新型防水剂科技成果推广应用会。④向国内刨花板生产企业推荐采用国产热压特种网带（泰州特种网带厂生产）替代进口芳纶网带和钢带，以降低成本、节约外汇和提高经济效益。⑤与国家技术监督局、中国质量检验协会和中国防伪协会共同开展胶合板产品质量标志认证实施方案的筹备组织工作。⑥向企业介绍和推广星辰木业公司的人造刨切单板的制造应用技术。⑦参加了杉木竹材复合地板制造技术和短周期工业材胶合板制造技术科技成果鉴定会。

开展国内外技术咨询和交流活动　①接待了16个国家和地区的国际友人访华团组，了解其生产经营情况，并开展技术咨询活动。②通过接待、电话答疑等方式为我国的人造板生产企业提供咨询，并推荐行业的先进管理经验和介绍科技成果的应用情况。③为林业系统和国家计委咨询中心、国家进出口投资银行拟上项目、安排行业规划提供技术咨询服务，并协助对引进项目的确认。④为国外在我国开设的投资公司——康联马洪投资公司提供了胶合板市场调查报告；为罗伊恩·阿迈克斯战略投资公司牵线搭桥。⑤组织企业赴美国亚特兰大国际木工机械展览会参观考察。

参与协助组织和参加展览会　①参与了1998年9月下旬在山东省济南市举办的全国林、特、优、新产品展览会的组织工作。②协助计资司外经处筹备1998年11月由经贸委举办的改革开放廿年利用外资成果展览会林业系统成果的组织工作。③与中国科学院电子研究所思及创技术开发公司达成共同举办网络上的国际林产品展览会的协议。

协会组织建设和基础建设工作　①完成了全国社团清理和整顿工作，基本上通过了上级主管部门的审查，按民政部要求重新修订了章程。②新成立木材干燥专业委员会和地板专业委员会。③发展吸收了近80个新会员单位，壮大了会员队伍。④组织召开了两次胶合板委员会代表大会，研究胶合板行业发展前景，协调、解决行业内部存在的一些矛盾和问题。

为会员企业提供帮助和服务　①为三岔子等林业局牵线合作开发巴布亚新几内亚和加纳等国的林业资源。②为德国鲁奇公司出具我国活性炭出口国家不予补贴的证明，为我国活性炭行业在欧洲的销售市场重新打开销路。③向国家进出口银行提供市场调研报告，为丹阳人造板厂及时利用世界银行贷款上中密度纤维板深加工项目（强化复合地板生产线）得以迅速批复。

（中国林产工业协会）

中国林业体育协会

【综　述】 在林业部改组为国家林业局的国务院机构改革中，中国林业体协坚持按计划完成了全年的工作任务。经国家林业局研究决定保留中国林业体协的机构，归口国家林业局直属机关党委管理；编制由原来的4人减为1人（该事业编制比照公务员管理）。

全民健身工作　为在林业系统更好地贯彻《全民健身计划纲要》，中国林业体协于6月10～14日在海南省吊罗山林业局举办了全国林业第六届“吊罗山杯”中国象棋赛。在举办象棋比赛的同时，中国林业体协6月10～15日在吊罗山林业局召开了1998年全国林业体协秘书长会，会议对中国林业体协一年的工作进行了总结，并对当前全国林业体育工作和全行业《全民健身计划纲要》的实施工作进行了分析和部署；通报了参加第八届全运会和筹备参加全国九届冬运会的情况；并对中国林业体协的工作提出了意见和建议，共商了1999年中国林业体协的主要工作。

参加全国比赛　中国林业体协本年度参加全国性比赛共计4次。1月，大兴安岭林业集团代表中国林业体协参加全国速滑冠军赛；3月，内蒙古大兴安岭乌尔旗汗林业局滑雪队参加全国滑雪冬季两项比赛；5月，四川、山西林业厅联合组队代表中国林业体协参加了全国象棋团体赛和个人赛，在团体赛上，获甲组第十四名，这是中国林业体协自1986年参加该项目全国比赛所获得的最好成绩；9月，中国林业体协桥牌队在全国行业桥牌赛上获团体第八名。

1998年中国林业体育协会举办林业系统活动

名　称	时间	地点	承办单位	参加单位	成　绩	备　注
林业第六届“吊罗山杯”象棋赛	6月10～14日	吊罗山林业局	海南省林业局	山西、四川、广东、海南省林业厅（局）	男子团体：四川省林业一队、山西省林业厅、四川省林业二队 男子个人：曾启泉、赵利琴、张明忠	体育道德风尚奖：海南省林业局、广东省林业厅、山西省林业厅
全国林业体协秘书长会	6月10～15日	吊罗山林业局	海南省林业局	黑龙江、天津、山西、河南、甘肃、四川、重庆、江西、湖南、云南、广东、海南省（市）林业厅（局），内蒙古、吉林森工集团，国家林业局“三北”局等		

1998年中国林业体育协会参加全国体育比赛

名　称	时间	地点	参赛队	运动员选送单位	成　绩
全国速度滑冰锦标赛	1月16～19日	乌鲁木齐	中国林业体育协会	大兴安岭林业集团	张晶明获男子短全能100米第二名、500米第三名
全国滑雪冬季两项冠军赛	3月5～8日	大海林双峰滑雪场	中国林业体育协会	内蒙古森工集团	
全国象棋团体赛	5月	昆明	中国林业体育协会	四川、山西省林业厅	团体甲组第十四名
行业桥牌赛	9月12～22日	峨眉山	中国林业体育协会	中国林业体育协会	团体第八名

（伊尧正　郑　飞）

大事记与重要会议

1998年中国林业大事记

1月

1日　《中国绿色时报》创刊。中共中央总书记、国家主席江泽民题写报名。该报是目前我国惟一以"绿色"命名的国家级生态环境类社会性报纸。

同日，《中国绿色时报》创刊号在第一版显要位置刊发151位中国科学院院士和中国工程院院士签名的《行动起来，拯救黄河》呼吁书，呼吁社会各界以实际行动拯救黄河。

同日，国家濒危物种进出口管理办公室与国家海关总署发布的《进出口野生动植物种商品目录》正式施行，标志我国野生动植物进出口开始正式纳入海关商品监管系列。

4～6日　全国林业计划会议在北京召开。会议总结了1997年的工作经验，部署了1998年的工作，并对启动长江、黄河流域生态环境重点治理项目和国有林区天然林资源保护工程进行了重点研究。

13日　经中央机构编制委员会办公室批准，林业部设立防治荒漠化管理中心。"中心"为林业部直属的行使行政管理职能的事业单位。

22日　经全国高等教育自学考试指导委员会批准，林业部在全国各省、自治区、直辖市开考林业生态环境管理专业高等自学考试。

27日　全国绿化委员会、林业部、交通部、铁道部联合发出《关于在全国范围内大力开展绿色通道工程建设的通知》，决定从1998年开始，用三至五年时间，在全国范围内开展以公路、铁路和江河沿线绿化为主要内容的绿色通道工程建设。

2月

18日　林业部印发《林业部森林病虫害工程治理管理暂行办法》。

23～25日　全国林业系统纪检监察工作会议在苏州召开。会议总结交流了1996年以来全国林业系统反腐败斗争和党风廉政建设工作的经验，表彰了全国林业系统纪检监察先进单位和先进个人，并对1998年全国林业系统反腐败斗争进行了部署。

24～27日　林业部召开部属高校党委书记、校长座谈会，总结交流部属高校近年来教育管理体制改革与发展的情况，研究探讨部属高校进一步深化管理体制改革、教学改革和提高教育质量、办学效益的思路和措施。

3月

3日　林业部在北京隆重举行纪念周恩来同志诞辰100周年、周恩来林业建设思想座谈会，缅怀周恩来同志为中国革命的胜利和社会主义事业的发展、为开创新中国林业建设事业所做出的光辉业绩，表达林业系统广大干部职工对周恩来同志的深切怀念。

10日　九届全国人大一次会议通过国务院机构改革方案。依据这一方案，国务院部委从40个削减到29个，林业部改组为国家林业局，列入国务院直属机构序列。

25日　国家林业局领导班子宣布会在北京召开。中共中央政治局委员、书记处书记、国务院副总理温家宝出席并发表重要讲话。中组部副部长张柏林宣布国家林业局领导班子组成名单：王志宝任国家林业局局长、党组书记，李育才任副局长、党组副书记，李昌鉴任副局长、党组成员，江泽慧任党组成员。原林业部部长陈耀邦调任农业部部长、党组书记，原林业部副部长、党组成员祝光耀调任国家环境保护总局副局长、党组成员；原林业部副部长、党组成员刘于鹤，党组成员邝国斌由于年龄原因，不再进国家林业局领导班子。

29日　《国务院关于议事协调机构和临时机构设置的通知》（国发［1998］7号）明确，保留全国绿化委员会，具体工作由国家林业局承担。

30日　国务院召开全国森林防火工作电视电话会议，部署1998年的森林防火工作。中共中央政治局委员、书记处书记、国务院副总理温家宝在会上发表重要讲话，强调森林防火事关国家和人民生命财产的安全，事关改革发展稳定的大局，不能有丝毫的松懈麻痹，务必抓紧抓好。

4月

4日 党和国家领导人江泽民、李鹏、李瑞环、胡锦涛、李岚清等到北京玉渊潭公园参加首都全民义务植树活动，并对绿化工作作了重要指示。江泽民指出，植树造林，绿化祖国，保护环境，要领导带头，人人动手，坚持不懈，才能见效。李鹏指出，北京空气质量周报公布后引起了大家的重视，市委、市政府要高度重视首都的环境保护工作，要从冬季取暖燃料、汽车尾气排放等方面加以改善，同时也要加紧种树、绿化，尽快改善北京的大气环境。李瑞环指出，城市绿化非常重要，要坚持下去，使我们的环境变得更美，使我们的子孙后代更好地生存下去。国家林业局局长王志宝陪同参加了植树活动。

7～8日 全国绿化委员会第十七次全体（扩大）会议在北京召开。会议回顾了1997年的绿化工作，表彰了先进，并对1998年的绿化任务进行了部署。中共中央政治局委员、国务院副总理、全国绿化委员会主任温家宝发表题为《坚定信心，扎实工作，加快国土绿化进程》的重要讲话。

8日 根据机构改革后的人员变动和工作需要，国务院对全国绿化委员会组成人员进行了调整：国务院副总理温家宝任全国绿化委员会主任，国家林业局局长王志宝、国务院副秘书长马凯、总后勤部副部长周友良和北京市副市长岳福洪任全国绿化委员会副主任，有关部门负责同志19人任全国绿化委员会委员。王志宝同志兼任全国绿化委员会办公室主任。

9日 全国林业厅局长座谈会在北京召开。会议传达了温家宝副总理在宣布国家林业局领导班子时发表的重要讲话精神，并就当前的林业重点工作作了部署安排。会议指出，在林业部改组为国家林业局的新形势下，各级林业部门一定要按照温家宝副总理的讲话要求，进一步振奋精神，团结一致，克服困难，开拓进取，保证林业战线的队伍不散，人心不乱，工作不间断，开创林业事业的新局面。

24日 中国人民银行根据国务院关于金融体制改革的精神，决定原由中国农业发展银行组织发放和管理的林业项目贷款、治沙贷款、山区综合开发贷款划转中国农业银行管理，不再匹配资金。

27日 国家林业局局长王志宝在北京会见联合国粮农组织总干事迪乌夫，双方就进一步加强合作问题进行了协商。

29日 第九届全国人大常委会第二次会议审议通过了《全国人民代表大会常务委员会关于修改〈中华人民共和国森林法〉的决定》，并于同日由中华人民共和国主席江泽民签署第三号主席令予以公布，自1998年7月1日起施行。同时，还公布了根据《决定》修正的《中华人民共和国森林法》。

5月

7～12日 “兴都库什-喜马拉雅地区林业政策和人力资源开发对参与性森林管理的影响”国际研讨会在昆明召开。来自中国、孟加拉国、尼泊尔等7个喜马拉雅山地区的国家和有关国际组织的高级官员、专业技术人员共75人参加了会议。国家林业局副局长李育才、云南省副省长黄炳生、国际山地中心主任佩林克教授等出席开幕式并分别讲话。

8日 中国农业银行根据中国人民银行的决定，为支持林业发展，决定增加林业、治沙、山区综合开发贷款的规模，其中林业项目贷款由19亿元增加到24亿元，治沙贷款由6亿元增加到10亿元，山区综合开发贷款由7亿元增加到10亿元。

13～19日 国家林业局副局长李昌鉴率中国林业代表团赴泰国曼谷参加亚太乡村林业培训中心成立大会，并代表中国政府在成立章程上签了字。亚太乡村林业培训中心是一个新的政府间国际组织，中国是该组织的发起国。北京林业大学是中国与其合作的窗口单位，尹伟伦副校长是该组织的首届董事会成员。

14～30日 世界银行对总投资5.26亿美元的“国家造林项目”进行竣工验收。世界银行经过对该项目执行情况以及经济、环境、社会效益的全面评估后，认为项目的执行是十分成功的，并给予“十分优良”的总评价。这一评价为世界银行评级划分的最高级别。

20日 国家林业局发出《关于认真贯彻江总书记重要指示，切实做好森林防火工作的通知》，要求各地从政治高度和维护改革发展稳定的大局出发，充分认识森林防火工作的极端重要性，警钟长鸣，常抓不懈，切实搞好森林火灾的预防工作，把江泽民总书记的指示精神落到实处。

28～30日 全国林业宣传工作座谈会在北京召开。会议总结了近年来林业宣传工作的新经验，分析了林业宣传工作面临的新形势，明确提出了当前和今后一个时期林业宣传工作的主要任务和重点，并就如何更加扎实有效地做好林业宣传工作提出了具体意见和要求。

6月

3日 国家林业局局长王志宝代表中国政府，与国际竹藤组织董事会主席高登·史密斯、董事会联合主席江泽慧签署了《国际竹藤组织东道国协定》。

5日 全国人大环境与资源保护委员会和国家林业局等14个部委局联合组织的’98中华环保世纪行“建设万里文明海疆”宣传活动记者团，在人民大会堂南门举行出发誓师仪式。全国人大常委会副委员长邹家华等领导同志出席仪式。

10日 国务院副总理温家宝在北京会见来访的芬兰农林部长卡莱维·赫米拉。温家宝向客人介绍了中国林业的基本情况，并对中芬林业合作给予积极评价。

15日 国家林业局局长王志宝在北京会见韩国山林厅长李辅植先生，并向客人介绍了中国林业发展的情况。宾主双方就开展林业合作交流等问题进行了广泛交谈。

19日 经国务院学位委员会批准，国家林业局教学、科研单位增加博士学位授权学科点5个，分别是：北京林业大学植物学，东北林业大学林业工程、森林培育，南京林业大学林业工程，中国林科院森林经理；增加硕士学位授权点7个，分别是：东北林业大学环境与资源保护法、水土保持与荒漠化防治、动物学、会计学，南京林业大学载运工具运用工程，西南林学院森林工程，西北林学院野生动植物保护与利用。

23日 国务院以国办发［1998］81号文件印发《国家林业局职能设置、内设机构和人员编制规定》。按照国务院规定，国家林业局是主管林业工作的国务院直属机构，设11个内设机构，包括办公室、植树造林司、森林资源管理司、野生动植物保护司、森林公安局（森林防火办公室、武装森林警察办公室）、政策法规司、发展计划与资金管理司、科学技术司、国际合作司、人事教育司和机关党委。机关行政编制200名，其中：局长1名，副局长4名，正副司长职数35名（含机关党委专职副书记）。

25日 国家林业局决定从1998年开始，在全国范围内组织开展“跨世纪保卫绿色行动”，宣传林业法律法规，打击毁林犯罪行为，唤起全社会的爱林护林意识。

26日 国家林业局第五次局长办公会议审议通过《国家林业局关于授权森林公安机关代行行政处罚权的决定》，并于同日发布，自1998年7月1日起施行。

7月

3日 全国人大法律委员会、环境与资源保护委员会、农业与农村委员会、全国人大常委会法制工作委员会和国务院法制办公室、国家林业局在人民大会堂联合召开贯彻实施森林法座谈会。全国人大常委会副委员长姜春云出席，并作了重要讲话。

10日 国家林业局召开机构改革动员大会，对局机构改革工作进行具体部署。

21日 国家林业局决定定期开展全国荒漠化监测工作。本次监测从1998年下半年开始，2000年出成果。

31日 我国政府授权代表在华盛顿与世界银行正式签订“危困地区林业发展项目”临时基金开发信贷协定和贷款协定，于1998年12月16日正式生效。

8月

4日 中共中央宣传部、全国人大环资委、全国人大农委、全国政协人资环委、全国政协经委、全国绿委、水利部、国家林业局等八个部门在人民大会堂联合召开深入贯彻江泽民总书记关于生态环境建设重要批示座谈会，总结交流一年来全国生态环境建设的新情况、新经验，研究解决新问题，推动生态环境建设健康发展。全国人大常委会副委员长布赫发表重要讲话，全国政协副主席万国权出席会议。

5日 国务院以国发明电［1998］8号文件发出《国务院关于保护森林资源制止毁林开垦和乱占林地的通知》。通知强调，必须采取严厉措施，坚决制止毁林开垦和乱占林地的行为，抢救和保护森林资源，并提出了七项具体要求：（一）要把保护和培育森林资源作为改善生态环境的重要任务来抓；（二）立即停止一切毁林开垦行为；（三）对已经发生的毁林开垦行为进行全面清理；（四）切实做好退耕还林工作；（五）依法严厉打击毁林开垦的违法犯罪行为；（六）严格实施林地用途管制；（七）加强对林地保护工作的组织领导。

18日 朱镕基总理主持召开国务院总理办公会议，提出了我国根治水患的32字综合治理措施：“封山育林，退耕还林，退田还湖，平垸泄洪，以工代赈，移民建镇，加固堤坝，疏浚河道。”朱镕基总理强调，要把林业生态建设放在首位，全面停止长江、黄河流域天然林采伐，实施天然林资源保护。

23日 四川省委、省政府召开实施天然林资源保护工程工作会议。省委书记谢世杰、省长宋宝瑞分别作重要讲话。经国务院批准，四川省先行启动天然林资源保护工程，即从1998年9月1日起，四川西部的阿坝、甘孜、凉山三州，攀枝花、乐山两市和雅安地区，计57个县460万公顷的原始森林全面停止采伐，实行长年管护。

23～28日 世界森林遗传和林木改良大会在北京召开。大会的主题是：走向21世纪的森林可持续经营的林木遗传育种。来自34个国家的近100名专家学者围绕8个议题对世界林木遗传育种现状、进展和发展趋势以及21世纪林木遗传改良策略和优先领域等进行了研讨。国家林业局局长王志宝代表中国政府向与会代表介绍了中国林业建设的目标与任务，并表示愿意与国际社会包括国际林联加强合作，共同为建设人类的美好家园而奋斗。

25日 国家林业局机构改革中的人员定岗分流工作结束。通过个人填报志愿、民主推荐、能力测试、组织考察、班子集体研究等程序，确定定岗和分流人员名单，并全部安排到位。

27～28日 国有林区天然林资源保护工程实施工作座谈会在北京召开。会议总结了前一阶段天然林资源保护工程实施工作的情况，并对下步工作作了部署。

31日　中共中央政治局常委、国务院总理朱镕基在东北洪涝灾区考察灾后重建工作时，在哈尔滨郊区会见了我国林业系统的老劳模马永顺。朱镕基指出，要下最大的决心，封山植树，退耕还林，恢复植被，保护生态。他号召学习马永顺生命不息、造林不止的精神，大搞植树造林，绿化祖国，为我们的子孙后代留下一个青山绿水的锦绣河山。

9月

8日　国家林业局在北京召开座谈会，纪念武装森林警察部队组建50周年，列入武警序列10周年。会议全面回顾总结了森林警察部队50年来的历程和建设经验，并部署了今后一个时期的工作任务。

同日，国家林业局在北京召开"森林资源保护与生态环境建设的关系——特大洪水后的反思"研讨会，总结长江、松花江、嫩江流域特大洪水的教训并为防洪抗灾事业献计献策。

11～29日　国家林业局党组成员、中国林科院院长江泽慧率中国林业科技代表团访问了澳大利亚和新西兰。访问期间，经友好磋商，设立了"中澳林木遗传育种博士后奖学金"，商定了中国林科院与澳大利亚国际农业研究中心合作意向，签订了中国林科院与新西兰林业研究所合作谅解备忘录。

12日　国家林业局在沈阳召开贯彻落实《国务院关于保护森林资源制止毁林开垦和乱占林地的通知》工作会议。会议的中心议题是研究如何进一步提高认识，统一思想，拿出新招法，采取硬措施，把《通知》提出的各项任务逐项落到实处。

15～18日　全国人大常委会副委员长邹家华专程赴河北省实地考察京津绿化工程建设情况。邹家华在考察中指出，发展森林资源是生态建设的主体，林业发展关系到整个社会的利益，要动员全社会认真学习贯彻森林法，切实加大林业建设力度，努力改善生态环境。

20日～10月5日　由全球环境基金赠款资助的"中国自然保护区管理项目"通过世界银行检查组的中期评估。

25日　伍体贤现代林业基金会在北京举行颁奖会，15位专家学者获得1997年度伍体贤现代林业基金奖。伍体贤现代林业基金会是由香港爱国人士伍体贤先生1995年在云南设立的民间林业奖励基金，基金总额为300万元，在云南运作两年后从1998年起开始面向全国。

26日～10月3日　'98全国林副名优新稀产品展销交易会在济南市举办。

10月

8～22日　全国政协人口资源环境委员会"京九绿色长廊"工程考察组，在江泽慧副主任的带领下，对京九绿色长廊工程建设情况进行了全面考察。考察组充分肯定了工程启动以来取得的阶段性成果，对解决工程建设中存在的问题提出了意见和建议。陈俊生和赵南起副主席听取了考察组的汇报，并建议国家计委大力支持"京九绿色长廊"工程建设，尽快批准立项。

18～24日　国家林业局派人参加在瑞士格兰德举行的国际湿地公约执行局第21届常委会。会议主要审议了第七届缔约国会议及相关文件的准备情况。

20日　最高人民法院、最高人民检察院、国家林业局、公安部、监察部联合发出《关于开展严厉打击破坏森林资源违法犯罪活动专项斗争的通知》，决定从1998年11月1日至1999年1月31日，在全国范围内组织开展严厉打击破坏森林资源违法犯罪活动的专项斗争。

28～29日　国家林业局在北京召开全国林业厅局长座谈会。会议认真学习了党的十五届三中全会关于农业和农村工作的决定，传达了中共中央、国务院关于灾后重建工作的若干意见和朱镕基总理视察鄂、赣、湘、渝、川五省（市）时关于"封山植树，退耕还林"工作的重要指示，并就当前的林业形势、林业发展思路和主要工作进行了研究和安排。

31日～11月2日　全国林业科技推广工作会议在江苏省徐州市召开。会议总结交流了林业科技推广工作经验，并对新形势下林业技术开发试验示范体系建设和全国林业科技推广工作进行了研究、部署。

11月

3日　朱镕基总理主持召开国务院第24次总理办公会议，听取中编办关于调整武警水电、交通、黄金、森林部队领导管理体制问题的汇报，同意调整武警森林部队领导管理体制，实行武警总部和国家林业局双重领导体制，由武警总部对森林部队的军事、政治、后勤工作实施统一领导，国家林业局负责部队业务工作。成立武警森林指挥部。武警森林部队的森林防火业务工作实行中央和地方双重领导。

12日　国务院新闻办公室就有关林业问题举行记者招待会。国家林业局局长王志宝等就有关林业问题介绍了情况，并回答了中外记者的提问，指出今年特大洪灾后中国政府把加强林业建设作为改善生态环境和防御旱涝等自然灾害的根本措施并提出了明确要求，今后一个时期中国林业将按照现代林业思想和分类经营原则，逐步建立比较完备的林业生态体系和比较发达的林业产业体系。

17日　国家林业局副局长李昌鉴在北京会见了欧立杰副州长率领的美国爱达荷州政府代表团。李昌鉴向客人介绍了中国的林业建设情况，并表示希望进一步加强中国林业部门与爱达荷州间的友好合作关系。

23日 国家林业局在北京召开纪念刘少奇同志诞辰100周年座谈会，缅怀刘少奇同志对我国林业建设的重大贡献。

24日 合肥江淮汽车有限公司向林业生态建设捐款签字仪式在北京举行。江淮汽车公司总经理左延安在签字仪式上郑重承诺：从1998年10月1日起，10年内公司每卖出一辆"JAC"江淮轻型卡车，捐助100元交国家林业局用于林业生态环境建设。全国人大常委会副委员长布赫、国家林业局局长王志宝等出席签字仪式。

26日 国家林业局在北京召开"三北"防护林体系工程建设20周年座谈会。会议总结了"三北"防护林体系工程建设20年来取得的成就，并就下步工作进行了具体部署。原中共中央政治局常委宋平出席会议并发表重要讲话，全国政协副主席赵南起出席会议。

12月

6～9日 全国森林病虫害防治工作座谈会在广州召开。会议总结交流了1998年的工作经验，并对1999年及今后一个时期的森林病虫害防治工作作了具体部署。

17日 国家林业局举行纪念党的十一届三中全会召开20周年座谈会，畅谈党的十一届三中全会的历史功绩、成就和伟大意义，回顾了林业建设20年取得的成就和经验。 （涂先喜）

林业重要会议

【全国森林防火工作电视电话会议】 3月30日，国务院召开了全国森林防火工作电视电话会议。国务院副秘书长马凯主持会议。中共中央政治局委员、书记处书记、国务院副总理温家宝作了重要讲话。国家林业局局长王志宝通报了1997年全国森林防火工作情况和1998年森林防火形势、部署安排了1998年森林防火工作。内蒙古自治区副主席傅守正、云南省副省长黄炳生作了重点发言。

温家宝副总理全面分析了1998年森林防火严峻形势，对做好1998年森林防火工作提出了三点要求：充分认识森林防火工作的艰巨性，狠抓各项措施落实，确保不发生大的火灾；全面提高森林防火综合能力，确保林区长治久安；加强领导，协同配合，使森林防火工作再上新台阶。

外交部、国家发展计划委员会、国家经济贸易委员会、科技部、信息产业部、农业部、卫生部、国家环保总局、国家民航总局、国家林业局、国家气象局、总参动员部、总参作战部、武警总部等单位和部门的领导参加了会议。 （刘 萌）

【全国绿化委员会第十七次全体（扩大）会议】 全国绿化委员会第十七次全体（扩大）会议于1998年4月7日、8日在北京召开。全国绿化委员会全体成员、各省（区、市）、各有关部门绿化委员会办公室主任及先进单位代表共150人参加了会议。会议由国务院副秘书长、全国绿化委员会副主任马凯主持。

会上，中共中央政治局委员、国务院副总理、全国绿化委员会主任温家宝作了重要讲话，充分肯定了近年来城乡绿化工作取得的巨大成绩，正确分析了当前国土绿化的形势，指明了下一阶段国土绿化工作要坚持的5项方针：①坚持全社会办林业、全民搞绿化。②坚持国土绿化的统一规划。③坚持依靠政策调动群众的积极性。④坚持依靠科技进步搞好国土绿化。⑤坚持依法保护和管理国土绿化。提出到2010年全国森林覆盖率要达到19%，城市绿化覆盖率达到35%的奋斗目标。指出了当前造林绿化工作要抓紧做好的几项工作。并要求各地方、各部门积极响应江泽民同志向全党、全国人民发出的再造秀美山川的伟大号召，抓住机遇，采取有利措施，扎实工作，全面推进国土绿化进程。全国绿化委员会副主任、国家林业局局长王志宝全面总结了1997年的绿化造林工作，部署了1998年要着力抓好的几项重点工作。首都绿化委员会、大连市人民政府、河南省绿化委员会、内蒙古自治区绿化委员会、中国石油天然气总公司绿化委员会作了典型发言。会议表彰了1996～1997年度全国造林绿化千佳村、百佳乡、百佳县、十佳城市和部门造林绿化400佳单位；表彰了1997年度全国绿化奖章获得者；授予山西、福建、湖南三省1987～1996年度全国人工造林成效突出省。全国绿委办公室城市组、部队组、种草组等9个单位进行了绿化经验交流。这次会议对于进一步推动各地、各部门绿化造林工作的深入开展，全面加快城乡绿化步伐，再造秀美山川，将发挥重要作用。 （杨淑艳）

【"三北"防护林体系建设20周年座谈会】 为了深入贯彻落实江泽民总书记关于生态建设的重要批示和党的十五届三中全会关于农业和农村工作若干重大问题的决定，继续大力推进"三北"防护林体系建设，改善我国的生态环境，促进经济社会的可持续发展，国家林业局于1998年11月26日在北京举行了"三北"防护林体系工程建设20周年座谈会，原中央政治局常委宋平和全国政协副主席赵南起以及国家计委、财政部等有关部委的领导、林业知名专家和基层单位的代表60多人参加了会议。赤峰市、朝阳市、临汾地区、延安市宝塔区的代表介绍了经验，李昌鉴副局长主持了会议，宋平同志和王志宝局长作了重要讲话。

宋平同志指出，“三北”防护林体系建设，充分反映了“三北”地区人民的强烈愿望，推动了“三北”地区经济发展和社会全面进步，创造和积累了丰富的经验，探索出一条具有中国特色的林业生态建设道路。这既是一笔十分宝贵的物质财富，也是一笔十分宝贵的精神财富。“三北”防护林工程建设中体现出的自力更生，艰苦奋斗，不畏艰难，顽强拼搏，团结协作，锲而不舍的精神，同伟大的抗洪精神一样，是中华民族优良传统与时代精神的凝聚和升华。要求坚持不懈地把“三北”防护林体系建设搞下去。

王志宝局长在充分肯定“三北”防护林体系建设成就，分析当前工作存在的问题的基础上，要求各地进一步加强组织领导，强化管理，突出重点，加大国家投资力度，确立国家投资的主体地位，在荒漠化土地扩展活跃区、水土流失严重地区、生态环境对区域经济发展影响较大的地区，有计划、有步骤、有重点、有规模地进行综合治理、综合开发，尽快扭转荒漠化土地扩大和水土流失加剧的局面，促进当地经济社会发展。

（熊善松）

【全国林业厅局长座谈会】 **1998年4月9日** 新改组的国家林业局在北京召开全国林业厅局长座谈会。国家林业局局长王志宝，副局长李育才、李昌鉴，局党组成员、中国林科院院长江泽慧，以及国家林业局机关各司局、有关直属单位的主要负责同志参加了会议。会议传达了温家宝副总理在宣布国家林业局领导班子时的重要讲话，对林业部改组为国家林业局的有关情况进行了通报，并就当前的重点林业工作做了部署安排。会议指出，在林业部改组为国家林业局的新形势下，各级林业部门一定要按照温家宝副总理的讲话要求，进一步振奋精神，团结一致，克服困难，开拓进取，保证林业战线的队伍不散，人心不乱，工作不间断，开创林业事业的新局面。王志宝局长代表局党组对当前需要集中精力抓好的重点工作作了安排：一是要在不放松面上造林和十大工程建设的同时，认真启动好六个新的生态治理项目。二是要积极稳妥地组织实施好重点国有林区天然林保护工程。三是要继续扎扎实实地抓好山区综合开发。四是要采取综合措施，强化森林资源保护管理。

1998年10月28～29日 国家林业局在北京再次召开全国林业厅局长座谈会。会议的主要任务是就当前的林业形势、发展思路和主要工作沟通思想，统一认识。国家林业局局长王志宝，副局长李育才、李昌鉴，局党组成员、中国林科院院长江泽慧，各省、自治区、直辖市的林业厅局长，东北、内蒙古四大森工（林业）集团的主要负责人，计划单列市和新疆生产建设兵团的林业局长以及国家林业局机关各司局和有关直属单位的负责人参加了会议。会议认真学习了党的十五届三中全会通过的《中共中央关于农业和农村工作若干重大问题的决定》，传达了中共中央、国务院关于灾后重建工作的若干意见和朱镕基总理视察鄂、赣、湘、渝、川五省（市）时关于“封山植树，退耕还林”工作的重要指示。王志宝局长在会上做了题为《统一思想，抓住机遇，坚定信心，全面开创新形势下林业建设的新局面》的重要讲话。讲话认真分析了当前林业工作面临的新形势，指出，一个全社会关心林业、重视林业、支持林业、狠抓林业的高潮正在逐步形成，林业工作的大环境、大气候、大形势比以往任何时候都有利，林业正面临着前所未有的发展机遇。讲话提出了新形势下林业工作的总体思路，即遵循现代林业的思想，按照建立比较完备的林业生态体系和比较发达的林业产业体系的目标，大力推进和深化林业分类经营改革，以此为突破口，促进整个林业的改革和发展。讲话要求围绕一方面抓森林资源管护，一方面抓森林资源发展这两个关键问题，突出抓好六个方面的工作。一是积极组织实施好天然林保护工程。二是认真抓好重点生态林业工程建设。三是坚决制止毁林开垦。四是大力加强商品林业建设和山区综合开发。五是切实加强林业法制工作。六是从对林业事业负责的大局出发，努力维护林业机构的稳定性和工作职能的完整性。（杨百瑾）

国际林业信息

【意大利山区开发建设】 意大利是以山地为主的国家。该国把山地作为重要的国土资源，在实施有效保护的前提下合理开发利用，在宏观引导、政策扶持、市场培育等方面的作法，对我国正在开展的山区综合开发工作有一定的借鉴作用。

意大利山区开发基本情况

意大利山区概况　意大利位于欧洲南部，国土总面积30.1万平方公里，其中山地占35%，丘陵占42%，平原占23%。总人口5641.1万人。全国现有农业用地1500万公顷，占国土总面积的50%。共有302万个农场，从业者500多万人，占意大利总人口的9%左右。主要农作物有谷类（玉米、小麦等）、豆类、蔬菜、经济林果和牧草等，1995年全国农业总产值151亿美元，占全国国民生产总值的3.8%，其中玉米、小麦等传统种植业占25%，果品生产占17%，畜牧业（含奶制品加工）占38.6%。全国森林总面积860万公顷，森林覆盖率为28.5%，其中90%为国有和公有。

山区产业产品结构　意大利陆地版图呈长条形，山区面积大，北部为阿尔卑斯山区，地势高，呈大陆性气候特征，大多为茂密的天然林，玉米、小麦等种植业比重低，畜牧养殖业发达，为苹果的主要产区，占意大利苹果总产量的80%以上，葡萄、樱桃等水果也有大量栽培；苹果保鲜加工技术先进，奶制品加工业发达，同时也是意大利主要的旅游场所，以冬季滑雪最为著名。亚平宁山脉呈南北走向，纵贯意大利中部。地势相对平缓，水果栽培以桃、杏为主，兼有梨、草莓、榛子等。南部山区受海洋影响大，呈地中海气候特征，夏季炎热干燥，树木稀少，玉米、小麦等种植业发达，水果栽培主要为柑橘类，包括柠檬、橙子等，油橄榄栽培也极为广泛。西西里岛由于其独特的自然及气候而成为四季皆宜的旅游观光胜地。

经过多年的开发建设，意大利山区已经形成较为发达的支柱产业，主要是林果业（含贮藏加工）、畜牧业（含奶制品加工）和旅游业，其主要产品系列有：①干、鲜果品系列。意大利拥有相对完善的冷藏技术和加工设备，产品包括鲜果（四季均可上市）、罐头及各种果酱、果汁、果茶、果脯等。②奶制品系列。欧洲奶制品市场需求量大，意大利畜牧养殖业相对发达，主要有各种鲜牛奶（含低脂肪牛奶）、酸奶、黄油、奶酪等系列产品。③葡萄酒系列。意大利果品栽培大多区域性较强，只有葡萄种植遍布整个国土（但仍以中北部居多），且品种繁多，加上欧洲传统的饮食习惯，葡萄酿酒历史悠久，种类齐全。④蔬菜、食用菌类制品系列。主要是各种鲜菜、番茄酱、各种食用菌类等。⑤食品加工系列。主要包括以小麦、玉米、豆类等为主的食品生产，如面粉、面包和数以百计的意大利面条（通心粉等）系列产品。

意大利山区开发建设的主要做法

坚持公众参与，因地制宜制定国土开发利用总体规划　山区开发以土地为本。意大利对国土开发利用规划极为重视，各级政府均设有办公室，负责规划的制定和归口管理，采取分级编制的方式，制订相应管辖区内长期的土地利用总体规划，规划一经各级议会审定批准即自动成为法律，任何人和经营组织不得擅自更改其用途。

这种规划由于在制订过程中，一是充分吸收了从议员到业务部门和工程师直至农户的多方面意见；二是从综合到各业务部门多次反复，突出强调了其综合和配套功能；三是上下结合，从宏观到微观，层层制定。从而使山区开发和山区经济发展具备了相对稳定的法律依据，保持了山区开发的正确方向和区域化合理布局，有力地保证了山区开发工作的连续性。

遵循市场规律，加强政策引导和宏观调控　意大利属欧盟成员国，山区开发和经济发展，接受以欧洲大市场为背景的欧盟的宏观调控和指导。

1. 调控和指导方式。主要表现在两大方面：一是主要农产品生产，如牛奶制品（黄油、奶酪等）生产、葡萄种植及酿酒、粮食种植等，要严格按欧盟制定的生产配额计划进行；二是在山区从事专业化种植和产品生产时，凡符合欧盟规定的，由欧盟提供资助和其他方面的支持。

2. 欧盟职能。根据欧盟成员国1957年达成的协议，欧盟的主要职能有以下几个方面：一是欧盟为统一的大市场，对内保持协调，对外保持一致，以提高各成员国在国际市场的地位和竞争力；二是各成员国从非欧盟国家进口的农产品都征收相同的关税，成员国之间同一农产品实行统一的最低收购保护价格，取消成员国之间海关，实行农产品自由贸易，同时鼓励消费成员国内产品；三是统筹安排对欧盟各成员国农业补贴的拨款额度，保持成员国均衡、协调发展，资助弱势国家或生产单位。

运作机制：每年欧盟都要召开多次会议，由各成员国农业部在一起讨论欧洲绿色食品市场的保护政策，确定从欧盟以外国家进口农产品的关税，进而根据市场需求变化，确定欧盟及各成员国生产的份额，确定主要农产品的最低收购价格，安排对各成员国的农业补贴额度。并通过欧盟简报，将农产品生产配额计划等以法规形式予以公布实施。对计划的执行，欧盟设有专职检察官在各成员国进行巡回检查监督，违者处以重罚（由生产经营者支付）。

政策演变过程：欧盟实行的农业政策经历了一个较长的演变过程，大致可以分为以下三个阶段：第一，主要是制定最低保护收购价，鼓励农民增产。对农民生产的农产品如牛奶、糖、油、玉米、小麦等，当产品富余，市场价格低于最低保护收购价时，由欧盟实行统一收购，目的旨在保护农民的利益，但却一度使欧盟80%的资金用于农产品的买断，造成资金困难；第二，主要是严格制定生产配额计划。实行对农用地休耕限产，对按配额生产而休耕的农民给予补贴，但这种单纯的补贴政策却助长了农民的依赖性和惰性；第三，欧盟的政策特点正在向进一步降低农产品最低收购保护价，取消单纯补贴，并给予一定的生产经营自由，鼓励农民向比较优势明显的产业、产品转产的方向发展。现阶段，欧盟的宏观调控和指导主要表现在：资金的投入主要用于鼓励农业现代化，调整农产品结构和山区经济结构，稳定山区人口和山区农民收入，保护生态环境等方面。如为了吸引居民留在山区，开发建设山区，监督或防止水土流失，并使山区资源得到合理利用，欧盟实施了一个为期10年的援助计划，给予山区农民每年每公顷60万里拉（约3320元）的无偿补助。

3. 注意联系国情。意大利国家和地方政府在贯彻执行欧盟农业政策的同时，从本国的国情出发，对山区经济发展制定了进一步的优惠政策，对山区采取较高比例的财政上交返还政策，特别是自治省返还90%。意大利南方山区，由于受地中海气候等多方面的影响，经济发展一直较为缓慢，对此，国家于80年代中期，单独设立了“援助南方发展基金”，专项用于扶持南方山区的发展。在扶持山区发展支柱产业和农产品加工、稳定山区人口等方面，意大利国家和各级地方政府也制定了一系列优惠政策。博尔扎诺省规定：山区和城市间人口禁止相互建房定居，鼓励在各自区域内保持各自的传统和有序发展。

欧盟、意大利国家和地方政府在研究制订山区经济政策时，其主要依据和出发点：一是着眼于保护自然环境，维护生态平衡，使人类与自然协调相处，以山区治理为前提，努力寻求环境与经济的协调发展；二是着眼于山区农民的经济收入和生活水平能得以不断提高，以欧洲大市场为导向，以高效益为原则，鼓励发展各具特色的优势产业，千方百计稳定或提高农民收入，努力缩小城乡差距，使山区农民安居乐业，保持社会稳定。这样做，既减轻了城市人口和城市发展的压力，又保持了山区农民的传统文化，保护了山区的生态环境。进而达到了治理山区、建设山区、稳定山区的目的，促进了山区与城市、山区与全国的协调发展。

以保护生态环境为前提，开展山区经济建设

1. 加强立法和导向。意大利国家和大区（自治省）早在六七十年代就明确立法规定：森林的主要功能是保持水土和防治各种自然灾害，而不是木材的直接产出；在此基础上，又进一步制定了关于严格限制木材采伐和森林开发的若干法律规定，把发展林业，控制森林资源消长平衡、加强塌方、滑坡、泥石流等灾害监控治理放在第一位。为平衡国内市场需求，意大利国家不惜耗费巨额外汇进口大量木材，现每年进口木材3200万立方米左右，占国内市场的80%，位居意大利进口物资的第三位。

2. 提供资金支持。欧盟、意大利国家和地方政府将灾害治理、环境保护和林业发展纳入各级财政优先予以保证，特别是营造生态防护林。同时对按规定允许采伐的木材，对木材销售也只征收2%～4%的税收（葡萄酿酒征收20%的税收），允许其将所得利润的大部返还于林业，实行优惠的税率政策。

3. 严格执法和管理。意大利各级林业主管部门的职责，主要是保护和监督两个方面，核心是保持森林覆盖率的增长或稳定和护林防火。对山区开发中凡不符合环保和林业有关法律、规划和计划的任何经营活动，包括对山区农民建房的选址等，可实行“一票否决制”；对违反规定乱砍滥伐者，处以2倍以上的罚款，造成山体滑坡等严重后果的还将受到刑事处分。

以上措施的实施，不仅使意大利山区保持了较高的森林覆盖率，生态环境得到持续优化，为全国的生态环境治理打下了基础；同时为发展山区支柱产业——旅游业创造了良好的条件和优美的环境。而山区开发和经济发展又为山区治理提供了较强的经济基础，使山区有条件进一步对森林实行休养生息，达到环境的进一步优化。

把加强基础设施建设和完善社会化服务作为山区开发重要的基础条件　基础设施和公用设施建设是意大利国家和各级地方政府体现其职能的主要方面。博尔扎诺省山区农户的路、水、电、气、通讯等基础和公用设施建设，由各级政府财政负责提供80%～90%的建设费用。其中，道路基本上由各级政府负责建设，水、电、气等农户需交纳一定的费用，并实行相对较低的有偿服务。可以说，意大利山区开发真正做到了基础先行，基地建在哪里，农户生活在哪里，路、水、电、邮就通到哪里。

强化社会化服务，是意大利各级政府为经济工作服务的重要表现。包括政府投资建学校和医院，免费接送山区农户小孩上学，资助当地商会为农户生产的农产品无偿作广告宣传，资助院校为农民举办各种技术培训，资助设立各种技术咨询中心开展信息和技术服务，以及设立专门机构或（专人）为果品、农作物和畜牧养殖无偿进行病虫害检疫和防治等等，形成了较为完善的社会化服务体系。以博尔扎诺省为例，该省共有11 500农户从事畜牧养殖业，其中有8.5万头奶牛，分布在该省海拔1000米以上的山区，山区农民送奶卖奶比较困难。为此，政府在各山区设立了1000个左右的二级牛奶加工中心站，该站的职责一是对鲜牛奶进行初步的加工处理；二是派出专车负责从各农户手中收购鲜牛奶，收购牛奶的费用由政府承担80%左右，解决了农民卖奶难的问题，有效地保护了农民饲养奶牛的积极性，促进了山区畜牧养殖业的发展。

实行优惠政策，扶持山区各具特色的支柱产业和农产品加工业 对符合山区实际，利用优势资源的支柱产业如果品和农产品加工业，意大利国家和地方政府根据项目的性质和规模分别实行两大种类的优惠政策：一种是由政府提供无偿和有偿（长期低息贷款）资助的方式；另一种是实行政府参与制，积极扶持其发展。在扶持对象上，主要是生产农户和加工合作社两个层次。

1. 支持生产农户建设规模化种植或养殖基地。基地是发展山区支柱产业的基础和前提，为此，意大利国家每年大量进口各种食品（居意大利进口物资的首位），支持山区建设具有优势的大规模的苹果、葡萄等种植基地；目前仅博尔扎诺省的苹果产量已达到800万吨，占全意大利和欧洲市场的80%和10%，充分发挥了规模效益的作用。为扶持畜牧养殖业发展，政府无偿资助15%～30%的费用支持农户修建牛舍和购买奶牛以及机械设备等。

发展山区旅游业，是意大利国家和地方政府支持发展山区经济的一条重要途径。为使旅游业的发展带动山区千家万户农民致富，意大利国家规定，政府可有偿（长期低息）提供35%～45%房屋建设费用（含内部装修），鼓励当地农户修建房屋出租单元住房以发展旅游业，同时限制旅游宾馆（特别是高档宾馆）的建设，从而既发展了旅游业，又使当地农户改善了住房等生活条件，还增加了经济收入，博尔扎诺省山区农户靠出租单元住房的收入占其总收入的30%左右，每年平均达1万美元以上。

2. 鼓励各类合作社发展果品和农产品加工业。对当地农户自愿联合兴办各种果品和农产品加工合作社，政府实行无偿资助的方式予以积极鼓励。在北部特论托省苹果保鲜冷藏加工合作社和南部萨莱诺大区的蔬菜水果保鲜冷藏合作社（分别由800个当地小农户和10个当地大农户自愿组成），政府提供40%～50%无偿资助的方式，支持合作社购买保鲜冷藏加工设备和建设厂房（但要求该合作社的生产方向不变，否则收回该部分投资）。从而使合作社对苹果和蔬菜进行分级冷藏保鲜和加工，使苹果和蔬菜的保鲜期分别达到8个月和1个月以上，延长了山区鲜果类产品的市场供给期，增加了农民的收益。

拉瓦罗内市位于阿尔卑斯山区，平均海拔1200米左右，森林茂密，环境优美，气候条件适合发展冬季滑雪。当地农户有建设滑雪场的愿望（申请），政府鉴于该项目一次性设备（索道等）和建设费用庞大，农民无力承担，而项目对当地服务行业的带动较大，市里决定采取政府参与制的方式，投资51%的建设费用，与农户共同兴建滑雪场，建成后交给农户经营，政府只起督导作用，所得利润按资本结构分成。目前冬季滑雪已发展成为拉瓦罗内市的主要支柱产业，并带动了当地旅馆、餐饮等服务行业的蓬勃发展。

各种合作社组织成为山区开发和经济发展的有效组织载体 意大利的农场规模一般比较小，平均仅为8公顷，其中81%的农场规模在5公顷以下，有的农户不足1公顷，不利于专业化生产和规模经营。为此，意大利各级政府采取支持各中小农场主自愿联合的政策，鼓励发展各种形式的合作社，通过联合来扩大生产规模，提高集约经营水平，对山区农产品实行种植、收获、分级包装、贮藏、加工、运输、销售等一体化经营。

在意大利北部有一个Cova水果合作社，该合作社于1980年由当地几个种植苹果的小农户迫于市场压力自愿联合成立，旨在通过保鲜和加工提高其苹果产品的市场竞争力；政府及时地加以支持和引导，给予40%（占建设费用）的长期低息贷款作为合作社的生产和发展基金，用于购买保鲜、冷藏加工设备和厂房建设。通过16年的努力，合作社得到不断发展壮大，现拥有会员380个（农户），农户苹果种植面积300公顷，一套全自动化的分级筛选设备，一个包装加工车间和保鲜冷库，年生产和贮藏能力各1万吨左右，拥有固定资产1300万美元，产品畅销国内和欧洲市场。

该合作社成员既是股东、又是供货者，会员除在加入时，一次性交纳一定数量（1500万里拉/公顷）的会员费外，不直接介入合作社的任何生产经营活动，而是从中选出15名董事，组成董事会主持合作社全局大事和每年计划（董事没有报酬），同时从中聘请懂经营、会管理的人员和各方面有一定技术专长的人员作为合作社经理和生产技术人员，负责合作社的具体生产和经营（苹果收获旺季再雇用临时工）。合作社扣除各种正常开支（工资等），利润按农户供货的数量和质量全部返还农户。

意大利山区的各种"合作社"组织具有如下的共同特点：一是在运作和管理机制上，由农户自发组织形成，农户有加入和退出的自由，政府只起鼓励和引导作用，没有行政干预，不强制实行，真正尊重农民的自愿和创造性；合作社与农户之间是紧密的分工合作关系，农户负责种植和供货，合作社负责贮藏等各种专业化加工和产品销售；合作社的最高决策机构是从会员中选出的董事会，具体管理和经营生产人员实行聘任制。二是在利益分配形式和合作社性质上，合作社属民间组织，而不是自负盈亏的独立企业，合作社所得利润全部返还给会员（农户）；董事会成员不拿报酬，聘任的管理和生产人员由合作社支付工资，不参与利润分配。三是在合作社资金构成上，除会员交纳的会员费外，得到各地政府的大力支持。有的是政府给予长期低息贷款，有的是政府给予一定的无偿投入，有的是政府根据其愿意建好厂房，购置设备后租赁给合作社使用等。同时，政府还通过其资助的科研技术推广部门和商会等为各合作社无偿提供技术和广告宣传等服务。

意大利从50年代末开始出现合作社组织，发展到现在，全国已达上百万个，展现出旺盛的生命力，从合作社得以生存、发展的机理和在山区经济中所起的作用来看，这种“合作社”组织，按“自愿、平等”的原则将山区广大农民用利益为纽带组织起来，通过积聚资金、改良设备、重组规模，实现了对各种农产品的专业化、规模化生产，解决了山区农户分散经营和专业化加工的矛盾，架起了小型农场主通往大市场的桥梁，抵御了市场经济对小规模生产的风险，提高了产品的质量和市场竞争力，使各种农产品得到不断的加工增值，既提高了山区劳动生产率和农业生产力，又增加了农民的经济收入，成为意大利山区开发中产业化经营的一种有效的中介组织载体。

注重以科技提高山区开发的起点和水平

1. 采取有效的政策予以引导。意大利国家和地方政府积极鼓励在山区开发中大量利用现代工业技术和实用技术研究成果。如在果品生产和小麦等种植业上采用提供80%费用的方式支持水果和农作物品种的更新换代；在加工设备上采用提供部分无偿或长期低息贷款的方法支持进行设备更新和技术改造等等，这些都使科技进步有了可靠的载体，优良的品种、先进的加工技术和较为完善的自动化流水线生产设备，极大地提高了意大利山区资源综合利用的层次和水平。

2. 大力开展应用性技术研究。主要是政府资助国有和省有等各类科研院所（中心），积极开展应用性科技研究，为山区开发储备了大量的科研成果和应用技术。这些科研单位在科研选题和立项等方面都坚持从生产中来，到生产中去的原则，当地农民和用户也可直接到上述科研单位提出科研选项的建议和要求，只要建议合理，既符合市场需求，又结合生产实践，科研单位即予以立项，政府积极给予资金扶持。比如博尔扎诺省的Laimburg水果实验中心，每年靠政府提供该中心40%～50%的经费，从事苹果冷藏保鲜技术和苹果无污染栽培技术等方面的研究，研究的成果一方面无偿提供给该省的技术推广部门加以推广应用，另一方面在该中心的实验地（在全省设有分部）中直接应用，以应用的实际成效示范和带动当地农户。

3. 建立稳定的推广队伍。意大利各地在山区开发中，都以各种资助形式包括技术成果的无偿转让，建设有一支相对稳定的面向生产第一线的技术推广队伍，如各种技术中心、咨询公司等，政府则设有办公室或专人负责管理和协调此类工作，为农场主提供较为完善的信息和技术服务。博尔扎诺省在各地设立了30个各类私人咨询公司，直接对当地农户开展各类技术推广、咨询服务等工作。

4. 加强普及和职业教育，提高全民素质和劳动者的生产技能。意大利分普及或职业教育和高等教育两大类。国家法律规定，全民实行8年的必须教育或普及教育（类似于我国的小学和初中）。在此基础上，国家对就业前和职业教育及培训作出了许多规定，如特伦托省规定，全省所有的农村青少年和小农场主必须在有关的院校中通过3年的就业前职业教育，否则该农户的任何生产经营，各级政府不给予资助和支持。博尔扎诺省规定，任何经营水果种植的农场主和公司的管理人员，必须经过3年以上的相关职业培训。

启示和建议

1. 加强政策引导和调控，指导和扶持山区开发。建议国家适时出台关于我国山区综合开发的若干政策和措施，同时，加强地方性法规和政策制订工作。通过一整套较为完善的法规政策，保持我国山区综合开发的合理方向，引导和处理好发展山区支柱产业和增加农民收入关系，全面加快我国山区综合开发的步伐，改变山区相对贫困落后的面貌。

2. 以山区治理为前提，治理和开发相结合。山区综合开发必须坚持可持续发展的指导思想，以治理保开发，以开发促治理。建议中央和各级地方财政增加对治理水土流失、防治荒漠化和营造各种生态防护林的投入；并实行长期优惠政策，积极扶持林业发展，充分发挥林业在山区生态环境和可持续发展中的主体和基础作用。

3. 发扬自力更生，艰苦创业的精神。我国山区地大面广，从我国社会主义初级阶段的国情国力出发，仅仅靠国家的投入是远远不够的。山区广大群众是山区综合开发的主体，要注意把山区广大干部群众治理山区、建设山区的积极性引导好、发挥好，使地方和群众通过山区综合开发得到实惠，又进一步积累开发的条件，推进山区开发不断向纵深发展。

4. 突出综合性和配套性，做到整体推进。山区综合开发必须坚持“治水、植树、修路、办电”等为基本内容，山、水、田、林、路、电综合治理和开发，基础设施建设和产业开发相配套；把山区综合开发纳入各级国民经济和社会发展计划以及农村经济发展的大盘中，合理定位，并与相关行业的规划相衔接，做到同步和协调发展。

5. 加大山区综合开发扶持力度。各级政府要增加对山区综合开发的扶持力度，逐步完善严重制约我国山区经济发展的基础设施建设。建议中央适当增加国家预算内投资和以工代赈对山区特别是贫困山区、少数民族聚居山区基础设施和山区治理的投入力度。继续实行专项贴息贷款政策。不断加大贷款额度，区别不同地区，不同情况适当放宽贷款条件、降低贷款利率、延长贷款期限，并对有市场、具有适度规模、发挥当地资源优势的龙头企业和项目加大扶持力度。

6. 加强对山区综合开发的领导、协调和服务。国家有关部委要充分发挥各自的职能，实行齐抓共管，加强资金和项目管理，坚持计划的严肃性，突出项目的效益性，形成整体合力；省级要有权威性的机构来加强对山区综合开发的领导和协调。加强地方性法律政策的制订工作，切实落实地方配套资金。山区综合开发的基点和主要责任在县级，各山区示范县对山区综合开发要实行"一把手"工程，做到全面规划，认真实施，带领山区广大群众扎实苦干；同时加强对山区综合开发的产前、产中、产后服务，保障我国的山区综合开发沿着健康的轨道顺利发展。

7. 切实贯彻"科技兴山"的方针和措施。进一步做好人才培训和技术引进工作，提高我国山区综合开发的起点；以建设一支直接面向生产第一线的科技和推广队伍为重点，按照社会主义市场经济要求，在稳定国家必要投入的前提下，允许科研和科技推广单位开展适当的有偿服务，允许其拥有或不断扩大科技试验基地，并通过基地生产的产品销售收入，增加各单位的自我创收能力和自我发展能力。同时，通过广播、电视、大专院校培训等方式和手段，提高山区农民特别是青年农民的素质和技术水平。

8. 发挥山区综合开发示范的功能和作用。各地现有的全国山区综合开发示范县要进一步增强责任感和紧迫感，积极探路子、出经验、做榜样，辐射和带动周边地区的山区综合开发；中央和各省要认真总结示范工作的经验，努力探索出一条符合我国国情和山区实际的山区综合开发道路。 （姚昌恬 高广文）

【国外人工林及人工林业的新进展】

国外人工林发展态势 随着全球经济的迅速成长，一方面国际市场对林产品需求攀升，另一方面天然林保护的呼声高涨，天然林供材压力加大，使得人们的目光更多的转向了人工林（Plantation forest）。近年来，一些国际组织和许多国家的政府，都对发展人工林以弥补天然林供材缺口表示出了较大的热情。1995年在芬兰召开的第二十届国际林联大会，1997年在土耳其召开的第十一届世界林业大会，不论是科学家还是政府官员，都对人工林的发展现状和前景表示了极大的关注。1999年5月联合国粮农组织（FAO）公布的全球最新森林状况报告，亦用专门章节讨论了人工林问题。

最新公布的报告显示，全球森林资源依旧是入不敷出，1990～1995年间，世界森林面积净损失5630万公顷，相当于一个法国的面积大小。截至1995年，包括天然林和人工林在内的世界森林面积为34.54亿公顷，用陆地总面积（不包括格陵兰岛和南极洲）一除，我们所在星球的森林覆盖率仅为26.6%，这是令人担忧的。

值得人们高兴的是，近20年来，世界人工林面积仍在不断的增加，FAO报告认为，这一趋势将持续到下世纪。许多国家制订了长期的造林计划，主要有阿根廷、巴西、中国、智利、越南、印度、印度尼西亚、摩洛哥、泰国和乌拉圭等国家。虽然人们无法得到有关发达国家人工林面积的确切数字，据FAO1999年公布的世界森林状况报告估计，发达国家的人工林面积约为6000万公顷，其中欧洲国家近占一半，约有2900万公顷。在发达国家中，处于前五位的国家是：俄罗斯（1700万公顷）、美国（1300万公顷）、日本（1000万公顷）、新西兰（150万公顷）和澳大利亚（100万公顷）。发达国家的人工林并非都是商品人工林或工业人工林，还包括了较多的生态防护林，诸如水土保持林、防风林、护岸林等。

在保护和发展森林资源的努力中，尽管许多发展中国家是心有余而力不足，作为地球大家庭的一员，仍积极地承担起了保护和发展森林资源的使命与责任，一方面减少天然林的采伐量，另一方面大力营造人工林，取得的成效十分显著。据FAO公布的数据，发展中国家的人工林面积，已由1980年的4000万公顷增加到1995年的8000万公顷，翻了一番，这当中，中国的贡献尤为突出。到1995年，发展中国家人工林总面积约为8100万公顷，其中75%以上是亚太地区国家所为，另有15%为拉丁美洲国家所拥有，余下10%分布在非洲国家。中国和印度的人工林面积均超过2000万公顷，名列前茅，印度尼西亚、巴西、越南、韩国和智利等人工林大国均拥有超过100万公顷的人工林。

就世界人工林的树种组成而言，FAO1999年最新报告称，世界上约有57%的人工林栽植的是阔叶树种，针叶树种栽植面积约为43%。在针叶树种中，松树占有61%的比例。在阔叶树种中，桉树占30%，金合欢占12%，柚木占7%。

值得注意的是，非传统的用材树种加入到了木材及木质纤维的队伍中来，并且保持了较高的发展速度。橡胶、椰子、油棕和香蕉等经济林木提供木材和纤维的份额明显增长，但这部分人工林主要集中在亚洲和大洋洲，其中以印度尼西亚、菲律宾、马来西亚、印度、泰国和中国为主。

在一些国家中，人工林产量在工业木材供应量中已经占有很大比重，例如，1997年新西兰99%的工业原木是由人工林生产提供，智利为80%，巴西为62%，赞比亚为50%。与天然林相比，人工林的供材潜力优势明显，FAO1999年报告认为，到2010年，如果保持现今的毁林和造林水平，估计人工林供材的潜在能力，在亚洲、大洋洲和拉丁美洲将占供材量的40%左右，在非洲将占15%左右。世界上许多国家大力发展人工林的另一个十分重要的目的，就是通过缓解天然林的供材压力以保护天然林。马来西亚是热带林大国，天然林资源十分丰富，尽管如此，马来西亚政府仍在其第七个国家发展计划中制定了人工林发展计划，发展人工林的三大目标之一，就是希望通过提高集中的人工林供材能力，以减少对热带天然林的破坏压力。新西兰也采用了类似的战略，所不同的是，新西兰早在本世纪初就开始策划、实施该战略，并且成效显著。

新西兰人工林事业的成功标志，是新西兰用占国土面积5%的林地和退耕地发展人工林，生产并满足了新西兰99%的工业材需求，并使人工林产业成为新西兰国民经济的两大支柱产业之一。新西兰的人工林事业始于1870年，旨在保护有限天然林资源，提高人工林供材能力，弥补天然林材的需求缺口。本世纪20年代，新西兰的人工林事业进入了第一个兴盛期，短短10来年的时间，人工林面积由1925年的2.6万公顷增加至1936年32万公顷。到本世纪60年代，新西兰政府认识到，人工林将是国家出口型经济的重要支柱产业，极大地推动了新西兰人工林事业的迅速发展。进入90年代后，新西兰政府实施了新的林业税收政策，使其人工林事业进入了第三个高速发展时期，使新西兰的人工林面积增加至目前的150万公顷，创造了被世人誉为“新西兰模式”的人工林奇迹。

人工林业的新动向　从90年代初开始，国际林学界对人工林业（Plantation Forestry）的提法、概念和内涵等问题十分关注。到目前为止，人工林业已成为近年来许多相关综述性论文讨论的热点问题。

尽管对人工林业的定义还未达成广泛的一致，但对人工林业的理解是基本共同的，即人工林业是以商品材生产为目的，要求相对高水平的资源投入，并逐步向生产力高、距加工企业近、运输费用最低、技术水平最高的立地上集中，具有规模经济和较高加工附加值特征的林业经营模式。人们把以木材生产为主要目的，实现生物可持续性经营的人工林业称为简单人工林业生产系统。复杂的人工林业生产系统的经营目标则更为宽广，在生物可持续经营的基础上，还包括环境的可持续经营。

目前这方面的讨论主要集中在三个方面，一是对造林的环境代价和效益的广泛讨论，包括如何在天然林资源日益减少的情况下满足不断增长的人口对木材产品需求的迫切性问题和如何减少人工造林对环境的负面影响问题；二是关于人工林业的生物可持续性的讨论，针对以纯林形式经营的人工林业存在的问题，人们认为，在大多数情况下，只要实施良好的经营措施，以木材收获量为指标的人工林生物可持续性是能够实现的；三是对以人工混交林的可行性、优越性以及不利因素的研究为中心的人工林经营模式的讨论，基本观点是，混交林是提高人工林可持续性的重要手段之一。

关于人工林业的发展前景，一种较为大家所认同的观点是，人工林业的成功离不开有效的研究、开发和经营，离不开技术的革新与进步，同时还离不开公众对可持续性原则的认识和遵循。人工林目标和实践具有广阔的社会和经济基础的地方，人工林业的可持续性将得到提高，投资效益将得到完全实现。

展望人工林和人工林业的未来，在实现人工林业有益于社会的巨大潜力的过程中，人工林所有者、经营者和科学家面临的主要挑战之一是，修正“根深蒂固的单纯林培育”的狭隘意识，广义理解人工林的目标和实践。依靠现有各种条件下人工林和其它林业经营活动的大量经验和信息，人们完全有能力实现这一点，即在下一世纪实现人工林业生物和环境两个目标的可持续发展。　（李智勇）

【国外森林生态环境补偿费动向】　森林作为陆地最大的生态系统，对于维护生态平衡，促进社会经济的发展和人民生活水平的改善具有重要意义。随着社会经济发展水平的提高，社会和消费者对森林所提供的生态环境服务的需求更加旺盛，对保护、维护和改善生态环境的投入意愿和支付意愿也更为主动。在市场经济条件下，经济手段在促进森林资源培育与生态环境保护与发展中所发挥的作用日趋重要，森林生态环境补偿作为一种重要的经济手段为世界各国和地区政府所采用，并引起国际社会的广泛关注。

国际社会和各国政府对森林生态补偿问题十分关注。1972年联合国《人类环境宣言》指出：“应筹集资金来维护和改善环境，其中照顾到发展中国家的情况和特殊性，照顾到他们由于在发展计划中列入环境保护项目而需要的任何费用，以及应他们的请求而供给额外的国际技术和财政援助的需要”。1991年“发展中国家环境与发展部长级会议”《北京宣言》强调：“资金、技术援助和提供市场同确保国际社会为保护和发展森林而进行资金合作具有同等的重要意义。为此，国际社会应为绿化世界做出努力。”“为解决关系发展中国家切身利益的那些长期存在的而且迅速恶化的环境问题，应专门建立“绿化基金”，向发展中国家提供充足的、额外的资金援助。”1992“联合国环境与发展会议”通过的《关于森林问题的原则声明》中特别提出，森林补偿费对于保护森林资源来说，是一项重要的经济手段。

森林生态补偿费的理论基础在于森林资源存在的外部经济性，社会成本与私人成本不一致，通过征收税费或者补偿等经济转移支付手段，使森林培育与木材生产实现社会边际成本等于社会边际效益，私人边际成本等于私人边际效益，并且私人边际成本等于社会边际成本，从而实现森林资源的合理配置，解决森林资源的外部性问题。要实现森林资源补偿费的关键在于确定森林资源价值的大小，确定社会成本和私人成本之间的差异大小。环境与资源经济学界和林业经济学界对森林资源价值评估进行了有益的探讨，人们对森林资源核算的必要性与紧迫性认识，对价值核算理论基础的认知取得了比较明显的一致。

目前，国际上为大家基本认同，并具有一定可操作性的森林生态环境补偿费形式有以下几类：①征收碳税。森林资源具有储存碳的功能，根据国际或者国内有关二氧化碳的排放标准，需要超过规定标准向大气中排放二氧化碳的企业，则根据需要多排放二氧化碳的大小折算成碳的数量，把企业的一部分利润用于造林，所造林面积的大小取决于增加二氧化碳的排放的数量；同时，林业经营实体也可以把自己造林所固定的碳进行市场交换，并获得相应的收入，这种做法正在一些发达国家中试行，但在具体操作方面还存在一定的困难。一些国际组织也十分推崇这一做法。例如，寒温带森林每年可以储存400亿吨的二氧化碳，约占非海洋性吸收的二氧化碳的25%。为此，地球委员会计划在1999年开始运作、实行一项股份制的全球环境贸易制度，部分碳补充计划已在执行（伯里兹、哥斯达黎加、捷克、厄瓜多尔、巴拉圭、俄罗斯、乌干达和美国部分州）。②用其他商品贸易上获得的收入投向林业。如哥伦比亚将其出口欧盟的咖啡价格支持补偿收入投入可持续森林管理。③征收生物保护费。如哥斯达黎加把森林在保护生物多样性中所产生的收益用于林业生产。④征收森林砍伐费。如巴西和中非共和国的相关政策规定，凡是进行森林资源采伐的个人或者组织，均要对采伐森林所造成的环境损失进行补偿。⑤征收生态观光费。如哥斯达黎加、肯尼亚、泰国等国，强调森林生态系统具有很高的美学价值和生态旅游价值，所以到森林中进行生态旅游的人和团体要交纳一定数量的费用用于森林资源保护与培育。在泰国，森林生态旅游人员可以根据自己在森林中的享受、满足程度，向森林资源管理部门交纳一定数量的费用，多少不限，所筹集到的资金全部用于森林资源培育与保护。⑥债务—自然交易。许多发展中国外债负担沉重，作为解决国际债务的方式、方法之一，债务—自然交易是新兴的一种国际债务解决方法，银行及其债权人同意免除部分债务，主要用于森林资源或者其它环境方面的投资。⑦其他类型的森林生态环境补偿费。如哥斯达黎加、印度尼西亚、马达加斯加等国征收的科技旅游观光费；哥斯达黎加、巴西、印度尼西亚业等国征收的流域治理费；哥斯达黎加实行的贸易性造林信用贷款；哥斯达黎加、墨西哥实行的贸易性资源保存贷款；巴西部分州由政府出面对保护区给予财政支持。

（刘　璨）

索　引

二画

三画

四画

五画

六画

七画

八画

九画

十画

十四画以上

先进单位光荣榜

1. 全国人工造林成效突出省——山西省
2. 自治区级文明单位、民族团结进步模范单位
——新疆维吾尔自治区林业厅
3. 大兴安岭林区改革开放 20 年
4. 全国平原绿化先进单位
——河北省文安县林业局
5. 全国平原绿化先进单位——河北省曲周县
6. 全国平原绿化先进县——河北省景县
7. 全国平原绿化先进单位
——河北省衡水市桃城区
8. 全国绿化先进单位——青铜峡铝厂
9. 全国造林绿化先进单位——湖北省远安县
10. 全国造林绿化百佳县——河北省赞皇县
11. 全国花卉生产示范基地
——天津市花卉产业中心
12. 美丽的油城　可爱的家园
——吉林石油集团有限责任公司绿化掠影
13. 全国部门造林绿化 400 佳单位
——沈阳铁路局吉林铁路分局
14. 全国部门造林绿化 400 佳单位
——河南省南阳市公路管理局
15. 全国部门造林绿化 400 佳单位
——郑州市自来水总公司柿园水厂
16. 全国部门造林绿化 400 佳单位
——郑州煤炭工业(集团)有限责任公司供电处
17. 全国部门造林绿化 400 佳单位
——宝鸡有色金属加工厂
18. 园林式的厂区　花园化的环境
——江汉石油管理局水电厂
19. 广西壮族自治区经济效益先进单位
——广西国发林业造纸有限责任公司
20. 全国海防林体系建设先进县
——浙江省玉环县
21. 中国油茶　胡柚之乡——浙江省常山县
22. 云南省全民义务植树造林绿化先进单位
——禄劝彝族苗族自治县
23. 吉林省森林资源综合开发工程撷英
——永吉县林业局
24. 吉林省森林资源综合开发工程撷英
——黄泥河林业局
25. 吉林省森林资源综合开发工程撷英
——红石林业局
26. 吉林省森林资源综合开发工程撷英
——汪清林业局
27. 吉林省森林资源综合开发工程撷英
——珲春林业局
28. 吉林省森林防火先进单位——和龙林业局
29. 吉林省森林防火先进单位——白河林业局
30. 吉林省森林防火先进单位——露水河林业局
31. 吉林省森林防火先进单位——桦甸市林业局
32. 省级文明单位——图强林业局奋斗林场
33. 省级文明单位标兵——大兴安岭图强贮木场
34. 自治区级文明单位——新疆吉木萨尔林场
35. 河南省荒山造林先进单位——巩义市林业局
36. 云南省全民义务植树造林绿化先进单位
——沧源佤族自治县
37. 科技兴林示范县
——新疆维吾尔自治区莎车县
38. 发展中的满城林业
39. 蓬勃发展的赤城林业
40. 全国最大的冬枣生产基地——河北省黄骅市
41. 蓬勃发展的朔州市林业
42. 改革开放中发展壮大的广东省连山林场
43. 全国第一家最大私营野生动物园
——广州番禺香江野生动物世界
44. 欣欣向荣的清远林业
45. 山西省生态建设红旗县——安泽县
46. 山西省林业建设先进单位——晋城市林业局
47. 新疆维吾尔自治区野生动物保护协会
48. 前进中的天山西部林业局
49. 甘肃省自然保护野生动物管理局
50. 甘肃省造林绿化先进单位
——甘肃省林业勘察设计研究院
51. 甘肃省林业厅“三北”防护林建设局
52. 甘肃省林木种苗管理总站
53. 省级先进企业——黑龙江省绥棱林业局
54. 黑龙江省鹤立林业局
55. 黑龙江省东方红林业局
56. 黑龙江省亚布力林业局
57. 黑龙江省南岔林业局
58. 国家林业局驻大兴安岭林业集团公司森林资源监督专员办事处
59. 大兴安岭森林防火指挥中心
60. 森林保卫功勋之师——大兴安岭森警支队
61. 黑龙江大兴安岭地区公安局
62. 乌尔旗汉森林工业有限公司
63. 标兵贮木场——韩家园贮木场
64. 河北省重点果品生产基地——乐亭县
65. 发展中的陕西省林业科学院
66. 云南玉溪水松纸厂
67. 新乡平原人造板厂
68. 发展中的三门峡河洛中密度纤维板有限责任公司
69. 唐山天唐食品有限公司
70. 发展中的西峡林业
71. 山西省林业技工学校

全国人工

干果经济林工程——红枣

全省最大的林产工业企业——山西省森磊建业有限公司生产车间

山西省地处黄土高原，东依太行山，西傍吕梁山。建国初，全省森林覆盖率只有2.4%。新中国成立后，在历届省委、省政府的领导下，山西省不断深化林业改革，积极扩大对外开放，努力加强森林资源保护，致力于加快林业产业建设，全省林业发展步伐明显加快，成效十分突出，有林地面积达到313.3万公顷，森林覆盖率达到11.72%，活立木蓄积量达到8000万立方米，林业社会总产值达到52亿元；与此同时，全省建立了芦芽山、庞泉沟、历山等11处自然保护区，面积7200公顷，保护野生动物400多种；建立国家级和省级森林公园30处，面积38万公顷，最大限度地适应了人们

太行山绿化工程

管涔山天然林保护工程

长治市绿色通道工程

造林成效突出省
——山西省

热爱自然、回归自然的要求。1998 年，山西省获全国绿化委员会和国家林业局 1987~1996 年全国人工造林成效突出省称号。

摄影：尹福建

山西省林业厅厅长曹振声

山西省省鸟——褐马鸡

五台山森林公园

吕梁地区拍卖“四荒”造林工程

自治区级文明单位、民族团

——新

林业厅党委一班人(从左至右:朱马什副厅长、严效寿副书记、买买提·阿不都拉厅长、赵光寿书记、邵立山副厅长、刘仰嵩副厅长)

党的十一届三中全会以来,新疆维吾尔自治区林业厅认真贯彻落实“坚决保护、积极培育、合理利用、全面发展”的林业发展方针,经全区各族人民和林业战线广大干部群众的共同努力,全区在以农田林网化建设为重点的“三北”防护林体系建设、平原绿化、防治荒漠化等生态工程和山区森林保护与发展等方面都取得了长足进展。全区85%的农田得到了林网的有效保护,山区人工更新造林面积超过了总采伐面积,基本还清了历年更新欠帐,实现了森林面积和蓄积量的双增长。林业生态体系框架初步形成,绿洲抗御自然灾害的能力有所增强。全区经济林种植面积达到23.33万公顷,年产干鲜果品120万吨,产值20亿元左右,经济林已成为农村新的经济增长点。

多年来,自治区林业厅坚持物质文明建设与精神文明建设“两手抓、两手都要硬”的方针,全区林业行业先后有72个单位创建为县级以上文明单位、44个单位创建为县级以上民族团结模范单位。自治区林业厅机关1996年起被命名为“自治区级文明单位”,1997年荣获“自治区民族团结进步模范单位”称号。

山区人工更新造林地

农田防护林建设

阿尔泰山林区

结进步模范单位

疆维吾尔自治区林业厅

无花果

林业厅机关开展形式多样的文体活动

石榴

香梨

已郁闭的人工更新林

大兴安岭林区改革开

中共中央候补委员、地委书记、集团公司党委书记杜宇新和九届全国人大代表、行署专员、集团公司总经理杨喜军共商治区兴林大计

党的十一届三中全会以后，大兴安岭地委、行署、林管局率领林区54万人民，高举邓小平理论伟大旗帜，坚持改革开放，解放思想，更新观念，迎着林区经济危困和资源危机，以战严寒破禁区、艰苦奋斗为内涵的大兴安岭精神，英勇拼搏，开拓进取，进行了具有历史意义和现实意义的“第二次创业”。以改革总揽全局，坚持以保护资源为本，努力调整经济结构、产业结构，积极发展多种所有制经济，大力推进经济增长方式和经济增长点的根本转变，取得了物质文明和精神文明建设的丰硕成果，使大兴安岭林区发生了巨

多元经济初步形成，黄金产量突破10万两

林业产业对应市场发展，产业链不断扩大

煤炭生产自给有余，积极拓展外销

放 20 年

变。1998 年，全国国内生产总值达 38.5 亿元，比 1978 年增长 3.4 倍；人均国内生产总值由 1978 年的 834 元，增加到 1998 年的 7167 元；1978~1998 年，累计固定资产投资 68.5 亿元；城乡居民储蓄存款余额 45.7 亿元，比 1978 年增长 256.8 倍。1998 年，全区全面实施“天然林资源保护”工程，经济发展开始战略大转移。改革成果和天然林保护工程，为大兴安岭林区跨入下个世纪，奠定了坚实的基础。

昔日“高寒禁区”吃菜难，今日四季能吃上地产菜

山里人“玩”起股票，炒出了现代观念

旅游业兴起，北疆雪域吸引无数游人

中俄边贸开放，界江口岸过货

全国平原绿

——河北省文

县林业局局长高柏成

林业局领导班子成员

文安县位于海河下游，冀中平原，京九铁路、106国道贯穿全境，交通、通讯便利，土地面积10.3万公顷，人口40万人，林木覆盖率14.5%，有林地面积1.27万公顷，果树面积0.57万公顷，年产果品7万吨。文安县县委、县政府把植树造林作为振兴本县经济的重要途径，抓住首都周围绿化工程和“三北”防护林工程这一历史机遇，大力发展林业。1994年，被评为全国平原绿化先进单位。文安县有全国最大的胶合板市场——左各庄胶合板市场，共有厂家1258个，年产值19亿元，拥有全国一流的自动化生产线，生产细木工板、刨花板、贴面板、圆桌面、多层板等，产品畅销国内十几个省市，

路渠绿化

葡萄基地

化先进单位

安县林业局

左各庄胶合板市场成品库

并远销日本、韩国等国家。

1997 年 4 月文安县林业局成立以来，以局长高柏成为首的一班人，适应市场经济需求，在换脑筋、调思路；建机制、增动力；重创新、求突破上下功夫，使文安林业取得了突破性进展。1997 年被评为省文明执法单位，林业部两次工程验收均获第一名。1998 年被省林业厅评为“绿林杯”先进单位。

撰稿：张五彩

庭院绿化

农田林网

全国平原

——河

县委书记杨仲信（左）、副县长张东明（右一）、县林业局局长张书桐（右二）在植树现场

邯郸市曲周县是一个典型的平原农业县，总面积667平方千米，辖10个乡镇，342个行政村，总人口37万余人。曲周县宜林地资源丰富，除4.8万公顷耕地外，有村级以上道路709条，长1211千米；农渠以上河渠965条，长1476千米；各类荒废次地1506.7公顷。改革开放以来，该县随着农业结构调整和党的方针政策的落实，加大领导力度，调动广大群众植树造林的积极性，于1988年被林业部授予“全国平原绿化先进单位”。1997年以来，针对新形势下平原绿化工作中出现的“三难”(筹资难、植树难、管护难)，该县在省市林业部门的指导下，全面推行“四荒”使用权拍卖政策，出台了《关于实施农田路渠林网化，

路渠绿化拍卖会

育苗基地

曲周镇小河道村东风渠拍卖后一年绿化

绿化先进单位

北省曲周县

拍卖荒废地使用权的暂行规定》，成立了“四荒”拍卖工作领导小组，规范了拍卖程序，制定了统一的合同样本，明确了“两书两证(合同书、公证书、荒地使用证、林权证)抓拍卖，一档一图(林木档案、造林分布图)搞造林”的工作思路，截至 1998 年，全县共拍卖道路 636 条，长 1067 千米；河渠 787 条，长 1238 千米；各类荒废次地 708.8 公顷，签订拍卖合同 3260 份，拍卖资金总额 2930 万元；绿化路渠 866 条，长 1523 千米，绿化荒废地 688.8 公顷，新植补植农田林网 1.7 万公顷，植树规模、标准及成活保存情况大大好于往年。

撰稿：王洪光

副县长张东明

县林业局局长张书桐

硕果累累

农民正在栽植银杏树苗

全国平原绿化——河北

县长代国华

副县长车耀光

景县位于河北省东南部，全县有16个乡镇,848个行政村，总人口48万人,总面积11.8万公顷。

近几年来,景县县委、县政府,围绕平原绿化这一总体目标，以生态环境建设为主题，实施大框架绿化，高标准农田林网建设和小康林业建设“三大工程”,实现了方田林网化、道路绿林化、村庄密林化。全县植树总量达2000万株,林木蓄积量达40万立方米,林木覆盖率达到18%。全县经济林面积得到进一步发展,建立起面积为8110公顷的优质果品生产基地和面积为604公顷的优质桑蚕生产基地，林果桑总产值达3964万元。全县林木碧绿成洲、蚕茧洁白如银、水果香飘万里，鸟语花香,林茂粮丰。

大框架绿化

化先进县

省景县

景县林业局领导班子成员

景县拥有占地200公顷的国有苗圃场，该场深化经济体制改革，采用多方投资合股经营、集约管理等形式，建立起千亩优质苗木生产基地，该场年可向社会提供各种优质绿化苗木200万株，主要品种有：三倍体毛白杨、69杨、中林46、速生柳等速生绿化苗木。国家、省、市主管部门领导多次到场参观指导。该场1997、1998连续两年被评为河北省先进苗圃场。

撰稿：曹敬勇

硕果累累

三倍体毛白杨繁育基地

果粮间作

全国平原绿化先进单位

——河北省衡水市桃城区

区委常委、常务副区长肖振华（左二）和区林业局局长邢宝林（左三）向省林业厅领导汇报造林绿化工作

衡水市桃城区位于黑龙港流域，总面积5.9万公顷，人口39.9万人。到1998年底，全区有林地面积达1133公顷，"四旁"植树达1344万株，农田林网控制面积达3.31万公顷，占耕地面积的92.6%，林木覆盖率达16.1%，1990年被林业部授予全国平原绿化先进单位。

近年来，桃城区委、区政府始终把造林绿化作为改善生态环境和增加农民收入的一项重要工作，放在突出的位置来抓，1994年以来先后实施了以六条县级以上主干公路为主体的"窗口绿化工程"、"北环路林带工程"、"农田林网精品工程"及"京九绿色长廊工程"等一系列重点绿化工程，到1998年底，共建成高标准公路林带60千米、铁路林带34千米，公路、铁路高标准绿化率达95%以上；更新、改造农田林网1.07万公顷。桃城区已成为全省"窗口"绿化的典型，尤其是高标准、高质量的"京九绿色长廊工程"被确定为河北省林业厅厅长示范工程。桃城林业在农业增产、农民增收上正发挥着越来越重要的作用，一个绿化美化、富裕的新桃城正在冀东南大地上崛起！

区林业局局长邢宝林（右二）和副局长崔增泽（右一）、孙中培（左二）检查公路绿化情况

公路林带

农田林网

全国绿化先进单位

——青铜峡铝厂

青铜峡铝厂位于宁夏青铜峡市境内，是中国有色金属工业局直管的大型企业，占地569.3公顷。18年来，为改变生产和生活环境，全厂职工坚持不懈地开展义务植树活动，战胜风沙干旱和工业污染，在一片半荒漠土地上，营造成220.6公顷绿树成荫、三季有花的工厂区。共有乔木88.8万株，灌木150余万株，55个树种，绿化覆盖率达38.7%，人均有绿地214.7平方米。厂区生态环境明显改善。1992、1993年被评为自治区绿化先进单位。1991年和1996年被评为全国绿化先进单位。1996年被授予全国部门造林绿化400佳单位称号。

撰稿　摄影：吴志群

厂长周景琦（左一），厂党委书记刘孟祥（中），厂绿委主任、主管副厂长张建国

生活区绿化

花园式工厂一角

厂前区绿化

湖北省五大森工企业集团之一
——宜昌远林集团

全国造林绿化先进单位
——湖北省远安县

远安县位于湖北省西部，属湖北省38个山区县之一，全县总人口22万人，总面积17.47万公顷，山林面积13.4万公顷，俗称“八山半水一分田，半分道路和庭园”。远安县森林资源丰富，素有“小林海”之称，全县有林地面积11.6万公顷，活立木蓄积302万立方米，森林覆盖率65.41%。1991年全县实现绿化达标，被湖北省委、省政府授予“湖北省绿化达标第一县”荣誉称号，获全国绿化委员会、林业部、人事部“全国造林绿化先进单位”称号，并在造林绿化、护林防火、林业产业方面多次受到省、市表彰。

实现绿化达标后，县委、县政府领导和带领全县人民，全面贯彻湖北省人民政府关于实施林业“绿色致富工程”的决定精神，大力兴建“绿色致富工程”基地，大力推进林业产业化，加快林业两大体

封山育林

绿色的丰碑

远安县林业局局长张开祥

森林公安民警坚持每周一次理论、业务知识学习。中为林业公安分局局长王克平

远林集团的主导产品——宜林牌中密度纤维板

系建设，新建和培育各类基地近3.3万公顷，完成封山育林6万多公顷，于1997年组建了产值过亿元，利税过千万元的森工企业集团——宜昌远林集团。1998年，全县林业产值达到8861万元，占全县农业总产值的1/3，全县农民人均林业收入达467.57元，林业已成为全县经济发展的重要支柱产业。

远安县林业局　供稿

远安群山皆绿

全国造林绿化

——河北

副县长张万银

全国绿化奖章获得者、赞皇县林业局局长王志京

河北省赞皇县地处太行山中段东麓，是个山区县，国家重点扶持的贫困县。全县11个乡镇，22万人口，总面积12.1万公顷，其中耕地1.9万公顷，宜林山场7.7万公顷，地貌格局大体是“八山一滩一分田”。

长期以来，县委、县政府把发展林果业作为振兴山区经济、致富赞皇人民的支柱产业来抓，特别是1993年太行山绿化工程启动以来，县委、县政府立足资源优势，以大枣和核桃板栗基地建设为切入点，飞封造并举，造管护并重，多林种搭配，乔灌草结合，突出规模，综合治理，使全县造林绿化工作得到长足发展。全县累计新增林地面积2.3万公顷，森林覆盖率达到34.8%，有林地面积3.6万公顷，其中赞皇金丝大枣基地1.3万公顷，生态防护用材林1.4万公顷。全县年产干鲜果品3700万千克，育苗工作出现新突破，初步形成了以县苗圃场为骨干、群众性育苗蓬勃发展的育苗新格局，全县年育

①

百佳县

省赞皇县

苗200公顷，育苗优种率95%以上。林果加工业迅速崛起，以县林产品公司为依托的大枣加工千吨生产线建成投产，年加工大枣1200吨，可生产广式蜜枣、乌枣、酥枣等产品，并远销国内外，成为全县林果加工的龙头企业。全县人均林果纯收入430元，占人均纯收入的30%以上。赞皇县连续五年被评为全省太行山绿化先进单位，1998年被国务院列为全国山区综合开发示范县，被全国绿化委员会命名为全国造林绿化百佳县。

撰稿：张淑江

①赞皇大枣基地

②团结实干的赞皇县林业局一班人

③县苗圃场场长褚发朝等在观察核桃育苗情况

④县林产品总公司经理于进忠等在蜜枣加工厂指导工作

⑤驰名中外的赞皇金丝大枣

②

③

④

⑤

全国花卉生
——天津市花

天津市林业局局长、高级工程师张宝恕经常关心支持花卉业生产

花卉中心主任王如立为发展天津花卉勤勤恳恳工作

位于天津市外环线西 39 千米处的天津市花卉产业中心是集科研、示范、推广、生产、经营于一体的全市花卉业的龙头企业。1600 平方米的花卉组培楼和 2000 平方米的现代化温室成为天津市规模最大的花卉良种繁育基地。以天津市名优品牌“仙客来”为主的近百种盆栽

天津名牌产品
——仙客来

产示范基地
卉产业中心

花卉、鲜切花达到规模化生产。在津城具一定声望的花木租摆服务使用户有口皆碑，1998年收入达80余万元。中心承揽的社会园林绿化设计与施工1998年总经营额达到300万元。先进的生产设施和工艺技术及一批优秀的技术力量使花卉中心荣获“全国花卉先进企业”、“全国花卉生产示范基地”等多项荣誉。

创意：张步峰　摄影：姚小苓

花卉中心组培楼

花木组织培养室

花卉中心现代化温室

原吉林省委副书记、现吉林省政协主席张岳崎在集团公司领导陪同下视察矿区绿化情况

国家建设部领导称为"老区改造典范"的"全国优秀物业管理小区"——锦西小区

美丽的油城　可爱的家园

——吉林石油集团有限责任公司绿化掠影

吉林石油集团有限责任公司创建于1961年，现有职工6.7万人。勘探开发区域分布在吉林省20个市县(区)。年原油生产能力400万吨，在全国陆上21个油气田中位居第9位，在国家统计局最新公布的1996~1997年度全国1000家大中型企业排序中按资产总额居第60位，是一个大型石油天然气勘探开发联合企业。

中共中央宣传部确定的"全国创建文明城市示范点"、国家建设部命名的"全国优秀物业管理示范小区"——和平小区

空气清新、繁花似锦、环境幽雅的职工生活环境

全国绿化委员会命名的“全国部门造林绿化400佳单位”——长春采油厂

吉林省、中国石油天然气集团公司“优秀住宅小区”——化南小区

近年来,集团公司将环境绿化工作列为企业精神文明建设的重要组成部分,大力开展植树造林,绿化美化矿区活动,取得了丰硕成果。

集团公司多次被吉林省政府等有关部门评为“绿化工作先进单位”、“绿化标杆单位”、“造林绿化最佳部门”、“十年绿化吉林大地先进单位”等。所属单位长春采油厂和集团公司曾先后被全国绿化委员会命名为“全国部门造林绿化400佳单位”。居民住宅小区中,有18个小区被吉林省和中国石油天然气集团公司命名为“优秀物业管理小区”;有6个小区被国家建设部命名为“优秀物业管理小区”;和平小区被国家建设部命名为“全国优秀物业管理示范小区”,还被中共中央宣传部确定为“全国创建文明城市示范点”。

优美矿区环境的建设和完善,成为油田两个文明建设的最佳结合点,激发了石油工人热爱企业、无私奉献的工作热情和主人翁责任感。

撰稿:张心蕊　摄影:周昕林

绿草如茵、鲜花怒放、石油工人安居乐业

全国部门

——沈阳铁

吉林铁路分局绿化委员会副主任陈启华同志陪同全国人大检查团检查吉林铁路分局绿化工作

吉林铁路分局共负责土们岭、小姑家山场及长图、沈吉、拉滨等6条线路927千米，92个车站和住宅区的造林绿化、管护工作。现有山场有林面积6302公顷，林木蓄积量68万立方米，森林覆盖率为85.8%，建有3个苗木培育生产基地，年产苗木200万株，可出圃苗木100万株。

多年来，在沈阳铁路局和吉林市政府的正确领导下，从强化领导、健全制度、增强全民意识入手，采取“四个结合”，走科技兴林、以副养林之路，基本实现了绿化千里铁路、美化百个站区的既定目标。山场造林1500公顷，铁路沿线造林862千米，为沿线能造林地段的93.1%，建成标准林带215.5千米，标准区间28个，绿化

吉林铁路分局1996年被全国绿化委员会评为全国部门造林绿化400佳单位

吉林铁路分局办公大楼全景

造林绿化400佳单位

路局吉林铁路分局

达标车站70%，年均义务植树30万株，较好地完成了铁安里等4个标准化住宅小区的绿化配套工程，使线路林带标准化、山场造林混交化、站场庭院园林化的总体发展战略得到了逐步实施，为吉林分局的改革与发展和城市建设作出了积极贡献，先后荣获了全国部门造林绿化300佳、400佳单位、省十年绿化吉林大地先进单位、全路造林绿化100佳单位称号。

吉林铁路分局　供稿

吉林铁路分局1996年被吉林省人民政府评为十年绿化吉林大地先进单位

吉林铁路分局绿化办主任吴泽民同志同中国林科院专家共同研究落叶松无性系扦插科研项目

吉林铁路分局美化百个站场一角

吉林铁路分局铁路沿线绿色长廊

全国部门造林绿化400佳单位

——河南省南阳市公路管理局

南阳市公路局局长王洪泽

南阳市干线公路里程1886.4千米，大中桥611座26 790延米，专业化道班173个，是全省管养里程最多的地级市。近几年来，南阳市公路局按照省交通厅和省公路局提出的“畅、洁、绿、美”的公路交通环境总体目标，大力加强公路绿化工作，我们本着“因地制宜、因路制宜、适地适树”的原则，采取乔木与灌木结合、树木与花草结合、防护与观赏结合的标准，在资金异常紧张的情况下，先后筹资1165万元，种植冬青、塔柏、雪松、杨树等乔木77.67万株，种植女贞、黄杨等灌木167.48万丛，月季、菊花等21.57万株，砌筑花带235千米，1998年被全国绿化委员会评为“全国部门造林绿化400佳单位”。

撰稿：李红谦　王　雨　摄影：史云峰

豫01郑南线文明样板路一瞥

豫49方枣线路段景色

花丛掩映中的312国道

全国部门造林绿化400佳单位

——郑州市自来水总公司

柿园水厂

郑州市自来水总公司柿园水厂位于郑州市西侧的西流湖之滨，是郑州市的主要供水基地。建厂40余年来，该厂遵循“优质供水、绿化先行”的厂区绿化美化指导思想，坚持开展义务植树活动。目前，该厂7万多平方米的可绿化面积已全部绿化完毕，建花坛、花带70座，苗圃总面积5.1万平方米，绿篱2000多米，草坪4000平方米，共有花木品种100多个、10万余株，已初步形成产业规模，实现“以绿养绿”的目标。

近年来，该厂先后获得市绿化先进单位、发展市花十年先进单位，并被省、市政府命名为花园式工厂和省级文明单位。1997年被全国绿化委员会命名为全国部门造林绿化400佳单位。

把自来水厂建设得亮、绿、透、美，是厂领导班子始终不渝的心愿。图为该厂现任班子正在研究厂区绿化布局

撰稿：王　军　摄影：朱林风

厂区一角

进入厂区，仿佛步入了一座公园

绿树如盖，雪松参天，这是该厂常年组织职工义务植树的累累硕果。图为该厂大门一角

供电处全景

全国部门造林绿化400佳单位

——郑州煤炭工业(集团)有限责任公司供电处

全国绿化奖章获得者、供电处党委书记、处长杜填仓

郑煤集团供电处在1997年度全国绿化奖章获得者、党委书记、处长杜填仓同志为首的党政一班人带领下，自1993年以来通过实施园林绿化工程，建成了集花卉、盆景、奇石、雕塑、小桥、流水、凉亭、假山于一体的盆景花园，下属10座变电站也全部建成花园式变电站。全处绿化覆盖率达58%，人均绿地42平方米。1994年被授予郑州市花园式单位，河南省文明单位；1996年被煤炭部授予全国煤矿造林绿化40佳单位；1997年被全国绿化委员会授予全国部门造林绿化400佳单位。

供电处领导班子全体成员

供电处变电站

全国部门造林绿化 400 佳单位

宝鸡有色金属加工厂

钛城公园

厂区一角

宝鸡有色金属加工厂位于陕西省宝鸡市，是我国最大的以钛为主导产品的稀有金属加工材生产、科研基地，国家高新技术企业，主要产品包括钛、钨、钼、钽、铌、锆、铪、镍、钢及其合金板、带、箔、管、棒、线、型材、锻件、铸件、粉末冶金制品、复合材料及深加工产品(设备制造)。主导产品“宝鸡钛”广泛应用于航天、航空、化工、石油、电力、冶金、医药及海洋工程、地热工程、制冷工业、体育、旅游等领域。

在进行生产经营的同时，厂领导十分重视环境建设。目前，绿化面积已达到 39.8 万平方米，饱和率达 92%，绿化覆盖率达 31%，形成了三季有花、四季常青、乔灌花草相结合，山水景点相映衬的绿化美化新格局。

1986 年被宝鸡市评为“园林式工厂”；1987 年被中国有色金属工业西安公司评为“绿化先进集体”；1988、1989 年被中国有色金属工业总公司评为“绿化先进集体”和“环境优美工厂”；1999 年 2 月被全国绿化委员会授予“全国部门造林绿化 400 佳单位”称号。

摄影：虞　敏

钛城学校

钛城一景

园林式的厂区　花园化的环境

——江汉石油管理局水电厂

水电厂党委书记、厂长竺为民（左一）陪同省“优秀住宅小区”评审团人员进行验收检查工作

水电厂办公大楼外景

水电游园一角

江汉石油管理局水电厂始建于1966年10月。改革开放以来，这个厂把“热爱水电，振兴水电”同建设园林式、花园化工厂结合起来，全面规划，分步实施，持之以恒地抓好绿化、美化，形成了一个春有花、夏有荫、秋有果、冬有绿，乔灌草结合、树花果相间的美丽厂区。全厂累计栽树109 382棵，育花40 162株，铺草坪12 994平方米，种植绿篱14 200米，绿化覆盖率达到45.8%，人均绿化面积58.86平方米，先后荣获全国石油系统百佳厂区、全国部门造林绿化400佳单位、湖北省清洁无害工厂、中国石油天然气总公司绿化先进单位和环境保护先进企业等光荣称号。厂党委书记、厂长竺为民长期致力于绿化工作，在1998年被中国石化集团公司授予“从事绿化工作十五年纪念章”。

撰稿：钟木该

摄影：竺为民　胡　勇　王国强

人工水杉林

广西壮族自治区经济效益先进单位

——广西国发林业造纸有限责任公司

公司大门

广西国发林业造纸有限责任公司（前身为广西林业造纸厂）是国家大型一档企业，年生产纸和纸板能力 8.5 万吨，拥有 11 条造纸生产线，可生产包装和文化两大系列各纸种，企业规模和经济效益连续 15 年保持快速稳定发展，成为广西造纸行业和全国林业造纸行业排头兵。从 1996 年至今，人均产值和利税年年保持在 20 万元和 1.5 万元以上，显示了良好的经济发展态势。公司自 1987 年以来连续多年被评为广西壮族自治区经济效益先进单位。

高档文化用纸生产线

包装用纸生产线

生活区一角

全国海防林体系建设先进县

——浙江省玉环县

文旦果园护路林

玉环县土地总面积36 442.47公顷，有林地面积14 680公顷，森林覆盖率43.4%；宜林海岸线176.02千米，绿化率98.7%；平原农田林网控制率达88.8%。1981~1995年，相继完成了省沿海防护林1~4期试点建设任务。这期间又被林业部列入全国沿海防护林体系建设试点县。防护林带从无到有，到目前为止增加到660多条，460多千米长，使全县1666.67公顷海涂文旦果园得到了以木麻黄为主的防护林网的保护。

玉环县林业在各级政府部门的领导和支持下，于1985年获得"全国绿化先进县"称号，1993年实现消灭荒山；1996年获得"全国平原绿化先进县"称号；1997年获得"全国海防林体系建设先进县"称号。

文旦果园防护林

海塘防护林

沿海防护林带

中国油茶　胡柚之乡

——浙江省常山县

中国油茶、胡柚之乡——浙江省衢州市常山县，地处钱塘江上游，位于浙闽赣交界处，素有“八省通衢，两浙首站”之称。

原林业部刘于鹤副部长视察常山胡柚基地

全县总面积 11.02 万公顷，其中林业用地 8.1 万公顷，占土地总面积的 73.5%。党的十一届三中全会以来，常山县把发展林业作为富民富县的突破口，坚定不移地走兴林致富、振兴经济之路，全县的林业建设进入了发展高潮，走上向集约化、产业化发展的轨道，基本实现绿化目标。

据 1998 年全县林业普查，全县有林地面积 7.68 万公顷，森林蓄积量 50 万立方米，森林覆盖率 72.7%，拥有用材林 4.72 万公顷，经济林 2.71 万公顷，竹林 3600 公顷。全县林业总收入占农业总收入的 35%以上。多次被授予全国油茶低产林改造先进县、林业绿化先进县、森林防火先进县等光荣称号。

国外松速生丰产林基地

常山林业科技中心——常山林业大楼

常山姑娘喜摘致富果

板栗园丰产栽培示范基地

护林防火演习归来

云南省全民义务植树造林绿化先进单位

——禄劝彝族苗族自治县

禄劝彝族苗族自治县位于云贵高原北部，地处东经 102°13′~102°57′，北纬 25°25′~26°22′，境内由于金沙江、普渡河的强烈切割，地形地貌极为复杂，最高海拔 4248 米，最低海拔 746 米，立体气体十分明显。

禄劝是云南省林业重点县和第一期干果基地县之一，同时也是长江中上游防护林工程体系的重要组成部分。全县总面积 4249 平方千米，山区面积占 98.4%，林业用地面积占全县总面积的 62.8%。广阔的山林和土地上，有裸子植物 130 多种，被子植物 127 种。用材林有云南松、华山松、云南油杉、冷

长防林基地建设

山地临时苗圃

华山松万亩人工林一角

杉、旱冬瓜等；经济林有油桐、滇橄榄、板栗、核桃、花椒等；防护林有梧桐、竹子、滇杨等。其中，有属国家二级保护的苏铁、急尖长苞冷杉和三级保护的黄杉、三尖杉、大王杜鹃等珍稀树种。野生动植物药材有 2000 多种，名贵药材 15 种，属国家重点药材品种有 254 个。野生食用菌品种繁多，松茸、牛肝菌是出口创汇的主要菌种。

禄劝林业工作按照“突出重点，分步实施，总体推进”的原则，以增加森林资源、提高森林覆盖率为目标，以改善生态环境、加快山区群众脱贫致富奔小康、促进经济发展为重点，依靠各级领导和社会各界对林业的重视，把握发展机遇，坚持以林业重点工程建设为龙头，全面推进造林绿化进程；坚持依法治林，以强化林政资源管理为中心；坚持科技兴林，提高林业科学化、集约化经营水平。真抓实干，狠抓落实，造林绿化步伐不断加快，森林资源数量、质量明显提高。1997 年，全县森林覆盖率已达 56%；活立木蓄积量达到 511.44 万立方米。1995~1997 年被云南省人民政府评选表彰为全省全民义务植树造林绿化先进单位。

轿子雪山省级自然保护区中的原始森林

干果基地、林烟间种

吉林省森林资源综合开发——永吉

林业局局长兼党委书记赵志刚

永吉县位于吉林省中东部，地处长白山向松嫩平原过渡的丘陵地带。总面积为46万公顷，有林地面积21万公顷，活立木蓄积1100万立方米，森林覆盖率39.6%。

永吉县林业局所属11个国有林场、2个苗圃、1个林木种子园、26个林业工作站以及木材检查站、林业派出所等48个企事业单位。有职工2700人。

永吉县委、县政府把林业工作始终摆到重要位置，特别是近20年来，认真贯彻落实党的发展林业生产的各项政策，采取措施，发动群众大力开展植树造林活动，促进了全县林业生产的发展，并取得了可喜成果。全县共造林27 733公顷，“四旁”植树1760万棵，建农田防护林1200公顷，经济林3580公顷，封山育林5800公顷。到1994年基本上消灭了宜林荒山荒地，并提前3年完成了省政府《关于十年绿化吉林大地的决定》的各项造林任务。

喷灌育苗

种子园母树林基地远眺

樟子松、红松母树林

发工程撷英

县林业局

发展经济林是永吉发展林业生产的一大特点，全县发展经济林 3584 公顷，建果园 482 处。五里河镇草庙子村 397 户农民，有 360 处果园，年产金红苹果 250 万千克，成为全省金红苹果第一村，金红苹果也被评为吉林省优质水果而获金奖。

县林业局以科技兴林为主导，认真贯彻以“营林为基础”的方针，加强经营管理，促进了林业企业的发展。永吉县林业局林木种子园，经过 20 多年的艰苦奋斗，现已建成了樟子松、红松、红皮云杉、长白落叶松等 118 公顷的种子园。1997 年永吉县林木种子园被林业部授予“全国林木良种基地十大标兵单位”，江密峰苗圃在吉林地区苗木质量始终名列前茅，1994 年被省林业厅评为先进苗圃，并连续五年被评为省级育苗先进单位，还多年被县政府评为企业管理先进单位。

摄影：朱永吉　撰稿：赵志刚　霍立文

硕果累累

江密峰苗圃育苗基地

落叶松母树林

吉林省森林资源综合开发工程撷英

——黄泥河林业局

林业局局长谭大维

黄泥河林业局始建于1953年，地处吉林省东部，长白山腹地，是国家重点林区，以森林资源丰富闻名遐尔。总经营面积19.7万公顷，森林覆盖率89%，活立木蓄积量1957.7万立方米，年采伐量13.1万立方米，主要树种有红松、水曲柳、柞树等30多种，野生动植物种类繁多。经过46年的开发建设，现已发展成为森林培育、木材生产和以锯材、集成材、人造板、百叶窗为主的林产工业；以辉长岩石材、宝石加工为主的矿业开发；以山野菜采集加工、山葡萄酒、山葡萄浓缩饮料、养殖业为主的资源综合开发多种产业结构与文教卫生、商业贸易、公检法并存的综合性国家大二型森工企业。全局现有职工17 528人，各类专业技术人员1989人，现有资产总额12 078.1万元。

撰稿：王玉国　戴　玮

摄影：吕银才

黄泥河林业局华宇公司生产的木质百叶窗，系采用优质椴木为原料，经制材、切片、砂光、淋漆等多道工序加工而成，该产品适用于宾馆、办公室、家庭的门窗高档装饰，具有温馨典雅、返朴归真、环保等特点。产品远销美国、日本、韩国等国家

黄泥河林业局西林公司生产的高密度木炭，系采用东北特有的树种——柞树为原料，经特殊工艺烧制而成，具有材质密、燃烧时间长、火焰温度高等优点，产品畅销日本、东南亚等国家

吉林省森林资源综合开发工程撷英

——红石林业局

红石林业局位于长白山麓、松花江畔的桦甸市境内，是国家"八五"期间重点投资建设的大型林业企业，是全国100家最大林业企业之一。1996年被省政府确定为建立现代企业制度试点单位。

局长、党委书记石国新

红石林业局总经营面积34万公顷，林木总蓄积量4342万立方米，是国家重要的商品材生产基地。截至1998年末，企业固定资产原值达4.8亿元，累计生产木材482万立方米，完成工业总产值13亿元，上缴利税21 798.5万元，上缴育林基金17 573.1万元。

多年来，红石林业局始终坚持两个文明建设一起抓，不断深化改革，强化管理，调整结构，企业综合素质和经营管理水平不断提高。1994年被林业部评为"思想政治工作先进单位"；1994~1996年被吉林省政府命名为"三好企业"；1997~1998年被吉林省委命名为"精神文明建设先进单位"。

撰稿：王江岳　　摄影：李广友

木材生产已全部实现机械化

把着眼点放在森林资源综合开发上，已形成养殖业、种植业等十大行业，成为职工就业的有效途径

注重后备资源培育，东兴苗圃成为全省最大苗木生产基地

卫生筷子生产车间

吉林省森林资源综合开发工程撷英

——汪清林业局

汪清林业局始建于 1947 年，是吉林省最早开发的国有森工企业之一，总经营面积 30 万公顷。现有职工 1.7 万人，固定资产 1.5 亿元，已形成以木材生产、销售为主，以林产工业、建筑安装、建材生产、商业服务相配套的经营格局。主要产品有原木、成材、中密度纤维板、胶合板、箱板纸、卫生菜板、地板块、集成材、卫生筷子、木炭、水泥、白灰、各种水泥预制件以及红松果仁、各种食用菌等产品。野生动植物资源也十分丰富，野生动物有 157 种，主要有梅花鹿、熊、狍子、蛇、蛤什蚂等。野生经济植物 934 种，其中药用植物 754 种，主要有人参、贝母、细辛、五味子、黄芪、当参、山核桃等。

撰稿：许传声

年产 2.5 万立方米的中密度纤维板厂

木制卫生系列菜板、刀架、热垫板

木制卫生系列餐具

吉林省森林资源综合开发工程撷英

——珲春林业局

位于中、俄、朝三国交界地带的珲春林业局是国家于1994年批准开工建设的国有中型森工企业，项目总投资4.3亿元，现有职工3905人，总经营面积40.4万公顷，森林总蓄积3706万立方米，年生产木材11万立方米。

该局以培育林业特色经济为中心，不断深化企业改革，强化内部管理，加快建立现代企业制度步伐，形成了营林、木材生产、林产工业、多种经营多方面发展的良好态势，1994年进入吉林省经济效益百强企业行列。

目前，全局最大的直属厂——亚兴木业总厂年产32万平方米的实木地板厂和年产50万平方米的复合地板厂已建成投产。该厂生产的“奔祥”牌实木地板分别被中国保护消费者基金会、中国社会调查所评为’97全国消费者信得过产品和中国名牌。该局生产的实木地板、卫生筷子、木炭已打入国际市场；集成材、家具、复合地板、矿泉水、山野菜、林蛙系列产品在国内占有一席之地。自1994年以来，先后被省、州政府命名为“三好企业”、“模范企业”、“精神文明建设先进单位”。

局长常维国

撰稿:管清勇　摄影:曹国诚

高档实木家具

林蛙系列产品

先进的复合地板油漆线

表板加工

吉林省森林防火先进单位

和龙林业局

延边州政府领导到林区检查森林防火工作

和龙林业局森林防火工作积极贯彻“预防为主、积极消灭”的森林防火方针，连续17年无森林火灾，多次被吉林省政府评为森林防火先进单位。在森林防火工作上做到：领导管理到位，不断强化各级领导的森林防火责任；认识到位，加强管理，不断强化火源管理工作；宣传教育到位，不断强化全社会的森林防火意识；经费投入到位，不断强化森林防火基础设施建设。

林区小学生进行防火宣传

过境扑救朝鲜林火

扑火队在进行灭火演练

吉林省森林防火先进单位

白河林业局

白河林业局位于长白山主峰北坡。1971年建局，施业区总经营面积18.3万公顷，森林覆盖率85.7%，活立木总蓄积2900万立方米，是吉林省重点林区，是国家大型一档企业，现有职工1.5万人。

自建局就组建护林防火指挥部，各基层单位设有护林防火领导小组和专职护林防火员，工队设有兼职护林防火员。该局始终以预防森林火灾和提高全民防火意识为主，在宣传教育和制定规章上下功夫，先后建立了10项规章制度。

从1983年始，建立3个灭火梯队：白河森警大队、预备役民兵(330人)、义务扑火队(2240人)。每支队伍按火险区划分作战区域。先后投资800余万元用于设施建设，建气象站1处，瞭望铁塔10座，购置森林防火运兵车1辆，指挥车1辆，风力灭火机60台，三轮摩托车25辆，手持对讲机149部，制作瞭望塔宿营车7辆及建工具库、办公楼等。

该局已实现19年无重大森林火灾，曾2次受国家和林业部表彰，6次受省政府表彰，4次受州政府表彰。

撰稿：李尚臣

局领导和森警部队领导共同研究部署森林防火工作

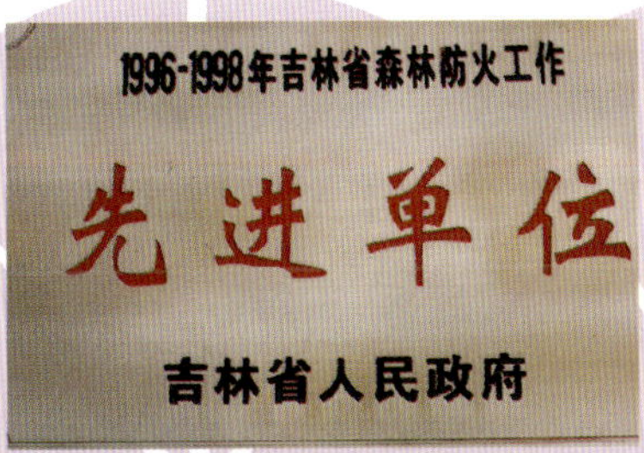

吉林省森林防火工作先进单位

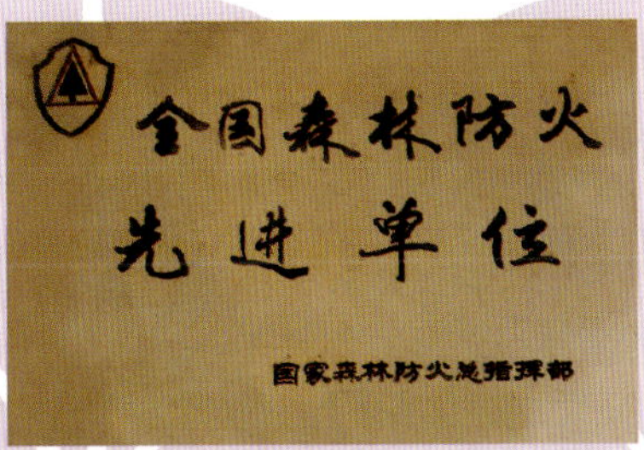

全国森林防火先进单位

防火指挥中心

长白林海

铁塔

指挥部成员共同研究防火工作

吉林省森林防火先进单位
露水河林业局

防火指挥部向吉林省洪虎省长汇报 GPS、GIS 在森林防火中的应用

露水河林业局位于吉林省东部，长白山北麓。在森林防火工作中，坚持“预防为主，积极消灭”的方针。抓队伍建设，达到组织机构健全，党政工齐抓共管，专业队伍坚强有力；不断完善设施设备，运用了现代化的卫星定位系统(GPS)地理信息系统(GIS)；抓防范管理，做到基础工作扎实，监测预报准确。连续 18 年无森林火灾，多次受到国家及省、市的表彰，1999 年被吉林省人民政府评为 1996 ~1998 年度森林防火先进单位。

整装待发的机械化专业扑火队

1997 年林业部李育才副部长视察局专业扑火队伍建设

吉林省森林防火先进单位

桦甸市林业局

局党委书记、局长沈润洲

桦甸市林业局隶属桦甸市人民政府、吉林市林业局双重领导，属政、事、企合一单位。担负着全市森林防火、植树造林、森林保护管理合理开发利用森林资源、支援国家建设、大力发展林业经济的重要使命。总经营面积30.7万公顷，其中有林地面积15.8万公顷，森林覆盖率55.5%，活立木蓄积1557万立方米。全局现有11个国有林场、7个市直单位，改革以后，全系统有在册职工1958人，有固定资产2998万元，流动资产1800万元，林木资产5300万元，年生产木材5万立方米。1985~1995年共完成"三荒"造林面积16 811公顷，疏林地改造完成1029.3公顷；1993年通过了省政府消灭"两荒"的检查验收，1994年通过省政府"十年绿化吉林大地"检查验收。连续20年实现无森林火灾，1993年受到林业部的表彰，1995年桦甸市被省政府命名为森林防火模范单位。1998年桦甸市被吉林省政府授予1996~1998年度森林防火先进市。"七五"和"八五"期间，桦甸市林业局被吉林省林业厅命名为林政资源管理先进单位。1998年全局实现总产值4389万元，实现利润110万元，上缴国家税金400万元。

撰稿　陈洪旭

林粮间作、复合经营

后备资源

丰富的资源

场党总支书记张亚利

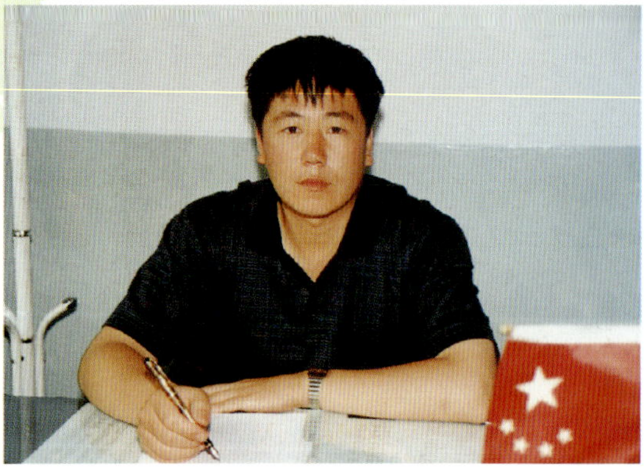

场长李建会

省级文明单位
——图强林业局奋斗林场

奋斗林场始建于1976年，是集木材生产、营林生产、多种经营于一体的综合性林场。全场施业区总面积87 337公顷，现有职工总数484人，拥有各类机械设备56混合台。1987年“5·6”大火后，针对森林可采资源逐年匮乏、剩余劳动力增多的现实，坚持深化改革，走以副养林、林副结合发展之路。积极鼓励扶持职工发展自营经济，1998年实现自营经济产值200万元，职工人均收入实现5860元。产业结构基本实现木材生产、综合利用、职工自营经济“三足鼎立”的趋势。1998年开始实施天然林资源保护工程，林场在施业区首批划定9334公顷为重点生态公益林，划定5018公顷的林地进行封山育林，成立由115人组成的护林队伍。由木材生产全部转向天然林保护工程，安置富余和分流人员218人，林场实现了无下岗、无待业，人人有活干、户户有收入，近年林场先后跨入省级文明单位、地级双文明林场行列，1997年和1998年被评为地级发展职工自营经济样板林场，社会治安综合治理、计划生育地级先进单位。

撰稿：杜　伟

推进“天然林保护工程”

划定天然林保护林地

大力开展“天然林资源保护工程”宣传教育

省级文明单位标兵
——大兴安岭图强贮木场

图强林业局图强贮木场，现有职工 1083 名，下设 3 个生产工段、1 个检验队和 4 个辅助工段。拥有机电设备 59 混合台，5 条传送带、5 座造材台，固定资产达 1711 万元，年木材吞吐量 22 万立方米。坚持"两个文明建设一起抓"、大力弘扬"团结实干、自立自强、居安思危、敢为人先"的图强精神，细化企业内部管理，建立健全了以财务、材料、劳资为主体的管理办法，以及岗位责任制。以市场需求为导向，优化产品结构，加强合理造材，严抓质量管理，提高经济材比重和综合售价。创造了"木材标顺序号"质量管理技术，推出了经济材多造多收、少造少收的"优质优酬法"，增设了 8 大材种 24 个品种的原木产品，按材种和规格清选清归，方便顾客选购。制定了检尺员、装车工等 20 个专业人员的廉政制度，以及《用户服务制度》和《用户访问制度》。1997 年以来，出色完成了 41.9 万立方米商品材缴库任务和 52.8 万立方米销售任务，连续 3 年稳居全区标兵贮木场榜首，被黑龙江省委、省政府破格命名为"省级文明单位标兵"。

撰稿：胡俊东

场长孟祥林

场党政领导在研究"两个文明建设"

按市场需求组织生产，经济效益不断提高

二次创业，获地级标兵贮木场称号

治场先育人，获"省级文明单位标兵"称号

自治区级文明单位
——新疆吉木萨尔林场

新疆吉木萨尔林场地处天山山脉东支西段的博格达山北坡，施业区面积51 230公顷，现有由维、汉、哈萨克、回、乌孜别克等民族组成的职工140人。近几年来，林场在认真抓好木材生产经营的同时，狠抓多种经营工作，先后开展了森林旅游、马鹿养殖、农业综合开发等项目。林场领导班子同心同德，带领广大林场干部职工艰苦奋斗，坚持“两手抓、两手都要硬”的工作方针，不断深化企业改革，加强企业管理，企业两个文明建设取得了显著成绩。1998年企业实现利润35万元，职工平均收入8890元，是1993年职工平均收入的4.5倍。林场先后荣获全国民族团结单位，自治区级文明单位的光荣称号。

摄影：俞言琳

场长柳少君

场党支部书记木巴拉克

林场领导班子

山区造林

退耕还林

林场办公楼

林场农业综合开发基地

马鹿场

河南省荒山造林先进单位
——巩义市林业局

市林业局局长赵发林

获河南省科技进步三等奖的豫石榴

巩义市林业局坚持以生态建设为中心，两个文明一起抓，开拓进取，求实创新，加速了城乡绿化步伐，推进了林业事业的持续健康发展。全市森林覆盖率、活立木蓄积量分别由1990年的12%、33万立方米发展到17.6%、50.3万立方米。经济林面积由466.67公顷发展到6666.67公顷，果品品种达50多个，年产果品3000余万千克。巩义市是中国农科院郑州果树研究所确定的果树新品种试验示范基地，是河南省名优石榴试验生产基地。南河渡镇的“飞天”石榴、康店镇的“美八”、“新红星”苹果在国内市场颇负盛名，并出口俄罗斯等国。巩义市林业育苗、经济林管理、林政管理、森林防火、林业公安、多种经营等多项工作受到省林业厅表彰。1993年，该局被林业部、人事部评为“1990~1992年连续三年无森林火灾先进单位”；1996年，被河南省人民政府护林防火指挥部授予“连续八年无森林火灾先进单位”称号。同年，巩义市荒山造林工作通过省级验收，被评为“河南省荒山造林先进单位”。由于成绩突出，局长赵发林受到了林业部和人事部的嘉奖。

撰稿：毕朝辉

林业局开展多种经营项目

喜获丰收的苹果

云南省全民义务植树造林绿化先进单位

——沧源佤族自治县

沧源佤族自治县地处云贵高原西南边陲，1964 年设县，南面、西南面与缅甸接壤，国境线全长 149.6 千米，是全国仅有的两个佤族自治县之一。全县辖 11 个乡(镇)，93 个自然村，总人口 15.6 万人。全县总土地面积 24.47 万公顷，其中林业用地面积 14.13 万公顷，占总土地面积的 57.8%，有林地面积 5.93 万公顷，占林业用地面积的 24.2%，宜林荒山 1.59 万公顷；全县森林覆盖率 43.81%，其中有林地覆盖率为 24.38%；活立木总蓄积量992 万立方米，总生长量 31 万立方米。国家级保护区——南滚河自然保护区，就坐落在沧源县境内，保护区面积 0.71 万公顷，属热带雨林景观保护区，内有国家一二级保护动物，如亚洲象、孟加拉虎、金钱豹、水鹿；植物有楠木、龙血树、见血封喉、董棕等，称得上是佤山的“绿色明珠和动植物王国”，沧源佤族自然县境内有独树成林的奇观，有 3000 多年历史的勐来峡谷崖画群，还有国家级文物保护单位广允缅寺。改革开放以来，佤山人民在党的领导下，彻底改变了以往“刀耕火种”的耕作方式，积极开展封山育林、退耕还林工作。

县长魏学先(右)与县委书记查映云(左)在 1998 年全县义务植树动员大会上

分管林业的副县长罗华兴 (左)、县林业局局长赵洪文(右)与临沧地区行署副专员陈勋儒 (中) 到基层检查林业工作。手中拿的是号称水果之王的菠萝蜜

沧源县历届县委、县政府为绿化佤山，以“为官一任，绿化一方”为己任，提出了“抓住机遇，深化改革、调整产业结构、调整林种结构，加大经济林比重，把林业产业建成沧源县的支柱产业之一”的发展目标，紧紧抓住国家以工代赈工程、滇西南农业综合开发、绿色扶贫攻坚工程、速生丰产林基地建设及新启动的澜沧江体系工程等林业发展的良好机遇，发扬艰苦奋斗、团结拼搏的佤山精神，掀起植树造林新高潮，1991~1998 年人工造林和封山育林使全县森林覆盖率增加了 15%。先后荣获 1995~1997 年云南省全民义务植树造林绿化先进单位”，连续九年无森林火灾，被林业部、人事部评为“1990~1992 年连续三年无森林火灾先进单位”，1994 年被国务院评为“全国民族团结进步模范单位”。

撰稿：段丽萍

茁壮成长的杉木林

高标准的造林整地保证了高质量的造林成果

县长阿不都艾尼

县委书记王绍宁

科技兴林示

——新疆维吾尔自治区

莎车县位于新疆西南边疆，西部喀喇昆仑山，东靠塔克拉玛干大沙漠，西北隔布古里沙漠，属暖温带干旱荒漠气候区，历年平均降水量44毫米，年均蒸发量2246毫米，全县共辖7个区，29个乡镇，504个村民委员会，共有12.8万户，总人口61万人。土地面积81.95万公顷，其中耕地面积8万公顷。在改革开放和经济建设中县委、县政府实施建设“绿色宝库”的开发战略，到1998年全县有林地面积4.01万公顷，森林覆盖率达5.1%。1998年被列为全国名特优巴旦姆经济林商品基地县，目前栽植巴旦姆160万株，年产量达1000余吨。1991年被列为全国治沙重点县，1992年实现平原绿化达标，1995年获全国农业科技推广先进单位、全国绿化先进县、全国造林绿化百佳县，1996年被列为科技兴林示范县。

摄影：刘李红

①

县林业局局长韩效民、书记阿不力克木在检查工作

⑤

范　　县

莎车县

④

①农林间作
②防风固沙
③巴旦姆基地
④木材加工
⑤大力发展养殖业

②

③

发展中的满城

县委书记赵洪涛

县长陈宝升

河北省满城县位于太行山东麓，是全国著名的太行牌磨盘柿产区和桃中珍品——雪桃之乡。1994年，在林业部主办的名优特新农产品博览会上，满城磨盘柿和雪桃均获得优质产品奖。

1990年以来，满城县立足本地资源优势，积极探索建立适应市场经济发展需求的营林模式，山上建基地，山下建市场，大力开展生态经济型防护林建设。涌现出岭南、南陵山两个全国绿化千佳村，1997年通过河北省小康绿化达标验收。1998年底，全县有林地面积1.8万公顷，初步形成了磨盘柿、苹果、桃、杏及杂果、防护林五大林业体系。建成27个果品专业市场。果品产量增加到9000万千克，林果产值超过1.7亿元。80%的果品通过市场销往全国各地和东南亚地区。太行山绿化工程多次受到省政府表彰，1998年底被河北省森林防火指挥部评为连续三年无重大森林火灾先进单位，连续三年获得河北省森林病虫害防治检疫工作先进单位荣誉称号，连续五年被评为保定市太行山绿化工程先进单位。

百年柿林

太行山绿化重点示范工程

林业

林业局局长曹爱民(右二)和技术人员一起研究林业发展规划

太行牌磨盘柿

农林复合经营

蓬勃发展

县委书记邱建国

赤城县位于河北省西北部，南邻北京市，地处密云水库、白河堡水库上游，总面积5287平方千米。全县辖18个乡镇，440个行政村，1258个自然村，总人口27.6万人。境内群山环绕，沟壑纵横，是一个典型的“八山一水一分田”的深山区县。

赤城县林业局领导班子(右一为林业局局长宋建军)

解放前，全县有林地面积只有3.13万公顷，森林覆盖率仅5%。解放后，特别是改革开放以来，赤城县先后被列入“三北”防护林工程县和首都周围绿化工程县。县委、县政府把造林绿化提到各级党政领导部门重要议事日程，牢牢抓住工程造林这个中心，进一步调整深化林业内部改革，坚持走人工造林、飞播造林和封山育林三位一体的林业建设路子。到1998年底，全县有林地面积达到18.53万公顷，林木总蓄积达到299万立方米，果品产量达到3600吨，林业产值达到3900万元。分别是1978年前的2.2倍、2.0

金阁山森林公园一角

大海陀自然保护区茫茫林海

的赤城林业

倍、5.6倍和12.3倍，森林覆盖率也由1978年前的15.4%提高到35.1%，增长近20个百分点。

1998年3月份以来，赤城县林业系统开辟林业第二战场——大力开发森林生态旅游。组建了由金阁森林度假村、京北狩猎场、大海陀自然保护区、森林旅行社、林泉山庄、林艺公司和黑龙山生态园七大旅游实体组成的森林旅游集团，共利用资金310多万元。其中引进北京投资商到位资金100万元。森林旅游集团已初步形成吃、住、行、游、购、娱一条龙接待游客能力。

赤城县林业局先后荣获河北省林业厅授予的飞机播种造林先进单位，河北省人民政府森林防火指挥部授予的1993~1995年无森林火灾县级单位及公安部政治部、林业部公安局授予的全国林业公安基层建设先进单位等荣誉称号。

撰稿：韩献华　摄影：刘学功

县长安守惠

金阁山森林公园大门

正在开发的山场

全国最大的
——河北

冬枣在黄骅市有400多年的栽培历史，明朝即为贡品，又称贡枣。黄骅市林业局自1989年开始，在原有的40多公顷资源林的基础上，通过选优开发，培育出“华夏”牌冬枣。林业局每年举办各种培训班140余期次，培训果农3万余人次，使“冬枣速生繁育技术”、“冬枣早果早丰密植栽培技术”、“冬枣病虫害综合防治技术”、“冬枣贮藏保鲜技术”等新型实用技术得到推广。到目前，共建采穗圃25公顷，示范园

黄骅市副市长董文昌

'98第二届国际一村一品名特土优博览会获最高金奖

黄骅市林业局科技人员给冬枣高接换头

黄骅市华夏牌冬枣开发论证会

华夏牌冬枣育苗基地

冬枣生产基地
省黄骅市

黄骅市林业局局长李长敦

15 个 80 公顷，年育苗面积 65 公顷，年产优质“华夏”冬枣苗 200 多万株，建成冬枣基地 3330 公顷，1998 年产冬枣 20 万千克，是全国拥有冬枣资源最多、面积最大、产量最高、品质最好的产地。

1994 年申请注册“华夏”商标，1998 年即被河北省工商局认定为著名商标。1994 年参加首届全国林产品博览会，1997 年参加第二届全国农产品博览会和首届河北省农产品博览会，“华夏” 冬枣被认定为省名牌产品，1998 年在第二届国际“一村一品”名、优、土、特、新产品(技术)博览会上荣获国际最高金奖。

国际友人盛赞华夏牌冬枣

市委、市政府对冬枣非常重视，1998 年下发了《关于加快冬枣产业化开发的决定》，提出 3 年建成 0.67 万公顷冬枣基地、5 年完成产业化开发的目标，并把冬枣产业化建设作为农业产业化的“一号工程”来抓，使冬枣基地建设得以快速发展，仅 1998 年就新栽冬枣 2333 公顷。随着冬枣产业化的发展，将形成一个以冬枣为龙头、辐射第一、二产业的产业链，实现“华夏”冬枣强市富民、造福华夏的目标。

撰稿：王玉峰

冬枣果园

蓬勃发展的朔州

朔州市林业局局长张谦（左）和工程技术人员研究林木生长发育情况

朔州市位于山西省北部，辖2区4县106乡（镇)1842个行政村，总面积1.06万平方千米，总人口133.59万人，全市林木覆盖率达到16.7%，城市绿化覆盖率达到20%，是山西省造林绿化成绩显著的地级市。该市1989年建市，10年来，累计完成造林8.67万公顷，"四旁"植树2000多万株，初步建成了七大生态林业体系：一是以樟子松、油松、落叶松为主的荒山绿化体系，建成万亩以上连片造林工程5.33万公顷；二是以速生丰产林为主的平原绿化体系，建成农田林网12.8万公顷，占宜网面积的94.6%；三是以仁用杏为主的干果经济林体系，建成仁用杏基地0.67万公顷，经济林总面积达到1.33万公顷；四是以人造板、沙棘饮品为主的林产品加工体系，年产杨木压板5000立方米、沙棘饮料1500吨，创收800多万元；五是以国有苗圃为龙头的良种繁育体系，苗木培育面积达到1500公顷，每年新育苗460多公顷；六是以街道、广场、公园、庭院绿

绿色通道工程

应县太行山绿化工程

市林业

化为重点的城市园林绿化体系，市区绿地面积达到100万平方米，人均公共绿地达到12平方米；七是以干线公路为主的绿色通道体系，从1998年秋季开始，围绕国道、省道，在公路两侧植林带树84万株，造片林533.33公顷，新建农田林网5600公顷，建设公路苗圃73.33公顷，初步建成了132千米的大运路绿色通道工程。蓬勃发展的林业，彻底改善了全市的生态面貌，如今的朔州已由过去的“狂风变地起黄沙”变成“绿染山川绿染城”。

怀仁县苗圃

怀仁县大运森林公园

朔城区大(同)运(城)公路苗圃

右玉县造林绿化工程

黄昌建书记

古问为场长

改革开放中发展壮大的广东省连山林场

该场位于广东省西北部，与湘、桂两省(区)交界，是广东省十个省属林场(局)之一。该场创办于1954年10月，现有干部职工773人，其中离退休人员381人，经营面积9354公顷，其中有林面积5868公顷，活立木蓄积量39.3万立方米，森林覆盖率79.1%。

改革开放以来，该场坚持"以营林为基础，以保护和发展森林资源为重点，大力发展二三产业，多种经营，全面发展"的方针，在致力于发展营林、森工生产的同时，兴办林产加工厂、拼板厂、松香厂，以及联办电站。更为可贵的是：该场还在深圳经济特区办有深圳丰林联合有限公司，在珠江三角洲腹地办起大沥实业公司，二三产业经营利润每年达180万元以上。此外，场内还建立银杏基地45公顷。

45年来，林场各项事业蒸蒸日上，1998年职工人均收入近万元；职工住房基本实现楼房化，在南海市大沥镇还建有职工住房63套；程控电话基本普及到每个工区、林队、家庭。建有学校、幼儿园、职工医院、商店、有线电视等社会服务性设施和场所，干部职工安居乐业。

丰富的森林资源

杉木丰产林

场领导班子

南海大沥实业公司——林苑大厦

深圳丰林公司综合楼——利丰大厦

在深圳开发建设的商住楼——怡枫苑

场苗圃基地

全国第一家最大私营

——广州番禺香江野

中共中央政治局委员，广东省委书记李长春同志，在全国人大代表、董事长苏志刚陪同下，视察广州番禺香江野生动物世界的鳄鱼养殖场

广州番禺香江野生动物世界位于广州番禺市大石镇，是番禺香江实业有限公司为开发珠江三角洲旅游资源、发展“三高”农业经济、促进环保事业而投资经营的综合项目。它集动植物保护、研究、养殖、旅游观赏、科普教育为一体，是经原林业部批准立项、中国唯一由私营企业投资管理的大型国家级野生动物园。首期开发面积133.3公顷，总投资5亿元。目前动物种类达400多种，动物总数2万多只。其中白虎白狮展览、鳄鱼大型养殖观赏、非洲动物种群放养等更填补了我国野生动物保护的空白。香江动物世界里的虎、非洲狮、猎豹、马来熊、节尾狐猴、狮尾猴、长颈鹿、剑羚、跳羚、斑马、鸵鸟、鸸鹋、黑颈天鹅、火烈鸟、秃鹳、海龟、鳄鱼等都是中国首屈一指的大种群，而一些珍稀品种如白虎、白狮、博士猴、阿尔达佛巨龟、黑羚羊、大弯角羚、棕鹈鹕、大嘴鸟等是中国首次引进的。更为可喜的是从瑞典引进的白老虎凯丽于1998年4月10日产下4只小虎仔，开创了国内白虎首次繁殖纪录，同年10月6日，凯丽又产下6只白虎仔，创造了一个奇迹。香江动物世界以“保护野生动物，保护自然环境”为宗旨，突出“动物与环境”、“动物与人”的回归自然主题，着力渲染“生态、环境、动物”的氛围，拉近人与动物的距离，增加人与动物的接触，以玻璃、壕沟取代传统笼舍的重重铁

1999年春节期间园内盛况

生动物世界

网，设有鹦鹉、大象、猛兽表演场以及世界最大的鳄鱼表演场，每天为游人轮番演出。园区注重环境园林绿化，体现“天然、野趣”，动植物融为一体的自然景观，令人心旷神怡。香江动物世界自 1997 年 12 月 26 日正式开放以来，吸引了大批国内外游客。1998 年接待游客超过 300 万人次，同时，创造日接待游客 8 万人次和日接待春游学生 3 万人次的两项全国纪录。

广州番禺香江野生动物世界绿化面积达 90% 以上，有许多园内外的珍稀品种，令游客始终置身于自然的绿色之中

著名动物专家李杨文教授给来园的孩子们讲解动物知识

广州番禺香江野生动物世界的白虎的饲养及繁殖技术研究荣获广州市 1998 年度科技进步奖一等奖。图为凯丽与第二胎出生的 6 只小白虎

欣欣向荣的清远林业

局党委书记、局长刘基灿

局党委班子在研究工作

清远市地处粤北山区，有两市(县级)五县一区，林业用地139.08万公顷，占全市总面积的72.8%，林业的地位举足轻重。1985年以来，清远市认真贯彻执行省委、省政府关于“五年荒山全部种上树，十年绿化广东大地”的指示，1993年实现了绿化达标。

绿化达标后，清远市林业系统广大干部群众再接再厉，自强不息，大力发展林业经济。他们立足第一产业，重点是实行高度集约经营，发展高产、高质、高效林业，特别是发展周期短的工业用材林和名优稀特的经济林，目前已建立有连山县的1.13万公顷杉树丰产林、1.27万公顷松香基地、0.37万公顷造纸林基地和0.24万公顷沙田柚果基地；连南县的2.67万公顷杉树基地，以厚朴、黄柏为主的0.67万公顷木本药材基地；阳山县的1.2万公顷松栗基地；佛冈的15万棵石硖龙眼和英德1.2万公顷、清新1万公顷的笋竹基地等。优化第二产业，则在林产品深加工、精加工上下功夫，目前，清远市林业系统根据市场需要先后投资3亿多元建起了林化厂、松香厂、刨花板厂、油墨厂等25家企业；并利用丰富的林区水源建起了31座小水电站，总装机容量达2.4万千瓦；与外商合作，首期投资2.4亿元人民币，营造3.33万公顷速生丰产林，目前已种植1万多公顷。此外，还利用交通、自然优势，建起了旅游度假村、宾馆和森林旅游服务设施。

撰稿　摄影：沈海鸥

天堂林场场部

与外商合作的速生丰产林基地

国营银盏林场场部

清远市林业局办公大楼

笔架山度假村

金鸡林场场部

郁郁葱葱的林海

山西省生态建设红旗县——安泽县

县领导同国家林业局和省林业厅领导共同研究全县林业发展情况

安泽县位于山西省东南部，全县总面积 19.76 万公顷，有林地面积 10.33 万公顷，森林覆盖率 53%。多年来，安泽县把林业作为强县富民的主导产业之一，依靠艰苦奋斗的精神，依靠各级领导的常抓不懈，坚持造林绿化不松劲，林业发展一直保持旺盛的势头，多次获得国家和省林业先进单位称号。

声势浩大的植树造林工程

林业的发展带动了畜牧业的发展

郁郁葱葱的森林景观

山西省林业建设先进单位

——晋城市林业局

晋城市林业局成立于1985年，内设7个行政科室，下辖11个事业单位，有干部职工65人。1995年以来，全局干部职工在以苏文秀为班长的局党组领导下，以建立健全机关规章制度为突破口，整顿机关纪律；以加强机关精神文明建设为契机，优化工作环境；以实施林业精品工程战略为突破口，转变工作作风，促进全市林业走上了持续、快速、健康发展的轨道。在该局广大干部职工的努力下，晋城市连续四年被评为“全省林业建设目标考核优秀单位”、“林业建设先进单位”，并被省政府命名为“首家整体实现基本绿化达标市”。

晋城市林业局局长苏文秀

晋城市林业局中心学习组全体成员正在研究207国道绿色通道建设规划

晋城市坚持不懈地狠抓小康村生态园林化建设，共建成生态园林村265个。图为省林业厅厅长曹振声（中）在生态园林村考察

高平市换马村造林精品工程

新疆维吾尔自治区野生动物保护协会

新疆位于我国西北部，总面积占全国的1/6，广袤的地域孕育着丰富的野生动植物资源：有鸟类398种、兽类138种、两栖类6种、爬行类43种、鱼类81种；全区共有高等植物107科654属4200余种。

为了使自然资源永续利用，有效地保护野生动物，1985年自治区成立了野生动物保护协会。7个地州相继成立了地州级野生动物保护协会。现有个人会员1098人(其中科学家与工程师736人)，团体会员3个，理事73人。协会自成立以来，积极宣传贯彻国家有关保护野生动物方面的法律、法规和方针政策；充分发挥参谋和助手的积极作用。协助主管部门相继完成了中美联合雪豹考察、与中东阿拉伯国家合作开展了隼类资源调查，开展了国际狩猎，为野生动物保护管理工作筹集了大量的经费。自1992年以来连续7年资助新疆教育学会中学生物学科研究会，面向全疆在每年的5月6日爱鸟日及野生动物保护宣传月期间组织师生开展野生动物保护宣传，累计达10万人次以上。1994年协会被新疆维吾尔自治区科协授予先进集体光荣称号。

摄影：杜　农　冯　刚

协会秘书长、野生动植物保护管理办公室主任阿尔斯郎·卡德尔在看护野马

开展野生动物是人类的朋友宣传活动

天山马鹿

巴音布鲁克天鹅国家级自然保护区

甘肃省造林绿化先进单位

——甘肃省林业勘察设计研究院

设计的省政府兰山园林绿化区一角

甘肃省林业勘察设计研究院始建于1950年。持有林业调查规划、工程勘察设计和工程咨询等4个甲级证书。现有职工233人，其中高中级技术人员87人。有省级优秀专家、政府特殊津贴享受者、省级劳模多人。除承担本省任务外，还完成了福建、陕西、青海、西藏等省(区)任务。

近年来获省部级以上奖11项、厅局级奖41项，1986年被林业部授予“全国林业调查规划设计先进单位”、1997年被甘肃省政府授予“全省造林绿化先进单位”，档案管理达国家二级。该院将为再造山川秀美的西北地区提供第一流的技术服务。

市政府组织专家审查鉴定该院完成的兰州市南北山绿化综合开发总体规划

该院航天遥感技术在林业调查中的应用在国内处于领先水平，图为技术人员使用TM影像进行森林资源解译

办公主楼

甘肃省林业厅"三北"防护林建设局

武威地区沙漠前沿的石羊河林业总场

甘肃省林业厅"三北"防护林建设局成立于1989年,现有职工35名,其中高、中级工程技术人员11名。承担着甘肃省"三北"防护林工程、防沙治沙工程、黄河中游防护林工程和平原绿化的组织实施及管理任务。业务范围涉及省内12个地(州、市)的69个(市、区)。工程范围面积38.4万平方千米，占全省总土地面积的84.5%;治沙工程范围面积24.8万平方千米,占全省总土地面积的54.7%。截至1998年,甘肃省"三北"工程累计完成营造林218.13万公顷,治沙工程累计完成营造林18.34万公顷，黄河中游防护林工程完成营造林3.53万公顷,12个平原绿化县全部达标。1991年甘肃省被国务院授予"全国治沙先进省"光荣称号。

摄影:李万江

张掖地区农田防护林网

庆阳地区在荒山上营造的杏林

兰州市皋兰山绿化

甘肃省林木种苗管理总站

甘肃省林木种苗管理总站是全省林木种苗行政管理单位，具有行政管理、行政执法、行业管理等管理职能。

在全省建成各类种子生产基地1.33万公顷。良种基地9处534.27公顷，名优特新品种繁育基地321公顷。建成苗木生产基地8666.67公顷。各类基地每年生产种子30万千克，生产苗木12亿株，保障了全省造林绿化的需要。

着力推广良种，选育、引进各类优良树种32个，优良品系308个，繁育优良种2万千克，优良穗条250万根。

贯彻执行《甘肃省林木种苗管理条例》，强化种苗行业管理，种苗质量逐年提高。林木种苗行业管理已步入标准化、规范化、法制化的轨道，为林业建设打下了坚实的基础。

种子检验

徽县侧柏种子园

正宁县中湾油松林木良种基地

张掖新敦苗圃

小陇山日本落叶松种子园

党委书记牛向忠、局长李忠臣在一起研究工作

局长李忠臣在张家湾农场农

省级先进企业

——黑龙江省绥棱林业局

黑龙江省绥棱林业局地处小兴安岭西南麓，始建于1948年，施业区总面积214 802公顷，人口4.9万人，职工1.4万人。

绥棱林业局一贯坚持“以营林为基础”的方针和实施“以林为主，综合利用，立体开发，全面发展”的战略，积极推广科学培育、科学经营、科学管理经验，使营林事业蓬勃发展，于1986年成为全国第五个、全省第四个实现百万亩人工林的林业局。后备森林资源增长较快，至1997年全局有林地面积173 246公顷，森林覆盖率达80.9%。通过加快调整产业产品结构，形成了营林生产、木材生产、林产工业、多种经营四大支柱产业共同发展的格局。林产工业的仿古家具、木片、卫生筷产品进入了国际市场。多种经营种、养、采、加、商、饮、服各业初具规模，年产值突破了5000万元，利润突破300万元，从业人员达5600人。施业区内的黄金、褐煤、白云石、白瓷土、膨润土、珍珠岩、大理石等矿产资源十分丰富。1989年，被黑龙江省政府命名为省级先进企业。

业试验田察看小麦生长情况

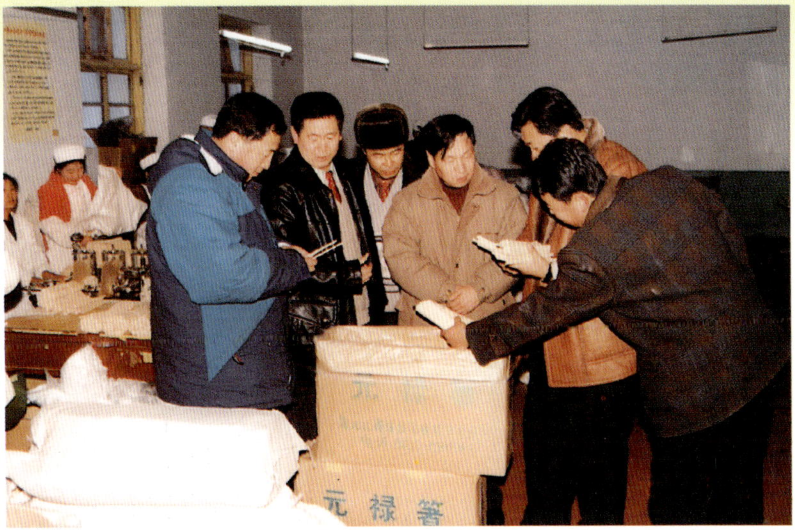

局领导在卫生筷厂检查工作

③

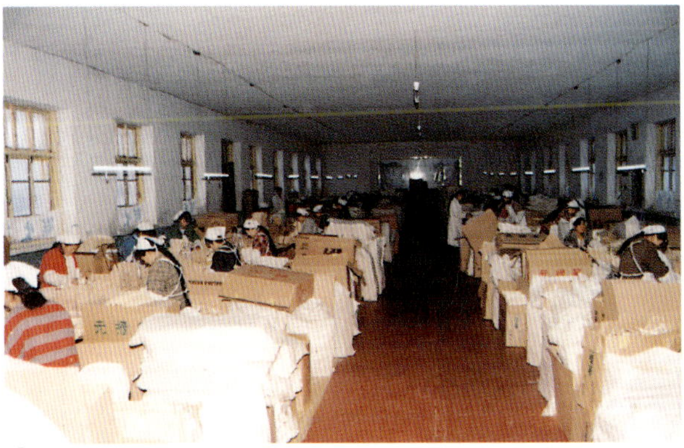

④

①绥棱林业局张家湾农场文明小区
②绥棱林业局七一经营所苗圃
③局中学学生在局田径运动会上表演节目
④局卫生筷厂选筷车间

②

局长李宝玲

局党委书记王敏学

黑龙江省鹤立林业局

鹤立林业局地处黑龙江省小兴安岭东南麓，局址设在汤原县鹤立镇，居佳木斯、鹤岗两市中间，施业区总面积 71 316 公顷。

鹤立林业局坚持实施“以林为主、综合开发、立体经营、富民强企”的经营战略，积极调整产业产品结构，形成了营林生产、木材生产、林产工业、多种经营等多种产业，并且有较强的竞争能力。

鹤立林业局坚持两个文明同步发展，精神文明建设硕果累累，林业局被森工总局命名为兴企富民杯大赛金杯局；林业局党委被总局党委授予“思想政治工作先进党委”称号；实施党建“一把手工程”达标先进单位；自 1993 年起，连年被省森工系统授予社会治安综合治理标兵单位；多次被林业部、省森工总局授予“营林先进单位”、“绿化达标先进单位”、“全国森林防火先进单位”称号。

局办公大楼

局红旗经营所

局党政班子会议

刨花板厂正在发运刨花板

三江酿酒厂部分产品

局五十万亩人工林一角

黑龙江省东方红林业局

局长马万章

东方红林业局位于黑龙江省东部的完达山麓，乌苏里江畔，是黑龙江省大型森工企业，由国家统计局认定为中国500家最大工业企业，中国100家最大木材采运企业，列中国行业50家最大企业第9名，现有在职职工1.09万人。施业区面积42.16万公顷，有林地面积24.56万公顷，活立木总蓄积量2805.58万立方米。

1998年，东方红林业局以党的十五大精神为指针，以国家实施天然林保护工程为契机，圆满地完成了各项生产任务和主要经济技术指标。实现社会总产值24 228万元，实现利润705.8万元，在做到当年“上不欠缴、外不欠税费、下不欠工资”的同时，补发陈欠工资686万元，成为全森工补欠工资最好的林业局之一。全局继续呈现出“政治安定、社会稳

国际杨树委员会把这棵特大杨树命名为“国际会树”

茁壮的杨树丰产林

丰厚的天然幼壮林

威猛的东北虎

美丽的山雉(上)　珍贵的雪兔(下)

定、经济发展、整体上升”的良好局面。在第三次全国工业普查中，获省级先进集体，以及“国家级投入产出调查先进单位”荣誉称号。与此同时，林业局获得了国家正式批准的外贸进出口权，为扩大开放、走向世界争取到了新的发展机遇。

目前，东方红林业局已形成年产木材28.6万立方米和以胶合板、细木工板、各类贴面板、卫生筷子、地板等为主产品的7大骨干厂、6大系列60多个品种的林产工业及营林生产、多种经营立体开发的社会主义新型林区。

集材车在林海雪原中挺进

党组副书记、副专员程焕章

副专员王荣满

国家林业局
驻大兴安岭林业集团公司
森林资源监督专员办事处

国家林业局驻大兴安岭林业集团公司森林资源监督专员办事处为国家林业局直属正司局级单位。内设综合处、资源监管处、林政监管处和森林资源资产监管处4个职能处。人员编制20名。办事处对大兴安岭林业集团公司森林资源和林政管理实行全面监督。

机构建立以来,认真履行职责。监督检查大兴安岭林业集团公司及所属森工企业贯彻执行国家有关林业的法律、法规、方针、政策的执行情况;监督检查大兴安岭林业集团公司及其所属森工

主要领导与各处负责人研究工作计划

资源监管处在制定“三总量”检查方案

资产监管处在清查资产账目

综合处在研究工作

林政监管处在进行林政案件分析

企业年度森林限额采伐制度执行情况；审查森林资源清查成果、森林经营方案的编制及实施天然林保护工程规划方案；监督林木采伐许可证的执行情况，核查伐区作业质量；审核征占用林地的申请，监督林地被征占用情况；监督检查木材凭证运输制度执行情况；监督天然林保护工程是否严格按规划设计实施；监督检查育林基金的计提、上缴和使用情况，审查天然林保护专项资金的到位和使用情况；监督国有森工企业森林资源资产的产权界定、资产清查、有偿使用等工作情况，防止国有森林资源资产流失；依法对林业行政执法情况和林政案件进行检查或直接查处。

撰稿：贯培峰

深入基层指导天然林资源保护工程的实施

局领导班子

黑龙江省南岔林业局

南岔林业局是国家二级企业，位于黑龙江省东北部，施业区面积 299 716 公顷。1946 年开发，1951 年建局，50 年来，在政治、经济、文化、社会等各项事业都得到了长足发展。特别是随着国家天然林保护工程和山区开发工作的全面启动，南岔林业局以改革为动力，以营林为基础，大力调整产业产品结构，从建局以来的单一采伐发展到现在的多业并举，形成了以木材生产、林产工业、农业、多种经营共同发展的产业格局；形成了以国有、集体和个体私营等多种经营成分共同发展、互相促进的经济格局；形成了以各种规格原木、板方及人造板、地板块等林产工业产品为主，以中成药、建材、化工产品，钢绳、农林机械等机械产品和乳制加工产品等为辅的十二大系列产品。全局总产值达 2 亿元。目前，南岔已同日本、新加坡、韩国等国家以及国内 20 多个省、地区、市建立了经济联合和贸易伙伴关系。曾先后荣获林业部质量管理奖、黑龙江省企业管理优秀单位等荣誉称号。

人参基地

南岔贮木场

系列乳制品

家具

地板块生产线

南岔制药厂

党政班子谋划“天然林保护”蓝图

黑龙江省亚布力林业局

亚布力林业局是国有大型森工企业，始建于1958年，位于长白山脉张广才岭西麓，地跨黑龙江省的尚志、方正、延寿三县(市)部分地区。施业区总面积305 522公顷，人口4万人，交通便利，通讯发达，是黑龙江省森林培育和木材生产的重要基地。

截至1998年末，累计为国家生产木材1734万立方米，锯材225万立方米，营

贮木场商品化管理

高效日光节能温室

局址林茂路街景

刨光干燥生产线

林面积 9.4 万公顷，多种经营产值 2.6 亿元，全局实现产值 15.2 亿元，上缴利税 2.49 亿元，拥有固定资产净值 1.19 亿元。

在历届党政班子的带领和全局干部职工的共同努力下，亚布力林业局已走过了 40 年的风雨历程，各项事业飞速发展。特别是近几年来，这个局以改革统揽全局，不断提高管理水平，坚持“依法治企、科教兴企、改革活企、管理富企”的四企战略和“准、严、细、实、快、狠”的六字方针，木材生产、营林生产、林产工业、多种经营全面发展，牧、副、渔各业并举，文教、卫生、公检法司行业齐全，跨入全国百家采运大型企业行列，多次受到上级的表彰奖励。1997 年被评为黑龙江省级文明标兵单位，1998 年荣获省森工总局兴企富民杯大赛金杯和实施党建一把手工程先进单位称号。

商品材运输

大兴安岭森林防火指挥中心

专职副总指挥葛学林

1987 年“5·6”大火后，大兴安岭地委、行署、林管局和全区人民认真汲取“血与火”的惨痛教训，将森林防火工作当做头等大事来抓，先后投入 3.5 亿元，重点加强防火基础设施建设，初步形成了监测瞭望、预测预报、火源管理、林火阻隔、通讯联络、指挥扑救、宣传教育和后勤保障等 8 个系统工程，使全区森林防火的综合能力得到很大加强，取得了连续 11 年无重大以上森林火灾的好成绩。1988~1998 年，全区总过火面积为 13.87 万公顷，其中林地过火面积 752 公顷，年均林地过火率 0.014/1000，比 1987 年前 22 年年均林地过火率 19/1000 有大幅度下降。目前，全区拥有专业扑火队伍 4786 人，组建群众骨干扑火队 3800 人，群众扑火队 23 100 人；修建瞭望塔 155 座，林火气象站 19 处，直升机

指挥中心办公室主任、副主任

指挥中心大楼

瞭望塔遍布全林区

国家领导人检查防火工作

防火期地委、行署、集团公司主要领导坚持值班

降落点45处，新建改建防火公路330千米；防火运输车477台，摩托车263台；改装J-50水车106台，坦克12辆，全道路车18台，运兵车10台；投入使用各类电台908部，风力灭火机1824台，灭火水枪1711支及其他扑火工具。经过十几年的建设，全区林火预防和林火扑救的综合水平有了很大提高，初步走上了现代化林火管理的轨道。

指挥中心办公室主要科室负责人

发现火情及时扑打

森林保卫功勋之师

——大兴安岭

支队长贾宝世

1998年部队掀起了学习党的十五大精神、邓小平理论的热潮，支队机关开展了保持昂扬精神状态教育，继续深化了“做党和人民忠诚卫士”为主题的四个教育，开展了“拥护改革、服从大局、维护稳定”专题教育和森警部队光荣传统教育，广大官兵的思想觉悟得到进一步提高。全年出动车辆60余台次，点烧战略防火线800千米，出动警力6395人次，扑灭火灾27起(其中家火3起)。7月27日至8月2日，呼玛大队连续3次出动150人的兵力，参加黑龙江呼玛江段的抗洪抢险战斗。1998年，四大队被国家林业局授予“森警部队先进标兵单

政委张维国

功勋之师最可爱的人

积极预防，打烧防火隔离带

森警支队

位”；支队被省委、省政府授予“防火灭火英雄支队”的荣誉称号；漠河大队被省委、省政府授予“艰苦奋斗光荣集体”荣誉称号；二大队被省委、省政府授予“扑火突击队”荣誉称号；十八站大队二排四班被省委、省政府授予“韩霜班”荣誉称号；呼中大队、一大队一中队等 19 个单位被总队授予先进集体；支队在总队第四届军事业务考核比赛中夺得团体总分第一名；呼玛大队被省森工总局评为抗洪抢险先进单位。

撰稿：郑　暄　方志建

摄影：王喜武

火场如战场，指挥人员昼夜值班在前线指挥部

官兵骨肉情，火场兄弟兵

文明之师“共建”结硕果

黑龙江大
地区

专员(局长)助理、局党委书记、局长吴永奎

黑龙江大兴安岭地区地处祖国北部边陲，总面积84 620平方千米，森林经营面积804万公顷，森林总蓄积量5.3亿立方米，是我国主要的林业生产基地之一。

原林业部大兴安岭林业管理局与大兴安岭地区行政公署政企合一。地区(管理局)设大兴安岭地区行署公安局（亦称林管局公安局)，下辖12个县、区和林业地区公安局。

地区公安局党委带领全区公安机关和广大民警，紧紧围绕经济建设这个中心，恪尽职守，秉公执法，团结战斗，攻坚克难，取得了显著的成绩。仅1994年以来，全区12个县级公安局中，有2个公安局跨进全国优秀公安局的先进行列，有17名民警被评为全国优秀人民警察。共破获刑事案件

局党政领导班子

110时刻准备着

持续“严打”，维护社

兴安岭
公安局

6079 起，森林案件 834 起，查处治安案件 5755 起，打击处理犯罪分子 4159 人，较好地发挥了公安机关维护林区政治稳定和社会安定、保卫森林资源安全、保障林业发展的职能作用。

撰稿：郭文柱　摄影：徐仲坤

局党委副书记、政治委员白九龄

不断提高队伍素质

警民鱼水情

会稳定和经济发展

投入主要精力和警力保护资源

书记、董事长赵宝军

局长、总经理韩志坚

乌尔旗汉森林工业有限公司

乌尔旗汉森林工业有限公司是内蒙古大兴安岭森工集团下属的大型二级国有森工企业，全国100家最大的森工企业之一。

乌尔旗汉森林工业有限公司1958年建局，1965年和1988年进行过两次改扩建，现经营区总面积5900平方千米。施业区位于大兴安岭的西南坡，地跨呼伦贝尔盟境内的牙克石、鄂伦春两旗市。

苗圃一角

建局以来，一直坚持以营林为基础，采育结合；坚持以林为主、多业并举的经营方针，使企业得以不断的发展和壮大，取得了辉煌成绩。截至1998年末，森林总蓄积量达到4179万立方米，有固定资产净值2.54亿元，累计为国家生产木材864万立方米，锯材114万立方米，实现工业总产值23亿元，各项上缴3.19亿元，营造人工林7.6万公顷，保存4万多公顷，其中2.67万公顷已郁闭成林，森林覆盖率由建局初期的53.44%上升到现在的77.4%，消长比值1:1.4，实现了长大于消。

乌尔旗汉森林工业有限公司具备年产30万立方米木材和3万立方米锯材生产能力。年实现采运工业总产值1.1亿元，另外每年还可实现林产工业和多种经营产值7000万元。主要产品有兴安落叶松、白桦等加工用原木以及枕材、檩材、坑木、松小杆等。林产工业产品有各种规格的大小板方材，松桦地板块，不同规格的指接材、集成材、卫生筷子、雪条柄、装饰板、家具等，产品行销国内各省(区)及日本、韩国等。多种经营以农产品和野生药用食用植物产品为主，有小麦、油菜、金针菜、蕨菜、黄芪、金莲花等天然绿色食品和保健饮品。施业区内不仅蕴藏着大量的煤炭、花岗岩等多种矿产资源，而且还蕴藏着亟待开发利用的水利资源和森林旅游资源。

乌尔旗汉森林工业有限公司是自治区级先进企业，林管局级文明单位，多次受到原林业部和自治区的嘉奖。

山野菜

求知

卫生筷子、地板砖等

集成材

标兵贮木场——韩家园贮木场

场党总支书记康俊林(左)、场长马兴超(右)

林业局副局长王世民（中)经常深入现场指导和检查工作

韩家园贮木场始建于1990年6月15日,场区占地面积为106 654平方米,设计吞吐能力为35万立方米,现实际年吞吐量为19万立方米,承担着韩家园林业局98%以上的贮木生产和木材销售任务，共有职工765人,拥有各种机械设备49混合台。1998年贮木场开展“企业管理效益年”的活动,本着“管小、管细、管严”的治企方针,坚持以市场为导向,以经济效益为中心,深化企业内部改革,狠抓产品质量,使贮木场在短短一年的时间里发生了翻天覆地的变化。贮木场自筹资金十余万元,由全体职工义务献工1万余工日,修起了一道长2400余延长米、高2米的木板围墙,场区实现了封闭式管理。实施“精品”战略,合理调整产品结构，狠抓产品质量，扩大了产品的知名度和市场占有率。加强调运工作,净化销售环境,客户们都满意地称为“客户最放心的贮木场”。1998年贮木场销售商品材15.51万立方米，全年实现销售收入5965.6万元,大搞勤俭节约、修旧利废活动,全年共节约资金近50万元。韩家园贮木场被大兴安岭林业集团公司授予了“标兵贮木场”的荣誉称号,贮木场党总支书记康俊林同志当选为全区“十佳公仆”,场长马兴超同志当选为地区的“优秀共产党员”。

撰稿:王　野

场党政领导经常分析企业管理和经济形势

严格管理、规范作业，追求客户信誉和经济效益

局、场两级领导坚持经常性岗位责任制检查

河北省重点果品生产基地

——乐亭县

县林业局局长张恩华

京津唐秦四市环抱之中的乐亭县是李大钊的故乡。全县总面积1308平方千米，耕地面积6.36万公顷，是河北省重点果品生产大县。到1998年底，全县森林覆盖率达17.23%，果树面积发展到1.2万公顷，建成了近2100公顷的鲜桃生产基地和万亩葡萄生产基地，年产果品33万吨，产值5.5亿元，在河北省居第一位。1997年被国家商标局注册为“乐丰”牌商标。久保桃、巨峰葡萄、红富士苹果被评为省名牌产品。果品生产形成了规模化、集约化、专业化的现代农业生产格局。县林业局在发展果品生产中作出了突出贡献，多次受到上级主管部门的表彰和奖励。

撰稿：刘长瑞

名牌产品“乐丰”牌晚久保桃、巨峰葡萄、红富士苹果及瑞光3号油桃

图为近年获得的各项荣誉称号

万亩鲜桃生产方

发展中的陕西省林业科学院

院长唐德瑞

陕西省林业科学院位于中国杨凌农业高新技术产业示范区。40年来,该院以黄土高原林业生态环境建设为重点,以可持续发展为目标,立足陕西,面向西北,取得各类科研成果120项,70余项获奖,为促进陕西乃至西北的林业发展写下了光辉的篇章;其森林培育、遗传育种、森林昆虫、经济林栽培等学科的学术水平处于国内领先地位,某些研究领域达到国际先进水平。该院成果丰硕、人才集中、设备先进、基地多样、信息丰富,设有国家林业局在西北唯一的重点开放性实验室——黄土高原林木培育实验室、国际农业生物信息中心林业光盘检索站、省林业综合实验室、省林业信息中心和省红枣研究中心等机构。1996年跻身于全国林业科研(院)所综合实力绩效评比20强。

中国林科院院长江泽慧、陕西省副省长王寿森等视察陕西省林科院

红枣课题组在陕北建的红枣丰产示范基地

魔芋立体复合经营

院实验楼

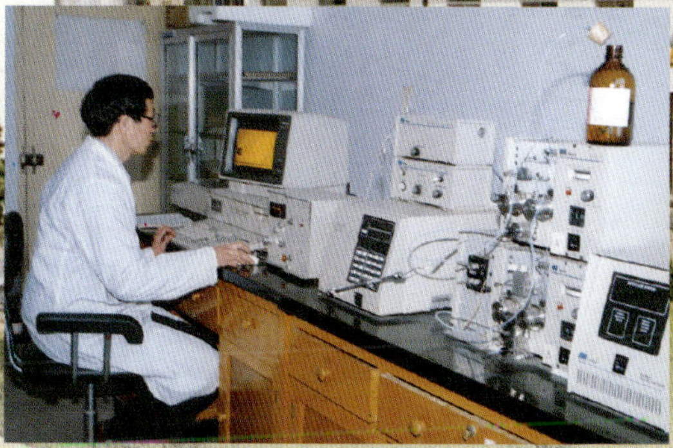

现代化的综合实验室

《陕西林业科技》编辑部

魔芋产品系列开发

森林保护室研制开发的“新型高效无公害灭鼠剂”

油松育种课题组建立的“油松母树林”

云南玉溪水松纸厂

云南玉溪水松纸厂是1989年建成投产的与卷烟配套的水松纸专用生产企业。现有固定资产1.8亿元，职工824人，拥有德国、意大利等国凹版印刷、分切复卷、电子打孔等国际先进水平的水松纸生产线，年生产能力1.2万吨，是亚洲地区技术装备最强、生产规模最大的水松纸生产企业。1998年实现营业收入5.149亿元，利税6941万元。在云南省乡镇企业中，唯一一家认定为“重点高新技术企业”和获得国家科技部“全国火炬优秀企业”荣誉的企业，在全国同行业中第一家被中国烟草物资公司认定为“卷烟配套材料生产基地定点企业”。“思源”牌水松纸荣获“农业部名牌产品”、“云南省首批名产品”荣誉。

十年来，企业坚持以我为主，博彩众长，跟踪国际新技术，走内涵发展的路子，同时，企业重视抓物质文明、精神文明建设，重视厂区的环境建设，厂内绿化面积占全厂总占地面积的一半左右，已建成一个环境优美的花园式工厂。

①

①生产一部
②生产二部
③环境优美的办公区
④绿化、美化中的仓库
⑤优美的园艺剪切
⑥花坛围绕的厂区
⑦厂区一角

新乡平原人造板厂

生产车间一角

新乡平原人造板厂隶属中国航空工业总公司第116厂，建于1994年。占地面积9万平方米，资产总额3.2亿元人民币。下属6个分厂和10个处室。职工总数1000余人，其中各类专业技术人员240名。拥有国际先进水平的连续平压中密度板生产线。形成了年产5万立方米的中密度纤维板，3万立方米普通胶合板及防水模板，1000万平方米天然和人造高档装饰薄木及装饰板，100万平方米三聚氰氨二次贴面板，100万平方米高强度复合地板和1.5万吨各类树脂胶粘剂的生产能力，是国内规模最大、品种最多的环保型森工企业之一。

近年来，工厂扎扎实实学邯钢，抓管理、降成本、上质量、促销售，产品已销往除西藏、海南、台湾以外的全国29个省(区、市)，取得了良好的经济效益和社会效益。80型中密度纤维板获省优秀新产品新技术二等奖，高强度中密度纤维板获省高新技术产品奖。工厂先后获得新乡市“质量管理先进单位”，“质量效益型先进企业”，河南省“高新技术企业”等十几项荣誉称号，并通过了中国船级社质量认证公司进行的质量体系认证。

工厂位于河南省新乡市高新技术开发区，相距郑州机场80千米，坐落于京广线与焦枝线交汇处，107国道贯穿于此。

人造板产品

人造板产品

发展中的三门峡河洛中密度纤维板有限责任公司

董事长、总经理魏凤朝

公司位于河南省西部三门峡市经济技术开发区，东邻市区与主干道崤山路相通，西望陕州风景区与陕西相连，陇海铁路，310国道横贯东西；南依崤函大地涧河岸边，北靠黄河与山西隔河相望，黄河大桥飞架天堑，209国道纵穿南北。

公司占地面积6.3万平方米，总投资4300万元，年生产规模3万立方米，年产值4500万元。产品具有良好的物理性能和加工使用性能，广泛应用于中、高档家具、办公用品制作，室内、车辆、船舶、音箱的表面装饰。目前，产品已畅销河南、山西、陕西、甘肃、四川、新疆、江西、湖北等地，产品以一流的质量，深受用户的好评与青睐。

公司内部管理严密，技术力量雄厚，工艺流程规范。为了长足发展，公司正在加大新产品开发，拉长产品链条，其年产10万扇豪华复合门项目正在进行之中，发展前景极为广阔。

撰稿：王森超　摄影：刘彦青

公司一角

公司中密度纤维板生产线

唐山天唐食品有限公司

天唐食品有限公司董事长兼总经理郭树才（左二）在北京举行的国家级"星火计划"项目麦芽糊精产品鉴定会上做研制工作报告

河北省天唐食品有限公司，地处唐山市郊，占地面积2.5万平方米，建筑面积1.2万平方米，现有固定资产1200万元，拥有年产3000吨麦芽糊精系列产品，年产3000吨低聚异麦芽糖系列产品，年产3000吨高纯度麦芽糖产品及年产2000吨脱腥脱脂大豆蛋白粉系列产品4个主导生产规模。其工艺设备、技术管理、产品质量控制、产品监制等均由主持起草《麦芽糊精》国家行业标准的武汉科技与人才开发交流中心和武汉中天科贸公司作为本公司的技术依托与合作单位，是河北省生产食品添加剂的重点企业。先后荣获唐山市农业技术推广成果一等奖，武汉市政府科技进步二等奖，唐山市科技进步二等奖，1996年全国新技术、新产品博览会金奖。主导产品麦芽糊精被列入1998年国家"星火计划"研制与开发项目，1997年被评为河北省优质产品，1998年又被评为河北省名牌产品。

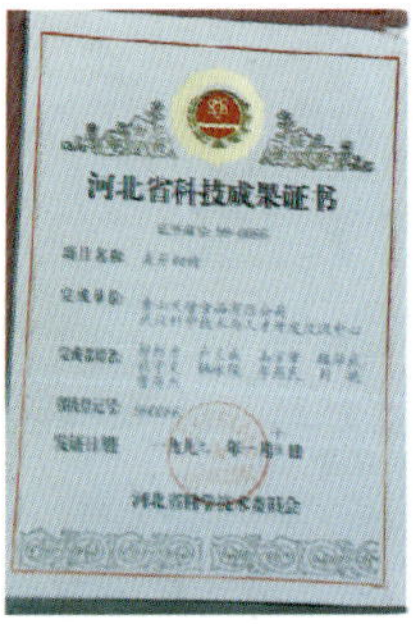

获得河北省科技成果证书

天唐食品有限公司主导产品——麦芽糊精

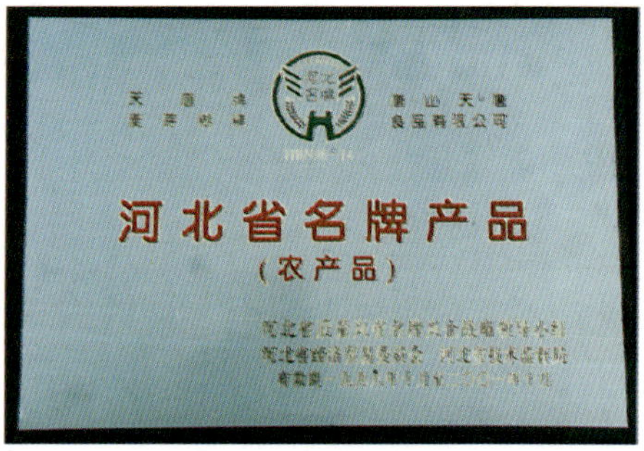

天唐牌麦芽糊精1998年10月被评为河北省名牌产品

河北省天唐食品有限公司外景

发展中的西峡林业

近年来，西峡县林业局坚持点、造、改、飞、封、管并举，加快林业生态体系和林业产业体系建设，有林地面积达24.67万公顷，森林覆盖率达74.9%，消灭了全县宜林荒山，被评为“全国造林绿化百佳县”和“全国绿化先进单位”。在此基础上，开展林业二次创业，重点优化林种结构，实施林业精品工程，名优特经济林基地发展到5.87万公顷，年产量达7000万千克。1998年林业总产值达5.9亿元，占农业总产值的44.8%，全县农民人均纯收入、县乡财政收入中，来自林业和林产品加工的收入分别占到66%和70%。

西峡县林业局局长、法人代表何耀航

全县栽培名贵中药材树种山茱萸1100万株，年产商品枣皮120万千克，成为全国最大的优质山茱萸生产基地县。图为林农在采收果实

飞播造林，让昔日的荒山秃岭变为绵延不断的林海

全县已发展高标准猕猴桃基地5000公顷，年产量450万千克，在全国县级名列前茅。图为西峡县选育的华美早熟品种猕猴桃园

山西省林业技工学校

校长米文精

山西省林业技工学校创建于1978年，坐落于太原市胜利西街，现有职工260人，专职教师34人，在校学生384人。学校设有林业机械、木材加工、森林采伐、营林、林业会计、汽车驾驶、森林旅游、计算机应用等专业，是山西省林业技术工人的培训基地。该校设有北京林业大学山西函授站和山西省林业行业特有工种技能鉴定站，为林业成人教育作出了较大贡献。该校奉行敬业、务实、团结、创新宗旨，是山西省林业教育的重要阵地。

文艺活动

体育运动会

校办育苗基地

军训